THE **PHYSICS** OF EVERYDAY PHENOMENA
9th Edition

동영상으로 보는
물리학의 이해

W. Thomas Griffith 원저
대표역자 **조영석**

The Physics of Everyday Phenomena, 9th Edition

1 2 3 4 5 6 7 8 9 10 BH 20 19

Original : The Physics of Everyday Phenomena, 9th Edition © 2019
By W. Thomas Griffith, Juliet W. Brosing
ISBN 978-1-259-89400-8

This authorized Korean translation edition is jointly published by McGraw-Hill Education Korea, Ltd. and BOOK'S HILL This edition is authorized for sale in the Republic of Korea.

This book is exclusively distributed by BOOK'S HILL

When ordering this title, please use ISBN 979-11-5971-185-5

Printed in Korea

옮긴이 머리말

무지개는 어떻게 생기는지, 피겨 스케이터는 어떻게 빠르게 회전을 하는지, 조수는 왜 높아졌다 낮아졌다 하는지, 우리가 일상생활에서 경험하는 자연현상들은 한없이 우리의 지적호기심을 자극한다.

이 책의 저자인 W. Griffith, J. Brosing 교수는 물리학의 원리와 개념들을 주변의 흔히 볼 수 있는 현상들을 소재로 하여 아주 쉽게 설명하고 있다. 그의 설명은 간단하고 명료하여 마치 이야기를 읽듯이 쉽게 소화시킬 수 있으며, 어려운 물리적인 용어들도 일상적인 용어와 섞여 자연스럽게 도입되므로 자연과학의 비전공자들에게도 그 개념을 빠르게 파악할 수 있게 하여 준다.

또한 물리학 공부에 있어서 무엇보다도 중요한, 반면에 매우 어려울 수도 있는 문제, 즉 이러한 자연현상의 개념에 대하여 스스로 첫 질문을 던질 수 있도록 도와주는 것, 그래서 양적인 것이나 수식적인 것보다는 그 '개념'을 보다 깊이 이해할 수 있도록 도와준다. 이 교재는 과학의 비전공자들을 위해 한 학기간 물리학 개론으로 강의하기에 적절한 교재가 될 것이다.

2019년 1월
역자 일동

옮긴이 머리말

차 례

이 책의 특성들을 이용하는 방법

이 책은 앞으로 우리가 탐구할 개념들을 파악하고 정리하는 것을 쉽게 하도록 고안된 많은 특성들을 갖고 있다. 이는 각 장 시작의 학습목표, 개요, 그리고 각 장의 개개 절들의 구조가 포함된다. 각 장 끝의 질문, 연습문제, 고난도 연습문제들도 중요한 역할을 한다. 최상의 효과를 위해서 이 특성들을 어떻게 이용해야 할까?

장의 개요들

여행을 떠나기 전에 어디를 갈 것인가를 잘 아는 것은 그 여행이 성공할 것인가에 있어 열쇠가 된다. 학생들이 새로운 개념들을 대할 때 그 착상들을 정리하는 것을 도와줄 어떤 구조나 틀이 있다면 그 개념들을 더욱 잘 파악할 수 있다. 각 장 시작부분의 학습목표와 개요는 이러한 틀을 제공하도록 고안되었다. 각 장을 읽는 데 시간을 투자하기 전에 무엇을 공부하려고 하는지에 대한 명확한 얼개를 갖는 것은 당신이 읽어나가는 것을 더 효과적이고 재미있게 할 것이다.

학습목표의 주제와 질문 목록은 그 장을 읽어나가면서 당신의 진도를 측정하는 점검목록으로 활용될 수 있다. 번호가 매겨진 개요의 각 주제와 질문은 그 장의 각 절과 관련이 있다. 개요에 당신이 읽어 나가면서 채울 수 있는 빈칸을 남김으로써 당신의 호기심을 자극하도록 고안하였다. 이 빈칸들은 당신이 정보를 저장할 정리된 구조에 대해 생각해 보게 할 것이다. 구조가 없이 저장된 정보는 다시 꺼내기가 쉽지가 않다. 개요의 질문들은 효율적인 공부를 점검해보는 데 활용될 수 있다. 한 장을 마쳤을 때 당신은 그 장의 개요에서 주어진 모든 질문들에 답할 수 있는가? 장의 각 절들도 역시 질문들과 함께 시작되고 절의 소제목들도 가능하면 질문으로 던져진다. 각 절의 끝에는 당신이 그 절에서 얻은 착상들을 연관지어 묶는 것을 도와주도록 요약단락이 주어진다.

새로운 학문을 공부하는 것은 항상 사고의 새로운 패턴이 형성되는 것을 요구하며, 그것이 굳어지는 데는 시간이 걸린다. 각 절 끝의 요약은 이 굳어지는 과정을 도와줄 것이다. 대개 한 구조는 한 층씩 차례대로 쌓아진다. 만약 기반이 불안정하다면 나중에 쌓은 층은 흔들릴 수밖에 없다.

질문과 연습문제들은 어떻게 이용되어야 할까?

각 장의 끝에는 질문과 연습문제, 그리고 소수의 고난도 연습문제들이 있다. 주어진 문제의 답을 찾는 과정에서 그 장에 대한 당신의 이해는 더욱 향상될 것이다. 이런 실습이 없이는 각 장의 착상들이 완전히 이해될 수 없다는 것을 명심하라.

질문들은 당신이 머리 속에서 중요한 개념들과 차이점들을 교정하는 것을 돕는 데 중요한 역할을 한다. 각 질문은 짧은 답과 함께 설명을 요구한다. 이 질문들에 답할 때 명확한 문장으로 설명을 써보는 것이 좋다. 이렇게 함으로써 그 착상들이 보다 확실하게 당신의 것으로 될 수 있기 때문이다. 당신이 어떤 것을 명확하게 다른 사람에게 설명할 수 있다면 당신은 그것을 잘 이해하고 있는 것이다. 예로써 질문과 그것에 대한 답이 예제 1.1에 주어져 있다.

연습문제는 당신이 간단한 계산을 통해서 개념들과 관련된 공식들을 이용하는 연습을 할 수 있도록 고안되었다. 또, 연습문제는 문제에 포함된 양들의 단위와 크기에 대한 느낌을 줌으로써 당신이 개념들에 대한 이해를 확고히 하도록 도와준다. 많은 연습문제들이 길게 쓸 필요도 없이 머릿속에서 계산하기에 충분할 정도로 쉽지만, 주어진 정보와 찾는 정보, 그리고 그 답을 예제 1.2에서 보여주는 방식으로 써볼 것을 권한다. 이것은 당신이 부주의한 착오를 하지 않도록 도와줄 신중한 습관을 갖게 해줄 것이다. 대부분의 학생들에게는 질문보다 연습문제가 쉬울 것이다. 또한, 각 장의 중간 중간에 예제들이 주어져 있다. 고난도 연습문제들은 질문이나 연습문제들에 비해 보다 포괄적인 문제들이며 후자들의 특성을 같이 포함하는 경우가 많다. 그것들보다 반드시 어려운 것은 아니지만 고난도 문제들을 푸는 데는 좀더 시간이 걸리며 때때로 그 장에서 논의된 내용을 확장할 필요가 있다. 각 장에서 이런 문제들을 한두 개 풀어봄으로써 당신은 자신감을 갖게 될 것이다. 특히 연습문제들을 모두 풀고 그 장의 주제를 좀더 깊이 있게 탐구하고자 하는 학생들에게 이 문제들을 권한다. 홀수번째 연습문제와 고난도 연습문제들에 대한 답이 책 뒤의 CD에 있다. 문제를 풀기 전에 답을 보는 것은 실패를 자초하는 것이다. 그것은 당신 스스로 생각해보는 기회를 박탈한다. 문제를 푼 다음에 답을 점검해보는 것이 자신감을 쌓아가는 길이다. 답은 반드시 당신 자신의 생각을 확인하거나 향상시키는 데만 쓰여야 한다.

일상적인 현상

물리학적 개념들에 대해 읽고 말하는 것이 쓸모가 없는 것은 아니지만 그 현상에 대한 실제경험을 대체할 수 있는 것은 없다. 당신은 이미 많은 현상들에 대해 충분한 경험을 해왔다. 단지 당신은 앞으로 배울 물리학적 개념들에 그것들을 연관시킨 적이 없을 뿐이다. 사물을 새로운 눈으로 보는 것은 당신을 보다 더 예리한 관찰자로 만들 것이다.

이 책에서는 종종 본문이나 학습요령에서 어떤 간단한 실험들을 당신에게 제안할 것이다. 이들 관찰이나 실험들을 해볼 것을 강력하게 추천한다. 수업시간에 보이는 실연실험도 당신에게 도움이 되겠지만, 당신 스스로 무언가를 직접 해보는 것은 당신의 마음속에 그것이 생생하게 각인되게 할 것이다. 사물들을 스스로 발견하고 그것들을 새로운 각도로 바라보는 데는 흥분이 따를 것이다.

일상적인 현상들을 논의하는 단락들에서 당신은 물리학적 개념들을 응용하는 것을 실습하게 된다. 논의된 대부분의 현상들은 주위의 익숙한 것들이다. 이 단락들은 당신으로 하여금 예로 든 현상들을 보다 철저하게 탐구해보도록 할 것이다. 이 예들을 열심히 해 봄으로써 물리학적 착상들을 여러분 자신들의 것으로 만들 수 있다.

개정판의 새로운 점들

개정판에는 독자들의 피드백을 수렴하여 새로 추가된 내용이 있는데 이들은 주로 네트워크를 통한 확장이다.

- 개정판에는 일상적인 현상에서 물리학 개념이 어떻게 연결되는지 저자의 생생한 음성 설명이 비디오로 제공되는데 이는 'Connect'를 통하여 접속할 수 있다. 'Connect'란 McGraw-Hill 사의 복습을 위한 학습 도구 솔루션으로 온라인 접속이 가능하다.
- 주가적인 개념적인 질문들이 온라인으로 준비되어 복습에 효과적으로 사용될 수 있다.
- 'Connect'는 학습자들이 공부한 내용과 응용되는 현상을 보다 서술적으로 표현할 수 있도록 도와주며, 보다 개인적인 학습이력을 구축하는데도 도움이 될 것이다.

성공적인 물리학 공부의 비결

먼저 솔직히 비결은 없다는 말부터 하는 것이 옳다. 자신의 힘으로 숙제를 하고, 내용을 정독하는 복습, 연습문제를 직접 풀기, 그리고 수업 참여 등의 노력은 그에 정당한 결과를 가져다 줄 것이다. 물론 그 반대의 경우 역시 그에 정당한 결과가 돌아올 것이다.

생물학이나 역사학 등 모든 학문 분야에 그러하듯이 물리학 분야도 공부하는 데는 다른 학문 분야와는 다른 특성이 있다. 그것은 특정 사실들을 통째로 암기하거나 시험에 임박하여 벼락치기로 공부하는 방식으로는 절대 성과를 낼 수 없다는 것이다. 어떤 학생들은 다른 분야에서 효과적이었던 경험이 있는 공부 방식을 막연히 적용하는 경우도 있는데 결과는 매우 실망스러울 수 있다. 효율적인 공부 방식은 개인에 따라 다를 수 있지만 다음에 제시하는 방법을 참고하면 효율적인 공부에 도움이 될 것이다.

1. **실험** 실험은 물리학 발전의 열쇠와 같은 역할을 하였으며 동시에 물리학의 기본적인 개념에 접근하는 가장 뛰어난 방법이다. 이 책에서 간혹 돌을 던져본다든지, 방 안을 걸어 본다든지 하는 아주 간단한 행동들을 해볼 것을 제안하고 있다. 여러분들은 즉각 실행해보기 바란다. 그렇게 함으로써 더욱 생동감 있는 경험을 하게 될 것이고, 개념들이 더욱 생기있게 다가오게 될 것이다. 수동적인 방법으로는 매일의 물리적인 현상을 경험할 수 없다.

2. **큰 그림을 그린다** 물리학은 큰 그림의 주제들로 이루어진다. 예를 들면 뉴턴의 법칙은 단순한 한 줄의 공식으로 그것을 암기하는 것으로 끝나는 것이 아니다. 그것의 정의를 올바로 이해해야 하고, 그것이 어떤 범위에 대하여 어떻게 적용되는지 등 전체의 내용을 파악해야만 한다. 이를 위해 매 장의 앞부분에 있는 학습목표와 개요 부분을 참고하기 바란다. 물리학에서 대개 주제의 큰 그림을 파악하면 자세한 내용은 저절로 따라오기도 한다.

3. **질문을 던진다** 각 장의 중간과 그리고 끝부분에서 개념적인 질문들을 제기하고 있다. 이 질문들을 가장 잘 활용하는 방법은 우선 혼자의 힘으로 이 질문들에 답을 해 보는 것이다. 그리고 계속해서 동료들과 토론을 통하여 더욱 정확한 답을 도출한다. 도출된 답을 종이 위에 완전한 문장으로 적어보고 이를 다른 사람의 답과 비교해 보도록 한다.

4. **연습문제 풀이**　각 장의 뒷부분에는 연습문제와 고난도 연습문제가 제공되고 있다. 이들 연습문제 풀이의 목적은 물리적인 개념에 실제 수치를 적용하여 연습해 보며 보다 구체적인 개념을 파악하는 데 있다. 문제풀이는 학생 본인이 스스로 풀이의 과정을 종이 위에 써가며 해 보아야만 의미가 있다. 해답을 그대로 옮기거나, 친구의 풀이를 베끼는 것은 성적에는 약간의 도움이 될지 모르겠으나 본인의 지식적인 이해에는 전혀 도움이 되지 않는다. 운동 종목에서와 마찬가지로 오직 연습만이 기말고사에 도움이 된다.

5. **수업 참여**　대학생이면 누구나 자신의 시간활용에 있어 우선순위를 가지고 있을 것이다. 어떤 수업에 대하여 수업시간에 출석을 할 것인가 하는 것은 본인의 판단이다. 그러나 물리학 수업시간에 설명되는 개념, 실연실험, 연습문제의 풀이, 토론 등을 놓치고서는 물리학의 큰 그림들을 이해하는 데 어려움이 있을 것이다.

6. **질문을 하라**　개념이나 문제풀이 과정이 이해되지 않을 때는 즉시 질문을 하라. 여러분이 지금 개념의 혼돈을 일으키고 있다면 다른 학생들도 똑같은 경험을 하고 있을 확률이 매우 높다. 친구들은 당신이 깃발을 든 것에 대하여 고마워할 것이다. 또 강의를 하고 있는 사람 역시 강의내용이 보다 분명해진 것을 느낄 것이다. 강사들은 대개 다 알고 있는 내용을 가르치기 때문에 학생들이 어떤 부분에서 막히는지를 파악하기가 어렵다. 질문은 강의에 윤활유 같은 역할을 한다.

7. **복습을 하라**　물리학 기말고사는 결코 암기식 벼락치기 공부로 성과를 낼 수 없다. 평소 여러분이 이해한 큰 그림을 복습하고, 제기된 질문에 스스로 답변을 하거나 연습문제를 풀어보며 내용을 자기의 것으로 소화한다. 공식의 암기로는 결코 점수를 얻을 수 없다. 때론 시험문제에 중요한 공식이나 정의, 또는 기타의 정도 등이 주어지기도 한다. 밤늦은 벼락치기 공부는 전혀 도움이 되지 않는다. 차라리 시험 전날에는 잠을 푹 자두는 것이 좋다. 잠과 맑은 머리야말로 어려운 도전에 꼭 필요한 요소이기 때문이다.

위에서 제시한 내용들은 사실 아주 상식적인 내용들이다. 그러나 이와 같은 가이드라인을 따라 공부에 임하는 학생들이 그리 많지 않다는 것도 또한 사실이다. 오래된 습관을 바꾼다는 것은 무척 어려운 일인 동시에 주변의 대부분의 학생이 그렇게 하고 있지 않는데 스스로만 유별나게 공부하는 것 또한 쉽지 않다. 어쩌면 학생 스스로도 그것이 효과적이지 않다는 것을 알고 있으면서도 빠져나오지 못하고 있을 수도 있다. 이러한 비결에 대해서 어떠한 선택을 할 것인지는 자신의 몫이다.

기초과학으로서의 물리학

학습목표   이 장의 학습목표는 물리학이 무엇이고, 그것이 과학의 넓은 체계 속에서 어디에 위치하고 있는지에 대한 이해를 돕는 데 있다. 또한 물리학의 단위계를 이해하고 간단한 수학을 응용하여 본다.

개 요

1   **에너지에 대하여.** 최근 지구온난화에 대한 논란이 거세게 일고 있다. 에너지는 어떻게 지구온난화나 기후변화와 관계되는가? 이러한 논란에 대하여 물리학은 무엇을 말하고 있는가?

2   **과학의 기획.** 과학적인 방법이란 무엇인가? 과학적인 설명은 다른 종류의 설명들과 어떻게 다른가?

3   **물리학의 범위.** 물리학이란 무엇이고, 그것은 다른 과학들과 기술에 어떻게 연관되는가? 물리학의 주된 분야들은 어떤 것들인가?

4   **물리학에서 수학과 측정의 역할.** 측정은 왜 중요한가? 수학이 광범위하게 과학에서 이용되는 이유는? 수학 없이 물리학을 할 수가 있을까?

5   **물리학과 일상적인 현상들.** 물리학은 우리의 일상적인 경험과 상식에 어떻게 관련이 되는가? 일상적인 경험을 이해하는 데 물리학을 이용함으로써 얻는 이점은 무엇인가?

햇볕이 좋은 어느 늦가을의 오후에 당신이 시골길을 따라 자전거를 타고 있다고 상상해보자. 갑작스레 뿌려졌던 소나기가 그치고, 비구름이 걷히면서 막 구름 뒤로 얼굴을 드러낸 해가 동쪽으로 무지개를 세운다(그림 1.1). 낙엽이 팔랑거리며 땅 위로 떨어지고, 다람쥐가 건드리다 떨어뜨린 도토리 하나가 귀 바로 옆으로 떨어진다. 따뜻한 햇볕을 등으로 받으며 당신은 이런 정경 속에서 평화를 느낀다. 이 순간을 느끼는 데 물리학의 지식이 필요한 것은 아니다. 그러나 당신의 호기심은 어떤 의문들을 떠오르게 할지도 모른다. 왜 무지개는 서쪽이 아니고 비가 오고 있을지도 모르는 동쪽에 설까? 왜 무지개는 색깔을 가지고 있을까? 왜 도토리는 낙

그림 1.1 어느 늦가을의 오후에 컬럼비아강 협곡에서 동쪽으로 무지개가 섰다. 어떻게 이 현상을 설명할 수 있을까?

엽보다 빨리 떨어질까? 자전거를 똑바로 서있게 하는 것이, 왜 정지해 있을 때보다 자전거가 움직일 때가 더 쉬울까? 이런 의문들을 일으키는 당신의 호기심은 과학의 동기가 되었던 과학자들의 호기심과 아주 유사하다. 그런 현상들을 이해하고, 설명하고, 예측하는 이론이나 모형들을 만들고 이것들을 적용하는 법을 배우는 것은 가치 있는 지적 훈련이다. 하나의 설명을 만들어내고 간단한 실험이나 관찰을 통하여 그것을 검증해보는 것은 흥미있는 일이다. 과학과목의 초점이 지식들을 축적하는 데 있을 때는 그런 즐거움이 종종 잊혀지기도 하지만, 이 책은 우리의 일상적인 경험의 일부인 그런 현상들을 즐길 수 있도록 당신의 능력을 확대시킬 수 있다. 자기만의 설명을 만들고 간단한 실험을 통해 그것을 검증해보는 법을 배우는 것은 당신에게 성취감을 줄 수 있다. 이 책에서 던져지는 질문들은 물리학의 영역에 있는 것들이지만, 그 탐구 정신은 모든 과학과 많은 인간활동의 영역에서 공통적인 것이다. 과학적 연구의 가장 큰 보답은 그전에는 몰랐던 것을 이해하게 되는 데서 오는 즐거움과 흥분이다. 중요한 과학적인 업적을 이룬 물리학자나 무지개의 원리를 이해하게 된 자전거 타는 사람에게나 이 사실은 마찬가지다.

1.1 에너지에 대하여

만일 여러분이 지금 한 친구와 지구온난화와 에너지란 주제로 열띤 토론을 벌이고 있다고 하자. 그 친구는 이 주제에 대하여 당신과는 상반된 주장을 하고 있고 당신은 점차 이것은 정치적

인 입장의 차이일 뿐임을 느끼지만 딱히 어떻게 반박을 해야 할지 모를 때가 있다. 이럴 때 우리는 에너지 분야에 대한 더 자세한 지식의 필요성을 느낀다.

에너지에 대한 문제는 바로 지구온난화와 기후의 변화에 대한 논란의 핵심이며 이에 대한 폭넓은 이해는 정책입안자뿐만 아니라 정치나 일반 개인에게도 중요하다. 때로는 누구나 이러한 주제로 토론에 참여하거나 중요한 투표를 하게 될 지도 모르기 때문이다. 에너지란 무엇이며 어떻게 사용되어지는가? 어떤 에너지가 재생 가능하거나 그렇지 않은가? '그린'이란 도대체 무엇을 의미하며 우리가 지구온난화를 막기 위해서는 실제로 어떤 행동을 해야 하는가?

학습 요령

각 장을 읽기 전에 그 장을 통해 당신이 무엇을 얻기를 바라는가를 명확하게 인식하고 시작한다면 당신은 훨씬 효율적으로 그 장을 읽어 나갈 수 있다. 각 장의 개요와 각 절의 소제목들에서 던져진 질문들은, 이 책을 읽어나가는 동안 당신의 진척도를 측정하기 위한 점검표의 역할을 할 수 있다. 어떤 문제들이 다루어질 것이고 어디서 그 답이 주어질 것이라는 것을 미리 명확하게 아는 것은 그 장을 통해 당신을 인도할 지적인 지도를 갖는 것에 해당된다. 개요를 잘 읽고 이 지도를 마음 속에 그려넣는 것에 약간의 시간을 투자하도록 하자. 이것은 절대로 낭비가 되지는 않을 것이다.

지구온난화에 대한 논란

지구온난화에 대하여 많은 논란이 있다. 그러나 대부분의 기상학자들은 수백 년에 걸쳐 지구가 더워지고 있다는 데 큰 이견이 없다. 다만 일반인들이 지구의 평균기온의 변화에 대한 방대한 데이터를 간과하고 있을 따름이다. 실제로 지구의 온도는 100년에 약 0.5도 정도 상승하고 있으며 최근 50년 동안에는 그 상승 속도가 그림 1.2와 같이 점점 빨라지고 있다. 기상학자들의 경고는 바로 여기에 대한 것이다.

그림에서 보듯 지구의 온도는 심한 등락을 보인다. 이러한 등락에는 주기적인 요소도 있으나 이에 대하여도 부분적으로밖에 이해하고 있지 못하다. 1990년대에 온난화 속도가 다소 빨라지는 것과 최근 들어 다시 다소 완화되는 것 또한 바로 이 주기적인 요소 때문인 것으로 여겨지고 있다. 어쨌든 우리는 장기적인 변화에 주목할 필요가 있다.

과학자들 사이에서 지구온난화가 진행되고 있는지는 이미 논란의 대

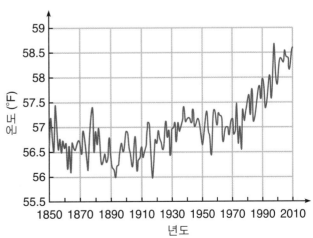

그림 1.2 1850년부터 지구표면 온도의 변화(기후변화협약 국제기구의 보고 데이터). 과거 50년 동안 온도가 급격히 상승한 원인으로 대기 중 이산화탄소의 증가가 지목되고 있다.

상이 아니다. 문제는 온난화의 원인이 무엇인지와 앞으로 어떻게 진행될 것인가에 있다. 인간이 자연 환경에 가한 변화들과 온난화 사이의 연결고리를 밝히는 것이다. 우리가 **화석연료**(석탄, 석유, 그리고 천연가스)를 태우면 이산화탄소가 발생하는데 이는 바로 대표적인 온실가스이며 지구 표면에서 열이 빠져나가는 것을 막아 지구온난화를 촉진시킨다(10장의 온실효과 참조). 따라서 화석연료의 사용 문제가 논란의 중심이 되는 것이다.

지구의 기후에 영향을 미치는 요소들은 매우 복잡하다. 그러나 과학자들은 컴퓨터 모델을 이용한 연구를 통하여 기후변화의 상당 부분을 이해할 수 있게 되었으며 이러한 모델은 미래의 기후를 정확하게 예측하기에는 아직 부족한 부분이 많지만 과거 50여 년간의 기후변화를 설명하는 데 아주 성공적이었다고 평가된다. 현재 우리는 온실가스가 온난화의 주요인임을 안다. 다만 아직은 지구를 덮고 있는 구름의 영향 등 미지의 요소들이 상당부분 남아 있다.

에너지와는 어떤 관계인가?

그러면 에너지는 기후와 무슨 관련이 있는가? 이미 언급하였듯이 에너지의 사용은 대부분 화석연료를 태우는 것을 말하며 이러한 행위는 즉 수백만 년 동안 석탄, 석유 그리고 천연가스에 축적된 탄소를 대기 중으로 방출시키는 것이다. 방출된 탄소는 여러 과정을 거쳐 이산화탄소가 된다. 지구적인 시간의 단위에서 보면 이러한 화석연료의 사용은 극히 최근에 집중된 것이며 그림 1.3의 뾰족한 그래프가 이를 말해주고 있다.

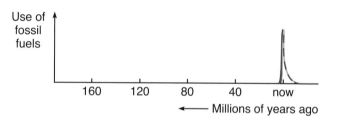

그림 1.3 지구적 시간 단위에서 화석연료 사용 그래프. 석탄, 석유 그리고 천연가스는 약 4천만~2억 년 전 사이에 형성된 것으로 추정된다.

식물은 대기 중의 이산화탄소를 흡수하여 성장한다. 식물은 대자연에서 자연스러운 탄소의 순환과정에 중요한 역할을 하는 셈이다. 식물이 죽을 때 식물을 이루는 탄소의 일부는 다시 대기 중으로 돌아가지만 일부는 땅속으로 묻혀 수억 년이 지나는 동안 화석연료 속에 저장된다. 식물이 죽은 후 곧 태워진다면 모든 탄소가 대기 중으로 되돌아간다는 뜻이 된다. 장기적인 관점에서 나무를 태우는 것은 대기 중의 이산화탄소를 증가시키는 요인은 아니다. 식물은 대기 중의 이산화탄소를 흡수하여 성장하며 그것을 태우는 것은 곧 얼마 전에 흡수한 이산화탄소를 대기 중으로 되돌려주는 셈이기 때문이다. 물론 나무를 태울 때 원하지 않는 다른 입자들이 방출되기도 한다.

도시화가 진행되고 고속도로가 건설되어 숲의 면적이 줄어드는 것은 탄소의 순환과정뿐만 아니라 궁극적으로 기후변화에 큰 영향을 미친다. 그러나 화석연료의 사용이야말로 기후변화에 가장 큰 영향을 미치는 요소이며 결국 온실가스의 증가는 에너지 사용과 가장 밀접한 관계에 있다. 에너지의 생산 그리고 그 사용 방식에 변화가 필요하다는 주장이 설득력을 가지는 것은 이러한 이유 때문이다.

과연 에너지란 무엇인가? 에너지란 단어는 우리에게 친숙하여 우리가 에너지에 대하여 많은 것을 알고 있다고 느낀다. 반면 지구온난화의 논란 가운데 드러나는 많은 오해는 에너지에 대한 정확한 정의를 잘못 이해하고 있는 데서 비롯된다. 좋은 예가 수소연료이다. 수소연료는 독립된 에너지원인가 아니면 단순히 에너지를 전달하는 매개물에 불과한가? 또 이들 둘 사이의 차이점은 무엇인가(매일의 자연현상 18.1 참조)? 많은 정치적 대중연설들이 그 차이점조차 분명히 구분하지 못하고 있다.

6장에서 에너지에 대한 정확한 정의를 배운다. 물론 에너지란 기본적으로 역학적인 개념이므로 역학 부분에서 처음 소개된다. 에너지의 개념은 물리학 체계의 중심이며 후에 모든 장에 걸쳐 그 개념이 응용될 것이다.

물리학과 에너지

에너지에 대한 정확한 이해는 에너지 정책을 논의하기 위한 적절한 출발점이 된다. 에너지의 의미 그리고 에너지의 전달과정은 전형적인 물리학의 영역인 것이다. 어떻게 에너지를 한 형태에서 다른 형태로 바꿀 수 있는가? 에너지를 사용함에 있어 그 효율을 어떻게 극대화할 수 있는지 그리고 종종 언급하는 에너지의 보존이란 어떤 의미인지 등이다.

물리학의 다른 많은 영역들도 에너지 이슈에 중요한 관련이 있다. 예를 들면 교통 분야는 우리 사회에서 에너지를 필요로 하는 대표적인 영역이다. 자동차, 트럭, 비행기, 선박 할 것 없이 교통의 모든 수단들은 기본적으로 역학적으로 작동되며 에너지를 소모한다. 우리는 선행하는 몇몇 장에서 기본적인 역학적 개념을 다룰 것이다.

간단히 말해서 화석연료 사용의 절감 방안은 에너지보존과 관련이 있다. 새로운 에너지원의 개발보다는 에너지 변환과정의 관리가 중요한 것이다. 가솔린이나 디젤, 천연가스의 가격 상승이 이러한 연료 수요에 큰 영향을 미친다는 것을 알고 있다. 엄밀하게 말해 에너지는 소모하는 것이 아니다. 다만 에너지가 사용되며 다른 형태로 바뀔 뿐이다(6장과 11장). 계속해서 운동의 역학(2~4장), 열역학과 엔진(9~11장)은 에너지보존을 다룬다.

일상적으로 사용하는 에너지를 어떤 방식으로 생산할 것인지의 선택에도 물리적인 지식이 필요하다. 예

그림 1.4 원자력 발전소 구원인가 유물이 될 것인가?
© Aerial Archives/Alamy Stock Photo

를 들어 천연가스를 사용할 것인지, 원자력 발전소를 지을 것인지 하는 선택이다. 원자력의 이용은 오랫동안 뜨거운 정치적인 핫 이슈가 되어 왔다. 원자력이란 무엇인가? 우리는 원자력에 막대한 투자를 해야만 하는가? 그것은 공포의 대상인가? 천연가스는 석탄이나 석유에 비하여 이산화탄소의 방출이 상대적으로 적은 청정연료로 알려져 있다. 그러나 천연가스 역시 궁극적으로 온실가스를 배출하며 장기적으로는 공급도 제한적일 수밖에 없다.

반면 원자력 발전은 탄소와는 무관하며 대기 중에 전혀 이산화탄소를 방출하지 않는다. 이러한 이유로 원자력 발전은 탄소 절감 에너지원으로 새로운 관심의 대상으로 떠오르고 있다. 반면 원자력에는 희귀 원소인 우라늄의 채굴에 따르는 안전과 환경의 문제들이 남아 있다. 물론 어떤 에너지원을 선택하든 동일한 문제점이 있으므로 각 에너지원에 대한 이러한 문제들의 경중을 면밀히 분석하는 것이 중요하다.

이렇게 제기된 문제에 대하여 명확한 답변을 제시하지는 않겠다. 단지 원자력 발전, 천연가스 발전소, 그리고 다른 전기를 생산하는 시설과 관련된 물리학을 소개할 뿐이다. 이 책의 11장에서 화석연료를 사용하는 발전소를 다루고, 19장에는 원자력 발전소를 간단히 소개한다. 또 다른 전기를 생산하는 장치에 대한 원리가 그 장단점과 함께 다양하게 제시될 것이다.

이러한 내용을 전부 이해한다면 그것으로 친구와의 논쟁에서 승리할 만한 지식을 습득했다고 볼 수 있을까? 아마 아닐 것이다. 비록 그렇더라도 논쟁에서 상당한 우위를 차지하게 되리라 확신한다. 이는 모두의 이해가 증진되는 계기가 될 것이다.

최근 기후변화와 에너지 사용에 대한 정치적인 논쟁이 뜨겁다. 이 두 가지 주제는 떼어놓을 수 없는데 이는 화석연료를 태워 에너지를 얻는 과정에서 온실가스라 불리는 이산화탄소가 필연적으로 대기 중으로 방출되기 때문이다. 물리학에서 에너지란 중심이 되는 개념이다. 에너지의 변환, 사용 등과 같은 주제를 충분히 이해하려면 관련된 폭넓은 물리학 지식이 반드시 필요한 것이다.

1.2 과학의 기획

앞에서 이야기한 무지개의 경우처럼 무엇인가를 설명하기 위해서 과학자들은 어떤 단계들을 밟아 가는가? 과학적인 설명은 다른 종류의 설명들과 어떻게 다른가? 과학은 거의 모든 것들을 다 설명할 수 있는가? 과학이 할 수 있는 것과 없는 것을 이해하는 것은 중요하다. 이런 질문들에 대한 답을 줄 수 있는가가 과학적 이해의 수준을 측정하는 데 핵심이 된다. 철학자들은 지식의 본성, 특히 과학적 지식의 본성에 관한 질문들에 답하기 위해 수많은 시간과 지면을 할애하였다. 과학의 발전은 이 질문들에 대한 우리의 사고를 자극해왔고, 아직도 많은 논제들이 더욱 세밀히 구분되어 논의되고 있다. 우리가 현재 알고 있는 과학은 인간의 문화발전사에 있어 최근에 나타난 현상이다. 20세기에 들어서 과학은 급속한 발전을 했으며 우리의 생활에 엄청난 영향을 주고 있다. 의약, 교통과 통신, 컴퓨터 분야의 혁신적 발전은 모두 과학 발전의 결과인 것이다. 어떻게 그렇게 지속적으로 확장되고 발전하는가?

과학과 무지개

하나의 과학적인 설명이 어떻게 만들어지게 되는지 구체적인 예를 생각해보자.

무지개가 어떻게 만들어지는지에 대한 설명을 찾기 위해서 당신이라면 무엇부터 하겠는가? 마음 속에 그 질문을 간직한 채 자전거를 타고 집으로 돌아오면 당신은 아마 백과사전이나 물리학 교과서를 들춰 색인에서 "무지개"를 찾아 거기에 있는 설명을 읽어볼 것이다. 그러나 과학자도 그럴까?

거기에 대한 대답은 긍정적이기도 하고 부정적이기도 하다. 만일 설명을 잘 할 수가 없는 경우라면 많은 과학자들도 당신처럼 책을 찾아볼 것이다. 이 경우 우리는 그 책을 쓴 저자의 권위나 저자가 소개하는 설명을 제안한 과학자들의 권위에 의존한다. 이렇게 권위에 의존하는 것이 지식을 습득하는 한 방법이긴 하지만 당신의 설명이 정당한가는 당신이 참고하는 권위에 달려 있게 된다. 당신은 누군가가 이미 당신과 같은 의문을 이미 가졌었으며 거기에 대한 설명과 그것의 검증을 위한 연구를 했으리라고 희망할 뿐이다.

300년 전으로 돌아가서 같은 방법으로 접근한다면 어땠을까? 어떤 책에서 무지개는 천사의 그림이라고 말할 것이다. 다른 책에서는 요정과 금항아리에 관한 전설을 이야기할 것이다. 또 다른 책에서는 결론을 내리는 데 있어서는 유보적일 것이다. 빛의 성질과 빛과 빗방울의 상호작용을 이야기할 것이지만, 이런 모든 책들이 그 당시에는 나름대로의 권위를 갖고 있는 것이었을지도 모른다. 그렇다면 어떤 책을 따르고, 어떤 설명을 받아들여야 할 것인가?

당신이 만일 유능한 과학자라면 우선 빛에 대한 다른 과학자들의 의견을 읽을 것이고, 다음으로 무지개와 관련된 당신 자신의 관찰에 근거하여 그 의견들을 검증하려 할 것이다. 무지개가 나타나는 조건, 당신과 무지개와 태양의 상대적 위치, 비가 내리는 위치 등을 당신은 주목하게 될 것이다. 무지개 색깔의 순서는 무엇인가? 다른 현상에서도 그런 순서를 본 적이 있는가? 그렇다면 당신은 빛에 대한 현재의 견해들과 빛이 빗방울을 통과할 때 일어나는 현상에 대한 당신 자신의 추측을 사용하여 무지개에 대한 설명이나 **가설**을 창안하려 할 것이다. 그 가설을 검증하기 위하여 당신은 물방울이나 유리구슬을 사용하는 실험을 고안할 수도 있을 것이다(무지개가 어떻게 형성되는지에 대한 최근 이론은 16장에 있다).

당신의 설명이 관찰과 실험결과에 부합하는 것이라면 당신은 그것을 학술논문으로 보고하거나 과학자들에게 발표할 수 있다. 그들은 당신의 설명을 비판하거나 부분적으로 수정할 것을 제의할 것이며, 당신의 주장을 확인하거나 반박하기 위하여 그들 자신이 직접 실험을 해보기도 할 것이다. 다른 과학자들이 당신의 결과를 확인하면 당신의 설명은 지지를 얻게 되고, 궁극적으로 빛을 포함한 현상들에 대한 보다 포괄적인 **이론**의 한 부분이 될 것이다. 당신과 다른 사람들이 하는 실험들은 또 새로운 현상의 발견으로 연결될 수도 있고 이것들은 한층 더 세련된 설명이나 이론을 요구하게 될 것이다.

위에서 기술한 과정에서 가장 중요한 것들은 무엇인가? 그 첫째는 신중한 관찰의 중요성이다. 달리 말하면 검증가능성이란 개념이다. 받아들여질 수 있는 과학적인 설명은 그것이 예측하는 것을 관찰이나 실험을 통하여 검증할 수 있는 방법도 제안하는 것이라야 한다. 무지개가 천사들의 그림이라고 말하는 것은 시적일 수는 있지만 인간이 검증할 수 있는 것이 아니다. 따라서, 그것은 과학적인 설명이 아니다. 위의 과정에서 또 다른 중요한 부분은 사회적인 면이다. 즉

그림 1.5 프랑스의 물리학자 마리 퀴리(1867~1937)가 1925년 파리의 한 강당에서 과학자들 앞에서 강연을 하고 있다. 퀴리 부인은 1903년에 노벨 물리학상을, 1911년에는 노벨 화학상을 수상하였다. © Jacques Boyer/Roger Viollet/Getty Images

당신의 이론과 실험결과들에 대해서 다른 사람들과 대화하는 부분이다(그림 1.5). 동료들에게 당신의 착상을 비평받는 것은 과학의 발전에 있어 매우 중요하다. 대화는 당신이 실험을 수행하고 그 결과를 해석할 때 신중을 기할 수 있도록 하는 데에도 중요하다. 당신의 일에 있어서 중대한 착오나 누락된 부분에 대한 통렬한 비평은 미래의 좀더 주의깊은 연구를 위한 강한 동기가 된다. 혼자서 일하는 사람은 가능한 파생적 효과나, 대체할 수 있는 다른 설명들, 혹은 자신의 논리나 이론에 있을 수도 있는 실수들을 모두 다 생각할 수는 없다. 과학의 폭발적인 성장은 협동과 대화에 의존한 바가 크다.

과학적 방법이란 무엇인가?

지금 말하는 맥락에서 우리가 **과학적 방법**이라고 부를 수 있는 것이 존재하는가? 있다면 그것은 무엇인가? 위에서 방금 기술한 과정은 과학적 방법이 어떻게 작동하는가에 대한 일종의 개략이다. 논지에 약간의 차이가 있을 수 있지만, 그 방법은 종종 표 1.1과 같이 언급되곤 한다.

표 1.1의 각 단계는 모두 무지개에 대한 설명이 어떻게 형성되는지에 대한 우리의 기술에 포함되어 있다. 주의깊은 관찰은 언제, 또 어디에서 무지개가 생기는지에 대한 **경험적 법칙**들을 낳을 수 있다. 경험적 법칙이란 실험이나 관찰 결과들을 일반화한 것이다. 경험적 법칙의 한 예는 우리가 항상 태양을 등지고 무지개

표 1.1 과학적 방법의 단계들
1. 자연현상의 주의깊은 관찰.
2. 관찰과 경험의 일반화에 기반을 둔 규칙이나 경험법칙의 정립.
3. 관찰과 경험 법칙을 설명하기 위한 가설의 형성과 이론으로의 세련화.
4. 추가적인 실험과 관찰들을 통한 가설이나 이론의 검증.

를 본다는 것이다. 이와 부합하는 가설을 전개하기 위한 중요한 단서가 된다. 그 가설은 다시 인공적으로 무지개를 만드는 방법들을 제안하여, 그 가설을 실험적으로 검증하고, 궁극적으로 보다 포괄적인 이론을 얻을 수 있게 한다.

과학적 방법을 이렇게 기술하는 것은, 대화라는 중요한 과정을 무시한 것이기는 하지만 그다지 틀린 것은 아니다. 모든 과학자들이 이 단계들이 제안하는 과정들을 순서대로 거치는 것은 아니다. 예를 들어, 이론 물리학자들은 단계 3에서 모든 시간을 쓸 수도 있다. 그들도 실험적 결과들에 흥미를 가지고 있지만 그들 자신이 실험을 직접 하

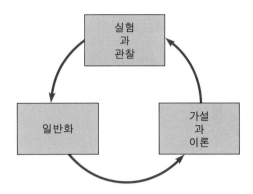

그림 1.6 과학이란 실험과 관찰, 그리고 이들을 통한 가설과 이론의 검증이라는 반복되는 과정을 통해 발전해나간다.

지는 않을 것이다. 오늘날 단계 1에서처럼 단지 관찰만 해서 되는 과학은 없다. 대부분의 실험과 관찰은 가설이나 기존의 이론을 검증하기 위해 수행된다. 과학적 방법이 여기서는 단계적인 과정인 것처럼 기술되고 있지만 실제로는 다른 단계들이 동시에 진행되기도 하고 몇 개의 단계들을 오가며 많은 작은 순환과정을 거치기도 한다(그림 1.6).

과학적 방법은 착상들을 검증하고 세련되게 하는 방법이다. 실험적 검증이나 일관된 관찰들이 가능할 때만 과학적 방법이 적용된다는 것에 주목하라. 검증은 비생산적인 가설들을 제거하는 데 있어 결정적이다. 검증이 없다면 서로 대치하는 이론들이 영원히 경쟁하게 될 것이다. 예를 들면, 어떤 역사가들의 이론의 진위를 가리기 위해 역사를 반복할 수는 없다. 어떤 역사적인 상황도 정확히 재현될 수가 없기 때문이다. 같은 이유로 믿음과 권위를 바탕으로 하고 있는 종교도 과학적 검증의 대상이 될 수 없다.

어떻게 과학을 소개하는 것이 좋을까?

전통적으로 과학교과과정은 과학자들이 그 결과에 도달하게 된 과정에 대한 이야기보다 그 결

예제 1.1

예제 : 점성술은 얼마나 믿을 만한가?

질문 : 점성술가들은 이 세상의 수많은 사건들이 항성에 대한 행성들의 상대적인 배열과 관계가 있다고 주장한다. 이러한 주장은 과연 과학적으로 확인이 가능한가?

답 : 그렇다. 만일 점성가들이 미래에 일어날 사건에 대하여 보다 구체적으로 기술해 주기만 한다면 다수의 과학자들이 독립적으로 이를 검증할 수 있을 것이다. 사실 점성가들은 이러한 상황을 피하기 위하여 다양한 해석이 가능하도록 최대한 애매한 표현을 즐겨 사용한다. 따라서 명확한 검증은 불가능하다. 점성술은 과학이 아니다.

매일의 자연현상 1.1

고장난 전기주전자의 경우

상황. 월요일 아침. 평상시처럼 당신은 간밤의 꿈으로부터 완전히 깨어나지 못한 채 주위의 달라진 세상에 낯설어 한다. 그리고 한 잔의 새로 끓인 따끈한 커피로 기분이 상쾌해지기를 기대하면서 전기주전자의 버튼을 누른다. 그러나 전기주전자가 작동하지 않는 것을 발견하게 된다. 자, 이제 다음 대안들 중에 당신이 어느 것을 해보는 것이 가장 바람직한가?

1. 손바닥으로 전기주전자를 두드려본다.
2. 2년 전에 버렸을지도 모르는 설명서를 필사적으로 찾는다.
3. 이런 고장에 대해서 잘 알고 있는 친구에게 전화를 한다.
4. 이 문제를 처리하기 위한 과학적 방법을 적용한다.

분석. 이 대안들은 모두 다 성공할 가능성을 가지고 있다. 1번 대안에서처럼 때로는 물리적인 충격을 가했을 때 가전제품들이 작동하기 시작한다는 것이 잘 알려져 있다. 2번과 3번 대안은 일종의 권위에 호소하여 결과를 얻는 방법이다. 하지만 4번 대안이 가장 생산적이고 신속한 방법이 될 것이다. 1번 대안이 성공할 경우를 제외하고 말이다.

표 1.1에서 요약한 과학적 방법을 이 문제에 어떻게 적용하겠는가? 단계 1은 고장의 증상을 조용히 관찰하는 것이다. 전기주전자가 단순히 가열되지 않는다고 해보자. 스위치를 넣어도 물이 데워지는 소리가 들리지 않는다. 몇 번씩 스위치를 켰다 껐다 해보아도 가열되지 않는다. 이것은 단계 2의 일종의 일반화에 해당된다. 이제 우리는 단계 3이 제안하는 것처럼 고장의 원인에 대한 몇 가지의 가정을 만들어 볼 수 있다.

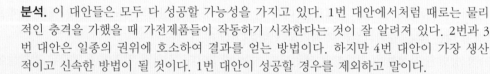

a. 전원이 연결되어 있지 않다.
b. 전기계량기(두꺼비집)의 안전장치가 작동해서 전원이 끊어져 있다.
c. 집안 전체나 동네가 정전상태다.
d. 전기주전자 안의 퓨즈가 끊어져 있다.
e. 전기주전자 안의 선의 접촉이 좋지 않거나 타서 전원이 끊어져 있다.
f. 전기주전자 안의 온도조절기가 고장이 났다.

처음 세 가지 경우들보다 뒤의 것들이 점검하는 데 조금 더 까다롭긴 하지만 이것들은 모두 그 가능성을 점검하는 데 전기회로에 대한 전문적인 지식을 요구하지 않는다. 처음 세 가지 가능성들은 아주 쉽게 점검할 수 있는 것들이므로 가장 먼저 검증해 보아야 한다 (단계 4). 간단하게 전원 코드를 꽂거나 전기계량기의 스위치를 올려주기만 해도 당신은 원하던 일을 계속할 수 있다. 만약 건물 전체가 정전된 것이라면 이것은 전등, 시계같은 다른 가전제품의 전원을 넣어 봄으로써 간단히 검증할 수 있다. 물론 이런 경우 당신이 더 이상 할 수 있는 것은 거의 없다. 하지만 최소한 당신은 무엇이 문제인지 확인할 수가 있다. 전기주전자를 두드리는 것은 아무런 도움이 되지 않을 것이다.

그 전기주전자가 퓨즈가 없을 수도 있지만 퓨즈가 끊어진 경우라면 당신은 근처의 상점으로 가야 할 것이다. 내부 선의 접촉이 좋지 않거나 탄 경우는 바닥부분을 열어서 눈으로 쉽게 확인할 수 있는 경우가 많다(이 경우 전원 코드를 반드시 뽑아야 한다!). 이런 경우라면 당신은 문제를 확인한 것이다. 하지만 수리하는 데는 시간이 걸리거나 기술자가 필요할 것이다. 제일 마지막의 경우도 이와 마찬가지다.

당신이 무엇을 발견하든 문제에 대한 이런 침착하고 체계적인 접근은 다른 방법보다 더 생산적이고 만족스러운 결과를 줄 것이다. 이런 식으로 문제를 처리하는 것은 일상적인 문제에 작은 규모에서 과학적인 방법을 적용하는 예가 된다. 이런 방식으로 문제들에 접근한다면 우리 모두는 과학자라고 할 수 있다.

과의 내용만을 소개하는 데 중점을 둔다. 일반사람들이 종종 과학을 사실들이나 잘 정립된 이론들을 모아놓은 것이라고 생각하는 이유가 바로 이것이다. 이 책도 어느 정도는 같은 비난을 면하기 어렵다. 이 책에서도 그 전체 발전과정보다는 많은 과학자들의 연구에서 정리된 최종적인 이론들만을 기술하기 때문이다. 하지만, 과거의 착오나 비생산적인 접근방법들을 반복하지 않고, 다른 사람들이 이미 이루어 놓은 것 위에 새로운 것을 쌓아 올리는 것은 과학의 진보에 있어서 하나의 필요한 조건이기도 하다.

이 책은 당신 스스로가 일상적인 현상들을 관찰하여 그것에 대한 당신 자신의 설명을 전개하고 또한 그것을 검증하도록 만들려고 한다. 집에서 간단한 실험이나 관찰을 하고, 그 결과에 대한 설명을 만들고, 그리고 당신의 해석에 대해서 친구들과 논쟁을 하면서, 당신은 과학의 본질인 주고 받는다는 것의 중요함을 느끼게 될 것이다.

우리가 자각을 하고 있든 그렇지 않든 간에, 우리 모두는 일상적인 생활에서 과학적인 방법들을 사용한다. 매일의 자연현상 1.1에서 기술한 고장난 전기주전자의 경우는 일상적인 문제해결에 적용되는 과학적 추론의 예를 보여준다.

과학의 과정은 자연현상에 대한 관찰이나 실험들로부터 시작해서 역시 또 그것들로 돌아간다. 관찰은 경험적인 법칙들을 제안할 수 있고, 그 일반화 과정에서 보다 포괄적인 가정과 결합될 수 있다. 그러면 그 가정은 다른 관찰과 잘 제어된 실험들에 의해 검증되어 한 이론을 형성하게 된다. 과학자들은 하나나 그 이상의 이런 활동에 관여하며 우리 모두는 일상적인 문제들에서 과학적인 방법을 사용한다.

주제 토론

우리는 종종 지구온난화와 기후변화는 인간의 활동에 따라 온실가스 특히 이산화탄소가 대량으로 대기 중에 방출되는 것으로부터 기인한다는 데에 대부분의 기상학자들이 동의한다는 이야기를 듣는다. 이러한 과학자들의 의견의 일치는 곧 진실을 의미하는가? 왜 그런가?

1.3 물리학의 범위

과학에서 물리학의 영역은 어디인가? 이 책이 생물학, 화학, 지구과학, 또는 다른 어떤 과학이 아니고 바로 물리학에 관한 것이기 때문에 다른 학문 간에 경계선을 어디다 놓아야 하는가를 묻는 것은 합리적이다. 그러나 그 경계는 정확할 수 없으며, 모든 사람들을 만족시킬 수 있는 물리학의 정의 또한 불가능하다. 물리학이 무엇이고 무엇을 하는지에 대해 감을 잡는 가장 쉬운 방법은 물리학의 분야들을 열거하고 그 내용을 조사해 보는 것이다. 먼저 불충분하지만 정의를 고려해 보자.

물리학을 어떻게 정의할 수 있는가?

종종 물리학은 물질과 그것들의 운동을 관장하는 상호작용의 기본적인 본질을 공부하는 과학으로 정의된다. 물리학은 모든 과학 분야의 근본이 된다. 물리학의 원리들과 이론들은 화학, 생물학 등 다른 과학들과 관여된 근본적인 상호작용들을 원자, 혹은 분자수준에서 설명하는 데 사용된다. 예를 들어 현대화학은 어떻게 원자들이 결합하여 분자를 이루는가를 설명하는 데 물리학의 **양자역학** 이론을 사용한다. 양자역학은 20세기 초 주로 물리학자들에 의해 발달하였으나 그과정에서 화학자들과 화학적 지식들도 중요한 역할을 하였다. 처음에 물리학에서 도입된 에너지의 개념은 지금은 화학, 생물학 등 다른 과학에서도 폭넓게 쓰이고 있다.

종종 과학의 일반적인 영역을 생명과학과 물질과학으로 나눈다. 생명과학은 생물학의 여러 분야와 살아 있는 생물들을 다루는 건강과 관련된 학문들을 포함한다. 물질과학은 생물과 무생물에 있어서 물질의 거동을 다룬다. 물질과학은 물리학은 물론이고 화학, 지구과학, 천문학, 해양학, 기상학 등을 포함한다. 물리학은 모든 물질과학의 기본을 이룬다.

물리학은 또한 가장 정량적인 과학으로 간주된다. 물리학은 이론을 전개하고 검증하는 데에 상당한 수학과 수치적 측정을 사용한다. 이런 측면은 물리학의 모형과 착상들이 다른 과학들에서보다도 훨씬 간단하고 명확하게 기술될 수 있음에도 불구하고, 학생들이 물리학에 접근하는 것을 어렵게 만들었다. 다음 절에서 논의하겠지만, 수학은 다른 어떤 수단보다도 간결하고 정확한 기술을 가능하게 해주는 간결하고 치밀한 언어이다.

물리학의 주된 분야는 무엇인가?

물리학의 주된 분야들이 표 1.2에 열거되어 있다. 힘들의 영향 하에서 물체의 운동을 다루는 역학은 일반화된 이론으로 제안된 최초의 분야였다. 17세기 후반에 발달된 뉴턴의 역학이론은 수학을 폭넓게 사용한 최초의 성숙된 물리학 이론이었다. 그것은 나중에 발달된 물리학 이론들의 전형이 되었다.

표 1.2의 첫 네 개의 분야들은 그 이후에도 계속 진보되고 있지만 20세기 초까지도 이미 상

당히 발달되었다. 이 분야들은 때때로 고전물리학으로 분류된다. 뒤의 네 개의 분야들은 모두 부분적으로는 물리학의 현대적 실용분야들이긴 하지만 종종 현대물리학이라는 이름으로 분류된다. 이 같은 구별은 뒤의 네 개 분야들이 모두 20세기에서 나타났다는 것과 그전에는 그런 연구가 단지 초보수준에 머물렀다는 것에 근거한다. 표 1.2에 더하여 최근에는 생물물리학, 지구물리학, 천체물리학 등 융합학문 분야들도 있다.

표 1.2 물리학의 주된 분야들
역학. 힘과 운동에 관한 연구.
열역학. 온도, 열, 에너지에 관한 연구.
전자기학. 전기력, 자기력, 전류에 관한 연구.
광학. 빛에 관한 연구.
원자물리학. 원자들의 구조와 거동에 관한 연구.
핵물리학. 원자의 핵에 관한 연구.
입자물리학. 쿼크 등 소립자에 관한 연구.
응집물질물리학. 고체와 액체상태의 물질에 관한 연구.

이 절의 사진들은(그림 1.7~1.10) 각 분야들의 특징적인 활동이나 응용들을 보여준다. 레이저(laser)의 발명은 광학 분야뿐만 아니라 의료기술 분야의 발전에도 큰 영향을 미친 중요한 요소였다(그림 1.7). 적외선 카메라의 발달은 열역학과 관련하여 건물로부터의 열흐름을 연구하는 데 필요한 도구를 제공하였다(그림 1.8). 가정용 컴퓨터, 전자계산기 등 많은 가전제품들을 쉽게 발견할 수 있는 데서 느낄 수 있듯이 전자제품 소비의 급성장은 응집물질물리학의 발달로 가능하게 되었다(그림 1.9). 입자물리학자들은 소립자들이 고에너지 충돌을 할 때의 상호작용을 연구하기 위해 입자가속기를 사용한다(그림 1.10). 과학과 기술은 서로 의존하면서 발전한다. 전기, 역학, 핵 등 그 기술적 전공분야가 무엇이든 간에 물리학은 기술자들의 교육과 작업에 중요한 역할을 한다. 실제로 물리학 학위를 갖고 있는 사람들이 산업현장에서 기술자로 고용되는 경우가 자주 있다. 물리학과 공학, 또는 연구와 개발 사이의 경계는 매우 불분명하다. 물리학

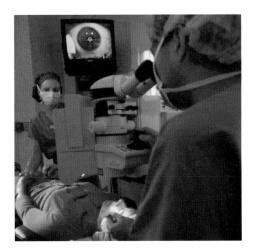

그림 1.7 레이저를 이용한 수술

그림 1.8 집으로부터 열이 유출되는 양상을 보여주는 적외선 사진은 열역학의 응용이다.
© Dirk Püschel/Getty Images RF

그림 1.9 네리스 공군기지에 있는 태양전지를 이용한 발전 시설

그림 1.10 스위스의 유럽 입자물리연구소인 CERN에 있는 대형 하드론 충돌장치는 고에너지의 소립자간 상호작용을 연구하는 입자가속기이다.

자들은 일반적으로 현상들을 근본적으로 이해하는 데 관심이 있고 기술자들은 그런 이해들을 실제의 작업과 생산에 적용하는 데에 관심이 있다. 하지만 이 두 기능은 자주 겹쳐진다.

마지막 포인트로 물리학이 재미있다는 것을 들 수 있다. 어떻게 자전거가 쓰러지지 않고 갈수 있는지, 또는 어떻게 무지개가 만들어지는지를 이해하는 것은 모든 사람에게 흥미로운 것이다. 우주가 어떻게 돌아가는지에 대한 직관을 얻는 데서 오는 전율은 어떤 수준에서도 경험할수가 있다. 이런 점에서 우리 모두는 물리학자가 될 수 있다.

물리학은 물질과 그들 사이의 상호작용의 기본적인 원리에 대한 연구이다. 물리학은 가장 근본적인 과학이다. 많은 다른 과학들이 물리학적 원리들을 기반으로 한다. 주된 물리학 분야는 역학, 전자기학, 광학, 열역학, 원자 및 핵물리학, 입자물리학, 그리고 응집물질물리학이다. 물리학이 공학과 기술에 있어 중요한 역할을 하지만, 물리학의 진정한 재미는 우주 전체를 이해하는 데에 있다.

1.4 물리학에서 수학과 측정의 역할

대학도서관에 가서 Physical Review나 다른 물리학 학술지를 찾아서 아무 쪽이나 펼쳐보면 당신은 그 안에 많은 수학적 기호나 식이 쓰여 있는 것을 발견하게 될 것이다. 아마 당신은 그 내용을 잘 이해하지 못할 것이다. 실제로 그 논문의 특별한 분야에 전문적이지 않은 많은 물리학자들조차도 그 쪽을 대략적으로라도 이해하는 데 어려움이 있을 것이다. 왜냐하면 그들도 특별한 기호들과 정의에 익숙하지 않을 것이기 때문이다.

왜 물리학자들이 자신들의 일에 그렇게 많은 수학을 사용하는가? 거기서 논의되는 착상들을 이해하는 데 있어 그 수학적 지식들 자체가 본질적인 것인가? 물리학의 착상들을 표현하는 데 있어 보다 정확하게 기술하고, 또한 물리학에서 측정하는 양들 사이의 관계들을 쉽게 다룰 수 있게 해주는 보다 간결하고 치밀한 언어가 바로 수학이다. 그 언어에 익숙해지기만 하면 수학이 주는 신비감은 사라지고 그 유용함이 명백해진다. 그러나 물리학의 대부분의 원리들은 수학을 많이 사용하지 않고도 설명이 가능하므로, 이 책에서는 아주 제한된 정도만의 수학을 사용하려고 한다.

왜 측정이 그렇게도 중요한가?

물리학의 이론들을 어떻게 검증할 것인가? 세심한 측정을 하지 않은 상태에서, 합리적으로 보일 수도 있는 모호한 예측이나 설명들이 있다고 하자. 하지만, 만약 이런 설명들이 여러 개이고 그 내용들이 서로 상충적이라면 그 중 어느 한쪽을 선택한다는 것은 불가능할 것이다. 반면에 예측이나 설명이 정량적이어서 검증될 수 있는 것이라면, 측정의 결과에 근거하여 그것을 받아들이거나 버릴 수 있다. 예를 들어 한 가설은 포탄이 우리로부터 100 m 거리에 떨어진다고 예측하고 다른 가설은 같은 조건에서 그 거리가 200 m라고 예측한다면, 대포를 쏘아서 실거리를 측정하는 것은 한 가설이 다른 가설보다 설득력이 있다는 증거를 제시하게 된다(그림 1.11). 물리학의 급성장과 성공은 검증수단으로써 정밀한 측정을 한다는 착상이 받아들여졌을 때 시작되었다.

일상적인 생활에서는 측정과 측정들 사이의 관계를 표현할 수 있는 능력이 중요한 상황이 많이 있다. 예를 들어 당신이 일요일 아침에 보통 세 사람을 위하여 팬케이크 준비하는데 어떤 특별한 일요일은 한 사람분을 더 준비해야 한다고 가정해보자. 어떻게 하겠는가? 재료를 두 배로 하고 나머지는 강아지에게 주겠는가? 아니면 네 사람분이 나오도록 재료를 얼마나 써야 할지 정확히 계산해보겠는가? 보통 때는 우유 한 컵이 들어간다고 하자. 세 사람이 아니라 네 사람이라면 얼마의 우유를 써야 하겠는가? 아마 당신은 이 문제를 머리 속에서 풀 수 있을 것이다. 하지만 어떤 사람들은 그 과정이 안전하지 않다고 생각할 수도 있다. (세 사람분에 한 컵이 필요할 때 일인당 1/3 컵이 필요하고, 4 곱하기 1/3 은 4/3, 혹은 1과 1/3 컵이 된다. 그림 1.12를 보라). 우유는 물론이고 모든 재료들에 대해서도 이 연산을 다른 사람에게 설명해야 된다면 당신은 많

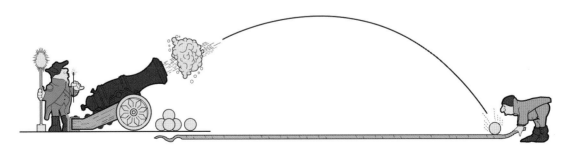

그림 1.11 포탄과 줄자. 측정이 곧 검증이다.

은 말을 하게 될 것이다. 당신의 설명을 듣
는 사람을 잘 쳐다보면 그의 눈이 흐릿해지
면서 혼란이 일어나기 시작하는 것을 보게
될 것이다.

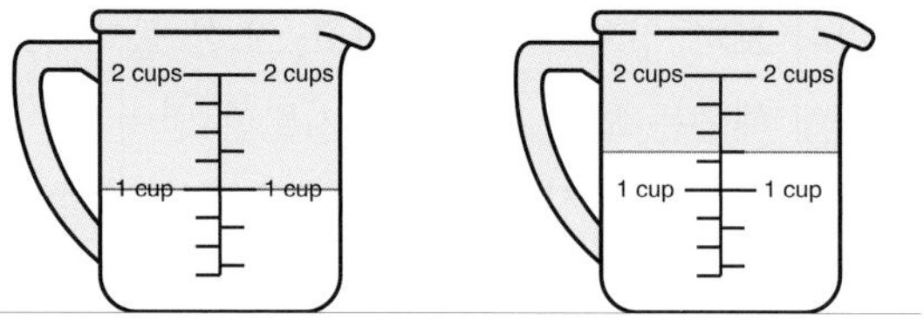

그림 1.12 두 개의 눈금컵들. 한 컵은 세 사람 분, 다른 컵은 네 사람분의 팬케이크을 만들 우유를 담고 있다.

수학이 어떻게 도움을 주는가?

수학은 조리에 필요한 모든 재료들에 적
용될 수 있는 하나의 진술을 만들어 사용함으로써 반복을 피하고 따라서 혼란을 줄일 수 있다. 즉, 다음과 같이 말할 수 있다. "네 사람분을 만드는데 필요한 각 재료의 양은 세 사람일 때의 양과 4대 3의 관계가 있다." 이것은 아직도 상당한 수의 단어들을 포함하고 있고, 듣는 사람이 이런 식으로 비율로 이야기하는 것에 익숙하지 않다면 그 의미가 명확하지 않을 수도 있다. 종이 한 장이 근처에 있다면 당신은 이 말을 다음과 같이 글로 써서 알릴 수도 있다.

네 사람분의 양 : 세 사람분의 양 = 4 : 3

이 진술을 더욱 간결하게 하기 위해 당신은 네 사람분에 필요한 어떤 재료를 나타내는 데 기호 Q_4를, 세 사람분에 대해서는 기호 Q_3를 사용할 수도 있다. 그러면 이 진술은 다음과 같은 수학방정식으로 표현된다.

$$\frac{Q_4}{Q_3} = \frac{4}{3}$$

기호를 사용하는 것은 먼저 말로 표현했던 것과 동일한 내용을 간결하게 표현하는 방법이다. 이 간결한 진술은 또한 관계들을 보다 쉽게 다룰 수 있게 한다는 이점도 있다. 예를 들어 이 방정식의 양쪽에 Q_3를 곱하면 다음과 같은 모양이 된다.

$$Q_4 = \frac{4}{3} Q_3$$

이 식은 말 그대로 네 사람분의 양은 세 사람분의 양에 4/3를 곱한 것과 같다는 뜻이다. 분수를 안다면 당신은 이 관계를 이용하여 다른 어떤 재료라도 필요한 양을 금방 알 수가 있다.

이 예에는 두 가지 중요한 점들이 포함되어 있다. 첫째는 측정을 한다는 것이 일상경험에 보통 수반되는 중요한 부분이라는 것이다. 둘째는 수학적 진술에서 양들을 나타내기 위해 기호를 사용하는 것이 숫자와 관련된 생각을 표현하는 데 있어서 말로 하는 것보다 간결한 방법이라는 것이다. 또한 수학을 사용하면 관계들의 조작을 쉽게 다룰 수 있기 때문에 주장의 논리를 간결하게 할 수 있다는 것이다. 이것들이 물리학자나 혹은 다른 사람들도 수학적 진술이 유용하다고 생각하는 이유들이다.

수학적 진술이 간결하고 명확하다는 것에도 불구하고 많은 사람들은 아직도 말을 쓰는 것을 더 편하게 생각한다. 수학에 대한 약간의 공포심이 있을 수도 있겠지만, 이것은 개인적인 선호와 경험의 문제이다. 이런 이유로 이 책에서는 최소한의 간단한 수학적 표현과 함께 말로 된 진술을 사용한다. 수학적 진술과 그림들을 동시에 사용함으로써 이같이 말로 된 진술들은 우리가 논의할 개념들을 잘 이해할 수 있도록 당신을 도울 수 있을 것이다.

왜 미터법 단위를 사용하는가?

측정단위는 어떤 측정에 있어서도 필수적으로 결정해야 하는 부분이다. 그냥 숫자만 말한다면 의사 전달은 명확하게 이루어질 수가 없다. 예를 들어, 당신이 1과 1/3의 우유를 붓는다고 말한다면 당신의 말은 완전하지가 않다. 몇 컵인지, 몇 파인트인지, 몇 밀리리터인지 즉 그 단위를 지적해야 한다.

리터와 밀리리터는 부피의 **미터법**단위다. 컵(cups), 파인트(pints), 쿼트(quarts), 갤런(gallons)은 영국의 구식 단위계이다. 대부분의 국가들이 지금은 **미터법단위계**(metric system)를 채택하고 있고, 이것은 미국에서 아직도 사용되고 있는 영국식 단위계보다 여러 가지로 이점이 있다. 미터단위계의 주된 이점은 그것이 표준 접두사를 사용하여 10의 거듭제곱을 나타내기 때문에 단위계 안에서의 단위 변환을 쉽게 할 수 있다는 것이다. 1 km는 1000 m이고 1 cm는 1/100 m이다. 접두사 kilo와 centi가 항상 1000과 1/100을 의미한다는 사실은 이와 같은 변환을 쉽게 기억하게 해준다(표 1.3을 보라). 30 cm를 미터로 변환하기 위해 우리가 해야 할 것은 단지 소수점을 왼쪽으로 두 자리 옮기는 것뿐이며 0.30 m라는 답을 얻는다. 소수점을 왼쪽으로 두 자리 옮기는 것은 100으로 나누는 것과 동등하다.

표 1.3은 미터단위계에서 상용되는 접두사들이다. 미터단위계에서 부피의 기본단위는 리터(L)이다. 이것은 1 쿼트보다 약간 크다(1 liter = 1.057 quarts). 1 밀리리터(mL)는 1 리터의 1/1000이고 조리법과 관련하여 편리한 크기의 단위다. 1 밀리리터는 또 1 세제곱센티미터(cm^3)와 같기 때

표 1.3 상용되는 미터법 접두사들

접두사	수		과학적 표기	읽기
		의 미		
tera	1 000 000 000 000		$= 10^{12}$	= 1 trillion
giga	1 000 000 000		$= 10^9$	= 1 billion
mega	1 000 000		$= 10^6$	= 1 million
kilo	1 000		$= 10^3$	= 1 thousand
centi	1/100	= 0.01	$= 10^{-2}$	= 1 hundredth
milli	1/1000	= 0.001	$= 10^{-3}$	= 1 thousandth
micro	1/1 000 000	$= 1/10^6$	$= 10^{-6}$	= 1 millionth
nano	1/1 000 000 000	$= 1/10^9$	$= 10^{-9}$	= 1 billionth
pico	1/1 000 000 000 000	$= 1/10^{12}$	$= 10^{-12}$	= 1 trillionth

---

예제 1.2

예제 : 길이의 단위 변환

1 인치는 2.54 cm라고 한다.

  a. 1 피트 즉 12 인치는 몇 cm인가?
  b. 1 피트는 몇 m인가?

a. 1 inch = 2.54 cm   1 foot = 12 inches

  1 foot = ? (in cm)

$$(1\ \cancel{ft})\left(\frac{12\ \cancel{in}}{1\ \cancel{ft}}\right)\left(\frac{2.54\ cm}{1\ \cancel{in}}\right) = 30.5\ cm$$

1 foot = 30.5 cm

b. 1 foot = 30.5 cm   1 m = 100 cm

  1 foot = ? (in m)

$$(1\ \cancel{ft})\left(\frac{30.5\ \cancel{cm}}{1\ \cancel{ft}}\right)\left(\frac{1\ m}{100\ \cancel{cm}}\right) = 0.305\ cm$$

1 foot = 0.305 m

단위에 옆줄을 그은 것은 서로 상쇄됨을 의미한다.

예제 1.3

예제 : 비율에 대한 단위 변환

한 자동 분무기의 분사 유량이 2 갤런/시라면 이것은 분당 몇 밀리리터의 비율이 되는가?

1 gallon = 3.786 liters

1 liter = 1000 ml

2 gal/hr = ? (in ml/min)

$$\left(\frac{2\ \cancel{gallons}}{\cancel{hour}}\right)\left(\frac{3.786\ \cancel{liter}}{1\ \cancel{gallon}}\right)\left(\frac{1000\ ml}{1\ \cancel{liter}}\right)\left(\frac{1\ \cancel{hour}}{60\ min}\right)$$

$$= 126.2\ ml/min$$

2 gallons/hour = **126.2 ml/ min**

단위에 옆줄을 그은 것은 서로 상쇄됨을 의미한다.

문에 미터단위계에서 길이와 부피는 간단한 관계를 갖는다. 그런 간단한 관계는 1 컵이 1/4 쿼트이고, 1 쿼트가 67.2 세제곱인치인 영국식 단위계에서는 찾기가 힘들다.

 이 책에서는 미터단위계를 주로 사용한다. 영국단위계는 그것들이 친숙해서 새로운 개념들을 배우는 데 도움이 될 때만 예외적으로 사용한다. 예를 들어 미국에서는 아직도 거리를 이야기할 때 킬로미터보다는 마일을 쓰는 것을 선호한다. 하지만 1 킬로미터가 깨끗하게 1000 미터라는 것에 비해, 1 마일이 5280 피트라는 것은 성가신 일이 될 수 있다. 미터단위계에 익숙해지는 것은 가치 있는 목표다. 세계의 대부분에서 사용하는 단위계에 익숙해지는 것은 사업 혹은 단지 재미를 위한 국제적인 거래에서 당신의 참여능력을 확대해줄 것이다. 예제 1.2와 1.3은 이러한 단위 변환의 예를 보여준다.

결과나 예측을 숫자로 말하는 것은 막연할 수도 있는 주장에 정밀성을 부여한다. 측정은 과학과 일상적인 생활에 있어서 필수적인 부분이다. 수학적 기호와 진술은 측정결과를 말하는 효율적인 방법이며 양들 간의 관계를 다루는 것을 쉽게 해준다. 측정단위는 어떤 측정에서도 필수적인 부분이며, 세계 대부분에서 사용되는 미터단위계는 영국단위계보다 많은 이점을 갖고 있다.

1.5 물리학과 일상적인 현상들

물리학을 공부하는 것은 물질의 근본적인 본질이나 우주의 구조와 같은 세상을 떠들썩하게 할 만한 착상들로 우리를 이끌 수 있고, 또 그럴 것이다. 이런 굉장한 착상들을 제쳐두고, 왜 어떻게 자전거가 쓰러지지 않는다거나 손전등이 어떻게 작동된다거나 하는 사소한 일들을 설명하는 데 시간을 낭비하려는가? 왜 존재의 근본적인 원리와 같은 거대한 담론으로 곧바로 뛰어들지 않는가?

왜 일상적인 현상을 공부하는가?

우주의 근본적인 원리에 대한 이해는 질량, 에너지, 전하량과 같은 추상적이고 비직관적인 개념들에 근거하고 있다. 이런 개념들의 의미를 잘 이해하지 못하고도 그것들과 관련된 어떤 말들을 배우고 그것들을 포함하는 착상들을 읽거나 논의하는 것이 가능은 하다. 그러나 이는 적합한 근거도 없는 단지 굉장해 보이는 착상들의 유희에 빠지는 위험한 일이 될 수도 있다.

질문을 제기하고, 개념을 도입하고, 물리학적인 설명을 고안하는 것을 실습할 때 일상적인 경험을 이용하는 것은 익숙하고 구체적인 예들을 다루게 된다는 이점을 가지고 있다. 이 예들은 어떻게 세상이 돌아가는지에 대한 호기심에 자연스럽게 호소하는 것들이며, 그리고 그 배후의 개념들을 이해하고자 하는 동기를 제공하는 것들이다. 일상적인 경험들을 명확하게 묘사하고 설명할 수 있다면 당신은 더욱 추상적인 개념들을 다룰 때도 자신감을 갖게 된다. 익숙한 예들로 인해 그 개념들은 더욱 단단한 기반 위에 서게 되고 그것들의 의미도 더욱 실재적이 된다.

예를 들어 자전거나 팽이가 움직이지 않을 때는 쓰러지지만 움직일 때는 그렇지 않은 원리는 8장에서 논의할 각속도의 개념을 포함한다. 각운동량은 또한 미시적인 세계인 원자와 원자핵이나, 반대편 극한의 세계인 은하의 구조를 이해하는 데도 중요한 역할을 한다(그림 1.13). 그러나 당신은 우선 자전거 바퀴와 팽이의 범주에서 각운동량을 이해해야 한다.

앞에서 언급한 도토리처럼 물체의 낙하를 설명하는 원리들은 2, 3, 4장에서 논의할 속도, 가속도, 힘, 그리고 질량의 개념들을 포함한다. 각운동량처럼 이 개념들도 역시 원자와 우주를 이해하는 데 중요하다. 6장에서 다루게 될 에너지에 대한 개념은 교재의 전반에 걸쳐 응용되는데 이는 에너지의 개념이 우주를 이해하는 데뿐만 아니라 기후의 변화나 에너지보존과 같은 우리 주

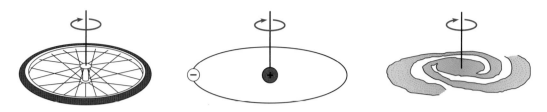

그림 1.13 자전거 바퀴, 원자, 그리고 은하. 이 모두는 각운동량의 개념을 포함한다.

변의 이슈들을 이해하는 데도 반드시 필요하기 때문이다. 무지개가 어떻게 만들어지는지를 이해하는 것은 16장에서 논의할 빛의 거동을 포함한다. 빛의 거동 역시 원자와 우주를 이해하는 데 중요한 역할을 한다.

"상식"은 일상적인 현상을 이해하는 데 있어 가끔 우리가 착오를 범하게 만든다. 잘 정립된 물리학의 원리들과 결합하여 상식을 조정하는 것은 일상적인 경험에서 직면하는 문제들 중의 하나이다. 이 책에서 제안하는 것처럼 가정이나 실험실에서 간단한 실험을 하고, 또 물리학 수업에서 실연해 보이는 것들을 스스로 실행해 보는 것은 자신의 과학적 세계관을 쌓는 것에 당신 자신이 적극적인 역할을 할 수 있도록 한다.

모순처럼 들리겠지만 일상적인 경험은 일상적이 아니다. 찬란한 무지개는 놀라운 광경이다. 무지개가 어떻게 생기는지 이해한다고 해서 그 경험의 가치가 떨어지는 것은 아니다. 그렇게 아름다운 광경을 몇 개의 격조가 높은 개념들로 설명할 수 있다는 것은 흥분을 더해준다. 실제로 관련된 물리학적 착상들을 이해하는 사람들은 어디를 보아야 하는지를 잘 알기 때문에 더 많은 무지개를 볼 것이다. 이 흥분과 그것 속에 수반되는 자연에 대한 추가된 인식이 우리 모두에게 열려져 있는 것이다.

일상적인 현상들을 공부함으로써 추상적인 착상들에 쉽게 접근할 수 있다. 이 착상들은 물질과 우주의 근본적인 성질을 이해하는 데 필요한 것들이지만 우선 익숙한 예들에서부터 다가가는 것이 최선이다. 일상적인 현상을 설명할 수 있는 능력은 이 원리들을 사용하는 데 자신감을 쌓아주고 주위에 일어나는 것들에 대한 우리의 인식을 높여준다.

질 문

Q1. 그림 1.2의 그래프를 보고 과거 150년 동안 지구표면의 온도가 상승하였다고 판단할 수 있는지 설명하라.

Q2. 나무를 태우는 것은 대기 중에 이산화탄소를 방출한다. 나무를 태우는 것을 화석연료를 사용한다고 말할 수 있는가? 설명하라.

Q3. 다음 중 어떤 문제가 과학적 및 종교적인 설명을 가장 잘 구별하겠는가? 진리, 검증성, 단순성? 설명하라.

Q4. 초능력을 갖고 있다고 주장하는 한 사람이 숟가락을 건드리지 않고 단지 정신력에 의해서 구부릴 수 있다고 말한다. 이것은 검증될 수 있는 주장인가? 설명하라.

Q5. 당신의 차가 시동이 걸리지 않고 있어서 당신은 배터리가 다 떨어졌을 거라는 가정을 하고자 한다. 당신은 이 가정을 어떻게 검증하겠는가? 설명하라.

Q6. 빵을 굽는 토스터가 고장이 났다고 하자. 토스터가 왜 작동하지 않는지 설명할 수 있는 두 가지의 가정을 만들고, 이 가정들을 각각 어떻게 검증할 것인가를 설명하라.

Q7. 생물학, 화학, 물리학 중 어느 과학분야가 가장 근본적이라고 말하겠는가? 그 분야가 어떤 점에서 다른 분야보다 더 근본적인가를 서술하면서 설명하라.

Q8. 표 1.2에 주어진 간략한 묘사에 근거하여, 무지개의 원리를 설명하는 데 관련이 있는 물리학의 분야는 무엇이라고 말할 수 있겠는가? 또한, 도토리가 어떻게 떨어지는지를 설명하는 것과 관련된 분야는 어느 것이겠는가? 설명하라.

Q9. 표 1.2에 주어진 간략한 묘사에 근거하여, 커피와 같은 뜨거운 음료가 식는 원리를 설명하는 데 관련이 있는 물리학의 분야는 무엇이라고 말할 수 있겠는가? 또한, 라디오가 작동하는 원리를 설명하는 데 관련된 분야는 어느 것이겠는가? 설명하라.

Q10. 속도를 s, 거리를 d, 시간을 t라고 할 때 속도는 $s = d/t$라는 관계식에 의해 정의된다고 한다. 이 관계를 수학적 기호들을 사용하지 않고 말로 표현하라.

Q11. 운동량은 물체의 질량과 그것의 속도를 곱한 양으로 정의한다. 운동량을 p, 질량을 m, 속도를 v로 나타내면 $p = m/v$라고 쓰는 것은 이 정의를 잘 표현한 것인가? 설명하라.

Q12. 어떤 물체가 정지상태에서 출발하여 일정한 가속도로 운동할 때 어느 시간 동안 움직인 거리는 가속도 크기의 반에 걸린 시간의 제곱을 곱한 값이다. 필요한 기호들을 만들어서 이 말을 기호식으로 표현하라.

Q13. 영국단위계와 비교하여 미터단위계의 이점들은 무엇인가? 설명하라.

Q14. 미터단위계로 바꾸는 것보다 계속해서 영국단위계를 사용한다면 그때의 이점들은 무엇이겠는가? 설명하라.

Q15. 미터단위계와 영국단위계 중에 어느 것이 세계적으로 더 많이 쓰이는가? 설명하라.

연습문제

E1. 다섯 사람분의 와플을 만드는 데 310 g의 밀가루가 든다고 하자. 두 사람분을 준비하기 위해서는 몇 g의 밀가루가 필요하겠는가?

E2. 컵케이크 16개를 만드는 데 240 g의 밀가루가 들어간다고 한다. 20개의 컵케이크만 만들려면 몇 g의 밀가루가 필요하겠는가?

E3. 어떤 사람이 손을 사용해서 책상 윗면의 폭을 재려고 한다. 그의 손의 한 뼘이 8 cm이고 책상 윗면이 16뼘 반이라면 책상 윗면의 폭은 몇 cm인가? 또한, 몇 m인가?

E4. 어떤 사람의 발의 길이가 7인치라고 하자. 왼발과 오른발의 끝을 연결하여 걸으면서 길이를 재었을 때 방의 길이가 15발 반이었다. 방의 길이는 몇 인치인가? 또한, 몇 피트인가?

E5. 한 책의 폭이 220 mm이다. 이것은 몇 cm인가. 또한, 몇 m인가?

E6. 나무상자의 질량이 8.3×10^6 mg이다. 이것은 몇 kg인가? 또한, 몇 g인가?

E7. 큰 물탱크에 5260 L의 물이 들어 있다. 이것은 몇 kL인가? 또한, 몇 mL인가?

E8. 1마일은 5280 ft(피트)다. 예제 1.2는 1피트가 약 0.305 m라는 것을 보여준다. 1마일은 몇 m인가? 또한, 1마일은 몇 km인가?

E9. 1마일이 5280 피트이고 1야드가 3피트라면 1마일은 몇 야드인가?

E10. 어떤 면의 면적은 그 면의 길이에 폭을 곱하여 얻는다. 방바닥의 면적이 5.28 m²(제곱미터)라면 이것은 몇 cm²(제곱센티미터)에 해당하는가? 1 m²는 몇 cm²에 해당하는가?

고난도 연습문제

CP1. 역술가들은 자신들이 당신의 운세를 당신의 사주(생년월일시)에 의해서 예언할 수 있다고 주장한다. 예를 들어, 띠에 따른 매일의 운세에 대한 예측을 대부분의 스포츠신문에서 볼 수가 있다. 신문에서 이것들을 찾아서 다음의 질문들에 대답하라.

a. 역술적인 예언은 검증될 수 있는가?
b. 당신의 운세를 고른 다음에 그것이 맞을 것인지를 어떻게 확인하겠는가?
c. 왜 신문들은 이런 기사를 싣겠는가? 어떤 점에서 이런 예언이 사람들의 호감을 살 수 있겠는가?

단원 1 뉴턴 혁명

1 687년에 아이작 뉴턴(Isaac Newton)은 '자연철학의 수학적 원리'를 출판했다. 이 책은 '뉴턴의 프린키피아'라고 부르기도 한다.

운동에 대한 그의 이론을 제시하고 있으며, 세 가지 운동법칙과 만유인력의 법칙을 포함하고 있다. 이러한 법칙들은 지구 표면에서의 보통물체의 운동에 대하여 그 당시 알려진 것들의 대부분(지상역학)뿐만 아니라, 태양주위의 혹성의 운동(천체역학)도 설명할 수 있었다. 이러한 과정에서, 뉴턴은 현재 미적분학이라 불리는 수학적 기법을 개발해야만 했다.

'프린키피아'에 씌여진 역학에 대한 뉴턴의 이론은 과학과 철학을 모두 혁신한, 놀랄 만한 지적 성취였다. 그러나, 이러한 혁명적 성취는 뉴턴에 의해 시작된 것은 아니었다. 진정한 반항자는 이탈리아의 과학자 갈릴레오 갈릴레이였는데, 그는 1642년, 뉴턴의 탄생 몇 개월 후에 죽었다. 갈릴레이는 백 년쯤 전에 니콜라우스 코페르니쿠스가 제안했던 태양계에 대한 태양 중심설을 옹호했는데, 노력한 보람도 없이 종교재판에 회부되기도 했다. 갈릴레이는 또한 아리스토텔레스의 가르침에 기초한 보통물체의 운동에 대한 전통적인 학문에도 도전했다. 이러한 과정에서, 갈릴레이는 나중에 뉴턴이 그의 이론에 편입시킨 지상역학의 여러 원리들을 발전시켰다.

비록 운동에 대한 뉴턴의 이론이 아주 빠른 물체들(아인슈타인의 상대성이론으로 기술됨)과 아주 작은 물체들(양자역학이 적용되어야 함)의 운동을 묘사하는 데 적합하지 않다는 것이 판명되긴 했지만, 뉴턴 역학은 물리학과 공학에서 운동을 설명하거나 구조들을 분석하는 데 아직도 널리 쓰인다. 뉴턴의 이론은 최근 300여년간 자연과학, 그리고 그보다 훨씬 넓은 사고의 영역들에까지 아주 큰 영향을 미쳤고, 지식인이라고 주장하고 싶으면 뉴턴의 이론 정도는 이해해야 한다.

뉴턴의 이론에 중심이 되는 것은 운동의 제2법칙이다. 그것에 의하면 물체의 가속도는 그 물체에 작용하는 알짜 힘에 비례하고 질량에 반비례한다. 물체를 밀면 그 물체는 가해진 힘의 방향으로 가속된다. 직관을 바탕으로 한 아리스토텔레스의 가르침과는 달리, 작용된 힘에 비례하는 것은 속도가 아니라 가속도이다. 이러한 원리를 이해하기 위하여, 물체의 운동의 변화를 뜻하는 가속도에 대하여 철저히 검토할 것이다.

뉴턴의 이론에 직접 뛰어들기보다는, 운동과 자유낙하에 대한 갈릴레이의 직관을 공부함으로써 이 단원을 시작하고자 한다. 이것이 뉴턴의 사고방식들을 이해하기 위한 필수적인 기반을 제공할 것이다. 잘 보려면, 우리는 이러한 거인들의 어깨 위에 서있을 필요가 있다.

운동의 기술

학습목표

이 장의 학습목표는 자동차의 운동과 같이 일반적인 물체의 운동을 기술하기 위하여 사용되는 물리학적 용어들에 대하여 먼저 명확하게 정의하고 그 개념을 설명하는 것이다. 속력, 속도, 그리고 가속도의 개념을 정확하게 파악하는 것은 다음 장에 기술되는 운동의 원인에 대한 설명에 있어서 중요한 열쇠가 되는 동시에 그 첫걸음이 된다. 이러한 개념들이 없이는 그저 운동이라는 단순하고도 막연한 개념들 사이에서 헤매게 될 것이다. 이 장에 순서대로 기술되는 각각의 주제들은 이전의 내용들을 토대로 하여 전개된다. 따라서 제시되는 각각의 주제들을 그때그때 명확히 이해하는 것이 중요하다. 특히, 속력과 속도, 그리고 속도와 가속도 사이의 개념의 차이를 분명히 하는 것은 매우 중요하다.

개요

1 **평균속력과 순간속력.** 물체가 얼마나 빨리 움직이는지를 어떻게 기술하는가? 순간속력은 평균속력과 어떻게 다른가?

2 **속도.** 운동을 기술함에 있어서 어떻게 방향을 도입하는가? 속력과 속도의 차이는 무엇인가?

3 **가속도.** 운동의 변화를 어떻게 기술하는가? 속도와 가속도 사이의 관계는 무엇인가?

4 **운동을 그래프로 나타내기.** 그래프들이 운동을 기술하는 데 어떻게 쓰일 수 있는가? 그래프를 사용하는 것은 속력, 속도 그리고 가속도의 개념을 명확히 이해하는 데 어떻게 도움을 줄 수 있는가?

5 **등가속도.** 물체가 일정하게 가속될 때 어떤 일이 일어나는가? 물체가 일정하게 가속될 때 속도와 움직인 거리는 시간에 따라 어떻게 변하는가?

당신이 교차로에 정지해 있는 자동차 안에 있다고 가정하자. 차량들이 교차하여 지나가는 것을 기다린 후, 정지선으로부터 차를 움직이기 시작하여 시속 56 km가 될 때까지 가속시킨다. 순간 자동차 앞으로 뛰어드는 개를 피하기 위하여 급브레이크를 밟아 시속 10 km로 감속시킨 후 그 속력을 그대로 유지하여 그림 2.1과 같이 개와의 충돌을 피한다. 이후, 다시 56 km/h로 속력을 올린다. 또 다른 구획을 지난 후, 당신은 또 다른 일단정지 표지를 만나서 속력을 천천히 0으로 줄이게 된다.

아마도 우리는 모두 이러한 경험이 있을 것이다. 미국에서는 속력을 시간당 마일(MPH)로 측정하는 것이 시간당 킬로미터(km/h)를 쓰는 것보다 보편적이고, 그래서 더 익숙할지도 모르지만 현재의 대부분의 미국 자동차의 속도계는 두 가지 모두를 나타내고 있다. 속도의 증가를 나타내는 **가속도**(acceleration)라는 용어도 거의 일상적인 용어로 사용된다. 그러나, 물리학에서는 실제 상황을 정확하게 기술하기 위하여 이러한 용어들을 보다 정밀하고 한정된 의미로 사용하고 있으며 이러한 의미들은 때로는 일상적인 단어의 의미와는 다를 수가 있다. 예를 들어 물리학적으로 가속도라는 용어는 물체의 속도가 변하는 모든 상황에서 사용될 수 있으며 따라서 속력이 감소하는 경우나 운동의 방향이 바뀌는 경우도 여기에 포함된다.

만일 당신이 **속력**(speed)이라는 용어를 동생에게 설명해야 한다면 어떻게 하겠는가? 또 **속도**(velocity)는 속력과 같은 것을 의미하는가? 또 가속이란? 이는 막연한 개념인가 아니면 정확한 의미를 갖는가? 그것은 속도와 같은 것인가? 명확한 설명을 위해서는 우선적으로 용어의 분명한 정의가 필수적이다. 물리학에서 사용되는 용어들은 비록 개념상으로는 일상적으로 사용되는 단어들과 연관되어 있지만 그것은 서로 다른 것이다. 그러면 물리학적으로 사용되는 이러한 용어들의 정확한 정의는 무엇이며 이들이 물체의 운동을 기술하는 데 어떻게 이용되는지 알아보기로 하자.

그림 2.1 자동차가 개 때문에 브레이크가 걸리면, 갑작스런 속력 변화가 있게 된다.

2.1 평균속력과 순간속력

자동차를 타고 또는 운전하고 다니는 것은 일상생활의 일부이므로 우리는 이미 속력이라는 개념에 익숙하다. 누구나 자동차의 속도계기판을 본 경험이 있을 것인데 아마 어떤 사람은 그것을 주의 깊게 보지 않아 과속으로 단속된 경험이 있을지도 모르겠다. 당신이 어떤 물체가 얼마나 빨리 움직이고 있는가를 기술하고 있다면 개요에서도 말했듯이 이는 **속력**에 대하여 이야기하고 있는 것이다.

평균속력은 어떻게 정의되는가?

미국에서 대부분의 고속도로는 그 제한속도가 55 MPH인데 이는 과연 무엇을 의미하는가? 이것은 그러한 속력으로 한결같이 달리는 경우, 한 시간 동안에 55마일이란 거리를 가게 될 것이라는 것을 의미한다. 여기에 사용된 요소들 즉 용어들에 대하여 주목해 보자. 먼저 55라는 숫자와 시간당 마일이라는 단위가 있다. 숫자와 단위는 속력의 크기를 기술하는데 필수적이다.

시간당 마일(miles per hour)이라는 표현에는 여행한 마일 수를 걸린 시간으로 나누어서 속력을 얻게 됨을 내포하고 있다. 이것이 바로 여행하는 동안의 **평균**

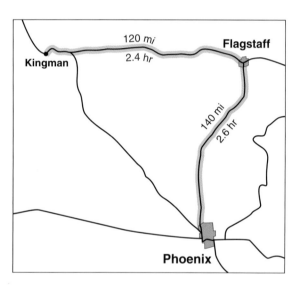

그림 2.2 260마일의 여행을 두 구간으로 나누어 각각에 대한 여행거리와 시간을 함께 보여주는 도로 지도

속력을 계산하는 방법이다. 예를 들어, 그림 2.2의 도로 지도에 보여진 것처럼, 다섯 시간 동안에 260마일의 거리를 여행했다고 가정하자. 그러면, 평균속력은 260마일 나누기 5시간이 되어, 52 MPH가 된다. 아마도 이러한 유형의 계산은 누구에게나 익숙할 것이다.

따라서 평균속력의 정의를 다음과 같이 표현될 수 있다.

> 평균속력은 여행한 거리를 여행 시간으로 나눈 것과 같다.

또는

$$\text{평균속력} = \frac{\text{여행한 거리}}{\text{여행 시간}}$$

같은 정의를 수식을 이용하여 표현하면

$$s = \frac{d}{t}$$

로 나타낼 수 있는데, 여기서 s라는 문자는 속력을, d는 거리를, t는 시간을 나타낸다. 1장에서 언급된 바와 같이, 문자와 기호들을 사용하는 것은 약간 추상적이기는 하지만 같은 의미를 보다 간결하게 나타내는 효과적인 방법이다. 말로 길게 설명하는 것과 수식을 사용하는 것과 어떤 것이 보다 효율적인 방법인지는 스스로 판단해 보라. 대부분의 사람들은 수식을 사용한 표현이 암기하고 사용하는 데 보다 쉽다는 것을 알고 있다.

　앞에서 정의한 평균속력이란 곧 움직인 거리의 걸린 시간에 대한 **비율**이다. 비율이란 항상 어떤 양을 다른 양으로 나누어준 값을 말한다. 리터당 킬로미터, 달러당 원, 그리고 게임당 점수 등은 모두 비율에 대한 예들이다. 평균속력과 같이 시간에 대한 비율을 말하고 있다면 바로 나누는 양이 시간이 된다. 물론 평균속력 이외에도 시간에 대한 비율을 나타내는 양들은 많다.

속력의 단위는 무엇인가?

　자 그럼 여기서 잠시 단위라는 개념을 생각하여 보자. 어떤 물리량을 기술할 때 숫자만을 언급하는 것은 무의미하며 당연히 단위라는 것이 필수적이다. 만일 자동차의 속력에 대하여 기술할 때 단위에 대한 언급이 없이 그냥 70으로 달리고 있다고 말한다고 하자. 미국에서라면 그것은 아마도 70 MPH로 이해될 것인데, 왜냐하면 미국에서는 그것이 가장 빈번하게 쓰이는 단위이기 때문이다. 한편, 유럽에서라면, 사람들은 아마도 이보다 훨씬 느린 속력인 70 km/h를 의미한다고 생각할 것이다. 이러한 혼란은 물리량을 기술하며 단위를 이야기하지 않은 때문이라는 것은 너무나도 명백하다. 하나의 물리량에 대하여 서로 다른 단위를 사용하였다면 그들 사이의

예제 2.1

예제 : 속도의 단위 환산
a. 시간당 90 킬로미터를 시간당 마일로 바꾸시오.
b. 시간당 90 킬로미터를 초당 미터로 바꾸시오.

a. 1 km = 0.6214 miles

　90 km/hr = ? (in MPH)

$$\left(\frac{90 \text{ km}}{\text{hr}}\right)\left(\frac{0.6214 \text{ miles}}{\text{km}}\right) = 55.9 \text{ MPH}$$

90 km/hr = **55.9 MPH**

b. 1 km = 1000 m

$$\left(\frac{90 \text{ km}}{\text{hr}}\right)\left(\frac{1000 \text{ m}}{\text{km}}\right) = 90,000 \text{ m/hr}$$

$$(1 \text{ hr})\left(\frac{60 \text{ min}}{\text{hr}}\right)\left(\frac{60 \text{ sec}}{\text{min}}\right) = 3600 \text{ sec}$$

$$\left(\frac{90,000 \text{ m}}{\text{hr}}\right)\left(\frac{1 \text{ hr}}{3600 \text{ sec}}\right) = 25.0 \text{ m/sec}$$

90 km/hr = **25.0 m/sec**

b는 또한 환산인자로 사용될 수 있다.

　1 km/hr = 0.278 m/sec

$$(90 \text{ km/hr})\left(\frac{0.278 \text{ m/sec}}{1 \text{ km/hr}}\right) = 25.0 \text{ m/sec}$$

90 km/hr = **25.0 m/sec**

단위에 옆줄을 그은 것은 서로 상쇄됨을 의미한다.

표 2.1 다른 단위들로 나타내진 익숙한 속력들		
20 MPH =	32 km/h =	9 m/s
40 MPH =	64 km/h =	18 m/s
60 MPH =	97 km/h =	27 m/s
80 MPH =	130 km/h =	36 m/s
100 MPH =	160 km/h =	45 m/s

예제 2.2

예제 : 잔디의 성장 속도

질문 : km/h나 m/s는 자동차나 사람의 움직임을 기술하는 데 적당한 속도의 단위이다. 그러나 어떤 것들은 이보다 훨씬 느린 속도로 움직인다. 예를 들어 잔디의 끝부분이 자라나는 속도를 나타내려면 어떤 단위가 적당할까?

답 : 일반적으로 잔디에 영양분과 물이 적당히 공급된다면 1주일에 약 3~6 cm 자라는 것이 보통이다. 잔디를 깎은 지 일주일 후에 잔디가 얼마나 자랐는지 기억을 되살려보면 충분히 수긍이 간다. 만일 잔디가 자라나는 속도를 m/s 단위로 나타낸다면 그것은 매우 작은 값이 되기 때문에 그 속도의 차이를 비교하기에는 적절한 단위가 아니다. 잔디가 자라나는 속도는 cm/주 단위로 표시하거나 아니면 mm/일로 표시하는 것이 더 좋은 선택이 된다.

환산인자를 사용하여 한 단위를 다른 단위로 환산하는 것이 가능하다. 예를 들어, km/h를 MPH로 바꾸고 싶다면, 마일과 킬로미터 사이의 관계를 알아야 한다. 1킬로미터는 대략 0.6마일(보다 정확히는 0.621마일)이다. 예제 2.1에 보여진 바와 같이, 90 km/h는 55.9 MPH와 같다. 환산과정은 적당한 환산인자를 곱하거나 나누어주면 된다. 1마일이란 1킬로미터보다 긴 거리이기 때문에, 시간당 마일이 더욱 큰 단위이고 따라서 같은 속력이라면 시간당 킬로미터 단위로 표현한 것보다 시간당 마일로 표현한 것이 수치적으로 더 작다. 속력의 단위들은 항상 거리 나누기 시간이다. 미터법을 쓰는 경우, 속력의 기본단위는 초당 미터(m/s)이다. 예제 2.1은 시간당 킬로미터의 단위를 다시 초당 미터 단위로 환산하는 과정을 보여주고 있다. 즉 90 km/h의 속도는 기본단위로는 대략 25 m/s가 된다. 아마도 일반적인 물체의 운동을 논의함에 있어 적당한 크기이다. 표 2.1은 시간당 마일, 시간당 킬로미터, 그리고 초당 미터와 같이 많이 사용되는 속력의 단위들 사이의 관계를 보여주고 있다.

순간속력이란 무엇인가?

만약 앞의 예에서와 같이 5시간 동안에 260마일의 거리를 여행했다면 이것이 전체 여행을 통하여 52 MPH의 일정한 속력을 일정하게 유지하였다는 것을 의미하겠는가? 물론 그렇지 않다. 그리고 그러한 일이란 있을 수도 없다. 우선 자동차의 속력이란 길의 경사도에 따라 달라질 것이다. 또 그 외에도 다른 차량을 추월할 때, 쉬어갈 때, 또는 고속도로순찰차가 지평선에 희미하게 나타날 때, 속력에는 변화가 있게 된다. 만일 우리가 어느 한 순간

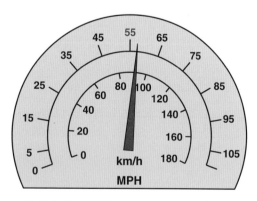

그림 2.3 순간속력을 MPH와 km/h로 나타내고 있는 속도계

얼마나 빨리 달리고 있는지를 알고자 한다면, 속도계를 읽으면 되는데, 이것이 바로 순간속력을 나타낸다(그림 2.3).

순간속력은 평균속력과 어떻게 다른가? 순간속력은 어느 순간 우리가 얼마나 빨리 가고 있는지를 알려주지만, 속력이 일정하게 유지되지 않는 한, 먼 거리를 여행하는 데 전체적으로 얼마나 걸리는지에 대해서는 거의 아무런 정보를 주지 못한다. 한편, 평균속력은 여행이 얼마나 걸릴 것인가를 계산할 수 있게 해주지만, 여행 중의 속력의 자세한 변화에 대하여는 아무런 정보를 제공하지 못한다. 자동차의 속력이 여행 도중 어떻게 변하는가에 대한 보다 완전한 기술은 그림 2.4에 보여진 것과 같은 그래프에 의해서 제공될 수 있을 것이다. 이 그래프의 각 점들은 수평축에 표시된 시각에서의 순간속력을 나타내고 있다. 우리 모두 속도계를 읽은 경험으로부터

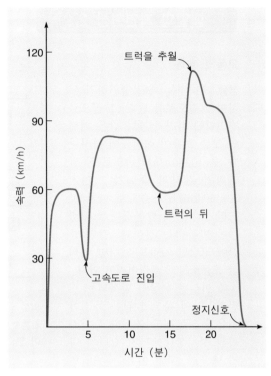

그림 2.4 지방 고속도로를 여행하는 동안의 순간속력의 변화

순간속력이 의미하는 바에 대하여 어느 정도의 직관을 갖고 있지만, 이 양을 실제로 계산하는 데는 평균속력을 정의하고 계산하는 데 있어서 다루지 않았던 새로운 문제에 부딪히게 된다. 우리는 순간속력이 어느 순간에 거리가 주파되는 비율이라고 말할 수 있을지도 모르지만, 어떻게 이 비율을 계산할 수 있겠는가? 이 비율을 계산하기 위하여 어떤 시간간격을 사용해야 하는가?

이 문제에 대한 해결책은 단순하게 아주 짧은 시간간격을 선택하는 것인데 그 이유는 그 시간간격이 충분히 짧아야만 최소한도 그동안에는 속력에 큰 변화가 생기지 않는다고 볼 수 있기 때문이다. 예를 들어 어떤 물체가 1초 동안에 20미터를 간다고 하자. 만일 물체의 속력이 그 1초 동안에 그리 많이 변하지 않는다면 20미터를 1초로 나누어 20 m/s라는 값은 물체의 순간속력에 대한 좋은 추정이 될 것이다. 그러나 만일 그 1초 동안에 속력이 급격히 변하고 있다면, 순간속력을 계산하는 데는 보다 짧은 시간간격을 선택해야 할 것이다. 사실 이론적으로는 원하는 대로 얼마든지 짧은 시간간격을 선택하는 것이 가능하다. 그러나, 현실적으로는, 아주 작은 양을 측정하는 것이 어려울 수도 있을 것이다. 정리한다면 순간속력에 대한 정의를 다음과 같이 기술할 수 있다.

순간속력은 어느 한 순간거리가 주파되는 비율이다. 그것은 속력의 크기에 감지할 만한 변화가 생기지 않는 아주 짧은 시간간격에 대하여 평균속력을 계산함으로써 얻어진다.

다시 말하면 순간속력이란 아주 짧은 시간간격 동안의 평균속력을 말한다.

매일의 자연현상 2.1

교통의 흐름

상황. 제니퍼는 매일 출근하기 위하여 고속도로를 탄다. 도심으로 진입함에 따라 언제나 같은 패턴의 교통 흐름이 여지없이 나타난다. 즉 100 km/h의 속도로 잘 달리다가 갑자기 속도가 느려져 20~50 km/h의 속도로 마치 파도타기와 같이 빨라졌다 느려졌다를 반복하는 것이다. 만일 중간에 고장난 차라도 있다면 이러한 흐름조차도 깨져버리고 만다.

왜 이러한 현상이 반복되는 것일까? 앞에 사고와 같은 특별한 이유가 없는데도 불구하고 차가 거의 정지상태에까지 갔다가 다시 속도를 내는 이유는 무엇인

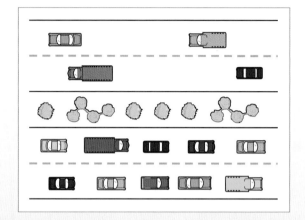

위쪽 차선의 차들은 적당한 차간 거리를 유지하며 원만한 교통흐름을 유지한다. 그러나 아래 차선의 차들은 밀집되어 있으며 느린 속도로 진행한다.

가? 고속도로로 진입하는 램프에 신호등을 설치하면 약간 상황이 호전되기도 한다. 이러한 문제를 해결하는 것은 도시 교통공학의 좋은 연구과제가 되기도 한다.

분석. 교통의 흐름을 총체적으로 분석하는 일은 아주 복잡한 일이다. 다만 제니퍼의 경험을 설명하는 데는 간단한 요소들만으로도 가능하다. 도로 위에서 자동차의 밀도가 곧 핵심 요소인데 이는 대/km 단위로 나타낼 수 있다. 자동차의 밀도는 곧 자동차 사이의 간격을 말하며 이는 자동차의 속도와 관계된다.

제니퍼와 마찬가지로 운전자가 100 km/h의 속도로 달리려면 상당한 차 간격을 유지해야만 한다. 운전자들은 보통 본능적으로 이 거리를 유지한다. 물론 사람에 따라서는 빠른

여행한 전체 거리를 그 거리를 주파하는 데 소요된 시간으로 나누어줌으로써 평균속력을 얻는다. 따라서 평균속력은 거리가 주파되는 평균적인 비율이다. 순간속력은 어느 순간에 거리가 주파되는 비율이고, 아주 짧은 시간간격에 대한 평균속력이며 자동차의 속도계는 바로 순간속력을 보여준다. 평균속력은 여행에 얼마의 시간이 걸릴 것인가를 추정하는 데 유용하다. 그러나 고속도로 순찰대에게는 순간속력이 보다 관심이 있다.

주제 토론

경찰이 사용하는 레이저 건은 자동차의 순간 속도를 측정한다. 반면에 헬기를 타고 있는 경찰은 자동차가 고속도로에 표시된 일정한 간격의 두 표지 사이를 통과하는데 걸린 시간을 측정한다. 이 두 가지 측정은 서로 어떻게 다른 측정방식을 사용하는가? 과속을 단속함에 있어 어떤 방법이 더 공정한가?

속도에도 앞차를 바짝 따라가는 사람도 있지만 이는 매우 위험한 운전습관이다.

　고속도로 입구 램프에서 더 많은 차가 진입할수록 자동차의 밀도는 증가하고 따라서 차의 간격은 가까워지며 자동적으로 운전자들은 짧은 안전거리에 해당되는 속도로 감속한다. 이렇게 차량이 계속 늘어나면 교통 흐름의 속도는 점진적으로 느려지게 될 것이다. 그러나 실제 상황은 그렇게 되지 않는다.

　즉 상당수의 운전자들이 차 간격이 줄어들었음에도 불구하고 위험하다고 느껴지는 상황이 올 때까지 100 km/h의 속도를 그대로 유지하는 것이다. 바로 이들이 급브레이크를 밟아 갑자기 속도를 줄이므로 교통의 흐름에 불안정성을 가져오는 요소가 된다. 때로는 특히 진입 램프 근처에서는 자동차의 밀도가 너무 높아져 차 간격이 차 한 대 정도가 되어 운전자가 거의 정지하거나 아주 저속으로 운전하지 않으면 안 되는 상황이 되기도 한다.

　한번 자동차의 흐름의 속도가 20 km/h 정도로 떨어지면 100 km/h의 속도로 뒤따라오던 차들은 빠른 속도로 쌓이면서 소위 체증을 형성한다. 어떤 차들은 완전히 정지하기도 하여 체증을 더욱 가속화시킨다. 체증의 제일 앞단에서는 뒷차들의 흐름의 속도가 급격히 떨어지면서 차의 밀도는 다시 낮아져 약 50 km/h의 속도를 유지할 수 있는 정도가 된다. 만일 이때 모든 운전자가 완만하고도 동일한 보조로 속도를 늘려나간다면 속도는 점차 회복될 것이다. 그러나 이때에도 일부 운전자들이 성급하게 빨리 가속하다가는 다시 갑자기 속도를 줄이는 상황이 계속되므로 이 차의 뒤로 다시 빠르게 차가 쌓이게 된다.

　이러한 분석의 과정에서 두 가지 평균속도의 개념을 사용하였음을 주의하라. 하나는 특정한 자동차 한 대가 빨라졌다 느려졌다 하는 것에 따른 개별 자동차의 평균속도이며 또 하나는 흐름에 참여하는 모든 자동차의 평균속도이다. 교통 흐름이 원활할 때에는 각 개별 자동차의 평균속도는 서로 다를 수 있다. 그러나 교통 체증이 일어나고 있는 상황에서는 모든 자동차의 평균속도는 모두 같다.

　고속도로 진입 램프에 신호등을 달아 진입하는 차량의 대수를 통제하면 도로의 흐름을 방해하지 않고 한 대씩 전체의 흐름에 합류시킬 수가 있다. 이는 빠르게 움직이는 도로의 흐름, 갑작스런 차의 밀도의 증가를 억제하여 교통의 흐름을 방해하지 않도록 하는 것이다. 그러나 자동차의 밀도가 어느 선을 넘어서면 이러한 방법도 효과가 없어진다.

2.2 속 도

　속력과 속도는 같은 의미인가? 일상적인 용어로 사용할 때 이들은 같은 의미로 사용된다. 그러나 물리학적 용어로는 확실하게 구분되는 서로 다른 개념이며 그 차이점은 물체가 움직이는 방향과 관계가 있다. 이 두 개념 사이의 차이를 명확하게 이해하는 것은 4장에서 배우게 될 뉴턴의 법칙들을 이해하는 데 필수적이다. 그것은 단순히 선호의 문제나 모양을 내기 위해서가 아니라는 사실을 알아야 한다.

속력과 속도의 차이점은 무엇인가?

당신이 그림 2.5에서와 같이 커브길에서 자동차를 운전하고 있다고 하자. 자동차는 60 km/h의 일정한 속력을 유지하고 있다. 이 경우 속도도 또한 일정한가? 답은 '아니다' 이다. 왜냐하면, 속도는 물체가 얼마나 빨리 가고 있는가 뿐만 아니라 운동의 방향을 동시에 나타내고 있기 때문이다. 운동의 방향은 자동차가 커브를 돌 때 변하고 있다.

그 차이를 간단히 설명하면 다음과 같다. 속력은, 앞에서 정의한 바와 같이, 물체가 한 순간 얼마나 빨리 움직이고 있는지는 알려주지

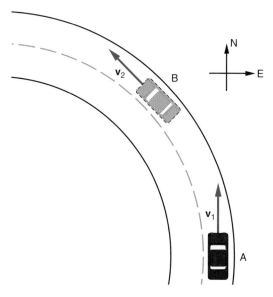

학습 요령

과학교육에는 그 요점들을 이해시키기 위하여 그림이나 도표들을 많이 사용한다. 앞으로 여러 장들에 걸쳐서 많은 개념들이 도입되고 그림을 통해 설명될 것이다. 이 모든 그림들에 있어서 같은 색깔의 화살표는 다음과 같이 일관된 용도로 사용될 것이다.

➤ 청색 화살은 속도 벡터이다.
➤ 녹색 화살은 가속도 벡터를 나타낸다.
➤ 적색 화살은 힘 벡터를 나타낸다.
➤ 보라색 화살은 운동량을 나타내는데, 이것은 7장에서 다루게 될 개념이다.

만, 운동의 방향과는 아무런 관계가 없다. 그러나 속도는 방향이라는 개념을 포함한다. 따라서 속도를 정확히 표현하기 위해서는 그 크기(얼마나 빠른가)뿐만 아니라 방향(동, 서, 남, 북, 상, 하, 그리고 그들 사이의 방향들)도 말해주어야 한다. 만일 어떤 물체가 15 m/s로 움직이고 있다고 말한다면, 그것은 속력을 말한 것이다. 그러나 만일 그것이 정서방향으로 15 m/s로 움직이고 있다고 말한다면, 그것은 속도를 말한 것이다.

그림 2.5의 A점에서, 자동차는 정북을 향하여 60 km/h로 달리고 있다. B점에서는, 길이 휘어져 있기 때문에, 차는 북서쪽으로 60 km/h로 달리고 있다. B점에서의 자동차의 속도는 A점에서의 속도와는 다르다. 왜냐하면 속도의 방향이 서로 다르기 때문이다. 그러나 A점과 B점에서 자동차의 속력은 같다. 물체의 속력은 방향과는 상관이 없다. 방향의 변화는 속도계의 눈금에 아무런 영향을 미치지 않는다. 속도의 변화는 차에 가해지는 힘에 의해서 생겨난다. 이 힘이라는 개념에 대하여는 4장에서 보다 자세히 논의할 것이다. 자동차의 운동에 관련된 가장 중요한 힘은 노면에 의하여 자동차에 가해지는 마찰력이다. 속도의 변화에는 힘이 필요한데, 여기서 속도의 크기가 변화한 경우뿐만 아니라 방향이 변한 경우에도 속도는 변한 것으로 보아야

그림 2.5 자동차가 커브를 돌 때 속도의 방향이 변하게 된다. 따라서 속력은 변하지 않았지만 속도 v₂는 속도 v₁과 같지 않다.

한다. 자동차에 아무런 힘도 가해지지 않는다면 그 속도는 변하지 않을 것이고, 따라서 차는 일
정한 속력으로 직선을 따라 계속 움직인다.

이러한 일은 노면에 얼음이나 기름이 덮여 있는 경우 종종 일어나는데, 이 경우 자동차와 노
면과의 마찰력은 거의 0이 된다.

벡터란 무엇인가?

속도는 그 크기와 방향이 모두 중요하다. 이와 같이 크기와 방향을 가진 양을 **벡터**(vector)라
부른다. 따라서 벡터량을 정확히 기술하려면, 그 크기와 방향을 모두 말해주어야 한다. 속도는
물체가 얼마나 빨리, 그리고 어떤 방향으로 운동하는가를 말해주는 벡터이다. 물체의 운동을 나
타내는 데 사용되는 많은 양들이 벡터량이다. 몇 가지 예를 든다면 속도, 가속도, 힘, 그리고 운
동량 등이 벡터량이다.

그림 2.6에서와 같이 고무공을 벽에 던질 때 어떤 일이 일어나는가를 살펴보자. 공이 벽과 충
돌한 후에도 공의 속력은 충돌전과 거의 같
다. 그러나 충돌 후 공은 정반대 방향으로 움
직이고 있기 때문에, 충돌과정에서의 공의
속도는 분명히 변한 것이다. 이런 속도변화
를 일으키기 위하여 벽에 의하여 공에 강한
힘이 작용되었음이 분명한 것이다.

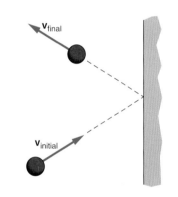

그림 2.6와 그림 2.6에 있는 속도벡터들은
화살표로 표현되고 있다. 이것은 벡터를 나
타내는 가장 손쉬운 방법이다. 이때 화살표
의 방향은 벡터의 방향을 나타내고, 그 길이
는 그 크기에 비례하도록 그리면 된다. 즉 속
도의 크기가 커질수록 화살표의 길이는 길어
진다(그림 2.7). 이 책에서는 그것이 벡터량
인 것을 구분하기 위하여 다른 기호들보다
크고 굵게 표현할 것이다. 즉 **v**는 벡터에 대
한 기호이다. 벡터에 대한 보다 자세한 설명
은 부록에 나와 있다.

그림 2.6 공이 벽에서 되틸 때 속도의 방향이 변한다.
이 변화를 일으키기 위하여 벽은 공에 힘을 작용한다.

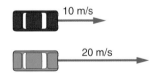

그림 2.7 화살표의 크기는 속도 벡터의 크기를 나타낸다.

우리는 어떻게 순간속도를 정의하는가?

자동차로 여행을 할 때에는 평균속력이 가장 유용한 양이다. 이때 운동의 방향에 대하여는 신
경을 쓰지 않는다. 또 순간속력은 고속도로 순찰대에게나 흥미있는 양이다. 그러나 순간속도라

는 개념은 물체의 운동을 이론적으로 고찰함에 있어서 가장 중요한 양이다. 순간속도에 대한 정확한 정의는 앞에서 사용하였던 순간속력에 대한 정의를 이용하여 다음과 같이 할 수 있다.

> 순간속도는 그 크기는 그 순간의 순간속력과 같고 방향은 그 순간의 운동방향을 나타내는 벡터량이다.

순간속도와 순간속력은 밀접한 관련이 있지만, 속도는 크기와 함께 방향도 나타낸다. 물체에 작용하는 힘과 관계가 있는 것은 순간속도의 변화이다. 여기에 대하여는 4장에서 역학에 대한 뉴턴의 법칙들을 공부할 때 자세하게 설명될 것이다. 또한 평균속도의 개념도 정의될 수는 있으나, 그렇게 유용한 양은 아니다.

물체의 속도를 표시하기 위하여, 어떤 물체가 얼마나 빨리 그리고 어떤 방향으로 운동하는지를 둘 다 말해주어야 한다. 속도는 벡터량이다. 순간속도의 크기는 순간속력과 같고 방향은 물체가 움직이는 방향이다. 물체에 힘이 작용하면 순간속도는 변화한다. 다음 절에서 가속도를 논의할 때 이러한 것들을 보다 자세히 다루게 될 것이다.

2.3 가속도

가속도는 어떻게 보면 사실 우리와는 친숙한 개념이다. 자동차를 정지신호로부터 출발시키거나 또는 미식축구에서 러닝백(running back; 공을 들고 뛰는 주공격선수)이 달릴 때 가속시킨다고 말한다. 자동차의 속도가 갑자기 변하여 가속될 때 우리는 그것을 직접 몸으로 느끼기도 하는데 엘리베이터가 갑자기 위쪽으로 출발하면 심지어 가벼운 전율을 느끼기도 한다(그림 2.8). 이러한 것들이 모두 가속도이다. 우리의 몸은 일종의 가속도 검출기라고 볼 수도 있다. 롤러코스터를 타본 사람은 그것을 정말로 실감할 것이다.

가속도를 이해하는 것은 물체의 운동, 즉 뉴턴의 법칙을 공부하는 데 있어서 핵심적인 요

그림 2.8 당신의 가속도 검출기는 엘리베이터의 위쪽으로의 가속을 감지하고 있다.

소가 되므로 정확한 정의로부터 시작해보기로 하자. **가속도**란 곧 속도가 변화하는 비율을 말한다. 여기서 속력이 아니라 속도를 말하고 있음에 유의하라. 그렇다면 어떻게 하면 가속도의 값을 결정할 수 있는가? 가속도를 설명함에 있어서 속력의 경우와 마찬가지로, 평균가속도의 정의로부터 시작하여 순간가속도의 개념으로 확장시키는 것이 편리할 것이다.

평균가속도는 어떻게 정의되는가?

가속도에 대한 정량적인 기술을 하기 위하여 어떻게 해야 할 것인가? 당신의 자동차가 완전히 정지한 상태에서 출발하여 그림 2.9에서와 같이 정동쪽으로 그 속도가 0으로부터 20 m/s로 증가한다고 하자. 속도의 변화는 나중속도에서 처음속도를 빼줌으로써(20 m/s − 0 m/s = 20 m/s) 간단히 구해진다. 그러나 변화율을 구하려면 그 변화가 일어나는 데 걸린 시간을 또한 알아야 한다. 만일 속도가 변화하는 데 5초가 걸렸다면 같은 속도의 변화가 30초에 걸쳐 일어난 경우보다 속도의 변화율은 클 것이다.

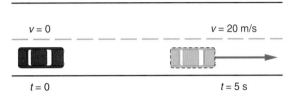

그림 2.9 자동차는 정지상태로부터 시작하여 5초 동안에 정동향으로 20 m/s로 가속된다.

앞에서 속도가 20 m/s로 증가하는 데 5초가 걸렸다고 하자. 그러면 속도의 변화율은 속도의 변화를 그 변화에 걸린 시간으로 나누어준 것이다. 따라서 평균가속도의 크기, a는 속도변화 20 m/s를 걸린 시간 5초로 나누어

$$a = \frac{20 \text{ m/s}}{5 \text{ s}} = 4 \text{ m/s/s}$$

가 된다. m/s/s라는 단위는 보통 m/s²로 쓰이고 **미터퍼제곱세컨**(meters per second squared)으로 읽는다. 차의 속도(m/s로 측정된)는 매 초당 4 m/s의 비율로 변하고 있다. 가속도를 나타내는 다른 단위들도 있을 수 있으나 그 형태는 모두 단위 거리를 단위 시간의 제곱으로 나누어준 모습이 된다. 예를 들어, 자동차 경주 트랙에서 자동차의 가속도를 논함에 있어서는, 초당 시간당 마일(miles per hour per second)이라는 단위가 때때로 사용된다.

앞에서 방금 계산한 양은 사실 자동차의 평균가속도의 크기이다. 평균가속도는 어떤 시간 동안의 속도의 총변화량을 그 시간간격으로 나누어줌으로써 얻어지는데, 그 시간간격 내에서 일어날 수도 있는 속도의 변화율의 차이는 무시한다. 그 정의는 다음과 같이 말로 나타내질 수 있다.

> 평균가속도는 속도의 변화를 그 변화를 일으키는 데 소요된 시간으로 나눈 것이다.

이를 기호로 나타내면 다음과 같다.

$$평균가속도 = \frac{속도의\ 변화}{소요된\ 시간}$$

또는

$$\mathbf{a} = \frac{\Delta \mathbf{v}}{t}$$

물리량을 정의하는 데 있어서 그 변화량이라는 것이 매우 중요하기 때문에 이 변화량을 의미하도록 Δ(그리스 문자 델타)라는 특별한 기호를 사용한다. 즉 $\Delta\mathbf{v}$는 속도의 변화량을 간결하게 표현한 것이다. 물론 $\mathbf{v}_f - \mathbf{v}_i$와 같이 나중속도 $\mathbf{v}_f$에서 처음속도 $\mathbf{v}_i$를 빼주어 두 속도의 차이를 직접 표현하는 것도 한 방법이다. 변화라는 개념은 아주 많이 사용되기 때문에, 이러한 델타(Δ)표기는 종종 나타날 것이다.

가속도는 단순히 속도를 시간으로 나누어준 것이 아니다. 그것은 속도의 변화를 시간으로 나누어 준 것이다. 여기서 속도의 변화량이라는 개념이 중요하다. 사람들이 큰 가속도를 큰 속도와 연관시키는 것이 보통인데, 사실은 종종 반대의 경우가 될 때도 많다. 예를 들어, 자동차의 가속도는 자동차가 막 출발하여 그 속도가 0에 가까울 때 가장 큰 것이 보통이다. 또 자동차가 100 MPH의 빠른 속도로 달리고 있지만 그 속도가 변하지 않는다면 가속도는 0이 될 수도 있다.

순간가속도란 무엇인가?

순간가속도는 중요한 예외가 있긴 하지만 평균가속도와 유사한 개념이다. 순간가속도는 순간속력이나 순간속도와 마찬가지로 아주 짧은 한 순간에서 속도의 변화율을 말한다. 앞에서 우리의 몸이 느끼는 것은 바로 이 순간가속도이다. 순간가속도는 다음과 같이 정의될 수 있다.

> 순간가속도는 어느 순간 속도가 변화하는 비율이다. 그것은 가속도가 변하지 않을 정도의 아주 짧은 시간간격에 대한 평균가속도를 구함으로써 계산된다.

만약 가속도가 시간에 따라서 변한다면, 아주 짧은 시간간격을 선택해야만 올바른 순간가속도의 값을 계산할 수 있다. 이는 순간속력이나 순간속도를 구할 때와 마찬가지 개념이다.

가속도의 방향은 무엇인가?

속도와 마찬가지로 가속도는 벡터량이므로 그 방향이 중요하다. 가속도의 방향은 속도의 변화 $\Delta\mathbf{v}$의 방향이다. 예를 들어, 자동차가 직선을 따라 움직이며 그 속도가 증가하고 있다면, 속도의 변화는, 그림 2.10에 보여진 바와 같이 속도 자체와 같은 방향이다. 나중속도 $\mathbf{v}_f$를 구하려면 처음속도 $\mathbf{v}_i$에 속도의 변화량 $\Delta\mathbf{v}$를 더하면 된다. 세 벡터 모두 전방을 향하고 있다. 벡터들을 합하는 과정은 그림과 같이 화살표를 이어서 나타낸다(벡터의 덧셈에 대한 추가적인 정보는 부록

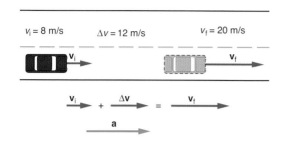

그림 2.10 가속도 벡터는 속도가 증가할 때 속도벡터들과 같은 방향을 갖는다.

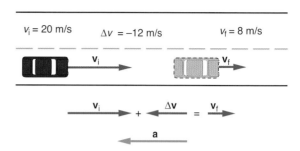

그림 2.11 속도가 감소하는 경우에 대한 속도벡터와 가속도 벡터; $\Delta\mathbf{v}$와 $\mathbf{a}$는 속도와는 반대방향이다. 가속도 $\mathbf{a}$는 $\Delta\mathbf{v}$에 비례한다.

에 나와 있다).

그러나, 만약 속도가 감소하고 있다면, 속도의 변화 $\Delta\mathbf{v}$는, 그림 2.11과 같이, 두 속도벡터와는 반대 방향을 향한다. 처음속도 $\mathbf{v}_i$가 나중속도 $\mathbf{v}_f$보다 크기 때문에, 속도의 변화는 반대방향이 되며 가속도 역시 마찬가지이다. 뉴턴의 운동법칙에 의하면 이러한 가속도를 생성하는 것은 힘이므로 힘 또한 속도와는 반대방향을 향해야 할 것이다. 즉 자동차를 감속시키려면, 자동차가 움직이는 방향과는 반대방향으로 힘이 가해져야 할 것이다. 일반적으로 속도가 감소하면 가속도의 방향은 속도와는 반대가 된다. 반면에 속도가 증가하고 있다면 속도와 가속도의 방향은 같다.

가속도라는 용어는 물체의 속도에 어떤 변화가 생기고 있을 때 그 변화율을 말한다. 이 변화란 물론 앞에서 첫 번째 예와 같이 속도 크기의 증가는 물론이고 크기의 감소, 또는 방향의 변화와 같은 것들이 모두 포함된다. 재미있는 것은 따라서 물체가 감속되는 경우에도 물리학적으로는 가속도라는 말을 사용하는 것이다. 즉 음의 가속도가 된다. 자동차가 직선을 따라 운동하면서 브레이크를 밟고 있다면, 그 속도는 감소하고 있으며 그 가속도는 음일 것이다. 이러한 상황이 예제 2.3에 설명되어 있다.

벡터량의 부호가 음이라는 것은 예제 2.3에서 알 수 있듯이 특별한 의미를 지닌다. 가속도, 즉 속도의 변화율이 음이라는 것은 속도가 점점 작아진다는 것이며 이를 감속도라고도 부를 수 있다. 따라서 가속도가 음의 값을 가질 수 있다는 사실을 고려하면 통칭 가속도라는 하나의 단어로 속도가 변화하는

예제 2.3

예제 : 음의 가속도

자동차의 운전자가 브레이크를 밟는다. 그리고 속도는 4초 동안에 정동향 30 m/s로부터 정동향 10 m/s로 감소한다. 가속도는 얼마인가?

$\mathbf{v}_i$ = 30 m/s 정동향
$\mathbf{v}_f$ = 10 m/s 정동향
t = 4.0 s
$\mathbf{a}$ = ?

$$a = \frac{\Delta v}{t} = \frac{v_f - v_i}{t}$$
$$= \frac{10 \text{ m/s} - 30 \text{ m/s}}{4.0 \text{ s}}$$
$$= \frac{-20 \text{ m/s}}{4.0 \text{ s}}$$
$$= -5 \text{ m/s}^2$$

a = 5.0 m/s^2 정서향

보통 벡터량의 크기만을 언급할 때에는 두터운 활자를 쓰지 않는다는 것에 주의하라. 그러나, 직선운동의 문제에서는 부호가 방향을 나타낼 수도 있다.

모든 상황들을 기술할 수 있는 것이다.

자동차의 속력이 일정할 때에도 가속되고 있는 경우가 있을 수 있는가?

자동차가 일정한 속력으로 커브를 돌고 있을 때 어떤 일이 일어나는가? 가속되고 있는가? 답은 '그렇다'이다. 왜냐하면 속도의 방향이 바뀌고 있기 때문이다. 속도벡터의 방향이 바뀌고 있으면, 속도는 변하고 있는 것이며 이는 가속되고 있음을 의미한다.

이러한 상황이 그림 2.12에 설명되어 있

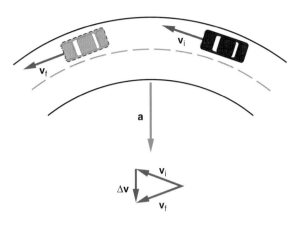

그림 2.12 속도벡터의 방향의 변화 또한 가속도를 수반하는데, 속력이 일정한 경우라도 그렇다.

다. 이 그림에서의 화살표들은 운동의 각 지점에서의 속도벡터의 방향을 보여주고 있다. 처음속도 v_i에 속도의 변화 Δv를 더하여 나중속도 v_f를 얻게 된다. 속도의 변화를 나타내는 벡터는 곡선의 중심을 향하고 있다. 따라서 가속도벡터 역시 그 방향을 향한다. 변화의 크기는 화살표 Δv의 크기로 나타내어진다. 이로부터 우리는 가속도를 구할 수 있다.

가속도는 속도의 변화가 있기만 하면 필연적으로 수반되는데, 그 변화의 원인과는 무관하다. 그림 2.12는 일종의 원운동을 예로 들고 있는 것인데 원운동에 대하여는 5장에서 보다 자세하게 취급될 것이다.

가속도는 속도의 변화율로 정의되는데, 속도의 변화량을 그 변화가 일어나는 데 소요되는 시간으로 나누어줌으로써 얻어진다. 속도란 벡터량이므로 그 어떠한 변화도, 그것이 증가이든, 감소이든, 또는 오로지 방향만의 변화이든, 가속도를 갖는다. 가속도는 속도의 변화와 같은 방향을 갖는 벡터이다. 그렇다고 순간속도와 반드시 같은 방향일 필요는 없다. 변화라는 개념은 아주 중요하다. 다음 절에서의 그래프를 통한 표현은 다른 양들과 더불어 속도의 변화를 도식화하는 데 도움이 될 것이다.

2.4 운동을 그래프로 나타내기

백문이 불여일견이라는 말이 있듯이 말로 여러 번 설명하는 것보다는 한 번 그림으로 보여주는 것이 더욱 효과적일 때가 있다. 그래프 역시 상황을 설명하는 데는 아주 효과적이다. 예를 들어 그림 2.4가 보여주는 상황을 순전히 말과 숫자만으로 설명할 때의 어려움을 생각해보면 그림의 효과는 쉽게 알 수가 있다. 그래프는 무슨 일이 일어 났는지를 개괄적으로 한 번에 보여준다. 말로 장황히 설명하는 것은 때로는 비효율적일 때가 있는 것이다. 이번 절에서는 속도와 가속도를 이해하는 데 있어서 그래프가 어떠한 도움을 줄 수 있는가를 보여줄 것이다.

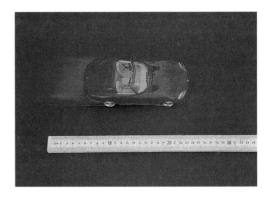

그림 2.13 미터자를 따라 움직이고 있는 장난감 자동차. 그 위치가 각각의 시간들에 대하여 기록될 수 있다.

그래프는 우리에게 무엇을 알려줄 수 있는가?

그러면 그래프란 무엇이며 운동을 기술하는 데 어떻게 사용되는가? 당신이 건전지로 구동되는 장난감 자동차가 미터자를 따라 움직이고 있는 것을 보고 있다고 생각해보자(그림 2.13). 만약 자동차가 아주 천천히 움직이고 있다면, 디지털시계를 이용하여 시간에 따라 자동차의 위치를 정확하게 기록할 수 있을 것이다. 좀더 구체적으로 말하면 일정한 시간간격으로(말하자면, 5초마다), 당신은 자동차의 제일 앞부분이 가리키는 미터자의 위치를 읽어서 그 값들을 계속하여 기록해나간다. 그러면 아마도 표 2.2에 보여진 것과 같은 결과를 얻게 될 것이다.

그러면 이 자료들을 가지고 어떻게 그래프로 그릴 수 있을까? 우선, 서로 직교하는 두 개의 축을 그린 다음 각각의 축에 같은 간격의 눈금을 긋는다. 두 축 중 하나는 주파된 거리(또는 위치)를 나타내고 다른 하나는 시간을 나타낸다. 시간에 따라 거리가 어떻게 변하는지를 보여주기 위하여, 보통 시간을 수평축에 거리를 수직축에 배정한다. 이렇게 해서 그린 그래프는 그림 2.14와

표 2.2 각 시각에서의 미터자에 대한 장난감 자동차의 위치	
시 각	위 치
0s	0cm
5s	4.1cm
10s	7.9cm
15s	12.1cm
20s	16.0cm
25s	16.0cm
30s	16.0cm
35s	18.0cm
40s	20.1cm
45s	21.9cm
50s	24.0cm
55s	22.1cm
60s	20.0cm

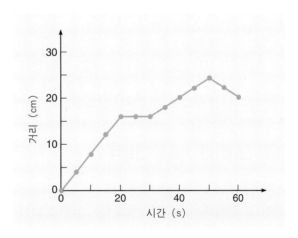

그림 2.14 장난감 자동차의 운동에 대한 시간 대 거리의 그래프. 데이터 점들은 표 2.2에 기록된 것들이다.

같이 나타날 것이다. 표 2.2에서 한 세트의 데이터는 그래프 상에서 각각 하나의 점들로 표시되고 이들 점들은 선으로 연결되어 있다. 표 2.2의 각 데이터 세트들이 그래프의 어느 점들과 서로 대응되고 있는지 확인하여 보라. 예를 들어 25초라는 시각에 자동차의 위치는 16 cm인데 이는 어떤 점에 대응하겠는가?

그래프는 표에 주어진 정보들을 시각적 형태로 요약하여 한번 보아 쉽게 파악할 수 있게 해준다. 그래프는 또한 개괄적이기는 하지만 자동차의 속도와 가속도에 대한 정보도 제공하고 있다. 예를 들어, 20초와 30초 사이에 자동차의 평균속력은 얼마라고 말할 수 있는가? 이 시간 동안 자동차는 움직이고 있는가? 그래프를 한번 보면 그 시간 동안 움직인 거리의 변화가 없음을 알 수 있다. 따라서 그 시간간격에서 자동차는 움직이지 않고 있으므로 속도는 0이다. 이 경우 그래프상으로는 수평의 선분으로 나타내진다.

다른 시간에서의 속도들은 어떠한가? 자동차는 0초와 20초 사이에서, 30초와 50초 사이에서 보다 빨리 움직인다. 거리곡선은 30초와 50초 사이보다 0초와 20초 사이에서 더욱 급하게 증가하고 있음으로 이를 알 수 있다. 같은 시간 간격 동안 더 많은 거리가 주파되고 있으므로, 자동차는 더 빨리 움직이고 있음에 틀림없다. 즉 그래프에서 곡선의 기울기는 속력에 관계가 있다.

사실, 거리 대 시간의 곡선에서 임의의 점에서의 기울기는 그 순간 자동차의 순간속도를 의미한다.[1] 그것은 그래프의 기울기가 그 순간거리가 시간에 따라 얼마나 빨리 변하는가를 나타내고 있기 때문이다. 거리의 시간에 대한 변화율은 2.1절의 정의에 의하면 순간속력이다. 운동이 직선을 따라 일어나고 있을 때에는 그 방향이 단지 두 가지 경우만이 있을 수 있기 때문에, 운동의 방향을 플러스 혹은 마이너스 부호로 나타낸다. 따라서 이 경우 부호를 가진 하나의 정수로 속도의 크기(속력)와 운동방향을 모두 나타낼 수 있는 것이다.

자동차가 후진할 때에는 출발점으로부터의 거리는 감소한다. 50초와 60초 사이에 곡선이 아래로 내려가는 것으로 보아서 자동차는 이 시간 동안 후진하고 있음을 알 수 있다. 이때 곡선의 기울기는 음수가 된다. 즉 속도가 음의 값을 갖는다는 것을 말한다. 정리하면 곡선이 위로 향하고 그 기울기가 크면 큰 순간속도를 가진 상태이며 곡선이 수평이면 정지상태, 또 기울기가 아래를 향하고 있으면 음의 속도 즉 반대방향으로 움직이고 있음을 알 수 있다. 그래프의 기울기를 살펴보면 자동차의 속도에 대하여 알아야 할 모든 것을 알 수 있다.

속도 그래프와 가속도 그래프

마찬가지 원리로 자동차의 속도에 대한 개괄적인 상황은 속도 대 시간 그래프를 그림으로써 가장 잘 요약될 수 있다(그림 2.15). 그림 2.14의 거리 대 시간 그래프에서 기울기가 일정할 때

---

1) 기울기에 대한 수학적 정의는 수직좌표의 변화 Δd 나누기 수평좌표의 변화 Δt이기 때문에, 기울기 $\Delta d/\Delta t$는 Δt가 충분히 작아야 순간속도와 같게 된다. 그러나, 수학적인 정의에 호소하지 않고도 기울기의 개념을 파악하는 것은 가능하다.

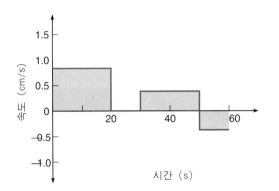

그림 2.15 장난감 자동차의 움직임을 나타낸 순간 속도-시간 그래프. 움직인 거리가 가장 빠르게 변할 때 자동차의 속도는 최대가 된다.

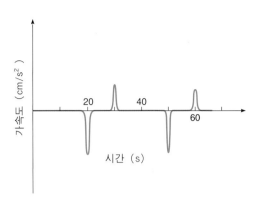

그림 2.16 장난감 자동차 자료에 의한 근사적인 가속도 대 시간 그래프. 가속도는 속도가 변하고 있을 때만 0이 아니다.

속도는 일정하다. 따라서 속도 대 시간의 그래프에는 수평의 선분으로 나타나게 될 것이다. 또 거리 대 시간 그래프에서 기울기가 바뀌면 그것은 속도의 크기가 바뀐 것이다. 그림 2.15의 그래프와 그림 2.14의 그래프를 주의 깊게 비교하면, 이러한 관계가 분명해질 것이다.

그러면 속도 대 시간의 그래프로부터 가속도에 대한 정보를 얻을 수 있는가? 가속도는 속도의 시간변화율이기 때문에, 그림 2.15의 속도 대 시간의 그래프는 매 순간 가속도에 대한 정보를 제공한다. 사실, 순간가속도는 속도 대 시간 그래프의 기울기와 같다. 가파른 기울기는 급격한 속도변화와 그에 따른 큰 값의 가속도를 나타낸다. 수평 선분은 0의 기울기를 가지며 0의 가속도를 나타내고 있다. 가속도는 데이터가 기술하고 있는 운동의 대부분에 있어서 0이다. 속도는 운동의 몇몇 아주 짧은 순간에만 변하고 있다. 가속도는 이러한 점들에서는 큰 값을 가지며, 그 밖의 경우에는 0이 된다.

데이터가 실제로 속도의 변화가 얼마나 빨리 일어나고 있는지를 알려주지는 않기 때문에, 가속도가 0이 아닌 몇몇 순간에서 가속도의 크기가 얼마나 되는지 말할 만한 충분한 정보를 갖고 있지 않다. 만일 정확한 가속도의 크기를 알고 싶다면 더 짧은 시간간격마다, 말하자면 0.1초 정도의 간격으로 자동차의 위치를 측정해야 될지도 모른다. 4장에 설명된 바와 같이, 속도의 변화는 순간적으로 일어날 수가 없으며 다소간의 시간이 요구된다. 그러나 앞에서 그린 그래프만으로도 대략의 가속도 대 시간 그래프를 근사적으로 그릴 수 있으며 그 결과는 그림 2.16과 같게 될 것이다.

그림 2.16의 삐죽한 끝은 속도가 변화하고 있을 때 일어난다. 20초의 시점에서, 아래로의 삐죽한 끝은 음의 가속도를 의미하며 즉 이때는 속도가 급격하게 감소하고 있음을 알 수 있다. 30초의 시점에서, 속도는 0에서 일정한 값으로 급격히 증가한다. 그리고 이것은 위로의 삐죽한 끝 또는 양의 가속도에 의하여 표현된다. 50초의 시점에는, 속도가 양에서 음의 값으로 바뀜에 따른 또 다른 음의 가속도가 있다. 만약 당신이 장난감 자동차를 타고 있다면, 당신은 분명히 이러한 가속도들을 느낄 것이다(매일의 자연현상 2.2는 그래프가 운동을 분석하는 데 얼마나 쓸모 있는지에 대하여 또 다른 사례를 제공한다).

매일의 자연현상 2.2

100m 달리기

상황. 세계적인 단거리 선수는 100 m 를 10초 약간 못 미치는 시간에 주파할 수 있다. 경주는 선수들이 출발점에서 심판의 총소리를 기다리며 웅크려 있는 자세로 시작된다. 경주는 선수들이 결승선을 가로질러 돌진함으로써 종료되는데, 그들의 기록은 스톱 워치 또는 자동계시기에 의하여 측정된다.

출발점에서 심판의 총소리를 기다리고 있는 선수들

경주의 시작과 종료 사이에 어떤 일이 일어나는가? 선수들의 속도와 가속도들은 달리는 동안에 어떻게 변화하는가? 전형적인 선수의 경우, 속도 대 시간 그래프가 어떻게 보일 것인가에 대하여 합리적인 가정을 할 수 있는가? 훌륭한 단거리 선수의 최고 속도에 대하여 추정할 수 있겠는가? 어떠한 요소들이 달리는 선수의 기록에 영향을 미치며, 또 기록의 단축을 위해서는 어떤 요소들이 가장 중요할 것인가?

분석. 선수가 100 m의 거리를 정확히 10초에 주파한다고 가정하자. 우리는 이 선수의 평균속력을 정의 $s = d/t$로부터 계산할 수 있다.

$$s = \frac{100 \text{ m}}{10 \text{ s}} = 10 \text{ m/s}$$

분명히, 이것은 경주의 전과정에서의 순간속력은 아니다. 왜냐하면 출발 당시의 선수의 속력은 0이고 최고속력으로 가속되는 데에는 다소의 시간이 걸리기 때문이다.

경주의 목적은 가능한 빨리 최고속력에 도달해서 경주를 마칠 때까지 그 속력을 유지하는 것이다. 성공여부는 두 가지에 의하여 결정된다. 선수가 이 최고속력으로 가속되는 데 걸리는 시간과 이 최고속력의 값이다. 몸집이 작은 선수들은 종종 가속은 빠르나 최고속력이 작다. 한편, 몸집이 큰 선수들은 때론 가속에는 시간이 걸리지만 보다 큰 최고속력을 얻는다.

대부분의 선수는 10 m 내지 20 m 이전에는 최고 속력에 도달하지 못한다. 따라서 평균속력이 10 m/s라면, 이 선수의 최고속력은 이것보다는 다소 커야 한다. 왜냐하면 선수가 가속되는 동안에는 순간속력이 10 m/s보다 작을 것이기 때문이다. 보다시피, 이러한 아이디어는 속도 대 시간 그래프를 그림으로써 가장 쉽게 시각화될 수 있다. 선수는 직선을 따라 달리기 때문에, 순간속도는 순간속력과 같다. 선수는 대강 2초쯤 달려야 최고속도에 도달한다.

주자의 가속도가 처음 2초 동안 대략 일정하다면, 주자가 가속되는 동안의 평균속력(또는 평균속도)은 대강 그 최대값의 절반이 될 것이다. 이 사이의 주자의 평균속력이 대략 5.5 m/s(11

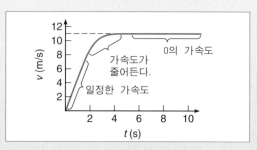

가상적인 100 m 선수에 대한 속도 대 시간 그래프

m/s의 절반)이라고 가정한다면, 경주의 나머지 부분에서의 속력은 대략 11.1 m/s가 되어야 전구간에 대한 평균속력이 10 m/s가 될 것이다. 이것은 이러한 값들로부터 거리를 계산해봄으로써 알 수 있다.

지금까지 평균속력이 10 m/s의 값을 가질 수 있는 가능한 시나리오에 대하여 합리적인 추정을 해보았다. 또 이러한 가정하에 전체 거리를 계산해 봄으로써 이러한 추정들을 점검했다. 결과적으로 훌륭한 단거리선수의 최고속력이 대략 11 m/s(25 MPH)임을 말해준다. 이는 1마일을 4분에 주파하는 장거리 주자의 평균속력 15 MPH, 또는 6.7 m/s와 비교된다. 전술적인 면을 고려한다면 주자는 출발선에서 몸을 아래로 기울인 자세를 유지하여 출발시 공기저항을 극소화하고 다리의 추진력을 극대화하여 최대한 빠른 속도로 출발하는 것이 중요하다. 또 경주의 남은 구간 동안 최고의 속력을 유지하려면, 주자는 인내력이 좋아야 할 것이다. 결승점 가까운 곳에서 속력이 떨어지는 주자는 체력훈련이 필요할 것이다. 주자의 최고속력이 고정되어 있다면, 주자가 얼마나 빨리 그러한 최고속력에 도달할 수 있느냐에 따라 평균속력의 크기가 결정된다. 이러한 급가속의 능력은 바로 다리의 근력(웨이트트레이닝 등의 훈련을 통하여 개선될 수 있다)과 타고난 민첩성에 달려있다.

속도 그래프로부터 움직인 거리를 알아볼 수 있는가?

어떤 또 다른 정보들이 그림 2.15의 속도 대 시간 그래프로부터 얻어질 수 있겠는가? 이 그래프로부터 자동차가 얼마나 멀리 여행했는지에 대한 정보를 얻을 수 있는가? 속도를 알고 있을 때, 어떻게 하면 주파된 거리를 구할 것인가를 잠시 생각해 보자. 속도가 일정하다면 움직인 거리는 $d = vt$와 같이 속도에 시간을 곱함으로써 얻어질 수 있다. 예를 들어, 처음 20초 동안 속도는 0.8 cm/s이므로 움직인 거리는 0.8 cm/s 곱하기 20초, 즉 16 cm이다. 즉 앞에서 속도를 구하던 과정과 정확하게 역산을 통해 거리를 구할 수 있다.

그렇다면 움직인 거리란 속도 그래프상에는 어떻게 나타내질 것인가? 당신이 직사각형의 면적을 계산하는 공식이 높이 곱하기 너비라는 사실을 떠올린다면, 거리 d라는 것은 곧 그림 2.15에서 어둡게 되어있는 직사각형의 넓이가 된다는 사실을 눈치챘을 것이다. 즉 0.8 cm/s라는 속도는 그래프에서 직사각형의 높이이고 20초라는 시간은 너비이다.

곡선이 복잡해지면 거리의 계산은 더욱 어려워지지만, 같은 원리에 의해 거리를 계산할 수 있다. 일반적으로 거리란 속도 대 시간 그래프에서 곡선 아래의 면적과 같다. 속도가 음이면 곡선은 그래프상에서 시간축의 아래쪽에 있고 물체는 뒤쪽으로 운동하고 있으므로 시작점으로부터의 거리는 감소하고 있다.

거리를 정확하게 계산하지 않고도, 속도 그래프를 통해 대략의 주파된 거리를 아는 것이 가능하다. 넓은 면적은 먼 거리를 나타낸다. 이렇게 그래프만 보고도 자동차가 어떻게 움직였는지를 상세히 알 수 있게 된다. 이것이 바로 그래프의 매력이다.

그래프는 운동에 대하여 많은 직관적인 정보를 제공한다. 움직인 거리 대 시간 그래프는 매 시각에서 물체의 위치를 알려주며 또 그 기울기는 물체의 속도를 나타낸다. 마찬가지로 속도 대 시간 그래프에는 매 시각에서 물체의 속도뿐만 아니라 가속도 및 주파된 거리에 대한 정보가 포함되어 있다. 그래프를 작성하여 보면 운동에 대한 보다 일반적인 감을 얻게 될 것이고, 거리, 속도, 그리고 가속도 사이의 관계가 보다 분명해진다.

2.5 등가속도

만일 높은 곳으로부터 돌을 가만히 떨어뜨리면, 돌은 지면을 향하여 일정한 가속도로 낙하하게 되는데 이는 일종의 **등가속도운동**이다. 등가속도운동은 가속되는 운동에서는 가장 간단한 형태이다. 그것은 물체에 작용하는 힘이 일정할 때 나타나게 되는데 지구 표면에서의 낙하운동의 경우는 바로 여기에 해당된다.

그러면 등가속도운동의 결과들은 어떻게 나타날까? 이러한 질문을 처음으로 던진 사람은 바로 갈릴레이이었다. 그는 자유낙하하는 물체뿐만 아니라 비탈을 굴러 내려가는 공의 운동 또한 등가속도운동임을 간파하였던 것이다. 갈릴레이는 그의 말년에 해당하는 1638년에 출판된 유명한 저서, 두 새로운 과학에 관한 대화(*Dialogues Concerning Two New Sciences*)에서 이 절에서 도입되는 그래프와 공식들을 이용하여 그의 이론을 전개하였는데, 그 이후로 이들은 물리학을 배우는 학생들에게는 필수적인 과정으로 굳어졌다. 또 그의 연구 내용들은 수십 년 후 뉴턴의 운동법칙에 많은 부분 기초적인 아이디어를 제공하였다. 여기서는 등가속도운동에 대한 개괄적인 내용들을 검토하여 보고 그 자세한 내용들은 다음 장에서 자세하게 다루게 될 것이다.

등가속도운동에서 속도는 어떻게 변화하는가?

자동차가 직선도로를 따라 일정한 비율로 가속되고 있는 상황을 생각해 보자.

자동차의 가속도 대 시간에 대한 그래프는 그림 2.17과 같게 나타날 것이다. 일정한 가속도에 대한 그래프는 믿기 어려울 정도로 간단하여 수평의 직선으로 표현된다. 등가속도란 시간이 지나도 가속도가 일정하다는 것을 의미하기 때문이다.

속도 대 시간의 그래프는 보다 흥미 있는 것을 말해준다. 차가 일정한 비율로 가속된다면, 속도는 어떻게 변할 것인가? 등가속도가 양의 값이라면 속도는 일정한 비율로 증가할 것이며 따라서 속도 그래프는 그림 2.18과 같이 위쪽을

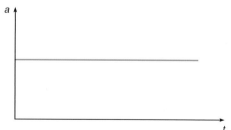

그림 2.17 등가속도운동에 대한 가속도 그래프는 수평방향의 직선이다. 가속도는 시간이 지나도 변하지 않는다.

향하는 일정한 기울기의 직선이 될 것이다. 앞에서 논의하였던 대로 속도 대 시간 그래프의 기울기가 가속도와 같다. 그래프를 그림에 있어서 자동차의 처음 속도가 0이라고 가정했다.

물론 그래프의 내용을 수식으로도 표현할 수 있다. 어느 순간의 속도는 처음의 속도에 자동차가 가속됨으로 해서 추가된 속도를 더한 것과 같다. 추가된 속도 즉 속도의 변화량은 가속도 곱하기 가속된 시간과 같다($\Delta v = at$). 왜냐하면 가속도의 정의가 속도의 변화량 나누기 시간이기 때문이다. 따라서 순간속도는 다음과 같은 수식으로 표현된다.

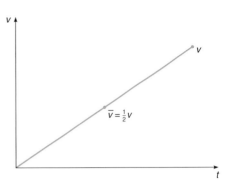

그림 2.18 등가속도운동에 대한 속도 대 시간 그래프. 평균속도는 나중속도의 절반과 같다.

$$v = v_0 + at$$

우변의 첫째 항 v_0는 처음의 속도이고(그림 2.18에서는 0이라고 가정되었음), 둘째 항 at는 속도의 변화 Δv를 나타낸다. 이 둘을 합하면 나중의 시각 t에서의 속도를 얻게 된다. 속도는 시간에 따라 일정하게 증가한다.

예제 2.4의 내용은 등가속도운동을 하고 있는 한 자동차의 예로 구체적인 수치들이 제시되어 있다. 그러나 자동차가 일정한 비율로 끝없이 가속될 수는 없을 것이다. 왜냐하면 오래지 않아 속도가 아주 큰 값에 도달할 것이고 이는 위험할 뿐만 아니라, 공기의 저항 등 그것을 방해하는 요소들이 나타나기 때문이다.

가속도가 음의 값을 가지면 어떤 일이 일어나는가? 이때 속도는 감소할 것이다. 또 속도 그래프의 기울기는 위가 아니라 아래로 향한다. 수식적인 표현에 있어서도 가속도가 음이기 때문에, v에 대한 공식의 둘째 항은 음수가 되고 따라서 시간이 지남에 따라 그 값은 감소하게 된다. 속도는 일정한 비율로 감소한다.

예제 2.4

예제 : 등가속도

10 m/s의 처음속도를 갖고 정동향으로 여행하고 있는 자동차가 6초 동안에 4 m/s²의 일정한 비율로 가속되고 있다.

a. 6초 동안 가속된 후의 속도는 얼마인가?

b. 이 시간 동안에 얼마의 거리를 여행하는가?

a. $v_0 = 10$ m/s $v = v_0 + at$
   $a = 4$ m/s² $= 10$ m/s $+ (4$ m/s²$)(6$ s$)$
   $t = 6$ s $= 10$ m/s $+ 24$ m/s
   $v = ?$ $= \mathbf{34\ m/s}$

   $\mathbf{v = 34\ m/s}$ 정동향

b. $d = v_0 t + \dfrac{1}{2} at^2$

   $= (10$ m/s$)(6$ s$) + \dfrac{1}{2}(4$ m/s²$)(6$ s$)^2$

   $= 60$ m $+ (2$ m/s²$)(36$ s²$)$

   $= 60$ m $+ 72$ m $= \mathbf{132\ m}$

주파된 거리는 시간에 따라 어떻게 변하는가?

자동차나 그 밖의 물체가 일정한 비율로 가속될 때, 주파된 거리는 시간에 따라 어떻게 변하는가? 그림 2.18은 자동차가 정지상태로부터 출발하여 등가속도로 움직일 때 속도가 어떻게 증가하는지를 보여주고 있다. 속도는 0에서 시작 일정하게 증가하는 직선 그래프가 된다. 자동차가 계속 가속됨에 따라, 주파된 거리도 급격히 증가한다.

자, 그러면 그림 2.18의 속도 대 시간의 그래프로부터 움직인 거리를 얻는 방법을 생각해보자. 이는 바로 갈릴레이가 사용하였던 방법이기도 하다. 움직인 거리는 평균속도에 시간을 곱한 것과 같을 것이다. 여기서 평균속도란 그림 2.18과 같이 나중속도 v의 반이 됨을 알 수 있다. 또 나중속도는 가속도에 비례하며 $v = at$이고, 따라서 평균속도는 $(1/2at)$가 된다. 여기에 시간 t를 곱하면 움직인 거리를 얻을 수 있다.

$$d = \frac{1}{2}at^2$$

이 관계식은 그림 2.19처럼 물체가 정지상태에서 출발하는 경우에만 유효하다. 즉 움직인 거리는 앞에서 설명한 대로 속도 대 시간 곡선 아래의 면적과 같기 때문에 이는 그림 2.18에서 삼각형의 면적으로 나타나며 삼각형의 면적은 밑변 곱하기 높이 나누기 2이므로 앞에서의 결과와 같음을 알 수 있다.

자동차가 가속되기 이전에 이미 일정한 속도로 움직이고 있었다면, 그 속도 그래프는 그림 2.20과 같이 될 것이다. 따라서 속도곡선 아래의 면적은 그림과 같이 삼각형과 직사각형의 두 부분으로 분리될 수 있으며 움직인 거리는 결국 이 두 면적의 합이 된다.

$$d = v_0t + \frac{1}{2}at^2$$

이 공식에서 첫째 항은 물체가 일정한 속도 v_0로 움직였다면 물체가 움직였을 거리이고 둘째

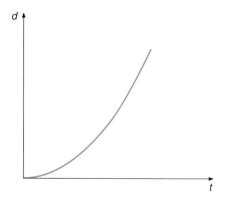

그림 2.19 자동차가 일정하게 가속되고 있는 경우, 속도가 증가하고 있기 때문에 주파된 거리는 점점 급하게 증가한다.

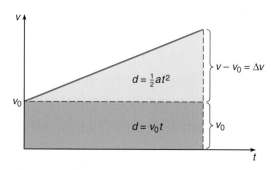

그림 2.20 처음속도가 0이 아닌 경우에 대하여 다시 그려진 속도 대 시간 그래프. 곡선 아래의 면적은 직사각형과 삼각형의 두 부분으로 나뉘어진다.

항은 물체가 가속되고 있기 때문에 추가적으로 움직이게 된 거리이다(그림 2.20에서의 삼각형의 면적). 가속도가 음이면 물체가 감속되는 것을 의미하며, 이 두 번째 항은 첫째로부터 빼질 것이다.

움직인 거리에 대한 일반적인 표현은 복잡해 보일 수도 있지만, 그것을 둘로 쪼개어서 생각하면 쉽게 이해할 수 있다. 즉 전체 움직인 거리에 기여하는 두 가지 요소를 그림 2.20과 같이 둘로 나누어 계산한 다음 단순히 더해주는 것이다. 각각의 요소들은 쉽게 계산될 수 있고 그 둘을 합하는 문제도 어려울 것이 없다. 예제 2.4는 한 가지 수치적인 예를 제공하고 있다. 여기서 자동차는 처음에 정동쪽으로 10 m/s의 속도를 갖고 있었으며 최종적으로 정동쪽 34 m/s의 속도로 움직이게 될 때까지 일정하게 가속되고 있다. 따라서 전체 움직인 거리는 132 m가 된다. 만일 가속도가 없었다면, 같은 시간에 자동차는 60 m밖에는 못 갔을 것이다. 즉 자동차의 가속도에 의해 72 m의 거리를 추가적으로 움직이게 된다.

가속도는 속도의 변화를 의미하고 등가속도는 이러한 속도의 변화율이 일정한 경우이다. 따라서 등가속도운동은 가능한 가장 간단한 가속도운동이다. 등가속도운동은 다음 장에 논의되는 바와 같이, 자유낙하 및 그 밖의 많은 현상을 이해하는 데 있어서 필수적이다. 그러한 운동은 이 절에서 도입된 그래프나 공식에 의해서 표현될 수 있다. 그래프와 공식을 둘 다 살펴보고 그들이 어떻게 연관되는지 알아보면 이러한 개념들이 더 확실하게 될 것이다.

이 장에서 설명한 속도와 가속도의 개념을 이해하기가 쉽지는 않다. 특히 이 두 단어는 우리가 다양하게 사용하는 일상적인 뜻과 다를 수 있기 때문이다. 출판사의 웹사이트 www.mjje.com/griffith8e에서 보다 다양한 보완 자료를 얻을 수 있을 것이다.

질 문

Q1. 외계인이 화성에서 발견되었는데, 그들은 거리를 doozy라는 단위로 시간은 ding이라는 단위로 측정한다고 가정하자.
   a. 이 단위계에서 속력의 단위는 무엇이겠는가? 설명하라.
   b. 속도의 단위는 무엇이겠는가? 설명하라.
   c. 가속도의 단위는 무엇이겠는가? 설명하라.

Q2. 거북이와 토끼가 경주에서 똑같은 거리를 주파한다. 토끼는 짧은 구간들을 아주 빨리 달리지만 자주 정지한다. 거북이는 꾸준히 터벅터벅 걸으며 토끼보다 앞서 경주를 마친다.
   a. 둘 중에 누가 경주 전체를 통하여 보다 큰 평균속력을 갖는가? 설명하라.
   b. 두 선수 중에 누가 경주 전체를 통하여 가장 큰 순간속력에 도달했었는가? 설명하라.

Q3. 영국에서 한 여성 운전자가 경찰에 잡혔을 때 90으로 달리고 있었다고 진술하였

다. 그녀의 진술의 명료성에 무언가 부족한 것이 있는가? 설명하라.

Q4. 자동차의 속도계는 평균속력을 측정하는가 또는 순간속력을 측정하는가? 설명하라.

Q5. 고속도로 순찰대는 스피드건을 이용하여 폭주 용의자들을 가려낸다. 때로는 비행기와 공조하여 고속도로의 두 지점을 통과하는 데 걸린 시간을 점검하기도 한다. 이 두 가지 방법 모두가 순간속력을 측정하는가? 설명하라.

Q6. 같은 속력을 가진 두 자동차가 직선의 고속도로에서 반대방향으로 서로 스쳐 지나가고 있다. 이 두 자동차는 같은 속도를 갖는가? 설명하라.

Q7. 공이 벽을 향해 던져져서, 벽에 부딪히기 전과 같은 속력으로 던진 사람쪽으로 되튄다. 공의 속도는 이 과정에서 변하게 되는가? 설명하라.

Q8. 줄에 매달린 공이 수평의 원을 그리며 일정한 속력으로 운동하고 있다. 공의 속도는 일정한가? 설명하라.

Q9. 낙하하는 공은 그것이 떨어짐에 따라 속력이 증가한다. 공의 속도는 이 과정에서 일정할 수 있는가? 설명하라.

Q10. 자동차의 운전자가 브레이크를 밟아서, 자동차의 속도가 줄어들게 되었다. 이 장에서 제공된 가속도의 정의에 의하면, 자동차는 이 과정에서 가속되고 있는가? 설명하라.

Q11. 어느 순간에, 두 자동차가 서로 다른 속도로 달리고 있는데, 그중 한 속도는 다른 것의 두 배이다. 이러한 정보를 기초로 하여, 이 두 차량 중 어떤 것이 이 순간에 보다 큰 가속도를 갖고 있는지 말할 수 있겠는가? 설명하라.

Q12. 정지신호로부터 출발하는 차량은 출발의 순간에 0의 속도를 갖는다. 이 순간 차의 가속도 또한 0이 되어야만 하는가? 설명하라.

Q13. 일정한 속력으로 달리는 차량이 고속도로에서 커브를 돌고 있다. 이 경우 차의 가속도도 역시 0인가? 설명하라.

Q14. 서쪽 방향, 100 MPH의 일정한 속도로 질주하는 스포츠카가 길 옆에 있던 거북이를 놀라게 하여, 거북이가 길 밖으로 움직이기 시작한다. 이 순간, 이 둘 가운데 어떤 것이 보다 큰 가속도를 가질 것으로 보이는가? 설명하라.

Q15. 아래의 그래프에서, 직선을 따라 움직이는 물체에 대하여 속도가 시간의 함수로 그려져 있다.

    a. 속도는 임의의 시간간격에 대하여 일정한가? 설명하라.

    b. 물체는 어떤시간 간격에서 가장 큰 가속도를 갖겠는가? 설명하라.

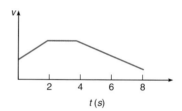

Q16. 차량이 직선을 따라 운동하고 있으며, 그 위치(어느 시작점으로부터의 거리)는 아래의 그래프와 같이 시간에 따라 변하고 있다.

    a. 차량이 후진하기도 하는가? 설명하라.

    b. A점에서의 순간속도는 B점에서보다 큰가 혹은 작은가? 설명하라.

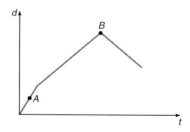

Q17. Q16의 자동차의 거리 대 시간 그래프에서, 속도는 어느 시간 간격에서 일정한가? 설명하라.

Q18. 차량이 도로의 직선구간을 따라 달리고 있으며, 그 속도는 아래의 그래프와 같이 변하고 있다.
  a. 자동차가 후진하기도 하는가? 설명하라.
  b. 그래프에 표시된 점들 A, B, C 중 어느 곳에서 가속도의 크기가 가장 큰 값을 갖는가? 설명하라.

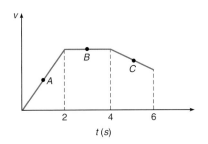

Q19. Q18의 그림과 같은 속도를 갖는 자동차에 대하여, 0~2s, 2~4s, 4~6s의 같은 시간간격 중에서 자동차가 움직인 거리가 최대가 되는 것은 어떤 것인가? 설명하라.

Q20. 그림 2.15의 장난감 자동차에 대한 거리 대 시간 그래프를 다시 살펴보도록 하자.
  a. 순간속력은 평균속력보다 항상 큰 값을 갖는가? 설명하라.
  b. 자동차가 움직이는 방향이 반대가 되는 $t = 50$에서 자동차는 가속되고 있는가? 설명하라.

Q21. $v = v_0 + at$라는 관계식은 임의의 가속도 운동에 대하여 유효한가? 아니면, 그것이 사용되는 데 어떤 제약이 있는가? 설명하라.

Q22. 자동차가 정지상태로부터 일정하게 가속될 때, 다음의 양들 중 어떤 것이 시간에 따라 증가하는가? 가속도, 속도, 또는 주파된 거리? 설명하라.

Q23. 어떤 물체의 속도 대 시간 그래프는 그림과 같이 곡선을 그리고 있다. 물체의 가속도는 일정한가? 설명하라.

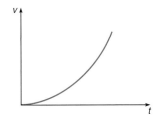

Q24. 일정하게 가속되는 차량의 경우, 평균가속도는 순간가속도와 같은가? 설명하라.

Q25. 전방으로 진행하는 차량이 10초 동안 가속을 받는다. 처음 5초 동안에 주파된 거리는 나중의 5초 동안에 주파된 거리와 같은가, 큰가, 아니면 작은가? 설명하라.

Q26. 차량이 정지상태로부터 출발하여, 5초 동안 일정하게 가속되고, 다음 5초 동안은 등속으로 운행하고, 마지막으로는 5초 동안 일정하게 감속된다. 이 상황에 대하여 속도 대 시간 그래프와 가속도 대 시간 그래프를 그려라.

Q27. 두 달리기 선수가 100 m를 10초에 주파하는데 그 중 하나는 다른 선수보다 먼저 최고속력에 도달한다고 가정하자. 두 선수 모두 일단 최고속력에 도달하면 일정한 속력을 유지한다. 어느 선수가 보다 큰 최고속력을 갖는가? 설명하라.

Q28. Q27의 두 선수에 대하여 속도 대 시간 곡선을 나타내는 그래프를 그려라(같은 그래프에 두 곡선들을 함께 그리면, 차이점이 분명해진다).

연 습 문 제

E1. 어떤 여행자가 7시간 동안에 413마일의 거리를 주파한다. 이 여행에서 평균속력은 얼마인가?

E2. 어떤 보행자가 25초의 시간에 45미터의 거리를 걷는다. 그 보행자의 평균속력은 얼마인가?

E3. 어떤 운전자가 2.5시간 동안 55 MPH의 평균속력으로 달리고 있다. 이 시간 동안에 얼마의 거리를 운행하는가?

E4. 어떤 사람이 210마일의 여행 동안 평균 60 MPH로 운행했다. 이 거리를 여행하는 데 얼마의 시간이 소요되는가?

E5. 어떤 도보 여행자가 1.3 m/s의 평균속력으로 걷고 있다. 그 도보여행자는 90분 동안에 몇 km의 거리를 여행하겠는가?

E6. 어떤 차량이 65 MPH의 평균속력으로 운행하고 있다. 이 속력이 km/h로는 얼마가 되는가? (예제 2.1 참조)

E7. 어떤 차량이 25 m/s의 평균속력으로 운행하고 있다.
   a. 이 속력이 km/s로는 얼마가 되는가?
   b. 이 속력이 km/h로는 얼마가 되는가?

E8. 달리기 선수가 정지상태에서 출발하여 직선을 따라 달려나가서, 5초 동안에 8 m/s의 속력에 도달했다. 그 선수의 평균가속도는 얼마인가?

E9. 어떤 차가 정지상태로부터 출발하여, 3초 동안 4 m/s²의 일정한 비율로 가속된다.

최종 속도는 얼마가 되겠는가?

E10. 어떤 차의 속도가 3초 동안에 30 m/s에서 15 m/s로 감속된다. 이 과정에서 이 차의 평균가속도는 얼마인가?

E11. 20 m/s의 처음속도로 운행하고 있는 차량이 4초 동안에 3 m/s²의 일정한 비율로 가속된다.
   a. 최종 속도는 얼마가 되는가?
   b. 이 과정에서 차는 얼마의 거리를 운행하는가?

E12. 3 m/s의 처음속도로 달리고 있는 주자가 3초 동안 1.5 m/s²의 일정한 비율로 가속된다.
   a. 이 결과 그의 속도는 얼마가 되는가?
   b. 이 과정에서 주자는 얼마의 거리를 주파하는가?

E13. 25 m/s의 처음속도로 운행하는 자동차가 −4 m/s²의 일정한 비율로 감속된다.
   a. 3초 동안 감속되고 나면 그 속도는 얼마가 되는가?
   b. 이 시간 동안 차는 얼마의 거리를 주파하는가?

E14. 세계적인 수준의 단거리 선수가 그의 최고 속도인 11 m/s로 출발하여 내내 일정한 속력으로 100 m를 달릴 경우, 그 거리를 주파하는 데 얼마의 시간이 걸리겠는가?

고난도 연습문제

CP1. 어떤 차의 속도가 오른쪽의 그래프처럼 시간에 따라 증가하고 있다.

   a. 0초와 4초 사이의 평균가속도는 얼마인가?

   b. 4초와 10초 사이의 평균가속도는 얼마인가?

   c. 0초와 10초 사이의 평균가속도는 얼마인가?

   d. c의 결과는 a와 b의 값들의 평균과 같은가? 설명하라.

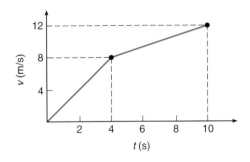

CP2. 기관차가 정서방향으로 60 m의 거리를 철로의 곧은 구간을 따라서 진행하고 있다. 그리고 나서 방향을 바꾸어 정동방향으로 15 m의 거리를 운행한다. 이 모든 과정에 40초가 걸린다. 그리고 기관차는 방향전환에 필요한 짧은 시간을 제외하고는 일정한 속력으로 운행한다.

   a. 이 과정에서 기관차의 평균속력은 얼마인가?

   b. 이 과정에 대하여 평균속력 대 시간 그래프를 그려라. 방향을 바꾸는 아주 짧은 시간 동안에 감속이 되었다가 다시 가속이 됨을 보여라.

   c. 방향이 바뀌는 운동을 나타내기 위해 음의 속도값을 사용하여 기관차의 속도 대 시간 그래프를 그려라.

   d. 기관차의 가속도 대 시간 그래프를 그려라.

CP3. 정서방향으로 직선도로를 따라 운행하는 차량이 10초 동안 가속되어 그 속도가 정지상태로부터 30 m/s로 증가했다. 그리고 나서 5초 동안 등속으로 운행하며 다음 5초 동안은 일정한 비율로 감속하여 10 m/s의 속도가 되었다. 그리고 2초 동안 급히 감속하여 정지한다.

   a. 위에 기술된 운동 전체에 대하여 차량의 속도 대 시간 그래프를 그려라. 적절한 속도와 시간으로 그래프의 축에 눈금을 나타내라.

   b. 차량의 가속도 대 시간 그래프를 그려라.

   c. 차량의 운행거리는 기술된 운동에서 계속 증가하는가? 설명하라.

CP4. 10 m/s의 처음속도로 직선을 따라 운행하는 차량이 2 m/s²의 비율로 가속되어 25 m/s의 속도가 되었다.

   a. 차량이 25 m/s의 속도에 도달하는 데 얼마의 시간이 걸리는가?

   b. 이 과정에서 차량의 운행거리는 얼마인가?

   c. 차량의 운동에 대하여 거리 대 시간 그래프를 그려라. 운동이 일어나는 사이의 몇몇 시각에 대하여 거리의 값들을 계산하여 이 곡선의 모양을 결정하라.

CP5. A 자동차가 출발하자마자, B 자동차에 의하여 추월된다. B 자동차는 9 m/s의 일정한 속력으로 운행하고 있다. 반면 A 자동차는 정지상태로부터 출발하여 5 m/s²의 등가속도로 가속된다.

   a. 각 차량의 운행거리를 1, 2, 3, 그리고 4초에 대하여 계산하라.

   b. 대략, 어느 시점에 A 차량이 B 차량을 추월하는가?

   c. 이 시각을 정확히 계산하려면 어떻게 해야 할 것인가? 설명하라.

낙하체와 포물선 운동

학습목표   이 장의 학습목표는 지구표면 부근에서 중력가속도의 영향을 받는 물체의 운동에 대해 알아보는 것이다. 앞 장에서 설명한 등가속도 운동의 개념을 사용하여, 낙하체의 가속도에 관해 알아본 후 그 개념들을 물체의 수직방향운동과 포물선 운동에 적용시켜 보도록 한다.

당신은 바닥으로 떨어지는 낙엽이나 공을 본 적이 있는가? 아마도 유년기에 당신은 물체를 반복해서 떨어뜨리고 또 그것을 바라보면서 기뻐한 경험이 있을 것이다. 점점 성장해 감에 따라 이러한 경험은 매우 일상적인 것이 되어서 왜 물체가 떨어지는지 더 이상 의문을 갖지 않게 되었을 것이다. 그러나 이러한 의문들은 수세기에 걸쳐 과학자들이나 철학자들의 호기심을 자아내 왔다.

그림 3.1 서로 다른 질량을 가진 물체의 낙하실험. 두 물체가 동시에 바닥에 도달하는가?
© McGraw-Hill Education/Jill Braaten, photographer

자연을 이해하려면, 우리는 먼저 그것을 관찰해야 한다. 만약 우리가 관찰을 하면서 그 조건들을 조절할 수만 있다면, 그것이 곧 실험이 되는 것이다. 어릴 때 공을 떨어뜨리고 그것을 관찰하기도 했는데 이것도 실험의 간단한 형태가 될 수 있다. 지금 다시 실험을 함으로써 그러한 흥미를 다시 가질 수 있게 된다. 과학의 진보는 정교하게 조절된 실험에 의존한다. 그리고 자연을 보다 발전적으로 이해하려면 당신의 생각을 실험을 통해 실제로 확인해 보아야 한다. 그러면 아마도 새롭게 발견하는 사실에 대해서 놀라게 될 것이다.

연필, 지우개, 클립이나 작은 공과 같은 작은 물체를 찾아보자. 두 팔을 벌리고 물체를 잡고 있다가 동시에 놓아보자. 그리고 그것들이 바닥에 떨어지는 것을 관찰해 보라(그림 3.1). 여기서 두 물체는 같은 높이에서 떨어뜨려야 한다.

이러한 물체의 낙하운동을 어떻게 기술할 것인가? 두 물체는 동시에 바닥에 도달하는가? 또한, 이 운동은 그 물체의 형태와 조성에 의존하는가? 만약, 마지막 질문에 대한 해답을 얻고자 한다면, 작은 종이조각과 지우개나 작은 공과 같은 물체를 동시에 떨어뜨려 보면 될 것이다. 처음에는 종이를 접지 않고 떨어뜨려 보고, 다시 그것을 접거나 혹은 공과 같은 모양으로 구겨서 떨어뜨려 보라. 어떤 차이점을 찾아볼 수 있는가?

이와 같은 간단한 실험으로부터 우리는 낙하체의 운동에 관한 일반적인 결론을 도출해 낼 수 있다. 또한 포물선 운동에 대해 고찰해보기 위해서 서로 다른 각도로 물체를 던져보거나 발사시켜 볼 수 있다. 그러면 이런 모든 경우들에서 수직 아래방향으로 작용하는 일정한 상수값을 발견하게 될 것이다. 이 값이 바로 중력가속도이다. 이 가속도는 지구표면에 존재하는 모든 물체에 작용하고 있다.

3.1 중력가속도

개요에서 제안한 대로 몇 개의 물체를 실제로 떨어뜨려 보았다면, 앞에서 소개된 몇 가지 의문들 중 하나의 해답은 벌써 찾았을 것이다. 그러면, 낙하체는 가속되는가? 속도에 대해 잠시 생각해 보자. 물체를 떨어뜨리기 전에는 속도가 0이었다. 그러나, 일단 손에서 빠져나가는 순간 물체의 속도는 0이 아닌 어떤 값을 가지게 된다. 즉 속도의 변화가 있게 된다. 속도가 변하게 되면 가속도가 존재하는 것이다.

이러한 낙하체의 관찰시 낙하가 매우 빠르게 진행되므로 가속도를 자세히 설명하기는 곤란하다. 그러나 속도가 매우 빠르게 증가하는 사실로 미루어보면 가속도의 크기가 클 것이라고 예상된다. 물체의 속도가 순간적으로 큰 값에 도달하는가? 또 가속도는 일정한 값인가? 이러한 의문에 대한 해답을 찾으려면 낙하 운동을 다소 느리게 진행시켜서 낙하할 때 어떤 현상이 발생하는지 우리가 직접 눈으로 보고 지각할 수 있어야만 한다.

어떻게 중력가속도를 측정할 수 있는가?

낙하 운동을 느리게 진행시키는 몇 가지 방법이 있다. 그중 하나는 중력에 의한 가속도를 처음으로 정확히 기술했던 이탈리아 출신의 과학자, 갈릴레오 갈릴레이(Galileo Galilei; 1564~1642)에 의해서 처음으로 고안되었다. 갈릴레이는 다소 경사진 평면에 물체를 올려놓고 그것을 아래로 굴리거나 미끄러지게 하는 실험을 하였다. 이 방법으로 경사면 방향에 존재하는 중력가속도의 부분성분을 계산할 수 있다. 따라서 이 실험으로 얻은 가속도의 크기는 작은 값을 가지게 된다. 또 다른 방법으로는 각각의 시간에서 낙하체의 위치를 알아보기 위해 일정 시간 간격으로 사진을 찍는 방법이나 조명을 터뜨리는 타이머나 혹은 영상을 녹화하는 방법 등이 있다.

만약, 당신이 홈이 있는 자와 작은 공이나 구슬을 가지고 있다면, 혼자서도 경사면을 만들어 실험을 할 수 있다. 자의 한쪽 끝을 연필로 받친 후 작은 공이나 구슬을 놓으면 중력을 받아 경사면을 따라 굴러 내려가게 된다(그림 3.2). 공이 굴러 내려감에 따라 속력이 조금씩 증가하는 것을 볼 수 있는가? 공이 경사면을 반쯤 내려왔을 때보다 다 내려왔을 때의 속력이 확실히 더 큰가?

갈릴레이는 정확한 시간측정장치가 없어서 어려움을 겪었는데, 자신의 맥박을 타이머로 사용하였다고 한다. 이러한 제약에도 불구하고 그는 중력가속도가 시간에 따라 변하지 않는 일정한 상수값을 가지며, 경사면을 이용하여 그 값의 크기

그림 3.2 경사진 자에서 굴러 내려오는 구슬. 경사면에서 아래로 내려옴에 따라 구슬의 속도는 증가하는가?

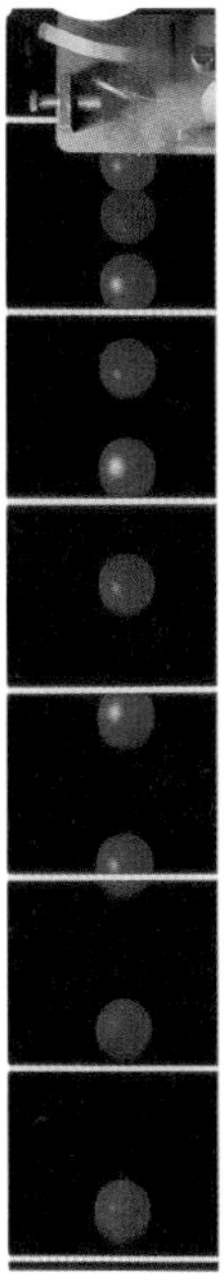

그림 3.3 스트로보스코프를 사용하여 낙하하는 공의 위치를 찍은 사진. 스트로보스코프는 일정한 시간간격으로 조명을 터뜨리는 장치이다.
© Richard Megna/Fundamental Photographs, NYC

표 3.1 낙하하는 공의 이동거리와 속도

시 간	거 리	속 도
0	0	
0.05 s	1.2 cm	24 cm/s
0.10 s	4.8 cm	72 cm/s
0.15 s	11.0 cm	124 cm/s
0.20 s	19.7 cm	174 cm/s
0.25 s	30.6 cm	218 cm/s
0.30 s	44.0 cm	268 cm/s
0.35 s	60.0 cm	320 cm/s
0.40 s	78.4 cm	368 cm/s
0.45 s	99.2 cm	416 cm/s
0.50 s	122.4 cm	464 cm/s

도 측정하였다. 우리가 낙하체의 운동을 보다 직접적으로 기술할 수 있는 보다 정교한 장치를 가지고 있다는 것은 다행스러운 일이 아닐 수 없다. 이런 정교한 장치 중 하나는 스트로보스코프(stroboscope)이다. 이것은 일정한 시간간격으로 빠르게 조명을 터뜨리는 장치이다. 그림 3.3은 낙하체에 스트로보스코프를 사용하여 물체의 위치를 찍은 사진이다. 낙하체의 위치는 조명이 터질 때마다 사진에 찍히게 된다. 그림 3.3을 자세히 보면, 공의 이동거리는 시간이 지남에 따라 일정하게 증가하고 있다는 사실을 발견하게 될 것이다. 각각의 공의 위치 사이의 시간간격은 모두 같다. 만약, 스트로보스코프에서 1/20 s마다 조명이 터진다면 1/20 s마다 공의 위치가 사진에 나타나게 되는 것이다. 이렇게 일정 시간간격으로 찍은 공의 이동거리가 증가하고 있으므로 시간이 지남에 따라 속도가 증가하고 있다는 사실을 알 수 있다. 즉, 그림 3.3에서 공의 속도가 수직 아래로 일정하게 증가한다는 사실을 알 수 있게 된다.

각각의 시간간격 동안의 평균속도를 계산함으로써 좀더 명확한 사실을 발견할 수 있다. 사진에서 눈금 간의 거리로 공의 이동거리를 구하고, 또 조명이 터지는 시간간격을 안다면 우리는 각각의 시간간격 동안의 평균속도를 계산할 수 있다. 이러한 방법으로 얻은 데이터를 표 3.1에 나타내었다. 시간간격은 1/20 s(0.05 s)이고 그 때 각각의 시간간격에서의 공의 이동거리를 나타낸다.

속도가 정말 증가하는지를 알아보려면 각각의 시간간격에서의 평균속도를 계산하여야 한다. 예를 들면 표 3.1에서 두 번째와 세 번째 지점 사이에서의 공의 이동거리는 4.8 cm에서 1.2 cm를 뺀 3.6 cm이다. 이 이동거리 값을 시간간격 0.05 s로 나누어주면 평균속도를 계산할 수 있다.

$$v = \frac{3.6 \text{ cm}}{0.05 \text{ s}} = 72 \text{ cm/s}$$

이와 같은 방법으로 나머지 지점들에 대해서 평균속도를 계산하면 표 3.1의 세 번째 열에 보인 데이터를 얻을 수 있다.

표 3.1에서 보는 바와 같이 속도는 일정하게 증가하고 있다. 속도가 일정하게 증가하는가를 알아보려면 속도 대 시간 그래프를 살펴보면 자세히 알 수 있다. 여기서 속도 데이터는 조명이 터지는 두 시간간격 사이에서 계산된 값이므로 각각의 시간간격의 중간에 나타내었다. 가속도가 일정한 경우, 각 구간에서의 평균속도는 그 구간의 중간점에서의 순간속도와 같다.

그림 3.4에 그려진 직선의 기울기는 일정

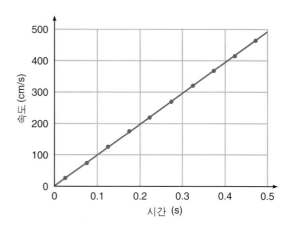

그림 3.4 낙하체의 속도 대 시간 그래프. 각각의 시간에서의 속도는 표 3.1과 같다.

한가? 거의 모든 속도값은 양의 기울기를 갖는 직선 위에 존재한다. 이런 속도 대 시간 그래프의 기울기가 바로 가속도이므로, 가속도는 일정한 상수값이다. 따라서 속도는 시간에 대하여 일정하게 증가한다.

가속도의 크기를 구하려면, 직선 상에 존재하는 두 개의 속도값을 선택한 후 속도가 시간에 따라 얼마나 빠르게 변하는지를 계산하면 된다. 예를 들면 마지막과 두 번째 속도 데이터인 464 cm/s와 72 cm/s를 선택해보자. 이때 시간간격은 8번의 조명이 터지는 시간이 되므로 0.40 s이다. 속도의 증가량 Δv는 464 cm/s에서 72 cm/s를 뺀 392 cm/s이다. 따라서 가속도는 속도의 변화량을 시간간격으로 나누어준 값($a = \Delta v/t$)이 되어 아래와 같이 계산된다.

$$a = \frac{392 \text{ cm/s}}{0.4 \text{ s}} = 980 \text{ cm/s}^2 = 9.8 \text{ m/s}^2$$

이 결과로부터 지표면 부근에서 낙하하는 물체의 중력가속도를 알 수 있다. 이 값의 실측값은 고도의 차이나 기타 다른 여러 영향들에 의해 장소에 따라 조금씩 차이가 난다. 이 가속도 값은 자주 사용되는 값이므로 g라는 기호로 표기하고 그 값은 다음과 같다.

$$g = 9.8 \text{ m/s}^2$$

이 기호는 **중력가속도** 혹은 **중력에 의한 가속도**라고 하며, 단지 지표면 부근에서 운동하는 물체에만 적용되는 값이므로 기본 상수값은 아니다.

낙하체에 대한 갈릴레이의 생각은 아리스토텔레스의 생각과 어떻게 다른가?

중력가속도가 상수일 것이라는 또 하나의 실험 결과가 있다. 이 장의 도입부에 소개된 여러

실험들을 다시 생각해보자. 당신이 크
기와 무게가 다른 여러 물체를 떨어뜨
렸을 때 그들은 바닥에 동시에 부딪히
겠는가? 접지 않은 종이를 제외한다면,
당신이 실험한 모든 물체들은 그 무게
에 관계없이 동시에 떨어뜨리면 동시
에 바닥에 부딪힌다. 이러한 관찰로부
터 중력가속도가 물체의 무게와는 무
관하다는 사실을 발견할 수 있을 것이
다.

그림 3.5 벽돌과 깃털을 동시에 떨어뜨리면 벽돌이 먼저
바닥에 부딪히게 된다.

　갈릴레이는 이 개념을 증명하기 위해
비슷한 실험을 하였다. 그의 실험은 무
거운 물체가 더 빨리 떨어질 것이라는

아리스토텔레스의 생각을 반박하는 것이다. 이와 같은 간단한 실험으로 아리스토텔레스의 생각
을 부정할 수 있을 때까지 어떻게 그토록 오랜 세월동안 사람들은 아리스토텔레스의 잘못된 생
각을 받아들일 수밖에 없었을까? 아리스토텔레스와 그의 추종자들은 실험이란 인간의 지적인
사고방식의 일부가 될 수 없다고 생각하였다. 그들은 순수한 사상과 논리를 더 높이 평가하였
다. 그러나 갈릴레이나 그 시대의 다른 과학자들은 사고를 증진시키기 위해 실험을 해 보는 방
법을 택함으로써 보다 새로운 사고방식을 열어나갔다. 또 하나의 새로운 전통이 생겨난 것이다.
　그런데, 무거운 물체가 가벼운 물체보다 더 빨리 떨어질 것이라는 아리스토텔레스의 생각은
직관적으로 보면 마치 옳은 것처럼 보인다. 예를 들면, 깃털이나 접지 않은 종이를 벽돌과 동시
에 떨어뜨려 보자(그림 3.5). 그러면 벽돌이 먼저 바닥에 부딪히게 될 것이다. 종이나 깃털은 바
닥으로 바로 떨어지지 않고, 마치 낙엽이 지는 것처럼 나풀거리면서 떨어질 것이다. 그 원인은
무엇인가?
　당신은 벽돌이나 쇠공, 클립과 같은 물체의 낙하보다 깃털이나 종이의 낙하를 더 방해하는 공
기저항의 효과를 이미 알고 있을 것이다. 종이를 공모양으로 구겨서 벽돌이나 다른 무거운 물체
와 동시에 떨어뜨리면, 두 물체는 거의 동시에 바닥에 부딪힌다. 우리는 두꺼운 대기층의 아랫
부분에서 생활하므로 공기저항 효과는 나뭇잎이나 깃털, 종이조각과 같은 물체에 대해 확실하게
작용한다. 이러한 효과로 인해 표면적이 크거나 질량이 작은 물체는 더 느리고 불규칙적인 운동
을 하게 된다.
　진공이나 달과 같이 대기층이 거의 없는 곳에서 벽돌과 깃털을 동시에 떨어뜨린다면 두 물체
는 동시에 바닥에 부딪힐 것이다. 그러나 달과 같은 대기조건은 우리가 일상에서 경험할 수 없
으므로 깃털이 바위나 벽돌보다 더 천천히 낙하하는 현상에 익숙해 있다.
　만약 공기의 저항을 무시한다면 모든 물체는 그들의 무게에 관계없이 동일한 중력가속도가 작

용한다고 갈릴레이는 생각한 것이다. 이와 달리 아리스토텔레스는 중력의 효과와 공기저항효과를 서로 분리시켜서 생각하지 않았던 것이다.

지구표면부근에서 운동하는 물체의 중력가속도는 일정하고 그 값은 9.8 m/s^{2}이다. 일정하고 짧은 시간간격으로 낙하체의 이동거리를 측정하는 스트로보스코프나 혹은 이와 유사한 방법을 이용하여 이 값을 측정할 수 있다. 중력가속도의 값은 상수이다. 아리스토텔레스의 생각과는 달리 질량이 다른 물체라고 할지라도 그 중력가속도값은 모두 같다.

3.2 낙하체의 운동

그림 3.6에서 보는 바와 같이 6층 창문에서 공을 떨어뜨린다고 상상해 보자. 이 공이 바닥에 떨어지는 데 시간이 얼마나 걸릴까? 또 이 공이 바닥에 떨어지는 순간에는 속도가 얼마나 될까? 이 현상은 굉장히 빨리 일어나서 아마도 당신은 위와 같은 의문들에 대한 답을 쉽게 찾지는 못할지도 모른다.

만약 관찰하고자 하는 물체에 작용하는 공기저항이 매우 작다고 가정하면, 낙하체의 가속도는 9.8 m/s^{2}로 일정하다. 이러한 운동이 시간에 따라 어떻게 변하는지에 대하여 자세한 계산은 생략하고 간단하게 알아보도록 하자.

속도는 시간에 따라 어떻게 변하는가?

낙하체의 속도와 거리를 구할 때, 비록 정확한 값을 얻지는 못하겠지만 계산상의 편의를 위해서 9.8 m/s^{2}인 중력가속도 값을 약 10 m/s^{2}로 반올림하여 생각하자.

1 s 후 낙하하는 공의 속도는 얼마인가? 가속도가 10 m/s^{2}인 물체의 속도는 1 s에 10 m/s만큼 증가하게 된다. 만약 초기속도가 0이었다면, 1 s 후 속도는 10 m/s이고 2 s 후에는 20 m/s,

그림 3.6 공을 6층 높이의 창문에서 떨어뜨려 보자. 이 공이 바닥에 도달하는 데 걸리는 시간은 얼마인가?

그리고 3 s후에는 30 m/s가 될 것이다. 즉, 시간간격 1 s 동안 낙하하는 공의 속도는 10 m/s씩 증가한다.[1]

이런 값들을 보다 명확하게 이해하려면 우리에게 익숙한 속력(예를 들면, 자동차의 속력)들에 대한 단위비교를 한 표 2.1을 살펴보아라. 30 m/s의 속도는 대략 70 MPH이다. 따라서 3 s 후 공은 매우 빠르게 운동한다. 공의 1 s 후 속도는 10 m/s이므로 약 20 MPH로 운동하고 있다. 즉, 자동차가 가속하는 것보다 낙하하는 공이 더 빨리 가속된다.

각 시간동안 공은 얼마나 낙하될까?

주어진 시간 동안 공이 얼마나 빨리 떨어지는지 알아보는 데 있어서는 비교적 빠른 속도들이 사용된다. 공이 낙하함에 따라 속도는 점점 증가하게 된다. 따라서 그림 3.3에서 보는 바와 같이 각 시간간격에서의 공의 이동거리는 점점 증가하게 된다. 이 운동은 등가속도 운동이므로 각각의 공의 전체 이동거리는 계속 증가하게 된다.

처음 1 s 동안의 운동을 생각해보자. 공의 속도는 0에서 10 m/s로 증가하며 평균속도는 5 m/s이고 이동거리는 5 m이다. 이러한 값들은 2.5절에서 이미 설명한 이동거리, 가속도와 시간의 관계에서 알 수 있다. 초기속도가 0 m/s라 가정하면 이동거리 $d = 1/2at^2$이다. 따라서, 1 s 후 공의 이동거리는 다음과 같다.

$$d = \frac{1}{2}(10 \text{ m/s}^2)(1 \text{ s})^2 = 5 \text{ m}$$

일반적으로 건물의 1층 높이는 대략 4 m 이하이다. 따라서 이 공은 처음 1 s 동안에 1층 이상을 낙하하게 된다.

그 다음 1 s 동안의 운동을 생각해보자. 공의 속도는 10 m/s에서 20 m/s로 증가하며 평균속도는 15 m/s이고 이동거리는 15 m이다. 여기에 처음 1 s 동안 이동한 거리 5 m을 더해주면 2 s 동안의 총 이동거리는 20 m이다. 즉, 2 s 후 공은 처음 1 s 동안 이동한 거리 5 m의 4배인 20 m의 위치에 존재한다.[2]

건물의 5층 높이가 대략 20 m라 볼 수 있으므로, 공을 6층에서 떨어뜨렸다면 2 s 후 공은 거의 지면부근까지 낙하하게 될 것이다(매일의 자연현상 3.1 참조).

그림 3.7은 6층 건물에서 떨어뜨린 공의 속도와 이동거리를 0.5 s 시간간격으로 보인 것이다. 여기서 처음 0.5 s 동안의 공의 이동거리가 1.25 m인 사실에 주의해 보자. 팔을 벌렸을 때 바닥

---

[1] 2.5절에서 우리는 일정한 가속도로 움직이는 물체의 속도가 $v = v_0 + at$로 주어진다는 것을 배운 바 있다. 여기서 v_0는 초기속도이고 둘째 항은 가속도에 해당한다. $\Delta v = at$. 공을 그냥 떨어뜨린다면 $v_0 = 0$가 되고, 따라서 속도 v는 at가 된다.

[2] 이 값은 이동거리의 식인 $d = 1/2at^2$의 t에 1s 대신 2s를 대입하여 얻은 것이다. 따라서 이동거리는 4배 $(2^2 = 4)$가 되므로 20 m가 된다.

으로부터 팔까지의 거리는 대략 이 정도 거리일 것이다. 따라서 손에 들고 있던 공을 떨어뜨리면 약 0.5 s 후에 바닥에 부딪히게 된다. 하지만 스톱워치로 측정하기에는 너무 짧은 시간이다. 속도는 그 시간 간격의 크기에 비례해서 증가한다. 1 s 동안 속도가 10 m/s로 증가하였으므로 0.5 s 동안에는 5 m/s가 된다. 따라서 그림 3.7에 나타낸 것처럼 0.5 s 간격으로 속도가 약 5 m/s씩 증가하게 되는 것이다.

속도가 증가하면 할수록 속도벡터를 나타내는 화살표의 크기도 커진다. 이 속도 값을 시간에 대해 나타내면 그림 3.4에 나타낸 것과 같이 기울기가 양수인 직선으로 표현된다. 그러면 이동거리의 그래프는 어떤 형태일까? 이동거리는 시간의 제곱에 비례한다. 즉, 시간이 지나면 지날수록 이동거리는 더욱 큰 비율로 증가하게 된다. 따라서, 이동거리 대 시간의 그래프는 직선의 형태가 아니고 그림 3.8에 보인 바와 같이 제곱으로 증가하는 곡선의 형태를 취하게 된다. 따라서 시간에 대한 이동거리의 증가율 자체도 점점 증가하게 되는 것이다.

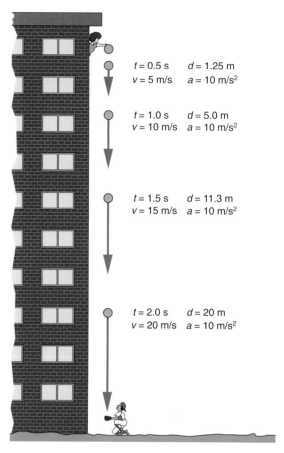

$t = 0.5$ s $d = 1.25$ m
$v = 5$ m/s $a = 10$ m/s^2

$t = 1.0$ s $d = 5.0$ m
$v = 10$ m/s $a = 10$ m/s^2

$t = 1.5$ s $d = 11.3$ m
$v = 15$ m/s $a = 10$ m/s^2

$t = 2.0$ s $d = 20$ m
$v = 20$ m/s $a = 10$ m/s^2

그림 3.7 낙하하는 공의 속도와 이동거리를 0.5 s의 시간 간격마다 보였다.

공을 아래로 던지기

이번에는 공을 자유낙하시키지 말고 0이 아닌 초기속도 v_0로 아래로 던져보자. 실험 결과는 어떻게 달라질 것인가? 더 큰 속도로 더 빨리 바닥에 부딪힐 것인가? 아마도 여러분은 이에 대해 "예"라고 답을 할 것이다.

초기속도가 0일 때와 마찬가지로, 0이 아닌 경우의 속도값을 계산하는 것은 그다지 어렵지 않다. 여전히 이 공은 중력가속도의 영향을 받고 있으므로 1 s에 10 m/s씩 속도가 증가한다. 만약 공을 아래 방향으로 20 m/s의 속도로 던졌다면 0.5 s 후 공의 속도는 25 m/s일 것이고, 1 s 후에는 30 m/s가 될 것이다. 즉 속도는 초기속도에 속도의 변화량을 더해주면 되므로 속도의 관계식은 $v = v_0 + at$로 표현해 줄 수 있다.

이동거리의 값은 시간에 따라 더 빠르게 증가한다. 등가속도운동을 하는 물체의 이동거리는

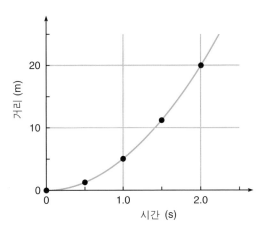

그림 3.8 낙하하는 공의 이동거리 대 시간 그래프

다음 식으로 표현할 수 있다(2.5절 참조).

$$d = v_0 t + \frac{1}{2} at^2$$

이 식의 첫 번째 항은 초기속도 v_0로 등속 운동을 할 때의 이동거리이다. 두 번째 항은 등가속도운동을 할 때의 이동거리이고 이 값은 그림 3.7과 3.8에서 보인 값과 일치한다.

예제 3.1

예제 : 아래로 던진 공의 운동

작은 공을 초기속도 20 m/s로 아래방향으로 던졌다. 중력가속도는 10 m/s²라고 한다. 처음 1초와 2초에서 다음 값을 각각 계산하시오. (a) 속도 (b) 이동거리

a. $v_0 = 20 \text{ m/s}$ $v = v_0 + at$

$a = g = 10 \text{ m/s}^2$ for $t = 1 \text{s}$

$v = ?$ $v = 20 \text{ m/s} + (10 \text{ m/s}^2)(1 \text{ s})$

$= 20 \text{ m/s} + 10 \text{ m/s}$

$= \mathbf{30 \text{ m/s}}$

$t = 2 \text{ s}$ $v = 20 \text{ m/s} + (10 \text{ m/s}^2)(2 \text{ s})$

$= 20 \text{ m/s} + 20 \text{ m/s} = \mathbf{40 \text{ m/s}}$

b. $d = ?$ $d = v_0 t + \frac{1}{2} at^2$

$t = 1 \text{ s}$ $d = (20 \text{ m/s})(1 \text{ s}) + \frac{1}{2}(10 \text{ m/s}^2)(1 \text{ s})^2$

$= 20 \text{ m} + 5 \text{ m} = \mathbf{25 \text{ m}}$

$t = 2 \text{ s}$ $d = (20 \text{ m/s})(2 \text{ s}) + \frac{1}{2}(10 \text{ m/s}^2)(2 \text{ s})^2$

$= 40 \text{ m} + 20 \text{ m} = \mathbf{60 \text{ m}}$

예제 3.1은 아래로 던진 공의 처음 2 s 동안의 속도와 이동거리를 계산하는 문제이다. 초기속도 v_0 없이 그냥 자유낙하시킨 공의 처음 2 s 동안의 이동거리는 20 m인데 반해, 아래로 던진 공의 2 s 동안의 이동거리는 60 m이다. 25 m, 즉 6층 높이의 창문에서 아래로 공을 던진다면 1 s 후 공은 지면 가까이 도달하게 된다.

이러한 결과를 도출할 때 공기저항효과를 무시해야 한다는 점에 유념하자. 아주 작은 물체가 그다지 큰 거리를 낙하하지 않는다면 공기저항효과는 무시할 만큼 작을 것이다. 그러나 물체가 먼 거리를 오랫동안 낙하한다면 그만큼 속도가 증가하게 되고 그에 비례하여 공기저항효과도 커지게 된다. 4장에서 이러한 공기저항효과를 스카이다이빙과 관련시켜 좀더 깊이 고찰해 볼 것이다.

물체를 자유낙하시키면 중력가속도에 의해 1 s에 10 m/s씩 속도가 증가하게 된다. 또 속도가 증가하기 때문에 이동거리의 증가비율이 커지게 되고, 따라서 이동거리는 빠르게 증가한다. 낙하체는 단 몇 초 이내에 아주 큰 속도와 이동거리를 가지게 될 것이다. 다음 절에서는 위로 던진 물체에 중력가속도가 어떤 영향을 미칠지에 대해 알아보도록 하겠다.

매일의 자연현상 3.1

반응시간

상황. 사람의 반응시간이 얼마나 빠른지 상상해 본 적이 있는가? 우리의 일상 생활에서 얼마나 빠르게 반응하는가는 우리의 삶에 상당한 영향을 미친다. 예를 들면 운전 중 앞 차가 갑자기 속도를 줄일 때 당신의 반응속도는 사고와 연결된다. 또 비디오 게임을 하고 있다면 시각적인 자극에 대한 당신의 반응은 점수와 직결될 것이다.

반응속도를 어떻게 측정할 수 있을까? 다음과 같은 간단한 측정방법으로 실험해 보자. 친구와 조를 이루어 친구가 긴 미터자를 친구가 놓는 순간 당신이 그 미터자를 잡는 위치를 측정한다. 즉 친구가 미터자를 놓는 것을 눈으로 확인한 순간부터 손으로 미터자를 잡을 때까지 미터자가 움직인 거리를 측정하는 것이다. 측정의 원리를 생각해 보자. 측정 시 어떤 점들이 고려되어야 할까?

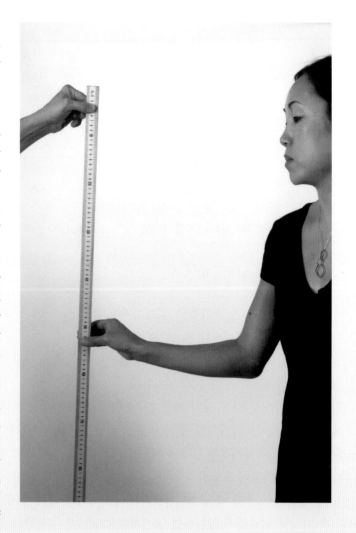

분석. 등가속도운동을 하는 물체의 움직인 거리는 $d = 1/2at^2$가 됨을 배웠다. 이 실험에서 미터자는 가속도 운동을 하는가? 물론 손을 놓는 순간 미터자는 정지상태로부터 낙하하며 속도가 점점 빨라진다. 이렇게 정지상태로부터 중력에 의해 낙하할 때 이를 자유낙하라고 한다. 물론 그 이외에 공기의 저항력이 작용하고 있는데 이는 4장에서 다룰 것이다. 다만 미터자의 경우 낙하 초기에 그 속도가 그리 크지 않으므로 공기의 저항력은 무시할 수 있을 만큼 작다.

미터자는 중력에 의해 $a = g = 9.8 \ \mathrm{m/s^2}$의 가속도로 낙하한다. 이 장에서 등가속도운동의 경우 시간에 대한 거리의 수식을 배웠으므로 미터자가 떨어진 거리를 측정하면 떨어지는 데 걸린 시간을 계산할 수 있다. 이것이 바로 당신의 반응시간이다. 정확한 반응시간의 측정에 관한 또 다른 논점들을 생각해 보자. 우선 정확한 측정을 위해서 미터자를 떨어뜨리는 사람을 보면 안 된다. 다만 미터자에 시선을 고정시키고 있어야 한다. 이는 사람이 미터자를 막 떨어뜨리려고 한다는 미세한 동작을 완벽하게 제어하는 것은 불가능하기 때문이다. 몇 번 연습을 해 보는 것도 필요할 것이다. 측정에 있어 여러 번 반복한 후 그 평균값을 구하는 것은 아주 중요하다.

떨어지는 미터자에 대한 당신의 반응은 어떠한가? 미터자가 떨어지는 시각적인 정보는 곧 뇌로 전달되고 곧 뇌는 손가락에 명령을 내린다. 이러한 과정은 사실 생물학과 신경과학의 영역이다. 반응시간은 일반적으로 건강한 청년의 경우 0.2~0.25초가 보편적이다. 당신의 반응시간이 이러한 범주에 들어가는가? 사람이 시각적인 자극보다는 청각적인 자극에 더 빨리 반응한다는 사실은 흥미롭다.

자동차를 운전하고 있을 때 반응시간은 자동차의 정지거리에 얼마나 영향을 미치는가? 일반적인 계산공식은 자동차의 속도 매 10 MPH마다 앞차와의 거리를 5 m씩 띄워야 한다는 것이다. 이것은 사람의 반응시간과 함께 브레이크를 밟았을 때 가속도를 고려하여 계산한 값이다. 그러면 당신이 정지해야 한다고 판단하여 뇌가 작동을 하고 그 신호가 발끝에 도달하기까지 자동차는 몇 m를 더 움직이는가?

아래의 표는 당신이 자동차의 브레이크를 밟기도 전에 이미 움직이게 될, 즉 당신의 반응시간 약 0.25초 동안에 움직이는 거리를 자동차의 속력에 따라 계산한 것이다. 당신이 50 MPH의 속도로 달리고 있었다면 브레이크를 밟기 시작 전에 이미 약 5 m의 거리를 움직이게 된다. 놀랍다.

MPH	km/hr	meters covered in 0.25 sec
10	16	1.1
20	32	2.2
30	48	3.4
40	64	4.5
50	81	5.6
60	97	6.7
70	113	7.8

이러한 계산은 앞차와 충분한 거리를 유지하는 것이 중요함을 말해준다. 만일 당신이 50 MPH로 앞차를 바짝 쫓아가고 있고 이 때 갑자기 앞차의 브레이크 등이 빨갛게 켜졌다면 브레이크를 밟기까지 당신은 5.6 m를 달리게 되어 앞차의 속도가 그 동안 이미 줄어든다는 점을 생각하면 당신 차의 브레이크 성능이 앞차의 그것보다 월등하지 않으면 두 차의 충돌은 피할 수 없게 된다.

이러한 반응시간 측정의 원리를 이해하였다면 여러 가지 다양한 상황에서 반응시간을 측정할 수 있을 것이다. 졸음은 반응시간에 어떤 영향을 미치는가? 하루 중 시간에 따라 반응시간에 변화가 있는가? 이러한 간단한 실험들을 통하여 당신은 최고의 비디오게임 성적을 하루 중 언제 낼 수 있을지, 특히 언제 더욱 조심하여 운전을 해야 할 지를 판단할 수 있을 것이다.

3.3 자유낙하 이외의 운동 : 위로 던진 물체의 운동

앞 절에서 자유낙하하는 물체와 아래로 던진 물체의 운동에 대해 알아보았다. 이 두 경우의 운동에서는 중력가속도에 의해 물체의 속도는 증가하게 된다. 그러면 그림 3.9에서 보여진 것처럼 위로 던진 물체는 어떤 운동을 할 것인가? 올라간 물체는 반드시 다시 떨어지기 마련이다. — 그럼, 언제 얼마의 속도로 떨어질 것인가?

가속도와 속도의 벡터의 방향을 고찰해 보자. 중력가속도는 항상 지구중심방향으로 존재한다. 이것은 중력가속도의 원인이 되는 중력의 방향이 지구중심방향이기 때문이다. 즉, 위로 던져진 물체의 가속도는 운동하는 방향과 반대방향으로 작용하게 된다.

그림 3.9 위로 던진 물체는 최고점에 도달한 후 다시 아래로 떨어진다. 이런 운동을 하는 공의 속도의 크기와 방향은 어떻게 될 것인가?

물체의 속도는 어떻게 변하는가?

20 m/s의 속도로 수직 위로 공을 던졌다고 생각해보자. 대부분의 사람들은 이 정도의 속도로 공을 던질 수 있을 것이다. 이 값은 약 45 MPH에 해당하며, 강속구의 속도 90 MPH보다는 작은 값이다. 그러나 수평방향으로 공을 던지는 것보다 수직 위로 던지는 것이 훨씬 더 힘들 것이다.

일단 공이 손을 떠나게 되면 그 물체에 작용하는 가장 큰 힘은 중력이 될 것이다. 따라서 아래방향으로 9.8 m/s^2 또는 대략 10 m/s^{2}의 가속도가 작용한다. 공의 운동방향과 가속도의 방향이 반대이므로 공의 속도는 매초 10 m/s씩 감소하게 된다. 즉, 초기속도 v_0에서 속도의 변화량을 더해 주는 것이 아니라 그 변화량만큼 빼주어야 하는 것이다.

위로 던진 공의 운동을 기술할 때, 운동방향의 결정방법을 이해하였다면 속도를 계산하는 일은 그다지 어렵지는 않다. 처음 1 s 후 속도는 10 m/s만큼 감소한다. 처음에 +20 m/s의 속도(+부호는 위 방향을 의미한다)로 공을 위로 던졌다면 1 s 후 공은 +10 m/s의 속도를 가지고 위 방향으로 운동할 것이다. 2 s 후에 속도는 10 m/s가 더 감소하므로 속도는 0이 될 것이다. 물론 그렇다고 해서 공이 그 지점에서 멈추어 버리는 것은 아니다. 또 다시 1 s가 흐르면 공의 속도가 10 m/s만큼 감소해야 하므로, 3 s 후 공은 −10 m/s의 속도를 가지고 아래로 운동할 것이다. 속도의 부호는 아래 방향을 나타낸다. 이 모든 값은 $v = v_0 + at$라는 식으로부터 계산될 수 있다. 여기서 $v_0 = +20$ m/s이고 $a = -10$ m/s^{2}이다.

당신이 예상했던 것처럼 공의 운동방향은 분명히 바뀌게 된다. 아래 방향을 향하는 일정한 가속도가 존재하므로 공의 속도는 −10 m/s씩 변하게 된다. 4 s 후 공은 −20 m/s의 속도로 아래방향으로 운동하며, 그 위치는 출발점으로 다시 돌아온다. 이런 결과를 그림 3.10에 나타내었다.

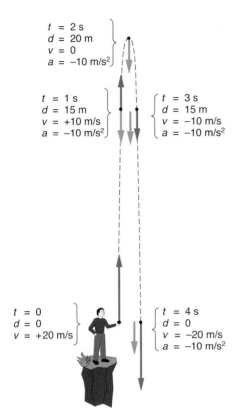

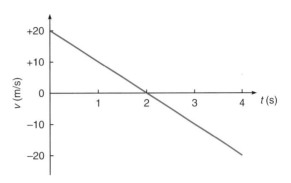

그림 3.11 초기속도 +20 m/s로 위로 던진 공의 속도 대 시간 그래프. 속도에서 음수는 아래 방향의 운동을 의미한다.

그림 3.10 초기속도 +20 m/s로 위로 던진 공의 각 지점에서의 속도벡터가 푸른색 화살표로 표시되어 있다. 녹색 화살표는 아래쪽을 향하는 일정한 가속도벡터를 표시한다.

공을 던지고 2 s 후면 공은 최고점의 위치에 도달하게 되고, 그 때의 속도는 0이 된다. 속도가 0이 되면 공은 위나 아래로 운동하지 않으므로 이 때의 위치가 바로 회귀점에 해당한다. 물리시험에 자주 등장하는(그리고 많은 학생들이 틀리는) 문제 중 하나가 바로 최고점에서 가속도의 크기가 얼마인가를 물어보는 것이다. 만약, 속도가 0이라면 그 지점에서의 가속도는 어떤 값을 갖는가? 많은 학생들이 별 생각 없이 가속도가 그 지점에서 0이라고 답하는데 이는 틀린 답이다. 정답은 가속도의 값은 변함없이 −10 m/s²이다. 그 이유는 중력가속도는 상수이고 변하지 않는 값이기 때문이다. 최고점에서 이 공의 순간속도는 0일지라도 여전히 변하고 있다. 즉, 속도는 +에서 −로 변하고 있는 것이다. 요약하면 가속도란 속도의 변화율을 의미하고 속도의 크기에는 무관한 값이다. 이러한 운동에 대하여 시간에 따른 속도의 크기를 그래프로 그려보면 어떤 형태가 될 것인가? 위 방향의 운동을 +부호로 나타내보자. 속도는 초기속도 +20 m/s로부터 매초 −10 m/s의 일정한 비율로 감소하게 된다. 그림 3.11에서 보는 바와 같이 속도 대 시간의 관계는 기울기가 음수인 직선의 형태를 갖는다. 속도값의 +부호는 위 방향으로 운동하고 있음을 의미하고 이때 그 크기는 계속 감소하고 있게 된다. 반대로 속도값의 −부호는 아래방향을 향하는 운동을 의미한다. 만약, 절벽에서 위로 던져 올린 공이 바닥에 도달하지 않고 있다면 이 공의 속도는 음의 값으로 계속 감소하게 될 것이다.

최고점의 높이는 얼마인가?

각각의 시간에서 공의 위치나 높이는 앞 절에서 소개된 공식을 이용하여 구할 수 있다. 이때 이동거리는 등가속도운동에 적용된 식으로 계산할 수 있다. 예제 3.2는 초기속도 +20 m/s로 위로 던진 물체의 이동거리를 1 s 간격으로 계산한 것이다. 여기서 중력가속도는 −10 m/s²이다. 이 결과들에서 어떤 것들을 알아낼 수 있을까? 우선 최고점은 출발점으로부터 20 m 위에 존재한다는 사실을 알 수 있다. 최고점에 도달하면 공의 속도는 0이 되고, 공이 2 s 후에 최고점에 도달한다는 사실은 이미 설명한 바 있다. 최고점까지 도달하는 데 걸리는 시간은 얼마의 속도로 공을 던져 올리느냐에 달려 있다. 초기속도가 크면 클수록 최고점에 도달하는 데 걸리는 시간도 커지게 된다. 이 시간을 알면 이동거리 – 시간의 관계식을 이용하여 최고점의 높이를 계산할 수 있다. 처음 1 s 동안

예제 3.2

예제 : 위로 던진 공의 운동
야구공을 초기속도로 20 m/s의 수직 위로 던졌다. 4 s가 될 때까지 1 s 간격으로 공의 높이를 계산하라.

$$d = ?   \quad d = v_0 t + \frac{1}{2} a t^2$$

$t = 1\ s \quad = (20\ m/s)(1\ s) + \frac{1}{2}(-10\ m/s^2)(1\ s)^2$
$= 20\ m - 5\ m = \mathbf{15\ m}$

$t = 2\ s \quad d = (20\ m/s)(2\ s) + \frac{1}{2}(-10\ m/s^2)(2\ s)^2$
$= 40\ m - 20\ m = \mathbf{20\ m}$

$t = 3\ s \quad d = (20\ m/s)(3\ s) + \frac{1}{2}(-10\ m/s^2)(3\ s)^2$
$= 60\ m - 45\ m = \mathbf{15\ m}$

$t = 4\ s \quad d = (20\ m/s)(4\ s) + \frac{1}{2}(-10\ m/s^2)(4\ s)^2$
$= 80\ m - 80\ m = \mathbf{0\ m}$

공은 15 m를 올라가게 되고 다음 1 s 동안에는 5 m를 더 올라간다. 그리고 나서 공은 그다음 1 s 동안 5 m를 자유낙하하여 처음 1 s 동안 올라간 높이인 15 m지점에 있게 된다. 비록, 공이 20 m까지 올라갈 수는 있지만 높이가 15 m인 지점보다 위쪽에서 공이 머무르는 시간은 총 2 s뿐이다. 즉, 공은 낮은 지점보다 최고점에 가까운 높은 지점에서 더 천천히 운동하는 것이다 — 이것이 바로 최고점 부근에서 공이 "체류하는" 것처럼 보이는 이유이다.

최고점에 도달한 공이 다시 자유낙하하여 출발점에 도달하는 데 걸리는 시간과 출발점에서 던져 올려진 공이 최고점까지 도달하는 데 걸리는 시간은 서로 같다. 다시 말하면 위로 던진 공은 2 s 후 최고점에 도달하고 그 다음 2 s가 지나면 다시 출발점까지 떨어지게 된다. 즉 최고점까지 도달하는 데 걸리는 시간을 2배 해주면 공이 출발점으로 되돌아오는 데 걸리는 총시간이 되는 것이다. 이 경우에는 4 s가 된다. 공을 던져 올리는 초기속도가 크면 그만큼 공의 최고점 높이는 증가하게 되고 따라서 공의 체류시간도 증가하게 되는 것이다.

위로 던진 공의 속도는 최고점에 도달하여 속도가 0이 될 때까지 계속해서 감소하는데 이는 아래방향으로 작용하는 중력가속도의 영향 때문이다. 일단 최고점에 도달한 공은 올라갈 때와 같은 크기의 일정한 비율로 가속되면서 낙하한다. 최고점 부근에서의 공의 운동은 매우 천천히 진행되어서 마치 정지하고 있는 것처럼 보인다. 즉, 최고점 부근에서 운동하는 시간이 나머지 대부분의 지점에서 운동하는 시간보다 더 크게 된다. 이러한 특징들은 수평면과 일정한 각으로 발사된 공의 포물선 운동에서도 발견할 수 있다. 이는 3.5절에서 다루도록 하겠다.

3.4 포물선 운동

지금까지는 공을 수직 위나 혹은 아래로 던지는 운동에 대해서 알아보았다. 이제부터는 일정 높이에서 공을 수평방향으로 던지는 운동에 대해 알아보도록 하자. 어떤 운동을 할 것인가? 속도의 수평방향성분을 모두 잃을 때까지 공은 계속 앞으로 날아가다가 만화 로드러너(Roadrunner)에 나오는 코요테처럼 갑자기 밑으로 떨어지게 될 것인가(그림 3.12)? 공이 실제로 운동하는 길, 즉 궤적은 어떤 형태를 취할 것인가?

만화는 재미를 위하여 과장된 것이며 실제로는, 두 가지 다른 일이 동시에 일어난다. (1) 공은 중력의 영향으로 아래로 가속되며, (2) 수평방향으로는 일정한 속도로 움직인다. 두 가지 운동을 결합시키면 전체적인 궤적이 나타난다.

궤적의 모양은 어떻게 되는가?

궤적을 가시화하기 위해 간단한 실험을 할 수 있다. 구슬이나 작은 공을 가지고, 책상이나 탁자 위에서 굴린 다음, 모서리에서 떨어지게 한다. 공중에서 바닥까지의 공의 궤적은 어떻게 되는가? 그림 3.12의 코요테의 경우와 같이 되는가? 다른 속도로 공을 굴린 다음 행로가 어떻게 변하는지를 관찰하고 그 결과를 그려보아라.

이 운동 분석하는 기본적인 방법은 운동을 수평과 수직성분으로 나누어 생각하고, 두 성분을 합하여 실제의 행로를 만드는 것이 핵심이다(그림 3.13). 공기저항이 무시할 정도로 작다고 하면 수평운동의 가속도는 0이다. 이것은 공이 탁자에서 떨어지거나 손을 떠나면 일정한 수평속도로 운동한다는 것을 의미한다. 그림 3.13의 상단 부분에 나타난 것과 같이 공은 같은 시간간격에 같은 수평거리를 이동한다. 이 그림에서 초기 수평속도가 2 m/s라면 공은 매 0.1 s 동안 0.2 m 의 수평거리를 이동한다.

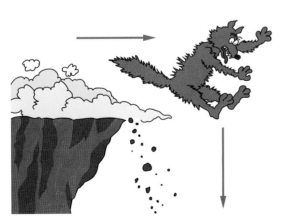

그림 3.12 절벽에서 떨어지는 만화 코요테. 이것이 실제의 상황을 나타낸 것일까?

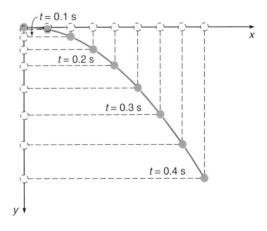

그림 3.13 수평과 수직운동을 합하여 공의 궤적을 만들어 낸다.

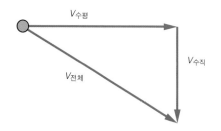

그림 3.14 어떤 점에서의 총 속도는 속도의 수평성분에 수직성분을 합한 것이다.

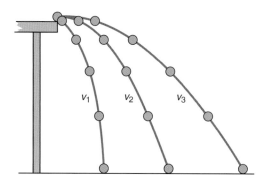

그림 3.15 탁자에서 각각 다른 초기속도로 떨어지는 공의 궤적 : v_3는 v_2보다 크고, v_2는 v_1보다 크다. 모든 위치들은 동일한 시간간격으로 표시된 것이다.

수평으로는 일정한 속도로 운동하는 동시에, 공은 일정한 중력가속도 g로 아래로 가속된다. 그 수직속도가 증가하는 것은 그림 3.3에 나타낸 낙하하는 공의 경우와 정확히 일치한다. 이 운동은 그림 3.13의 y축 부분에 나타나 있다. 수직속도가 시간에 따라서 증가하기 때문에 각각의 시간간격에서 이전의 시간에서보다 더 많은 거리를 낙하하게 된다.

수평과 수직운동을 결합하면 그림 3.13의 곡선 궤적을 얻을 수 있다. 각각의 시각에 대해, 공의 수직위치를 나타내는 수평점선을, 수평위치를 나타내는 곳에 수직점선을 그렸다. 어떤 시각에서의 공의 위치는 이 선들이 만나는 점이 된다. 이 절의 시작에서 제시된 간단한 실험을 해보았다면, 결과의 궤적(굵은 곡선)은 익숙해 보일 것이다.

공의 궤적을 얻는 법을 이해했다면, 포물선 운동을 잘 이해하고 있는 것이다. 각 지점에서의 총 속도는 그림에서의 접선방향으로 운동하며, 이것이 공의 운동의 실제방향이다. 총 속도는 속도의 수평과 수직성분 벡터의 합이다(그림 3.14, 부록 참조). 수평방향으로의 가속도가 없기 때문에 수평속도는 일정하고 수직속도는 계속해서 커진다.

공의 궤적의 실제모양은 탁자에서 던지거나 굴릴 때 초기에 주어진 수평속도에 의해 좌우된다. 초기의 수평속도가 작으면, 공은 수평으로 멀리 운동하지 않는다.

그림 3.15는 세 가지의 다른 초기속도를 갖는 경우의 궤적들을 보여 준다. 예상대로 초기수평속도가 클수록 수평으로 더 멀리 나가게 된다.

비행시간을 결정하는 것은 무엇인가?

그림 3.15의 세 공이 동시에 탁자에서 떨어진다면 어느 공이 먼저 바닥에 도달할까? 공이 바닥에 도달하는 시간이 수평속도에 어떤 영향을 줄까? 보통 멀리 이동하는 공의 경우에 바닥에 도달하는 시간이 더 길 것이라고 생각하기 쉽다.

실제로, 세 공은 모두 동시에 바닥에 도달한다. 그 이유는, 세 공은 모두 같은 $9.8 \ m/s^2$로 아래로 가속되기 때문이다. 아래쪽의 가속도는 공의 수평속도에 영향을 받지 않는다. 그림 3.15에서 세 공이 바닥에 도달하는 시간은 바닥에서 탁자까지의 높이에 의해 정확히 결정된다. 수직운

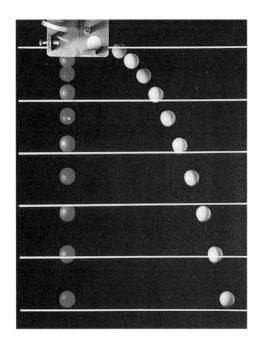

그림 3.16 같은 높이에서 한 공을 낙하시키는 동시에 다른 공을 수평으로 던졌다. 어느 공이 먼저 바닥에 도달할 것인가?

동은 수평속도에 무관하다.

이 사실은 종종 사람들을 놀라게 하며 우리의 직관과는 일치하지 않지만, 두 개의 비슷한 공으로 간단한 실험을 행함으로

예제 3.3

예제 : 궤적 운동

공이 수평방향의 초기속도 3 m/s를 갖고 탁자로부터 떨어진다. 탁자의 높이가 바닥에서 1.25 m라면,
a. 공이 바닥에 도달하는 데 걸리는 시간은 얼마인가?
b. 공의 수평이동거리는 얼마인가?

a. 그림 3.7에서 우리는 대략 0.5초 동안에 공이 1.25 m을 낙하한다는 것을 보았다. 이것은 다음과 같은 방법으로 얻을 수 있다.

$$d_{수직} = 1.25 \text{ m} \qquad d_{수직} = \frac{1}{2}at^2$$

$$a = g = 10 \text{ m/s}^2 \qquad t^2\text{에 관해서 풀면:}$$

$$t = ? \qquad\qquad t^2 = d/\frac{1}{2}a$$

$$\qquad\qquad\qquad = (1.25 \text{ m})/(5 \text{ m/s}^2)$$

$$\qquad\qquad\qquad = 0.25 \text{ s}^2$$

제곱근을 구하여 t를 얻는다.

$$\boldsymbol{t = 0.5 \text{ s}}$$

b. 비행시간 t를 알면, 수평이동거리를 계산할 수 있다.

$$v_0 = 3 \text{ m/s} \qquad d_{수평} = v_0t$$

$$t = 0.5 \text{ s} \qquad\qquad = (3.0 \text{ m/s})(0.50 \text{ s})$$

$$d_{수평} = ? \qquad\qquad = \boldsymbol{1.5 \text{ m}}$$

써 확인할 수 있다(그림 3.16). 만약, 첫 번째 공을 수평으로 던지는 동시에 두 번째 공을 같은 높이에서 단순히 떨어뜨리면, 두 공은 대략 같은 시간에 바닥에 도달할 것이다. 동시에 떨어지지 않을 수도 있는데, 그것은 첫 번째 공을 완전히 수평으로 던지는 것과, 두 공을 동시에 놓는 것이 힘들기 때문이다. 실험에 쓰이는 특수한 스프링총이 이 과정을 정확히 수행할 것이다.

공이 낙하하는 거리를 알고 있다면, 비행시간을 계산할 수 있다. 또 초기의 수평속도를 알고 있다면, 비행시간으로부터 공이 이동하는 수평거리를 알아낼 수 있다. 예제 3.3은 이러한 분석의 유형을 보여준다. 비행시간과 초기속도가 수평 이동거리를 결정한다는 것에 주의하라.

수평운동과 수직운동을 독립적으로 생각하고, 둘을 합하여 궤적을 구하는 것이 포물선 운동을 이해하는 비결이다. 수평운동과 수직운동을 합하면 포물선이 된다. 중력가속도는 어느 물체에나 아래쪽으로 동일하게 작용하며, 공기저항을 무시한다면 수평방향으로는 가속도가 없다. 발사체는 아래쪽으로 가속되면서 일정한 수평속도로 운동한다.

3.5 목표물 맞추기

인간은 사냥이나 전쟁을 통해서 화살이나 포탄과 같은 발사체가 어디에 떨어지는가를 예측하려고 노력해왔다. 나무의 새나 바다에 떠 있는 배와 같은 목표물을 명중시키는 것이 중요한 생존의 요건이 되어왔기 때문이다. 중견수가 던진 야구공이 투수의 미트에 정확하게 조절하는 것 또한 중요한 기술이기도 하다.

총에서 발사된 탄환도 낙하하는가?

조금 떨어진 거리에서 당신이 작은 목표물을 향하여 총을 발사한다고 상상해보자. 총과 목표물은 땅에서 정확히 같은 높이에 있다(그림 3.17). 총을 수평방향으로 목표물을 향해 발사하면, 탄환은 목표물의 중앙에 명중할까? 앞의 절에서 탁자에서 떨어지는 공을 생각한다면 당신은 중앙에서 약간 아래쪽에 탄환이 맞을 것이라고 결론지을 것이다. 그 이유는 무엇인가? 탄환은 지구의 중력에 의해 아래쪽으로 가속될 것이고, 목표물에 접근할수록 조금씩 낙하할 것이다.

비행시간이 매우 짧으므로, 탄환이 많이 낙하하지는 않겠지만, 목표물의 중앙을 명중시키지 못할 정도는 될 것이다. 탄환의 낙하를 어떻게 보정할 것인가? 시행착오를 거치거나 자동적으로 약간 위를 겨냥하도록 총의 가늠자를 조정함으로써, 조준을 바로잡을 수 있다. 총의 가늠자는 목표물까지의 평균거리로 조정되는 경우가 많다. 먼 거리에서는 높게 겨냥하고, 가까운 거리에서는 낮게 겨냥해야 한다.

만일 약간 높게 겨냥한다면, 탄환은 더 이상 완전한 수평방향으로 출발하지 않을 것이다. 비행의 처음 부분에서 탄환은 올라가고, 목표물에 닿을 때는 내려온다. 멀리 떨어져 있는 목표물에 대포를 발사하거나, 공을 던질 때도 이런 일이 일어난다. 상승과 낙하는 탄환보다는 축구공의 경우가 더 명확하다.

포물선 운동을 하는 물체의 수평방향 운동과 수직방향 운동이 서로 독립적이라는 사실을 아주 잘 설명하는 좋은 예로 '나무 위의 원숭이 맞추기' 또는 '나무 위에서 떨어지는 원숭이'가 있다. 이 실험에서는 천정 위에 매달린 적당한 목표물을 맞추기 위해서 발사체는 곧바로 직선으로 목표물을 겨냥한다. 방아쇠가 당겨져 발사체가 발사되는 순간 방아쇠에 연결되어 있는 전자 감지기는 천정에 매달린 목표물이 떨어지도록 하여 동시에 자유낙하하도록 되어 있다. 목표물은 중력에 의해 일정한 가속도로 수직으로 떨어진다. 반면에 발사체는 역시 중력에 의해 포물선 궤적을 그리며 날아간다.

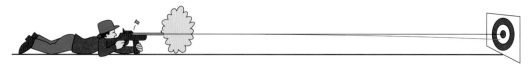

그림 3.17 사수가 떨어져 있는 목표물에 탄환을 발사한다. 목표물에 다가갈수록 탄환은 낙하하게 된다.

발사체와 목표물이 정확하게 같은 시간부터 시작해서 같은 크기의 수직 아래쪽을 향하는 가속도로 운동하기 때문에 그림 3.18과 같이 발사체는 언제나 목표물에 명중하게 된다. 마찬가지로 애초에 발사체가 목표물의 아래쪽을 겨냥하였다면 같은 이유에 의해서 발사체는 아래쪽으로 겨냥한 그만큼 목표물의 아래쪽을 맞추게 될 것이다. 방아쇠에 연결된 전자 감지기에 의해 이루어지듯 발사체가 발사되는 것과 목표물이 떨어지기 시작하는 것이 동시에 일어나도록 하는 것이 이 실험의 중요한 점이다. 만일 목표물이 고정되어 있는 목표물이라면 발사체는 목표물의 훨

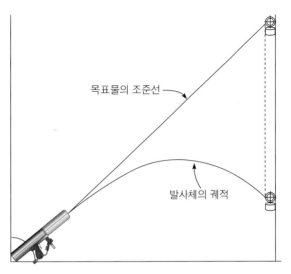

목표물의 조준선

발사체의 궤적

그림 3.18 목표물이 떨어지기 시작함과 동시에 발사체가 발사된다면 목표물을 명중시킬 수 있는가?

씬 위쪽을 겨냥해야만 목표물을 명중시킬 수 있을 것이다.

축구공의 비행

조금 떨어진 목표물에 미식축구공을 던질 때, 공을 수평보다 높은 각도로 던져야 너무 일찍 땅에 떨어지지 않는다. 익숙한 운동선수는 훈련의 결과로 이 행동을 자동적으로 수행한다. 세게 던질수록 공을 높이 던질 필요가 없는데, 이것은 큰 초기속도로 목표물에 빨리 도달함으로써 낙하할 시간이 줄어들기 때문이다.

그림 3.19는 수평에서 30° 위쪽으로 던진 공의 궤적을 나타낸다. 그림 3.13에서 수평으로 발사된 공의 경우 같이, 공의 수직위치는 그림의 왼쪽에 점으로 표시되어 있다. 공의 수평위치는 그림의 아래쪽에 나타나 있다. 공기저항이 작아서 공은 일정한 수평속도로 운동한다고 가정하였다. 두 운동을 합하면 전체의 궤적이 된다.

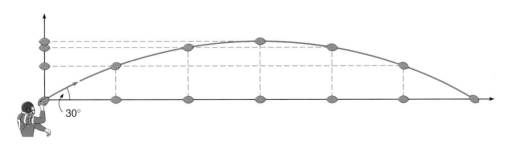

30°

그림 3.19 수평에서 30° 각도로 던져진 미식축구공의 비행이다. 일정한 시간간격으로 공의 수직과 수평위치가 나타나 있다.

미식축구공이 위로 올라갈 때, 속도의 수직성분은 일정한 아래쪽의 중력가속도 때문에 감소하게 된다. 공을 위쪽으로 똑바로 던진 것처럼 최고점에서 속도의 수직성분은 0이 된다. 이 최고점에서 공의 속도는 수평성분만이 존재한다. 공은 다시 낙하하기 시작하고, 가속되면서 아래쪽으로 속도가 생긴다. 그러나 위로 똑바로 던진 것과는 달리 일정한 속도의 수평 운동이 있으므로 앞절에서와 같이 수평운동과 수직운동을 결합시켜야 한다.

공을 던질 때, 당신은 목표물에 명중시키기 위하여 두 개의 양을 변화시킬 수 있다. 하나는 초기속도인데, 이것은 공을 얼마나 세게 던졌는가에 의해 결정된다. 다른 하나는 투사각도인데, 상황에 맞추어 변화시킨다. 큰 초기속도로 던지면 높이 겨냥할 필요가 없으며, 목표물에 더 빨리 도달할 것이다. 그러나 이 공을 받기 위해 달리는 선수는 큰 속도 때문에 잡기 어려울지도 모른다.

이런 생각을 지금 시험해보자. 종이 한 장을 구겨서 작은 공 모양으로 만들어 보아라. 다음에 휴지통을 의자나 책상 위에 올려놓는다. 다른 속도와 각도로 언더핸드로 던져서 휴지통에 넣는 가장 효과적인 방법을 찾는다. 어떤 투사각도와 속도를 결합하여야 성공적인 조준이 되는지를 느낌으로 알아보아라. 낮고 수평적인 궤적의 투사는 높고 곡선적인 궤적의 경우보다 큰 속도를 필요로 한다. 투구가 수평에 가까울수록 더 정확히 조준해야 하는데, 이것은 각도가 작으면 휴지통에 들어갈 때의 유효한 입구 넓이가 작기 때문이다. 공의 입구가 더 작아지는 것이다(이 효과는 매일의 자연현상 3.2에서 다루어진다).

매일의 자연현상 3.2

농구공 던지기

상황. 농구 경기에서 슛을 던질 때마다 당신은 골에 가장 잘 들어갈 것이라 믿는 농구공의 궤적을 무의식적으로 선택한다. 골대는 투사점보다 높이 있지만(덩크슛과 스카이훅을 제외한다면), 골이 성공하려면 공은 낙하하는 중에 들어가야 한다.

가장 좋은 궤적을 결정하는 요인은 무엇인가? 높이 곡선을 그리는 것이 유리할 것인가, 평면 궤적이 더 효과적인가? 자유투 또는 다른 선수에게 수비를 받을 때, 이런 요인이 달라질까? 우리가 알고 있는 포물선 운동이 이 물음에 답하는 데 어떻게 도움이 될까?

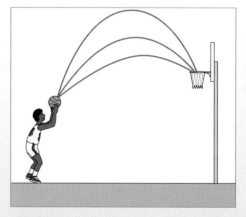

자유투에서 가능한 공의 궤적. 어느 경우에 가장 성공확률이 높을까?

분석. 공이 깨끗이 골인되는 각도는 농구공의 지름과 골대의 지름에 의해서 결정된다. 두 번째 그림은 골대로 똑바로 떨어지는 것과 45°로 접근하는 경우 가능한 공의 경로를 나타낸 것이다. 각각의 경우에 빗금 친 부분은 골인될 때의 공의 중심이 변할 수 있는 범위이다. 그림에서 알 수 있듯이, 똑바로 떨어질 경우 가능한 경로가 더 넓은 것을 알 수 있다. 농구공의 지름이 골대의 반지름보다 약간 크다.

이 그림은 아치형의 슛이 유리하다는 것을 보여준다. 약간의 오차에도 공이 깨끗하게 들어갈 수 있는 경로가 더 넓다. 보통의 농구공과 골대일 때, 깨끗한 골을 위해선 최소 32° 이상의 각도가 되어야 한다. 각이 커질수록 가능한 경로의 범위는 증가한다. 작은 각에서는 때로 공의 적절한 회전으로 골대에 부딪히며 골인되기도 하지만, 각이 작아질수록 그 확률은 낮아진다.

아치형 슛의 단점은 정확도가 떨어진다는 것이다. 분명하다. 골대에서 멀어질수록 골대까지 수평거리를 조정하는 투사조건이 더 정확해야 한다. 세 번째의 그림에서 보는 바와 같이, 30피트 거리에서 아치형으로 슛을 쏘았다면, 가까운 거리에서 같은 각도로 던질 때보다 더 높은 행로

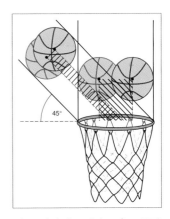

바로 떨어지는 것과 45°로 들어가는 경우의 가능한 행로. 똑바로 떨어지는 경우에 가능한 행로가 더 넓다.

를 이동해야 한다. 공이 공중에 오래 머물게 되므로, 속도와 각도의 작은 변화에도 이동거리는 큰 오차가 생길 수 있다. 이 거리는 비행시간과 속도의 수평성분에 의해 결정된다.

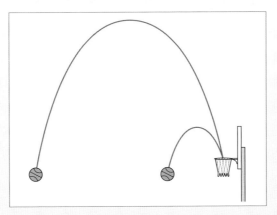

먼 곳에서의 아치형 슛은 같은 각도로 골대에 가까운 경우보다 공중에 오래 머문다.

골대에 가까이 있을 때는 높은 아치형 슛이 유리하다. 수평거리가 비교적 확실하므로 아치형 슛에 가능한 넓은 행로를 이용할 수 있다. 골대에서 멀 때, 슛의 보다 정확한 제어를 가정하면 바람직한 궤적은 점점 평면형이 되어간다. 그러나, 경기장 어느 곳에서도 수비에 가로막혀 있다면 아치형 슛이 종종 필요하다.

농구공의 회전, 투사높이, 그리고 다른 요인들도 성공적인 슛에 한몫을 차지한다. 자세한 분석은 다음 글에서 찾을 수 있다. Peter J. Brancazio, *"Physics of Basketball,"* in the American Journal of Physics(April 1981). 포물선 운동을 잘 이해하는 것은 숙련된 선수의 경기력도 향상시킬 수 있다.

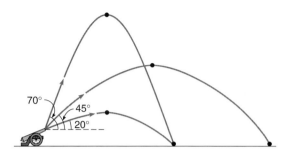

그림 3.20 발사속도는 동일하나 발사각도를 달리한 포탄의 궤적

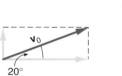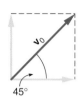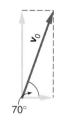

그림 3.21 그림 3.20에 나타난 세 경우에 대한 초기속도를 수평 및 수직성분으로 분해한 그림

어떻게 하면 최대의 거리를 얻을 수 있을까?

총이나 대포를 발사할 때, 발사체의 초기속도는 보통 화약의 양에 의해 결정된다. 따라서 초기속도는 고정되어 있으며 발사각도만이 조정의 여지가 있다. 그림 3.20은 같은 초기속도에서 각기 다른 각도로 발사한 포탄의 세 가지 궤적을 나타낸 것이다. 각기 다른 각도는 포신을 기울임으로써 얻을 수 있다.

공기저항의 효과를 무시한다면 중간각도인 45°일 때 가장 먼 거리를 얻는다는 것을 주목하라. 이것은 육상경기 중 투포환경기에서도 동일하게 적용된다. 투사각도는 매우 중요하며 가장 멀리 던지기 위한 각도는 대략 45°가 될 것이다. 공기저항과 땅에 도달하는 곳이 투사점보다 낮다는 점을 고려하면 가장 효과적인 각도는 45°보다 약간 낮은 각도가 될 것이다.

각기 다른 발사각도에서 초기속도의 수평 및 수직성분을 생각해보면 최대거리에 이르는 각도가 45°가 되는 이유를 알 수 있다(그림 3.21). 속도는 벡터이며, 벡터를 정확히 표시하고, 수평과 수직방향으로 점선을 덧붙임으로써 속도의 수평 및 수직성분을 알 수 있다(그림 3.21). 이 과정은 부록에 더 자세히 설명되어 있다.

가장 낮은 각도인 20°에서는 속도의 수평성분이 수직성분보다 크다. 초기의 상승속도가 작으므로, 공은 높이 올라가지 않는다. 비행시간이 짧으므로 다른 두 경우보다 일찍 땅에 떨어진다. 수평속도는 크지만 비행시간이 짧기 때문에 떨어지기까지 멀리 가지는 못한다.

70°의 높은 각도에서는 수직성분이 수평성분보다 크게 된다. 그러므로, 공은 더 높이 올라가고 20°의 경우보다 공중에 오래 머물게 된다. 그러나 수평속도가 작기 때문에 수평으로 많이 이동하지는 않는다. 공은 20°의 경우와 비슷한 수평거리를 이동하지만, 시간은 더 걸리게 된다(만약 똑바로 위로 던진다면, 수평거리는 물론 0이 될 것이다).

중간각도인 45°일 때, 초기속도는 같은 크기의 수평과 수직성분으로 나누어진다. 이 경우에 공은 낮은 각도에서보다 공중에 오래 머물며, 높은 각도에서보다 큰 수평속도로 이동한다. 다시 말해, 속도의 수직과 수평성분, 모두에 대해 상대적으로 큰 값을 가지면, 수평속도가 효과를 발휘하도록 수직운동이 공을 공중에 오래 머물게 한다. 이런 경우에 가장 큰 이동거리를 갖는다.

발사각도와 초기속도의 크기를 안다면, 비행 시간과 수평이동거리를 구할 수 있다. 이 계산을 하기 위해서는 먼저 속도의 수평성분과 수직성분을 찾아내야 한다(그러나 이 일은 전에 다루었던 것보다 문제를 복잡하게 만든다). 그러나 그 개념은 이러한 계산 없이도 이해할 수 있다. 핵심은 수직과 수평운동을 분리시켜 독립적으로 생각한 후 다시 결합시키는 것이다.

어떤 각도로 발사된 발사체의 초기속도는 수직과 수평성분으로 분리할 수 있다. 수직성분은 물체가 올라가는 높이와 공중에 머무르는 시간을 결정하고, 수평성분은 그 시간 동안에 진행하는 수평거리를 결정한다. 발사각과 초기속도는 서로 연관되어 물체가 어디에 떨어질지를 결정한다. 포물선 운동을 하는 동안 일정한 아래쪽의 중력가속도가 작용하지만, 이는 속도의 수직성분에만 변화를 준다. 우리는 일상 생활에서 이러한 궤적을 흔히 만들고 또 볼 수 있다.

질 문

Q1. 아래 그림은 좌측에서 우측으로 움직이는 공의 위치를 0.10 s 간격으로 나타낸 것이다(0.1 s마다 깜빡이는 스트로보스코프에서 찍은 사진과 같다). 이 공은 가속되는가? 설명하라.

Q2. 아래 그림은 좌측에서 우측으로 움직이는 두 공의 위치를 0.05 s 간격으로 나타낸 것이다. 두 공은 가속되는가? 설명하라.

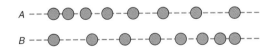

Q3. 지름이 1 m인 납공과 알루미늄공을 동시에 땅에 떨어뜨렸다. 납공의 밀도가 알루미늄공보다 크기 때문에 납공의 질량이 더 크다. 어느 공이 중력에 의한 가속도를 더 크게 받겠는가? 설명하라.

Q4. 두 장의 같은 종이를 하나는 구겨서 공처럼 만들고, 다른 하나는 펴진 상태로 두었다. 두 종이를 같은 높이에서 동시에 놓았을 때, 어느 쪽이 먼저 바닥에 도달할 것인가? 설명하라.

Q5. 두 장의 같은 종이를 하나는 구겨서 공처럼 만들고, 다른 하나는 펴진 상태로 두었다. 두 종이를 큰 진공관 꼭대기에서 동시에 놓았다. 어느 쪽이 먼저 관의 바닥에 도달할 것인가? 설명하라.

Q6. 다이빙 도약대에서 돌을 수영장으로 떨어뜨렸다. 떨어뜨린 직후와 물에 닿기 직전의 각각 0.1 s 동안에 이동한 거리는 같겠는가? 설명하라.

Q7. 다음의 그래프는 어떤 낙하 물체의 속도를 시간에 따라 나타낸 것이다. 이 물체의 가속도는 일정한가? 설명하라.

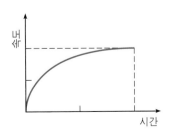

Q8. 공을 큰 초기속도로 아래로 던졌다. 이 공은 같은 높이에서 단순히 놓은 공보다 더 빨리 바닥에 닿을 것인가? 설명하라.

Q9. Q8에서의 던진 공은 초기속도가 없이 떨어진 공보다 더 빨리 가속되는가? 설명하라.

Q10. 공을 바로 위쪽으로 던졌다. 가장 높은 점에서 순간적인 공의 속도는 0이다. 이 점에서 가속도는 0인가? 설명하라.

Q11. 수직 위쪽으로 던진 공은 초기에 상승속도가 감소한다. 그 때, 속도와 가속도의 방향은 어느 쪽인가? 가속도도 감소하는가? 설명하라.

Q12. 돌을 수직 위로 던져서 20 m까지 올라갔다. 올라가는 중에, 처음 5 m와 정상 부분의 5 m를 지나는 데 걸리는 시간은 어느 쪽이 더 길까? 설명하라.

Q13. Q12의 돌의 경우에, 바닥에서보다 정상에 있을 때에 가속도의 크기가 더 큰가? 설명하라.

Q14. 공을 수직 위로 던진 후, 다시 땅에 떨어졌다. 위쪽을 양의 방향이라고 하고, 시간에 대한 공의 가속도를 그래프로 그려라. 가속도의 방향이 바뀌는가? 설명하라.

Q15. 빠르게 운동하는 공이 탁자 모서리에서 바닥으로 떨어졌다. 첫 번째 공이 탁자에서 굴러떨어지는 정확히 같은 순간에 두 번째 공을 같은 높이에서 놓았다. 어느 공이 먼저 바닥에 떨어질 것인가? 설명하라.

Q16. Q15의 두 공의 경우에 어느 공이 바닥에 닿을 때, 더 큰 속도를 가질 것인가? 설명하라.

Q17. 두 공이 탁자에서 굴러떨어지는데, A공이 B공의 두 배의 수평속도를 가지고 있다. 그러나 출발 지점이 달라서, 두 공은 동시에 탁자 끝에서 떨어진다. 어느 공이 바닥에 먼저 떨어질 것인가? 설명하라.

Q18. 물체가 수직으로 가속을 받는 동시에 수평으로 일정한 속도를 가지는 것이 가능한가? 가능하다면 예를 들어 설명하라.

Q19. 공이 큰 수평속도로 탁자에서 굴러떨어진다. 공중에서 운동하면서 속도벡터의 방향은 변화하는가? 설명하라.

Q20. 명사수가 가까운 거리의 목표물의 중심에 고속 소총을 겨누고 있다. 소총의 가늠자는 더 먼 거리의 목표물에 정확히 맞춰져 있다고 하면, 탄환은 목표물의 중앙에서 약간 위쪽에 맞을 것인가, 아래쪽에 맞을 것인가? 설명하라.

Q21. 다음 그림은 야구에서 중견수가 포수에게 던지는 다른 두 궤적을 나타낸 것이다. 높고 낮은 두 궤적 중 어느 경우에 시간이 더 걸리겠는가?

Q22. Q21의 그림에서 두 궤적을 다른 두 명의 중견수가 던진 것이라고 한다면, 어떤 사람이 더 강한 어깨를 갖고 있다고 말할 수 있는가? 설명하라.

Q23. Q21의 그림에서, 궤적의 최고점에서의 속도는 영인가? 설명하라.

Q24. 45°로 발사된 것보다 70°로 발사된 포탄이 공중에 더 오래 머문다.

　　a. 70°로 발사된 경우에 45°로 발사된 만큼 수평거리를 이동하지 못하는 이유는 무엇인가?

　　b. 같은 대포로 20°로 발사된 포탄이 45°의 경우보다 짧은 수평거리를 갖는 이유는 무엇인가?

Q25. 다음 그림은 의자 뒤에 휴지통이 있는 것을 나타낸다. 무릎을 꿇고 있는 여자가 공을 던지는 초기속도의 세 가지 방

향이 나타나 있다. A, B, C 중에 휴지통에 가장 잘 들어갈 것 같은 경우는 어느 것인가? 설명하라.

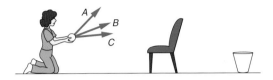

Q26. Q25의 상황에서, 휴지통에 공을 넣으려

면 던지는 방향 외에 또 중요한 요인은 무엇인가? 설명하라.

Q27. 농구에서 자유투를 할 때, 직선궤적에 비해 높고 아치형의 궤적이 갖는 주요한 이점은 무엇인가? 설명하라.

Q28. 농구에서 자유투 거리보다 먼 곳에서 슛을 할 때, 높은 아치형의 슛이 갖는 주요한 불리한 점은 무엇인가? 설명하라.

연 습 문 제

E1. 다이빙 도약대에서 쇠공을 초기속도 0으로 떨어뜨렸다. $g = 10$ m/s^{2}의 근사치를 사용하면,
   a. 1.5초 후 공의 속도는 얼마인가?
   b. 3초 후 공의 속도는 얼마인가?

E2. E1에서,
   a. 처음 1.5초 동안에 이동한 거리는 얼마인가? ($g = 10$ m/s^{2}를 가정)
   b. 처음 3초 동안에 이동한 거리는 얼마인가?

E3. 초기속도 12 m/s로 공을 아래로 던졌다. $g = 10$ m/s^{2}의 근사값을 사용하면, 2초 후의 공의 속도는 얼마인가?

E4. 높은 건물에서 공을 떨어뜨렸다. $g = 10$ m/s^{2}의 근사치를 사용하여 비행시간이 2초와 4초일 때의 속도의 변화를 구하라.

E5. 공을 초기속도 14 m/s로 위로 던졌다. $g = 10$ m/s^{2}의 근사치를 사용하면, 다음의 경우 공의 속도의 크기와 방향은 어떻게 되는가?
   a. 던진 후 1초일 때
   b. 던진 후 2초일 때

E6. E5에서 공이 올라가는 높이는?
   a. 던진 후 1초일 때

   b. 던진 후 2초일 때

E7. E5에서 공이 최고점에 도달하는 시간은 얼마인가? ($g = 10$ m/s^{2}의 근사치를 사용하고 최고점에서 공의 속도는 0이 된다는 것을 기억하라.)

E8. 어떤 행성의 중력가속도가 2 m/s^{2}밖에 되지 않는다고 하자. 우주 비행사가 이 행성에 서서 초기속도 20 m/s로 공을 위로 던졌다.
   a. 던진 5초 후에 이 공의 속력은?
   b. 최고점에 도달할 때까지 걸리는 시간은?

E9. 200 m 떨어진 목표물에 초기속도 600 m/s로 총을 수평으로 발사했다.
   a. 목표물에 닿는 데 걸리는 시간은?
   b. $g = 10$ m/s^{2}의 근사치를 사용하면, 그 시간 동안에 탄환이 낙하하는 거리는?

E10. 선반에서 수평속도 4 m/s로 공이 굴러 떨어진다. 바닥에 도달하는 데 0.6초 걸렸다면, 선반으로부터 이동한 수평거리는?

E11. 탁자에서 수평속도 5 m/s로 공이 굴러 떨어진다. 바닥에 도달하는 데 0.4초 걸렸다면, 바닥에서 탁자의 높이는 얼마인가? ($g = 10$ m/s^{2}의 근사값을 사용하라. 탁자의 높이를 결정하는 데 수평속도가 중요한가?)

E12. 탁자에서 수평속도 5 m/s로 공이 굴러 떨어진다. 바닥에 도달하는 데 0.5초 걸렸다면,

    a. 바닥에 도달할 순간에 속도의 수직성분은 얼마인가?

    b. 바닥에 도달할 순간에 속도의 수평성분은 얼마인가?

E13. 바닥에서 5 m 높이의 선반에서 공이 굴러 떨어진다. 선반을 떠날 때, 공의 수평속도는 4.5 m/s이다.

    a. 바닥에 도달하는 데 걸리는 시간은 얼마인가?

    b. 바닥에 도달할 때, 선반의 밑에서부터 이동한 수평거리는 얼마인가?

E14. 물체를 어떤 각도로 발사했는데 속도의 수평과 수직성분이 20 m/s로 같았다.

    a. $g = 10$ m/s^{2}의 근사치를 사용하면, 최고점에 도달하는 데 걸리는 시간은 얼마인가?

    b. 이 시간 동안에 이동한 수평거리는 얼마인가?

고난도 연습문제

CP1. 초기속도 16 m/s로 공을 위로 던졌다. 아래 계산에서 $g = 10$ m/s^{2}를 사용하시오.

    a. 최고점에서의 속도는 얼마인가?

    b. 최고점에 도달하는 데 걸리는 시간은?

    c. 최고점의 높이는 얼마인가?

    d. 던진 2초 후 공의 높이는 얼마인가?

    e. 던진 2초 후 공은 올라가는 중인가, 내려오는 중인가?

CP2. 높은 건물 옥상에서 두 공을 동시에 떨어뜨렸다. A공은 초기속도가 없고, B공은 아래로 10 m/s의 속도를 주었다.

    a. 던진 2초 후 각 공의 속도는 얼마인가?

    b. 2초 동안에 각 공이 떨어진 거리는?

    c. 공을 떨어뜨린 후 어느 시간에서 두 공의 속도 차이를 고려하면, 어떤 결론을 얻을 수 있는가? 설명하라.

CP3. 1.2 m 높이의 탁자에서 두 공이 굴러떨어진다. A공은 수평속도가 3 m/s이고, B공은 5 m/s이다.

    a. $g = 10$ m/s^{2}의 근사치를 사용하면, 각 공이 바닥에 도달하는 데 걸리는 시간은 얼마인가?

    b. 바닥에 도달할 때까지 각 공이 이동하는 수평거리는 얼마인가?

CP4. 수평에서 30°로 포탄을 발사했다. 포탄의 초기속도는 100 m/s이지만, 각도를 이루며 발사하였기 때문에 속도의 수직성분은 50 m/s, 수평성분은 87 m/s이다.

    a. 포탄이 공기 중에 머무는 시간은? ($g = 10$ m/s^{2}의 근사치를 사용하고, 총 비행시간은 최고점에 도달하는 시간의 두 배이다.)

    b. 포탄의 수평거리는 얼마인가?

    c. 다음의 조건으로 위의 계산을 반복하라. 포탄이 수평에서 60°로 발사되어서, 속도의 수직성분은 87 m/s이고, 수평성분은 50 m/s이다. 앞의 결과와 비교해서 이동거리는 어떻게 되는가?

뉴턴의 법칙 : 운동의 기술

학습목표
이 장의 학습목표는 운동에 관한 뉴턴의 세 가지 법칙을 설명하고, 이들이 일상 생활에서 일어나는 상황들에 어떻게 적용되는지를 알아보는 것이다. 먼저 뉴턴의 법칙들의 발전과정에 대한 역사적인 개략을 살펴보고, 각 법칙에 대한 주의 깊은 논의로 발전시킬 것이다. 이 논의에서는 힘, 질량, 무게와 같은 개념이 중요한 역할을 한다. 여러 가지 익숙한 예제에 뉴턴의 이론을 적용시켜 보는 것으로 단원을 끝맺는다.

개 요

1 **간략한 역사.** 운동에 관한 아이디어와 이론들은 어디서 왔는가? 아리스토텔레스, 갈릴레이, 뉴턴의 역할은 어떠했나?

2 **뉴턴의 제1법칙과 제2법칙.** 힘은 물체의 운동에 어떻게 영향을 주는가? 운동에 대한 뉴턴의 제1법칙과 제2법칙은 무엇을 말해주며 서로가 어떻게 연관되어 있는가?

3 **질량과 무게.** 질량은 어떻게 정의되는가? 질량과 무게의 차이는 무엇인가?

4 **뉴턴의 제3법칙.** 힘은 어디서부터 오는가? 운동에 대한 뉴턴의 제3법칙은 힘을 정의할 때 어떤 도움을 주며, 어떻게 적용되는가?

5 **뉴턴 법칙의 응용.** 의자를 밀 때, 스카이다이빙 할 때, 공을 던질 때, 연결된 두 수레를 마루 위에서 끌 때와 같은 다양한 상황에서 뉴턴의 법칙들이 어떻게 적용되는가?

어떤 힘센 사람이 당신을 밀치면 당신은 밀친 방향으로 움직인다. 어린아이가 장난감 수레에 줄을 매어 끌면 수레는 기우뚱거리며 끌려온다. 운동선수가 미식축구공이나 축구공을 차면 공은 골문을 향해 날아간다. 우리에게 익숙한 이런 상황들이, 운동의 변화를 유발시키는 밀거나 당기는 형태의 힘이 관련된 예들이다.

간단한 예를 들어보자. 당신이 의자를 나무나 타일로 된 마루 위에서 민다고 생각해 보자 (그림 4.1). 의자는 왜 움직이는가? 당신이 의자 밀기를 멈추었어도 운동을 할까? 어떤 요소가 의자의 속도를 결정할까? 만약 좀더 세게 밀면 의자의 속도는 증가할까? 여태까지 우리는 운동을 기술하는 데 유용한 개념을 배웠을 뿐, 운동의 변화를 일으키는 원인에 대하여는 별로 언급하지 않았다. 운동을 설명하는

그림 4.1 의자 옮기기. 밀기를 멈추었을 때도 의자는 계속 움직일까?

것은 운동을 기술하는 것보다 더 어려운 과제이다.

당신은 이미 의자를 움직이게 하는 원인에 대한 직관적인 개념을 갖고 있다. 분명히 의자를 미는 행동이 운동에 영향을 준 것이다. 그러나 미는 힘의 크기가 의자의 속도, 또는 가속도에 직접적인 관계가 있을까? 이 점에서 직관은 별 소용이 못 될 수 있다.

이천 년이 넘는 오래전에 그리스 철학자 아리스토텔레스(Aristotle; 기원전 384~322)는 이러한 문제들에 대한 해답을 구하려고 했다. 우리들 중 많은 사람은 아리스토텔레스의 설명이 의자를 움직이는 경우에는 우리의 직관과 잘 맞지만, 던져진 물체와 같이 미는 힘이 지속적으로 작용하지 않는 물체의 경우에는 설명이 만족스럽지 못하다는 것을 안다. 아리스토텔레스의 이론은 17세기의 아이작 뉴턴(Issac Newton; 1642~1727)이 도입한 이론으로 대체되기까지 널리 받아들여지고 있었다. 뉴턴의 운동에 관한 이론은 운동에 대한 더 완벽하고 만족스러운 것으로 증명되었고, 아리스토텔레스의 이론으로는 할 수 없었던 정량적인 예측도 가능하게 되었다.

뉴턴의 운동에 대한 세 가지 법칙은 그 이론의 기초를 이룬다. 이 법칙들은 무엇이며, 어떻게 운동을 설명하고 있는가? 뉴턴의 이론이 아리스토텔레스의 이론과 어떻게 다르고, 왜 아리스토텔레스의 이론이 오히려 우리들의 상식적인 관념과 부합되는 것으로 느끼는 것일까? 뉴턴의 법칙을 이해하는 것은 대부분의 간단한 운동을 분석하고 설명하는 데 도움이 되고, 차를 운전하거나 무거운 물체를 움직이는 등 일상생활에서 일어나는 여러 가지 활동들에 대한 통찰에 도움이 될 것이다.

4.1 간략한 역사

어떤 천재가 사과나무 아래에 앉아 갑작스런 번쩍이는 영감을 받아 운동에 관한 완전한 이론을 엮어냈을까? 천만의 말씀. 이론들이 어떻게 발전되었으며 받아들여졌는가의 과정에는 긴 시간 동안 많은 사람들의 역할이 있었다.

이제 주된 진보를 이루게 한 영감을 가졌던 중요한 몇 사람의 역할을 살펴보자. 이 역사를 간략히 살펴보는 것은 언제 어떻게 이론들이 나타나게 되었는지를 알아봄으로써 앞으로 논의할 물리적인 개념들을 인식하는 데 도움이 된다. 어떤 이론이 바로 언제 제안되었는지, 또는 긴 시간 동안 시도되고 검증되었는지를 아는 것은 매우 중요하다. 모든 이론들이 다 똑같은 정도로 과학자들에게 받아들여지고 사용되는 것은 아니다. 아리스토텔레스, 갈릴레이, 뉴턴은 운동의 원인에 대한 우리들의 생각을 형성하는 데 기여한 주요 인물들이다.

운동의 원인에 대한 아리스토텔레스의 생각

운동을 일으키는 원인과 운동에 변화를 주는 것에 대한 의문은 여러 세기에 걸쳐 철학자들이나 다른 자연현상을 관찰하는 사람들의 관심사였다. 천 년이 넘도록 아리스토텔레스의 견해는 옳다고 믿어져 왔다. 아리스토텔레스는 빈틈없고 주의 깊은 자연 관측자였다. 아리스토텔레스는 놀라울 정도로 많은 주제에 대해 연구하여, 논리학, 형이상학, 정치학, 문학비평, 수사학, 심리학, 생물학, 물리학과 같은 분야에 대하여 방대한 논문들을 발표하였다.

운동에 대한 논의에서, 아리스토텔레스는 힘을, 우리가 지금까지 말해왔던 것처럼, 물체를 움직이도록 밀거나 당기는 것과 같은 것으로 생각하였다. 그는 물체를 움직이게 하기 위해서는 힘이 작용해야 하고 물체의 속도는 힘의 세기에 비례한다고 믿었다. 무거운 물체는 지면쪽으로 끌리는 힘이 크기 때문에 가벼운 물체보다 더 빨리 지면을 향하여 떨어지게 될 것이다. 그리고 이 힘의 세기는 물체를 손에 들고 있는 정도로 생각될 수 있을 것이다.

아리스토텔레스는 또 물체에 운동을 주는 매질의 저항에 대해서도 알고 있었다. 돌멩이는 물 속에서보다 공기 중에서 더 빨리 떨어진다. 당신이 해변가의 허리길이의 물 속에서 걸어가려면 힘이 드는 것처럼 물에는 큰 저항이 있다. 아리스토텔레스는 물체의 속도는 물체에 가해지는 힘에 비례하고 저항에 반비례하는 관계가 있다고 보았다. 단 저항에 대한 정량적인 설명을 하지는 못하였다. 그는 가속도를 속도와 구별해내지 못했으며, 속도를 정해진 거리를 가는데 걸린 시간을 재어봄으로써 알 수 있다고 이해하였다.

아리스토텔레스는 실험학자라기보다는 자연현상 관측자였다. 그는 실험을 통한 정량적인 예측을 하지 못하였다. 검증을 하지 않았을 뿐 아니라 아리스토텔레스 자신도 그 후의 다른 사람들과 마찬가지로 일부 문제에 대한 기본적인 생각에 혼란이 있게 되었다. 예를 들면, 공이나 돌을 던지는 경우에, 힘은 물체가 처음에 움직이게 하지만 손을 떠난 후에는 더 이상 작용하지 않는다. 어떤 것이 공을 계속 움직이게 할까?

던진 손에서 떠난 공은 일정한 시간 동안 계속해서 움직이기 때문에 아리스토텔레스의 이론에 따르면 힘이 필요하게 된다. 그는 손을 떠난 공을 움직이게 해주는 힘은 공이 전에 있는 자리가 진공이 되어 공기가 밀려들어오게 되는 것에 의한 것이라고 제안하였다(그림 4.2). 이 공기의 흐름은 공을 뒤에서 밀어준다고 생각했다. 이것이 합리적일까?

로마제국이 기울어짐에 따라 아리스토텔레스의 글 중 일부만이 수세기 동안

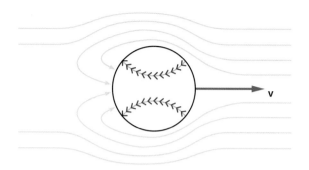

그림 4.2 아리스토텔레스는 던져진 물체 주위에 공기가 몰려들어와 물체를 앞으로 계속적으로 밀어낸다고 생각했다. 이런 견해가 합리적으로 보이는가?

유럽사람들에게 알려졌을 뿐이다. 12세기가 될 때까지 그의 완전한 연구 업적이 유럽에 소개되지 못하였다. 그의 이론은 아랍사람들에 의하여 전하여졌으며, 이어서 그리스의 다른 사람들의 이론과 함께 12세기와 13세기에 라틴어로 번역되었다.

어떻게 갈릴레이는 아리스토텔레스의 견해에 도전하였는가?

이탈리아의 과학자 갈릴레오 갈릴레이(Galileo Galilei ; 1564~1642)가 과학사의 전면에 나타날 때, 아리스토텔레스의 이론은 갈릴레이가 배우고 가르쳤던 피사(Pisa)와 파두아(Padua) 대학을 포함한 유럽 대학들에서 잘 자리잡고 있었다. 당시 대학에서의 교육은 아리스토텔레스에 의해 연구된 분야를 중심으로 이루어져 있었고, 아리스토텔레스의 자연철학의 많은 부분은 로마 카톨릭 교회의 가르침과 결부되어 있었다. 이탈리아의 신학자 토마스 아퀴나스(Thomas Aquinas)는 아리스토텔레스의 이론과 교회의 신학을 정교하게 결합시켜 놓았다.

아리스토텔레스에 도전하는 것은 교회의 권위에 도전하는 것과 같았고 중대한 결과를 초래할 수 있었다. 갈릴레이만이 운동에 대한 아리스토텔레스의 이론에 의문을 품은 것은 아니었다. 다른 과학자들도 유사한 형태이지만 무게가 확실히 차이가 나는 물체를 떨어뜨려도 같은 속도로 떨어진다는 사실에 주목하였고, 이는 아리스토텔레스의 이론에 반하는 것이었다. 갈릴레이가 기울어진 피사의 탑에서 물체를 떨어뜨린 것은 아니지만, 떨어지는 물체에 대한 주의 깊은 실험을 하였고 그 결과를 발표하였다.

갈릴레이의 첫 번째의 교회와의 갈등은 코페르니쿠스(Copernicus)의 이론을 변호한 것으로부터 시작되었다. 코페르니쿠스는 태양 중심의 태양계 모델을 제시하였고(5장에서 다룰 것이다), 그것은 당시에 지배적인 생각이었던 아리스토텔레스 등의 지구중심 모델과 정반대였다. 갈릴레이는 아리스토텔레스와 전통적인 생각을 가진 사람들과 여러 면에서 충돌하였다. 이러한 상황이 그가 속해 있는 대학의 많은 동료들 그리고 교회 조직의 사람들과 충돌하게 되었다. 그는 결국 종교재판에 넘겨졌고 이단의 정죄를 받게 되었다. 그는 가택연금을 당했고 그의 가르침을 부인

하도록 강요받았다. 낙하하는 물체에 대한 그의 이론에 덧붙여, 갈릴레이는 아리스토텔레스의 이론과는 다른 운동에 대한 새로운 개념을 발전시켰다. 갈릴레이는 운동하는 물체는 운동을 계속하려는 자연스러운 경향 즉 관성을 갖고 있다고 주장하였다. 이 운동을 지속하는 데 힘은 필요하지 않다(의자를 미는 것을 다시 생각해 보라. 지금의 설명이 이 경우에도 맞는 것일까?). 다른 사람들의 연구를 토대로 갈릴레이는 가속도를 포함한 운동에 대한 수학적 기술을 발전시켰다. 일정한 가속도를 가진 물체가 움직인 거리에 대한 관계식 $d = 1/2at^2$는 갈릴레이에 의하여 주의 깊게 실증되었다. 그는 말년에 다가와 그의 유명한 두 가지 새로운 과학에 관한 대화(*Dialogues Concerning Two New Sciences*)'에 이런 많은 아이디어를 넣어 출판하였다.

뉴턴의 업적은 무엇인가?

아이작 뉴턴(Isaac Newton; 1642~1727. 그림 4.3)은 갈릴레이가 죽은 해에 영국에서 태어났다. 갈릴레이의 작업을 토대로 그는 어떠한 물체의 운동도 설명할 수 있는 운동의 원인에 대한 이론 — 공이나 의자와 같은 정상적인 물체의 운동뿐 아니라 달이나 행성과 같은 천체 물체에도 적용되는 — 을 발표하였다. 그리스의 전통에 따르면 천체 운동은 지구에 속한 운동과는 다른 영역에 있는 것으로 생각되었고, 따라서 다른 설명이 필요하다고 여겨졌다. 뉴턴은 하나의 이론으로 지상과 천체의 역학을 설명함으로써 이 구별을 없애버렸다.

뉴턴 이론의 중심은 운동의 세 가지 법칙과 만유인력(5장 참조)이다. 뉴턴

그림 4.3 아이작 뉴턴의 초상화
© Pixtal/age fotostock RF

의 이론은 이미 알려진 운동의 현상들을 성공적으로 설명해주었고 물리학과 천문학에서 새로운 연구의 틀을 제공하였다. 이 연구들 중 일부는 전에 관측되지 않았던 현상을 예측하게 하였다. 예를 들면 알려진 행성의 궤도에 있는 불규칙성에 뉴턴의 이론을 적용하여 얻은 계산으로 천왕성의 존재를 예측할 수 있었고, 이는 곧바로 관측에 의하여 확인되었다. 확인된 예측은 이론이 성공적이라는 것을 말해주는 근거가 된다. 뉴턴의 이론은 200년이 넘도록 역학의 기본적인 이론으로 역할을 했고 아직도 물리학과 공학에서 광범위하게 쓰이고 있다.

뉴턴의 이론의 근간이 되는 아이디어는 그가 아직 젊은 나이인 1665년경에 시작되었다. 페스

트를 피하기 위하여 뉴턴은 시골에 있는 가족의 농장으로 돌아갔고 거기서 아무런 방해 없이 심오한 사고를 할 수 있는 시간을 갖게 되었다. 그는 가끔 사과나무 아래에서 시간을 보냈을 것이다. 떨어지는 사과를 보고, 달 역시 지구를 향하여 떨어지고 있으며 두 경우 다 같은 중력이 작용한다는 영감으로 인도하였다는 일화가 있다. 번득이는 통찰이나 영감은 그의 사고 전개 과정 중의 중요한 부분이었다.

뉴턴은 그의 이론의 대부분과 그 세밀한 부분까지도 1665년 이전에 이미 완성하였지만, 1687년까지는 그것들을 공식적으로 발표하지는 않았다. 그 이유 중 하나는 행성과 같은 물체에 작용하는, 그가 제안한 중력의 효과를 계산해 줄 수 있는 수학적 방법론, 즉 **미적분학**을 발전시킬 필요가 있었기 때문이다(그는 미적분학을 창시한 사람들 중 하나로 인정되고 있다). 뉴턴은 **자연철학의 수학적 원리**라는 제목의 논문을 1687년에 발표하였다.

뉴턴의 이론과 같은 과학적 이론은 백지상태에서 갑자기 떠오르는 것은 아니다. 이들은 당시의 과학계에 축적된 지식과 세계관의 산물이다. 새 이론들은 이전의 조잡한 이론을 대체한다. 뉴턴 시대에도 받아들여져 있던 운동에 관한 이론은, 갈릴레이나 다른 사람들에 의해 공격을 받아왔던 아리스토텔레스의 이론이었다. 그 이론의 단점은 잘 알려져 있었다. 뉴턴은 이미 진행 중에 있던 사고의 혁명에 정점을 제공하여 준 것이다.

비록, 운동에 대한 아리스토텔레스의 생각이 지금에 와서는 만족스럽지 못하고 정량적인 예측을 하는 데는 아무 소용이 없지만, 운동에 대한 훈련이 미비한 사람들에게는 더 직관적으로 다가온다. 이런 이유로 우리는 역학을 배우면서, 운동에 대한 아리스토텔레스의 생각을 뉴턴의 개념을 써서 바꾸어야 한다고 이야기한다. 비록, 운동에 대한 기초적인 생각들이 아리스토텔레스가 생각한 정도로 잘 다듬어지지 않았지만, 상식적인 개념 중 일부가 수정되어야 한다는 것을 깨닫게 될 것이다.

뉴턴의 이론도 이제는 운동을 보다 더 정확하게 기술하여주는 더 정교한 이론에 의하여 일부가 대체되었다. 양자역학과 아인슈타인의 상대론이 그것들이고, 두 이론 모두 20세기 초에 생성된 것이다. 비록 이들 이론에 의한 예측이 물체의 속도가 매우 빠른 영역(상대론), 그리고 크기가 매우 작은 영역(양자역학)에서는 뉴턴의 이론과 분명한 차이가 있지만, 빛의 속도보다 훨씬 작은 속력으로 움직이는 보통의 물체의 운동에서는 차이가 거의 없다. 뉴턴의 이론에 한계가 있음을 인정하지만 그 이론은 계속해서 사용될 것이다. 그 이유는 통상적인 운동에 대한 응용에는 아무런 문제가 없기 때문이다.

운동에 대한 아리스토텔레스의 이론은 비록 정량적인 예측을 가능하게 하지 못하지만 오랜 세월 동안 받아들여지고 우리들의 상식에도 잘 들어맞는 것이었다. 갈릴레이는 운동을 계속하려면 물체에 힘을 주어야 한다는 가정을 한 아리스토텔레스의 생각에 도전하였다. 갈릴레이의 연구를 발전시켜, 뉴턴은 아리스토텔레스의 개념을 대체하는 보다 완전한 운동에 대한 이론을 발전시켰다. 뉴턴의 이론은 그 한계가 있음에도 불구하고 아직도 일반적인 운동을 설명하는 데 널리 쓰이고 있다.

4.2 뉴턴의 제 1법칙과 제 2법칙

마루바닥에서 의자를 밀 때 무엇이 의자를 움직이거나 멈추게 만들까? 뉴턴의 운동에 관한 처음 두 법칙은 이 질문을 해결하려는 것이고, 이 과정에서 **힘**에 대한 정의를 내리고 있다. 제 1법칙은 힘이 없을 때 어떠한 일이 벌어지는지를 말해주고, 제 2법칙은 물체에 힘이 가해졌을 때의 효과에 대하여 설명한다.

제 1법칙은 사실 좀 더 일반화된 제 2법칙에 포함되기 때문에 두 법칙을 함께 논의할 것이다. 그러나 뉴턴은 뿌리깊게 박혀 있는 아리스토텔레스의 운동에 관한 개념에 대항하기 위하여 제 1법칙을 분리시켜 놓을 필요를 느꼈다. 그렇게 함으로써, 뉴턴은 그의 제 1법칙에 몇 년 앞서 비슷한 원리를 주장하였던 갈릴레이의 가르침을 따랐다.

뉴턴의 운동에 관한 제 1법칙

뉴턴의 표현을 인용하면 **운동에 관한 제 1법칙**은 다음과 같다.

> 물체에 외부 힘이 작용하고 있지 않다면 정지해 있거나 등속직선 운동을 한다.

다시 말해서, 물체에 힘이 작용하지 않는 한 그 **속도**는 변하지 않는다. 만약 물체가 처음에 정지하고 있으면 정지한 상태로 계속 남아있고, 움직이고 있으면 일정한 속도로 계속 움직인다(그림 4.4).

뉴턴의 제 1법칙에서 **속력**이라는 단어 대신에 **속도**라는 단어를 사용한 것을 주목하여야 한다. 일정한 속도라는 것은 속도의 크기나 방향이 변하지 않는 것을 의미한다. 물체가 정지하여 있을 때 그 속도는 0이고, 힘이 없으면 그 값을 그대로 유지한다. 즉 힘이 없으면, 물체의 가속도는 0이다. 속도는 변하지 않는다.

이 법칙은 간단해 보이지만, 곧바로 아리스토텔레스의 개념(아마도 우리들의 직관도 마찬가지로)과 배치된다. 아리스토텔레스는 물체가 계속 움직이려면 힘이 필요하다고 믿었다. 이 장을 시작할 때 언급하였던 것처럼 의자와 같은 무거운 물체를 움직이는 것

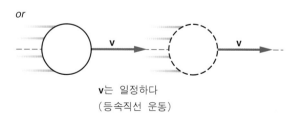

If **F** = 0

v는 계속 0이다
(정지상태)

or

v는 일정하다
(등속직선 운동)

그림 4.4 뉴턴의 제1법칙 : 힘이 작용하지 않을 때 물체는 정지하여 있거나 일정한 속도로 움직인다.

에 대하여 이야기할 때 아리스토텔레스의 관점이 더 직관적으로 와 닿는다. 만약, 당신이 의자 밀기를 중단하면 의자는 움직이기를 멈출 것이다. 그러나 이러한 관점은 던져진 공이나 미끄러운 면 위를 움직이는 의자의 경우 문제에 봉착하게 된다. 이런 물체들은 처음에 한 번 밀어 주면 계속 운동을 하게 된다. 이런 점에서 뉴턴(또는 갈릴레이)은 물체를 계속 움직이게 하는 데 힘이 필요 없다고 강하게 주장하였다.

아리스토텔레스의 개념이 뉴턴이나 갈릴레이의 개념과 완전히 다른데도 불구하고 어떤 경우에는 그래도 합리적으로 보이는 이유는 무엇일까? 이 물음에 대한 해답은 저항력, 또는 **마찰력**에 있다. 의자 밀기를 멈추면 마루와의 마찰력에 의하여 속도가 급격히 0으로 줄게 되어 더 이상 가지 못하게 된다. 던진 공도 비록 땅에 떨어지지 않더라도, 공기의 저항력이 공이 움직이는 반대방향으로 밀어내기 때문에 결국은 멈추게 된다. 물체에 힘이 작용하지 않는 상황을 생각하기는 매우 어려운 일이다. 아리스토텔레스는 공기의 저항과 다른 효과들이 존재한다는 것은 알고 있었지만 그의 이론에서는 이들을 힘으로서 다루지는 않았다.

힘은 가속도와 어떻게 연관이 있는가?

뉴턴의 **운동에 대한 제2법칙**은 물체에 작용하는 힘과 물체의 운동과의 구체적인 관계를 설명하여 준다. 이는 뉴턴의 제2법칙은 가속도라는 용어를 사용하여 다음과 같이 기술된다.

> 물체의 가속도는 물체에 가한 힘에 직접 비례하고 물체의 질량에 반비례한다. 가속도의 방향은 가한 힘과 같은 방향이다.

이를 수학적 기호로 표현하면 적당한 힘의 단위를 선택함으로써 뉴턴의 제2법칙을 다음 식으로 표현할 수 있다.

$$\mathbf{a} = \frac{\mathbf{F}_{ext}}{m}$$

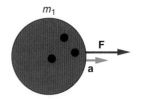

여기서 $\mathbf{a}$는 가속도, $\mathbf{F}_{ext}$는 물체에 가한 총 힘, m은 물체의 질량이다. 가속도는 가한 힘에 직접적으로 비례하기 때문에 물체에 두 배의 힘을 가하면 물체의 가속도의 크기는 두 배가 된다. 그러나 질량이 더 큰 물체에 같은 힘이 작용하면 가속도는 작다(그림 4.5).

가속도는, 속도와는 달리, 가한 힘에 직접적으로 관계가 있음을 주목해야 한다. 아리스토텔레스는 가속도와 속도를 명확하게 구별하지 못했다. 우리 중 많은 사람들

그림 4.5 질량이 크고 작은 두 물체에 같은 힘이 작용하면 질량이 작은 물체는 큰 물체보다 큰 가속도를 갖게 된다.

도 평상시에 운동에 대하여 생각할 때는 이들을 구별하지 못하기도 한다. 뉴턴의 이론에서는 이 두 가지 개념이 엄격하게 구별된다.

　뉴턴의 제2법칙은 운동에 관한 전체적인 이론의 중심적인 개념이다. 이 법칙에 따르면 물체의 가속도는 물체에 작용하는 총 힘과 물체의 질량에 의해 결정된다. 사실 힘과 질량의 개념은 제2법칙에 의하여 역으로 정의되는 개념이라고 볼 수 있다. 물체에 작용하는 총 힘이 가속도를 주는 원인이고, 힘의 크기는 힘이 만들어내는 가속도의 크기로 정의된다. 4절에서 논의할 뉴턴의 제3법칙은 힘이란 한 물체와 다른 물체 사이에 작용하는 상호작용의 결과라는 것으로, 힘을 완전히 정의할 수 있게 된다.

　어떤 물체의 **질량**이란 제2법칙에 나타난 것과 같이 운동에 변화를 줄 때 얼마나 저항하는가의 양을 말한다. 이 운동의 변화에 대한 저항을 갈릴레이는 **관성**이라 불렀다. 우리는 질량을 다음과 같이 정의할 수 있다.

> 　질량이란 물체의 관성에 대한 척도인데, 즉 운동의 변화에 대한 저항적 성질을 정량적으로 나타낸 것이다.

　질량의 표준 단위는 킬로그램(kg)이다. 우리는 질량을 어떻게 측정할 수 있는지, 그리고 질량과 물체의 무게와 어떤 관계가 있는지에 대해 좀 더 살펴볼 것이다.

　힘의 단위 역시 뉴턴의 제2법칙으로부터 유도된다. 뉴턴의 제2법칙의 식의 양변에 가속도를 곱하여 주면, 그 식은 다음과 같이 표현된다.

$$\mathbf{F} = m\mathbf{a}$$

이 식으로부터 힘의 단위가 질량 곱하기 가속도임을 알 수 있고, 또 표준단위로는, 킬로그램 곱하기 미터 나누기 초의 제곱이다. 이를 주로 쓰는 단위로 **newton**(N)이라고 한다. 수식으로 쓰면 다음과 같다.

$$1\,\text{newton} = 1\,\text{N} = 1\,\text{kg} \cdot \text{m/s}^2$$

힘은 어떻게 더해지는가?

　제2법칙에서 물체에 가한 힘이란 물체에 작용하는 **총 힘**, 또는 **알짜 힘**(net force)을 의미한다. 힘은 벡터량이고, 따라서 그 방향은 매우 중요하다. 만약 물체에 하나 이상의 힘이 작용한다면, 주로 그렇겠지만, 이 힘들을 방향을 갖는 벡터로 생각하여 이것들을 더해 주어야 한다.

　이 과정이 그림 4.6과 예제 4.1에서 설명되어 있다. 벽돌에 줄을 매어 10 N의

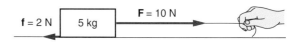

그림 4.6 테이블 위에서 끌리는 벽돌. 두 수평방향의 힘이 작용한다.

힘으로 당겨 테이블 위를 움직이게 하고 있다. 벽돌이 테이블 위에 접촉하고 있는 결과로 생기는 2 N의 마찰력이 벽돌에 작용한다. 벽돌에 작용하는 총 힘은 얼마일까?

총 힘은 두 힘의 산술 합, 10 N 더하기 2 N, 12 N인가? 그림 4.6을 보면 이것이 옳지 않음을 알 수 있다. 두 힘은 서로 반대 방향으로 작용한다. 힘이 서로 반대방향이므로, 줄에 의하여 가해진 힘에서 마찰력을 빼주어 알짜 힘이 8 N이 된다. 관련된 힘의 방향을 무시하여서는 안 된다. 알짜 힘을 찾아낼 때 방향을 고려해야 하는 벡터라는 사실은 제2법칙의 중요한 측면이다. 예제 4.1의 경우처럼 힘이 1차원 상에만 있는 경우에 총 힘을 알아내는 것은 어렵지 않

예제 4.1

예제 : 알짜 힘 계산

질량 5 kg의 벽돌 앞면에 줄을 매어 10 N의 힘으로 당긴다(그림 4.6). 테이블은 벽돌에 2 N의 마찰력을 작용한다. 벽돌의 가속도는 얼마인가?

$\mathbf{F}_{줄} = 10$ N (오른쪽) $F = F_{줄} - f_{테이블}$

$\mathbf{f}_{테이블} = 2$ N (왼쪽) $= 10$ N $- 2$ N $= 8$ N

$m = 5$ kg $\mathbf{F} = 8$ N (오른쪽)

$\mathbf{a} = ?$

$$a = \frac{F}{m}$$
$$= \frac{8 \text{ N}}{5 \text{ kg}}$$
$$= 1.6 \text{ m/s}^2$$
$$(a = 1.6 \text{ m/s}^2 \text{ 오른쪽})$$

다. 2차원이나 3차원 상에 있는 힘의 문제에서는 더 복잡하지만 부록에 있는 벡터의 합 방법을 사용하면 계산할 수 있다. 이 장에서는 1차원의 경우만 생각할 것이다.

뉴턴의 제1법칙과 제2법칙은 사실 중복의 의미가 있다. 즉 제1법칙은 제2법칙에 포함되는 것이다. 그럼에도 불구하고 뉴턴이 제1법칙을 독립된 법칙으로 기술한 데는 오랫동안 지속되어 온 운동에 대한 믿음이 잘못된 것이었음을 강조하기 위한 의도였다. 이것은 제2법칙에서 물체에 작용하는 힘이 0이 될 때 어떻게 되는지 보면 알게 된다. 이 경우에 가속도 $\mathbf{a} = \mathbf{F}/m$는 0이 될 수밖에 없다. 가속도가 0이 되면 속도는 일정하게 된다. 제1법칙은 총 힘이 0이면 물체는 일정한 속도(또는 정지해 있는)로 움직인다는 것이다. 뉴턴의 제1법칙은 제2법칙의 특별한 경우로 물체에 작용하는 총 힘이 0일 때에 대한 것이다.

운동에 대한 뉴턴의 법칙에서 중심적인 원리는 제2법칙이다. 이 법칙은 물체의 가속도는 물체에 가한 총 힘에 비례하고 물체의 질량에 반비례한다는 것이다. 물체의 질량은 운동의 변화에 대한 그것의 관성 또는 저항이다. 뉴턴의 제1법칙은 물체에 작용하는 총 힘이 0이 되는 제2법칙의 특별한 경우이다. 물체에 작용하는 총 힘을 알아내기 위해서는 개별 힘의 방향을 고려하여 벡터로서 더하여 준다.

4.3 질량과 무게

무게란 정확히 무엇일까? 무게와 **질량**은 같은 개념인가 아니면 두 단어는 의미상 다른 뜻을

갖고 있는가? 분명히 질량은 뉴턴의 제2법칙에서 중요한 역할을 한다. **무게**라는 것은 통상적인 언어의 측면에서 **질량**이라는 단어와 혼동하여 쓰기도 하는 단어이다. 그러나, 물리학적으로 질량과 무게는 엄연히 구별되는 서로 다른 개념이다.

질량을 어떻게 비교할 수 있는가?

뉴턴의 제2법칙을 이용하면 질량을 정량적으로 측정할 수 있는 실험적 방법을 고안할 수 있다. 질량이란 물체가 운동의 변화에 대하여 얼마만큼 저항하느냐에 따라 정의되는 양이다. 질량이 클수록 변화에 대한 관성 또는 저항이 커지고, 주어진 힘에 의한 가속도는 작아진다. 한 예로, 초기에 같은 속도로 움직이는 볼링공과 탁구공을 감속시키려 하는 경우를 생각해 보자(그림 4.7). 질량이 다르기 때문에 탁구공보다 볼링공의 속도를 감소시키는 데 더 큰 힘이 필요하다. 제2법칙에 의하면 질량에 비례하는 힘이 필요하다.

사실상 질량을 정의하기 위해 뉴턴의 제2법칙을 이용하고 있는 것이다. 만약 서로 다른 질량의 물체에 같은 힘을 작용시키면 두 물체의 가속도는 다를 것이다. 한 물체의 질량을 표준으로 삼으면 같은 힘으로부터 발생되는 가속도를 비교함으로써 표준질량에 대한 다른 물체의 질량을 측정할 수 있다. 어떤 물체의 질량도 이러한 원리로 측정할 수 있다.

무게는 어떻게 정의하는가?

실제로 앞에서 말한 방법은, 가속도를 측정하기가 어렵기 때문에, 질량을 비교하는 데 쉽지 않다. 보다 편한 방법은 천칭이나 저울을 사용하여 "무게를 재는" 것으로 질량을 비교하는 것이다(그림 4.8). 실제로 무게를 잰다는 것은 측정하고자 하는 물체에 작용하는 중력과 표준 질량에 작용하는 중력을 비교하는 것이다. 물체에 작용하는 **중력**이 물체의 무게이다. 결국 무게는 힘이

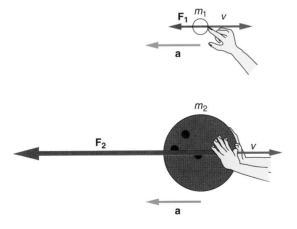

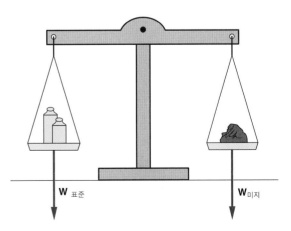

그림 4.7 볼링공과 탁구공을 멈추게 하기. 큰 질량의 물체에 같은 정도의 속도의 변화를 주려면 큰 힘이 필요하다.

그림 4.8 천칭을 사용한, 알려지지 않은 질량의 표준 질량과의 비교

매일의 자연현상 4.1

테이블보를 이용한 마술

상황. 리키 멘데즈는 그의 소년시절에 테이블보를 이용한 마술을 본 적이 있었다. 예쁜 식탁보로 덮인 식탁 위에는 훌륭한 저녁식사가 차려져 있었고, 거기에는 포도주가 반쯤 담긴 유리잔도 있었다. 멋진 팡파레가 울린 후 마술사는 테이블보를 빠르게 잡아 뺐지만 저녁식사는 전혀 흐트러지지 않았던 것이다. 집에 돌아온 리키는 부엌에서 직접 실험을 해 보았지만 그 결과 부엌은 엉망이 되고 말았다.

   최근 리키는 물리 실험 조교가 거의 비슷한 실험을 보여주는 것을 다시 보게 되었다. 물론 훨씬 간단한 식탁차림이었지만. 한 학생이 이 실험은 물체의 관성과 관련이 있을 것이라는 의견을 제시하였다. 이 마술의 요체는 무엇인가? 관성이란 개념은 이 트릭과 어떤 관계가 있는가? 어린시절 리키의 마술이 실패하였던 원인은 무엇인가?

분석. 이 트릭의 기본 원리는 바로 관성이다. 또 여기에는 마찰력이라는 요소가 개입되어 있어 테이블보를 매끄러운 재질로 선택하는 것이 성공의 요소이다. 물론 여러 번의 연습을 통한 경험이 중요함은 당연하다.

   이 트릭을 수행하는 데 있어 마술사이건 조교이건 테이블보를 매우 빠르게 즉 아주 큰 초기 가속도로 잡아 빼는 것이 중요함을 알고 있다. 테이블보를 테이블의 모서리에서 약간 아래쪽 방향으로 잡아당기는 것은 위쪽 방향 가속도를 주지 않으면서 테이블보의 좌우 균일한 크기로 가속시키는 좋은 방법이다. 테이블보가 가속되면서 그 위의 식기들에 마찰력이 작용한다. 만일 테이블보를 천천히 잡아당기면 이 마찰력에 의해 식기들은 테이블보와 함께 끌려올 것이다.

   관성이란 그 물체가 놓여있는 그 자리에 계속 머물러 있으려고 하는 성질을 말하는데 정지상태에 있는 물체는 힘이 가해지지 않는 한 관성에 의해 거기에 그대로 있으려고 한다. 테이블보를 잡아당기면 그 위의 식기들에는 마찰력이 작용한다고 하였다. 이때 테이블보를 충분히 빠르게 잡아당기면 이 마찰력은 아주 짧은 시간 동안만 작용하게 되고 결과적으로 식기들은 아주 조금만 가속될 뿐이다.

   이 상황을 보다 깊이 이해하려면 마찰력의 두 요소를 이해해야만 한다. 하나는 물체가 면상에 정지해 있을 때 작용하는 정지마찰력인데 그 최대값은 물체와 면 사이의 마찰계수와 수직항력의 곱이 된다. 또 하나는 물체가 미끄러지고 있는 동안에 작용하는 운동마찰력인데 이는 정지마찰력보다 작은 것이 보통이다.

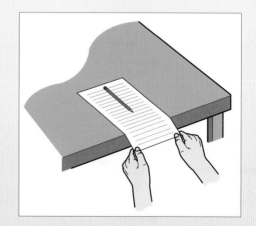

   테이블보에 매우 큰 수평방향 가속도가 주어질 때 이들을 가속시키는 힘은 테이블보와 식기들 사이에 작용할 수 있는 최대 정지마찰력보다 매우 크다. 따라서 테이블보는 식기 밑으로 미끄러지기 시작하며 그 운동에 의해 마찰력은 더욱 작아진다. 테이블보가 충분히 매끄러운 경우 식기의 가속도는 테이블보의 가속도에 비해

종이의 양쪽 모서리를 잡고 약간 아래쪽으로 빠르게 잡아당기면 연필은 거의 제자리에 남아 있다.

매우 작아 그리 큰 속도를 얻을 수 없을 뿐만 아니라 그리 멀리 이동하지도 못하게 된다. 실제로 책상 위에 종이 한 장과 연필만 있으면 실험을 통해 확인할 수 있다. 그림과 같이 책상 위에서 종이를 모서리보다 약간 나오도록 놓고 그 위에 연필을 놓는다. 두 손으로 종이의 양끝을 잡고 균등한 힘으로 책상보다 아래쪽으로 잡아당긴다. 이때 종이를 천천히 잡아당기면 연필이 같이 끌려옴을 알 수 있다. 그러나 아주 빠르게 잡아당기면 연필은 여전히 거기에 있다.

테이블보 위에 가득 찬 와인잔과 같이 쏟아질 수 있는 물체가 있는 경우에는 더욱 주의를 기울여야 한다. 테이블보와 접촉하고 있는 잔의 아래쪽 부분이 움직이는 순간 잔의 윗부분은 정지해 있으려는 성질 때문에 잔은 기울어지며 넘어지기 때문이다. 언제나 연습이 가장 중요하다. 물론 마술사들도 여기에 가장 많은 시간을 투자한다.

므로 질량과 다른 단위, 즉 힘의 단위를 갖는다.

무게는 질량과 어떤 관계가 있을까? 앞의 장에서 다룬 중력가속도에 관한 논의에서 다른 질량을 가진 물체라 하더라도 지구표면 근처에서는 같은 가속도($g = 9.8$ m/s^2)를 갖는다는 것을 알았다. 이 가속도는 물체에 지구가 작용하는 중력 — 물체의 무게라고 말하는 — 에 의하여 생긴 것이다. 뉴턴의 제2법칙에 따라 힘(무게)은 질량에 가속도를 곱한 것과 같다.

$$\mathbf{W} = m\mathbf{g}$$

기호 $\mathbf{W}$는 무게를 나타낸다. 이것은 지구중심을 향하는 벡터이다.

물체의 질량을 알면 무게를 계산할 수 있다. 예제 4.2에서 질량 50 kg의 사람이 무게 490 N을 갖는다는 것을 보였다. 영어권에서는 파운드(lb) 단위를 주로 사용하는데 앞에서 490 N인 사람의 무게를 파운드로 환산하면 1100이 된다. 여기서 파운드는 질량이 아니라 **힘**의 단위로 사용된다. 질량 1 kg은 지구 표면 근처에서 약 2.2 lb의 무게가 된다. 물론 무게는 질량에 비례하지만, 중력가속도 g에 따라서도 변한다. g의 값은 지구 표면의 위치에 따라 약간씩 변한다. 달이나 조그만 행성에서는 더 작은 값을 갖는다. 즉 물체의 무게는 물체가 어디 있느냐에 따라 달라진다. 반면 물체의 질량은 물체를 이루고 있는 물질의 양에 관계되는 물체의 고유한 성질이므로 그 위치에 따라 달라지는 것

예제 4.2

예제 : 무게 계산

어떤 사람의 질량이 50 kg이라고 할 때, 이 사람의 무게는

a. newton
b. 파운드

로 얼마일까?

a. $m = 50$ kg $W = mg$
    $W = ?$ $= (50 \text{ kg})(9.8 \text{ m/s}^2)$
                     $= \mathbf{490 \ N}$

b. $W = ?$(파운드)
    $1 \text{ lb} = 4.45 \text{ N}$ $W = \dfrac{490 \text{ N}}{4.45 \text{ N/lb}}$
                     $= \mathbf{110 \ lb}$

이 아니다. 만약 이 사람을 달에 옮겨 놓으면, 무게는 82 N으로 줄어들게 된다. 달의 중력가속도는 지구 표면에 비해 약 1/6 정도 된다. 그러나 여행 도중 살이 많이 빠지지 않는다면 이 사람의 질량은 계속 50 kg이 될 것이다. 물체의 질량은 물질을 더하거나 빼줄 때만 변한다.

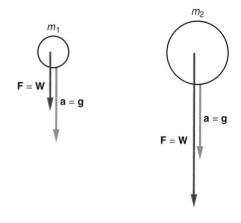

그림 4.9 질량이 서로 다른 낙하하는 두 물체에 작용하는 중력은 각각 서로 다르지만, 가속도가 질량에 반비례하므로 물체는 같은 가속도로 낙하한다.

왜 중력가속도는 질량에 무관한가?

무게와 질량의 구별은 왜 중력가속도가 질량에 무관한가의 의문을 해결한다. 떨어지는 물체의 경우를 보자. 이 물체의 운동은 뉴턴의 제 2법칙을 따른다. 무게를 정의할 때 사용하였던 논거를 거꾸로 하여, 가속도를 계산하기 위하여 중력(무게)을 이용한다. 뉴턴의 제 2법칙에 의하여 가속도는 힘($\mathbf{W} = m\mathbf{g}$)을 질량으로 나누어 얻는다.

$$\mathbf{a} = \frac{m\mathbf{g}}{m} = \mathbf{g}$$

낙하하는 물체의 가속도를 계산할 때 방정식에서 질량은 상쇄된다. 중력은 질량에 비례하지만 뉴턴의 제 2법칙에 따라 가속도는 질량에 반비례하여 이 두 효과가 서로 상쇄하게 된다. 이는 낙하하는 물체에만 적용된다. 다른 대부분의 경우에는 알짜 힘이 질량과 비례하지 않는다.

힘과 가속도는 비록 뉴턴의 제 2법칙에 따라 밀접한 관련이 있지만 같은 것이 **아니다**. 무거운 물체는 가벼운 물체보다 더 큰 중력을 받지만 두 물체는 같은 중력가속도를 갖는다(그림 4.9). 중력은 질량에 비례하기 때문에 질량이 다르더라도 같은 가속도를 갖는 것을 알 수 있다. 중력에 대해서는 뉴턴의 운동에 관한 전반적인 이론의 중요한 부분인 중력의 법칙을 다루는 5장에서 배우게 될 것이다.

무게와 질량은 다른 개념이다. 무게는 물체에 작용하는 중력이고 질량은 구성 물질의 양과 관계되는 고유한 성질이다. 지구 표면 근처에서 무게는 질량에 중력가속도를 곱한 것($W = mg$)과 같다. 그러나 물체를 중력가속도가 다른 다른 행성으로 옮기면 무게는 달라진다. 모든 물체가 지구 표면 근처에서 같은 중력 가속도를 갖는 이유는 중력이 물체의 질량에 비례하며 가속도는 힘을 질량으로 나눈 것과 같기 때문이다.

4.4 뉴턴의 제 3법칙

힘은 어디서부터 올까? 만약 당신이 마루 위에서 의자를 움직이기 위해 민다면 의자 역시 당신을 밀까? 만약, 그렇다면 당신의 운동에 어떤 영향을 줄까? 이와 같은 질문들은 **중력**이 무엇을 의미하는지를 알기 위해 중요하다. 뉴턴의 제 3법칙은 이 문제에 해답을 준다.

뉴턴의 운동에 관한 제 3법칙은 힘의 정의에 중요한 부분이며 실제 물체의 운동을 분석하는 데 꼭 필요한 도구가 되지만 자주 잘못 이해되기도 한다. 이런 이유로 제 3법칙의 표현과 이 법칙의 적용에 있어 세심한 주의를 기울일 필요가 있다.

제 3법칙은 힘을 정의하는 데 있어 어떠한 도움을 주는가?

당신이 손으로 큰 의자나 벽과 같은 다른 큰 물체를 민다고 하면, 물체가 당신 손을 거꾸로 미는 것을 느낄 것이다. 힘이 당신 손에 압력을 가한다고 느끼도록 힘은 당신의 손에 작용한다. 손은 의자나 벽과 상호작용을 하고, 그 물체는 당신이 민 것에 대항하여 거꾸로 당신 손을 밀게 된다.

뉴턴의 제 3법칙은 힘이란 두 물체 사이에 각자가 상대방에게 힘을 작용하는 상호작용으로 나타난다는 개념이다. 이것을 다음과 같이 표현할 수 있다.

> 만약 물체 A가 물체 B에게 힘을 작용하면, 물체 B 역시 작용된 힘의 방향에 반대되는 방향으로 같은 크기의 힘을 물체 A에게 작용한다.

제 3법칙은 **작용/반작용의 법칙**이라고 부르기도 하는데 작용에 대하여 항상 크기가 같고 반대 방향의 반작용이 존재한다. 두 힘은 항상 서로 다른 두 물체에 각각 작용한다는 것을 주목하여야 한다. 뉴턴의 힘의 정의에는 물체 사이의 상호작용의 개념이 포함되어 있다. 힘은 그 상호작용의 표현이다.

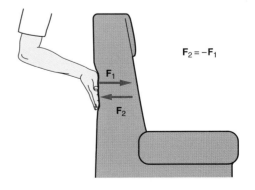

만약 당신이 손으로 의자에 힘 F_1을 주면, 의자는 크기가 같고 반대 방향인 힘 F_2를 당신의 손에 준다(그림 4.10). 뉴턴의 제3법칙을 수식으로 표현하면 다음과 같다.

$$F_2 = -F_1.$$

마이너스 부호는 두 힘의 방향이 반대인 것을 나타낸다. 힘 F_2는 당신의 손에 작용하고 부분적으로 당신 자신의 운동에 영향을 주지만, 의

그림 4.10 손으로 의자에 전달한 힘 F_1과 크기가 같고 방향이 반대인 힘 F_2로 의자는 손을 밀어낸다.

자의 운동에는 어떠한 영향도 주지 않는다. 이 두 개의 힘 중에서 의자의 운동에 영향을 주는 것은 오직 한 힘 F_1뿐이다.

이제 힘에 대한 정의는 완전해졌다. 뉴턴의 제2법칙은 힘에 의해서 영향을 받은 물체의 운동에 대해서 이야기하고, 제3법칙은 어디서 힘이 오는가를 이야기한다. 힘은 다른 물체와의 상호작용에서 온다. 제2법칙에 의한 질량에 대한 정의를 이용하여 힘($F = ma$)이 발생시키는 가속도를 알아냄으로써 힘의 크기를 측정할 수 있다. 제2법칙과 제3법칙은 힘이 무엇인가를 정의하는데 필수적이다.

제3법칙이 힘을 확인하는 데 어떻게 쓰이는가?

물체가 어떻게 움직일 것인가를 분석하려면 물체에 작용하는 힘을 확인하여야 하는데 어떻게 확인할까? 먼저 관심이 있는 물체와 상호작용을 하는 다른 물체를 확인한다. 테이블 위에 놓여있는 책을 생각해 보자(그림 4.11). 어떤 물체가 책과 상호작용하고 있는가? 책이 테이블과 직접 접촉하고 있으므로 책은 테이블과 상호작용을 해야 하고, 만유인력에 의해 지구와도 상호작용을 한다.

지구가 책에 작용하는 아래방향의 중력은 책의 무게 W이다. 책에 작용하여 이 힘을 만들어내는 물체는 지구이다. 책과 지구는, 제3법칙에 따라서, 짝을 이루는 크기가 같고 방향이 반대인 힘으로(중력을 통하여) 서로를 끌어당긴다. 지구는 W의 힘으로 책을 끌어내리고, 책은 $-W$의 힘으로 지구를 끌어올린다. 지구의 질량이 매우 크기 때문에 지구를 끌어올리는 힘의 효과는 매우 작다.

책에 작용하는 두 번째 힘은 테이블이 책에 주는 위 방향의 힘이다. 이 힘은 **수직항력**이라고 불린다. 수직항력 N은 항상 접촉한 면에 수직이다. 반대로 책은 테이블에 크기가 같고 아래쪽을 향하는 $-N$의 힘을 작용한다. 이 두 힘 N과 $-N$은 제3법칙의 의한 힘의 짝을 이룬다. 이들은 책과 테이블이 서로 접촉하게 되면서 서로를 누르는 것으로부터 나온다. 당신은 테이블을 크고 매우 딱

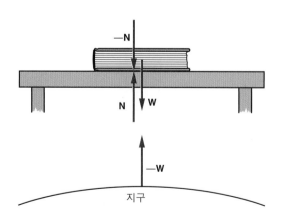

그림 4.11 두 힘 N과 W가 테이블 위에 놓여있는 책에 작용한다. 제3법칙에 의한 반작용 −N과 −W는 다른 물체인 테이블과 지구에 작용한다.

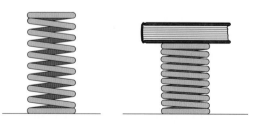

그림 4.12 수축되지 않은 스프링과 책을 올려 놓아 수축된 스프링. 수축된 스프링은 책에 위쪽 방향의 힘을 준다.

딱해서 책을 올려놓았을 때 거의 수축이 안 되는 스프링으로 생각할 수 있다(그림 4.12).

책에 작용하는 두 힘, 중력과 테이블에서 작용하는 힘 역시 서로가 크기가 같고 방향이 반대이다. 그렇지만 이것은 제3법칙에 기인한 것이 아니다. 그러면 어떻게 그들이 같은지 알 수 있을까? 책의 속도가 변하지 않기 때문에 그 가속도는 0이다. 뉴턴의 제2법칙에 의하여 $F = ma$이고 가속도 a는 0이므로 책에 작용하는 총 힘은 0이어야 한다. 총 힘이 0이 되는 방법은 두 작용하는 힘 W와 N이 서로 상쇄되는 것뿐이다. 두 힘은 크기가 같고 방향이 반대여서 합하면 0이 된다.

단지, 크기가 같고 방향이 반대라고 두 힘이 작용/반작용 쌍을 이루는 것이 아니다. 두 힘은 같은 물체인 책에 작용한다. 제3법칙은 항상 다른 물체 사이에 상호작용을 하는 것을 말한다. 이 경우 W와 N은 제3법칙을 따르는 것이 아니라 제2법칙의 결과로 크기가 같고 방향이 반대가 된다. 만약 두 힘이 서로 상쇄가 되지 않는다면 책은 테이블 위로부터 가속이 되어 떨어질 것이다. (매일의 자연현상 4.2에 있는 엘리베이터 문제에서는 제2법칙과 제3법칙 둘 다 적용되어야 한다.)

매일의 자연현상 4.2

엘리베이터 타기

상황. 우리는 엘리베이터를 타고 엘리베이터가 위로 또는 아래로 가속됨에 따라 무거워지거나 가벼워지는 느낌을 받은 경험이 있을 것이다. 엘리베이터가 아래 방향으로 가속될 때 가벼움을 느끼는 것은 다른 때보다 더 심하다. 특히 가속도가 부드럽지 못할 때 더욱 그렇다.

이런 상황에서 실제로 무게가 보통 때보다 더 나가고 덜 나갈까? 엘리베이터 안에 체중계를 가져다 놓고 재면 엘리베이터에 가속도가 있을 때 실제 체중이 나올까? 이 문제를 탐구하는 데 뉴턴의 운동에 관한 법칙을 적용시킬 수 있을까?

가속되는 엘리베이터 안에 한 사람이 체중계 위에 서 있다. 체중계의 눈금이 실제의 체중과 같을까?

분석. 어떤 상황을 뉴턴의 법칙을 써 분석하는 데에서의 첫걸음은 관심이 되는 물체를 고립시키고 그 물체에 작용하는 힘들을 주의깊게 확인하는 것이다. 어떤 물체를 고립시킬 것인가의 선택은 자유롭지만, 선택을 잘 해야 쉽게 문제를 풀 수 있다. 이 문제의 경우 체중을 재는 것이 문제이므로 체중계에 올라가 있는 사람을 선택하는 것이 좋다. 두 번째 그림은 이 사람에 작용하는 힘을 표시하는 자유물체도(free-body diagram)를 보여준다.

이 경우 이 사람과 상호작용을 하는 다른 두 물체가 있으므로 힘은 두 가지이다. 지구는 이 사람을 중력 W로 아래쪽으로 당긴다. 체중계는 힘 N으로 발을 통해 위쪽의 힘을 작용한다. 이 두 힘의 벡터 합이 이 사람의 가속도를 결정한다. 만약, 엘리베이터가 위쪽으로 가속도 a로 가속되고 있다면, 사람 역시 같은 비율로 위쪽으로 가속되고 있다. 수직항력의 크기 N이 중력의 크기 W보다 커서 총 힘은 위쪽이 되어야 한다. 위쪽을 플러스 방향으로 하여 부호를 표시하고, 뉴턴의 법칙을 적용하면,

$$F = N - W = ma$$

가 된다.

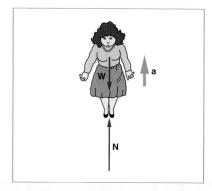

위쪽으로 가속도운동을 하는 엘리베이터 안의 여자의 자유물체도. 수직항력은 어떻게 여자의 중력보다 더 큰가?

그러면 체중계는 어떤 눈금이 될까? 뉴턴의 제3법칙에 의하여 이 사람은 수직항력 N과 같은 크기의 반대 방향인 힘을 체중계에 아래쪽으로 작용한다. 이것이 체중계를 누르는 힘이므로, 체중계의 눈금은 수직항력의 크기 N과 같아야 한다. 이 사람의 실제 체중은 변하지 않았지만 체중계에서 잰 사람의 겉보기 체중은 ma만큼 증가한 것으로 측정된다(뉴턴의 제2법칙을 정리하면 $N = W + ma$가 된다).

엘리베이터가 아래쪽으로 가속이 된다면 어떤 일이 벌어질까? 이 경우 이 사람에 작용하는 총 힘은 아래쪽이고 수직항력은 이 사람의 무게보다 작아야 한다. 체중계 눈금 N은 이 사람의 진짜 체중보다 ma만큼 작게 될 것이고, 얼굴을 찡그리기보다 미소를 띨 것이다.

만약 엘리베이터의 줄이 끊어지는 특별한 경우가 된다면, 이 사람과 엘리베이터 모두 아래쪽으로 중력가속도 g로 가속이 될 것이다. 이 사람의 체중이 가속도를 주는 데 다 쓰이므로, 이 사람의 발에 작용하는 수직항력은 0이 될 것이다. 체중계의 눈금은 0과 같이 되어 이 사람의 체중은 없는 것으로 보이게 될 것이다!

우리들의 체중에 관한 감각은 우리의 발에 주어지는 압력과 자세를 유지하기 위해 필요한 다리 근육에 들어가는 힘에 의해서 생긴다. 이 사람은 이 경우 실제 체중(이 사람에 작용하는 중력)은 변하지 않지만 무게가 없는 것으로 느낀다. 사실 이 사람은 궤도를 도는 우주선 안에서처럼 엘리베이터 내부에서 떠다닐 수 있다(우주선 역시 궤도를 측면으로 도는 동안 지구를 향해 떨어지고 있다). 이 행복한 시나리오는 불행히도 엘리베이터가 바닥에 도달하게 되면 충돌로 끝이 날 것이다.

노새는 수레를 가속시킬 수 있을까?

물리를 약간 아는 어리석은 노새 이야기를 생각해 보자. 노새는 그의 주인과 자기에게 연결되어 있는 수레를 끌 수 없다고 논쟁하고 있다. 노새가 말하기를 뉴턴의 제3법칙에 의하면 자기가 수레를 세게 끌면 끌수록 수레도 자신을 세게 끌어당긴다고 한다(그림 4.13). 그러므로, 그 결과로 수레를 끌 수 없다고 한다. 그의 말이 맞을까 아니면 그의 말에 오류가 있을까?

오류는 단순하지만 아마도 명백하지는 않을 것이다. 수레의 운동에는 노새가 말한 두 힘 중 하나, 즉 수레에 작용한 힘만이 영향을 준다. 이 제3법칙의 쌍 중 나머지 힘은 노새에 작용하고 노새가 어떻게 움직일 것인가를 결정해주기 때문에 노새에 작용하는 다른 힘과 연결하여 생각해야 한다. 노새가 수레에 가한 힘이 수레에 작용하는 마찰력보다 크면 수레는 가속이 된다. 자 그

러면 당신이 주인이라고 생각하고 노새에게
오류를 설명해 보라.

어떤 힘이 자동차를 가속시킬까?

노새의 경우와 같이 어떤 물체가 밀거나
끄는 힘을 작용하는 것에 대한 **반작용**은 그
물체 자체의 운동을 기술하는 데 매우 중요
할 때가 있다. 차가 가속되는 경우를 살펴
보자. 엔진은 차의 일부이기 때문에 차를
밀지 못한다. 엔진은 차의 앞바퀴나 뒷바퀴
를 구동시켜 타이어가 회전하게 만든다. 그
러면 타이어는 도로와 타이어 사이에 있는
마찰력 **f**를 통하여 도로 표면에 힘을 주게
된다(그림 4.14).

뉴턴의 제3법칙에 따르면 도로는 $-\mathbf{f}$의
크기가 같고 방향이 반대인 힘을 타이어에
준다. 이 외부 힘이 차를 가속시키는 원인
이 된다. 명백히 이 경우에는 마찰력이 바

그림 4.13 노새와 수레. 뉴턴의 제3법칙은 노새가 수레
를 움직이려는 데 방해를 할까?

그림 4.14 차는 도로에 힘을 주고, 반대로 도로는 차를
밀게 된다.

람직하게 쓰이게 된다. 마찰력이 없다면 타이어는 헛바퀴를 돌게 되고 차는 더 이상 앞으로 나
가지 못한다. 노새의 경우도 이와 유사하다. 지면으로부터 노새 발굽에 가한 마찰력이 노새를
앞으로 가속되게 만든다. 이 마찰력은 노새가 땅을 민 것에 대한 반작용이다.

당신이 걸어갈 때를 생각해 보자. 당신이 출발할 때 움직이게 만드는 외부 힘은 무엇일까? 이
힘을 만드는 데 당신의 역할은 무엇인가? 얼음판이나 미끄러운 면에서는 어떻게 걸을 수 있을
까? 단거리 육상선수들은 왜 스파이크 운동화를 신을까?

한 물체에 작용하는 힘이 무엇이 있는가를 알아내려면, 먼저 그 물체와 상호작용하는 물체가
어떤 것이 있는지 알아야 한다. 대개의 경우에는 별 어려움이 없이 알 수 있다. 관심이 되는 물
체와 직접적으로 접촉하고 있는 물체는 힘을 준다고 가정할 수 있다. 공기저항이나 중력 같은
다른 종류의 힘을 만드는 상호작용은 덜 명백하여 조금 더 생각해야 한다. 제3법칙은 이러한 힘
들을 확인하는 데 사용되는 원리이다.

뉴턴의 제3법칙은 힘에 대한 정의를 완벽하게 해주었다. 제3법칙은 힘이란 다른 물체들 사이에 존재하는
상호작용으로부터 나온다는 것을 말해준다. 만약 물체 A가 물체 B에 힘을 가하면, 물체 B는 A에게 똑같은
크기를 갖는 반대방향의 힘을 가한다. 뉴턴의 제3법칙은 운동에 관한 제2법칙에 사용되는 외부 힘을 알아
내는 데 사용된다.

4.5 뉴턴 법칙의 응용

우리는 운동에 관한 뉴턴의 법칙을 살펴보았고, 이 법칙과 관련된 힘과 질량에 관한 정의에 대하여 공부하였다. 그러나 그 유용성을 판단하려면, 의자를 미는 것이나 공을 던지는 것과 같은 우리에게 익숙한 예에 이 법칙들을 적용해 보아야 한다. 뉴턴의 법칙이 이 운동들을 이해하는 데 어떤 도움을 줄까? 이 법칙들은 어떤 일이 벌어지는지 보여줄 수 있을까?

의자를 움직이는 데 어떤 힘들이 관계되는가?

우리는 때때로 의자를 미는 예를 언급하였지만, 어떻게 그리고 왜 의자가 움직이는지 분석하지 않았다. 앞에서 말한 대로 분석의 첫 단계는 의자에 작용하는 힘이 무엇인가 알아내는 것이다. 그림 4.15에 있는 것처럼 이 의자에는 네 가지 다른 종류의 상호작용에 의한 힘들이 작용한다.

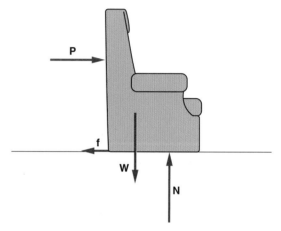

그림 4.15 마루바닥에서 끌리는 의자에는 네 가지 힘 : 무게 **W**, 수직항력 **N**, 사람이 미는 힘 **P**, 마찰력 **f**.

1. 지구와의 상호작용으로부터 생긴 중력 (무게) **W**.
2. 마루를 누름으로써 생기는 마루에 의한 수직항력 **N**.
3. 사람이 미는 것에 의한 힘 **P**.
4. 마루에서 작용하는 마찰력 **f**.

이들 중 두 힘 — 수직항력 **N**과 마찰력 **f** — 은 실제로 한 물체(마루)와의 상호작용에서 나온다. 이들은 다른 효과에 기인한 것이고 서로 수직하기 때문에 통상적으로 분리해서 취급한다.

의자에 작용하는 힘 중 두 힘 — 무게 **W**와 수직항력 **N** — 의 효과는 서로 상쇄된다. 이는 4. 4절에 있는 테이블 위의 책의 경우처럼 의자가 수직방향으로 가속도가 없다는 사실로 알 수 있다. 뉴턴의 제2법칙에 따라 수직방향 힘의 합은 0이 되어야 한다. 이는 무게 **W**와 수직항력 **N**은 크기가 같고 방향이 반대라는 것을 의미한다. 수직방향으로 작용하는 이 힘들은 의자의 수평방향 운동에는 직접적인 역할을 하지 않는다.

다른 두 힘—손으로 미는 힘 **P**와 마찰력 **f**— 은 반드시 상쇄될 필요가 없다. 이 두 힘이 함께 의자의 수평방향 가속도를 결정한다. 의자가 가속되려면 미는 힘 **P**는 마찰력 **f**보다 커야 한다. 의자를 움직이는 가장 그럴듯한 시나리오는 당신이 먼저 마찰력보다 큰 힘으로 미는 것이다. 이것이 앞 방향으로 $P-f$의 크기를 가진 총 힘을 만들고 의자를 가속시킨다.

일단 의자를 어느 정도의 속도가 되도록 가속시킨 다음, 의자를 미는 힘 **P**를 마찰력과 같은 크기가 되도록 감소시킨다. 수평방향의 알짜 힘은 0이 되고, 뉴턴의 제2법칙에 따라 수평방향의 가속도 역시 0이 된다. 만약, 당신이 이 정도의 힘을 계속 가하면, 의자는 일정한 속도로 마루바닥 위를 움직이게 될 것이다.

최종적으로 당신이 손을 놓고 미는 힘 **P**를 제거하면, 의자는 마찰력 **f**의 영향으로 인해 빠르게 감속되어 정지한다. 또, 의자와 매끄러운 마루가 있는 경우 위에서 이야기한 대로 의자를 움직여 보자. 운동의 각 시점마다 손에 가하는 힘의 변화를 느낄 수 있는지 살펴보라. 운동의 초기에는 힘이 가장 커야 한다.

의자를 일정한 속도로 움직이게 하는 데 필요한 힘은 마찰력의 세기에 따라 결정된다. 또 마찰력은 의자의 무게와 마루 면의 상태에 따라 영향을 받는다. 만약 마찰력의 중요성을 인식하지 못한다면, 아리스토텔레스처럼 물체를 계속 움직이게 하는 데는 힘이 필요하다는 생각을 하게 될 것이다. 마찰력은 항상 있는 것이지만 직접적으로 힘을 가하는 것처럼 명백하지는 않다.

스카이다이버는 계속 가속될까?

3장에서는 공기저항이 중요하지 않아 무시되어 일정한 가속도 **g**로 낙하하는 물체를 다루었다. 스카이다이버처럼 긴 거리를 낙하하는 물체의 경우는 어떨까? 그 물체들은 **g**의 비율로 점점 아래쪽으로 속도가 커져 가속이 될까? 스카이다이빙을 해본 사람은 누구나 그렇게 되지는 않는다는 사실을 알고 있다. 그 이유는 무엇일까?

만약 공기저항이 없다면, 낙하하는 물체는 중력만이 작용하고 이 물체는 계속적으로 가속될 것이다. 스카이다이빙의 경우 공기에 의한 저항력은 중요한 요소가 되고, 그 크기는 스카이다이버(또는 어떠한 낙하하는 물체)의 속도가 증가하면 할수록 점점 커진다. 스카이다이버는 초기에 중력가속도 **g**로 낙하하지만, 속력이 증가할수록 공기저항력은 더 커지게 되어 가속도는 줄어들게 된다(그림 4.16).

작은 속도에서는 공기저항력 **R**은 작고, 중력이 주요 힘이 된다. 속도가 증가하면서 공기저항력은 커지고, 아래쪽 방향의 힘 $W-R$은 감소하게 된다. 총 힘이 가속도의 원인이므로 가속도 역시 줄어들게 된다. 궁극적으로 속도가 계속 증가하여 공기저항력이 중력과 같은 크기로 된다.

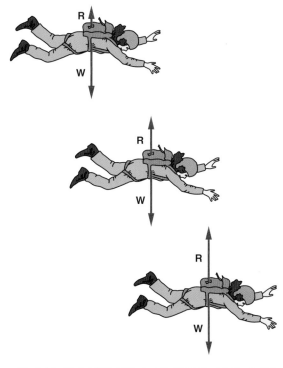

그림 4.16 공기저항력 **R**은 스카이다이버의 속도가 증가할수록 크게 작용한다.

그러면 총 힘은 0이 되고 스카이다이버는 일정한 속도로 낙하한다. 이를 **종단속도**에 도달하였다고 한다. 이 종단속도는 통상 100에서 120 MPH(160에서 190 km/h)이다.

마찰력 또는 저항력은 운동의 분석에서 중요한 역할을 한다. 아리스토텔레스는 스카이다이빙을 할 기회를 갖지 못하여(우리들 중 대부분도) 이 예가 그의 경험의 일부가 되지 못하였다. 그렇지만 그는 깃털이나 낙엽 같은 가벼운 물체의 종단속도를 관측하였다. 그같은 물체의 무게는 작고 표면적은 무게에 비하여 상대적으로 커서 공기저항력 **R**은 무거운 물체보다 훨씬 더 빨리 무게와 같은 크기에 도달한다.

종이의 한 구석을 찢어서 떨어뜨려 보라. 일정한 속도(종단속도)에 도달하는 것으로 보이는가? 그것은 팔랑거리면서 떨어지고 아래 방향으로 떨어지는 대부분은 가속이 되는 것으로 보이지 않을 것이다. 당신은 왜 아리스토텔레스가 무거운 물체가 가벼운 물체보다 더 빨리 떨어진다고 결론을 내렸는지 알 수 있을 것이다. 무거운 물체를 물 속에 떨어뜨리면 역시 빠르게 종단속도에 도달함을 알 수 있다. 물은 공기에 비하여 작은 속도에도 큰 저항력을 작용한다.

공을 던졌을 때 어떤 일이 벌어지나?

아리스토텔레스는 공과 같이 던져진 물체 — 일단 던진 사람의 손을 떠난 — 의 운동을 설명하는 데 어려움을 겪었다. 뉴턴의 관점으로 이 예를 다시 살펴보자. 뉴턴의 제1법칙과는 달리 공을 계속 움직이게 하는 데 힘을 가할 필요가 있을까? 이 물체에는 세 가지 힘이 작용하고 있다. 던진 이가 가한 초기의 미는 힘, 중력의 아래쪽으로 당기는 힘, 그리고 또 공기저항력이 있다(그림 4.17).

뉴턴의 운동법칙을 잘 적용하기 위하여 운동을 두 시간대로 분리하여보자. 처음은 공이 손과 닿아있는 던지는 과정이다. 이 시간간격 동안에는 손에서 주어지는 힘 P가 운동을 주관한다. 공을 가속되려면 다른 힘(중력과 공기저항)들의 결합된 효과는 힘 **P**보다 작아야 한다. 그래서 **P**는 공을 우리가 종종 초기속도라고 하는 속도까지 가속시켜 준다. 초기속도의 크기와 방향은 힘 **P**의 세기와 방향 그리고 힘이 공에 작용하는 시간에 따라 달라진다. 이 힘은 시간에 따라 변하므로 던지는 과정을 완전히 분석하는 것은 매우 복잡하다.

그러나 일단 공이 손을 떠난 두 번째 시간대에서는 **P**는 더 이상 작용하지 않으므로 고려할 필요가 없다. 이 시간 동안에는 중력 **W**와 공기저항력 **R**이 공의 속도를 변화시키는 원인이 된다. 이때부터 문제는 포물선 운동(projectile motion)의 일부가 된다(3.4절). 중력은 공을 아래쪽으로

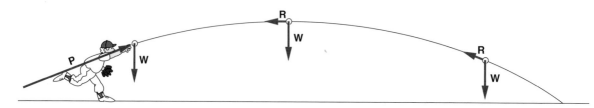

그림 4.17 던져진 공에 작용하는 세 힘 : 초기의 미는 힘 **P**, 무게 **W**, 공기저항 **R**

가속시키고 공기저항력은 속도의 반대방향으로 작용하여 공의 속도를 점차 줄인다.

아리스토텔레스의 관점과는 달리 일단 공이 던져지면 공을 움직이게 하는 데 힘이 필요하지 않다. 사실, 물체가 우주공간에 던져지면 그곳은 공기저항이 거의 없고 중력은 매우 미약하여 물체는 뉴턴의 제1법칙에서 말한 대로 일정한 속도로 움직일 것이다. 그러므로, 당신이 우주에 있으면서 우주선 밖에서 작업할 때는 도구를 잃어버리지 않도록 조심하여야 한다.

공기저항력과 사람이 공을 던지는 힘은 시간에 따라 변하기 때문에 이 상황에 대한 수치적인 작업은 피하기로 한다. 단지 이 운동에 관계된 힘을 무엇인가를 확인하고 제3법칙에 따른 상호작용으로부터 운동의 원인을 알아내어 어떤 일이 일어나는지에 대한 설명을 하기로 한다.

연결되어 움직이는 물체의 운동을 어떻게 분석하나?

뉴턴의 운동에 관한 법칙을 검증하려면 처음에는 실험실에서 쉽게 장치할 수 있는 단순한 예로부터 시작하는 것이 좋다. 머릿속으로 그리기에 어렵지 않고 물리학실험실(또는 적당한 장난감이 있는 경우 집에서도 가능하다)에서 장치하기 어렵지 않은 예는 줄에 연결되어 끌려 가속이 되는 연결된 두 수레의 경우이다(그림 4.18). 문제를 단순화하기 위하여, 수레에는 아주 좋은 베어링이 바퀴에 있어 아주 적은 마찰력을 받으며 돌 수 있다고 하자. 또한 수레와 그 내용물의 질량을 측정할 수 있는 저울이 있다고 하자.

줄에 작용한 힘의 크기를 측정하기 위해, 손과 수레 사이에 작은 스프링 저울을 넣는다. 실험에서 가장 하기 어려운 부분은 이 배치를 유지하면서 차를 가속시키는 힘을 가하는 것이다.

만약 수레와 그 내용물의 질량을 알고, 스프링에 의하여 가한 힘의 크기를 안다면, 뉴턴의 제2법칙으로부터 이 장치의 가속도값을 예측할 수 있다(예제 4.3). 주어진 질량에 36 N의 힘이 가해졌을 때 두 수레의 가속도

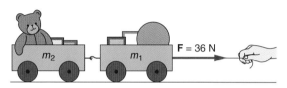
그림 4.18 연결된 줄을 통한 힘 F로 가속되는 두 수레

예제 4.3

예제 : 연결된 물체

연결된 두 수레가 줄에 의하여 36 N의 힘으로 마루위에서 끌리고 있다(그림 4.18). 앞 수레와 그 내용물은 10 kg의 질량을 갖고 있으며 두 번째 수레와 그 내용물은 8 kg의 질량을 갖고 있다. 마찰력은 무시된다고 하자.
a. 두 수레의 가속도는 얼마인가?
b. 각 수레에 작용되는 총 힘은 얼마인가?

a. 본문의 내용과 같이 두 수레를 전체계로 보면
$m_1 = 10$ kg $F_{net} = ma$
$m_2 = 8$ kg
$F = 36$ N   또는 $a = \dfrac{F_{net}}{m} = \dfrac{36 \text{ N}}{10 \text{ kg} + 8 \text{ kg}}$
a = ?
$$= \frac{36 \text{ N}}{18 \text{ kg}} = \textbf{2.0 m/s}^2$$

$\mathbf{a} = 2.0$ m/s^2 전방방향으로.

b. 두 수레를 각각 독립적으로 보면
$F = ?$ 첫 번째 수레
(각 수레) $F_{net} = ma = (10 \text{ kg})(2 \text{ m/s}^2)$
$$= \textbf{20 N}$$
두 번째 수레
$$F_{net} = ma = (8 \text{ kg})(2 \text{ m/s}^2)$$
$$= \textbf{16 N}$$

가 2.0 m/s²가 됨을 알았다. 가속도는 수레가 정한 거리를 가는 데 걸리는 시간을 측정하여 얻어질 수 있는데, 2장에서 나와 있는 일정한 가속도의 경우 사용되는 공식에 대입하여 실험적으로 검증할 수 있다.

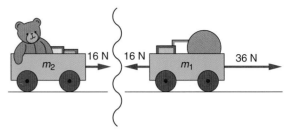

그림 4.19 뉴턴의 제3법칙을 보여주는 두 수레 사이의 상호작용

예제 4.3에서 가속도를 알기 위해 먼저 두 수레를 한 물체로 취급하였다. 그러나 두 수레를 연결한 고리에 작용되는 힘의 크기를 알고자 한다고 하자. 이 경우에는 각 수레를 개별적으로 다루어야 한다. 일단 가속도를 알고, 다시 뉴턴의 제2법칙을 적용하여 각 수레에 걸리는 총 힘을 구한다. 이 계산은 예제 4.3의 두 번째 부분에 있고, 그림 4.19에 그려져 있다.

두 번째 수레에 2.0 m/s²의 가속도를 주려면 16 N의 힘이 필요하다. 뉴턴의 제3법칙에 의해, 첫 번째 수레를 16 N의 힘이 끌어당기게 된다. 줄에 작용된 36 N의 힘과 결합하여 총 20 N의 힘이 첫 번째 수레(36 N − 16 N)에 걸리게 된다. 이는 첫 번째 수레를 2.0 m/s²로 가속시키는 데 필요한 힘과 정확하게 같다.

이 예로부터 우리는 뉴턴의 법칙이 연결된 수레의 각 부분에 작용되는 힘과 가속도에 일관된 관계가 성립되도록 한다는 것을 알 수 있다. 이것은 법칙이 정당하다고 받아들여지는 데 필요조건이 된다. 또 다른 조건은 어떠한 예측도 실험적 측정을 통하여 확인되어야 한다는 것이다. 이것은 이미 여기서 다루었던 것과 유사한 실험들을 통하여 수없이 검증되었다.

뉴턴의 법칙으로부터 유도되는 예측들과 결과가 일치하는가를 보기 위하여 이 실험과 비슷한 유형의 실험들을 해 볼 수 있다. 그러나 정확한 시계와 저울을 사용하는 정밀한 실험 기술을 동원한다고 하여도 결과는 우리의 예측과 정확하게 일치하지는 않는다. 마찰의 효과를 완전히 제거하는 것은 불가능하고 어느 누구도 무한정 정확하게 측정할 수 없기 때문이다. 실험물리학자들이 사용하는 정교한 기술들은 어떤 효과가 결과에 어떤 영향을 줄지를 예측하게 하고 이로 인한 부정확성을 최소화하게 해 준다.

운동에 관한 뉴턴의 법칙은 운동에 대한 정성적이고 정량적인 설명을 동시에 제공하여 준다. 먼저 어떤 물체와 다른 물체와의 상호작용을 살펴보고 그 물체에 작용하는 힘을 구별해낸다. 이 힘들이 서로 더해질 때는 총 힘의 크기가 물체의 가속도를 결정해준다. 이 가속도는 스카이다이버의 경우처럼 시간에 따라 변하는 물리량이 될 수도 있다. 뉴턴의 법칙을 사용한 정량적인 예측이 맞는다는 것은 수많은 실험을 통하여 증명되었다. 이로부터 운동의 원인을 설명하는 데 있어서 뉴턴의 법칙이 아리스토텔레스의 관점보다 모순이 없는 잘 들어맞는 이론임을 알 수 있다.

질 문

Q1. 왜 아리스토텔레스는 가벼운 물체보다 무거운 물체가 빨리 떨어진다고 믿었는가? 설명하라.

Q2. 아리스토텔레스는 물체가 계속 움직이는 데 힘이 필요하다고 믿었다. 그의 관점에서, 공기 중을 움직이는 공에서는 어디서부터 나온 힘이 운동을 유지시켜 준다고 보았는가? 설명하라.

Q3. 운동에 관한 아리스토텔레스의 기본 이론을 갈릴레이는 받아들였나? 설명하라.

Q4. 갈릴레이는 뉴턴보다 더 완전한 운동에 관한 이론을 발전시켰는가? 설명하라.

Q5. 같은 크기 힘이 두 개의 다른 물체에 작용한다. 한 물체는 다른 물체에 비해 질량이 10배 크다. 큰 질량의 물체가 작은 질량의 물체의 가속도에 비하여 큰 가속도, 같은 가속도, 또는 작은 가속도 중 어느 것을 갖는가? 설명하라.

Q6. 2 kg의 나무토막이 4 kg의 나무토막보다 2배 큰 가속도를 갖고 운동하고 있다. 2 kg의 나무토막에 작용하는 알짜 힘이 4 kg의 나무토막에 작용하는 힘보다 2배 큰가? 설명하라.

Q7. 두 같은 크기의 수평방향성분이 아래 그림처럼 상자에 작용하고 있다. 이 물체는 수평방향으로 가속이 될 것인가? 설명하라.

Q8. Q7의 그림에 있는 물체는 움직이고 있는가? 두 힘은 크기가 같고 방향이 반대이다. 설명하라.

Q9. 같은 크기의 두 힘이 다음 그림처럼 물체에 작용하고 있다. 물체는 가속되는가? 그림으로 설명하라.

Q10. 테이블 위를 움직이는 어떤 물체가 감속되고 있는 것이 관측되었다. 물체에 아무런 힘이 작용하고 있지 않는가? 설명하라.

Q11. 차가 일정한 속력으로 커브길을 돌고 있다.
 a. 이 과정에서 차의 가속도는 0인가? 설명하라.
 b. 이 경우 차에 작용하는 0이 아닌 총 힘이 작용하고 있는가? 설명하라.

Q12. 물체의 질량은 그 무게와 같은가? 설명하라.

Q13. 납으로 만든 공은 나무로 만든 공보다 더 큰 중력을 받는다. 둘을 떨어뜨렸을 때 납공은 나무공과 같은 가속도를 갖는가? 뉴턴의 제 2법칙을 가지고 설명하라.

Q14. 달에서의 중력에 의한 가속도는 지구표면에서의 중력가속도의 약 1/6 정도이다. 바위를 지구에서 달로 가져간다면, 이 과정에서 질량과 무게 중 어느 것이 바뀌는가? 설명하라.

Q15. 질량은 힘인가? 설명하라.

Q16. 같은 깡통에 하나는 납탄알을 가득 채우고 하나는 깃털을 채워 의자 위에 서서 같은 높이에서 떨어뜨렸다.
 a. 어느 깡통이 지구인력에 의한 힘이 더 큰가? 설명하라.
 b. 어느 깡통이 더 큰 가속도를 갖는가? 설명하라.

Q17. 큰 바구니가 마루 위에 놓여있다. 바구니

에 작용하는 두 수직한 힘은 무엇인가? 이 두 힘은 뉴턴의 제 3법칙에 나와 있는 작용/반작용의 힘을 이루는가? 설명하라.

Q18. 차의 엔진은 차의 일부분이고 직접 차를 가속시킬 수는 없다. 어떤 외부 힘이 차를 가속시키는 원인인가? 설명하라.

Q19. 빙판길에서 차를 정지시키기가 어렵다. 같은 빙판길에서 차를 가속시키기 역시 어려울까? 설명하라.

Q20. 그림과 같이 공이 줄에 연결되어 천정에 매달려있다.
a. 공에 작용하는 힘들은 무엇인가? 그 크기는 각각 얼마인가?
b. 공에 작용하는 총 힘은 무엇인가? 설명하라.
c. a에서 알아낸 각 힘의 반작용 힘은 무엇인가?

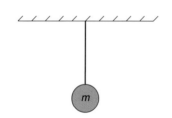

Q21. 육상선수가 100 m 달리기를 할 때, 출발할 때에 가속을 하고 나머지 구간을 최대 속력을 유지하면서 달린다.
a. 어떤 외부 힘이 달리기 초반의 가속 원인이 되는가? 이 힘이 어떻게 생기는지 설명하라.
b. 일단 선수가 최고 속도에 도달하면 그 속력을 유지하기 위해 계속 운동장을 미는 것이 필요한가? 설명하라.

Q22. 노새가 바위가 실린 수레를 움직이려 한다. 노새가 수레에 가한 힘과 같은 크기의 힘으로 수레가 노새를 끌어당기는데 (뉴턴의 제 3법칙에 의해) 노새가 수레를 가속시킬 수 있는가? 설명하라.

Q23. 마루가 의자에 주는 마찰력이 사람이 의자를 미는 힘과 같다면, 의자를 움직이게 하는 것이 가능한가? 설명하라.

Q24. 마루에서 의자에 주는 수직항력은 의자의 무게와 크기가 같고 방향이 반대이다. 이것은 뉴턴의 제 3법칙에 의하여 나온 것인가? 설명하라.

Q25. 줄로 연결된 같은 질량을 가진 두 물체가 마찰이 없는 도르레에 그림과 같이 장치되어있다. 이 계는 가속이 되는가? 설명하라.

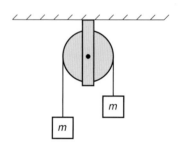

Q26. 우주공간에서 총으로부터 탄환이 발사되었다. 우주공간에서는 탄환에 중력이나 공기저항력이 없다. 탄환이 총으로부터 발사된 후 감속되는가? 설명하라.

Q27. 질량이 같은 두 벽돌이 줄로 연결되어 마찰이 없는 면 위에서 일정한 힘 F로 끌리고 있다(그림 참조).
a. 두 벽돌은 일정한 속도로 움직이는가? 설명하라.
b. 두 물체 사이에 있는 줄에 걸리는 장력은 **F**에 비하여 크기가 어떤가? 설명하라.

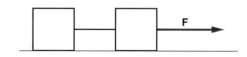

Q28. 어떤 스카이다이버가 떨어지는 속도가 커져도 공기저항이 증가하지 않고 작은 일정한 힘으로 작용되게 할 수 있는 특수

하게 제작된 옷을 입고 있다고 하자. 다이버는 낙하산을 펴기 전에 종단속도에 도달할 수 있는가? 설명하라.

Q29. 당신이 큰 건물의 30층에서 엘리베이터를 타고 내려온다고 하자. 엘리베이터가 아래쪽으로 가속되고 있을 때, 발에 작용

하는 수직항력은 당신의 진짜 무게와 비교하였을 때 크기가 어떤가? 설명하라.

Q30. 엘리베이터의 줄이 끊어져 엘리베이터가 떨어지고 있는 동안 무게가 없는 것처럼 느낀다고 하자. 당신에 작용하는 중력이 0인가? 설명하라.

연 습 문 제

E1. 42 N의 힘이 6 kg의 벽돌에 작용한다. 벽돌의 가속도의 크기는 얼마인가?

E2. 질량 5 kg의 공이 4 m/s²의 가속도로 가속되는 것이 관측되었다. 공에 작용하는 알짜 힘의 크기는 얼마인가?

E3. 나무토막에 30 N의 알짜 힘이 가해져 1.5 m/s²의 가속도를 갖게 되었다. 나무토막의 질량은 얼마인가?

E4. 5 kg의 벽돌이 수평방향 40 N의 힘으로 밀리고 있다. 또한 마찰력은 10 N이 작용된다. 벽돌의 가속도는 얼마인가?

E5. 그림처럼 두 힘 50 N과 40 N이 상자에 가해지고 있다. 상자의 질량이 2 kg라면 가속도는 얼마인가?

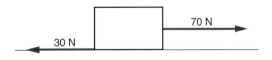

E6. 그림처럼 2 kg의 벽돌에 세 힘이 작용하고 있다.
   a. 벽돌에 작용하는 수평방향의 알짜 힘은 얼마인가?
   b. 벽돌의 수평방향 가속도는 얼마인가?

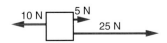

E7. 30 kg 질량의 무게는 얼마인가?

E8. 무게 400 N의 질량은 얼마인가?

E9. 인우의 무게는 180파운드(lb)이다.
   a. 무게를 뉴턴(newton)으로 환산하라.
   b. 질량은 몇 kg인가?

E10. 이 책의 저자의 무게는 600 N이다.
   a. 질량은 몇 kg인가?
   b. 무게를 파운드로 환산하면 얼마인가?

E11. 어떤 순간에 10 kg의 돌이 공기저항력 30 N을 받으면서 높은 벼랑에서 떨어지고 있다. 돌의 가속도의 크기와 방향은 어떻게 되는가? (중력을 잊지 말 것)

E12. 어떤 순간에 5 kg의 돌이 6 m/s²의 가속도로 떨어지는 것이 관측되었다. 돌에 작용하는 공기저항력의 크기는 얼마인가?

E13. 0.6 kg의 책이 테이블 위에 놓여있다. 손으로 책을 눌러서 5 N의 힘을 아래쪽으로 가했다.
   a. 책에 작용되는 중력의 크기는 얼마인가?
   b. 테이블이 책에 주는 위쪽의 수직항력의 크기는 얼마인가? (책이 가속되는가?)

E14. 줄에 25 N의 힘을 가하여 2 kg의 공을 위로 당긴다.
   a. 공에 작용하는 알짜 힘은 얼마인가?
   b. 공의 가속도는 얼마인가?

E15. 엘리베이터에 있는 40 kg의 사람이 윗방향 가속도 1.5 m/s²로 가속되고 있다.
   a. 이 사람에 작용되는 알짜 힘은 얼마인가?

b. 이 사람에 작용되는 중력은 얼마인가?

c. 이 사람의 발에 작용되는 수직항력은 얼마인가?

고난도 연습문제

CP1. 28 N의 수평방향 힘이 8 kg의 벽돌에 부착된 줄에 작용하여 테이블 위에 있는 벽돌을 끌고 있다. 벽돌은 테이블과 접촉하여 6N의 마찰력을 받고 있다.
  a. 벽돌의 수평방향 가속도는 얼마인가?
  b. 만약 벽돌이 정지해 있다가 움직인다면 2 s 후의 속도는 얼마인가?
  c. 2 s 동안에 얼마의 거리를 가는가?

CP2. 200 N의 수평방향 힘이 줄에 작용하여 40 kg의 상자를 마루 위에서 끌고 있다. 상자의 속도가 이 힘과 마찰력의 영향을 받아 2 s 동안에 1 m/s에서 6 m/s로 변하는 것이 관측되었다.
  a. 상자의 가속도는 얼마인가?
  b. 상자에 작용하는 총 힘은 얼마인가?
  c. 상자에 작용하는 마찰력의 크기는 얼마인가?
  d. 상자가 일정한 속도로 움직이려면 줄에 얼마만큼의 힘을 가해야하는가? 설명하라.

CP3. 그림처럼 수평방향 30 N의 힘이 줄로 연결된 두 벽돌에 작용하여 끌고 있다. 2 kg의 벽돌에는 테이블이 6 N의 마찰력을 작용하고 있으며 4 kg의 벽돌에는 8 N의 마찰력이 작용되고 있다.
  a. 두 벽돌 계에 작용하는 순 힘은 얼마인가?
  b. 이 계의 가속도는 얼마인가?
  c. 2 kg의 벽돌에 연결된 줄에 작용되는 힘은 얼마인가? (이 벽돌에 오직 이 힘만이 있다고 생각하라. 그 가속도는 전체 계의 가속도와 같다.)
  d. 4 kg의 벽돌도 c와 같은 가속도를 갖

는가?

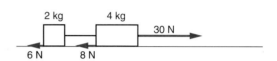

CP4. 엘리베이터에 75 kg의 사람이 타고 1.5 m/s²의 가속도로 아래쪽으로 가속되고 있다.
  a. 이 사람의 진짜 무게는 뉴턴(newton)으로 얼마가 되는가?
  b. 이 가속도를 내려면 사람에 작용하는 알짜 힘의 크기는 얼마가 되어야 하는가?
  c. 엘리베이터의 바닥에서 사람의 발에 작용하는 힘은 얼마인가?
  d. 사람의 겉보기 무게는 뉴턴(newton)으로 얼마인가? (이 무게는 사람이 가속되는 엘리베이터에서 체중계 위에 있다면 그 눈금이 된다.)
  e. 엘리베이터가 위로 1.5 m/s²로 가속된다면 b에서 d까지의 답이 어떻게 되는가?

CP5. 스카이다이버의 무게가 800 N이다. 공기 저항력이 매 속도 10 m/s 증가마다 100 N이 증가하는 방식으로 속도에 정비례한다고 가정하자.
  a. 스카이다이버의 속도가 30 m/s일 때 작용하는 알짜 힘은 얼마인가?
  b. 그 속도에서 스카이다이버의 가속도는 얼마인가?
  c. 스카이다이버의 종단속도는 얼마인가?
  d. 만약 어떠한 이유로 스카이다이버의 속도가 종단속도를 초과하였을 때는 어떤 일이 벌어지는가? 설명하라.

5장

원운동, 행성과 중력

학습목표　이 장의 학습목표는 실에 매달려 회전하고 있는 공의 예를 들어 원운동에서 속도의 방향변화와 관련된 가속도에 관하여 자세히 논의한다. 곡선도로를 달리는 자동차를 포함하여 몇 가지 서로 다른 경우에서 구심가속도의 원인이 되는 힘들을 다룬다. 케플러의 행성의 운동에 관한 법칙들을 검토한 후 뉴턴의 만유인력의 법칙을 사용하여 이 같은 행성의 운동을 설명할 수 있음을 보여준다. 만유인력이 물체의 무게나 지표면에서의 중력가속도와 어떠한 관계를 가지고 있는지 알아본다.

개 요

1　**구심가속도.** 물체의 속도의 방향이 달라질 때 가속도를 어떻게 기술할까? 이 가속도는 물체의 속력과는 어떠한 관계인가?

2　**구심력.** 서로 다른 몇 가지 상황에서 어떤 형태의 힘이 구심가속도에 관계되고 있을까? 특히 커브 길을 주행하는 자동차에 작용하는 힘은 무엇일까?

3　**행성의 운동.** 행성들은 태양 주위를 어떻게 운동할까? 역사적으로 행성의 운동에 관한 인류의 지식은 어떻게 변천하여 왔을까? 행성의 운동에 관한 케플러의 법칙들은 어떠한가?

4　**뉴턴의 만유인력의 법칙.** 뉴턴에 의하면 중력의 본질은 무엇인가? 이 힘은 행성의 운동을 설명하는 데 어떤 역할을 하며 지구 표면에서 물체의 중력가속도와 어떤 관계를 가지고 있는가?

5　**달과 인공위성.** 달이 지구 주위를 궤도 운동을 할 수 있는 이유는? 인공위성의 궤도와 달의 궤도의 차이점은? 인공위성들 상호간의 차이점은?

"자동차가 커브 길을 이탈하다" 우리는 교통사고를 보도하는 신문기사에서 이와 같은 표현을 종종 접하게 된다. 노면이 너무 미끄러웠든지 아니면 도로의 굽은 정도에 비해 운전수가 차를 너무 빨리 몰았을 것이다. 어느 쪽이든지 판단이 미숙했고 아마도 커브 길에서의 물리에 관한 지식이 모자랐을 것이다.

그림 5.1 흰색 SUV가 커브길을 이탈하다. 이러한 상황에서 뉴턴의 제1법칙은 어떻게 적용되는가?
ⓒ eyecrave/iStockphoto/Getty Images RF

자동차가 커브 길을 따라 달릴 때에는 속도의 방향이 변한다. 속도의 변화는 가속도를 의미하며 뉴턴의 제2법칙에 따라 가속도는 힘을 필요로 한다. 커브 길을 운행하는 자동차는 실에 매달려 수평면에서 원모양으로 회전하는 공이나 원운동하는 다른 물체들과 상통하는 점들을 많이 가지고 있다.

어떤 힘이 자동차를 커브 길을 따라 달리게 하는가? 자동차의 속력이나 도로의 곡률의 정도에 따라 필요한 힘은 어떻게 달라지는가? 힘에 영향을 주는 다른 요소들은 없는가? 마지막으로 곡선도로를 달리는 자동차와 실에 달린 공 또는 태양 주위를 공전하는 행성들이 가지는 공통점은 무엇인가?

태양 주위의 행성들의 운동이나 지구 주위의 달의 운동은 역학에서 뉴턴의 이론을 발전시키는 데 중요한 역할을 하였다. 뉴턴의 만유인력의 법칙이 바로 그 핵심적인 역할을 하였다. 중력은 지구 표면에서 낙체의 운동을 설명할 뿐만 아니라 행성이 왜 태양주위를 곡선 궤도를 따라 운동하는지도 설명한다. 물리학의 역사에서나 일상 경험에서 볼 때 원운동은 2차원 평면 운동의 특수한 경우지만 대단히 중요한 운동이다.

5.1 구심가속도

줄의 끝에 공을 매달아 수평면 상에서 원운동을 시켜보자(그림 5.2). 약간만 연습하면 어렵지 않게 공을 일정한 속력으로 회전시킬 수 있다. 그러나 공의 속도의 방향은 계속 변한다. 속도의 변화는 가속도가 있음을 의미하는데 어떤 종류의 가속도일까?

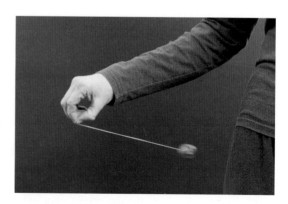

그림 5.2 수평면 상에서 원운동을 하는 공은 가속되고 있는가?

여기에 대한 해답은 공이 원운동을 함에
따라 속도벡터에 일어나는 변화를 세심히 관
찰함으로써 얻을 수 있다. 공의 방향이 바뀜
에 따라 속도벡터는 어떻게 변할까?

이 변화의 크기를 정량화하고 공의 속력과
회전 반지름과의 관계를 어림할 수 있겠는
가? **구심가속도**의 개념을 정의하기 위해서는
이러한 질문들에 대한 대답이 필요하다.

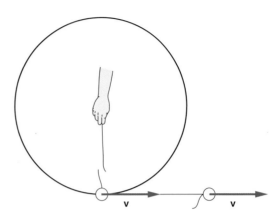

그림 5.3 만약 줄이 끊어진다면 공은 줄이 끊어지는
순간 운동하는 방향으로 날아갈 것이다.

구심가속도란?

줄에 매달려 있는 공의 방향을 바꾸기 위
해서는 어떻게 해야 할까? 공을 그림 5.2에
서와 같이 회전시키면 줄의 장력을 느끼게 될 것이다. 다시 말하면 공의 속도의 방향에 있어서
변화를 일으키고자 한다면 당기는 힘을 줄에 가해야 할 것이다.

만약 이러한 힘이 없다면 어떤 일이 일어날까? 뉴턴의 운동의 제1법칙에 따르면 물체에 작용
하는 알짜 힘이 없다면 물체는 직선 상을 일정한 속력으로 무한히 운동할 것이다. 줄이 끊어지
거나 줄을 놓아버리면 바로 이러한 일이 일어난다. 공은 줄이 끊어지는 순간 공이 운동하는 방
향으로 날아갈 것이다(그림 5.3). 줄을 당기지 않으면 공은 직선 상을 운동할 것이다. 물론 중력
에 의해 당겨지기 때문에 공은 아래로도 떨어진다.

만약 힘이 존재한다면 뉴턴의 운동 제2법칙에 따라 가속도가 존재하여야만 한다($\mathbf{F} = m\mathbf{a}$). 이
가속도는 속도벡터의 방향의 변화와 관련이 있다. 줄에 달려있는 공의 경우 줄은 공을 중심방향
으로 당기며 속도벡터의 방향이 계속하여 변하게 한다. 힘의 방향과 힘에 의한 가속도의 방향은
원의 **중심**을 향한다. 이 가속도를 **구심가속도**라고 부른다.

> 구심가속도는 속도의 방향 변화와 관련된 물체의 속도의 변화율과 같다. 구심가속
> 도는 항상 속도벡터와 수직이며 곡선의 회전중심방향을 향한다.

구심가속도의 크기를 알기 위해서는 속도 변화의 크기를 알아야 한다. 이는 공을 얼마나 빨리
회전시키는가에 따라 다르다는 것을 아마도 느끼고 있겠지만 이는 또한 곡선의 곡률 반지름에
따라서도 다르다.

속도벡터의 변화 Δv를 어떻게 구할까?

그림 5.4는 위에서 살펴본 바와 같이 줄에 달린 공을 그린 것이다. 공은 수평면 상의 원주를

따라 운동하고 있다. 짧은 시간간격만큼 떨어진 원주 상의 두 점에서 속도벡터들을 그렸다. 공이 시계 바늘 반대 방향으로 운동하고 있다면 속도벡터 $\mathbf{v}_1$은 잠시 후에 속도벡터 $\mathbf{v}_2$가 된다. 공의 속력은 바뀌지 않기 때문에 이 벡터들의 길이는 같게 그렸다.

속도의 변화 $\Delta\mathbf{v}$는 주어진 시간간격 동안 나중 속도벡터와 처음 속도벡터의 차이이므로 처음 속도벡터에 속도벡터의 변화를 더하면 나중 속도벡터가 된다. $\mathbf{v}_1$에 $\Delta\mathbf{v}$를 더하면 $\mathbf{v}_2$가 된다. 이 벡터 합은 그림 5.4에

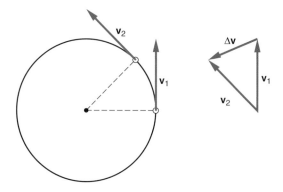

그림 5.4 수평면 상의 원주를 따라 운동할 때 공의 속도 벡터들. $\mathbf{v}_1$에 속도의 변화량 $\Delta\mathbf{v}$를 더하면 $\mathbf{v}_2$가 된다.

있는 원의 오른쪽에 삼각형법으로 나타내었다(기하학적인 방법에 의한 벡터 합은 부록을 참조하기 바란다).

벡터 $\Delta\mathbf{v}$는 처음과 나중의 속도벡터 어느 것과도 다른 방향을 가지고 있다는 점에 주목하기 바란다. 만약 시간간격을 충분히 짧게 잡는다면 $\Delta\mathbf{v}$의 방향은 원의 중심을 향하게 될 것이다. 이 방향은 바로 그 순간 공의 가속도의 방향이 된다(가속도의 방향은 속도변화의 방향과 항상 같은 방향이다). 공은 실의 장력의 방향인 원의 중심, 즉 구심방향으로 가속된다.

구심가속도의 크기는 얼마일까?

이 구심가속도의 크기는 얼마이며, 공의 속도나 원의 반지름에 따라 어떻게 달라질까? 그림 5.4에 그려져 있는 삼각형을 이용하여 이들 질문에 대한 대답을 찾아보자. 고려하여야 할 세 가지 효과들은 다음과 같다.

1. 공의 속력이 증가하면 속도벡터의 길이가 길어지므로 $\Delta\mathbf{v}$가 길어진다. 그림 5.4의 삼각형은 커진다.
2. 공의 속력이 증가하면 공은 그림 5.4의 나중 위치에 더 빨리 도착하므로 속도벡터의 방향은 더 빨리 바뀐다.
3. 원의 반지름이 감소하면 공의 방향이 더 빨리 바뀌므로 속도변화율은 증가한다. 급커브(작은 곡률 반지름)에서는 큰 속도변화가, 완만한 커브(큰 곡률 반지름)에서는 작은 속도변화가 야기된다.

처음과 두 번째의 효과 모두 공의 속력이 증가함에 따라 속도의 변화율이 증가할 것임을 가리키고 있다. 이 두 효과를 합하면 구심가속도의 크기는 속력의 제곱에 비례할 것이라고 예상할 수 있다. 속력을 두 번 곱할 필요가 있기 때문이다. 세 번째의 효과는 속도의 변화율이 반지름에 반비례할 것이라고 예상하게 한다. 반지름이 클수록 변화율은 작아진다. 이들을 종합

하여 구심가속도 $\mathbf{a}_c$를 다음과 같이 표현할 수 있다.

$$a_c = \frac{v^2}{r}$$

구심가속도는 속력의 제곱에 비례하며 곡률 반지름 r에 반비례한다. 구심가속도벡터 $\mathbf{a}_c$의 방향은 항상 속도변화벡터 $\Delta\mathbf{v}$의 방향인 곡선의 중심을 향한다.

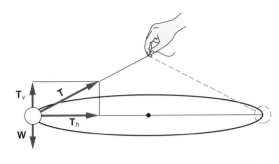

그림 5.5 장력의 수평성분은 구심가속도가 있게 하는 힘이 된다. 장력의 수직성분은 공의 무게와 같다.

원주위를 따라 운동하는 공은 그 속력이 일정할지라도 가속되고 있다. 속도벡터의 방향이 바뀌는 것도 속도가 변하는 것이므로 당연히 가속도를 수반한다. 종종 사람들은 이러한 생각에 거부감을 느끼기도 하며 평상시에는 방향변화는 염두에 두지 않고 속력이 변화할 때에만 **가속도**라는 단어를 사용하기도 한다. 그러나 이는 역학적으로 잘못된 생각이다.

구심가속도가 있도록 하는 힘은?

원운동하는 물체는 가속되고 있기 때문에 뉴턴의 제2법칙에 의하면 적당한 힘이 가해져야 가속도를 가질 수 있다. 줄에 매달려 있는 공의 경우 공을 당기는 줄의 장력이 이 힘의 역할을 하고 있다. 좀더 자세히 관찰하면 줄은 수평면에서 약간 기울어진 면에 있기 때문에 실의 장력은 수평성분과 수직성분을 가지고 있다. 그림 5.5에서와 같이 실의 장력의 수평성분은 수평면 상의 원의 중심으로 공을 당기고 따라서 구심가속도가 있게 된다.

공에 작용하는 수직방향의 알짜 힘은 0이어야 하므로 실의 장력의 수직성분은 공의 무게와 같다. 공은 수평면 상 원 궤도 내에서 운동하며 수직방향으로 가속되지는 않는다. 예제 5.1에서 공의 무게는 대략 0.50 N($\mathbf{W} = m\mathbf{g}$)이고 실의 장력

예제 5.1

예제 : 실에 매달려 원운동하는 공

질량이 50 g(0.050 kg)인 공이 실에 매달려 수평면 상에서 반지름이 40 cm(0.40 m)인 원 궤도를 따라 회전하고 있다. 공은 매초 1회전의 빠르기 즉 2.5 m/s의 속력으로 운동한다.

a. 구심가속도의 크기는 얼마인가?

b. 이 같은 가속도를 가지려면 실의 장력의 수평성분의 크기는 얼마가 되어야 하는가?

a. $v = 2.5$ m/s $a_c = \dfrac{v^2}{r}$

　　$r = 0.40$ m

　　$a_c = ?$ 　　$= \dfrac{(2.5 \text{ m/s})^2}{(0.4 \text{ m})}$

　　　　　　　　$= \mathbf{15.6 \ m/s^2}$

b. $m = 0.05$ kg $F_{net} = T_h = ma$

　　$T_h = ?$ 　　$= (0.05 \text{ kg})(15.6 \text{ m/s}^2)$

　　　　　　　　$= \mathbf{0.78 \ N}$

실의 장력의 수평성분의 크기는 0.78 N이다. 또 장력의 수직방향 성분은 공에 작용하는 중력과 서로 상쇄된다.

의 수직성분과 같다. 예제 5.1에서 공의 속도
는 느리다. 그럼에도 불구하고 장력의 수평성
분은 수직성분보다 크다. 공을 더 빨리 회전
시키면 구심가속도는 속도의 제곱에 비례하기
때문에 보다 더 빨리 증가하게 된다. 수평성
분은 공의 무게와 같아 일정하게 유지되는 수
직성분보다 훨씬 더 크게 된다(그림 5.6). 이
와 같은 효과는 간단히 확인할 수 있다. 줄에
공을 달아 회전시켜 보면 속도가 증가함에 따
라 장력이 증가하는 것을 각자 체험해 볼 수
있을 것이다(그림 5.6). 속도가 빨라지면 구심
력이 커지므로 실의 수평 성분이 커져야 하
며, 따라서 실은 수평면에 가깝게 옆으로 눕
게 된다.

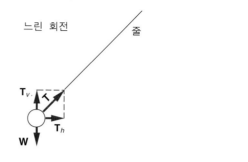

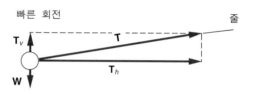

그림 5.6 줄에 매달려 원운동하는 공. 회전속도에
따라 힘의 크기가 다르다.

구심가속도에는 속도벡터의 방향의 변화율이 포함된다. 구심가속도의 크기는 속도의 제곱을 곡률 반지름으로
나눈 것과 같다($a_c = v^2/r$). 방향은 원의 중심을 향한다. 다른 가속도와 마찬가지로 이 구심가속도가 생기도록
하기 위해서는 힘이 필요하다. 실에 매달려 있는 공의 경우 실의 장력의 수평성분이 이 힘이 된다.

5.2 구심력

실의 장력은 그 끝에 매달려 회전하는 공을 안쪽으로 당기며 이 당기는 힘이 구심가속도의 원
인이 된다. 그러나 커브 길을 돌아가는 자동차는 줄에 매달려 있지 않다. 자동차가 구심가속도
를 가지려면 다른 어떤 힘이 작용하여야 한다. 페리스 대회전 관람차에 타고 있는 사람도 원운
동을 한다. 이러한 상황에서 구심가속도를 가지게 하는 것은 어떤 힘일까?

구심가속도를 가지게 하는 힘을 **구심력**이라고 부른다. 이 구심력이라는 단어는 이와 관련된
어떤 특별한 힘이 있는 것과 같은 인상을 주기 때문에 오해의 원인이 되기도 한다. 구심력이란
구심가속도를 가질 수 있도록 물체에 작용하는 하나의 힘 또는 여러 힘의 합력을 의미한다. 이
러한 역할을 하는 힘은 많다.

실을 통해 당기거나 다른 물체와 접촉하여 미는 힘, 또는 마찰력, 중력 등이 있다. 각각의 힘
들과 이들에 의한 효과를 이해하기 위해서는 각 상황별로 분석할 필요가 있다.

자동차가 평면 커브 길을 이탈하지 않게 하는 힘은?

커브 길을 돌아나가는 자동차에 구심가속도를 주는 데에는 어떤 힘이 관여하고 있을까? 여기에 대한 답은 커브 길이 기울어져 있는지의 여부에 따라 달라진다. 대답하기 가장 쉬운 경우는 커브 길이 기울어져 있지 않는 경우이므로 이러한 평평한 도로면에 대해 먼저 다루어 보자.

평평한 도로면에서 필요한 구심가속도를 제공할 수 있는 힘은 마찰력뿐이다. 직선을 따라 진행하고자 하는 관성 때문에 자동차가 회전하려면 타이어가 도로면을 밀어야 한다. 도로면은 뉴턴의 제3법칙에 따라 타이어를 반대방향으로 밀게 된다(그림 5.7). 타이어에 가해지는 마찰력은 커브 길의 중심을 향하게 된다. 만약 이 마찰력이 없다면 자동차는 회전할 수 없게 된다.

마찰력의 크기는 마찰에 관계되는 접촉면들 간에 상대운동이 있느냐의 여부에 따라 다르다. 마찰력 방향으로의 상대운동이 없다면 **정지마찰력**이, 빗물에 젖어 있거나 빙판길에서처럼 서로 미끄러지고 있다면 **운동마찰력**이 작용한다. 대개 운동마찰력은 정지마찰력의 최대값보다 작기 때문에 자동차가 미끄러지는가의 여부가 고려해야 할 핵심요소가 된다.

자동차가 미끄러지고 있지 않다면 정지마찰력이 커브 길을 돌아가는 자동차의 구심력이 된다. 타이어 도로면과 접촉하고 있는 부분은 순간적으로 도로면에 대해 정지상태에 있다. 즉 그 부분은 도로면에 대해 미끄러지고 있지 않다. 타이어가 마찰력의 방향으로 움직이고 있지 않다면 정지마찰력이 적용된다.

필요한 정지마찰력의 크기는 얼마나 될까? 이 크기는 자동차의 속력과 도로의 곡률 반지름에 따라 달라진다. 뉴턴의 제2법칙에 따라 필요한 힘의 크기는 $F = ma_c$임을 알고 있다. 여기서 구심가속도 a_c는 v^2/r와 같다. 따라서 이들로부터 마찰력 f는 구심력을 구성하는 유일한 힘이므로 mv^2/r과 같아야 함을 알 수 있다. 자동차의 속력은 필요한 구심력의 크기를 파악하는 데 결정적인 요소이며, 종종 우리가 커브 길을 만나게 되면 속도를 줄이는 이유이기도 하다.

만약 질량과 구심가속도의 곱이 최대 정지마찰력보다 커진다면 문제가 생기게 된다. 구심가속도의 크기가 속도의 제곱에 비례하기 때문에 속도가 두 배가 되면 마찰력은 네 배가 필요해진다. 반지름 r이 작은 급커브 길에서는 보다 큰 마찰력이나 느린 속도가 필요하게 된다. 운전자는 속도와 반지름을 모두 고려하여 판단해야 한다.

필요한 마찰력이 최대 정지마찰력보다 커진다면 어떤 일이 일어날까? 마찰력이 필요한 구심력을 제공하지 못하므로 차는 미끄러지게 된다. 일단 미끄러지게

그림 5.7 평평한 커브 길을 돌아나가는 자동차의 가속도는 도로면이 타이어에 가하는 마찰력에 의해 정해진다.

매일의 자연현상 5.1

안전벨트, 에어백, 그리고 사고의 동역학

상황. 자동차사고에서 운전자가 자동차의 밖으로 튕겨나가는 경우 운전자는 거의 치명적인 상처를 입게 된다.

1960년부터 미국은 연방법에 의해 모든 자동차에 안전벨트의 설치가 의무화되었다. 최근에는 자동차의 앞좌석에 에어백을 설치하는 자동차가 늘고 있다. 이러한 보호 장비에도 불구하고 아직도 가끔 자동차 사고에서 운전자가 차 밖으로 튕겨나가 치명상을 입었다는 소식을 듣는다.

에어백과 안전벨트는 사고시 어떻게 작동하는가? 만일 당신의 차에 에어백이 장착되어 있다면 안전벨트는

정면 충돌에서 에어백은 빠르게 부풀면서 핸들이나 앞 유리창과의 충돌을 막아준다.

매지 않아도 되는 것일까? 에어백과 안전벨트는 각각 어떤 상황에서 더욱 효과적인가?

분석. 자동차가 아주 빠른 속도로 충돌하여 차체가 완전히 찌그러지지 않는 한 사고시 운전자의 부상정도는 차 내부에서 그리고 경우에 따라 차 밖에서 운전자의 움직임에 달려있다. 충돌시 자동차는 급하게 정지하거나 회전운동을 하게 된다. 반면 운전자는 뉴턴의 제1법칙에 의해 일직선의 관성운동을 하게 된다.

정면충돌의 경우 자동차는 갑자기 정지하지만 운전자는 계속 직선운동을 하게 되어 에어백이나 안전벨트가 없다면 운전자는 앞 유리창이나 핸들에 부딪혀 가슴에 심한 부상을 입는다. 에어백은 운전자가 앞으로 쏠리는 순간 빠르게 부풀어 핸들과 운전자 사이에 안전한 쿠션을 만들어 주는 것이다. 이 쿠션으로 인해 운전자에게는 서서히 증가하는 반대

되면 정지마찰력 대신 운동마찰력이 작용하게 된다. 대개 운동마찰력은 정지마찰력보다 작기 때문에 마찰력은 더 작아지고 문제는 더욱 악화된다. 끊어진 줄에 매달려 있는 공처럼 자동차는 직선을 따라 운동하려 하는 자연적 경향, 즉 관성을 따르려고 할 것이다.

가능한 마찰력의 최대값은 도로면과 타이어의 상태에 따라 결정된다. 정지마찰력을 감소시키는 요소는 무엇이든지 문제를 일으킬 수 있다. 대개 젖은 길이나 빙판길이 문제를 일으킨다. 빙판 길에서는 마찰력이 거의 0에 가깝게 감소하므로 커브 길에서는 아주 느린 속도로 운전해야한다. 마찰의 고마움을 느끼는 데에는 빙판길에서 운전하는 것과 견줄 것이 없다. 여기에서는 뉴턴의 제1법칙이 너무나 분명하게 드러난다.

방향 힘이 작용하면서 핸들과의 급격한 충돌을 막아준다. 즉 에어백은 정면충돌시 부상을 피하는 데 아주 효과적이다.

그러나 도로 위에서는 정면충돌만 일어나는 것은 아니다. 자동차가 완전히 전복되는 대형 사고나 교차로에서 한 자동차가 다른 자동차의 측면을 들이받는 측면 충돌도 다반사로 일어난다. 후자의 경우 받힌 자동차는 대개

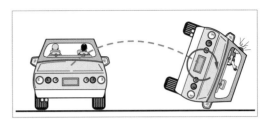

자동차가 뒤집히며 뒷자석의 승객은 차 밖으로 튕겨나간다. 자동차의 시트벨트는 이것을 막아준다.

심하게 회전운동을 하게 된다. 물론 자동차가 전복되는 경우도 결국은 회전운동이다. 이 경우도 운전자는 직선운동을 하므로 결과적으로 운전자가 자동차의 밖으로 튀어나가게 되는 것이다.

이때에도 에어백은 도움이 될까? 앞에서 말했듯이 정면충돌의 경우 에어백은 매우 효과적이다. 그러나 자동차가 옆으로 움직이는 경우 에어백은 전혀 도움이 되지 않는다. 물론 최근에는 앞좌석의 옆문 쪽에도 에어백을 장착한 차들도 있기는 하다. 어쨌든 자동차의 전복사고에서 자동차는 그 긴축을 중심으로 회전운동을 하게 된다. 경우에 따라 자동차의 문이 열리는 경우도 있지만 대개 한두 번 자동차가 구르면서 창문이 부서지며 운전자는 문밖으로 튕겨져 나가게 된다. 경우에 따라 계속 구르는 자동차에 운전자가 깔리기도 한다. 이때 운전자가 안전벨트를 하고 있다면 상황은 완전히 달라진다. 빠르게 회전하는 자동차 안에서 안전벨트가 운전자에 작용하는 구심력은 운전자가 튕겨져 나가는 것을 막아준다. 안전벨트 없이 운전자 스스로 몸을 구부리거나 움츠리는 것은 아무런 도움이 안 된다는 사실도 이해할 수 있을 것이다.

앞에서 기술된 자동차 사고의 경우는 바로 뉴턴의 제1법칙이 적용되는 좋은 예이다. 즉 운전자는 외력이 작용하지 않는 한 일직선 운동을 계속하려는 관성을 가진다는 것이다. 이때 에어백에 의한 힘이나 안전벨트에 의한 힘은 운전자가 자동차와 함께 움직이도록 하여 전복사고와 같은 큰 사고에서도 큰 부상을 막아준다.

커브 길이 경사져 있으면 어떻게 될까?

커브 길이 적당하게 경사져 있으면 구심가속도를 얻기 위해서 마찰력에 전적으로 의존하지 않아도 된다. 경사진 길에서는 자동차의 타이어와 도로 면 사이에 작용하는 수직항력이 도움이 된다(그림 5.8). 수직항력 $\mathbf{N}$은 항상 해당되는 면들에 수직이므로 그림에서와 같은 방향으로 향한다. 자동차에 가해지는 전체 수직항력은(그림에 표시됨) 네 개의 타이어에 작용하는 각각의 힘들의 합이다.

자동차가 수직방향으로는 가속되지 않으므로 수직방향의 알짜 힘은 0이다. 수직항력의 수직성분 $\mathbf{N}_i$는 자동차의 무게와 같은 크기이어야 알짜 수직력이 0이 된다. 수직항력의 크기를 결정하

는 데는 이 조건이 사용된다. 수직항력의 수평성분 N_h는 구심가속도의 방향을 향하고 있다.

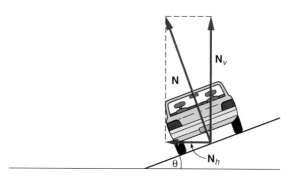

그림 5.8 커브 면이 경사져 있을 때에는 도로 면이 자동차에 가하는 수직 항력의 수평 성분 N_h도 구심가속도에 기여한다.

경사면의 경사각과 자동차의 무게로부터 수직항력의 크기가 정해진다. 따라서 수직항력의 수평성분의 크기도 마찬가지이다. 속도가 적당하면 자동차의 타이어를 미는 이 수평성분만으로도 구심가속도를 맞출 수 있다. 속도가 더 빨라지면 경사가 더 급해야 수직항력의 수평성분이 더 커질 수 있으므로 커브 길의 경사각은 더 커지게 된다. 다행인 점은 수직항력이나 원운동을 위한 구심력 모두 자동차의 질량에 비례하므로 자동차들의 질량이 달라도 요구되는 커브 길의 경사각은 모두 동일하다.

경사진 커브 길은 어떤 특정한 속도에 맞추어 설계된 것이다. 대개 그렇듯이 마찰력이 작용하고 있으므로 적정 속도의 범위에서 커브 길을 안전하게 주행할 수 있다. 만약 도로가 빙판으로 덮여 마찰이 없다면 적정속도로 달려야 안전하게 운행할 수 있다. 적정속도보다 빠르면 평평한 도로면에서와 같이 자동차는 도로면 바깥으로 날아가 버릴 것이다. 그 반대로 적정속도보다 느리게 되면 자동차는 커브 길의 중심으로 경사진 빙판길을 미끄러져 내려오게 될 것이다.

페리스 대회전 관람차에는 어떤 힘이 작용할까?

우리가 경험하는 회전운동에 관한 예로서 페리스 대회전 관람차가 있다. 이전의 수평면 상의 원운동과는 달리 페리스 바퀴는 수직면 상에서 원운동을 한다.

그림 5.9는 페리스 대회전 관람차가 돌고 있을 때 원의 바닥에 도달한 승객에 작용하는 힘들을 보여준다. 이 위치의 승객에게는 수직항력은 위로, 무게는 아래로 향한다. 이 승객의 구심가속도는 원의 중심인 수직 위 방향을 향하므로 승객에게 가해지는 힘의 합력은 수직 위 방향이어야 한다. 따라서 좌석이 승객을 떠받치는 힘은 승객의 무게보다 커야 한다.

뉴턴의 제2법칙을 적용하면 합력은 질량에 구심가속도를 곱한 것과 같다. 이 경

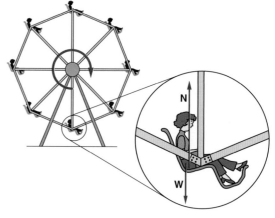

그림 5.9 승객의 무게와 좌석이 가하는 힘의 합력이 페리스 대회전 관람차의 승객에 필요한 구심가속도를 제공한다.

우에는 구심력은 수직항력과 승객의 무게의 차이와 같으며 다음과 같이 쓸 수 있다.

$$N - W = ma_c$$

수직항력이 무게보다 크므로 이 위치에서 승객은 더 무겁게 느낀다. 좌석은 승객의 무게보다 더 큰 힘으로 떠받친다.

승객이 원의 중간 위치에서 올라가거나 내려갈 때 구심가속도가 있기 위해서는 수직항력의 수평성분이 필요하게 된다. 수평력은 좌석의 마찰력 또는 원의 왼쪽에서는 좌석의 뒷부분이 미는 힘, 원의 오른쪽에서는 좌석 안전띠나 손잡이가 가하는 힘으로 충당된다. 원의 오른쪽일 때가 타는 재미가 더 있다.

원의 꼭대기에서는(좌석 안전띠에 의한 힘을 제외하고) 승객의 무게만이 구심가속도 방향의 유일한 힘이다. 뉴턴의 제2법칙을 다시 한 번 적용하면 합력은 승객의 질량과 구심가속도의 곱과 같다. 이번에는 구심가속도는 아래로 향한다. 이로부터 관계식은 다음과 같이 쓰여진다.

$$W - N = ma_c$$

속도가 빨라지고 구심가속도 $a_c = v^2/r$가 증가하면 합력을 증가시키기 위해 수직항력이 작아진다. 대개 페리스 대회전 관람차는 꼭대기에서 수직항력이 작아지도록 최고 속도를 조정한다. 꼭대기에서 좌석이 승객을 떠받치는 힘이 약하므로 승객은 둥실 떠 있는 느낌을 가지게 되어 이 관람차를 타는 아찔함을 더해준다.

주위 가까운 곳에 페리스 대회전 관람차가 있다면 잠시 책을 덮고 한번 탑승해 보기 바란다. 방금 설명한 바를 내 것으로 만드는 데는 직접경험만큼 확실한 것은 없다. 대회전 관람차를 타게 되면 수직항력의 크기와 방향을 느끼도록 노력하기 바란다. 탑승함으로 얻게 되는 대가로는 꼭대기에서의 가벼워진 느낌, 내려올 때 밑으로 처박히는 느낌들이다.

구심력은 커브를 따라 운동하는 물체에 구심가속도를 주는 하나의 힘 또는 여러 개의 힘의 합력을 말한다. 평평한 길을 달리는 자동차의 경우 마찰력이 구심력이 된다. 도로면이 경사져 있다면 도로가 자동차의 타이어에 가하는 수직항력도 일조를 한다. 페리스 대회전 관람차에서는 승객의 무게와 승객이 앉아있는 좌석이 가하는 수직항력이 더해져서 구심력이 된다. 뉴턴의 법칙들을 사용하여 각각의 힘을 구별하고 각 상황을 분석한다.

5.3 행성의 운동

여러분은 밤하늘에서 금성과 화성이 매일 밤 다른 위치에서 관측된다는 사실을 경험해 본 적이 있는가? 역사적으로 조망해 볼 때 구심가속도의 가장 중요한 예로는 태양, 달 그리고 행성들과 같은 천체의 궤도운동들이 있다. 이들은 우리가 일상 중에 매일 접하는 것들이지만 놀랍게도 많은 사람들이 이들의 운동에 대해 전혀 이해하지 못하고 있다. 행성의 운동은 어떠하며 이들의 운동을 어떻게 이해할 수 있을까?

천체에 대한 고대의 모델

머리 위를 가리는 지붕이 적었던 지난날에는 하늘을 관찰하는 재미가 보다 널리 퍼져있었을 것이다. 별빛 아래에서 하늘을 쳐다보며 하룻밤을 침낭 속에서 보낸다면 아마도 공중에 있는 모든 빛나는 물체들에 대해 경이와 찬탄을 느끼지 않을 수 없을 것이다. 만약 고대인들이 경험한 바와 같이 수많은 밤들을 별빛 아래에서 보낸다면 아마도 가장 밝은 몇 개의 별들은 다른 별들에 비해 위치가 상대적으로 이동되어 가고 있음을 알게 될 것이다.

이 같이 떠돌아다니는 별들은 행성들이다. 항성, 즉 별들은 하늘을 가로 지나갈 때 서로간의 상대 위치를 그대로 유지한다. 북두칠성은 그 국자모양을 절대로 바꾸지 않지만 행성들은 항성들 주위를 주기적이지만 묘한 형태로 돌아다닌다. 이들 행성의 운동이 고대 천체 관측자들의 호기심을 촉발시켰으며 그 궤도가 면밀히 추적되었고 그 결과는 때로 종교적 믿음과 결부되기도 하였다.

만약 당신이 이들의 운동을 이해하고자 하는 초기 철학자-과학자였다고 가정하면 어떤 모형을 제시하였겠는가? 간단하며 주기적인 운동을 보이는 물체도 있다. 태양을 예로 들면 태양은 투명하면서도 엄청나게 긴 사슬에 의해 지구의 중심부분에 묶여 있는 것처럼 매일 동에서 서로 운행하고 있다. 별들도 비슷한 양상을 보인다. 지구에서 명백하게 관찰되는 이들의 운동은 별들이 지구를 중심으로 하여 회전하는 천구에 박혀있는 모형으로 설명될 수도 있다. 이같이 지구를 **중심**에 둔 관점, 즉 천동설은 상당히 합리적인 것으로 보인다.

달 역시 지구 주위를 명백한 원 궤도를 따라 운행한다. 단지 항성과는 달리 달은 매일 밤 동일한 위치에서 떠오르지 않으며 대략 30일의 주기를 가지고 위치와 위상에서 규칙적인 일련의 변화를 거치게 된다. 달의 위상변화를 조리있게 설명할 수 있는 사람은 우리 주위에 몇 명이나 있을까? 달의 운동에 관해서는 이 장의 마지막 절에서 다룰 것이다.

그리스 철학자들이 발전시킨 천체 운동에 관한 초기 모형들은 지구를 중심으로 한 여러 개의 동심구들로 구성되어 있다(그림 5.10). 플라톤과 동시대인들은 구나 원 모양들이 천체의 아름다움을 반영할 수 있는 가장 이상적인 형태라고 생각하였다. 태양

그림 5.10 북반구 밤하늘에서 시간에 따라 별들이 움직이는 모습. 모든 별들이 원 궤도를 그리며 그 중심에 북극성이 있다. 북극성은 그 중심에 고정되어 있는 듯이 보인다.

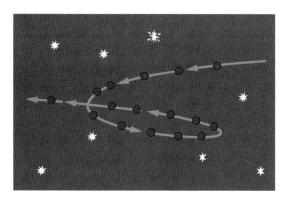

그림 5.11 배경 항성을 기준으로 한 화성의 역행. 수개월간의 기간에 걸쳐 일어난다.

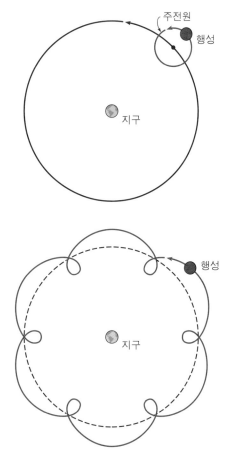

그림 5.12 프톨레마이오스의 주전원은 지구 주위의 행성의 기본 원 궤도를 따라가는 작은 원 궤도이다. 이 모델은 바깥 궤도 행성들에서 관찰되는 역행을 설명해준다.

과 달, 그리고 그 당시 알려져 있던 다섯 개의 행성들은 각자 고유의 천구를 가지고 있었다. 항성들은 가장 바깥에 있는 천구에 위치하였다. 이 천구들은 지구 주위를 천체들의 운동을 설명할 수 있는 방법으로 돌고 있는 것으로 생각되었다.

그러나 불행하게도 행성들은 일정한 속도로 회전하는 천구 상에 있는 것처럼 운동하지 않는다. 화성, 목성 그리고 토성은 때때로 항성을 기준으로 하여 일상적인 운행방향의 반대방향으로 움직인다. 이러한 운동을 **역행**이라 부른다. 화성의 경우 역행을 추적하려면 수개월의 시간이 필요하다(그림 5.11).

이 같은 행성들의 역행을 설명하기 위해 2세기경 프톨레마이오스(Claudius Ptolemaeus)는 그리스 철학자들보다 더 교묘한 천체의 모형을 고안하였다. 프톨레마이오스의 모형은 천구보다는 원형 궤도를 사용하였으나 여전히 지구중심적이었다. 그는 지구 주위의 행성이 큰 기본궤도를 따라가며 작은 궤도를 운행하는 주전원(epicycle)의 개념을 도입하였다(그림 5.12). 이 주전원은 행성의 역행을 설명할 수 있었고 궤도 운동에서의 다른 불규칙한 운동들을 설명하는 데에도 사용되었다.

프톨레마이오스의 모델은 연중 어느 때라도 행성의 위치를 정확히 찾을 수 있게 예측하여 주었다. 그러나 관찰이 보다 정확해짐에 따라 예측을 정확하게 하기 위해 모형을 다듬어야 했었다. 때로는 주전원 위에 또 주전원을 추가하는 일이 되풀이되었지만 원형 궤도의 기본 구조는 유지되었다. 프톨레마이오스의 천체계는 중세기 공인된 지식 체계의 일부였고 아리스토텔레스의 많은 업적들과 함께 로마 카톨릭 교회와 신흥 유럽 대학들에서 가르치는 주된 내용이 되었다.

코페르니쿠스의 모델이 프톨레마이오스의 모델과 다른 점은?

　이미 알고 있듯이 프톨레마이오스의 모델은 초등학교 때 우리가 배우는 천체의 모델이 아니다. 프톨레마이오스의 모델은 16세기경 폴란드의 천문학자 니콜라스 코페르니쿠스(Nicholas Copernicus; 1473~1543)에 의해 시작되고 후에 갈릴레이에 의해 지지된 태양중심의 **천체관** ─ 지동설 ─ 에 의해 대치되었다. 코페르니쿠스가 이러한 모델을 최초로 제안하지는 않았지만 그 이전의 안들은 기록이 남아 있지 않다. 코페르니쿠스는 그의 모델을 수년간에 걸쳐 세부사항에 이르기까지 꼼꼼히 검토하였지만 사망하기 직전까지 공표하지는 않았다.

　갈릴레이는 일찍부터 코페르니쿠스의 모델을 옹호하였고 코페르니쿠스 본인보다 더 적극적으로 널리 퍼뜨렸다. 1610년 망원경의 발명 소식을 접하고 나서 갈릴레이는 스스로 개량된 망원경을 제작하였으며 행성들을 관찰하기 시작하였다. 달에 산맥이 있고 목성에는 달이 여러 개 있으며 금성도 달처럼 단계별 위상 변화를 거침을 발견하였다. 갈릴레이는 금성의 위상변화는 지구 중심적인 모델보다는 코페르니쿠스의 모델을 사용하면 보다 용이하게 설명할 수 있음을 보였다. 갈릴레이는 이러한 발견들로 인하여 유럽 전역에 걸쳐 유명해졌으며, 결국은 그 당시로서는 결코 가볍게 넘길 수 없는 문제인 교회의 권위와 마찰을 빚는 결과가 초래되었다. 비슷하게 교회의 권위에 도전하는 사람들은 화형에 처해지곤 했다.

　코페르니쿠스는 태양을 행성들의 원궤도의 중심에 둠으로써 태양의 지위를 승격시켰고 지구를 일반 행성들에 불과한 지위로 격하시켰다. 또한 코페르니쿠스의 모델에 의하면 태양과 다른 천체들이(항성을 포함하여) 매일 뜨고 지는 운동을 설명하기 위해서 지구는 중심축을 주위로 자전하고 있어야 한다. 이 같은 생각은 가히 혁명적이었다. 왜 우리는 지구의 자전이 만들어 낼 강풍에 의해 날아가 버리지 않는가? 아마도 지구표면의 공기가 우리를 지구와 같이 움직이도록 끌어당기고 있는가?

　다른 행성 궤도들의 미세 보정과 행성의 역행을 설명하기 위해 도입된 복잡한 주전원들이 불필요하다는 점이 코페르니쿠스의 천체계의 장점이다. 역행은 단지 지구가 다른 행성들과 마찬가지로 태양 주위를 공전하기 때문에 일어난다는 것이다. 항성들을 배경으로 하여 화성과 지구가 동시에 같은 방향으로 운동하기 때문에 화성의 위치가 변하는 것으로 관측된다(그림 5.13). 조금

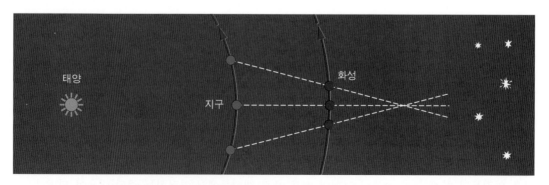

그림 5.13 지구가 천천히 움직이는 화성을 추월함에 따라 배경 항성들에 대해 화성은 뒤로 운동하는 것처럼 보인다.

더 빠른 지구가 화성을 추월하면 화성은 뒤로 처지기 때문에 화성은 잠시 뒤로 가는 것처럼 보인다.

코페르니쿠스의 모델을 받아들인다는 것은 지구가 하루에 한 바퀴의 속도로 자전한다는 우둔한 제안을 받아들이기 위해 천동설을 포기한다는 것을 의미한다. 지구의 반지름은 6400 km로 대략 알려져 있었으므로 지구가 자전한다면 적도상에 있는 사람은 대략 1680 km/h의 속력으로 운동한다는 것을 의미한다. 분명히 사람은 그러한 운동감을 느끼지 않고 있다.

코페르니쿠스는 원운동을 가정하고 있었기 때문에 그의 모델에 의한 정확도는 프톨레마이오스에 의한 정확도보다 나을 것이 없었다. 이미 알려져 있는 천문학 자료와 일치시키기 위해서는 코페르니쿠스의 모델도 보정이 필요하였다(코페르니쿠스는 주전원을 사용하였다). 이 두 모델 간의 논쟁을 종식시키기 위해 보다 정밀한 측정이 요구되었고

그림 5.14 티코 브라헤는 거대한 사분의를 사용하여 행성과 천체의 위치를 아주 정확하게 측정하였다.

이는 덴마크의 천문학자 티코 브라헤(Tycho Brahe; 1546~1601)의 과제로 남겨지게 되었다.

티코는 광학기기를 사용하지 않은 최후의 위대한 육안 천문학자였다. 그는 거대한 사분의(그림 5.14, 보통 각도 눈금을 새겨놓은 사분원을 달아놓은 도구로 천문이나 항해에서 고도를 측정하는 데 사용됨)를 제작하여 행성과 별들의 위치를 아주 정확하게 찾아내는 데 사용하였다. 이전의 자료들에 비해 현저히 향상된 60분의 1도의 정밀도로 각도를 측정할 수 있었다. 티코는 여러 해 동안 온갖 정성을 기울여 망원경의 도움을 받지 않고 행성과 다른 천체들의 정확한 위치에 관한 자료들을 수집하였다.

케플러의 행성의 운동에 관한 법칙

티코가 사망한 뒤 그가 수집하였던 자료들을 분석하는 작업은 그의 조수이었던 요한 케플러(Johannes Kepler; 1571~1630)의 과제로 남겨졌다. 이 작업은 자료를 태양 주위의 좌표값으로 변환하고 수치 계산의 시행착오를 거듭하며 규칙적인 행성의 궤도들을 찾아야 하는 엄청난 과제이었다. 행성의 궤도가 정확한 원이 아님은 이미 알려져 있었다. 케플러는 행성의 궤도들이 태양을 하나의 초점 위치에 두고 있는 타원 궤도들임을 입증할 수 있었다.

두 고정된 초점에 실의 양끝을 묶고 연필을 줄 길이의 가장자리를 따라 이동시키면 **타원**을 그릴 수 있다(그림 5.15). 원은 두 초점이 한 점에서 만날 때 생기며 타원의 특수한 경우이다. 행

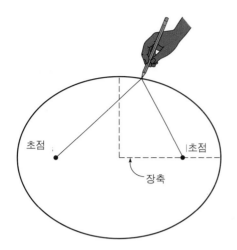

그림 5.15 두 고정된 초점에 실의 양끝을 묶고 연필을 줄 길이의 가장자리를 따라 이동시키면 타원을 그릴 수 있다.

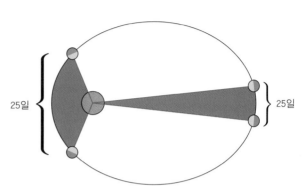

그림 5.16 태양에 가까울 때에는 행성은 빨리 움직인다. 각 행성의 반지름 선은 같은 시간 동안 같은 면적을 휩쓴다(케플러의 제2법칙). 다르게 표현하면 경과 시간이 같은 채색된 두 부분은 면적이 같다.

성의 궤도는 대부분 원에 가깝지만 티코의 자료들은 워낙 정확하였기에 완전한 원과 두 초점이 조금 떨어져 있는 타원과는 차이가 있음을 보여주었다. 행성의 운동에 관한 케플러의 제1법칙은 행성의 궤도가 타원이라는 것이다.

케플러의 다른 두 법칙들은 티코의 자료들을 가지고 한층 많은 노력을 기울여 수치해석적인 시행착오들을 거친 후에야 도출되었다. 케플러의 제2법칙은 행성의 순간적인 공전속도에 관한 것인데 행성의 위치에 관계없이 공전반지름이 같은 시간 동안 휩쓰는 면적은 항상 같다는 것이다(그림 5.16). 이 두 법칙들은 1609년에 발표되었다.

제3법칙(1619년에 발표됨)은 궤도의 평균반지름과 태양주위를 한 바퀴 회전하는 데 걸리는 시간(행성의 **주기**)과의 관계를 설명한다. 케플러는 주기 T와 궤도 평균반지름 r과의 많은 다른 관계식들을 시도한 뒤에야 제3법칙을 찾아낼 수 있었다. 케플러는 아주 정확하게 주기의 제곱과 반지름의 세제곱의 비(T^2/r^3)가 관찰된 모든 행성에 대해 동일하다는 것을 발견하였다. 행성의 운동이 규칙적이었다는 것은 경탄할 만하였다. 케플러는 발견한 내용들을 논문으로 발표하였는데 여기에는 행성과 관련하여 수적 신비주의, 음악적 화음 등에 관한 그의 정교한 사색들이 포함되어 있었다. 이들 중에는 갈릴레이나 케플러의 업적을 찬미하였던 사람들에게 의아스럽게 비칠 내용도 있었을 것이다.

케플러의 법칙은 항성들 주위를 헤매는 것처럼 보였던 행성들의 위치를 보다 더 정확하게 예측할 수 있게 하였다. 코페르니쿠스의 모델처럼 케플러의 모델도 태양중심적이며 프톨레마이오스의 지구중심적인 모델을 타파하려는 갈릴레이의 노력을 지지하는 쪽이었다. 그러나 보다 중요한 것은 케플러의 법칙들은 엄밀하게 기술된 새로운 관계식들인데 이 식들은 보다 근본적인 원리를 사용한 설명을 필요로 한다. 케플러의 관계식들을 포용하여(천체의 운동에 관한) 천체 역학과 일상생활 중에 관찰되는 지구상에서의 물체의 운동 모두를 설명하는 대통합 이론을 마련할 무대가 아이작 뉴턴 앞에 마련되었다.

케플러의 세 가지 법칙

1. 행성들은 모두 태양을 초점으로 하는 타원 궤도를 그리며 공전한다.
2. 태양과 행성을 잇는 가상적인 선은 같은 시간 동안 같은 면적을 휩쓸고 지나간다.
3. 한 행성이 태양의 주위를 한 바퀴 도는 데 걸리는 시간 즉 공전주기가 T이고 행성에서 태양까지의 거리 즉 공전반지름의 평균값이 r이라면, 주기의 제곱을 평균 공전반지름의 세제곱으로 나눈 값 즉 T^2/r^3는 모든 행성에 대하여 같은 값을 갖는다.

예제 5.2

예제 : 케플러의 제 3법칙의 응용

화성의 공전 주기는 얼마인가? 화성의 평균 공전반지름은 약 1.5 천문단위(AU)이다 (1 AU는 태양에서 지구까지의 평균 거리를 말하며 즉 지구의 평균 공전반지름 R_{EARTH}이다).

$R_{\text{EARTH}} = 1\ \text{AU} = $ 태양에서 지구까지의 거리
$R_{\text{Mars}} = 1.5\ \text{AU} = $ 태양에서 화성까지의 거리
$T_{\text{Earth}} = 1\ \text{Earth year(yr)}$
$T_{\text{Mars}} = ?\,(\text{in Earth years})$

케플러의 제 3법칙에 따라

$$\frac{R_{\text{Mars}}^3}{T_{\text{Mars}}^2} = \frac{R_{\text{Earth}}^3}{T_{\text{Earth}}^2}.$$

서로 대각선으로 곱하여 주면

$$R_{\text{Earth}}^3 \cdot T_{\text{Mars}}^2 = R_{\text{Mars}}^3 \cdot T_{\text{Earth}}^2$$

이므로

$$T_{\text{Mars}}^2 = \frac{R_{\text{Mars}}^3 \cdot T_{\text{Earth}}^2}{R_{\text{Earth}}^3}.$$

주어진 값들을 대입하면 마지막 결과를 얻을 수 있다.

$$T_{\text{Mars}}^2 = \frac{(1.5\ \text{AU})^3 \cdot (1\ \text{yr})^2}{(1\ \text{AU})^3},$$

$$T_{\text{Mars}}^2 = 3.4\ \text{yr}^2$$

$$T_{\text{Mars}} = \sqrt{3.4\ \text{yr}^2} \approx 1.8\ \textbf{Earth years}$$

행성의 운동을 기술하는 초기 단계의 모델들은 지구 중심적이었다. 행성의 역행을 설명하기 위해 프톨레마이오스는 주전원을 도입하였다. 코페르니쿠스는 태양중심적인 모델을 도입하였는데 행성의 역행을 보다 잘 설명하였다. 이 모델은 갈릴레이의 지지를 받았다. 갈릴레이는 망원경을 체계적으로 사용한 최초의 과학자였으며 지동설을 지지하는 많은 발견들을 하였다. 케플러는 행성의 궤도가 놀랄 만큼 규칙적인 타원 궤도임을 보여줌으로써 지동설에 의한 모델을 수정, 보완하였다.

5.4 뉴턴의 만유인력의 법칙

행성의 운동과 구심가속도는 새로운 의문을 낳는다. 행성이 태양 주위를 원운동한다면 그 구심가속도가 있기 위해서 어떤 힘이 작용하여야 할까? 아마도 중력이 작용할 것이라고 생각하겠지만 뉴턴 당시에는 중력에 대해서는 전혀 무지한 상황이었다. 뉴턴은 어떻게 이들을 종합하였을까?

뉴턴의 돌파구는 무엇이었을까?

뉴턴은 달의 운동과 지표면 근방에서 발사된 물체의 운동 사이에는 유사한 점이 있다는 것을 인식하였다. 뉴턴의 프린키피아에 있는 유명한 그림은 이 유사성을 잘 묘사하고 있다(그림 5.17).

뉴턴의 아이디어는 간단하지만 세계를 떠들썩하게 하는 것이었다. 뉴턴이 한 것처럼 아주 높은 산 위에서 수평으로 발사된 물체를 상정해보자. 이 물체는 속도가 클수록 산기슭으로부터 더 먼 곳에 떨어질 것이다. 속도가 매우 커지면 지구의 곡률이 중요한 요소가 될 것이다. 속도가 충분히 커진다면 발사된 물체는 절대 지표면에 도달하지 않을 것이다. 물체는 떨어지고 있지만 지표면의 곡률도 마찬가지이다. 발사된 물체는 지구 주위의 원궤도를 선회할 것이다.

그림 5.17 뉴턴은 자신의 저서인 프린키피아와 같은 그림을 통해 아주 높은 산에서 발사된 물체를 상정하였다. 충분한 크기의 수평속도로 발사된 물체는 지구를 향하여 계속 떨어지지만 절대 지구에 도달하지는 않는다.

뉴턴의 직관은 발사된 물체와 마찬가지로 달도 중력의 영향을 받아 떨어지고 있다는 것이었다. 물론, 달은 지구에 있는 가장 높은 산의 높이보다 훨씬 먼 거리에 있다. 갈릴레이가 묘사한 바와 같이 지표면 근방에 있는 물체의 가속도를 설명하는 바로 그 힘이 달의 궤도를 설명한다.

뉴턴의 만유인력의 법칙

갈릴레이의 업적으로부터 뉴턴은 $\mathbf{F} = m\mathbf{g}$와 같이 중력은 물체의 질량에 비례한다는 것을 알았다. 그렇다면 질량은 중력을 기술하는 다른 일반적인 표현에도 포함되어야 할 것이다.

그렇지만 중력이 거리에 따라 달라질까? 만약 달라진다면 어떻게 달라질까? 힘이 멀리 떨어진 두 물체 사이에 서로 작용할 수 있다는 생각은 뉴턴의 시대에는(그리고 몇몇 사람들에게는 현재까지도) 대단히 받아들이기 힘들었다. 만약 그런 힘이 존재한다면 이 "원거리 작용력"은 거리가

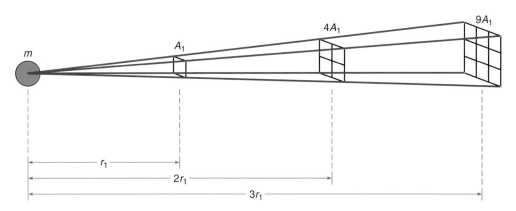

그림 5.18 질점에서 방사선상으로 방출되는 직선들을 그린다면 이 직선들과 만나는 면적들은 r^2에 비례하여 증가한다. 이로부터 질점이 다른 질점에 미치는 힘이 $1/r^2$에 따라 감소한다고 할 수 있겠는가?

증가하면 그 크기가 작아질 것이라고 예상할 수 있겠다. 기하학적인 추론을 통하여(그림 5.18) 과학자들은 그 힘이 질량 간의 거리 r의 제곱에 반비례할 것이라고 추측하였으나 증명을 하지는 못했다.

바로 여기서 케플러의 행성의 운동에 관한 법칙과 구심가속도의 개념이 힘을 발휘하게 되었다. 뉴턴은 행성과 태양 사이의 중력이 거리의 제곱에 반비례하여 감소한다고 가정하면 케플러의 제1법칙과 제3법칙이 유도될 수 있다는 것을 수학적으로 증명할 수 있었다. 증명에는 뉴턴의 운동의 제2법칙에서 필요한 구심력과 이미 가정한 $1/r^2$ 힘이 같다고 두는 것이 포함되어 있었다.

작용하는 두 물체들의 질량의 곱에 비례하며 이들간의 거리의 제곱에 반비례하는 중력에 의해 케플러의 법칙들이 설명될 수 있다는 증명으로부터 **뉴턴의 만유인력의 법칙**을 이끌어 내었다. 이 법칙과 뉴턴의 세 개의 운동의 법칙들은 뉴턴 역학이론의 가장 근본적인 공리들이다. 중력의 법칙은 다음과 같이 기술된다.

> 두 물체간 작용하는 중력은 각 물체의 질량에 비례하며 이들 질량의 중심 사이의 거리의 제곱에 반비례한다.
>
> $$F = \frac{Gm_1 m_2}{r^2}$$
>
> 여기서 G는 상수이다. 힘은 두 질량들의 중심을 연결하는 직선을 따라 서로 당기는 방향으로 작용한다(그림 5.19).

이 문장이 전적으로 유효하려면 관심의 대상이 되는 질량들은 질점들이거나 완전한 구형이어야 한다.

뉴턴의 중력법칙에서 G는 **만유인력상수**이다. 이 상수는 물체에 관계없이 항상 동일한 값을 가진다. 뉴턴은 지구, 달, 그리고 다른 행성의 질량을 몰랐기 때문에 이 상수의 값을 알지 못했다. 이 값은 백년 이상이 경과한 후 영국의 **캐번디시**(Henry Cavendish; 1731~1810)의 실험에 의해 결정되었다. 캐번디시는

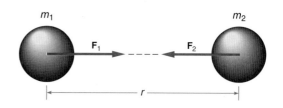

그림 5.19 중력은 인력이며 두 질량의 중심을 연결하는 선을 따라 작용한다. 뉴턴의 제3법칙을 만족한다 ($\mathbf{F}_2 = -\mathbf{F}_1$).

무거운 두 납덩이의 거리를 변화시키면서 이 사이에 작용하는 약하디약한 만유인력을 측정하였다. 미터단위계를 사용하면 G의 값은 다음과 같다.

$$G = 6.67 \times 10^{-11} \, \mathrm{N \cdot m^2/kg^2}$$

G는 매우 작은 값이기 때문에 10의 지수승의 표현이 편리하다. −11이라는 지수는 소수점이 11자리 좌측에 있음을 의미한다. 만약 10의 지수승의 표현을 사용하지 않으면 만유인력상수는 다음과 같이 쓰여진다.

$$G = 0.000\ 000\ 000\ 066\ 7 \, \mathrm{N \cdot m^2/kg^2}$$

만유인력상수 값이 작기 때문에 사람과 같이 보통 크기를 가진 물체 간의 중력은 매우 작고, 따라서 대개 이 힘을 느끼지 못한다. 이렇게 약한 힘을 측정해야 했기에 캐번디시의 실험은 진정한 독창력을 필요로 하였다.

무게는 중력법칙과 어떤 관계를 가지는가?

질량들 중 하나가 행성, 또는 대단히 큰 물질이라면 중력은 대단히 커질 것이다. 지표면상에 서 있는 사람에 가해지는 힘을 생각하자. 그림 5.20에서와 같이 두 물체의 중심거리, 즉 사람과 지구 간의 거리는 지구의 반지름 r_e와 같다.

뉴턴의 중력법칙으로부터 지표면 상의 사람이 받는 힘은 $F = Gmm_e/r_e^2$이다. 여기서 m은 사람의 질량이고 m_e는 지구의 질량이다. 사람이 받은 이 중력이 바로 그 사람의 무게이므로 이 힘을 $F = W = mg$라고 쓸 수도 있다. 이 두 힘이 같으려면 중력가속도 g는 만

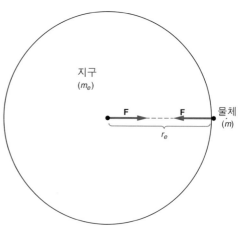

그림 5.20 지구와 지표면 근방에 있는 물체 간의 중심 거리는 지구 반지름과 같다.

유인력상수 G와 $g = Gm_e/r_e^2$의 관계를 가진다.

여기서 지구표면에서의 중력가속도 g는 보편적인 상수가 **아니라**, 이는 행성에 따라 다르며 지구 반지름 또는 다른 요소들이 조금씩 다르므로 지구 상에서도 위치에 따라 조금씩 다르다. 반면, 만유인력상수 G는 보편적 상수로서 반지름과 질량을 알면 임의의 행성에서 중력가속도를 구하는 데 사용될 수 있다.

지구 표면에서 중력가속도를 안다면 무게를 계산할 때 만유인력의 법칙을 사용하는 것보다 $F = mg$를 사용하는 것이 쉽다. 예제 5.3에서는 두 가지 방식이 모두 검토되는데, 어느 방법을 사용하더라도 동일한 결과를 얻는다. 질량이 50 kg인 사람의 무게는 대략 490 N이다.

예제 5.3

예제 : 중력, 나의 무게와 지구의 무게

지구의 질량은 5.98×10^{24} kg이고 평균반지름은 6370 km이다. 다음의 경우에 지표면에 서 있는 질량 50 kg인 사람이 받는 중력(무게)를 구하라.

a. 중력가속도를 사용하여
b. 뉴턴의 만유인력법칙을 사용하여

a. $m = 50$ kg $F = W = mg$
    $g = 9.8$ m/s^2 $= (50 \text{ kg})(9.8 \text{ m/s}^2)$
    $F = ?$ $= \textbf{490 N}$

b. $m_e = 5.98 \times 10^{24}$ kg
    $r_e = 6.37 \times 10^6$ m
    $F = W = Gmm_e/r_e^2$

$$= \frac{(6.67 \times 10^{-11} \text{ N} \cdot \text{m}^2/\text{kg}^2)(50 \text{ kg})(5.98 \times 10^{24} \text{ kg})}{(6.37 \times 10^6 \text{ m})^2}$$

$$= \textbf{490 N}$$

대개의 계산기는 과학적인 지수표현을 바로 처리한다. 곱하면 10의 지수는 더해지고 나누면 **빼진다**.

지구의 질량은 5.98×10^{24} kg으로 매우 큰 값인데 이 값은 캐번디시가 만유인력상수 G를 측정하였을 때 최초로 구하였다. 캐번디시는 그 측정을 함으로써 지구 무게를 재고 있었던 것이다.

만약 지구 표면으로부터 수백 킬로미터 떨어진 우주선 캡슐 내에 있는 질량 50 kg의 사람이 받는 중력을 알고자 한다면 보다 일반적인 뉴턴의 만유인력법칙을 사용해야 할 것이다. 마찬가지로 이 사람이 달 표면에 서 있을 때 무게를 알고자 한다면 지구 대신 달의 반지름과 질량을 사용하여 계산해야 할 것이다. 달에서 질량이 50 kg인 사람의 무게는 이 사람이 지구에 있을 때 계산되는 무게인 490 N에 비해 단지 1/6에 불과하다. $F = mg$의 식은 지구 표면에서**만** 옳은 표현이다.

달에서 중력과 중력가속도가 작은 것은 달의 질량이 작기 때문이다. 인체의 근육은 지구중력에 익숙해져 있으므로 달에서는 무게가 가볍게 느껴지고 놀랄 만큼 높이 껑충껑충 뛸 수 있게 될 것이다. 달에 공기가 없는 이유도 달의 표면에서 물체가 받는 중력이 작기 때문이다. 달에서 기체 분자는 지구에서보다도 훨씬 쉽게 중력이 당기는 힘에 거슬러 멀리 탈출할 수 있다.

뉴턴은 지구 표면에서 발사된 물체들과 마찬가지로 달도 지구를 향하여 떨어지고 있음을 인지하였다. 뉴턴은 발사된 물체의 운동을 설명해주는 중력이 태양 주위의 행성이나 지구 주위의 달의 운동에도 관계됨을 발견하였다. 뉴턴의 만유인력의 법칙에 의하면 두 질량 간의 힘은 질량의 곱에 비례하고 거리의 제곱에 반비례한다. 이 만유인력의 법칙과 운동의 법칙을 사용하여 뉴턴은 행성들의 운동뿐만 아니라 지구 표면에서 보통 물체들의 운동을 설명할 수 있었다.

5.5 달과 인공위성

인류가 아름다운 심성과 자연에 대한 호기심을 유지하는 만큼 사람들은 달에 매혹되어 왔다. 20세기에 이르러서 사람이 달에 착륙하였고 달의 표면에서 약간의 흙을 채취하여 왔다. 인간이 달에 착륙하였다고 해서 달이 주는 낭만은 쇠퇴하지 않았지만 달이 가지는 신비로움은 많이 감소하였다고 하겠다.

달이 차고 기우는 것이 달의 위치와 무슨 관계가 있을까? 케플러의 법칙이 달에도 유효할까? 왜 지구의 다른 위성들의 궤도는 달의 궤도와 비슷할까?

달의 위상변화를 어떻게 설명할까?

달은 뉴턴과 그 이전의 사람들이 연구할 수 있는 유일한 지구의 위성이었다. 달은 뉴턴이 생각의 실마리를 풀어나가고 중력의 법칙을 발전시키는 데 핵심적인 역할을 했다. 그러나 달이 차고 기우는 것은 뉴턴의 시대보다 훨씬 이전부터 관찰되었다. 달은 원시 종교 및 의식에 자주 등장한다. 달의 운행경로는 이미 선사시대 때부터 조심스럽게 추적되었을 것이다.

달의 **위상**들을 어떻게 설명할까? 저녁 때 달이 뜨는 시각이 달이 보름달일지 아닐지와 관계가 있을까? 달빛은 햇빛이 반사된 것이다. 달의 위상을 이해하려면 태양과 달 그리고 관찰자의 위치들을 고려하여야 한다(그림 5.21). 달이 보름달일 때 지구에서 볼 때 달은 태양의 반대편에 있고 지구에서는 태양이 비추는 달의 모든 면을 보게 된다. 달은 태양이 서쪽에서 지는 저녁녘에 동쪽에서 뜬다. 태양이 지고 달이 뜨는 것은 지구의 자전에 따라 정해진다.

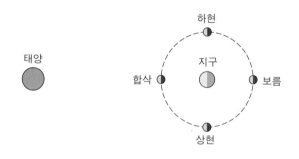

그림 5.21 달의 위상은 태양, 달 그리고 지구의 위치에 따라 결정된다.

지구나 달의 크기는 지구, 달 그리고 태양 간의 거리에 비해 작기 때문에 대개 태양에서 오는 빛의 길목에 지구나 달이 있지 않게 된다. 그러나 길목에 있게 되면 **식**(eclipse)이 발생한다. **월식** 때는 지구의 그림자가 달을 일부 또는 전부 가린다. 그림 5.21에서 **월식**은 보름달 때 일어나는 것을 알 수 있다. **일식**은 달이 정확하게 지구에 그림자를 드리우는 때 일어난다. 일식 때 달의 위상은 무엇일까?

달이 지구를 공전하는 27.3일의 대부분의 시간 동안 지구에서는 태양이 비추는 달의 일부분만 관찰할 수 있다. 초승달이나 반달 또는 달의 또 다른 모양을 보게 된다(그림 5.22). 합삭은 달이 태양과 같은 쪽에 있을 때 존재하며 달은 거의 보이지 않는다. 합삭으로부터 며칠 벗어나면 낯익은 초승달 그리고 그믐달을 보게 된다.

보름과 합삭 사이에서는 대낮에도 달을 볼 수 있다. 상현달일 때는 달은 정오경에 뜨고 한밤중에 진다. 하현달일 때는 한밤중에 뜨고 정오경에 진다. 동틀녘이나 해질녘 조건이 알맞게 되면, 때때로 지구 빛에 의해 그믐달이나 초승달의 어두운 부분이 보이기도 한다.

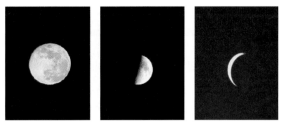

그림 5.22 달의 다른 위상들을 보여주는 사진들. 각각의 뜨고 지는 시각은 언제일까?

다음에 달을 쳐다 보게 되면 달이 하늘 어디쯤 떠 있는지, 언제쯤 뜨고 언제쯤 질 것인지, 그리고 위상은 어떠한지 등에 대해 생각해 보자. 친구에게 설명해 보면 보다 더 이해가 잘 될 것이다. 당신도 하늘의 운동을 예측하는 마법사가 되지 않겠는가?

달도 케플러의 법칙들을 따르는가?

달은 행성들과는 달리 지구와 태양에 의해 동시에 강한 힘을 받기 때문에 그 궤도는 좀 복잡하다(그림 5.23). 지구는 태양보다 훨씬 달에 가까이 있지만 태양의 질량은 지구의 질량보다 훨씬 더 크기 때문에 태양의 영향력은 상당하다. 먼저 지구만에 의한 달의 궤도를 생각해보자.

달의 궤도에 관한 물리는 태양 주위의 행성의 궤도에 대한 물리와 동일하다. 지구와 달 사이의 만유인력이 달의 원운동에 구심가속도를 제공한다. 뉴턴의 중력법칙에 의해 달에 가해지는 중력은 $1/r^2$에 비례한다. 여기서 r은 지구의 중심과 달의 중심 간의 거리이다. 조수는 거리에 따르는 중력의 변화로써 설명할 수 있다(매일의 자연현상 5.2 참조).

행성들과 마찬가지로 달의 궤도도 타원이다. 단지 초점 위치에는 태양이 아니라 지구가 있다. 태양도 달에 힘을 가하는데 이 힘이 타원을 변형시켜 달이 지구와 같이 태양 주위를 운행하며 돌아갈 원래의 타원 궤도 주위를 진동하게 한다. 이 진동을 계산하는 것은 수학자들을 몇 년간 바쁘게 만들었던 쉽지 않은 문제였다.

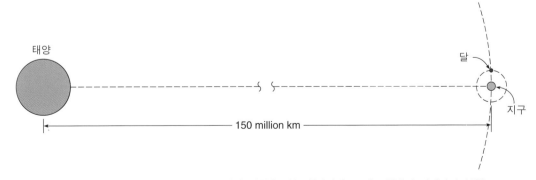

그림 5.23 달은 지구와 태양의 중력 모두에 의해 영향을 받는다(거리와 크기는 실제와 비례하지 않음).

매일의 자연현상 5.2

조수 간만의 설명

상황. 바다 근방에 사는 사람은 누구나 조수의 규칙적인 변화에 익숙하다. 바닷물은 대략 하루에 두 번씩 들고 나가곤 한다. 만조 또는 간조가 두 번 되풀이되는 시간은 25시간 정도이다. 때때로 만조 또는 간조가 보통 때보다 더 커지기도 하는데 이는 보름 또는 합삭일 때이다.

주기가 25시간이므로 만조나 간조가 일어나는 시간은 매일 조금씩 이동한다. 그러나 매달 동일한 양상이 되풀이된다. 이러한 거동을 어떻게 설명할까?

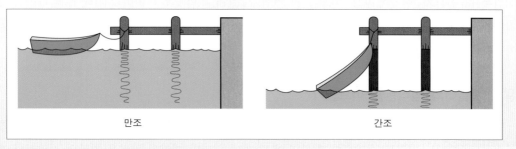

만조   간조

만조 때와 간조 때는 선창에 바닷물의 높이가 다르다.

분석. 한 달의 주기와 만조가 최대일 때 달의 위상과의 관계는 달의 영향이 있음을 암시한다. 달과 태양은 모두 지구에 중력을 가한다. 태양은 큰 질량으로 인하여 큰 힘을 가하지만 달은 훨씬 가까이 있고 지구에서의 거리가 중요할 수 있다. 중력은 $1/r^2$도 비례하므로 다음 쪽에 그려진 바와 같이 세기는 거리 r에 따라 변하게 된다.

물은 유체이므로 (언 경우는 제외하고) 대양을 구성하는 바닷물은 딱딱한 지각 위에서 움직이고 있다. 바닷물에 가해지는 주된 힘은 바닷물이 지구 표면에 있도록 하는 지구에 의한 중력이다. 그러나 달에 의한 힘도 역시 중요하다. 거리의 차이 때문에 단위질량당 힘

케플러의 첫 번째 법칙과 두 번째 법칙은 이들 법칙에서 태양 대신 지구를 사용하면 잘 들어맞는다. 케플러의 세 번째 법칙은 행성과 달이 약간 차이가 있음을 보여준다. 뉴턴이 케플러의 제3법칙에서 비례값을 나타내는 식을 유도했을 때 다음과 같은 표현을 얻었다.

$$\frac{T^2}{r^3} = \frac{4\pi^2}{Gm_s}$$

여기서, m_s는 태양의 질량이다. 달의 경우 지구의 질량으로 태양의 질량을 대치할 것이며, 따라서 지구 주위를 공전하는 달의 비례값은 태양의 주위를 공전하는 행성과는 다른 값이 된다.

은 달에 가까운 곳에서 가장 세고 가장 먼 곳에서 가장 약하다.

달이 당기는 힘의 차이가 지구의 양 쪽에서 해수면이 부풀어오르게 한다. 달에 가까운 곳에서 부풀어오르는 것 은 단위질량당 지구에 의한 힘보다 더 큰 힘으로 달에 의해 당겨지기 때문이 다. 이때 만조가 일어난다. 바닷물은 선창의 꼭대기까지 찬다.

지구의 반대 위치에서는 지구가 단 위질량당 바닷물보다 더 강한 힘으로 달에 의해 당겨진다. 지구가 바닷물로 부터 당겨지므로 이 또한 만조를 만들

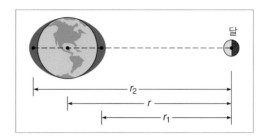

거리에 따라 달라지므로 지구상의 다른 위치(대양의 바닷물을 포함)에서 단위질량 당 달에 의해 받는 힘은 달에 가까운 쪽에서 먼 쪽으로 이동함에 따라 더 약해진다(부풀어 오른 부분은 과장되어 있음).

게 된다. 달이 가하는 힘은 바닷물과 지구 간 작용하는 힘보다는 작지만 상당히 커서 조수를 만든다. 태양과 달이 일직선 상에 있게 되는 보름이나 합삭에는 거리에 따른 힘의 차이에 태양도 마찬가지로 기여하게 되고 이미 달에 의한 것에 더하여 바닷물이 더 부풀어오르게 한다. 이같이 태양과 달이 협력하여 보름이나 그믐 때 최대의 조수 간만의 차가 나게 된다.

주기가 24시간이 아니고 25시간인 이유는 무엇일까? 만조의 부풀음은 달과 지구를 연결하는 직선 상의 지구 양쪽에서 일어난다. 지구는 이 같이 부풀어져서 24시간의 주기로 자전한다. 그러나 이 시간 동안 달도 지구 주위를 27.3일의 공전주기를 가지고 운동한다. 따라서 하루 동안 달은 그 공전주기의 1/27 정도 더 지나치며 달이 지구 상의 한 점과 다시 일직선 상에 있기 위해서는 하루보다 약간 시일이 더 소요되게 된다. 더 필요한 시간은 대략 24시간의 1/27으로 한 시간보다 약간 작다.

이 모델은 뉴턴에 의해 생각되었고 조수의 중요한 특징들을 깔끔하게 설명해준다. 거리에 따른 중력의 변화가 설명의 핵심내용이다.

인공위성의 궤도

지구 주위를 궤도 운동하는 인공위성의 T^2/r^3값은 달의 그 값과 같아야 한다. 이 비례값이 행성 궤도의 경우와는 다른 값이 됨을 염두에 둔다면 케플러의 제3법칙은 모든 지구 위성에도 적용된다. 지구 위성의 경우 이 비례값은 지구의 질량을 사용하여 계산하거나 달 궤도의 평균거리와 주기를 사용하여 계산한다. 지구 주위의 인공위성은 모두 동일한 값을 가진다. 만약 지구중심으로부터 인공위성까지의 거리 r이 달까지의 거리보다 작다면 T^2/r^3의 값을 같도록 하기 위해서는 인공위성의 공전주기 T가 작아져야 한다. 이 비례값을 사용하면 공전주기를 알고 있는 인공위성의 고도를 계산할 수 있다. 예를 들어, 정지궤도 위성은 주기가 24시간으로 지구 자전

과 일치하여 지구 상의 특정 지점 상공에 정지해 있
다. 제3법칙의 비례값으로부터 지구중심에서 정지궤
도 위성까지의 거리 r은 42,000 km가 된다. 지구의
반지름이 6370 km이므로 지구 반지름의 대략 7배가
되는 셈이다. 상당히 높이 떠 있지만 달만큼 멀리 떨
어져 있지는 않다.

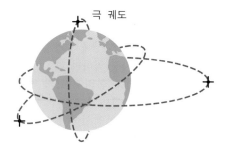

그림 5.24 인공위성의 궤도들은 서로 다른
방위나 타원의 모양을 가진다.

　대부분의 인공위성은 이보다 지구에 훨씬 가깝다.
예를 들어 최초의 인공위성인 러시아의 스푸트니크
는 주기가 대략 90분 즉 1.5 시간이다. 제3법칙의 비
례값으로부터 지구중심으로부터의 거리 6640 km를 얻게 되고 지구 반지름 6370 km를 빼면 지
표면으로부터 불과 270 km의 거리가 남게 된다. 주기가 짧을수록 위성은 지구에 더 근접하게
된다. 그러나 공기저항이 커져서 운동을 계속 유지할 수 없기 때문에 스푸트니크의 주기보다 더
짧게 위성의 주기를 가져갈 수는 없다. 지구의 반지름보다 작은 반지름을 가지는 궤도는 물론
불가능하다.

　목적에 따라 위성의 궤도들은 서로 다르게 설계된다. 원 궤도에 가까운 것도 있고 길게 늘어
진 타원 궤도도 있다(그림 5.24). 궤도면이 남극과 북극을 지날 수도 있고(극궤도) 극점들과 적
도 사이의 임의의 궤도면을 가질 수도 있다. 모든 것은 위성의 임무에 따라 결정된다.

　인공위성은 1958년 스푸트니크가 발사되기 전에는 존재하지 않았던 것이었지만 현대에서는
일상적으로 접하는 대상이 되었다. 인공위성은 통신, 정탐, 일기 예보, 그리고 다양한 군사적 응
용에 이르기까지 용도가 넓혀지고 있다. 인공위성의 운동을 지배하는 기본 물리는 뉴턴의 이론
들에 의해 설명된다. 만약 뉴턴이 돌아올 수 있다면 그간 이룩한 발달상에 경탄을 금치 못하겠
지만 분석 자체는 뉴턴에게는 대수롭지 못한 일일 것이다.

지구 주위 달의 운동은 태양 주위 행성의 운동과 동일한 원리의 지배를 받는다. 중력은 달이 대략 타원 궤
도를 유지할 수 있도록 구심가속도를 제공한다. 태양은 달을 비추고 달의 위상은 태양과 지구에 대한 달의
위치로써 설명된다. 보름달은 태양과 달이 서로 지구의 반대 위치에 있을 때 일어난다. 지구의 다른 위성들
도 이들 원리의 지배를 받는다. 그러나 케플러의 제3법칙은 달을 포함하여 지구의 위성들에 대해서는 행성
들의 그것과는 달리 적용된다. 달은 더 이상 외톨이가 아니다. 낮은 궤도에서 지구 주위를 돌고 있는 수많은
작은 위성들이 달과 동행하고 있다.

주제 토론

어떤 사람들은 1969년에 있었던 달 착륙이 사기극이라고 믿기도 한다. 당신은 이러한 주장에 반박할 결정적
인 증거를 댈 수 있는가?

질 문

Q1. 자동차가 일정한 속력으로 커브 길을 주행한다.

   a. 자동차의 속도는 변하는가? 이유를 설명하라.

   b. 자동차는 가속되는가? 이유를 설명하라.

Q2. 두 대의 자동차가 똑같은 커브 길을 주행한다. 한 차가 다른 차보다 두 배의 빠르기로 달린다면 같은 거리를 달린 후에 어느 차의 속도변화가 더 큰가? 이유를 설명하라.

Q3. 한 자동차가 똑같은 속력으로 두 개의 커브 길을 주행한다. 한 커브 길이 다른 길에 비해 곡률 반지름이 두 배라면 같은 거리를 주행할 때 어느 커브 길에서의 속도변화가 더 큰가? 이유를 설명하라.

Q4. 실에 매달린 공이 일정한 속력으로 수평원운동을 한다. 원주 상의 A점에서 실이 끊어진다. 실이 끊어진 뒤 공이 날아갈 경로를 (위에서 보았을 때) 가장 정확하게 나타낸 것은? 이유를 설명하라.

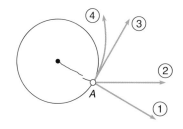

Q5. Q4에서 실이 끊어지기 직전 공에 가해지는 알짜 힘이 있을까? 있다면 어느 방향인가? 이유를 설명하라.

Q6. 줄이 공에 가하는 힘의 수직성분은 없도록 공이 실의 끝에 매달려 수평원운동을 할 수 있겠는가? 이유를 설명하라.

Q7. 자동차가 경사가 없는 수평면 상의 커브 길을 일정한 빠르기로 주행한다.

   a. 자동차에 작용하는 모든 힘을 보여주는 자유물체도를 그려라.

   b. 자동차에 작용하는 알짜 힘의 방향은? 설명하라.

Q8. Q7번에서 자동차가 커브 길을 이탈하지 않고 주행할 수 있는 최대 속력이 존재하는가? 만약, 있다면 이 최대 속력을 결정하는 요인들은 무엇인가? 설명하라.

Q9. 만약, 커브 길이 경사져 있다면 대단히 미끄러운 빙판으로 인하여 마찰력이 0이라도 커브 길을 이탈하지 않고 주행할 수 있는가? 이유를 설명하라.

Q10. 공이 일정한 속력으로 수직원운동을 한다면 실의 장력이 최대가 되는 점은, 만약 존재한다면, 원주 상의 어느 점인가? (5.2절에서 설명한 페리스 대회전 관람차의 상황과 비교해 보아라.)

Q11. 페리스 대회전 관람차에 타고 있는 사람이 제일 높은 곳에 도달한 순간 이 사람에 작용하는 모든 힘들을 그리고 각 힘의 명칭을 분명하게 밝혀라. 크기가 이 위치에서 최대가 되는 힘은? 합력의 방향은? 설명하라.

Q12. 코페르니쿠스에 의한 태양중심적인 관점(지동설)이 프톨레마이오스에 의한 지구중심적인 관점(천동설)에 비해 어떠한 방법으로 행성들의 운동을 단순 명료하게 설명하였는가?

Q13. 태양계에 대한 프톨레마이오스의 견해는 자전, 또는 다른 어떤 지구의 운동을 가정하고 있는가? 설명하라.

Q14. 태양계에 관한 케플러의 견해는 코페르니쿠스의 그것과 어떻게 다른가? 설명하라.

Q15. 그림 5.15에서 설명한 바와 같은 타원의 작도법을 생각하자. 타원의 특수한 경우

인 원을 작도하려면 이 과정을 어떻게 수정해야 하는가? 설명하라.

Q16. 태양 주위를 타원 궤도를 따라 운행하는 행성이 가장 빠르게 움직이는 것은 태양에 가장 가까울 때인가 태양으로부터 가장 멀리 떨어져 있을 때인가? 이유를 설명하라.

Q17. 행성인 지구에 작용하는 알짜 힘은 있는가? 만약 있다면 이 힘의 본질은 무엇인가? 설명하라.

Q18. 지구는 태양에 힘을 가하는가? 설명하라.

Q19. 태양 주위를 운행하는 행성들은 가속되는가? 설명하라.

Q20. 두 질량이 r만큼 떨어져 있다. 만약 이 거리가 두 배로 커진다면 두 질량간 작용력은 두 배, 절반 또는 다른 어떤 값을 가질까? 설명하라.

Q21. 세 개의 질량이 그림과 같이 놓여있다. m_2에 가해지는 합력의 방향은? 설명하라.

Q22. 어떤 화가가 별과 초승달을 포함하여 밤하늘의 일부를 그림과 같이 그렸다. 실제 이것이 가능할까? 설명하라.

Q23. Q22에 있는 초승달이 뜨고 지는 시각은 각각 하루의 어느 때일까? 설명하라.

Q24. 합삭달을 볼 수 있는가? 설명하라.

Q25. 반달은 하루 중 어느 시각에 뜨고 어느 시각에 지는가? 설명하라.

Q26. 지구 주위를 궤도운동하는 인공위성에 케플러의 제3법칙이 적용되는가? 설명하라.

Q27. 동기위성은 지표면에 대해 상대운동을 하지 않는 위성으로 지구 위의 한 고정된 지점에서 궤도운동을 한다. 이러한 위성이 지구표면으로 수직낙하하지 않는 이유는? 설명하라.

Q28. 지구는 자전축 주위로 24시간마다 한 바퀴씩 회전하는데 만조는 왜 24시간마다 일어나지 않는가? 설명하라.

Q29. 만약 중력이 물체간의 거리에 무관하다면 조수가 존재하겠는가? 설명하라.

Q30. 지구의 바닷물로부터 달이 반대편에 있을 때 달이 바닷물을 당기는 중력이 가장 약한데 왜 간조가 아니고 만조인가? 설명하라.

연습문제

E1. 공이 반지름 0.8 m의 원을 4 m/s의 일정한 속력으로 돌고 있다. 공의 구심가속도는 얼마인가?

E2. 3 m/s의 일정한 속력으로 원 궤도를 따라 돌고 있는 공의 구심가속도는 6 m/s^{2}이다. 원의 반지름은 얼마인가?

E3. 질량 0.05 kg의 공이 줄의 끝에 달려 5 m/s^{2}의 구심가속도로 원운동한다. 이 같은 운동을 하기 위해서 줄이 공에 가하는 구심력의 크기는 얼마인가?

E4. 질량이 1000 kg인 자동차가 반지름이 30 m인 커브 길을 20 m/s의 일정한 속력으로 주행한다.
  a. 자동차의 구심가속도는 얼마인가?
  b. 이러한 구심가속도를 가지려면 필요한 힘의 크기는 얼마인가?

E5. 질량이 800 kg인 자동차가 경사진 커브 길을 27 m/s의 일정한 속력으로 주행한다. 커브 길의 반지름은 50 m이다.
  a. 자동차의 구심가속도는 얼마인가?
  b. 마찰이 없다면 이러한 구심가속도를 가지기 위해 필요한 수직항력의 수평 성분의 크기는 얼마인가?

E6. 유원지에 있는 페리스 대회전 관람차는 반지름이 12 m이고 승객이 8 m/s의 속력으로 움직이도록 회전한다.
  a. 승객의 구심가속도의 크기는 얼마인가?
  b. 승객의 질량이 70 kg일 때 이러한 구심가속도를 내기 위해 필요한 알짜 힘의 크기는 얼마인가?

E7. 지구의 태양 주위 공전궤도의 주기와 지구의 자전축 주위의 회전주기의 비는 얼마인가?

E8. 철수가 지구 표면에 서 있을 때 무게는 600 N이다. 우주선을 타고 지구중심으로부터의 거리를 두 배로 하면 철수의 무게는 얼마일까?

E9. 두 질량간 작용하는 만유인력이 0.18 N이다. 두 질량간의 거리를 세 배로 늘리면 인력은 어떻게 될까?

E10. 두 질량간 작용하는 만유인력이 0.24 N이다. 두 질량간의 거리를 반으로 줄이면 인력은 어떻게 될까?

E11. 두 개의 질량이 100 kg인 물체가 1 m만큼 떨어져 있다. 뉴턴의 중력의 법칙을 사용하여 한 질량이 다른 질량에 가하는 힘을 구하라.

E12. 달의 표면에서 중력가속도의 크기는 지구 표면에서의 중력가속도의 크기(9.8 m/s^2)의 대략 1/6이다. 지구에서 무게가 180 파운드인 우주인의 달에서의 무게는 얼마인가?

E13. 목성 표면에서의 중력가속도는 26.7 m/s^{2}이다. 지구에서 무게가 110 파운드인 여성의 목성에서 무게는 얼마일까?

E14. 만조사이의 시간 간격은 12시간 25분이다. 만조가 어느 날 오후 3시 10분에 일어났다.
  a. 다음 날 오후 만조가 일어나는 시각은 언제인가?
  b. 다음 날 간조가 일어나는 시각은 언제일까?

고난도 연습문제

CP1. 반지름이 20 m인 페리스 대회전 관람차가 15초마다 한 바퀴씩 회전한다.

    a. 한 바퀴 동안 승객이 움직인 거리는 원둘레인 $2\pi r$이다. 승객이 운동하는 속력을 구하라.

    b. 승객의 구심가속도의 크기는 얼마인가?

    c. 승객의 질량이 40 kg이라면 승객을 원운동할 수 있도록 하는 구심력의 크기는 얼마인가?

    d. 좌석이 승객을 받치는 수직항력의 크기는 얼마인가?

    e. 페리스 대회전 관람차가 너무 빨리 회전해서 승객이 꼭대기에 도달하였을 때 승객의 무게로도 필요한 구심력을 감당할 수 없다면 어떤 일이 일어날까?

CP2. 질량이 90 kg인 자동차가 반지름이 80 m인 커브 길을 25 m/s의 일정한 속력으로 주행하고 있다. 커브 길의 경사도는 20도이다.

    a. 자동차의 구심가속도의 크기는 얼마인가?

    b. 이러한 구심가속도를 가지기 위해 필요한 구심력의 크기는 얼마인가?

    c. 자동차의 무게를 감당하기 위해 수직항력의 수직성분의 크기는 얼마가 되어야 하는가?

    d. 그림 5.8과 같이 경사진 커브 길에 있는 자동차를 간단히 그리고, 수직항력의 수직성분을 대략 크기대로 그려라. 이 그림을 이용하여 경사진 도로면에 수직으로 작용하는 수직항력의 크기를 구하라.

    e. 이 그림을 이용하여 수직항력의 수평성분의 크기를 구하라. 이 성분의 크기는 구심력으로 충분한가?

CP3. 태양의 질량은 1.99×10^{30} kg, 지구의 질량은 5.98×10^{24} kg 그리고 달의 질량은 7.36×10^{22} kg이다. 달과 지구의 평균거리는 3.82×10^{8} m이고 태양과 지구의 평균거리는 1.50×10^{11} m이다.

    a. 뉴턴의 중력의 법칙을 사용하여 태양이 지구에 가하는 평균력을 구하라.

    b. 달이 지구에 가하는 평균력의 크기를 구하라.

    c. 태양이 지구에 가하는 힘은 달이 가하는 힘의 몇 배인가? 태양 주위의 지구의 궤도에 달은 얼마나 큰 영향을 미칠까?

    d. 태양과 지구의 거리를 태양과 달의 평균거리로 간주하여 태양이 달에 가하는 평균력을 구하라. 지구 주위의 달 궤도에 태양은 얼마나 큰 영향을 미칠까?

CP4. 지구 주위 달 궤도의 주기는 27.3일이지만 보름달에서 다음 보름달까지는 평균 29.3일이 소요된다. 이 차이는 태양 주위 지구의 운동 때문이다.

    a. 달의 한 공전주기 동안 지구가 운동하는 양은 공전궤도의 얼마 만큼인가?

    b. 보름달일 때 태양과 지구, 달을 대략 그리고 27.3일 이후의 지구와 달의 위치를 그려라. 27.3일 전과 마찬가지로 지구와 달의 상대위치가 똑같다면 달은 보름달인가?

    c. 달이 보름달이 되려면 얼마나 더 진행해야 하는가? 이것이 대략 2일이 됨을 보여라.

에너지와 진동

학습목표　보통 에너지에 대해 이야기할 때 먼저 어떻게 계에 에너지를 더할 수 있는 지를 생각하는 것으로부터 시작한다. 역학에 있어서 에너지는 일을 수반하는데, 일은 물리적으로 특별한 의미를 가지고 있다. 어떤 힘이 계에 대해 일을 하면 계의 에너지는 증가한다. 일이란 에너지 전달의 한 수단인 것이다. 일의 정의와 간단한 경우에 일을 계산하는 방법을 예시하는 것으로부터 출발한다. 여러 가지 상황에서 계에 대해 한 일은 운동 에너지를 증가시키거나 아니면 위치 에너지를 증가시킨다. 최종적으로는 에너지 보존법칙을 도입하여 운동 에너지와 위치 에너지의 개념을 묶어 종합하고 이것을 진동과 같은 실제의 상황에 적용해 볼 것이다.

줄 끝에 매달린 공이 앞뒤로 흔들리는 것을 유심히 본 적이 있는가? 줄 끝에 매달린 목걸이 장식물이나 회중시계의 추와 같은 것들은 때로 최면을 거는 데 사용되기도 한다. 전해오는 이야기로 갈릴레이는 교회에서 지루한 설교 시간 동안 샹들리에가 줄에 매달려 천천히 앞뒤로 흔들리는 것을 지켜보면서 즐겼다고 한다.

그림 6.1 줄 끝에 매달린 목걸이가 흔들리는 모습. 목걸이는 왜 매번 흔들릴 때마다 거의 같은 위치로 되돌아가는 것일까?

갈릴레이의 흥미를 끈 것은 진자가 흔들리는 모양이 매번 흔들림의 양끝에서는 항상 같은 위치에 오는 것처럼 보이는 것이었다. 흔들림이 계속되면서 양끝에서의 위치는 그 전보다 약간씩 못 미치게 될 수도 있지만, 그 운동이 완전히 멈추기까지는 상당한 시간 동안 지속된다. 반면에 속도는 계속해서 바뀌는데, 흔들림의 양끝에서는 속도가 영이고 맨 아래쪽에서는 속도가 최대가 된다. 어떻게 진자는 그렇게 속도는 계속 바뀌면서도 항상 출발점으로 되돌아가는 운동을 할 수 있을까?

명백하게 무언가가 보존되고 있다. 일정하게 보존되는 양은 바로 **에너지**라고 말하는 물리량이다. 에너지란 뉴턴의 역학이론에서는 없었던 개념이다. 그러나 19세기에 이르러 에너지와 에너지의 변환에 대한 개념이 소개되었고 오늘날에는 물리 세계를 이해하는 데 있어서 중심적인 위치를 차지하게 되었다.

진자의 운동과 다른 형태의 진동들은 역학적에너지의 보존법칙을 이용하여 이해할 수 있다. 흔들림의 양끝에서의 진자의 위치 에너지는 맨 아래쪽 위치에서 운동 에너지로 변환되고, 다시 운동 에너지는 위치 에너지로 변환된다. 그러면 에너지란 무엇이고 애초에 계에 에너지는 어떻게 형성되는 것일까? 왜 에너지는 물리학과 다른 모든 과학에서 중심적 역할을 하는 것일까?

에너지는 물리적 세계에서 기본적으로 널리 쓰이는 개념이다. 에너지를 현명하게 소비하기 위해서는 에너지를 이해해야 한다. 그리고 그것은 일의 개념을 이해하는 것으로부터 시작된다.

6.1 단순 기계들, 일과 일률

줄에 공을 매달아 진자를 만들고(그림 6.2), 진자를 흔들리게 하려면 어떻게 하는가? 다시 말하면 어떻게 계에 에너지를 넣어줄 수 있는가? 보통 줄이 늘어뜨려져 있는 최저점, 즉 중심 위치로부터 공을 잡아당김으로써 진동을 시작시킬 수 있을 것이다. 그렇게 하기 위해서는 손으로 공에 힘을 가해서 어느 정도의 거리만큼 움직여야 한다.

물리학자들에게 있어서 물체에 힘을 가하여 어느 거리만큼 움직이는 행위는, 실제 가해진 힘이 아무리 미약할지라도, 일을 한다는 것을 의미한다. 계에 일을 한다는 것은 계의 에너지를 증가시킨다는 것이고, 이 에너지는 진자의 운동에 사용될 수 있다. 일이란 어떻게 정의되며, 또 단순 기계가 어떻게 그 개념을 설명하는 데 도움이 될 것인가?

그림 6.2 작용한 힘은 공을 매달린 점 수직 아래쪽의 원래 위치로부터 이동시키는데 필요한 일을 한다.

단순 기계란 무엇인가?

일의 개념은 **단순 기계**라고 부르는 지렛대나 도르래, 빗면과 같은 도구의 분석에 처음 적용되었다. **단순 기계**란 가해준 힘의 효과를 크게 해주는 모든 종류의 기계적 도구를 말한다. 지렛대는 단순 기계의 한 예이다. 지렛대의 한쪽 끝에 작은 힘을 가함으로써 반대쪽 끝에 올려져 있는 바위에 큰 힘을 작용시킬 수 있다(그림 6.3).

작용한 힘의 효과를 크게 해주기 위해 치르게 되는 대가는 무엇인가? 바위를 약간 움직이기 위해 지렛대 반대쪽에서는 큰 거리를 움직여야 한다. 일반적으로 단순 기계를 이용하여 작은 힘으로 무엇을 해내기 위해서는 그 힘은 더욱 먼 거리에 걸쳐 작용해야 한다. 반면에

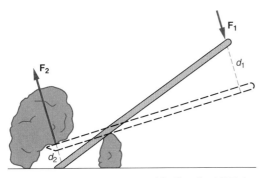

그림 6.3 지렛대는 바위를 들어올리는 데 사용된다. 작은 힘 F_1은 바위를 들어올리기 위한 큰 힘 F_2를 만들어내지만 F_1은 F_2보다 더 먼 거리 d_1에 걸쳐 작용한다.

그림 6.4 간단한 도르래 장치는 무거운 물체를 들어올리는 데 사용된다. 줄의 장력은 아래쪽 도르래의 한쪽을 잡아당기므로 줄의 장력은 매달린 무게의 반의 크기이다.

반대쪽 끝에서 발생되는 힘은 크지만, 그 힘은 단지 작은 거리에 걸쳐서만 작용한다.

　그림 6.4에 보인 도르래는 비슷한 결과를 낼 수 있는 또 다른 단순 기계이다. 이 계에 있어서 줄의 장력이 물체의 무게를 지탱하고 있는 다른쪽 도르래를 끌어올리고 있다. 만약 이 계가 평형상태에 놓여있다면, 도르래를 당기고 있는 줄은 효과면에서 두 개이므로 줄의 장력은 들어올리고 있는 물체 무게의 반밖에 되지 않는다. 그러나 도르래와 물체를 어떤 높이만큼 끌어올리기 위해서는 사람은 물체가 움직인 거리의 2배에 해당하는 길이의 줄을 끌어당겨야 한다. 도르래 양쪽의 줄은 각각 물체가 들려 올라간 거리만큼 똑같이 수직방향으로 짧아져야 한다.

　그림 6.4에서 나타낸 대로 도르래를 이용한 결과는 다음과 같다. 물체 무게 반만의 힘으로 물체를 어느 높이까지 들어올릴 수 있지만, 물체가 들려 올려간 높이의 두 배에 해당하는 거리만큼 줄을 당겨야 한다. 이런 식으로 힘과 움직인 거리의 곱은 사람이 줄에 작용한 입력 힘의 경우와 물체에 가해진 출력 힘의 경우에 대해서 동일하다. 그러므로, 힘과 거리가 곱해진 양은 (마찰손실이 작은 경우) 보존된다. 이 곱의 양을 일이라고 하고 이상적인 단순 기계에 적용한 결과는

$$출력 \ 일 = 입력 \ 일$$

　입력 힘에 대한 출력 힘의 비를 단순 기계의 **기계적 이득**이라 한다. 여기서 고려한 도르래의 경우 기계적 이득은 2이다. 물체를 들어올린 출력 힘은 사람이 줄에 작용한 입력 힘의 2배이다.

일은 어떻게 정의되는가?

　단순 기계에 대해 논의한 내용은 힘과 거리를 곱한 양이 특별한 중요성을 가지고 있음을 보여준다. 가령 무거운 나무상자를 그림 6.5와 같이 콘크리트 바닥 저쪽 편으로 이동시키기 위해 수평 방향으로 일정한 힘을 작용시킨다고 하자. 그러면 나무상자를 움직이기 위해 일을 했다는 사실에 동의할 것이다. 그리고 상자를 더 멀리 움직일수록 더 많은 일을 해야 할 것이다.

　한 일의 양은 또한 상자를 계속 이동시키기 위해 얼마나 세게 밀었는가에 따라 달라질 것이다. 이러한 것들이 일을 정의하는 데 사용되는 기본 개념들이다. 일은 작용한 힘의 세기와 상자를 움직인 거리 둘 모두에 따라 달라진다. 일은 작용한 힘과 그 힘의 영향으로 상자가 움직인 거리를 곱한 것이다. 또는

그림 6.5 일정한 크기의 수평방향으로의 힘 **F**에 의해 나무상자가 콘크리트 바닥 위를 거리 *d* 만큼 이동한다.

$$일 = 힘 \times 거리$$

$$W = Fd$$

이다. 여기서 W는 일이고 d는 움직인 거리이다. 일의 단위는 힘의 단위에 길이의 단위를 곱한 것, 또는 표준단위로는 뉴턴-미터 $(N \cdot m)$이다. 우리는 이 단위를 줄(J)이라고 한다. 줄은 표준 단위계에서 에너지의 기본 단위이다.

예제 6.1a는 간단한 경우에 일을 계산하는 방법을 보여준다. 수평방향으로 50 N의 힘을 써서 나무상자를 4 m 끌어당겼다면, 결과적으로 작용한 힘은 200 J의 일을 한 것이다. 이 일을 하는 데 있어서 200 J의 에너지가 힘을 작용하는 사람으로부터 나무상자와 그 주변으로 전달된 것이다. 사람은 에너지를 잃은 것이고 나무상자와 그 주변은 에너지를 얻은 것이다.

예제 6.1
예제 : 일의 양

나무상자가 상자에 달린 줄에 작용하는 50 N의 힘에 의해 4 m 잡아당겨졌다. 다음의 경우 50 N의 힘이 나무상자에 한 일은 얼마인가?
a. 줄이 바닥과 나란한 수평방향일 때
b. 줄이 바닥과 어떤 각도를 이루고 있어서 50 N의 힘의 수평성분이 30 N일 때(그림 6.6)모든 힘이 다 일을 하는가?

a. $F = 50$ N $W = Fd$
  $d = 4$ m $= (50 \text{ N})(4 \text{ m})$
  $W = ?$ $= \mathbf{200\ J}$

b. $F_b = 30$ N $W = F_b d$
  $d = 4$ m $= (30 \text{ N})(4 \text{ m})$
  $W = ?$ $= \mathbf{120\ J}$

어떠한 힘이라도 일을 하는가?

앞의 예에서 나무상자에 작용한 힘의 방향은 움직인 방향과 같았다. 나무상자에 작용하는 다른 힘들은 어떠한가? — 그 힘들은 일을 했는가? 예를 들면, 바닥의 수직항력은 나무상자를 위로 밀고 있지만, 수직항력은 상자의 운동방향과 수직방향이므로 상자의 운동에 직접적인 효과를 주지 않는다. 운동방향에 **수직한** 힘, 예를 들면 수직항력이나 나무상자에 작용하는 중력 등은 나무상자가 수평으로 움직이는 동안 일을 하지 않는다.

물체의 운동방향에 대해 수직방향도 아니고 평행한 방향도 아닌 방향으로 힘이 작용한다면 어떠한가? 이 경우, 일을 계산하는 데 총 힘을 사용하지 않는다. 대신에 운동방향과 평행한 힘의 성분만을 사용한다. 이러한 개념은 그림 6.6에 나타내었으며 예제 6.1b에서 다루고 있다.

그림 6.6에서 나무상자를 끌어당기기

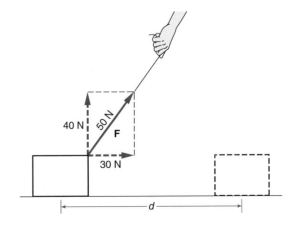

그림 6.6 상자를 바닥 위에서 끌어당기기 위해 줄을 사용하고 있다. 바닥과 평행한 힘의 성분만이 일을 계산하는 데 사용된다.

위한 줄은 바닥과 일정한 각도를 이루고 있다. 그래서 작용한 힘의 일부분은 바닥과 평행한 방향이 아니라 위쪽으로 향하고 있다. 나무상자는 그 힘의 방향으로는 움직이지 않는다. 힘이 두 성분, 즉 바닥과 평행한 성분과 바닥에 수직인 성분으로 되어 있다고 생각하라. 여기서 운동의 방향과 평행한 방향으로의 힘만이 일을 계산하는 데 사용된다. 운동방향에 수직한 힘은 일을 하지 않는다.

힘의 방향까지를 고려하여 완전한 일의 정의를 내릴 수 있다.

> 주어진 힘이 한 일은 물체가 움직인 방향으로 작용한 힘의 성분과 물체가 그 힘의 영향으로 움직인 거리를 곱한 것이다.

때때로 힘이 일정하지 않은 경우도 있을 수 있다. 이 경우 일을 계산하는 것이 쉽지 않다. 이 때에는 힘의 평균값을 구하는 방법을 찾아야 한다.

일률은 일과 어떤 관계가 있는가?

자동차가 가속되고 있을 때, 에너지는 엔진에 들어간 연료로부터 자동차의 운동으로 전달된다. 그러나 종종 자동차를 움직이기 위해 한 일을 이야기할 때, **얼마나 빨리** 이 일이 이루어지는가에 더 관심이 있다. 일을 한 비율은 엔진의 **일률**과 관련이 있다. 같은 일을 하는 데 걸린 시간이 짧을수록 일률은 더 크다. 일률은 다음과 같이 정의될 수 있다.

> 일률은 일을 하는 비율이다. 일률은 한 일의 양을 일을 하는 데 걸린 시간으로 나눈 것이다.
>
> $$일률 = \frac{일}{시간}$$
> $$P = \frac{W}{t}$$

예제 6.1a에서 50 N의 힘으로 나무상자를 바닥 위에서 4 m 움직이기 위해 200 J의 일을 한 것으로 계산하였다. 나무상자가 10 s 동안 움직였다면 일률은 200 J을 10 s로 나눠줌으로써 계산하는데, 일률은 20 J/s이다. 일률에 대한 표준단위로서 1 s에 1 J의 일을 한 것을 1와트(W)라고 한다. 와트단위는 전력을 나타내는 데 많이 사용되기도 하지만 더 일반적으로 에너지의 전달률을 나타내는 경우에 자주 사용되기도 한다.

자동차 엔진의 출력을 나타내는 데 자주 사용되는 일률의 또 다른 단위로는 마력(hp)이 아직 쓰이고 있다. 1마력은 746와트 또는 0.746킬로와트(kW)에 해당한다. 언젠가는 관습적으로 엔진의 출력을 마력보다는 킬로와트단위로 표현하는 날이 오겠지만, 아직은 그렇지 않다. 마력과 실제 말의 일률과의 관계는 좀 모호한 면이 있지만, 기관차의 일률과 실제 말의 일률을 비교하는 데는 아직 어느 정도 의미가 있다.

일은 물체의 운동 방향으로 작용한 힘과 이동한 거리를 곱한 것이다. 단순 기계에서 비록 출력 힘이 입력 힘보다 클지라도 출력 일은 입력 일보다 클 수 없다. 일률은 일을 하는 비율이다. 일을 빨리 할수록 일률은 크다. 평형 상태에 있는 진자추를 잡아당기는 처음의 예와 같이, 물체에 일을 하면 물체 또는 계의 에너지는 증가한다.

6.2 운동 에너지

나무상자를 움직이기 위한 힘이 나무상자의 운동 방향으로 작용하는 유일한 힘이라고 하자. 그러면 나무상자는 어떻게 될까? 뉴턴의 제2법칙에 의하면 나무상자는 가속될 것이고, 따라서 상자의 속도는 증가할 것이다. 물체에 일을 하면 물체의 에너지를 증가시키게 된다. 물체의 운동과 관계된 에너지를 **운동 에너지**라고 부른다.

일은 에너지의 전달을 수반하기 때문에 나무상자가 얻은 운동 에너지의 양은 나무상자에 행한 일의 양과 같다. 그러면 이런 경우에 운동 에너지는 어떻게 정의되는가? 일이 바로 그 출발점이 된다.

운동 에너지는 어떻게 정의되는가?

바닥 위에서 나무상자를 밀고 있다고 생각하자(그림 6.5). 좋은 베어링으로 만든 바퀴 위에 나무상자를 올려놓았다면 마찰력은 무시할 만큼 작다고 할 수 있을 것이다. 그러면 상자에 작용한 힘은 상자를 가속시킬 것이다. 나무상자의 질량을 알면 뉴턴의 제2법칙으로부터 상자의 가속도를 구할 수 있다.

나무상자가 빨라짐에 따라 상자에 일정한 힘을 계속 가해주기 위해서는 당신은 더 빨리 움직여야 한다. 상자의 속력이 빨라질수록 똑같은 시간간격에 대해 나무상자는 더 먼 거리를 움직이므로 당신은 더 빨리 일을 해 주게 된다. 더 빠른 속도로 더 먼 거리를 이동했으므로 상자에 해준 일은 속도의 제곱에 비례하게 된다.

해준 일은 운동 에너지의 증가와 같으므로 운동 에너지 또한 속도의 제곱에 비례하여 증가한다. 나무상자가 처음에 정지상태에 있었다면 정확한 관계는 다음과 같다.

$$\text{해준 일} = \text{운동 에너지의 변화} = \frac{1}{2}mv^2$$

운동 에너지를 약자로 KE라는 표현을 자주 쓴다.

> 운동 에너지는 운동의 결과로 나타나는 물체의 에너지인데 물체의 질량에 속도의 제곱을 곱한 양의 반이다.
>
> $$KE = \frac{1}{2}mv^2$$

그림 6.7은 이 과정을 보여준다. 만약 나무상자가 초기에 정지하고 있으면 상자의 운동 에너지는 0이다. 거리 d를 움직이는 동안 가속되어 운동 에너지는 $1/2\,mv^2$이 되었는데, 이것은 상자에 해준 일과 같다. 해준 일은 사실상 운동 에너지의 **변화**와 같다. 만약, 밀기 시작할 때 나무상자가 이미 움직이고 있었다면 운동 에너지의 증가량이 해준 일과 같다.

예제 6.2에서 두 가지 다른 방법으로 상자가 얻은 에너지를 계산함으로써 이러한 개념들을 확실히 해준다. 첫 번째 방법에서는 일의 정의를 이용한다. 두 번째 방법에는 운동 에너지의 정의를 이용한다. 나무상자에 해준 200 J의 일은 결과적으로 운동 에너지를 200 J만큼 증가시킨다는 사실을 알 수 있다. 이 값이 일치하는 것은 우연한 일이 아니다. 운동 에너지의 정의는 이것이 진실이라는 사실을 보장한다.

음의 일이란 무엇인가?

물체에 해준 일이 물체의 운동 에너지를 증가시킬 수 있다면, 일이 물체의 에너지를 감소시키는 것도 역시 가능한가? 힘은 물체를 가속시키는 것과 마찬가지로 감속시킬 수도 있다. 예를 들면 빨리 달리는 자동차의 브레이크를 밟음으로써 미끄러지면서 멈추게 한다고 하자. 도로면과 자동차의 바퀴 사이에 작용한 마찰력은 일을 하는가?

자동차가 미끄러지면서 멈출 때, 자동차는 운동 에너지를 잃는다. 운동 에너지의 감소는 운동 에너지가 음의 양만큼 변화했다고 생각할 수 있다. 운동 에너지의 변화가 음이라면, 자동차에 해준 일도 마찬가지

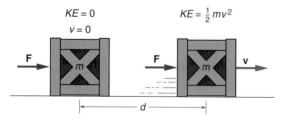

그림 6.7 물체에 작용하는 알짜 힘이 물체에 한 일은 물체의 운동 에너지를 증가시킨다.

예제 6.2

예제 : 일과 운동 에너지

마찰이 없는 바닥에서 출발하여 100 kg의 나무상자에 50 N의 힘을 4 s 동안 작용시킨 결과 상자가 4 m 움직인 뒤 물체의 속도가 2 m/s가 되었다.

a. 상자에 한 일을 구하라.
b. 나무상자의 최종 운동 에너지를 구하라.

a. $F = 50$ N $W = Fd$
   $d = 4$ m $= (50 \text{ N})(4 \text{ m})$
   $W = ?$ $= \textbf{200 J}$

b. $m = 100$ kg $KE = \frac{1}{2}mv^2$
   $v = 2.0$ m/s
   $KE = ?$ $= \frac{1}{2}(100 \text{ kg})(2 \text{ m/s})^2$

                    $= \textbf{200 J}$

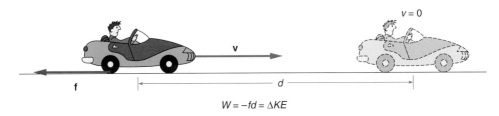

$$W = -fd = \Delta KE$$

그림 6.8 도로의 표면에 의해 자동차의 바퀴에 작용한 마찰력은 자동차를 제동시키는 음의 일을 하고, 결과적으로 운동 에너지의 감소를 가져온다.

로 음이어야 한다.

자동차에 가해진 마찰력은 그림 6.8에 보인 것처럼 자동차의 운동방향과 **반대** 방향임에 주의하라. 이런 경우 우리는 마찰력이 자동차에 해준 일을 **음의 일**이라고 하는데, 계(자동차)의 에너지를 증가시키기보다는 계의 에너지를 감소시키는 것이다. 마찰력의 크기 f에 대해 자동차가 감속되는 동안 움직인 거리가 d라면 해준 일은 $W = -fd$이다.

움직이는 자동차의 제동거리

자동차의 운동 에너지는 속도에 비례하지 않고 속도의 제곱에 비례한다. 속도를 2배로 하면 운동 에너지는 4배가 된다. 원래 속도의 2배가 되도록 하기 위해서는 4배의 일을 해 주어야 한다. 마찬가지로 자동차를 제동시키기 위해서는 4배의 에너지를 감소시켜 한다.

실질적인 응용으로서 서로 다른 속력으로 달리는 자동차의 제동거리에 관해 알아보자. 자동차를 완전히 멈추는 데 필요한 음의 일의 양은 브레이크를 밟기 전의 운동 에너지와 같다. 똑같은 양의 에너지를 계로부터 제거해야 한다. 운동 에너지는 속도의 제곱에 비례하므로 필요한 일(그리고 정지거리)은 자동차의 속력에 따라 빠르게 증가한다. 예를 들면, 시속 60 MPH로 달리는 자동차의 운동 에너지는 시속 30 MPH로 달리는 자동차의 4배만큼 크다. 속력이 2배가 되면 운동 에너지를 제거하기 위해 4배만큼의 음의 일이 필요하다. 마찰력이 일정하다고 가정하면 일은 거리에 비례하므로 시속 60 MPH에서의 정지거리는 시속 30 MPH에서의 제동거리보다 4배 만큼 길다.

사실상 마찰력은 자동차의 속력에 따라 달라진다. 운전연습 교본에서 말하는 정지거리를 보면 속력의 제곱에 정확하게 비례하지는 않지만 속력에 따라 빠르게 증가함을 볼 수 있다. 초기의 운동 에너지가 많으면 많을수록 이 운동 에너지를 0으로 줄이기 위해서는 더 많은 음의 일이 필요하고 그만큼 정지거리는 더 커진다.

운동 에너지는 물체의 운동과 관계된 에너지이고, 물체의 질량과 속력의 제곱을 곱한 것의 1/2과 같다. 물체가 얻거나 잃은 운동 에너지는 물체를 가속시키거나 감속시키는 알짜 힘이 한 일과 같다.

6.3 위치 에너지

그림 6.9처럼 나무상자를 화물을 부리는 높은 위치로 들어올렸다고 가정하자. 이 과정에서 일을 하게 되지만 화물을 부리는 도크(dock) 위에 올려놓으면 운동 에너지는 증가하지 않는다. 나무상자의 에너지는 증가했을까? 상자를 들어올리는 힘이 한 일은 어떻게 된 것일까?

활시위를 당기거나 용수철을 압축하는 것도 비슷하다. 일은 했지만 운동 에너지는 증가하지 않는다. 계의 **위치 에너지**가 증가한 것이다. 위치 에너지는 운동 에너지와 어떻게 다른가?

중력 위치 에너지

그림 6.9처럼 나무상자를 들어올리기 위해서는 잡아당기거나 밀어올리는 힘을 작용시켜야 할 필요가 있다. 나무상자가 올려지는 동안 또 다른 힘이 작용하고 있다. 지구의 중력(상자의 무게)은 상자를 아래로 잡아당긴다. 중력과 크기는 똑같고 방향이 반대인 힘으로 상자를 들어올리면 상자에 작용하는 알짜 힘은 0이어서 상자는 가속되지 않는다. 실제로는 운동의 초기에는 상자를 약간 가속시키고, 마지막에는 감속시키지만 움직이는 동안은 일정한 속도로 옮긴다.

상자를 들어올리는 힘이 한 일은 상자의 **위치 에너지**를 증가시킨다. 상자를 들어올리는 힘과 중력은 크기는 같고 방향은 반대이므로 가속도는 0이다. 상자에 작용하는 알짜 힘은

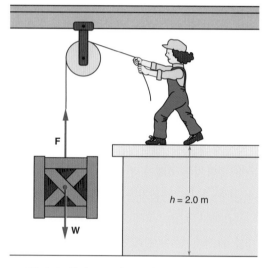

그림 6.9 줄과 도르래를 이용하여 나무상자를 짐을 부리는 도크 위의 높은 위치로 들어올리면 위치 에너지가 증가한다.

0이지만 상자를 들어올리는 힘은 중력이 잡아당기는 반대방향으로 물체를 움직여 일을 하게 된다. 만약 줄을 놓게 되면 상자는 아래쪽으로 가속되어 운동 에너지를 얻는다.

중력 위치 에너지는 얼마나 증가하였는가? 상자를 들어올리는 힘이 한 일은 그 힘의 크기와 움직인 거리를 곱한 크기와 같다. 작용한 힘은 상자의 무게 mg 이다. 만약, 상자가 높이 h만큼 움직였으면, 한 일은 mg 곱하기 h, 즉 mgh 이다. 위치 에너지는 한 일과 같다.

$$PE = mgh$$

여기서, 위치 에너지를 PE라는 약자로 표시하였다.

높이 h는 상자가 어떤 기준 높이 또는 위치로부터 위로 이동한 거리이다. 예제 6.3에서 상자가 땅바닥에 놓여있는 원래 위치를 기준 높이로 정하였다. 보통 물체가 운동할 수 있는 가장 낮은

예제 6.3

예제 : 위치 에너지

100 kg의 나무 상자를 땅바닥에서 2 m 위에 있는 도크 위로 들어올렸다. 위치 에너지는 얼마나 증가했는가?

$m = 100$ kg　　$PE = mgh$

$b = 2$ m　　　　$= (100\text{kg})(9.8 \text{ m/s}^2)(2 \text{ m})$

　　　　　　　　$= (980 \text{ N})(2 \text{ m})$

　　　　　　　　$= \mathbf{1960 \text{ J}}$

점을 기준으로 잡는데, 이는 위치 에너지가 음이 되는 것을 피하기 위해서 그렇게 한다. 그러나 중요한 것은 위치 에너지의 변화이기 때문에 기준점의 선택이 물리적인 내용에 영향을 주지는 않는다.

그림 6.10 들어올려진 나무상자의 위치 에너지는 운동 에너지로 변환되거나 다른 목적으로 사용될 수 있다.

위치 에너지의 핵심

　위치 에너지란 말은 나중에 다른 목적으로 쓸 수 있도록 에너지를 저장한다는 것을 의미한다. 앞에서 기술한 경우에서 확실히 이러한 상황을 볼 수 있다. 나무상자를 어떤 높이의 도크 위로 들어올릴 수 있다. 그러나 나무상자를 도크에서 밀면 상자는 떨어지면서 빠르게 운동 에너지를 얻게 된다. 이 운동 에너지는 땅에 말뚝을 박거나 다른 유용한 목적으로 아래쪽에 있는 물체를 압축시키는 데 사용될 수 있다(그림 6.10). 그러나 운동 에너지도 이러한 성질이 있기 때문에 에너지를 저장한다는 것이 위치 에너지를 구분하게 하는 것은 아니다.

　위치 에너지는 특정한 힘의 작용에 의해 물체의 **위치가 변화**하는 것과 관계가 있다. 중력 위치 에너지의 경우, 그 힘은 지구가 잡아당기는 중력이다. 지구의 중심으로부터 멀어질수록 중력 위치 에너지는 더 커진다. 다른 종류의 위치 에너지는 다른 힘이 관계되어 있다.

탄성 위치 에너지란 무엇인가?

　활시위를 당기거나 용수철을 잡아늘이면 어떤 일이 일어나는가? 이런 예들에서 일은 **탄성력**에 반하는 작용력에 의해 일어나는데, 탄성력은 물체를 잡아늘이거나 압축할 때 나타난다. 그림 6.11처럼 한쪽 끝에 나무벽돌이나 다른 물체가 달려 있고, 다른 끝은 기둥에 묶여 있는 용수철을

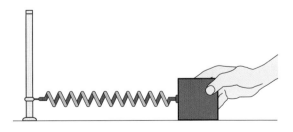

그림 6.11 한쪽 끝이 고정된 지지대에 묶여 있는 용수철에 나무벽돌이 연결되어 있다. 용수철을 잡아늘이면 계의 탄성 위치 에너지는 증가한다.

생각하자. 벽돌은 용수철이 늘어나지 않은 상태의 원래의 위치에서 잡아당기면 계는 **탄성 위치 에너지**를 얻게 된다. 벽돌을 놓으면 도로 원래의 위치로 돌아가게 될 것이다.

벽돌을 어떤 거리만큼 움직이려면 힘을 작용시켜야 하기 때문에 용수철이 작용하는 힘의 반대 방향으로 당길 때 일을 하게 된다. 대부분의 용수철은 늘어난 길이에 비례하는 힘을 작용하게 된다. 용수철이 많이 늘어날수록 힘은 더 세다. 이 힘은 용수철의 단단함을 나타내는 **용수철 상 수**, k를 정의함으로써 식으로 표현할 수 있다. 단단한 용수철은 큰 용수철 상수값을 가진다. 용수철이 작용한 힘은 용수철 상수에 늘어난 길이를 곱한 값,

$$F = -kx$$

로 주어지는데, 여기서 x는 늘어나지 않은 원래의 위치를 기준으로 측정한 늘어난 길이이다. 이 관계식은 흔히 로버트 훅(Robert Hooke; 1635~1703)의 이름을 따라서 훅의 법칙이라고 부른다. 음의 부호는 용수철이 작용하는 힘이 물체가 평형위치로부터 멀어진 방향의 반대방향으로 작용한 것을 나타낸다. 따라서 질량이 오른쪽으로 이동되면 왼쪽으로 작용한다. 용수철이 압축되면 용수철은 오른쪽으로 밀어내는 힘이 작용한다.

이러한 계에서 위치 에너지의 증가를 어떻게 계산할 수 있을까? 전과 마찬가지로 우리는 물체의 위치를 변화시키는 데 사용된 힘이 한 일을 계산할 필요가 있다. 벽돌을 가속시키지 않고 움직이려면 벽돌에 작용하는 알짜 힘이 0이 되도록 한다. 작용하는 힘의 크기는 잘 조절하여 항상 용수철이 작용하는 힘의 크기와는 같되 방향은 반대가 되도록 잘 조절하여야 한다. 이것은 작용하는 힘의 크기가 거리 x가 증가함에 따라 증가해야 한다는 사실을 의미한다(그림 6.12).

탄성 위치 에너지의 증가는 한 일과 같다.

$$PE = \frac{1}{2} kx^2$$

1/2 이라는 값은 늘어나는 동안의 평균 힘이 최종 힘 kx의 반이 되기 때문에 생긴 것이다. 늘어난 용수철의 위치 에너지는 용수철 상수에 늘어난 길이의 제곱을 곱한 값의 반이다. 똑같은 표현이 용수철이 압축되었을 때에도 사용된다. 이 경우에 거리 x는 압축되지 않았을 때의 원래의 위치로부터 압축된 거리가 된다.

용수철에 저장된 위치 에너지는 다른 형태로 변환될 수 있고, 또 여러 가지 용도로 쓸 수 있다. 용수철이 늘어나거나 압축된 상태에서 벽돌을 놓으면 벽돌은 운동 에너지를 얻게 된다. 활이나 화살을 휘거나 고무공을 쭈그러뜨리는 것, 그리고 고무줄은 늘어뜨리는 것들도 비슷한 예들

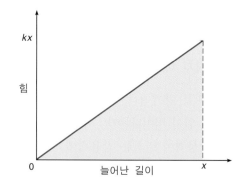

그림 6.12 용수철을 늘어뜨리는 데 사용되는 힘은 늘어난 길이에 따라 변하는데, 초기 0의 값에서부터 최종값 kx까지 변한다.

인데, 용수철과 비슷하게 탄성 위치 에너지를 만들어낸다.

보존력이란 무엇인가?

위치 에너지는 중력이나 용수철 외의 다른 여러 가지 형태의 힘이 한 일의 결과로서도 생길 수 있다. 그러나 마찰력이 한 일은 계의 위치 에너지의 증가를 가져다주지 못한다. 대신에 열이 발생하여 계로부터 에너지가 빠져나가거나 원자 수준에서 계의 내부 에너지를 증가시키게 된다. 11장에서 논의되겠지만 이 내부 에너지는 유용한 일을 할 수 있도록 완전하게 되돌려지지는 않는다.

위치 에너지와 관련을 가지는 중력이나 탄성력과 같은 힘들을 **보존력**이라고 부른다. 보존력에 의해 일을 하게 되면, 계가 얻은 에너지는 다른 형태의 에너지로 사용할 수 있도록 완전하게 변환된다.

위치 에너지는 어떤 보존력(중력이나 용수철의 힘과 같은 것)의 작용선의 위치에 따른 물체의 에너지이다. 위치 에너지는 물체의 운동에 의한 것이 아니라 물체의 위치에 관계된 저장된 에너지이다. 위치 에너지는 보존력이 물체를 이동시키면서 한 일을 계산함으로써 얻을 수 있다. 계의 위치 에너지는 운동 에너지나 다른 계에 일을 할 수 있도록 변환될 수 있다.

6.4 에너지 보존

일과 운동 에너지, 위치 에너지의 개념에 대해 알아보았다. 이러한 개념들이 진자와 같은 계에서 어떤 일이 일어나지를 이해하는 데 어떻게 도움이 될 수 있는가?

에너지의 보존이 그 해답이다. 총 에너지, 즉 운동 에너지와 위치 에너지의 합은 많은 경우에 있어서 일정한 값으로 보존되는 양이다. 우리는 진자의 운동을 에너지 변환과정을 따라감으로써 기술할 수 있다. 이것은 계에 대해서 무엇을 말해 줄까?

진자의 흔들림에서의 에너지 변화

단단한 지지대에 고정된 줄의 끝에 매달려 있는 공으로 된 진자를 생각하자. 공을 한쪽으로 끌어당겼다가 놓아서 흔들리도록 했다. 이 계의 에너지는 어떻게 될까?

첫 번째 단계로 당신의 손은 공에 일을 해주었다. 이 일의 알짜 효과는 공이 옆으로 당겨질 때 지면으로부터의 높이가 증가했기 때문에 공의 위치 에너지를 증가시킨 것이다. 한 일은 공을 잡아당기는 행위를 한 사람으로부터 진자와 지구로 구성된 계로 에너지를 전달한 것이다. 일은 중력 위치 에너지, 즉 $PE = mgh$ 가 된 것이다. 여기서 h 는 원래 공의 위치로부터의 높이이다.

공을 놓으면 이 위치 에너지는 공이 흔들리기 시작하면서 운동 에너지로 바뀐다. 흔들림의 최저점(단지 매달려 있기만 할 때의 공의 원래 위치)에서는 위치 에너지가 0이고 운동 에너지는 최대가 된다. 공은 최저점에서 정지하지 않고 운동을 계속하여 공은 놓은 반대쪽 위치까지 간다. 흔들림의 이 부분 동안은 운동 에너지는 감소하고 운동 에너지가 0이 될 때까지, 그리고 위치 에너지는 공을 놓기 전의 원래 값과 같아지는 지점까지 증가한다. 그런 다음 공은 되돌아오는데, 위치 에너지

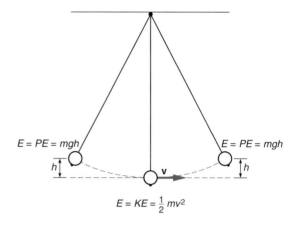

그림 6.13 진자가 앞뒤로 흔들리면서 위치 에너지는 운동 에너지로 바뀌고 다시 위치 에너지로 바뀐다.

에서 운동 에너지로, 다시 위치 에너지로의 변환을 반복한다(그림 6.13).

에너지가 보존된다는 것은 무엇을 의미하는가?

진자가 흔들리면서 위치 에너지가 운동 에너지로, 다시 위치 에너지로 계속해서 바뀌는 현상이 일어난다. 계의 총 역학적 에너지(운동 에너지와 위치 에너지의 합)는 계의 에너지를 증가시키거나 감소시키는 데 필요한 일이 가해지지 않았으므로 일정하게 남아있다. 진자의 흔들림은 **에너지 보존법칙**을 보여주고 있다.

> 계에 보존력인 힘만 작용하여 운동한 경우에만 총 역학적인 에너지(운동 에너지와 위치 에너지의 합)가 보존된다.

일은 중요하다. 힘이 한 일로 인해 에너지가 더해지거나 제거되지 않으면 총 에너지는 변하지 않는다. 기호로 나타내면, 다음과 같다. 만약 $W = 0$이면,

$$E = PE + KE = 상수$$

여기서 E는 보통 총 에너지를 나타낼 때 쓰인다. 이는 아주 중요한 원리로서 매일의 자연현상 6.1을 통하여 보다 구체적으로 생각해 보기로 하자.

진자의 운동을 기술하는 데 에너지의 보존법칙을 적용하였다. 몇 가지 점에서 자세한 주의를 기울일 필요가 있는데, 예를 들면, 왜 중력이 진자에 한 일은 고려하지 **않는** 것일까? 대답은 우리가 고려하는 계에 공의 중력 위치 에너지가 포함됨으로써 중력이 계의 일부가 되기 때문이다. 중력은 위치 에너지에 의해 이미 설명되었던 보존력이다.

매일의 자연현상 6.1

에너지 보존

상황. 마크는 방금 물리학 수업시간에 에너지 보존에 대하여 배웠는데 약간의 개념상 혼돈을 느끼고 있다. 강사는 에너지 보존의 법칙에 대하여 에너지란 창조될 수도 없고 소멸될 수도 없는 것으로서 그 총량은 항상 보존된다는 일반적인 설명을 하였다. 반면에 마크는 뉴스를 통하여 에너지를 아껴서 사용해야 한다는 말을 자주 듣는다. 만일 에너지가 보존되는 양이라면 뉴스의 해설자나 환경론자들이 반복해서 되풀이하는 이 말들은 도대체 무슨 의미인가? 그들은 물리학을 배우지도 않았다는 말인가?

분석. 많은 사람들이 일상생활에서 말하는 '에너지를 보전해야 한다'는 말은 물리학에서의 에너지 보존과는 전혀 다른 의미를 가진다. 이 두 어휘 사이의 차이점을 분명히 하는 것은 최근 논의되고 있는 에너지 및 환경과 관련된 이슈를 정확하게 이해하는 데 결정적인 역할을 한다. 이 장에서 언급하고 있는 에너지 보존이란 기본적으로 계의 운동 에너지와 위치 에너지를 합한 역학적 에너지에 대하여 제한적으로 적용되는 원리이다. 물론 10장과 11장에서는 열이라는 또 다른 형태의 에너지가 추가되어 그 영역이 확대될 것이고, 20장 이후부터는 질량 또한 한 에너지의 형태로 추가될 것이다. 이러한 넓은 범주에서 에너지란 항상 보존되는 양이다.

  그러나 각 형태의 에너지가 각각 보존되는 것은 아니다. 예를 들면 석유는 중요한 에너지 자원이다. 석유에 저장되어 있는 에너지는 다름 아닌 석유 분자를 이루고 있는 원자와 원자 사이의 전기적인 인력과 관련된 위치 에너지이다. 우리가 석유를 사용한다는 것은 이 위치 에너지를 용도에 따라 다른 형태의 에너지로 변환시키는 것이다.

  석유의 위치 에너지를 표출시키는 쉬운 방법은 석유를 연소시켜 열에너지로 만드는 것이다. 열에너지는 에너지의 또 다른 형태이다. 아주 높은 온도의 열에너지는 여러 가지 열기관을 움직이는 데 사용된다. 자동차에 장착되어 있는 가솔린 엔진도 바로 이러한 열기관의 일종이며 무거운 트럭이나 기차를 움직이는 디젤 엔진이나 심지어 비행기를 날게 하는 제트 엔진도 마찬가지이다. 이러한 열기관들은 열에너지를 자동차나 기차의 운동 에너지로 변환시켜 주는 것이다.

  그렇다면 이러한 차량이나 비행기의 운동 에너지는 최종적으로 어떻게 되는가? 그것은 결국 엔진 내부의 마찰, 타이어와 지면 사이의 마찰을 통해 그리고 공기와의 저항에 의해서 낮은 온도의 열에너지로 바뀌게 된다. 에너지는 소멸되지 않는다. 다만 우리의 주위가 약간 더워졌을 뿐이다. 말하자면 원래 석유에 잠재되어 있던 유용한 위치 에너지가 덜 유용한 에너지로 바뀌었으며 이제는 난방 등과 같이 극히 제한적인 용도로만 사용될 수 있을 뿐이다.

그러면 우리가 일상생활에서 쓰는 에너지 보전이란 무슨 의미로 사용하는 것인가? 그것은 바로 석유와 같이 유용하게 사용할 수 있는 에너지를 좀 더 지혜롭게 최소한도로 사용함으로 가치 있는 에너지를 보존하자는 의미이다. 물론 여기에는 석유뿐만 아니라 천연가스나 석탄 등의 자원도 포함된다. 다시 말하지만 물리적인 의미에서 에너지는 보존된다.

만일 당신이 걸어서 등하교를 하거나, 자전거를 타거나, 또는 에너지 절감형 소형차를 이용하는 것은 대형차나 우람한 SUV 차량을 이용하는 것보다 에너지를 절약하는 좋은 선택이 될 것이다. 걷거나 자전거를 타는 것은 당신이 섭취한 음식물로부터 얻은 에너지를 낮은 온도의 열에너지로 변환하는 것이며 따라서 대형차나 SUV 차량을 이용하는 것보다는 많은 가치 있는 에너지를 보존하는 방법인 셈이다. 그리고 물론 환경보존에도 도움이 된다.

뒤에 나오는 장들에서 에너지의 사용과 관련된 많은 요소들을 다시 다루게 될 것이다. 10장, 11장에서는 특히 에너지 이슈와 깊은 관계가 있는 열역학의 법칙들을 배우게 될 것이다. 11장에서는 태양 에너지, 지열 에너지를 이용한 전기의 생산에 대하여 다룬다. 이어서 13장, 14장에서는 전기 에너지와 발전에 대하여 그리고 19장에서는 핵에너지를 다루게 될 것이다.

공에 작용하는 또 다른 힘은 무엇인가? 줄의 장력이 공의 운동에 수직한 방향으로 작용한다(그림 6.14). 이 힘은 운동방향으로의 성분을 가지지 않으므로 일을 하지 않는다. 고려해야 할 필요가 있는 유일한 힘은 공기의 저항이다. 이 힘은 공에 대해 음의 일은 하는데, 계의 역학적 에너지를 서서히 감소시킨다. 이 경우에는 계의 총 에너지는 보존되지 않는다. 공기의 저항이 무시될 수 있을 때만이 총 에너지가 보존된다. 그러나 공기저항의 효과는 보통 작기 때문에 무시할 수 있다.

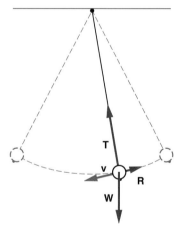

그림 6.14 공에 작용하는 세 개의 힘 중에서 공기의 저항력만 계에 대해 일을 하여 계의 총 에너지를 변화시킨다. 장력은 일을 하지 않으며 중력이 한 일은 이미 위치 에너지에 포함되어 있다.

왜 에너지 개념을 사용하는가?

에너지 보존법칙을 사용하면 어떤 이점이 있을까? 진자의 운동을 뉴턴의 운동법칙에 직접 적용시켜서 기술하려 한다고 생각해 보라. 진자가 움직일 때마다 방향과 크기가 연속적으로 변하는 힘을 가지고 기술해야 할 것이다. 뉴턴의 운동법칙을 사용하여 완전히 기술하는 것은 매우 복잡하다.

그러나 에너지 개념을 사용하면 뉴턴 법칙을 직접 적용하는 것보다 훨씬 쉽게 계의 거동을 예측할 수 있다. 예를 들면, 마찰력이 무시할 정도로 작다면, 양쪽 끝에서 공이 같은 높이에 이를 것이라는 사실을 예측할 수 있다. 공이 순간적으로 정지하는 진동의 양쪽 끝에서는 운동 에너지가 0이고, 이 점들에서의 총 에너지는 위치 에너지와 같다. 에너지를 잃지 않았다면 위치 에너지는 공을 놓기 전의 위치 에너지와 같은 값을 가지는데, 이것은 같은 높이에 이르렀다는 사실을 의미한다($PE = mgh$).

물리학 강의시간에 가끔 볼링공을 진자추로 사용하여 행해지는 실연을 통해 이 개념을 극적으로 보여준다. 천정에 고정된 줄에 매달린 볼링공을 한 쪽으로 잡아당겨 강사의 턱높이까지 올린다. 강사는 공을 놓아 흔들리게 하여 공이 앞으로 갔다가 다시 되돌아와서 턱높이 근처까지 와서 멈출 때까지 겁을 먹지 않고 서 있다(그림 6.15). 겁을 먹지 않기 위해서는 에너지 보존법칙에 대한 신뢰가 요구된다. 이 실연이 성공하기 위해서는 공을 놓을 때 초기속도를 주지 않아야 한다 — 만일 공에 힘을 가하여 민다면 어떤 일이 발생할까?

공이 진동할 때 임의의 점에서의 공의 속도를 예측하기 위해서도 에너지 보존법칙을 사용할 수 있다. 흔들림의 양끝에서는 속도는 0이고 최저점에서는 속도가 최대이다. 이 최저점을 위치 에너지 측정의 기준점으로 정하면, 그 점에서의 높이는 0이므로 위치 에너지는 0이다. 처음의 위치 에너지는 모두 운동 에너지로 변환되었다. 맨 아래 점에서의 운동 에너지를 알면, 예제 6.4에서 보인 것처럼 공의 속력을 알 수 있다.

우리는 진동의 어떤 위치에서도 총 에너지는 처음의 에너지와 같다고 둠으로써 속

그림 6.15 천정에 고정된 줄 끝에 매달린 볼링공을 놓아 흔들리게 하여 앞으로 갔다가 다시 되돌아와 정확히 정지된 시점

예제 6.4

예제 : 진자의 흔들림

질량이 0.50 kg인 진자추를 진동의 맨 아래 점으로부터 높이 12 cm 위의 지점에서 놓았다. 진자추가 맨 아래 점을 지날 때의 속도는 얼마인가?

$m = 0.5$ kg   초기의 에너지는
$b = 12$ cm $E = PE = mgh$
맨 아래 점에서의 $= (0.5$ kg$)(9.8$ m/s$^2)(0.12$ m$)$
속도 $v = ?$ $= \mathbf{0.588\ J}$

맨 아래 점에서 위치 에너지는 0이므로
$$E = KE = 0.588\ J$$
$$\frac{1}{2}mv^2 = 0.588\ J$$

양변을 1/2 m으로 나누면

$$v^2 = \frac{KE}{(1/2)m}$$
$$= \frac{(0.588\ J)}{1/2(0.5\ kg)}$$
$$= 2.35\ m^2/s^2$$

양변의 제곱근을 구하면
$$v = \mathbf{1.53\ m/s}$$

도를 구할 수 있다. 맨 아래 점으로부터의 높이 h가 다르면 위치 에너지의 값도 다르다. 나머지 에너지는 운동 에너지여야 한다. 계는 항상 같은 양의 에너지를 가져야 하는데, 위치 에너지이거나 운동 에너지, 또는 둘 모두의 형태를 가지지만, 그 값은 원래의 값보다 클 수 없다.

에너지 분석은 회계와 어떻게 같은가?

언덕 위의 썰매와 활주궤도열차는 에너지 보존법칙에 대해 잘 말해준다. 에너지 보존법칙은 썰매나 궤도열차의 속력에 대해 뉴턴의 법칙을 직접 적용시키는 것보다 쉽게 예측할 수 있게 한다. 에너지 회계는 계의 전체적인 거동을 이해하는 데 더 도움이 된다. 매일의 자연현상 6.2에서 보인 장대높이뛰기도 이러한 방법으로 분석할 수 있다.

매일의 자연현상 6.2

에너지와 장대높이뛰기

상황. 벤 로페즈(Ben Lopez)가 트랙을 달려간다. 그는 장대높이뛰기 선수이며, 가끔은 그의 빠른 주력 때문에 계주경기에도 나간다. 벤의 코치는 그가 기초물리학 강의를 듣고 있다는 사실을 알고 장대높이뛰기의 물리에 대해 이해하도록 제안했다. 높게 뛰는 데 결정적인 요소는 무엇일까? 어떻게 하면 이러한 요소들을 가장 잘 이용할 수 있을까?

코치는 장대높이뛰기에서 에너지를 고려하는 것이 중요하다는 사실을 알고 있다. 어떤 형태의 에너지 변환이 있는가? 이러한 효과를 이해하면 벤의 경기에 도움이 될까?

장대높이뛰기의 모습. 어떤 에너지 변환이 일어나고 있는가?

분석. 장대높이뛰기에서 에너지 변환에 관한 것을 기술하는 것은 어렵지 않다. 선수가 도약지점까지 달려가는 것부터 시작한다. 이때 선수의 속도는 점점 빨라지는데 이는 자기 근육에 저장된 화학 에너지를 사용하여 운동 에너지를 증가시킨다. 도약지점에 이르게 되면 장대 끝을 땅에 있는 홈에 꽂는다. 이 점에서 운동 에너지의 일부가 용수철에서와 같이 휘어진 장대에 탄성 위치 에너지로 저장된다. 나머지는 선수가 도약지점 위로 올라감에 따라 중력 위치 에너지로 변환된다.

도약의 맨 꼭대기 점 근처에 이르면 휘어진 장대가 곧게 펴지면서 장대의 탄성 위치 에너지가 중력 위치 에너지로 변환된다. 선수는 또 자기의 팔과 상체의 근육을 이용해 부가적인 일을 함으로써 추진력을 더하게 된다. 도약의 맨 끝점에서는 운동 에너지가 0이어야 한다. 단지 걸침대를 넘을 수 있는 최소한의 수평성분의 속도를 가져야 한다. 최고점에서 운동 에너지가 많이 남아 있다는 것은 선수가 가능한 한 많은 에너지를 중력 위치 에너지로 변환시키는 데 실패하였다는 것을 나타낸다.

벤은 이러한 분석을 통해 무엇을 배울 수 있는가? 첫 번째로 속도가 중요하다는 것이다.

도약지점까지 달려가면서 더 많은 운동 에너지를 만들어 낼수록 중력 위치 에너지(mgh)로 변환시킬 수 있는 에너지가 많아지는 것이고, 이것이 결국 도약의 높이를 결정짓는 데 결정적으로 기여하게 될 것이다. 뛰어난 장대높이뛰기 선수는 보통 뛰어난 달리기 선수이다.

장대의 특성과 장대를 쥐는 방법도 역시 중요한 요소들이다. 장대가 만약 너무 뻣뻣하다거나 장대를 너무 아래쪽으로 잡으면 손에 기분 좋지 않은 충격을 느끼면서 장대에는 유용한 에너지 저장이 거의 이루어지지 않는다. 그리고 초기의 운동 에너지의 일부는 이 충돌에서 잃어버리게 된다. 장대가 너무 유연하거나 장대를 너무 높이 잡으면 도약의 맨 꼭대기 점에서 유용한 에너지를 줄만큼 충분히 빨리 펴지지 않게 될 것이다.

도약을 잘 하기 위해서는 장대의 유연성과 장대를 잡는 높이도 중요한 요소이다.

마지막으로 경기를 마무리하기 위해서는 상체근육의 힘이 중요하다. 상체근육 훈련을 잘 하면 벤의 장대높이뛰기는 틀림없이 좋아질 것이다. 시간을 잘 맞추는 것과 기술적인 것도 중요한데, 이는 연습을 통해서만 개선될 수 있다. 코치에게 있어서는 연습이 가장 중요한 것일지도 모른다.

그림 6.16처럼 언덕 위의 썰매를 생각하자. 부모가 언덕 꼭대기까지 썰매를 끌고 올라가면서 썰매와 사람에게 일을 하여 위치 에너지를 증가시킨다. 맨 꼭대기에서 부모는 썰매를 밀어 초기의 운동 에너지를 주기 위해 좀더 일을 할지도 모른다. 부모가 한 총 일은 계에 주어진 에너지이

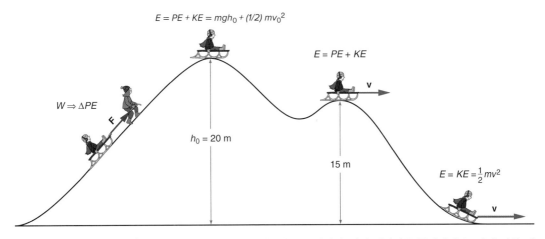

그림 6.16 썰매를 언덕 위로 끌고 올라가면서 한 일은 썰매와 사람의 위치 에너지를 증가시킨다. 이 초기의 에너지는 썰매가 언덕 아래로 미끄러져 내려가면서 운동 에너지로 변환된다.

표 6.1 썰매에 대한 에너지 수지장부

어떤 부모가 질량이 50 kg인 썰매와 사람을 높이 20 m인 언덕 위로 끌고 올라가 초기속도가 4 m/s가 되게 밀었다. 썰매에 작용하는 마찰력은 썰매가 언덕 아래로 미끄러져 내려옴에 따라 2000 J의 음의 일을 한다.

에너지 수입

썰매를 언덕 위로 끌고 올라가면서 한 일에 의한 위치 에너지 소득 :

$PE = mgh = (50 \text{ kg})(9.8 \text{ m/s}^2)(20 \text{ m})$ 9800 J

꼭대기에서 썰매를 밀면서 한 일에 의한 운동 에너지 소득 :

$KE = \frac{1}{2}mv^2 = \frac{1}{2}(50 \text{ kg})(4 \text{ m/s})^2$ 400 J

초기 총 에너지 :   10200 J

에너지 지출

썰매가 언덕 아래로 내려오면서 마찰에 대한 일 :

$W = -fd$ −2000 J

에너지 차액 :   8200 J

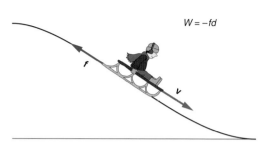

그림 6.17 마찰력이 한 일은 음이며, 이것은 계로부터 역학적 에너지를 빼앗아간다.

며, 표 6.1에 나타낸 바와 같이 위치 에너지와 운동 에너지의 합과 같다.

이 초기의 에너지는 어디에서 유래된 것인가? 이것은 부모가 썰매를 끌고 미는 행위를 한 육체로부터 나온다. 근육다발이 활성화되어서 몸에 저장된 화학 에너지를 내놓은 것이다. 이 에너지는 음식으로부터 나온 것인데, 이것은 다시 식물에 저장된 태양 에너지를 포함한다. 아침을 잘 먹지 못했거나 언덕 위로 여러 번 올라갔다 온 부모는 꼭대기까지 올라갈 수 있는 충분한 에너지가 없을 지도 모른다.

썰매와 사람이 언덕 아래로 내려올 때 마찰과 공기의 저항을 무시할 수 있다면, 에너지는 보존되고 운동하는 동안 어떤 지점에서든지 총 에너지는 초기의 에너지와 같아야 한다. 언덕 아래로 내려올 때 마찰이 있다고 생각하는 것이 더 실제적이다(그림 6.17). 마찰이 하는 일의 양을 정확히 예측하기는 어렵지만 이동한 전체 거리를 알고 평균마찰력의 크기에 대해 적절한 가정을 하면 어림잡아 계산할 수는 있다. 표 6.1에서 한 에너지 회계에서 썰매가 언덕 아래쪽까지 오는 동안 마찰이 한 일을 2000 J이라고 가정하였다.

마찰이 한 일은 계로부터 에너지를 빼앗아 간 것이므로 회계장부에는 지출로 나타나 있다. 언덕 아래에서의 에너지 차액은 10200 J이 아니라 8200 J이다. 이 값은 마찰을 무시했을 때 언덕 아래에서의 썰매와 사람의 속력보다는 작고 좀 더 실제적인 값에 가깝다. 정확한 계산이 항상 가능한 것은 아니지만, 에너지 회계를 통해 있을 수 있는 한계를 정하고 언덕 위의 썰매와 같은 계의 거동을 이해하는 데 도움이 된다.

에너지는 물리적 세계에서 널리 사용되는 개념이다. 에너지의 출입을 이해하는 것은 과학과 경제학 모두에 관계되는 것이다. 계에 일을 하는 것은 은행에 에너지를 넣는 것이다. 보존력만이 일을 한다는 조건 하에서는 총 에너지는 보존된다. 에너지의 출입을 주의 깊게 관찰함으로써 계의 운동에 대한 많은 양상들을 예측할 수 있다.

주제 토론

매일의 자연현상 6.1에 나오는 자전거를 타고 출근하는 이 사람은 에너지를 사용하고 있는 것인가? 만일 그렇다면 이 에너지는 어디에서 나오는 것이며 이 경우 에너지 보존이란 어떻게 설명할 수 있는가?

6.5 용수철과 단조화 운동

에너지 보존법칙이 진자의 운동을 설명할 수 있다면, 진동하는 다른 계에 대해서는 어떠할까? 앞뒤로 움직이는 용수철이나 탄성이 있는 고무줄과 같은 계들은 위치 에너지가 운동 에너지로 변환되고 다시 반복해서 위치 에너지로 변환된다. 이러한 계들이 가지고 있는 공통점은 무엇인가? 무엇이 그들이 시계처럼 똑딱거리게 하는가?

용수철 끝에 매달린 질량은 가장 간단한 진동계의 하나이다. 이 계와 앞 절에서 기술한 간단한 진자들은 **단조화 운동**의 가장 흔한 예들이다.

용수철에 매달린 물체의 진동

그림 6.18처럼 용수철 끝에 블록을 매달고 평형위치로부터 한쪽으로 당기면 어떤 일이 일어나는가? 평형위치는 용수철이 늘어나거나 압축되지 않은 상태에서의 위치이다. 물체를 용수철에 대항하는 방향으로 움직여 일을 하면 용수철–질량계의 위치 에너지를 증가시킨다. 그러나 이 경우의 위치 에너지는 진자와 관계된 중력 위치 에너지가 아니라 탄성 위치 에너지이다. 용수철에 달린 물체의 위치 에너지가 증가하는 것은 활시위를 당기거나 고무줄 새총을 당기는 것과 비슷하다.

일단 물체를 놓으면 위치 에너지는 운동 에너지로 변환된다. 진자와 마찬가지로 물체의 운동은 평형위치를 지나치게 되고, 용

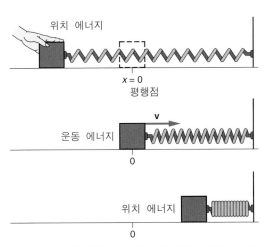

그림 6.18 용수철을 늘이면서 한 일로 증가시킨 에너지가 다음에는 용수철의 위치 에너지와 물체의 운동 에너지로 반복해서 변환된다.

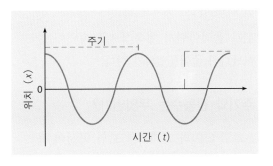

그림 6.19 용수철에 달린 물체의 앞뒤로 움직임에 따라 수평 위치 x를 시간에 대해 그렸다. 곡선은 조화함수이다.

수철은 압축되어 다시 위치 에너지를 얻게 된다. 운동 에너지가 완전히 위치 에너지로 다시 변환되면 물체는 멈추고 방향을 바꾸게 되고 전체 과정은 반복된다(그림 6.18). 계의 에너지는 연속적으로 위치 에너지에서 운동 에너지로, 다시 위치 에너지로 변한다. 마찰효과가 무시될 수 있다면 계의 총 에너지는 물체가 앞뒤로 진동하는 동안 일정한 값을 갖는다.

비디오 카메라나 다른 추적 기술을 이용하여 시간의 변함에 따른 진자추나 용수철에 달린 물체의 위치를 측정하고 그려낼 수 있다. 물체의 위치를 시간에 대해 그리면 위치를 나타내는 곡선은 그림 6.19와 같다. 이러한 곡선을 기술하는 수학적 함수를 "조화함수"라고 하고, 이러한 운동을 **단조화 운동**이라고 한다. 이 어휘는 아마도 진동하는 현이나 떨림판, 공명관에서 만들어지는 소리의 음악적 표현에서 따온 것일지도 모른다.

그림 6.19에서 0을 나타내는 선은 용수철에 달린 물체의 평형위치를 나타낸다. 이 선의 위쪽은 평형위치의 한쪽을 나타내고, 선의 아래쪽은 반대쪽 위치를 나타낸다. 운동은 물체를 놓는 위치에서 시작되는데, 거리는 평형위치로부터 최대인 점이 된다. 물체가 평형위치(그래프에서 $x = 0$)를 향해 운동함에 따라 속력이 붙게 되고, 이것은 곡선의 기울기가 증가하는 것으로 나타난다. 물체의 위치는 평형위치 근처에서 가장 빨리 변하게 되는데, 여기서 운동 에너지와 속력이 가장 크다. 물체가 평형위치를 통과함에 따라 원래 위치의 반대쪽으로 평형위치로부터 멀어지게 된다. 용수철이 작용하는 힘은 이제 속도의 반대방향이며 물체를 감속시킨다. 물체가 원래 놓인 점으로부터 가장 먼 위치에 다다랐을 때 속력과 운동 에너지는 다시 0이 되고, 위치 에너지는 최대값으로 되돌아오게 된다. 이 점에서 곡선의 기울기는 0인데, 물체가 순간적으로 정지(속도가 0)되었다는 것을 나타낸다. 물체는 앞뒤로 움직이면서 계속적으로 속력이 늘어났다가 줄어들었다가 한다.

주기와 진동수는 무엇인가?

그림 6.19의 그래프를 보면 곡선이 규칙적으로 반복되고 있음을 알 수 있다. 주기 T는 반복 시간, 또는 한 순환을 완전히 마치는 데 걸리는 시간이다. 주기는

예제 6.5

예제 : 용수철에 매달린 질량의 운동

질량이 500 g인 물체가 탄성계수 800 N/m의 용수철 끝에 매달려 단조화 운동을 하고 있다. 진동은 그림 6.18과 같이 마찰이 없는 수평면 위에서 이루어지고 있다. 물체가 평형점을 통과하는 순간 그 속력이 12 m/s라고 한다.

a. 평형점에서 물체의 운동 에너지는 얼마인가?
b. 물체는 평형점으로부터 최대 얼마의 거리까지 멀어졌다 되돌아오는가?

a. $m = 0.50$ kg $KE = \frac{1}{2}mv^2$

   $v = 12$ m/s $KE = \frac{1}{2}(0.50 \text{ kg})(12 \text{ m/s})^2$

   $KE = ?$ $KE = \textbf{36 J}$

b. $x = ?$ $E = KE + PE = 36$ J

   $(v = 0)$ $KE = 0$ (되돌아오는 점에서)

                 $PE = \frac{1}{2}kx^2 = 36$ J

                 $x^2 = \dfrac{2(36 \text{ J})}{k}$

                 $x^2 = \dfrac{72 \text{ J}}{800 \text{ N/m}}$

                 $x^2 = 0.09$ m^2

                 $x = 0.30$ m $= \textbf{30 cm}$

보통 초단위로 나타낸다. 주기는 곡선에서 이웃한 마루와 마루 사이나 골과 골 사이의 시간으로 생각해도 된다. 천천히 진동하는 계는 긴 주기를 가지고, 빠르게 진동하는 계는 짧은 주기를 가진다.

어떤 용수철과 질량으로 이루어진 진동자의 진동 주기가 0.5 s라고 하자. 그러면 진동은 1 s에 2번 일어나는데, 이것을 **진동수**라고 한다. 진동수 f는 단위시간당 진동의 수이고, 주기의 역수를 취해서 구할 수 있다($f = 1/T$). 빨리 진동하는 계는 매우 짧은 주기를 가지고, 따라서 높은 진동수를 가진다. 일반적으로 사용하는 진동수의 단위는 **헤르츠**(hertz)인데, 초당 한 번의 순환으로 정의된다.

용수철-질량계의 진동수를 결정하는 것은 무엇인가? 직관적으로 유연한 용수철은 낮은 진동수를 가지고 탄성이 강한 용수철은 높은 진동수를 가질 것으로 예측한다. 실제로 그렇다. 용수철에 달린 질량도 영향을 미친다. 질량이 크면 운동의 변화를 많이 방해하여 더 낮은 진동수를 가진다.

진자의 진동 주기와 진동수는 일차적으로 고정점에서 진자추의 중심까지의 길이에 따라 달라진다. 주기를 측정하기 위해 보통 몇 번의 진동에 걸리는 시간을 측정한 뒤, 진동의 수를 나누어 주어 한 번 흔들리는 데 걸리는 시간을 구한다.

줄에 달린 공을 이용한 간단한 실험을 통해 주기와 진동수가 진자의 길이에 따라 어떻게 달라지는지에 대해 이해할 수 있다. 직접 해보고 그 규칙성을 찾아보아라. 운동은 규칙적이다 — 진자의 흔들림이나 용수철에 달린 물체의 운동으로 박자를 맞출 수 있다.

모든 종류의 복원력은 단조화 운동을 하게 하는가?

어떤 물체가 용수철에 매달려 평형위치 양쪽으로 움직이고 있을 때, 용수철은 물체를 중심 방향으로 밀거나 당기는 힘을 작용한다. 이러한 힘을 **복원력**이라고 한다. 이 경우 탄성력이 용수철에 의해 작용하는 것이다. 모든 진동에서 이러한 복원력이 존재해야 한다.

6.3절에서 논의한 바와 같이 용수철 힘은 평형위치로부터의 물체의 거리 x에 직접 비례한다($F = -kx$). 단조화 운동은 복원력이 이렇게 거리에 단순하게 의존하는 모든 경우에 나타난다. 만약, 물체에 작용하는 힘이 거리에 대해 좀 더 복잡한 형태로 변한다면 물체는 진동을 하기는 하지만 단조화 운동은 아니다. 그래서 단순조화곡선으로 나타나지 않는다(그림 6.19).

용수철-질량계는 일반적으로 그림 6.20처럼 수직 지지대에 물체가 달린 용수철을 걸어놓는 장치를 만드는 것이 더 쉽다. 이러한 구성은 탁자 위에 수평적으로 배열하는 경우 나타나는 마찰력을 피할 수 있다. 수직형태의 구성에서 물체를 아래로 당겼다가 놓으면 계는 아래위로 진동한다. 물체에는 2개의 힘이 작용하는데, 용수철의 힘은 위로 잡아당기고 중력은 아래로 잡아당긴다.

수직형태의 구성에서 중력은 크기가 일정하기 때문에 단지 평형점을 낮은 위치로 이동시키기만 한다. 평형점은 알짜 힘이 0인 점—중력이 아래로 잡아당기는 힘과 용수철이 위로 당기는 힘이 균형을 이루는 점이다. 복원력은 여전히 용수철 힘의 변화에 의한 것인데, 평형위치로부터의

거리에 비례한다. 이 계는 단조화 운동의
조건을 만족한다. 그러나 위치 에너지는 중
력 위치 에너지와 탄성 위치 에너지의 합
이다.

　단진자에 있어서는 중력이 복원력으로
작용한다. 진자추를 평형위치의 한쪽으로
잡아당기면 진자추에 작용하는 중력은 추
가 중심방향으로 되돌아오도록 잡아당긴
다. 평형위치로부터 벗어난 변위가 크지 않
으면 운동방향으로 작용하는 중력의 성분
은 변위에 비례한다. 따라서 흔들림의 **진폭**
이 작으면 단진자도 역시 단조화 운동을
보인다. **진폭**은 평형점으로부터의 최대거
리이다.

　진동하는 계들을 둘러보라. 탄성이 있는
금속조각에서부터 기타줄, 구덩이 안에서

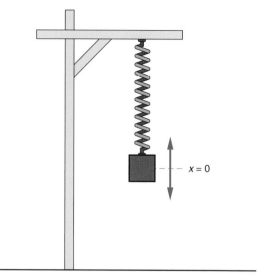

그림 6.20 용수철에 매달린 물체는 똑같은 용수철과
물체를 수평으로 연결한 경우의 진동 주기와 같은 주기
로 아래위로 진동할 것이다.

구르는 공에 이르기까지 많은 예들이 있다. 각각의 경우에 어떤 종류의 힘이 평형위치로 되돌
아오도록 끌어당기는가? 그 운동은 단조화 운동과 비슷한가, 아니면 좀 더 복잡한 진동을 보
이는가? 어떤 종류의 위치 에너지가 관여되어 있는가? 이와 같은 진동의 분석은 음악이나 통
신, 구조분석 등 물리학의 하위분야에서 중요한 역할을 한다.

모든 종류의 진동에는 위치 에너지와 운동 에너지 사이의 연속적인 에너지 교환이 이루어진다. 계로부터 에
너지를 빼앗아가는 마찰이 없다면 진동은 무한히 계속될 것이다. 평형위치로부터 벗어난 거리에 직접적으로
비례하여 증가하는 복원력은 단조화 운동을 하게 하는데, 시간에 대한 물체의 위치가 간단한 곡선(조화함수)
으로 표현된다. 이러한 진동은 우리 주위에 많이 있으며, 진동의 주기와 진동수를 측정할 수 있다.

질문

Q1. 바닥 위로 A와 B의 두 개의 벽돌을 같은
거리로 움직이는 데 같은 크기의 힘이 사
용되었다. 벽돌 A는 벽돌 B의 질량의 두
배이다. 벽돌에 한 일이 다르다면, 어느
벽돌에 한 일이 더 큰가? 설명하라.

Q2. 한 여인이 무거운 나무상자를 들어올리
기 위해 도르래 장치를 이용하고 있다.
그녀는 상자 무게의 1/4의 힘을 들여서
들어올리지만 상자가 들어 올려진 높이
의 4배 길이의 줄을 움직였다. 여인이 한

일은 줄이 상자에 대해 한 일보다 많은 가, 같은가, 아니면 적은가? 설명하라.

Q3. 어떤 사람이 무거운 바위에 몇 초 동안 센 힘으로 밀고 있지만 바위는 조금도 움직이지 않는다. 그 사람은 바위에 대해 일을 했는가? 설명하라.

Q4. 줄이 나무벽돌을 가속시키지 않고 바닥 위로 끌고 있다. 줄은 그림처럼 수평과 어떤 각도를 이루고 있다.

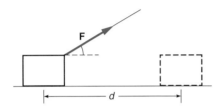

a. 줄이 작용한 힘은 벽돌에 대해 일을 했는가? 설명하라.
b. 모든 힘이 일을 하는 데 쓰였는가 아니면 일부가 쓰였는가? 설명하라.

Q5. Q4에서 기술한 상황에서 벽돌의 운동을 방해하는 마찰력이 있다면 이 마찰력은 벽돌에 대해 일을 하는가? 설명하라.

Q6. Q4에서 기술한 상황에서 바닥이 벽돌을 위로 떠받치는 수직항력은 일을 하는가? 설명하라.

Q7. 줄 끝에 매달린 공은 원을 그리며 돌고 있다. 줄은 공이 일정한 속력으로 원운동을 계속하도록 하는 데 필요한 구심력을 제공한다. 이 경우 줄이 공에 작용하는 힘은 공에 일을 하는가? 설명하라.

Q8. 그림처럼 바위를 들어올리는 데 지렛대가 사용된다. 바위가 가속되지 않는다면 사

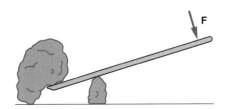

람이 지렛대에 한 일은 지렛대가 바위에 한 일보다 큰가, 같은가, 아니면 작은가? 설명하라.

Q9. 스케이트장에서 한 소년이 친구를 민다. 이 경우 마찰력은 매우 작기 때문에 소년이 친구의 등에 작용한 힘은 상당부분 수평방향으로 작용한다. 친구의 운동 에너지의 변화는 소년이 작용한 힘이 한 일보다 큰가, 같은가, 아니면 작은가? 설명하라.

Q10. 한 어린이가 벽돌에 수평방향으로 줄을 매달아 힘을 주어 바닥 위로 끌고 있다. 이 힘보다 작은 마찰력도 벽돌에 작용하고 있어서, 벽돌에 작용하는 알짜 힘은 줄이 작용하는 힘보다 작다. 이 경우 줄이 작용하는 힘이 한 일은 벽돌의 운동 에너지의 변화와 같은가? 설명하라.

Q11. 어떤 물체에 작용하는 힘이 한 가지만 있다고 한다면, 이 힘이 한 일은 반드시 운동 에너지를 증가시키는 결과를 주는가? 설명하라.

Q12. 질량이 같은 두 개의 공이 다른 알짜 힘에 의해 가속되어 한 개의 공은 다른 공의 속도의 2배가 되었다. 빨리 움직이는 공에 작용하는 알짜 힘이 한 일은 느리게 운동하는 공에 한 일의 2배인가? 설명하라.

Q13. 상자가 바닥에서 탁자 위로 이동되었는데, 이 과정에서 속도가 증가하지는 않았다. 만약 상자에게 한 일이 있다면 계에 더해진 에너지는 어떻게 되었는가?

Q14. 물체의 운동 에너지는 증가시키지 않고 위치 에너지만 증가시키도록 일을 했을 때, 물체에 작용한 알짜 힘이 한 일은 무엇인가? 설명하라.

Q15. 계에서 아무 것도 움직이지 않고 계가 에너지를 갖도록 하는 것이 가능한가? 설명하라.

Q16. 커다란 나무상자를 기울이기 위해 일을

해서 바닥 위에 반듯이 놓이지 않고 그림처럼 모서리로 균형을 이루고 있게 했다고 하자. 이 과정에서 상자의 위치 에너지는 증가했는가? 설명하라.

Q17. 나무막대에 맨 고무줄에 고무공을 단 어린이 장난감이 있다. 공에 힘을 가해 막대로부터 공을 잡아당겨 줄을 늘이되 공의 높이나 속도를 증가시키지 않는 방식으로 늘였다. 계의 에너지는 증가했는가? 설명하라.

Q18. 활을 휘게 할 때, 줄을 잡아당기기 위해 힘이 작용된다. 계의 에너지는 증가했는가? 설명하라.

Q19. 땅으로부터 5 피트(ft) 위에 있는 공과 깊이가 200 피트인 우물바닥으로부터 20 피트 위에 있는 같은 질량의 공 둘 중에서 어느 것이 더 큰 위치 에너지를 갖는가? 설명하라.

Q20. 진자를 평형(중심) 위치로부터 잡아당겼다가 놓았다.

   a. 진자를 놓기 전에는 어떤 형태로 계에 에너지가 더해졌는가? 설명하라.

   b. 진자를 놓은 후 진자의 운동의 어떤 점에서 운동 에너지가 가장 큰가? 설명하라.

   c. 위치 에너지가 가장 큰 곳은 어디인가? 설명하라.

Q21. 진자의 운동에서 총 역학적 에너지는 보존되는가? 진자는 흔들림을 영원히 계속

하는가? 설명하라.

Q22. 새가 대합조개를 잡아서 물고 상당한 높이까지 올라가 아래에 있는 바위에 떨어뜨려 껍질을 깬다. 이 과정에서 일어나는 에너지 변환에 대해 기술하여라.

Q23. 벽에 붙어 있는 용수철에 물체가 매달려 있고, 이것은 마찰이 없는 수평면 위에서 마음대로 움직일 수 있다. 물체를 잡아당겼다가 놓았다.

   a. 물체를 놓기 전에 계에 더해진 에너지는 어떤 형태인가? 설명하라.

   b. 물체를 놓은 후 운동하고 있을 때 위치 에너지는 어느 점에서 가장 큰가? 설명하라.

   c. 운동 에너지는 어느 점에서 가장 큰가? 설명하라.

Q24. Q23에서 물체가 운동의 맨 끝 중의 한 점과 운동의 중심점 가운데 있다고 가정하자. 이점에서 계의 에너지는 운동 에너지인가, 위치 에너지인가 아니면 이들의 결합 형태인가? 설명하라.

Q25. 물체가 용수철의 끝에 수직 방향으로 매달려 있다고 하자. 물체를 아래로 당겨서 놓아 진동하도록 하였다. 물체가 잡아당겨졌을 때, 계의 위치 에너지는 증가했는가 아니면 감소했는가? 설명하라.

Q26. 썰매를 언덕 위에서 밀었다. 이러한 상황에서 출발점보다 높은 둔덕을 썰매가 넘어갈 수 있을까? 설명하라.

Q27. 마찰력은 계의 총 역학적 에너지를 증가시킬 수 있는가? 설명하라.

Q28. 무거운 상자를 들어올리기 위해 도르래 장치를 이용하고 있는데, 도르래가 녹이 슬어 도르래에 마찰력이 작용하고 있다고 하자. 유용한 출력 일은 입력 일보다 클 것인가, 같을 것인가 아니면 작을 것인가? 설명하라.

Q29. 장대높이뛰기에서 있을 수 있는 위치 에너지의 종류는 중력 위치 에너지뿐인가? 설명하라.

Q30. 두 사람의 장대높이뛰기 선수가 같은 속력으로 달리고 있다고 할 때, 이들은 같은 높이를 뛰어넘을 수 있을까? 설명하라.

연 습 문 제

E1. 수평방향으로 20 N의 힘으로 탁자 위에서 상자를 3 m의 거리를 끌었다. 20 N의 힘이 한 일은 얼마인가?

E2. 한 여인이 탁자를 바닥 위에서 5 m를 이동시키는 데 300 J의 일을 하였다. 만약 힘을 수평 방향으로 작용하였다면, 여인이 탁자에 작용한 힘의 크기는 얼마인가?

E3. 바닥 위에서 나무상자를 4 m 끄는 데 50 N의 힘이 사용되었다. 힘이 상자로부터 위쪽 방향으로 어떤 각도를 이루는 방향으로 작용하여 힘의 수직 성분이 30 N이 되고 수평성분은 40 N이 되었다.
  a. 힘의 수평성분이 한 일은 얼마인가?
  b. 힘의 수직성분이 한 일은 얼마인가?
  c. 50 N의 힘이 한 총 일은 얼마인가?

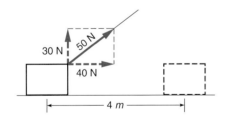

E4. 30 N의 알짜 힘이 4 kg의 물체를 가속시켜 40 m의 거리를 이동시켰다.
  a. 이 알짜 힘이 한 일은 얼마인가?
  b. 물체의 운동 에너지 증가는 얼마인가?

E5. 1 kg의 공이 20 m/s의 속도를 가지고 있다.
  a. 공의 운동 에너지는 얼마인가?
  b. 공을 정지시키기 위해서는 얼마만큼의 일이 필요한가?

E6. 질량이 5 kg인 상자를 (가속없이) 3 m 높이의 벽장 선반에 들어올렸다.
  a. 상자의 위치 에너지의 증가는 얼마인가?
  b. 상자를 이 높이로 들어올리는 데 필요한 일은 얼마인가?

E7. 용수철 상수 k가 60 N·m인 용수철을 평형위치로부터 0.2 m만큼 잡아당겨서 늘였다. 용수철의 위치 에너지 증가는 얼마인가?

E8. 용수철을 0.1 m 늘이는 데 30 J의 일을 하였다면
  a. 용수철의 위치 에너지 증가는 얼마인가?
  b. 용수철의 용수철 상수 k는 얼마인가?

E9. 2 kg의 바위를 4 m 높이로 들어올리는 것과 같은 바위를 정지상태에서 10 m/s의 속도로 가속시키는 것 중 어느 것이 더 많은 일을 필요로 하는가?

E10. 0.5 kg의 진자추가 흔들림의 아랫점에서 4 m/s의 속도를 가진다.
  a. 흔들림의 아랫점에서의 운동 에너지는 얼마인가?
  b. 공기의 저항을 무시하면 진자추는 운동방향을 바꾸기 전에 아랫점 위의 어느 높이까지 올라갈까?

E11. 용수철에 붙어있는 0.2 kg의 물체가 탁자 위에서 수평방향으로 잡아당겨져서 계의 위치 에너지가 0에서 170 J로 증가하였다.
  a. 공기의 저항을 무시하면 물체가 놓아져서 위치 에너지가 80 J로 감소한 점까지 움직였을 때 계의 운동 에너지는 얼마인가?

b. 이 점에서 물체의 속도는 얼마인가?
(예제 6.4 참조)

E12. 사람과 합쳐서 질량이 50 kg인 썰매가 언덕 아래에서 15 m 위의 언덕 꼭대기에 있다. 꼭대기에서 썰매가 1600 J의 초기 운동 에너지를 갖도록 밀었다.

 a. 언덕 아래의 높이를 기준으로 했을 때, 꼭대기에서의 썰매와 사람의 위치 에너지는 얼마인가?

 b. 마찰이 무시될 수 있다면 언덕 아래에서의 썰매와 사람의 운동 에너지는 얼마인가?

E13. 궤도활주열차가 주행 중의 한 지점 A에서 400000 J의 위치 에너지와 80000 J의 운동 에너지를 가지고 있다. 궤도의 아랫점에서는 위치 에너지가 0이고 열차가 떠난 지점 A에서부터 마찰에 대해 한 일이 50000 J이다. 이 아랫점에서의 열차의 운동 에너지는 얼마인가?

E14. 800 kg의 질량을 가진 궤도활주열차가 땅으로부터 20 m 높이의 지점 A에서 정지상태로부터 출발하였다. 지점 B는 땅으로부터 10 m의 높이에 있다.

 a. 열차의 초기 위치 에너지는 얼마인가?

 b. 지점 B에서의 위치 에너지는 얼마인가?

 c. 초기 운동 에너지가 0이고, 지점 A와 B 사이에서 마찰에 대해 한 일이 20000 J이라면 지점 B에서의 운동 에너지는 얼마인가?

고난도 연습문제

CP1. 질량이 0.5 kg인 나무벽돌을 실험대 위에서 이동시키는데, 수평방향으로 2개의 힘이 작용하고 있다고 하자. 하나는 8 N의 힘이 벽돌을 밀고 있고, 다른 하나는 운동을 방해하는 3 N의 마찰력이다. 벽돌이 실험대 위에서 2 m의 거리를 이동했다.

 a. 8 N의 힘이 한 일은 얼마인가?

 b. 벽돌에 작용하는 알짜 힘이 한 일은 얼마인가?

 c. 벽돌의 운동 에너지의 증가를 계산하기 위해서는 이들 두 값 중에서 어느 것을 이용해야 하는가? 설명하라.

 d. 8 N의 힘이 한 일이 계에 더해 준 에너지는 어떻게 되는가? 완전히 설명할 수 있는가? 설명하라.

 e. 벽돌이 정지상태에서 출발하였다면 2 m를 이동한 후의 벽돌의 속도는 얼마인가?

CP2. 예제 6.2에서 기술한 바와 같이 질량이 100 kg인 나무상자는 4초 동안 작용한 50 N의 알짜 힘에 의해 가속된다.

 a. 뉴턴의 제 2법칙을 사용하여 상자의 가속도를 구하여라.

 b. 상자가 정지상태에서 출발한다면 4초 동안 얼마의 거리를 이동하는가? (2.5절 참조)

 c. 50 N의 알짜 힘이 한 일은 얼마인가?

 d. 4초 후의 상자의 속도는 얼마인가?

 e. 이때의 상자의 운동 에너지는 얼마인가? 이 값을 c에서 계산한 일과 비교하면 어떻게 되는가?

CP3. 새총은 Y자 모양의 몸체에 고무줄이 달려 있고, 고무줄의 가운데에는 돌이나 다른 투사체를 잡을 수 있도록 작은 쌈지가 붙어 있는 모양이다. 고무줄은 용수철과 같은 기능을 한다. 어떤 새총의 용수철 상수가 1200 N · m라고 하자. 고무줄을 30 cm(0.3 m) 뒤로 잡아당겼다가 놓는다고 하자.

a. 놓기 전에 계의 위치 에너지는 얼마인가?

b. 고무줄을 놓은 후 돌이 가질 수 있는 최대 운동 에너지는 얼마인가?

c. 만약 돌의 질량이 50 g(0.05 kg)이라면, 고무줄을 놓은 후의 돌의 가능한 최대 속도는 얼마인가?

d. 돌은 실제로 이들 최대 운동 에너지와 최대 속도를 가질 것인가? 어떤 식으로 이 계는 에너지를 잃게 될까? 설명하라.

CP4. 150 g(0.15 kg)의 물체가 용수철에 달려서 마찰이 없는 수평면 위에서 진동하고 있다. 용수철은 늘어날 수도 있고 압축될 수도 있으며, 용수철 상수는 250 N/m이다. 용수철을 처음에 평형 위치로부터 10 cm (0.1 m) 늘였다가 놓았다.

a. 초기 위치 에너지는 얼마인가?

b. 진동하면서 물체가 가질 수 있는 최대 속도는 얼마인가? 운동 중 어느 때 최대치에 이르는가?

c. 마찰을 무시한다면 물체가 평형위치로부터 5 cm의 위치에 있을 때의 위치 에너지, 운동 에너지, 그리고 속도는 얼마인가?

d. b와 c에서 계산한 속도의 값을 비교하면 어떤가? (이 값의 비는 얼마인가?)

CP5. 사람을 포함한 총 질량이 60 kg인 썰매가 그림처럼 언덕 꼭대기에 놓여 있다. 이 언덕 꼭대기는 썰매 활주로의 아랫점으로부터 40 m 높이에 있다. 두 번째 언덕은 아랫점으로부터의 높이가 30 m이다. 썰매가 이 두 언덕 사이를 이동하면서 마찰에 대해 하는 일이 약 5000 J이라는 사실을 알고 있다고 하자.

a. 썰매가 출발 초기에 운동 에너지를 가지고 있지 않다고 한다면 썰매는 두 번째 언덕 꼭대기까지 올라갈 수 있을까? 설명하라.

b. 출발 초기에 운동 에너지를 가지지 않고, 또 마찰에 대해 하는 일이 위에서와 같다고 할 때, 두 번째 언덕 꼭대기에 이르기 위해서는 언덕의 최대 높이가 얼마여야 할 것인가? 설명하라.

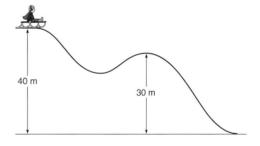

7 장

운동량과 충격량

학습목표　이 장의 학습목표는 충격량과 운동량을 공부하여 이러한 개념이 충돌의 문제를 다루는 데 얼마나 유용한지를 알아보려고 한다. 운동량 보존법칙이 설명되고 운동량 보존법칙이 적용되는 한계에 대하여도 설명될 것이다. 우리 주위에서 발견할 수 있는 예제들을 다룸으로써 운동량 보존법칙을 비롯한 이 장에서 다루는 개념을 이해하는 데 도움을 주게 될 것이다. 여러 가지 개념 중 그 중심은 운동량이다.

개 요

1　**운동량과 충격량.** 운동의 급격한 변화를 운동량과 충격량을 이용하여 어떻게 기술할 수 있을까? 그리고 이러한 개념들은 뉴턴의 제2법칙인 운동법칙과는 어떻게 연결될 수 있을까?

2　**운동량 보존의 법칙.** 운동량 보존법칙은 무엇이며, 어떤 경우 성립하는 것일까? 운동량 보존법칙은 뉴턴의 운동법칙과는 어떤 관계가 있을까?

3　**반발.** 총을 쏠 때 총의 반동은 운동량을 이용하여 어떻게 설명할 수 있을까? 이것은 로켓을 발사하는 것과는 어떤 관계가 있을까?

4　**탄성충돌과 비탄성충돌.** 충돌은 운동량 보존법칙을 사용하여 어떻게 설명될 수 있을까? 탄성충돌과 비탄성충돌의 차이점은 무엇일까?

5　**비스듬한 충돌.** 2차원 충돌에서는 운동량 보존법칙을 어떻게 적용할 수 있을까? 당구공의 충돌과 자동차의 충돌에서는 어떤 점이 비슷할까?

운동량, 즉 모멘텀이란 단어는 스포츠를 중계하는 아나운서가 게임 흐름의 변화를 나타내기 위하여 자주 사용하는 말이 되었다. 그러나 아나운서들이 사용하는 운동량이라는 단어는 물리학에서 사용하는 운동량이라는 단어와는 은유적으로 비슷할 뿐이다. 스포츠나 우리의 일상생활에는 물리학에서 사용하는 운동량이라는 단어를 사용하여 설명할 수 있는 것이 많이 있다.

미식축구에서 풀백과 디펜시브백이 격렬하게 충돌하는 경우를 예로 들어보자(그림 7.1). 만약에 그들이 정면 충돌한다면 풀백의 속도는 급격하게 감소할 것이다. 그들은 잠시 동안 최초의 풀백의 속도로 같은 방향으로 운동할 것이다. 만약에 디펜시브백이 태클하기 전에 어

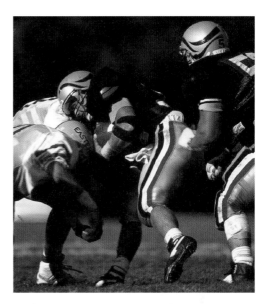

그림 7.1 풀백과 디펜시브백의 충돌. 이 두 선수는 충돌 후에 어떻게 운동할까?

떤 속도로 달려 왔다면 그의 속도도 급격하게 감소할 것이다. 두 사람 사이에는 속도변화, 즉 가속도를 내기 위하여 큰 힘이 작용한다. 그러나 이 힘은 아주 짧은 시간 동안만 작용한다. 자 이제 이 문제를 어떻게 뉴턴의 역학법칙으로 설명할 수 있을까?

충격량, 운동량, 그리고 운동량 보존법칙은 충돌의 문제를 다루는 경우에 항상 등장하게 마련이다. 이러한 양들은 풀백과 디펜시브백의 총 운동량이 충돌이 일어난 후에 어떻게 될지를 예측하게 해준다. 그러면 운동량은 어떻게 정의되며 운동량 보존법칙은 뉴턴의 역학법칙과는 어떤 관계가 있을까? 그리고 운동량 보존법칙은 충돌 후에 어떤 일이 일어날지를 설명하는 데 어떻게 사용될까? 이러한 질문들이 많은 충돌의 문제를 다루는 동안 심도있게 다루어질 것이다.

7.1 운동량과 충격량

야구 방망이에 맞은 야구공이 투수를 향해 날아가는 경우를 생각해 보자. 매우 짧은 시간 동안에 공은 속력과 방향을 바꾸게 된다. 이때 공의 가속도 방향과 원래의 운동방향은 반대방향이다. 이와 비슷한 일이 라켓으로 테니스공을 칠 때나 공이 벽에 맞고 튕겨 나올 때도 일어난다. 일상생활에서도 순간적인 충돌로 속도가 심하게 변화하는 경우를 많이 찾아볼 수 있다. 이렇게 운동 상태를 급하게 변하게 하는 데는 큰 힘이 작용한다. 그러나 이때 작용하는 힘은 아주 짧은

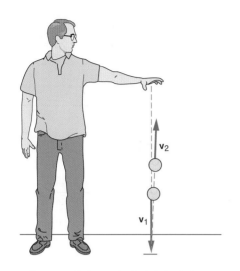

그림 7.2 테니스공이 바닥에서 튀어 오르고 있다. 공이 바닥에서 튀어 오르는 순간에는 공의 운동방향이 순간적으로 변화하게 된다.

시간 동안 작용하기 때문에 측정하기가 매우 힘들다. 이 힘은 매우 짧은 시간 동안 작용할 뿐만 아니라 충돌이 일어나는 **동안**에 그 크기가 일정하지 않고 크게 변화한다.

공이 튀어 오를 때는 어떤 일이 일어날까?

　테니스공을 바닥을 향해 떨어뜨리는 경우를 생각해 보자. 공은 처음에 중력에 의하여 아래 방향으로 가속될 것이다. 공이 바닥에 닿는 순간 공의 속도는 급격하게 변해서 공은 다시 위 방향으로 튀어오를 것이다(그림 7.2). 공이 바닥과 접촉하는 동안에는 큰 힘이 바닥과 공 사이에 작용한다. 이 힘으로 인해 공은 위 방향으로 운동의 방향을 바꾸는 데 필요한 가속도를 얻게 된다. 만약에 고속 카메라를 이용하여 공과 바닥이 충돌하는 순간을 찍는다면 공이 바닥과 충돌하는 동안에 공의 모양이 많이 찌그러진 것을 발견할 수 있을 것이다(그림 7.3). 공이 마치 스프링처럼 아래 방향으로 운동하고 있는 동안에는 수축하고 위 방향으로 운동하는 동안에는 다시 팽창하게 된다. 공을 손안에 넣고 힘을 가하는 간단한 실험으로 공의 모양을 찌그러뜨리는 데는 큰 힘을 필요로 한다는 것을 쉽게 알 수 있을 것이다.

　이러한 일련의 실험을 통하여 우리가 알 수 있게 된 것은 아래 방향으로 운동하던 공을 짧은 시간 동안에 다시 위 방향으로 운동하게 하기 위해서는 큰 힘이 작용해야 된다는 것이다. 공의 속도는 급격하게 0으로 떨어졌다가 다시 반대방향으로 급격하게 증가하게 되는 것이다. 이러한 과정은 매우 빠르게 진행되기 때문에 그야말로 눈 깜박할 사이에 일어난다고 할 수 있다.

그림 7.3 공이 마루에 부딪히는 두 장의 고속사진. 한 장은 충돌 직전의 모습이고 또 한 장은 충돌 후 사진이다. 공은 마루에 부딪히는 순간 마치 스프링처럼 압축된다. ⓒ Ted Kinsman/Science Source

그렇다면 이렇게 빠르게 일어나는 변화를 어떻게 분석할 수 있을까?

우리는 공과 바닥의 충돌을 힘과 가속도를 이용하여 설명하였다. 이 경우에 속도가 어떻게 변하는지를 알기 위해서는 뉴턴의 제2법칙을 사용할 수도 있다. 그러나 이러한 방법으로 이 문제에 접근하는 데는 작용시간이 매우 짧다는 것이 커다란 장애가 된다. 더구나 이 짧은 시간 동안에도 충돌하는 두 물체 사이에 작용하는 힘이 일정한 것이 아니라 크게 변화한다는 것은 또 다른 어려움이다. 따라서 이런 경우에는 짧은 시간 동안의 충돌시에 일어나는 **운동량의 총 변화**를 분석하는 것이 훨씬 효과적이다.

4장에서 다루었던 것과 같이 뉴턴의 제2법칙을 $\mathbf{F} = m\mathbf{a}$의 형태로 나타낼 수 있다. 가속도 $\mathbf{a}$는 속도의 변화율로 속도의 변화량 $\Delta\mathbf{v}$를 속도 변화에 필요한 시간 Δt로 나눈 양이다. 여기서 시간 간격은 매우 중요하다. 속도변화에 필요한 시간이 짧으면 짧을수록 가속도의 크기는 커지고, 따라서 이러한 변화를 일으키기 위한 힘도 커진다.

뉴턴의 제2법칙은 속도의 변화량을 이용하여

$$\mathbf{F} = m\left(\frac{\Delta\mathbf{v}}{\Delta t}\right)$$

과 같이 새로운 식으로 나타낼 수 있다. 이 식의 양변에 시간의 변화량을 곱하면 다음과 같은 식을 얻는다.

$$\mathbf{F}\Delta t = m\Delta\mathbf{v}$$

이 식은 여전히 뉴턴의 제2법칙을 나타내고 있지만 사건을 보는 새로운 시각을 제시하고 있다. 이 새로운 시각은 운동의 변화를 전체적으로 다루는 데 훨씬 편리하다.

충격량과 운동량이란 무엇인가?

충격량은 물체에 작용하는 힘에 작용하는 데 걸린 시간을 곱한 양이다. 만약에 작용하는 힘의 크기가 일정하지 않고 시간에 따라 변한다면(대개의 경우가 그렇지만), **평균** 힘을 곱해 주어야 한다. 따라서, 충격량은 뉴턴의 제2법칙을 새로 쓴 식의 좌변, $\mathbf{F}\Delta t$이다.

> 충격량은 물체에 작용하는 평균적인 힘에 작용시간을 곱한 양이다.
>
> 충격량 $= \mathbf{F}\Delta t$

힘은 벡터량이기 때문에 충격량 역시 평균 힘의 방향을 향하는 벡터량이다.

힘이 얼마나 많이 물체의 운동을 변화시키느냐 하는 것은 힘의 크기와 작용시간의 곱에 비례한다. 작용하는 힘의 크기가 크면 클수록, 작용시간이 길면 길수록 운동변화의 효과는 크다. 힘의 크기와 작용시간을 곱한 양은 전체적인 운동의 변화량을 나타낸다.

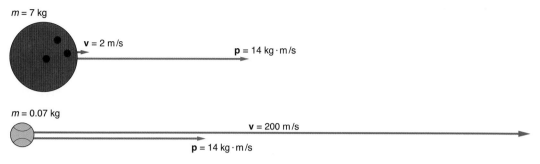

그림 7.4 같은 운동량을 가진 볼링공과 테니스공. 테니스공의 질량은 볼링공보다 훨씬 작으므로 같은 운동량은 가지기 위해서는 훨씬 큰 속도가 필요하다.

뉴턴의 제2법칙을 새롭게 쓴 식의 우변, $m\Delta\mathbf{v}$은 물체의 질량에 충격으로 변한 속도의 변화량을 곱한 양이다. 뉴턴은 이것을 운동의 **변화**라고 했다. 우리는 이것을 운동량의 변화량이라고 부른다. 이때 **운동량**은 다음과 같이 정의된다.

운동량은 물체의 질량과 속도의 곱이다.

$$\mathbf{p} = m\mathbf{v}$$

$\mathbf{p}$는 운동량을 나타내는 기호로 자주 사용된다. 만약에 물체의 질량이 상수라면 운동량의 변화량은 물체의 질량에 속도의 변화량을 곱한 값, $\Delta\mathbf{p} = m\Delta\mathbf{v}$으로 나타낼 수 있다.

사실 여기서 운동량은 선운동량이라고 해야 정확한 표현이다. 다만 당분간 직선운동에 대하여만 다루므로 그냥 운동량이라고 하여도 무방하다. 다음 장에서 회전운동을 다룰 때 사용하는 각운동량은 또 다른 운동량의 개념이다.

속도와 마찬가지로 운동량도 벡터량이며, 그 방향은 속도의 방향과 같다. 같은 방향으로 운동하고 있는 두 물체는 질량이 다르고 서로 다른 속도로 운동하고 있더라도 같은 크기의 운동량을 가질 수 있다. 예를 들어, 7 kg의 질량을 가지는 볼링공이 2 m/sec의 느린 속도로 움직인다면 운동량은 14 kg · m/sec가 될 것이다. 한편 질량이 0.07 kg인 테니스 공이 200 m/sec의 빠른 속도로 운동하고 있다면 이 테니스공의 운동량도 14 kg · m/sec가 될 것이다(그림 7.4).

충격량과 운동량에 대한 이러한 정의를 이용하여 뉴턴의 제2법칙은 다음과 같이 새롭게 해석할 수 있다.

충격량 = 운동량의 변화량

$$\mathbf{F}\Delta t = \Delta\mathbf{p}$$

뉴턴의 제2법칙을 이렇게 나타내는 것을 때로는 **충격량-운동량 정리**라고 부르기도 한다.

물체에 작용하는 충격량은 작용한 충격량의 크기와 방향이 같은 운동량의 변화를 만들어낸다.

이 정리는 새로운 법칙이 아니고 뉴턴 역학의 제2법칙을 다른 시각으로 표현한 것이다. 이러한 표현은 충돌의 문제를 다루는 데 특히 유용하다.

충격량–운동량 정리를 어떻게 적용할 것인가?

충격량–운동량 정리는 거의 모든 충돌의 문제에 적용된다. 골프채로 골프공을 때리는 것은 좋은 예가 될 것이다(그림 7.5). 클럽 헤드가 골프공에 가해준 충격량은 예제 7.1에서 다룬 것과 같이 골프공의 운동량을 변화시킨다. 충격량의 단위(힘 곱하기 시간, N · s)와 운동량의 단위(질량 곱하기 속도, kg · m/s)가 같다는 것을 확인해 두는 것이 좋을 것이다.

앞에서 예로 들었던 바닥에서 튀어 오르는 테니스공의 운동량도 변할까? 테니스공이 바닥에 부딪혀 같은 속력으로 튀어 오르는 경우에 운동 에너지는 변하지 않더라도 운동의 방향이 바뀌었으므로 운동량이 변화되었다. 테니스공의 운동량은 순간적으로 정지할 때까지는 계속 줄어들다가 다시 반대방향으로 증가하게 된다(그림 7.6). 이 과정의 총 운동량 변화는 테니스공이 바닥

예제 7.1

예제 : 골프공의 충격량과 운동량

골프채로 골프공을 치기 위해서 힘을 가하고 있다. 클럽 헤드가 골프공에 가하는 평균적인 힘은 500 N이고, 골프공의 질량은 0.1 kg이다. 그리고 클럽 헤드가 골프공에 충격을 가하는 데 걸리는 시간은 100분의 1초였다.
a. 클럽 헤드가 골프공에 가한 충격량은 얼마인가?
b. 골프공의 속도의 변화는 얼마인가?

a. $F = 500$ N   충격량 $= F\Delta t$
$\Delta t = 0.01$ s $= (500 \text{ N})(0.01 \text{ s})$
충격량 $= ?$ **$= 5$ N · s**

b. $m = 0.01$ kg   충격량 $= \Delta \mathbf{p} = m\Delta \mathbf{v}$

$\Delta v = ?$ $\Delta v = \dfrac{충격량}{m}$

$= \dfrac{5 \text{ N} \cdot \text{s}}{0.1 \text{ kg}}$

$= 50$ m/s

골프공은 정지한 상태에서 움직이기 시작했으므로, 이 속도의 변화량은 골프공이 클럽 헤드를 떠나는 순간의 속도와 같다. 공이 움직이는 방향은 공에 가해준 충격량의 방향과 같다.

그림 7.5 골프채의 클럽 헤드를 통하여 충격량이 골프공에 전달된다. 만약에 골프공의 초기 운동량이 0이었다면 마지막 운동량은 충돌을 통해 전달된 충격량과 같아야 한다.

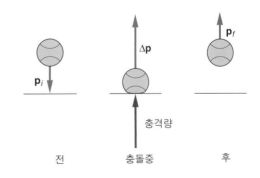

그림 7.6 마루에 의해 테니스공에 작용한 충격량이 공의 운동량을 변화시킨다.

에 멈추는 경우보다 크게 된다.

테니스공이 같은 속력으로 튀어오르는 경우에는 테니스공의 운동량의 변화량은 공이 바닥에 충돌하기 전에 가지고 있던 운동량의 2배가 된다. 테니스공이 충돌한 후에는 위 방향으로 움직이므로 공의 최종 운동량은 $m\mathbf{v}$이고, 충돌하기 전에는 아래 방향으로 움직이고 있었기 때문에 충돌하기 전의 운동량은 $-m\mathbf{v}$이다. 따라서, 나중 운동량에서 처음 운동량을 뺀 운동량의 변화량은 $m\mathbf{v}-(-m\mathbf{v})=2m\mathbf{v}$가 된다. 따라서 이러한 운동량의 변화를 주기 위한 충격량은 공을 단순히 정지시키기 위한 충격량의 2배가 된다.

운동량의 변화와 충격량의 관계를 설명할 수 있는 예들이 우리 주위에는 얼마든지 있다. 빠른 속도로 날아오는 공을 잡을 때 왜 손을 뒤로 후퇴시키면서 받는 것이 좋은가? 손을 뒤로 후퇴시키면 공을 받는 데 걸리는 시간, Δt를 길게 할 수 있다. 충격량은 힘과 작용시간의 곱($\mathbf{F}\Delta t$)이므로, 시간을 길게 하면 손이 공을 정지시키기 위해 가해 주어야 하는 힘의 크기가 작아진다.

작용시간이 길면 작은 힘으로 같은 크기의 충격량과 운동량의 변화를 만들어낼 수 있다. 이러한 원리는 사고시의 충격을 완화하는 데 널리 사용되고 있다. 에어백이나 범퍼는 충돌시 움직이던 사람이나 차가 멈출 때까지 걸리는 시간을 길게 하여 주어 작용하는 힘을 줄여준다. 또 다른 실제적인 예들이 매일의 자연현상 7.1에 기술되어 있다.

매일의 자연현상 7.1

달걀 던지기

상황. 두 사람이 한 팀이 되어 날달걀을 최대한 멀리서 깨뜨리지 않고 주고받기 하는 게임을 본 적이 있는가? 이 게임에서 가장 키포인트는 달걀을 받을 때 적당한 속도로 손을 뒤로 후퇴시키면서 가볍게 달걀을 받는 기술이다. 이러한 동작은 어떻게 달걀이 깨지는 것을 현저하게 줄여줄 수 있을까? 이것은 운동량이나 충격량과 어떤 관계가 있는가? 우리가 배우는 물리적인 지식은 달걀이 깨지지 않도록 어떤 도움을 줄 수 있는가? 같은 원리가 물풍선 던지기에도 동일하게 적용된다.

분석. 당신이 파트너에게 달걀이나 물풍선을 던질 때 당신은 그들에게 힘을 가하여 운동량을 주는 것이다. 반대로 파트너가 받는 것은 그것을 정지시키는 과정이며 여기에 운동량의 변화가 일어난다. 운동량의 변화는 곧 앞에서 기술한 대로 충격량이 된다. 충격량은 물체에 작용한 힘의 크기와 그 힘이 가해진 시간을 곱한 양이다. 따라서 충격량–운동량의 원리에 의해서 물체의 운동량의 변화는 곧 작용한 힘의 크기와 힘이 가해진 시간의 곱이 된다.

$$\Delta p = F \Delta t$$

여기서는 골프 스윙이나 야구의 배팅에서와 같이 운동량을 증가시키고자 하는 것이 아니다. 오히려 문제는 달걀에 힘을 작용하여 그것을 정지시키며 동시에 작용하는 힘을 최소화하여 달걀이 깨지지 않도록 하는 것이다. 달걀에 작용하는 힘이 일정한 크기보다 커지면 달걀은 깨지기 때문이다.

달걀이 던지는 사람의 손을 떠날 때 일정한 운동량을 가지게 된다. 이 운동량은 달걀이 날아가는 동안 일정하게 유지된다. 즉 운동량은 고정되어 있다. 받는 사람이 달걀의 운동량을 0으로 만들기 위해서는 달걀에 작용하는 충격량은 운동량의 변화와 같아야 하므로 충격량도 고정되어 있다. 충격량 즉 $F\Delta t$가 고정되어 있으므로 힘 F를 작게 하려면 힘이 가해지는 시간, 즉 달걀을 받는 시간 Δt를 길게 해주어야 한다. F는 곧 $1/\Delta t$에

비례하는데 이와 같이 한 변수가 증가할 때 그와 관계된 다른 변수가 감소한다면 이를 역비례의 관계라고 한다.

역비례의 관계는 우리가 항상 의식하지는 못하지만 일상생활에 자주 나타나는 현상이다. 간단한 예를 들면 한 아이가 2달러를 가지고 캔디를 사려고 한다. 캔디 한 개가 10센트라면 이 돈으로 20개의 캔디를 살 수 있다. 만일 캔디가 한 개에 25센트라면 8개의 캔디밖에는 살 수가 없다. 캔디가 비쌀수록 살 수 있는 캔디의 숫자는 줄어든다는 사실을 쉽게 알 수 있다.

위의 예에서 아이가 지불할 수 있는 액수가 고정되어 있다. 그리고 그것은 캔디의 전체 가격과 동일하며 이는 곧 캔디의 개수와 캔디 한 개의 가격을 곱한 것이다. 따라서 캔디의 총액이 고정되어 있다면 캔디의 가격과 살 수 있는 캔디의 수는 역비례 관계에 있다.

이미 지적한 바와 같이 달걀 받기에도 역비례 관계가 성립한다. 충격량이 고정되어 있으므로 힘의 크기와 힘이 작용한 시간의 길이는 역비례의 관계이다. 하나를 크게 하면 다른 한 변수는 작아진다. 따라서 당신의 목표는 달걀을 정지시키는 데 소요되는 시간을 최대한 길게 하는 것이다.

어떻게 하면 그렇게 할 수 있는가? 그것은 달걀이 당신의 손에 닿기 시작하는 순간부터 손을 뒤로 후퇴시키면서 최대한 달걀의 속도가, 즉 그 운동량이 일정한 비율로 천천히 0이 되도록 해주는 것이다. 이런 기술을 이용하면 달걀을 급속히 정지시킬 때보다 달걀에 작용하는 평균 힘을 아주 작게 유지하며 정지 상태에 이르게 할 수 있다.

이러한 원리가 적용되는 예는 아주 많은데 자동차의 에어백이 바로 좋은 예이다. 자동차의 충돌시 에어백은 당신의 몸이 정지 상태에 이르는 데 걸리는 시간을 길게 하여 줌으로써 몸에 가해지는 힘을 줄여주는 역할을 한다. 체조 경기장 바닥에 깔아놓은 매트는 떨어지는 운동선수의 무릎에 가해지는 힘을 줄여주는 역할을 한다. 컵이 바닥에 떨어질 때 바닥에 깔려있는 카펫은 컵에 작용하는 힘을 줄여주어 콘크리트 바닥에 떨어질 때보다 컵이 깨질 확률을 크게 줄여주기도 한다. 이 모든 경우는 정지 상태에 이르는 시간을 길게 하여 작용하는 힘을 작게 해주는 동일한 예이다.

만일 다음에 당신이 공원으로 소풍을 갈 기회가 있다면 반드시 달걀이나 물풍선을 준비해 친구와 던지기를 해보기를 바란다. 기술을 잘 익히면 물풍선을 아주 멀리서도 터뜨리지 않을 수 있을 것이다. 그러나 간혹 몸을 적시는 것이 더욱 재미있을 수도 있다.

이 장에서 다룬 것은 모두 뉴턴의 제2법칙을 새로운 각도에서 살펴 본 것이다. 식의 양변을 작용시간, Δt로 나누면 뉴턴이 처음에 제안한 식, $\mathbf{F} = \Delta \mathbf{p}/\Delta t$을 얻을 수 있다. 한 마디로 말해 물체에 가해지는 힘은 물체의 운동량의 변화율과 같다는 것이다. 이 식은 뉴턴의 방정식 $\mathbf{F} = m\mathbf{a}$ 보다 더 넓은 의미를 갖는다.

운동량과 충격량은 큰 힘이 짧은 순간 작용하여 커다란 운동의 변화를 일으키는 충돌의 문제를 다루는 데 매우 유용하다. 충격량–운동량 정리는 뉴턴의 제2법칙을 다른 형태로 나타낸 것으로 운동량의 변화는 그 물체에 가해진 충격량과 같다는 것이다. 물체에 가해지는 평균적인 힘과 작용시간의 곱으로 나타내지는 충격량은 운동량의 변화를 예측할 수 있게 한다. 충격량이 크면 클수록 운동량의 변화도 크다.

7.2 운동량 보존의 법칙

운동량과 충격량을 이용하면 어떻게 앞에서 예로 든 미식축구 선수들의 충돌을 설명할 수 있을까? 디펜시브백은 풀백에게 아주 짧은 동안 상당한 힘을 가한다(그림 7.7). 그리고 이 충돌에서 두 선수의 운동량은 매우 빠르게 변한다. **운동량 보존의 법칙**은 이러한 충돌을 이해하는 데 가장 중요한 법칙이다. 이 법칙은 뉴턴의 제3법칙을 충격량과 운동량의

그림 7.7 두 미식축구 선수의 충돌. 두 선수 사이에 작용하는 충격량의 크기는 같고 방향이 반대이다.

변화에 적용하면 간단하게 유도해 낼 수 있다. 운동량 보존법칙은 충돌시 두 물체 사이에 작용하는 힘을 자세하게 알지 않고도 충돌 후의 상황을 예측할 수 있게 해준다.

왜 그리고 언제 운동량이 보존되는가?

강하게 정면으로 부딪히는 풀백과 디펜시브백의 충돌을 예로 들어보자. 문제를 간단하게 하기 위해서 두 선수는 공중에서 부딪혔고, 충돌이 끝난 후에는 한 덩어리가 되어 움직였다고 가정해 보자(그림 7.7). 그들이 충돌하는 동안에 과연 어떤 일이 일어날까?

충돌하는 동안에 디펜시브백은 강한 힘을 풀백에게 작용할 것이다. 그리고 풀백은 뉴턴의 제3법칙에 의해 크기가 같고, 방향이 반대인 힘을 디펜시브백에게 작용할 것이다. 두 선수 사이에 작용하는 시간은 같으므로 두 선수가 상대 선수에게 작용한 충격량 $\mathbf{F}\Delta t$의 크기는 같고 방향은 반대가 될 것이다. 뉴턴의 제2법칙에 의해 운동량의 변화는 충격량과 같으므로

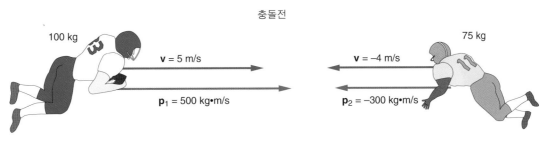

그림 7.8 충돌하기 전 두 선수의 속도와 운동량 벡터

두 선수의 운동량의 변화는 크기가 같고, 방향은 반대이다.

　만약에 두 선수가 크기가 같고 방향이 반대인 운동량의 변화를 경험한다면, 두 선수의 총 운동량의 변화는 0이 된다. 우리는 두 선수를 하나의 **계**로 보고 계의 총 운동량은 두 선수의 운동량의 합으로 정의한다. 두 선수의 운동량의 변화는 서로 상쇄되기 때문에 이 경우 총 운동량의 변화는 없다. 따라서, 계의 총 운동량은 **보존**된다. 이러한 결론을 이끌어내기 위해서 우리는 제3자에 의해 두 선수에 작용하는 외력을 무시하고 두 선수 사이에 상호작용하는 힘만 작용되고 있는 것으로 가정하였다. 두 선수로 이루어진 계에서 두 선수 사이에 작용하는 힘을 **내력**이라고 한다. 이런 경우에 운동량 보존법칙이 성립된다. 운동량 보존법칙은 다음과 같이 나타낼 수 있다.

> 만약에 어떤 계에 작용하는 알짜 외력이 0이면, 계의 총 운동량은 보존된다.

　계를 이루는 물체 사이에 상호작용하는 힘은 뉴턴의 제3법칙에 의해 상쇄되기 때문에 계의 총 운동량은 변하지 않는다. 물론 그렇더라도 계의 각 부분의 운동량은 변할 수 있다. 또 만약에 계가 **외부**에 있는 물체와의 상호작용으로 힘이 작용한다면 계는 이 힘에 의해 가속되게 될 것이다. 따라서 계의 총 운동량은 변하게 된다.

운동량 보존법칙과 충돌

　운동량 보존법칙을 써서 충돌 후의 상황에 대하여 어떤 것을 알 수 있을까? 앞에서 예로 든 미식축구 선수의 충돌에서 두 선수의 몸무게를 알고, 충돌하기 전의 속도를 알고 있다면, 운동량 보존법칙을 사용하여 충돌 후에 두 선수가 어떤 방향으로 얼마나 빠르게 움직일지를 계산해 낼 수 있다. 이러한 계산을 하기 위해서 충돌시에 작용하는 힘에 대하여 알 필요가 없다.

　두 미식축구 선수의 충돌은 예제 7.2에서 자세하게 다루었다. 몸무게가 100 kg인 풀백이 라인맨 사이로 5 m/s 속력으로 달려나갔다. 이 선수보다 조금 몸집이 작은 상대팀의 디펜시브백이 −4 m/s의 속도로 달려나와 태클을 했다고 하자. 마이너스 부호는 운동의 방향이 반대라는 것을

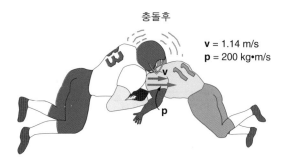

충돌후

v = 1.14 m/s
p = 200 kg•m/s

그림 7.9 충돌한 후 두 선수의 속도와 운동량 벡터

나타낸다. 풀백이 움직이는 방향을 플러스 방향으로 하였다.

예제 7.2에서는 두 선수가 충돌하기 전의 두 선수의 총 운동량을 방향을 고려하여 계산하였다. 두 선수가 충돌하기 전에 발이 지면에서 떨어졌다면 지면과의 마찰력이 작용하지 않는다. 이 경우에는 충돌 전후에 두 선수의 운동량이 보존되어야 한다. 두 선수가 충돌하고 난 후에 총 운동량은 충돌 전의 총 운동량과 같아야 한다(그림 7.9).

충돌이 끝난 후의 총 운동량이 플러스인 것은 충돌 후에 두 선수가 풀백이 움직이던 방향으로 운동하고 있다는 것을 나타낸다. 충돌하기 전 풀백의 운동량이 디펜시브백의 운동량보다 컸기 때문이다. 충돌이 끝난 직후에 디펜시브백은 잠시 동안 뒤로 밀리게 될 것이다.

예제 7.2

예제 : 정면충돌

몸무게가 100 kg인 풀백이 5 m/s의 속력으로 달려나와 몸무게가 75 kg이고, −4 m/s의 속도로 달려온 디펜시브백과 정면으로 충돌하였다. 디펜시브백은 충돌하는 동안 풀백에게 매달렸고, 두 선수는 충돌 후에 한 덩어리가 되어 각각 움직였다.

a. 두 선수의 처음 운동량은 얼마인가?
b. 계의 총 운동량은 얼마인가?
c. 충돌 직후에 두 선수는 얼마의 속도로 움직이는가?

a. 풀백 $p = mv$
   $m = 100$ kg $= (100 \text{ kg})(5 \text{ m/s})$
   $v = 5$ m/s $= \mathbf{500 \ kg \cdot m/s}$
   $p = ?$
   디펜시브백 $p = mv$
   $m = 75$ kg $= (75 \text{ kg})(-4 \text{ m/s})$
   $v = -4$ m/s $= \mathbf{-300 \ kg \cdot m/s}$

b. $p_{\text{total}} = ?$ $p_{\text{total}} = p_{\text{풀백}} + p_{\text{디펜시브백}}$
                    $= 500 \text{ kg} \cdot \text{m/s} + (-300 \text{ kg} \cdot \text{m/s})$
                    $= \mathbf{200 \ kg \cdot m/s}$

c. $v = ?$ (충돌 후의 두 선수의 속력)
   $m = 100 \text{ kg} + 75 \text{ kg}$ $p = mv$
     $= 175$ kg
                    $v = \dfrac{p_{\text{total}}}{m}$

                    $= \dfrac{200 \text{ kg} \cdot \text{m/s}}{175 \text{ kg}}$

                    $= \mathbf{1.14 \ m/s}$

계의 총 운동량은 뉴턴의 제3법칙에 의해 물체 사이에 작용하는 힘에 의한 충격량이 서로 상쇄되기 때문에 보존된다. 어떤 계에 알짜 외력이 작용하지 않으면 계의 총 운동량은 보존된다. 이 법칙은 충돌, 폭발과 같이 짧은 시간 내에 큰 힘이 서로 작용하는 문제를 해석하는 데 특히 유용하다.

7.3 반 발

총을 쏠 때 어깨에 충격을 느끼는 것은 무엇 때문일까? 힘을 작용해서 밀어낼 것이 아무 것도 없는 우주공간에서 로켓은 어떻게 앞으로 나갈 수 있을까? 반발과 관련된 예는 우리 주위에서 많이 찾아볼 수 있다. 운동량 보존법칙은 반발을 이해하는 가장 중요한 원리가 된다.

반발이란 무엇인가?

두 스케이트 선수가 마주 보고 서로를 밀어냈다고 하자(그림 7.10). 얼음과 선수 사이의 마찰력은 매우 작으므로 무시하기로 하자. 아래 방향으로 작용하는 중력과 얼음판이 떠받치는 수직항력도 서로 상쇄된다. 그러므로, 두 스케이트 선수에 작용하는 알짜 외력은 0이다. 따라서 운동량 보존법칙이 성립되어야 한다.

그러면, 이 경우에 운동량 보존법칙을 어떻게 적용할 것인가? 두 스케이트 선수가 서로 밀기 전에는 모두 정지한 상태였기 때문에 밀기 전의 총 운동량은 0이다. 두 선수가 움직이기 시작한 후에도 총 운동량이 0이 되는 것은 무엇 때문일까? 그것은 두 스케이트 선수가 운동량의 크기는 같고 방향이 반대가 되도록 움직이기 때문이다. 즉, $\mathbf{p}_2 = -\mathbf{p}_1$이다. 두 번째 스케이트 선수의 운동량 $\mathbf{p}_2$는 첫 번째 스케이트 선수의 운동량 $\mathbf{p}_1$과 크기는 같고 방향은 반대이다. 서로 민 후의 총 운동량을 구하기 위해 두 선수의 운동량을 합하면 두 선수의 운동량은 서로 상쇄되어 0이 된다.

서로 민 후에 두 선수의 운동량의 방향은 반대이고, 크기는 같도록 운동한다(그림 7.11). 그러나 두 선수가 움직이는 속도가 같은 것은 아니다. 운동량은 질량과 속도의 곱($\mathbf{p} = m\mathbf{v}$)이기 때문에 같은 크

그림 7.10 몸무게가 다른 두 스케이트 선수가 서로 밀려고 준비하고 있다. 어느 선수가 더 큰 속도로 움직이게 될까?

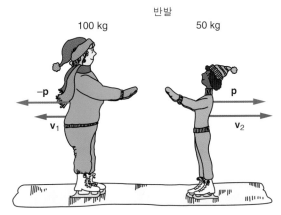

그림 7.11 두 스케이트 선수가 서로 민 후의 속도와 운동량 벡터

기의 운동량을 가지기 위해서는 몸무게가 작은 선수는 몸무게가 큰 선수보다 더 빠른 속도로 움직여야 한다. 만약에 작은 선수의 몸무게가 큰 선수의 몸무게의 반이라면 두 선수가 서로 민 후에 작은 선수는 큰 선수보다 두 배 빠른 속력으로 운동하게 될 것이다.

이 두 스케이트 선수는 **반발**의 개념을 잘 설명하고 있다. 두 물체 사이에 작용하는 힘이 두 물체를 반대방향으로 밀고 있다. 이때 질량이 작은 물체는 같은 크기의 운동량을 얻기 위해 더 빠른 속도로 운동한다. 서로 밀기 전에 두 물체가 정지해 있었다면 밀고 난 후의 총 운동량은 0이다. 이 과정에서 총 운동량은 변하지 않고 일정하게 유지된다.

총의 반발

만약에 당신이 총을 어깨에 잘 밀착시키지 않고 발사했다면 총의 반발 때문에 큰 충격을 받은 경험이 있을 것이다. 무엇이 이런 충격을 만들어 냈을까? 총 속에서의 화약의 폭발은 총알을 빠르게 앞으로 나가게 한다. 만약에 총이 자유롭게 움직일 수 있다면 총은 총알과 같은 크기의 운동량을 가지고 뒤 쪽으로 움직일 것이다(그림 7.12).

총알의 질량이 총의 질량보다 매우 작지만 속도가 빠르기 때문에 총알의 운동량은 상당히 크다. 만약에 총알과 총으로 이루어진 이 계에 작용하는 외력을 무시한다면 총은 총알과 같은 운동량을 가지고 뒤로 밀려날 것이다. 총의 질량이 총알의 질량보다 매우 크기 때문에 총이 반발하는 속도는 작지만 그래도 무시할 수는 없다. 총이 당신의 어깨를 때릴 때 당신은 총이 반발했다는 것을 알게 될 것이다.

그러면, 총을 쏠 때 어깨에 부상을 입지 않기 위해서는 어떻게 해야 될까? 부상을 입지 않기 위해서는 총을 어깨에 단단히 밀착시키면 된다. 그러면, 당신의 몸무게도 총과 함께 이 계의 일부가 되기 때문이다. 총의 질량에 당신의 질량이 더해짐으로 마찰이 없는 얼음판 위에서도 당신과 총은 아주 작은 속도로 반발하게 될 것이다. 그렇게 하면 총과 당신이 함께 움직이기

그림 7.12 엽총의 총알과 엽총은 총이 발사된 직후에 같은 크기의 운동량을 가지고 반대 방향으로 운동한다.

예제 7.3

예제 : 엽총을 발사할 때 운동량은 보존되는가?
질문 : 엽총을 어깨에 강하게 밀착시키고 발사할 때 계의 운동량은 보존되는가?

답 : 이는 계를 어떻게 정의하는가에 따라 다르다. 만일 물리계를 엽총과 총알만으로 생각한다면 이 계는 총알을 발사할 때 사람의 어깨로부터 외력이 작용하는 것으로 보아야 한다. 따라서 계에 작용하는 순 외력이 0인 경우에만 성립하는 운동량 보존의 법칙은 성립하지 않는다.

만일 계에 사람 그리고 그가 발을 딛고 있는 지구 전체를 계에 포함시킨다면 운동량 보존의 법칙은 성립한다. 왜냐하면 이러한 요소들 사이에 작용하는 힘들은 모두 내력으로 간주하기 때문이다.

때문에 총이 당신의 어깨를 치지도 않을 것이다.

로켓은 어떻게 작동할까?

로켓을 발사하는 것은 반발의 또 다른 예이다. 연소된 후에 빠른 속도로 뒤로 배출되는 기체는 질량과 속도를 가지고 있으므로 당연히 운동량을 가지고 있다. 만약에 로켓에 작용하는 외력을 무시하면 로켓

그림 7.13 로켓이 점화되면 로켓은 뒤로 내뿜는 기체와 같은 크기의 운동량을 가지고 앞으로 전진하게 될 것이다.

이 앞 방향으로 얻은 운동량은 뒤로 내뿜는 기체의 운동량과 크기는 같고 방향은 반대일 것이다 (그림 7.13). 다른 경우와 마찬가지로 이 경우에도 운동량은 보존된다. 뒤로 내뿜는 기체와 로켓은 서로 밀고 있다. 여기에도 뉴턴의 제3법칙은 적용된다.

로켓의 경우가 앞에서 예로 든 서로 미는 스케이트 선수 및 총의 경우와 다른 것은 로켓에서는 연속적으로 기체를 뒤로 내뿜는다는 것이다. 로켓은 한 번에 운동량을 얻는 것이 아니라 기체를 내뿜는 동안 계속적으로 운동량을 얻는다. 로켓의 질량은 연료를 연소시켜 기체를 내뿜음에 따라 줄어들 것이다. 따라서, 로켓의 최종 속도를 구하는 것은 스케이트 선수의 속도를 구하는 것보다는 훨씬 복잡하다. 그러나, 잠깐 동안에 기체를 내뿜는 경우에는 스케이트 선수의 경우와 똑같이 계산할 수 있다.

반발은 아무 것도 없는 우주공간에서도 작용한다. 두 스케이트 선수 및 총의 경우와 마찬가지로 두 물체가 서로 밀기만 하면 된다. 로켓 엔진이 우주여행에 사용될 수 있는 것은 이 때문이다. 프로펠러 비행기에서나 제트 엔진에서는 뒤로 밀어내고 앞으로 나가기 위해서, 또는 연료의 연소를 위해서 공기를 필요로 한다. 프로펠러 비행기에서는 프로펠러가 공기를 뒤로 밀고 공기는 프로펠러를 앞으로 미는 작용에 의해 비행기는 앞으로 나간다. 그러나 로켓은 자기 자신의 연소 기체를 뒤로 밀고, 그 기체가 미는 힘으로 앞으로 나간다.

반발하는 동안에 물체는 반대방향으로 서로 민다. 만약에 물체에 작용하는 외력을 무시할 수 있다면 운동량은 보존된다. 두 물체가 서로 반발하기 전후의 총 운동량은 항상 같다. 서로 반발한 후에 두 물체는 방향은 반대이고 크기는 같은 운동량을 가지고 운동하게 된다. 반발은 운동량 보존법칙이 적용되는 짧은 순간에 일어나는 많은 상호작용 중의 하나이다.

7.4 탄성충돌과 비탄성충돌

앞에서 예로 든 미식축구 선수의 경우와 같이 충돌은 운동량 보존법칙이 성립하는 가장 대표적인 경우이다. 충돌이 있는 경우에는 아주 짧은 시간 동안에 큰 힘이 작용하게 되고, 충돌하는

물체에 큰 운동량의 변화가 생긴다. 충돌하는 동안에는 대개의 경우, 외부에서 작용하는 힘보다 훨씬 큰 힘이 두 물체 사이에 작용하기 때문에 외력은 무시할 수 있으며, 따라서 운동량 보존법칙이 적용된다.

다른 종류의 충돌은 다른 결과를 가져온다. 경우에 따라서는 충돌한 물체들이 하나가 되어 움직이기도 하고, 튕겨져 나가기도 한다. 이렇게 서로 다른 충돌을 만드는 것은 무엇이며, **탄성충돌, 비탄성충돌, 완전 비탄성충돌**과 같은 용어는 어떤 충돌에 어떻게 적용될까? 물체의 충돌시에 운동량과 마찬가지로 에너지도 보존되는 것일까? 기차, 튀어오르는 공, 당구공이 이러한 충돌의 다른 점을 설명해 줄 것이다.

완전 비탄성충돌은 무엇일까?

분석하기 가장 쉬운 충돌은 앞에서 예로 든 두 미식축구 선수들처럼 정면 충돌을 한 후에 한 덩어리가 되어 움직이는 경우이다. 충돌한 두 선수가 하나가 되어 움직였다는 것은 충돌한 후에 우리가 구해야 할 속도가 하나뿐이라는 것을 뜻한다.

충돌한 후에 충돌한 물체가 한 덩어리가 되어 움직이는 경우를 **완전 비탄성충돌**이라고 한다. 두 물체는 충돌 후에 전혀 튕겨나가지 않는다. 이런 경우에는 충돌하기 전의 총 운동량을 알고 있다면 충돌 후의 운동량과 속도를 쉽게 구할 수 있다. 충돌 후에 하나로 연결되는 기차는 이러한 충돌의 또 다른 예이다. 예제 7.4는 충돌하기 전의 운동량으로부터 운동량 보존법칙을 이용

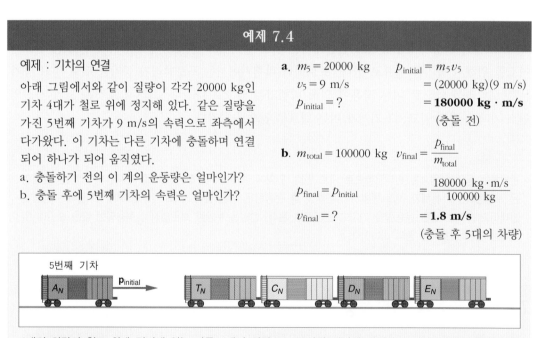

예제 7.4

예제 : 기차의 연결

아래 그림에서와 같이 질량이 각각 20000 kg인 기차 4대가 철로 위에 정지해 있다. 같은 질량을 가진 5번째 기차가 9 m/s의 속력으로 좌측에서 다가왔다. 이 기차는 다른 기차에 충돌하며 연결되어 하나가 되어 움직였다.
a. 충돌하기 전의 이 계의 운동량은 얼마인가?
b. 충돌 후에 5번째 기차의 속력은 얼마인가?

a. $m_5 = 20000$ kg $\qquad p_{initial} = m_5 v_5$
$\ v_5 = 9$ m/s $\qquad\qquad = (20000 \text{ kg})(9 \text{ m/s})$
$\ p_{initial} = ?$ $\qquad\qquad\quad =$ **180000 kg · m/s**
$\qquad\qquad\qquad\qquad\qquad$ (충돌 전)

b. $m_{total} = 100000$ kg $\quad v_{final} = \dfrac{p_{final}}{m_{total}}$

$p_{final} = p_{initial} \qquad\qquad\qquad = \dfrac{180000 \text{ kg·m/s}}{100000 \text{ kg}}$

$v_{final} = ? \qquad\qquad\qquad\qquad =$ **1.8 m/s**
$\qquad\qquad\qquad\qquad\qquad$ (충돌 후 5대의 차량)

1대의 차량이 철도 위에 정지해 있는 다른 4대의 차량으로 구성된 기차에 다가가고 있다. 하나로 합쳐진 후의 속력은 얼마인가?

하여 충돌 후의 운동량과 속도를 구하는 예를 보여주고 있다. 이 예제는 앞에서 미식축구 선수의 충돌 후의 속도를 구한 것과 매우 비슷하다. 두 경우 모두 두 물체는 충돌 후에 하나가 되어 움직였다.

예제 7.4에서 연결된 기차의 질량은 5번째 차량의 질량의 5배이다. 따라서, 운동량이 보존되기 위해서는 충돌 후의 속도는 5번째 차량의 속도의 5분의 1이어야 한다. 충돌 직후의 운동량은 충돌 전의 운동량과 같다. 그러나 속도는 변화되었다. 여기서 충돌 후의 속도는 충돌 직후의 속도를 말한다. 충돌 후에 기차가 움직이기 시작하면 마찰력이 작용하여 기차의 속도는 계속 작아질 것이고, 결국은 정지하게 될 것이다.

충돌에서 에너지는 보존되는가?

예제 7.4에서 충돌하기 전의 5번째 차량의 운동 에너지와 충돌한 후에 전체 기차의 운동 에너지는 같은가? 앞 장에서 다루었던 운동 에너지의 식 $KE = 1/2\ mv^2$을 이용하여 충돌 전후의 운동 에너지를 계산해 볼 수 있다. 5번째 차량의 운동 에너지는 810 kJ이다. 그러나, 충돌 직후의 전체 기차의 운동 에너지를 계산해보면 162 kJ이다. 이를 통해 완전 비탄성충돌의 경우에는 운동 에너지의 일부가 소모된다는 것을 알 수 있다.

만약에 기차의 앞에 커다란 스프링을 달아 5번째 차량이 충돌하여 하나가 되는 대신 튕겨나가게 하면 운동 에너지의 상당한 부분을 보존되게 할 수 있다. 충돌시 물체가 튕겨나간다면 그것은 이 충돌이 완전 비탄성충돌이 아니라 탄성충돌이거나 비탄성충돌이라는 것을 뜻한다. 이들은 에너지에 의해 구별된다. 완전 탄성충돌은 충돌시에 에너지가 소모되지 않는 충돌을 말한다. 비탄성충돌은 에너지의 일부가 소모되는 충돌이다. 그러나 충돌하는 두 물체는 한 덩어리가 되지는 않는다. 충돌 후에 두 물체가 하나가 되는 완전 비탄성충돌의 경우가 에너지의 소모가 가장 크다.

대부분의 충돌에서는 충돌이 완전 탄성충돌이 아니기 때문에 일부분의 운동 에너지가 소모된다. 이 과정에서 열이 발생하기도 하고, 물체의 모양이 변형되기도 하며, 음파가 발생하기도 한다. 이것은 모두 운동 에너지가 다른 형태의 에너지로 바뀌는 현상이다. 물체가 튕겨져 나가는 경우에도 모든 충돌을 완전 탄성충돌이라고 할 수 없다. 이런 경우에도 대부분은 부분 탄성충돌이어서 충돌시에 일부분의 운동 에너지가 소모된다.

바닥이나 벽에 맞고 충돌하기 전과 같은 속력으로 튀어나오는 공은 완전 탄성충돌의 예이다. 속도의 크기는 변하지 않았으므로(운동의 방향만 바뀜) 운동 에너지는 줄어들지 않는다. 그러나 이것은 이상적인 경우이고 실제의 경우에는 공이 바닥에 충돌하는 경우에도 공의 속력이 약간 줄어들어 운동 에너지가 감소한다.

완전 탄성충돌의 정반대의 경우가 충돌 후에 공이 벽에 붙어버리는 완전 비탄성충돌이다. 이 경우에는 충돌 후의 공의 속도가 0이 된다. 따라서, 이 경우에는 충돌 후의 공은 운동 에너지를 모두 잃고 운동 에너지가 0이 된다(그림 7. 14).

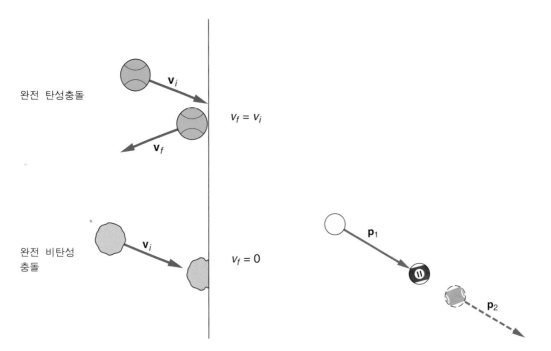

그림 7.14 공과 벽의 완전 탄성충돌과 완전 비탄성 충돌. 공이 벽과 완전 비탄성충돌을 하면 공은 벽에 붙어버린다.

그림 7.15 흰공과 정지해 있던 11번 공의 정면 충돌. 흰공은 정지하고 11번 공은 앞으로 진행한다.

당구공이 튕겨나갈 때는 어떤 일이 벌어질까?

당구공이 충돌할 때는 아주 작은 에너지만 소모된다(당구치는 것을 물리실험으로 정당화할 수 있을 것이다. 당구를 치는 동안 당신은 완전 탄성충돌을 실제로 경험하게 될 테니까!). 당구공의 충돌은 기본적으로 탄성충돌이다. 따라서 당구공의 충돌에서는 운동량과 마찬가지로 에너지도 보존된다.

당구공이 충돌하여 튕겨져 나가는 경우에는 하나의 최종 속도가 아니라 두 개의 최종 속도를 구해야만 한다. 충돌하기 전 물체의 운동량으로부터 충돌 전후의 총 운동량을 쉽게 구할 수 있다. 그러나 충돌 후에 충돌한 물체는 각각의 속도를 구하기 위해서는 총 운동량 외에 또 다른 정보가 있어야 한다(두 물체가 충돌 후에 하나가 되어 움직이는 완전 비탄성충돌이 특히 다루기 쉬운 것은 이 때문이다). 탄성충돌에서는 에너지 보존법칙이 또 다른 정보를 제공해 준다.

당구공의 충돌에서 가장 간단한 경우는 흰공이 정지해 있는 다른 공과 정면으로 충돌하는 경우이다(그림 7.15의 11번 공). 어떤 일이 일어날까? 공의 회전이 이 충돌에 그리 중요한 역할을 하지 않는다면, 흰공은 충돌 후에 그 자리에 정지하고 11번 공은 충돌하기 전의 흰공의 속력으로 같은 방향으로 운동할 것이다. 두 당구공의 질량은 같으므로, 11번 공이 흰공과 같은 속력으로 앞으로 나갔다면 이 충돌에서 11번 공은 흰공이 가지고 있던 운동량과 같은 운동량을 얻은 것이 된다. 따라서, 운동량은 보존된다.

이 경우에는 운동 에너지도 보존된다. 흰 공은 충돌 전에 $1/2 \, mv^2$의 운동 에너지를 가지고 있었다. 충돌 후에 흰공은 정지했으므로 운동 에너지는 0이 되었다. 그러나 11번 공은 충돌 후에 흰공과 같은 방향으로 같은 속력으로 운동하게 되었으므로 이 충돌에서 $1/2 \, mv^2$의 운동 에너지를 얻었다. 두 공이 같은 질량을 가지고 있으므로, 충돌 전후에 운동량과 운동 에너지가 같기 위해서는 이와 같이 충돌한 흰공이 제자리에 멈추고 충돌당한 공이 같은 속력으로 앞으로 나

그림 7.16 흔들리는 공 실험장치는 거의 완전한 탄성충돌의 예가 될 수 있다.

가야 한다. 이런 현상은 당구를 치는 사람들에게는 잘 알려진 사실이다. 이와 비슷한 현상이 그림 7.16에 보여주고 있는 것과 같은 장난감에서도 발견된다. 이 장난감에는 여러 개의 쇠공이 실에 꿰어 금속이나 나무틀에 매달려 있다. 하나의 공을 높이 들었다가 놓으면 처음 공이 다른 공을 때리게 되고 이 공은 다음 공을 때려 결과적으로는 반대쪽 끝에 있던 공이 처음 공과 같은 속력으로 튕겨나가게 된다. 이 경우에도 운동량과 운동 에너지가 보존된다.

만약에 한쪽 끝에 있는 두 개의 공을 들었다가 놓으면 이번에는 두 개의 공이 날아간다. 이 경우에도 운동량과 운동 에너지는 보존된다. 이 장난감을 가지고 이와 비슷한 여러 가지 놀이를 하는 것은 재미도 있고 탄성충돌을 익히는 실험도 될 것이다.

이 장난감의 쇠공이나 당구공과 같은 딱딱한 공의 충돌은 어느 정도 탄성충돌이다. 그러나 우리의 일상생활에서 일어나는 대부분의 충돌은 탄성충돌이 아니다. 따라서 충돌 과정에서 일부의 운동 에너지가 소모된다. 그러나 충돌 전후의 운동량은 항상 보존된다.

운동량 보존법칙은 충돌을 이해하는 기본적인 개념이다. 충돌이 일어나는 경우에는 충돌하는 물체 사이에 큰 힘이 작용하기 때문에 외력은 무시할 수 있다. 따라서 충돌 전후에 운동량이 보존된다. 당구공과 같은 단단한 공의 충돌과 같이 탄성충돌인 경우에는 운동량과 함께 운동 에너지도 보존된다. 우리 주위의 물체 사이에 일어나는 대부분의 충돌은 대개 비탄성충돌이다. 따라서 충돌의 과정에서 운동 에너지의 일부가 소모된다. 충돌 후에 두 물체가 한 덩어리가 되어 움직이는 완전 비탄성충돌에서 최대의 에너지가 소모된다.

7.5 비스듬한 충돌

만약에 당구공이나 차가 정면 충돌하지 않고 비스듬하게 충돌한다면 어떤 일이 일어날까? 운동이 직선에 한정되지 않고, 평면이나 공간으로 확대되면 운동량 보존법칙의 유용성도 확대된

다. 물체가 평면에서 움직일 때는 운동량이 벡터량이라는 사실이 더 중요해진다. 당구공의 충돌, 자동차의 충돌, 미식축구 선수의 충돌은 평면에서의 충돌의 좋은 예가 된다.

2차원 비탄성충돌

서로 직각 방향으로 운동하고 있던 축구선수 두 명이 충돌한 후에 그림 7.17과 같이 한 덩어리가 되어 움직였다. 충돌이 끝난 후에 두 선수는 어느 방향으로 움직일까? 두 선수의 몸무게와 충돌 전의 속력은 앞의 경우와 같았다고 가정하자. 그러나, 이번 충돌은 정면충돌이 아니다. 디펜시브백의 운동량은 수평방향이고, 풀백의 운동량은 수직방향이다.

운동량은 벡터량이기 때문에 충돌 전의 총 운동량을 구하기 위해서는 디펜시브백과 풀백의 운동량의 벡터합을 구해야 한다. 벡터합은 벡터를 화살표로 나타내서 더하면 간단히 구할 수 있다. 그림 7.18에 보여준 것과 같이 두 벡터의 합은 두 벡터를 두 변으로 하는 직각 삼각형의 빗변이다.

만약에 충돌 전후에 운동량이 보존된다면 충돌 후 두 선수의 총 운동량은 충돌 전의 총 운동량과 같아야 한다. 충돌 후에 두 선수가 한 덩어리가 되어 움직이므로 두 선수는 충돌 후에 그림 7.18과 같이 총 운동량의 방향으로 운동하여야 한다. 충돌의 결과로 두 선수 모두의 운동방향이 바뀌게 된 것이다. 충돌 전의 풀백의 운동량이 크면 클수록 충돌 후 두 선수의 운동방향은 수직방향에 가깝게 될 것이다. 이러한 결과는 누구나 쉽게 예상할 수 있는 결과이다.

충돌 후 두 선수의 운동방향은 충돌 전의 두 선수 개개인의 운동량의 크기에 따라 결정된다. 만약에 충돌 전에 디펜시브백의 몸무게가 더 무겁고 더 빠르게 움직였다면, 그가 더 큰 운동량을 가지고 있고 그의 태클이 풀백의 운동을 더 크게 변화시킬 것이다. 반대로 디펜시

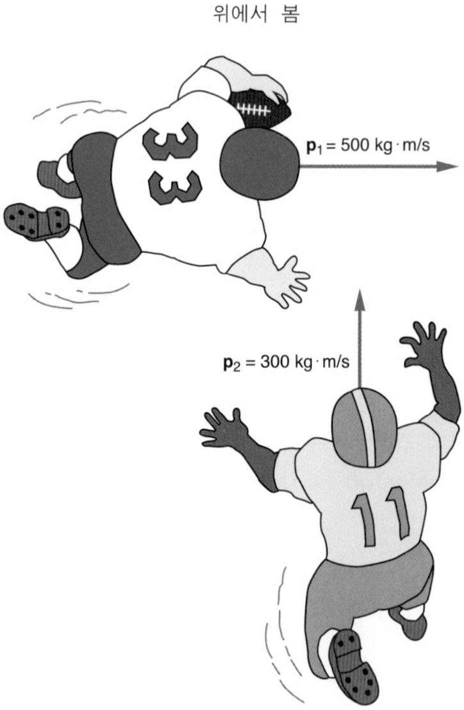

위에서 봄

$p_1 = 500$ kg·m/s

$p_2 = 300$ kg·m/s

그림 7.17 풀백과 디펜시브백이 직각 방향에서 다가오고 있다.

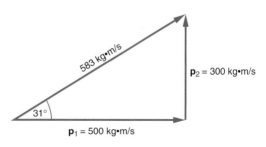

583 kg•m/s

$p_2 = 300$ kg•m/s

31°

$p_1 = 500$ kg•m/s

그림 7.18 충돌하기 전 두 선수의 운동량의 합은 두 선수 각각의 운동량의 벡터합이다.

브백의 몸무게가 작고 천천히 움직이고 있었다면, 그의 태클은 큰 효력을 발휘하지 못할 것이다. 그림 7.18에서 디펜시브백의 운동량을 나타내는 $\mathbf{p}_2$의 길이를 짧게 하거나 길게 함으로써 이러한 효과를 확인해 볼 수 있다.

  매일의 자연현상 7.2는 이와 비슷한 경우를 보여주고 있다. 두 대의 자동차가 교차로에서 직각으로 접근하여 충돌한 후에 한 덩어리가 되어 움직였다. 경찰관은 충돌 후의 운동방향으로부터 역으로 충돌 전의 두 자동차의 속력을 계산해 낼 수 있다. 운동량 보존법칙은 이와 같은 사고 분석에 매우 중요하다.

매일의 자연현상 7.2

자동차 사고

상황. 경찰관 존스는 메인가의 19번가의 교차지점에서 발생한 교통사고를 조사하고 있었다. A 운전자는 19번가에서 동쪽으로 운행하고 있었고, B 운전자는 메인가에서 북쪽으로 운행하고 있었다. 두 자동차는 교차로의 중심 부근에서 충돌한 후 한 덩어리가 되어 움직이다가 모퉁이에 있는 가로등을 들이받고 멈추었다.

  두 운전자는 모두 자기가 교통신호가 초록색으로 바뀌는 것을 보고 출발해서 교차로로 들어서다가 상대편에서 정지신호를 무시하고 달려오고 자동차와 충돌했다고 주장했다. 사고 현장에는 다른 증인이 한 사람도 없었다. 어떤 운전자의 말이 진실이고 어떤 운전자의 말이 거짓일까?

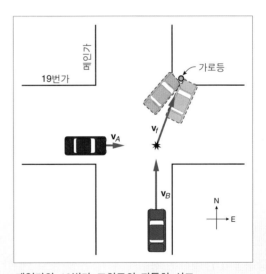

메인가와 19번가 교차로의 자동차 사고

분석. 대학시절 물리학 강사와 사고 조사 방법에 대해 강의를 들은 바 있는 존스 경찰관은 다음과 같은 조사를 했다.

1. 두 자동차의 충돌 지점은 곧 찾아낼 수 있었다. 충돌지점에는 B 자동차의 헤드라이트의 부서진 조각과 다른 파편들이 흩어져 있어서 충돌지점을 찾아내는 데는 아무 어려움이 없었다.
2. 두 자동차가 충돌한 후에 진행한 방향을 찾아내는 데도 아무런 어려움이 없었다(존스 경찰관은 이 방향을 지도 위에 화살표로 표시하였다).
3. 두 자동차는 거의 같은 질량을 가지고 있는 비슷한 차종인 것으로 확인되었다.
4. 충돌 전후에는 운동량 보존법칙이 성립되어야 한다.

충돌과정에 대하여 조사한 이러한 사항들을 지도 위에 그려 넣은 후, 충돌 후의 운동량의 방향을 확인한 존스 경찰관은 B 운전자가 거짓말을 하고 있다는 결론을 내렸다. 이렇게 그런 결론을 내릴 수 있었을까? 충돌 후 두 자동차의 운동량은 충돌 전 운동량의 합과 같아야 한다. 두 자동차는 충돌 전에 수직방향에서 운행하고 있었으므로 충돌 전 두 자동차의 운동량은 직각삼각형의 두 변을 이루고 충돌 후 두 자동차의 운동량은 이 삼각형의 빗변을 이룬다. 지도 위에 표시된 이 그림을 보면 B 자동차의 운동량이 A 자동차의 운동량보다 훨씬 크다는 것을 알 수 있다.

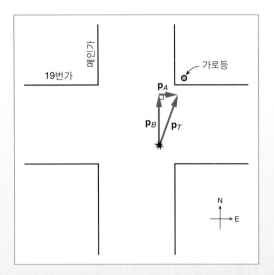

두 자동차의 운전자는 모두 자신이 신호가 바뀌자마자 출발했다고 주장했으므로 충돌 전에 더 빠른 속도로

존스 경찰관의 사고 조사서에는 운동량 보존법칙을 이용하여 두 자동차의 운동량의 관계가 벡터를 이용하여 나타나 있었다.

달리고 있던 자동차가 거짓말을 하고 있다는 것이 된다. B 자동차의 속도가 A 자동차의 속도보다 훨씬 컸으므로 B 자동차가 정지신호를 무시하고 달렸다는 것을 알 수 있다. 따라서 존스 경찰관은 B 운전자를 경찰서로 소환했다.

2차원에서의 탄성충돌

당구공이 충돌하는 경우에 두 공은 충돌 후에 한 덩어리가 되지는 않는다. 두 물체가 튕겨나가는 경우에는 서로 다른 방향으로 튕겨나가는 두 물체의 최종 속도를 구해야 한다. 일상생활에서 일어나는 대부분의 충돌은 이러한 충돌이어서 앞에서 예로 든 완전 비탄성충돌보다 분석하기가 어렵다. 이 경우에는 최종 속도를 구하기 위해서는 운동량 보존법칙 외에 다른 정보도 필요하게 된다. 만약에 이 충돌이 탄성충돌이라면 운동 에너지 보존법칙이 필요한 다른 정보를 제공해 주게 될 것이다.

당구대 위의 실험이 다시 한 번 중요한 예제를 제공한다. 그림 7.19에서와 같이 흰공이 11번 공을 비스듬하게 맞혔다고 가정해 보자. 충돌 후에 두 공은 어떻게 될까? 운동량 보존법칙과 운동 에너지 보존법칙이 당구를 해본 사람이라면 경험적으로 알고 있는 결과를 설명해 줄 수 있다.

충돌 전의 이 계의 총 운동량은 흰공의 운동량이다. 흰공의 운동량의 방향은 그림 7. 19와 그림 7.20에서 운동량 p_i의 방향이다. 두 공 사이에는 두 공이 충돌하는 순간에 두 공의 중심을 연

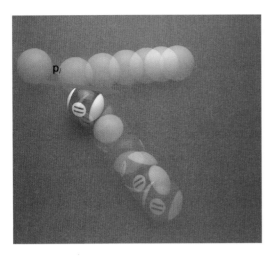

그림 7.19 다른 공을 비스듬하게 맞추기 위해 흰공을 겨냥하고 있다.

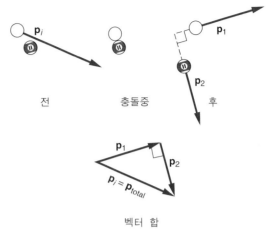

그림 7.20 충돌 후 두 공의 운동량 벡터를 합하면 충돌하기 전의 총 운동량과 같다. 두 공은 충돌 후에 거의 직각 방향으로 진행한다.

결하는 선상에서 힘이 작용한다. 11번 공은 충돌한 후에 이 선을 따라 운동을 시작한다. 이 방향으로 힘이 가해졌기 때문이다.

충돌 전후에 운동량은 보존되기 때문에 충돌 후의 총 운동량은 아직도 처음 흰공이 운동하던 방향일 것이다. 충돌 후 두 공의 가능한 운동량과 운동방향은 운동량 보존법칙에 따라 제한될 것이다(그림 7.20). 충돌 후 두 공의 운동량 벡터는 합하여 총 운동량, $\mathbf{p}_{total}$이 되어야 하기 때문이다. 총 운동량은 충돌 전의 흰공의 운동량과 같음은 물론이다.

이 충돌은 탄성충돌이기 때문에 충돌 전의 운동 에너지, $1/2\,mv^2$도 충돌 후 두 공의 운동 에너지의 합과 같아야 한다. 두 공의 질량이 같으므로 충돌 전후의 운동 에너지 보존법칙은 다음 식으로 나타낼 수 있다.

$$v^2 = (v_1)^2 + (v_2)^2$$

이 식에서 v는 충돌하기 전의 흰공의 속도이며, v_1과 v_2는 각각 충돌 후의 두 공의 속도이다. 이 속도벡터들은 그림 7.20에서와 같은 삼각형을 만든다. 삼각형에서 두 변의 제곱의 합이 다른 한 변의 제곱과 같다면 피타고라스 정리에 의해 이 삼각형은 직각 삼각형이다. 속도벡터가 직각 삼각형을 이루면 두 공의 질량이 같으므로 속도벡터와 같이 항상 같은 방향을 가지는 운동량벡터도 직각 삼각형을 이룰 것이다.

운동량 보존법칙에 의해 운동량 벡터들은 삼각형을 이루어야 하고, 운동 에너지 보존법칙에 의해 이 삼각형은 직각 삼각형이어야 한다. 충돌한 후에 흰공은 11번 공이 움직이는 방향과 직각방향으로 움직일 것이다. 이것은 당구를 잘 치기 위해서 꼭 알아두어야 할 물리법칙이다. 운동량 보존법칙과 운동 에너지 보존법칙이 두 공의 방향과 속도를 결정한다.

당구대가 준비되어 있다면 여러 각도에서 두 공을 충돌시켜 이 사실을 확인해 보면 좋을 것이다. 실험에서는 충돌 후에 두 공이 정확하게 직각방향으로 움직이지 않을지도 모른다. 그것은 충돌이 완전 탄성충돌이 아니거나 공에 회전이 걸리기 때문이다. 그렇더라도 충돌 후, 두 공의 운동방향은 직각에서 크게 벗어나지 않을 것이다.

운동량은 벡터량이기 때문에 운동량 보존법칙은 운동량의 크기와 함께 운동량의 방향도 보존되어야 한다는 것을 뜻한다. 비스듬한 충돌이 일어나면 이 법칙은 충돌 후 물체의 운동방향과 속도의 크기를 제한한다. 만약에 충돌이 당구공의 충돌과 같이 탄성충돌이라면 운동 에너지 보존법칙이 성립한다. 충돌하기 전의 운동량의 크기와 방향을 알면 충돌 후에 어떻게 운동할지를 예측할 수 있을 것이다. 이러한 보존법칙은 당구공의 충돌, 사람들의 충돌, 자동차의 충돌, 소립자의 충돌과 별들의 충돌 후에 어떤 일이 일어날지를 예측할 수 있도록 해주는 강력한 법칙이다.

주제 토론

자동차 사고에 대한 통계적인 분석은 어깨띠가 있는 안전벨트를 착용하는 것이 중상이나 치명적인 부상을 상당히 줄일 수 있음을 보여준다. 반면에 자동차의 충돌이 화재로 이어지는 경우에는 탑승자가 자동차 밖으로 튕겨나가는 것이 오히려 생존의 확률을 높이기도 한다. 법률적인 강제성을 떠나서 생각한다면 과연 안전벨트를 착용하는 것이 유리한가 아니면 그렇지 아니한가?

질 문

Q1. 힘이 작용하는 시간은 충격량과 어떤 관계가 있는가?

Q2. 야구공이 야구공보다 훨씬 큰 질량을 가진 볼링공과 같은 크기의 운동량을 가질 수 있는가?

Q3. 충격량과 힘은 같은 것인가?

Q4. 만약에 공이 벽에 부딪힌 후에 같은 속도로 튀어 나왔다면
   a. 공의 운동량에 변화가 있었는가?
   b. 공이 벽과 충돌하는 동안에 충격량이 작용했는가? 설명하라.

Q5. 충격량과 운동량은 같은 것인가?

Q6. 야구 배트로 공을 칠 때 배트와 공의 접촉 시간을 길게 하는 것이 좋은가?

Q7. 딱딱한 대쉬보드와 물렁물렁한 대쉬보드 중에서 어느 것이 선수들의 부상을 방지하는 데 더 효과적일까? 운동량과 충격량을 이용하여 설명하라.

Q8. 트럭과 자전거가 같은 속도로 달리고 있을 때 이들을 멈추기 위해서는 어느 것이 더 큰 충격량이 필요한가?

Q9. 운동량 보존법칙은 항상 성립하는가? 아니면 이것이 성립하기 위한 특별한 조건이 필요한가?

Q10. 공이 중력에 의해 비탈길을 달려 내려가고 있다. 이 경우에 공의 운동량은 보존되는가?

Q11. 운동량이 보존되는 조건에서 두 물체가

충돌하였다. 충돌하는 동안에 두 물체 각각의 운동량이 보존되는가?

Q12. 작은 차와 큰 트럭이 정면 충돌하였다. 이 경우에 어떤 차가
   a. 더 큰 힘을 받겠는가?
   b. 더 큰 충격량을 받겠는가?
   c. 더 큰 운동량의 변화를 경험하겠는가?
   d. 더 많이 가속되겠는가?

Q13. 운동량 보존법칙을 설명하기 위해서 뉴턴의 어떤 역학법칙이 사용되는가?

Q14. 풀백이 공중에서 몸무게가 가벼운 디펜시브백과 정면 충돌하였다. 두 선수가 충돌 후에 한 덩어리가 되어 움직였다면 풀백이 뒤로 가는 경우도 있을 수 있는가?

Q15. 정지해 있던 두 스케이트 선수가 서로 밀었을 때, 민 후의 두 선수의 총 운동량은 얼마인가?

Q16. 모든 것이 똑같고 질량만 두 배의 차이가 나는 두 엽총이 있다. 총알을 발사했을 때 어느 총이 더 많이 반발할 것인가?

Q17. 로켓은 뒤로 밀 것이 아무 것도 없는 우주 공간에서도 앞으로 나갈 수 있을까?

Q18. 만약 당신이 아주 미끄러운 표면 위에서 앞으로 나갈 수 없을 때 당신이 오렌지 상자를 가지고 있다면 이것을 이용하여 앞으로 나갈 수 있을까?

Q19. 열차가 정지해 있던 다른 열차와 부딪히면서 연결되었다. 만약에 외력을 무시할 수 있다면 충돌 후의 속도는 충돌 전의 열차의 속도보다 클 것인가 아니면 작거나 같을 것인가?

Q20. Q19의 충돌은 탄성충돌인가, 아니면 비탄성충돌인가?

Q21. 운동량이 보존된다는 것은 이 충돌이 탄성충돌이라는 것을 뜻하는가?

Q22. 공이 충돌하기 전보다 작은 속도로 튀어

나온다면 이 충돌은 탄성충돌인가?

Q23. 공이 땅에 단단히 고정되어 있는 벽에 부딪혀 튀어나올 때
   a. 이 과정에서 공의 운동량은 보존되는가?
   b. 총 운동량은 보존되는가? 이때는 계의 영역을 확실히 해야 한다.

Q24. 흰 당구공이 8번 공을 맞혔다. 이때 흰공은 그 자리에 정지하고 8번 공이 충돌하기 전 흰공의 속도로 앞으로 나갔다면 이 충돌은 탄성충돌인가?

Q25. 두 진흙덩이가 반대방향에서 날아와 한 덩어리가 되었다. 충돌하기 전의 두 물체의 운동량벡터가 그림에 나타나 있다. 충돌 후에 한 덩어리가 된 진흙덩어리의 운동량벡터를 그려 넣어라.

Q26. 두 진흙덩이가 아래 그림에서와 같이 같은 속력으로 직각방향에서 날아와 충돌한 후 한 덩어리가 되어 움직였다. 이 진흙덩어리가 충돌 후에 그림과 같은 방향으로 운동하는 것이 가능한가?

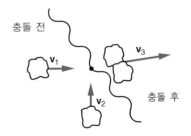

Q27. 질량이 같은 두 자동차가 교차로에서 직각으로 충돌하였다. 충돌 후의 두 자동차의 운동방향이 그림에 나타나 있다. 어느 자동차가 충돌 전에 더 빠른 속도로 달리고 있었을까?

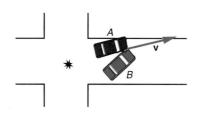

Q28. 자동차와 작은 트럭이 직각방향에서 달

려와 충돌한 후 한 덩어리가 되었다. 트럭의 질량은 자동차 질량의 약 두 배이다. 충돌 후의 자동차들이 움직이는 방향을 그림으로 나타내라.

Q29. 흰공이 정지해 있는 다른 공을 비스듬하게 맞혔다. 충돌 전후에 두 공의 운동량의 방향과 크기를 그림으로 나타내라.

연 습 문 제

E1. 128 N의 힘이 0.45초 동안 골프공에 작용하였을 때
   a. 골프공에 작용한 충격량의 크기는 얼마인가?
   b. 골프공의 운동량은 얼마나 변했는가?

E2. 질량이 7 kg인 볼링공이 0.4 m/s의 속도로 운동하고 있다. 또, 질량이 −0.12 kg인 야구공이 40 m/s의 속도로 운동하고 있을 때 어느 공의 운동량이 더 클까?

E3. 정지해 있던 공에 12 N·s의 충격량이 가해졌을 때 공의 최종 운동량은 얼마인가?

E4. 30 m/s의 속도로 운동하고 있던 질량 0.2 kg의 공을 포수가 잡았다. 이 공에 가해진 충격량은 얼마인가?

E5. 2.5 kg·m/s의 운동량을 가지고 운동하고 있던 공이 벽에 부딪혀 −2.5 kg·m/s의 운동량으로 튀어 나왔다.
   a. 공의 운동량 변화는 얼마인가?
   b. 이러한 운동량의 변화가 생기기 위해서는 얼마의 충격량이 필요한가?

E6. 6 kg·m/s의 운동량을 가지고 운동하고 있던 공이 벽에 부딪혀 반대방향으로 4 kg·m/s의 운동량을 가지고 튀어 나왔다.
   a. 공의 운동량 변화는 얼마인가?
   b. 이 변화를 만들어내기 위해 필요한 충격량은 얼마인가?

E7. 공의 운동량이 9 kg·m/s 만큼 변했다.
   a. 이 공에 작용한 충격량은 얼마인가?
   b. 운동량이 변하는 데 0.15초가 걸렸다면 이 동안에 작용한 힘의 크기는 얼마인가?

E8. 몸무게가 100 kg인 풀백이 3 m/s의 속력으로 서쪽으로 달리다가 동쪽으로 6 m/s의 속력으로 달리던 몸무게가 80 kg인 디펜시브백과 정면으로 충돌하였다.
   a. 두 선수의 최초 운동량은 각각 얼마인가?
   b. 충돌하기 전에 두 선수의 총 운동량은 얼마인가?
   c. 충돌 후 두 선수가 하나가 되어 움직였고 외력을 무시할 수 있다면 충돌 후에 두 선수는 어느 방향으로 운동할까?

E9. 몸무게가 90 kg인 스케이트 선수와 몸무게가 30 kg 스케이트 선수가 얼음판 위에서 정지해 있다가 서로 밀었다.
   a. 두 선수가 민 후에 두 선수의 총 운동량은 얼마인가?
   b. 몸무게가 큰 선수가 2 m/s의 속력으로 밀려났다면 몸무게가 적은 선수는 얼마의 속력으로 밀려나겠는가?

E10. 질량이 2.5 kg인 총이 질량이 5 g (0.005 kg)인 총알을 발사했다. 총알은 350 m/s의 속력으로 날아갔다.

   a. 총알의 운동량은 얼마인가?

   b. 외력을 무시한다면 총은 얼마의 속력으로 반동할 것인가?

E11. 우주공간에 정지해 있던 로켓이 잠깐 동안 30 kg의 기체를 200 m/s의 속력으로 뒤로 내뿜었다. 이 동안에 로켓의 운동량은 얼마나 변했을까?

E12. 질량이 15000 kg인 열차가 정지해 있던 질량이 20000 kg인 열차와 충돌하여 연결되었다. 충돌 전 첫 번째 열차의 속력은 10 m/s였다.

   a. 첫 번째 열차의 충돌 전 운동량은 얼마였는가?

   b. 외력을 무시한다면 두 열차는 연결된 후에 얼마의 속력으로 움직이겠는가?

E13. 4000 kg의 질량을 가진 트럭이 북쪽으로 10 m/s의 속력으로 달리다가 남쪽으로 30 m/s의 속력으로 달리던 질량이 1500 kg인 자동차와 정면 충돌하였다. 충돌 후에 두 차는 하나가 되어 움직였다.

   a. 충돌하기 전에 두 차의 운동량은 각각 얼마였는가?

   b. 충돌 후 두 차의 총 운동량의 크기와 방향을 구하라.

E14. a. E13에 나온 두 차의 충돌하기 전 운동량벡터를 그려 보아라.

   b. 두 벡터를 그림을 이용하여 합해 보아라.

E15. 5000 kg의 질량을 가진 트럭이 10 m/s의 속력으로 달리다가 20 m/s의 속력으로 달리던 질량이 2000 kg인 자동차와 직각으로 충돌하였다.

   a. 충돌하기 전의 두 자동차의 운동량 벡터를 그려라.

   b. 충돌하기 전의 두 자동차의 총 운동량을 구하기 위해 두 자동차의 운동량의 합을 벡터를 이용하여 구하라.

고난도 연습문제

CP1. 투수가 40 m/s의 속력으로 던진 야구공이 야구 방망이에 맞고 투수 쪽으로 60 m/s의 속력으로 날아왔다. 공이 야구 방망이와 접촉한 시간은 0.05 초였고, 야구공의 질량은 150 g(0.15 kg)이었다.

   a. 야구공의 운동량은 이 과정에서 얼마나 변했는가?

   b. 이 운동량의 변화량은 최종 운동량보다 큰가?

   c. 이러한 크기의 운동량 변화를 가져오기 위해 충격량은 얼마나 필요한가?

   d. 야구 방망이가 야구공에 가한 힘은 얼마인가?

CP2. 총알이 정지해 있는 나무토막을 향하여 발사되었다. 총알의 질량은 0.005 kg이었고, 총알의 속력은 500 m/s였으며, 나무토막의 질량은 2 kg이었다. 총알은 나무토막에 박혔다.

   a. 운동량이 보존된다면 충돌 후에 나무토막은 얼마의 속력으로 운동할 것인가?

   b. 나무토막에 가해지는 충격량은 얼마인가?

   c. 총알의 운동량의 변화는 나무토막의 운동량의 변화와 같은가?

CP3. 30 m/s의 속력으로 달리던 자동차가 콘

크리트 벽에 부딪혔다. 운전자의 몸무게는 70 kg이었고 차가 멈추는 데는 0.25 초가 걸렸다.

a. 운전자의 운동량의 변화는 얼마인가?

b. 이만큼의 운동량의 변화가 일어나기 위해서는 얼마의 충격량이 필요하며 힘의 크기는 얼마인가?

c. 만약에 이 운전자가 안전벨트를 매고 있는 경우와 안전벨트를 매고 있지 않아서 운전대에 부딪히며 정지하는 경우에 이 운전자에 가해지는 힘의 크기가 어떻게 다른지를 설명하라. 두 경우에 운전자가 멈출 때까지의 시간이 다른가?

CP4. 공을 벽에 던질 때 다음 두 경우에 대하여 생각해 보자. 하나는 공이 벽에 달라붙어서 튀어나오지 않는 경우이고, 다른 하나는 공이 처음과 같은 크기의 속력으로 튀어나오는 경우이다.

a. 이 두 경우 중에 어느 것이 더 공의 운동량 변화가 클까?

b. 두 경우에 운동량이 변화하는 데 걸리는 시간이 같다면 두 경우 중에 어느 것이 공에 더 큰 힘이 작용될까?

c. 이 충돌에서 운동량은 보존될까?

CP5. 바람이 조금도 불지 않는 날 참을성이 없는 선원이 강력한 선풍기를 돌려 그림과 같이 자기 배의 돛에 바람을 불어넣었다.

a. 선풍기에서 나오는 공기와 돛에 부딪히는 공기의 운동량 변화의 방향은 무엇인가?

b. 이 운동량의 변화로 인해 선풍기와 돛에 가해지는 힘의 방향은 어느 방향인가?

c. 이런 경우 선원은 돛을 내리는 것과 돛을 올리는 것 중에서 어느 것이 배를 빨리 가게 하는 데 도움이 될까?

© Jondo/iStock/Getty Images RF

강체의 회전운동

학습목표 이 장의 학습목표는 회전 놀이기구의 예로 선운동과 회전운동의 유사점을 기술하고, 회전운동을 기술하기 위해서는 어떠한 개념이 필요한가를 알아본다. 그리고, 회전운동의 원인을 살펴보고, 회전운동은 뉴턴의 제2법칙의 변형된 모양을 수반함을 보게 된다. 내용이 진행되면서 토크, 회전관성, 각운동량 등의 개념이 도입될 것이다. 이어서 회전운동의 원인과 회전운동에 대한 묘사를 선명하게 전개해 나가는 것이다.

저 자의 집 근처 공원에는 아이의 힘으로 움직이는 회전 놀이기구가 있다(그림 8.1). 이것은 원 모양의 강철판이 아주 우수한 베어링 위에 놓여진 것으로서 마찰저항력을 많이 받지 않고 회전한다. 비록 아이라고 할지라도 이것을 움직여서 돌아가게 하고, 그 위에 올라탈 수 있다(때때로 내리기도 한다). 그네, 미끄럼틀, 튼튼한 용수철 위에 설치한 작은 동물 모양의 놀이기구 등과 더불어 회전 놀이기구는 공원에서 인기가 좋은 놀이기구이다. 이 회

그림 8.1 공원에 있는 회전 놀이기구는 회전 운동의 한 예이다. 이 운동을 어떻게 기술하고 또한 설명할 수 있는가?

전 놀이기구의 운동은 우리가 이미 다루어 보았던 운동들과의 유사점과 차이점을 모두 지니고 있다. 회전 놀이기구에 앉아 있는 아이는 원운동을 경험하게 되고, 따라서 5장에서 논의했던 개념들이 적용될 것이다. 놀이기구 자체는 어떠한가? 그것은 비록 움직이지만 어느 곳으로도 가지 않는다. 그렇다면 과연 이 운동을 어떻게 기술할 것인가?

회전 놀이기구와 같은 강체의 회전운동은 흔하다. 회전하는 지구, 제자리에서 회전하는 스케이트 선수, 팽이, 바퀴 등은 모두 이런 형태의 운동을 보여준다. 뉴턴의 운동이론이 넓게 쓰여지기 위해서는 물체가 한 점에서 다른 점으로 움직이는 **선운동**에서뿐만 아니라 회전운동에서도 어떤 일이 벌어지는지를 설명할 수 있어야 한다. 무엇이 회전운동을 일으키는가? 뉴턴의 제2법칙은 회전운동을 설명하기 위해서 사용될 수 있는가?

물체의 선운동과 회전운동 사이에는 유사점이 있음을 발견하게 될 것이다. 바로 전에 제기한 질문들은 이러한 유사점을 충분히 이용함으로써 훌륭히 답변할 수 있다. 회전운동과 선운동 사이의 유사점을 활용함으로써 생각을 절약하고, 따라서 학습과정을 더욱 효과적으로 할 수 있다.

8.1 회전운동이란 무엇인가?

한 아이가 앞에서 기술했던 회전 놀이기구를 돌리기 시작한다. 그 아이는 놀이기구 옆에 붙어서서 놀이기구의 가장자리에 있는 막대들 중 하나를 잡는다. 아이는 놀이기구를 밀면서 가속시키며, 결국 아이는 달리고 회전 놀이기구는 매우 빠르게 돌게 된다.

회전 놀이기구나 스케이트 선수의 **회전운동**을 어떻게 기술할 것인가? 얼마나 빨리 회전하고 또 얼마나 회전했는지를 기술하기 위해서 우리는 어떤 양들을 사용할 것인가?

각변위와 각속도

회전 놀이기구가 얼마나 빨리 회전하는가를 어떻게 측정할 것인가? 만약 당신이 한쪽에 서있고 아이가 당신 앞을 지나가는 것을 관찰한다면, 가지고 있는 시계로 아이가 주어진 시간에 회전한 횟수를 셀 수 있을 것이다. 회전한 횟수를 회전하는 데 걸린 시간으로 나누면 평균회전속력을 분당 회전수(rpm)로 얻게 되며, 이 단위는 모터, 녹음기 등 회전하는 물체의 회전속도를 기술하기 위하여 종종 사용된다.

만약, 당신이 회전 놀이기구가 15 rpm의 비율로 돈다고 말한다면 당신은 얼마나 빨리 물체가 돌고 있는지를 기술한 것이다.

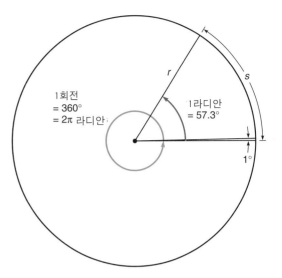

그림 8.2 회전수, 각, 라디안은 회전 놀이기구의 각변위를 기술하기 위한 서로 다른 단위들이다.

이 비율은 선운동의 경우에 있어서 얼마나 빨리 물체가 움직이는가를 기술하기 위하여 사용한 속력이나 속도라는 양과 비슷하다. 우리는 이러한 회전율을 기술하기 위하여 **각속도**라는 용어를 보통 사용한다. 분당 회전수는 이 양을 측정하기 위하여 사용된 여러 단위 중의 하나일 뿐이다.

회전 놀이기구의 회전속도를 측정할 때에 우리는 그것이 얼마나 많은 회전을 하는지를 기술한다. 한 물체가 한 번의 완전한 회전보다 적은 회전을 한다고 하자. 이 경우 우리는 물체가 얼마나 많이 회전했는지를 기술하기 위하여 부분회전을 사용할 수 있을 것이며, 혹은 각도의 단위인 도를 사용할 수도 있을 것이다. 한 번의 완전한 회전은 360도에 해당되기 때문에 회전수는 360°/rev을 곱함으로써 도로 환산될 수 있다. 1도는 1회전의 1/360을 나타낸다.

물체가 얼마나 많이 돌았는지 혹은 회전했는지를 측정하는 양은 각이며, 때로는 **각변위**로 불린다. 각은 회전수, 도, 혹은 간단하지만 덜 친숙한 단위로서 수학이나 물리에서 쓰이는 **라디안**이라 불리는 단위로 측정될 수 있다.[1] 각변위를 기술하기 위하여 흔히 사용되는 세 단위는 그림 8.2에 요약되어 있다.

각변위는 선운동에서 물체가 운동한 거리와 유사하다. 운동의 방향을 포함한다면 이 거리는 때로 **선변위**로 불린다. 회전량을 기술하기 위하여 사용되는 기호는 주로 그리스 알파벳에서 온

---

1) 라디안은 원호를 원의 반지름으로 나눈 값으로 정의된다. 따라서 그림 8.2에서 만약 회전 놀이기구의 한 점이 원호를 거리 s만큼 움직인다면 그것에 해당되는 라디안 수는 s/r이다(r은 원의 반지름이다). 거리를 또 다른 거리로 나누기 때문에 라디안 자체는 차원을 갖지 않는다. 또한, 원호의 길이 s는 반지름 r에 비례하기 때문에, 반지름의 크기는 라디안에 관계가 없다. 주어진 각에 대하여 s 대 r의 비는 같을 것이다. 라디안의 정의에 의하면 1회전 = 360° = 2π라디안이고 1라디안 = 57.3°이다.

것이다. 그리스 문자는 우리가 보통 사용하는 로마 알파벳의 문자로 나타내는 양과의 혼동을 피하기 위하여 사용된다. 그리스 문자 θ는 각을 나타내기 위하여 흔히 사용되고 ω는 각속도를 나타내기 위하여 사용된다.

회전 놀이기구와 같은 물체의 운동을 기술하기 위하여 도입한 양들은 다음과 같이 요약된다.

> 각변위 θ는 물체가 얼마나 많이 회전했는가를 보여주는 각이다.

그리고

> 각속도 ω는 각변위의 변화율이며 각변위를 걸린 시간으로 나눔으로써 얻어진다.
>
> $$\omega = \frac{\theta}{t}$$

각속도를 기술할 때, 우리는 보통 회전수나 라디안을 각변위의 측정값으로 사용한다. 도는 덜 사용되는 편이다. 예제 8.1에서 회전수와 분당 또는 초당 라디안의 환산 방법을 연습해 보자.

예제 8.1

예제 : 라디안의 계산

어떤 물체가 회전수 33 rpm(분당 회전)의 각속도로 회전하고 있다.

a. 이 회전속도는 라디안/분으로 환산하면 얼마인가?

b. 이 회전속도는 라디안/초로 환산하면 얼마인가?

a. $\omega = 33 \dfrac{\text{rev}}{\text{min}}$

$1 \text{ rev} = 2\pi \ radians$

$\omega = 33 \dfrac{\cancel{\text{rev}}}{\text{min}} \times \dfrac{2\pi \text{ radians}}{1 \ \cancel{\text{rev}}} = 66\pi \dfrac{\text{radians}}{\text{min}} = 207.3 \dfrac{\text{radians}}{\text{min}}$

b. $\omega = 207.3 \dfrac{\text{radians}}{\text{min}}$

$1 \text{ min} = 60 \text{ sec}$

$\omega = 207.3 \dfrac{\text{radians}}{\text{min}} \times \dfrac{1 \ \cancel{\text{min}}}{60 \text{ sec}} = 3.5 \dfrac{\text{radians}}{\text{sec}}$

선으로 지워진 부분은 서로 약분된 것을 의미한다.

각가속도란 무엇인가?

회전 놀이기구를 밀고 있는 아이를 기술할 때, 아이가 옆에서 달림에 따라 회전율은 증가하였다. 이것은 각속도의 **변화**를 의미하며 따라서 **각가속도**의 개념을 암시한다. 그리스 문자 α는 각가속도를 나타내기 위하여 사용되는 기호이다. 이것은 그리스 알파벳의 첫 문자이고 선가속도를 나타내기 위하여 사용되는 문자 a에 대응된다.

각가속도는 선가속도와 비슷하게 정의될 수 있다(2장 참조).

> 각가속도는 각속도의 변화율이다. 이것은 각속도의 변화를 걸린 시간으로 나눔으로써 얻어진다.
>
> $$\alpha = \frac{\Delta\omega}{t}$$

각가속도의 단위는 $\mathrm{rad/s^2}$이다.

각속도나 각가속도에 대한 위 정의들은 실제적으로 이 양들에 대한 **평균값**을 의미한다. 순간**값**을 얻기 위해서는 선운동에서의 순간속도와 순간가속도의 정의에서처럼 시간간격 t는 매우 작아야 한다(2.2절과 2.3절 참조). 그러면 주어진 순간에 변위나 속도의 시간에 따른 변화율을 얻게 된다. 선운동과 회전운동 사이에 완벽히 대응되는 유사점들에 유의한다면 각변위, 각속도, 각가속도의 정의들을 훨씬 수월하게 기억할 수 있을 것이다. 이 유사점들은 그림 8.3에 요약되어 있다. 일차원에서 거리 d는 위치의 변화 혹은 **선변위**를 나타내며 이것은 **각변위** θ에 대응된다. 선운동에서의 평균속도와 평균가속도는 그림의 왼쪽과 같이 정의되고 여기에 대응되는 각속도와 각가속도의 정의는 그림의 오른쪽에 표현되어 있다.

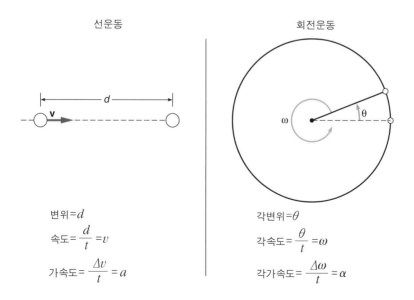

그림 8.3 선운동을 기술하기 위하여 사용된 양과 회전운동을 기술하기 위하여 사용된 양 사이에는 밀접한 유사점들이 있다.

일정한 각가속도

2장에서 우리는 그 많은 중요한 응용들로 인하여 일정한 선가속도라는 특별한 경우에 대한 식들을 도입하였다. 선과 회전 양들을 비교함으로써, 선운동에서 전개된 식들에 있는 선형 양들 대신 거기에 대응되는 회전 양들로 대치함으로써 일정한 각가속도 운동에 대한 유사한 방정식들을 얻어낼 수 있다(표 8.1). 예제 8.1은 일정한 각가속도에 대한 식들의 응용문제이다.

예제 8.2의 회전 놀이기구는 기구를 미는 사람의 큰 노력에 의하여 정지상태에서 출발하여 1분에 9번의 완전한 회전을 한다. 이런 가속률이 1분 이상 유지되기는 어려울 것이다. 이 시간 동안 도달된 각속도는 1초에 1/3회전보다 약간 작으며, 놀이기구로서는 매우 빠른 각속도라 할 수 있다.

표 8.1 일정하게 가속된 선운동 방정식과 회전운동 방정식의 유사성

선운동	회전운동
$v = v_0 + at$	$\omega = \omega_0 + \alpha t$
$d = v_0 t + \dfrac{1}{2} a t^2$	$\theta = \omega_0 t + \dfrac{1}{2} \alpha t^2$

선속도와 각속도는 어떻게 연관되는가?

예제 8.2의 회전 놀이기구가 0.30 rev/s의 각속도로 돌고 있을 때 이 놀이기구에 타고 있는 사람은 얼마나 빨리 움직이고 있는 것인가? 이 질문에 대한 대답은 위에 타고 있는 사람이 어디에 앉아 있는지에 달려 있다. 이 사람은 회전 놀이기구의 중심쪽보다 가장자리쪽으로 앉았을 때 훨씬 빨리 움직일 것이다. 그러면 앉아 있는 사람의 선속도와 놀이기구의 각속도와는 어떠한 관계가 있는가?

그림 8.4는 놀이기구 위에 앉아 있는 사람들의 서로 다른 위치를 나타내는 반지름이 다른 두 원을 보여준다. 중심에서 더 멀리 떨어져 앉아 있는 사람은 중심에 가까이 앉아 있는 사람보다 더 먼 거리를 움직인다. 따라서 바깥쪽 사람은 왼쪽 사람보다 더 큰 속력으로 움직인다.

위에 타고 있는 사람이 중심에서부터 멀리 있을수록 1회전에 더 멀리 움직이며, 따라서 더 빨리 움직인다. 즉, 앉아 있는 사람이 움직이는 거리는 원의 반경 r(중심에서부터 앉아 있는 사람까지의 거리)에 비례해서 증가한다. 각속도를 rad/s으로 표현하면 앉아 있는 사람의 선속도는 다음과 같은 형태가 된다.

$$v = r\omega$$

놀이기구의 중심에서부터 거리 r만큼 떨어져서 앉아 있는 사람의 선속도 v는 r과 놀이기구의 각속도 ω의 곱이다(이 간단한 결과가 성립하기 위해서는 각속도는 초당 라디안으로 표현되어야 한다).

회전 놀이기구나 물체가 회전하는 비율은 회전하는 물체 위의 한 점이 얼마나 빨리 움직일 것

예제 8.2

예제 : 회전 놀이기구

회전 놀이기구가 정지상태에서 출발하여 0.005 rev/s²의 일정한 비율로 가속된다고 가정하자.

a. 1분 후에 각속도는 얼마인가?

b. 이 시간 동안 회전 놀이기구는 얼마나 많은 회전을 하는가?

a. $\alpha = 0.005$ rev/s² $\omega = \omega_0 + \alpha t$

$\omega_0 = 0$ $= 0 + (0.005 \text{ rev/s}^2)(60 \text{ s})$

$t = 1 \text{ min} = 60 \text{ s}$ $= \mathbf{0.30 \text{ rev/s}}$

b. $\theta = ?$ ω_0은 0이기 때문에

$$\theta = \frac{1}{2}\alpha t^2$$

$$= \frac{1}{2}(0.005 \text{ rev/s}^2)(60 \text{ s})^2$$

$$= \mathbf{9 \text{ rev}}$$

그림 8.4 가장자리쪽에 있는 사람이 중심쪽에 있는 사람보다 1회전에 더 먼 거리를 움직인다.

인가에, 즉 그 점의 선속도에 영향을 미친다. 선속도는 회전축으로부터의 거리에 의존한다. 회전 놀이기구의 바깥 가장자리에 있는 아이는 중심 근처에 겁먹고 앉아 있는 아이보다 훨씬 더 짜릿함을 느낄 것이다.

각변위, 각속도, 그리고 각가속도는 회전하는 물체의 운동을 완벽하게 기술하기 위하여 필요한 양들이다. 이것들은 물체가 얼마나 많이 회전하였고(각변위), 얼마나 빨리 회전하고 있는지(각속도)를, 그리고 각속도가 변하고 있는 비율(각가속도)을 각각 기술한다. 이 정의들은 선운동을 기술하기 위하여 사용된 양들에 대응된다. 이것들은 물체가 어떻게 회전하고 있는지를 말해 주기는 하지만 왜 그런지는 말해주지 않는다. 회전의 원인은 다음 절에서 논의된다.

8.2 토크와 천칭

첫째로, 무엇이 회전 놀이기구를 회전하게 했는가? 놀이기구가 움직이기 위해서 아이는 이것을 밀어야만 하며, 그것은 힘을 가한다는 것을 의미한다. 힘의 방향과 작용점은 노력의 성공여부에 중요한 역할을 한다. 만약, 아이가 놀이기구의 중심을 향하여 똑바로 민다면 아무 일도 벌어지지 않는다. 가장 좋은 결과를 만들기 위해서 어떻게 힘을 가해야 하는가?

토크는 물체를 회전시킨다. 그렇다면 토크란 무엇이며 그것은 힘과 어떻게 연관되는가? 간단

한 저울, 혹은 **천칭**은 이 개념에 접근하는 데 도움을 줄 것이다.

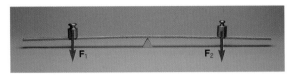

그림 8.5 지레받침으로부터 같은 거리에 같은 무게의 추가 놓여진 천칭. 천칭이 균형잡힐 것인지 결정하는 것은 무엇인가?

천칭은 어떨 때 균형이 잡히는가?

그림 8.5에서처럼 지레받침에 의하여 지지되는 매우 가벼운 막대로 만들어진 천칭을 생각해 보자. 만약, 막대 위에 추를 올려놓기 전에 막대가 균형이 잡혀 있고, 또한 지레받침으로부터 같은 거리에 같은 무게의 추를 올려놓는다면, 막대는 여전히 균형을 유지할 것이다. **균형**이 잡혀있다는 것은 지레받침을 중심으로 막대가 회전하지 않는다는 것을 뜻한다.

무게가 서로 다른 추를 막대 위에 올려놓고 이들을 균형 잡기 원한다고 하자. 가벼운 무게의 추보다 두 배나 무거운 추를 균형 잡기 위해서 두 추를 지레받침으로부터 같은 거리에 놓아야 하는가? 천칭이 균형 잡히기 위해서는 가벼운 무게의 추가 큰 무게의 추보다 지레받침으로부터 멀리 떨어져야 한다는 것을 직관적으로 알 수 있지만 얼마나 멀리 떨어져야 하는지는 알 수 없다(그림 8.6). 간단한 천칭으로 시도를 해보면 적은 무게의 추가 큰 무게의 추보다 지레받침으로부터 두 배나 멀리 떨어져야 한다는 것을 알게 된다.

막대 대신 자를 사용하고 지레받침 대신 연필을 사용하여 실험해 보라. 추 대신 동전을 사용할 수도 있다. 실험을 해 보면 추의 무게와 지레받침으로부터의 거리가 둘 다 중요하다는 것을 알게 된다. 추가 지레받침으로부터 멀리 떨어져 있을수록 지레받침의 반대쪽에 있는 무거운 무게의 추를 더욱 효과적으로 균형 잡을 수 있을 것이다. 추의 **무게와 지레받침으로부터의 거리와의 곱**이 이 결과를 결정한다. 만약 이 곱이 지레받침의 다른 쪽에 있는 추에 해당되는 곱과 같다면 천칭은 회전하지 않을 것이다.

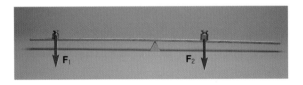

그림 8.6 지레받침으로부터 서로 다른 거리에 다른 무게의 추가 놓여진 천칭.

토크란 무엇인가?

힘과 지레받침으로부터의 거리와의 곱—이것은 추가 회전하려고 하는 정도를 기술하며 **토크**(torque)라고 불린다. 좀더 일반적으로 말하면,

> 지레받침이나 주어진 회전축에 대한 토크 τ는 작용한 힘과 지렛대 팔의 길이 l의 곱과 같다.
>
> $$\tau = Fl$$
>
> **지렛대 팔**은 회전축으로부터 힘의 작용선까지의 수직거리이다.

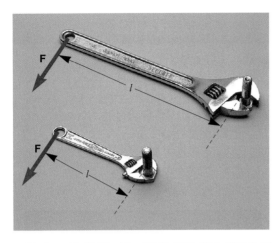

그림 8.7 긴 렌치는 긴 지렛대 팔을 갖기 때문에 긴 렌치가 짧은 렌치보다 더 효과적이다.

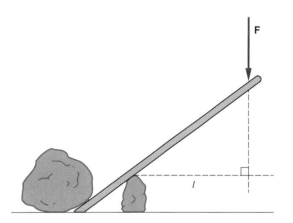

그림 8.8 가해진 힘이 쇠 지레에 수직이 아닐 때, 지렛대 팔은 지레받침으로부터 힘의 작용선까지의 수직선을 그림으로써 구해진다.

기호 τ는 그리스 문자 타우이고 토크를 나타내기 위해서 사용된다.

길이 l은 지레받침에서부터 힘의 작용점까지의 거리이며 힘의 작용선에 수직인 방향으로 측정되어야 한다. 이 거리는 힘의 **지렛대 팔**이나 **모멘트의 팔**로 불린다. 토크의 세기는 힘의 크기와 그 지렛대 팔의 길이에 좌우된다. 만약 천칭의 지레받침 양쪽 추에 가해지는 토크의 크기가 같다면 저울은 균형이 잡히고 따라서 회전하지 않을 것이다.

우리들 대부분은 언젠가 렌치로 너트를 돌려보았을 것이다. 렌치 손잡이에 수직인 방향으로 렌치의 한쪽 끝에 힘을 가할 때(그림 8.7), 손잡이는 지렛대이고 그 길이는 지렛대 팔이 된다. 긴 손잡이는 토크가 더 크기 때문에 짧은 손잡이보다 더욱 효과적이다.

그 용어가 암시하듯이, **지렛대 팔**은 물체를 움직이기 위한 지렛대의 사용에서 유래한다. 예를 들어 쇠 지레로 큰 바위를 움직여 보자. 가해진 힘은 막대기의 끝에서 그리고 막대기에 수직으로 작용할 때가 가장 효과적이다. 지렛대 팔 l은 지레받침에서부터 막대 끝까지의 거리이다. 만약 그림 8.8에서처럼 힘이 다른 방향에서 가해진다면, 지렛대 팔은 힘이 막대기에 수직으로 가해질 때의 경우보다 더 짧아진다. 지렛대 팔은 받침에서부터 힘의 작용선까지의 수직선을 그림으로써 구해진다.

토크는 어떻게 더하는가?

토크에 관련된 회전방향 또한 중요하다. 어떤 토크는 특별한 축을 중심으로 시계방향의 회전을 제공하고, 또 어떤 토크는 반시계방향의 회전을 제공한다. 예를 들어, 그림 8.6에서 지레받침의 오른쪽에 있는 무거운 추에 의한 토크는 지레받침을 중심으로 시계방향의 회전을 제공할 것이다. 이것은 받침의 왼쪽에 있는 추에 의한 같은 크기의 토크가 제공하는 반시계방향의 회전과 대립된다. 이 두 토크는 계가 균형이 잡힐 때 서로 상쇄된다.

토크는 반대의 효과를 줄 수 있기 때문에 반대방향의 회전을 제공하는 토크에 반대부호를 붙인다. 예를 들어, 반시계방향의 회전을 제공하는 토크를 양이라고 한다면, 시계방향의 회전을 제공하는 토크는 음이 될 것이다(이것은 관례적인 선택이며, 당신이 주어진 상황에서 일관성만 유지한다면 어느 방향을 양으로 선택하느냐는 중요하지 않다). 토크의 부호를 나타낸다는 것은 다른 토크와 더할 것이냐 아니면 뺄 것이냐를 알려준다.

천칭 막대의 경우에, 막대가 균형이 잡혀 있을 때, 두 토크는 크기가 같고 반대부호를 갖기 때문에 그 알짜 토크는 0(zero)일 것이다. 균형, 혹은 평형을 위한 조건은 계에 작용하는 알짜 토크가 0이라는 것이다. 토크가 전혀 작용하지 않거나 혹은 양의 토크의 합이 음의 토크의 합과 같으면 서로 상쇄되어서 그 합이 0이 된다.

예제 8.3에서 5 N의 추를 균형 잡기 위해서(알짜 토크가 0이 되기 위해서) 3 N의 추가 지레받침으로부터 놓여야 하는 거리를 구한다($W = mg$이기 때문에 5 N의 추는 대략 0.5 kg 혹은 500 g의 질량을 가지고 있다). 토크의 단위는 힘과 거리와의 곱의 단위이며, 미터법으로 N·m이다.

예제 8.3

예제 : 계의 균형잡기

추가 없을 때 균형이 잡혀 있는 막대 위에 놓여 있는 5 N의 추를 균형잡기 위해서 3 N의 추를 가지고 있다. 5 N의 추는 지레받침의 오른쪽 20 cm에 위치하고 있다.

a. 5 N의 추에 의해 제공되는 토크는 얼마인가?
b. 계의 균형을 잡기 위해서 3 N의 추를 지레받침으로부터 얼마의 위치에 놓아야 하는가?

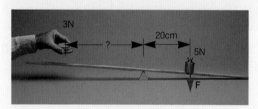

계의 균형을 잡기 위해서 3 N의 추를 막대의 어디에 놓아야 하는가?

a.
$F = 5$ N $\quad \tau = -Fl$
$l = 20$ cm = 0.2 m $\quad = -(5 \text{ N})(0.2 \text{ m})$
$\tau = ?$ $\quad = -1$ N·m

음의 부호는 이 토크가 시계방향의 회전을 제공한다는 것을 나타낸다.

b.
$F = 3$ N $\quad \tau = Fl$
$l = ?$ $\quad = \dfrac{\tau}{F}$
$\quad = \dfrac{+1 \text{ N·m}}{3 \text{ N}}$
$\quad = \mathbf{0.33 \text{ m (33 cm)}}$

물체의 중력중심은 무엇인가?

가끔 물체의 무게는 물체가 회전할 것인가를 결정하는 중요한 요소가 된다. 예를 들어 그림 8.9에 있는 아이는 널빤지를 기울이게 하지 않고 널빤지 위를 얼마나 멀리 걸어갈 수 있는가? 널빤지의 무게는 이 경우에 중요하며, 따라서 **중력중심**의 개념이 필요하게 된다.

중력중심은 물체의 무게 자체가 그 점에 대해서 토크를 만들지 않는 점이다. 만약 물체를 그 중력중심으로부터 매달면, 그 지지점에서 알짜 토크는 없게 되고 물체는 균형이 잡힐 것이다.

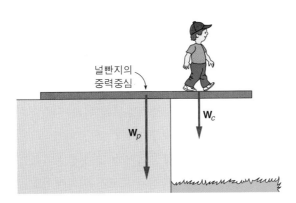

그림 8.9 널빤지를 기울이게 하지 않고 아이는 얼마나 멀리 걸을 수 있는가? 널빤지의 총 무게는 마치 그것이 중력중심에 위치하고 있는 것처럼 취급될 수 있다.

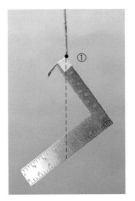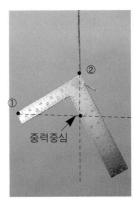

그림 8.10 평면 물체의 중력중심을 찾아내는 예. 중력중심이 반드시 물체 내부에 있지는 않다.

막대 모양의 물체의 중력중심은 물체가 당신의 손가락 위에서 혹은 다른 적당한 지레받침 위에서 균형이 잡히는 점을 찾아냄으로써 알 수 있다. 더 복잡한 이차원 물체의 경우에는 물체를 두 개의 다른 점으로부터 매달음으로써 중력중심을 알 수 있다. 즉, 그림 8.10이 보여주듯이, 각각의 매단 점에서부터 직선을 그린 다음 두 선의 교차점을 구하면 된다.

널빤지의 경우에(그림 8.9), 그 중력중심은 널빤지의 밀도가 균일하다면 널빤지의 기하학적인 중심에 있을 것이다. 토크를 계산할 때 고려해야 하는 회전중심(pivot point)은 널빤지를 지지하는 플랫폼의 가장자리일 것이다. 널빤지의 무게가 회전중심에 대하여 제공하는 반시계 방향의 토크가 아이의 무게가 제공하는 시계 방향의 토크보다 크다면 널빤지는 기울어지지 않을 것이다. 널빤지의 무게는 마치 그것이 널빤지의 중력중심에 모두 집중되어 있는 것처럼 취급된다.

가장자리에 있는 아이의 토크가 널빤지의 토크와 크기가 같아질 때, 널빤지는 기울어지기 바로 직전일 것이다. 이것은 널빤지가 기울어지기 전에 아이가 얼마나 멀리 널빤지 위를 걸을 수 있는가를 결정한다. 플랫폼의 가장자리에 대한 널빤지의 토크가 아이의 토크보다 크다면 아이는 안전하다. 플랫폼 때문에 널빤지는 반시계방향으로는 회전하지 못한다. 균형을 잡고자 하는 어떠한 노력에 있어서도 중력중심의 위치는 중요한 역할을 한다. 그림 8.11에서

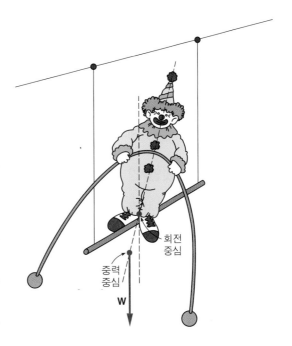

그림 8.11 중력중심이 회전중심의 아래에 있기 때문에 광대는 자동으로 똑바로 선 자세로 돌아온다.

의 균형 잡는 장난감에서처럼, 중력중심이 회전중심 아래에 놓여 있다면, 장난감은 흔들어 놓아도 다시 자동으로 균형을 잡을 것이다. 중력중심은 회전중심 바로 아래 위치로 돌아오고, 여기서 장난감의 무게는 토크를 제공하지 않는다. 이 위치에서 광대와 막대의 무게에 대한 지렛대 팔은 0이다.

마찬가지로, 여러 종류의 운동이나 혹은 재주를 수행하는 데 있어서 중력중심의 위치는 중요하다. 예를 들어, 당신의 등과 발뒤꿈치를 벽에 댄 다음 당신의 발끝을 만지려고 해 보아라. 이 간단해 보이는 트릭이 왜 대부분의 사람들에게는 불가능한 것인가? 당신의 발을 회전중심이라고 할 때 이 회전중심에 대한 당신의 중력중심은 어디에 있는가? 중력중심과 토크가 여기에서도 쓰인다.

토크는 어떤 것이 회전할 것인가 아닌가를 결정한다. 토크는 힘과 그 지렛대 팔(회전축으로부터 힘의 작용선까지의 수직거리)로 곱함으로써 얻어진다. 만일 시계방향으로 회전하려는 토크가 반시계방향의 토크와 같다면, 알짜 토크는 0이고 회전은 일어나지 않게 된다. 만일 이들 토크 중의 하나가 다른 것보다 크다면 토크의 균형은 깨질 것이고 계는 회전할 것이다.

8.3 회전관성과 뉴턴의 제 2법칙

아이가 회전 놀이기구를 잡고 옆에서 달리면서 놀이기구가 돌아가기 시작할 때, 아이가 가한 힘은 회전축에 대하여 토크를 제공한다. 앞 절의 토론으로부터, 우리는 물체에 작용한 알짜 토크는 물체가 회전할 것인지 아닌지를 결정한다는 것을 알고 있다. 토크를 알면 회전율을 예측할 수 있을까? 선운동에서, 뉴턴의 제 2법칙에 의하면, 총 힘과 질량은 물체의 가속도를 결정한다. 뉴턴의 제2법칙을 어떻게 회전운동의 경우로 변형할 것인가? 이 경우에, **토크**는 각가속도를 결정한다. 회전관성이라는 새로운 양은 질량을 대신한다.

회전관성이란 무엇인가?

회전 놀이기구로 다시 돌아가자. 기구의 추진력(한 명의 활력 넘치는 아이, 혹은 피곤에 지쳐 있는 부모)은 놀이기구의 가장자리에서 힘을 가한다. 회전축에 대한 토크는 이 힘을 놀이기구의 반경인 지렛대 팔(그림 8.12)로 곱함으로써 얻어진다. 만약 회전축에서의 마찰에 의한 토크가 무시될 수 있을 정도로 작다면, 오직 아이에 의하여 제공되는 토크가 계에 작용하는 유일한 토크이다. 이 토크는 놀이기구의 각가속도를 만든다.

이 각가속도를 어떻게 구할 것인가? 물체에 작용하는 힘에 의해 만들어지는 선가속도를 구하기 위하여 우리는 뉴턴의 제2법칙, $\mathbf{F} = m\mathbf{a}$를 이용한다. 이것에 유추하여, 힘 대신 토크 τ로 대치하고 선가속도 대신 각가속도 α로 대치함으로써, 회전운동에 대한 비슷한 표현을 전개할 수

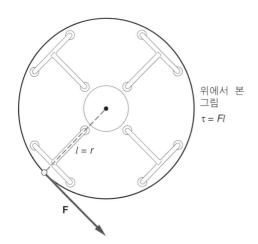

위에서 본
그림

$\tau = Fl$

$l = r$

F

그림 8.12 아이는 회전 놀이기구의 가장자리에서 힘을 가하고, 이 힘은 회전축에 대하여 토크를 제공한다.

있다. 그렇다면 회전 놀이기구의 질량을 대신해서 우리는 어떠한 양을 사용해야 하는가?

선운동에서 질량은 운동의 변화에 대한 관성, 혹은 저항을 나타낸다. 회전운동에서는 **회전관성** 혹은 **회전관성모멘트**라고 불리는 새로운 개념이 요구된다. 회전관성은 물체의 회전운동의 변화에 대한 저항이다. 회전관성은 물체의 질량과 또한 이 질량이 회전축에 대하여 어떻게 분포되어 있는가에 좌우된다.

개념에 대한 이해를 돕기 위하여 물리학자들은 가능한 한 가장 간단한 경우를 고려하는 요령을 종종 사용한다. 회전운동에 있어서, 가장 간단한 경우는 그림 8.13에서처럼 매우 가벼운 막대의 끝에 집중되어 있는 하나의 질량이다. 만약 힘이 막대에 수직방향으로 작용한다면, 막

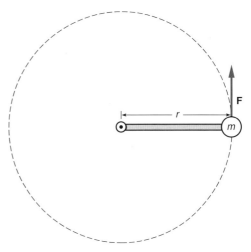

r

F

m

그림 8.13 매우 가벼운 막대의 끝에 집중되어 있는 하나의 질량이 힘 F에 의하여 회전하기 시작한다. 가속도를 구하기 위하여 뉴턴의 제2법칙을 사용하라.

대와 질량은 막대의 다른쪽 끝에 고정되어 있는 축을 중심으로 회전하기 시작할 것이다.

막대와 질량이 각가속도를 갖기 위해서는 질량 자체가 선가속도를 가져야만 한다. 회전 놀이기구 위에 타고 있는 사람들처럼, 질량이 축에서 멀리 떨어져 있을수록 그것은 주어진 각속도에 대해 더 빨리 움직인다($v = r\omega$).

같은 각가속도를 만들기 위해서, 막대의 끝에 있는 질량은 축에 가까운 질량보다 더 큰 선가속도를 받아야만 한다. 질량이 축에 가까이 있을 때보다도 막대의 끝에 있을 때 계를 회전시키기가 더 어려워진다.

이 경우에 뉴턴의 제 2법칙을 적용해 보면, 회전운동의 변화에 대한 저항은 질량이 회전축으로부터 떨어진 거리의 제곱에 의존한다는 사실을 알게 된다. 변화에 대한 저항은 또한 질량의 크기에 의존하기 때문에, 한 점에 집중된 질량의 회전관성은

$$회전관성 = 질량 \times 축으로부터의\ 거리의\ 제곱$$

$$I = mr^2$$

이다. 여기서 I는 회전관성을 위해 흔히 사용하는 기호이고 r은 질량 m의 회전축으로부터의 거리이다. 회전 놀이기구 같은 물체의 총 회전관성은 축에서부터 서로 다른 거리에 놓여있는 질량들에 해당하는 각각의 회전관성을 더함으로써 구할 수 있다.

회전운동의 경우로 확장된 뉴턴의 제2법칙

뉴턴의 제2법칙인 $\mathbf{F} = m\mathbf{a}$에 유추하여, 회전운동에 대한 제2법칙을 다음과 같이 기술하자.

주어진 축에 대한 물체에 작용하는 알짜 토크는 그 축에 대한 물체의 회전관성을 물체의 각가속도로 곱한 것이다.

$$\tau = I\alpha$$

다시 말하면 물체의 각가속도는 토크를 회전관성으로 나눈 것이다, 즉, $\alpha = \tau/I$이다. 토크가 클수록 각가속도는 커지며, 회전관성이 클수록 각가속도는 작아진다. 회전관성은 물체의 각속도를 변화시키는 것의 어려운 정도를 말해준다.

이 개념에 대한 이해를 돕기 위하여 지휘봉과 같은 간단한 물체를 생각해 보자. 지휘봉은 막대 끝에 있는 두 개의 질량으로 구성되어 있다(그림 8.14). 만일, 막대 자체가 가볍다면 대부분의 지휘봉의 회전관성은 두 끝에 있는 질량으로부터 생긴다. 만약 당신이 지휘봉의 중심을 잡고 있다면, 당신은 손으로 지휘봉에 토크를 가할 수 있고, 따라서 각가속도가 생기며, 지휘봉은 회전하기 시작한다.

막대를 따라 이들 질량을 움직일 수 있다고 가정하자. 만약, 두 질량을 막대의 중심

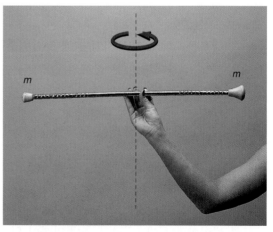

그림 8.14 지휘봉의 회전관성은 주로 막대 끝에 있는 질량들에 의하여 결정된다.

쪽으로 움직여서 중심에서부터 질량까지의 거리가 원래 거리의 반이 된다면, 회전관성은 어떻게 되는가? 막대의 질량을 무시한다면 회전관성은 원래 값의 1/4로 줄어든다. 회전관성은 축으로부터 질량까지의 거리의 **제곱**에 의존하기 때문에 거리를 두 배로 하면 회전관성은 네 배가 된다. 거리를 반으로 하면 회전관성은 1/4배가 된다. 두 질량이 막대의 끝에 있을 때가 막대의 끝에서부터 중심까지의 중간에 있을 때보다 지휘봉을 돌리기가 네 배만큼 힘들어진다. 다시 말하면, 주어진 각가속도를 만들기 위하여 요구되는 토크의 크기는 두 질량이 끝에 있을 때가 중간 위치에 있을 때보다 네 배만큼 커진다. 만약 당신이 질량을 조절할 수 있는 막대를 가지고 있다면, 그것을 회전시키기 위한 토크의 크기의 차이를 느낄 수 있을 것이다.

회전 놀이기구의 회전관성 구하기

회전 놀이기구 같은 물체의 회전관성을 구하는 것은 단순히 질량을 반지름의 제곱으로 곱하는 것보다 훨씬 어렵다. 회전 놀이기구의 모든 질량이 바깥 테두리에 있지는 않기 때문이다. 그 질량의 일부분은 축에 가까이 있으며, 따라서 그것은 놀이기구의 회전관성에 더 작은 기여를 할 것이다. 회전 놀이기구를 여러 조각으로 나눈다고 상상하면, 각 조각의 회전관성을 구하고, 그런 다음 이들 회전관성을 모두 더함으로써 총 회전관성을 구할 수 있다.

몇 개의 간단한 모양에 대한 결과가 그림 8.15에 주어져 있다. 각 식들은 우리가 논의했던 개념들을 보여주고 있다. 예를 들어, 단단한 원판은 같은 질량과 같은 반지름의 고리보다 더 작은 회전관성을 가지며, 그 이유는 원판의 질량은 평균해볼 때 고리에서의 경우보다 축에 더 가까이 있기 때문이다. 회전축의 위치도 또한 중요하다. 막대는 막대의 중심을 통과한 축에 대해서보다 막대의 한쪽 끝을 통과한 축에 대해서 더 큰 회전관성을 갖는다. 회전축이 막대의 끝에 있을 때, 축에서부터 더 멀리 떨어진 거리에 더 많은 질량이 있다. 회전 놀이기구는, 비록 그것이 어떻게 만들어졌는가에 좌우되지만, 단단한 원판과 비슷할 것이다. 놀이기구에 앉아 있는 아이는 회전관성에도 영향을 미칠 것이다. 만약 여러 명의 아이들이 모두 놀이기구의 가장자리에 앉

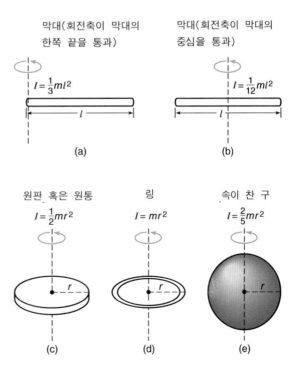

그림 8.15 여러 물체의 회전관성에 대한 표현들. 각각 균일한 질량분포를 갖고 있다. m은 물체의 총 질량을 말한다.

예제 8.4

예제 : 회전 놀이기구와 그 위에 타고 있는 사람 돌리기

한 회전 놀이기구의 회전관성은 800 kg · m^{2}이고 반경은 2 m이다. 40 kg의 한 아이가 놀이기구의 가장자리에 앉아 있다.

a. 놀이기구의 회전축에 대한 아이의 회전관성은 얼마이고, 아이를 포함한 놀이기구의 총 회전관성은 얼마인가?

b. 놀이기구에 0.05 rad/s^{2}의 각가속도를 내기 위하여 요구되는 토크는 얼마인가?

a. $I_{놀이기구} = 800$ kg · m^2 $I_{아이} = mr^2$

　　$m_{아이} = 40$ kg   　　　$= (40$ kg$)(2$ m$)^2$

　　$r = 2$ m   　　　　　　$= 160$ kg · m^2

총 회전관성은

$$I_{total} = I_{놀이기구} + I_{아이}$$
$$= 800 \text{ kg} \cdot \text{m}^2 + 160 \text{ kg} \cdot \text{m}^2$$
$$= \mathbf{960 \text{ kg} \cdot \text{m}^2}$$

b. $\alpha = 0.05$ rad/s^2 $\tau = I\alpha$

　　$\tau = ?$ 　　　　　　$= (960$ kg · m$^2)(0.05$ rad/s$^2)$

　　　　　　　　　　　　　　　$= \mathbf{48 \text{ N} \cdot \text{m}}$

는다면, 그들의 회전관성은 놀이기구를 더욱 움직이기 어렵게 할 것이다. 만약 아이들이 놀이기구 가운데에 모여 있다면, 그들은 더 적은 회전관성을 만든다. 만일 당신이 피곤하다면, 아이들을 가운데에 앉혀라. 당신은 노력을 덜 수 있을 것이다. 예제 8.4는 회전관성에 대한 정량적 계산의 예이다. 회전 놀이기구에 타고 있는 아이들은 0.05 rad/s^{2}의 각가속도를 가지고 있다.[2] 이 각가속도를 만들어내기 위해서는 48 N · m의 토크가 요구된다. 가장자리에 착용하는 24 N의 힘은 2 m의 지렛대 팔을 가질 것이고 48 N · m의 필요한 토크를 제공할 것이다. 이 힘은 아이가 너무 어리지 않다면 아이가 낼 수 있는 적당한 크기이다.

회전관성은 회전운동의 변화에 대한 저항이다. 이것은 물체의 질량과 질량의 회전축에 대한 분포에 좌우된다. 뉴턴의 제2법칙은 토크($\tau = I\alpha$), 회전관성, 그리고 각가속도 사이의 정량적인 관계를 보여준다. 토크는 힘을 대신하고, 회전관성은 질량을 대신하며, 각가속도는 선가속도를 대신한다.

---

2) 회전운동에 대한 뉴턴의 제2법칙을 사용하기 위해서 각가속도는 초의 제곱당 라디안(rad/s^2)으로 표시되어야 한다. 만약 각가속도가 초의 제곱당 회전수(rev/s^2)나 혹은 다른 각의 단위로 주어진다면, 우리는 계산하기 전에 그것을 rad/s^{2}으로 변환해야 한다.

8.4 각운동량의 보존

당신은 스케이트 선수가 회전하는 것을 본 적이 있는가? 그녀는 그녀의 팔을 뻗은 채로 회전을 시작하고, 그런 다음 팔을 그녀의 몸 안쪽으로 당긴다. 그녀가 팔을 안으로 당기는 동안 각속도는 증가한다. 그녀가 팔을 다시 뻗으면 그녀의 각속도는 감소한다(그림 8.16).

각운동량 혹은 회전운동량의 개념은 이와 같은 경우에 유용하다. 각운동량 보존법칙은 스케이트 선수, 재주 부리는 다이빙 선수 혹은 체조하는 사람, 그리고 태양 주위를 도는 행성의 운동과 같은 다양한 현상을 설명한다. 이 개념을 이해하기 위해서 선운동과 회전운동 사이의 유사점을 어떻게 사용할 수 있는가?

그림 8.16 스케이트 선수가 팔과 다리를 몸 안쪽으로 당기는 동안 스케이트 선수의 회전속도는 증가한다.

각운동량이란 무엇인가?

만약 당신에게 각운동량의 개념을 정립하라고 한다면 당신은 어떻게 그 일에 착수하겠는가? 선운동량은 질량(관성) 곱하기 물체의 선속도이다($\mathbf{p} = m\mathbf{v}$).

질량 혹은 속도가 증가하면 운동량이 증가한다. 운동량은 얼마나 많은 질량이 움직이고 얼마나 빨리 움직이는가의 척도이기 때문에, 뉴턴은 운동량을 운동의 양으로 불렀다.

운동량의 회전운동에의 대응은 무엇인가? 회전운동과 선운동을 비교해 볼 때 회전관성은 질량의 역할을 하고 각속도는 선속도와 비슷하다. 이것에 유추해서, **각운동량**을 다음과 같이 정의할 수 있다.

> 각운동량은 회전관성과 각속도의 곱이다.
>
> $$L = I\omega$$

여기서 L은 각 운동량을 나타내는 기호이다.

각 운동량이라는 용어는 회전 운동량이라는 용어보다 흔히 사용되지만, 둘 다 사용될 수 있다. 선운동량과 마찬가지로, 각운동량은 관성과 속도라는 두 양의 곱이다. 천천히 회전하는 볼링공은 훨씬 빨리 회전하는 야구공과 같은 크기의 각운동량을 가질 수 있으며, 그것은 볼링공의 회전관성 I가 더 크기 때문이다. 지구는 그 거대한 회전관성으로 인하여, 비록 그 각속도는 작지만, 지구 축에 대한 자전에 대해서 매우 큰 각운동량을 갖는다.

언제 각운동량은 보존되는가?

우리는 각운동량을 도입하기 위해서 선운동과 회전운동 사이의 유사점을 사용하였다. 각운동량 보존의 법칙을 기술하기 위해서도 우리는 이 방법론을 사용할 수 있을까? 7장에서 우리는 계에 작용하는 알짜 외부 힘이 없을 때 선운동량은 보존된다고 언급하였다. 각운동량은 언제 보존될 것인가?

회전운동에서는 토크가 힘의 역할을 하기 때문에, 우리는 **각운동량 보존**의 법칙을 다음과 같이 기술할 수 있다.

> 만일 계에 작용하는 알짜 토크가 0이면, 계의 총 각운동량은 보존된다.

토크는 힘을 대신하고 각운동량은 선운동량을 대신한다. 표 8.2는 선운동과 회전운동 간의 중요한 비교를 보여준다.

표 8.2 선형운동과 회전운동 사이의 대응되는 개념들

개념	선운동	회전운동
관성	m	I
뉴턴의 제2법칙	$\mathbf{F} = m\mathbf{a}$	$\tau = I\alpha$
운동량	$\mathbf{p} = m\mathbf{v}$	$L = I\omega$
운동량의 보존	만약 $\mathbf{F} = 0$이면 $\mathbf{p} =$ 상수	만약 $\tau = 0$이면 $L =$ 상수
운동 에너지	$KE = \frac{1}{2}mv^2$	$KE = \frac{1}{2}I\omega^2$

스케이트 선수의 각속도의 변화

각운동량의 보존은 회전하는 아이스 스케이트 선수가 그녀의 팔을 안으로 당김으로써 그녀의 각속도를 증가시킬 때 무슨 일이 벌어지는지를 이해하게 하는 열쇠이다. 스케이트 선수의 회전축에 대하여 그녀에게 작용하는 외부 토크는 매우 작고, 따라서 각운동량 보존을 위한 조건이 성립한다. 왜 그녀의 각속도는 증가하는가?

스케이트 선수의 양팔과 한쪽 다리가 뻗어 있을 때, 그것들은 그녀의 회전관성에 비교적 큰 부분을 제공한다 — 그녀의 회전축으로부터 그것들의 평균거리는 그녀 몸의 다른 부분에 비해 훨씬 크다. 회전관성은 그녀 질량의 여러 부분이 축으로부터 수직 거리의 제곱에 비례한다 ($I = mr^2$). 그녀의 양팔과 한쪽 다리는 스케이트 선수의 총 질량의 작은 부분이지만, 이 거리의 효과는 상당한 것이다. 스케이트 선수가 양팔과 다리를 그녀의 몸쪽으로 당길 때, 그녀의 회전관성에 대한 그것들의 기여는 줄어들고, 따라서 그녀의 총 회전관성은 감소한다.

각운동량의 보존은 그녀의 각운동량이 일정하게 유지될 것을 요구한다. 각운동량은 회전관성과 회전속도의 곱이기 때문에, $L = I\omega$, 만일 I가 감소하면 각운동량을 일정하게 유지하기 위해서 ω는 증가해야만 한다. 그녀는 양팔과 한쪽 다리를 다시 뻗음으로써 자신의 각속도를 늦출 수 있으며, 이것은 회전의 마지막에 그녀가 하는 동작이다. 이것은 그녀의 회전관성을 증가시키고 각속도는 감소시키지만, 각운동량은 보존된다. 이 개념들은 예제 8.5에서 실례를 들어 설명하였다.

이 현상은 마찰 토크를 작게 유지할 수 있는 좋은 베어링이 부착되어 있는 회전하는 플랫폼이

예제 8.5

예제 : 피겨 스케이팅의 물리

스케이트 선수의 회전관성은 양팔을 뻗을 때 $1.2 \text{ kg} \cdot \text{m}^2$이고 양팔을 몸쪽으로 당길 때 $0.5 \text{ kg} \cdot \text{m}^2$이다. 만일 그녀가 양팔을 뻗은 채로 회전을 시작하여 초기 각속도가 1 rev/s이라면, 그녀가 양팔을 몸쪽으로 당길 때 그녀의 회전속도는 얼마인가?

$I_1 = 1.2 \text{ kg} \cdot \text{m}^2$ 각운동량은 보존되기 때문에

$I_2 = 0.5 \text{ kg} \cdot \text{m}^2$ $L_{\text{final}} = L_{\text{initial}}$

$\omega_1 = 1 \text{ rev/s}$ $I_2 \omega_2 = I_1 \omega_1$

$\omega_2 = ?$

양쪽을 I_2로 나누면, $\omega_2 = (I_1/I_2)\omega_1$

$$= (1.2 \text{ kg} \cdot \text{m}^2/0.5 \text{ kg} \cdot \text{m}^2)(1 \text{ rev/s})$$

$$= (2.4)(1 \text{ rev/s})$$

$$= \textbf{2.4 rev/s}$$

나 의자를 사용하여 확인해 볼 수 있다(그림 8.17). 이 시범에서 우리는 종종 학생으로 하여금 그들 손에 질량이 큰 물체를 들게 하는데, 그것은 양팔을 몸쪽으로 당길 때 일어나는 회전관성의 변화를 극대화시키기 때문이다. 놀랄 만한 각속도의 증가를 얻을 수 있을 것이다.

다이빙 선수가 각속도를 만들어내기 위해서 턱 자세(tuck position ; 두 무릎을 구부려서 양손으로 안은 자세)로 몸을 당길 때 비슷한 효과를 나타낸다. 이 경우에 다이빙 선수는 몸을 뻗고 몸의 중력중심을 통과하는 축에 대한 작은 각속도로 다이빙을 시작한다(그림 8.18). 그녀가 턱 자세로 들어갈 때, 이 축에 대한 회전관성은 감소하고, 따라서 각속도는 증가한다. 다이빙이 끝에 다다를 무렵, 턱 자

그림 8.17 양손에 질량이 있는 것을 들고 회전하는 의자에 앉아 있는 학생은 그의 양팔을 몸쪽으로 당김으로써 큰 각속도의 증가를 얻을 수 있다.

세를 풀면 회전관성은 증가하고 각속도는 감소한다(다이빙 선수에게 작용하는 중력이 중력중심에 대해 제공하는 토크는 0이다).

회전관성을 변화시킴으로써 각속도를 바꾸는 예는 많이 있다. 몸의 회전관성을 변화시키는 것은 몸의 질량을 변화시키는 것보다 훨씬 쉽다. 우리는 단지 질량의 각 부분의 회전축으로부터의 거리를 바꾸기만 하면 된다. 각운동량의 보존은 이러한 현상들을 쉽게 설명할 수 있게 해준다.

케플러의 제 2법칙

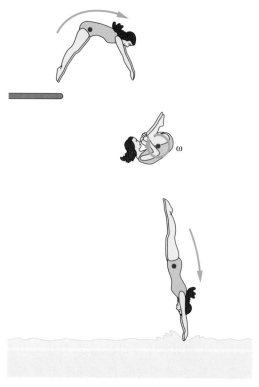

각운동량의 보존은 또한 태양에 대한 행성의 궤도에도 한 역할을 담당하며, 사실상 이것은 행성 운동에 대한 케플러의 제2법칙을 설명하기 위해서 사용될 수 있다(5.3절 참조). 케플러의 제2법칙에는 태양으로부터 행성까지의 궤도반지름이 같은 시간에 같은 면적을 쓸고 간다고 기술되어 있다. 행성은 타원 궤도 상에서 그것이 태양으로부터 멀리 있을 때보다 태양에 더 가까이 있을 때 더 빨리 움직인다.

행성에 작용하는 중력은 태양에 대해 토크를 제공하지 않으며, 그 이유는 작용선이 직접 태양을 통과하기 때문이다(그림 8.19). 이 힘에 대한 지렛대 팔은 0이고, 그 결과 토크도 또한 0이 되어야만 한다. 각운동량은 따라서 보존된다.

행성이 태양에 가까이 지나갈 때, 태양에 대한 회전관성 I는 감소한다. 따라서 각운동량을 보존하기 위해서, 태양에 대한 행성의 공전속도(따라서 그 선속도[3])는 증가해야만 한다. 이 요구조건은 반지름 선이 같은 시간에 같은 면적을 쓸고 가는 결과를 낳는다. 쓸고 가는 면적을 같게 하기 위해서 반지름이 작아질수록 행성의 속도는 커져야만 한다.

당신은 줄에 달린 공으로 간단한 실험을 함으로써 비슷한 효과를 관찰할 수 있다. 만약, 줄이 돌면서 당신의 손가락을 휘감게 한다면, 그것은 더 작은 회전반지름을 만들고, 당신의 손가락을 중심으로 공의 각속도는 증가할 것이다. 반경이 줄어들면서 회전관성 I는 감소

그림 8.18 다이빙 선수는 턱 자세로 몸을 당기고, 따라서 중력중심에 대한 그녀의 회전관성을 줄임으로써, 그녀의 각속도를 증가시킨다.

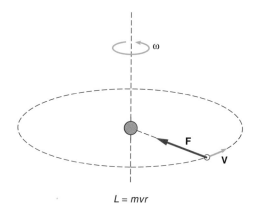

$$L = mvr$$

그림 8.19 행성에 작용하는 중력은, 이 힘에 대한 지렛대 팔이 0이기 때문에, 축에 대해 토크를 제공하지 않는다.

---

3) 한 축을 중심으로 회전하는 점 질량에 대해서, 각운동량의 정의는 $L = mvr$이 된다. 여기서 mv는 선운동량이고 r은 회전축으로부터 그 순간에 물체가 움직이고 있는 점까지의 직선 거리이다. 만약 r이 감소한다면, 각운동량이 보존되기 위해서 v는 증가해야만 한다.

하고 따라서 각속도 ω는 증가한다. 각운동량은 보존된다.

선운동에 유추하여, ·각운동량은 회전관성과 각속도의 곱이다. 계에 작용하는 알짜 외부 토크가 0일 때 각운 동량은 보존된다. 회전하는 스케이트 선수의 경우에서 보였던 것처럼, 회전관성을 감소시키면 각속도가 증가 한다. 회전하는 다이빙 선수, 줄 끝에 달려 회전하는 공, 그리고 태양 주위를 도는 행성 등은 이 결과의 다 른 예들이다.

8.5 자전거 타기와 다른 놀라운 재주들

당신은 자전거가 움직이고 있을 때는 수직으로 있지만 움직이지 않으면 곧 넘어지려고 하는 이유를 궁금해 한 적이 있는가? 각운동량이 이것에 관계되어 있지만, 이것을 설명하기 위해서는 다른 부수적인 개념들이 필요하다. 각운동량의 방향은 종종 중요한 역할을 한다. 각운동량은 어 떤 방향을 가지며, 자전거나 회전하는 팽이, 혹은 다른 현상들의 행동을 설명하는 데 이 방향은 어떻게 연관되는가?

각운동량은 벡터인가?

선운동량은 벡터이고 그의 방향은 물체의 속도 **v**의 방향과 같다. 각운동량은 각속도와 연관되 기 때문에, 이 질문은 각속도가 방향을 가지고 있는가로 귀착된다. 그렇다면 각속도의 방향은 어떻게 정의할 것인가?

만일, 회전 놀이기구가 그림 8.20에서처럼 반시계방향으로 돌고 있다면, 우리는 그 방향을 어 떻게 화살표로 표시할 수 있을까? 반시계방향으로라는 말은 어떤 특별한 시각에서 바라 본 회전 방향을 표시한 것이지, 그것이 유일한 방향을 정의하지는 못한다. 표현을 완벽하게 하기 위해서,

회전축과 우리의 시각, 혹은 관점을 상술해야만 한다. 위에서 보았을 때 반시계방향으로 회전하 는 물체는 아래에서 보면 시계방향으로 회전하 는 것으로 보인다. 가끔 그렇듯이, 우리는 회전 축을 표시하고 그 주위에 둥근 화살표를 그릴 수도 있지만, 간단한 직선 화살표로 방향을 표 시하는 것이 더욱 바람직할 것이다.

이 문제에 대한 보통의 해답은, 그림 8.20에서 처럼 반시계방향으로 회전하는 경우, 각속도벡 터의 방향을 회전축을 따라 위쪽으로 정의하는 것이다. 벡터가 축을 따라 위로 향할 것인가 아

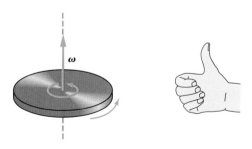

그림 8.20 반시계방향의 회전에 대한 회전속도 벡터의 방향은, 오른손 손가락을 회전의 방향을 따라 말아 줄 때 오른손 엄지손가락이 가리키는 방향, 즉 회전축을 따라 위쪽으로 정의된다.

요요(yo-yo)의 기교

상황. 한 물리학 교수는 그의 학생 중 하나가 가끔 요요를 수업에 가지고 들어오고 또한 그가 요요에 매우 능숙함을 알았다. 교수는 학생에게 토크와 각운동량의 원리를 이용하여 요요의 특성을 설명해 보라고 요구했다.

특히 교수는 학생에게 왜 요요는 어떤 때는 되돌아오지만, 어떤 때는 "잠자게", 즉, 줄 끝에서 계속해서 회전하게 할 수 있는지를 설명해 보라고 했다. 이 두 상황의 차이점은 무엇인가?

요요는 당신의 손으로 돌아오거나, 혹은 기술이 좋으면 줄 끝에서 "잠자게" 할 수도 있다.

분석. 학생은 조심스럽게 요요의 구조와 줄이 어떻게 부착되어 있는지를 살펴 보았다. 그는 줄이 요요의 축에 꽉 매어 있지 않고, 대신에 줄 끝이 축 둘레에 느슨하게 감겨 있다는 것을 알아냈다. 요요가 줄 끝에 달려 있을 때, 줄은 축 위에서 미끄러질 수 있다. 반면에 축 둘레에 줄이 감겨 있을 때, 줄은 미끄러지려고 하지 않는다.

보통 요요는 가운데 손가락에 고리로 매어 있고 축 둘레에 감겨 있는 줄에 의하여 시작된다. 요요가 손에서 떠날 때, 줄은 풀리고 요요는 각속도와 각운동량을 얻는다. 학생은 토크가 여기에 작용해야 한다고 추측하고 그림에서 보인 것처럼 요요에 대한 힘 도표를 그렸다. 요요에는 두 힘이 작용하는데, 하나는 아래로 작용하는 요요의 무게이고 다른 하나는 위로 작용하는 줄의 장력이다.

요요는 아래로 가속되기 때문에, 아래 방향의 알짜 가속도를 만들기 위해서 무게는 장력보다 커야만 한다. 무게는 요요의 중력중심에 대한 토크를 만들지는 않으며, 그것은 힘의 작용선이 중력중심을 통과하며 지렛대 팔이 0이기 때문이다. 장력은 중심을 벗어난 선을 따라 작용하고, 따라서 그림에서처럼 중력중심에 대한 반시계방향의 회전을 일으키는 토크를 만든다.

줄의 장력에 의한 토크는 각가속도를 만들고, 요요는 낙하하면서 각속도와 각운동량을 얻는다. 요요가 줄의 끝에 도달할 때쯤 요요는 상당한 크기의 각운동량을 갖게 되고, 이 각운동량을 변화시킬 외부의 토크가 없으면 각 운동량은 보존될 것이다. 요요가 줄의 끝에서 "잠자고" 있을 때에는 다음과 같은 일이 벌어진다. 요요에 작용하는 유일한 토크는 축에서 미끄러지는 줄의 마찰에 의한 것이며, 만약 축이 매끄럽다면 이것은 매우 작을 것이다.

그렇다면 요요가 학생의 손으로 되돌아갈 때

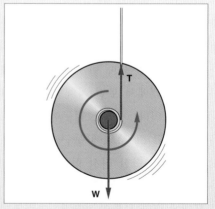

요요가 낙하할 때 요요에 작용하는 힘을 보여주는 그림. 요요의 무게와 줄의 장력만이 작용하는 힘들이다.

는 어떤 일이 벌어지는가? 요요에 능숙한 사람은 요요가 줄의 끝에 도달하는 순간 줄을 가볍게 잡아당긴다. 이 잡아당김은 요요에게 짧은 충격을 주고 위 방향의 가속도를 만든다. 요요는 이미 돌고 있었기 때문에, 요요는 같은 방향으로 계속 돌고 줄은 요요의 축 둘레에 감긴다. 줄의 장력의 작용선은 이제 축의 반대쪽에 있게 되며, 이 토크는 각속도와 각운동량을 감소하게 한다. 요요가 학생의 손으로 미끄러져 들어갈 때 회전은 멈추게 된다.

요요가 올라가고 있을 때 요요에 작용하는 알짜 힘은 여전히 아래 방향이며, 따라서 선속도는 각속도를 따라 감소한다. 알짜 힘이 위로 작용하는 유일한 순간은 줄을 잡아당김으로 인하여 위 방향으로의 충격이 전달될 때이다. 이 상황은 마루에서 튀어오르는 공의 경우와 비슷하다 ─ 마루와 접촉하는 매우 짧은 시간 동안을 제외하고 알짜 힘은 아래 방향이다. 줄을 통해 충격의 성질과 타이밍을 결정하는 우리의 능력이 요요를 잠들게 하거나 되돌아오게 한다. 이것이 "요요의 기교"에 대한 모든 것이다.

래로 향할 것인가에 대한 규칙은 오른손의 법칙을 따른다. 즉, 오른손의 네 손가락을 회전축 주위로 회전의 방향을 따라 말아 쥐면, 당신의 엄지손가락이 각속도벡터의 방향을 가리킨다. 만약 회전 놀이기구가 (반시계방향 대신) 시계방향으로 회전한다면, 엄지손가락은 아래로 향할 것이며, 그것이 각속도벡터의 방향이다.

$\mathbf{L} = I\boldsymbol{\omega}$이므로, 각운동량 벡터의 방향은 각속도의 방향과 같다. 각운동량의 보존은 각운동량 벡터의 크기뿐만 아니라 그 방향도 일정하게 유지될 것을 요구한다.

각운동량과 자전거

누구나 자전거를 타 보았을 것이다. 자전거가 움직이고 있을 때 자전거 바퀴는 각운동량을 가지고 있다. 페달과 체인에 의하여 뒷바퀴에 토크가 생기고, 이것은 각가속도를 만들어 낸다. 만약 자전거가 직선으로 움직이고 있다면, 각운동량벡터의 방향은 두 바퀴 모두 같으며 노면에 수평이다 (그림 8.21).

자전거를 기울이기 위해서 각운동량 벡터의 방향은 바뀌어야만 하고, 그것은 토크를 필요로 한다. 이 토크는 정상적으로는 자전거에 타고 있는 사람과 자전거 사이의 중력 중심을 통과하는 중력으로부터 생긴다. 자전거가 정확히 수직으로 있을 때, 이 힘은 곧장

그림 8.21 자전거가 수직으로 있을 때 두 바퀴의 각운동량 벡터는 수평이다.

아래로 작용하고, 넘어지는 자전거의 회전축
을 통과한다. 넘어지는 자전거를 회전운동으
로 보았을 때 그 회전축은 타이어와 노면이
접촉하는 선이다. 힘의 작용선이 회전축을
통과하고, 따라서 지렛대 팔이 0이기 때문에,
이 축에 대한 토크는 0일 것이다. 초기 각운
동량의 크기와 방향은 보존된다.

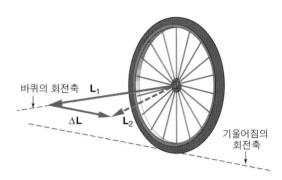

바퀴의 회전축 L_1

ΔL L_2

기울어짐의
회전축

그림 8.22 바퀴가 왼쪽으로 기울어짐에 따라 각운동
량의 변화는 타이어와 노면의 접촉선과 평행하며, 곧
장 뒤로 향한다. 이러한 변화는 각운동량 벡터(그리고
바퀴)를 왼쪽으로 돌게 만든다.

만약, 자전거가 완전히 수직으로 있지 않
으면, 타이어와 노면의 접촉선에 대해 중력
에 의한 토크가 작용한다. 자전거가 넘어지
기 시작하면, 자전거는 이 축에 대하여 각속
도와 각운동량을 얻는다. "오른손 법칙"에 의
하여, 이 새로운 각운동량벡터는 자전거가 기울어지는 방향에 좌우되어 그 축을 따라 앞이나 혹
은 뒤로 향한다. 만약 자전거를 뒤에서 봤을 때 왼쪽으로 기울면, 이 토크에 연관된 각운동량의
변화는 그림 8.22에서처럼 곧장 뒤로 향한다.

만약, 자전거가 정지하고 서 있다면, 결론은 간단하다 — 중력에 의한 토크는 자전거를 넘어지
게 한다. 그러나 자전거가 움직이고 있으면, 중력에 의한 토크에 의하여 만들어지는 각운동량의
변화 ΔL은 이미 회전하고 있는 타이어로부터 생긴 각운동량(L_1)에 더해진다. 그림 8.22에서 보
듯이, 이것은 총 각운동량 벡터의 방향의 변화를 초래한다(L_2).

이 방향의 변화는 자전거가 넘어지게 하는 대신 자전거 바퀴의 방향을 바꿈으로써 간단히 수
용된다. 우리는 막 넘어지려고 하는 방향쪽으로 자전거의 방향을 바꿈으로써 중력에 의한 토크
의 효과를 보정한다. 초기 각운동량이 크면 클수록, 더 작은 방향전환이 요구된다. 바퀴의 각운
동량은 자전거를 안정시키는 주요한 요인이다.

이 결과는 놀라운 것일 수도 있다 — 하지만 자전거를 타 본 사람들은 이것을 거의 기계적으
로 이용한다. 자전거가 천천히 움직이고 있을 때, 바퀴의 급격한 방향전환은 당신이 체중을 이
동하는 동안 자전거가 넘어지는 것을 방지해줄 것이다. 자전거가 매우 빨리 움직이고 있을 때는
약간의 조정만으로도 충분하다. 당신은 커브 위에서 비스듬히 기울임으로써, 중력에 의한 토크
는 각운동량의 방향을 변화시키고, 그것은 당신이 커브를 돌 수 있게 해준다. 마찬가지로, 테이
블 위에 동전을 굴리면, 동전이 넘어지기 시작할 때 커브를 그리는 것을 볼 수 있을 것이다. 그
커브는 동전이 기울어지는 방향쪽으로 휘어진다.

당신은 자전거의 뒷바퀴를 지면에 대고 자전거를 수직으로 들어올린 다음 친구로 하여금 앞바
퀴를 돌리게 함으로써, 각운동량 벡터의 방향을 바꿀 때의 이 토크의 효과를 관찰할 수 있다. 앞
바퀴가 천천히 돌거나 아예 돌지 않을 때보다 빨리 돌고 있을 때가 바퀴의 방향을 변화시키는
것이 더 어렵다. 당신은 또한 바퀴가 마음을 가지고 있다는 느낌도 가질 것이다. 바퀴를 기울이

려고 하면 바퀴는 그 기울임에 수직인 방향으로 회전하려고 한다.

그림 8.23과 같은 손으로 쥐고 있는 차축 위에 올려놓은 자전거 타이어는 차축에 가해진 토크의 효과를 감지하기 위해 더없이 효과적이다. 이것은 흔히 쓰는 실험기구이며, 타이어는 보통 공기가 아닌 철선으로 채워져 있다. 철선은 바퀴의 회전관성을 더 크게 만들고, 따라서 주어진 각속도에 대해 더 큰 각운동량을 만든다. 바퀴가 수직평면 내에서 돌고 있는 동안 차축의 양쪽을 쥐고 바퀴를 기울이려고 해보면, 당신은 자전거를 타고 있을 때 어떤 일

그림 8.23 한 학생이 자유롭게 회전할 수 있는 의자에 앉아서 돌고 있는 자전거 바퀴를 잡고 있다. 바퀴가 뒤집어지면 어떤 일이 벌어지는가?

이 벌어지는지를 깨닫게 된다. 이것은 또 빨리 돌고 있는 바퀴의 각운동량의 방향을 바꾸는 것이 얼마나 어려운가를 보여준다.

회전하는 의자와 팽이

손으로 쥐고 있는 자전거 바퀴는 각운동량이 벡터량이라는 사실은 강조하는 다른 실험에서도 유용하다. 한 학생이 회전하는 의자에 앉아 있는 동안 차축을 수직방향으로 하고 바퀴를 쥐고 있으면, 각운동량 보존은 놀라운 결과를 보여준다. 초기에 의자가 회전하지 않도록 하기 위해서는 의자를 잡고 있는 동안 바퀴를 돌리는 것이 최상이다. 그 다음에는, 그림 8.23에서처럼, 학생으로 하여금 바퀴를 뒤집게 함으로써 바퀴의 각운동량의 방향을 반대로 한다.

그러면 어떤 일이 벌어질 것인지 상상할 수 있는가? 각운동량이 보존되기 위해서는 각운동량 벡터의 초기방향이 유지되어야만 한다. 그렇게 될 수 있는 유일한 방법은 학생과 의자가 초기에 바퀴가 돌던 방향과 같은 방향으로 돌기 시작하는 것이다. 바퀴의 각운동량 벡터와 학생과 의자의 각운동량 벡터를 합하면 처음 각운동량이 되어야 한다(그림 8.24). 이것은 학생과 의자가 얻은 각운동량이 정확히 바퀴의 처음 각운동량의 두 배가

바퀴가 뒤집어지기 전   바퀴가 뒤집어진 후

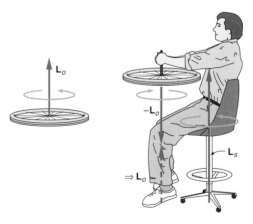

그림 8.24 학생과 의자의 각운동량(L_s)을 바퀴의 각운동량($-L_0$)과 더하면 처음 각운동량(L_0)의 크기와 방향이 된다. $L_s = 2L_0$.

매일의 자연현상 8.2

자전거의 기어

상황. 요즘 거의 모든 자전거는 변속
기어 장치가 있다. 언덕길을 올라갈
때는 저속기어를 사용하여야 페달
을 밟는 것이 훨씬 용이하다. 또 평
지나 내리막길에서는 고속기어를 사
용하면 페달을 밟은 수에 비해 더
먼 거리를 달린다. 변속기어는 어떻
게 작동하는 것일까? 기어를 변속
하면 뒷바퀴에 걸리는 토크는 어떻
게 변하는가? 바퀴로 된 회전운동
실험 장치가 있다면 이러한 개념 파
악에 도움이 될 것이다.

뒷바퀴의 7개의 기어뭉치는 자전거의 저단 변속을 가
능케 한다. 페달쪽 기어는 사진에서 보이지 않는다.

분석. 사진의 그림은 21단 변속기어가 장착된 자전거의 페달과 뒷바퀴 부분이다. 뒷바퀴의
축에는 7단계로 된 톱날모양의 기어가 고정되어 있다. 반면에 페달 부분에는 3단계의 기
어가 고정되어 있는데 사진에는 가장 큰 기어만이 보이고 있다. 자전거의 체인은 도르래
와 지렛대의 작용으로 한 톱날에서 다른 톱날로 옮겨 갈 수 있도록 되어 있으며 이는 자
전거의 핸들에 붙어 있는 변속 손잡이에 의해 작동된다.

페달을 밟으면 페달의 톱날 기어에는 토크가 작용한다. 이때 지렛대의 팔의 길이는 바
로 페달 샤프트의 길이가 되며 페달을 밟는 힘은 수직으로 아래쪽을 향하므로 기어에 작
용하는 토크는 그림과 같이 페달이 앞쪽에 있을 때 최대가 된다.

페달의 톱날 기어에 작용하는 토크가 체인의 장력에 의해 반대쪽으로 작용하는 토크보
다 크면 톱날 기어에는 회전 각가속도가 걸리게 된다. 체인의 장력은 뒷바퀴에 고정되어
있는 톱날 기어에는 반대방향으로 작용하며 역시 톱날 기어에 토크를 작용한다. 뒷바퀴에
작용하는 토크의 크기는 체인이 7단계 중 어느 단계의 톱날모양 변속 기어에 물려 있는가
에 따라 달라진다. 더 큰 크기의 톱날 기어에 연결되어 있을수록 지렛대 팔의 길이가 길
어지므로 더 큰 토크가 걸리게 된다. (여기서 지렛대의 팔은 바로 톱날 기어의 반지름이
되기 때문이다.) 이 뒷바퀴가 지면과의 마찰력을 이용하여 지면을 박차고 자전거가 앞으
로 나가게 한다. 즉 뉴턴의 제3법칙에 의해 마찰력이 자전거를 앞으로 밀어주는 것이다.

만일 자전거의 체인이 뒷바퀴의 더 작은 톱니 기어에 물려 있다고 하자. 그러면 같은
힘으로 페달을 밟을 때 뒷바퀴에 작용하는 토크의 크기는 작아진다. 그러나 반면에 페달
이 한 바퀴 도는 동안에 뒷바퀴의 회전 횟수는 증가하게 된다. 예를 들어 페달에 고정된
톱니 기어의 톱니수가 뒷바퀴 톱니 기어의 톱니 수의 5배가 된다고 하자. 그러면 페달이
한 바퀴 회전하는 동안에 뒷바퀴는 다섯 바퀴를 회전하게 된다. 이 회전수에 뒷바퀴의 둘
레 $2\pi r$을 곱하면 바로 한 번 페달을 밟는 동안 자전거가 나아가는 거리가 된다.

즉 뒷바퀴의 작은 토크는 바퀴가 더 큰 각도를 회전하게 하는 반면 페달 쪽에 걸리는
큰 토크는 더 작은 각도를 회전하게 만든다. 회전운동에 있어서의 일은 토크와 회전각도
의 곱으로 정의된다. 모든 간단한 기계들에서와 마찬가지로 자전거에 있어서도 페달을 통
하여 투입되는 일의 양은 뒷바퀴를 통하여 나타나는 일의 양과 같은 것이다. 물론 바퀴의
중심축 상에서의 마찰 등은 무시하는 경우에 말이다.

이와 같이 페달이 한 바퀴 회전할 때 뒷바퀴의 회전수가 많아지는 더 작은 톱니 기어일수록 고속기어가 된다. 반대로 저속기어일수록 톱니 기어의 반지름은 커지고 따라서 뒷바퀴에 전달되는 토크가 커지는 반면 그 회전각도는 작아지므로 자전거가 움직이는 거리는 짧아진다. 언덕길을 올라갈 때 중력을 이기기 위해서는 저속기어가 필요하다. 21단 기어의 경우 페달 쪽에도 3단계의 톱니 기어가 있다. 따라서 총 경우의 수는 $3 \times 7 = 21$ 가지의 기어수의 비례가 가능하다.

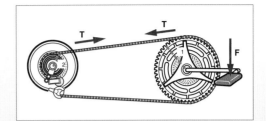

페달에 작용하는 점은 페달 휠에 토크를 작용한다. 이 토크가 체인에 장력을 주어 반지름이 작은 뒷바퀴 휠기어에 작은 토크가 걸린다.

되어야 한다는 것을 말한다. 학생이 바퀴 축을 처음 방향으로 뒤집으면 의자의 회전을 멈추게 할 수 있다.

각운동량의 방향과 그 보존은 그 외 다른 많은 상황에서도 중요하다. 예를 들어, 헬리콥터 회전날개의 각운동량은 헬리콥터의 설계에 매우 중요한 요소이다. 팽이의 운동도 또한 재미있는 결과를 보여준다. 당신이 팽이를 가지고 있다면, 팽이의 각속도가 늦어질 때 각운동량 벡터의 방향에 어떤 일이 벌어지는지 관찰해 보라. 팽이가 기우뚱거리기 시작할 때, 각운동량 벡터 방향의 변화는 팽이의 회전축이 수직선 주위로 회전하게 한다. 자전거 바퀴에서 일어났던 일들을 기억해 보라!

각운동량과 그 방향은 또한 원자 및 핵물리에서도 중심적인 역할을 한다. 원자를 구성하는 입자들은 스핀을 가지고 있고, 이들 스핀은 각운동량을 갖는다. 이들 각운동량을 더하는 방법은 원자의 다양한 현상을 설명하기 위해서 사용된다. 잘 어울리지 않는 것처럼 보이지만, 원자나 핵이 자전거 바퀴나 태양계와 공유하는 공통된 개념을 찾아내는 것은 쓸모가 있다.

선운동량과 마찬가지로 각운동량도 벡터량이다. 각운동량의 방향은 각속도의 방향과 같다. 각속도의 방향은 회전축 방향으로, 회전축을 따라 어느 방향으로 향하는지는 "오른손 법칙"에 의하여 결정된다. 각운동량의 보존은 각운동량 벡터의 크기와 방향이 일정할 것을 요구한다(외부 토크가 없을 경우). 움직이는 자전거의 안정성, 돌고 있는 팽이의 운동, 그리고 원자와 우주의 행동 등을 포함한 많은 흥미 있는 현상들은 이 개념을 사용하여 설명될 수 있다.

질 문

Q1. 다음 단위 중 어떤 것이 각속도를 나타내는 데 적당하지 않은가 : rad/min, rad/m, rev/h, m/s? 설명하라.

Q2. 다음 단위 중 어떤 것이 각가속도를 나타내는 데 적당하지 않은가 : rad/s, rev/h², rad/m², degree/s²? 설명하라.

Q3. 어떤 물체의 각속도가 점점 줄어들고 있다. 이 물체는 각가속도를 가지고 있는가? 설명하라.

Q4. 돌고 있는 회전 놀이기구의 중심 근처에 앉아 있는 아이의 선속도는 놀이기구의 가장자리에 앉아 있는 아이의 선속도와 같은가? 설명하라.

Q5. 돌고 있는 회전 놀이기구의 중심 근처에 앉아 있는 아이의 각속도는 놀이 기구의 가장자리에 앉아 있는 아이의 각속도와 같은가? 설명하라.

Q6. 만일 물체가 일정한 각가속도를 가지고 있으면, 그 각속도도 일정한가? 설명하라.

Q7. 그림의 막대에 작용하는 힘들 중 어떤 것이 막대의 왼쪽 끝에서 그림의 평면에 수직인 축에 대해 토크를 제공하는가? 설명하라.

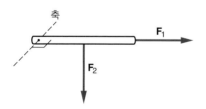

Q8. 다음 중 어느 것이 더 큰 토크를 제공할 것인가 : 렌치 손잡이의 끝에서 (손잡이에 수직으로) 작용하는 힘, 혹은 손잡이의 중간에서 같은 방향으로 작용하는 같은 크기의 힘? 설명하라.

Q9. 그림의 두 힘은 크기가 같다. 어느 방향으로 향한 것이 더 큰 토크를 제공하는가? 설명하라.

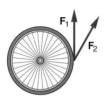

Q10. 지레받침 위에 놓여 있는 간단한 천칭으로 두 개의 다른 추를 균형 잡는 것이 가능한가? 설명하라.

Q11. 물체에 작용하는 알짜 힘은 0이지만 알짜 토크는 0보다 크게 하는 것이 가능한가? 설명하라. (힌트 : 힘들은 같은 선을 따라 놓여 있지 않아도 된다.)

Q12. 당신은 쇠막대를 지레로 이용하여 큰 바위를 움직이려고 한다. 지레받침을 당신의 손쪽으로 가깝게 놓는 것과 바위 쪽으로 가깝게 놓는 것 중 어느 것이 더 효과적인가? 설명하라.

Q13. 연필이 한 끝에서 연필의 2/3 되는 거리에 놓여 있는 지레받침 위에서 균형을 유지하고 있다. 이 연필의 중력중심은 연필의 중간에 위치하는가? 설명하라.

Q14. 질량 분포가 그 길이를 따라 균일한 널빤지가 플랫폼 위에 놓여 있는데, 널빤지의 한쪽 끝이 플랫폼의 가장자리로부터 튀어 나와 있다. 널빤지가 넘어지기 전에 우리는 얼마나 널빤지를 플랫폼의 가장자리 밖으로 밀어낼 수 있는가? 설명하라.

Q15. 물체의 중력중심이 물체의 바깥에 놓이는 것이 가능한가? 설명하라.

Q16. 한 물체가 일정한 각속도로 돌고 있다. 이 물체에 작용하는 알짜 토크가 있을 수 있는가? 설명하라.

Q17. 두 물체가 같은 총 질량을 가지고 있지만, 물체 A는 물체 B보다 그 질량이 회전축에 더 가까이 모여 있다. 어느 물체를 회전운동시키는 것이 더 쉬운가? 설명하라.

Q18. 같은 질량의 두 물체가 서로 다른 회전관성을 갖는 것이 가능한가? 설명하라.

Q19. 당신의 총 질량을 변화시키지 않고, 당신 몸의 중심을 통과하는 수직축에 대한 당신의 회전관성을 바꿀 수 있는가? 설명하라.

Q20. 서로 다른 재질로 만든 속이 꽉 찬 구와 속이 빈 구가 같은 질량과 같은 반지름을 가지고 있다. 이들 중 어느 것이 그 중심을 통과하는 축에 대하여 더 큰 회전관성을 갖는가? 설명하라.

Q21. 각운동량은 항상 보존되는가? 설명하라.

Q22. 같은 질량과 같은 각속도를 갖는 두 물체가 서로 다른 각운동량을 갖는 것이 가능한가? 설명하라.

Q23. 자유롭게 회전하고 있는 회전 놀이기구 위의 한 아이가 중심 근처에서 가장 자리로 움직인다. 놀이기구의 각속도는 증가할 것인가 아니면 감소할 것인가? 설명하라.

Q24. 스케이트 선수가 어떠한 외부의 토크도 사용하지 않고 그의 각속도를 변화시키는 것이 가능한가? 설명하라.

Q25. 진흙 덩어리가 회전하고 있는 원판 위에 떨어져서 그 표면에 붙는다. 이 충돌의 결과로 원판의 각속도는 증가할 것인가, 감소할 것인가, 아니면 똑같을 것인가? 설명하라.

Q26. 자전거가 모퉁이를 돌 때 바퀴의 각운동량 벡터의 방향은 변하는가? 설명하라.

Q27. 스케이트 선수가 수직축에 대하여 시계방향(위에서 볼 때)으로 회전하고 있다. 그녀의 각운동량 벡터의 방향은 어디인가? 설명하라.

Q28. 수직으로 균형잡고 있는 연필이 오른쪽으로 넘어진다.
   a. 연필이 넘어질 때 연필의 각운동량 벡터의 방향은 어디인가?
   b. 넘어지는 동안 각운동량은 보존되는가? 설명하라.

Q29. 팽이는 돌고 있지 않으면 빨리 넘어지지만, 돌고 있을 때는 적당한 시간 동안 거의 수직을 유지할 것이다. 왜 그런지 설명하라.

Q30. 요요의 줄이 축에 꽉 매어 있으면, 요요를 "잠자게" 할 수 있는가? 설명하라.

연 습 문 제

E1. 회전 놀이기구가 20 rev/min의 비율로 돌고 있다고 가정하자.
   a. 이 각속도를 rev/s로 표현하라.
   b. 이 각속도를 rad/s로 표현하라.

E2. 원판이 1회전을 2초에 돈다고 가정하자.
   a. 이 시간간격에 일어난 각변위는 라디안으로 얼마인가?
   b. 평균 각속도는 rad/s로 얼마인가?

E3. 예전에, 축음기 음반의 표준 회전율은 78 rpm이었다.
   a. 이 각속도를 rev/s로 표현하라.
   b. 음반은 10 초 동안에 얼마나 많은 회전

을 하는가?

E4. 작은 원판의 회전이 2 rev/s²의 일정한 비율로 가속된다.

    a. 원판이 정지상태에서부터 출발하면, 5초 후에 회전 속도는 얼마인가?

    b. 이 시간 동안 원판은 얼마나 많은 회전을 하는가?

E5. 회전 놀이기구의 각속도가 10초 동안에 일정한 비율로 1 rad/s에서 1.5 rad/s로 증가한다. 이 놀이기구의 각가속도는 얼마인가?

E6. 20 N의 힘이 30 cm 길이 렌치의 손잡이 끝에 작용한다. 힘은, 그림에서처럼, 손잡이에 수직인 방향으로 작용한다.

    a. 렌치에 의해 너트에 가해진 토크는 얼마인가?

    b. 힘이 손잡이 끝에서가 아니라 손잡이 중간(즉, 끝에서 15 cm 위)에서 작용한다면, 토크는 얼마인가?

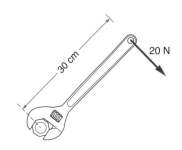

E7. 15 N의 추가 천칭의 지레받침으로부터 10 cm의 거리에 위치하고 있다. 계의 균형을 유지하기 위해서 지레받침의 반대쪽에 20 N의 추를 올려놓는다면, 이 추는 지레받침으로부터 얼마의 거리에 위치하여야 하는가?

E8. 6 N의 추가 천칭의 지레받침으로부터 10 cm의 거리에 위치하고 있다. 계의 균형을 유지하기 위해서 지레받침의 반대쪽으로 지레받침으로부터 4 cm의 거리에 다른 추를 올려놓는다면, 이 추의 무게는

얼마여야 하는가?

E9. 두 힘이 반지름 2.5 m의 회전 놀이기구에 아래 그림에서처럼 작용한다. 한 힘의 크기는 80 N이고 다른 힘의 크기는 50 N이다.

    a. 80 N의 힘이 놀이기구의 축에 대해 제공하는 토크는 얼마인가?

    b. 50 N의 힘이 놀이기구의 축에 대해 제공하는 토크는 얼마인가?

    c. 놀이기구에 작용하는 알짜 토크는 얼마인가?

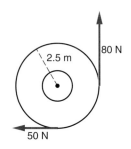

E10. 40 N·m의 알짜 토크가 회전관성이 8 kg·m²인 원판에 작용한다. 원판의 각가속도는 얼마인가?

E11. 반시계방향의 회전을 만드는 50 N·m의 토크가 바퀴의 축에 대해 바퀴에 작용한다. 10 N·m의 마찰 토크도 또한 축에 작용한다.

    a. 바퀴의 축에 작용한 알짜 토크는 얼마인가?

    b. 이들 토크에 의하여 바퀴가 2 rad/s²의 비율로 가속된다면, 바퀴의 회전관성은 얼마인가?

E12. 두 개의 2 kg 질량이, 그림에서처럼, 1 m 길이의 매우 가볍고 견고한 막대의 양쪽

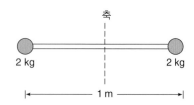

끝에 위치한다. 막대의 중심을 통과하는
축에 대해 이 계의 회전관성은 얼마인가?

E13. 질량이 2 kg이고 반지름이 0.15 m인 밀
도가 균일한 원판이 12 rad/s의 각속도로
돌고 있다.
a. 원판의 회전관성은 얼마인가?($I = 1/2 mr^2$)
b. 원판의 각운동량은 얼마인가?

E14. 1.5 kg의 질량이 길이 50 cm의 매우 가
볍고 견고한 막대의 한쪽 끝에 위치한다.
막대의 다른 쪽 끝을 축으로 막대가 5 rad/s

의 각속도로 회전하고 있다.
a. 계의 회전관성은 얼마인가?
b. 계의 각운동량은 얼마인가?

E15. 30 rpm의 비율로 회전하고 있는 의자에
앉아 있는 한 학생이 양손에 질량을 들고
있다. 그의 양팔을 뻗을 때, 계의 총 회
전관성은 5 kg·m²이다. 그는 양팔을 몸
안으로 당겨서, 총 회전관성을 2 kg·m²
으로 줄인다. 외부 토크가 작용하지 않으
면, 계의 새로운 각속도는 얼마인가?

고난도 연습문제

CP1. 공원에 있는 회전 놀이기구의 반지름이
2.2 m이고 회전관성은 1500 kg·m²이
다. 한 아이가 놀이기구의 가장자리에서
가장자리에 평행하게 80 N의 일정한 힘
으로 놀이기구를 민다. 16 N·m²의 마찰
토크가 놀이기구의 축에 작용한다.
a. 회전 놀이기구의 축에 대하여 놀이기
구에 작용하는 알짜 토크는 얼마인가?
b. 놀이기구의 각가속도는 얼마인가?
c. 놀이기구가 정지상태에서부터 출발한
다면, 30초 후에 놀이기구의 각속도
는 얼마이겠는가?
d. 만일 아이가 30초 후에 미는 것을 중
지한다면 놀이기구의 각가속도는 얼
마인가? 놀이기구가 회전하는 것을
멈출 때까지는 얼마나 시간이 걸리겠
는가?

CP2. 길이가 4 m이고 무게가 30 N인 널빤지
가 도크 위에 놓여 있다. 널빤지의 1 m
는 그림에서처럼 물쪽으로 걸쳐 있다.
널빤지의 밀도는 균일하고, 따라서 널빤
지의 중력중심은 널빤지의 중심에 위치
한다. 무게 45 N의 한 소년이 널빤지 위
에 서서 도크의 가장자리로부터 물쪽으

로 천천히 걸어간다.
a. 도크의 가장자리에 있는 회전 점에 대
하여 널빤지의 무게가 제공하는 토크
는 얼마인가? (널빤지의 모든 무게가
널빤지의 중력중심을 통하여 작용한
다고 간주하라)
b. 널빤지가 기울어지기 직전까지 소년
은 도크의 가장자리로부터 얼마나 멀
리 움직일 수 있는가?
c. 소년은 물에 빠지지 않고도 이 결론을
확인해 볼 수 있는가? 그는 어떻게 이
일에 착수할 것인가?

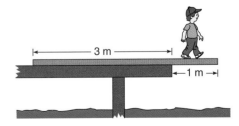

CP3. 공원에서 총 질량이 300 kg인 여러 아이
들이 회전관성이 1500 kg·m²이고 반지
름이 2.2 m인 회전 놀이기구 위에 타고
있다. 아이들은 모두 가장자리 근처에 타
고 있기 때문에, 놀이기구의 축으로부터

아이들의 평균거리는 2 m이다.

a. 놀이기구의 축에 대한 아이들의 회전관성은 얼마인가? 아이들과 놀이기구의 총 회전관성은 얼마인가?

b. 아이들이 이번에는 놀이기구의 중심쪽으로 움직여서, 축으로부터 그들의 평균거리는 0.5 m이다. 계의 새로운 회전관성은 얼마인가?

c. 만일 놀이기구의 초기 각속도가 1.2 rad/s였다면, 아이들이 중심쪽으로 움직인 후의 각속도는 얼마인가? 마찰에 의한 토크는 무시하라(각운동량의 보존을 사용하라).

CP4. 자유롭게 회전할 수 있고 초기에 정지해 있던 의자 위에 앉아 있는 한 학생이 자전거 바퀴를 쥐고 있다. 바퀴는, 그림에서 보여주는 것처럼, 수직축에 대하여 2 rev/s의 각속도를 가지고 있다. 바퀴의 회전관성은 그 중심에 대하여 1.5 kg·m^{2}이고, 의자의 회전축에 대한 학생, 바퀴, 그리고 의자의 총 회전관성은 6 kg·m^{2}이다.

a. 계의 초기 각운동량의 크기와 방향은 무엇인가?

b. 만일 학생이 바퀴의 축을 뒤집어서 바퀴의 각운동량 벡터의 방향이 반대로 되면, 바퀴가 뒤집힌 후에 의자의 회전축에 대한 학생과 의자의 각속도(크기와 방향)는 무엇인가? (힌트 : 그림 8.23을 보라.)

c. 학생과 의자를 가속시키는 토크는 어디에서 온 것인가? 설명하라.

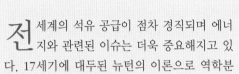

유체와 열

단원 2

전 세계의 석유 공급이 점차 경직되며 에너
지와 관련된 이슈는 더욱 중요해지고 있
다. 17세기에 대두된 뉴턴의 이론으로 역학분
야는 놀랄 만한 발전이 있었으나, 에너지의 사용과 관련된 분야는 19세기까지 별다른 진전이 없었다. 다른
분야의 발전, 특히 유체역학과 열역학은 산업혁명을 계기로 급진적인 발전을 이룩하였다. 산업혁명은 증기
기관의 발명과 공장을 가동시키기 위해 이것을 사용함으로써 비롯되었고, 이러한 증기기관을 이해하기 위
해서 유체와 기체의 거동을 이해하는 것이 매우 중요하게 되었다.

유체의 거동, 그 중에서 특히 기체에 대한 열역학적 지식은 열기관과 같은 기계를 설계하는 기술자들에게
있어서 매우 중요한 부분이다. 이는 열역학이 열기관과 같은 시스템에서의 에너지 변환 과정을 다루고 있
기 때문이다. 기계공학자들에게 유체역학과 열물리학은 필수 교육과정이 되고 있다.

열역학 분야의 역사는 약간의 엉킴과 방향전환이 있었다. 1820년경에 프랑스의 과학자이자 기술자인 카르
노(Sadi Carnot; 1796~1832)에 의해 열기관 이론이 대두되었으나, 카르노의 이론은 해답보다는 더 많은
궁금증을 발생시켰다. 카르노는 지금 우리가 알고 있는 열역학 제 2법칙에 대해서는 이해하고 있었으나,
열역학 제 1법칙에 대한 이해가 부족하였다. 약 30년 뒤인 1850년에 에너지보존에 관한 열역학 제 1법칙이
나왔고, 19세기 중반에 열역학 제 1법칙과 제 2법칙이 완성되었다.

열역학 제 1법칙과 제 2법칙에 많은 물리학자가 기여하였으나 그 중에서도 클라우지우스(Rudolph
Clausius; 1822~1888)와 톰슨(William Thomson; 1824~1907)의 연구가 가장 뛰어난 것이었다. 제임스 줄
(James Prescott Joule; 1818~1889) 역시 중요한 역할을 하였는데 그는 열역학 제 1법칙의 중요 내용인 기
계적인 일과 열에너지와의 관계를 직접 측정하였다. 열역학 제 1법칙과 제 2법칙을 동시에 적용하면 열에
너지로 얻을 수 있는 기계적인 일의 양은 제한적임을 알 수 있다.

열역학법칙은 에너지원의 사용에 관한 모든 분야에서 중요한 역할을 한다. 우리가 사용하고 있는 화석 연
료는 언젠가는 고갈될 것이고, 온실효과로 인한 지구의 온난화 현상과 에너지 사용에 따른 환경문제 등은
중요한 문제이다. 따라서 이러한 문제들에 대한 기본적인 과학적 지식과 이해는 경제학자, 정치가, 환경운
동가, 그리고 일반시민 모두에게 중요하다. 앞으로 이 단원에서 이러한 문제들을 다루어 볼 것이다.

유체의 거동

학습목표 이 장의 학습목표는 압력의 개념을 탐구하는 것이다. 다음으로 대기압과 유체 내부의 압력이 깊이에 따라서 어떻게 변하는지를 알아보기로 한다. 이러한 개념들은 떠 있는 물체의 거동뿐만 아니라 움직이는 유체에서는 어떤 일이 일어나는지를 탐구하는 데 필수적이다. 움직이는 유체는 베르누이(Bernoulli)의 원리를 이용하여 설명하는데, 이 원리를 이용하여 어떻게 비행기가 날 수 있는지, 그리고 회전하는 공은 왜 휘어지는지를 설명할 수 있다.

개 요

선박은 많은 사람에게 특별한 매력을 준다. 여러분은 어릴 때 개울에 작은 나뭇가지나 막대기를 띄워 본 적이 있을 것이다. 막대기나 장난감 배는 물살을 따라가는데, 어떤 때는 아주 신속하게 움직이며, 또 어떤 때는 소용돌이에 휘말리거나 둑 근처에서 오도가도 못하는 경우도 있다. 즉, 여러분은 유체 흐름의 몇 가지 특성을 관찰한 것이다.

그림 9.1 강철로 만든 배는 뜨지만 금속 조각은 물 속에 쉽게 가라앉는다. 이것을 어떻게 설명할 것인가?

여러분은 또한 어떤 것은 둥둥 뜨고, 어떤 것은 가라앉는 것도 알 수 있었을 것이다. 돌멩이는 냇물 바닥에 쉽게 가라앉는다. 나이가 들어 가면서, 금속 조각은 쉽게 물 속에 가라앉는 데 비해 강철로 만든 배는 왜 뜨는지에 대해서 의아하게 생각했을 것이다(그림 9.1). 물질의 모양에 따라서 어떻게 그것이 뜨기도 하고 가라앉기도 하는 것일까? 콘크리트로 배를 만들 수 있을까?

물질은 물속뿐만 아니라 공기 중에서도 뜰 수 있다. 헬륨이 채워진 기구는 줄 위로 떠오르지만, 공기가 채워진 기구는 바닥에서 이리저리 떠돌아다니곤 한다. 무엇이 이처럼 차이가 나게 하는가? 물속이나 공기 중에서 물질이 뜨고 가라앉는 거동은 유체 거동의 한 모습이다. 물과 공기는 둘 다 유체이지만, 하나는 액체이고, 다른 것은 기체이다. 자기 자신의 모양을 가지는 고체와는 다르게, 그것들은 쉽사리 흐르고 그릇의 모양에 순응한다. 비록 액체는 기체보다 밀도가 크지만, 액체에 적용되는 여러 원리가 기체에도 적용되므로 그것들을 유체라는 한 범주 아래 다루는 것이 이치에 닿는다.

압력은 유체의 거동을 설명하는 데 중심적인 역할을 한다. 이번 장에서는 압력을 철저하게 탐구하기로 한다. 압력은 물질이 어떻게 뜨는지를 설명해 주는 아르키메데스의 원리에 포함되어 있기도 하지만, 유체의 흐름을 포함하여 우리가 고찰하고자 하는 다른 여러 현상에 있어서도 중요하다.

9.1 압력과 파스칼의 원리

굽이 높은 구두를 신은 작은 여자는 물렁물렁한 땅에 빠지지만, 큰 구두를 신은 큰 남자는 같은 땅을 어려움 없이 가로질러갈 수 있다(그림 9.2). 왜 그럴까?

명백히 무게가 결정적 요인은 아니다. 구두와 땅 사이의 접촉면을 가로질러서 힘이 어떻게 분포되었는지가 더 중요하다. 여자의 구두는 땅과의 접촉면적이 작지만 남자의 구두는 접촉면적이 훨씬 더 크다. 남자는 자신의 몸무게 때문에 발이 땅바닥에 가해주는 힘이 넓은 면적에 걸쳐서 분포되어 있다.

압력은 어떻게 정의되는가?

물렁물렁한 땅바닥에 서 있거나 걷게 되면 무슨 일이 일어날까? 수직방향으로 몸이 가속되지 않는 한 몸무게는 땅바닥이 발 위쪽으로 가해주는 수직항력에 의해서 균형이 잡혀야 한다. 뉴턴의 제 3법칙에 의해서 아래쪽으로 몸무게와 같은 크기의 힘이 가해진다.

당신의 구두를 땅바닥에 빠지게 하는 것처럼 부분적으로 유체처럼 토양이 흐르는 것을 결정하는 양은 구두가 토양에 가해주는 **압력**이다. 수직으로 누르는 총 힘보다 단위면적당의 힘이 문제이다.

> 압력은 가해진 힘을 힘이 가해진 면적으로 나누어준 값이다.
>
> $$P = \frac{F}{A}$$

따라서 압력은 제곱미터당 뉴턴(N/m^2)의 단위로 측정된다. 즉, 힘의 단위를 면적의 단위로 나눈 것이다. 이 단위는 파스칼($1\ Pa = N/m^2$)이라고도 부른다.

여자의 굽이 높은 구두굽의 면적은 1 또는 2 cm^2 정도로 좁다. 걸을 때 몸무게의 대부분이 굽에 의해서 지탱될 때가 있으며 다른 발을 땅바닥에서 떼면서 앞으로 움직이면 몸무게가 굽에서 발가락으로 옮겨간다. 이를 시험하기 위해서 몇 발자국을 걸어보자. 여자의 몸무게를 굽의 작은 면적으로 나누면 땅바닥에 커다란 압력이 생기게 한다.

한편, 남자의 구두는 굽의 면적이 100 cm^2 정도가 된다. 그의 굽 면적이 여자의 굽보다 100배 이상 될 수도 있으므로, 그의 몸무게가 여자보다 2배나 3배가 될지라도 여자가 땅바닥에 가해주는 압력 ($P = F/A$)보다는 훨씬 작은 압력을 땅에 가해준다. 이렇게 작은 압력은 토양을 조금만 흐르게 하므로 땅바닥은 덜 패이게 된다.

힘이 분포되어 있는 면적이야말로 압력에 결정적인 요소이다. 한 표면의 면적은

그림 9.2 여자의 굽이 높은 구두는 물렁물렁한 땅에 빠지지만, 아주 큰 남자의 큰 구두는 그렇지 않다.

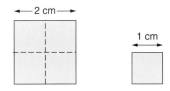

그림 9.3 한 변의 길이가 2 cm인 정사각형의 넓이는 한 변의 길이가 1 cm인 정사각형의 네 배이다.

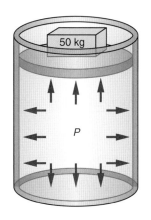

그림 9.4 피스톤에 가해진 압력은 유체의 구석구석까지 고르게 뻗치게 되므로, 그것이 원통의 벽과 바닥을 단위면적당 같은 크기의 힘으로 밀어내려 할 것이다.

각 변의 크기의 제곱으로 증가한다.

예를 들면, 한 변의 길이가 1 cm인 정사각형의 넓이는 1 cm^{2}이지만, 한 변의 길이가 2 cm인 정사각형은 4 cm^2(2 cm × 2 cm)이어서 작은 정사각형 크기의 4배이다(그림 9.3). 원의 넓이는 π 곱하기 반지름의 제곱이다($A = \pi r^2$). 반지름이 10 cm인 원의 넓이는 반지름이 1 cm인 원의 100배(10^2)이다.

파스칼의 원리는 무엇인가?

압력이 진흙 토양에 가해지면 유체 내부에는 무슨 일이 일어날까? 압력에는 방향이 있는가? 그것은 그릇의 벽이나 바닥에 힘을 전달하는가? 이 질문은 유체 내부압력의 또 다른 중요한 특징을 지적해 준다.

그림 9.4에서와 같이 원통 속에 들어 있는 피스톤을 누르는 것으로 힘을 가했을 때, 피스톤은 유체에 힘을 가한다. 뉴턴의 제3법칙에 의해서, 유체도 또한 (반대방향으로) 피스톤에 힘을 가해준다. 원통 속에 들어 있는 유체는 **압축**되며 부피가 어느 정도 줄게 될 것이다. 압축된 용수철처럼 압축된 유체는 피스톤뿐만 아니라 원통의 벽과 바닥을 밀고 나가려 할 것이다.

유체가 용수철처럼 행동하기는 하지만, 그것은 유별난 용수철이다. 그것은 압축될 때 모든 방향으로 고르게 밀고 나간다. 그림 9.4가 지적하는 것처럼 압력이 증가하면 유체 구석구석으로 고르게 전달된다. 유체의 무게에 따른 압력변화를 무시하면, 피스톤 위로 미는 압력은 원통의 벽 바깥쪽과 밑바닥 쪽으로 미는 압력과 같다.

유체가 압력의 효과를 균일하게 전달하는 능력이 파스칼의 원리의 핵심이고, 유압식 재키나 다른 유압장치가 작동하는 원리이다. 파스칼(Blaise Pascal; 1623~1662)은 프랑스의 과학자이자 철학자였는데, 그의 으뜸가는 업적은 유체 정역학과 확률 이론에 관한 것이다. **파스칼의 원리**는 보통 다음과 같이 진술된다.

유체의 압력변화는 유체의 구석구석까지 모든 방향으로 고르게 전달된다.

유압식 재키는 어떻게 작동하는가?

수압을 이용한 장치는 파스칼의 원리를 적용한 예이다. 그것은 압력의 정의와 함께 압력이 고르게 전달된다는 파스칼의 원리에 의존한다. 기본적인 아이디어가 그림 9.5에 설명되어 있다.

좁은 면적을 가진 피스톤에 힘이 가해지면 피스톤의 좁은 면적 때문에 유체의 압력이 크게 증가한다. 이러한 압력의 증가는 유체를 통해서 그림 9.5에 보이는 면적이 넓은 오른쪽 피스톤에 전달된다. 압력이 단위면적에 작용하는 힘이므로, 이 압력에 의하여 더 큰 피스톤에 가해지는 힘($F = PA$)은 면적에 비례한다. 같은 압력을 면적이 더 큰 피스톤에 적용하면 그 피스톤은 더 큰 힘을 받게 된다.

두 번째 피스톤의 면적이 첫 번째 피스톤보다 100배 이상 되는 장치를 제작하는 것이 가능하

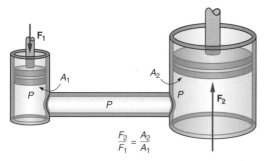

$$\frac{F_2}{F_1} = \frac{A_2}{A_1}$$

그림 9.5 면적이 작은 피스톤에 가해진 작은 힘 **F₁**은 커다란 피스톤에 더 큰 힘 **F₂**가 생기게 한다. 이것으로 유압식 재키는 무거운 물체를 들어 올린다.

그림 9.6 유압식 재키는 자동차를 들어 올릴 수 있다.

예제 9.1

예제 : 재키의 몇 가지 기본

10 N의 힘이 유압식 재키 속의 면적이 2 cm²인 원형 피스톤에 가해졌다. 재키의 출력 피스톤의 면적은 100 cm²이다.

a. 유체의 압력은 얼마나 되는가?

b. 유체가 출력 피스톤에 가해주는 힘은 얼마나 되는가?

a. $F_1 = 10\ N$ $P = \dfrac{F_1}{A_1}$

    $A_1 = 2\ cm^2$

      $= 0.0002\ m^2$ $= \dfrac{10\ N}{0.0002\ m^2}$

    $P = ?$

                    $= 50000\ N/m^2$

                    $= \textbf{50 kPa}$

1킬로파스칼(kPa)은 1000파스칼, 1000 N/m²

b. $A_2 = 100\ cm^2$ $F_2 = PA_2$

                 $= 0.01\ m^2$

                 $= (50000\ N/m^2)(0.01\ m^2)$

$P = 50\ kPa$ $= \textbf{500 N}$

$F_2 = ?$

이 재키의 역학적 이득은 500 N을 10 N으로 나눈 것이다. 즉, 출력 힘이 입력 힘보다 50배 더 크다.

므로, 두 번째 피스톤에 가해지는 힘이 입력한 힘보다 100배 이상 되게 할 수 있다. 수압장치의 출력 힘과 입력 힘의 비율인 역학적 이득은 지렛대나 다른 간단한 기계에 비해서 매우 크다 (6.1절을 보라). 유압식 재키의 입력 피스톤에 가해지는 작은 힘으로 자동차를 들어 올릴 수 있을 정도의 큰 힘을 낼 수 있다(그림 9.6). 이러한 아이디어를 예제 9.1에 설명하였다.

6장에서 논의한 바와 같이 더 큰 출력 힘을 얻기 위해서는 그 대가를 치루어야 한다. 더 큰 피스톤이 자동차를 들어올리는 데 한 일은 재키의 손잡이가 한 일보다 더 클 수는 없다. 일은 힘 곱하기 거리($W = Fd$)이므로 출력 힘이 크다는 것은 큰 피스톤이 짧은 거리를 움직였음을 의미한다. 에너지 보존법칙은 출력 힘이 입력 힘보다 50배 더 크다면 입력 피스톤이 출력 피스톤보다 50배 더 움직여야 함을 의미한다.

손으로 펌프질을 하는 유압식 재키는 재키의 챔버가 매 왕복운동 후에 다시 채워지도록 작은 피스톤을 여러 번 움직여야 한다. 작은 피스톤이 움직인 전체 거리는 매 왕복운동에 움직인 거리의 합이다. 큰 피스톤은 펌프질을 함에 따라서 조금씩 위로 올라간다. 비슷한 과정이 더 큰 유압식 재키에서도 일어난다.

수압장치나 유체는 자동차의 제동장치나 다른 곳에 많이 응용되고 있다. 기름이 수압유체로서 물보다 더 효과적인데 그 이유는 부식이 없고 동시에 윤활제 구실을 하여 장치가 부드럽게 작동되도록 해주기 때문이다. 수압장치는 파스칼의 원리가 설명하는 바와 같이 유체가 압력의 변화를 전달해 주는 능력을 잘 이용한 것이다. 그것도 또한 면적이 서로 다른 피스톤이 생성해주는 배가효과를 이용한다. 수압장치가 어떻게 작동하는지를 생각하는 것은 압력의 개념이 활용되는 한 가지 보기이다.

압력은 힘을 그것이 가해진 면적으로 나눈 값이다. 작은 면적에 가해진 힘은 훨씬 더 큰 면적에 가해진 같은 크기의 힘보다 더 큰 압력을 가해 준다. 압력의 변화는 파스칼의 원리에 따라서 유체의 구석구석까지 고르게 전달되고, 모든 방향으로 밀고 나간다. 이러한 아이디어는 유압식 재키나 그밖에 다른 수압 장치의 작동을 설명해 준다.

9.2 대기압과 기체의 거동

지구의 표면에 산다는 것은 실상 지구를 둘러싸고 있는 공기의 바다 밑바닥에 있음을 의미한다. 대기권으로 이루어진 스모그나 옅은 안개를 제외하면 공기는 대개 눈에 보이지 않는다. 공기가 있다는 것을 어떻게 알 수 있는가? 그것을 관찰할 수 있는 어떤 방법이 있는가?

물론, 바람이 심한 날 자전거를 타거나 걸을 때 공기의 존재를 느낄 수 있다. 스키 선수, 자전거경주 선수, 그리고 자동차 설계자들은 모두 그들을 지나쳐가는 공기흐름의 저항을 줄일 필요가 있음을 의식하고 있다. 등산하는 사람이 숨을 헐떡이는 것은 부분적으로는 높은 산꼭대기의 공기가 희박해서 생긴 것이다. 날씨나 높이에 따라 대기압의 변화를 어떻게 측정하는가?

대기압은 어떻게 측정하는가?

대기압은 17세기에 처음 정량적으로 측정되었다. 갈릴레이는 자신이 설계한 물 펌프가 단지 32피트 정도의 높이까지만 물을 퍼올릴 수 있다는 것을 인지하고 있었지만 그것을 결코 적절하게 설명할 수 없었다. 그의 제자 토리첼리(Evangelista Torricelli; 1608~1647)는 이 물음에 대답하기 위한 시도로서 기압계를 발명하였다.

토리첼리는 진공에 흥미가 있었다. 토리첼리는 갈릴레이의 펌프가 부분적인 진공을 만들어 주고 펌프 흡입구에 있는 물을 누르는 공기의 압력에 의해서 물이 길어 올려지게 된다고 생각하였다. 이 가설을 어떻게 시험할 수 있을까를 생각하다가 물보다 더 밀도가 큰 유체를 사용해 보자는 아이디어가 떠올랐다. 수은이 논리적으로 적당하다고 선택되었는데, 수은은 실온에서도 유체이고 **밀도**는 물의 13배 정도가 되기 때문이었다. 밀도는 물체의 질량을 부피로 나눈 것이다. 수은은 같은 부피의 물보다 질량이 13배 정도나 된다. 몇 가지 물질의 밀도를 표 9.1에 정리하였다.

표 9.1 일상적인 물질의 밀도	
물 질	밀도(단위 : g/cm^3)
물	1.00
얼음	0.92
알루미늄	2.7
철, 강철	7.8
수은	13.6
금	19.3

> 밀도는 물체의 질량을 그 부피로 나누어준 양이다. 밀도의 표준 단위는 kg/m^{3}이다.

토리첼리는 초기 실험에서 한쪽 끝이 막히고 다른 쪽은 열린 1미터 길이의 유리관을 사용하였다. 그는 유리관을 수은으로 채운 다음에 손가락으로 열린쪽을 잡고 뒤집어서 이 부분을 수은이 들어 있는 그릇에 담궜다(그림 9.7). 수은이 평형이 이루어질 때까지 유리관에서 위가 열린 그릇으로 흘러들어가면, 유리관 속의 수은기둥 높이가 대략 76 cm정도 된다. 위가 열린 그릇에서 수은의 표면을 누르고 있는 공기의 압력은 높이 76 cm의 수은기둥을 지탱할 정도로 크다.

토리첼리는 유리관의 수은기둥 윗부분 공간이 진공임을 실험으로 증명하였다. 수은 기둥이 떨어지지 않는 이유는 수은기둥 꼭대기의 압력이 0이지만 밑부분의 압력이 대기압과 같기 때문이다. 아직도 대기압의 단위로 수은 몇 cm를 사용하기도 한다. 이 단위들은 파스칼과 어떻게 관련이 되는가?

수은의 밀도를 알면 이 단위들 사이의 관계를 알 수 있으며 이것으로부터 대기에 의해서 지탱되는 수은기둥의 무게를 알아낼 수 있다. 이 무게를 유리관의 단면적으로 나누면 단위면적당 힘 또는 압력이 된다. 이러한 추론에 의해서 76 cm 높이의 수은기둥은 표준 대기압이라고 부르는

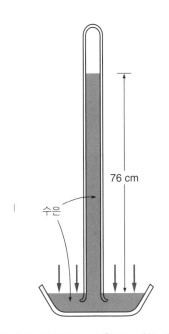

그림 9.7 토리첼리는 수은으로 가득 채워진 튜브를 위가 열린 수은의 표면그릇에 거꾸로 뒤집어서 넣었다. 그릇 속에 들어 있는 수은에 작용하는 공기의 압력은 76 cm 높이의 수은 기둥을 지탱할 수 있다.

그림 9.8 여덟 마리 말로 구성된 두 무리는 폰 구에리케의 진공 금속구를 떼어낼 수 없었다. 무슨 힘이 두 반구를 꽉 붙어 있게 하느냐?

1.01×10^5 Pa과 같음을 알 수 있다.

대기압은 바다 면에서 근사적으로 100킬로파스칼이다. 공기 바다의 바닥에 살고 있으므로, 공기는 우리 몸을 매 제곱인치당 14.7 파운드로 누르고 있다. 왜 우리는 이것을 느끼지 못할까? 유체는 우리 몸에 스며들어서 등을 바깥쪽으로 민다. 즉, 내부 압력과 외부 압력은 기본적으로 같다. 매일의 자연현상 9.1을 참조하라.

공기압력의 효과를 설명하기 위한 유명한 실험이 게리케(Otto von Guericke; 1602~1686)에 의해서 설계되었다. 게리케는 테두리가 부드럽게 이어질 수 있는 두 개의 청동 반구를 설계하였다. 그는 자기가 발명한 진공펌프를 이용하여 두 개의 반구로 만들어진 공에서 공기를 뽑아내었다. 그림 9.8에 보인 바와 같이, 각각 여덟 마리의 말들로 구성된 두 무리는 반구를 떼어내는 데 실패하였다. 마개를 열어서 공기가 진공구에 들어가게 하였을 때, 두 반구는 쉽게 분리되었다.

대기압의 변화

공기 바다의 바닥에 살면, 높은 곳으로 올라감에 따라서 압력이 감소한다. 우리가 느끼는 압력은 머리 위의 공기 무게로부터 기인된 것이다. 지구 표면에서 위로 올라가면, 대기가 감소하게 되므로 압력이 감소하여야만 한다.

토리첼리가 수은압력계를 발명한 직후에 파스칼은 비슷한 추론에 의해서 높이가 다른 곳의 대기압을 측정하려고 하였다. 파스칼은 성인이 된 이후 건강이 매우 나빠서 등산을 할 형편이 못 되었으므로 그의 자형이 토리첼리의 것과 비슷한 기압계를 가지고 중부 프랑스에 있는 Puy-de-Dome 산에 오르도록 보냈다. 파스칼의 자형은 높이 1460 m 산꼭대기의 대기압이 바닥에서의

매일의 자연현상 9.1

인체의 혈압 측정하기

상황. 몸이 아파 병원을 방문하면 의사와 면담하기 전에 의례 간호사가 환자의 혈압을 측정한다. 팔의 상박부에 패드를 감고 패드 안으로 공기를 주입하면 당신은 패드가 팔을 꽉 조이는 느낌을 받는다. 그리고는 공기를 아주 천천히 빼주면서 간호사는 청진기를 이용하여 무슨 소리를 듣고는 당신의 혈압이 125에 80이라는 숫자를 기록한다.

이 두 숫자가 의미하는 것은 무엇인가? 혈압이란 무엇이며 어떻게 측정하는 것인가? 왜 이 수치가 키나 몸무게 또는 체온과

병원을 방문하면 기본적으로 환자의 혈압을 측정한다. 혈압은 어떤 원리로 측정하는가?

같이 당신의 건강을 나타내는 중요한 지표의 역할을 하는가?

분석. 인체에서 혈액은 동맥과 정맥을 통해 흐른다. 혈액의 흐름은 인체에서 펌프와 같은 역할을 하는 심장에 의해 주도된다. 더 정확하게 말하자면 심장은 2중 펌프와 같다. 하나의 펌프는 혈액을 허파로 보내어 이산화탄소를 버리고 산소를 취하도록 한다. 또 하나의 펌프는 동맥을 통하여 산소와 영양분을 온몸으로 공급한다. 동맥은 혈액을 모세혈관으로 전달하는데 이는 근육이나 다른 기관에 있는 세포와의 인터페이스 역할을 한다. 사용된 혈액은 다시 모아져서 정맥을 통해 심장으로 운반된다.

보통 혈압을 측정할 때는 심장과 같은 높이에 있는 팔의 상박부에 있는 주요 동맥에서 측정한다. 패드에 주입된 공기가 팔의 상박부를 압박할 때 바로 이 동맥에 압력을 가하는 것이다. 동맥에 가해진 패드의 높은 압력은 혈액이 흐르는 것을 일시적으로 멈추게 한다. 간호사는 청진기를 패드의 밑 부분에 대고 공기를 서서히 빼면서 혈액이 다시 흐르게 되는 소리를 듣는 것이다.

심장은 일종의 박동하는 펌프로서 심장의 근육이 최대한도로 수축될 때 압력은 가장 높아진다. 즉 심장 근육의 수축 팽창에 따라 압력은 높은 값과 낮은 값 사이를 진동하게 된다. 이 높은 값을 시스톨릭 압력이라 하며 이때 심장 근육이 수축하며 혈액을 밖으로 밀어내기 시작하는 순간이다. 낮은 값의 압력을 디아스톨릭 압력이라고 한다. 이 두 포인트에서 심장은 독특한 소리를 내는데 숙련된 사람은 청진기로 이를 들을 수 있다.

혈압은 패드에 연결된 수은 압력계의 눈금을 읽어 직접 측정된다. 이렇게 기록된 두 개의 숫자는 이 두 조건에서 읽은 계기압력이다. 말하자면 대기압과의 차이를 측정한 것이다. 혈압은 대개 mmHg 단위로 기록된다. 앞에서 125라는 숫자는 혈압의 절대 압력이 대기압보다 125 mmHg만큼 높다는 것을 의미한다.

고혈압은 건강상의 여러 가지 문제를 야기하며 특히 심장마비에 대한 사전 경고의 의미가 중요하다. 혈관의 내벽에 쌓이는 물질들로 인해 동맥의 경화 현상이 나타나고 따라서

심장은 온몸에 혈액을 공급하기 위하여 더 큰 압력을 가하게 되며 이는 장기적으로 심장 근육의 약화를 가져온다. 고혈압의 또 다른 위험은 높은 압력으로 인해 뇌에 있는 혈관이 터지는 경우이다. 어떤 경우가 되었든 고혈압은 건강상 중요한 적신호를 받아들여야 한다.

저혈압 역시 건강상 문제가 발생하였음의 신호로 보아야 한다. 이는 먼저 뇌에 혈액이 충분히 공급되지 않음으로 인한 어지럼증을 유발한다. 오랫동안 앉아 있다가 갑자기 일어나는 경우에 느끼는 것과 유사한데 이는 심장이 갑작스러운 새로운 상황에 적응하기 위해 시간이 필요하기 때문이다. 기린은 사람의 혈압보다 계기압력이 약 3배에 달한다고 한다. 왜 그런지 설명할 수 있겠는가?

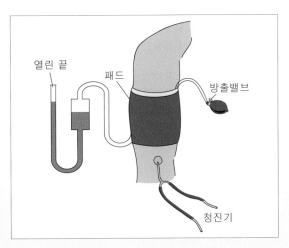

한쪽 끝이 열린 압력계로 패드의 계기 압력을 측정할 수 있다. 청진기를 이용하면 혈액이 다시 흐르는 소리를 감지할 수 있다.

그것보다 대기에 의해서 지탱된 수은기둥 높이가 7 cm 정도 낮은 것을 발견하였다.

파스칼은 그의 자형이 약간 바람을 넣은 풍선을 가지고 가도록 하였다. 파스칼이 예언하였듯이 풍선은 산을 올라감에 따라서 점점 더 팽창하였는데, 이것은 외부의 압력이 감소하였음을 보여주는 것이다(그림 9.9). 파스칼은 심지어 Clermont 시의 낮은 곳과 성당 탑의 꼭대기 사이에서도 압력이 차이가 남을 보일 수 있었다. 약간의 차이였지만, 측정 가능한 정도이다.

새로 발명된 기압계를 사용하여, 파스칼은 또한 날씨의 변화에 관계되는 압력의 변화를 관측할 수 있었다. 수은기둥의 높이는 맑은 날보다 폭풍우가 치는 날이 더 낮았다. 이러

그림 9.9 해수면 근처에서, 약간 바람을 넣은 풍선은 실험자가 산을 올라감에 따라서 팽창한다.

한 압력의 변화는 그후 날씨 변화를 예측하는 데 사용되었다. 대기압이 떨어진다는 것은 폭풍우가 치는 날씨가 가까이 왔음을 말해 준다. 기압계의 눈금은 대개 해수면에 기준이 맞추어져 있

으므로, 어떤 높이에서도 날씨의 변화를 읽을 수 있다.

공기 기둥의 무게

수은기둥의 바닥에서 대기압을 계산한 것과 같은 방법을 사용하여 대기압의 높이에 따른 변화를 계산할 수 있겠는가? 그러기 위해서는 우리의 위쪽 공기기둥의 무게를 알아야만 할 것이다. 수은과 공기가 다같이 유체이기는 하지만, (밀도 차이뿐만 아니라) 수은기둥과 공기기둥의 거동에는 현저한 차이가 있다.

다른 대부분의 액체와 마찬가지로 수은은 쉽게 압축할 수 없다. 바꾸어 말하면, 주어진 분량의 수은에 압력을 증가시켜도 수은의 부피는 별로 변하지 않는다. 수은의 밀도는 수은기둥의 꼭대기나 바닥이나 같다. 반면 공기와 같은 기체는 쉽게 압축할 수 있다. 압력이 변함에 따라서 부피가 변하고, 따라서 밀도도 변한다. 그러므로, 공기 기둥의 무게를 계산하는 데 한 가지 값의 밀도만 쓸 수 없다. 공기의 밀도는 지표면에서 위로 올라감에 따라서 감소한다 (그림 9.10).

기체와 액체 사이의 두드러진 차이점은 원자나 분자의 채움(packing)의 차이에서 나온다. 압력이 매우 높을 때를 제외하면, 기체의 원자나 분자는 그림 9.11에 보인 바와 같이 원자 자신의 크기보다 먼 거리에 떨어져 있다. 그 반면에 액체내의 원자는 고체에서와 마찬가지로 촘촘하게 채워져 있다. 그것들은 쉽게 꽉 죄어질 수 없다.

기체는 탄성이 있다. 그것은 아주 작은 압력으로도 쉽게 압축할 수 있다. 파스칼의 풍선에 들어 있는 기체와 같이 압력이 감소하면 그것은 팽창한다. 온도의 변화가 부피나 압력에 미치는 영향은 액체보다는 기체의 경우가 훨씬 크다. 온도가 일정하게 유지되면, 압력의 변화에 따라서 부피는 어떻게 변하는가?

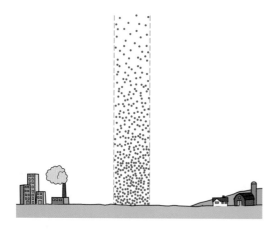

그림 9.10 압력이 감소함에 따라서 공기가 팽창하므로, 공기 기둥의 밀도는 높이가 증가하면 감소한다.

액체   기체

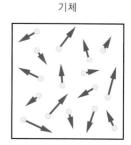

그림 9.11 액체 내의 원자는 촘촘히 채워져 있는 반면에, 기체 내의 원자는 더 먼 거리에 떨어져 있다.

기체의 부피는 압력의 변화에 따라서 어떻게 변하는가?

영국의 보일(Robert Boyle; 1627~1691)과 프랑스의 마리오트(Edme Mariotte; 1620~1684)는 압력의 변화에 따른 기체의 부피와 밀도의 변화를 조사하였다. 보일의 결과는 1660년에 보고되었지만 유럽 대륙에서는 주목을 받지 못하고 지나갔으며, 마리오트는 1676년에 비슷한 결론을 발표하였다. 두 사람 모두 공기의 탄성이나 압축성에 흥미를 가지고 있었다.

두 사람 모두 한쪽 끝이 막히고 다른 쪽은 열린 구부러진 유리관을 사용하였다(그림 9.12). 보일의 실험에서는, 유리관이 부분적으로 수은으로 채워져서 공기가 유리관의 막힌 부분에 가두어졌다. 그는 처음에 공기가 앞뒤로 왔다갔다하게 하여, 유리관의 막힌 부분압력이 대기압과 일치하도록 하여 양쪽의 수은기둥 높이가 같게 하였다.

보일이 유리관의 열린 쪽에 수은을 첨가함에 따라서, 막힌 쪽에 가두어진 공기의 부피가 감소했다. 그가 수은을 충분히 첨가하여 압력이 대기압의 2배가 되었을 때, 막힌 쪽의 공기기둥 높이는 반으로 줄어들었다. 바꾸어 말하면, 압력을 2배로 하면 공기의 부피는 반으로 줄어든다는 것이다. 보일은 기체의 부피가 압력에 반비례함을 발견한 것이다.

보일의 법칙은 아래와 같이 표현할 수 있다.

$$PV = 상수$$

여기서 P는 기체의 압력이고, V는 기체의 부피이다. 압력이 증가하면, 압력과 부피의 곱이 상수

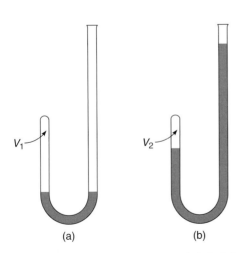

그림 9.12 보일의 실험에서는, 구부러진 유리관의 열린 쪽에 수은을 첨가하여 막힌 쪽의 가두어진 공기의 부피가 감소하게 하였다.

예제 9.2

예제 : 기체의 부피는 압력에 따라서 어떻게 변하는가?

기포는 물속에서 표면으로 올라올수록 크기가 커지는 것을 관찰할 수 있다. 한 스쿠버 다이버가 물속에서 내뿜은 기포가 표면으로 올라오고 있다. 다이버가 최대 내려갈 수 있는 깊이인 물속 40 m에서 압력은 약 4.9기압 만일 다이버가 이 깊이에서 부피 2.5 cm³의 기포를 뿜었다면 압력이 1.0기압인 물 표면에서 기포의 부피는 얼마인가? 단 깊이에 따른 온도의 변화는 없다고 한다.

$P_1 = 4.9$ atm

$P_2 = 1$ atm

$V_1 = 2.5$ m³

$V_2 = ?$

$P_1 V_1 = P_2 V_2 = 상수$

$$V_2 = \left(\frac{P_1}{P_2}\right) V_1$$

$$= \left(\frac{4.9 \text{ atm}}{1 \text{ atm}}\right) 2.5 \text{ cm}^3$$

$$= \mathbf{12.25 \text{ m}^3}$$

가 되도록 부피가 반비례해서 감소해야 한다. 보일의 법칙(유럽 대륙에서는 마리오트의 법칙으로도 불리움)은

$$P_1 V_1 = P_2 V_2$$

같이 표현되는데, P_1과 V_1은 처음 압력과 부피이고, P_2과 V_2는 나중 압력과 부피이다. 보일의 법칙이 성립하기 위해서는, 일정한 온도와 기체의 분량이 유지되어야 한다.

지표로부터 높이가 증가함에 따라서 대기압이 감소하고, 부피가 증가한다. 밀도는 질량과 부피의 비율이므로, 공기의 밀도는 부피가 증가함에 따라서 감소하여야만 한다. 공기기둥의 무게를 계산할 때, 밀도의 변화를 고려해야 하므로 계산은 수은기둥의 경우보다 더 복잡하다. 기체의 밀도는 온도에 따라서도 변하는데, 대개 높이가 증가할 때 공기의 온도는 감소하므로 계산을 좀 더 복잡하게 만든다.

우리는 공기 바다의 바닥에서 살고 있는데, 이에 의한 압력은 압력계를 이용해서 측정할 수 있다. 처음 개발된 압력계는 막혀 있는 유리관 속의 수은기둥이다. 대기압에 의해서 지탱되는 수은기둥의 높이가 압력의 척도이다. 대기 중 압력은 고도가 높아지면 감소하는데, 이는 대기의 압력은 바로 위쪽의 공기기둥의 무게에 의해서 결정되기 때문이다. 공기기둥의 무게는 수은기둥의 무게를 계산하는 것보다 더 어렵다. 왜냐하면 공기는 압축될 수 있으며, 따라서 밀도가 높이에 따라서 변하기 때문이다. 보일의 법칙은 기체의 압력이 증가하면 이에 반비례해서 부피가 감소함을 말해준다.

9.3 아르키메데스의 원리

왜 어떤 물건은 물 위에 둥둥 뜨는 데 비해서 다른 물건은 그렇지 않는가? 뜨는 것이 물체의 무게에 의해서 결정되는가? 커다란 대양 정기 여객선은 물 위에 뜨지만, 조그만 조약돌은 쉽게 가라앉는다. 명백하게 물체의 총 무게가 문제인 것은 아니다. 물체의 밀도가 해결의 열쇠인 것이다. 물체의 평균밀도가 그것이 잠기게 될 유체의 밀도보다 더 크면 가라앉게 되고, 반대로 더 적으면 뜨게 된다. 왜 물체가 뜨고 가라앉는지에 대한 완벽한 해답은 아르키메데스의 원리에서 발견할 수 있다. 그것은 유체 내에서 완전히 혹은 부분적으로 잠기는 물체에 작용하는 부력을 설명해 준다.

아르키메데스의 원리란 무엇인가?

나무토막은 둥둥 뜨지만, 같은 모양과 크기를 가진 금속토막은 가라앉는다. 금속토막은 비록 크기가 같아도 나무토막보다 더 무거운데, 그것은 금속의 밀도가 나무의 밀도보다 더 크기 때문이다. **밀도**는 질량과 부피의 비율(또는 단위부피당 질량)이다. 같은 부피에 대해서 금속은 나무보다 더 큰 질량을 가진다. 무게는 질량에 중력가속도 g를 곱한 것이므로, 같은 부피라면 금속은

나무보다 더 큰 무게를 가진다.

금속과 나무토막의 밀도를 물의 밀도와 비교하면, 금속토막은 물보다 밀도가 크고 나무토막은 물보다 밀도가 작다. 유체의 밀도와 물체의 **평균**밀도를 비교하면 물체가 유체 속에서 가라앉는지, 혹은 뜨는지를 결정할 수 있다. 수영장 속에 나무토막을 넣으면, 물이 나무토막을 밀어냄을 느낄 수 있다. 실제로 커다란 나무토막이나 내부에 공기가 채워져 있는 고무튜브를 잠기게 하는 것은 어렵다. 그것들은 계속해서 물의 표면 밖으로 튀어나온다. 그런 물체를 표면으로 밀어내는 위 방향 힘을 **부력**이라고 부른다. 처음에 나무토막이 부분적으로 잠겨 있고 그것을 더 잠기게 밀어넣으려 하면, 나무토막이 조금 더 물속에 잠김에 따라서 부력은 더 커진다.

아르키메데스가 대중 목욕탕에 앉아서 떠 있는 물체를 관찰하였을 때, 무엇이 부력의 세기를 결정하는지를 깨달았다는 일화가 있다. 물체가 물속에 잠기게 되면 그것은 물이 차지하고 있던 만큼의 공간을 차지한다. 다시 말하면, 그것은 물을 밀어낸다. 물체를 밑으로 밀면 밀수록 더 많은 물을 밀어내게 되며, 더 큰 위쪽방향 부력이 생긴다. **아르키메데스의 원리**는 다음과 같다.

> 유체가 전부 또는 부분적으로 잠긴 물체에 작용하는 부력은 물체가 밀어낸 물의 무게와 같다.

유체가 물체보다 더 큰 밀도를 가지면, 물체가 전부 잠겼을 때 밀어낸 유체의 무게가 물체의 무게보다 더 크다(그림 9.13). 아르키메데스의 원리에 의해서, 부력이 물체의 무게보다 더 크게 되며, 물체를 표면까지 밀어내는 알짜 부력이 작용한다.

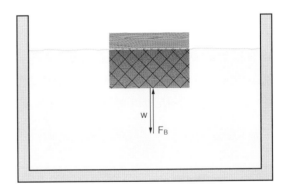

그림 9.13 물 위에 떠 있는 나무토막의 물에 잠긴 부분이 X 표시되어 있다. 이 부분의 부피에 해당되는 물의 무게가 바로 부력이 된다.

부력의 근원은 무엇인가?

아르키메데스의 원리로 설명되는 부력의 근원은 유체 속으로 깊이가 증가함에 따라서 압력이 증가하기 때문이다. 수영장의 깊은쪽 바닥까지 헤엄쳐 가보면 우리 귀를 통해 압력을 느낄 수 있다. 고도가 높은 곳보다 지구 표면에서 대기압이 더 큰 것과 같은 이유로 수영장 바닥의 압력은 수면 근처보다 더 크다. 우리 위쪽의 유체 무게가 압력에 기여하기 때문이다.

파스칼의 원리에 의해서, 수영장의 표면을 누르고 있는 대기압은 유체의 전체에 걸쳐서 고르게 전달된다. 어떤 깊이에서 총 압력을 구하려면, 대기압에 물의 무게로부터 생기는 추가적 압력을 더해야만 한다. 많은 경우에, 대기압을 뺀 초과 압력을 계기압력이라고도 부른다. 우리의 몸의 내부 압력은 대기압과 같으므로, 우리의 귀는 총 압력에서 대기압을 뺀 압력의 차이에만 민감하다.

액체의 일정한 깊이에서 초과압력을 결정하려면, 그 깊이 위쪽의 액체 무게를 계산하면 된다. 이 문제는 앞 절에서 논의한 바와 같이 수은기둥의 바닥에서의 압력을 구하는 것과 비슷하다. 그림 9.14에서와 같이 수영장에서 물기둥을 상상해 보면, 물기둥의 무게는 기둥의 부피와 물의 밀도에 의존한다. 물기둥

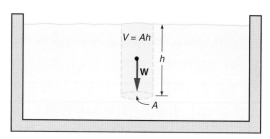

그림 9.14 물 기둥의 무게는 기둥의 부피에 비례한다. 부피 V는 면적 A 곱하기 높이 h이다.

의 부피는 높이 h에 비례하고, 그 무게도 그러하다. 초과 압력은 표면 밑 깊이 h에 비례하여 증가한다.

물이 채워진 커다란 깡통으로 압력의 깊이에 따른 변화를 설명할 수 있다. 깡통의 깊이가 서로 다른 곳에 구멍을 뚫으면, 깡통의 바닥 근처의 구멍에서 분사되는 물의 수평방향 속도는 꼭대기 근처의 구멍에서 분사되는 물보다 더 빠르다(그림 9.15). 깡통이 대기 속에 잠겨 있으므로, 대기압을 뺀 초과압력이 가장 중요하다. 더 큰 초과압력은 뿜어나오는 물에 더 큰 가속력을 부여해 준다.

압력이 깊이에 따라서 증가한다는 사실이 어떻게 부력을 설명해 주는가? 강철토막 같은 직사각형 모양의 물체가 물속에 잠겨 있다고 상상해보자. 그림 9.16에서와 같이 강철토막을 줄에 매달리게 하면, 물의 압력이 강철토막의 모든 방향에 작용하게 된다. 압력은 깊이에 따라서 증가하므로, 강철토막 바닥의 압력은 위쪽보다 더 크다. 이렇게 더 큰 압력은 강철토막의 바닥에서 위로 미는 힘이 위쪽에서 밑으로 미는 것보다 더 큰 힘이 되도록 해준다. 이 두 힘의 차이가 부력이다. 부력은 강철토막의 높이 h와 단면적 A 모두에 비례하므로, 따라서 부피 Ah에 비례한다.

그림 9.15 깡통의 바닥 근처 구멍에서 뿜어져 나오는 물은 꼭대기 근처에서 뿜어져 나오는 물보다 더 큰 수평 속도를 가진다.

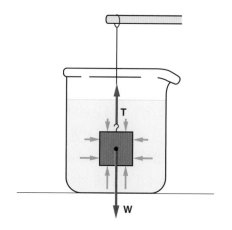

그림 9.16 압력이 깊이에 따라서 증가하므로 줄에 매달린 금속 조각의 바닥에 작용하는 압력은 꼭대기 쪽에 작용하는 압력보다 더 크다.

물체에 의해서 밀려난 유체의 부피는, 아르키메데스의 원리에서 논의한 바와 같이, 밀려난 유체의 무게에 직접적으로 관련된다.

둥둥 뜨는 물체에는 어떤 힘이 작용하는가?

매달릴 줄도 없고, 유체 내에 전부, 또는 부분적으로 잠겨 있는 물체를 밀거나 끌어당기는 힘이 없으면, 물체의 무게와 부력만이 모든 것을 결정한다. 물체의 무게는 밀도와 부피에 비례하고, 부력은 유체의 밀도와 물체가 밀어낸 유체의 부피에 의존한다. 물체의 운동은 위쪽으로 미는 부력의 크기와 밑으로 끄는 무게에 의해서 결정된다. 다음의 세 가지 가능성이 존재한다.

1. **물체의 밀도가 유체의 밀도보다 더 크다.** 물체의 평균밀도가 그것이 잠겨 있는 유체의 밀도보다 더 크면, 같은 부피를 가지고 있으므로 물체의 무게는 완전히 잠긴 물체가 밀어낸 유체의 무게보다 더 크다. 아래쪽으로 작용하는 무게가 위쪽으로 작용하는 부력보다 더 크므로, 알짜 힘은 아래로 향하고 물체는 가라앉는다.

2. **물체의 밀도가 유체의 밀도보다 작다.** 물체의 밀도가 유체의 밀도보다 작으면, 물체가 완전히 잠겨 있을 때 부력이 물체의 무게보다 더 크다. 물체에 작용하는 힘은 위를 향하며, 물체는 위쪽으로 떠오를 것이다. 그것이 유체의 표면에 도달할 때, 물체의 잠긴 부분에 의해서 밀려난 유체의 무게(부력)와 물체의 무게가 일치할 정도가 될 만큼만 물체가 잠긴다. 알짜 힘은 없고 물체는 평형상태에 있게 된다.

3. **물체의 밀도가 유체의 밀도와 같다.** 이때 물체의 무게는 물체가 잠기면서 밀어낸 유체의 무게와 같다. 완전히 잠긴 유체는 평균밀도를 약간 변화시킴으로써 떠오르거나 가라앉게 되는데, 이것이 바로 물고기와 잠수함이 사용하는 방법이다. 잠수함의 평균밀도는 물을 흡수하거나 방출함으로써 증가시키거나 감소시킬 수 있다.

강철로 만든 배는 왜 뜨는가?

강철은 물보다 밀도가 매우 크며, 커다란 강철선은 아주 무거운 물체이다. 그것은 어떻게 뜨는가? 해답은 배가 모두 강철로 만들어진 것이 아니라는 것이다. 배 안에는 공기로 채워진 빈 공간이나 다른 물질이 있다. 강철로 꽉 채워진 배는 쉽게 가라앉지만, 배의 평균밀도가 그것이 밀어내는 물보다 작으면, 강철선은 뜰 수 있다. 공기가 있는 공간이나 다른 물질 때문에, 배의 평균 밀도는 강철보다 훨씬 작다. 아르키메데스의 원리에 의하면, 배에 작용하는 부력은 배의 선체가 밀어낸 물의 무게와 같아야 한다(알짜 힘이 없이). 배가 평형에 있기 위해서는 부력이 배의 무게와 같아야 한다. 배에 짐을 실으면, 배의 전체 무게는 증가한다. 동시에 부력도 증가해야만 한다. 선체가 밀어낸 물의 양이 증가하므로 배는 물속에 더 잠기게 된다. 배에 부가될 수 있는 무게에는(가끔 톤 배수량으로 표현되는) 한계가 있다. 기름을 가득 실은 유조선은 싣지 않은 유조선보다 물에 더 잠긴 상태에서 운행한다(그림 9.17).

배를 설계하는 데 그 외에 꼭 고려해야 할 것은 선체의 모양과 배에 짐을 어떻게 싣느냐는 것이다. 배의 무게중심이 너무 높거나 배에 짐이 고르지 않게 실리면, 배가 전복될 위험이 있다. 파도의 작용이나 바람은 위험을 더 가중시키므로 안전장치가 설계에 포함되어야만 한다. 배의 평균밀도가 물의 평균밀도보다 더 크면, 배는 침몰하게 된다.

풍선은 언제 둥둥 뜨게 되는가?

부력은 공기 같은 기체 속에 잠겨 있는 물체에도 작용한다. 풍선을 공기보다 평균밀도가 작은 기체로 채우면, 풍선의 평균밀도가 공기의 밀도보다

예제 9.3

예제 : 물에 떠 있는 물체

한 배가 물에 떠 있는데 물에 잠긴 부분의 체적이 4.0 m^{3}이다. 물의 밀도는 1000 kg/m^{3}이라고 한다.

a. 물에 잠긴 부분의 체적의 물의 질량은 얼마인가?
b. 물에 잠긴 부분의 체적의 물의 무게는 얼마인가?
c. 배에 작용하는 위쪽을 향하는 부력의 크기는 얼마인가?
d. 배의 무게는 얼마인가?

a. $V = 4.0$ m^3 $\rho = m/V$
$\rho = 1000$ kg/m^3 $m = \rho V$
$m = ?$ $m = (1000$ kg/m$^3)(4.0$ m$^3)$
                       $m = 4000$ kg

b. $m = 4000$ kg $W = mg$
$g = 9.8$ m/s^2 $W = (4000$ kg$) (9.8$ m/s$^2)$
                       $W = 39200$ N

c. 부력은 물에 잠긴 부분의 체적의 물의 무게와 같으므로 39200 N이다.

d. 배가 물에 떠서 정지해 있다면 부력은 배의 무게와 같아야 한다. 따라서 배의 무게도 역시 39200 N이다.

작으므로 풍선은 뜨게 된다. 헬륨과 수소는 공기보다 밀도가 작은 기체인데, 수소보다 밀도가 약간 크기는 하지만 헬륨이 일상적으로 더 사용된다. 수소는 공기 중에서 산소와 폭발적으로 화학반응을 일으키므로 사용하는 데 위험하다.

풍선의 평균밀도는 풍선을 만든 재료뿐만 아니라 그것을 채우는 기체의 밀도에 의해서도 결정된다. 풍선을 만드는 이상적인 재료는 내구성이 강하고 아주 얇아도 잘 늘어나야 한다. 그것은 기체가 투과할 수 없으므로 헬륨이나 다른 기체가 풍선의 표피를 통해서 쉽게 새어 나가지 않도록 해준다. 마일라로 만들어진 풍선은 보통의 라텍스 풍선보다 기체가 잘 투과하지 못한다.

그림 9.17 기름을 꽉 채운 유조선은 빈 유조선보다 물속에 더 잠긴 상태에서 운행한다. © Chris Wilkins/AFP/Getty Images

열기구는 가열되면 기체가 팽창하는 원리를 이용한다. 기체가 가열되어 부피가 증가하면 밀도는 감소한다. 열기구 내의 공기가 열기구 주위의 공기보다 더 뜨거우면, 위쪽으로 부력이 생긴다. 열기구의 매력은 가스 히터를 켜거나 끔으로써 기구 내 공기의 밀도를 쉽게 조절할 수 있다는 것이다. 이렇게 해서 열기구가 상승하거나 하강하도록 조정할 수 있다.

부력과 아르키메데스의 원리는 배와 풍선 외에도 쓸모가 있다. 아르키메데스의 원리를 이용하여 물체의 밀도나 그것이 잠겨 있는 유체의 밀도를 측정할 수 있다. 실제로, 이것이 아르키메데스가 본래 적용한 문제이다. 아르키메데스는 왕관이 순금인지를 확인하기 위하여 그의 아이디어를 사용하여 왕관의 밀도를 측정했다고 전해진다(왕은 대장장이가 사기꾼이라고 의심했다). 금은 그것 대신 대치시킨 금속보다 밀도가 크다.

아르키메데스의 원리는 물체에 작용하는 부력이 물체가 밀어낸 유체의 무게와 같다는 것을 말해 준다. 물체의 평균밀도가 밀어낸 유체의 밀도보다 더 크면, 물체의 무게는 부력을 능가하고 물체는 가라앉는다. 압력이 깊이에 따라서 증가하므로 물체의 바닥에 가해지는 압력은 위쪽에서보다 더 크고 이 압력의 차이 때문에 부력이 생긴다. 아르키메데스의 원리는 배, 풍선, 욕조, 혹은 냇물에 떠 있는 물체의 거동을 이해하는 데 유용하다.

9.4 움직이는 유체

이 장의 서두에서 언급한 개울의 둑으로 다시 돌아가 본다면 무엇을 더 알 수 있을까? 개울 위를 나무막대나 장난감 배가 떠내려갈 때 개울물이 흘러가는 속력이 위치에 따라 다르다는 것을 알게 될 것이다. 개울이 넓은 곳에서는 흐름이 느리고 좁은 곳에서는 흐름이 빠르다. 또한, 속력이 둑의 근처에서보다 개울의 중앙 근처에서 일반적으로 더 빠르다. 맴돌이를 비롯한 난류의 다른 특징들도 볼 수 있을 것이다.

이 모두가 유체의 흐름이 가지고 있는 특징들이다. 흐름의 속력은 개울의 폭과 유체 내에서의 저항효과의 척도인 유체의 **점성**에 관계한다. 이 특징들 중에서 어떤 것은 이해하기가 쉬우나 다른 것들 특히 난류의 행태는 아직도 활발한 연구분야에 속한다.

물의 속도는 왜 변하는가?

개울의 흐름이 갖는 가장 분명한 특징 중의 하나는 개울이 좁아지면 물의 속력이 빨라진다는 것이다. 나무막대나 장난감 배는 개울의 넓은 부분은 느리게 통과하나 좁은 지점이나 여울을 통과할 때에는 속력을 얻는다.

지류들이 개울에 유량을 더하지 않고 증발이나 누출로 인한 심각한 손실이 없는 한, 개울의 흐름은 연속적이다. 주어진 시간 동안 상류의 한 지점에서 개울로 유입된 물과 같은 양의 물이 하류의 지점을 지나간다. 이것을 **흐름의 연속**이라 부른다. 흐름이 연속적이 아니라면 물은 아마 어떤 지점에 모이거나 아마 개울의 그 구역 안의 어느 곳에서 밖으로 빠져나갈 것이다. 이는 흔하게 일어나는 현상은 아니다.

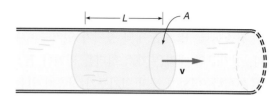

흐름의 비율 = vA

그림 9.18 관을 통하여 움직이는 물의 흐름의 비율은 부피를 시간으로 나눈 것으로 정의된다. 이는 물의 속력에 단면적을 곱한 것과 같다.

개울이나 관을 지나는 물의 흐름의 **비율**을 어떻게 기술해야 하나? 흐름의 비율은 부피를 시간으로 나눈 것이다. 분당 갤론, 미터법에서는 초당 리터 또는 초당 세제곱미터로 나타낸다. 그림 9.18이 보여주는 바와 같이 관의 어떤 점을 지나서 흐르는 길이 L의 물의 부피는 길이와 단면적 A를 곱한 LA와 같다. 흐름의 비율은 이 부피가 움직이는 속력에 의해 결정된다.

관을 지나는 흐름의 비율은 무엇인가? 비율을 구하기 위해 우리는 물의 부피 LA를 시간간격 t로 나누어 LA/t를 얻는다. L/t가 바로 물의 속도 v이므로 우리는

$$흐름의\ 비율 = vA$$

를 얻는다. 이 표현은 모든 유체에 적용할 수 있고 직관적으로도 그럴 듯하다. 속력이 빠를수록 흐름의 비율이 높고 관이나 개울의 단면적이 넓을수록 흐름의 비율이 높다.

흐름의 비율은 어떻게 물의 속력이 변하는 것을 설명하는가? 관을 통과하는 흐름이 연속적이라면 흐름의 비율은 관 안의 모든 점에서 일정해야 한다. 1분당 같은 갤론의 흐름이 각 점을 지날 것이다. 만일, 단면적 A가 감소하면 속력 v는 증가하여 흐름의 비율을 일정하게 유지시켜 준다. 단면적 A가 증가하는 경우에는 흐름의 비율을 일정하게 유지시켜 주기 위해 속력 v는 감소한다.

개울에도 같은 원리가 적용된다. 개울이 좁은 곳에서는 넓은 곳에 비해 개울의 단면적이 좁을 것이다. 물론 개울이 좁은 곳에서 개울이 깊을 수 있지만 대개는 개울이 넓은 곳에서보다 큰 단면적을 가질 만큼 깊지는 못하다.

예제 9.4

예제 : 흐르는 유체의 속도의 변화

뒤의 그림 9.24의 단면이 원인 관에서 넓은 부분은 반경이 6 cm이고 좁은 부분은 반경이 4.5 cm라고 하자. 처음에 넓은 부분에서 유체의 속력이 2 m/s이었다면 유체가 좁은 부분을 흐를 때 유속은 얼마인가?

$r_1 = 6.0$ cm $\qquad A = \pi r^2$

$r_2 = 4.5$ cm $\qquad A_1 = \pi (6.0 \text{ cm})^2 = 113.1 \text{ cm}^2$

$\qquad\qquad\qquad A_2 = \pi (4.5 \text{ cm})^2 = 63.6 \text{ cm}^2$

$v_1 = 2$ m/s $\qquad A_1 v_1 = A_2 v_2$

$v_2 = ?$ $\qquad\qquad v_2 = (A_1/A_2)v_1$

$\qquad\qquad\qquad v_2 = (113.1 \text{ cm}^2/63.6 \text{ cm}^2)(2 \text{ m/s})$

$\qquad\qquad\qquad\quad = \textbf{3.56 m/s}$

관의 단면이 좁아지면 반대로 유속은 빨라짐을 알 수 있다.

점성은 흐름에 어떠한 영향을 주는가?

지금까지는 한 단면 내에서도 그 위치에 따라 유속이 다를 수 있다는 것을 무시하였다. 물의 속력이 개울의 가운데에서 더 빠를 것이라고 이미 언급한 바가 있다. 그 원인은 유체의 층 사이 그리고 유체와 개울의 둑 사이의 저항효과, 다른 말로 하면 점성효과 때문이다.

유체가 여러 층으로 되어 있다고 하자. 당신은 아마 유속이 왜 중앙에서 더 빠른지 알 수 있을 것이다. 그림 9.19는 여물통을 통과하여 움직이는 유체의 여러 층들을 보여준다. 여물통의 밑부분은 움직이지 않으므로 그것은 밑에 있는 유체의 층에 저항력을 가할 것이다. 따라서 이 층은 바로 위에 있는 층보다 더 천천히 움직일 것이다. 맨 밑에 있는 이 층은 다시 바로 위에 있는 층에 잡아당기는 저항력을 가할 것이고 그 결과 위층은 더 위에 있는 층보다 더 천천히 흐를 것이다. 이와 같이 계속 반복된다.

점성은 유체의 층과 층 사이의 저항력의 세기를 결정해주는 유체의 특성이다. 점성이 클수록 저항력은 커진다. 저항력의 크기는 또한 층들 사이의 접촉면적과 층들을 가로질러 속력이 변하는 비율에 관계한다. 이 두 요인이 같다면 당밀(糖蜜)과 같이 큰 점성을 가진 유체가 물과 같이 작은 점성을 가진 유체보다 층들 사이에 더 큰 저항력을 느낄 것이다.

움직이지 않는 얇은 층은 대개 관이나 여물통의 벽에 바로 가까이 있는 층이다. 유체의 속력은 벽으로부터의 거리가 멀어짐에 따라 증가한다. 속력이 거리에 따라 어떻게 정확히 변화하는지는 유체의 점성과 관을 통과하는 유체의 흐름의 비율에 좌우된다. 점성이 작은 유체의 경우에는 벽으로부터 멀지 않은 거리에서 최대 속력에 도달한다. 큰 점성을 가진 유체의 경우에는 좀 더 먼 거리에서 최대 속력으로 바뀌고 속력이 관이나 여물통의 전체에 걸쳐 변화한다(그림 9. 20).

유체의 점성은 유체에 따라 크게 다르다. 당밀, 짙은 기름 그리고 시럽은 물이나 알코올보다 큰 점성을 가지고 있다. 대부분의 액체는 기체보다는 큰 점성을 가지고 있다. 주어진 유체의 점

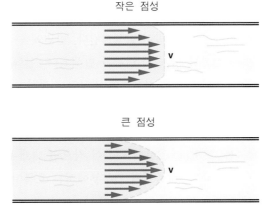

작은 점성

큰 점성

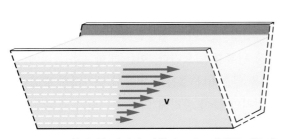

그림 9.19 층과 층 사이의 저항력 또는 점성력 때문에 여물통 안을 흐르는 유체의 각 층은 바로 위에 있는 층보다 느리게 움직인다.

그림 9.20 점성이 작은 유체의 경우에 속도는 벽에서 안쪽으로 갈수록 급격히 증가한다. 그러나 점성의 큰 유체의 경우에는 천천히 증가한다.

성은 온도가 변하면 상당히 변할 수 있다. 온도가 증가하면 대개 점성은 감소한다. 예를 들어, 시럽이 든 병을 가열하면 점성이 작아지고 좀 더 잘 흐르게 된다.

층흐름과 난류

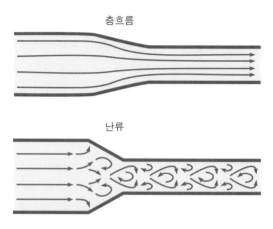

그림 9.21 층흐름에서는 유선이 대개 서로 평행하다. 난류에서는 유체가 흐르는 모양이 매우 복잡하다.

유체의 흐름에 관한 아주 재미있는 질문의 하나는 왜 흐름이 어떤 조건에서는 매끄러운 **층흐름**이 되고 또 다른 조건에서는 거친 **난류**가 되는가이다. 이 두 종류의 흐름이 모두 개울이나 강에서 발견된다. 이 둘은 어떻게 다르며 어떤 형태의 흐름이 우세하게 되는지를 무엇이 결정하는가?

매끄러운 층흐름인 부분에서는 소용돌이나 이와 비슷한 교란이 없다. 개울의 흐름은 각 점에서 흐름의 방향을 가리키는 **유선**으로 기술될 수 있다. **층흐름**에서의 유선들은 그림 9.21에서와 같이 서로 거의 평행하다. 층들의 속도는 다를 수 있으나 한 층은 다른 층 위를 지나가면서 매끄럽게 움직인다.

개울이 좁아지고 유속이 증가함에 따라 이와 같은 단순한 층흐름의 양상은 없어진다. 유선을 따라 밧줄에서와 같은 꼬임이 발생하고 이는 소용돌이로 바뀐다. 즉, 흐름이 난류가 되는 것이다. 대부분의 응용에서는 이러한 난류는 달갑지 않다. 관을 통과하거나 어떤 면을 스쳐 지나갈 때 유체가 받는 저항을 많이 증가시키기 때문이다. 그럼에도 불구하고 난류는 강 위에서 뗏목을 타는 것을 더욱 재미있게 만든다.

유체의 밀도와 관 또는 개울의 폭이 변하지 않을 때 층흐름이 난류로 바뀌는 것은 평균유속과 점성 두 값의 크기에 의해 결정된다. 우리가 짐작할 수 있는 바와 같이 빠른 속도를 가진 흐름일수록 난류를 더 많이 발생시킨다. 반면에 큰 점성은 난류를 억제한다. 유체의 밀도가 크고 관의 폭이 넓으면 더 쉽게 난류가 발생된다. 실험으로부터 과학자들은 난류로 바뀌기 시작하는 속도를 이러한 양들을 사용하여 비교적 정확하게 예측할 수 있었다.

층흐름에서 난류로 바뀌는 것을 여러분은 흔하게 발생하는 여러 현상들에서 볼 수 있을 것이다. 빠른 속도의 물은 개울이 좁아지는 곳에서 종종 난류를 일으킨다. 이는 또한 수도꼭지에서도 볼 수 있다. 흐름의 비율이 작으면 대개 층흐름을 일으키나 흐름의 비율이 증가하면 흐름이 난류가 된다. 물줄기의 윗부분에서는 흐름이 매끄럽지만 물이 중력에 의해 가속되기 때문에 밑에 와서는 난류가 될 수 있다.

여러분은 이러한 현상을 담배나 촛불에서 피어오르는 연기에서도 볼 수 있다. 연기가 시작되는 곳 근처에서 위로 올라가는 연기의 흐름은 대개 층흐름을 이룬다. 부력에 의해 연기가 위로 가속

그림 9.22 담배에서 발생하는 연기는 처음에는 매끄러운 층흐름을 보여주나 속력이 증가하고 폭이 넓어짐에 따라 난류로 바뀐다.

그림 9.23 거대한 붉은 점과 같은 맴돌이와 소용돌이를 목성의 대기에서 많이 볼 수 있다.

되면서 폭이 넓어지고 난류가 된다(그림 9.22). 개울에서와 같은 소용돌이나 맴돌이가 생긴다.

난류를 발생시키는 조건은 잘 알려져 있지만 최근까지도 과학자들은 왜 그러한 모양의 흐름이 생기는지 설명하지 못하고 있다. 여러 다른 상황에서 우리는 난류의 카오스적 현상으로 보이는 놀라운 특징들을 발견할 수 있다. 카오스에 관한 최근의 연구 결과들은 이러한 특징이 나타나는 원인에 대한 더 나은 이해를 가능케 한다.

난류에서 나타나는 카오스와 규칙적 행태에 대한 연구는 지구의 기상형태와 다른 현상들에 대한 새로운 통찰을 가능케 하고 있다. 아마 대기 흐름의 형태에 관한 가장 놀라운 예는 우주 탐사선 보이저호가 목성에 근접 비행을 하며 보내온 사진들일 것이다. 많은 맴돌이와 소용돌이가 목성의 대기의 흐름에서 보이고 있다. 이것들은 거대하고도 매우 안정적인 대기 소용돌이라고 생각되고 있는 붉은점을 포함한다(그림 9.23).

개울에서 흐름의 비율은 유속과 개울물이 흘러가면서 통과하는 단면적을 곱한 것과 같다. 흐름이 연속적이 되려면 작은 단면적을 통과하기 위해 개울이 좁아지는 곳에서 속력이 빨라져야 한다. 개울의 유속은 또한 점성 때문에 단면적을 가로질러 변한다. 유속은 중앙에서 가장 빠르고 둑이나 관의 벽 근처에서 가장 느리다. 매끄러운 층흐름은 유속이 증가하거나 점성이 감소함에 따라 맴돌이와 소용돌이가 있는 난류로 바뀌게 된다.

9.5 베르누이의 원리

당신은 많은 승객을 태운 여객기가 어떻게 지면을 이륙할 수 있는지 궁금하게 생각해 본 적이 있는가? 그러한 물체들은 날 수 있다는 것을 당신은 알고 있다. 그러나 아무래도 이상하다고 느낄 것이다. 어떻게 비행기는 날 수 있는가? 어떠한 힘이 비행기를 공중에 떠 있게 해 줄까?

비행기의 날개, 또는 바깥 몸체에 작용하는 힘을 여러 가지 다른 방법으로 분석할 수 있지만 유체역학에 관한 베르누이(Daniel Bernoulli; 1700~1782)의 1738년 논문에서 발표된 유체의 흐름에 관한 한 원리에서 하나의 설명을 발견할 수 있다.

베르누이의 원리란 무엇인가?

유체에 일을 하여 에너지를 증가시키면 무슨 일이 일어나겠는가? 이는 운동 에너지의 증가로 나타날 것이고, 결국 유속을 증가시킬 것이다. 또한 유체가 압축되거나 유체가 위로 올라가면 위치 에너지가 증가한다. 베르누이는 모든 가능성을 고려하였다. 베르누이의 원리는 유체의 흐름에 에너지 보존법칙을 적용해서 얻은 결과이다.

베르누이의 원리의 가장 흥미로운 예는 운동에너지의 변화와 관련되어 있다. 압축되지 않는 유체가 수평으로 놓여 있는 관이나 개울 위를 흘러간다면 그 유체에 한 일은 유체의 운동 에너지를 증가시킬 것이다. 유체를 가속시키거나 운동 에너지를 증가시키려면 유체에 작용하는 알짜 힘이 존재해야 한다. 이 힘은 바로 유체 내의 한 지점과 다른 지점 간의 압력의 차이와 관련되어 있다. 만약, 압력의 차이가 있으면 유체는 높은 압력을 갖는 영역에서 낮은 압력의 영역을 향하여 가속될 것이다. 그 방향이 바로 유체에 힘이 작용하는 방향이기 때문이다. 우리는 유체가 낮은 압력을 갖는 영역에서 높은 속력을 가질 것이라고 기대한다. 수평으로 놓여 있는 관이나 개울 위를 비압축성의 유체가 흐르는 간단한 경우에는 일이나 에너지를 고려하면 다음과 같은 **베르누이의 원리**를 얻는다.

> 흐르는 유체에서 압력과 단위부피당 운동 에너지의 합은 일정하다.

$$P + \frac{1}{2}\rho v^2 = 상수$$

여기서 P는 압력, ρ는 유체의 밀도 그리고 v는 유체의 속력이다. 밀도는 질량을 부피로 나눈 것이므로 이 식에서 둘째 항은 유체의 단위부피당 운동 에너지(운동 에너지를 부피로 나눈 것)이다.

베르누이 원리의 완전한 표현은 유체의 높이의 변화를 고려하여 중력 위치 에너지의 효과를 포함할 것이다. 그러나 대부분의 흥미있는 효과는 바로 위의 식을 사용하여 얻어질 수 있다. 베르누이 원리를 적용하는 데 낮은 압력과 높은 유속을 관련시키는 것이 가끔 중요한 실마리가 된다.

관이나 호스 내에서 압력이 어떻게 변하는가?

그림 9.24에서와 같이 가운데가 좁혀진 관을 생각하자. 흘러가는 물의 압력이 관의 좁은 부분과 넓은 부분 중 어디에서 더 클까? 우리의 직관은 압력이 좁은 부분에서 클 것이라고 생각하게 만들지만 사실은 그렇지가 않다.

흐름의 연속성 때문에 물의 속력이 관의 넓은 부분에서보다 단면적이 작은 좁은 부분에서 더 크다는 것을 이미 알고 있다. 베르누이의 원리는 무엇을 말해 주는가? $P+1/2\,\rho v^2$을 일정하게 하기 위해

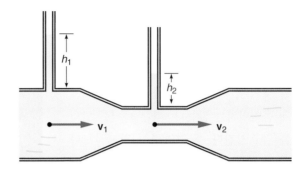

그림 9.24 열려 있는 수직관은 압력계의 역할을 한다. 물기둥의 높이는 압력에 비례한다. 움직이는 유체의 압력은 유체의 속력이 작은 곳에서 더 크다.

유속이 작은 곳에서 압력이 커져야 한다. 다시 말해 속력이 증가하면 압력은 감소해야 한다.

관의 여러 장소에 있는 끝이 열린 관들은(그림 9.24) 간단한 압력계로 사용될 수 있다. 이렇게 끝이 열린 관에서 물이 올라가려면 유체의 압력이 대기의 압력보다 커야 한다. 유체가 올라가는 높이는 그 압력이 얼마나 더 큰가에 달려 있다. 물의 높이는 관이 좁혀진 부분에서보다 관이 넓은 부분에서 더 높이 도달한다. 이는 관이 넓은 부분에서 압력이 더 높다는 것을 알려 준다.

이 결과는 우리의 직관과는 어긋난다. 왜냐하면 우리는 높은 압력을 빠른 속도와 관련시키려고 하기 때문이다. 이를 확인할 수 있는 다른 예는 호스의 노즐이다. 노즐은 흐름의 면적을 좁히고 유속을 빠르게 한다. 베르누이의 원리에 의하면 물의 압력은 우리가 기대하는 바와는 다르게 호스의 안쪽보다 노즐의 좁은 끝에서 더 작다.

손을 노즐 앞에서 놓아 보면 여러분은 물이 손을 때리는 동안 손에 큰 힘을 느낄 것이다. 이 힘은 물이 손을 때릴 때, 물의 속력과 운동량이 변하기 때문에 생긴다. 뉴턴의 제 2법칙에 따르면 운동량을 변화시키기 위해서는 큰 힘이 필요하고 제 3법칙에 의해 여러분의 손이 물에 가하는 힘은 물이 여러분의 손에 가하는 힘과 크기가 같다. 이 힘은 호스에서의 유압과는 직접 관련되어 있지는 않다. 압력은 물이 빠르게 움직이지 않는 호스의 안쪽에서 실제로 더 크다.

비행기의 날개는 어떠한 역할을 하는가?

전에 언급한 베르누이의 원리는 밀도가 변하지 않는 비압축성 유체에서만 성립한다. 그러나 우리는 이를 약간 확장하여 공기나 다른 압축성 유체의 움직임에 적용할 수 있다. 압축성 유체의 경우에도 빠른 유체의 속도는 대개 작은 유체의 압력과 관련되어 있다.

간단한 실험으로 당신을 믿게 할 수 있다. 얇은 종이(또는 얇은 화장지) 한 장을 그림 9.25에서와 같이 입 앞에 잡고 있어 보아라. 종이는 턱 앞에서 밑으로 처져 있을 것이다. 종이의 윗면

을 스치며 불면 종이는 일어설 것이고 더
세게 불면 종이는 수평으로 똑바로 펼쳐
질 것이다. 무슨 일이 일어났는가?

종이의 윗면을 스치며 불면 공기의 흐
름이 종이의 아랫부분보다 윗부분에서 빠
를 것이다. 아랫부분의 공기는 결코 빠르
게 움직이지는 않는다. 빠른 속력은 압력
을 감소시킨다. 공기압력이 위에서보다
밑에서 더 크기 때문에 종이의 밑면에서
위로 가해지는 힘이 윗면에서 아래로 가
해지는 힘보다 크다. 따라서 종이는 일어
선다. 직관과는 다르게 종이 두 장 사이
로 불면 두 종이는 같은 이유로 서로 멀
어지지 않고 달라붙는다. 한번 해보기 바
란다.

그림 9.25 부드러운 종이 조각의 윗면을 스치며 불면 종
이가 일어서는데 이는 베르누이의 원리를 보여준다.

비슷한 힘이 비행기 날개에 작용한다. 날개 위쪽에서의 빠른 속력의 공기의 흐름은 날개가 공
기 속을 움직일 때 날개의 모양이나 날개의 기울기 때문에 생긴다. 날개가 공기 속을 움직일 때
날개의 위를 스치면서 움직이는 공기는 밑을 스치며 움직이는 공기보다 빠르다. 왜냐하면 같은
시간에 위쪽의 공기가 더 긴 거리를 움직이기 때문이다.

베르누이 원리에 의하여 날개 위를 지나는 빠른 속력의 공기는 날개 위쪽의 압력을 아래쪽보
다 감소시킨다. 위로 향한 알짜 힘, 또는 **상승력**이 날개에 작용하게 되고 이는 비행기의 무게와
평형을 이루며 비행기를 떠오르게 한다. 이러한 상승력을 완전하게 분석하려면 날개 위의 각 점
에 가해지는 힘의 크기와 방향을 고려해야 한다.

비행기 날개의 설계와 날개를 지나가는 공기의 흐름은 풍동(wind tunnel)에서 널리 연구되고
있다. 풍동 안에서는 날개가 정지해 있고 공기가 날개를 지나간다. 날개의 각도와 곡률을 바꾸
기 위해 사용되는 보조 날개의 효과도 이러한 풍동에서 연구되고 있다. 어떤 조건에서는 날개
위의 흐름이 난류가 된다. 이는 상승력을 감소시키기 때문에 바람직하지 않다. 유체흐름을 고려
하는 것은 모든 종류의 항공기를 설계하고 작동시키는 데 매우 중요하다.

무엇이 백화점에서 공을 공중에 떠 있게 하는가?

공기흐름을 사용하는 베르누이 원리의 다른 예는 백화점에서 진공청소기를 선전할 때 가끔 볼
수 있다. 진공청소기가 만드는 위로 움직이는 공기기둥 안에 공이 공중에 떠 있을 수 있다. 공기
가 위로 움직이면 공기흐름의 속력은 가운데에서 가장 크고 가운데에서 멀어지면 작아져, 결국

0이 된다. 다시 한 번 베르누이 원리에 의해 속력이 가장 큰 가운데에서 압력이 가장 작게 된다. 공기기둥의 가운데에서 공기가 덜 빠르게 움직이는 영역으로 갈수록 압력이 증가한다. 공이 공기기둥의 가운데에서 멀어지면 가운데에서 가까운 공의 옆면보다 먼 옆면에 더 큰 힘이 작용한다. 공기 기둥의 가운데에서의 낮은 압력이 공을 중앙 근처에 가두는 동안 공의 밑 부분을 때리는 공기에 의한 윗 방향의 힘은 공을 위로 붙잡고 있다. 머리 말리는 기구와 작은 공을 가지고 같은 효과를 실험해 볼 수 있다(그림 9.26).

그림 9.26 머리 말리는 기구에서 나와 위로 향하는 공기 기둥에 의해 공이 공중에 떠 있다. 공기 압력은 공기가 가장 빠르게 움직이는 공기 기둥의 가운데에서 가장 낮다.

이러한 모든 현상에서 베르누이 원리가 예측하는 바와 같이 유속의 증가가 직관과는 달리 유체의 압력을 감소시키는 효과를 볼 수 있었다. 우리는 두 장의 종이 사이를 입으로 불면 두 종이가 서로 밀쳐진다고 생각하게 될지 모르나 간단한 실험은 그렇지 않다는 것을 알려 준다. 이러한 기이한 현상들을 이해하는 것이 물리학의 재미의 한 부분이 된다.

베르누이의 원리는 에너지 보존법칙에서 유도할 수 있고 압력과 단위부피당 운동 에너지의 합이 유체의 모든 장소에서 일정하게 유지된다는 것을 말해 준다. 이는 유체가 비압축성이고 높이가 변하지 않을 때 성립된다. 유속이 빠른 곳에서 압력은 낮게 된다. 이 효과는 관, 호스 그리고 비행기 날개와 관련된 놀라운 현상과 종이조각의 위를 스치며 불 때 종이가 내려가지 않고 일어서는 사실을 설명해 준다.

매일의 자연현상 9.2

커브공 던지기

상황. 야구 선수는 잘 던져진 커브공에 의해 크게 속을 수 있다는 것을 안다. 빨리 움직이는 커브공이 홈 플레이트까지 가는 동안 1피트 만큼이나 휠 수 있다는 것을 어떤 사람들은 인정하려고 하지 않을 것이다. 여러 해 동안 많은 사람들은 그 커브가 단지 환상일 것이라고 주장했다. 커브공의 경로가 정말로 곡선일까? 만약 그렇다면 이를 어떻게 설명할 것인가?

타자가 커브공에 의해 크게 속는다. 공의 경로가 정말로 휘어졌을까?

분석. 커브공을 던지는 방법에는 비밀이 없다. 오른손잡이 투수는(위에서 보았을 때) 시계반대방향으로 도는 커브 공을 던진다. 그래서 공은 오른손 타자로부터 멀리 휘어진다. 투구는 공이 플레이트를 향하는 것처럼 가다가 플레이트 위에서 휘어져 타자로부터 멀어지면서 내려갈 때가 가장 효과적이다.

베르누이의 원리는 공의 경로가 휘는 것을 설명할 수 있다. 회전하는 공의 표면은 거칠기 때문에 주위의 공기를 끌어모으고 공 근처에 소용돌이를 일으킨다. 공은 또한 플레이트로 향하여 움직이므로 공의 속도와 반대 방향으로 공을 스쳐 지나가는 공기의 흐름을 추가로 만든다. 공의 회전에 의해 만들어진 소용돌이는 그림에서와 같이 오른손 타자와 가까운 쪽보다 반대쪽에 더 빠르게 움직이는 공기를 일으킨다. 공기 흐름 화살표는 공에 대한 공기의 속도를 표시하여 준다.

베르누이의 원리에 의해 큰 속력을 갖는 공기흐름은 낮은 압력과 관련되어 있다. 공기압력이 타자와 가까운 쪽보다 반대쪽에서 더 낮다. 이러한 압력의 차이는 휘게 하는 힘을 공에게 가하고 오른손 타자로부터 공을 멀어지게 한다.

베르누이의 원리가 휘게 하는 힘의 방향과 곡선의 방향에 관한 적절한 설명을 제공하지만 정확한 정량적인 예측을 하는 데 사용될 수

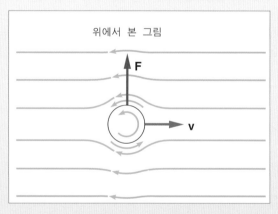

공의 회전에 의해 생긴 공기의 소용돌이는 공의 한쪽에 다른 쪽보다 더 빨리 움직이는 공기를 일으킨다. 이는 베르누이의 원리에 의해 공을 휘게 하는 힘을 만든다.

는 없다. 공기는 압축성 유체이고 일반적으로 사용되는 베르누이 원리는 물과 같은 비압축성 유체의 경우에만 맞는다. 공을 스치면서 지나가는 공기흐름의 효과를 다룰 수 있는 좀더 정확한 방법이 휘는 각도를 예측하는 데 사용되어야 한다.

　이론적인 계산과 실험을 통한 측정 모두 공을 휘게 하는 힘이 작용한다는 것과 공의 경로가 실제로 휜다는 것을 증명한다. 휘는 각도는 베르누이의 정리로부터 예측할 수 있는 바와 같이 공의 회전속도와 공 표면의 거친 정도에 관계가 있다. 어떤 투수는 야구 장갑 속에 사포를 숨겨 두고 이를 사용하여 공의 표면을 거칠게 만드는 속임수를 사용하기도 한다. 야구공의 실밥의 방향이 영향을 줄 수 있는가에 대한 논쟁이 계속되고 있다. 공을 쥐는 방법은 공에 얼마나 큰 회전을 줄 수 있는지를 결정하는 중요한 요인이 된다. 그러나 실험적인 증거를 보면 일단 공이 던져진 후에는 실밥의 방향은 휘게 하는 힘의 크기에 영향을 주지 않는다.

　이론과 실험적 증거에 관한 좋은 토론을 Robert Watts와 Ricardo Ferrer가 1987년 1월의 American Journal of Physics 40~47쪽에서 찾을 수 있다. 회전하는 공이 휘는 것은 골프와 축구와 같은 다른 스포츠에서도 중요하다. 좋은 운동 선수는 이러한 커브의 효과를 인식하고 잘 이용할 수 있어야 한다.

질 문

Q1. 100 lb의 여자가 250 lb인 남자보다 더 큰 압력을 지면에 가할 수 있겠는가? 이를 설명하라.

Q2. 같은 힘이 공기가 들어 있는 두 실린더에 가해진다. 하나는 큰 면적의 피스톤을 가지고 있고 다른 하나는 작은 면적의 피스톤을 가지고 있다. 어떤 실린더에서 압력이 더 크겠는가? 이를 설명하라.

Q3. 1페니와 25센트 동전이 물로 가득 차 있는 수영장 밑의 콘크리트 바닥에 놓여 있다. 어떠한 동전이 물의 압력에 의해 아래로 향하는 더 큰 힘을 받겠는가? 이를 설명하라.

Q4. 자동차 타이어가 더 큰 무게를 지탱함에도 불구하고 왜 자전거 타이어는 자동차 타이어보다 가끔 더 큰 압력을 가지도록 공기가 주입되는가? 이를 설명하라.

Q5. 한 유압장치에서 유체가 큰 면적의 피스톤과 작은 면적의 피스톤을 밀고 있다.
　a. 가해지는 유압에 의해 어떤 피스톤이 더 큰 힘을 받겠는가? 이를 설명하라.
　b. 작은 피스톤이 움직일 때 큰 피스톤은 작은 피스톤과 비교할 때 같은 거리, 더 긴 거리 아니면 짧은 거리를 움직이겠는가?

Q6. 유압 펌프에서 입력 피스톤에 작용하는 힘보다 출력 피스톤이 더 큰 힘을 가한다면 출력 피스톤에 가해지는 압력도 입력 피스톤에서보다 더 크겠는가?

Q7. 수은기압계가 대기압을 재는 데 사용된다면 수은 기둥 위의 관의 막힌 끝에 공기가 포함되어 있겠는가? 이를 설명하라.

Q8. 기압계를 만드는 데 수은 대신에 물을 사용할 수 있겠는가? 이를 설명하라.

Q9. 수은기압계를 가지고 산을 오른다고 하자. 기압계 유리관 안의 수은기둥의 높이가 당신이 산을 올라감에 따라 수은 용기와 비교하여 올라가겠는가 또는 내려가겠는가? 이를 설명하라.

Q10. 산 꼭대기에서 풍선이 팽팽하도록 공기를 불어 넣었다면 산에서 내려올 때 그 풍선이 팽창하겠는가 또는 수축하겠는가?

Q11. 공기가 들어 있는 밀봉된 피하 주사기의 손잡이를 서서히 잡아 당긴다. 이 동안 주사기 안의 공기압력은 증가하겠는가 또는 감소하겠는가? 이를 설명하라.

Q12. 기체의 흐름이 투과할 수 없는 풍선 안에 헬륨이 들어 있다. 폭풍우가 갑자기 온다면 풍선이 팽창하겠는가 또는 수축하겠는가? 이를 설명하라(온도의 변화가 없다고 가정하라).

Q13. 고체 금속 공이 수은 위에 떠 있는 것이 가능하겠는가? 이를 설명하라.

Q14. 물이 들어 있는 비커 안에 사각형 모양의 금속토막이 물에 완전히 잠긴 상태로 줄에 의해 매달려 있다. 토막의 밑부분에서의 물의 압력이 윗부분에서의 압력보다 작겠는가, 크겠는가 아니면 같겠는가? 이를 설명하라.

Q15. 콘크리트로 만든 배가 뜰 수 있겠는가? 이를 설명하라.

Q16. 나무토막이 물 위에 떠 있다.
   a. 나무토막에 작용하는 부력이 나무토막의 무게보다 무겁겠는가, 가볍겠는가 아니면 같겠는가? 이를 설명하라.
   b. 나무토막이 밀어낸 유체의 부피가 나무토막의 부피보다 크겠는가, 작겠는가 아니면 같겠는가? 이를 설명하라.

Q17. 큰 새가 수영장에 떠 있는 보트 위에 내려 앉았다. 새가 내려 앉을 때 수영장의 물의 높이가 올라가겠는가, 내려가겠는가 아니면 변치 않겠는가? 이를 설명하라.

Q18. 수영장에 보트가 떠 있고 닻이 내려져 있다. 닻이 내려질 때 수영장의 물의 높이가 올라가겠는가, 내려가겠는가 아니면 같게 유지되겠는가? 이를 설명하라.

Q19. 어떠한 물체가 소금물에서는 뜨고 보통의 신선한 물에서는 가라앉을 수 있겠는가? 이를 설명하라.

Q20. 어떠한 물체가 물과 같은 밀도를 가지고 있다면 이 물체는 물속에서 밑바닥에 가라앉겠는가 또는 위로 떠오르겠는가? 아니면 다른 행동을 보이겠는가? 이를 설명하라.

Q21. 좁은 관 속을 꾸준히 흐르는 물 줄기가 관이 굵어지는 곳에 도달했다. 관이 굵어질 때 물의 속력이 증가하겠는가, 감소하겠는가 아니면 변하지 않겠는가? 이를 설명하라.

Q22. 수도꼭지에서 흘러나오는 물줄기는 물이 떨어짐에 따라 점점 가늘어진다. 이를 설명하라.

Q23. 같은 조건 하에서 높은 점성을 가진 액체의 흐름이 낮은 점성을 가진 흐름보다 더 빨리 흐르겠는가? 이를 설명하라.

Q24. 개울에서 흐름의 속력이 감소한다면 그 흐름이 층흐름에서 난류로 바뀔 수 있겠는가? 이를 설명하라.

Q25. 담배에서 나오는 연기의 흐름이 왜 담배 근처에서는 층흐름이 되고 멀어질수록 난류가 되는가? 이를 설명하라.

Q26. 몇 인치 사이를 두고 두 장의 부드러운 종이조각이 걸려 있다. 이 두 장의 종이 사이로 바람을 불면 이 두 장의 종이는 서로 가까워지겠는가 또는 멀어지겠는가? 이를 설명하라.

Q27. 관 속을 꾸준히 흐르는 물 줄기가 관이

가늘어지는 곳에 도달했다. 관이 가늘어지는 부분에서의 물의 압력이 관이 굵은 부분에서와 비교해 크겠는가, 작겠는가 아니면 같겠는가?

Q28. 비행기가 날고 있을 때 날개의 밑 부분에서의 압력은 윗 부분에서의 압력보다 크다. 날개의 밑을 지나가는 공기의 속력은 위를 지나가는 공기에 비해 빠르겠는가, 느리겠는가 아니면 같겠는가? 이를 설명하라.

Q29. 머리 말리는 기구를 공기의 흐름을 만드는 데 사용할 수 있다. 그 흐름의 가운데에서의 압력은 가운데에서 좀 떨어진 곳에서의 압력과 비교하여 크겠는가, 작겠는가 아니면 같겠는가? 이를 설명하라.

Q30. 커브공의 회전방향은 그 공이 어느 방향으로 휘는지와 관련이 있는가? 이를 설명하라.

연 습 문 제

E1. 기체가 들어 있는 막힌 실린더의 움직일 수 있는 피스톤을 40 N의 힘이 밑으로 밀고 있다. 피스톤의 면적이 0.5 m²이다. 기체 안의 압력은 얼마인가?

E2. 움직일 수 있는 피스톤을 가지고 있는 실린더 안에 들어 있는 기체의 압력이 300 Pa (300 N/m²)이다. 피스톤의 면적이 0.25 m²이다. 그 기체가 피스톤에 가하는 힘의 크기를 구하라.

E3. 110 lb의 여자가 굽이 높은 구두의 한쪽 굽에 그녀의 전체 무게를 싣고 있다. 구두의 뒷 굽의 면적이 0.2 in²이다. 그녀의 뒷 굽이 지면에 가하는 압력은 제곱 인치당 파운드(psi)로 얼마인가?

E4. 한 유압장치에서 400 N의 힘이 0.001 m²의 면적을 가진 피스톤에 가해지고 있다. 이 계에서 출력 피스톤의 면적은 0.2 m²이다.
 a. 이 계에서 유체의 압력은 얼마인가?
 b. 유체가 출력 피스톤에 가하는 힘의 크기는 얼마이겠는가?

E5. 어떤 유압장치에서 출력 피스톤은 입력 피스톤보다 10배의 면적을 가지고 있다. 큰 피스톤이 2500 N의 힘을 지탱한다면 얼마의 힘이 입력 피스톤에 가해져야 하겠는가?

E6. 움직일 수 있는 피스톤을 가진 한 실린더 안의 기체의 압력이 온도가 일정하게 유지되면서 45 kPa에서 90 kPa로 변하였다. 실린더 안의 기체의 부피가 처음에는 0.6 m³이었다. 압력이 증가한 후에 기체의 부피는 얼마가 되었겠는가?

E7. 온도가 일정하게 유지되면서 부피가 0.1 m³에서 0.3 m³로 팽창하도록 기체가 들어 있는 실린더의 피스톤이 잡아당겨진다. 기체의 압력이 처음에 90 kPa이었다면 나중에는 얼마가 되겠는가?

E8. 2 kg의 나무토막이 물 위에 떠 있다. 그 나무토막에 가해지는 부력의 크기는 얼마이겠는가?

E9. 균일한 밀도의 나무토막이 정확히 부피의 반이 물속에 잠긴 상태로 물 위에 떠 있다. 물의 밀도는 1000 kg/m³이다. 나무토막의 밀도는 얼마인가?

E10. 어떤 보트가 4 m³의 물을 밀어낸다(물의 밀도는 1000 kg/m³이다).

a. 보트가 밀어낸 물의 질량은 얼마이겠
   는가?
b. 보트에 작용하는 부력은 얼마이겠는가?

E11. $0.5 \ m^3$의 부피를 가지고 있는 바위가
$1000 \ kg/m^3$의 밀도를 가지고 있는 물속
에 완전히 잠겨 있다. 바위에 작용하는
부력은 얼마이겠는가?

E12. $0.6 \ m/s$의 속력으로 움직이는 개울이 단
면적이 원래의 1/3이 되는 곳에 도달했
다. 이 좁은 부분에서 개울물의 속력은

얼마이겠는가?

E13. 수도꼭지에서 물이 $2 \ m/s$의 속력으로 흘
러나온다. 물이 조금 내려온 후에 속력이
중력가속도에 의해 $3 \ m/s$으로 증가했다.
밑에서의 물줄기의 단면적을 구하려면 원
래의 단면적에 얼마를 곱해야 하겠는가?

E14. $10 \ m^2$의 단면적을 가진 비행기 날개가
$5000 \ N$의 상승력을 받고 있다. 날개의
위 부분과 아래 부분 사이의 공기압력의
차이는 평균하면 얼마가 되겠는가?

고난도 연습문제

CP1. 한 유압재키의 입력 피스톤이 2 cm의 직
경을 가지고 있고, 출력 피스톤은 30 cm
의 직경을 가지고 있다. 이 재키가 1400 kg
의 차를 들어 올리는 데 사용되고 있다.
a. 입력 피스톤과 출력 피스톤의 단면적
   을 cm^2로 구하라($A = \pi r^2$).
b. 입력 피스톤과 출력 피스톤의 단면적
   의 비는 얼마이겠는가?
c. 차의 무게는 N 단위로 얼마이겠는가?
   ($W = mg$)
d. 차를 지탱하기 위해서 얼마의 힘이 입
   력 피스톤에 가해져야 하겠는가?

CP2. 물의 밀도는 $1000 \ kg/m^3$이다. 수영장의
깊이는 깊은 끝에서는 3 m 정도이다.
a. 3 m의 깊이를 가지고 $0.5 \ m^2$의 단면적
   을 가진 물기둥의 부피는 얼마이겠는
   가?
b. 이 물기둥의 질량은 얼마이겠는가?
c. 이 물기둥의 무게를 N 단위로 구하라.
d. 물기둥의 밑부분에 가해지는 압력은
   대기압보다 얼마나 더 크겠는가?
e. 이 값을 대기압과 비교하면 어떠하겠
   는가?

CP3. $7800 \ kg/m^3$의 밀도를 가진 쇠토막이 비
커 안에 줄로 매달려 물속에 완전히 잠겨
있으나 밑에 닿아 있지는 않다. 그 토막
은 한 변의 길이가 3 cm인 정육면체로
되어 있다.
a. 그 토막의 부피는 입방미터로 얼마이
   겠는가?
b. 그 토막의 질량은 얼마이겠는가?
c. 그 토막의 무게는 얼마이겠는가?
d. 그 토막에 가해지는 부력은 얼마이겠
   는가?
e. 그 토막을 지탱하기 위해 얼마의 줄의
   장력이 필요하겠는가?

CP4. 밑부분이 평평하게 되어 있는 나무상자
가 6 m의 길이, 2 m의 폭 그리고 1 m의
높이를 가지고 있다. 이 상자가 연못 위
에 5명의 사람을 태우고 떠 있는 보트의
역할을 하고 있다. 보트와 사람들의 무게
의 합이 800 kg이다.
a. 보트와 사람들의 무게는 모두 합하여
   N 단위로 얼마이겠는가?
b. 이 보트와 탄 사람들을 떠 있게 하는
   데 필요한 부력은 얼마이겠는가?

c. 보트와 탄 사람들을 지탱하기 위해 얼마의 부피의 물이 밀려 났겠는가? (물의 밀도는 1000 kg/m³이다)

d. 보트가 얼마나 물속에 잠겨 있겠는가? (c에서와 같은 부피를 만들려면 옆면의 높이가 얼마나 내려가겠는가?)

CP5. 둥근 단면을 가진 관이 10 cm의 직경을 가지고 있다. 이 관은 한 곳에서 6 cm의 직경으로 가늘어진다. 이 관은 관을 꽉 채우고 넓은 부분에서 1.5 m/s의 속력으로 꾸준히 흐르는 물을 나르고 있다.

a. 그 관의 굵은 부분과 가는 부분에서의 단면적을 구하라($A = \pi r^2$이고 반경은 직경의 반이다).

b. 관의 가는 부분에서의 물의 속력은 얼마이겠는가?

c. 관의 가는 부분에서의 압력은 굵은 부분에서와 비교하여 더 크겠는가, 작겠는가 아니면 같겠는가? 이를 설명하라.

온도와 열

이 장의 처음 두 절에서는 온도와 열의 개념, 그리고 이 두 개념 사이의 관계에 대해서 다룰 것이다. 다음으로 열역학 제1법칙을 소개할 것인데, 이 법칙을 통해서 기체의 특성뿐 아니라 드릴을 작동할 때 왜 뜨거워지는지 등을 이해할 수 있다. 마지막으로 열이 한 물체에서 다른 물체로 이동하는 방법에 대해서 논의한다.

ㄷ 릴을 사용하여 나무나 금속에 구멍을 뚫은 직후에 드릴용 송곳에 손을 대어 본 적이 있는가(그림 10.1)? 아마 대부분의 경우에 손을 급히 떼어낼 것이다. 이것은 끝이 뜨겁기 때문이며, 특히 금속에 구멍을 뚫었을 때는 더욱 그러하다. 자전거나 자동차의 브레이크가 뜨거워질 때나 어떤 물체의 표면이 다른 물체의 표면과 마찰이 생길 때에는 항상 이같은 현상이 나타난다.

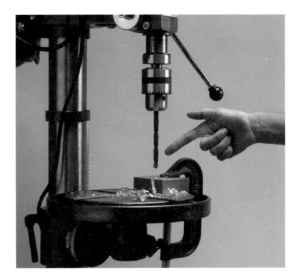

그림 10.1 드릴로 금속에 구멍을 뚫었을 때 끝이 뜨겁다. 무엇이 온도를 증가하게 하였는가?

드릴 끝을 뜨거운 물주전자 속에 담그거나 용접 불꽃 속에 넣음으로써 드릴 끝을 뜨겁게 할 수도 있다. 어떠한 경우든 드릴 끝이 뜨겁게 되면 온도가 상승했다고 본다. 대체 온도는 무엇이고, 한 온도와 다른 온도를 어떻게 비교하는가? 드릴의 끝을 뜨거운 물속에 집어넣어서 뜨겁게 할 때와 구멍을 뚫음으로써 뜨겁게 하였을 때 드릴의 최종 상태에 어떤 차이가 있는가?

이러한 질문은 열과 이것이 물질에 미치는 영향을 조사하는 학문인 **열역학**의 범주에 속한다. 열역학은 궁극적으로는 에너지에 관한 것이지만, 여기서의 에너지는 6장에서 논의하였던 역학적 에너지보다는 더 광범위한 의미를 가지고 있다. 이 단원에서 소개하는 열역학 제1법칙은 에너지 보존법칙을 열의 영향까지 포함하도록 확장한 것이다.

열과 온도의 차이는 무엇인가? 일상생활 용어에는 이 두 가지 개념을 섞어서 사용하고 있다. 이들의 차이를 진정으로 이해하게 된 것은 열역학 법칙이 발전된 19세기 중엽부터라고 볼 수 있다. 열과 온도, 그리고 이 둘 사이의 차이를 알아야, 왜 물체가 뜨겁게 되고 차게 되며, 어떤 경우에 물체가 뜨겁거나 차가운 상태로 오랫동안 지속되는지를 이해할 수 있다. 음료수를 차갑게 유지하는 방법이 지구상의 기후 변화를 이해하는 데에도 이용된다.

10.1 온도와 측정

몸이 불편하여 학교를 쉬고 싶을 때 몸에 열이 있다고 하면, 친구가 이마에 손을 대어보고 열이 약간 있다는 것을 인정하게 된다. 손의 감각을 확인하기 위하여 온도계를 찾아서 체온을 재어 본다(그림 10.2). 온도계의 눈금이 38.5도를 가리킨다.

그림 10.2 온도 측정하기. 온도계는 무엇을 말해주는가?

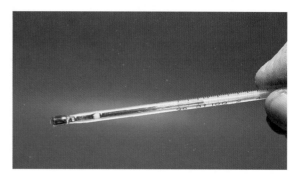

그림 10.3 전통적인 체온계는 수은이 가느다란 관에 들어가 있는데, 바닥의 넓은 장소에 수은이 보관된다.

이 눈금은 정확하게 무엇을 의미하는가? 단위를 무엇으로 하느냐는 매우 중요한데 일상생활에서는 단위를 빼고 이야기하기도 한다. 이것은 당신의 체온이 일반적으로 정상으로 여겨지는 섭씨 37도보다 더 높으며, 따라서 당신에게 열이 있음을 의미한다. 이로써 침대에서 하루를 보낼 수 있는 정당성을 부여받을 것이다. 온도계는 물체의 온도가 얼마나 뜨거운지 차가운지를 정량적으로 측정할 수 있게 하며, 정상 체온과 현재의 체온을 비교할 수 있는 기준을 제공한다. 이러한 정량적 측정은 직장 상사나 선생님께 열이 있는 것 같다는 애매한 표현보다 훨씬 더 신빙성을 제공한다.

온도는 어떻게 측정하는가?

온도를 측정하는 것, 즉 온도계의 눈금을 읽는 것은 일상적인 일이다. 서로 다른 물체들의 "뜨거움" 혹은 "차가움"을 비교하는 명백한 기능 이외에 이 눈금이 어떤 다른 근본적인 의미를 가지고 있는가? 기본적으로, 뜨거운 물체는 차가운 물체와 어떻게 다른가? 온도는 무엇인가?

우리는 뜨겁거나 차갑다는 것의 의미에 대해서 직관적인 감은 가지고 있지만 그것을 말로 옮기는 것은 어렵다. 이 책을 계속 읽어나가기 전에 한번 시도하여 보아라. **뜨겁다**는 말을 어떻게 정의할 것인가? 때때로 우리의 감각이 우리를 오도하기도 한다. 예를 들어, 뜨거운 물체를 만질 때 느끼는 고통은 아주 차가운 물체를 만질 때 느끼는 고통과 구별하기 어렵다. 또 온도가 같은 금속막대와 나무막대를 만질 때 금속막대가 더 차게 느껴진다. 온도의 측정이란 결국 비교를 하는 작업이다. 그리고 더 **뜨겁다**거나 더 **차갑다**는 비교적인 표현은 **뜨겁다**거나 **차갑다**는 표현 자체보다 더 의미를 가진다.

온도계를 사용할 때 무슨 일이 생기는지를 자세히 조사하면 도움이 될 것이다. 전통적인 체온계는 대개 수은으로 일부분이 채워져 있는 밀봉된 유리관이다. 유리관의 내부 지름은 아주 작으며 아래쪽으로는 지름이 넓어져 바닥에는 대부분의 수은이 보관되어 있다(그림 10.3). 대개 체온계를 입안의 혀 밑에 두고서 수분간 기다리면 체온계는 입안과 같은 온도에 도달한다. 처음에는 수은이 가느다란 관을 따라서 올라간다. 수은주가 더 이상 변하지 않으면 체온계가 입안과 같은 온도에 도달한 것으로 가정한다.

수은주가 왜 올라가는가? 대부분의 물질은 뜨거워질 때 팽창한다. 수은과 같은 대부분의 액체는 유리보다 훨씬 더 큰 비율로 팽창한다. 수은이 팽창함에 따라 바닥에 가득한 수은은 어디론가 빠져나가야 한다. 따라서 수은은 가느다란 관을 따라서 올라간다. 정량적인 온도의 측정을 위하여 수은의 열팽창이라는 물리적 특성을 이용하는 것이다. 관을 따라서 눈금을 표시함으로써 온도 척도를 만든다. 온도에 따라서 변화하는 어떠한 물리적 성질도 원칙적으로는 온도의 측정에 사용될 수 있다. 이러한 성질에는 전기저항, 금속의 열 팽창, 그리고 심지어 색의 변화도 포함된다.

이러한 과정에서 두 물체가 충분한 시간 동안 서로 접촉하여 두 물체의 물리적 성질(예를 들면, 체적 등)이 더 이상 변화하지 않게 되면 두 물체의 온도는 같다. 체온계로 온도를 잴 때, 수은주가 더 이상 올라가지 않을 때까지 기다렸다가 눈금을 읽는다. 이러한 과정은 둘 이상의 물체가 서로 온도가 **같다**는 것에 대한 정의를 제공한다. 물체의 물리적 성질이 변화하지 않을 때, 물체는 **열평형**에 있다고 한다. 둘 이상의 물체가 열평형에 있으면 그들의 온도는 서로 같다. 이것을 때때로 **열역학 제0법칙**이라고 한다. 왜냐하면 이것은 온도의 정의와 온도의 측정 과정에 필요한 기본적 사실이기 때문이다.

온도 척도는 어떻게 발전되었는가?

온도계의 숫자는 무엇을 의미하는가? 초기의 조악한 온도계가 만들어졌을 때, 척도의 분할 눈금 숫자는 임의로 만들어졌다. 온도를 비교할 때, 같은 온도계를 사용해야만 온도의 측정치가 일관되었다. 하나의 온도계로 독일에서 측정된 온도와 또 다른 온도계로 영국에서 측정된 온도를 비교하기 위해서는 표준 온도 척도가 필요하였다.

최초로 널리 사용된 온도 척도는 가브리엘 파렌하이트(Gabriel Fahrenheit; 1686~1736)가 1700년대 초기에 고안한 것이다. 안더스 셀시우스(Anders Celsius; 1701~1744)는 다소 늦은 1743년에 또 다른 널리 사용된 척도를 고안하였다. 이 두 가지 척도는 모두 물의 어는점과 끓는점을 척도의 양 끝점으로 하고 있다. 현대의 섭씨 온도계에서는 얼음, 물, 그리고 수증기가 평형을 이루는 물의 삼중점을 이용한다. 물의 삼중점은 1

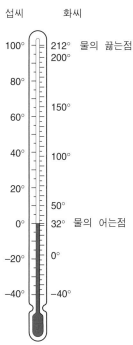

그림 10.4 화씨와 섭씨에서는 물의 어는점과 끓는점에 대해서 다른 수치를 사용한다. 섭씨 1도는 화씨 1도보다 더 크다.

기압에서 물의 어는점과 약간의 차이가 있다. 화씨온도에서는 물의 어는점이 32°이고 끓는점은 212°이다. 이 두 점은 섭씨온도에서는 각각 0°와 100°이다(그림 10. 4).

그림 10.4와 같이 섭씨 1°는 화씨 1°보다 실제 온도차가 더 크다. 섭씨에서는 물의 어는점과 끓는점 사이가 100°로 나뉘어 있지만, 화씨에서는 전 구간이 180°(212°−32°)로 나뉘어 있다. 따라서 화씨는 섭씨의 온도 차이의 비는 180/100, 즉 9/5이다. 화씨온도 차이는 섭씨온도 차이의 5/9가 된다. 이것은 하나의 온도 척도에서 다른 온도 척도로 변환하는 데 유용하다.

섭씨온도는 과학분야에서 사용되며, 전 세계 대부분의 국가에서 널리 사용된다. 미국에서는 아직도 화씨온도를 사용하고 있으므로, 때때로 하나의 척도에서 다른 척도로 변환할 필요가 있다. 영점과 1°의 크기가 다르므로 변환할 때 이 두 가지 요인을 모두 고려하여야 한다. 예를 들면 보통의 실온인 72°F는 물의 어는점 32°F보다 40°가 높다. 같은 크기가 섭씨에서는 5/9이면 되므로 이 온도는 (5/9)(40°), 즉 물의 어는점보다 22°C가 높다. 섭씨에서는 물의 어는점이 0으로 72°F는 22°C가 된다.

요약하면 다음과 같다. 첫째, 화씨온도에서 32를 빼면 물의 어는점보다 얼마나 높은지 화씨로 계산된다. 다음 화씨온도와 섭씨온도의 크기 비율인 5/9를 곱한다. 섭씨 1°는 화씨 1° 보다 크므로 같은 크기가 섭씨에서는 작은 수치로 표시된다. 이 변환을 방정식으로 표현할 수 있다.

$$T_C = \frac{5}{9}(T_F - 32)$$

역으로 섭씨에서 화씨로 변환하기 위하여 같은 논리를 사용하거나, 위의 식을 재조정하면 다음과 같다.

$$T_F = \frac{9}{5}T_C + 32$$

섭씨온도에 9/5를 곱함으로써 이 온도가 화씨로 물의 어는점보다 얼마나 높은지를 알 수 있다. 이 값에 화씨에서 물의 어는점인 32°를 더한다. 이 관계를 이용하여 물의 끓는점($T_C = 100°C$)이 화씨 212°가 되는 것을 확인할 수 있다. 정상인의 체온(98.6°F)은 37°C가 된다. 체온이 38°C가 되면 학교나 직장에 가지 않고 집에 머물러도 괜찮을 것이다.

절대영도는 있는가?

섭씨나 화씨에서 영점은 특별한 의미를 가지고 있는가? 섭씨에서 영점은 물의 어는점이지만 다른 특별한 의미가 있는 것은 아니다. 이 점들은 임의로 선택되었을 뿐이다. 실제로 섭씨나 화씨에서 온도는 0° 이하로 내려간다. 겨울에 알래스카 같은 곳에서는 흔히 있는 일이다. 화씨에서 영도는 소금 용액에서 소금과 얼음을 혼합한 온도에 기반을 두고 있다.

화씨나 섭씨에서 영점은 임의로 선택되었지만, 더 근본적인 의미를 가지는 절대영점이 존재한다. 두 온도계가 처음으로 고안되고 100년이 지나서야 절대영도의 존재를 알게 되었다.

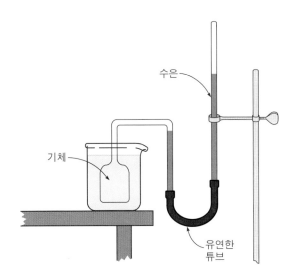

그림 10.5 정적 기체 온도계에서는 기체의 체적을 일정하게 유지하며 기체의 압력이 온도에 따라서 변화한다. 두 수은주의 높이 차이가 압력에 비례한다.

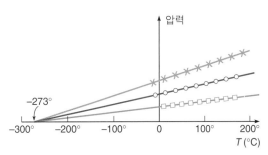

그림 10.6 기체의 종류와 체적이 서로 다른 기체에 대해서 압력을 온도의 함수로 그렸다. 거꾸로 연장하면 기체의 종류와 체적에 관계없이 선들은 온도 축 상의 한 점에서 만난다.

온도 측정에서 절대영도의 첫 번째 징후는 온도가 변할 때 기체의 압력과 체적 변화를 조사하면서 생겼다. 기체의 체적을 일정하게 유지하면서 온도를 증가시키면 기체의 압력은 증가한다. 수은 온도계에서 수은의 체적이 온도에 따라서 변화하는 것처럼 압력도 온도에 따라서 변화하는 또 다른 물리적 양이다(압력에 관해서는 9장을 참조하라). 일정한 체적을 유지하는 기체의 압력은 온도에 따라서 증가하므로 이 성질을 온도를 측정하는 수단으로 사용할 수 있다(그림 10.5).

일정한 체적의 기체의 압력을 섭씨에서 측정한 온도의 함수로 그리면 그림 10.6과 같은 그래프를 얻는다. 온도와 압력이 낮아지면 이 그래프에서 놀라운 특징이 나타난다. 기체의 종류와 체적에 관계없이 모든 기체들에 대한 곡선은 직선이며, 이러한 직선을 거꾸로 영 기압으로 연장하면 이 직선은 모두 온도 축의 한 점에서 만난다. 이것은 사용한 기체의 종류(산소, 질소, 헬륨 등)와 사용한 양에 상관없이 성립하는 사실이다.

직선들은 모두 온도 축 −273.2°C에서 만난다. 음의 압력은 의미가 없으므로 이는 온도가 −273.2°C보다 더 낮게 될 수 없음을 나타낸다. 대부분의 기체는 이 온도에 도달하기 전에 액체로 응축하거나 고체로 된다는 것을 기억할 필요가 있다.

이 온도 −273.2°C를 **절대영도**라고 한다. 켈빈(Kelvin), 혹은 절대온도계는 영점을 이 점에 두고 1도의 간격은 섭씨와 같은 간격을 사용한다. 섭씨온도를 절대온도 단위 켈빈으로 바꾸기 위해서는 섭씨온도에 273.2를 더하면 된다. 즉,

$$T_K = T_C + 273.2$$

실온 22°C는 **절대온도**로 295 K가 된다(도라는 용어나 도의 기호는 절대온도에서는 사용하지 않고 다만 켈빈이라고 한다). 현재 사용하고 있는 절대온도계는 기체의 특성을 관측함으로써 제안되었던 원래의 온도계와 근본적으로 같다.

모든 물체는 절대영도에 가까워지면 그 분자운동이 정지상태에 이른다. 절대영도는 근접할 수 있으나, 결코 도달할 수 없는 온도이다. 그것은 극한값을 나타내며, 이보다 더 낮은 온도는 의미가 없다.

온도의 측정은 액체의 체적이나 기체의 압력처럼 온도에 따라 변화하는 물리적 성질에 기반을 두고 있다. 화씨와 섭씨는 영점도 다르며 1도의 크기도 다르다. 켈빈, 혹은 절대온도계는 절대영도에서 시작하며 1도의 간격은 섭씨와 같은 간격을 사용한다.

10.2 열과 비열

수업이나 작업 시간에 이미 늦었으나, 아직도 아침 커피가 마시기에는 뜨겁다고 하자. 혓바닥을 데지 않을 정도로 식히기 위하여 어떻게 하는가? 불어서 식혀 보지만 커피를 재빨리 차갑게 하는 데는 큰 효과가 없을 것이다. 커피를 우유와 같이 마신다면 커피에 차가운 우유를 약간 넣으면 커피의 온도는 내려갈 것이다(그림 10.7).

온도가 서로 다른 물체나 유체가 서로 접촉하면 어떤 일이 일어나는가? 차가운 물체의 온도는 올라가고 뜨거운 물체의 온도는 내려가 최종적으로 같은 온도에 도달할 것이다. 무언가가 뜨거운 쪽에서 차가운 쪽으로 흘러간다(혹은 역으로). 그러나 도대체 무엇이 흘러가는가?

비열은 무엇인가?

커피를 식히는 문제와 같은 현상을 설명하기 위하여 초기에는 뜨거운 물체에서 차가운 물체로 흘러가는 **칼로릭**이라는 눈에 보이지 않는 유체 개념을 도입하였다. 이동한 칼로릭의 양에 따라 온도변화가 결정된다는 것이다. 물체에 따라 일정한 질량에 저장할 수 있는 칼로릭의 양이 각기 다르다고 믿었는데, 이것은 몇 가지 관측 사실을 설명하는 데 도움이 되었다. 칼로릭 모델은 온도변화에 관련된 몇 가지 간단한 현상을 성공적으로 설명할 수 있었으나 다음 절에서 설명하고자 하는 바와 같이 이 모델에는 여러 가지 문제점이 있었다.

그림 10.7 뜨거운 커피에 차가운 우유를 부으면 커피의 온도가 내려간다.

표 10.1 일상적인 물질의 비열	
물질	**비열 (단위: cal/g · ℃)**
물	1.0
얼음	0.49
증기	0.48
에틸알코올	0.58
유리	0.20
화강암	0.19
쇠	0.11
알루미늄	0.215
납	0.0305

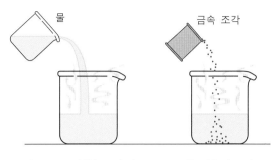

그림 10.8 실온(20℃)의 물 100 g은 실온의 금속 100 g보다 뜨거운 물을 식히는 데 더 효과적이다.

온도가 다른 두 물체가 접촉하고 있을 때 한쪽에서 다른 쪽으로 이동하는 양을 **열**이라는 용어를 사용한다. 10.3절에서와 같이 열의 흐름은 물체들 사이에 이동하는 에너지 전달의 일종이다.

열이 전달된다는 생각은 여러 가지 현상을 설명할 수 있는 가능성을 주었다. 초기 온도가 실온인 100 g의 금속조각을 커피 잔 속에 넣으면 실온인 100 g의 우유나 물을 사용하는 것보다 커피를 식히는 데 덜 효과적이다. 금속은 우유나 물보다 **비열**이 작다. 100 g의 금속의 온도를 변화시키는 데에는 100 g의 물을 같은 온도만큼 변화시킬 때보다 적은 열이 필요하다.

> 물질의 비열은 단위질량의 물질을 단위온도만큼(즉, 1 g을 1℃만큼) 변화시키는 데 필요한 열의 양이다. 이것은 물질이 가지는 기본적인 성질이다.

물질의 비열은 물질의 온도를 올리는 데 필요한 상대적인 열의 양이다. 이 값은 각 물체에 대해서 실험으로 결정된다. 예를 들면, 물의 비열은 1 cal/g · ℃이다. 즉, 1 g의 물을 온도 1℃ 올리기 위해서는 1 cal의 열이 필요하다.[1] 마찬가지로 1 g의 물로부터 1 cal를 제거하면 온도는 1℃가 내려간다. 물은 유난히 큰 비열을 가지고 있다. 따라서 다른 물질의 비열을 측정하기 위하여 물의 비열의 표준으로 삼는다. 몇 가지 물질에 대한 비열은 표 10.1과 같다.

금속의 비열은 대략 0.11 cal/g · ℃인데, 이것은 물의 비열보다 아주 작다. 실온인 금속조각 100 g을 커피 잔에 넣는 것은, 실온인 물 100 g을 붓는 것보다 커피를 식히는 데 덜 효과적이다 (그림 10.8). 금속은 온도가 1도 변할 때마다 물보다 적은 양의 열을 커피로부터 흡수한다.

차가운 금속을 뜨거운 물속에 넣었을 때, 열은 물로부터 금속조각으로 흐른다. 비열의 정의에 따라, 금속이 주어진 온도만큼 변화하기 위하여 열을 얼마만큼 흡수해야 하는지 알 수 있다. 비열은 단위질량을 단위온도만큼 변화시키기 위한 열의 양이므로 필요한 전체 열의 양은

---

1) 이것은 칼로리의 정의에 쓰인다. 즉, 1칼로리는 1그램의 물을 섭씨 1도만큼 올리는 데 필요한 열이다.

$$Q = mc\Delta T$$

여기서 Q는 열의 양을 나타내는 기호이며, m은 질량, c는 비열, 그리고 ΔT는 온도의 변화이다. 금속보다 물의 비열 c가 크므로, 100 g의 물을 데우는 것은 100 g의 금속을 데우는 것보다 더 많은 양의 열이 필요하다. 이 열은 뜨거운 커피로부터 나오므로, 커피를 식히는 데에는 금속보다 물이 더 효과적이다.

대양이나 큰 호수의 해안에서 기온의 변화가 작은 것은 물의 비열이 크기 때문이다. 물의 비열이 크기 때문에 거대한 양의 물은 온도를 변화시키는 데 많은 양의 열을 필요로 한다. 따라서, 물 덩어리는 주위 공기의 온도를 균일하게 하는 효과가 있다. 멀리 떨어져 있는 섬에서는 밤에는 더 따뜻하고 낮에는 더 시원하다. 이것은 물의 온도를 바꾸는 것이 어렵기 때문이다.

열과 온도의 차이는 무엇인가?

온도가 다른 두 물체가 접촉을 하고 있을 때, 열은 온도가 높은 쪽에서 낮은 쪽으로 이동한다(그림 10.9). 더해진 열은 온도를 증가시키고 열이 제거되면 온도는 내려간다. 열과 온도는 같은 양이 아니다. 주어진 온도를 변화시키기 위해 더하거나 제거해야 할 열의 양은 물질의 양(질량)과 그 물질의 비열에 의존한다.

온도는 열이 어떤 방향으로 이동해야 할지를 가리켜 주는 양이다. 두 물체가 같은 온도이면, 열은 흐르지 않는다. 온도가 다르면, 열이 흐르는 방향은 온도가 높은 곳에서 낮은 쪽이다. 열이 이동하는 양은 물체의 질량과 비열뿐만 아니라 두 물체 사이의 온도 차이에도 의존한다.

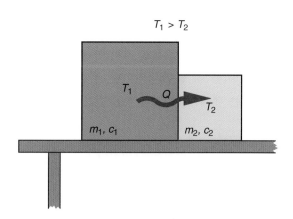

그림 10.9 온도가 다른 두 물체가 접촉하고 있을 때 열은 뜨거운 쪽에서 차가운 쪽으로 흐른다. 온도의 변화는 각 물질의 양과 비열에 의존한다.

열과 온도는 밀접하게 관계가 있는 개념이다. 그러나, 이들은 물체를 데우고 식히는 과정에서 각기 다른 역할을 맡고 있다.

> 열은 두 물체 사이에 온도 차이가 있을 때 한 물체에서 다른 물체로 이동하는 에너지이다.

> 온도는 열이 어떤 방향으로 흐를지를 지시하는 양이다. 온도가 같은 물체는 열평형에 있으며 한 물체에서 다른 물체로 열이 이동하지 않는다.

물질이 녹거나 어는 데 열이 어떻게 관여하는가?

어떤 물질의 온도를 전혀 변화시키지 않으면서 열을 더하거나 제거할 수 있는가? 이것은 물질이 **상변화** 혹은 상태 변화를 겪을 때 실제로 일어날 수 있다. 얼음이 녹고 물이 끓는 것은 상변화가 일어나는 가장 흔한 예이다. 얼음을 사용하여 음료수를 식히거나, 끓는 물에서 계란을 삶을 때 상태의 변화가 일어난다. 무엇이 일어나는가?

얼음과 물은 같은 물질인 물의 다른 **상태**에 해당한다. 물의 온도를 0°C까지 식히고 그 후에 계속 열을 제거하면 물은 얼어서 얼음이 된다. 마찬가지로 얼음을 0°C까지 데우고 계속 열을 가하면 얼음은 녹는다(그림 10.10). 얼음이 녹을 때, 열을 가하더라도 얼음과 물의 온도는 0°C에 머무른다. 열이 가해지더라도 온도의 변화는 없다. 분명한 것은 열을 더하거나 제거할 때 단순히 온도가 변화하는 것 이상의 변화가 일어날 수도 있다.

조심스럽게 측정하면 1 g의 얼음을 녹이는 데 대략 80 cal의 열이 필요함을 알 수 있다. 이 비율 80 cal/g을 물의 **융해 잠열**이라고 하며 기호 L_f로 표시한다. **잠열**은 물의 온도를 변화하지 않은 채로 물의 상을 변화시키기 위해 필요한 열이다. 마찬가지로, 100°C의 물 1 g을 수증기로 바꾸는 데는 대략 540 cal의 열이 필요하다. 이 비율 540 cal/g을 **기화 잠열**, L_v라고 한다. 이 수치는 물에서만 성립한다. 다른 물질은 각 물질마다 고유의 융해 잠열과 기화 잠열을 가진다.

그림 10.10 0°C의 물과 얼음 혼합물에 열을 가하면 혼합물의 온도가 변화하지 않으면서 얼음이 녹는다.

예제 10.1

예제 : 얼음의 열

얼음의 비열이 0.5 cal/g · °C일 때, 다음 각 경우에 대해서 처음 온도가 −10°C인 얼음 200 g에 더해야 할 열의 양은 얼마나 되는가?
a. 얼음을 녹는 점까지 올릴 때
b. 얼음을 완전히 녹일 때

a. 온도를 올리는 데 필요한 열 :

$m = 200$ g $Q = mc\Delta T$

$c = 0.5$ cal/g°C $= (200 \text{ g})(0.5 \text{ cal/g} \cdot °\text{C})(10°\text{C})$

$T = -10°$C $= \mathbf{1000 \text{ cal}}$

$Q_{raise} = ?$

b. 얼음을 녹이는 데 필요한 열 :

$L_f = 80$ cal/g $Q = mL_f$

$Q_{melt} = ?$ $= (200 \text{ g})(80 \text{ cal/g})$

          $= \mathbf{16000 \text{ cal}}$

얼음의 온도를 0°C까지 올리고 녹이는 데 필요한 열 :

1000 cal + 16000 cal = **17000 cal**, 혹은 17 kcal

물 잔에 얼음을 넣어서 식힐 때 어떤 일이 일어나는가? 처음에는 얼음과 물은 각기 다른 온도에 있다. 얼음은 0℃보다 약간 아래이며, 물은 0℃보다 약간 위이다. 얼음이 0℃가 될 때까지 열이 물로부터 얼음으로 이동한다. 이때부터 얼음은 녹기 시작하는데, 이것은 열이 계속 물로부터 얼음으로 흐르기 때문이다. 얼음이 충분히 많으면 물의 온도가 영도에 이를 때까지 열의 흐름은 계속된다. 예제 10.1에서 이러한 개념을 설명한다.

잔이 주위와 절연이 잘 되어 따뜻한 주위로부터 잔 안으로 열이 흘러갈 수 없다면 얼음과 물이 0℃에 도달한 후에는 얼음과 물의 혼합물은 0℃에 계속 머무르고 더 이상 얼음은 녹지 않는다. 하지만 대개는 열이 주위로부터 계로 흘러들어오기 때문에, 얼음은 천천히 계속 녹는다. 얼음이 없어지게 되면 주위 공기로부터 열이 흘러들어가 음료수는 따뜻하게 되고, 마침내는 실온과 같아진다.

일단 열평형에 이르면, 잘 저어진 얼음과 물의 혼합물은 0℃에 계속 머무른다. 조그만 열이 주위로부터 혼합물로 들어가거나 나오면, 얼음이 조금 녹거나 얼지만 온도는 변화지 않는다. 이것이 0℃를 온도계의 기준점으로 삼는 이유이다. 즉, 이 온도는 안정적이며 재현이 가능하다.

음식을 끓여서 요리를 할 때, 물이 100℃에서 끓는다는 사실, 그리고 온도가 변하지 않으면서 열을 더할 수 있다는 사실을 이용한다. 버너로부터 열을 공급하면 물은 100℃에 머무른 채 수증기로 변한다. 온도가 일정하므로 계란이나 감자를 끓이는 데 필요한 시간은 크기에 따라 다르지만, 같은 크기라면 거의 일정하다.

그러나 일류 요리사라면 해수면으로부터 고도가 끓는점에 미치는 영향을 알아야 한다. 해수면으로부터 높이가 1 km 되는 도시에서는 낮은 대기압 때문에 물은 96℃에서 끓는다. 이런 곳에서는 바닷가에서보다 계란이나 감자를 끓이는 데 시간이 오래 걸린다. 따라서 요리하는 시간을 조절하지 않으면 감자 속은 익지 않는다.

기화 잠열과 관하여 잘 알려진 사실이 바로 땀에 의한 발한작용이다. 즉 피부 표면에서 땀이 액체에서 기체로 변하면서 체온을 떨어뜨려 주는 효과가 있다. 이는 땀이 증발하면서 몸의 표면으로부터 기화에 필요한 기화 잠열만큼을 빼앗아가기 때문이다. 반면에 매우 습한 날씨에는 공기 중에 이미 수증기의 양이 많기 때문에 땀이 잘 기화되지 않아 쾌적하게 느껴지지 않는 것이다.

온도의 변화는 한 물체에서 다른 물체로 흐르는 에너지인 열에 의해서 생긴다. 주어진 온도 변화를 일으키는 데 필요한 열의 양은 온도 변화량뿐 아니라 물체의 질량과 비열에 의존한다. 온도는 열이 어느 방향으로 흐르는지를 알려준다. 열은 언제나 뜨거운 곳에서 차가운 곳으로 흐르게 된다. 얼음에서 물로, 물에서 수증기로 물질의 상이 변하면, 열은 온도가 변하지 않는 채로 공급되거나 제거될 수 있다. 단위질량당 상변화를 일으키는 데 필요한 열의 양을 잠열이라고 한다.

매일의 자연현상 10.1

보온 팩

상황. 마트에 가면 아래 그림과 같이 간편하게 사용할 수 있는 여러 가지 모양의 보온 팩을 구할 수 있다. 보온 팩은 배터리나 다른 어떤 에너지원이 없이도 간편하게 열을 발산하여 추운 야외에서 손을 따뜻하게 해준다.

어떻게 이렇게 쉽게 열을 발산하는지 놀랍기만 하다. 보통 보온 팩은 투명한 플라스틱 용기 내부에 액체 상태로 존재한다. 용기 내부의 조그만 금속조각을 똑딱이면 금속조각 주위로 액체가 고체로 변하며 이것이 퍼져나가면서 열을 발산한다. 보온 팩이 열을 발산하는 원리는 무엇인가?

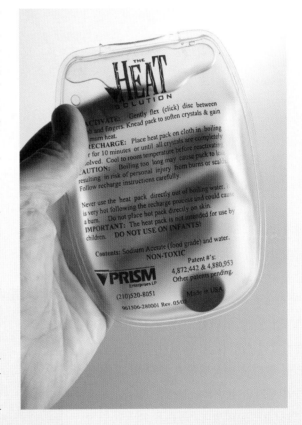

분석. 보온 팩도 여러 종류가 있으나 위에서 언급한 재사용이 가능한 보온 팩에는 나트륨 아세테이트라는 일종의 화학적 화합물질이 들어 있다. 이는 식초로도 알려진 아세트산의 염화물로, 보다 엄밀하게 말하면 물속에 나트륨 아세테이트가 초포화 상태로 존재하는 것이다.

나트륨 아세테이트의 녹는점은 54~58 ℃ 정도로 통상 실내온도보다는 상당히 높은 온도이다. 그럼에도 불구하고 보온 팩 안의 화합물은 실내온도보다도 낮은 온도에서 액체 상태로 있을 수 있다. 어떻게 그것이 가능한가? 이는 나트륨 아세테이트 수용액이 쉽게 초냉각 상태에 있을 수 있기 때문이다. 다시 말하면 수용액이 녹는점 이하로 온도가 내려가더라도 수용액 내에 고체 상태의 응고의 핵이 없으면 액체 상태로 존재할 수 있는 초냉각 상태가 가능하다는 것이다. 이는 대부분의 물질에서 나타나는 현상으로 물도 영하 5~10 ℃ 정도까지 초냉각 상태가 가능한 것으로 알려져 있다. 앞의 나트륨 아세테이트의 경우는 녹는점보다도 상당히 낮은 온도까지 초냉각 상태가 가능한 것이다.

그러면 보온 팩은 어떻게 열을 발산하는 것일까? 우리가 작은 금속조각을 똑딱일 때 부근의 액체가 순간적으로 압축되며 이것이 바로 응고의 핵을 제공해 준다. 액체가 어는 것은 금속 주위에서 매우 빠른 속도로 수용액 전체로 퍼져나가는데 이는 수용액이 초냉각 상태에 있기 때문이다. 액체가 얼며 고체 상태가 되는 과정에서 상변화에 따른 잠열이 방출된다. 놀랍게도 수용액이 얼면서 열을 발산하는 것이다.

보온 팩에 다시 열을 저장하기 위해서는 보온 팩을 마이크로 오븐이나 뜨거운 물속에 넣어 다시 녹는점 이상으로 온도를 높여주면 된다. 그러면 고체 상태의 화합물은 다시 잠열을 흡수하며 액체 상태로 돌아간다. 고체 상태로 된 부분이 하나도 남지 않은 상태에서 다시 실내온도로 천천히 온도를 낮추면 보온 팩은 초냉각 상태로 돌아온 것이며 필요할 때 다시 열을 발산할 수 있게 된다. 이러한 과정은 일종의 열을 저장하는 한 방법이다.

열을 저장하는 것은 여러 가지 응용분야에서 매우 중요하다. 집에서 태양에너지로 난방을 하는 경우 낮에는 에너지를 저장하여 밤이나 새벽에 에너지를 사용하게 된다. 낮 동안에 태양열이 집 구조를 이루는 벽돌이나 콘크리트 벽에 저장되듯 지하에 위치한 물탱크로도 저장이 가능하다. 그러나 위에 언급한 나트륨 아세테이트와 같이 상변화 현상을 이용하는 열 저장장치를 사용하면 작은 장치로도 효율적으로 열을 저장할 수 있다.

열저장 장치는 태양열을 이용한 발전설비에서 아주 중요한 부분을 차지한다(11장 참조). 태양으로부터 오는 에너지의 양은 하루 동안에도 크게 변하며 심지어 밤에는 아예 없기도 한다. 따라서 발전설비에 전달되는 에너지를 일정하도록 하려면 열저장 장치가 필수적이다. 여기에 상변화 물질(태양열 산업에서는 간단히 PCM 물질이라고 부름)이 주로 사용된다. 물론 나트륨 아세테이트 이외에도 다양한 PCM 물질이 사용되고 있으며 특히 발전설비에는 훨씬 높은 온도에서 상변화 특성을 갖는 물질이 유용하다.

10.3 주울의 실험과 열역학 제 1법칙

더 따뜻한 다른 물체와 접촉시키지 않고도 어떤 물체의 온도를 올릴 수 있을까? 문질러서 물체가 더워질 때, 어떤 일이 일어날까? 이러한 질문들이 19세기 초반에 과학자들의 토론의 대상들이었다. 제임스 프레스코트 주울(James Prescott Joule; 1818~1889)의 실험이 이에 대한 해답을 주었고, 19세기 중엽에는 열역학 제 1법칙으로 정리되었다.

가장 먼저 이러한 질문들을 심각하게 제기했던 사람들 중 하나가 럼포드 백작으로 알려진 미국태생의 과학자 겸 모험가인 벤자민 톰슨(Benjamin Thompson; 1753~1814)이었다. 톰슨은 미국독립전쟁에서 자기편이 지자, 유럽으로 이주하여 바바리아의 왕을 위해 무기 고문으로 일하면서 바바리아에서 백작의 칭호를 받았다. 포신의 구멍을 깎는 일을 감독하였던 럼포드는, 포신과 드릴용 송곳이 구멍을 깎는 동안 매우 뜨거워진다는 사실을 경험에 의해 알고 있었다(그림 10.11).

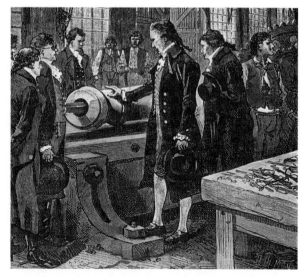

그림 10.11 럼포드의 포신 깎는 장치. 포신과 드릴의 온도를 올리는 원인은 무엇인가?

그는 구멍을 깎는 동안 포신은 물을 끓일 수도 있을 정도로 뜨거워진다는 사실을 실험으로 보이기도 하였다.

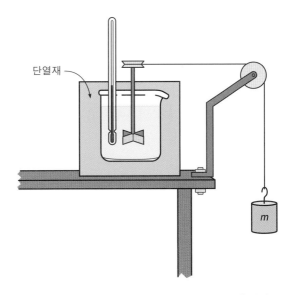

단열재

온도를 올리는 원인인 열의 근원은 무엇이었을까? 열을 전달해 줄 수 있는 더 뜨거운 물체는 없었다. 드릴을 돌리기 위해 말을 사용하였지만, 말들의 온도도 따뜻하기는 하되, 물을 끓일 수 있는 정도는 아니었다. 그러나 말은 드릴 기계에 기계적인 일을 제공하였다. 이 일이 열을 만들 수 있었을까?

주울의 실험이 보여준 것

럼포드의 실험은 1798년에 행해졌고, 19세기 초엽에 많은 과학자들이 이를 논의했다. 럼포드의 관찰에 관한 정량적인 연구

그림 10.12 기계적인 일을 해서 온도의 상승을 측정하는 주울의 실험장치의 개략도. 질량이 떨어지면서 단열된 비커의 물 안에 있는 회전날개를 돌린다.

는, 1840년대에 이르러서야 주울의 일련의 실험을 통해 이루어졌다. 어떤 계에 기계적 일을 가하면, 그 계가 온도가 올라가는 일관되고 예측가능한 효과가 있다는 사실을 주울은 증명하였다.

그의 실험 중 가장 극적인 것은, 단열된 비커 안의 물에서 회전날개를 돌리고 온도의 증가를 측정한 것이다(그림 10.12). 추와 도르래가 날개를 돌리고, 추에서 물로 에너지가 전달되었다. 추가 떨어지면서 중력 위치 에너지를 잃고, 회전날개는 물의 점성에 의한 저항력을 거슬러서 일을 하였다. 이 일은 추가 잃어버린 위치 에너지와 같다.

물 안에 잠긴 온도계가 물의 온도 상승을 측정하였다. 주울은 물 1 g을 1℃ 올리기 위해 4.19 J의 일이 필요함을 발견하였다. 1 cal의 열이 있으면 물 1 g을 1℃ 올릴 수 있으므로, 주울의 발견은 4.19 J의 일은 1 cal의 열과 동등하다는 사실을 의미한다(에너지의 단위로 줄(J)을 사용한 것은 주울의 발견보다 한참 후의 일이다. 그는 그의 결과를 옛날 식의 단위로 표현하였다. 줄(J)의 정의는 6장에 있다).

주울은 그의 실험에서 일을 하기 위해 여러 가지 방법을 사용하였을 뿐 아니라, 여러 가지 다른 실험장치도 사용하였다. 결과는 항상 같았다. 4.19 J의 일은 1 cal의 열과 동일한 온도상승을 만들어냈다. 계의 마지막 상태만을 보아서는, 열을 가해서 온도가 올라갔는지, 기계적인 일을 해주어서 온도가 올라갔는지에 대한 구별이 되지 않았다.

열역학 제1법칙

주울이 실험을 하던 때에, 열의 전달은 계에 있는 원자나 분자의 운동 에너지의 전달일 것이라고 제안한 사람이 이미 몇 있었다. 주울의 실험은 이러한 생각을 뒷받침하는 것이었고, 곧 윌

리엄 톰슨의 열역학 제1법칙을 제안하였다. 제1법칙을 뒷받침한 착상은 일과 열 모두가 어떤 계로부터의 또는 계 안으로의 에너지 전달을 나타낸다는 것이다.

일이든 열이든 에너지가 계에 더해지면 계의 **내부 에너지**는 그만큼 증가한다. 내부 에너지의 변화는 계로 전해진 열과 일의 알짜 양과 같다. 온도의 상승은 내부 에너지의 증가가 밖으로 나타나는 현상이다. 계가 외부에 일을 하면 내부 에너지는 감소한다. **열역학 제1법칙**은 이러한 생각을 정리한 것이다.

> 어떤 계의 내부 에너지의 증가는 계에 더해진 열의 양에서 계가 외부에 한 일의 양을 뺀 것과 같다.

기호로는, 내부 에너지를 U, 계에 더해진 열을 Q, 계가 외부에 한 일을 W라 표시하면(그림 10.13), 열역학 제1법칙은 다음과 같다.

$$\Delta U = Q - W$$

이 식에서 빼기 기호는 계에 가해진 일이 아니라 계가 외부에 한 일을 양(+)으로 선택한 결과이다. 계에 가해진 일은 계의 에너지를 증가시키고, 계가 그 주변에 한 일

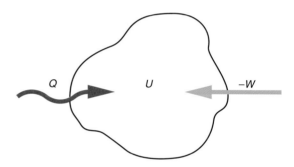

그림 10.13 계의 내부 에너지 U는 열 또는 일의 유입에 의해 증가한다.

은 계로부터 에너지를 빼앗아가므로 계의 내부 에너지를 감소시킨다. 이러한 부호의 약속은 11장에서 열기관에 대해 이야기할 때 편리한 방법이다.

표면적으로 보면 제1법칙은 에너지 보존을 말한 것처럼 보인다. 사실이 그렇다. 겉으로 보기에 간단하기 때문에 내용의 중요성이 간과되기도 한다. 이 법칙의 으뜸가는 통찰력은 주울의 실험에 의해 보강된 착상, 즉 열의 흐름은 에너지의 전달이라는 사실에 있다. 1850년 이전에는, 에너지라는 개념은 역학에 한정되어 있었다. 열역학 제1법칙은 에너지의 개념에 새 지평을 연 것이다.

내부 에너지란 무엇인가?

제1법칙은 계의 내부 에너지라는 개념을 이끌어냈다. 내부 에너지의 증가는 여러 가지로 표현된다. 그 하나가 주울의 회전날개 실험에서와 같이 온도의 증가로 나타나는 것이다. 온도의 증가는 계를 이루는 원자 또는 분자의 평균 운동 에너지의 증가와 관련이 있다. 내부 에너지의 증가가 계에 영향을 주는 또 다른 방법은 녹음(융해)과 기화 등에서 보이는 상의 변화이다. 상변화에서는 계를 이루는 원자나 분자가 서로 멀어지면서 원자나 분자의 평균 위치 에너지가 증가한다. 온도의 변화는 없지만, 내부 에너지는 증가한다.

따라서, 내부 에너지의 증가는 계를 이루고 있는 원자나 분자의 운동 에너지 또는 위치 에너지(또는 둘 다)의 증가로 표현된다.

> 계의 내부 에너지는 계를 이루고 있는 원자나 분자의 운동 에너지와 위치 에너지의 합이다.

내부 에너지는 계의 상태에 의해 유일하게 결정되는 계의 성질이다. 계가 어떤 상에 있고, 온도, 압력, 물질의 양이 결정되어 있다면, 내부 에너지는 유일한 값을 갖는다. 그러나, 계에 전달된 열이나 일 각각의 양은 계의 상태에 의해서만 결정되지는 않는다. 주울의 실험이 보여준 것과 같이, 열만 또는 일만이 비커의 물에 전달되어도, 같은 온도의 증가를 일으키기 때문이다.

대상이 되는 계 — 비커에 담긴 물, 증기기관 또는 코끼리 — 가 어떤 것이 되었든 이러한 논의는 마찬가지다. 그러나, 어디서부터 어디까지가 계인지를 명확히 정의하려면, 확연한 경계를 설정해야 한다. 계를 선택하는 것은 뉴턴의 제2법칙을 적용할 때에 물체를 선택하는 과정과 마찬가지다. 역학에서, 힘은 선택된 물체와 다른 물체들 간의 상호작용을 정의한다. 열역학에서, 열이나 일의 전달은 계와 다른 계, 또는 주변과의 상호작용을 정의한다.

예제 10.2는 열역학 제1법칙의 응용을 다룬다. 계는 물과 얼음이 담긴 비커이다(그림 10.14). 계의 내부 에너지는 열

예제 10.2

예제 : 열역학 제1법칙의 응용

물과 얼음을 담고 있는 비커에 400 cal의 열을 전달하기 위해 열판을 사용하였다. 동시에 물을 저어서 500 J의 일을 비커의 얼음물에 가하였다.
a. 얼음물의 내부 에너지는 얼마나 증가하였는가?
b. 이 과정에서 얼마의 얼음이 녹았는가?

a. 우선 열의 단위를 줄로 변환하면

$Q = 400$ cal　　　$Q = (400 \text{ cal})(4.19 \text{ J/cal})$

$W = -500$ J　　　　$= 1680$ J

$\Delta U = ?$　　　　　$U = Q - W$

　　　　　　　　　$= 1680 \text{ J} - (-500 \text{ J})$

　　　　　　　　　$= \mathbf{2180 \text{ J}}$

b. $L_f = 80$ cal/g　　$U = mL_f$

　　 $= 335$ J/g

$m = ?$　　　　　　$m = \dfrac{\Delta U}{L_f}$

　　　　　　　　　$= \dfrac{2180 \text{ J}}{335 \text{ J/g}}$

　　　　　　　　　$= \mathbf{6.5 \text{ g}}$(녹은 얼음의 양)

내부 에너지가 J로 표시되었기 때문에, 잠열 80 cal/g에 4.19 J/cal을 곱하여 J/g의 단위로 표시하였다.

그림 10.14 열판으로부터 열을 가하거나 물과 얼음을 저어서 일을 하면 비커 안의 얼음이 녹는다.

판으로부터 전달되는 열과 젓기에 의한 일에 의해 증가한다. 젓기에 의한 일은 음(−)의 양임에 주의하라. 왜냐하면 이 양은 계에 하여진 일이기 때문이다. 내부 에너지의 증가로 인해 비커 안의 얼음은 녹는다.

음식의 칼로리 계산

마지막으로 에너지의 단위에 관해 알아보자. 음식을 먹는다는 것은 화학반응에 의해 위치 에너지를 방출하는 물질을 우리 몸에 받아들이는 것이다. 이런 에너지는 칼로리 단위로 표시하는데 실제로는 킬로칼로리 단위가 더 실용적인 단위이다. 음식물의 에너지를 표기할 때는 이를 Cal로 쓴다.

$$1\,\text{Cal} = 1\,\text{kcal} = 1000\,\text{cal}$$

이다. 첫째 단위의 대문자 C가 소문자 cal보다 큰 단위임을 나타낸다. 음식에 표시된 칼로리값은 그 음식이 소화되고 대사되었을 때 방출하는 에너지의 양을 표시한다. 이 에너지는 지방 세포 등 다양한 방법으로 우리 몸에 축적될 수 있다. 우리 몸은 계속적으로 근육에 저장된 에너지를 다른 형태의 에너지로 변환하고 있다. 예를 들어, 운동을 하면 역학적 에너지를 다른 계로 전달한 것이고, 몸으로부터 열에너지를 외부로 방출하기도 한다. 음식의 칼로리를 계산한다는 것은, 에너지의 흡수량을 계산하는 것이다. 음식으로부터 받는 에너지보다 작은 에너지를 내보내면, 살이 찐다.

어떤 계에 4.19 J의 일을 하면 1 cal의 열을 더했을 때와 같은 온도가 올라간다는 사실을 주울이 알아냈다. 이 발견으로 과학자들은 열의 흐름이 에너지 전달의 한 형태임을 확인하였고, 열역학 제1법칙을 이끌어 내게 되었다. 제1법칙에 의하면, 어떤 계의 내부 에너지의 변화는 그 계에 전달된 열과 일의 알짜 양과 같다. 내부 에너지는 계를 이루고 있는 원자의 운동 에너지와 위치 에너지의 합이다. 이러한 착상은 에너지 보존법칙을 확장시킨 것이다.

10.4 기체의 거동과 제1법칙

실린더 안의 기체를 압축하면 어떤 일이 생기는가? 기구(氣球)는 어떻게 뜨는가? 이런 경우에 기체의 거동은, 열역학 제1법칙과 다른 몇 가지 기체의 성질을 사용하여 이해할 수 있다. 열역학의 법칙을 탐구하는 데에 또 다른 재미있는 계는 우리의 대기이다.

기체를 압축하면 어떤 일이 생기는가?

그림 10.15처럼 움직이는 피스톤을 가진 실린더 안에 기체가 있다고 하자. 외부의 힘에 의해

피스톤이 안으로 밀렸다면, 피스톤은 실린더 안의 기체에 일을 한다. 이것은 기체의 온도나 압력에 어떤 영향을 주겠는가?

열역학 제1법칙에 의하면, 계에 일을 한다는 것은 계에 에너지를 더하는 것이다. 물론, 기체의 내부 에너지는 외부로부터 유입되는 열에 의해서도 증가한다.

일의 정의로부터(6.1절), 기체에 가해진 일은, 피스톤에 작용하는 힘과 피스톤이 움직인 거리의 곱이다. 압력은 단위면적당의 힘이므로, 기체에 의해 피스톤에 작용한 힘은 기체의 압력과 피스톤의 단면적의 곱이다($F = PA$). 피스톤이 가속도 없이 움직였다면, 피스톤에 가해진 알짜 힘은 0이고, 외부에서 피스톤에 가한 힘은 기체가 피스톤에 가한 힘과 같다.

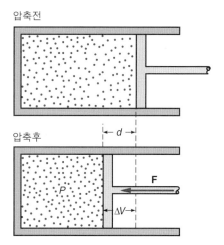

그림 10.15 피스톤이 움직여 실린더 안의 기체를 압축한다. 기체에 가해진 일은 $W = Fd = P\Delta V$이다.

따라서, 기체에 가해진 일은 힘과 피스톤이 움직인 거리 d의 곱이고, $W = Fd = (PA)d$이다. 피스톤의 움직임은 기체의 부피를 변하게 하고, 이 부피의 변화는 피스톤의 면적과 움직인 거리의 곱, 즉 $\Delta V = Ad$이다(그림 10.15). 그러므로, 기체에 한 일의 크기는 $W = P\Delta V$이다.

열역학 제1법칙($\Delta U = Q - W$)의 정의에 의해, W는 계가 한 일이며, 계(지금의 경우 기체)에 일을 하면 W의 부호는 음이다. 기체가 압축되면(외부에서 계에 일을 하면), 기체의 부피는 줄어들고, 부피의 변화 V는 음(−)이므로, $W = P\Delta V$에서 W는 음이다. 따라서 W는 기체가 한 일을 뜻한다. 기체를 압축하면 외부에서 일을 하는 것이므로($W < 0$) 기체의 내부 에너지는 증가하고, 기체가 팽창하면($W > 0$)기체가 일을 하는 것이므로 기체의 내부 에너지는 감소한다.

용기의 벽을 지나는 열의 출입이 없다면, 기체를 압축할 때 내부 에너지는 부피의 변화에 비례하여 증가한다. 열의 출입은 기체의 내부 에너지에 어떠한 영향을 미칠까?

내부 에너지와 온도는 어떤 관련이 있는가?

기체와 관련된 많은 자연현상은, 기체로의 열의 출입이 없는, **단열과정**이다. 예를 들어, 실린더 안에 있는 기체를 빠르게 압축하면 외부로부터 열이 전달될 시간적 여유가 없으므로 내부 에너지의 증가는 기체에 가해진 일과 같다.

일반적으로, 내부 에너지는 계의 원자와 분자의 운동 에너지와 위치 에너지로 이루어진다. 기체에서는 평균적으로 분자들이 매우 멀리 떨어져 있기 때문에, 이들 간의 위치 에너지는 무시할 수 있을 정도로 작고, 내부 에너지는 거의 운동 에너지로 이루어진다. **이상기체**는 원자 간의 힘과 그에 따른 위치 에너지도 완전히 무시될 정도로 작은 기체이다. 많은 경우에 기체를 이상기체로 다룰 수 있다.

이상기체에서, 내부 에너지는 오로지 운동 에너지밖에 없다. 내부 에너지를 증가시키면 기체 분자의 운동 에너지가 증가한다. 절대 온도는 계에 있는 분자의 운동 에너지에 따라 올라간다. 이상기체의 내부 에너지가 증가하면, 그와 정비례해서 온도도 증가한다. 절대온도의 함수로 표시한 이상기체의 내부 에너지의 도표는 그림 10.16과 같이 될 것이다.

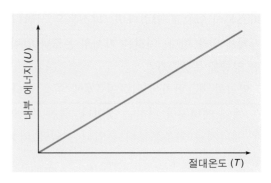

그림 10.16 이상기체의 내부 에너지를 절대온도의 함수로 표시하였다. 내부 에너지는 온도에 정비례해서 증가한다.

그러므로, 단열압축에서 기체의 온도는 증가할 것이다. 열역학 제1법칙에 의하면, 기체에 가해진 일의 양만큼 기체의 내부 에너지가 증가하므로, 압축하는 과정에서 가해지는 일의 양에 정비례하여 이상기체의 온도가 올라간다.

역과정에 대해서도 마찬가지다. 기체가 팽창하며 피스톤을 밀면, 기체는 외부에 일을 하고, 내부 에너지는 감소한다. 기체의 온도는 단열팽창에서는 감소하는데 이것이 냉장고의 작동원리이다. 압축된 기체가 팽창하면서 온도를 낮추고, 차가워진 기체는 냉장고 내부의 코일을 따라 순환하면서 냉장고의 내용물로부터 열을 앗아간다.

기체의 온도가 변하지 않게 하려면?

압축이나 팽창할 때 기체의 온도가 변하지 않게 할 수 있을까? 물론 가능하며 이러한 과정을 **등온과정**이라고 한다. 이상기체에서는 온도와 내부 에너지가 정비례하므로, 온도의 변화가 없다면 내부 에너지도 변하지 않는다. 이상기체의 등온과정에서는 내부 에너지의 변화 ΔU가 0이다.

ΔU가 0이면, 열역학 제1법칙($\Delta U = Q - W$)에 의해 $W = Q$이다. 다시 말해, 온도와 내부 에너지가 일정하게 유지되면서 기체에 열량 Q가 더해지고, 기체는 외부에 같은 양의 일 W를 한다. 즉, 기체가 팽창하면서 외부에 일을 할 때, 온도를 변화시키지 않으려면 기체에 같은 양의 열을 더해주면 된다. 따라서 이는 단열과정이 아니다.

같은 방법으로 역과정도 가능하다. 온도를 일정하게 유지하고 기체를 압축하려면, 열을 기체로부터 방출시켜야 한다. 내부 에너지와 온도가 일정하려면, 일의 형태로 기체에 가해진 에너지와 같은 양의 에너지가 열의 형태로 소모되어야 하기 때문이다. 다음 장에서 논의하겠지만, 등온압축과 팽창은 열기관에서 중요한 과정들이다.

열기구 안의 기체에는 어떤 일이 일어나는가?

열기구 안의 기체가 가열되면(그림 10.17), 온도가 아니라 압력이 일정하게 유지된다. 기구 안

그림 10.17 열기구의 기체는 사람이 타는 바구니에 달린 프로판 버너에 의해 가열된다. 더워진 공기는 팽창해서 주변의 공기보다 가벼워진다.

예제 10.3

예제 : 이상기체의 상태 방정식

피스톤에 들어있는 이상기체의 압력이 일정하게 유지되며 그 체적이 4리터에서 1리터로 감소하였다. 처음 기체의 온도가 600 K이었다면 최종 온도는 얼마인가?

이상기체의 상태 방정식 $PV = NkT$를 이용하여 이 문제를 해결해 보자. 먼저 피스톤에서 기체분자가 빠져나가지 않았다고 가정할 수 있으므로 기체분자의 개수 N은 상수이다. 볼츠만의 상수 역시 불변이다. 따라서 위의 식은 $V/T = Nk/P$ = a 상수로 쓸 수 있다.

$V_{처음} = 4$ liters
$V_{나중} = 1$ liter
$T_{처음} = 600$ K
$T_{나중} = ?$

$$\frac{V_{처음}}{T_{처음}} = \frac{V_{나중}}{T_{나중}}$$

대각선으로 곱하면

$$\frac{T_{나중}}{T_{처음}} = \frac{V_{나중}}{V_{처음}}$$

$$\frac{T_{나중}}{T_{처음}} = \frac{1\,l}{4\,l} = \frac{1}{4}$$

따라서

$$T_{나중} = \frac{1}{4} T_{처음}$$

$$T_{처음} = \frac{1}{4}(600\ K) = 150\ K$$

이와 같이 피스톤 안에 들어 있는 분자들의 개수 N, 볼츠만의 상수 k의 값을 모르더라도 우리는 이상기체의 상태 방정식으로부터 기체의 압력과 온도와 체적 사이의 관계를 알 수 있다.

의 기체의 압력은 주변 대기보다 클 수가 없기 때문이다. 어떤 과정에서 압력이 일정할 때, 이를 **등압과정**이라 한다. 기체가 등압과정으로 가열되면 내부 에너지는 증가하고 온도는 올라간다. 그러나 압력이 일정하게 유지되기 위해서는 기체가 팽창하므로 이로 인해 내부 에너지가 약간은 줄어든다.

등압가열 과정에서 기체가 팽창하는 것은, 19세기 초에 발견된 이상기체의 다른 성질에서 기인한다. 일련의 실험으로부터, 이상기체의 압력, 부피, 절대온도는 $PV = NkT$의 방정식을 만족한다는 사실이 밝혀졌다. N은 기체 내의 분자의 개수이고 k는 **볼츠만 상수**라 불리는 상수이다. 루트비히 볼츠만(Ludwig Boltzmann; 1844~1906)은 기체의 통계이론을 발전시킨 오스트리아의 물리학자였다. 이 식을 이상기체의 **상태 방정식**이라 한다. 예제 10.3을 참고하라.

기체의 거동을 공부할 때(10.1절) 처음 나타난 절대온도의 개념을 상기하면, 상태 방정식에 쓰인 온도 T는 절대온도이어야 한다. 상태 방정식은 보일의 법칙(9.2절)과 압력에 대한 온도의 영향(10.1절)을 합쳐놓은 것이다. 압력과 분자의 개수가 고정되어 있고 온도가 상승하면, 상태 방정식에 의해 기체의 부피가 증가한다. 즉, 기체는 팽창한다. 마찬가지로, 일정한 압력에서 기체가 팽창하면, 온도가 올라가야 한다.

온도가 올라가면, 내부 에너지 U는 증가한다. 따라서, 열역학 제1법칙에 의하면, 등압팽창에서 기체에 가해진 열은 기체가 팽창하면서 한 일보다 커야 한다.

$\Delta U = Q - W$이므로, 내부 에너지가 증가하려면 Q는 W(기체가 팽창하므로, W는 양)보다 커야 하기 때문이다. 열역학 제1법칙과 이상기체의 상태 방정식을 사용하면, 원하는 만큼의 팽창을 시키기 위해 계에 얼마의 열을 더해주어야 하는지 계산할 수 있다.

기구 안의 기체가 팽창하므로, 같은 수의 분자가 더 큰 부피를 차지하고, 기체의 밀도는 줄어들게 된다. 다시 말해, 기구 안의 기체가 밖의 공기보다 작은 밀도를 갖게 되고, 기구가 떠오른다. 기구에 작용하는 부력은 아르키메데스의 원리(9.3절)에 의해 기술된다.

대기 중에서는 같은 현상이 훨씬 더 큰 규모로 생긴다. 따뜻한 공기 덩어리(기단)가 보다 찬 공기 덩어리의 위쪽으로 올라가는 것도 열기구가 뜨는 것과 같은 이유이다. 더운 여름날 땅 근처에서 더워진 공기는 팽창하고, 밀도가 작아지며, 위로 올라간다. 올라가는 공기는 수증기를 가지고 있고, 수증기는 높은 곳에서 낮은 온도로 인해 응결하여 구름을 만든다. 따뜻한 공기가 급격히 올라가게 되면 난류가 생기기도 하는데, 이는 비행기에게는 문제가 된다. 그러나, 이 상승기류는 행글라이더 애호가나 날아오르는 독수리에게는 더할 수 없이 즐거운 일이다.

열역학 제1법칙이 암시하는 기체의 행동은 기상현상을 이해하는 데에 매우 중요한 역할을 한다. 잠열은 물의 기화와 액화, 그리고 눈이나 진눈깨비에서 얼음 결정을 형성하는 데 필요하다. 이러한 모든 과정에서 필요한 에너지의 근원은 태양이다. 지표면의 물, 지구의 대기는 태양에 의해 움직이는 거대한 기계라고 할 수 있다.

열역학 제1법칙은 기체와 관련된 많은 과정을 설명해 준다. 기체의 절대온도는 내부 에너지와 정비례한다. 이상기체에서 내부 에너지는 기체 분자의 운동 에너지이다. 기체에 가해진 열과 기체가 한 일은 기체의 온도를 결정하고, 단열등온, 그리고 등압과정의 경우 각각 다른 결과를 준다. 열역학 제1법칙과 상태 방정식을 같이 사용하면, 열기관, 열기구, 기단(氣團) 등의 기체의 거동을 예측할 수 있다.

10.5 열의 흐름

겨울에는 집이나 건물에 난방을 한다. 집을 데우기 위해서는 나무나 석탄, 기름, 천연가스 등의 화석연료나 전기를 이용한다. 사용한 연료에 대해 돈을 내기 때문에, 우리는 열이 밖으로 빠져나가는 것을 막고 싶어한다. 그러려면 열이 우리 집으로부터 또는 따뜻한 물체로부터 어떻게 빠져나가는지를 알아야 한다. 어떤 작용이 관련되어 있을까? 이러한 작용을 알고 나서 어떻게 하면 열이 도망가지 못하게 할까?

열이 흐르는 기본적인 방법은 전도, 대류, 복사이다. 이 세 가지가 집에서 열이 나가고 들어오는 데에 중요한 역할을 하므로, 이들을 이해하면 집이나 기숙사, 직장에서 연료를 절약하면서

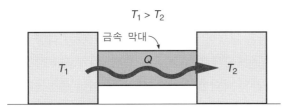

그림 10.18 물체의 양단에 온도의 차이가 있을 때, 에너지가 흐르고, 이를 열전도라 한다.

그림 10.19 둘 다 실온인 금속조각과 나무조각을 쥐면, 금속조각이 차갑게 느껴진다.

안락함을 유지하는 데에 도움이 될 것이다.

전도에 의한 열의 흐름

온도가 다른 두 물체가 제3의 물체를 통하여 서로 접촉하면(그림 10.18), 제3의 물체를 통하여 열이 흐르는데 이를 **전도**라 한다. 열은 뜨거운 물체에서 차가운 물체로 흐르는데, 그 정도는 두 물체의 온도의 차이와 제3의 물체의 **열전도도**라 불리는 성질에 의해 좌우된다. 어떤 물질은 다른 물질보다 훨씬 큰 열전도도를 가진다. 예를 들어, 금속은 나무나 플라스틱보다 훨씬 열 전달을 잘한다.

한 손에 금속조각을 들고, 다른 손에 나무조각을 들고 있다고 하자(그림 10.19). 두 조각 모두 실온에 있다고 해도, 우리 손은 대개 10~15°C 정도 실온보다 따뜻하므로 우리 손으로부터 두 조각으로 열이 흐른다. 금속조각이 나무조각보다 차게 느껴질 것이다. 두 조각이 같은 온도에 있었으므로, 이 차이는 온도의 차이가 아니라 열전도도의 차이에 기인한다. 금속은 나무보다 열을 잘 전달하기 때문에, 손에서 금속으로 열이 빨리 흘러 나간다. 나무를 쥔 손보다 금속을 쥔 손이 더 빨리 차가워지므로 금속조각이 더 차게 느껴진다.

열의 흐름은 에너지의 흐름이며, 실제로는 원자와 전자의 운동 에너지가 전달되는 것이다. 우리 손의 온도가 높기 때문에, 조각들에 있는 원자의 평균 운동 에너지보다 우리 손에 있는 원자들의 평균 운동 에너지가 더 크다. 원자들이 서로 부딪히면서 운동 에너지가 전달되고, 우리 손에 있는 원자의 평균 운동 에너지가 줄어드는 만큼 조각들 안에 있는 원자나 전자들의 평균 운동 에너지가 커진다. 금속 안에 있는 자유전자는 이 과정에서 중요한 역할을 한다. 금속에서 열과 전기는 모두 잘 통하는 것은 자유전자 때문이다.

집의 단열을 얘기할 때, 여러 물질의 열절연체로서의 유효성을 비교하기 위해 열저항 R의 개념을 사용한다. 좋은 열전도체는 나쁜 열절연체이므로, 전도도가 좋을수록 R 값은 작아진다. 사실 R 값은 물질의 두께와 열전도도 모두에 관련된다. 어떤 물질의 단열효과는 두께가 두꺼울수록 좋아지므로, R 값도 두께에 따라 커진다.

공기는 좋은 단열재이다. 석면이나 유리솜 같이 작은 구멍이 많아 공기를 가두고 있는 다공성 물질은 큰 R 값을 갖는다. 이러한 물질들이 낮은 열전도도를 갖는 이유는, 물질 자체보다 물질 안에 갇힌 공기 주머니들이 많기 때문이다. 주거 공간의 바닥이나 천장, 벽 등에 이런 물질들을 단열재로 사용하면, 열전도성을 줄이고 집으로부터의 열의 손실을 줄일 수 있다.

대류란 무엇인가?

공기가 더워지고, 자연적인 흐름이나 송풍기로 그 공기가 움직이면, 대류에 의해 열이 전달되는 것이다. 집을 데울 때, 아궁이나 보일러로부터 각 방으로 열을 운반하기 위해 공기, 물, 증기 등을 관을 통해 움직이게 한다. 대류란 열에너지를 가진 유체가 움직이며 **열을 운반하는 것**을 말한다. 따라서, 집안을 데우는 주요 방법은 대류이다. 차가운 공기보다 가벼운 따뜻한 공기는 방열기나 열판에서 천장 위로 올라간다. 그러면서 따뜻한 공기는 방 안에 에너지를 실어나르는 공기의 흐름을 만든다. 더운 공기

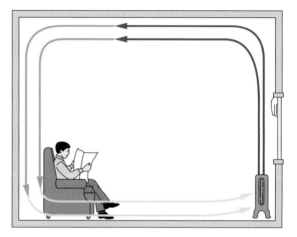

그림 10.20 대류에서, 열에너지는 더워진 유체의 움직임에 의해 전달된다. 방 안에서 이런 일은 방열기나 전열기로부터 더워진 공기가 움직이며 생긴다.

는 열원이 있는 쪽의 벽을 따라 올라가고, 찬 공기는 반대쪽으로 내려온다(그림 10.20).

대류는 건물로부터의 열 손실에도 관계된다. 더운 공기가 건물로부터 새어 나가거나 찬 공기가 밖으로부터 새어 들어오면, 한기가 스며든다고 하는데, 이것도 대류의 일종이다. 문틈이나 창문틀, 틈이나 구멍 등을 잘 막으면, 한기가 스며드는 것은 어느 정도 막을 수 있다. 그러나 이를 완전히 없애는 것은 좋지 않다. 냄새를 없애고 신선한 공기를 유지하려면 공기를 어느 정도 갈아주어야 하기 때문이다.

복사란 무엇이고, 어떻게 열을 전달할까?

복사는 전자기파에 의한 에너지 흐름을 말한다. 파동과 전자기파는 15장에서 다루기 때문에, 아직 복사에 대해 공부하진 않았다. 열의 전달과 주로 관련된 전자기파의 형태는 전자기파 스펙트럼의 적외선 영역에 속한다. 적외선의 파장은 라디오파의 파장보다는 짧고, 가시광선의 파장보다는 길다. 전도는 열이 흘러 지나가기 위한 매질이 있어야 하고, 대류는 열과 같이 움직일 매질이 있어야 하지만, 복사는 진공을 통해서도 일어난다. 열을 차단하는 것이 목적인 보온병 안

의 진공층에서도 복사에 의해 열은 전달된다(그림 10.21). 진공층 양쪽 벽을 은색으로 만들면 복사를 줄일 수 있다. 은색에서는 전자기파의 흡수보다 반사가 많으므로, 보온병 내부와 외부 사이의 에너지 흐름이 줄어들기 때문이다. 같은 원리가 주택 공사에 쓰이는 은박껍질의 단열재에도 적용된다. 벽 사이에 공기가 갇혀 있는 공간에서 열흐름의 일부는 복사, 일부는 전도에 의한다. 은박껍질의 단열재를 사용하면 복사에 의한 열전달을 줄인다. 얇은 은박껍질의 단열재가 은박껍질이 없는 더 두꺼운 단열재와 같은 R 값을 가질 수 있다. 지붕이나 길바닥으로부터 차고 어두운 밤하늘로 향하는 에너지 손실에도 복사가 관계된다. 일반적으로 검은색의 표면은 전자기파를 효과적으로 방출한다. 길바닥은 하늘로 에너지를 방출하고, 주변 공기보다 빨리 차가워진다. 공기의 온도가 아직 영상일 때라도, 아스팔트 길의 표면은 어는점 이하로 떨어질 수 있고, 얼음이 살짝 덮일 수 있다.

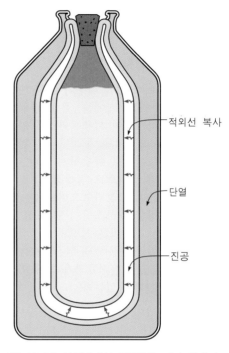

적외선 복사

단열

진공

그림 10.21 보온병에서 진공층을 지나 열에너지가 움직이려면 복사밖에 없다. 벽을 은색으로 만들면 복사를 줄일 수 있다.

전자기파를 잘 흡수하는 물질은 동시에 방출도 잘한다. 검은 물질은 여름에는 태양 에너지를 더 많이 흡수하고, 겨울에는 더 많은 열을 잃는다. 검은 지붕이 보기에는 좋을지 모르나, 에너지 절약의 관점에서는 안 좋다. 여름에 서늘하게, 겨울에 따뜻하게 집을 유지하려면 옅은 색이 좋다.

열전달에 관한 기본적인 원리를 이해하면 집을 설계하는 데 유용하다. 어떻게 열이 집의 안팎으로 흐르는지, 그리고 집안에서 어떻게 돌아다니는지를 이해하는 데에 전도, 대류, 복사는 모두 중요하다. 유리는 비교적 좋은 열의 전도체이므로, 이중창을 사용하더라도 큰 창문은 열손실이 많다. 그러나 창문이 집의 남쪽에 위치하면, 이런 열손실은 태양의 복사에 의한 열에 의해 약간 보충된다. 매일의 자연현상 10.1에서와 같이, 태양 에너지를 잘 이용하기 위해서도 열흐름의 원리는 중요하다.

열의 흐름은 세 가지 방법 — 전도, 대류, 복사 — 에 의해 생긴다. 전도는 에너지가 물질을 통해 전달될 때 생긴다. 어떤 물질은 다른 물질보다 열을 잘 전달한다. 대류는 열에너지를 가진 유체가 흐를 때 열이 같이 전달되는 것이다. 복사는 전자기파를 통해 에너지가 전달되는 것이다. 열의 흐름은 계의 내부 에너지가 변화하는 한 방법이므로, 열의 흐름을 포함하는 열역학 제1법칙을 응용할 때, 이 세 가지 과정은 모두 중요하다.

매일의 자연현상 10.2

태양열 집광판과 온실효과

상황. 물이나 집을 데우기 위해 태양 에너지를 모을 때에는, 주로 평평한 태양열 집광판이 사용된다. 이 평판 집광판은 표면에 물이 지나가는 관이 달린 금속판으로 이루어져 있다. 판과 관은 검은색으로 칠해졌고, 밑이 단열된 틀에 고정되었으며, 위는 유리나 투명한 플라스틱이 덮고 있다. 이 태양열 집광판은 어떻게 작동하는가? 어떤 과정을 통해 열을 모으고, 자주 거론되는 온실효과가 만약 있다면 어떤 관계가 있는가?

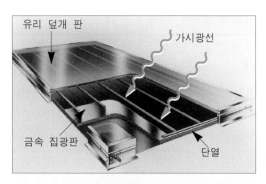

평판 태양열 집광판의 검은색 금속판의 밑은 단열되어 있고, 위는 유리나 투명한 플라스틱으로 덮여 있다.

분석. 태양열 집광판은 태양으로부터 진공을 가로질러 열이 흐르는 유일한 방법인 전자기파의 형태로 에너지를 받는다. 태양이 방출한 전자기파는 주로 우리 눈이 민감한 가시광선 영역에 있다. 이 파는 집광판의 투명한 덮개를 쉽게 통과한다.

집광판의 검은 표면은 판에 떨어지는 대부분의 가시광선을 흡수하고, 반사는 거의 없다. 흡수된 에너지는 판의 내부 에너지와 온도를 올린다. 판에 붙은 관을 지나가는 물은 전도에 의해 데워진다. 물로 열이 전달되려면, 판이 물보다 더 높은 온도에 있어야 한다. 판 밑의 단열은 열이 주변으로 퍼지는 것을 막는다.

금속 판은 따뜻하기 때문에 적외선 영역의 전자기파 형태로 열을 방출한다. 적외선은 유리나 플라스틱을 통과하지 못하므로 다시 안으로 반사된다. 유리 덮개는 외부의 바람이 금속판을 스쳐 지나가는 것도 막으므로, 대류에 의한 열손실을 줄이기도 한다. 온실을 유리로 막는 것도 같은 목적에서이다. 대류에 의한 손실을 줄일 뿐만 아니라, 유리는 가시광선을 들어오게 하면서 더 긴 파장(적외선)에서의 복사는 막아준다. 이는 에너지에게는 함정과 같다. 가시광선의 복사는 들어오게 하고 긴 파장에서의 복사는 못 나가게 막는 일방통행이 바로 온실효과이다. 해가 나는 날 창문을 닫아놓은 차 안이 뜨거워지는 이유가 바로 이것이다.

지구는 거대한 온실과 마찬가지다. 이산화탄소와 그 외에 대기 중에 조금씩 있는 다른 기체들은 가시광선에게는 투명하지만, 적외선에게는 그렇지 않다. 식물은 이산화탄소를 다른 탄소 화합물로 바꾸므로, 얼마나 많은 식물이 지구를 덮고 있는가가 대기 중에 얼마나 많은 이산화탄소가 있는가를 결정하는 요인이 된다. 기름, 천연가스, 석탄, 나무 등 탄소를 기본으로 하는 연료가 타면 자연히 이산화탄소

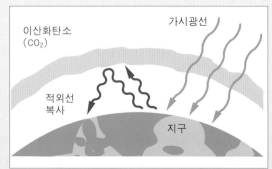

지구의 대기에 있는 이산화탄소와 다른 기체들은 태양 에너지 집광판의 덮개와 같은 역할을 한다. 가시광선은 통과하고, 적외선은 통과하지 못한다.

를 만들어낸다. 석유, 천연가스, 석탄과 같은 화석연료를 많이 쓰면 대기의 상층부에 이산화탄소의 양을 늘린다. 사실이 그렇다면 (몇 가지 측정에 의하면 사실이다), 이산화탄소에 의한 온실효과는 복사에 의한 에너지 방출을 막을 것이고, 서서히 지구의 온도를 높일 것이다. 숲이 파괴되고 식물이 줄어들면 이산화탄소를 더욱 증가시킬 것이다.

실제로 지구의 온도가 서서히 증가한다면, 극지방의 얼음이 녹기 시작할 것이다. 이 거대한 얼음이 녹으면 바다 수면이 올라오고, 해수면에 가까운 해안지방은 물에 잠길 것이다. 지구 상의 기상 변화는 농작물 수확에도 영향을 준다. 이 문제에 대한 유일한 해답은 화석연료에 덜 의존하든지, 어떻게든 지구 표면을 덮고 있는 식물을 늘리는 수밖에 없다. 적절한 환경 정책을 개발하기 위해서는 지구의 온도를 변화시키는 온실효과나 다른 영향을 주시하여야 한다.

질 문

Q1. 0°C에 있는 물체는 0°F에 있는 물체보다 뜨거운가, 차가운가 또는 같은 온도에 있는가? 설명하라.

Q2. 0°C 차이가 있는 것과 0°F 차이가 있는 것은 어느 것이 더 큰 온도차이인가? 설명하라.

Q3. 온도가 0°C 이하로 내려가는 것이 가능한가? 설명하라.

Q4. 온도가 0K 이하로 내려가는 것이 가능한가? 설명하라.

Q5. 273.2K의 온도에 있는 물체는 0°C에 있는 물체보다 뜨거운가, 차가운가 또는 같은 온도에 있는가? 설명하라.

Q6. 주변으로부터 단열된, 다른 온도를 가진 두 개의 물체가 서로 접촉하고 있다. 어떤 것의 온도가 변하는가? 설명하라.

Q7. Q6의 두 물체의 마지막 온도가 두 개 물체의 처음 각각의 온도보다 더 높아질 수 있는가? 설명하라.

Q8. 다른 물질로 만들어진, 같은 질량의 두 개의 물체가 처음에 같은 온도에 있었다. 각각의 물체에 같은 열량이 더해졌다면,

이 둘의 마지막 온도가 같을까? 설명하라.

Q9. 한 도시는 큰 호수 근처에 있고, 다른 하나는 사막 한 가운데에 있다. 두 도시는 낮에 같은 최고 온도에 다다른다. 해가 지면 어느 도시가 더 빨리 식겠는가? 설명하라.

Q10. 어떤 물질의 온도를 변화시키지 않으면서 열을 가할 수 있는가? 설명하라.

Q11. 100°C에 있는 물에 열을 가하면 어떤 일이 생기는가? 온도가 변할까? 설명하라.

Q12. 0°C에 있는 물에서 열을 빼내면 어떤 일이 생기는가? 온도가 변할까? 설명하라.

Q13. 물 잔이 외부로부터 단열되어 있을 때, 물을 저으면 물의 온도가 변할까? 설명하라.

Q14. 어떤 계가 외부로부터 단열되어서 열의 출입이 없다면, 계의 온도를 변화시킬 수 있을까? 설명하라.

Q15. 1 J과 1 cal 중에 어느 것이 더 큰 에너지 단위인가? 설명하라.

Q16. 어떤 계의 온도가 올라가서, 내부 에너지가 증가하였다고 하자. 계의 마지막 상태로부터 판단하여, 이 계의 내부 에너지의

변화가 열에 의한 것인지 일에 의한 것인지 알 수 있을까?

Q17. 어떤 계의 내부 에너지가 이 계를 이루는 원자나 분자의 운동 에너지보다 클 수 있을까? 설명하라.

Q18. 열의 출입이 없는 상태에서 이상기체가 압축되었다. 이 기체의 온도는 증가하는가, 감소하는가 또는 변하지 않는가? 설명하라.

Q19. 어떤 기체로부터 열을 뺏지 않고 온도를 낮출 수 있는가? 설명하라.

Q20. 이상기체에 열을 가했고, 이 과정에서 기체가 팽창하였다. 이 기체의 온도가 변하지 않을 수 있을까? 설명하라.

Q21. 일정한 부피를 가지는 이상기체에 열을 가했다. 이 과정에서 기체의 온도가 변하지 않을 수 있을까? 설명하라.

Q22. 얼음에 열이 가해져서 얼음은 녹지만 온도는 변하지 않는다고 하자. 물은 얼면서 부피가 팽창하므로, 얼음이 녹으며 만든 물의 부피는 처음 얼음의 부피보다 작다. 이 과정에서 얼음-물 계의 내부 에너지가 변할까? 설명하라.

Q23. 나무조각과 금속조각이 오랜 시간 동안 탁자 위에 놓여 있었다. 손을 대면, 금속조각이 나무보다 더 차게 느껴진다. 이는 금속이 나무보다 더 찬 온도에 있었다는 것을 의미하는가? 설명하라.

Q24. 창문이나 문에 있는 틈을 통해 집에 있는 열을 잃어버리는 경우가 있다. 어떤 방식의 열전달(전도, 대류, 복사)이 관계되어 있는가? 설명하라.

Q25. 도로 바로 위의 기온이 영상일 때에도 도로의 표면에 얼음이 얼 수 있을까? 설명하라.

Q26. 열이 유리창을 통해 흐를 때, 어떤 방식의 열전달(전도, 대류, 복사)이 관계되는가? 설명하라.

Q27. 진공을 통해 열이 전달될 수 있는가? 설명하라.

Q28. 유리와 이산화탄소의 어떤 공통적인 성질이 온실효과를 만들어 내는가? 설명하라.

Q29. 평판 태양열 집광판으로부터 가용 열에너지를 얻기 위해, 전도, 대류, 복사 중 열흐름의 어떤 작용(전도, 대류, 복사)이 이용되는가? 설명하라.

Q30. 태양 에너지로부터 발전하는 태양 에너지 발전소는 석탄을 쓰는 발전소와 마찬가지로 대기에 온실효과를 유발하는가? 설명하라.

연 습 문 제

E1. 한 물체의 온도가 40℃이다. 화씨로 얼마인가?

E2. 겨울철 낮 온도가 14℉이다. 섭씨로는 얼마인가?

E3. 기숙사 방 온도가 25℃이다. 절대(켈빈) 온도로는 얼마나 되는가?

E4. 뜨거운 여름 낮 온도가 85℉이다.
   a. 섭씨로는 얼마인가?
   b. 절대(켈빈)온도로는 얼마인가?

E5. 30 g의 물을 20℃에서 80℃로 올리기 위해 얼마나 많은 열이 필요한가?

E6. 200 g의 구리 막대의 온도를 150℃에서 20℃

로 내리기 위해서 얼마나 열을 제거해야 하는가? 구리의 비열 용량은 0.093 cal/g·℃ 이다.

E7. 0℃의 얼음 200 g를 완전히 녹이기 위해서 얼마나 많은 열을 가해야 하는가?

E8. 처음의 온도가 60℃인 물 50 g에 얼마나 많은 열을 보내야 하는가?

    a. 끓는점까지 데우는 데 필요한 열은?

    b. 완전히 수증기로 바꾸는 데 필요한 열은?

E9. 500 cal의 열이 계에 가해졌다. 이것을 J 단위로 환산하며 몇 J인가?

E10. 600 J의 열이 처음 온도가 20℃인 물 50 g에 가해졌다.

    a. 이 에너지는 칼로리로 얼마인가?

    b. 물의 최종 온도는 얼마나 되는가?

E11. 기체가 주위에 200 J의 일을 하는 동안 800 J의 열이 기체에 가해졌다. 기체의 내부 에너지 변화는 얼마인가?

E12. 압력이 1000 Pa(1 Pa = 1 N/m²)로 유지된 채로 이상기체의 체적이 1 m³에서 4 m³으로 팽창하였다.

    a. 팽창하는 동안 기체가 한 일은 얼마인가?

    b. 열이 가해지지 않았다면 기체의 내부 에너지 변화는 얼마인가?

E13. 1200 J의 일이 이상기체에 가해졌으나 내부 에너지는 800 J이 증가하였다. 계의 안 혹은 밖으로 옮겨간 열의 흐름 방향과 양은?

E14. 100 g의 물을 담고 있는 절연된 비커를 저어 주는 동안에 800 J의 일이 가해졌다.

    a. 계의 내부 에너지 변화는 얼마인가?

    b. 물의 온도 변화는 얼마인가?

고난도 연습문제

CP1. 처음 온도가 24℃인 물체에 열을 가해서 83℃로 올렸다.

    a. 물체의 온도변화는 화씨로 얼마인가?

    b. 켈빈으로 물체의 온도변화는 얼마인가?

    c. cal/g·℃로 표시한 비열과 cal/g·K로 표시한 비열의 값 차이가 있는가? 설명하라.

CP2. 한 학생이 온도계를 만들어서 물의 어는 점을 0°S (S는 학생을 나타냄), 그리고 물의 끓는점을 25°S로 하는 자신만의 온도 척도를 고안하였다. 비커에 든 물의 온도를 측정한 결과 15°S가 되었다.

    a. 물의 온도는 섭씨로 얼마인가?

    b. 물의 온도는 화씨로 얼마인가?

    c. 물의 온도는 켈빈으로 얼마인가?

    d. 1°S는 1℃ 보다 더 큰가 혹은 작은가? 설명하라.

CP3. 초기 온도가 −20℃인 얼음 80 g이 있다. 얼음의 비열은 0.5 cal/g·℃이고 물의 비열은 1 cal/g·℃이다. 그리고 물의 융해 잠열은 80 cal/g이다.

    a. 얼음의 온도를 0℃로 올리고 얼음을 완전히 녹이는 데 필요한 열은 얼마인가?

    b. 얼음이 녹아서 된 물을 데워서 25℃로 올리는 데 추가로 필요한 열은 얼마인가?

    c. −10℃인 얼음 80 g을 25℃의 물로 바꾸는 데 필요한 열은 모두 얼마인가?

    d. 이 전체 열의 양을 얼음을 녹이는 데 필요한 열의 양과 물 80 g을 35℃ 올

리는 데 필요한 열의 양을 더하는 것으로 계산해도 되는가? 설명하라.

CP4. 질량이 200 g이고 초기 온도가 120°C인 어떤 금속을 온도가 20°C인 물 100 g을 담고 있는 절연된 비커에 떨어뜨렸다. 비커에 있는 금속과 물의 최종 온도는 35°C가 되었다. 비커의 열용량을 무시할 때,

a. 금속으로부터 물로 얼마나 많은 열이 이동하였는가?

b. 온도 변화와 금속의 질량이 주어졌다. 금속의 비열은 얼마가 되는가?

c. 물과 금속의 최종 온도가 70°C가 되도록 하려면, 절연된 비커에 초기 온도

가 120°C인 금속을 얼마만큼 추가로 떨어뜨려야만 하는가?

CP5. 200 g의 물을 담고 있는 비커를 저어 줌으로써 1200 J의 일이 가해지고 열판으로부터 추가로 300 cal의 열이 가해졌다.

a. 변화한 물의 내부 에너지는 줄로 얼마인가?

b. 변화한 물의 내부 에너지는 칼로리로 얼마인가?

c. 물의 온도 변화는 얼마인가?

d. 300 J의 일이 가해지고 1200 cal의 열이 가해졌다면 위의 세 가지 질문에 대한 답은 달라질 것인가? 설명하라.

© Zoonar GmbH/Alamy Stock Photo

11장

열기관과 열역학 제2법칙

학습목표 이 장의 학습목표는 열기관의 작동원리와 열역학 제2법칙을 이해하는 것이다. 열역학 제2법칙은 열기관의 열효율을 이해하는 데에 중요하다. 또 열역학 제1법칙과 제2법칙은 지구경제학적인 관점에서 오늘날의 에너지 자원의 사용을 이해하는 데도 중요하다. 이는 또 건강한 국가 경제와 함께 환경문제를 논의하는 데도 필수적이다. 열역학의 법칙들을 이해하는 것은 현명한 에너지 정책과 환경 정책을 선택하는 데도 결정적인 역할을 하게 될 것이다.

개 요

1 **열기관.** 열기관이란 무엇인가? 열기관이 어떻게 작동하는지에 대하여 열역학 제1법칙은 무엇을 말해 주는가?

2 **열역학 제2법칙.** 이상적인 열기관을 만들 수 있다면, 그것은 어떻게 작동할 것인가? 이상적인 열기관의 개념은 무엇이며, 이는 열역학 제2법칙과 어떠한 관계가 있는가? 열역학 제2법칙은 무엇을 말하며 그 의미는 무엇인가?

3 **냉장고, 열펌프와 엔트로피.** 냉장고나 열펌프는 무엇을 하는 것인가? 엔트로피는 어떻게 정의되는가? 그것은 열에너지 사용에 어떠한 제한을 가하는가?

4 **발전설비와 에너지 자원.** 어떻게 하면 전기를 효율적으로 생산할 수 있는가? 화석연료나 태양 에너지와 같은 에너지 자원을 사용하는 데 있어서 열역학 제2법칙은 무엇을 암시하는가?

5 **영구기관과 에너지 속임.** 열역학 법칙에 따르면 영구기관이란 가능한가? 영구기관 발명자의 주장을 어떻게 받아들여야 할까?

많은 사람들이 상당한 시간 동안 자동차를 타거나 운전하면서 생활한다. 우리는 자동차가 리터당 몇 km를 달릴 수 있는가, 다른 엔진의 성능이 어떠한가에 대하여 이야기한다. 우리는 주유소에서 무연휘발유를 산다. 그리고 대개의 사람들은 이 연료가 다른 곳에서 값이 얼마나 될까를 생각한다(그림 11.1).

그림 11.1 가정용 자동차에 가솔린을 넣는 모습. 자동차의 엔진은 이 연료를 어떻게 사용하여 자동차를 움직이게 하는가?

자동차의 엔진 내부에서 어떤 일이 일어나고 있는지를 이해하고 있는 사람은 얼마나 될까? 자동차의 시동 스위치를 켜고 가속 페달을 밟으면 엔진은 붕 소리를 내며 연료를 소비한다. 운전자가 엔진의 작동원리에 대한 상세한 지식을 갖고 있지 않더라도 엔진은 운전자의 명령대로 자동차에 동력을 공급해 준다. 모르는 것이 행복할지도 모른다. 무언가가 잘못될 때까지는. 그러나 어려운 일을 한 번 경험한 다음에는 자동차의 엔진에 대하여 어느 정도 이해하고 있는 것이 유익할 것이라고 생각하게 될 것이다. 자동차의 엔진, 즉 열기관은 무슨 일을 하는가, 그리고 어떻게 작동하는가?

오늘날 대부분의 자동차에서 사용되고 있는 내연기관은 일종의 열기관이다. 열역학이라는 과학은 **열기관**의 최초의 형태인 증기기관의 작동원리를 더 잘 이해하기 위한 목적으로 개발되었다. 더 좋은 열효율의 열기관을 만드는 것이 제1의 목적이었던 것이다. 증기기관은 일반적으로 연료를 내부에서가 아니라 외부에서 태우는 외연기관이지만 결국은 내연기관과 같은 원리로 작동한다.

열기관은 어떻게 작동하는가? 어떤 요소들이 열기관의 열효율을 결정하는가, 그리고 어떻게 하면 열효율을 극대화시킬 수 있는가? 여기에는 열역학 제2법칙이 중심적인 역할을 한다. 열기관은 열역학 제2법칙과 엔트로피의 개념을 설명하는 안내자가 되기도 한다.

11.1 열기관

자동차의 내연기관은 무슨 일을 하는가에 대하여 잠시 생각해 보자. 증기기관과 가솔린기관을 모두 열기관이라고 부른다. 내연기관은 연료가 기관 내부에서 연소하며 일을 하여 차가 움직인다. 여하튼 일은 연료를 태우는 동안에 방출된 열로부터 얻어진다. 모든 열기관의 기본적 특징을 나타내는 모형을 개발할 수 있는가?

열기관은 무슨 일을 하는가?

자동차의 가솔린기관이 어떻게 일을 하는지에 대해 개략적으로 기술해 보자. 가솔린이라는 연료가 기체상태로 공기와 혼합되어 **실린더**라고 부르는 둥근 통 안으로 들어간다. 점화플러그에 의해 발생된 불꽃이 가솔린과 공기의 혼합물에 불을 붙이면 전체의 연료가 급격히 연소한다(그림 11.2). 연료가 타면서 연료로부터 열이 방출되며 그 열이 실린더 안의 기체를 팽창시켜서 피스톤에 일을 해준다.

피스톤이 받은 일은 기계적인 연결에 의해 구동 샤프트에, 그리고 최종적으로 자동차의 바퀴에 전달된다. 바퀴는 도로 면을 밀어주며 이때 뉴턴의 제3법칙에 의해 노면도 타이어에 힘을 작용하여 차체가 움직이도록 하는 것이다.

자동차가 움직이는 데 있어서 연소된 연료로부터 얻어진 모든 열이 일로 전환되는 것은 아니다. 자동차의 뒤에 있는 배기관으로부터 나오는 배기가스는 아직도 뜨겁다. 이는 얼마간의 열이 대기 중으로 방출됨을 의미한다. 사용되지 않은 열이 존재한다는 것은 열기관의 일반적인 특징이다.

모든 열기관에 공통적으로 적용되는 특징을 도식적으로 설명하면 다음과 같다. 먼저 열에너지가 열기관 안으로 들어간다. 이 에너지의 일부가 역학적 일로 전환된다. 일부 열은 입력온도보다 낮은 온도의 주변으로 방출된다. 그림 11.3은 이러한 개념을 도식적으로 나타내고 있다. 원은 열기관을 나타낸다. 위에 있는 사각형은 높은 온도의 열원이고, 아래에 있는 사각형은 폐열(waste heat)이 방출되는 낮은 온도의 열원, 곧 주위환경이다.

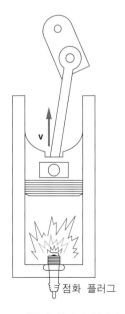

그림 11.2 자동차 엔진의 실린더 안에서 연소하는 가솔린으로부터 방출된 열의 일부가 일로 전환되며 피스톤을 움직인다.

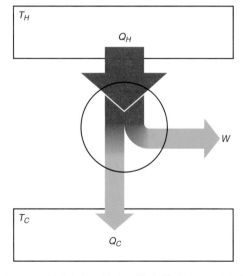

그림 11.3 열기관의 도식적 표현. 높은 온도 T_H의 열원으로부터 열을 받는다. 받은 열의 일부는 일로 전환되고, 나머지의 열은 낮은 온도 T_C의 열원으로 방출된다.

열기관의 열효율

주어진 입력 열에너지에 대해 열기관이 하는 일, 즉 역학적 에너지로 사용하는 비율은 얼마나 될 것인가? 열기관이 얼마나 생산적인가를 아는 것은 중요한 일이다. 열기관의 **열효율**은 열기관이 한 알짜 일과 이 일을 하기 위해 공급되어야 하는 열의 양의 비로 정의된다. 기호로는

$$e = \frac{W}{Q_H}$$

이다. 여기서 e는 열효율이고, W는 기관이 한 알짜 일, Q_H는 높은 온도의 열원 곧 **열저장체**로부터 기관이 받아들인 열량이다. 일 W는 기관이 주위에 한 일이기 때문에, 양(+)의 값을 갖는다.

예제 11.1에서, 열기관이 높은 온도의 열

<table>
<tr><td colspan="2" align="center">예제 11.1</td></tr>
</table>

예제 : 이 기관의 열효율은 얼마인가?

열기관이 각 순환과정 동안에 높은 온도의 열원으로부터 1200 J의 열을 흡수하고 400 J의 일을 한다.

a. 이 기관의 열효율은 얼마인가?

b. 얼마의 열이 매 순환과정 동안에 주위로 방출되는가?

a. $Q_H = 1200$ J

$W = 400$ J

$e = ?$

$$e = \frac{W}{Q_H}$$

$$= \frac{400 \text{ J}}{1200 \text{ J}}$$

$$= \frac{1}{3} = 0.33$$

$$= \mathbf{33\%}$$

b. $Q_C = ?$

$W = Q_H - Q_C$

그래서 $Q_C = Q_H - W$

$$= 1200 \text{ J} - 400 \text{ J}$$

$$= \mathbf{800 \text{ J}}$$

원으로부터 1200 J의 열을 받고 한 번의 순환과정에서 400 J의 일을 하면, 열효율은 1/3이 된다. 열기관의 열효율은 일반적으로 백분율로 나타내므로 이는 0.33, 곧 33%에 해당된다. 보통 자동차에 사용되는 열기관의 열효율은 33%에는 미치지 못한다. 그러나 발전소에서 사용하는 석탄이나 기름을 연료로 사용하는 증기터빈의 열효율은 이보다 높다.

열기관은 통상적으로 순환과정을 통해 같은 일을 계속 반복하므로 열효율을 계산할 때에는 열기관이 한 순환과정을 하는 동안의 열과 일 값을 사용한다. 만일 여러 순환과정 동안 열과 일의 교환이 서로 다르다면 정확한 열효율의 계산을 위해서는 반드시 여러 번의 순환과정으로부터 얻은 평균값을 사용하여야 한다.

열역학 제1법칙은 열기관에 대해 무엇을 말해 주는가?

열역학 제1법칙은 열기관이 할 수 있는 일에 약간의 제한을 가한다. 기관은 각 순환과정의 끝에 초기상태로 돌아가기 때문에, 순환과정의 끝에서 열기관이 가지고 있는 내부 에너지는 순환과정의 초기에서와 같은 값이다. 따라서 완전한 한 순환과정 동안 기관의 내부 에너지 변화는 0이다.

열역학 제1법칙은 내부 에너지의 변화는 더해진 알짜 열과 기관에 의해 하여진 알짜 일 사이의 차($\Delta U = Q - W$)와 같다는 것을 말해 준다. 완전한 한 순환과정 동안의 내부 에너지의 변화

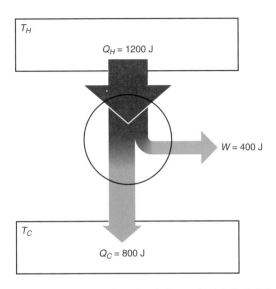

그림 11.4 화살표의 폭은 예제 11.1의 연습문제에서 에너지의 양을 나타낸다.

그림 11.5 주전자로부터 나오는 증기가 바람개비를 돌리는 것은 바로 간단한 증기 터빈의 원리이다. 이러한 증기기관으로 물건을 들어 올리는 것과 같은 일을 할 수 있다.

ΔU는 0이기 때문에, 순환과정당 기관으로 들어가거나 나오는 알짜 열 Q는 한 순환과정 동안에 기관에 의해 하여진 일 W와 같아야 한다. 이것이 바로 에너지가 보존된다는 열역학 제1법칙이다. 알짜 열이란 높은 온도의 열원으로부터 유입된 열 Q_H에서 낮은 온도의 주위로 방출된 열 Q_C를 빼준 값이다(여기서 첨자 H와 C는 hot과 cold를 나타낸다). 열역학 제1법칙은 열기관에 의해 하여진 알짜 일이 알짜 열[1]과 같기 때문에

$$W = Q_H - |Q_C|$$

로 표현된다.

　예제 11.1에서 800 J의 열이 주위로 방출된다. 그림 11.4에서 화살표의 폭은 흐르는 열이나 일의 크기를 말해주고 있다. 위에 있는 넓은 폭의 화살표로부터 시작하여 보자. 한 번의 순환과정에서, 1200 J의 열이 흡수되어 400 J(전체의 1/3)이 일로 전환되고, 800 J(전체의 2/3)의 열이 낮은 온도의 열원으로 방출된다. 방출된 열을 나타내는 화살표는 일을 나타내는 화살표보다 두 배만큼 넓고, 이 두 화살표의 폭을 합하면 처음 흡수된 열의 화살표 폭과 같다.

　자동차 기관과 디젤기관, 제트기관, 발전소에서 사용하는 증기터빈은 모두 열기관의 일종이다. 그림 11.5에서와 같이 주전자의 주둥이 앞에 팔랑개비를 놓으면 간단한 증기터빈을 만들 수 있다. 열은 난로나 뜨거운 판에 의해 차주전자로 공급된다. 이 열 중에서 일부는 팔랑개비를 돌

---

1) Q_C는 기관으로부터 흘러 나오기 때문에 마이너스 부호를 표시해 주면 관계는 더 분명해진다.

리는 일로 전환되지만 나머지 열은 방으로 방출되어 방을 덥히기는 하지만 팔랑개비에 일을 해주지는 않는다.

만일 줄이나 실을 팔랑개비의 회전축에 걸어 준다면, 팔랑개비에 하여진 일이 작은 물건을 들어 올릴 수 있다. 이러한 팔랑개비 증기터빈은 강력하거나 효율적이지는 않다. 높은 일률과 높은 열효율 두 가지 모두를 갖춘 더 좋은 열기관을 설계하는 것은 지난 200년 동안 과학자와 기계기술자들의 목표가 되어왔다. 매일의 자연현상 11.1에 최근의 기술적 진보에 대하여 기술하고 있다. 이 분야의 연구에서 중요한 것은 열효율에 영향을 주는 요인이 무엇인가를 알아내는 일이었다.

매일의 자연현상 11.1

하이브리드 엔진

상황. 자동차 회사들은 지속적으로 더 좋은 성능의 엔진을 개발하기 위하여 막대한 돈을 투자한다. 좋은 성능의 엔진이란 연료의 열효율이 좋으며 유해 배기가스 배출이 적은 엔진을 말한다. 앞으로 강화되는 환경보호에 대한 요구는 이런 엔진을 더욱 유리한 위치에 서게 할 것이다.

전기자동차가 바로 하나의 대안이다. 전기자동차는 말 그대로 전혀 유해가스를 배출하지 않는 완전 무공해 엔진이다. 그러나 아직은 연속주행거리에 제한이 있으며 무거운 배터리를 장착하여야 하고 배터리 충전 시간이 길다는 사실, 그리고 전기가 아직은 값비싼 에너지라는 점이 해결되어야 한다. 최근에는 전기 엔진과 가솔린 엔진을 동시에 사용하는 소위 하이브리드 엔진이 소개된 바 있다. 하이브리드 엔진이란 어떤 것일까? 또 그 장점과 단점은 무엇인지 알아보자.

분석. 물론 다른 조합도 가능하겠지만 거의 대부분의 하이브리드 엔진은 전기 모터와 가솔린 엔진을 조합하여 변속기에 동력을 공급한다. 가솔린 엔진은 열기관이다. 반면에 전기 모터는 배터리에 저장된 전기에너지를 직접 역학적인 에너지로 바꾸어준다. 하이브리드 엔

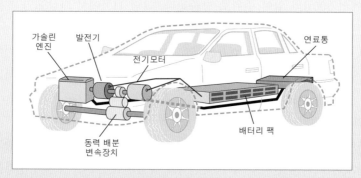

하이브리드 자동차는 가솔린 엔진과 전기 엔진을 모두 장착한다. 가솔린 탱크와 배터리 팩은 각각 에너지를 저장한다.

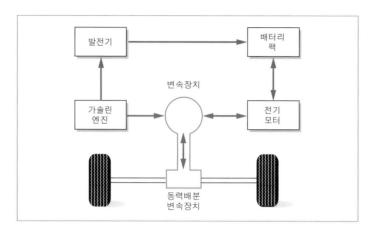

하이브리드 자동차에서 에너지의 흐름도. 감속시 에너지는 전기 모터에
의해 역으로 바퀴에서 배터리 팩으로 흐른다.

진의 경우 상황에 따라 둘 중의 하나 또는 둘 다가 동시에 동력을 공급할 수도 있다.

시내주행시 자동차가 완전 정지상태에서 출발 저속인 상태에 이르기까지 가속하는 동
안에는 주로 전기 모터가 동력을 제공한다. 가솔린 엔진은 전기 모터에 비해 규모가 크며
큰 가속력을 얻는 데 적절하지만 저속에서는 연료소모가 비효율적이며 동시에 배기가스
를 배출하므로 저속에서 가솔린 엔진의 사용을 제한하는 것이다. 경우에 따라서는 가솔린
엔진을 완전히 꺼놓을 수도 있다.

고속도로의 주행에 있어서는 주로 가솔린 엔진이 동력을 제공하며 추가적인 동력이 필
요한 경우에 한하여 전기 모터를 작동시킬 수 있다. 가솔린 엔진의 전체 출력이 모두 사용
되지 않는 상황에서는 그 남는 동력을 이용하여 발전기를 돌리므로 역으로 배터리가 충전
되는 데에 사용할 수도 있다(14장의 전기 모터와 발전기 참조). 자동차가 내리막길을 달릴
때에는 전기 모터를 반대방향으로 돌아가도록 만들어 전기를 발전하는 것도 가능하다.

이러한 방법으로 낮은 온도의 열에너지 형태로 낭비되던 에너지의 일부를 다시 되살려
배터리를 충전한다. 위의 그림은 또 다른 에너지의 흐름으로 설계된 하이브리드 엔진의
개념도이다.

하이브리드 엔진의 장점은 다음과 같다.

1. 가솔린 엔진이 내야 하는 최대 출력을 낮출 수 있기 때문에 더 작은 엔진의 사용이
   가능하다. 이는 연료의 효율을 높일 수 있음을 의미한다.

2. 가솔린 엔진의 남는 출력을 이용하여 배터리를 충전시킬 수 있다. 이렇게 수시로 배
   터리를 충전시킴으로 오랜 시간 배터리를 충전해야 하는 것을 상당부분 줄일 수 있
   으며 동시에 전기 자동차에 비해 적은 규모의 배터리를 사용하는 것이 가능하다.

3. 가솔린 엔진은 고속주행시 사용하며 그렇지 않은 경우라도 배터리 충전을 통해 낭비
   되는 에너지를 회수하여 연료의 효율을 극대화할 수 있다.

하이브리드 엔진의 가장 큰 단점은 가솔린 엔진과 함께 전기 모터를 동시에 동력장치로
사용하고 또 이로 인해 더욱 정교한 변속장치기 필요하므로 추가적인 비용이 든다는 것
이다. (일반적인 가솔린 엔진의 자동차에서도 시동을 위해 전기 모터가 장착되어 있으나

하이브리드 엔진에서 사용되는 전기 모터는 이보다 규모가 더 크다.) 또한 배터리 팩은 일정기간 이후 교환해주어야 하는데 배터리의 가격은 상대적으로 고가이다.

이러한 이유로 하이브리드 자동차는 아직 같은 규모의 가솔린 엔진 자동차에 비해 가격이 비싸다. 그럼에도 불구하고 하이브리드 자동차는 점점 더 큰 호응을 얻어가고 있으며 점점 강화되어가는 국제 환경 기준으로 인해 앞으로 더욱 유리한 고지를 점유하게 될 전망이다.

열기관이 높은 온도의 열원으로부터 열을 받아서, 이 열의 일부를 일로 전환시키고, 남은 열을 더 낮은 온도의 주위로 방출한다. 자동차의 가솔린기관 또는 제트기관, 로켓기관, 증기터빈은 모두 열기관의 일종이다. 열기관의 열효율은 열기관이 한 일과 높은 온도의 열원으로부터 받은 열의 비이다. 완전한 순환과정의 경우 내부 에너지의 변화가 0이기 때문에, 열역학 제1법칙에 의해 한 순환과정 동안에 하여진 일은 열기관으로 들어가고 나간 알짜 열과 같다.

11.2 열역학 제 2법칙

대표적인 열기관인 자동차의 내연기관의 열효율이 30% 이하라면, 많은 에너지를 낭비하고 있는 것처럼 보인다. 주어진 여건에서 얻을 수 있는 가장 높은 열효율은 얼마인가? 어떤 요소들이 열기관의 효율을 결정하는가? 이러한 문제는 초기의 증기기관 설계자들에게 중요했던 것처럼, 오늘날의 자동차 엔진 개발자나 발전을 위한 증기터빈의 설계자들에게도 마찬가지로 중요하다.

카르노 기관이란 무엇인가?

사디 카르노(Sadi Carnot; 1796~1832)는 이 문제에 관심을 가졌던 초기 과학자 중의 한 사람이었다. 카르노는 역시 공학자였던 아버지의 영향을 많이 받았는데 그의 아버지는 당시 기계 동력의 중요한 원천이었던 물레바퀴의 설계에 대하여 연구하고 이를 저술로 남기기도 하였다.

부친의 이러한 연구는 카르노에게 이상적인 열기관의 모형을 만들기 위한 기초 지식이 되었다. 카르노의 아버지는 물을 모두 가장 높은 지점으로 퍼올린 다음 가장 낮은 지점으로 떨어뜨릴 때 물레바퀴의 효율이 최대가 된다는 사실을 깨달았다. 이로부터 카르노는 열기관이 가장 높은 온도에서 모든 입력 열을 받아들이고, 사용되지 않은 열을 최대한 낮은 단일 온도의 열원으로 방출시킬 때 그 효율이 최대가 될 것이라고 추리하였다. 이는 곧 열을 공급하는 열원과 궁극적으로 열이 방출되는 주위의 온도의 차이가 최대가 되는 것을 말한다.

카르노는 이상적인 열기관의 또 다른 필요조건들을 제시하였다. 이상적인 열기관이 되려면 전체 순환과정이 과도한 난류나 비평형이 없이 일어나야 한다는 것이었다. 이러한 조건은 물레바퀴에 관한 그의 아버지의 생각과 유사하였다. 이상적인 열기관에서 기관을 움직이는 유체가 고온의 증기나 혹은 그 이외의 어떤 것일지라도 순환과정 동안 모든 위치에서 평형상태에 있어야 한다. 이러한 조건은 기관이 완전히 가역적이라는 것을 의미한다. 그러나 실제로는 거의 모든 열기관이 이런 조건들로부터 상당히 벗어나 있는 것이 사실이다.

1824년 카르노가 이상적인 열기관에 관한 논문을 발표했을 때에는, 열의 에너지적 특성과 열역학 제1법칙이 아직 완전히 이해되지 않고 있었다. 카르노는 물이 물레바퀴를 지나 흐르는 것처럼, 열이 열기관을 지나 흐르는 것을 묘사하였다. 1850년경에 열역학 제1법칙이 알려진 이후에서야 카르노의 열기관에 대한 개념들이 비로소 명백해졌다. 열은 단순하게 열기관을 지나 흐르지 않는다. 열의 일부는 기관에 의해 하여진 역학적 일로 전환된다.

카르노 순환과정의 각 단계들이란 어떠한 것인가?

카르노가 생각한 **이상적인** 열기관이 순환하는 과정은 그림 11.6과 같이 나타낼 수 있다. 움직일 수 있는 피스톤을 가진 실린더 안에 기체가 들어 있는 경우를 생각해 보자. 순환과정의 제1단계인 열에너지 유입단계에서 열에너지는 높은 온도 T_H의 열원으로부터 열이 실린더로 흘러들어간다. 실린더 내부의 기체는 이 과정에서 **일정한 온도**로 등온팽창하며 동시에 피스톤에 일을 해준다. 제2단계에서 기체는 계속 팽창하나 실린더와 주위의 열원 사이에 열의 흐름이 없다. 이러한 팽창을 **단열팽창**이라고 하는데 이로 인해 기체의 온도는 떨어지게 된다.

제3단계는 등온압축이다. 이번에는 거꾸로 피스톤이 기체에 일을 하여 기체를 압축시킨다. 이 동안에는 열 Q_C가 낮은 온도 T_C의 열원으로 흘러나오게 된다.

마지막 단계인 제4단계는 실린더가 추가적으로 단열압축되어 실린더 내부의 기체는 온도가 올라가 다시 초기상태로 되돌아가게 된다. 네 단계는 모두 기체가 항상 근사적으로 평형상태에

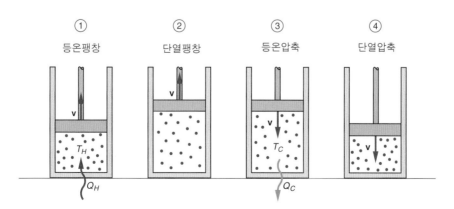

그림 11.6 카르노 순환과정. 제1단계 : 등온팽창, 제2단계 : 단열팽창, 제3단계 : 등온압축, 제4단계 : 단열압축

있도록 느리게 이루어져야 한다. 그래야만 순환과정이 완전이 **가역적**이다. 이것이 **카르노 기관**의 중요한 특징이다.

기체가 1과 2단계에서 팽창되고 있을 때에는, 기체는 피스톤에 양(+)의 일을 하고 그 일은 기계적인 연결장치에 의해 외부로 전해진다. 3과 4단계에서는 기체가 압축되는데, 이때는 외력이 기관에 일을 해 주어야 한다. 그러나 단계 3과 4에서 가해진 일은 단계 1과 2에서 기관이 한 일보다 적다. 그래서 기관이 외부에 알짜 일을 해 주게 된다.

카르노 기관의 열효율은 무엇인가?

열기관 내부의 기체를 이상기체라고 가정하는 **카르노 순환과정**의 열효율은 열역학 제1법칙을 이용하면 계산할 수 있다. 이를 위해서는 순환과정의 각 단계에서 기체가 했거나 혹은 기체에 하여진 일들과 열의 흐름이 수반되는 제1단계와 제3단계에서 유입되거나 방출되는 열의 양을 계산하여야만 한다. 앞 절에서의 열기관의 열효율에 대한 정의를 이용하면,

$$e_c = \frac{T_H - T_C}{T_H}$$

를 얻는다. 여기서 e_c는 **카르노 효율**이고, T_H와 T_C는 열이 들어오고 나가는 열원의 **절대온도**이다. 예제 11.2는 이러한 개념을 도식적으로 보여준다. 주어진 온도의 경우 약 42%의 카르노 효율이 얻어진다. 카르노의 이론에 따른다면, 이 값은 이 두 온도 사이에서 작동하는 모든 기관이 가질 수 있는 **가능한 최대 열효율**이다. 같은 두 온도 사이에서 작동하는 실제의 어떤 기관도, 카르노 기관에서 요구하는 완전히 가역적인 과정으로 기관을 가동시키는 것은 불가능하기 때문에, 언제나 약간 낮은 열효율을 갖는다.

열역학 제2법칙

절대온도란 1850년대에 영국의 켈빈경에 의해 알려졌다. 켈빈경은 일과 에너지에 대한 주울의 실험을 알고 있었고, 열역학 제1

예제 11.2

예제 : 카르노 효율

증기터빈은 400°C의 온도에서 증기를 흡수하고 120°C의 냉각기에 증기를 내보낸다.

a. 이 기관의 경우 카르노 효율은 얼마인가?

b. 터빈이 각 순환과정에서 500 kJ의 열을 흡수한다면, 각 순환과정에서 터빈이 할 수 있는 일의 최대량은 얼마인가?

c. 아주 좋은 열기관의 경우 그 효율은 약 37%에 이른다. 만일 한 증기 터빈이 매 사이클마다 500 kJ의 에너지를 흡수한다면, 이 터빈이 한 사이클 동안 실제로 할 수 있는 최대의 일은 얼마인가?

a. $T_H = 400°C$ $e_C = \dfrac{T_H - T_C}{T_H}$
       $= 673\ \text{K}$
   $T_C = 120°C$ $= \dfrac{673\ \text{K} - 393\ \text{K}}{673\ \text{K}}$
   $e = ?$
                        $= \dfrac{280\ \text{K}}{673\ \text{K}}$

                        $= \mathbf{0.416}(41.6\%)$

b. $Q_H = 500\ \text{kJ}$ $e = \dfrac{W}{Q_H}$, 그래서 $W = eQ_H$
   $W = ?$ $= (0.416)(500\ \text{kJ})$
                        $= \mathbf{208\ kJ}$

c. $Q_H = 500\ \text{kJ}$ $e = \dfrac{W}{Q_H}$, 그래서 $W = eQ_H$
   $e = 0.37$ $= (0.37)(500\ \text{kJ})$
   $W = ?$ $= \mathbf{185\ kJ}$

법칙의 완성에도 일조하였다. 따라서, 그는 열기관에 관한 카르노의 모형을 검증해 볼 수 있는 유리한 위치에 있었다.

열의 흐름은 곧 에너지의 이동이라는 새로운 인식을 카르노의 개념과 결합시킴으로써, 켈빈은 일반적인 원리를 제안하였다. 이것이 오늘날 **열역학 제2법칙**으로 다음과 같이 기술된다.

> 연속적으로 순환과정을 거치는 어떤 기관도, 단일 온도의 열원으로부터 열을 흡수하여, 그 열을 100% 완전히 일로 바꿀 수는 없다.

바꾸어 말하면 어떤 열기관도 100%의 열효율을 갖는 것은 불가능하다는 것이다.

열역학 제2법칙을 사용하면 주어진 두 온도 사이에서 작동하는 어떤 기관도 같은 조건에서 작동하는 카르노 기관보다 더 큰 열효율을 가질 수 없다는 것을 역시 증명할 수 있다. 이러한 증명은 카르노 순환과정이 가역과정이라는 사실과 관련되는데, 카르노 기관이 도달할 수 있는 가장 좋은 기관이라는 카르노의 주장을 정당화시켜 준다. 만일 어떤 기관이 카르노 열효율보다 큰 효율을 갖는다면 이는 열역학 제2법칙에 위배된다. 이는 그림 11.7과 같이 설명된다.

만일, 카르노 기관보다 큰 열효율을 갖는 열기관이 존재한다고 가정해 보자. 이 기관을 이용한다면 같은 입력열량 Q_H를 가지고 카르노 기관보다 더 큰 일을 만들어 낼 수 있을 것이다. 이렇게 만들어진 일의 일부는 카르노 기관을 역으로 돌리는 데에 사용하여 첫 번째 기관에 의해 방출된 열을 다시 높은 온도의 열원으로 되돌려 보낼 수 있을 것이다. 카르노 기관이 하는 일과 사용한 열의 크기의 비율은 기관이 역방향으로 작동할 때나 또는 순방향으로 작동할 때나 같다. 기관을 역으로 돌리려면 단순히 화살표의 방향만 반대로 하여주면 된다.

나머지의 일(그림 11.7에서 $W_{초과}$)은 외부에서 이용될 수 있을 것이고, 나머지 열은 이미 높은 온도의 열원으로 복귀하였다. 이렇게 첫 번째 열기관과 카르노의 기관을 연결하여 사용한다면 높은 온도의 열원으로부터 유입된 작은 양의 열을 **완전히** 일로 바꾸는 것이 가능해진다. 그러나 이는 열역학 제2법칙에 위배된다.

따라서, 만일 열역학 제2법칙을 인정한다면, 이들 두 열원 사이에서 작동하는 어떤 기관도 카르노 기관보다 더 큰 열효율

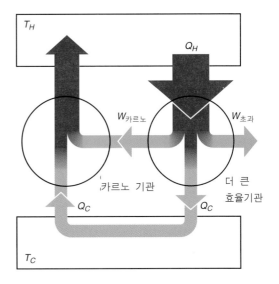

그림 11.7 만일 어떤 기관이 같은 두 온도 사이에서 작동하는 카르노 기관보다 더 큰 효율을 갖는다면, 열역학 제2법칙에 위배되는 것이다.

을 가질 수 없다는 결론에 도달하게 된다.

  그러므로, 카르노 효율은 이들 두 온도 사이에서 작동하는 어느 열기관의 열효율보다도 더 크거나 최소한 같은 최대 열효율이다. 그 증명이 열역학 제 2법칙을 이용하기 때문에, 카르노 효율을 때로는 **제 2법칙 효율**이라고 부른다.

  열역학 제 2법칙은 실험법칙이므로 증명될 수 없다. 그러나 그것은 우리가 아는 한에서는 한 번도 틀린 적이 없는 자연의 법칙이다. 그것은 열에너지를 사용함에 있어 일종의 한계를 정한다. 열역학 제 2법칙이 정확히 적용된다는 사실은 오랜 시간에 걸쳐 계속적으로 확인되었다. 또 이 법칙은 열전달, 열기관, 냉장고 그리고 그 밖의 많은 현상들을 아주 정확하게 설명해주고 있기도 하다.

사디 카르노는 완전히 가역적이고, 이상적인 열기관의 개념을 개발했다. 카르노 기관은 높은 온도의 열원으로부터 열을 흡수하고, 사용하지 않은 열을 저온의 열원에 방출한다. 카르노 기관의 열효율은 이 두 열원의 온도차에 의해 결정된다. 켈빈경에 의하면 열역학 제 2법칙은 연속적으로 작동하는 어떤 기관도 단일 온도의 열원으로부터 열을 흡수하여 이 열을 완전히 일로 바꿀 수는 없다는 것이다. 이로부터 어떤 기관도 같은 두 온도 사이에서 작동하는 카르노 기관보다 더 큰 열효율을 가질 수는 없다는 것을 증명할 수 있다.

11.3 냉장고, 열펌프와 엔트로피

  오늘날 자동차와 냉장고는 거의 필수품이 되었다. 자동차의 가솔린기관은 일종의 열기관이다. 그러면 냉장고란 무엇인가? 앞 절에서, 차가운 열원으로부터 뜨거운 열원으로 열을 퍼넣기 위해서는 일을 사용하여야 하며 이는 열기관을 거꾸로 작동시키는 것과 같다는 사실을 언급하였다. 이것이 바로 냉장고가 하는 일이다. 냉장고와 열기관 사이에 어떤 관계가 있는가?

냉장고와 열펌프는 무슨 일을 하는가?

  냉장고라는 말은 더 이상 설명이 필요없다. 우리는 냉장고가 어떻게 작동하는지는 이해하지는 못할지라도 그 기능과 친숙하다. 냉장고는 열을 냉장고의 차가운 내부로부터 따뜻한 방으로 퍼냄으로써 음식물을 차갑게 유지한다(그림 11.8).

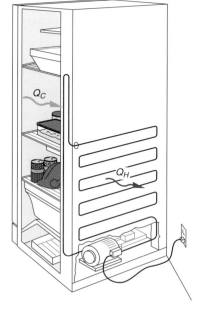

그림 11.8 냉장고는 열을 냉장고의 내부로부터 퍼내어 따뜻한 방으로 내보낸다. 일반적으로 열을 방으로 방출하는 열교환 코일이 냉장고의 뒤쪽에 있다.

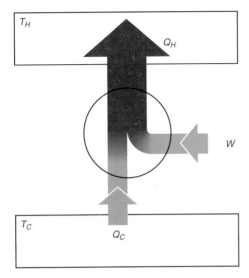

그림 11.9 역으로 작동하고 있는 열기관의 도형. 열기관이 거꾸로 작동하게 되면 바로 열펌프나 냉장고가 된다.

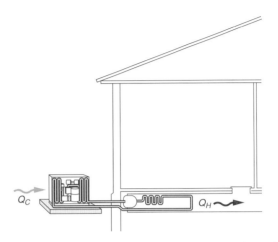

그림 11.10 열펌프가 바깥 공기로부터 열을 뽑아서 그 열을 따뜻한 집 안으로 퍼넣는다.

이를 위해서는 냉장고에 붙어 있는 전동기가 일을 한다. 냉장고가 가동되고 있을 때에 냉장고 뒤에 있는 방열코일이 더워지는 것만큼 냉장고는 실내에 열을 방출한다.

그림 11.9는 역으로 가동되고 있는 열기관의 도형을 보여준다. 이는 열기관을 설명하였던 것과 같은 도형이나, 에너지의 흐름을 보여주는 화살표의 방향이 거꾸로 되어 있다. 기관이 일 W를 해주고 이를 이용하여 저온의 열원으로부터 열 Q_C를 뽑아서, 더 큰 열량 Q_H를 더 높은 온도의 열원으로 방출한다. 외부로부터 공급받은 일을 이용하여, 차가운 열원으로부터 따뜻한 열원으로 열을 이동시키는 장치를 **열펌프** 또는 **냉장고**라고 한다.

여기에서도 열역학 제1법칙에 의하면 열기관으로 흘러들어간 열과 **일**의 합은 높은 온도에서 방출된 열과 같아야만 한다. 열기관이란 반복되는 순환과정을 수행해야 하므로 각 순환과정의 전후에 기관의 내부 에너지는 변함이 없다. 결과적으로 낮은 온도에서 흡수한 열보다 더 많은 열이 높은 온도에서 방출된다(그림 11.9). 예를 들면 낮은 온도의 열원으로부터 300 J의 열을 흡수하기 위해 200 J의 일을 하였다면 높은 온도의 열원에 방출한 열은 500 J이 되어야 한다.

열펌프라는 용어는 통상적으로 열을 차가운 바깥으로부터 따뜻한 내부로 퍼넣음으로써 건물을 덥게 해주는 장치를 말한다(그림 11.10). 전동기가 펌프를 돌리는 데에 필요한 일을 한다. Q_H의 크기는 일 W와 바깥 공기로부터 뽑아낸 열의 합과 같기 때문에, 실내를 덥게 할 수 있는 열에너지의 양은 공급된 일의 양보다 크다. 전기로에서처럼 전기 에너지를 직접 열로 전환시키는 방법으로보다는 열펌프로부터 더 많은 양의 열을 얻을 수 있다.

열펌프는 보통 두 세트의 열교환 코일로 이루어진다. 하나는 바깥에 놓여져(그림 11.11), 바깥 공기로부터 열을 뽑아들이고, 다른 하나는 건물 안에 놓여져 공기중으로 열을 방출한다. 대개의 열펌프들은 양방향으로 열을 이동시킬 수 있도록 설계되어 있어서 여름에 에어컨으로서도 사용될 수 있다. 열펌프는 겨울이 따뜻한 미국 남동부나 태평양 연안의 북서부와 같은, 바깥과 안의 온도 차이가 너무 크지 않은 기후 지대에 있는 집을 데우는 데에 가장 효과적이다.

열펌프는 가끔 일로서 공급된 전기 에너지 양의 2~3배의 열을 건물 안으로 전달할 수 있다. 여분의 에너지는 바깥 공기로부터 온 것으로 열역학 제1법칙이 어긋나는 것은 아니다. 열펌프에 사용된 일은 물펌프가 물을 높은 위치로 퍼올리

그림 11.11 공기로부터 공기로 열을 보내는 형태의 열펌프인 경우, 통상적으로 외부 열교환 코일을 집이나 건물 뒤에 있는 콘크리트 받침대 위에 설치한다.

는 것처럼, 자연스러운 열의 흐름과는 반대 방향으로 열에너지가 흐를 수 있게 해준다.

열역학 제2법칙에 대한 클라우지우스의 기술

정상적으로는 열이 뜨거운 물체로부터 차가운 물체로 흐른다. 루돌프 클라우지우스(Rudolf Clausius; 1822~1888)라는 열물리학자는 바로 이러한 자연스러운 열흐름의 방향을 이용하여 열역학 제2법칙을 새롭게 정의하고 있다. 이는 창안자의 이름을 따서 때로는 클라우지우스의 정의라고 부르기도 하는데 다음과 같다.

> 몇 개의 다른 과정이 개입되지 않는다면, 열은 결코 차가운 물체로부터 뜨거운 물체로 흐르지 않는다.

열펌프의 경우, 다른 과정이라는 것은 통상적인 흐름의 방향에 거슬러서 열을 퍼내기 위해 사용된 일이다.

열역학 제2법칙에 대한 새로운 정의는 켈빈의 그것과는 다르게 보일지도 모르겠다. 그러나 이들 둘은 모두 자연스런 상태에서 열로써 할 수 있는 것에 대해 일종의 한계를 두고 있다는 데서 서로 같다. 이 두 원리의 동등성은 어떤 기관도 같은 두 온도 사이에서 작동하는 카르노 기관보다 더 큰 효율을 가질 수는 없다는 것을 확인하는 것과 같은 논의로 증명될 수 있다. 그림 11.12가 이러한 논의를 설명해 준다.

만일 클라우지우스의 기술이 틀려서 아무런 일을 사용함이 없이 열을 차가운 열원으로부터 뜨거운 열원으로 흐르게 할 수 있다면, 그림의 오른쪽에 있는 열기관이 방출한 열이 뜨거운 열원

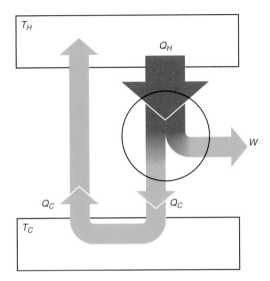

그림 11.12 열이 저절로 차가운 열원으로부터 뜨거운 열원으로 흐를 수 있다고 가정한다면, 열역학 제2법칙에 대한 켈빈의 기술이 위배된다.

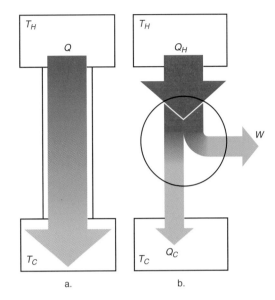

그림 11.13 열은 도체를 통해 직접 흐르게 하거나 열기관을 가동시키기 위해 사용함으로써 높은 온도의 열원으로부터 뽑아낼 수 있다.

으로 거슬러 흐를 수 있을 것이며 이는 곧 뜨거운 열원의 일부 열을 **완전히** 일로 바꾸는 것이 가능하다는 말이 된다. 물론 낮은 온도의 열원이 가지고 있는 열의 양은 변함이 없다. 이러한 결과는 단일 온도의 열원으로부터 열을 받아서 그것을 완전히 일로 바꾸는 것은 불가능하다고 말한 켈빈의 기술에도 어긋나는 것이 된다.

이처럼 열역학 제2법칙에 대한 클라우지우스의 기술이 틀렸다면 켈빈의 기술이 틀리게 된다. 이와 유사한 논리로 켈빈 기술이 틀렸다면 클라우지우스 기술도 틀리게 된다는 사실을 증명할 수 있다(이를 논리적으로 전개하는 것은 시험삼아 각자 해 보기 바란다). 따라서 이 두 개의 정의는 자연에 대한 같은 기본법칙을 다른 방법으로 표현한 것일 뿐이다.

엔트로피란 무엇인가?

열역학 제2법칙에 대한 두 가지 기술은 모두 어떤 한계에 대한 설명이다. 그렇다면 열과 관련되어서 어떤 본질적인 한계라는 것이 존재하는가? 이 두 가지 기술은 다 같이 열역학 제1법칙(에너지 보존법칙)에는 어긋나지 않으면서도 열에너지의 이동과 관련 실제로 일어날 수 없는 일들을 설명하고 있다.

뜨거운 물과 같이 높은 온도의 열원은 일정량의 열을 가지고 있다. 이러한 열원으로부터 열을 뽑아내는 두 가지 다른 방법을 생각할 수 있다. 하나는 그림 11.13a와 같이 열이 잘 통과하는 물체를 통해 차가운 열원으로 열을 자연스럽게 이동시키는 것이다.

또 다른 방법은 열기관을 가동시켜서 뜨거운 열원의 열을 이용, 유용한 일을 약간 하도록 만드는 것이다(그림 11.13b). 만일, 카르노 기관을 사용한다면, 이 과정은 완전히 가역적이며 열로부터 가능한 최대의 일을 얻는 방법이라는 사실을 이미 설명하였다. 첫 번째 과정, 즉 열을 단순히 열이 잘 통과하는 물체를 통해 낮은 온도의 열원으로 흐르도록 하는 것은 **비가역적**이다. 이러한 열흐름이 일어나는 동안에는 전체 계는 평형상태에 있지 않고 열이 유용한 일로 전환되지도 않는다. 비가역 과정에서는 열이 가지고 있는 유용한 일을 하는 능력을 일부 상실한다.

엔트로피란 바로 이러한 유용한 일을 할 수 있는 능력의 상실 정도를 기술하는 양이다. 엔트로피가 증가함에 따라 우리는 일을 할 수 있는 능력을 상실해 간다. 엔트로피를 때로는 **계의 무질서의 척도**라 정의한다. 계의 무질서가 증가할 때 계의 엔트로피도 증가한다. 이런 의미에서, 다른 온도의 두 열원으로 구성된 계는 중간의 단일 온도의 열원이 모든 에너지를 갖고 있는 계보다 더 규칙적이다.

만일 완전히 가역적인 카르노 기관을 돌리기 위해서 뜨거운 열원에서 얻을 수 있는 열을 사용한다면, 계와 그 주위의 엔트로피의 증가는 없다. 우리는 이용할 수 있는 에너지로부터 유용한 최대의 일을 얻는다. 고립된 계에서는(우주에서와 같이) 엔트로피가 **가역과정**에서 일정하게 유지되나, 계가 일정한 시간 동안 평형상태에 있지 않은 **비가역과정**에서는 엔트로피가 증가한다. 한 계의 엔트로피가 감소하기 위해서는 또 다른 계와의 상호작용이 있어야만 하며 이 상호작용을 통하여 또 다른 계의 엔트로피는 증가하여 첫 번째 계의 엔트로피의 감소분을 상쇄할 수 있어야만 한다. 우주는 고립계로 간주할 수 있으며 그 엔트로피는 감소되지 않는다. 이는 열역학 제2법칙의 또 다른 설명이다.

> 우주와 같이 고립된 계의 엔트로피는 증가하거나 일정하게 유지될 수 있을 뿐이다. 우주의 엔트로피는 감소될 수 없다.

열에너지가 갖는 무질서도가 바로 열역학 제2법칙이 시사하는 한계의 원인이다. 만일 열이 차가운 물체로부터 뜨거운 물체로 저절로 흐를 수 있다면, 우주의 엔트로피는 감소할 수 있을 것이다. 그러나 열역학 제2법칙에 대한 클라우지우스 기술은 이러한 일이 일어날 수 없다고 주장한다. 마찬가지로, 열역학 제2법칙에 대한 켈빈의 기술이 틀려서, 만일 단일 온도에서 열이 완전히 일로 바뀔 수 있다면, 역시 우주의 엔트로피는 감소될 것이라는 결론에 도달한다.

기체의 열에너지는 분자들의 운동 에너지로 이루어진다. 그런데 이러한 기체 분자들의 운동은 그림 11.14에서와 같이 서로 무질서한 방향을 향하고 있다. 일부의 분자들만이 일을 할 때 피스톤이 움직이는 방향으로 움직이고 있을 뿐이다. 만일 분자들이 모두 같은 방향으로 움직

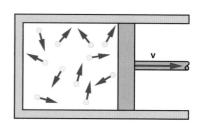

그림 11.14 기체분자들의 무작위적인 운동 방향이 운동 에너지를 완전히 역학적 일로 바꾸는 것을 제한한다.

인다면, 그들의 운동 에너지를 완전히 일로 바꿀 수 있을 것이다. 이것이 더 낮은 엔트로피의 (더 규칙적인) 조건일 것이다. 그러나 기체가 갖는 열에너지는 그러한 상태에 있지 않다. 이와 같이 열에너지가 가지는 무질서가 바로 열역학 제2법칙에 대한 세 가지 기술들이 포함하고 있는 한계의 원인이다.

내부 에너지와 같이, 엔트로피는 주어진 계의 어느 상태에 대하여도 계산할 수 있다. 무질서도라는 개념이 문제의 핵심이다. 나의 연구실이나 학생들의 기숙사 방의 상태는 더 무질서해지려는 경향이 있다. 이와 같이 엔트로피가 증가하는 자연의 경향은 물건들이 다시 질서 있는 상태로 회복되도록 일의 형태로 에너지가 투입되어야 거스를 수 있다.

열펌프나 냉장고는 일반적인 열기관과는 역으로 작동하는 열기관이다. 즉, 차가운 물체로부터 뜨거운 물체로 열을 퍼올리기 위해서는 외부에서 일이 공급되어야 한다. 열역학 제2법칙에 대한 클라우지우스의 기술은 켈빈의 기술과 동등하며, 정상적으로는 열이 뜨거운 물체로부터 차가운 물체로 흐른다. 다른 어떤 과정이 개입되지 않는 한 열은 그 반대방향으로 흐를 수는 없다. 열역학 제2법칙에서 표현된 열의 사용에 관한 제한은 열에너지의 무질서한 성질 때문에 발생한다. 엔트로피는 계의 무질서의 척도이다. 우주의 엔트로피는 증가만 할 수 있다.

11.4 발전설비와 에너지 자원

우리는 일상적으로 전력을 사용하지만, 대부분의 사람들은 그 에너지가 어디로부터 오는지에 대해서는 무관심하다. 그러나 최근 온실효과(매일의 자연현상 10.1 참고)와 다른 환경 문제들에 대한 논쟁은 우리가 어떻게 전력을 생산하는 것이 옳은지에 대한 관심을 일반인들에게 요구하고 있다. 당신의 지역에서는 어떻게 전기를 생산하는가? 만일 수력발전에 크게 의존하지 않는 것이 확실하다면 당신이 사용하는 전력의 대부분은 열기관을 사용하는 화력발전에 의한 것이다.

열역학은 에너지의 사용에 관한 모든 논의에서 중요한 역할을 한다. 석탄, 석유, 천연가스, 핵에너지, 태양 에너지, 지열 에너지와 같은 에너지 자원을 사용하는 가장 효율적인 방법은 무엇인가? 열역학 법칙들과 열기관의 열효율은 이러한 문제들에 관해 어떤 관계를 갖는가?

화력발전장치는 어떻게 일을 하는가?

전력을 생산하는 가장 흔한 방법은 석탄, 석유, 천연가스와 같은 화석연료들로부터 연료를 공급받는 화력발전장치를 사용하는 것이다. 이러한 장치의 핵심은 열기관이다. 연료가 타서 작업유체(보통 물과 증기)의 온도를 증가시키는 열을 방출한다. 뜨거운 증기가 발전기에 연결된 샤프트(shaft)를 돌리는 터빈(그림 11.15)을 지나간다. 이렇게 만들어진 전기는 동력선을 지나서 가정, 사무실, 공장 등 소비자에게 전달된다.

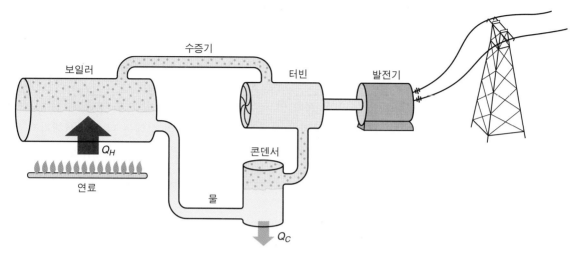

그림 11.15 화력발전소의 기본 구성요소를 보여주는 그림. 보일러에 의해 열이 수증기를 발생시키고, 증기터빈을 돌린다. 터빈이 발전기에 일을 하여 전기를 생산한다.

　증기터빈은 일종의 열기관이며 모든 조건이 이상적인 카르노의 기관에 미치지 못하므로 그 열효율은 열역학 제2법칙에 의해 최대값으로 주어지는 카르노 효율보다 클 수는 없다. 실제적인 기관에서는 항상 비가역과정이 개입되기 마련인 것이다. 그러나 증기터빈은 자동차에 사용되는 내연기관보다는 이상적인 기관에 더 가깝다. 자동차의 내연기관 내부에서의 가솔린과 공기 혼합물의 급격한 연소는 엔트로피가 크게 증가하는 비가역 과정이다.

　열기관이 낼 수 있는 가능한 최대 열효율은 뜨거운 열원과 차가운 열원 사이의 온도차에 의해 주어지기 때문에, 높은 온도의 열원으로 수증기를 사용한다면 열기관을 구성하고 있는 물질이 허용하는 한 높은 온도로 수증기를 가열하는 것이 유리하다. 따라서, 높은 온도의 열원이란 보일러와 터빈을 만든 재료가 견딜 수 있는 온도의 상한에 의해 결정된다. 만일 이 재료들이 약해지거나 녹기 시작한다면 열기관이 더 이상 작동하지 못함은 너무나 분명하기 때문이다. 대부분의 증기터빈에서 온도 상한은 강철의 녹는 온도보다 충분히 낮아 약 600°C 정도의 온도를 갖는다. 또 실제 터빈의 작동온도는 이보다도 낮아서 대개 550°C 정도에서 작동하는 것이 보통이다.

　만일, 증기터빈이 600°C(873 K)의 입력온도와 물의 끓는점인 100°C(373 K) 근처의 배기온도 사이에서 작동한다면, 이 터빈의 가능한 최대 열효율을

$$e_c = \frac{T_H - T_C}{T_H}$$

로 계산할 수 있다. 이 두 온도 사이의 차이는 500 K이다. 이것을 입력온도 873 K로 나누면 0.57 곧 카르노의 효율은 57%가 된다. 이는 물론 가장 이상적인 열효율이다. 실제의 열효율은 이보다 약간 낮으며, 석탄이나 기름을 연료로 하는 최신의 동력장치인 경우 40~50% 사이에서

작동한다.

기껏해야 석탄이나 기름을 태워서 방출된 열에너지의 약 절반을 역학적 일이나 전기 에너지로 바꿀 수 있을 뿐이다. 나머지는 열 기관을 가동시킨다거나 다른 일을 하기에는 너무 낮은 온도의 열원으로 흘러들어 단순히 대기를 가열할 뿐이다. 터빈의 열효율을 최대로 만들기 위해서는 그 배기 부분을 냉각시 켜야 한다. 이때 냉각수에 유입된 열은 일부 터빈으로 되돌려지기도 하지만 대부분 냉각 탑으로 보내져 그 열은 대기속으로 흩어진다 (그림 11.16). 이것이 바로 환경론자들이 이 야기하는 발전시설의 **폐열**이다. 만일 이 폐열 이 강으로 버려진다면, 강의 온도가 상승하여 물고기나 다른 생물들에게 바람직하지 않을 수도 있다.

그림 11.16 많은 열 동력장치의 공통적 특징인 냉각탑 은 열을 냉각수로부터 대기로 전달한다

화석연료를 대체할 수 있는 어떤 연료가 있는가?

핵발전장치 역시 열을 발생시켜서 증기터빈을 돌린다. 그러나 물질에 남아 있는 방사능으로 인 해 화석연료를 사용하는 발전장치에서처럼 높은 온도에서 터빈을 돌리는 것은 불가능하다. 이로 인해 핵발전장치의 열효율은 일반적으로 30~40% 사이로 약간 낮은 편이다. 따라서 핵발전소는 화력발전소에 비해 같은 양의 생산된 열에 대하여, 주위로 방출하는 열이 더 크다. 반면에 핵발 전소는 온실효과의 원인이 되는 이산화탄소와 그 밖의 다른 배기가스를 대기 속으로 방출하지는 않는다. 물론 핵폐기물의 가공과 처리, 핵사고에 대한 위험 등이 계속 중요 논쟁점이 되고 있다.

또 다른 사용가능한 열원으로는 뜨거운 지구내부로부터 얻어지는 지열이 있다. 온천과 간헐천 은 뜨거운 물이 지구표면 근처에 존재한다는 것을 암시한다. 그러나 이러한 물의 온도는 보통 200℃를 넘지 못한다. 간헐천으로부터 수증기를 얻을 수 있는 북부 캘리포니아 같은 곳에서는 이를 이용하여 낮은 온도에서도 작동되는 증기터빈을 돌려서 동력을 얻기도 한다(그림 11.17).

물의 온도가 200℃보다 낮다면, 증기터빈은 효과적이지 못하다. 그래서 물보다 낮은 끓는 온도를 가진 다른 유체를 이용하여 열기관을 가동시키는 것이 더 바람직하다. 낮은 온도 열 기관에서 작동 가능한 유체로서 이소부탄이라는 물질이 연구되어 왔다. 그러나 이러한 기관 의 열효율은 아주 낮을 것이다. 예를 들면, 150℃(423 K)의 수증기를 얻을 수 있는 곳에서 냉 각수로 20℃(293 K)의 물을 사용한다면 이때 카르노 효율은 31%가 된다. 실제 열효율은 이 보다 더 낮을 것이 분명하다. 일반적인 지열동력장치에서는 단지 20~25%의 열효율을 보이 는 것이 보통이다.

그림 11.17 아이슬랜드의 지열 발전소에서 지열에너지를 이용하여 스팀 터어빈을 돌리고 있다.
© Javarman/Shutterstock RF

그림 11.18 스페인의 세비야에 있는 태양열 발전장치에서는 거울들을 배열시켜서 가운데에 있는 보일러에 태양광을 집중시킴으로써 태양 에너지로부터 높은 온도를 얻는다.

따뜻한 해류는 또 다른 열원이다. 대양의 표면에 있는 따뜻한 물과 더 깊은 곳에 있는 차가운 물 사이의 온도차를 이용하는 동력장치가 제안되어, 원형이 개발되어 있다. 예제 11.3은 가능한 한 시나리오이다. 카르노 효율 6.7 %이면 비록 낮은 열효율이기는 하지만, 따뜻해진 물은 태양이 데워준 것이므로 비용이 거의 들지 않는다는 것이 장점이다. 이러한 방법으로 동력을 얻는 것이 아직도 경제적으로 가능할 것이다.

태양의 에너지를 이용하는 것은 경제성만 있다면 무한한 가능성을 가진 에너지 원천이다. 태양으로부터 얻을 수 있는 열원의 온도는 태양광을 수집하는 장치에 의존된다. 보통 평판 수집장치는 50°C로부터 100°C까지로 비교적 낮은 온도의 열을 얻을 수 있을 뿐이다. 거울이나 렌즈와 같이 태양광을 집중시키는 집중기(collector)들을 사용하면 이보다 더 높은 온도의 열을 얻을 수 있다. 스페인의 세비야 근처에 있는 태양 동력장치에서는, 배열된 거울들이 중앙탑에 있는 보일러에 태양광선을 집중시킨다(그림 11.18). 발생된 온도는 화석연료 동력장치의 온도와 비교될 수 있고, 따라서 유사한 증기터빈도 사용될 수 있다.

예제 11.3

예제 : 해양 발전설비의 열효율 계산

본문에서 설명하였듯이 해양 발전설비는 대양 표면의 따뜻한 물과 깊은 곳의 차가운 물 사이의 온도차를 이용하는 것이다. 열대지방에서 대양의 표면 온도는 약 25°C 정도이고, 대양 깊은 곳의 온도는 약 5°C이다. 이러한 온도 차이를 이용하는 열기관이라면 카르노 효율은 얼마인가?

$$T_H = 25°C \qquad e = \frac{T_H - T_C}{T_H}$$
$$\quad = 298\ K$$
$$T_C = 5°C \qquad\qquad = \frac{298\ K - 278\ K}{298\ K}$$
$$\quad = 278\ K$$
$$e = ? \qquad\qquad = \frac{20\ K}{298\ K}$$
$$\qquad\qquad = 0.067\ (6.7\%)$$

고급열과 저급열

열역학 제2법칙 및 관련된 카르노 효율에 의해 모든 열기관이 가질 수 있는 최대 열효율의 한

계가 정확하게 정의되기 때문에 열원으로부터 얼마나 많은 유용한 일을 뽑아낼 수 있는가는 결국 그 열원의 온도에 달려 있다. 이러한 요인들은 국가 에너지 정책과 매일매일의 에너지 사용에 어떤 영향을 미치는가?

500℃ 이상의 온도를 갖는 열이 이보다 낮은 온도의 열보다 역학적 일이나 전기적 에너지를 생산하기에 훨씬 더 유용하다는 것이 분명하다. 높은 온도의 열은 일을 생산하기가 쉽기 때문에 때로는 **고급열**이라 부른다. 물론, 이러한 고급열이라도 그 50% 이하만이 실제로 일로 바뀔 수 있을 뿐이다.

그러나 낮은 온도의 열은 더 낮은 열효율로 일을 생산할 수 있을 뿐이다. 100℃ 이하 온도의 열은 일반적으로 **저급열**이라 부른다. 사실 가정이나 건물을 가열하는 것과 같은 목적이라면 오히려 저급열이 더 적합하다. 태양열 집광기로 얻은 열이나 지열 등은 실제로 이러한 난방의 목적으로 사용하는 것이 가장 타당한 유용방법이 될 것이다. 지열은 조건이 좋은 세계의 다른 지역에서와 마찬가지로, 미국 오레곤 주의 클라마스 폭포 지역에서도 난방 목적으로 사용되고 있다.

동력장치로부터 방출된 낮은 온도의 많은 저급열들은 그것이 필요로 하는 곳까지의 이동에 소요되는 비용으로 인해 대부분 그대로 버려지고 있는 것이 현실이다. 핵발전소는 보통 인구밀집 지역에 건설하지 않는다. 농업이나 양어와 같이, 저급열을 사용할 수 있는 다른 방법도 있을 수 있으나 아직은 그러한 기술의 개발들이 덜 되어 있는 상태이다.

전기 에너지의 주요한 이점은 송전선을 통하여 발전지점으로부터 멀리 있는 사용자에게 쉽게 보낼 수 있다는 것이다. 또 전기 에너지는 전동기를 이용하면 쉽게 역학적 일로 바뀔 수 있다. 전동기는 열기관이 아니기 때문에 90% 이상의 효율로 작동한다. 물론, 전력을 생산하는 과정에서의 효율이 상당히 낮을 수도 있다.

또한, 전기 에너지는 열에너지로도 쉽게 되바꿀 수 있다. 수많은 수력발전소가 위치하여 비교적 값싼 비용으로 전기 에너지를 사용할 수 있는 미국 태평양 연안 서북부와 같은 지역에서는 전기 에너지를 이용하여 난방을 하기도 한다. 물론 이러한 자원의 개발은 정부가 보조해 왔다.

미국과 세계 여러 곳에서는 아직도 에너지의 값이 비교적 싸다. 계속된 경제개발과 화석연료 자원의 고갈로 이러한 상황은 점차 변화할 것이다. 에너지 자원의 부족 사태가 심해져 감에 따라 이들을 최선의 방법으로 사용하는 문제가 중대해질 것이다. 현명한 결정은 훈련된 그리고 과학적 소양을 갖춘 많은 시민들의 참여에 달려 있다.

화력발전소는 전력을 생산하기 위하여 증기터빈이라는 열기관을 사용한다. 열기관의 열효율은 입력온도와 출력온도에 의존하는 카르노 효율에 의해 제한된다. 현재의 화석연료를 사용하는 열기관에서 얻을 수 있는 가장 좋은 열효율은 50% 정도이다. 다른 에너지자원을 사용하는 경우에도 열기관의 열효율이란 결국 열원의 최고 온도에 달려 있다. 열역학의 법칙들이 그 한계 열효율을 결정하기 때문에 낮은 온도의 저급열원은 발전보다는 지역난방이나 이와 유사한 용도에 더 적합하다.

이미 열악한 사막지역의 환경을 더욱 해치기 때문에, 환경론자들은 사막지역에 건설되는 거대한 태양열 발전 설비를 반대하고 있다. 그러나 사막지역은 낮은 땅값과 구름 등의 방해물이 없어 태양열 발전에 좋은 입지를 가진다. 화석연료 사용의 절감하기 위해서는 모든 환경적인 문제는 접어두어야 하는가?

11.5 영구기관과 에너지 속임

영구기관의 개념은 오랫동안 발명가들을 매혹시켰다. 연료가 없이도, 혹은 물과 같이 풍부한 자원만으로도 작동되는 기관을 발명하려는 유혹은 금을 찾는 것만큼 매력적이었다. 만일 이러한 기관이 개발되어 특허를 얻는다면, 발명자는 금광을 발견한 것보다도 더 부자가 될 것임에 틀림없다.

과연 영구기관이란 가능한가? 열역학 법칙들은 여기에 약간의 제한을 준다. 열역학의 법칙들은 현재 물리학자들이 에너지와 열기관에 대해 알고 있는 모든 사실들을 아주 잘 설명하고 있기 때문에, 이 법칙들에 어긋나는 어떠한 주장도 일단은 의심을 받기 마련이다. 영구기관과 같은 기적의 기관이 열역학 제1법칙이나 제2법칙에 어긋나는지 아닌지를 알아보려면, 언제나 실제로 실험을 해보는 것이 가장 간단하고 확실한 방법이 될 것이다.

제1종 영구기관

열역학 제1법칙에 위배되는 열기관이나 기계를 **제1종의 영구기관**이라 부른다. 열역학 제1법칙은 에너지 보존법칙을 의미하기 때문에, 제1종의 영구기관은 그것이 받아들이는 일이나 열보다 더 많은 에너지를 내보내는 기관이다. 만일 기계나 기관이 연속적인 순환과정으로 작동한다면, 내부 에너지는 초기의 값으로 되돌아가야 하고, 기관의 에너지 출력은 이미 아는 바와 같이 에너지 입력과 같아야 한다.

그림 11.19에서 보는 바와 같이, 출력된 열과 일의 총합 크기가 (화살표의 폭으로 표시된 바와 같이) 입력열의 크기보다 크다. 이것은 기관 자체에 건전지와 같은 에너지원을 일부 가지고 있다면 있을 수 있을 것이다. 만일

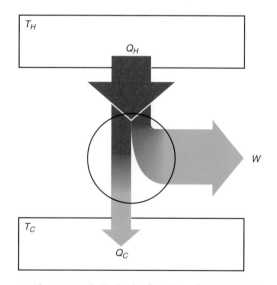

그림 11.19 제1종의 영구운동기관. 출력 에너지가 입력 에너지보다 크다. 따라서 열역학 제1법칙에 어긋난다.

그런 경우라면 건전지와 같은 기관의 내부 에너지는 점차 감소될 것이다. 기관은 무한히 돌아갈 수는 없다.

　물리학자들이 이러한 기관은 불가능한 것이라고 주장함에도 많은 발명자들의 의욕까지도 잠재우지는 못한다. 때때로 신문이나 다른 대중 매체에서 1갤런의 물이나 소량의 가솔린으로 무한히 돌아가는 기관을 발명하였다는 주장의 보도를 접하게 된다. 때로 가솔린 가격이 높아지면, 이러한 주장들은 더욱 호소력을 가지며 가끔 투자자들을 끌어들여 이익을 보기도 한다. 그러나 당신이 약간의 물리학 지식을 가지고 있다면 영구기관의 발명자에게 몇 가지 간단한 질문을 할 수가 있을 것이다. 에너지는 어디로부터 오는가? 기계가 어떻게 들어오는 에너지보다 더 많은 에너지를 내보낼 수 있는가? 당신의 지갑을 꽉 잡지 않는다면, 그것은 분명히 아주 어리석은 투자가 될 것이 틀림없다.

제2종 영구기관은 무엇인가?

　열역학 제1법칙에 어긋나지는 않으나 열역학 제2법칙에 위배되는 영구기관들은 때때로 이해하기가 매우 난해한 경우가 있다. 그런 기관을 발명하는 사람들은 앞에서의 질문에 대한 대답을 이미 알고 있는 것이다. 그들은 아마도 에너지원을 가지고 있거나 또는 대기나 대양으로부터 열을 뽑아내려 할 것이다. 이러한 주장들은 열역학 제2법칙으로 검증이 가능하다. 만일 기관이 열역학 제2법칙에 위배된다면 그 기관은 바로 **제2종의 영구기관**(그림 11.20)이다.

　열역학 제2법칙은 단일 온도의 열원으로부터 열을 받아서 그것을 완전히 일로 바꾸는 것은 불가능하다는 것을 말한다. 열기관이 순환 과정을 거치기 위해서는 항상 낮은 온도의 열원이 있어야 하며, 열의 일부는 이 열원으로 방출된다. 또 앞에서도 설명했던 것과 같이 이 두 열원의 온도차가 열기관이 낼 수 있는 최대 열효율인 카르노 효율이라고 하였다. 두 열원 사이에서 돌아가는 어떤 기관이라도 카르노 효율보다 큰 열효율을 주장하는 것 또한 열역학 제2법칙에 위배된다.

　열역학 법칙들은 발명자의 주장을 점검하는 데에 유용하며, 더 좋은 열기관을 설계하여 에너지를 효율적으로 사용할 수 있도록 해준다. 물론, 더 좋은 열기관들이 계속적으로 개발될 것이고, 그 발명자들은 큰 재산을 모을 수 있을 것이다. 특히 저급열

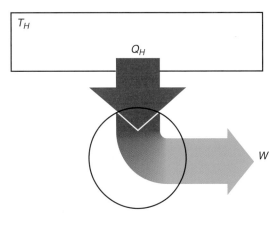

그림 11.20 제2종의 영구기관. 단일 온도의 열원으로부터 열에너지를 받아 완전히 일로 전환된다. 이는 열역학 제2법칙에 어긋난다.

매일의 자연현상 11.2

생산적인 연못

상황. 어떤 농부가 농장에서 전기를 발전하려는 그의 아이디어에 관해 저자에게 문의를 해왔다. 그의 농장에는 연못이 있었는데, 발전기에 동력을 줄 수 있는 수레바퀴를 돌리는 데에 사용할 수 있을 것이라며 다음 그림과 같은 스케치를 가져왔다.

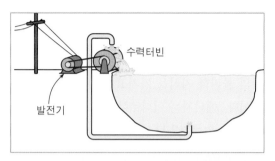

스케치상에는 연못의 바닥에 취수관이 있다. 농부는 물이 수압에 의해 매우 빠른 속도로 취수관으로 흘러 내려갈 것이라고 믿고 있었다. 그의 계획은 취수관을 지나온 물을 연

연못으로부터 전력을 얻으려는 농부의 계획을 스케치한 것. 그의 계획은 열역학의 어느 법칙에 어긋나는가?

못의 옆을 지나 연못 높이보다 위로 올려서, 수레바퀴를 통해 흐르게 함으로써 발전기에 동력을 주려는 것이었다. 물은 수레바퀴를 흐른 후 연못으로 되돌아갈 것이고, 그래서 증발되거나 새어 나가서 상실된 물을 보충해 주는 것 외에는 계속적인 물 공급도 필요가 없다는 것이다.

당신은 어떻게 농부에게 조언하여 줄 것인가? 이 계획은 효과가 있을 것인가? 그것은 영구기관을 나타내는가? 그렇다면 어떤 종류인가?

분석. 결론부터 말한다면 먼저 열이나 일의 형태로 아무런 에너지를 받아들이지 않고서도 발전기를 돌리는 일을 얻고 있다. 연못은 (같은 내부 에너지를 가지고) 초기상태로 되돌아가기 때문에, 이러한 설계는 열역학 제1법칙(곧 에너지 보존의 원리)에 위배되는 것이다. 농부의 아이디어는 제1종의 영구기관에 해당된다.

역학적으로 더 상세하게 고찰하여보자. 물이 취수관 아래로 흐르면서 운동 에너지를 얻고 있음을 우리는 알고 있다. 그러나 이때 얻은 운동 에너지란 물이 연못 밑으로 높이가 낮아지면서 위치 에너지를 상실하는 대가로 얻어진 것이다. 물을 다시 위로 올라가도록 하는 것은 물이 가진 운동 에너지를 희생하여 위치 에너지를 다시 얻도록 하는 것이다. 물이 올라갈수록 그 속도는 느려질 것이다. 만일 취수관 면과의 사이에 마찰로 인한 손실이 없다면 물의 속도는 연못의 원래의 높이에 도달하는 지점에서 0이 될 것이다.

밸브가 열리는 초기에는, 순간적으로 물이 원래의 연못 높이를 넘을지도 모른다. 그러나 연속적인 과정에서는 물이 이 높이 위로 올라갈 수 없다. 수직한 관에 있는 물은 결국에는 연못과 같은 높이에서 멈추게 될 것이다. 결과적으로 이러한 계획은 효과가 없을 것이다.

저자가 농부에게 이러한 개념들을 주의깊게 설명해 주어도, 그리고 농부가 교육을 받은 지적인 사람인데도, 그는 아직도 그의 생각이 효과가 없을 것이라는 것을 납득하지 못하고 있었다. 농부가 이러한 이론적인 반론을 믿지 않았기 때문에, 저자는 농부가 연못에 본격적인 배관공사를 하기 전에 먼저 작은 규모의 모형을 만들어 보도록 권하였다. 모형, 곧 본보기는 개념을 시험해 보는 좋은 방법이며 때로는 이론적 논의보다 더 설득력이 있다 (농부가 실제로 그의 계획을 시험해 보았는지는 알 수 없었다).

을 이용하는 분야나 또는 특수한 환경과 관련된 분야에서 그러한 가능성이 많아 보인다. 또, 과학자들은 특수한 재료들을 개발하여 현재 사용 중인 열기관들보다도 더 높은 온도의 열원을 사용할 수 있는 열기관들에 대하여도 연구하고 있다. 이러한 노력들이야말로 열역학 법칙들에 위배되지 않는 것들이다.

대부분 대학의 물리학과에는 간혹 이러한 열기관의 발명자들로부터 일종의 검증을 요청받거나 또는 설계 상의 도움을 얻기 위한 문의를 해오는 경우가 있다. 때때로 이들은 아주 진지하며, 혹은 물리학에 대하여 폭넓은 지식을 갖고 있는 경우도 많다. 또 경우에 따라서는 열역학 법칙들에 위배되기는 하지만 다른 측면에서 장점을 가진 아이디어들이 속출하기도 한다(매일의 자연현상 11.2 참고). 불행히도 발명자들의 생각이 열역학 법칙들에 분명히 위배될 때, 그들의 아이디어가 무용지물이라고 설득하는 것이 때로는 매우 어려울 때가 있다. 영구기관과 관련하여 경우에 따라서는 아주 좋지 못한 일들이 개입되는 경우도 있다. 때로는 건전한 의도를 가지고 출발하였던 발명가들도 그들의 발명이 실패로 돌아간 사실을 깨닫게 되었을 때, 혹시나 그들의 발명품이 광적인 투자자들로부터 돈을 끌어들일 수 있지 않을까 하는 유혹을 받게 되는 것은 당연할지도 모르겠다. 어떤 발명자는 조작된 모형 기관의 설계와 실험에 수백만 달러를 끌어들이기도 한다. 그러나 결국에는 실제 기관은 완전하게 만들어지지 않고, 실험도 결론에 이르지 못한 상태에서 추가적으로 더 많은 돈을 필요로 한다. 발명자는 그러는 동안에 아주 잘 살게 되고, 차라리 발명품을 만드는 일보다는 모형을 만들고 실험을 하는 일이 돈을 벌기가 더 쉽다는 사실을 알게 되는 것이다.

발명가들은 명심하여야 할 것이다. 열역학 법칙들에 어긋나는 현상이란 결코 불가능한 것이다. 이 법칙들에 위배되는 경우들을 찾기 위하여 수많은 과학자들이 반복된 시도를 하였지만 이들은 모두 실패하였으며 이러한 모든 실패들은 역설적으로 이 법칙들에 대한 우리의 신뢰를 한층 강화시켜 주었다. 열역학의 법칙들은 실험법칙이므로 증명될 수 없으나, 수많은 실험적인 결과들을 정확하게 설명하고 있다는 사실이 물리학자들에게 무엇이 가능한가에 대한 확신을 주고 있는 것이다.

제1종의 영구기관은 입력된 에너지보다 더 많은 일을 얻기 때문에 열역학 제1법칙에 어긋난다. 제2종의 영구기관은 열을 완전히 일로 바꾸거나 카르노 효율보다 큰 열효율을 주장하기 때문에 열역학 제2법칙에 어긋난다. 물리학자들은 이 두 가지 중 어느 쪽도 불가능하다는 것을 확신한다. 그러나 발명자들은 계속적으로 새로운 시도를 하고 있고, 투자자들은 이러한 계획에 돈을 계속 낭비하고 있다. 열역학 법칙들은 더 좋은 기관을 설계하는 데 지표가 되며, 또 우리가 무엇을 할 수 없는지를 가르쳐주고 있다.

질 문

Q1. 다음의 전동기나 기관 중에서 어느 것이 열기관인가?

　a. 자동차기관

　b. 전동기

　c. 증기터빈

이들의 각각이 열기관으로 분류되는지 아닌지 설명하라.

Q2. 지레, 도르래 장치, 수압잭과 같은 간단한 기계는 열기관으로 간주될 수 있는가? 설명하라.

Q3. 열역학 제1법칙을 열기관에 적용하는 데에 있어서, 왜 기관의 내부 에너지의 변화를 0이라고 가정하는가? 설명하라.

Q4. 열기관이 한 순환과정 동안에 낮은 온도의 열원으로 방출한 총 열량이 한 순환과정 동안에 높은 온도의 열원으로부터 흡수한 열량보다 큰가? 설명하라.

Q5. 열역학 제1법칙으로부터 열기관이 1보다 큰 효율을 가질 수 있는가? 설명하라.

Q6. 열기관이 한 일의 양이 기관이 흡수한 열과 방출한 열의 차이와 같아야 한다는 것은 열역학 제 몇 법칙인가? 설명하라.

Q7. 열기관이 다음 그림에서와 같이 작동할 수 있는가? 열역학 법칙을 써서 설명하라.

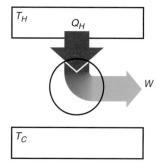

Q8. 열기관이 다음 그림과 같이 작동할 수 있

는가? 열역학 법칙을 써서 설명하라.

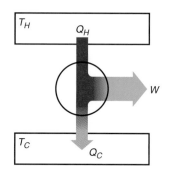

Q9. 열기관이 다음 그림에서와 같이 작동할 수 있는가? 열역학 법칙을 써서 설명하라.

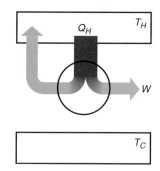

Q10. 열기관의 열효율이 1이 될 수 있는가? 설명하라.

Q11. 카르노 기관이 비가역적으로 작동될 수 있는가? 설명하라.

Q12. 400°C와 300°C의 온도 사이에서 작동하는 카르노 기관과 400 K와 300 K 사이에서 작동하는 카르노 기관 중에서 어느 것이 더 큰 열효율을 갖는가? 설명하라.

Q13. 열펌프는 열기관과 같은 것인가? 설명하라.

Q14. 열펌프는 본질적으로 냉장고와 같은 것인가? 설명하라.

Q15. 방 안에서 냉장고의 문을 열어 놓음으로

써 닫혀진 방을 냉각시킬 수 있는가? 설명하라.

Q16. 차가운 온도로부터 따뜻한 온도로 열을 언제나 이동시킬 수 있는가? 설명하라.

Q17. 열펌프가 다음 그림과 같이 작동될 수 있는가? 열역학 법칙을 써서 설명하라.

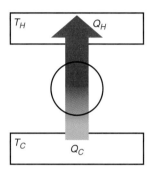

Q18. 열펌프가 다음 그림과 같이 작동될 수 있는가? 열역학 법칙을 써서 설명하라.

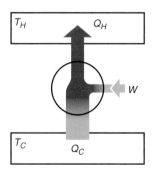

Q19. 열펌프가 다음 그림과 같이 작동될 수 있는가? 열역학 법칙을 써서 설명하라.

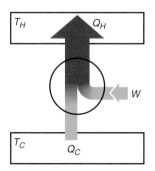

Q20. 짝패로 구성된 카드 한 벌과 뒤섞인 카드 한 벌 중, 어느 쪽이 더 높은 엔트로피를 갖는가? 설명하라.

Q21. 한 잔의 뜨거운 커피가 냉각되어서 그 주위를 더워지게 한다. 이 과정에서 우주의 엔트로피는 증가하는가? 설명하라.

Q22. 석탄을 태우는 동력장치와 지열을 이용하는 동력장치 중, 정상적으로 어느 것이 더 큰 열효율을 갖는가? 설명하라.

Q23. 핵발전소는 어떤 점에서 석탄을 태우는 동력장치와 유사한가? 설명하라.

Q24. 고급열과 저급열 사이의 차이는 무엇인가? 설명하라.

Q25. 평판 태양열 집광판으로부터 얻은 열이 열기관을 돌리거나 공간가열을 하는 데에 가장 잘 사용되는가? 설명하라.

Q26. 자동차 기관은 영구운동기관인가? 설명하라.

Q27. 기술자가 대양의 표면에 있는 따뜻한 물로부터 열을 뽑아서, 그 중에서 일부를 일로 바꾸고 나머지 열을 더 깊은 곳에 있는 차가운 물로 내보내는 동력장치를 제안했다. 이것은 영구운동기관인가? 그렇다면 어떤 종류인가? 설명하라.

Q28. 기술자가 대기로부터 열을 뽑아서, 그 중 일부를 일로 바꾸고 나머지 열을 입력열로서 같은 온도에 있는 대기 속으로 되돌려 내보내는 장치를 제안했다. 이것은 영구운동기관인가? 그렇다면 어떤 종류인가? 설명하라.

연 습 문 제

E1. 한 순환과정에서, 열기관이 높은 온도의 열원으로부터 800 J의 열을 받아들이고, 600 J의 열을 낮은 온도의 열원으로 방출하고 200 J의 일을 한다. 이 열기관의 열효율은 얼마인가?

E2. 한 순환과정에서, 열기관이 높은 온도의 열원으로부터 1000 J의 열을 받아들이고 600 J의 열을 낮은 온도의 열원으로 방출한다.
   a. 이 기관은 한 순환과정에서 얼마나 많은 일을 하는가?
   b. 이 기관의 열효율은 얼마인가?

E3. 40%의 열효율을 가진 열기관이 한 순환과정에서 500 J의 일을 한다. 한 순환과정에서 얼마나 많은 열이 높은 온도의 열원으로부터 공급되어야 하는가?

E4. 한 순환과정 동안에, 열기관이 400 J의 일을 하고 500 J의 열을 낮은 온도의 열원으로 방출한다.
   a. 얼마나 많은 열이 높은 온도의 열원으로부터 들어오는가?
   b. 이 열기관의 열효율은 얼마인가?

E5. 카르노 기관이 800 K의 온도에서 열을 흡수하고 400 K의 온도에 있는 열원으로 열을 방출한다. 이 기관의 열효율은 얼마인가?

E6. 카르노 기관이 400°C의 열원으로부터 열을 흡수하고 150°C의 낮은 온도 열원으로 열을 방출한다. 이 기관의 열효율은 얼마인가?

E7. 카르노 기관이 500 K와 300 K의 온도 사이에서 작동하여 각 순환과정 동안에 400 J의 일을 한다.

   a. 이 기관의 열효율은 얼마인가?
   b. 이 기관은 각 순환과정 동안에 얼마나 많은 열을 높은 온도의 열원으로부터 받아들이나?

E8. 열펌프가 각 순환과정 동안에 낮은 온도의 열원으로부터 400 J의 열을 흡수하고 높은 온도의 열원으로 열을 이동시키기 위해 각 순환과정당 200 J의 일을 사용한다. 각 순환과정 동안에 얼마나 많은 열이 높은 온도의 열원으로 방출되는가?

E9. 냉장고가 작동되는 각 순환과정 동안에, 내부로부터 10 J의 열을 뽑아서 30 J의 열을 방으로 방출한다. 이 냉장고를 작동시키려면 순환과정당 얼마의 일이 필요한가?

E10. 대표적인 전기냉장고는 400 W의 전력등급을 가지고 있다. 이것은 냉장고로부터 열을 뽑아내는 데에 필요한 일을 하기 위해서 전기 에너지가 공급한 율(J/s)이다. 냉장고가 900 W의 비율로 열을 방으로 내보낸다면, 이 냉장고는 내부로부터 얼마의 비율(W)로 열을 뽑아내는가?

E11. 대표적인 핵발전소는 540°C의 온도에서 원자로로부터 터빈으로 열을 전달한다. 만일 터빈이 220°C의 온도에서 열을 방출한다면, 이 터빈의 가능한 최대 열효율은 얼마인가?

E12. 대양 열에너지 발전소는 25°C의 온도에 있는 표면의 따뜻한 물에서 열을 받아서 바다 속 깊은 곳으로부터 온 10°C의 차가운 물로 열을 내보낸다. 이 발전소는 8%의 열효율로 작동할 수 있는가? 답이 정당함을 증명하라.

고난도 연습문제

CP1. 대표적인 자동차기관이 25%의 열효율로 작동된다고 가정하자. 1갤런의 가솔린이 연소될 때 약 150 MJ(150×10^6 Joule)의 열이 방출된다(MJ는 megajoule의 약자임).

   a. 1갤런의 가솔린에서 얻을 수 있는 에너지 중, 얼마나 많은 에너지가 자동차를 움직이고 부속품을 작동시켜서 유용한 일을 하는 데에 사용될 수 있는가?

   b. 갤런당 얼마나 많은 열이 배기가스와 방출기에 의해 주위로 내보내지는가?

   c. 차가 일정한 속력으로 움직이고 있다면, 기관이 사용한 출력일은 얼마인가?

   d. 매우 더운 날이나 추운 날에는 기관의 열효율이 더 클 것이라고 예상할 수 있는가? 설명하라.

CP2. 어떤 카르노 기관이 500°C와 150°C의 온도 사이에서 작동하여 각각의 완전 순환과정 동안에 30 J의 일을 한다고 가정하자.

   a. 이 기관의 열효율은 얼마인가?

   b. 각 순환과정에서 500°C의 열원으로부터 얼마나 많은 열을 흡수하는가?

   c. 각 순환과정에서 150°C의 열원으로 얼마의 열을 방출하는가?

   d. 각 순환과정에서 내부 에너지의 변화가 있다면 얼마가 되는가?

CP3. 열펌프처럼 역으로 작동하는 카르노 기관이 5°C의 차가운 열원으로부터 30°C의 따뜻한 열원으로 열을 이동시킨다.

   a. 이 두 온도 사이에서 작동하는 카르노 기관의 열효율은 얼마인가?

   b. 카르노 열펌프가 각 순환과정에서 300 J의 열을 높은 온도의 열원으로

방출한다면, 각 순환과정에서 얼마나 많은 일을 공급하여야 하는가?

   c. 각 순환과정에서 5°C의 열원으로부터 얼마나 많은 열을 뽑아낼 수 있는가?

   d. 냉장고나 열펌프의 성능이 $K = Q_C / W$로 정의된 동작계수로 기술된다면, 이 카르노 열펌프의 동작계수는 얼마인가?

   e. 이 문제에서 사용된 온도는 가정난방을 위한 열펌프로의 응용에 적당한가? 설명하라.

CP4. 석유를 태우는 동력장치가 100 MW의 전력을 생산하도록 설계되었다고 가정하자. 터빈이 600°C와 260°C의 온도 사이에서 작동하며, 이 두 온도의 경우 이상적인 카르노 효율의 80%인 열효율을 갖는다.

   a. 이들 온도에 대한 카르노 열효율은 얼마인가?

   b. 실제의 기름연소 터빈의 열효율은 얼마인가?

   c. 이 장치는 1 h 동안에 몇 킬로와트시(kW·h)의 전기 에너지를 발생시키는가?

   d. 매 시간당 몇 킬로와트시의 열을 기름으로부터 얻어야 하는가?

   e. 1배럴의 석유가 1700 kW·h의 열을 준다면, 이 장치는 매 시간당 얼마나 많이 석유를 사용하는가?

CP5. 11.3절에서, 열역학 제2법칙의 클라우지우스 기술에 위배되는 것은 켈빈 기술에 위배되는 것과 동일하다고 설명했었다. 그 역(켈빈 기술에 대한 위배는 클라우지우스 기술에 대한 위배이다)도 역시 사실이라는 것을 보여주는 논의를 전개해 보라.

단원 3

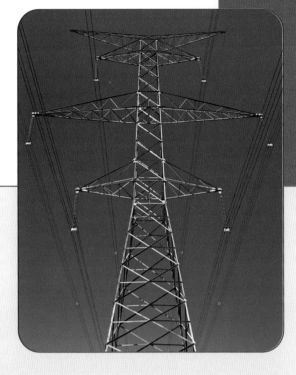

전기와 자기

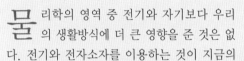리학의 영역 중 전기와 자기보다 우리 의 생활방식에 더 큰 영향을 준 것은 없 다. 전기와 전자소자를 이용하는 것이 지금의 우리들에게는 제2의 천성이 되었지만, 200년 전에는 상상하기조차 어려웠을 것이다. 텔레비전 세트나 마 이크로웨이브 오븐, 랩탑 컴퓨터, 그리고 수천 종류의 다른 친숙한 기구나 소자들을 발명하고 고안해내는 데 있어서 전기와 자기의 대한 기본원리들의 이해는 필수적이다.

자석과 정전기에 대한 효과들은 오랫동안 알려져 왔었지만, 전기와 자기의 기본적 지식은 주로 19세기에 정립되었다. 19세기로 전환되는 시점에서 한 주요한 발명이 전기와 자기의 발전에 문을 열게 되었다. 1800년에, 이탈리아 과학자인 알레산드로 볼타(Alessandro Volta; 1745~1827)가 전지를 발명했다. 볼타 의 발명은 이탈리아 물리학자인 루이기 갈바니(Luigi Galvani; 1737~1798)의 업적에서 발전되었는데, 그 는 동물전기라 불리는 효과를 발견하였다. 갈바니는 금속메스로 개구리 다리를 접촉함으로써 전기적 효과 를 발생시킬 수 있음을 발견하였다.

볼타는 전기효과를 위해 개구리가 필요없음을 알아내었다. 적절한 화학용액으로 분리된 두 종류의 금속만 으로도 갈바니가 관측한 많은 전기적 효과들을 만들어 내기에 충분하였다. 종이로 분리된 구리판과 아연 판을 번갈아 쌓고 화학용액 속에 담그어 만든 볼타의 볼타 파일(voltaic piles)은 지속된 전류를 만들 수 있었다. 흔히 그러한 것처럼, 이 새로운 소자는 많은 새로운 실험과 조사를 가능하게 하였다.

전지의 발명은 1820년에 한스 크리스찬 외르스테드(Hans christian Oersted; 1777~1851)로 하여금 전류 에 의한 자기적 효과를 발견하게 하였다. 외르스테드의 발견으로 전기와 자기는 형식적으로 연결되게 되 었으며, 현대적 용어인 전자기학이 등장하게 되었다. 전자기학은 1820년대와 1830년대의 물리학자들에게 는 뜨거운 연구분야였으며, 암페어, 패러데이, 옴, 그리고 웨버에 의해 주요한 진보가 이루어졌다. 1865년 에 스코틀랜드 물리학자인 제임스 클럭 맥스웰(James Clerk Maxwell; 1831~1879)은 이러한 많은 다른 과학자들의 통찰을 한 덩어리로 집약시킨 전기 및 자기장에 관한 포괄적인 이론을 발표하였다. 맥스웰은 전기장과 자기장의 개념을 발명하였는데, 이 개념은 엄청나게 생산적인 것으로 판명되었다.

전자기학은 지금도 여전히 활동적인 연구분야이다. 전자기학에 관련된 문제들은 라디오와 텔레비전, 컴퓨 터, 통신, 그리고 다른 기술영역에 있어서 중요하다. 이렇게 중요함에도 불구하고, 그 근본적인 현상들이 눈에 보이지 않음으로 인해, 많은 사람들에게는 전자기학이란 과목이 추상적이거나 불가사의하게 여겨지고 있다. 그렇지만 기본 개념들은 어렵지 않으며, 친근한 현상들을 주의 깊게 살펴본다면 잘 이해할 수 있다.

정전기 현상

학습목표 이 장의 학습목표는 정전기력을 기술하고, 이를 설명하는 것이다. 또한 전기장, 전위와 같은 개념들에 대해 알아본다. 이러한 개념들은 몇 가지 간단한 실험을 통하여 분석하고 기술함으로써, 더욱 명확하게 정립될 것이다. 다양한 실험들은 전하, 도체와 절연체의 차이점 그리고 많은 다른 전기적인 개념들을 이해하는 데 도움이 된다.

대부분의 사람들은 건조한 겨울날에 빗으로 머리를 빗을 때 따닥거리는 소리를 듣거나, 실내가 충분히 어둡다면 불꽃을 보는 경험을 가지고 있을 것이다. 머리카락의 길이나 유연성에 따라서, 그림 12.1에서와 같이 머리카락의 끝이 멈추어 서 있는 경우도 있다. 이러한 현상은 성가시지만 흥미를 끌기도 한다. 우리는 종종 머리의 형태를 그대로 유지시키기 위해서 머리를 빗을 때 빗에 물을 묻히곤 한다.

그림 12.1 건조한 겨울날 빗으로 머리를 빗을 때 머리카락이 간혹 자기 멋대로 움직이는 것처럼 보인다. 머리카락이 서로 반발하는 원인은 무엇인가?

이러한 현상은 무엇 때문에 일어나는 것일까? 각각의 머리카락들에는 서로 반발하게 하는 어떤 힘들이 작용하는 것처럼 보인다. 소수의 사람은 아마도 머리카락에 작용하는 정전기력을 잘 이해하고 있을지도 모른다. 또 누구나 최소한도 정전기가 머리카락이 헝클어지는 원인이 된다는 정도는 알고 있을 것이다. 어떤 현상의 이름을 단순히 알고 있는 것과 그것을 설명하는 것은 전혀 별개의 문제이다. 정전기가 이러한 조건하에서 발생하는 이유는 무엇이고, 그 힘의 본질은 무엇인가라는 의문이 남는다. 머리카락을 빗으로 빗을 때 일어나는 불꽃은 우리가 매일 경험하는 정전기 현상들 가운데 한 가지 예에 불과하다. 포장을 벗긴 후, 플라스틱 조각이 손에서 떨어지지 않으려 하는 이유는 무엇인가? 양탄자 위를 걷고난 뒤, 또는 전원 스위치를 건드릴 때 약한 쇼크를 받는 이유는 무엇인가? 평상시 가끔 우리를 곤혹스럽게 하는 정전기적 현상을 큰 뇌우나 번개와 같이 극적인 자연현상까지를 포함한다.

이러한 현상들이 우리에게 매우 익숙함에도 불구하고 대다수의 사람들은 정전기 현상을 이해하지 못하고 있다. 사람들은 전기쇼크의 두려움뿐만 아니라 눈에는 보이지 않는 추상적인 성질 때문에 이를 미루게 된다. 그럴 필요는 없다. 많은 현상들은 우리 모두에게 쉽게 접근할 수 있는 개념으로서 설명할 수 있다.

12.1 전하의 기초

빗으로 머리를 빗을 때의 예와 같이 앞에서 언급한 서로 다른 여러 현상들이 가지는 공통점은 무엇인가? 빗이 머리카락을 지나가고, 신발이 양탄자 위를 스치거나, 상자를 벗기면서 나오는 플라스틱들 모두가 서로 다른 두 물질들이 접촉에 의해 마찰을 일으키는 과정을 수반한다. 아마 이러한 마찰이 정전기 현상들의 원인일 것이라는 심증이 간다. 그러면 정전기가 마찰에 의한 것이라는 사실을 어떻게 실험해 볼 수 있을까? 먼저 여러 가지 다른 물질들을 수집한 다음 그것들을 다양한 조합으로 서로 문질러서 불꽃을 발생시키거나, 또는 다른 현상들이 관찰되는지를 알아보는 것이다. 이러한 실험을 통해 어느 두 물질의 조합이 정전기를 가장 효과적으로 만들 수 있는지를 알 수 있을 것이다. 물론 이러한 효과를 정량적으로 측정하는 몇 가지 믿을 만한 방법도 필요하게 될 것이다.

피스볼을 이용한 실험으로 알 수 있는 것은 무엇인가?

정전기 현상을 증명하는 일반적인 방법은 플라스틱 막대나 유리 막대를 서로 다른 모피나 천 조각과 마찰시키는 것이다. 이러한 정전기 현상은 건조한 겨울날에 더욱 두드러진다. 이를 증명하는 데 종종 사용되는 실험 장치가 바로 작은 두 개의 구가 실에 매달려 있는 피스볼(pith ball)이다(그림 12.2). 피스볼의 작은 구는 작은 힘에도 움직일 수 있도록 가벼운 종이 같은 물질로 만들어진다.

건조한 날 플라스틱 막대를 모피로 강하게 마찰시킨 다음 플라스틱 막대를 피스볼 가까이에 가져가면 일련의 흥미로운 현상들을 관찰할 수 있다. 먼저 플라스틱 막대를 가까이 하면 피스볼은 금속이 자석에 강하게 끌리듯이 플라스틱 막대에 끌리게 된다. 결국, 피스볼은 막대에 달라붙게 되는데 이렇게 붙어 있는 상태는 수초 동안 지속된다. 그러나 얼마 후 피스볼은 막대와의 사이에 반발력으로 인해 막대로부터 떨어지게 되며 동시에 두 개의 피스볼 사이에도 반발력이 생겨 피스볼을 지탱하는 실은 그림 12.3에서와 같이 수직에 대하여 일정한 각도로 벌어진다.

이와 같은 현상들은 어떻게 설명될 수 있을까? 과연 피스볼에는 무엇이 생긴 것일까? 두 개의 피스볼은 막대와 접촉했다가 떨어진 후 서로 반발력이 작용하고 있음이 틀림없다. 최종적으로

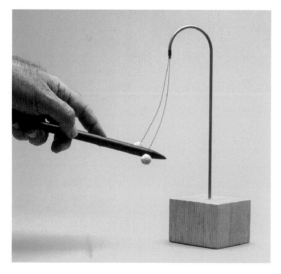
그림 12.2 작은 스탠드로 지탱하고 있는 피스볼은 대전된 플라스틱 막대에 끌리게 된다.

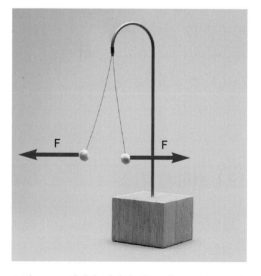
그림 12.3 막대가 제거된 피스볼은 서로 반발하게 되고, 이것은 반발력이 존재한다는 것을 보여준다.

관찰되는 반발력의 원인은 피스볼이 막대로부터 무엇인가(**전하**라고 하는)를 받았다고 상상할 수 있다. 그것이 무엇이든지 간에 이는 막대를 모피로 마찰시킴으로써 생성되었다. 하나의 정지된 전하가 다른 전하에 작용하는 힘을 **정전기력**이라 한다.

만약, 유리 막대를 나일론과 같은 합성직물 조각으로 마찰시킨다면 다른 변화를 관찰할 수 있다. 나일론과 마찰시킨 유리 막대를 앞에서 플라스틱 막대에 의해 대전된 피스볼 가까이 가져가면 피스볼은 유리 막대쪽으로 끌리게 된다. 그러나 플라스틱 막대에 대하여는 여전히 반발하게 된다. 만약, 피스볼을 유리 막대에 접촉시키면 앞서 플라스틱 막대에서 관찰된 결과를 되풀이하게 된다. 즉 일단 유리막대에 끌리며 달라붙었다가 반발력에 의해 다시 떨어지게 되고 동시에 두 개의 피스볼 사이에도 반발력이 생겨 떨어지게 된다. 이때 다시 플라스틱 막대를 가까이 가져가면 구가 다시 플라스틱 막대에 끌리게 되는 것을 알 수 있다.

전체적인 실험의 구성이 다소 복잡하기는 하다. 그러나 여기서 피스볼에 생긴 전하에는 두 종류의 전하가 존재한다는 것은 명백하다. 모피로 플라스틱 막대를 마찰함에 의해 발생한 것이 그 하나이고, 또 다른 하나는 나일론으로 유리 막대를 마찰함에 의해 발생한 것이다. 이외에도 다른 전하가 또 존재할 수 있는가? 대답은 아니다. 정전기에 관한 다른 복잡한 실험을 하더라도 단지 두 종류의 전하만 가지면 모든 현상들을 잘 설명할 수 있음을 알 수 있다. 어떤 대전체이든 이미 알고 있는 두 종류의 전하에 대해 끌리거나 반발하거나 둘 중의 하나이며, 이 대전체에는 두 종류 중 하나의 전하를 띠고 있다.

검전기란 무엇인가?

간단한 검전기는 금속 갈고리에 마주보고 매달려 있는 두 장의 금속박으로 구성되어 있다(그림 12.4). 한때는 금박이 사용되었으나 지금은 알루미늄 필름이 주로 사용된다. 금속박이 매달려 있는 갈고리는 금속 막대를 통해 금속구와 연결되어 있으며 이 금속구는 장치의 위쪽으로 밖에 노출되어 있다. 금속박은 유리용기에 의해 외부와의 방전으로부터 보호되어 있다. 만약 대전되어 있지 않다면 금속박은 수직으로 바로 매달려 있을 것이다. 대전된 막대를 꼭대기에 있는 금속구와 접촉시키면 금속박은 즉시 벌어지게 된다. 막대를 다시 뗀 후에도 금속박은 계속 벌어져 있는 상태를 유지하는데, 이는 일단 금속박이 전하로 대전되어 있기 때문이다. 이 상태에서 또 다른 대전체를 금속구 가까이 가져가면 검전기는 대전체에 있는 전하의 종류가 무엇인지 보여주게

금속구와 축

금속박

그림 12.4 간단한 검전기는 유리 용기 내에 금속축에 매달린 두 개의 금속박으로 구성된다.

되고, 얼마나 많은 전하가 존재하는지를 대략 알 수 있게 된다.

만약 금속박이 띠고 있는 전하와 동일한 종류의 전하를 띤 대전체를 금속구에 가까이 가져가면 금속박은 더 넓게 벌어지게 될 것이다. 반대의 전하를 가진 대전체는 금속박이 서로 더 가까워지게 한다. 가까이 하는 전하의 전하량이 클수록 그 효과는 더욱 크게 나타난다.

피스볼보다는 극적이지 않지만 검전기는 전하의 종류와 크기를 알 수 있다는 이점이 있다. 또 피스볼에서는 구를 매단 실이 종종 서로 엉기게 되지만 금속박은 그렇지 않다. 검전기에서의 금속구는 정지점의 역할을 하며 금속박이 서로 멀어진 거리로부터 전하의 크기를 알 수 있다. 검전기는 더 나아가 대전과정에 대한 정보를 제공한다. 플라스틱 막대를 모피로 마찰시켜 대전시키면 동시에 모피도 또한 대전이 되는데 이때 모

예제 12.1

예제 : 카페트의 불꽃

질문 : 건조한 날 카페트를 가로질러 걸어간 후 전기 스위치를 만질 때 스파크가 일어나는 이유는 무엇일까?

답 : 카페트를 가로질러갈 때 때에 따라 발과 카페트가 문질러지는 효과가 있을 수 있다. 대개 신발의 창은 고무 재질로 만들어지며 카페트는 인조 섬유로 만들어진다. 두 물체를 서로 문지르면 모피와 막대를 문지를 때와 마찬가지로 전하를 분리시킨다. 이때 분리된 전하 중 신발에 축적된 전하는 도체의 성질인 우리 몸을 타고 이동하게 된다. 전기 스위치를 만지는 순간 몸에 축적된 전하는 스파크 형태의 방전을 일으킨다. 즉 전기 스위치는 보통 접지가 되어있는데 이는 도선을 통하여 지구와 연결되어 있으며 지구는 전기적으로 무한대의 음전하 원으로 간주된다. 스파크는 몸에 축적된 전하가 접지로 빠져나가는 하나의 과정이다.

피에 대전된 전하는 플라스틱 막대에 대전된 전하와는 다른 전하로 대전된다. 이는 검전기를 플라스틱 막대로 대전시킨 후, 검전기의 금속구에 모피를 가까이 가져가면 확인할 수가 있다. 모피가 금속구에 접근했을 때 금속박은 서로 가까워지는 쪽으로 움직인다. 이는 플라스틱 막대를 가까이하면 더 멀어지는 것과 비교가 된다. 비슷한 실험으로부터 유리 막대와 나일론 조각을 서로 마찰시켰을 때 양쪽에는 서로 반대 종류의 전하가 대전된다는 것을 알 수가 있다.

벤자민 프랭클린의 단일유체 모델

18세기 중반까지는 이미 앞에서 실험을 통해 보았듯이 전하에는 독립적인 두 가지 종류의 전하가 있으며, 대전된 물체가 가지는 전하 사이에는 정전기력이 작용한다는 사실이 알려져 있었다. 이 정전기력은 다음과 같은 간단한 규칙에 따라 인력이나 척력이 될 수 있다.

> 같은 전하끼리는 서로 반발하고, 다른 전하끼리는 서로 끌어당긴다.

그러나 이러한 두 가지 종류의 전하를 무엇이라고 부를지는 결정되지 않았다. **모피에 의해 마**

찰될 때 플라스틱 막대에서 발생되는 전하 또는 실크에 의해 마찰될 때 유리 막대에서 발생하는 전하라고 이름을 붙이는 것은 모양새도 없을 뿐더러 너무 길어서 사용하기에는 불편하다. 오늘날 널리 사용하고 있는 이름인 양전하와 음전하라는 용어는 1750년경에 미국의 정치가이자 과학자인 벤자민 프랭클린(Benjamin Franklin; 1706~1790)에 의해서 붙여진 이름이다.

　1740년경에 프랭클린은 위에서 설명된 것과 같은 정전기에 대한 실험을 하였다. 프랭클린은 두 종류의 전하란 하나의 유체가 대전되는 동안에 한 물체에서 다른 물체로 이동하는 단일유체의 모형으로 설명될 수 있다는 사실을 제안하였다. 이러한 유체가 잉여분이 있으면 전하는 **양**이 되고, 반대로 부족분이 있으면 **음**이 된다는 것이다(그림 12.5).

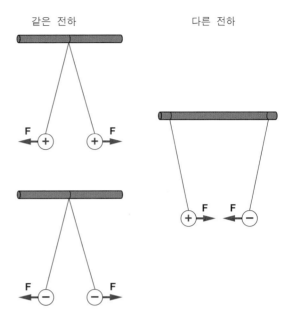

그림 12.5 같은 전하들은 반발하고 다른 전하들끼리는 끌어당긴다. 양(플러스)과 음(마이너스) 부호는 프랭클린의 단일유체 모델에 의해 소개되었다.

　유체 자신은 보이지 않으므로 그들 중 어느 것이 어느 것인지는 명백하지 않다. 프랭클린은 임의대로 실크로 마찰시켰을 때 유리 막대에 대전된 전하를 **양전하**라 불렀다.

　두 종류의 전하에 대하여 간단한 이름이 붙여진 이외에도 프랭클린의 모델은 전하가 대전되는 동안에 일어나는 일을 아주 잘 설명하고 있다. 두 물체를 마찰시킬 때 서로 다른 전하로 대전이 되는 것은 적당한 유체를 가지고 있어 안정된 상태에 있던 두 물체 사이에 마찰에 의해 유체가 한 물체에서 다른 물체로 이동하였기 때문이라는 것이다. 즉, 마찰하는 동안 한 물체는 유체의 잉여분을 얻게 되고, 반면에 다른 물체는 부족하게 된다. 프랭클린의 모델은 두 종류의 전하에 대한 두 가지 다른 독립된 물질을 제안한 앞의 이론보다도 더 간단하였다.

　프랭클린의 모델은 놀랍게도 대전되는 동안 무엇이 일어나는가에 대한 현대적 관점과 유사하다. 지금은 물론 물체들이 서로 마찰될 때 실제로 물체 사이에서 전자들이 이동한다는 사실을 알고 있다. 전자는 모든 원자들, 즉 물질들 속에 존재하며 음으로 대전된 작은 입자이다. 음으로 대전된 물체는 전자의 잉여분을 가지고 있고, 양으로 대전된 물체는 전자의 부족분을 가지게 된다. 물질의 원자적, 화학적 성질이 물체가 서로 마찰될 때 전자가 어느 쪽으로 이동하는지를 결정한다.

서로 다른 물질들을 마찰시키면 전하가 한 물질에서 다른 물질로 움직이게 된다. 이 전하들 사이에는 정전기력이 작용하여 대전된 물체들을 끌어당기거나 반발하게 만든다. 같은 전하들끼리는 서로 반발하고, 다른 전하들끼리는 서로 끌리게 된다. 검전기를 이용하면 전하의 종류나 그 크기를 정량적으로 측정할 수 있다. 벤자민 프랭클린의 모델에 의하면 전하에는 양과 음으로 된 두 종류가 있다. 양과 음의 표시는 원래 프랭클린 모델에서 보이지 않는 유체의 잉여분과 부족분을 의미했으나, 현재에는 음으로 대전된 전자와 양으로 대전된 양성자가 있으며, 마찰에 의해 물질이 대전되는 것은 주로 전자의 이동에 의한 것이라는 사실을 알고 있다.

12.2 절연체와 도체

앞 절에서 설명된 실험들은 정전기력에 대한 몇 가지 기본적인 정보를 제공해준다. 그러나 정전기 현상들을 광범위하게 이해하기 위해서는 물질들의 또다른 성질들을 알아야만 한다. 예를 들어, 처음에 피스볼이 대전되지 않았을 때에도 막대에 끌리게 되는 이유는 무엇인가? 검전기의 금속박이 금속으로 만들어진 이유는 무엇인가? 절연체와 도체의 차이점은 무엇인가 하는 의문들이 계속 남는다.

절연체와 도체는 어떻게 다른가?

대전된 플라스틱 막대나 유리 막대로 검전기에 접촉시켰다고 가정해 보자. 금속박은 서로 반발하게 된다. 만약 손가락으로 검전기 꼭대기에 있는 금속구를 건드렸다면 어떤 현상이 일어날까? 검전기의 금속박은 즉시 제위치로 돌아온다. 손가락을 금속구에 접촉시킴으로써 검전기는 **방전**된 것이다(그림 12.6).

검전기를 다시 대전시킨 다음 대전되지 않은 플라스틱이나 유리 막대로 검전기의 금속구에 접촉시키자. 검전기의 금속박에는 아무런 영향도 없을 것이다. 그러나 만약 금속 막대로 구에 접촉시키면 금속박은 즉시 아래 일직선으로 떨어지게 된다. 검전기는 방전되었다. 이러한 사실을

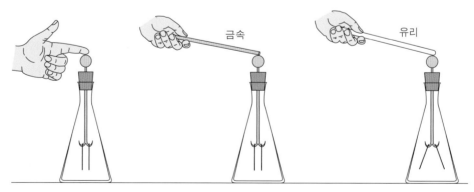

그림 12.6 대전된 검전기 꼭대기에 놓여 있는 구를 손가락이나 금속 막대로 접촉시키면 검전기는 방전된다. 그러나 유리 막대로 접촉시키면 검전기는 방전되지 않는다.

어떻게 설명할 수 있을까? 금속 막대나 손가락은 모두 검전기의 금속박으로부터 몸을 통해 전하가 흘러가도록 하였음이 명백하다. 우리의 몸은 전하에 대해서 중성의 큰 저장소이다. 우리들은 몸 전체 전하의 큰 변화 없이 검전기의 전하를 쉽게 흡수할 수 있다. 한편, 플라스틱이나 유리 막대를 통해서는 검전기의 전하가 몸으로 흐르지 않는다. 금속구와 우리의 몸은 전하가 쉽게 흐르는 물질인 **도체**

표 12.1 몇가지 일반적인 도체, 절연체 그리고 반도체		
도 체	절연체	반도체
구리	유리	탄소
은	플라스틱	실리콘
철	세라믹	게르마늄
금	종이	
소금용액	기름	
산		

의 예이다. 플라스틱과 유리는 원천적으로 전하의 흐름을 허용하지 않는 물질인 **절연체**의 예이다. 대전되어 있는 검전기를 이용하면 다른 많은 물질들이 도체의 성질을 가지는지 아니면 절연체의 성질을 가지는지를 알아볼 수 있다. 모든 금속은 훌륭한 도체이고 반면에 유리나 플라스틱과 같은 대부분의 비금속 물질들은 절연체이다. 표 12.1은 절연체와 도체의 몇 가지 예를 보여준다. 전하를 이동시키는 능력에 있어서 도체와 절연체 사이의 차이는 놀랄 정도로 크다. 전하가 절연체인 세라믹 물질에서 수 mm 통과하는 것보다 구리선을 수 km 통과하는 것이 쉽다.

18장에서 다루겠으나 이는 원자 구조의 차이 때문이다. 금속이 좋은 도체인 것은 원자 내부에 꽉 찬 전자의 쉘 바깥으로 1~3개의 느슨하게 속박된 전자를 가지고 있기 때문이다. 이들이 금속 전체를 자유롭게 돌아다니며 전기를 통하게 하는 것이다.

반도체라는 몇 가지 물질들은 도체와 절연체의 중간 정도의 성질을 가진다. 탄소나 실리콘은 아마 가장 잘 알려진 반도체의 예이다. 나무 막대는 검전기를 방전하는 데 있어서 반도체 같이 행동한다. 적당한 습도를 가진 나무 막대는 검전기가 아주 천천히 방전하도록 만든다.

반도체들은 도체나 절연체에 비해 희귀하지만 현대 문명에 있어서 그 중요성은 매우 크다. 적은 양의 다른 물질들을 혼합함으로써 반도체의 전도도를 조절하는 능력은 트랜지스터나 집적회로와 같은 미세한 전기 소자의 발전을 이끌어 왔다. 대부분 컴퓨터 혁명은 실리콘과 같은 반도체의 사용에 의해 이루어졌다. 여기에 대하여는 20장에서 더 상세히 다루겠다.

유도에 의한 도체의 대전

대전체와 직접적인 접촉이 없이도 물체를 대전시킬 수는 없을까? 분명히 가능하다. 이러한 방법을 유도에 의한 대전이라고 하는데 이는 금속의 전도성을 이용하는 것이다. 고양이 가죽으로 플라스틱 막대를 대전시킨 다음 그림 12.7에서와 같이 막대를 절연기둥 위에 놓여 있는 금속구 가까이 가져간다. 금속구 내부에서 자유롭게 움직일 수 있는 자유전자는 음으로 대전된 플라스틱 막대에 의해서 반발하게 될 것이며 구에서 막대의 반대쪽 끝으로 움직인다. 결과적으로 구는 막대의 반대쪽은 음으로 대전되고 막대 가까운 쪽은 양으로 대전된다. 그러나 금속구의 모든 전하의 합은 여전히 0이다.

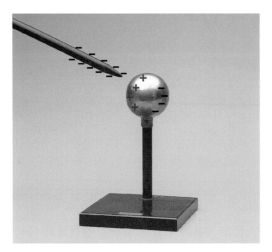 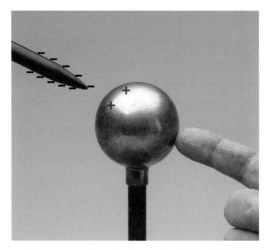

그림 12.7 음으로 대전된 막대를 절연기둥 위에 올려져 있는 금속구 가까이 가져가면 구에서 전하의 분리가 일어난다.

그림 12.8 금속구 반대쪽에 손가락을 접촉시키면 음전하는 밖으로 흐르게 되고 알짜 양전하만 구에 남게 된다.

유도에 의해 금속구를 알짜 전하로 대전시키기 위해서 다음과 같이 하면 된다. 대전된 플라스틱 막대를 구에 닿지 않게 가까이 한 상태에서 막대의 반대쪽 구의 끝에 손가락을 대는 것이다. 그러면 여기에 모여 있는 음전하는 손가락을 통하여 우리 몸으로 흐르게 된다. 이때 손가락과 막대를 모두 치워버리면 금속구에는 알짜 양전하만이 남게 될 것이다(그림 12.8). 이때 금속구에 남은 전하의 종류는 물론 검전기에 가까이 대어봄으로 확인할 수 있다. 금속박은 유도에 의해 대전된 구가 접근할 때 서로 더 가까워질 것이고, 이것은 구에 양전하가 존재하고 있다는 것을 보여준다.

이 실험에는 각 단계의 순서가 중요하다. 손가락으로 구의 반대쪽에 접촉하고 다시 뗄 때까지 플라스틱 막대는 금속구 가까이 그대로 두어야만 한다. 금속구에는 결과적으로 가까이 했던 막대에 대전된 전하와는 반대가 되는 전하만이 남게 된다. 만약, 양으로 대전된 유리 막대를 사용하여도 마찬가지일 것이다. 이때는 금속구가 마지막에 음전하를 가지게 될 것이다.

유도에 의해 대전되는 과정은 금속구와 같은 도체에서는 전하의 이동이 매우 용이하다는 사실을 보여준다. 그러나 유리구에서는 이와 같은 현상이 일어나지 않는다. 유도에 의한 대전은 정전기적 전하를 발생시키는 데 사용되는 기계나 다른 많은 소자에 있어서 중요한 과정이다. 또한, 번개가 치는 폭풍에서 일어나는 현상들을 설명한다.

절연체가 대전체에 끌리는 이유는 무엇인가?

피스볼로 된 처음의 실험에서 피스볼 자체가 대전되기 전에 대전된 막대에 피스볼이 끌리게 되는 것을 주목하자(그림 12.2). 이 현상은 어떻게 설명할 수 있는가? 절연체를 대전체 가까이 가져갔을 때, 절연체 내부에서는 어떤 일이 일어나는가?

금속구 안에 있는 자유전자와는 달리, 피스볼과 같은 절연체 내부에서는 전자들이 물질 내에서 이동하는 것이 자유롭지 못하다. 즉 모든 전하들은 물질을 구성하고 있는 원자나 분자에 강하게 얽매여 있다. 그렇다고 전하들이 그들이 속한 원자나 분자 안에서조차 움직일 수 없는 것은 아니다. 원자나 분자 안에서 전하의 분포는 변할 수 있다. 상세한 원자의 구조를 모르더라도 절연체에 대전체를 가까이 하였을 때 원자 안에서 전하들이 어떻게 움직이는지 대략적인 모델을 그려볼 수는 있다. 기본적인 개념을 그림 12.9에 그려보았다. 그림에서 원자는 피스볼의 크기로 크게 과장되었다.

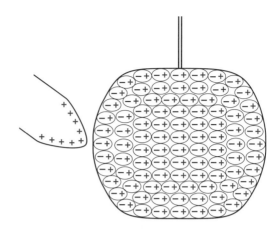

그림 12.9 원자 내의 음전하는 양으로 대전된 유리 막대에 끌리게 되고 반면 양전하는 반발하게 된다. 이것은 원자 내에 전하의 분극화를 발생시킨다. 원자의 크기는 크게 과장되었다.

대전체를 가까이 하면 각 원자 안에서 전하 분포에 작은 변화가 일어난다. 원자 내의 음전하는 양으로 대전된 막대에 끌리게 되고 양전하는 반발하게 되어 각 원자는 음전하의 중심과 양전하의 중심이 다소간의 거리로 떨어져 있는 **전기 쌍극자**가 되는 것이다. 물질을 이루는 모든 원자들이 양과 음극의 쌍극자를 가지게 될 때 물질은 **분극화**되었다고 말한다.

이렇게 각 원자들이 쌍극자를 형성함에 따라 절연체인 피스볼 전체를 거시적으로 보면 양으로 대전된 막대 가까이 있는 피스볼의 표면에는 약간의 음전하를 띠게 되고, 반대쪽 표면에는 양전하를 띠게 된다. 절연체 표면이 아닌 내부에서는 근접한 양전하와 음전하들이 서로 상쇄된다.

피스볼 자체는 대전된 막대를 가까이 함으로 해서 거대한 전기 쌍극자가 된다. 음으로 대전된 표면이 양으로 대전된 표면보다 막대에 더 가깝기 때문에 더 강한 정전기력을 받게 되고 피스볼은 대전된 막대에 끌리는 결과가 된다. 물론 피스볼의 전체 전하는 여전히 영이다. 그러나 피스볼을 대전된 막대와 직접 접촉시키게 되면 막대에 있는 전하 중 일부가 피스볼로 이동하게 되고 막대와 같이 양으로 대전되게 된다. 따라서 피스볼은 앞에서 말한대로 막대에 반발하게 된다.

분극이 되는 현상은 절연체의 중요한 성질 중의 하나이다. 작은 종잇조각이나 스티로폼이 마찰된 합성 직물 스웨터와 같은 대전체에 끌리게 되는 이유도 바로 이 분극으로 설명된다(그림 12.10). 공장 굴뚝에

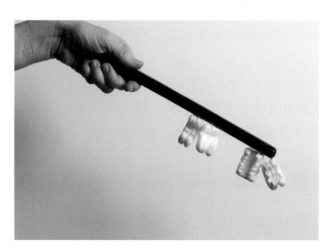

그림 12.10 포장에 사용되는 작은 스티로폼 조각은 대전된 막대에 끌린다.

매일의 자연현상 12.1

연기 제거하기

상황. 정전기적인 현상은 때로 우리를 귀찮게 하기도 한다. 머리카락이 엉키게 하기도 하고 때론 치마가 달라붙게 만들기도 하며 심한 경우 방전을 일으키기도 한다. 이러한 정전기를 오히려 유용하게 이용하는 방법은 없을까?

석탄을 태워서 에너지를 얻는 공장 등의 산업현장에서는 그 연기를 제거하는 일이 산업혁명 이후 줄곧 과제 중의 하나였다. 석탄을 연소시킬 때 배출되는 연기에는 검댕 등의 작은 입자들이 들어있는데 이들은

© kodda/123RF

도시를 검게 만드는 주범이었다. 이러한 문제는 아직도 존재하지만 과거에 비해 연기로부터 입자들을 제거하는 기술은 현저하게 발전하였다. 정전기 현상이 이러한 문제를 해결하는 데 어떻게 유용한지 알아보기로 하자.

분석. 정전기적 침전기는 공장의 굴뚝으로 방출되는 가스로부터 입자를 제거하는 중요한 기술이다. 최초의 정전기적 침전기는 1907년 당시 버클리 대학의 화학교수이었던 프레데릭 코트렐 교수에 의해 특허가 출원되었다. 이후 이 장치는 지속적으로 그 성능이 개선되고 향상되어 지금까지 사용되고 있다.

초기 침전기의 구조는 그림과 같이 양전하로 대전된 두 개의 넓은 평행한 판 사이에 역시 강하게 대전된 도선(일반적으로 음전하로 대전된)을 일렬로 나란히 늘어놓은 구조를 가지고 있다. 기체 분자들이 음으로 대전된 도선 사이를 지나갈 때 도선으로부터 전자를 받아 이온화되고 이 이온들은 전

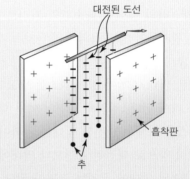
대전된 도선

흡착판

추

서 나오는 연기로부터 입자들을 제거하기 위해 사용되는 정전기적 침전기도 바로 이러한 성질을 이용한 것이다. 분극화된 입자들은 침전기에 있는 대전된 판에 끌리게 되고 그들은 방출가스로부터 제거된다.

검전기를 사용한 방전 실험은 여러 물질들이 전하를 흐르게 하는 능력에 있어서 매우 다양하다는 것을 보여준다. 대부분 금속들은 좋은 도체이지만 유리, 플라스틱 그리고 많은 다른 비금속 물질들은 절연체이다. 반도체로 분류되는 몇 가지 물질은 중간 정도의 전기 전도도를 가지고 있다. 도체는 다른 대전체와 실질적인 접촉 없이도 유도에 의해서 대전시킬 수 있다. 절연체는 대전체를 가까이 할 때 분극화되고, 이것은 절연체가 대전체에 끌리게 되는 이유를 설명한다.

기적으로 분극된 연기 입자에 흡착되어 연기 입자 전체에 음전하를 띠도록 만든다. 이렇게 음전하를 띠게 된 연기 입자는 양전하로 대전된 평행판에 흡착되어 공간상에서 제거된다.

현재 사용되는 침전기는 보다 복잡한 구조를 가지고 있다. 그러나 그 기본적인 원리는 동일하다. 양 옆의 평행판은 그 표면적을 넓게 하기 위하여 주름져 있거나 삐쭉이 튀어나온 날개를 가지고 있기도 한다. 이 대전된 평행판에는 매우 빠르게 연기 입자나 먼지 등이 달라붙기 때문에 어떤 방식으로든 그것을 제거하지 않으면 안 된다. 평행판에는 두드림 장치가 달려있어 주기적으로 대전판을 진동시켜 줌으로써 흡착된 재와 먼지 등이 아래 있는 깔때기로 떨어져 모이도록 설계되어 있다. 깔때기는 주기적으로 청소를 해주면 된다.

강하게 대전된 도선 근처에 형성된 이온화된 기체를 코로나라고 한다. 이는 마치 그림 12.14나 12.15와 같이 전기력선이 전하를 띤 도선 근처에 밀집되어 강한 전기장이 만들어지며 이 전기장이 주변의 분자들을 이온화시켜 코로나가 형성되는 것이다.

정전기적 침전기는 연기로부터 작은 입자들을 흡착시키는 성능이 뛰어나 금속 제련소, 시멘트 공장, 발전소 등 다양한 산업현장에서 널리 사용되고 있으며 때로는 가정용 공기 청정기로 사용되기도 한다. 다만 이러한 방식은 황이나 수은 또는 유기물 분자와 같은 물질을 흡착시키는 데는 그리 효과적이지 못하다.

이러한 물질들까지도 제거하기 위해서는 스크러버(집진기)라는 보다 정교한 장치가 필요하다. 집진기는 방출 가스를 물안개와 같은 작은 물방울 또는 액체 알갱이 사이를 통과시키는 습식과 아주 미세한 입자 사이를 통과 시키는 건식 스크러버가 있다. 작은 액체 입자나 미세 입자들은 화학적인 방법으로 황과 같은 공해 물질을 흡착시킨다.

현대의 기술로는 많은 돈을 지불할 의사가 있다면 그만큼 완벽하게 정전기적 침전기와 집진기를 이용하여 연기로부터 공해 물질들을 제거할 수 있다. 그러나 비용적인 측면을 고려한다면 어느 정도의 부족함을 감수해야만 한다. 배출 가스에서 쉽게 제거되지 않는 것 중의 하나가 이산화탄소인데 이는 그것 자체가 연소과정의 주산물이고 기체 상태이기 때문이다(18장 참조). 이산화탄소는 주된 온실가스로서 매일의 자연현상 10.1에서 언급했듯이 지구온난화에 크게 관여하고 있다. 석탄, 석유, 그리고 천연가스와 같이 탄소를 포함하는 화석연료를 연소시킬 때는 언제나 이산화탄소가 공기 중으로 배출된다.

12.3 정전기력과 쿨롱의 법칙

전하 자체는 볼 수 없을지라도 대전체 사이에서 작용하는 힘의 영향은 볼 수 있으므로 물체가 전하를 띠고 있음을 알 수 있다. 피스볼과 금속박은 같은 전하를 띠고 있을 때 서로 반발력이 작용하여 수직으로 매달려 있지 못한다. 이 힘의 크기를 정량적인 방법으로 설명할 수는 없을까? 이 힘의 크기는 전하의 양이나 거리의 변화에 따라 어떻게 되겠는가? 어떤 면에서 중력과 비슷한가?

이러한 의문은 18세기 후반에 과학자들에 의해 왕성하게 연구되어 왔다. 중력과 마찬가지로 서로 떨어져 있는 전하의 사이에도 정전기력이 작용함은 명백하다. 그것은 공간을 통해 작용한다. 많은 과학자들이 힘의 법칙에 대한 연구를 하였지만 실험적인 방법으로 이 문제를 완전하게 해결한 사람은 1780년대에 찰스 쿨롱(Charles Coulomb; 1736~1806)으로 이 법칙은 그의 이름을 따서 쿨롱의 법칙으로 알려지게 되었다.

쿨롱은 정전기력을 어떻게 측정하였나?

얼핏 생각하기에는 정전기력의 크기를 측정하는 것은 간단한 연습문제처럼 보인다. 그러나 실제로 이를 측정하는 것은 사실 쉽지가 않다. 보통 크기의 물체 사이에 작용하는 중력보다 크다고는 하지만 정전기력은 아직도 매우 약하기 때문에 쿨롱은 미세한 힘을 측정할 수 있는 기술이 필요하였다. 더욱이 물체에 얼마나 많은 전하가 대전되어 있는가를 정확하게 계량화하는 문제는 더욱 중요하였다. 미세한 힘을 측정하는 문제에 대한 쿨롱의 해답은 그림 12.11에 보이는 바와 같은 **비틀림 저울**을 사용하는 방법이었다.

두 개의 작은 금속구가 절연 막대의 양 끝에 매달려 있고 그 중앙이 가는 철사선에 매달려 전체적으로 균

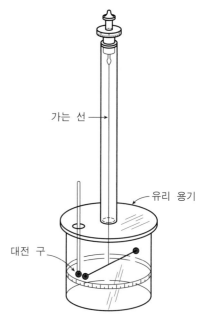

가는 선

유리 용기

대전 구

그림 12.11 쿨롱의 비틀림 저울 모형. 선의 비틀림 정도가 두 전하 사이의 반발력을 측정하는 데 사용된다.

형을 잡고 있다. 금속구와 철사선은 공기로의 방전을 피하기 위해 유리벽으로 된 용기에 담겨 있다. 힘이 막대에 수직하게 금속구에 작용하면 철사를 비틀리게 하는 토크가 발생한다. 우리는 앞에서, 주어진 비틀림 각을 만드는 데 필요한 토크의 양은 얼마가 되는가를 측정함으로써 약한 힘의 크기를 재는 방법을 이미 사용한 경험이 있다.

정전기력을 측정하기 위해서 여하튼 금속구 중 하나를 대전시켜야 한다. 세 번째 구 역시 대전되어야 하며 이 세 번째 구는 절연 막대의 끝에 매달려 삽입된다(그림 12.11). 만일 제3의 전하가 막대의 끝에 놓여 있는 구와 같은 종류의 전하를 가지게 되면 두 전하는 서로 반발하게 되고 그 결과 토크가 철사를 비틀게 될 것이다. 대전된 두 개의 구 사이의 거리를 조정함으로써 거리에 따른 반발력의 크기를 측정할 수 있다. 구에 놓여 있는 전하의 양을 결정하는 문제는 더 기발한 발상이 필요하다.

간단한 검전기는 존재하는 전하의 양을 대략 지적할 수 있지만, 쿨롱의 시대에는 이를 이용하여 정확한 전하의 계량화하거나 또는 그것을 측정하기 위한 정확한 실험적인 과정 등이 완전하게 정착되지 않은 때였다. 그의 해결방법은 전하 분할시스템을 개발하는 것이었다. 쿨롱은 그림 12.12에서처럼 절연스탠드 위에 올려져 있는 하나의 금속구의 모르는 전하의 양으로부터 시작하였다. 그는 비슷한 스탠드 위에 올려져 있는 동일한 구에 이 금속구를 접촉시켰다.

쿨롱은 이러한 접촉을 통해 두 개의 구가 동일한 양의 전하, 즉 첫 번째 구의 원래 가지고 있던 전하량의 반씩을 나누어 가질 것임을 예상하였다. 이것은 검전기에 구를 가까이 접근시킴으

로써 증명되었다. 만일, 이 두 개의 구 중 하나에 세 번째 동일한 구를 접촉시키면 전하는 다시 동등하게 나눠질 것이고, 이는 처음 구가 가졌던 전하량의 1/4씩의 전하를 가지게 될 것이다. 이와 같은 과정을 몇 차례 반복하게 되면 전하는 계속해서 반으로 나눠지게 된다. 이러한 방법은 절대적 전하의 크기를 알려주지는 않지만, 하나의 구가 같은 전하의 두 배, 또는 네 배와 같이 배수의 전하를 띠게 될 것이라는 것을 확신할 수 있다.

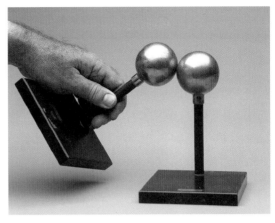

그림 12.12 대전된 금속구와 대전되지 않은 동일한 금속구를 접촉함으로써, 두 금속구는 동일한 전하량을 얻게 된다.

쿨롱은 서로 다른 전하량에 대한 정전기력의 영향을 시험하기 위해 이러한 전하의 분할방법을 사용하였다. 만약 전하를 나누는 데 사용되는 구가 비틀림 저울에 사용되는 것과 크기가 동일하다면, 비틀림 저울 구 중 하나에 다른 구로 접촉시키면 전하가 한 번 더 나눠지게 된다. 이러한 방법으로 쿨롱은 각 물체에 대전되어 있는 전하량의 변화에 따라, 그리고 두 대전체 사이의 거리에 따라, 정전기력의 크기를 결정할 수 있다.

쿨롱이 측정한 결과는 무엇인가?

쿨롱 연구의 결과는 일반적으로 **쿨롱의 법칙**(Coulomb's law)으로 알려져 있는데 다음과 같이 기술할 수 있다.

> 두 대전체 사이의 정전기력은 각각의 전하량에 비례하고 전하 사이의 거리 제곱에 반비례한다.
>
> $$F = \frac{kq_1 q_2}{r^2}$$

여기서 q는 전하의 양을 나타내고, k는 사용되는 단위에 따른 상수(**쿨롱 상수**)이다. 그리고 r은 두 전하 사이의 거리이다. 쿨롱 자신은 다른 단위를 사용하였지만, 지금은 전하의 단위로 쿨롬(C)이라는 단위를 사용한다. 만일, 거리가 미터로 단위로 표시되면 쿨롱 상수의 값은 $k = 9 \times 10^9 \ \text{N} \cdot \text{m}^2/\text{C}^2$이 된다. 1쿨롬의 크기는 14장에서 다루게 될 전류라는 양과 관련된 측정방법으로 결정하였다. 쿨롱의 법칙을 사용한 힘의 계산은 예제 12.2에 나타내었다. 그림 12.13은 쿨롱의 법칙을 설명한다. 그 힘은 뉴턴의 제3법칙에 따른다. 즉, 두 전하에는 각각 크기는 같고 방향이 반대인 힘이 작용한다. 그림에서 보이는 전하는 모두 양이고, 같은 전하는 반발하기 때문에 반발력이 작용한다. 만약 하나의 전하가 음이고 하나는 양이라면 두 힘의 방향은 반대가 된다.

예제 12.2

예제 : 정전기력 측정

하나는 2 μC이고 다른 하나는 7 μC인 두 양전하가 거리 20 cm로 떨어져 있다. 한 전하가 다른 전하에 작용하는 정전기력의 크기는 얼마인가?

$q_1 = 2\ \mu\text{C}$ ($1\mu\text{C} = 10^{-6}\text{C} = 1\ \text{microcoulomb}$)

$q_2 = 7\ \mu\text{C}$

$r = 20\ \text{cm} = 0.2\ \text{m}$

$F = ?$

$$F = \frac{kq_1q_2}{r^2}$$

$$= \frac{(9.0\times10^9\ \text{N}\cdot\text{m}^2/\text{C}^2)(2\times10^{-6}\ \text{C})(7\times10^{-6}\ \text{C})}{(0.2\ \text{m})^2}$$

$$= \frac{0.126\ \text{N}\cdot\text{m}^2}{0.04\ \text{m}^2}$$

$$= \textbf{3.15 N}$$

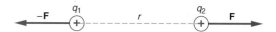

그림 12.13 두 양전하는 쿨롱의 법칙과 뉴턴의 제3법칙에 따라서, 동일하지만 방향이 반대인 힘이 서로 작용한다. 힘은 두 전하 사이의 거리 r^2에 반비례한다.

뉴턴의 중력법칙과 쿨롱의 법칙의 비교

정전기력은 뉴턴의 중력법칙(제5장 참조)과 같이 거리의 제곱에 반비례한다. 만약 두 전하 사이의 거리가 2배가 되면 두 전하 사이의 힘은 1/4로 줄어들게 된다. 물론, 두 전하 사이의 거리가 3배가 되면 처음 힘의 1/9이 된다. 두 전하 사이의 정전기적 상호작용력은 거리가 증가할 때 급격히 작아진다. 중력과 정전기력은 네 가지 자연계의 기본적인 힘들 중 하나이기 때문에, 이들 둘을 서로 비교하는 것은 흥미로운 일이다. 그들이 서로 다른 점은 어떠한 것이 있을까? 비교를 위하여 두 개의 수식을 나란히 써보면 그 비슷한 점과 다른 점이 드러난다.

$$F_g = \frac{Gm_1m_2}{r^2}, \quad F_e = \frac{kq_1q_2}{r^2}$$

명백히 다른 점은, 중력은 두 물체의 질량의 곱에 의존하고, 정전기력은 두 물체의 전하의 곱에 의존한다는 것이다. 그 외에는 이러한 두 가지 힘에 대한 법칙의 형태는 비슷하다.

더 미묘한 차이점은 방향과 관련된다. 중력은 항상 인력으로 작용한다. 이제까지 우리는 음의 질량과 같은 것은 없다고 알고 있다. 한편, 정전기력은 두 전하의 부호에 따라 인력이 되거나 또는 척력이 될 수 있다.

또 다른 차이점은, 이러한 두 힘이 작용하는 크기에 대한 것이다. 보통 크기의 물체 또는 소립자들 사이의 중력은 정전기력에 비해 아주 약하다. 큰 중력이 작용하기 위해서는 적어도 물체 중 하나는 지구와 같이 거대한 질량을 가져야만 한다. 원자나 소립자와 같이 아주 작은 대전된 입자들에 대해서는 정전기력이 중력보다도 훨씬 크다. 정전기력은 액체나 고체에서 원자와 원자 사이를 묶어주는 역할을 한다.

이러한 두 가지 힘에 대한 법칙의 기본적인 형태가 200년 이상 알려져 있지만 물리학자들은 여전히 이 힘들과 자연계의 다른 기본 힘의 상대적인 크기에 관한 근본적인 이유를 이해하고자 한다. 자연계에 존재하는 기본적인 네 가지 힘 사이의 관계를 설명하는 통일장 이론에 대한 연구는 현대 이론 물리학의 주요한 연구 영역이다. 지금 학생들 중의 누군가가 이 연구에 중요한 기여를 할 것으로 믿어 의심치 않는다.

쿨롱은 두 전하 사이에 작용하는 정전기력의 크기를 측정하기 위해 비틀림 저울을 고안하였다. 그는 힘이 각각의 전하의 크기에 비례하고, 두 전하 사이의 거리의 제곱에 반비례한다는 사실을 발견하였다. 쿨롱의 힘 법칙은 두 질량 사이에서 작용하는 힘을 설명한 뉴턴의 중력 법칙과 매우 유사한 형태를 가진다. 중력은 일반적으로 정전기력 보다는 아주 약하며 항상 인력으로 작용한다.

12.4 전기장

　쿨롱의 법칙은 두 대전체의 크기에 비해 멀리 떨어져 있는 두 대전체 사이에 작용하는 힘의 법칙을 말해준다. 이러한 힘은 두 전하가 먼 거리에 떨어져 있어도 작용한다. 굳이 전하들이 서로 접촉하고 있을 필요는 없다. 전하의 존재는 전하 주위의 공간을 어떻게 변화시키는가? 큰 전하 분포가 다른 전하에 미치는 영향을 어떤 방법으로 설명할 수 있는가?

　전기장의 개념은 일련의 전하 분포들이 또 다른 제3의 전하에 미치는 영향을 의미한다. 장이라는 개념의 유용성은 이를 현대 이론 물리학의 중심의 위치를 차지하도록 만들었다. 대부분의 사람들에 있어서 장(마당)이라는 단어는 야생화들로 채워진 풀밭이나 밀밭을 떠올리게 만든다. 그러나 물리학에서 전기장의 개념은 다소 추상적인 개념이다. 앞으로 몇 가지 전하들이 만드는 전기장에 대하여 기술하여 보면 그 개념을 이해하는 데 많은 도움을 줄 것이다.

여러 전하에 의해 작용하는 힘

　쿨롱의 법칙을 사용하면 두 대전체 사이에 작용하는 정전기력의 크기를 알 수 있다. 만약, 대전체의 크기가 그들 사이의 거리에 비해 매우 작다면 이를 **점전하**라고 부른다. 만일 세 개 이상의 전하가 있다면, 그들 중 어떤 하나의 전하에 작용하는 알짜 힘은 그 전하를 제외한 다른 모든 전하에 의해 작용하는 힘을 각각 구한 후 모두 합하여 계산할 수 있다.

　예제 12.3의 첫 번째 부분에서는, 그림에서 보여지는 위치에서 다른 두 전하에 의해 전하 q_0에 작용하는 힘을 알 수 있다. 여기서 q_0는 전하 q_1과 전하 q_2 사이에 놓여 있다. 결과적으로 두 힘은 벡터로써 합해지게 되고 q_0에 작용하는 알짜 힘을 얻게 된다. 각각의 다른 전하들에 의한 힘은 쿨롱의 법칙을 사용하여 각각 따로 계산하여야 한다(이 과정에 대한 상세한 내용은 예제 12.2 참조).

　전하 q_1에 의해 전하 q_0에 작용하는 힘 $\mathbf{F}_1$은 q_2에 의해 작용하는 힘인 $\mathbf{F}_2$보다 상당히 크다는 것을 주목하라. 이것의 주된 원인은 q_2가 q_1보다 q_0에 더 멀리 떨어져 있기 때문이다. 쿨롱의 법칙에 의해 설명되는 정전기력은 두 전하 사이 거리의 제곱에 반비례한다. q_0에 작용하는 두 힘은 서로 반대방향이며, 따라서 알짜 힘은 더 큰 힘의 방향으로 작용하며 그 크기는 9 N이 됨을 알 수 있다.

전기장이란 무엇인가?

만일 다른 크기의 전하가 q_0가 있던 바로 그 위치에 놓여 있을 때 작용하는 힘의 크기를 구해보자. 각각의 다른 전하들에 의한 힘을 구하기 위해 쿨롱의 법칙을 다시 사용한 다음 그 힘들을 예제 12.3에서 한 것처럼 합해야 하는가? 이 문제는 전기장의 개념을 사용하면 훨씬 더 쉽게 해결할 수가 있다.

전하 q_0가 그 위치에서의 정전기적인 힘을 알아보기 위하여 임의로 집어넣은 시험전하라고 생각해보자. 쿨롱의 법칙에 의하면 이 시험전하에 작용하는 힘은 바로 이 시험전하의 크기에 비례할 것이다. 만일 이 시험전하에 작용하는 알짜 힘을 시험전하의 크기로 나누게 되면 이 위치에 단위전하가 놓여 있을 때에 작용하는 힘의 크기가 된다 (예제 12.3에서 두 번째 부분 참조). 일단 단위전하당 힘을 얻게 되면 같은 지점에 놓여 있는 다른 어떤 전하에 대한 힘도 쉽게 계산할 수 있게 된다.

공간의 임의의 점에 대한 정전기적 영향의 세기를 측정하는 것으로써, 단위전하당 작용하는 힘을 사용하는 것이 전기장 개념의 본질이다. **전기장**에 대한 정확한 정의는 다음과 같다.

예제 12.3

예제 : 전기장

전하 $q_1 = 3\ \mu C$이고 $q_2 = 2\ \mu C$인 두 점전하가 30 cm거리로 떨어져 있다(그림). 세 번째 전하 $q_0 = 4\ \mu C$가 q_1으로부터 10 cm 떨어진 처음 두 전하 사이에 놓여 있다. 쿨롱의 법칙으로부터, q_1에 의해 q_0에 작용하는 힘은 10.8 N이고, q_2에 의해 q_0에 작용하는 힘은 1.8 N이다.

a. 전하 q_0에 작용하는 알짜 정전기력은 얼마인가?
b. 전하 q_0의 위치에서, 다른 두 전하에 의한 전기장(단위전하당 힘)은 얼마인가?

a. $F_1 = 10.8$ N(오른쪽) $F = F_1 - F_2$
    $F_2 = 1.8$ N(왼쪽) $= 10.8$ N $- 1.8$ N
    $F = ?$ $= 9$ N

$$\mathbf{F = 9\ N(오른쪽)}$$

b. $\mathbf{E} = ?$ $E = \dfrac{F}{q_0}$

$$= \frac{9\ N}{4 \times 10^{-6}\ C}$$

$$= 2.25 \times 10^6\ N/C$$

$$\mathbf{E = 2.25 \times 10^6\ N/C\,(오른쪽)}$$

공간상 임의의 점에서 전기장은 그 점에 단위 양전하가 놓여 있다고 생각하였을 때 바로 이 단위 양전하에 작용하는 전기력이다.

$$\mathbf{E = \frac{F}{q_0}}$$

전기장은 임의의 점에 놓여 있는 양전하에 작용하는 힘과 같은 방향을 가지는 벡터이다.

기호 **E**는 전기장을 표시한다.

바꾸어 말하면, 예제 12.3에서 계산된 F/q_0는 임의의 점에서 전기장의 크기이다. 따라서 전기장의 크기를 알고 있는 임의의 점에 놓인 전하에 작용하는 힘의 크기는 전기장과 전하의 곱으로 계산할 수 있다.

$$F = q\mathbf{E}$$

만약 전하가 음이 되면, 마이너스 부호가 음전하에 대한 힘의 방향과 전기장의 방향과 반대가 된다는 것을 말해준다. 공간의 임의의 점에서 전기장의 방향은 그 점에 놓여 있는 **양**전하에 작용하는 힘의 방향이다.

전기장과 정전기력은 같지 않음을 주목하라. 공간의 임의의 점에 대한 전기장은 그 점에 전하가 없을지라도 정의될 수 있다. 또 전기장은 그 점에 놓여 있는 어떤 전하에 작용하는 힘의 크기와 방향을 알려준다. 전하가 존재하면 힘도 존재하지만, 장은 전하가 있든지 없든지 상관없이 존재한다.

전기장은 진공에서도 존재할 수 있다. 우리가 장이라는 개념을 도입한 것은 사실상 관심의 초점을 입자나 물체 사이의 상호작용력이라는 개념으로부터 그것들이 공간에 미치는 영향이라는 관점으로 이동시킨 셈이 된다. 장의 개념은 정전기학에만 국한되지는 않는다. 중력장이나 자기장과 같은 장들도 정의될 수 있다.

전기력선이란 무엇인가?

전기장이라는 개념은 1865년 제임스 클럭 맥스웰(James Clerk Maxwell; 1831~1879)에 의해서 그의 전자기학 이론의 일부로서 공식적으로 소개되었다. 그 발상은 이미 패러데이(Michael Faraday; 1791~1867)에 의해 비공식적으로 사용되었는데, 그는 전기적, 자기적 효과를 눈으로 볼 수 있도록 그려주는 **역선**의 개념을 도입하였다. 패러데이는 수학에는 능숙하지 못하였지만 자유로운 사고의 능력을 가진 뛰어난 실험 물리학자였다.

역선을 설명하기 위해서 먼저 한 개의 양전하 주위의 여러 점에 또 다른 양의 시험전하를 갖다 놓아본다. 시험전하가 양전하 주위에 놓이면 반발력이 작용한다. 이 시험전하에 작용하는 힘의 방향(이것은 바로 전기장의 방향이다)을 나타내는 선을 쭉 이어가게 되면, 그림 12.14와 같은 그림

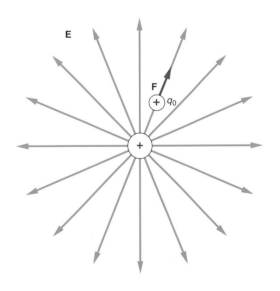

그림 12.14 양전하 주위의 전기력선 방향은 그 전하 주위의 다양한 점에 양의 시험전하가 놓여 있다고 가정함으로써 알 수 있다.

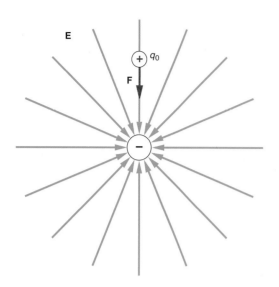

그림 12.15 음전하가 만드는 전기력선은, 양의 시험전하에 작용하는 힘과 같이 안쪽 방향을 향한다.

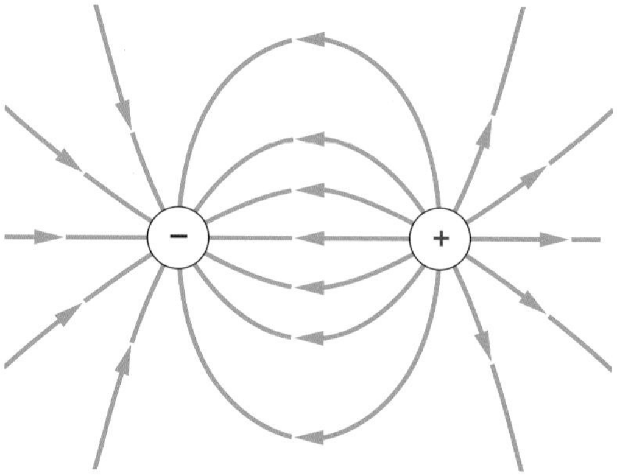

그림 12.16 크기는 같고 부호가 반대인 두 전하(전기 쌍극자)가 만드는 전기력선

을 얻게 된다. 그림 12.14는 3차원적 현상에 대해 2차원적 단면으로만 나타내었다. 단일 양전하가 만드는 전기력선은 전하로부터 모든 방향으로 발산한다. 역선이 항상 양전하에서 시작되어 음전하에서 끝이 난다는 개념을 선택하면 이때 역선의 밀도는 전기장의 크기에 비례한다. 역선이 촘촘할수록 전기장은 더 크다.

　역선이야말로 전기장의 크기와 방향을 동시에 보여주는 한 방법이다. 그림 12.15는 음전하가 만드는 전기력선의 2차원적 단면을 보여준다. 모든 역선은 음전하에서 끝이 나고 그 방향은 모두 안쪽으로 향한다.

　마지막 예로서, 그림 12.16과 같이 전기 쌍극자가 만드는 전기력선을 생각해보자. 전기 쌍극자란 부호가 서로 다른 동일한 크기의 두 전하가 일정한 거리로 떨어져 있는 것을 말한다. 역선은 양전하에서 시작되어 음전하에서 끝이 난다. 양의 시험전하가 쌍극자 주위의 다양한 점에 놓여 있다고 생각해보자. 역선의 방향이 시험전하에 작용할 것이라고 예상되는 방향과 일치하는가? 역선이 제대로 그려졌는지는 항상 이러한 방법으로 확인할 수 있다.

　전기력선은 연속선이고 서로 교차하지 않는다. 전기력선의 방향은 그 위치에 양전하를 갖다 놓았을 때 작용하는 힘의 방향을 말해준다. 전기력선의 길이는 전기장의 크기와는 아무런 관련이 없다. 전기력선의 밀도가 바로 그 위치에서 전기장의 크기와 관계된다. 그림에서 보는 것과 같이 전하의 주변은 쿨롱법칙에 의해 전기장이 강하며 전기력선이 밀한 것을 알 수 있다.

전기장의 개념은 한 전하가 그 주위의 공간에 얼마만큼의 정전기적 영향을 미치는가를 의미한다. 한 전하가 만드는 전기장은 그 전하 주위의 공간상 임의의 점에 단위 시험 전하에 작용하는 힘으로 정의된다. 전기장의 방향은 그 점에 놓여 있는 양의 시험전하에 작용하는 힘의 방향과 같다. 전기장은 한 전하에 여러 점전하가 영향을 미치고 있을 때 유용한 개념이다. 전기력선은 전기장의 크기와 방향을 눈으로 볼 수 있도록 그린 것이다.

12.5 전 위

제6장에서는 중력과 관련된 위치 에너지와 함께 용수철의 위치 에너지에 대해 알아보았다. 정전기력이 작용하는 대전된 입자에 대하여도 위치 에너지를 정의할 수 있을까?

정전기력은 보존력이고, 이는 정전기력에 대하여도 위치 에너지가 정의될 수 있음을 의미한다. 정전기력에 대한 위치 에너지, 즉 정전 위치 에너지는 **전위**의 개념과 관련되고, 종종 **전압**으로 간단하게 부른다. 전압은 건전지나 가정용 회로를 설명하는 데 자주 사용되기 때문에 아마도 우리에게 익숙할 것이다. 전압은 무엇이고, 정전 위치 에너지와는 어떤 관계가 있을까?

전하의 위치 에너지 변화 관측

전하의 위치 에너지가 위치에 따라 얼마나 변하는가를 보여주기 위해서 생각할 수 있는 가장 쉬운 경우는 균일한 전기장 내를 움직이는 대전 입자이다.

균일한 전기장에서 전기력선은 평행하고 고르게 일정한 간격으로 유지된다. 균일한 전기장이란 장이 존재하는 영역 내에서는 어느 지점에서나 전기장의 크기와 방향이 일정하다.

균일한 전기장을 얻는 방법은 무엇인가? 그림 12.17에서 반대 전하를 가진 두 개의 금속판을 서로 평행하게 놓는 것이 방법이다. 만일 하나의 금속판은 양으로 대전되고, 다른 하나는 동일한 양의 음전하를 띠게 되면 역선은 그림에서처럼 양전하에서 나와서 음전하로 들어가는 직선이

된다. 앞에서와 같이 두 금속판 사이에 양의 시험전하를 놓았을 때 작용하는 힘을 생각하여 보면 이것이 옳다는 사실을 확인할 수 있다. 공기와 같은 절연 물질에 의해 떨어져 있는 두 개의 도체는 전하를 저장하는 유용한 방법이다. 두 도체가 반대 부호의 전하를 가지면, 전하들 사이에 끌어당기는 정전기력이 작용하여 서로 마주보고 있는 금속판 위에 전하가 고정된다. 이러한 배열은 **축전기**라고 부르며 전하를 저장하는 소자의 기본이

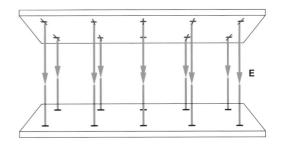

그림 12.17 크기는 같으며 반대 부호의 전하들이 두 평행한 금속판에 대전되면 두 금속판의 사이에는 균일한 전기장이 형성된다.

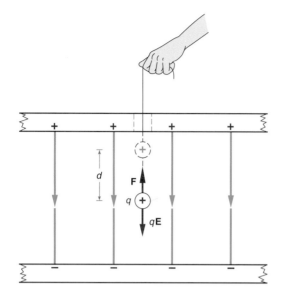

그림 12.18 정전기력 *q*E와 같은 크기의 외력 F가, 균일한 전기장 내에서 전하를 거리 *d*만큼 움직이는 동안 작용한다.

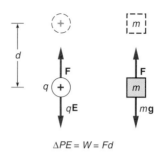

$\Delta PE = W = Fd$

그림 12.19 전하 *q*가 정전기력에 거슬러서 움직일 때 위치 에너지가 증가하는 것은, 질량 *m*을 중력에 거슬러 들어올릴 때 중력 위치 에너지가 증가하는 현상과 유사하다.

된다. 축전기는 특히 전기회로에서 많이 응용된다. 평행판 축전기의 두 판 사이 균일한 전기장에 양의 시험전하를 놓는다고 생각하자. 이 전하는 전기장 방향으로 정전기력을 받게 될 것이다. 즉, 위판에 놓인 양

전하에 의해 **척력**이, 아래판의 음전하에 의해 **인력**이 작용한다. 만일 전하를 자유롭게 놓아 두면, 아래판쪽으로 가속될 것이다. 이 가속도는 물론 중력에 의한 것이 아니다. 사실 대전입자에 작용하는 중력은 정전기력과 비교해서 아주 적기 때문에 무시할 수 있다.

그림 12.18에서처럼, 전기장과 반대방향으로 시험전하를 움직이게 하는 외력이 작용하면, 이 외력은 전하에 대해 일을 하게 된다. 이 일은 전하의 위치 에너지를 증가시킨다(제6장 참조). 그 과정은 중력에 거슬러서 물체를 들어올릴 때나, 활시위를 당겨 탄성 위치 에너지를 증가시키는 것과 유사하다. 보존력에 대해 한 일은 그 계의 위치 에너지를 증가시킨다.

가속되지 않는 상태에서 전하가 움직이게 하기 위해서 외부에서 가해주는 외력은 정전기력과 방향은 반대이지만 크기는 같아야만 한다. 그래야만 전하에 작용하는 알짜 힘이 0이 되기 때문이다. 전하에 작용하는 정전기력은 전하와 전기장을 곱한 것(qE)과 크기가 같고, 따라서 외력의 크기도 이와 같아야 한다. 외력이 한 일은 힘과 거리의 곱인 qEd이고, 이것은 전하의 퍼텐셜 에너지 증가($\Delta PE = qEd$)와 같다.

이는 마치 중력에 거슬러서 물체를 들어올리는 외력이 중력 위치 에너지를 증가시키는 것과 유사하다(그림 12.19). 중력 위치 에너지는 물체를 들어올릴 때 증가하지만, 정전 위치 에너지가 증가하느냐 감소하느냐는 전기장의 방향에 따라 달라진다. 양으로 대전된 판이 아래쪽에 놓인다면 전기장의 방향은 위로 향하게 되고, 양전하의 위치 에너지는 전하가 아래로 움직일 때 오히려 증가한다. 정전기력이 작용하는 방향과 반대로 대전 입자를 움직이기 위해서는 외력이 일을 하게 되고 위치 에너지가 증가한다. 예를 들어, 음으로 대전된 입자를 양으로 대전된 입자로부

터 멀어지게 하면, 그 계의 위치 에너지는 증가한다. 용수철을 늘이는 것처럼 음전하를 양전하 쪽으로 가속되도록 자유롭게 둔다면 위치 에너지는 다시 운동 에너지로 바뀌게 된다.

전위란 무엇인가?

전위 또는 전압은 위치 에너지와 어떤 관계가 있는가? **전위**는 전기장이 정전기력과 관련된 것과 마찬가지로 정전 위치 에너지와 밀접한 관계가 있다. 위치 변화에 따른 위치 에너지를 결정하기 위해 시험전하로써 그림 12.18에서 움직이는 양전하를 사용하자. 전위변화는 다음과 같이 정의할 수 있다.

> 전위의 변화는 양의 단위 시험전하당 정전 위치 에너지의 변화와 같다.
>
> $$\Delta V = \frac{\Delta PE}{q}$$

기호 V는 전위(전압)를 나타낸다.

이 식으로부터 알 수 있듯이, 전위의 단위는 단위전하당 에너지와 같다. 미터법에서 이 단위는 볼트(V)로 부르며, 쿨롬당 1 J로 정의한다(1 J/C = 1 V). 전위(전압)의 단위는 일반적으로 전위로 사용되는 기호 V로 표시된다.

전기장과 마찬가지로, 공간의 임의의 점에서 전위를 이야기할 때에 전하의 존재가 필요치 않다. 한 점에서 다른 점으로 이동할 때 전위의 변화는 단위 양전하가 이 두 점 사이를 움직일 때 일어나는 단위 양전하당 위치 에너지의 변화와 같다.

다른 표현으로, 그 전하에 대한 위치 에너지의 변화는, 전위의 변화에 전하의 크기를 곱한 $\Delta PE = q\Delta V$이다.

전위와 정전 위치에너지는 밀접한 관계가 있지만 동일하지는 않다. 만일 양전하가 전위가 증가하는 쪽으로 움직이고 있다면 정전 위치 에너지가 증가하고 있는 것이고 이를 위해서는 외력이 양전하에 대하여 일을 해주어야 한다. 이 외력은 양전하에 작용하는 반대방향의 전기력에 대항하여 일을 하게 된다. 즉 $\Delta PE =$

예제 12.4

예제 : 전위의 이해

1000 N/C의 균일한 전기장이 반대 부호로 대전된 두 금속판 사이에 걸려 있다.
+0.005 C의 전하를 가진 한 입자가 음으로 대전된 아래판에서 위판으로 움직인다(실에 매달린 전하를 위로 잡아당긴다고 생각하자). 금속판 사이의 거리가 3 cm이다.
a. 전하의 위치 에너지 변화량은?
b. 아래판과 위판의 전위차는 얼마인가?

a. $E = 1000$ N/C $\Delta PE = W = Fd$
  $q = 0.005$ C $= qEd$
  $d = 3$ cm $= (0.005 \text{ C})(1000 \text{ N/C})(0.03 \text{ m})$
  $\Delta PE = ?$ $= \mathbf{0.15\ J}$

b. $\Delta V = ?$ $\Delta V = \dfrac{\Delta PE}{q}$
  $= \dfrac{0.15 \text{ J}}{0.005 \text{ C}}$
  $= \mathbf{30\ V}$

매일의 자연현상 12.2

번 개

상황. 우리 모두는 장엄하고 큰 위력을 가진 폭풍우를 관찰한 적이 있을 것이다. 다양한 시간간격에 의해 뇌성이 따르는 번개의 불꽃은 매혹적인 동시에 위협적이다. 번개란 무엇인가? 뇌운은 우리가 보게 되는 인상적인 방전을 어떻게 만들게 되나? 폭풍우에서 일어나는 현상은 무엇인가?

번개의 불꽃이 주위의 영역을 비춘다. 번개란 무엇이고, 어떤 방법에 의해 발생되나?

분석. 대부분의 뇌운은, 구름 윗부분 근처에는 알짜 양전하가 그리고 아래 부분 근처에는 알짜 음전하가 발생하여 구름 내에서 전하의 분리가 일어난다.

구름 속에는 급격히 밑으로 떨어지는 공기와 물의 기둥과 또 급격히 상승하는 공기와 물의 기둥이 서로 인접해 있어서 매우 거친 난류가 형성된다. 뇌운 내에서의 전하 분리는 지표면과 구름 사이에서뿐만 아니라 구름 내에서도 강한 전기장을 발생시킨다. 젖은 대지는 적당히 좋은 전기 도체이므로 구름의 아래 부분에 놓인 음전하로 인해서 구름 아래의 지표면에는 양전하가 유도된다. 이 전하 분포에 의해 발생되는 전기장(그림에서 그려진)은 미터당 수천 볼트에 이르기도 한다. 구름의 바닥은 일반적으로 지표면 위 수백 미터 상공에 떠 있기 때문에 구름의 바닥과 지표면 사이의 위치 차는 쉽게 수백만 볼트가 될 수 있다! (갠 날씨에서도 지표면 근처의 대기에 미터당 수백 볼트의 전기장이 존재한다. 그러나 이 전기장은 매우 약하며 폭풍우 속에서 지표면과 구름 사이에 일반적으로 발생하는 전기장과는 반대방향이 된다)

번개가 칠 때는 무엇이 일어나는가? 건조한 공기는 좋은 절연체이지만 습도가 올라가면 전기 전도도도 좋아진다. 물질 사이에 걸린 전압이 충분히 크다면 어떠한 물질이라도 전도가 된다. 구름의 바닥과 지구 표면 사이에 매우 큰 전압이 걸리면 전하들은 가장 전도

$q\Delta V$이며 이 경우 q, ΔV가 모두 양의 값이다. 반면에 음전하가 전위가 증가하는 쪽으로 움직이고 있다면 정전 위치 에너지는 감소한다.

전위와 정전 위치 에너지는 밀접한 관계이지만 동일하지는 않다. 만일 전하 q가 음전하라면 전위가 **증가하는 방향**으로 움직일 때 전하의 정전 위치 에너지는 **감소**하게 된다.

중력 위치 에너지와 마찬가지로, 위치 에너지 값 그 자체보다는 오히려 위치 에너지의 변화량이 더 실질적인 의미를 가진다. 정전 위치 에너지나 전위의 값 그 자체가 의미를 지니기 위해서는 위치가 0이 되는 기준점을 정해 주어야 한다. 기준점 이외의 점에서 위치 에너지 값은 이 기준점과 비교해서 정의된다. 구체적인 전위를 계산하는 예를 예제 12.4에 나타내었다. 그림 12.20은 예제 12.4를 설명한 것이다. 전하가 평행판 축전기의 아래판에서 위판으로 움직일 때 전하의

성이 좋은 경로, 즉 최소 거리가 되는 경로를 따라서 전하의 최초 흐름을 발생시킨다. 이 최초 전하의 흐름은 공기를 가열하여 공기 원자를 이온화시키고 이렇게 이온화된 원자들은 전하를 띠고 있음으로 최초 흐름의 경로를 따라 전기의 전도도는 더욱 향상되어, 더 큰 전하의 흐름이 발생하게 된다.

뇌운 속에서의 전하 분포는 구름 바로 아래 지상의 물체에 양전하를 유도한다.

이러한 연속적인 방전의 과정은 모두 최초의 경로를 따라 발생한다. 매우 거대한 방전, 즉 전하의 흐름은 매우 짧은 시간에 지구와 구름 사이에서 발생한다. 방전에 의한 타격이나 공기의 이온화가 바로 우리가 보는 번개인 것이다. 천둥 소리는 동시에 일어나지만 소리가 빛보다 매우 늦은 속도로 움직이기 때문에 우리에게 더 늦게 도달한다. 뾰족한 전도 물체는 그 지점에서 강한 장을 일으키고,

이것은 국소적으로 공기를 이온화시켜 공기의 전도성을 좋게 해준다. 벤자민 프랭클린은 뾰족한 물체의 이러한 성질에 호기심을 가졌고, 피뢰침을 발명하였다.

피뢰침을 물체 주위보다 더 높게 놓음으로써 피뢰침이 전하의 흐름에 대해 특히 알맞은 경로가 되게 한다. 만약 피뢰침이 금속끈이나 전선에 의해 땅과 연결되어 있다면, 집이나 건물 주위로 안전하게 전하가 흘러가는 경로를 제공한다. 언덕 위에 서 있는 사람이나 큰 나무는 피뢰침과 비슷한 역할을 할 수 있다. 그러므로 번개가 치는 동안에 고립된 나무아래에 서 있는 것은 위험하다. 건물이나 차 안에 있는 것이 가장 좋은 방책이지만, 만약 외부에 노출되어 있다면, 즉시 큰 전도체가 있는 곳으로부터 멀리 떨어진 곳으로 피하는 것이 안전할 것이다. 그리고는 건조한 장소를 택해서 몸의 자세를 낮추고 앉아야 한다.

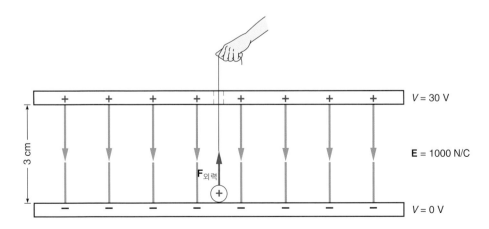

그림 12.20 양전하가 외력에 의해 아래판에서 위판으로 움직인다.

위치 에너지는 0.15 J 증가한다. 양전하를 시험전하로 사용하면 전위차를 계산할 수 있고, 30 V 의 전위차를 가지는 것을 알 수 있다. 아래의 금속판을 0 V의 기준점으로 잡으면, 위의 금속판에 서의 전위는 30 V가 된다. 두 판 사이의 가운데에서는 전위가 15 V이다. 아래 금속판에서 위의 금속판까지의 전위는 0 V에서 30 V로 일정하게 증가한다.

전위와 전기장의 관계는?

균일한 전기장의 경우, 전기장의 크기와 전위차 사이에는 간단한 관계가 성립된다. 이 경우, $\Delta PE = qEd$이고, 전위차가 $\Delta V = \Delta PE/q$로 정의 됨에 따라서, ΔPE를 q로 나누면 다음과 같이 된다.

$$\Delta V = Ed$$

그림 12.20에서 위치 에너지는 양전하가 전기장에 거슬러 움직일 때 증가하기 때문에, 전위는 전기장의 방향과 반대가 되는 방향으로 증가한다.

E와 ΔV 사이의 이러한 간단한 관계식은 물론 균일한 전기장에 대해서만 성립한다. 만일 전기 장의 세기가 위치에 따라 변하면 계산은 더 복잡해지고 보다 복잡한 관계식이 필요하게 된다. 그러나 대부분의 실제적인 상황에서 전기장이 어느 정도 균일하다. 이 경우에 $E = \Delta V/d$이므로 전기장의 세기를 V/m의 단위로 표시할 수 있고 이는 N/C과 같은 단위이다.

전위는 항상 전기장과 반대되는 방향으로 증가한다. 예를 들어 양전하가 만드는 전기장은 전 하쪽으로 움직일 때 전위는 증가하고 역선은 전하로부터 바깥쪽으로 발산한다. 그림 12.21은 양 전하가 만드는 전기장을 나타내었고, 전 하로부터 서로 다른 거리에서의 전위값을 표시하였다. 이 경우 전위의 기준점은 전 하로부터 무한한 거리에서 전위가 0이라 고 둔다.

그림 12.21에서 보듯이 전위는 양전하 에 가까이 갈수록 높아진다. 만일 양전하 의 근처에 음전하가 있다면 음전하는 양 전하쪽으로 끌리게 된다. 결국 음전하는 점점 전위가 높은 곳으로 움직이게 되고 정전 위치 에너지는 점점 낮아지고 반대 로 운동 에너지는 증가하게 된다. 양전하 가까이에 또 다른 양전하가 있다면 정반 대의 현상이 나타난다. 양전하에는 척력 이 작용하며 따라서 전위가 낮은 쪽으로

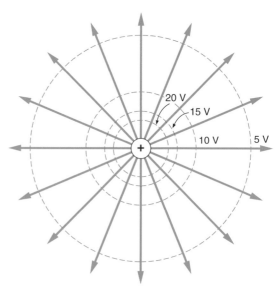

그림 12.21 전위는 양전하에 가까워지면 증가한다. 그 림에서 점선은 등전위선을 보여준다.

움직이고 정전 위치 에너지는 낮아지며 운동 에너지는 증가한다.

즉 전기장의 방향은 양전하에 작용하는 힘의 방향이 되고, 전위가 증가하는 방향도 양전하의 정전 위치 에너지가 증가하는 방향이 되는 것이다.

어떠한 상황에서든, 전기장 내를 움직이고 있는 양의 시험전하를 생각함으로써 전위차를 결정할 수 있다. 전위는 양전하쪽으로 움직일 때 또는 음전하로부터 멀어질 때 증가한다. 왜냐하면 양전하의 위치 에너지가 이런 조건하에서 증가하기 때문이다. 양전하가 더 낮은 전위로 이동하면 돌이 낙하할 때와 마찬가지로 위치 에너지는 감소하고 그 대가로 운동 에너지를 얻게 된다.

양전하의 위치 에너지는 전기장의 방향과 반대 방향으로 전하를 이동시키는 외력이 작용할 때 증가하게 된다. 외력이 한 일은 위치 에너지의 증가량과 같다. 전위(또는 전압)의 변화량은 단위 시험전하당 위치 에너지의 변화량으로 정의한다. 양전하의 전위는 다른 양전하에 가까워질 때 또는 음전하로부터 멀어질 때 증가한다. 왜냐하면 위치 에너지가 증가하기 때문이다. 양전하의 일반적으로 더 낮은 전위쪽으로 이동하려는 성질을 갖는다.

질 문

Q1. 두 가지 다른 물질을 서로 마찰시켰을 때, 두 물질은 같은 종류의 전하와 다른 종류의 전하 중 어느 것을 얻겠는가? 간단한 실험으로 그 답이 정당하다는 것을 설명하라.

Q2. 두 피스볼이 고양이 가죽으로 마찰된 플라스틱 막대에 접촉하여 둘 다 대전되었다면,
  a. 피스볼이 가지는 전하의 부호는? 설명하라.
  b. 두 개의 피스볼은 서로 반발할 것인가 아니면 끌릴 것인가? 설명하라.

Q3. 두 피스볼이 하나는 나일론 천으로 마찰된 유리 막대, 다른 하나는 마찰된 천과 접촉하여 각각 대전되었다면,
  a. 각 피스볼이 가지는 전하의 부호는 무엇인가? 설명하라.
  b. 두 개의 피스볼은 서로 반발할 것인가, 아니면 끌어당기겠는가? 설명하라.

Q4. 유리 막대를 나일론 천으로 마찰시킬 때, 이 두 물체 중 어느 것이 전자들을 얻겠는가? 설명하라.

Q5. 만약 고양이 가죽으로 마찰시킨 플라스틱 막대로 검전기를 대전시키고, 검전기의 구 가까이에 고양이 가죽을 가져갈 때 검전기의 금속박이 서로 더 벌어지겠는가, 아니면 더 가까워지겠는가? 설명하라.

Q6. 플라스틱 빗으로 머리를 빗을 때, 빗이 얻게 되는 전하의 부호는 무엇인가? 설명하라.

Q7. 두 종류의 전하가 벤자민 프랭클린의 단일유체 모델로부터 발생할 수 있는가? 설명하라.

Q8. 대전된 검전기의 금속구에 대전되지 않은 유리 막대를 손으로 잡고 접촉시키면, 검전기는 완전히 방전되는가? 설명하라.

Q9. 대전된 검전기의 구에 손가락으로 접촉시키면 방전되는가? 이것으로 사람의 전도 성질에 대해 제안할 수 있는 것은 무엇인가? 설명하라.

Q10. 금속구가 음으로 대전된 플라스틱 막대를 사용하여 유도에 의해 대전되었을 때 구가 얻게 되는 전하의 부호는 무엇인가? 설명하라.

Q11. 유도에 의해 대전될 때, 구로부터 손가락을 움직이기 전에 금속구 근처로부터 대전 막대를 치우게 되면 무슨 일이 일어날까? 구가 대전되어 끝날 것인가? 설명하라.

Q12. 종잇조각이 알짜 전하를 가지고 있지 않아도 대전 막대에 끌리게 되는가? 설명하라.

Q13. 피스볼이 다른 대전체와 접촉하지 않아도, 처음에는 대전 막대에 끌리게 되고 나중에 같은 막대에 반발하는 이유는? 설명하라.

Q14. 비틀림 저울은 무엇인가? 설명하라.

Q15. 절연 스탠드에 올려져 있는 몇 개의 동일한 금속구가 있다면, 하나의 구에 놓여 있는 전하량이 다른 구에 놓여 있는 전하량의 4배가 되게 할 수 있는 방법을 설명하라.

Q16. 두 대전체 사이의 거리가 두 배가 된다면, 한 물체가 다른 물체에 작용하는 정전기력이 반으로 줄어드는가? 설명하라.

Q17. 두 전하 사이의 거리의 변화없이 두 전하의 크기가 두 배가 된다면, 하나의 전하가 다른 전하에 작용하는 힘이 또한 두 배가 되는가? 설명하라.

Q18. 정전기력과 중력 둘 다 인력과 척력을 가지는가? 설명하라.

Q19. 전기장은 전하가 없는 공간의 임의의 점에 존재할 수 있는가? 설명하라.

Q20. 크기는 같지만 부호가 반대인 두 전하가 아래 그림과 같이 한 직선상을 따라 놓여 있다. 화살표를 사용하여 그림에 보이는 A, B, C, D 점에서의 전기장의 방향을 표시하라.

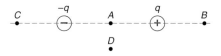

Q21. Q20의 그림에서 음전하를 같은 크기의 양전하로 바꾸면 A, B, C, D 점에서 전기장의 방향은? (화살표로 표시)

Q22. 3개의 동일한 양전하가 그림에서처럼 사각형의 모서리에 놓여 있다. 화살표를 사용하여 그림의 A, B 점에서 전기장의 방향을 표시하라.

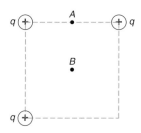

Q23. 단일 양전하에 의해 생성되는 전기장은 균일한 장인가? 설명하라.

Q24. 양전하를 음전하쪽으로 이동하면, 양전하의 위치 에너지는 증가하는가 아니면 감소하는가? 설명하라.

Q25. 한 개의 음전하를 두 번째 음전하쪽으로 이동하면, 첫 번째 음전하의 위치 에너지는 증가하는가 아니면 감소하는가? 설명하라.

Q26. 음전하가 임의 공간에서 전기력선의 방향과 같은 방향으로 움직이면, 음전하의 위치 에너지는 증가하는가 아니면 감소하는가? 설명하라.

Q27. 음전하쪽으로 움직이게 되면 전위는 증가하는가 아니면 감소하는가? 설명하라.

Q28. 전위와 전기 위치 에너지는 같은가? 설

명하라.

Q29. 처음에는 전기장 내에 정지해 있는 음으로 대전된 입자가, 만약 자유롭다면 더 낮은 전위 영역으로 향하여 움직일 것인

가? 설명하라.

Q30. 땅 위에 서 있을 때보다 좋은 전기 절연체로 만들어진 승강장에 서 있을 때가 번개에 맞기가 더 쉬운가? 설명하라.

연습문제

E1. 한 개의 전자는 -1.6×10^{-19} C의 전하를 가진다. 알짜 전하가 -3.2×10^{-6} C일 때 필요한 전자의 수는 얼마인가?

E2. 서로 3 N의 정전기력이 작용하는 두 대전 입자가 있다. 두 전하 사이의 거리가 처음의 거리보다 1/3로 줄어든다면 작용하는 정전기력의 크기는 얼마인가?

E3. 서로 8 N의 정전기력이 작용하는 두 대전 입자가 있다. 두 입자 사이의 거리가 처음의 거리보다 4배 증가하게 되면 작용하는 힘의 크기는 얼마인가?

E4. 각각 2×10^{-6} C의 크기를 가지는 두 양전하가 서로 10 cm 거리로 떨어져서 위치해 있다.

  a. 각 전하에 작용하는 힘의 크기는 얼마인가?

  b. 각 전하에 작용하는 힘의 방향을 선으로 표시하라.

E5. $+5 \times 10^{-6}$ C의 전하가 -4×10^{-6} C의 전하로부터 20 cm 거리에 위치해 있다.

  a. 각 전하에 작용하는 힘의 크기는 얼마인가?

  b. 각 전하에 작용하는 힘의 방향을 선으로 표시하라.

E6. 전자와 양성자는 1.6×10^{-19} C의 부호는 다르지만 같은 크기의 전하를 가진다. 수소 원자내의 전자와 양성자가 5×10^{-11} m의 거리로 떨어져 있다면 양성자에 의해 전자에 작용하는 정전기력의 크기와 방

향은 어떻게 되는가?

E7. 균일한 전기장이 위쪽 방향을 향하고 3 N/C의 크기를 가진다. 이 장에 놓인 -5 C의 전하에 작용하는 힘의 크기와 방향은?

E8. $+6 \times 10^{-6}$ C의 시험 전하가 공간의 임의의 점에 놓여 있을 때 12 N의 정전기력이 아래로 작용한다. 이 점에서 전기장의 크기와 방향은?

E9. -2×10^{-6} C의 전하가 공간의 한 점에 놓여 있다. 여기에는 8.5×10^{4} N/C의 크기를 가지고 오른쪽 방향을 향하는 전기장이 있다. 이 전하에 대한 정전기력의 크기와 방향은?

E10. $+0.4$ C의 전하가 10 V인 위치에서 전위가 60 V인 위치로 이동한다. 위치 변화와 관련된 전하의 퍼텐셜 에너지의 변화는?

E11. $+5 \times 10^{-6}$ C 전하의 위치 에너지가 A점에서 B점으로 움직일 때 0.06 J에서 0.02 J로 감소한다. 이 두 점 사이의 전위차는 얼마인가?

E12. 평행판 축전기의 아래판에서 위판까지의 전위가 100 V에서 500 V로 증가한다.

  a. 아래판에서 위판으로 움직이는 -5×10^{-4} C 전하의 위치 에너지 변화량은 얼마인가?

  b. 이 과정에서 위치 에너지는 증가하는가 아니면 감소하는가?

고난도 연습문제

CP1. 그림에서와 같이 3개의 양전하가 직선을 따라 놓여 있다. 점 A의 0.05 C 전하는 점 B의 0.02 C 전하에 왼쪽으로 2 m 거리에 놓여 있다. 그리고 점 C의 0.03 C 전하는 점 B의 오른쪽 1 m 거리에 놓여 있다.

   a. 0.05 C 전하에 의해 0.02 C 전하에 작용하는 힘의 크기는 얼마인가?

   b. 0.03 C 전하에 의해 0.02 C 전하에 작용하는 힘의 크기는 얼마인가?

   c. 다른 두 전하가 0.02 C 전하에 작용하는 알짜 힘은?

   d. 만일 0.02 C 전하를 다른 두 전하에 의해 발생되는 전기장의 세기를 조사하는 시험전하로 사용한다면, 점 B에서 전기장의 크기와 방향은?

   e. 점 B의 0.02 C 전하가 −0.06 C의 전하로 대체된다면 이 새로운 전하에 작용하는 정전기력의 크기와 방향은? (전기장값을 사용하라.)

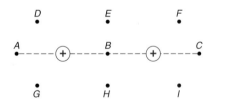

CP2. 그림과 같이 두 개의 동일한 양전하가 서로 가까이에 놓여 있다.

   a. 작은 화살표를 사용하여 그림에 지적된 점에서 전기장의 방향을 표시하라. 이들 각 점에 놓인 양전하에 작용하는 힘의 방향을 생각하라.

   b. 각 전하로부터 나타나는 동일 수의 역선을 작도하여 이 전하 분포에 대한 전기력선을 그려라(12.4절의 도형 참조).

CP3. CP2번에서 두 전하 중 하나가 다른 전하보다 두 배가 된다고 가정하자. 이 새로운 상황에 대해 CP2번의 a, b에서 제안된 절차를 사용하라(장을 그릴 때, 적은 전하로부터 나오는 역선의 수보다 더 큰 전하로부터 나오는 역선의 수가 두 배 더 많을 것이다).

CP4. 평행판 축전기의 위판이 0 V의 전위를 가지고 아래판이 500 V의 퍼텐셜을 가진다고 가정하자. 두 평행판 사이의 거리는 2.5 cm이다.

   a. 3×10^{-4} C의 전하가 아래판에서부터 위판으로 이동할 때 위치 에너지의 변화는 얼마인가?

   b. 이 전하가 두 판 사이에 놓여져 있을 때 전하에 작용하는 정전기력의 방향은?

   c. 판 사이의 전기장의 방향은?

CP5. 4개의 동일한 양전하가 그림과 같이 사각형의 모서리에 놓여 있다.

   a. 작은 화살표를 사용하여 각 표시된 점에서 전기장의 방향을 나타내어라.

   b. 표시된 지점의 어디에서 전기장의 크기가 0과 같은가? 설명하라.

   c. 사각형의 가운데에서의 전위는 사각형에서 멀리 떨어진 임의의 점보다 더 큰 값을 가지는가? 설명하라.

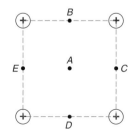

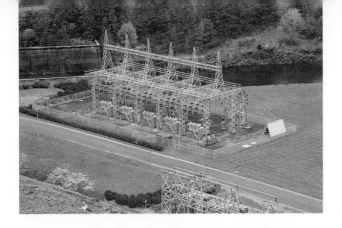

13장

전기회로

학습목표　12장에서 정지해 있는 전하들을 다루었다면 이 장의 학습목표는 전기회로와 회로에 흐르는 전류의 개념을 통하여 움직이는 전하를 이해하는 것이다. 이들은 앞에서 다루었던 전위라는 개념과 함께 간단한 전기소자들이 어떻게 작동하는지 이해하는 데 매우 중요하다. 먼저 전기회로와 전류에 대하여 다루고 다음으로 전류가 어떻게 전압, 에너지, 그리고 전력과 관계가 되는지 살펴볼 것이다. 이러한 모든 개념들은 가정의 전기회로에 적용된다.

개 요

1　**전기회로와 전류.** 백열전구를 켜기 위해서는 어떻게 전기회로를 구성해야 하는가? 전류란 무엇인가? 전기적 흐름인 전류는 파이프 내에서 물의 흐름과 어떤 유사성이 있는가?

2　**옴의 법칙과 저항.** 간단한 회로에서 전류와 전압은 어떤 관계가 있는가? 이 관계에서 저항은 어떻게 정의되는가?

3　**직렬회로와 병렬회로.** 회로에서 직렬연결과 병렬연결의 차이는 무엇인가? 서로 다른 연결방식에 따라 전류는 어떻게 달라지는가? 전압계와 전류계는 어떻게 사용하는가?

4　**전기 에너지와 전력.** 전기회로에서 에너지와 일률의 개념은 어떻게 적용되는가? 가정에서 전기 에너지를 다룰 때 사용하는 단위는 무엇인가?

5　**교류와 가정용 회로.** 보통 가정용과 상업용으로 사용되는 교류란 무엇인가? 전기제품들은 가정에서의 전기회로와 어떻게 연결되어 있는가? 고려해야 할 안전수칙은 무엇인가?

손 전등이 어떻게 켜지는지 궁금하게 여겨 본 적이 있는가? 손전등의 구성 요소들은 전구, 두 개의 건전지, 그리고 스위치가 달린 원통형 케이스 등 간단한 것들이다. 손전등이 어떻게 작동하는지도 또한 친숙하다. 스위치를 밀면 불빛이 켜지든지 꺼지든지 한다. 건전지가 다 소모되면 그것을 바꾸거나 충전해줄 필요가 있다. 종종 전구가 나가서 교환을 하기도 한다. 하지만 그 내부에서는 무슨 일이 일어나고 있는 것일까?

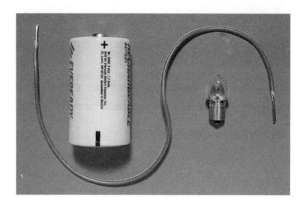

그림 13.1 건전지, 전선, 그리고 전구. 당신은 전구에 불을 켤 수 있는가?

당신은 매일 빛, 열 및 소리를 내기 위해 혹은 전기모터를 돌리기 위해 스위치를 켠다. 또 자동차에 시동을 걸기 위해 배터리에 의해 작동되는 전기모터(시동모터)를 사용한다. 당신은 이 상황들이 전기와 관련되어 있다는 것을 안다. 그러나 이들이 구체적으로 어떻게 작동하고 있는지를 이해하고 있는가?

전구, 건전지, 그리고 금속전선 한 조각 등 손전등의 부품들이 앞에 놓여 있다고 하자(그림 13.1). 당신에게 주어진 임무는 전구에 불이 들어오게 하는 것이다. 어떻게 하면 될까? 어떤 원리를 이용하여야만 전구에 불이 들어오게 할 수 있을까? 만약, 이러한 부품들을 지금 가지고 있다면 실제로 전구에 불이 들어오게 할 수 있는지 직접 해보기 바란다.

이 건전지와 전구의 예제는 많은 사람들에게 도전이 된다. 또 일단 전구에 불을 켠 사람이라 할지라도 그것에 관련된 원리를 설명하는 것은 또 다른 일이다.

하지만 이 간단한 예제는 전기회로의 기본을 이해하는 데 있어 훌륭한 출발점이 된다. 아침에 시계 라디오가 켜질 때부터 저녁에 잠자리에 들기 전 불을 끌 때까지 당신은 계속해서 이러한 전기회로를 사용하고 있다.

13.1 전기회로와 전류

손전등, 전기 토스터 및 자동차의 시동모터들은 모두 전기회로의 일종이다. 이들은 모두 그 동작을 위해서 전류를 사용한다. 전기회로와 전류는 항상 함께 붙어 다니며 전기장치가 동작하는 데 핵심적인 역할을 한다. 이 장의 첫머리에 소개된 건전지와 전구 예제는 이러한 개념들을 다루는 데 어떻게 활용될 수 있을까?

어떻게 전구에 불을 켤까?

건전지와 전구 예제는 손전등을 가장 기본적인 요소들, 즉 전구, 건전지, 그리고 한 조각의 전선으로 분해했다. 손전등의 나머지 부품들은 단지 이 기본적인 요소들을 결합시키고 스위치를 켜고 끄는 데 있어 보다 편리한 방법을 제공하는 것뿐이다. 어떻게 전선 하나로 전구에 불을 켤까?

많은 사람들이 이 실험에서 전구는 전기적으로 서로 절연된 두 개의 접촉점을 가지고 있다는 사실을 깨닫지 못하고 있다. 전구를 통해 전류가 흐르기 위해서는 이

두 접촉점을 모두 연결해 주어야 한다. 그래야만 전구에서부터 건전지의 양 끝단까지 완전한 통로를 가질 수 있기 때문이다. 이처럼 **닫힌**, 혹은 완전한 통로를 회로라 부른다. **회로**라는 말 자체가 닫힌 고리라는 뜻을 가지고 있다.

그림 13.2는 가능한 세 가지의 배열을 보여준다. 하나는 작동하고 둘은 작동하지 않는다(어느 것일까?). 그림 13.2a에 나타난 회로는 완전하지 않다. 이렇게 연결해서는 아무 일도 일어나지 않을 것이다. 전구는 켜지지 않고 전선도 따뜻해지지 않는다. 이 경우는 불완전한, 즉 **열린** 회로이다. 완전한 회로가 구성되기 위해서는 건전지의 두 끝이 전도성 물질로 연결된 닫힌 경로가 있어야 한다. 완전한 경로가 아니면 아무 일도 일어나지 않는다.

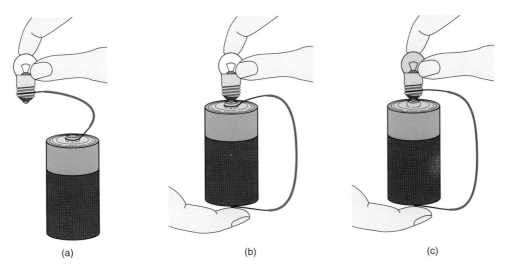

(a)　　　　(b)　　　　(c)

그림 13.2 건전지, 전구, 그리고 전선을 이용한 세 가지 배열. 어느 것이 전구에 불이 들어오며, 그것이 불이 들어온 이유는 무엇인가?

그림 13.2b는 완전한 회로를 나타낸다. 그러나 전류는 전구를 통과하지 않는다.

이 경우에도 전구에 불이 켜지지 않으나 전선은 따뜻해질 것이다. 만약, 전선을 그대로 둔다면 건전지는 빠르게 소모될 것이다. 그림 13.2c는 건전지의 바닥에서부터 전구의 옆면까지 전선으로 연결되어 있고, 전구의 끝단이 건전지의 다른 전극에 연결되어 있다. 이것이 올바른 배열이다. 완전한 회로는 전구와 건전지를 모두 통과한다.

손전등의 회로는 기본적으로 그림 13.2c와 같이 배열되어 있다. 전구는 두 개, 혹은 그 이상의 건전지의 맨 윗부분에 놓여 있어 건전지와 직접 접촉되어 있다.

전구의 옆부분은 손전등 몸체의 다른 부분으로부터 절연시켜 주는 금속 슬리브 내에 있다. 스위치는 손전등 몸체 자체를 통하든가, 혹은 금속선이 손전등의 밑부분까지 뻗어 있어 이 금속 슬리브와 건전지의 밑부분을 연결시킨다. 스위치를 누르면 경로가 연결된다. 만약 손전등을 가지고 있다면, 분해하여 어떻게 이들이 이루어지는지를 실제로 한번 보기 바란다.

전류란 무엇인가?

그림 13.2c의 배열에 실제로 무슨 일이 일어나는지 좀더 자세히 살펴보자. 건전지는 이 회로에서 에너지원이다. 건전지는 화학반응에서 나오는 에너지를 이용하여 양전하와 음전하를 분리시킨다. 이 과정에서 화학반응이 한 일은 전하의 정전 위치 에너지를 증가시키며 이는 곧 전위차를 만들어 준다. 일반적으로 손전등에 사용하는 건전지의 양 끝단 사이에 1.5 V의 전위차가 발생된다.

건전지의 한쪽에는 양전하가, 다른 쪽에는 음전하가 과잉되어 있어 적당한 전도 경로만 주어진다면, 이 전하들은 이 경로를 따라 흘러 결합하려는 경향을 가질 것이다. 이 전하들은 외부의 전도 경로로만 흐를 수 있는데, 이것은 건전지 내의 화학반응에 관련된 상반되는 힘 때문이다. 만약에 금속선을 두 단자에 연결한다면 전하는 금속선을 통하여 반대단자로 흐를 것이다.

이 전하의 흐름을 **전류**라고 한다. 보다 정확하게 한다면, 단위시간당 흐르는 전하의 양이다.

전류가 단위시간당 흐르는 전하의 양으로 정의되므로 이를 수식으로 표현하면 다음과 같다.

$$I = \frac{q}{t}$$

여기서 I는 전류를 나타내고, q는 전하, 그리고 t는 시간을 나타낸다. 전류의 방향은 양전하가 흐르는 방향으로 정의된다.

전류의 표준단위는 **암페어**인데, 단위시간 즉 1초당 1쿨롬(1 A = 1 C/s)의 전하가 흐르는 비율로 정의된다. Coulomb은 앞에서 소개되었던 전하의 단위이다. 암페어는 전자기 이론에서 많은 공적을 남긴 프랑스의 수학자이자 물리학자인 앙페르(André Marie Ampère; 1775~1836)의 이름을 딴 것이다. 그 정의와 측정단위를 잘 음미하여 보면 전류의 크기란 주어진 시간에 얼마나 많은 전하가 흐르는가에 달려 있음을 알 수 있다. 만일 3 C의 전하가 도선을 따라 2초간 흘렀다면 전류 I는 3 C/2 s =1.5 A가 된다.

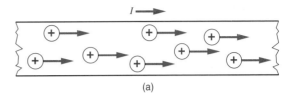

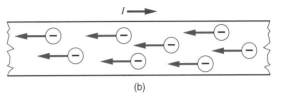

그림 13.3은 도체 내에서 전하 흐름의 두 가지 관점을 보여주고 있다. 만약 전하 운반자가 양전하라면 정의에 의해서 그들의 운동방향은 통상 전류의 방향이 될 것이다 (그림 13.3a에서 오른쪽으로). 실제로는 금속 내에서 전하 운반자는 음전하를 가진 전자이다. 음전하를 하나 빼는 것은 결국 알

그림 13.3 양전하가 오른쪽으로 이동하는 것은 음전하가 왼쪽으로 이동하는 것과 같은 효과를 가진다. 정의에 따라 전류의 방향은 두 경우 모두 오른쪽이다.

짜 양전하가 하나 남도록 하므로 음전하가 왼쪽으로 흐르는 것은 곧 양전하가 오른쪽으로 흐르는 것과 같은 효과를 가진다. 통상 전류의 방향은 그림 13.3b에서 오른쪽이고, 전자의 운동과는 반대방향이다. 전하 운반자는 때때로 화학용액의 양이온이나 반도체에서 홀(hole)과 같이 양의 값을 가지는 것도 있다. 이때 전류의 방향은 이들 입자의 운동방향과 같다. 신경세포는 마치 전화기의 전선과 같은 역할을 한다. 신경세포는 상당히 복잡한데 매일의 자연현상 13.1을 참고하자.

무엇이 전류의 흐름을 제한하는가?

회로에 사용되는 건전지가 새것이라면, 건전지 내에서 전하를 분리하는 화학반응은 계속될 것이고, 전류는 계속해서 흐를 것이다. 금속 전선은 뛰어난 도체이다. 만일 건전지의 두 단자를 금속선으로 직접 연결하면 소위 **합선회로**가 만들어져 한꺼번에 큰 전류가 흐른다. 이는 건전지의 화학반응물을 고갈시켜 더 이상 사용할 수 없게 만든다. 또 금속선은 많은 전류가 흐른 결과 상당히 따뜻해질 것이다. 이러한 문제를 피하기 위해서 회로에는 전하의 흐름을 제한하도록 하는 소자(전구 같은 것)를 두는 것이 필요하다.

전구를 더 자세히 관찰해 보면, 유리 전구 내에 매우 가는 선으로 된 필라멘트가 있다. 이 필라멘트는 전구 내 두 점에 연결되어 있는데, 한쪽 끝은 전구의 측면부에 있는 금속 실린더에 연결되어 있고, 다른 한 부분은 전구의 바닥 중심에 있는 금속에 연결되어 있다(그림 13.4). 이 두

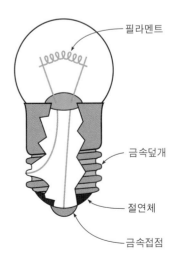

그림 13.4 백열 전구의 단면도. 필라멘트는 바닥에 있는 금속과 측면의 금속 실린더 내부에 각각 연결된다.

매일의 자연현상 13.1

신경세포의 전기적 신호

상황. 만일 당신이 의식적으로 엄지발가락을 움직이기로 결정하면 엄지발가락은 즉시 움직인다. 이는 당신의 뇌로부터 어떤 신호가 발가락의 근육에 전달되어 근육이 수축하도록 한 것이다. 이 과정은 신속히 일어나서 의식적 결정과 엄지발가락의 움직임은 거의 동시에 일어난 것처럼 보인다.

엄지발가락을 움직이라는 명령이 어떻게 뇌로부터 발가락 근육에 전달된 것일까? 신호가 어떤 생물학적인 도선이나 케이블을 따라 전달되는가? 혹은 유선 전화에서 전하가 도선을 따라 흐르듯이 전하의 흐름과 관련이 있는가? 우리는 신경세포와 관련이 있다는 것을 안다. 그러면 그들은 어떻게 작동하는가?

분석. 신경세포의 전기적인 작용을 이해하기 위해 건전지의 발명으로 이어졌던 갈바니와 볼타의 동물전기에 대한 연구로 돌아가 보자. 갈바니의 연구로 신경세포의 반응은 전기적인 현상임이 명백해졌다. 다만 그 작동 원리는 전하가 단순하게 도선을 흐르는 것보다는 훨씬 복잡하다.

신호를 전달하는 신경세포(혹은 뉴런)는 첫 번째 그림과 같은 모양을 가지고 있다. 다른 세포와 마찬 가지로 뉴런도 본체에 핵을 가지고 있고 또 다른 세포로부터 신호를 받아들이는 많은 수지상 돌기로 이루어져 있다. 뉴런이 다른 세포와 다른 점은 본체로부터 길게 뻗어 나온 축색돌기가 있다는 점이다. 때로 축색돌기의 길이는 1 m 또는 그 이상이 되기도 하며 대개 척추로부터 시작해서 발

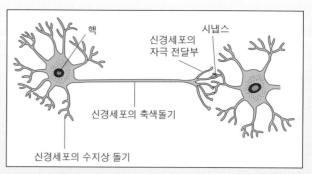

뉴런은 축색돌기라고 부르는 긴 연결선을 가지고 있으며 이는 다른 수지상 돌기들보다 훨씬 길다. 축색돌기의 끝은 다른 뉴런의 수지상 돌기와 연결된다.

이나 손에서 끝난다. 축색돌기의 끝부분에는 여러 가닥의 가느다란 필라멘트 모양의 신경 종말이 있어 다른 세포의 수지상 돌기와 연결된다. 이 접합부분을 시냅스라고 부른다.

전화 시스템과 마찬가지로 신호는 전위의 변화가 전달되는 것이다. 그러나 전위의 변화가 축색돌기를 따라 전달되는 양상은 금속도선을 따라 전달되는 것과는 많이 다르다. 사실 신경세포 안에서 전하의 주된 움직임은 축색돌기의 길이를 따라 움직이는 것이 아니라 오히려 수직방향으로 움직인다. 축색돌기의 구조를 자세히 보기 바란다.

모든 세포는 그 외피에 해당되는 세포막을 가지고 있다. 그런데 축색돌기의 세포막은 좀 특별한 성질을 가지고 있다. 그것은 세포막의 바깥쪽과 안쪽에 각각 특정한 화학적 이온들로 균형을 이루고 있다. 세포가 휴식하고 있는 평상시에 나트륨 이온(Na^+)은 세포에서 바깥쪽으로 빠져나와 있다. 세포의 바깥쪽 부분은 약간 양이온이 초과 상태이고(주로

K$^+$이온), 안쪽은 약간 음이온 초과 상태(주로 Cl$^-$ 이온)이어서 막 사이에 전위차가 생긴다. 이 전위차는 $\Delta V = V_{inside} - V_{outside}$로 대개 약 −70 mV로 세포막의 내부가 전위가 낮아진다. 이 전위차를 휴지 전위라고 한다.

축색돌기가 전기적인 신호에 의해 자극이 되면 그 세포막은 정상적인 투과조건으로부터 빠르게 변하여 양전하의 나트륨 이온을 세포막을 통과시켜 안쪽으로 들어가도록 한다. 이는 두 번째 그림과 같이 자극된 부분은 양이온 초과상태가 되어 세포막을 가로질러 전위가 뒤바뀌는 소위 활동전위의 피크가 생기게 된다.

그러면 신호는 어떻게 전달되는가? 원리는 다음과 같다. 먼저 자극 받은 지점의 바뀐 표면전하는 바로 인접한 위치에 있는 반대 전하를 끌어당겨 그곳에 공간을 만든다. 반면 세포막 안쪽의 바뀐 전하도 역시 마찬가지로 인접한 위치에 있는 전하를 끌어당겨

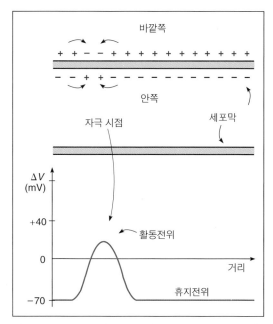

자극의 위치에서 나트륨 이온이 세포막의 내부로 들어오며 세포막 사이의 전위가 반대로 뒤집힌다. 이렇게 만들어진 활동전위는 축색돌기를 따라 전달된다.

공간을 만든다. 이렇게 만들어진 공간은 축색돌기 세포막을 자극하여 그 위치에서 나트륨 이온이 안쪽으로 들어가도록 만든다. 결과적으로 활동전위는 축색돌기의 길이를 따라 전달된다. 활동전위가 축색돌기의 끝부분에 도달하면 신호는 시냅스를 통하여 다른 뉴런에게로 또는 근육세포로 전달되어 발가락을 움직이게 한다.

한 번 활동전위의 피크가 지나가고 나면 세포막은 다시 나트륨 이온을 밖으로 밀어내어 원래의 이온의 균형을 회복하고 휴식기에 들어간다. 뉴런은 마치 격발을 기다리는 당겨진 방아쇠와 같다. 한 번 격발되면 다시 작동하기 위하여 재장전이 필요하다. 사실 세포막이 어떻게 이러한 정교한 작용을 하는지는 간단히 설명할 수는 없지만 요약하면 이는 막을 통하여 선택적인 이온만을 통과시키는 생화학적인 과정으로 단순한 전류보다는 훨씬 복잡한 현상이다.

뉴런을 따라 전달되는 신호의 빠르기는 어느 정도인가? 긴 축색돌기를 따라 전달되는 신호의 속도는 최대 150 m/s에 달한다. 평균 사람의 신장을 고려할 때 신호가 뇌에서 발가락까지 전달되는 데는 약 100분의 1초가 걸리는 셈이다. 전하가 도선을 따라 거의 빛의 속도의 절반으로 움직이는 것에 비하면 매우 느리지만 생명체에게는 이 정도의 속도면 대체로 충분한 빠르기이다.

점은 중심 기둥을 둘러싸고 있는 세라믹 재료로 전기적으로 서로 절연되어 있다. 가는 필라멘트는 금속으로 만들어졌고 좋은 도체이지만, 매우 가는 단면적 때문에 전하의 흐름(전류)을 억제한다.

만일 그림 13.2c와 같이 전류를 전구를 통하여 흐르게 한다면, 건전지의 두 단자를 전선으로 직접 연결했을 때보다 훨씬 작은 전류가 흐를 것이다. 전구의 가는 필라멘트가 흐르는 전하의 양을 제한하는데 이는 필라멘트의 저항이 두꺼운 전선의 저항보다 훨씬 더 크기 때문이다. 필라멘트는 회로에서 소위 병목의 역할을 하며 전하가 이곳을 통과할 때 필라멘트는 매우 뜨거워진다. 이렇게 달아오른 필라멘트는 빛을 내게 된다.

물 흐름과의 유사성

전하는 보이지 않기 때문에 전하의 흐름을 그리려면 약간의 상상력이 요구된다. 파이프 내에서 물의 흐름은 회로에서 전류의 흐름과 유사하므로 이와 유추해서 생각하면 전류를 시각화하는데 도움이 된다.

6장에서 배웠듯이 그림 13.5a와 같이 낮은 탱크에서 더 높은 탱크로 물을 퍼올리는 펌프에 의해 물의 위치가 올라가면 물의 중력 위치 에너지가 증가한다. 높은 탱크에 있는 물은 낮은 탱크로 되돌아 흐르는 경로를 제공하지 않는 한, 그 위치에 무한정 머물 수 있다. 만일 굵은 파이프로 이러한 경로를 만들어 준다면 물은 빠르게 낮은 탱크로 되돌아갈 것이다. 물의 흐름의 비율은 초당 리터로 측정할 수 있다.

펌프가 높이 있는 탱크에 계속해서 물을 퍼올려 손실된 물을 보충해 주지 않으면 높은 탱크는 곧 텅비게 될 것이다. 만일 물이 흐르는 경로의 한 지점에 좁은 관을 둔다면 이 좁은 관은 흐르는 물의 양을 제한해 줄 것이다. 좁은 파이프는 물의 흐름에 보다 큰 저항을 가진다.

그림 13.5b에서 건전지에 대응하는 것이 펌프이다. 둘 다 한쪽에서는 물, 다른 한쪽에서는 전자의 위치 에너지를 증가시킨다. 굵은 파이프는 회로에서 연결된 전선과 같고, 노즐은 전구의

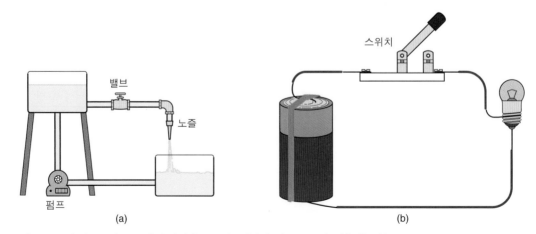

그림 13.5 전류는 물의 흐름과 유사하다. 두 시스템에서 어느 요소가 대응하는가?

필라멘트에 대응된다.

실제로 물이 파이프의 좁은 구멍을 통하여 흐를 때도 전구의 필라멘트가 따뜻해지듯이 조금 따뜻해진다. 배관상의 한 점에 있는 밸브는 전기회로에서 스위치에 해당한다. 표 13.1은 대응되는 요소들을 정리한 것이다.

물의 흐름과의 유사성을 생각한다면 전기회로를 이해하기가 쉽다. 전기회로에서는 전하가 흐를 수 있기 위해서는 연속적으로 연결된 도체로 된 완전한 경로가 있어야만 하며 이를 회로라고 부른다. 만일 회로의 한 점을 끊어 버린다면 전류는 멈춘다. 수류 시스템도 완전한 경로를 요구하는 것은 마찬가지이다.

표 13.1 수류 시스템과 전기회로의 유사성에서 대응되는 요소	
수류 시스템	전기회로
물	전하
펌프	건전지
파이프	전선
좁은 파이프	가는 전선
밸브	스위치
압력	전위

전구에 불을 켜거나, 전기회로를 작동하기 위해서는 전원의 한쪽 단자에서 다른쪽 단자로 닫힌 경로가 있어야 한다. 이 닫힌 경로를 회로라고 부르며 회로에 흐르는 전하의 흐름이 바로 전류이다. 전구의 필라멘트는 전류의 흐름을 제한하는 수축된 경로의 역할을 한다. 전하가 필라멘트를 통과함에 따라 뜨거워지게 되고, 이로부터 빛을 얻는다. 펌프가 건전지에 대응되고, 물이 전하에 대응되는 수류 시스템과의 유사성은 전류의 개념을 시각화하는 데 도움을 준다.

13.2 옴의 법칙과 저항

전류의 크기를 결정하는 것은 무엇인가? 앞 절에서 전구의 경우 필라멘트의 큰 저항이 전류의 흐름을 제한하는 것을 보았다. 이것이 전류의 크기를 결정하는 유일한 요소인가? 아니면 건전지의 전압도 영향을 미칠까? 주어진 회로에서 얼마나 많은 전류가 흐를지 예측할 수 있는가?

전류는 전압에 어떻게 의존하는가?

물이 흐르는 시스템에서는 두 점 사이의 압력차가 클수록 물의 흐름은 커진다. 물 저장탱크를 더 높은 위치에 올려놓는 것은 이러한 이유에서이다. 압력이 바로 물의 중력 위치 에너지와 관계가 된다. 마찬가지로 건전지의 두 끝점 사이의 전기적 위치 에너지의 차이, 즉 전위차가 클수록 전하의 흐름도 커진다. 즉 전류의 크기는 건전지의 전압과 소자의 저항에 동시에 의존하는 것이다. 회로에 사용되는 대부분의 소자들에서는 전류와 전압, 그리고 저항 사이에 간단한 관계가 성립하며 이를 이용하여 전류의 크기를 예측할 수 있다.

이는 1820년대 독일의 물리학자인 옴(Georg Ohm; 1789~1854)에 의해서 실험적으로 발견되었으며 옴의 법칙(Ohm's law)으로 알려져 있다.

> 회로의 주어진 부분을 통과하는 전류는 그 부분의 전위차를 저항으로 나눈 값과 같다. 기호로는
>
> $$I = \frac{\Delta V}{R}$$
>
> 여기서 R은 저항이고, I와 V는 각각 전류와 전압을 나타낸다.

다시 말해서 전류는 전압에 비례하고, 저항에 반비례한다.

옴의 법칙은 전기저항에 대한 정의와 함께 저항이 전류와 전압의 크기에 관계없이 상수값을 갖는다는 사실을 말해 준다. 앞 절에서 전류의 흐름을 제한하는 특성의 정성적인 의미로서 **저항**이란 용어를 사용하였다. 저항의 정량적인 정의는 옴의 법칙을 이용하여 다음과 같이 쓸 수 있다.

$$R = \frac{\Delta V}{I}$$

저항 R은 회로의 주어진 부분에서 전류에 대한 전위차의 비이다. 저항의 단위는 volts/ampere이고, **옴**(ohm 즉, 1 ohm= 1 V/A)이라고 불린다. 옴의 기호는 그리스 대문자인 Ω로 표기된다.

전선이나 다른 회로소자의 저항은 그 물질의 **전도도**를 포함한 몇 가지 요소에 의존한다. 높은 전도도를 가진 물질로 만든 전선은 낮은 전도도의 물질로 만든 것보다 저항이 작을 것이다. 저항은 또한 전선의 길이와 단면적에 의존한다. 전선의 길이가 길수록 저항은 커지나 전선이 굵을수록 저항은 작아진다. 또 저항은 전선의 온도에 따라서도 달라진다. 전구의 필라멘트는 가열될 때 저항이 증가한다. 이와 같이 온도가 올라가면 저항이 증가한다는 것은 모든 금속도체의 공통된 성질이다.

만일 회로의 주어진 부분에서의 저항과 인가된 전압을 안다면 전류를 알 수 있다. 예를 들어 그림 13.6과 같이 1.5 V의 건전지에 20 Ω의 저항을 가진 전구를 연결하였다고 하자. 만일 건전지 자체의 저항 즉, 내부저항을 무시할 수 있다면, 옴의 법칙($I = \Delta V/R$)에 따라 전류의 크기를 계산할 수 있다.

$$I = \frac{1.5\ \text{V}}{20\ \Omega} = 0.075\ \text{A}$$

가 된다.

결과는 75 밀리암페어(mA)이다.

건전지의 기전력이란 무엇인가?

앞에서 전류를 계산하는 데 있어서, 건전지 자체의 저항과 함께 전선의 저항도 무시하였다. 건전지가 새것이라면 그 내부저항은 아주 작고

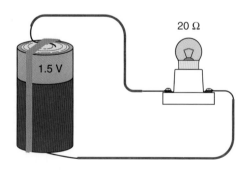

그림 13.6 1.5 V 건전지에 20 Ω의 전구를 연결한 간단한 회로. 전류의 크기는 얼마인가?

예제 13.1

예제 : 회로의 전류와 전압 조사

간단한 단일회로에서 5 Ω의 내부저항을 가진 1.5 V 건전지가 20 Ω의 저항을 가진 전구에 연결되어 있다.

a. 이 회로에서 흐르는 전류는 얼마인가?
b. 전구 양단의 전위차는 얼마인가?

a. $\varepsilon = 1.5$ V   회로의 총 저항은
   $R_{battery} = 5$ Ω $R = R_{battery} + R_{bulb}$
   $R_{bulb} = 20$ Ω $= 5 \ \Omega + 20 \ \Omega$
   $I = ?$ $= 25 \ \Omega$

$$I = \varepsilon / R$$
$$= 1.5 \ V / 25 \ \Omega$$
$$= \mathbf{0.06 \ A = 60 \ mA}$$

b. $\Delta V_{bulb} = ?$ $\Delta V = IR$
                          $= (0.06 \ A)(20 \ \Omega)$
                          $= \mathbf{1.2 \ V}$

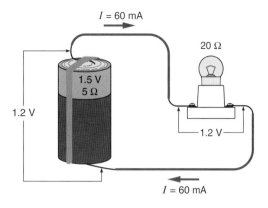

그림 13.7 건전지의 내부저항이 5 Ω이라 가정할 때, 건전지–전구 회로에서의 전압값. 전류는 60 mA 이다.

무시할 수 있다. 그러나 건전지는 오래 사용한 것일수록 내부의 화학반응물이 고갈됨에 따라 내부저항이 커진다. 이때는 전류의 크기를 정확하게 계산하기 위해서는 건전지의 내부저항을 포함하여 회로의 총 저항값을 고려해야 한다. 이것은 예제 13.1에서 다루었다.

예제 13.1에서 건전지의 전압은 **기전력**을 나타내는 ε로 표기하였다. 그렇다고 이것이 힘의 일종이라고 오해해서는 안 된다. 기전력은 건전지 내 화학반응에 의해 공급된 단위전하당 위치 에너지의 차이이다. 단위는 volt이고, 대개 ε로 표시된다.

전구에 불이 켜져 있을 때, 건전지 양단의 전위차를 전압계로 측정한다면, 예제 13.1b에서처럼 1.2 V를 얻는다. 만일 회로에서 전구를 떼어버리고 건전지의 전압을 다시 측정하여 1.5 V의 전압을 얻는다. 건전지에 아무런 전류가 흐르지 않을 때 측정된 1.5 V의 값은 건전지의 기전력이고, 건전지의 내부저항에 의한 손실이 없을 때의 전압이다.

예제 13.1에서 전류를 알기 위해, 건전지의 기전력 ε를 회로의 총저항으로 나눈다($I = \varepsilon / R$). 이 식은 ΔV 대신에 ε를 쓴 옴의 법칙과 같은 형태를 가지고 있으나, 중요한 차이점이 있다. 즉, 옴의 법칙은 회로의 어느 부분에서라도 적용될 수 있다. 회로상 한 부분 사이의 전위차는 전류에 그 부분의 저항값을 곱한 값과 같다. 반면에 기전력이 포함된 식은 전체 회로 또는 고리에 적용된다.

건전지가 다 소모되면 무슨 일이 일어나나?

건전지를 오래 사용함에 따라 그 내부저항이 점점 커진다. 따라서 회로의 총 저항이 증가하고 회로에 흐르는 전류가 감소한다. 전류가 점점 작아짐에 따라 전구의 불빛은 점점 희미해지다가

마침내 더 이상 빛을 내지 않게 된다. 다 소모된 건전지는 내부저항이 아주 커져서 전류는 더 이상 측정할 수 없을 만큼 작아지기 때문이다.

놀랍게도 다 소모된 건전지를 회로에서 떼어 내어 정밀한 전압계로 측정하면, 여전히 눈금이 거의 1.5 V를 가리키고 있다. 어떻게 이런 일이 있을 수 있을까?

건전지는 여전히 기전력을 가지고 있는 것이다. 다만, 그 내부저항이 너무 커서 더 이상 전구와 같은 외부소자에 적절한 전류를 공급할 수 없을 뿐이다. 건전지의 상태란 기전력보다는 내부저항의 크기에 달려 있다.

옴의 법칙에 의하면 회로의 어떤 부분을 통과하는 전류는 그 부분 양단 사이의 전위차에 비례하고, 그 부분의 저항에 반비례한다. 회로에 흐르는 전류의 크기는 건전지의 기전력을 회로의 총 저항으로 나눈 값이다. 회로의 총 저항은 건전지의 내부저항을 포함하는데 이것은 건전지를 오래 사용함에 따라 커지게 된다.

13.3 직렬회로와 병렬회로

전기회로는 시냇물 같이 두 개의 지류로 나뉘었다가, 나중에 다시 합쳐질 수 있다. 때로는 이와 같은 회로의 연결방식이 단일 고리회로에 모든 소자를 연결하는 것보다 더 유리할 때가 있다. 그러면 이러한 새로운 연결방식에서 회로는 어떻게 해석될 수 있으며 전류의 크기는 어떻게 구할 수 있을까? 이러한 연결방식을 하나의 단일회로에 연결하는 **직렬연결**과 구분하여 **병렬연결**이라고 부르는데 이들 둘 사이의 차이점을 아는 것은 매우 중요한 일이다.

직렬회로란 무엇인가?

지금껏 다루었던 전구의 회로와 같이 단일 경로를 가지는 회로를 **직렬회로**라고 한다. 직렬회로에서는 전류가 두 개 이상의 지류로 나뉘는 점이 없으며 모든 소자들은 단일 고리상에 일직선으로 늘어서 있다. 한 소자를 통과한 전류는 다른 곳으로 갈 데가 없기 때문에 반드시 다른 소자들도 통과해야 한다. 그림 13.6과 같은 연결이 그것이다. 이와 같은 각 소자들의 연결 상태를 보다 간편하게 그리는 방법은 없을까? 회로도면, 또는 회로도라고 부르기도 하는데 전기회로를 보다 간편하게 파악할 수 있도록 하여 준다.

그림 13.8은 전구의 실제 연결 상태와 함께 그것의 회로도를 나란히 보여준다. 회로에 사용된 다양한 소자를 나타내는 기호들은 표준으로 사용되는 것들이며 세계 어디서나 그대로 통용된다. 예를 들어, 전구를 표시하는 저항은 그 표준기호로 지그재그(∕∖∕∖∕∖) 모양을 사용한다. 이것이 전구라는 것을 표시하기 위하여 그것을 특별히 원 안에 그려 넣었다.

회로도에 있는 실선들은 전선을 나타내는데 실제 회로에서는 직선이 아닐지라도 보통 직선으

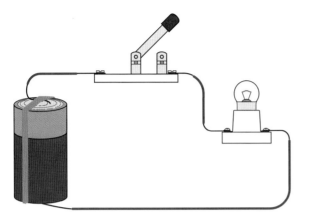

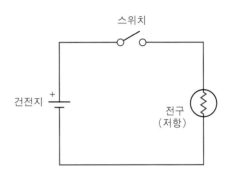

그림 13.8 전구-건전지 회로와 그에 대응하는 회로도

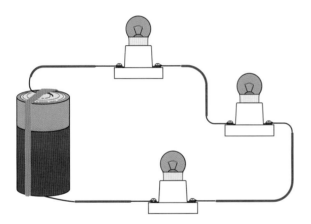

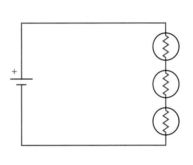

그림 13.9 세 전구의 직렬연결 및 그 회로도

로 그린다. 일반적으로 전선의 저항은 무시한다. 이 회로도는 회로를 구성하고 있는 소자들 사이의 연결을 명확하게 보여주고 있다.

만약에 그림 13.9의 회로와 같이 여러 개의 전구를 직렬로 연결하면 어떻게 될까? 저항을 직렬로 연결하면, 각 저항은 각 위치에서 전류의 흐름을 억제하게 된다. 따라서 직렬로 연결된 저항들의 총 저항 R_s는 각 저항의 합으로 주어진다.

$$R_s = R_1 + R_2 + R_3$$

이것은 아무리 많은 수의 저항을 직렬로 연결하더라도 마찬가지이다. 만일 몇 개의 저항을 추가하면 그 항들을 더 더해 주기만 하면 된다.

사람들은 가끔 직렬회로에서 전류가 저항을 통과하면서 그 일부가 소모된다고 생각한다. 그러나 그것은 사실이 **아니다**. 파이프 내에서 물이 연속적으로 흐르는 것처럼 회로의 각 소자들에는 같은 크기의 전류가 통과해야 한다. 전류가 회로를 통해 흐를 때 실제로 변하는 것은 전위이다. **전위**는 전류가 각 저항을 통과할 때마다 옴의 법칙 $\Delta V = IR$에 따라 감소한다. 직렬연결된 양단의 총 전위차는 이들 각 소자들 사이의 전위차의 합과 같다.

만일 한 개의 건전지에 전구 두 개를 함께 직렬로 연결하였다면 전구가 한 개일 때보다 총 직렬저항이 더 크기 때문에 전류는 더 작을 것이다. 따라서 전구는 덜 밝다. 만일 두 개의 전구를 모두 사용하면서도 밝은 빛을 원한다면, 더 많은 건전지를 직렬로 연결하여 전압을 더 높여야 한다. 대부분의 손전등에서는 이러한 방법을 사용한다(이 경우 대개 전구는 하나이지만).

빛이 약해지는 것 이외에도 전구를 직렬로 연결하는 것은 다른 단점이 있다.

한 개의 전구에서 필라멘트가 끊어지면, 회로도 끊어지게 된다. 즉, 직렬회로에서는 한 개의 전구가 나가버리면, 회로에 더 이상 전류가 흐를 수 없기 때문에 다른 전구들에도 불이 들어오지 않는다. 이는 자동차의 라이트와 같은 시스템에서 특히 바람직하지 못하다. 또 수많은 전구가 직렬로 연결된 크리스마스 트리에서는 어느 전구가 나갔는지 구분하기가 어렵게 된다.

병렬회로란 무엇인가?

이러한 문제를 피하는 다른 연결방법이 그림 13.10에 나타나 있다. 이러한 연결에서는 전구들이 회로 상에 일렬로 죽 연결되는 대신에 서로가 나란히 **평행**으로 연결되어 있다. 이러한 회로의 연결방식을 **병렬회로**라고 한다. 병렬회로에서는 냇물이 두 지류로 갈라지듯이 전류가 두 개의 서

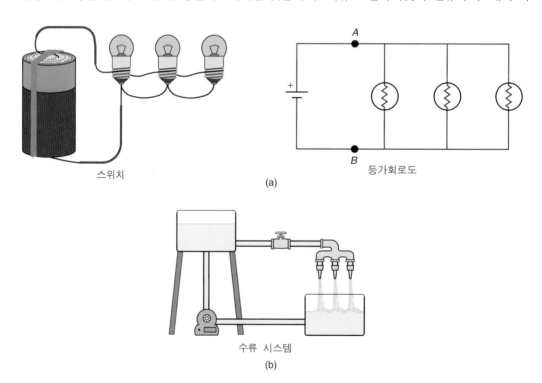

스위치   등가회로도

(a)

수류 시스템

(b)

그림 13.10 병렬로 연결된 전구와 회로. 물의 흐름과의 유사성을 보여주고 있다. 흐름은 세 경로로 나뉜다.

로 다른 경로로 갈라지는 분기점들이 있다. 물론 갈라졌던 전류들은 나중에 다시 합쳐진다.

전구가 서로 병렬로 연결되어 있다면, 회로의 총 저항은 증가하는가 아니면 감소하는가? 물의 흐름에서 다시 힌트를 얻어보자. 수류 시스템에서 몇 개의 파이프를 병렬로 연결하였다면 흐르는 물의 양은 증가하는가? 물 흐름에 대한 저항과는 어떻게 관계되는가?

만일 파이프를 병렬로 연결한다면 이는 효과적으로 물이 흐르는 총 단면적을 증가시켜서 흐름에 대한 저항을 감소시키므로 물의 흐름을 증가시킨다. 전기회로에서 저항을 병렬로 연결하는 것도 마찬가지이다. 각각의 저항으로 총 병렬저항 R_P를 표현하면

$$\frac{1}{R_p} = \frac{1}{R_1} + \frac{1}{R_2} + \frac{1}{R_3}$$

R_P을 알기 위해 각 저항들의 역수를 더하여 이 합의 역수를 얻는다. 따라서 총 저항은 항상 각각의 저항들보다 더 작은 값을 가진다. 저항들을 병렬로 연결하면 그들은 같은 점 사이에 연결

예제 13.2

예제 : 병렬연결된 전구의 저항과 전류

10 Ω을 가진 두 개의 전구가 6 V의 건전지에 병렬로 연결되어 있다.

a. 회로에 흐르는 총 전류는 얼마인가?

b. 하나의 전구를 통해서 얼마나 많은 전류가 흐르는가?

a. $R_1 = R_2 = 10 \ \Omega$

$\varepsilon = 6 \ \text{V}$

$I = ?$

$$\frac{1}{R_p} = \frac{1}{R_1} + \frac{1}{R_2} = \frac{1}{10 \ \Omega} + \frac{1}{10 \ \Omega} = \frac{2}{10 \ \Omega}$$

$$R_p = \frac{10 \ \Omega}{2} = \textbf{5} \ \Omega$$

$$I = \frac{\varepsilon}{R_p} = \frac{6 \ \text{V}}{5 \ \Omega} = \textbf{1.2 A}$$

b. $I = ?$ (각 전구에 대하여)

$$I = \frac{\Delta V}{R} = \frac{6 \ \text{V}}{10 \ \Omega} = \textbf{0.6 A}$$

총 전류는 1.2 A이고, 각 전구를 통하여 0.6 A 전류가 흐른다.

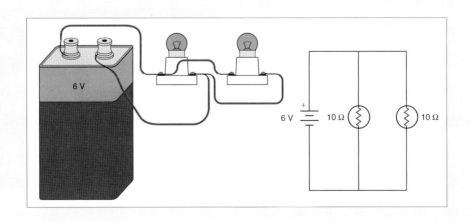

되어 있기 때문에(그림 13.10에서 점 A와 B) 각 저항 양단에 걸리는 전위차는 같다. 반면에 전류는 서로 다를 수 있다. 총 전류의 일부가 각 지류를 통해 흐르며 각 부분의 전류를 모두 더하면 총 전류가 된다. 전체 저항은 작아지므로 건전지로부터 흐르는 전류는 커진다.

예제 13.2에서와 같이 같은 저항을 가진 두 전구를 병렬연결하면 이들 각각에 같은 전류가 흐른다. 만일 한 전구가 다른 전구보다 저항이 크다면 전류는 같게 나누어지지 않을 것이다. 작은 저항을 가진 전구에 더 많은 전류가 흐르게 된다. 만일 두 전구가 같은 저항을 가진다면 여기에 흐르는 전류의 크기는 예제 13.2에서와 같이 구할 수 있다.

예제 13.2에서 보여 주듯이 병렬연결된 저항은 각각의 저항보다 작아진다. 병렬연결은 저항을 감소시키고 흐르는 전류의 양은 증가시킨다. 증가된 전류는 직렬연결에서보다 전구가 더 밝도록 한다. 그러나 건전지가 더 빨리 소모되는 것은 당연하다. 전구들을 전지에 어떻게 연결하느냐에 따라 불이 덜 밝더라도 오래 사용할 수 있는 연결방식이 있을 수 있고, 또 더 밝지만 짧은 수명을 가지는 방식이 있을 수 있다. 다만 건전지로부터 사용할 수 있는 에너지는 어느 경우나 다 같다.

고속도로에서의 자동차의 흐름을 통해 전류를 유추적으로 이해할 수 있다. 자동차는 전자에, 도로는 전선에, 따라서 전류는 자동차의 통행량이 되는데 이는 자동차의 밀도와 평균속도의 곱이다. 그러면 저항은 자동차의 흐름을 방해하는 도로상의 공사현장과 같은 것이다. 따라서 저항(공사현장)이 많을수록 전류(자동차 통행량)는 작아진다. 회로가 병렬회로라면(또 다른 차선이 존재) 저항은 작아지고 전류(통행량)는 증가한다. 만일 더 많은 회로의 요소들이(공사현장) 직렬로 연결되어 있다면 저항은 증가하고 전류(교통량)는 감소한다. 이러한 유추는 비록 제한적이지만 전류의 본질을 이해하는 데 큰 도움이 된다.

전류계와 전압계 사용

전류나 전위차를 어떻게 측정할까? 여러분은 자동차의 전기시스템이나 다른 유사한 고장을 체크하기 위해 전압계나 전류계 같은 계측기를 사용해 보았을 것이다.

전압계는 전류계보다 사용하기가 쉬우며 자동차 수리 등에서 흔히 볼 수 있다. 예를 들어 전구 양단의 전위차를 측정하려면 보통 **멀티미터**라는 측정기를 사용하게 되는데 이는 전위차뿐만 아니라, 전류, 그리고 저항까지도 측정할 수 있는 다용도의 계기이다. 먼저 멀티미터의 스위치로 적절한 기능과 범위를 선택한다. 그림 13.11은 바늘과 눈금을 사용하는 **아날로그** 멀티미터기와 디지털 문자로 읽

그림 13.11 흔히 사용되는 아날로그와 디지털 멀티미터

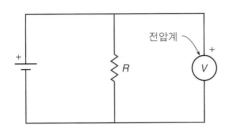

그림 13.12 전위차를 측정하고자 하는 소자에 병렬로 연결된 전압계

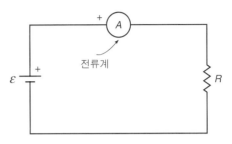

그림 13.13 전류를 측정하고자 하는 소자에 직렬로 연결된 전류계

는 **디지털** 멀티미터기를 보여주고 있다. 전압을 측정하기 위해서 그림 13.12와 같이 전압계의 리드선을 전구와 병렬로 연결한다. 전압이란 곧 회로의 두 점 사이에 단위전하당 위치 에너지의 **차이**이다. 그러므로 전압계는 다른 경로에 흐르는 전류에 관계없이 전위차를 측정하고자 하는 두 점 사이를 연결해야 한다. 이때 전압계는 큰 저항을 가져야만 병렬연결에도 불구하고 많은 전류를 소모하지 않고 측정하고자 하는 두 점 사이의 전류에 큰 변화없이 전위차를 측정할 수 있다. 그러면 **전류계**도 이와 같은 연결방식으로 사용할 수 있을까? 물의 흐름을 생각해 보자. 물의 흐름을 측정하기 위해서 측정장치를 물이 흐르는 속에 직접 넣어야 할 필요가 있다. 즉 파이프의 중간을 자른 다음 플로우 게이지를 그 사이에 연결하여야 한다. 마찬가지로 전류를 측정하는 데 있어서도 그림 13.13과 같이 회로를 끊고 다른 소자들과 함께 **직렬**로 전류계를 연결하여야 한다. 전류계는 회로에서 직렬로 연결되므로 전류계가 가지는 저항으로 인해 결과적으로 회로의 총 저항은 증가하고, 전류는 감소한다. 따라서 전류계가 전류에 미치는 영향을 최소한 작게 하기 위해서 전류계는 아주 작은 저항을 가져야 한다. 만일 전류계를 건전지 양단에 직접 연결하면 한꺼번에 큰 전류가 흐를 것이며, 이는 전류계와 건전지에 손상을 줄 수 있다.

그림 13.12와 13.13과 같이 전류계와 전압계 둘 다 측정기의 플러스 단자를 올바른 방향으로 연결해야 한다. 건전지나 전원장치의 플러스 단자는 반드시 계측기의 플러스 단자와 연결해야만 한다. 만일 단자들을 반대로 연결하면, 아날로그 계기의 경우 바늘이 반대방향으로 움직여 계기에 손상을 줄 수 있다. 계기에는 항상 플러스극과 마이너스극이 분명하게 표시되어 있다.

회로상 소자들은 직렬, 병렬 또는 이 두 방식을 혼용하여 연결할 수 있다. 직렬연결에서는 전류가 나누어지는 분기점이 없다. 전류는 연속적으로 각 소자를 통하여 흐르고, 그 총 저항은 각 저항의 합과 같다. 병렬연결에서의 전류는 여러 갈래로 나누어진다. 병렬연결의 경우, 그 총 저항은 각각의 저항보다도 더 작다. 전압계는 병렬로 연결하여 전위차를 측정하나, 전류계는 전류측정을 위해 직렬로 연결한다.

13.4 전기 에너지와 전력

앞에서 우리는 회로의 전기 에너지 공급원으로 건전지를 사용하였다. 그러나 일상생활에서 전기를 사용할 때에는 전력이란 용어를 사용한다. 역학적인 계에서와 마찬가지로 전기적인 현상을 이해하는 데도 에너지 또는 일률이라는 개념을 적용하여 보면 이들 현상들을 이해하는 데 도움이 된다. 건전지에 의해 공급된 에너지는 어떻게 된 것일까?

회로에서는 어떤 에너지 변환이 일어나는가?

전기회로와 수류 시스템은 여기에서도 훌륭한 유사성을 가진다. 어떤 외부 공급원으로부터 에너지를 받은 펌프에 의해 수류 시스템에 에너지가 공급된다. 전기, 가솔린 및 바람이 물을 퍼 올리는데 흔히 사용되는 에너지원이다. 펌프는 높이 있는 탱크로 물을 퍼 올림으로써 중력 위치 에너지를 증가시킨다. 물이 파이프를 통하여 낮은 탱크로 흘러 내려감에 따라 중력 위치 에너지는 물의 운동 에너지로 변환된다.

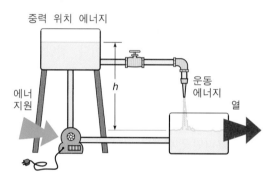

그림 13.14 수류 시스템에서 에너지 변환. 펌프에 의해 발생한 에너지에 무슨 일이 일어나는가?

일단 물이 낮은 곳에 있는 탱크에 정지하면, 운동 에너지는 물 내에서의 혹은 물과 파이프나 탱크의 내벽과의 마찰력이나 점성력에 의해서 흩어진다. 마찰력은 열에너지를 발산한다. 펌프에 의해 시스템에 더해진 에너지는 궁극적으로 물과 이를 둘러싸고 있는 파이프와 공기의 내부 에너지를 증가시키며 이는 곧 물과 그 주위의 온도 증가로 나타난다.

이 유사성은 전기회로에도 적용될 수 있다. 건전지에 의해 공급되는 에너지는 화학반응물에 저장된 위치 에너지로부터 추출해 낸 에너지이다. 펌프와 마찬가지로 건전지는 양전하를 양극 단자로, 음전하를 음극 단자로 이동시킴으로 전하의 위치 에너지를 증가시킨다. 이때 양극에서 음극까지 외부에 전도경로를 제공함으로 회로를 완성하는데, 전하는 전선과 저항을 통하여 위치 에너지가 높은 점에서부터 낮은 점으로 흐른다.

전류를 이루며 흐르고 있는 전하들은 전기적인 위치 에너지를 잃어버림에 따라 운동 에너지를 얻는다. 결국 이 운동 에너지는 회로에서 저항 내에 있는 다른 전자 또는 원자들과의 충돌에 의해서 무질서하게 되며, 이는 곧 저항의 내부 에너지를 증가시켜 온도가 올라가게 된다. 결국 운동 에너지는 이 충돌에 의해 열에너지로 변환되는 것이다.

수류 시스템과 전기회로 둘 다 다음과 같은 에너지 변환이 일어난다.

에너지원 → 위치 에너지 → 운동 에너지 → 열

물이나 전류가 흐름에 따라 파이프나 저항은 따뜻해진다. 전기회로에서는 종종 전기 에너지를 램프를 켠다든가, 빵을 굽는다든가, 혹은 집을 난방을 하는 등의 목적을 위해 열로 직접 전환하여 사용한다.

전력은 전압과 전류에 어떤 관계가 있을까?

건전지에서 아무런 전류도 흐르지 않는 상태에서 건전지의 양 단자에 걸리는 전위차를 **건전지의 기전력**이라고 부르고 기호 ε로 나타낸다. 이는 곧 건전지라는 에너지원에 의해서 공급되는 단위전하당 위치 에너지이고, 그 단위는 볼트이다.

기전력이 단위전하당 위치 에너지의 차이이기 때문에 기전력에 전하를 곱하면 위치 에너지가 된다. 전류는 단위시간당 흐르는 전하량을 나타내기 때문에, 만일 기전력에 전하의 양이 아니라 전류의 크기를 곱하면 이는 단위시간당 사용하는 에너지가 되며 이를 전력이라 한다. 전력은 하는 일 또는 사용하는 에너지의 시간당 비율을 나타낸 것으로 단위시간당 에너지의 단위를 가진다. 전기 에너지원에 의해 공급되는 전력은 기전력과 전류의 곱과 같다.

$$P = \varepsilon I$$

유사한 표현을 전류가 저항을 지날 때 전력이 발산되는 경우에서 얻을 수 있다. 기전력 ε 대신에 저항 양단에서의 전위차 ΔV를 놓으면 $P = \Delta VI$가 된다. 옴의 법칙에 의해 전위차는 $\Delta V = IR$이므로 곧 전력은 다음과 같이 쓸 수 있다.

$$P = (IR)(I) = I^2 R$$

즉, 저항 R에서 소모되는 전력은 전류의 제곱에 비례한다.

그러면 간단한 회로에서 전력과의 관계를 알아보기로 하자. 건전지에 의해 공급된 전력은 정상상태에서 저항에 의해 소모되는 전력과 같아야 한다. 따라서 이를 수식으로 표현하면

$$\varepsilon I = I^2 R$$

가 된다. 전류가 일정하면 건전지에 의해 공급되는 에너지도 일정하다. 그리고 바로 이러한 전력의 비율로 저항에서도 에너지가 소모된다. 회로의 어느 점에도 에너지가 쌓이는 일이란 있을 수 없는 것이다. 입력되는 에너지 혹은 전력은 방출되는 에너지, 또는 전력과 같다. 즉, 에너지는 보존된다.

이 에너지의 균형원리는 회로를 분석하는

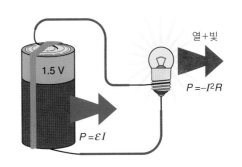

그림 13.15 전기회로에서 건전지에 의해 공급되는 전력은 저항에서 열로 발산되는 전력과 같다.

회로 방정식의 기본이다. 즉, 에너지 평형을 의미하는 앞식의 양변을 전류 I로 나누면 곧 회로 방정식인 $\varepsilon = IR$을 얻는다. 회로의 분석에도 역시 에너지 보존의 원리가 그 밑바닥에 깔려 있다. 예제 13.3에서 이러한 개념을 보다 심도 있게 다루기로 한다.

전력을 어떻게 분배하고 사용하는가?

전구를 켜거나 전기기구를 사용할 때마다 전력을 사용하게 된다. 보통 가정에서 사용하는 전력은 멀리 떨어진 발전소로부터 전력선을 통해 공급을 받는다(그림 13.16). 미국의 발명가인 에디슨(Thomas Alva Edison; 1847~1931)은 많은 전기기구들을 개발하였으며 전력 사용을 증진시키는 데 큰 역할을 하였다. 에디슨의 발명은 전력을 분배하는 시스템을 만드는 근본적인 동기를 제공

예제 13.3

예제 : 회로분석

직렬로 연결된 1.5 V 두 개의 건전지에 의해 켜지는 20 Ω 전구에서 소모되는 전력은 얼마인가?

$$\varepsilon = \varepsilon_1 + \varepsilon_2 = 3 \text{ V}$$
$$R = 20 \text{ Ω}$$

$$\varepsilon = IR$$
$$I = \frac{\varepsilon}{R}$$
$$= \frac{3 \text{ V}}{20 \text{ Ω}}$$
$$= 0.15 \text{ A}$$

$$P = I^2 R$$
$$= (0.15 \text{ A})^2 (20 \text{ Ω})$$
$$= \textbf{0.45 W}$$

이것은 건전지에 의해 전달되는 전력을 계산함으로 체크할 수 있다.

$$P = \varepsilon I$$
$$= (3 \text{ V})(0.15 \text{ A})$$
$$= \textbf{0.45 W}$$

하였다. 전력을 아주 멀리 떨어진 지역까지도 쉽게 전송할 수 있는 것은 다른 형태의 에너지에 비교하여 전기 에너지의 큰 장점 중의 하나이다.

전력이라는 전기 에너지를 사용할 때 실제로 그 궁극적인 에너지원은 무엇인가? 그 에너지원은 댐에 저장된 물의 중력 위치 에너지일지도 모른다. 석탄, 석유, 또는 천연가스 등과 같은 화석연료에 저장된 화학적 위치 에너지일 수도 있고, 혹은 우라늄에 저장된 핵 위치 에너지일 수도 있다. 건전지에 사용되는 화학적 연료와 같이 화석연료나 핵연료도 지구에서 채취되는 것들이기 때문에 모두 고갈될 수 있다. 그렇다면 댐에 저장된 물을 끌어올린 에너지는

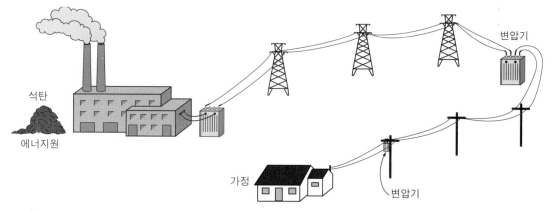

그림 13.16 멀리 떨어진 발전소로부터 생성된 전력은 전력선을 통해 가정에 공급된다.

과연 어디에서부터 온 것인가? 그것도 고갈될 수 있을까?

화석연료나 핵연료를 사용하여 발전을 하는 경우 일단 이러한 연료에 저장된 에너지는 먼저 열로 바뀌며, 이 열에너지는 증기터빈과 같은 열기관을 작동시키는 데 사용된다. 수력발전의 경우에는 댐에 저장된 물이 수력터빈을 지나면서 그 위치 에너지가 운동 에너지로 바뀐다. 결국, 발전이라는 과정은 그 에너지원이 무엇이 되었든 결국에는 터빈으로 이루어진 전기 발전기를 회전시키는 데 사용되며 이 발전기란 곧 생성된 역학적 에너지를 전기적 에너지로 바꾸어 주는 역할을 하게 된다. 전기 발전기가 곧 전력 분배시스템에서 기전력을 제공해 주는 근원이 된다. 발전기가 어떻게 작동하느냐에 대해서는 전자기 유도의 법칙인 패러데이 법칙이 소개되는 다음 장에서 다룰 것이다.

당신이 전기요금을 지불할 때 당신은 지난달에 사용한 전기 에너지의 양에 대한 대가를 지불하는 것이다. 사용한 전기 에너지의 단위로는 킬로와트시를 사용하는데, 이는 전력의 단위인 킬로와트에 시간의 단위인 시를 곱하여 얻어진다. 1 킬로와트는 1000 W이고, 한 시간은 3600 초이므로 1 킬로와트시는 3백 6십만 J이 된다. 따라서 킬로와트시란 줄보다 훨씬 큰 에너지 단위이다. 어쨌든 그것은 가정에서 사용되는 전기 에너지 양을 나타내는 데 편리한 크기이다.

100 W의 전구를 하루 동안 켜두면 전기료는 얼마가 될까? 물론, 지역에 따라 차이가 있지만 일반적으로 평균 전기요금은 킬로와트시당 8센트 정도이다. 이 전구를 24시간 켜 두었다면, 이때 사용한 에너지는 전력에다 시간을 곱하면 얻어진다.

$$(100 \text{ W})(24 \text{ hr}) = 2400 \text{ Wh}$$
$$2400 \text{ Wh} = 2.4 \text{ kWh}$$

킬로와트시당 8 센트로 계산하면 전기료는 대략 19 센트이다. 이것은 싼 것처럼 보이나 전기료를 지불하는 사람으로서 알아두어야 하는 것은 전기기구의 수가 더해질 때마다 전기료는 빨리 올라간다. 많은 전기기구는 하나의 전구보다 많은 양의 전력을 요구하기 때문이다.

최초의 전력 분배시스템이 완성된 것은 19세기 후반의 일이었다. 20세기에 들어서면서 문명이 전기 에너지에 대한 의존도가 급속도로 증가하였다. 이는 전기 에너지를 사용하는 것이 화석연료를 직접 사용하는 것보다 소음이나 배기가스 등을 걱정하지 않아도 되므로 한결 편리하기 때문이다. 세계의 몇몇 나라는 아직도 전력이 부족하다. 그러나 대부분의 사람들은 전기 에너지가 없는 생활이란 상상하기 힘들 정도가 되었다.

전기회로에서 일어나는 에너지 변환은 수류 시스템에서의 그것과 유사하다. 펌프나 건전지와 같은 에너지원이 물이나 전하의 위치 에너지를 증가시킨다. 이 위치 에너지는 전하의 운동 에너지로 변환되었다가 결국에는 열에너지로 바뀐다. 회로에서 사용하는 에너지의 비율은 전기 에너지 공급원의 기전력과 전류를 곱한 값과 같은데, 이는 또 저항에서 소모되는 에너지의 비율과 같다. 전력 분배시스템에서 사용되는 전력을 발생시키는 에너지원에는 여러 가지가 있다.

13.5 교류와 가정용 회로

우리가 가정에서 매일 사용하는 전기회로는 어떤 종류의 것인가? 이것은 앞에서 다루었던 건전지와 전구를 연결하는 간단한 회로와 유사한 것인가? 당신은 아마도 벽에 있는 콘센트에서 나오는 전류가 **직류**(DC)가 아닌 **교류**(AC)라는 것을 알고 있을 것이다. 이 둘 사이의 차이점은 무엇인가? 간단한 건전지-전구회로를 설명하는 데 사용된 것과 같은 아이디어는 교류를 사용하는 가정용 회로에도 그대로 적용되는가?

교류는 직류와 어떻게 다른가?

직류란 건전지를 사용하는 회로에서와 같이 전류가 항상 양극에서부터 음극으로 일정한 방향으로 흐르는 것을 말한다. 반면에 **교류**는 전류가 흐르는 방향이 계속해서 바뀌는 경우를 말한다. 북미지역에서 사용되는 교류는 초당 60번 방향을 바꾼다. 따라서 그 진동수는 60 Hz이다.

검류계는 전류가 흐르는 방향으로 바늘이 움직이도록 만들어진 전류계이다. 만일 검류계로 교류회로에 흐르는 전류를 측정한다면, 또 그 검류계가 빠르게 변하는 전류의 변화에 실시간으로 따라갈 수 있다면 그 바늘은 좌우로 심하게 흔들릴 것이다. 그러나 실제 검류계는 그러한 빠른 변화를 따라갈 수 없기 때문에 결과는 단지 바늘이 0을 중심으로 진동하게 된다. 교류전류의 산술적인 **평균값**은 0이다.

오실로스코프는 시간에 따라 변하는 전압과 전류를 화면으로 보여주는 전자장치이다. 오실로스코프를 사용하여 교류를 측정한다면, 그 결과 그래프는 그림 13.17과 같을 것이다. 이 그래프에서 전류가 양의 값을 가지는 것은 전류가 한쪽 방향으로 흐르고 있음을 나타내고, 전류가 음의 값이 되는 것은 그 흐르는 방향이 반대라는 것을 의미한다. 그림 상의 곡선은 삼각함수인 사인으로 기술되기 때문에 **사인 곡선**이라 부른다. 이 곡선은 6장에서 단조화 운동을 기술할 때 사용했었다.

교류는 그 전류의 방향이 계속적으로 변하기 때문에 직류 전원을 사용할 때와는 많은 전기기구에 있어서 약간의 차이가 있다. 예를 들어, 전구에서 전하가 필라멘트를 통과하면서 내는 가열효과는 전하가 움직이는 방향에 무관하다. 스토브, 헤어드라이기, 토스터 및 전기히터와 같은 전기기구들도 전기 에너지의 이러한 가열효과를 이용하고 있다. 토스터기의 작동은 매일의 자연현상 13.2에서 다룬다.

반면에 전기모터와 같은 전기기구는 사용되는 전류의 종류에 의존한다. 직류로 작동하는 모터의 설계와 교류로 작동되는 모터는 그 설계자체가 다르다. 직류모터는 교류에서는 작동하지 않고, 교류모터는 반대로 직류로는 작동하지 않을 것이다.

유효전류 혹은 유효전압이란 무엇인가?

교류전류의 산술적인 평균값은 0이다. 그렇다면 교류의 크기는 어떻게 나타낼 수 있을까? 저항

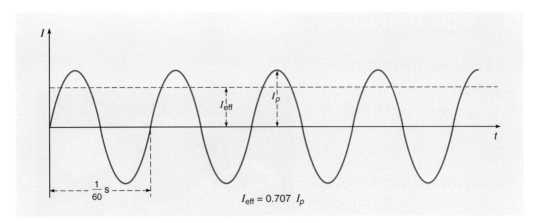

그림 13.17 시간의 함수로 나타낸 교류전류. 유효전류 I_{eff}는 피크전류 I_p의 0.707배이다.

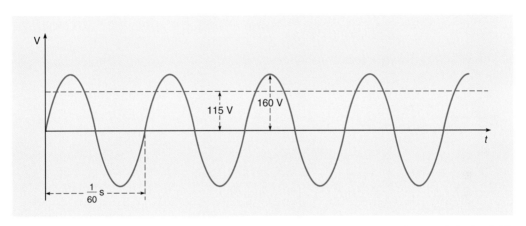

그림 13.18 가정에 공급되는 전원의 전압을 시간에 대해서 그린 것이다. 유효전압이 115 V이면 피크전압은 대략 160 V이다.

에서 방출되는 전력은 전류의 제곱에 비례하므로 전류의 제곱의 평균을 사용하는 것이 한 방법이다. 음수를 제곱하면 양수가 된다. 유효전류를 계산하는 올바른 방법은 먼저 전류를 제곱하고 이 값을 시간에 대해 평균을 취한 다음, 그 결과에 제곱근을 취하는 것이다. 만일 전류가 앞에서와 같이 사인함수의 모양을 가지고 변화한다면 유효전류의 크기는 사인함수의 최대값의 약 7/10(보다 정확하게는 0.707)이 된다(그림 13.17).

만일 전기 콘센트 양단에서 전압변화를 시간에 대해 그려 본다면 그림 13.18과 같은 또 다른 사인 곡선을 얻는다. 유효전압의 값도 전류의 경우와 마찬가지로 얻을 수 있는데 이 유효전압의 크기는 북미지역에서는 대개 110에서 120 V 사이의 값을 갖는다. 또 공급되는 표준 가정전원은 115 V이고, 60 Hz 교류이다. 세계의 다른 지역에서는 다른 전압과 주파수가 사용되기도 한다. 이렇게 나라에 따라 표준 유효전압과 주파수가 다르기 때문에 전기면도기나 헤어드라이어와 같

매일의 자연현상 13.2

토스터기 속에 숨겨진 스위치

상황. 전기 토스터기에서 빵을 구울 때 어떻게 빵은 토스터기로부터 갑자기 탁 튀어 올라올 수 있는지에 대해서 생각해 본 적이 있는가? 또 전기 커피메이커는 커피가 따뜻하게 유지되도록 어떻게 자동적으로 켜졌다 꺼졌다 하는 것일까? 이들 회로의 스위치는 과연 어디에 있는가? 가열소자를 가지고 있는 많은 전기기기들이 서모스탯이라는 자동 온도조절 소자를 가지고 있다. 서모스탯이라는 소자는 그 온도가 어떤 점까지 이르렀을 때 회로가 끊어지도록 작동하는 온도에 민감한 스위치이다. 이 자동 온도조절장치는 어

토스터기, 전기난로, 그리고 커피메이커 등 많은 전기기기들은 자동 온도조절 기능을 가지고 있다. 이러한 자동 온도조절장치는 어떻게 작동하는가?

떻게 작동하는 것일까? 그리고 그것은 토스터기의 어디에서 찾을 수 있을까?

분석. 만일 토스터기나 커피메이커를 분해하여 기기 내부의 선을 따라가 보면 두 가지 금속 띠가 붙어 있는 것과 같은 소자를 찾을 수 있을 것이다. 물론, 분해하기 전에 전원의 플러그를 뽑아놓았는지를 확인한다. 이 조각은 대체로 전기기기의 가열 코일 근처에 위치하여 생성되는 열을 감지할 수 있도록 되어 있다. 비록, 겉보기에는 단순하지만, 이 특별한 금속조각이 바로 자동온도 조절장치의 핵심이 된다.

바이메탈이라고 불리는 이 금속조각은 두 가지 종류의 금속을 길게 띠 모양으로 자른 다음 두 조각을 견고하게 붙여 놓은 것이다. 이 금속조각의 온도가 올라가면 두 금속의 서로 다른 팽창률 때문에 바이메탈의 한 면이 다른 면보다 길어지게 되어 전체가 한쪽으

이 전기모터가 달린 전기기구를 다른 장소에서 사용하기 위해서는 경우에 따라 어댑터가 필요할 수도 있다.

직류회로에서와는 달리 교류회로에서는 사용하거나 소모한 전력의 크기를 계산하기 위해서는 바로 이 유효전압과 유효전류를 사용하여야만 한다.

가정용 회로는 어떻게 배선되어 있나?

전기기기를 사용하기 위하여 플러그를 전기콘센트에 꽂는다고 하자. 이 전기기기는 다른 전기콘센트에 꽂힌 전기기기와는 직렬로 연결된 것일까 아니면 병렬로 연결된 것일까? 또 한 콘센트

로 구부러지게 된다. 열팽창률이 큰 금속이 구부러지는 면의 바깥쪽에 놓이고, 열팽창률이 작은 금속이 안쪽에 놓이게 된다. 이러한 소자가 어떻게 스위치로 사용되는지는 그리 어려울 것이 없다.

바이메탈을 긴 띠 모양으로 만든 다음 그림과 같이 그것이 구부러지지 않은 상태에서 또 다른 금속 탭에 닿도록 만든다. 만일 온도가 올라가면 바이메탈이 구부러짐에 따라 금속 탭으로부터 떨어지게 되고 회로는 끊어진다. 토스터기에서는 이 금속조각이 역학적으로 작용하게 된다. 토스터기 손잡이를 내릴 때 용수철이 압축되고 그 상태에서 고리가 용수철을 고정시킨다. 이때 온도가 올라가고 바이메탈 조각이 구부러

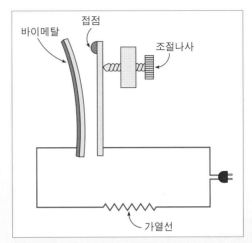

두 금속의 서로 다른 열팽창률 때문에 바이메탈은 구부러지게 되고, 그 결과 회로는 연결 또는 차단된다.

지면 이 고리를 잡아당겨 용수철이 이완되며, 빵이 튀어 오르도록 한다. 미세한 온도변화를 감지할 수 있도록 민감도를 요구하는 온도조절장치에서는 바이메탈 조각을 코일 모양으로 감아서 사용하는 경우도 있다. 이러한 설계는 작은 공간에서도 매우 긴 바이메탈을 사용할 수 있어 미세한 온도변화에도 민감하며 온도 조절장치의 설정온도를 맞추는 것도 간편하게 다이얼 방식으로 코일을 느슨하게 혹은 탄탄하게 해주는 것으로 가능하다.

이와 같이 서로 다른 금속의 열팽창률이 서로 다르다는 간단한 물리적인 성질도 다양한 전기기기에 폭넓게 사용된다. 아마 아직도 발명을 기다리고 있는 응용방식이 많이 있을 것이며, 꿈을 가지고 있는 자만이 새로운 발명을 하고 특허를 얻게 될 것이다.

에서 얻을 수 있는 유효전압이란 다른 콘센트에 전기기기를 사용하고 있는지 아닌지에 따라 달라지는 것일까? 이와 같은 의문들은 사실 우리의 일상생활과 관련되는 실질적인 것들이다.

가정용 회로들은 항상 병렬로 배선되어 있는데 이는 다른 전기기기들을 제거하거나 더 사용하더라도 또 다른 전기기구에 걸리는 전압에 영향을 주지 않도록 하기 위해서이다(그림 13.19). 하나의 콘센트에는 여러 개의 인입구가 있는 것이 보통이다. 다른 전기기기의 플러그를 콘센트의 인입구에 끼울 때마다 이들은 병렬회로에서 또 다른 하나의 회로를 형성한다.

더 많은 전기기기를 더할 때, 저항이 병렬로 연결될 때마다 회로의 총 유효저항은 감소하기 때문에 회로에서 나오는 총 전류는 증가한다. 너무 큰 전류는 전선이 과열되는 원인이 된다. 과열을 방지하기 위해서 퓨즈나 차단기를 회로의 한쪽에 더해 주는 것이 안전하다. 만일 회로에

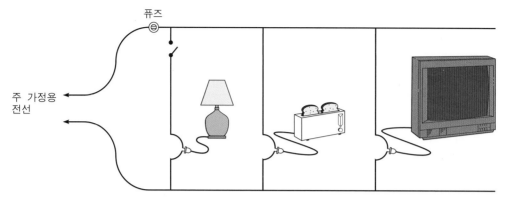

그림 13.19 전형적인 가정회로는 여러 개의 전기기기들이 서로 병렬로 연결된다. 또 회로의 한쪽 옆에는 퓨즈나 회로차단기가 직렬로 연결되어 있다.

예제 13.4

예제 : 전구의 물리

60 W 전구가 120 V AC에서 작동하도록 설계되었다.

a. 전구가 사용하는 유효전류는 얼마인가?
b. 전구 필라멘트의 저항은 얼마인가?

a. $P = 60$ W $\qquad$ $P = I \Delta V$

$\Delta V_{effective} = 120$ V $\qquad$ $I = \dfrac{P}{\Delta V}$

$I_{effective} = ?$

$\qquad\qquad\qquad = \dfrac{60\ \text{W}}{120\ \text{V}}$

$\qquad\qquad\qquad = \mathbf{0.5\ A}$

b. $R = ?$ $\qquad$ 옴의 법칙으로부터

$\qquad\qquad\qquad \Delta V = IR$

$\qquad\qquad\qquad R = \dfrac{V_{effective}}{I_{effective}}$

$\qquad\qquad\qquad = \dfrac{120\ \text{V}}{0.5\ \text{A}}$

$\qquad\qquad\qquad = \mathbf{240\ \Omega}$

표 13.2 몇몇 전기기기의 전력과 전류값		
기기	전력(W)	전류(A)
스토브	6000(220 V)	27
옷 건조기	5400(220 V)	25
온수기	4500(220 V)	20
세탁기	1200	10
식기세척기	1200	10
전기다리미	1100	9
커피메이커	1000	8
토스터기	850	7
헤어드라이기	650	5
음식처리기	500	4
대형선풍기	240	2
컬러 텔레비전	100	0.8
소형 선풍기	50	0.4
퍼스널 컴퓨터	45	0.4
시계 라디오	12	0.1

과전류가 흐르게 되면 이 퓨즈가 끊어지거나 차단기가 작동한다. 그러면 전체 회로가 차단되면서 사용중인 전기기기에는 아무런 전류가 흐르지 않게 될 것이다. 전기기기에 적혀 있는 전류나 소모 전력은 그 기기에 의해 정상적으로 사용될 수 있는 최대값을 나타낸다. 60 W의 전구는 예제 13.4에서와 같이 0.5 A의 전류를 사용할 것이다. 전형적인 가정 회로는 15 A에서 20 A 이상의 전류가 흘러야만 퓨즈가 끊어지므로 60 W 전구라면 여러 개를 사용하더라도 퓨즈가 끊어질 염려는 없을 것이다.

반면에 토스터기나 헤어드라이기는 일반적인 전구보다 많은 전류를 필요로 한다. 토스터기는 그 자체로 5 A에서 10 A의 전류를 사용하므로 다른 전열기구와 함께 사용하면 문제가 발생할 수 있다. 거의 대부분의 가정용 전기기기에는 그것이 사용하는 전류나 전력의 값이 인쇄되어 있다. 표 13.2는 많이 사용하는 전기기기의 전력값을 보여준다. 220 V를 사용하는 몇 개를 제외하고는 전력과 전류의 계산에 120 V의 유효전압을 사용하였다. 스토브나 다리미, 온수기와 같은 많은 전력을 요구하는 전기기기는 대개 분리된 220 V 라인에 연결한다.

표 13.2에서 볼 수 있듯이 가열소자가 붙은 기기들은 선풍기나 음식가공기 같이 전기모터로 작동되는 기기들보다 많은 전력을 요구한다. 텔레비전이나 라디오 같은 전자제품은 보다 작은 전력을 사용한다. 토스터기와 같은 전열기기를 새로운 콘센트에 꽂을 때에는 그 콘센트를 함께 사용하고 있는 다른 전기기기들의 전류와 전력을 체크하여 보는 것이 바람직하다.

가정회로의 기본을 파악하기 위해 전기기사가 될 필요는 없다. 집에 있는 퓨즈나 차단기는 가정의 각 회로에 흐를 수 있는 최대 전류값을 제한하여 준다. 퓨즈를 갈아 끼우거나 차단기를 재설정하는 것 등은 누구나 한 번쯤은 해보는 일상적인 일이다. 이 장에 설명된 개념들을 잘 이해하는 것은 가정용 전기기기를 안전하게 사용하는 데 도움을 줄 것이다.

직류는 전류가 한 방향으로 흐르지만 교류는 계속해서 전류의 방향이 바뀐다. 교류의 경우 전류의 산술적 평균값은 0이기 때문에 유효전류나 유효전압으로 그 크기를 나타낸다. 북미지역의 경우 가정회로는 115 V, 60 Hz 교류로 작동한다. 전기기기를 콘센트에 꽂으면 이는 회로에 다른 기기들과 병렬로 연결된다. 회로의 한쪽에는 직렬로 연결된 퓨즈나 차단기가 있어 그 회로에 흐를 수 있는 총 전류를 제한한다. 같은 회로에 여러 가지 기기를 함께 쓸 때, 특히 가열소자를 가지는 전기기기를 사용할 때는 그 기기의 사용 전류를 알아두는 것이 필요하다.

질 문

Q1. 건전지, 전구 및 전선의 두 가지 배열이 있다. 두 배열 중 어느 것이 전구에 불이 들어오겠는가? 설명하라.

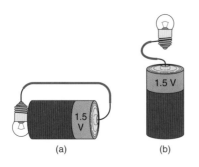

(a)   (b)

Q2. 전선 두 개와 건전지, 그리고 전구를 각 하나씩 가지고 있다고 가정하자. 전선 한 개는 이미 다음 그림과 같이 배열되어 있다. 전구에 불이 들어오게 하기 위해 두 번째 전선을 어떻게 연결해야 할지 그림으로 나타내어라. 왜 그렇게 연결해야 하는지 설명하라.

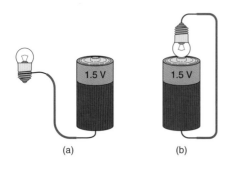

(a)   (b)

Q3. 두 개의 회로도가 아래와 같다. 어느 전구에 불이 들어오는가? 각 경우를 분석하여 설명하라.

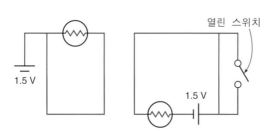

Q4. 전류와 전하는 같은 것인가? 설명하라.

Q5. 아래의 회로도를 생각해 보라. 전선들이 전구에뿐만 아니라 나무의 한쪽에도 연결되어 있다. 이 배열에서 전구에 불이 들어올까? 설명하라.

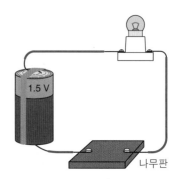

Q6. 아래의 회로를 생각해 보자. A점과 B점 사이를 연결함으로써 이 회로의 성능을 향상시킬 수 있을까? 설명하라.

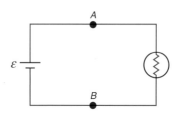

Q7. 아래와 같은 전지-전구 회로에서 전선을 금속 클램프로 고정시킨다고 가정하자. 이것은 전구가 밝게 빛을 내는 데 효과적일까? 설명하라.

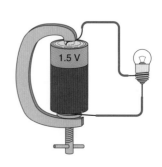

Q8. 아래와 같은 다른 물리학 실험실에 있는 두 표지를 생각해 보자. 둘 중에 어느 것이 더 주의하라는 것으로 추론되는가? 설명하라.

주의!	주의!
100,000 Ω	100,000 V

Q9. 회로에서 저항 양단에 걸린 전위차가 증가한다면 저항을 통해 흐르는 전류는 증가할까, 그대로 유지할까, 아니면 감소할까? 설명하라.

Q10. 다 쓴 건전지의 양단에 좋은 전압계를 연결하면 여전히 전압을 나타낸다. 건전지를 계속해서 전구에 불을 켜는 데 사용할 수 있을까? 설명하라.

Q11. 건전지가 회로에서 사용될 때 그 양단에 걸리는 전압은 건전지로부터 아무런 전류가 흐르지 않을 때의 전압보다 더 클까? 설명하라.

Q12. 아래의 그림과 같이 두 개의 저항이 건전지와 직렬로 연결되어 있다. R_1이 R_2보다 크다.
 a. 두 저항 중 어느 것이 더 큰 전류를 가질까? 설명하라.
 b. 두 저항 중 어느 것이 전위차가 더 클까?

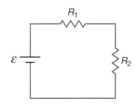

Q13. 다음의 회로와 같이 R_1, R_2, 그리고 R_3 세 개의 저항이 있는데, 이중에서 R_3는 R_2보다 크고, R_2는 R_1보다 크다. ε는 내부저항을 무시할 수 있는 건전지의 기전력이다.
 a. 세 개의 저항 중 어느 것에서 전류가 가장 많이 흐를까? 설명하라.
 b. 세 개의 저항 중 어느 것이 보다 큰 전위차를 가지겠는가 ? 설명하라.

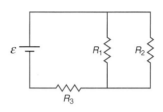

Q14. 만일 Q13에 있는 그림에서 R_2를 회로의 나머지 부분에서 끊어버린다면, R_3를 통하여 흐르는 전류는 증가할까? 감소할까? 아니면 그대로 남아 있을까? 설명하라.

Q15. 전류가 직렬로 연결된 여러 개의 저항을 흐르고 있을 때 전류는 저항들을 통과함에 따라 계속 그 크기가 작아지는가? 설명하라.

Q16. 아래의 회로에서 V자를 포함한 원은 전압계를 나타낸다. 다음 설명 중 바른 것은 어느 것인가? 설명하라.
 a. 전압계는 저항 R의 양단에 전압을 측정하기 위해 바르게 연결되어 있다.
 b. 전압계를 통하여 아무 전류도 흐르지 않을 것이므로 그것에 의한 영향은 없을 것이다.
 c. 전압계에는 많은 전류가 흐를 것이다.

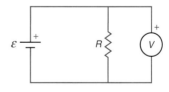

Q17. 아래에 보이는 회로에서 A를 둘러싸고 있는 원은 전류계를 나타낸다.
 다음 중 옳은 것은 어느 것인가?
 a. 전류계는 저항 R을 통해 흐르는 전류를 측정하기 위해 바르게 연결되어 있다.
 b. 전류계를 통해서는 아무런 전류도 흐

르지 않기 때문에 아무 영향도 없을 것이다.

c. 전지로부터 상당한 전류를 전류계가 사용할 것이다.

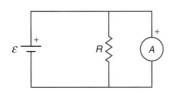

Q18. 일반적으로 전압계와 전류계 중 어느 것이 더 큰 저항을 가지겠는가? 설명하라.

Q19. 전기 에너지와 전력은 같은 것인가? 설명하라.

Q20. 어떤 저항을 통하여 흐르는 전류가 배가 된다면, 저항을 통해 사용되는 전력도 배가 될까? 설명하라.

Q21. 건전지에 의해 공급되는 전력은 건전지를 통해 흐르는 전류의 양에 의존할까? 설명하라.

Q22. 수력발전소의 댐에서 물의 위치 에너지를 증가시키는 에너지원은 무엇인가? 설명하라.

Q23. 전기모터에 연결된 건전지는 영구운동을 하는 기계(11장 참조)로 말할 수 있을까?

설명하라.

Q24. 선풍기와 토스터기가 있다고 가정하자. 둘 다 115 V, 60 Hz 교류로 동작하도록 만들어졌다. 이중에서 충전식 직류 배터리로도 작동이 가능한 것은 어느 것인가? 설명하라.

Q25. DC 전압계를 사용하는 데 있어서 전압계의 양극 단자의 극성을 고려하여 연결하는 것이 중요하다. AC 전압계를 사용하는데 있어서도 같은 주의가 적용될까? 설명하라.

Q26. 전기 면도기, 커피메이커, 그리고 텔레비전 세트 중에서 이미 다른 기기가 설치되어 있는 회로에 연결했을 때 과부하 문제가 가장 심각한 것은 어느 것인가? 설명하라.

Q27. 회로에서 퓨즈나 차단기를 다른 소자들과 병렬로 연결하는 것은 이치에 맞는 것일까? 설명하라.

Q28. 가정회로에 연결되어 있는 전기기기들이 병렬이 아니라 직렬로 연결되어 있다고 가정하자. 이 배열에서 불리한 점은 무엇인가? 설명하라.

Q29. 물건이 가열되면 바이메탈 조각이 어떻게 회로를 끊을 수 있을까? 설명하라.

연 습 문 제

E1. 30 C의 전하가 저항을 통하여 5초 동안 일정하게 흐른다. 이 저항을 통하여 흐르는 전류는 얼마인가?

E2. 0.5 A의 전류가 건전지를 통하여 1분 동안 흘렀다. 이 시간 동안 얼마나 많은 전하가 건전지를 통하여 흘렀는가?

E3. 회로에서 10 Ω의 저항 양단에 3 V의 전압이 걸려 있다. 이 저항을 통하여 흐르는 전류는 얼마인가?

E4. 1.5 A의 전류가 30 Ω의 저항을 통하여 흐른다. 이 저항의 양단에 걸리는 전압은 얼마인가?

E5. 2 A의 전류에 120 V가 양단에 걸린 저항을 통하여 흐른다. 이 저항기의 저항은 얼마인가?

E6. 아래의 회로에서 건전지의 내부저항은 1 Ω이고, 그림과 같이 건전지와 직렬연결된 것으로 간주될 수 있다. 여기에 9 Ω의 저항이 연결되어 있다.
  a. 9 Ω의 저항을 통하여 흐르는 전류는 얼마인가?
  b. 9 Ω 저항기 양단에 걸린 전압은 얼마인가?

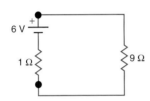

E7. 세 개의 저항이 6 V의 전지와 그림과 같이 연결되어 있다. 전지의 내부저항은 무시한다.
  a. 15 Ω 저항을 통하여 흐르는 전류는 얼마인가?
  b. 이 같은 전류가 25 Ω의 저항을 통하여 흐를까?
  c. 20 Ω의 양단에 걸리는 전위차는 얼마인가?

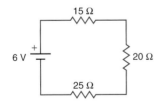

E8. 각각 5 Ω의 저항을 가진 두 개의 저항이 병렬로 연결되어 있다. 이 결합의 등가저항은 얼마인가?

E9. 3 Ω, 6 Ω, 그리고 2 Ω 세 개의 저항이 서로 병렬로 연결되어 있다. 이 결합의 등가저항은 얼마인가?

E10. 각 12 Ω을 가진 세 개의 같은 저항이 아래 그림과 같이 서로 병렬로 연결되어 있다. 이 배열은 내부저항을 무시할 수 있는 12 V의 전지와 연결되어 있다.
  a. 이 병렬연결의 등가저항은 얼마인가?
  b. 이 결합을 통하여 흐르는 총 전류는 얼마인가?
  c. 이 결합에서 각 저항을 통하여 흐르는 전류는 얼마인가?

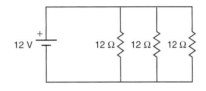

E11. 12 V의 건전지가 회로에 1.5 A의 전류를 공급하고 있다. 이 건전지가 공급하는 전력은 얼마인가?

E12. 15 Ω의 저항 양단에 3 V의 전압이 걸려 있다.
  a. 이 저항을 통하여 흐르는 전류는 얼마인가?
  b. 저항에서 소모되는 일률은 얼마인가?

E13. 100 W의 전구가 110 V의 유효 AC 전압으로 작동한다.
  a. 전구를 통해 흐르는 유효전류는 얼마인가?
  b. 옴의 법칙에서 전구의 저항은 얼마인가?

E14. 토스터기는 110 V AC 전원에 연결되어 6 A의 전류를 사용한다.
  a. 이 토스터기의 소비되는 전력은 얼마인가?
  b. 이 토스터기의 가열소자의 저항은 얼마인가?

고난도 연습문제

CP1. 다음 회로에서 건전지의 내부저항을 무시할 때
   a. 두 저항이 병렬연결된 배열에서 등가저항은 얼마인가?
   b. 회로에 흐르는 총 전류는 얼마인가?
   c. 6 Ω 저항을 통하여 흐르는 전류는 얼마인가?
   d. 8 Ω 저항에서 소모되는 전력은?
   e. 8 Ω 저항에 흐르는 전류는 6 Ω 저항에 흐르는 전류보다 큰가? 아니면 작은가? 설명하라.

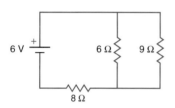

CP2. 다음 회로에서와 같이 6 V 건전지를 9 V 건전지와 마주하여 놓는다. 두 건전지의 총 전압은 두 전압의 차가 될 것이다.
   a. 회로에 흐르는 전류는 얼마인가?
   b. 5 Ω 양단에 걸리는 전압은 얼마인가?
   c. 9 V 건전지에 의해 공급되는 전력은 얼마인가?
   d. 이 배열에서 6 V 전지는 방전되는가? 충전되는가?

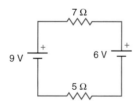

CP3. 그림에서 보는 바와 같이 3 Ω 저항들이 연결되어 있다. 두 개의 다른 병렬연결된 저항들이 계속해서 가운데 저항과 직렬로 연결되어 있다.
   a. 두 개의 병렬연결들의 저항은 얼마인가?
   b. A와 B 사이의 총 등가저항은 얼마인가?
   c. A와 B 사이에 전위차가 6 V이면, 전체 회로에 흐르는 전류는 얼마인가?
   d. 세 개의 저항이 병렬로 연결된 병렬저항에서 각 저항에 흐르는 전류는 얼마인가?

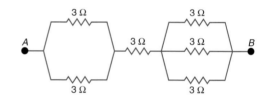

CP4. 800 W 토스터기, 1100 W 다리미, 그리고 500 W 음식 처리기가 모두 같은 퓨즈가 15 A인 115 V 가정용 회로에 연결되어 있다.
   a. 이들 기기가 각각 쓰는 전류는 얼마인가?
   b. 이들 기기의 각 전원을 동시에 켰을 때, 무슨 문제가 발생할까? 설명하라.
   c. 다리미 가열소자의 저항은 얼마인가?

© Stockbyte/Getty Images RF

자석과 전자기학

학습목표 이 장의 학습목표는 정전기력과의 유사성을 토대로 자석의 거동을 묘사한 후 전류와 자기력 사이의 관계를 알아본다. 또 자기장과의 상호작용에 의해 어떻게 전류가 발생되는지(전자기 유도)를 기술해주는 패러데이의 법칙 (Faraday's law)을 유도하고 그 내용을 이해한다.

그림 14.1 냉장고 문에 달라붙는 자석이 부착된 문자판을 갖고 노는 어린이. 어떠한 힘이 문자판을 냉장고 문에 달라붙게 할까?

여러분은 어렸을 때 냉장고에 붙이는 자석을 가지고 놀아 본 기억이 있는가? 뒷면에 작은 자석이 붙어있는 플라스틱 문자나 숫자판을 냉장고 문에 마음대로 나열할 수 있다. 자석이기 때문에 강철문에 붙는 것이다. 어린 시절의 경험으로부터 우리는 이러한 사실을 알고 있다. 또한, 그러한 자석들은 장난감으로서뿐만 아니라 간단한 단어를 만들 수 있는 훌륭한 학습 도구이기도 하다(그림 14.1).

이러한 어린 시절의 경험으로 해서 우리는 일반적으로 정전기력보다는 자기력에 친숙해 있다. 작은 말굽자석과 나침반 — 어쩌면 강철못, 도선 그리고 건전지로 만든 간단한 **전자석** — 을 가지고 놀기도 한다. 어떤 금속들은 자석에 붙는데 어떤 것들은 그렇지 않다는 것도 알고 있다. 중력이나 정전기력과 마찬가지로 그 힘은 직접적인 접촉이 없어도 작용한다.

자기력은 친숙하기는 하지만 신비스럽기도 하다. 아마도 위에서 열거한 간단한 사실들의 범위를 넘어 자기력을 이해한다는 것은 어려운 일일 것이다. 자기력은 정전기력과 어떤 점에서 유사하고 어떤 점에서 다를까? 전기와 자기는 좀더 근본적으로 어떤 관계가 있을까? 전자석을 언급한 이유는 전자석이 그 둘 사이의 관계를 암시하고 있기 때문이다.

실제로 전류와 자기력 사이에는 밀접한 관계가 있다. 그 관계는 19세기 초에 발견되었고, 1860년대에 스코틀랜드의 물리학자인 맥스웰(James Clerk Maxwell)에 의해 전자기 이론으로 발전되었다. 20세기 초반에는 실제로 정전기력과 자기력은 단지 전자기력이라는 하나의 기본적인 힘을 다른 관점으로 본 것에 지나지 않는다는 사실이 밝혀졌다.

전기와 자기 사이의 관계를 이해하게 됨으로써 현대기술에 지대한 영향을 미친 수많은 발명품들이 개발되었다. 전기모터나 발전기, 변압기 등이 그 예이다.

14.1 자석과 자기력

가정이나 사무실에 있는 자석(그림 14.2) 몇 개를 수집해서 몇 가지의 간단한 실험을 해보면 자석에 대한 기본적인 성질들을 알 수 있다. 아마도 자석이 클립과 같이 철로 만들어진 물건들을 잡아당긴다는 사실은 이미 알고 있을 것이다. 자석은 은이나 구리 혹은 알루미늄이나 대부분

그림 14.2 여러 가지 자석들. 각 자석에서 극은 어느 곳에 있을까?

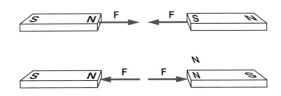

그림 14.3 다른 극끼리는 서로 잡아당기며, 같은 극끼리는 서로 밀친다.

의 비금속 물질들로 만들어진 물건들은 잡아당기지 않는다. 또한 자석은 적절히 배열되어 있을 때만 서로 잡아당기고 그렇지 않으면 서로 밀친다. 흔히 알려진 세 가지 자기적 원소는 철, 코발트 및 니켈과 같은 금속들이다. 냉장고 문이나 금속 캐비넷에 달라붙는 작은 자석들은 나름대로 적절한 특성을 갖도록 이 세 가지 금속에 다른 원소들을 합성시켜 만든 것이다. 최초로 알려진 자석은 **자철광**으로 자연적으로 만들어졌으며 약하게 자화되어 있다. 이 자철광의 존재는 고대에도 알려져 있었던 것으로 그 성질은 호기심과 즐거움의 근원이었다.

자극이란?

주위에서 수집한 자석들을 자세히 살펴보면 끝부분에 남과 북을 나타내는 N과 S의 문자가 새겨져 있는 것들이 있다. 이 문자들은 각각 **북쪽을 가리키는** North와 **남쪽을 가리키는** South라는 뜻에서 사용되기 시작하였다. 막대자석의 중심에 실을 매달아 자유롭게 회전할 수 있도록 하면 결국 한 끝은 대략 북극을 향하여 정지하게 된다. 이 곳이 N으로 표기된 끝 또는 극(pole)이다. 반대쪽은 S로 표기되어 있다.

이러한 방법으로 자석에 표기를 하고 나면 두 자석들의 반대 극들은 서로 잡아당긴다는 사실도 알게 될 것이다. 한 자석의 북극은 다른 자석의 남극을 잡아당긴다. 두 손에 자석을 꼭 붙잡고 북극끼리 가까이 대면 서로 밀치는 힘을 느낄 수 있다. 남극끼리도 마찬가지이다. 실제로 책상 위에 한 개의 자석을 놓고 서로 같은 극이 마주보도록 하여 다른 자석을 갖다대면 책상 위에 있던 자석은 갑자기 휙 돌아 접근하고 있는 자석의 반대극에 달라붙는 것을 알 수 있다.

이러한 간단한 실험적 관찰(그림 14.3)은 아마도 초등학교 과학 시간에 처음으로 배웠을 터인데 아래와 같은 규칙으로 요약될 수 있다.

자석의 같은 극끼리는 서로 밀치며, 다른 극끼리는 서로 잡아당긴다.

이러한 규칙은 같은 전하와 다른 전하 사이에 작용하는 정전기력에 대한 규칙과 매우 흡사하

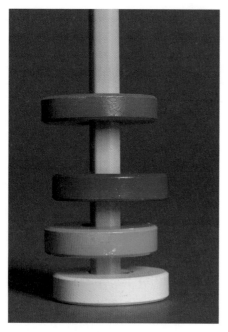

그림 14.4 수직 나무막대에 끼워져 공중에 뜬 고리 자석들. 막대가 자석들을 흩어져 나가지 않도록 해준다.

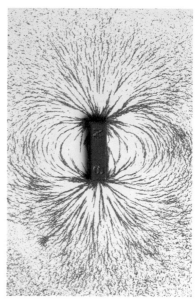

그림 14.5 작은 쇳가루들은 막대자석 주위의 자기장을 시각적으로 볼 수 있게 해준다.

다. 그러나 자석에 대한 규칙은 정전기학에 대한 규칙보다도 훨씬 이전부터 잘 알려져 있었다.

자석들을 가지고 서로 밀치며, 혹은 끌어당기며 노는 것은 재미있다. 작은 디스크 또는 고리 자석에는 대개 양면에 극이 있다. 같은 극을 서로 마주보게 하면서 작은 막대자석을 디스크 자석에 가까이 가져가면 디스크 자석은 튀어올라 튕겨나가거나 뒤집혀서 막대자석에 달라붙게 된다. 때로는 그 뒤집힘이 너무 빨라 관측하기가 어렵다. 고리자석들을 가느다란 나무막대 기둥에 끼우면 그림 14.4처럼 쉽게 공중에 띄울 수 있다. 어떤 자석들은 두 개 이상의 극을 갖는 것처럼 보인다. 그 이유는 자석의 중심 어딘가에 남극과 북극이 둘 다 존재하기 때문일 것이다. 철가루를 뿌린 종이 아래에 자석을 대면 자석의 극을 찾을 수 있다. 철가루는 극 근처에서 매우 큰 밀도로 뭉치기 때문이다(그림 14.5).

자기력과 쿨롱의 법칙

인력과 척력이 있다는 사실 이외에도 자극과 전하 사이에는 유사성이 있다. 자석의 두 극 사이의 거리에 따라, 또 자극의 크기에 따라 서로에게 가하는 힘의 크기를 측정해 보면 자기력은 정전기력에 대한 쿨롱의 법칙과 유사하다는 것을 알게 된다. 실제로 실험적인 사실을 기초로 자석에 대한 힘의 법칙을 최초로 언급한 사람은 바로 쿨롱이었다.

쿨롱은 비틀림 저울 내의 금속구 대신 가늘고 긴 막대자석을 사용하여 자기력에 대한 실험을 하였다(12장의 3절 참조). 반대 극으로 인한 힘의 영향이 없도록 하기 위해서는 측정 지점에서 반대 극이 멀리 떨어져 있어야 하므로 자석을 길게 해야 했다.

쿨롱의 실험에 의하면 두 극 사이의 자기력은 정전기력과 마찬가지로 두 극 사이의 거리의 제곱에 반비례한다. 또 자기력은 **극의 세기**라고 하는 양에 비례한다. 어떤 자석들은 다른 자석들보다 훨씬 강하다. 한 자석이 다른 자석에 가하는 힘의 크기는 두 자석의 극의 세기에 의존한다.

역선을 자석에 연관시킬 수 있을까?

자석은 언제나 **자기 雙극자**로 존재한다. 즉, 단일의 자기극으로 완전하게 고립시킬 수 없다. 쌍극자는 일정한 거리로 떨어져 있는 두 개의 반대 극으로 이루어져 있다. 두 개의 극 이상이 존재할 수는 있어도 겉보기에 최소한 두 개보다 적을 수는 없다. 물리학자들이 **자기 단극**을 발견하려고 상당한 노력을 기울여 왔지만 이것이 존재한다는 결정적인 증거는 찾지 못했다. 자기 쌍극자를 둘로 쪼개도 언제나 또 다시 두 개의 쌍극자가 만들어진다. 이 점이 자기의 극과 전하와의 가장 큰 차이점이다. 양전하와 음전하는 단독으로 고립될 수 있다. 당연히 전기 쌍극자도 존재할 수 있다. 그림 14.6에서처럼, 일정한 거리를 유지하고 부호는 다르지만 크기는 같은 두 개의 전하로 이루어진 것이 바로 전기 쌍극자이다. 전기 쌍극자에 의해 만들어지는 전기력선들은 양전하에서 시작하여 음전하에서 끝난다.

역선을 자기 쌍극자에도 적용시킬 수 있을까? 실제로 전기 쌍극자에 대한 전기력선처럼 자기 쌍극자에 대하여도 같은 형태의 역선을 갖는 자기장을 정의할 수 있다(자기장의 정의는 다음 절에서 상세히 다룬다). 자기력선은 북극에서 나와 남극으로 들어간다(그림 14.6). 전기력선과는 달리 자기력선은 끝나지 않는다. 자기력선은 연속적인 고리 모양을 띤다. 종이 밑에 자석을 대고 철가루를 뿌리면 그 무늬를 볼 수 있다. 자기장의 방향으로 철가루들이 정렬된다.

다른 전하에 의해 생성된 전기장 내에 전기 쌍극자를 놓으면 그 쌍극자는 전기장의 방향으로

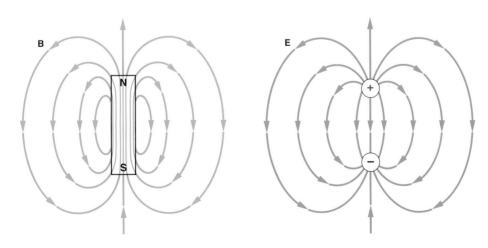

그림 14.6 자기 쌍극자에 의해 만들어지는 자기력선은 전기 쌍극자에 의해 만들어지는 전기력선과 유사한 모양을 띤다. 그러나 자기력선은 연속적인 고리 모양을 형성한다.

정렬된다. 쌍극자 내의 각 전하에 작용하
는 전기력들이 서로 합성하여 쌍극자가 전
기장의 방향으로 향하도록 회전력을 일으
키기 때문이다(그림 14.7). 마찬가지로, 자
기 쌍극자는 외부에서 생성된 자기장에 의
해 정렬된다. 이 때문에 철가루들은 자석
주위의 자기력선들을 따라 정렬된다. 철가
루는 자기장이 존재하는 곳에서 자화된다
— 즉, 철가루는 각각 작은 자기 쌍극자가
된다.

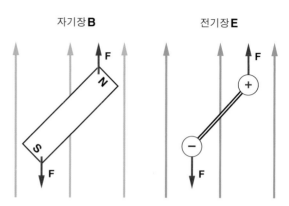

그림 14.7 자기 쌍극자는 전기 쌍극자가 전기장에 의해
정렬되듯이 외부에서 형성된 자기장에 의해 정렬된다.

지구는 자석인가?

나침반 바늘은 자기 쌍극자이다. 최초의 나침반은 자유롭게 회전할 수 있도록 지지대 위에 가
느다란 자철광 결정을 균형 있게 올려놓아 만들었다. 아는 바와 같이 자석의 북극(북쪽을 지시
하는 극)은 정확하게 정북은 아니지만 북쪽을 가리킨다. 나침반의 발명은 초기 르네상스시대
때의 항해에 큰 도움이 되었다. 그 이전에는 항해사들은 구름 낀 낮이나 밤에는 항해를 할 수
없었다.

지구는 자석인가? 나침반 바늘은 어떤 종류의 자기장에 반응을 하는가? 나침반은 중국인들에
의해 발명되었지만 그 현상을 최초로 철저히 연구한 사람은 영국의 윌리엄 길버트(William
Gilbert; 1540~1603)이다. 길버트는 지구가 하나의 거대한 자석이라고 주장하였다. 그림 14.8에

서와 같이 지구 내부에 커다란 막대자석이
존재한다고 가정함으로써 지구에 의해 형
성되는 자기장을 그릴 수 있다(이 그림을
있는 그대로 받아들이지는 말라. 단지 자
기장을 묘사하기 위한 수단일 뿐이다).

서로 다른 극들은 잡아당기기 때문에 지
구 자석의 남극은 북쪽에 위치해 있어야
한다. 나침반의 북쪽을 가리키는 극은 지
구에 의해 형성되는 자기장을 따라 북쪽으
로 정렬된다. 그러나 지구 자기장의 축이
지구의 자전축과 정확히 정렬되어 있지는
않다. 진북이란 회전축에 의해 정의되므로
나침반 바늘은 대부분의 위치에서 정확하
게 북쪽을 가리키지 않는다. 미국의 동해

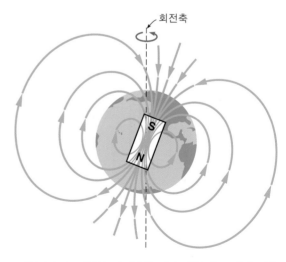

그림 14.8 지구의 자기장은 지구 내부에 그림과 같은
방향을 갖는 막대자석이 있다고 가정(물론, 실제로 존재
하는 것은 아니다)함으로써 묘사될 수 있다.

안에서 자기의 북극은 진북으로부터 약간 서쪽으로 기울어져 있다. 반면 서해안에서는 약간 동쪽으로 기울어져 있다. 미국 중부의 어디에선가는 자기 북극과 진북이 일치한다. 이 선의 정밀한 위치는 시간에 따라 조금씩 변한다.

지구 자기장에 대한 여러 가지 모델들이 개발되었지만 지구의 자기장이 어떻게 만들어지는가에 대해서는 아직도 정확히 모르고 있다. 이러한 모델의 대부분은 지구 내부의 핵에 있는 유체의 운동과 관련된 전류에 그 원인이 있다고 가정하고 있다. 그렇지만 전류는 자기장과 어떤 관계가 있는 것일까?

간단한 자석은 대개 북극과 남극이 표기된 두 개의 극을 지니며 전하에서와 같은 힘의 법칙을 따른다. 같은 극들은 서로 밀어내고, 다른 극들은 서로 잡아당긴다. 한 극이 다른 극에 가하는 힘은 거리의 제곱에 반비례한다. 고립된 자기 단극은 존재하지 않으며, 따라서 가장 간단한 자석은 쌍극자이다. 자기 쌍극자에 대한 자기력선들은 전기 쌍극자가 만드는 전기력선과 형태가 유사하다. 지구 자체는 남극이 북쪽을 향하고 있는 거대한 자기 쌍극자와 유사하다.

14.2 전류의 자기적 효과

1800년대 볼타(Volta)의 전지 발명으로 정상 전류를 만들어내는 것이 처음으로 가능하게 되었다. 이전에는 단지 정전기 실험으로 축적된 전하를 급속하게 방전시킴으로써만 일시적으로 전류를 만들어낼 수 있었을 뿐이다. 볼타 전지의 양 단자에 가늘고 긴 도선을 연결하여 훨씬 더 정상적인 전하의 흐름을 만들어낼 수 있다. 이로써 과학자들은 이전에는 불가능했던 전류에 대한 연구를 할 수 있게 되었다.

과학자들은 앞 절에서 논의한 자기 효과와 전기 효과 사이의 유사성을 이용해 전기와 자기 사이에는 어떤 직접적인 연관관계가 존재할 것이라는 추측을 하였다. 한 사람이 두 영역의 연구에 관련되어 있는 경우를 흔히 볼 수 있다. 길버트는 자기적 현상뿐만 아니라 정전기 효과도 연구를 하였고, 쿨롱(Charles Coulomb)은 자극과 전하에 대한 힘의 법칙 모두를 연구하였다. 전지가 발명된 지 20년 후, 덴마크의 외르스테드(Hans Christian Oersted; 1777~1851)는 놀라운 발견을 하였다.

외르스테드는 무엇을 발견하였나?

외르스테드가 처음으로 전류의 자기적 효과를 발견한 것은 1820년 그의 강의 시간 중이었다. 흔히 강의란 계획한 것처럼 정확하게 진행되는 것은 아니지만 뜻밖의 실패가 큰 발견으로 이어지는 경우도 있다. 외르스테드가 전류의 효과를 학생들에게 설명해주는 동안 그의 곁에는 우연히 나침반이 있었다. 그는 긴 도선과 전지로 이루어진 회로가 연결되는 순간 나침반 바늘이 움

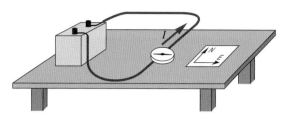

그림 14.9 남북 방향으로 향하도록 도선을 놓고 전류를 흘려주면 나침반 바늘은 이 방향으로부터 멀어지는 방향으로 편향된다.

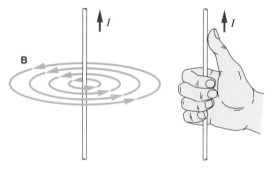

그림 14.10 오른손 법칙은 전류가 흐르는 도선을 둘러싸고 있는 자기력선의 방향을 알려준다. 엄지손가락이 전류의 방향으로 향하면 나머지 손가락들은 역선의 방향으로 회전한다.

직인다는 사실을 알아차렸다.

이전에도 그는 전류가 흐르는 도선 근처에 나침반을 대보았지만 아무런 움직임도 관찰하지 못했었다. 다른 과학자들 또한 이러한 효과를 알아보려고 노력했지만 성공을 거두지 못했다. 따라서 강의시간 중에 나침반이 움직였다는 것은 외르스테드로서는 예상치 못했던 일이었다. 그는 학생들 앞에서 자신의 어리석음을 노출시키기가 싫어서 강의가 끝난 후, 좀 더 면밀히 그 현상을 연구하기로 마음먹었다. 이윽고 충분히 강한 전류하에서 나침반과 도선이 어떤 배치를 이루기만 하면 바늘이 편향된다는 것을 발견할 수 있었다.

왜 이러한 효과가 진작 발견되지 않았었는가는 이 효과에 대한 특이한 방향성으로 설명이 될 수 있다. 수평 도선을 이용하여 이러한 효과를 최대한 얻으려면 도선을 남북의 방향으로 놓아야 한다(이 방향은 전류가 흐르지 않을 때 나침반 바늘이 놓이는 방향이다). 전류가 흐르면 바늘은 북쪽으로부터 편향된다(그림 14.9). 도선에 흐르는 전류에 의해 발생되는 자기장은 전류의 방향과 수직을 이룬다.

외르스테드와 다른 과학자들의 보다 심도 있는 연구를 통해 직선 도선에 흐르는 전류에 의해 생성되는 자기력선들은 도선을 중심으로 원 모양을 그린다는 사실을 알게 되었다. 외르스테드는 역선에 대하여 언급하지는 않았지만 위치에 따른 나침반 바늘의 방향성에 대하여는 언급하였다. 그가 나침반을 도선 아래쪽에 놓자 바늘이 위쪽에 놓였을 때와는 반대로 편향되었다. 간단한 오른손 법칙으로 그 방향이 묘사된다. 오른손 엄지손가락을 전류가 흐르는 방향으로 향하도록 도선을 감아쥐면 나머지 손가락들은 모두 도선 주위를 도는데 이 방향이 바로 자기력선의 방향이다(그림 14.10).

나침반을 도선으로부터 멀리 떨어뜨림에 따라 이 효과가 약해진다는 것은 그리 놀라운 일이 아니다. 도선으로부터 수 cm 떨어진 지점에서 바늘이 크게 편향되는 것을 관측하려면 수암페어의 전류가 필요하다. 초기의 전지로는 그렇게 큰 전류를 지속적으로 흐르게 할 수 없었다. 예기치 않았던 방향성과 더불어 이러한 미약한 효과가 아마도 발견을 지연시켰을 것이다.

전류가 흐르는 도선에 작용하는 자기력

전류로 자기장을 만들어낼 수 있다는 것을 다른 관점에서 생각해보면 전류가 자석처럼 거동한다는 뜻은 아닐까? 그렇다면 전류가 흐르는 도선은 자석이나 전류가 흐르는 다른 도선에 의해 자기력이 작용하지는 않을까? 이러한 문제는 프랑스의 앙페르(Andrē Marie Ampére)뿐만 아니라 외르스테드의 발견으로 자극을 받은 여러 과학자들에 의해 연구되었다.

앙페르는 실제로 전류가 흐르는 도선이 전류가 흐르는 다른 도선에 힘을 가한다는 사실을 발견하였다. 그는 신중하게 그 힘이 외르스테드가 발견한 자기적 효과와 관련이 있으며 정전기 효과로는 도저히 설명할 수 없다는 사실을 입증하였다. 전류가 흐르고 있는 도선은 양이든 음이든 알짜 전하가 없기 때문에 전기적으로 중성이다. 그는 두 개의 평행 전류가 흐르는 도선에 대한 자기력의 세기를 측정하여 자기력이 도선들 사이의 거리와 각 도선에 흐르는 전류의 양에 따라 어떻게 의존하는지를 연구하였다(그림 14.11). 앙페르는 실험을 통하여 두 평행 도선 사이에 작용하는 자기력은 두 전류(I_1과 I_2)에 비례하고 그 거리에 반비례한다는 사실을 발견하였다. 이러한 관계는 대개 다음과 같은 식으로 기술된다.

$$\frac{F}{l} = \frac{2k' I_1 I_2}{r}$$

여기서, 상수 k'는 1×10^{-7} N/A²이고 F/l은 도선의 단위길이당 힘을 나타낸다. 도선이 길면 길수록 힘은 더 강해진다. 어떤 도선이 다른 도선에 미치는 힘은 전류가 평행할 때 인력이고 반대일 때 척력이다.

k'이 이상하게도 간단한 값을 갖는 것은 우연이 아니다. 이 관계식과 두 개의 전류가 흐르는 도선 사이의 힘을 측정하여 전류의 단위, 즉 암페어를 정의한다.

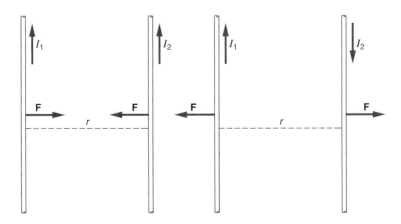

그림 14.11 두 개의 평행 전류가 흐르는 도선들은 전류의 방향이 같을 때 서로 잡아당기고 전류의 방향이 반대일 때 서로 밀친다.

> 1암페어(A)란 단위길이당 2×10^{-7} N의 힘을 일으키는 1 m 떨어진 두 개의 평행한 도선 각각에 흐르는 전류의 양이다.

암페어(A)는 전자기학의 기본 단위이다. 두 도선 사이에 작용하는 자기력을 측정함으로써 전류의 표준이 정해진다. 전하의 단위인 쿨롬은 암페어로부터 정의된다. 전류는 단위시간당 흐르는 전하($I = q/t$)로 정의되므로 전하는 전류와 시간의 곱($q = It$)으로 주어진다. 그러므로 1쿨롬은 1암페어 · 초($1C = 1A \cdot s$)이다.

움직이는 전하에도 자기력이 작용하나?

그렇다면 **자기력**의 기본적인 성질은 무엇일까? 한 자석은 다른 자석(14.1절)에, 자석은 전류가 흐르는 도선에, 그리고 전류가 흐르는 도선들은 서로에게 자기력을 미친다. 전류란 전하의 흐름이므로 분명히 전하가 움직이면 자기력이 얻어진다. 전하의 운동이 자기력의 존재에 대한 근본적인 원인이 되는 것일까? 1820년대에 앙페르는 이 문제에 대해서도 연구하였다.

전류가 흐르는 한 도선이 전류가 흐르는 다른 도선에 가하는 힘의 방향에 대하여 생각해보라. 이 힘은 전류의 방향에 수직이다. 이 자기력은 곧 도선 내에서 움직이고 있는 전하에 작용하는 힘이며 전류의 방향이란 양전하가 운동하는 방향이므로 자기력은 전하가 움직이는 방향과는 수직으로 작용해야 한다는 결론에 도달하게 된다(그림 14.12).

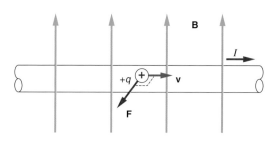

그림 14.12 전류를 이루는 움직이는 전하에 작용된 자기력은 전하의 속도뿐만 아니라 자기장에 대해서도 수직이다.

전류가 흐르는 도선에 작용하는 자기력은 그 도선이 자기장의 방향과 수직일 때 최댓값을 갖는다. 이러한 모든 사실들은 운동하는 전하에 자기력이 가해진다는 사실을 암시하고 있다. 이 힘은 운동하고 있는 전하의 양과 속도(속도는 도선에 흐르는 전하의 전류와 관계된다), 그리고 자기장의 세기에 비례한다. 이를 수식으로 서술하면 ($F = qvB$)이다.

여기서 q는 전하량이고, v는 전하의 속도, B는 자기장의 세기이다. 물론 이 식은 전하의 속도가 자기장과 수직한 경우에만 성립한다. 또, 전하가 도선 내에 한정되어 있을 필요는 없다.

실제로 자기장의 크기는 자기력에 대한 이러한 표현으로부터 정의된다. q와 v로 나누면 다음과 같은 식을 얻을 수 있다.

$$B = \frac{F}{qv_\perp}$$

여기서, ($v_\perp$는 자기장에 수직한 속도의 성분을 뜻한다. 이 정의로부터 자기장의 단위는 1뉴턴/

암페어-미터(N/A·m)인데, 지금은 주로 테슬라(T)로 불린다.

전기장이 단위전하당 전기력인 것과 마찬가지로 **자기장**은 단위전하와 단위속도당 자기력이다. 전하의 속도가 0이면 자기력은 없다. 그렇다고 자기장도 없는 것은 아니다. 자기장은 자기장에 대하여 수직으로 움직이는 전하에 작용하는 단위전하당, 단위속도당 자기적인 힘이 된다.

운동하는 전하에 작용하는 자기력의 방향은?

그림 14.13에서와 같은 또 다른 오른손 법칙이 있다. 이 법칙은 흔히 운동하는 전하에 작용하는 자기력의 방향을 묘사하기 위해 사용된다. 오른손의 집게손가락을 양전하의 속도방향으로, 가운뎃손가락을 자기장의 방향으로 향하게 하면 엄지손가락은 운동하는 전하에 작용하는 자기력의 방향을 가리킨다. 이 힘은 언제나 속도와 자기장의 방향에 수직이다. 음전하에 작용하는 힘은 양전하에 작용하는 힘과 반대방향이다.

움직이는 전하에 작용하는 자기력은 전하의 속도에 수직한 방향으로 작용하므로 이 힘

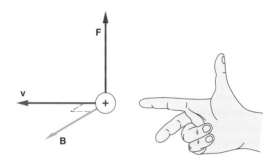

그림 14.13 오른손의 집게손가락을 전하의 속도 방향으로, 가운뎃손가락을 자기장의 방향으로 향하게 하면 엄지손가락은 양전하에 작용하는 자기력의 방향을 가리킨다.

은 전하에 일을 하지 않는다. 따라서 전하의 운동 에너지는 증가될 수 없고, 그 결과 전하의 가속도는 전하의 속도방향만을 변화시키는 구심가속도가 된다. 전하가 균일한 자기장에 대하여 수직으로 움직이고 있다면 자기력으로 인해 원 궤도를 그리게 된다. 이 원의 반지름은 입자의 질량과 속력에 의해 결정되며 뉴턴의 제 2법칙을 적용하여 구할 수 있다(고난도 연습문제 2를 보라).

전류의 방향이 곧 양전하가 움직이는 방향이므로 움직이는 전하에 작용하는 방향을 구하는 데 이용되었던 오른손 법칙은 전류가 흐르는 도선에 작용하는 힘의 방향을 구하는 데도 동일하게 이용될 수 있다. 이 경우 집게손가락은 전류의 방향이고, 가운뎃손가락과 엄지손가락은 앞에서와 같다.

도선토막에 작용하는 자기력을 자기장을 써서 표시하면 $F = IlB$가 된다. 여기서 I는 전류이고 l은 도선토막의 길이, B는 자기장의 세기이다(예제 14.1). 이 표현이 타당하기 위해서는 전류의 방향이 자기장에 수직

예제 14.1

예제 : 자기력

길이 15 cm인 직선 도선에 4 A의 전류가 흐른다. 도선은 0.5 T인 자기장에 수직으로 놓여 있다. 도선에 작용하는 자기력은 얼마인가?

$l = 15 \text{ cm} = 0.15 \text{ m}$ $F = IlB$
$I = 4 \text{ A}$ $= (4 \text{ A})(0.15 \text{ m})(0.5 \text{ T})$
$B = 0.5 \text{ T}$ $= \mathbf{0.3 \text{ N}}$

(이 힘의 방향은 그림 14.13의 오른손 법칙에 의해 묘사되는 것처럼 도선에 흐르는 전류와 자기장에 수직이다.)

이어야 한다. 이 표현은 단지 관계식 $F = qvB$의 다른 표현에 불과하다. 전하와 속도의 곱(qv)이 전류와 도선 토막의 길이의 곱(Il)으로 치환된 것이다.

자기력은 움직이는 전하가 움직이는 다른 전하에 작용하는 기본적인 힘이다. 전류는 전하가 움직이는 것이므로 자기력은 또한 전류가 다른 전류에 미치는 힘이라고도 말할 수 있다. 언제나 자기장 또는 힘과 관련된 표현에서 곱 qv는 곱 Il으로 치환될 수 있다.

외르스테드는 회로를 적절하게 배치하면 전류가 나침반 바늘을 편향시킬 수 있다는 사실을 발견하였다. 이 발견에 이어 앙페르는 자기력이란 전류가 흐르는 도선이 전류가 흐르는 다른 도선에 미치는 힘이라는 사실을 발견하였다. 전류란 전하가 움직이는 것이므로 전하의 속도가 자기장에 수직이면 자기장의 크기는 전하의 단위속도당, 단위전하당의 힘으로 정의될 수 있다.

14.3 고리전류의 자기적 효과

지금까지는 전류가 흐르는 도선이 직선이라고 가정하였다. 그러나 회로가 완성되려면 어느 부분에서는 도선이 휘어져야 한다. 전자기학이 응용되는 여러 곳에서 도선은 고리의 형태를 취하고 있다. 코일은 전자석, 전기모터, 발전기, 변압기 이외에도 수많은 곳에서 응용되고 있다.

전류가 흐르는 도선을 코일의 형태로 휘면 어떤 일이 발생할까? 코일의 자기장은 어떻게 되며 그 코일은 다른 자기장에 의해 어떠한 영향을 받을까? 외르스테드의 발견에 이어 1820년대에는 이러한 문제를 해결하기 위한 많은 실험들이 수행되었다. 수많은 과학자들과 마찬가지로 앙페르도 이에 대한 연구에 적극적이었다.

고리전류의 자기장

앞 절에서 논의한 것처럼, 직선 도선 주위에 생성되는 자기력선들은 도선을 중심으로 원을 그린다. 그러한 도선을 고리 모양으로 구부리는 경우를 생각해보자.

자기력선에 어떠한 일이 발생할까? 도선의 아주 가까운 곳에서 아직도 자기력선들은 원을 그릴 것이다. 그러나 고리의 중심부근에서 그 도선의 다른 부분들에 의해 생성되는 자기장들은 대체로 모두 같은 방향을 향한다. 이렇게 생성된 자기장들은 모두 합쳐 강한 자기장을 생성

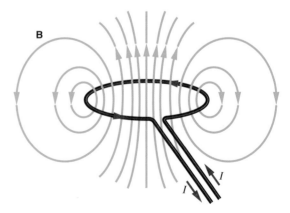

그림 14.14 전류가 흐르는 도선을 원형으로 구부리면 도선의 다른 부분들에 의해 발생되는 자기장들은 고리의 중심 근처에서 서로 합쳐져 강한 장을 형성한다.

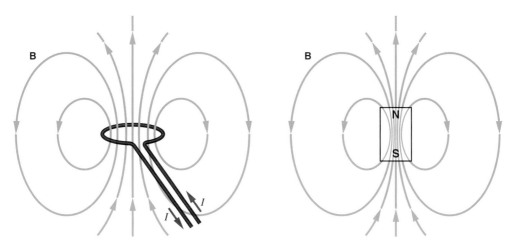

그림 14.15 고리전류에 의해 만들어지는 자기장은 짧은 막대자석(자기 쌍극자)에 의해 만들어지는 자기장과 동일하다.

한다. 그 결과 자기장은 그림 14.14와 같은 모양이 된다. 역선들은 고리의 중심 근처에서 매우 빽빽하며 이는 강한 자기장을 뜻한다. 자기장은 또한 도선 근처에서도 역시 강하다. 예상했던 것처럼 고리로부터 멀어질수록 자기장은 약해진다. 직선 도선에 대한 역선들의 경우에서와 마찬가지로, 고리전류에 대한 자기력선들도 서로 만날 때까지 휘어져 폐곡선을 형성한다.

그림 14.14에 표시된 자기장은 막대자석의 장(그림 14.15)과 유사함을 주목하라. 실제로 그림 14.15에서 보는 바와 같이 막대자석의 길이가 충분히 짧다면 자기장들의 모양은 동일하다. 고리전류의 자기장은 잘 알려진 쌍극자, 즉 막대자석의 장과 같기 때문에 고리전류도 역시 자기 쌍극자라고 결론 내릴 수 있을 것이다.

고리전류에 작용하는 자기 회전력이 있을까?

고리전류와 막대자석 사이에는 형성되는 자기장이 흡사하다는 것 이외에도 다른 유사성이 있다. 외부 자기장 내에 고리전류를 놓으면 회전력을 받는다. 이 현상은 막대자석이 처음에 자기장과 평행하게 놓여 있지 않으면 회전력을 받는 것과 마찬가지이다. 전류가 흐르는 한 개 혹은 여러 개의 고리가 나침반 바늘로 사용될 수도 있다. 그 이유는 일반적인 나침반 바늘과 마찬가지로 고리전류의 축(고리의 면에 수직한 축)도 외부 자기장을 따라 정렬되기 때문이다.

그림 14.16에서와 같은 직사각형 모양의 고리를 생각해보면 쉽게 고리전류에 작용하는 회전력에 대한 원인을 알아볼 수 있다. 직사각형 고리의 각 부분은 직선 도선이고 각 도선의 단편에 작용하는 힘은 앞 절에서 서술한 바와 같이 식 $F = IlB$로 표현된다. 힘의 방향은 그림 14.13의 오른손 법칙으로 알 수 있다. 오른손을 유연하게 놀려 그림에서와 같은 힘의 방향을 직접 확인해보라.

그림 14.16에 있는 고리의 네 부분은 각각 자기력을 받는다. 고리의 마주보는 두 끝에 작용하

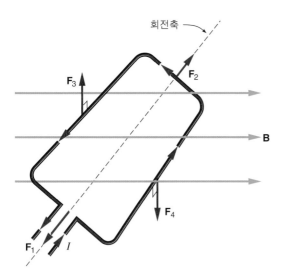

그림 14.16 전류가 흐르는 직사각형 고리의 각 토막에 작용하는 힘들이 서로 결합하여 고리의 평면이 외부 자기장에 수직하게 될 때까지 코일을 회전시키는 회전력이 발생된다.

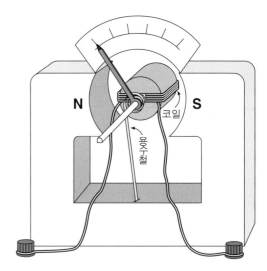

그림 14.17 전기계측기는 도선의 코일과 영구자석 그리고 전류가 코일에 흐르지 않을 때 바늘의 눈금이 0으로 되돌아가도록 해주는 복원 용수철로 이루어져 있다.

는 힘 F_1과 F_2는 작용선이 고리의 중심축을 통과하여 이 두 힘에 대한 팔의 길이가 0이므로 고리의 중심축에 대하여 회전력을 일으키지 않는다.

고리의 면이 외부 자기장에 수직이 아니라면 다른 두 부분에 작용하는 힘 F_3과 F_4는 그 힘의 작용선들이 고리의 중심축을 지나지 않는다. 따라서 이 두 힘들은 그림과 같이 고리의 중심축에 대하여 고리를 회전시키는 회전력을 유발시킨다. 이와 같은 회전력은 최종적으로 고리의 면이 자기장에 수직하게 될 때까지 작용한다. 고리의 부분들에 작용하는 자기력들은 고리에 흐르는 전류에 비례하므로 고리에 작용하는 회전력의 크기 역시 전류에 비례한다. 이러한 사실에 근거하여 전류가 흐르는 코일에 작용하는 회전력은 전류를 측정하는 데 유용하게 이용된다. 대부분의 간단한 전기계측기에는 중심에 바늘이 부착된 도선의 코일이 들어있다. 자기장은 영구자석에 의해 발생되며, 전류가 더 이상 흐르지 않으면 용수철에 의해 바늘의 눈금이 0으로 되돌아간다 (그림 14.17).

이러한 회전력은 또한 전기모터의 작동 원리의 기초가 된다. 그러나 코일의 지속적인 회전을 위해서는 코일에 흐르는 전류를 매 반회전마다 반대방향으로 바꾸어 주어야 한다. 그렇지 않으면 고리의 면이 외부 자기장에 수직인 상태에서 정지하게 될 것이다. 전기모터를 작동시키는 데는 교류전류가 적합하다. 그러나 직류전류로도 작동이 되는 전기모터를 만들 수도 있다(매일의 자연현상 14.1). 전기모터는 차의 시동모터에서부터 주방기기, 진공청소기, 세척기, 드라이어, 전기면도기 등 어디에서나 찾아볼 수 있다.

매일의 자연현상 14.1

직류전류 모터

상황. 어린 시절 건전지로 작동이 되는 간단한 직류 모터를 만들어본 적이 있는 사람도 있을 것이다. 비싸지 않은 소재를 이용하여 모터를 만드는 일은 중학교의 과학 시간에 흔히 이루어진다. 직류 모터는 어떻게 작동될까? 교류 전원을 사용하지 않는 데도 어떻게 회전자가 같은 방향으로 계속 회전할까? 모터의 속력은 어떻게 변화시킬 수 있을까?

분석. 직류 모터를 만드는 방법에는 여러 가지가 있지만 일반적으로 가장 간단한 방법은 오른쪽의 그림에 묘사되어 있는 형태를 취한다. 도선의 코일은 강철심이 장치된 회전자에 감겨져 있으며 이 회전자는 영구 말굽자석의 양극 사이에서 회전할 수 있도록 되어 있다. 이 코일은 회전자의 축 끝에 달려있는 분리된 고리의 각 면과 접해있는 미끄러운 접촉자들에 의해 건전지와 연결된다.

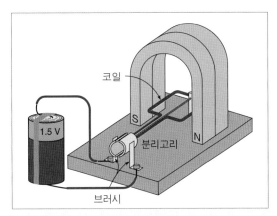

간단한 직류모터는 영구자석과 이 자석의 양극 사이에 설치되는 선이 감긴 회전자로 이루어진다.

회전자를 전자석이라고 생각하면 모터의 작동 원리를 쉽게 이해할 수 있다. 회전자의 남극은 말굽자석의 북극으로 끌리므로 회전자는 돌아가게 된다. 회전자가 돌아서 이 두 극이 가장 가깝게 접근하면 회전자에 흐르는 전류는 반대 방향으로 바뀐다. 건전지와 연결된 접촉자들은 코일에 부착된 분리된 고리의 두 반쪽 고리 사이의 떨어진 간격을 지나면서 이번에는 코일의 반대 끝 부분들이 건전지의 양단자와 음단자에 연결되기 때문이다.

이러한 전류의 역전으로 전자석의 극은 뒤바뀌게 된다. 즉, 남극이었던 곳이 북극으로, 북극이었던 곳이 남극으로 바뀐다. 회전자는 자신의 운동량으로 수직한 위치를 지나면서 이제 자신에게 새롭게 생긴 북극이 말굽자석의 남극쪽으로 끌린다. 이렇게 하여 회전자는 원래 자신이 회전하던 방향과 같은 방향으로 계속 회전하게 된다. 회전자에 작용하는 회전력은 두 자석들, 회전자의 전자석과 영구자석인 말굽자석들 간의 반대 극들 때문에 발생된다. 매번의 반회전 때마다 전자석의 극들은 분리된 고리 접촉자의 효과로 인해 뒤바뀌게 된다.

이러한 분리된 고리의 배치는 직류 모터의 중요한 특징이며 분리고리 전환자라고 부른다. 이 분리고리 전환자는 두 개의 반원 모양으로 휘어진 금속판으로 절연체 원통에 부착되어 각각 코일과 연결되어 있다. 반쪽 금속 고리들 원통의 양쪽에 접해 있는 고정된 금속 조각, 즉 브러시와 매끄럽게 접촉해 있다. 교류전류 모터에서는 전류가 매 반회전마다 방향이 바뀌므로 분리고리 전환자가 필요 없다.

지금까지는 회전자를 전자석이라고 생각해왔지만 회전자에 작용하는 회전력을 코일의 양쪽에 있는 전류 요소에 작용하는 자기력들의 결과라고도 생각할 수 있다(그림 14.16과

14.3절 참고). 코일에 흐르는 전류의 방향이 바뀌면 이러한 자기력들 또한 방향이 바뀐다. 그래서 회전력은 원래의 방향을 계속 유지하게 되는 것이다.

직류모터의 회전속도는 가해진 전압과 관계가 있으며 이 모터는 가변속력모터가 필요한 상황에서 편리하다. 얼핏 보기에 이러한 전압의 의존성은 그리 놀라운 것처럼 여겨지지 않는다. 그러나 이러한 현상은 실제로 옴의 법칙이 아닌 패러데이의 법칙(14.4절)으로 설명된다. 모터에 대한 설명을 14.5절에서 설명될 발전기와 비교하면 이들 두 장치의 유사성을 깨닫게 될 것이다. 실제로 외부로부터 역학적 에너지를 공급하여 회전자를 회전시키면 모터를 발전기로 사용할 수 있다.

모터는 발전기와 유사하기 때문에 패러데이의 법칙과 코일을 통과하는 변하는 자기선속으로 인해 회전자 코일에 역전압이 유도된다. 이 유도 전압의 크기는 발전기에서와 마찬가지로 코일의 회전속도가 증가함에 따라 증가한다. 회전자의 회전속도가 증가함에 따라 유도되는 더 큰 역전압을 극복하기 위해서는 전원으로부터 나오는 전압이 더 커져야 한다. 그러므로 보다 빠른 속력에 도달하기 위해서는 가해지는 전압이 증가되어야 한다. 교류전류모터는 일정한 속력으로 회전하지만 직류전류모터의 속력은 공급되는 전력의 전압을 변화시키면 연속적으로 변화시킬 수 있다.

전자석은 어떻게 만드나?

지금까지는 단일 고리전류와 모두 같은 방향으로 여러 번 감은 고리, 즉 코일에 대하여 알아보았다. 여러 개의 고리를 합하여 코일을 만들면 자기장은 단일 고리일 때보다 강해질까? 철심이나 강철심에 코일을 감으면 어떤 효과를 얻을 수 있을까?

여러 번 감은 코일에 의해 만들어지는 자기장이 같은 전류가 흐르는 단일 고리에 의한 자기장보다 더 커질 것이라는 사실은 쉽게 단정할 수 있다. 각 고리에 의해 생성되는 자기장들은 코일의 축 근처에서 방향이 모두 같으므로 합해진다. 이 자기장의 세기의 합은 코일의 감은 횟수 N에 비례한다(그림 14.18). 외부 자기장에 놓인 코일에 작용하는 회전력도 전류의 크기와 코일의 감은 횟수에 역시 비례한다.

도선의 코일이 자석으로서 효과적이라는 사실은 외르스테드의 발견 직후 프랑스의 과학자인 아라고(Dominique-Fran osis Arago; 1786~1853)에 의해 발견되었다. 아라고는 우선 철가루가 자석에서와 마찬가지로 전류

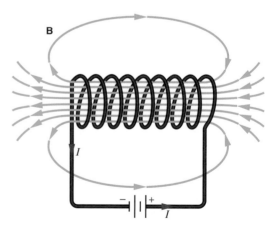

그림 14.18 전류가 흐르는 도선의 코일은 단일 고리일 때보다 더 큰 자기장을 발생시키며 그 세기는 코일의 감은 횟수에 비례한다.

가 흐르는 구리 도선에 의해 끌린다는 사실에 주목하였다. 앙페르의 제안에 이어 그는 도선을 나선이나 코일의 형태로 감으면 그 효과가 증가된다는 것을 발견하였다. 또 코일을 강철심에 감아주면 더 큰 자기장을 얻을 수 있다는 사실도 알게 되었다. 강철심에 코일을 감는 경우 철가루를 잡아당기는 세기는 대부분의 천연자석들을 능가했다.

아라고는 자신이 제작한 전자석(electromagnet)이 막대자석처럼 북극과 남극을 갖는다는 사실을 확인하였다. 실제로 막대 자석의 자기장은 같은 길이와 세기를 갖는 전자석에 의해 발생되는 자기장과 동일하다. 이러한 유사성을 바탕으로 앙페르는 자철광과 같은 천연의 자성물질에 대한 자성의 기원은 그 물질을 구성하고 있는 원자 내의 고리전류에 있다고 제안하였다. 어떠한 이유에서 이러한 원자적 고리전류들이 서로 정렬되고 그 위치들이 고정되면 바로 영구자석이 되는 것이다.

앙페르의 시대에는 원자의 구조에 대하여 아무것도 알려져 있지 않았다. 원자 구조가 이해된 것은 그로부터 거의 100년이 지난 20세기 초에 이르러서였다. 그럼에도 불구하고 앙페르의 이론은 놀랍게도 철이나 니켈, 코발트 그리고 이들의 합금과 같은 강자성 금속들에서 일어나는 현상들에 대한 현대적 관점에 접근해 있다. 현재 고리전류는 원자 내의 전자스핀과 관련이 있다고 알려져 있다. 이러한 스핀들이 왜 강자성체 내에서만 정렬이 되고 그 밖의 물질에서는 정렬되지 않는가 하는 사실이 밝혀진 것도 최근의 일이다.

1820년 외르스테드가 전류의 자기적 효과를 처음 발견한 이후 10년 동안 전자기학의 여러 가지 현상들이 철저히 연구되고 묘사되었다. 앙페르는 이에 대한 연구의 선구자일뿐만 아니라 전류가 흐르는 도선과 코일에 작용하는 자기력과 관련된 수학적 이론도 발전시켰다. 천연자석에 대한 자성과 원자적 고리전류의 관계에 대한 그의 연구로 전기학과 자기학이 서로 맺어지게 되었다. 자기적 효과는 모두 전류 — 즉, 전하의 운동 — 의 작용으로 간주될 수 있다.

전류가 흐르는 단일 고리에 의한 자기장은 짧은 막대자석, 즉 자기 쌍극자의 자기장과 동일하다. 막대자석과 마찬가지로 고리전류 또한 외부 자기장 내에 놓이면 회전력을 받는다. 이러한 회전력은 간단한 전기계측기나 전기모터에 대한 작동 원리의 기초가 된다. 그 효과는 코일과 같이 감은 횟수를 증가시키면 증강되고, 중심에 철심을 넣으면 더욱 증강된다. 철심 주위에 감은 코일에 전류가 흐르면 전자석이 된다. 천연자석은 그 자성물질을 이루고 있는 원자들 내의 전자들과 관련된 스핀들이 스스로 정렬된 고리전류로 구성되어 있다고 간주할 수 있다.

14.4 패러데이의 법칙 : 전자기 유도

외르스테드와 앙페르 그리고 여러 과학자들의 연구 결과로 자기력은 전류와 관계가 있다는 사실이 확고하게 인정되었다. 또 맥스웰에 의해 도입된 장의 개념을 이용하면 전류가 자기장을 발생시킨다고 말할 수 있었다. 그 반대 효과는 어떨까? 자기장이 전류를 발생시킬 수 있을까?

패러데이(Michael Faraday)는 영국의 화학자인 데이비(Humphry Davy)의 조교로 과학에 입문하였다. 데이비의 주된 관심사 — 이것은 패러데이의 초기 연구 분야이기도 하였다 — 전류의 화학적 작용, 즉 전기분해에 관한 것이었다. 그 후 패러데이는 자기적 효과로부터 전류를 발생시킬 수 있는 가능성을 연구하는 일련의 실험을 시작하였다.

패러데이의 실험은 무엇을 보여 주는가?

패러데이는 전류의 자기적 효과가 코일에 의해서 증폭된다는 사실을 알고 있었다. 그래서 같은 나무 원통에 연결되지 않은 두 개의 코일을 감아 실험을 시작하였다. 한 코일은 전지에 연결하였고 다른 코일은 검류계에 연결하였다. 검류계로 전류의 양과 방향이 측정된다. 패러데이는 전지에 연결된 코일에 전류가 흐르면 검류계에 연결된 다른 코일에도 전류가 흐르는지 알아보고 싶었다.

최초의 실험은 실패로 돌아갔다. 즉, 두 번째 코일에서는 전류가 전혀 감지되지 않았다. 이에 단념하지 않고 패러데이는 더욱더 긴 코일을 감아 실험을 계속하였다. 드디어 약 200피트의 구리선을 감았을 때 어떤 효과가 나타남을 알아차렸다. 첫 번째 코일에 전지를 연결시켰을 때 두 번째 코일에 정상 전류가 흐른 것은 아니었지만 검류계의 바늘에는 매우 순간적이지만 미약한 편향이 있었다. 전지와의 접촉을 끊었을 때 또 다시 순간적인 편향이 반대방향으로 나타났다.

패러데이가 기대한 효과는 이런 것이 아니었지만 검류계의 바늘이 움직인 것은 결코 의심의 여지가 없었다. 보다 많은 실험을 통하여 그는 나무 원통보다는 철심(그림 14.19)에 두 코일을 감을 때(아직도 순간적이지만) 더 큰 편향이 관찰된다는 것을 발견하였다. 패러데이는 두 코일을 고리 모양의 철심 양쪽에 감았다. 한쪽의 코일, 즉 **1차 코일**에는 전지를 연결하고 다른 코일, 즉 **2차 코일**에는 검류계를 연결하였다. 1차 코일의 회로를 전지에 접촉시키자 검류계의 바늘이 한쪽 방향으로 편향되었고, 전지를 떼어내자 이번에는 반대 방향으로 편향되었다.

그러나 1차 코일에 일정한 정상 전류가 흐를 때는 2차 코일에 전류가 전혀 감지되지 않았다. 회로가 연결되거나 끊겨 1차 코일의 전류가 변할 때만 2차 코일에 전류가 감지되었던 것이다. 이때 2차 코일에 흐르는 전류의 크기는 2차 코일에 감은 횟수와 1차 코일에 사용된 전지의 세기에 비례하였다. 패러데이는 자석이나 전류가 정상상태에 있을 때가 아니라 자기적 효과가 시간에 따라 변할 때 전류가 유도될 수 있다는 개념을 수식화하기 시

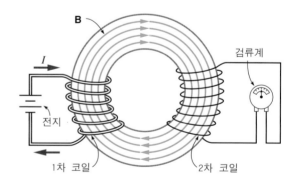

그림 14.19 1차 코일에 의해 생성된 자기장은 패러데이의 실험들 중의 하나에 사용된 철고리에 의해 2차 코일을 통과한다.

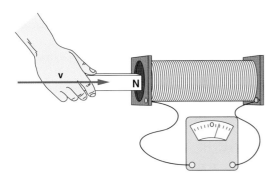

그림 14.20 나선형 코일에 자석을 넣었다 뺐다 하면 코일에 전류가 유도된다.

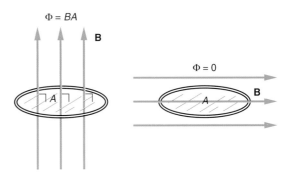

그림 14.21 고리 도선을 통과하는 자기선속은 역선이 고리면에 수직할 때 최대가 된다. 역선이 고리면과 평행해서 그 면을 통과하지 않으면 자기선속은 0이다.

작하였다.

패러데이는 다른 많은 실험에 이 개념을 도입하였다. 그중의 하나가 검류계를 연결한 속이 빈 나선형의 코일 안에 영구자석을 넣었다 뺐다 하는 실험이다(그림 14.20). 자석을 집어넣으면 검류계의 바늘이 한쪽 방향으로 편향되고, 빼면 다른쪽 방향으로 편향되었다. 자석이 움직이지 않으면 아무런 편향도 없었다. 이러한 효과는 대부분의 물리 실험실에서 간단히 검증될 수 있다.

패러데이의 법칙이란?

패러데이의 모든 실험 결과들은 2차 코일을 통과하는 자기장이 변할 때만 코일에 전류가 유도됨을 보여주고 있다. 이 2차 코일에 흐르는 전류는 코일의 저항에 따라 달라지므로 전류의 크기보다는 유도된 전압의 크기를 측정하는 것이 보다 효과적이다. 그러나 이 효과를 정량적으로 기술하기 위해서는 어떻게 해서든지 고리 모양의 도선을 통과하는 자기장의 양에 대한 정의가 필요하였다. **자기선속**이라는 개념이 도입된 것은 이러한 이유에서였다. 자기선속(magnetic flux)이란 고리 도선에 의해 둘러싸인 면적을 통과하는 자기력선의 수에 비례한다. 면이 자기장과 수직하게 놓인 고리 도선에 대한 자기선속은 자기장 B와 고리 도선으로 둘러싸인 면적 A의 곱(그림 14.21)으로 주어진다. 수식으로 써보면 자기선속의 정의는 다음과 같다.

$$\Phi = BA$$

그리스 문자 Φ(phi)는 선속에 사용되는 표준 기호이다.

이 정의에는 중요한 제한 조건이 있다. 최대 선속은 역선이 회로의 면에 수직한 방향으로 회로를 통과할 때 얻어진다. 역선이 이 면과 평행하면 회로를 통과하는 역선이 없기 때문에 선속은 없다(그림 14.21). 이러한 사실을 고려하여 선속을 계산할 때는 고리의 면에 수직한 B의 성분만을 고려해야 한다.

이제 실험 결과를 요약하면 **패러데이의 법칙**은 다음과 같이 정량적으로 기술된다. 즉,

> 회로를 통과하는 자기선속이 변화할 때 그 회로에는 전압(기전력)이 유도된다. 유
> 도전압은 자기선속의 변화율과 같다. 기호로 나타내면,
>
> $$\varepsilon = \frac{\Delta\Phi}{t}$$

선속의 변화율이란 선속의 변화량 $\Delta\Phi$를 이 변화를 일으키는 데 걸리는 시간 t로 나눈 값이다. 패러데이의 법칙에서 기술된 것처럼 전압이 유도되는 과정을 **전자기 유도**라 한다.

회로를 통과하는 자기선속이 빠르게 변하면 변할수록 유도전압은 더욱 더 커진다. 이것은 움직이는 자석과 관련된 실험에서 관찰할 수 있다. 자석을 재빠르게 코일에 넣었다 뺐다 하면 천천히 했을 때보다 검류계의 바늘이 더 크게 편향됨을 알 수 있다. 도선의 코일을 통과하는 자기선속은 코일의 각 고리를 통과하므로 코일을 통과하는 전체 선속은 코일이 감긴 횟수와 각 고리의 선속과의 곱, 즉 $\Phi = NBA$가 된다(이 표현은 암기하는 데 미국 프로농구를 생각하라).

도선의 코일은 자기장의 세기를 평가하는 데 사용될 수 있다. 코일을 통과하는 자기 선속은 자기장으로부터 코일을 제거시키거나 1/4 회전시켜 코일의 면이 자기장과 수평되게 함으로써 0으로 감소시킬 수 있다. 이러한 변화를 주는 데 걸리는 시간을 안다면 유도 전압을 측정해서 자기장의 세기를 구할 수 있다. 패러데이의 법칙이 적용되는 예제 14.2는 이러한 방법의 역과정으로서 알려진 자기장으로부터 유도전압을 구하는 예이다.

예제 14.2

예제 : 유도되는 전압의 크기는?

도선을 50번 감은 코일이 그 면을 수직하게 통과하는 0.4 T의 균일한 자기장 내에 놓여 있다. 코일의 면적은 0.03 m²이다. 0.25초만에 자기장을 제거시켜서 코일을 지나는 자기선속을 0으로 감소시켰다면 코일에 유도되는 유도 전압은 얼마인가?

$N = 50$번   코일을 관통하는 처음 선속 :
$B = 0.4$ T $\Phi = NBA$
$A = 0.03$ m² $= (50)(0.40\ \text{T})(0.03\ \text{m}^2)$
$t = 0.25$ s $= 0.60\ \text{T} \cdot \text{m}^2$

유도전압은 선속의 변화율과 같다 :

$$\varepsilon = \frac{\Delta\Phi}{t}$$

$$= \frac{(0.6\ \text{T} \cdot \text{m}^2 - 0)}{(0.25\ \text{s})}$$

$$= \textbf{2.4 V}$$

렌츠의 법칙

코일에 흐르는 유도전류의 방향은 어떻게 예측할 수 있을까? 여기에 대한 규칙은 렌츠(Heinrich Lenz; 1804~1865)에 의해 밝혀졌다. 즉,

> 변하는 자기선속에 의해 생성되는 유도전류의 방향은 원래의 자기선속의 변화를
> **방해**하는 방향으로 자기장을 발생시킨다.

자기선속이 시간에 따라 감소하면 유도전류에 의해 발생되는 자기장은 원래의 외부 자기장과 같은 방향이 되어 선속의 감소를 방해한다. 거꾸로 자기장이 시간에 따라 증가하면 유도전류에 의해 발생되는 자기장은 원래 외부 자기장과 반대 방향이 되어 선속의 증가를 방해한다.

그림 14.22에 렌츠의 법칙이 예시되어 있다. 자석을 코일 안으로 밀어 넣어 시간에 따라 선속을 증가시키면 코일에는 반시계방향의 유도전류가 흐른다. 이 유도전류에 의해 발생되는 자기장은 코일에 의해 둘러싸인 면적을 위쪽으로 통과하므로 자석의 운동과 관련된 아래 방향으로의 자기장의 증가를 방해하게 된다. 렌츠의 법칙은 또한 패러데이의 실험에서 1차 코일이 연결되거나 끊길 때 검류계의 바늘이 왜 반대방향으로 편향되는지도 설명해준다.

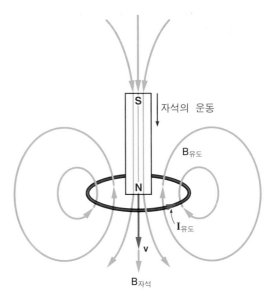

그림 14.22 고리 도선에 유도되는 유도전류는 위쪽 방향으로 향하는 자기장을 고리 내부에 발생시킨다. 이 자기장은 아래쪽으로 운동하고 있는 자석 때문에 고리 내부에 자기장이 증가되는 것을 방해한다.

자체 유도란?

1831년 패러데이는 최초로 자신이 발견한 전자기 유도에 관한 결과를 학계에 보고하였다. 1년 뒤 미국의 프린스턴 대학에서 연구를 하고 있던 헨리(Joseph Henry; 1797~1878)도 그와 관련된 효과를 발표하였다. 그 당시 헨리는 전자석을 이용하여 실험을 하고 있었는데, 전자석을 전지에 연결할 때 발생하는 불꽃이나 충격이 코일 형태를 하지 않은 도선을 전지의 양단자에 연결했을 때 발생되는 불꽃이나 충격보다도 훨씬 크다는 사실에 주목하였다. 가장 큰 불꽃은 회로가 끊길 때 발생했다.

헨리는 이러한 현상을 좀 더 자세히 연구하였다. 그는 도선이 짧을 때보다 길 때 더 큰 불꽃이, 그리고 코일을 나선형으로 감을 때 훨씬 더 큰 불꽃이 발생한다는 사실을 발견하였다. 도선을 강철못에 감아 전자석을 만들면 그 효과는 더욱 더 커졌다. 그는 충격이 팔 어느 부분에서 느껴지는지를 감지함으로써 그 세기를 결정하기로 했다. 충격이 단지 손가락에서만 느껴지면 그 세기는 강한 것이 아니다 — 팔꿈치에서 느껴지면 분명히 강한 것이다. 손가락을 전지의 양단자에 직접 접촉시킬 때보다 전자석의 도선을 건전지에 연결시킬 때 훨씬 강한 충격을 받는다.

헨리는 **자체 유도**를 발견한 것이었다. 도선 코일을 전지에 연결하거나 떼어낼 때면 코일을 통과하는 자기선속이 변하게 되는데, 이 변하는 자기선속이 같은 코일에 유도전압을 발생시킨다. 코일의 유도전류와 그와 관련된 자기장은 변하는 자기선속을 방해한다. 유도전압의 크기는 패러

매일의 자연현상 14.2

교차로의 자동차 감지기

상황. 신호등이 있는 교차로의 정지선 근처 도로 위에 오른쪽 사진에서 보는 것과 같은 원이나 사각형 모양으로 표시가 되어 있는 것을 본적이 있을 것이다. 이러한 표시가 아마도 교통신호 체계와 어떤 연관이 있을 것이라는 추측을 해보았는지?

이 표시는 자동차 감지기가 있음을 의미하는데 이는 어떻게 작동하는 것일까? 표시되어 있는 도로의 밑에는 어떤 장치가 있는가? 이러한 표시가 점점 더 많이 우리 눈에 띄고 있다.

도로 위의 원형자국은 자동차 감지센서가 있음을 의미한다. 이 센서는 어떻게 작동하는가?

분석. 표시되어 있는 도로 밑에 있는 장치는 바로 여러 번 감은 커다란 원형 도선으로 하나의 인덕터이다. 코일은 대개 도로공사가 완료된 이후에 설치되는데 먼저 도로용 톱날로 도로면에 원하는 모양의 홈을 판 다음 코일을 묻고 그 위에 고무를 덮는 방식으로 설치한다. 이 원형 도선은 또 다른 전기 회로의 일부분인데 회로의 나머지 부분은 대개는 이 감지기와는 좀 떨어진 안전한 곳에 설치된다. 유심히 보면 원형 모양의 표시는 역시 고무로 덮인 선으로 연결되어 도로의 어디론가 이어져 있음을 알 수 있다. 완전한 회로는 이 인덕터와 함께 아래 도표와 같이 교차로의 신호등을 통제하

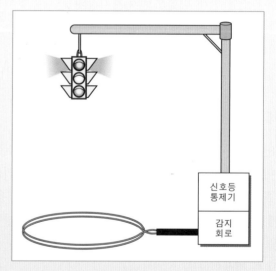

도로 위의 원형 도선은 교통량 감지센서의 일부분이다.

는 회로가 포함된다. 그러면 이 원형의 코일이 어떻게 그 위에 당신의 자동차가 있음을 감지하는 것일까? 이 코일에는 작은 전류가 자기장을 만들고 있는데 당신의 자동차가 원형의 코일 위에 놓이면 자동차의 금속성 차체로 인해 이 자기장이 더욱 커지는 것이다. 이는 마치 코일을 감은 솔레노이드에 철심을 넣으면 자기장이 더욱 강해지는 전자석의 원리와 동일하다. 바로 강철의 존재로 해서 자기장은 강해지며 따라서 이 코일의 인덕턴스도 커진다. 차체는 거의 강철로 만들어지므로 이러한 효과는 매우 크다.

코일은 전기회로의 일부분을 이루고 있으므로 코일의 인덕턴스의 변화는 전체 회로에 영향을 미친다. 코일의 인덕턴스의 변화를 하나의 신호로 감지하여 신호등을 통제하는 수

단으로 사용할 수 있는 회로는 물론 다양하게 구성할 수 있다. 예를 들면 인덕터를 진동 회로의 한 구성성분으로 만들어 그 변화를 직접 주파수의 변화로 변환시킬 수 있다. 이 경우 인덕턴스의 증가는 진동 주파수의 감소를 의미한다.

　물론 이러한 신호를 이용하여 어떻게 신호등의 주기 등을 통제할 것인가는 또 다른 이 야기이다. 말하자면 자동차가 정지선에 있는 것을 감지한 후 신호를 바꾸기까지 몇 초나 여유를 주어야 하는지 등이다. 정지선 뒤쪽으로 더 많은 수의 감지기를 장치한다면 얼마 나 많은 자동차들이 교차로에 진입하고 있는지 등의 정보를 얻을 수도 있다. 이러한 정보 들은 녹색 신호를 얼마나 길게 주어야 할지를 판단하는 데 유용하게 사용된다.

　이러한 인덕터 감지기는 최근 대도시에서 교통의 흐름을 모니터링하기 위해 널리 사용 되고 있다. 교차로의 사방에서 자동차가 몰려든다면 단순한 타이머에 의한 신호 통제가 효과적이다. 만일 교통의 흐름의 패턴이 하루를 주기로 변화한다면 이에 대한 정보를 수 집하고 거기에 적절한 통제 방식을 설계하는 것도 가능하다. 만일 교차로의 한쪽 방향에 서 교통량이 매우 적다면 차량 감지에 의한 지연된 신호 방식도 효율적이다. 어떤 경우이 든 차량 감지기를 활용한 신호 통제 방식은 교차로의 소통 효율을 높여주어 운전자의 스 트레스를 감소시켜주는 역할을 하게 될 것이다.

데이의 법칙으로 기술되는데 코일의 감은 횟수와 코일에 흐르는 전류의 변화율에 비례한다. 회 로가 끊길 때 유도되는 전압은 전지 자체의 전압보다 몇 배나 강할 수도 있다.

　자체 유도는 여러 부분에서 응용된다. 코일은 전류의 변화를 완충시키기 위해 회로에서 사용 된다. 전류가 증가할 때 유도되는 전압으로 인해 코일이 없을 때보다 변화가 천천히 일어난다. 이 유도된 **역전압**(back valtage)은 전류의 증가를 일으키는 전압과 반대방향이다. **인덕터** 혹은 코일은 효과적으로 계에 전기적 관성을 추가시켜 전류의 급속한 변화를 줄여준다. **인덕션 코일** 은 또한 자동차의 점화플러그를 작동시킬 때와 같은 큰 전압 신호 등을 발생시킬 때 이용된다.

패러데이는 코일을 통과하는 자기장이 변할 때 전류가 유도된다는 사실을 발견하였다. 패러데이 법칙에 의하면 코일의 유도전압은 코일을 통과하는 자기선속의 시간당 변화율과 같다. 자기선속은 자기장과 코일에 의해 둘러싸 인 면적과의 곱으로 정의된다. 렌츠의 법칙에 의하면 유도전류의 방향은 원래의 자기선속의 변화를 방해하는 자 기장을 발생시킨다. 헨리는 변하는 자기선속으로 인해 코일 자체에 전압이 유도된다는 자체 유도를 발견하였다.

14.5 발전기와 변압기

　일상생활에서 흔히 사용되고 있는 전력은 너무도 흔한 것이어서 그 에너지가 어디로부터 오 고, 어떻게 만들어지는지 생각해 보려고 하지는 않는다. 우리는 전기 에너지가 머리 위를 지나거나, 또는 지하에 매설된 전선을 통하여 공급되어 가전제품이나 가정과 사무실의 전등, 그리고 난방이나 냉방 등에도 이용된다는 것을 알고 있다. 또한, 전신주나 변전소에서 볼 수 있는 변압기도 알고 있을 것이다.

발전기나 변압기들은 모두 전력의 생산과 이용에 매우 중요한 역할을 하고 있으며, 이들 장치는 모두 전자기 유도에 대한 패러데이의 법칙에 그 바탕을 두고 있다. 이들 장치는 어떻게 작동되며, 전력 배전 체계에서는 이들 장치가 어떠한 역할을 하고 있을까?

발전기는 어떻게 작동되나?

발전기는 이미 11장에서 에너지 자원에 대하여 논할 때 언급했었다. 발전기의 기본적인 기능은 발전소에 있는 물이나 증기터빈으로부터 얻어지는 역학적 에너지를 전기 에너지로 바꾼다는 것이다. 어떻게 이것이 이루어지는 것일까? 발전기의 작동 원리를 기술하는 데 패러데이의 법칙이 어떤 관계가 있는 것일까?

간단한 발전기가 그림 14.23에 나타나있다. 손잡이를 돌릴 때 공급되는 역학적 에너지로 영구자석의 양극 사이에 놓인 코일이 회전한다. 코일의 면을 통과하는 자기선속은 그 면이 자석의 양극 사이를 지나는 자기력선들에 수직할 때 최대가 된다. 코일의 면이 자기력선들과 평행한 위치까지 돌아가면 자기선속은 0이 된다. 이 위치를 지나 계속 코일을 회전시키면 자기력선들은 (코일에 대하여) 처음 방향과 반대방향으로 코일을 통과한다.

그림 14.24의 위에 있는 그래프에 나타난 것처럼, 코일의 회전으로 인해 코일을 통과하는 자기선속은 한쪽 방향의 최대에서 0으로 그리고 반대 방향의 최대로 계속 변하게 된다. 패러데이의 법칙에 의하면 이러한 변하는 자기선속의 변화 때문에 코일에 전압이 유도된다. 유도된 전압

그림 14.23 간단한 발전기는 영구자석의 양극 사이를 회전할 때 전류를 발생시키는 코일로 이루어져 있다.

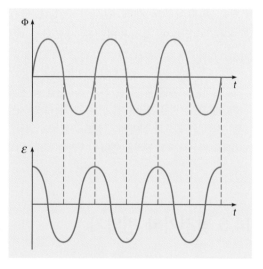

그림 14.24 시간에 대한 발전기의 자기선속 Φ와 유도 전압 ε에 대한 그래프

의 크기는 자기선속의 변화율과 최대 자기선속의 크기를 결정해 주는 자석 및 코일에 관련된 요소들에 의존한다. 코일의 회전이 빠르면 빠를수록 그만큼 더 빠르게 자기선속이 변하므로 유도전압의 최대값은 보다 커지게 된다.

그림 14.24는 시간에 대하여 연속적으로 변하는 자기선속과 유도전압을 보여주고 있다. 코일의 축이 일정한 속력으로 회전하면 그림에서처럼 선속은 매끄럽게 변화한다. 선속을 나타내는 그래프 아래쪽에 있는 유도전압에 대한 그래프는 같은 시간의 눈금에 대하여 그려진 것이다. 패러데이의 법칙에 의하면 유도전압은 자기선속의 변화율과 같다. 따라서 유도전압의 최대값은 선속 곡선의 기울기가 최대인 곳에서 일어나며 선속이 순간적으로 변하지 않는(즉, 기울기가 0인) 곳에서 0이 된다. 이 결과로 나타나는 유도 전압에 대한 곡선은 선속과 같은 모양을 하고는 있지만 선속의 곡선에 대하여 상대적으로 이동해 있다.

그림에서 알 수 있듯이, 발전기에 의해 정상적으로 생성된 전압은 **교류전압**이다. 그 때문에 전력 배전 체계에는 교류가 사용된다. 전력의 생산을 위해서는 발전기 코일의 회전속도를 특정한 값으로 유지시켜 주어야 한다. 한국에서 생산되는 교류전류의 표준 진동수는 60 Hz(60회전/초)이다.

발전소에서 사용되는 발전기는 여기에서 설명한 간단한 형태의 발전기와 흡사하다. 대개 한 개 이상의 코일로 이루어져 있으며 영구자석보다는 전자석이 이용되지만 작동 원리는 동일하다. 자동차에도 발전기가 있다. 여기서 생성된 전력은 축전기를 충전된 상태에 있도록 유지시켜 주기도 하며, 불이 들어오게도 하고 다른 전기장치에 전력을 공급하기도 한다.

변압기는 어떠한 일을 하는가?

전력 배전에 교류전류를 사용하면 얻어지는 또 다른 이점은 변압기로 전압을 변화시킬 수 있다는데 있다. 변압기는 전신주나 변전소, 모형 전기기관차와 같은 저전압용 어댑터 등에서 흔히 찾아볼 수 있다(그림 14.25). 변압기는 제각각 응용되는 곳에 필요한 만큼 전압을 올리거나 내리는 전압 조절 기능을 한다.

패러데이가 수행했던 초기의 몇 가지 실험들에는 현대식 변압기의 본보기들이 포함되어 있다. 철심의 양쪽에 1차 코일과 2차 코일을 감아 만든 장치(그림 14.19)가 간단한 변압기의 예이다. 패러데이의 법칙에 의해 1차 코일의 전류(그리고 그와 관련된 자기장)가 변하면 2차 코일에 전

그림 14.25 전신주나 변전소에서의 변압기는 흔한 광경이다. 작은 변압기들은 흔히 전기 장치의 구성 요소들로 쓰인다.

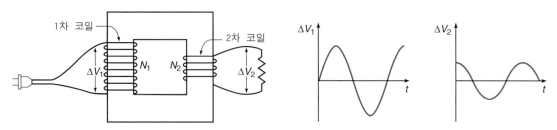

그림 14.26 변압기의 1차 코일에 가해지는 교류전압은 변하는 자기선속을 만들어내며, 이 자기 선속은 2차 코일에 전압을 유도시킨다.

압이 유도될 것이다. 교류전류원을 사용해 1차 코일에 전력을 공급하면 그러한 조건을 만들어진다(그림 14.26).

변압기가 변환할 수 있는 전압은 어떻게 결정되는가? 간단한 관계식이 패러데이의 법칙으로부터 유도된다. 2차 코일에 유도된 전압은 2차 코일의 감은 횟수에 비례한다. 이는 감은 횟수가 그 코일을 통과하는 총 자기선속을 결정하기 때문이다. 2차 코일에 유도되는 전압은 1차 코일의 전압에도 비례한다. 이는 1차 코일의 전압이 1차 코일에 흐르는 전류와 그로부터 만들어지는 자기장을 결정하기 때문이다. 그러나 유도 전압은 1차 코일의 감은 횟수에 반비례한다.

이 관계를 기호로 쓰면 다음과 같다.

$$\Delta V_2 = \Delta V_1 \left(\frac{N_2}{N_1} \right)$$

여기서 N_1과 N_2는 각각 1차 코일과 2차 코일의 감은 횟수이고 ΔV_1, ΔV_2은 전압이다. 이 관계식은 다음과 같은 비례식으로도 흔히 쓰인다.

$$\frac{\Delta V_2}{\Delta V_1} = \frac{N_2}{N_1}$$

두 코일에 감은 횟수의 비가 전압의 비를 결정해준다.

자체 유도는 2차 코일에 유도되는 전압이 1차 코일의 감은 횟수에 반비례하기 때문에 나타난다. 1차 코일을 더 많이 감을수록 자체 유도로 인해 발생되는 역전압 때문에 1차 코일에 흐르는 전류는 더욱 천천히 변화한다. 이로 인해 1차 코일에 흐르는 전류와 그로 인해 만들어지는 자기장의 크기가 작아지며, 따라서 2차 코일을 통과하는 자기선속이 작아진다.

12 V의 모형 전기기관차를 작동시키고 싶은데 벽의 전원에서 공급되는 전압은 120 V라고 하자. 이 경우에는 1차 코일이 2차 코일보다 10배나 더 감긴 변압기가 필요하며, 이때 나오는 2차 코일의 전압은 1차 코일 전압의 1/10. 즉 12 V가 나온다. 텔레비전의 브라운관에 전력을 공급하기 위해서는 120 V보다 더 높은 전압이 필요하다. 따라서 1차 코일보다 2차 코일의 감은 횟수가 더 많은 변압기가 사용된다(예제 14.3 참조).

출력전압이 입력전압보다 더 크다면 입력전력보다 더 큰 출력전력을 변압기로부터 얻는다는 것인가? 물론 그런 것은 아니다. 2차 코일에 전달되는 전력은 언제나 1차 코일에 의해 공급되는 전력보다 작거나 최대한 같은 정도이다. 전력이란 전압과 전류의 곱으로 표현되므로, 에너지의 보존의 원리를 변압기에 대하여 적용하면 다음과 같은 두 번째 관계식을 얻게 된다.

$$\Delta V_2 I_2 \leq \Delta V_1 I_1$$

고출력전압은 저출력전류를 의미한다. 출력전력은 입력전력을 초과할 수 없기 때문이다. 반면에, 2차 회로를 보다 낮은 전압으로 떨어뜨리면 2차 코일에 흐르는 전류는 1차 코일에 흐르는 전류보다 더 커질 수 있다.

예제 14.3

예제 : 변압기를 통한 승압

입력전원 교류 120 V에 연결되어 있는 변압기를 통하여 네온사인에 9600 V 전원을 공급하려고 한다.
a. 1차 코일에 대한 2차 코일의 감은 횟수의 비를 얼마로 해야 하는가?
b. 1차 코일의 감은 회수가 275회라면 2차 코일의 감은 횟수는 얼마로 해야 하는가?

a. $\Delta V_1 = 120$ V
$\Delta V_2 = 9600$ V
$\dfrac{N_2}{N_1} = ?$

$\dfrac{\Delta V_2}{\Delta V_1} = \dfrac{N_2}{N_1} = \dfrac{9600\ \text{V}}{120\ \text{V}} = 80$

1차 코일에 대한 2차 코일의 감은 횟수의 비는 **80**

b. $N_1 = 275$
$N_2 = ?$

$\dfrac{N_2}{N_1} = 80 \quad N_2 = 80 \times N_1$
$N_2 = 80 \times 275 = \mathbf{22{,}000}$

전압기와 전력 분배

전력을 장거리 전송시키는 데는 고전압이 바람직하다. 전압이 높을수록 주어진 양의 전력을 전송하는 데는 보다 적은 전류가 필요하다. 전류가 저항을 지날 때 발생되는 열손실은 대부분 전류에 직접 의존하기 때문에($P = I^2 R$), 보다 낮은 전류는 곧 전송선에서 발생되는 저항에 의한 열손실의 감소를 의미한다. 230 kV(230킬로볼트 또는 230,000볼트)라는 높은 전송전압은 이상한 일이 아니다.

그러한 고전압은 도시의 전력분배를 위해서는, 즉 가정이나 건물에서 사용하기에는 안전하지도 편리하지도 않다. 전력 분배를 위해 변전소에서는 이 전압을 7200 V까지 떨어뜨린다. 그리고 다시 전신주에서는 220 V 내지 240 V까지 떨어뜨려 건물로 전송한다. 이 교류전압은 흔히 옥내회로에서 사용되는 220 V의 전기난로나 드라이어기 등에 사용된다.

미국에서의 최초의 전기 분배 체계는 뉴욕의 일부 지역에 대한 전기 공급을 위해 1882년 에디슨(Thomas Edison)이 고안해 낸 110 V 직류 전류 체계였다. 전력의 전송을 위해서 직류가 더 유리한지 아니면 교류가 더 유리한지는 오랫동안 논란거리였으나 결국에는 교류 체계에 대한 지지자가 더 많았다. 이 방법이 채택된 중요한 이유는 고전압으로 전력을 전송할 수 있다는 점과 사용지점에서 변압기를 사용해 전압을 변환시킬 수 있다는 점이었다.

그러나 장거리 전송에 있어서는 전자기파의 복사로 인한 에너지 손실을 줄이기 위해 직류로 전력을 전송하는 것이 유리한 점이 있다. 전자기파 복사는 교류의 단점이다. 전송선은 전류가 진동할 때 전자기파를 복사하는 안테나와 같은 행동을 한다(15.5절 참조). 자동차를 타고 교류 전송선을 지날 때 라디오에서 들리는 전파 방해는 이러한 복사에 그 원인이 있다.

변압기는 교류전류와 가장 잘 어울린다. 패러데이의 법칙에 의하면 유도전압이 만들어지기 위해서는 자기선속이 변해야 한다. 변압기에 전지나 직류전원을 연결하여 2차 회로에 전압을 유도시키려면 계속해서 1차 코일을 연결, 단절시켜야 한다. 이러한 방법도 전압을 유도시키는 한 방법이기는 하지만 그 장치가 복잡해지고 비용이 많이 들며, 교류전류를 사용할 때보다 비효율적이다.

발전기는 자기장을 통과하는 코일을 회전시켜 그로 인해 변하는 자기선속에 의해 전압을 유도시킴으로써 역학적 에너지를 전기 에너지로 전환시킨다. 변압기는 1차 코일의 교류전류에 의해서 생성되는 변하는 자기장을 2차 코일로 지나가게 함으로써 전압을 올리거나 내리거나 한다. 패러데이의 법칙에 의하면 이 변하는 자기장은 2차 코일에 전압을 유도한다. 발전기나 변압기의 작동은 패러데이의 법칙을 근거로 하며 이들 모두는 전력 분배 체계에서 중요한 역할을 한다.

질 문

Q1. 오른손에 쥐고 있는 막대자석의 북극을 책상 위에 놓여 있는 다른 자석의 북극에 가까이 가져갔다. 책상 위에 있는 자석은 어떻게 움직일까? 설명하라.

Q2. 두 개의 긴 막대자석의 남극 사이의 거리가 원래 거리의 절반으로 된다면 이 극들 사이의 힘은 두 배가 될까? 설명하라.

Q3. 두 자극 사이의 힘은 두 전하 사이의 힘과 어떠한 점에서 유사한가? 설명하라.

Q4. 하나의 막대자석이 하나의 극만을 갖는다는 것이 가능할까? 설명하라.

Q5. 나침반은 주위에 다른 자석이나 전류가 없다면 언제나 똑바로 북극을 가리킬까? 설명하라.

Q6. 지구를 자석으로 간주한다면 지구의 북극은 지리적 북극과 일치할까? 설명하라.

Q7. 남북 방향으로 놓여 있는 수평도선 위에 나침반이 놓여 있다. 도선에 전류가 흐르면 나침반은 편향될까? 편향된다면 그 방향은? 설명하라.

Q8. 동서 방향으로 놓여 있는 수평도선 위에 나침반이 놓여 있다. 도선에 전류가 흐르면 나침반은 편향될까? 편향된다면 그 방향은? 설명하라.

Q9. 전류가 흐르는 어떤 도선이 전류가 흐르는 다른 도선에 미치는 힘은 정전기적인 효과일까, 자기적인 효과일까? 설명하라.

Q10. 북쪽을 향하고 있는 수평하고 균일한 자기장 내에서 양전하가 서쪽으로 운동하고 있다. 이 전하에는 자기력이 작용할까? 작용한다면 그 방향은? 설명하라.

Q11. 균일한 자기장 내에서 양으로 대전된 입자가 순간적으로 정지하였다. 이 입자에는 자기력이 작용할까? 설명하라.

Q12. 동쪽을 향하고 있는 수평하고 균일한 자기장 내에서 음전하가 동쪽으로 운동하고 있다. 이 전하에는 자기력이 작용할까? 작용한다면 그 방향은? 설명하라.

Q13. 전류가 흐르는 도선 부분에 작용하는 자기력은 왜 그 전류와 같은 방향으로 운동하는 양전하에 작용하는 자기력과 같은 거동을 할까? 설명하라.

Q14. 그 면이 수평하며, 전류는 시계방향으로 흐르는 원형의 도선 고리를 위에서 내려다본다면 원형 고리의 중심에서 자기장 방향은? 설명하라.

Q15. Q14의 전류 고리를 자석이나 자기 쌍극자로 대신한다면 북극이 가리키는 방향은? 설명하라.

Q16. 전류가 흐르는 직사각형 도선 고리가 그림과 같은 전류와 장의 방향을 갖는 외부 자기장 내에 놓여 있다. 고리에 작용하는 자기 회전력의 결과로 고리의 회전방향은? 설명하라.

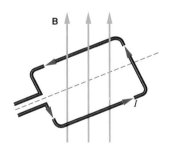

Q17. Q16과 같은 직사각형의 도선 고리의 면이 자기력선에 수직하게 놓여 있다면 고리에는 알짜 회전력이 작용하겠는가? 설명하라.

Q18. 도선 코일과 막대자석의 자기장은 동등하다. 그렇다면 철이나 코발트와 같은 천연자석 내에는 고리전류가 존재할까? 설명하라.

Q19. 전류를 측정하기 위해 고안된 전류계와 전기모터는 어떤 면에서 유사한가? 설명하라.

Q20. 패러데이가 고리 모양 철심의 2차 코일에 충분히 도선을 감고 큰 정상전류를 1차 코일에 흘렸다면 2차 코일에 전류가 유도되는 것을 관측했을까? 설명하라.

Q21. 자기선속은 자기장과 같은가? 설명하라.

Q22. 수평으로 놓인 도선 고리에 자기장이 고리면을 위쪽으로 통과하고 있다. 이 자기장이 시간에 따라 증가할 때 렌츠의 법칙을 이용하면 유도전류의 방향은 시계방향일까 반시계방향일까? 설명하라.

Q23. 코일 A와 이보다 두 배나 더 감긴 코일 B가 있다고 하자. 두 코일을 지나는 자기장이 시간에 따라 같은 비율로 증가한다면 어느쪽 코일에 더 큰 유도전압이 생기겠는가? 설명하라.

Q24. 코일을 지나는 자기선속이 아래의 그래프와 같이 시간에 따라 변한다고 하자. 같은 시간의 척도를 이용해서 유도전압의 시간에 따른 변화를 그래프로 그려라. 유도전압이 가장 큰 곳은 어느 지점인가? 설명하라.

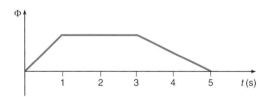

Q25. 발전기 내의 자석에 의해 일정한 자기장이 만들어진다면 발전기를 통과하는 자기선속은 발전기가 회전할 때 변하는가? 설명하라.

Q26. 간단한 발전기는 정상 직류전류를 만들어낼까? 설명하라.

Q27. 간단한 발전기와 전기모터는 서로 매우 유사한 구조를 갖고 있다. 이들은 같은 기능을 할까? 설명하라.

Q28. 그림에서 보는 것처럼 변압기를 사용하여 건전지의 전압을 상승시킬 수 있을까? 설명하라.

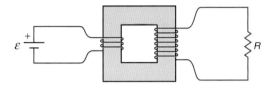

Q29. 변압기를 이용하여 교류전류 전원의 전압을 상승시킴으로써 전원으로부터 나오는 전기 에너지의 양을 증가시킬 수 있을까? 설명하라.

Q30. 교류모터를 작동시키는 데에도 분리고리 전환기(split-ring commutator)가 필요한가? 설명하라.

연 습 문 제

E1. 남극끼리 마주보며 책상에 놓여 있는 두 개의 긴 막대자석이 서로에게 2 N의 힘을 가하고 있다. 이 두 극 사이의 거리가 두 배로 되면 힘은 얼마로 되겠는가?

E2. 10 A의 전류가 흐르는 두 개의 긴 평행 도선이 10 cm만큼 떨어져 있다. 한 도선이 다른 도선에 가하는 단위길이당 자기력을 구하라.

E3. E2에서 두 도선 사이의 거리를 3배로 늘리면 단위길이당 힘은 어떻게 되겠는가?

E4. 0.02 C의 전하를 띤 입자가 0.5 T의 균일한 자기장 내에서 수직으로 운동하고 있다. 전하의 속도는 600 m/s이다. 입자에 작용하는 자기력의 크기를 구하라.

E5. 0.6 T의 자기장 내에 0.5 A의 전류가 흐르고 있는 20 cm의 직선 도선토막이 놓여 있다. 이 도선토막에 작용하는 자기력의 크기를 구하라.

E6. 4 A의 전류가 흐르는 20 cm의 직선 도선토막에 1 N의 자기력이 작용하고 있다. 도선에 수직한 자기장 성분의 크기를 구하라.

E7. 단면적 0.04 m²의 50회 감긴 코일에 0.6 T의 자기장이 통과하고 있다. 코일을 지나는 총 자기선속을 구하라.

E8. 면적이 0.05 m²인 고리 도선을 어떤 각으로 자기장이 통과하고 있다. 그 면에 수직한 자기장의 성분이 0.4 T라면 이 코일을 통과하는 자기선속을 구하라.

E9. 도선의 코일을 통과하는 자기선속이 0.5 s만에 4 T · m²에서 0까지 변했다. 이 시간 동안 코일에 유도된 평균전압의 크기를 구하라.

E10. 단면적 0.02 m²의 50회 감긴 코일이 1.5 T의 자기장에 수직하게 놓여 있다. 이 코일을 0.2 s만에 자기장으로부터 빼내었다.
  a. 코일을 통과하는 초기 자기선속은?
  b. 코일에 유도되는 평균전압은?

E11. 1차 코일과 2차 코일의 감은 횟수가 각각 20, 60회인 변압기가 있다.
  a. 이 변압기는 승압용인가 강압용인가?
  b. 유효 전압이 110 V인 교류전압이 1차 코일에 가해지면 2차 코일에 유도되는 유효전압은 얼마인가?

E12. 모형 전기기관차에 전력을 공급하기 위하여 강압 변압기가 AC 120 V를 6 V로 전환시키고 있다. 1차 코일의 감은 횟수가 400회라면 2차 코일의 감은 횟수는 몇 회이어야 하는가?

고난도 연습문제

CP1. 그림과 같이 두 개의 긴 평행 도선에 각
각 5 A, 10 A의 전류가 흐르고 있다. 두
도선 사이의 거리는 2 cm이다.
 a. 한 도선이 다른 도선에 작용하는 단위
   길이당 힘의 크기를 구하라.
 b. 각 도선에 작용하는 힘의 방향을 구하
   라.
 c. 10 A의 전류가 흐르는 도선의 길이가
   30 cm라면 작용하는 총 힘은 얼마인가?
 d. 이 힘으로부터 10 A의 도선이 있는
   위치에서의 5 A의 도선에 의해 생성
   되는 자기장의 세기를 구하라($F = IlB$).
 e. 10 A의 위치에서의 5 A의 도선에 의
   해 생성되는 자기장의 방향을 구하라.

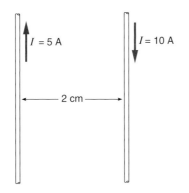

CP2. 질량이 25 g이고 +0.05 C의 전하를 띠
고 있는 작은 금속구가 0.5 T의 자기장
내에 놓여 있다. 그 금속구는 그림과 같
이 200 m/s의 속도로 자기장 내를 수직
하게 움직이고 있다.
 a. 구에 작용하는 자기력의 크기를 구하
   라.
 b. 구가 그림과 같은 위치에 있다면 자기
   력의 방향은?
 c. 이 힘이 구의 속도의 크기를 변화시킬
   까? 설명하라.

 d. 뉴턴의 제2법칙으로부터 대전된 구의
   가속도의 크기를 구하라.
 e. 구심 가속도가 v^2/r이라면 자기력의
   영향으로 운동하게 될 입자의 원궤도
   의 반지름을 구하라.

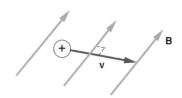

CP3. 감은 횟수가 50회인 3 cm×6 cm의 직사
각형 코일이 있다. 이 코일이 0.4 T의 거
의 균일한 자기장을 발생시키는 말굽자
석의 양극 사이에서 회전하고 있다. 따라
서 이 코일의 면은 자기장에 수직할 때
도 있고 평행할 때도 있다.
 a. 직사각형 코일의 면적을 구하라.
 b. 코일이 회전할 때 코일을 통과하는 총
   자기 선속의 최대값을 구하라.
 c. 코일이 회전할 때 코일을 통과하는 총
   자기 선속의 최소값을 구하라.
 d. 코일이 매 초 1회전의 일정하게 회전
   한다면 최대의 선속에서 최소의 선속
   으로 변하는 데 몇 초 걸리겠는가?
 e. 최대의 선속에서 최소의 선속으로 될
   때 코일에서 유도되는 전압의 평균값
   은 얼마인가?

CP4. 110 V의 전압을 22 V로 낮추는 변압기가
있다. 이 변압기의 1차 코일의 감은 횟수
는 300회이다.
 a. 2차 코일의 감은 횟수는?
 b. 1차 코일에 흐르는 전류가 15 A라면
   2차 코일에는 최대 몇 A의 전류가 흐
   르겠는가?

단원 4
파동 운동과 광학

아이작 뉴턴(Issac Newton)은 역학 분야에서의 선구적 업적으로 잘 알려져 있기도 하지만 광학 분야에서도 매우 중요한 논문들을 남겼다. 이들 논문에서 뉴턴은 빛이 보이지 않는 입자의 흐름으로 이루어졌다는 가설을 중심으로 빛에 관한 여러 가지 특성들을 설명하였다. 반사, 굴절, 그리고 빛이 프리즘에 의해 여러 가지 색깔로 분산되는 것 등은 모두 위의 모델에 의해 설명될 수 있었다.

그러나 뉴턴과 같은 시대의 사람으로 네덜란드의 과학자 크리스찬 호이겐스(Christian Huygens; 1629~1695)는 뉴턴과는 반대의 견해를 가지고 있었다. 그는 빛은 파동이라고 가정하였고 이 이론을 이용하여 뉴턴이 다루었던 같은 현상들을 매우 성공적으로 설명할 수가 있었다. 이후 백년 동안 이 두 가지 견해는 서로 상충되면서 경쟁적으로 받아들여졌으나 뉴턴이라는 명성으로 인하여 빛의 입자설이 더욱 정설로 인정받는 상황이었다.

1800년대에 영국의 물리학자 토마스 영(Thomas Young; 1773~1829)은 빛의 간섭효과를 보여주는 유명한 이중 슬릿 실험의 결과를 발표하였다. 간섭효과란 일종의 파동현상으로 영의 실험 결과로 인해서 빛의 파동설이 우위를 점하게 되었다. 이후 50년 동안 물리학자들과 수학자들은 파동현상에 대하여 자세한 수학적인 설명을 전개하였고 빛의 간섭에 관한 많은 새로운 면을 성공적으로 설명할 수 있었다. 1865년 제임스 클러크 맥스웰(James Clerk Maxwell)은 빛과 같이 빠른 속도를 갖는 전자기파의 존재를 예측하였고 결국 빛도 파동의 성질을 갖는 일종의 전자기파임을 밝힘으로써 빛의 파동설을 더욱 강화시켜 주었다.

현재 자연에 존재하는 여러 다양한 현상들이 파동 운동으로 설명되고 있다. 음파, 광파, 용수철과 줄에서의 파동, 물결, 지진파, 그리고 중력파 등이 바로 활발하게 연구되고 있는 분야들이다. 20세기 들어서 발달된 양자역학은 심지어 전자와 같은 입자에까지 파동의 개념을 적용한다. 다음 두 개의 장에서 배울 반사, 굴절, 간섭은 모두 파동 운동의 특성이다.

역설적이지만 20세기의 새로운 연구 결과에 의하면 빛은 때때로 입자와 같은 행동을 보여주고 있다. 현재 우리는 빛이 파동의 성질을 갖는 입자인 광자(photon)의 흐름이라고 이해한다. 비록 광자의 개념이 뉴턴이 생각한 입자 모델과 정확히 일치하지는 않지만 최근의 연구 결과는 뉴턴이 부분적으로 옳았음을 보여준다. 빛(또는 어떤 파동 운동)은 파동성과 입자성을 모두 가지고 있다. 또 그 역으로 모든 입자들도 파동의 성질을 갖고 있다. 파동은 어디에나 있으며 물리학에서의 중요한 연구과제가 되고 있다.

파동 만들기

학습목표   이 장의 학습목표는 파동과 그의 특성에 관한 기본적인 성질을 알아보는 것이다. 파동의 성질은 속력, 파장, 주기, 주파수 그리고 반사, 간섭, 에너지 전달까지도 포함한다. 줄 위에서의 파동, 음파와 전자기파를 포함하여 몇 가지 종류의 파동 운동에 대하여 보다 자세하게 알아볼 것이다.

만일 당신이 큰 호수나 바닷가에 가보았다면 아마도 물결이 밀려들어오는 것을 바라보면서 기뻐한 경험이 있을 것이다. 절벽이나 조금 높은 장소는 이러한 즐거움을 위한 좋은 위치이다. 그런 높은 곳에서는 한 개의 파도, 물마루가 들어와서 마침내 해변에서 부서지는 것을 자세히 볼 수 있다 (그림 15.1). 이러한 파도들의 규칙성 때문에 파도를 보면 마음이 안정되며 심지어 최면 상태에까지 갈 수도 있다.

그림 15.1 파도가 들어와서 해변에서 부서진다. 왜 거기에 물이 쌓이질 않나?

파도를 지켜보고 있노라면 아마도 그것의 움직임에 대해 호기심이 생길 것이다. 물이 계속해서 해변쪽으로 밀려오는 것처럼 보이기는 하지만 실제로 물이 해변에 모이지는 않는다. 과연 어떤 일이 일어나고 있는가? 실제로 움직이는 것은 무엇인가? 외견상 물의 움직임이 우리를 속이고 있는 것인가?

당신이 파도 바로 앞에 서 있고 파도가 당신 위로 부서지게 둔다면 당신은 파도가 운반하는 에너지를 확실하게 느끼게 될 것이다. 파도가 당신을 쓰러뜨리거나 휩쓸고 지나갈지도 모르기 때문이다. 파도타기를 즐기는 사람들은 바로 파도의 물마루를 탐으로써 상당한 속도를 얻을 수 있다. 따라서 그 운동 에너지는 파도로부터 나오는 것이 분명하다.

해변가에서 볼 수 있는 파도는 사실 복잡한 파동현상이다. 그러나 물에 의한 파동은 파동 운동의 일반적인 성질을 보여주는 좋은 예 중의 하나이다. 빛, 소리, 라디오파와 기타줄 위의 파동은 해변에서 관찰되는 파동과 많은 공통점을 가진다. 나아가 파동은 원자물리, 핵물리를 포함한 물리학의 각 분야와 관련을 가지고 있다. 따라서 많은 자연현상들이 파동에 의하여 설명될 수 있다.

15.1 펄스파와 주기적인 파동

수면에서의 파동은 파동이 갖는 일반적인 특성을 갖고 있으나 그 상세한 움직임은 아주 복잡하며 특히 바닷가에서 볼 수 있는 파도는 더욱 그렇다. 아마도 이러한 복잡함이 파도를 더욱 아름답고 감탄의 대상이 되게 하는지도 모르겠다. 파동의 성질에 대한 논의를 시작할 때 먼저 간단한 예가 필요하다. 신기하게 계단을 내려가는 장난감 용수철 슬링키(slinky)는 파동을 공부하는 데 아주 이상적인 도구이다.

원래 슬링키는 금속으로 만들어졌으나 요즈음에는 플라스틱으로 만들기도 한다. 이는 대부분의 물리학 실험실의 표준 실험기구 중 하나이지만 개인적으로도 어린시절 쓰던 것을 하나 갖고 있거나 잘 아는 어린아이로부터 빌릴 수도 있을 것이다. 나만의 슬링키를 하나 정도 갖고 있는 것은 파동현상에 대한 느낌을 발달시키는 데 도움이 된다. 그러면 슬링키를 가지고 어떤 파동을 일으킬 수 있는가?

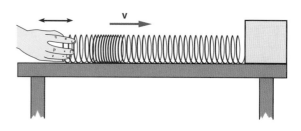

그림 15.2 슬링키의 한쪽을 고정시키고, 다른쪽을 간단히 앞뒤로 움직이면 진행하는 펄스가 생긴다.

어떻게 펄스파는 슬링키를 따라 진행되는가?

만일 슬링키의 한쪽 끝을 움직이지 않게 고정시켜 매끈한 테이블 위에 놓으면 쉽게 슬링키를 따라 진행하는 한 개의 펄스를 만들 수 있다. 슬링키를 가볍게 펴서 자유로운 한쪽 끝을 슬링키의 축을 따라 앞뒤로 한 번 움직인다. 그러면 그 흔들림이 슬링키의 자유로운 끝으로부터 고정된 끝까지 움직여 가는 것을 보게 될 것이다(그림 15.2).

이런 방법으로 만들어진 **펄스**의 운동은 관측하기가 쉽다. 펄스는 슬링키를 따라 진행하다가 고정된 끝에서 반사되어 다시 출발점쪽으로 돌아온 후 사라진다.

그러면 실제로 움직이는 것은 무엇인가? 펄스는 슬링키를 따라 움직이고 슬링키의 일부분은 펄스가 슬링키를 지나감에 따라 진동한다. 펄스가 지나간 후에 슬링키는 펄스가 시작되기 전이었던 바로 그 자리에 그대로 있게 된다. 슬링키 자체는 다른 곳으로 움직이지 않은 것이다.

슬링키에 무슨 일이 일어나고 있는지 자세히 살펴보면 펄스의 기본 성질을 명백히 알 수 있다. 슬링키의 한쪽 끝을 앞뒤로 움직이면 지엽적으로 압축(이 부분에서는 스프링의 링들이 슬링키의 나머지 부분들보다 서로 가깝다)이 된다. 이 압축된 부분은 슬링키를 따라 움직이고 그림에서 보는 바와 같이 펄스를 이룬다. 용수철 개개의 고리들은 압축된 부분이 통과함에 따라 앞뒤로 움직인다.

파동의 일반적인 성질

슬링키에서의 진동은 파동의 일반적인 모습이다. 파동은 매질을 따라 움직인다. 그러나 매질 그 자체가 다른 곳으로 이동하는 것은 아니다. 파도가 해안쪽으로 밀려오는 것 같으나 실제로는 물이 이동하지 않는 것과 같다. 움직임은 매질 내부에서의 지엽적인 압축, 옆 방향으로의 이동 또는 매질의 지엽적인 상태의 변화 등에 의한 흔들림이다. 흔들림이 전파되는 속도는 매질의 성질에 의해 결정된다. 슬링키에서 파동의 속도는 매질에 걸리는 압력에 의해 좌우된다.

슬링키를 잡아 늘리는 힘을 다르게 하였을 때의 펄스속도의 변화를 주목하면 쉽게 확인할 수 있다. 슬링키를 느슨하게 늘렸을 때보다 팽팽하게 펼쳤을 때 펄스속도는 더 빠르게 진행한다. 슬링키에서 펄스속도를 결정하는 다른 요소는 용수철의 단위길이당 질량이다. 같은 장력일 때 펄스는 플라스틱 슬링키보다 철 슬링키에서 더 느리게 진행한다. 왜냐하면 용수철의 단위길이당 질량은 플라스틱보다 철이 더욱 크기 때문이다.

매질을 따라 에너지가 전달되는 것은 파동의 또 다른 특징이다. 슬링키의 움직이는 한쪽 끝에 가해진 일은 개개 고리의 운동 에너지와 용수철의 위치 에너지 모두를 증가시키는 데 사용된다. 이 에너지는 슬링키를 따라 이동하여 반대쪽 끝에 도달한다. 그래서 에너지는 벨을 울리거나 다른 형태의 일을 할 때 사용될 수 있다. 물의 파동에 의해 운반되는 에너지는 해안선을 침식하고 그 형태를 변형시킬 만큼 오랜 시간에 걸쳐 상당한 일을 한다. 매일의 자연현상 15.1을 참조하자. 에너지의 전달은 파동에서의 매우 중요한 요소이다.

매일의 자연현상 15.1

파도를 이용한 전기의 생산

상황. 폭풍이 몰아치는 날 바닷가에서 파도가 치는 것을 본 경험이 있다면 파도가 가지는 엄청난 위력을 실감하였을 것이다. 평소에도 파도는 바다로부터 끊임없이 몰려와 모래를 운반하기도 하고 바위를 부순다. 파도와 바람에 의해 해안선은 그 모습을 바꾼다.

이러한 파도의 에너지를 어떻게든 유용하게 이용하는 방법은 없을까? 만일 파도의 에너지를 이용하여 전기를 생산할 수 있는 방법이 있을까? 왜 해변을 따라 죽 건설된 발전소를 볼 수 없는 것일까?

분석. 바다의 파도는 실제로 물의 운동 에너지라는 형태로 에너지를 전달한다. 그러나 이 운동 에너지는 넓은 범위에 고루 퍼져 있어 고도로 응축된 형태의 에너지가 아니며, 또 그 전달되는 속도도 그리 빠르지가 않다. 이와 더불어 바닷물의 염도가 가지는 부식성이라는 요소가 더해져 경제성 있는 파도를 이용한 발전소의 건설을 어렵게 만든다. 그러나 최근 재생 가능한 에너지에 대한 요구가 높아지며 파도 에너지 발전을 위한 몇 가지 모델 설계가 제시되었다.

해변으로부터 멀리 떨어진 곳에서 바닷물은 단순히 위아래로 움직이며 이 움직임이 파동의 진행 방향을 따라 전달된다. 바다 위에 떠 있는 작은 배나 또는 부표의 움직임을 관찰하면 이를 쉽게 볼 수 있

© moodboard/Glow Images RF

다. 파력을 위한 발전 모델은 대개 해안에서 멀리 떨어진 이러한 물의 에너지를 이용하는 것이다.

그 중에서도 가장 유망한 모델은 바다의 바닥에 고정된 축과 부표로 이루어진 시스템이다. 오른쪽 그림에서와 같이 파도를 따라 위아래로 움직이는 부표에 의해 전기가 생산된다. 부표의 내부 중심에는 긴 자석이 있는데 이는 바다의 바닥에 고정된 축의 맨 위쪽 끝부분에 해당되므로 위아래로 움직이지 않는다. 바다 위에 떠 있는 부표 내부에는 긴 코일이 고정되어 있고 그 중심에 바로 자석이 위치한다. 이 부표의 코일은 파도가 한 번 지나갈 때마다 위아래로 진동하게 된다.

14장에서 배운 바와 같이 자

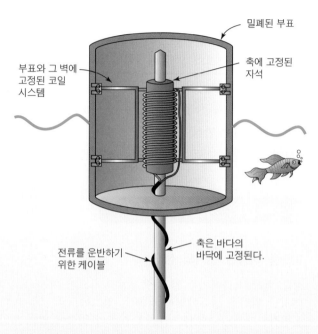

파력 발전기의 단순화된 모형. 부표 내부에 고정된 코일이 바다의 바닥에 고정된 자석 주위로 위아래로 움직인다.

석의 주위로 코일이 진동하면 패러데이의 유도법칙에 의해 기전력이 유도된다. 유도되는 기전력의 크기는 자기장의 크기와 코일의 감은 횟수에 비례하므로 자석의 자기장이 강할수록, 코일이 클수록 기전력은 커진다. 기전력의 방향은 부표가 위로 또는 아래로 움직임에 따라 바뀌게 된다.

일반적으로 교류 전기는 자기장 속에서 회전하는 코일에 의해 생산됨을 14.5절에서 배웠다. 대부분의 발전소에서 매우 빠르게 회전하는 터빈이 코일을 회전시켜 주며 미국에서 생산되는 교류의 주파수는 자연스럽게 60 Hz에 맞추어져 있다. 그러나 바다 위의 부표의 진동은 그 주파수가 아주 느리다. 이러한 이유로 파력 발전으로 생산된 전기는 대개 직류로 변환되어 해안으로 전송된다. 직류로 바꾸는 작업을 보통 정류라고 부르며 어렵지 않은 작업이다.

직류 전류는 축을 따라 감겨 있는 케이블을 따라 바다의 바닥으로 해서 해안까지 전송된다. 해안에는 먼 바다에 떠 있는 여러 개의 부표로부터 전송되는 전류를 받아들이는 변전 설비가 있으며 여기서 모인 전기는 다시 60 Hz의 교류로 변환되어 전체 전력망에 연결된다. 직류를 교류로 변환시키는 작업도 표준화된 장비에 의해 쉽게 이루어진다.

이렇게 선형 진동하는 부표 발전 모델이 현재 미국 오리건 주의 해안에서 시험 중에 있으며, 또 다른 여러 모델들이 전 세계의 또 다른 장소에서 시험되고 있음은 물론이다. 이러한 아이디어들이 실제로 경제성 있는 발전 설비로 현실화될지는 두고 보아야 알겠으나 그 가능성이 상당히 높은 것으로 평가된다.

파력발전 설비는 바다의 표면과 커다란 부표와 함께 바다 속에 육중한 장비와 케이블들을 설치해야만 한다. 마찬가지로 해변을 따라 서 있는 거대한 풍력발전기 역시 커다란 풍력 터빈과 바다 위로 높이 솟은 탑의 설치가 필수적이다. 이러한 설비들에 대하여 종종 지역주민들은 미관상뿐만 아니라 혹 주변의 어류나 바다 생태계에 영향 등을 이유로 반대하고는 한다. 이러한 우려는 얻게 되는 유익에 능가하는가?

횡파와 종파는 어떻게 다른가?

앞의 슬링키에서 묘사한 파동은 소위 종파라고 불린다. 종파에서는 매질의 진동 또는 변위의 방향이 파동의 진행 방향에 평행하다. 슬링키에서는 용수철의 고리가 슬링키의 축을 따라 앞뒤로 움직이고 펄스 또한 이 축을 따라 진행한다. 물론 슬링키를 이용하여 횡파를 만드는 것도 가능하다. 횡파에서는 매질의 진동이나 변위가 파동이 진행하는 방향에 수직이다(그림 15.3).

만일 슬링키의 끝을 잡은 손을 용수철의 축에 대해 상하 수직으로 움직이면 횡파의 펄스를 만들 수 있다. 굵은 슬링키보다는 길고 가는 용수철이 실제로 횡파를 만드는 데 더 효과적이다. 종파와

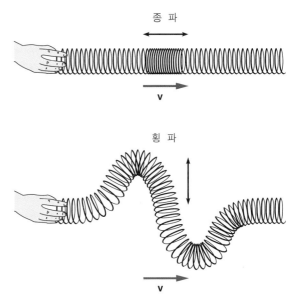

그림 15.3 종파의 진동은 파동의 진행방향에 평행하다. 횡파의 진동은 파동의 진행방향에 수직이다.

같이 횡파도 용수철을 따라 움직이고, 또 용수철을 통해 에너지를 전달한다. 다음 절에서 논의할 줄 위에서의 파동도 횡파이다. 편광효과는 종파가 아니라 횡파와 연관되어 있다. 음파(15.4절)는 종파이고 슬링키에서의 종파와 여러 면에서 비슷하다. 물의 파동은 횡파와 종파의 성질을 모두 갖고 있다.

주기적인 파동은 무엇인가?

여기까지 슬링키에 만들어지는 단 한 개의 펄스에 대해 논의했다. 만일 손을 단 한 번만 앞 뒤로 움직이는 대신 계속적으로 움직여 준다면 슬링키를 따라 일련의 종파를 만들 수 있다. 만일 펄스 사이의 시간간격이 일정하다면 슬링키에는 주기적인 파동이 만들어질 것이다(그림 15.4). 펄스 사이의 시간간격을 파동의 **주기**라고 부르며, 흔히 T라는 기호로 표시한다. **주파수**는 시간

당 펄스의 수, 또는 진동수이며 주기의
역수와 같다.

$$f = \frac{1}{T}$$

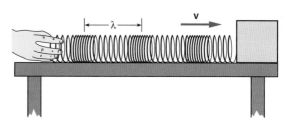

그림 15.4 연속적 펄스가 일정간격의 시간에 연속적으로
생김으로써 슬링키에 주기적 파동을 만든다. 파장 λ는 펄
스 중심 사이의 거리이다.

여기서 f는 주파수를 나타내는데 이는
단조화 운동에서도 같은 기호와 의미로
사용했었다. 주파수의 표준 단위는 Hz로
1 Hz는 1초에 한 번 진동하였음을 말한다.

만일 슬링키를 규칙적인 시간간격으로 위아래로 움직여 펄스를 만들면 이 펄스들은 일정한 거
리 간격을 가지게 된다. 계속 이어지는 펄스에서 같은 점 사이의 거리를 **파장**이라 한다. 이 거리
를 그림 15.4에 나타냈으며 흔히 파장의 기호로 사용되는 그리스 문자 λ(람다)로 나타냈다.

주기적 파동에서 펄스는 다음 펄스가 도착하기까지 한 주기 동안 한 파장의 거리를 진행한다.
따라서 파동의 속도는 이들 양에 의해서 표시될 수 있다. 속도는 파장(펄스 사이에서 진행된 거
리)에 주파수(단위시간에 지나간 펄스의 개수)를 곱한 값이 되며 다음 식으로 나타낸다.

$$v = f\lambda = \frac{\lambda}{T}$$

이 등식에서 주파수 f가 주기의 역수
인 $f = 1/T$과 같음을 적용하였다. 예제
15.1을 참고하자.

이 관계식은 모든 주기적 파동에 적용
되며 이들 변수 중 하나를 알면 관계식
으로부터 나머지 변수, 즉 주파수 또는
파장을 아는 데 유용하다. 파동의 속도는
매질의 성질에 달려있다. 경우에 따라 파
동의 속도는 다른 면에서 고찰하여야 할
때도 있다. 예를 들면, 자유 공간에서 전
자기파의 속도는 주파수 또는 파장과 관
계없이 일정한 값을 갖는다. 파동의 속
도, 파장, 주파수 사이의 관계는 계속 반
복해서 사용될 것이다.

예제 15.1

예제 : 슬링키의 파동
슬링키에 한 종파가 진행하고 있는데 그 주기는
0.25초이고 파장은 30 cm이다.
a. 이 파동의 주파수는 얼마인가?
b. 이 파동의 속력은 얼마인가?

a. $T = 0.25$ s $f = \dfrac{1}{T}$

$\qquad\qquad\qquad = \dfrac{1}{0.25 \text{ s}}$

$\qquad\qquad\qquad = \textbf{4 Hz}$

b. $\lambda = 30$ cm $v = f\lambda$

$\qquad\qquad\qquad = (4 \text{ Hz})(30 \text{ cm})$

$\qquad\qquad\qquad = \textbf{120 cm/s}$

펄스란 매질 자체는 이동하지 않으면서 매질을 통해 움직이는 흔들림이다. 만일 슬링키의 끝을 그 축을 따라 앞 뒤로 움직이면 스프링의 압축이 종파를 일으킨다. 만약 슬링키의 끝을 그 축에 대해 수직 방향으로 상하로 움직이면 횡파를 일으킨다. 주기적인 파동은 시간(주기)과 공간(파장)에서 규칙적인 간격으로 일정한 간격을 가진 여러 펄스로 구성된다. 주파수는 주기의 역수이다. 그리고 펄스의 속도는 주파수와 파장을 곱한 것과 같다.

15.2 로프에서의 파동

벽이나 기둥에 굵은 로프의 한쪽 끝을 묶은 것을 상상하라. 만일 당신이 로프의 자유로운 다른 한쪽 끝을 위아래로 흔든다면 당신은 로프의 고정된 끝쪽으로 진행하는 주기적인 횡파나 또는 하나의 횡파 펄스를 만들 수 있다. 이것은 슬링키나 스프링에 횡파를 일으키는 것과 같다. 로프를 잘 늘어나지 않는 스프링으로 생각하라.

어떻게 파동이 로프에서 진행하는 것처럼 보이는가? 이 경우에 흔들림이란 로프가 그 직선 위치로부터 수직방향으로 위치가 변화하는 것이다. 이와 같은 흔들림은 눈으로 보기가 쉽고 그래프로도 쉽게 나타낼 수 있어 파동현상을 연구하는 데 매우 유용하다.

파동의 그래프는 어떻게 생겼는가?

만일 로프의 끝을 위아래로 움직여 그림 15.5와 같은 펄스를 만들면 이 펄스의 오른쪽 끝은 움직임의 시작과 일치한다. 왼쪽 끝은 움직임의 끝이다. 슬링키의 펄스처럼 이 흔들림은 로프를 따라 진행한다. 그러나 이 경우에 로프는 로프의 수직변위 y와 수평축의 위치 x를 나타내는 수직축들을 가진 도표로 생각될 수 있다.

로프에서의 한순간의 펄스의 모양이 파

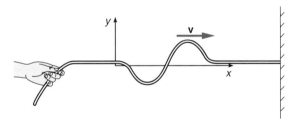

그림 15.5 한순간 횡파 펄스가 당겨진 로프를 따라 움직일 때, 로프의 모양은 수평 위치에 대해 로프의 수직변위를 나타낸 그래프로 생각할 수 있다.

동의 전부는 아니다. 그것은 한순간 로프의 변위를 보여주는 스냅(snap)사진과 같다. 펄스는 움직이는 중이다. 그래서 조금 후에는 펄스가 오른쪽으로 이동하게 될 것이다. 다른 시간에서의 펄스의 모양을 나타내기 위해서는 또 하나의 그래프가 필요할 것이다. 펄스는 마찰 효과 때문에 그 크기는 시간이 갈수록 감소한다. 그러나 기본적으로 모양은 펄스가 로프를 따라 움직이는 것과 같은 모양으로 유지된다.

만일 로프에 한 번의 위아래 운동을 가하는 대신에 이 운동을 규칙적으로 반복한다면 그림 15.6에서 보이는 것처럼 주기적인 파동이 생길 것이다. 이 파동의 파장 λ는 그림에서와 같이 계

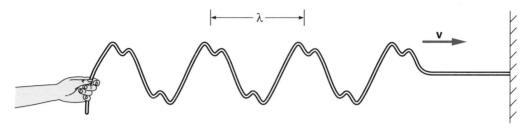

그림 15.6 어떤 주기적 파동이 당겨진 로프를 따라 움직인다. 펄스 사이의 거리가 파장 λ이다.

속 반복되는 한 완전한 파동의 길이이다. 이러한 연속적인 파동은 그 모양을 그대로 유지하면서 한 개의 펄스가 했던 것처럼 로프를 따라 오른쪽으로 움직인다. 파동의 앞쪽 끝이 로프의 고정된 끝에 도달할 때 파동은 반사되고 손이 있는 쪽으로 되돌아 움직이기 시작한다. 이때 반사된 파동은 계속 오른쪽으로 진행하는 파동을 방해하여 도표는 더 복잡해진다.

그림 15.6에서 파동모양은 파동을 일으키는 다른 진동자나 손의 정확한 운동에 달려 있다. 파동은 보이는 모양보다 더 복잡할 수 있다. 한 개의 부분적이고도 단순한 모양은 파동 운동을 분석하는 데 중요한 역할을 한다. 만일 손을 부드럽게 위아래로 단조화 운동을 시키면 로프 끝의 변위는 시간에 따라 사인 함수의 모양으로 변화할 것이다. 이와 같이 사인 모양을 갖는 주기적인 파동을 **조화파동**이라고 부른다(그림 15.7).

다른 파동들처럼 그림 15.7에서 보여주는 사인 모양의 파동은 그것이 고정된 끝에 반사될 때까지 로프쪽으로 진행한다. 만일, 로프의 끝을 조심스럽게 움직이면, 그림 15.7에서 보여주는 것과 같은 파동을 만들 수 있다. 로프나 스프링의 개개의 부분은 단조화 운동을 한다. 왜냐하면 중심선 쪽으로 되돌아가게 하는 로프를 당기는 복원력이 중심선으로부터 멀어진 거리에 비례하기 때문이다. 이는 6장에서 논의하였던 단조화 운동에 대한 조건이다.

조화파동은 또 다른 이유에서 파동 운동에 관한 논의에서 중요한 역할을 한다. 어떤 주기적인 파동도 다른 파장이나 주파수를 가진 조화파동의 합으로써 표현될 수 있음이 입증되었다. 조화파동은 더 복잡한 파동을 구성하는 기본적인 구성 요소로 생각할 수 있다는 것이다.

무엇이 로프에서 파동의 속도를 결정하는가?

슬링키에서의 파동처럼 로프에서의 파동은 펄스의 모양이나 주파수와 관계없이 일정한 속도로

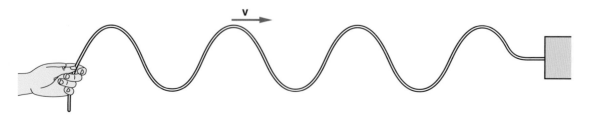

그림 15.7 조화파동은 로프의 끝이 위아래로 단조화 운동을 할 때 생긴다.

로프를 따라 움직인다. 무엇이 이 속도를 결정하는가? 이 질문에 대한 답을 위해 무엇이 로프를 따라 전달되는 흔들림을 일으키는 것인지에 관해서 생각할 필요가 있다. 왜 펄스는 움직이는가?

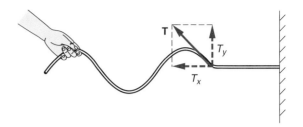

그림 15.8 펄스의 들린 부분이 로프의 주어진 점에 접근할 때 로프의 장력은 위로의 성분을 갖는다. 이것이 옆의 부분을 위로 가속되게 한다.

만일 로프를 따라 움직이는 단 하나의 펄스를 그린다면 이 펄스 앞에 놓인 로프의 일부분은 펄스가 거기에 도달하기 전에는 정지해 있다. 펄스가 다가옴에 따라 어떤 무엇이 이 부분을 가속시키는 것이 분명하다. 펄스가 움직이는 이유는 로프가 들어 올려질 때 로프의 장력(로프를 따라 작용하는 힘)이 위로 향하는 성분을 갖도록 하기 때문이다. 이 위로 향하는 성분은 그림 15.8에서 보인 것 같이 로프의 들린 부분의 오른쪽에 작용한다. 그 결과 위로 향하는 힘이 이 부분의 바로 옆을 위로 가속되게 하거나 아래로 가속되게 하는 원인이 된다.

펄스의 속도는 로프의 연속된 부분이 가속되는 비율에 비례하는데, 빠르게 움직이기 시작할수록 펄스가 로프를 따라 더 빨리 움직인다. 뉴턴의 제 2법칙에 따라 이 가속도는 힘의 크기에 비례하고 해당부분의 질량에 반비례한다($\mathbf{a} = \mathbf{F}/m$). 로프의 장력은 가속력을 제공하고 큰 장력은 큰 가속도를 갖게 한다. 가속도는 또한 해당부분의 질량에 관계되어 있다. 같은 장력이라면 질량이 클수록 가속도는 작아진다. 따라서 로프에서 펄스의 속도가 로프의 장력에 비례하고 로프의 단위길이당 질량에 반비례할 것으로 추정할 수 있다.

사실 속도의 제곱이 장력과 단위길이당 질량의 비에 직접적으로 관계되어 있다. 그래서 파동의 속도는 제곱근이 들어 있는 식으로 표현된다.

$$v = \sqrt{\frac{F}{\mu}}$$

여기서 F는 로프 장력의 크기이고(힘), μ는 그리스 글자로 뮤인데 이는 로프의 선밀도, 즉 단위길이당 질량을 나타낸다. 로프의 밀도는 총 질량을 로프의 길이로 나누어서 구할 수 있다.

$$\mu = m/L$$

만약 슬링키에서와 같이 로프를 세게 잡아당겨 장력을 증가시키면 파동의 속도가 증가할 것을 예상할 수 있다. 마찬가지로 단위길이당 질량이 큰 굵은 로프에서는 단위길이당 질량이 가벼운 로프에서보다 파동의 속도가 늘어진다. 이런 이유 때문에 가벼운 로프보다는 무거운 로프가 파동의 운동을 시각적으로 보여주는 데 더 효과적이다. 가벼운 줄 위에서 파동은 우리의 눈이 그것을 자세히 파악하기에는 너무 빠르게 움직일 수도 있다.

무엇이 파동의 파장과 주파수를 결정하는가?

파동의 속도와 파장($v = f\lambda$, 15.1절)의 관계를 나타내는 식은 로프에서 파동의 파장을 계산하는 데 유용하다. 우리가 본 바와 같이 속도는 장력과 단위길이당 질량에 의존하나 주파수나 파동에 대해서는 독립적이다. 주어진 주파수는 파장을 결정하고, 역으로 파장이 주어지면 주파수를 결정할 수 있다.

예제 15.2에서 주어진 수치들은 어느 정도 눈으로 추적할 수 있는 파동을 만들어내는 실제적인 값들이다. 가령 50 N의 장력은 무거운 로프가 너무 늘어지지 않으면서도, 상대적으로 느린 속도의 파동을 만들기에 충분한 힘이다. 파동의 주파수는 손의 움직임에 의해 결정된다. 이 주파수가 4 Hz이면 파장은 3.95 m이다. 이 값은 거의 4 m이므로 2.5 주기의 파동은 10 m의 로프에 꼭 맞는다. 낮은 주파수는 긴 파장을 만들고 높은 주파수는 짧은 파장을 만든다. 파동의 속도가 대략 16 m/s이므로 길이가 10 m인 로프를 펄스는 1 s 이내에 이동한다. 이 파를 관찰하기 위해서는 빠르게 보아야 한다. 왜냐하면, 1 s 이내에 파동은 로프의 고정점에 도달하여 반사되기 때문이다. 이 반사된 파는 아직도 원래 방향으로 진행하는 파와 간섭을 한다. 만약 좀더 편히 관찰하기 위해서는 긴 로프 또는 반사파를 억제할 수단이 필요할 것이다.

예제 15.2

예제 : 파동 만들기

로프의 길이가 10 m이고 총 질량이 2 kg이다. 로프가 50 N의 장력으로 당겨졌다. 로프의 한쪽 끝이 고정되고 다른 쪽은 4 Hz로 위아래로 움직인다.

a. 이 로프에서 파동의 속도는?
b. 4 Hz의 주파수에 대한 파장은?

a. $L = 10$ m $\quad \mu = \dfrac{m}{L} = \dfrac{2\ \text{kg}}{10\ \text{m}}$
$m = 2$ kg $\quad\quad = 0.2$ kg/m (단위길이당 질량)
$F = 50$ N

$v = ?$ $\quad v = \sqrt{\dfrac{F}{\mu}}$
$\quad\quad = \sqrt{\dfrac{50\ \text{N}}{0.2\ \text{kg/m}}}$
$\quad\quad = \sqrt{250\ \text{m}^2/\text{s}^2}$
$\quad\quad = \textbf{15.8 m/s}$

b. $f = 4$ Hz $\quad v = f\lambda$
$\lambda = ?$ $\quad \lambda = \dfrac{v}{f}$
$\quad\quad = \dfrac{15.8\ \text{m/s}}{4\ \text{Hz}}$
$\quad\quad = \textbf{3.95 m}$

로프에서의 파동은 어떻게 파가 물리적으로 발생되는지에 대한 감각을 얻을 수 있도록 도와준다. 강의 시간이나 실험실 시범에서는 로프 대신에 단위길이당 질량이 크고, 파의 속도를 느리게 하기 위해서 길지만 잘 구부러지지 않는 스프링이 자주 사용된다.

로프 위 파동의 순간적인 포착은 로프의 수직변위를 위치에 대해 그린 도표가 나타낸 것과 같다. 파동형태는 움직이기 때문에 이 도표는 시간상으로 한 순간적인 파를 보여준다. 파동의 속도는 장력이 증가함에 따라 증가하고 단위길이당 질량이 커짐에 따라 감소한다. 주파수는 손을 얼마나 빨리 움직이느냐에 달려 있다. 마지막으로 파장은 파동의 속도와 함께 주파수에 의해 결정된다.

15.3 간섭과 정상파

로프에서의 파동이 고정된 로프 끝에 도달했을 때, 그것은 반사되어 로프를 쥐고 있는 손을 향해 반대방향으로 진행한다. 만일 단 하나의 펄스라면 되돌아오는 펄스를 명확히 볼 수 있을 것이다. 그러나 파동이 긴 연속적인 파동이면 반사파는 진행파와 겹쳐져 파동의 형태는 더 복잡하게 보이게 된다. 수면파가 해변으로 접근할 때에도 마찬가지로 해변에서 반사된 파동이 원래 진행하던 파와 간섭을 일으켜 해변에서 멀리 떨어진 곳에서 보다 더 복잡한 형태의 파동을 만든다. 이와 같이 두 개 이상의 파동이 합쳐지는 것을 **간섭**이라 한다. 파동의 간섭이 일어나면 무슨 일이 일어나는가? 간섭의 결과로 나타나는 파동의 형태를 예상할 수 있는가?

로프 위의 두 파는 어떻게 합쳐지나?

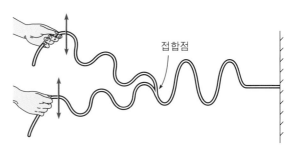

로프에서의 파동은 파동의 간섭현상을 설명함에 있어서도 효과적이다. 그림 15.9 와 같이 로프가 중간에서 두 갈래의 동일한 로프로 갈라지고 그 연결이 부드러운 로프가 있다고 하자. 만일 두 갈래의 한쪽 끝을 왼손으로, 다른 한쪽을 오른손으로 동시에 흔들어주면 각각의 로프에 동시에

그림 15.9 동일한 두 개의 로프를 따라 진행하는 동일한 파들은 합쳐져 큰 파동을 만든다.

파동을 만들 수 있고 그들은 그 접합점에 도달하여 합쳐질 것이다.

만일 양손을 위아래로 동시에, 그리고 같은 방법으로 움직이면, 각각의 로프 부분에 생긴 파동은 같아야만 한다. 그러면 이 두 파동이 접합점에 도달하였을 때 어떤 일이 벌어지는가? 각 파는 스스로 자신의 높이와 같은 흔들림을 만들기 때문에 두 파동이 결합된 결과는 주파수와 파장이 같고 높이는 처음 두 파동의 두 배가 될 것이다. 높이가 두 배인 파동은 계속해서 접합점의 오른쪽으로 진행한다.

두 개의 파동 또는 그 이상의 파동이 겹쳐질 경우 겹쳐진 파동의 변위는 각각의 파동의 변위를 단순하게 산술적으로 더하여주면 되며 이러한 원리를 **중첩의 원리**라 한다.

> 둘 또는 그 이상의 파가 결합할 때 그 결과로 생기는 흔들림 또는 변위는 각각의 흔들림을 더한 것과 같다.

이러한 원리는 대부분의 파동 운동에 유효하다. 어떤 경우에는 결합된 결과에 의한 흔들림이 너무 커서 파동이 진행하고 있는 매질이 그에 대해 충분히 반응하지 못하는 경우도 있을 수 있다. 이 경우 파동의 진폭은 단순한 합보다는 작을 수도 있다. 그러나 대부분의 경우 중첩의 원리는 유효하며 간섭현상을 분석하는 데 기본이 된다.

두 파동이 그림 15.9와 같이 같은 시간에 같은 방법으로 움직일 때 그것은 위상이 **같다**라고 말한다. 그것들이 접합점에 도달할 때 두 파동은 동일한 시간에 위로 올라가거나 아래로 내려간다. 그러나 서로 위상이 다른 두 개의 파동을 만들 수도 있다. 예를 들어, 만일 로프의 한쪽 끝은 위로 다른 하나는 아래

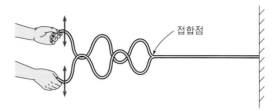

그림 15.10 두 파동이 정확히 위상이 반대여서 접합점 이후에는 중첩되어 흔들림이 전혀 없다.

로 동시에 움직이면 생성되는 두 파동은 완전히 서로 위상이 다르다(그림 15.10). 이와 같은 두 파동이 겹쳐지면 어떻게 되나? 만약 두 파동의 높이가 같다면 중첩의 원리에 의해 알짜 변위는 0이 된다. 두 파동이 접합점에서 더해지면 서로 상쇄되기 때문에 그 합은 항상 0이다. 따라서 접합점 이후로는 파동이 더 이상 진행되지 않는다.

두 개 이상의 파동을 중첩시킨 결과는 각각의 파동의 위상과 진폭에 따라 달라진다. 갈라진 로프의 경우는 두 파동의 위상이 완전히 같거나 또는 완전히 다른 극단적인 두 가지 경우를 예로 든 것이다. 첫 번째 경우와 같이 위상이 같아 두 파동이 완전히 더해지는 경우를 **보강간섭**, 위상이 달라 완전히 상쇄되는 경우를 **소멸간섭**이라고 부른다. 두 파동이 위상이 완전히 같지도 않고 완전히 다르지도 않는 중간 정도의 경우도 있을 수 있다. 이러한 경우 파동의 결과는 그 높이가 0과 최초 두 파동이 갖는 높이들의 합 사이에 있다.

정상파란 무엇인가?

각각 분리된 로프에서 같은 방향으로 진행하는 두 파를 중첩시키는 것은 어려운 일이지만 수면파, 음파 또는 광파에서는 같은 방향으로 진행하는 두 개 또는 그 이상의 파동이 중첩되는 경우가 자주 일어난다. 이렇게 두 개의 파동이 중첩되면 이들이 보강간섭 또는 소멸간섭을 일으킬 것인가는 두 파동 사이의 위상차에 의해 결정된다. 파동의 중첩 중에서 특히 자주 일어나는 상황의 하나는 서로 반대방향으로 진행하는 두 파동이 **중첩**되는 경우인데 예를 들면 줄의 파동에서 그 한쪽 끝이 고정된 지지대에서 반사가 일어나는 경우이다. 이 경우 파동들은 어떻게 결합하는가?

그림 15.11은 줄에서 같은 진폭과 파장을 갖고 서로 반대방향으로 진행하는 두 파동

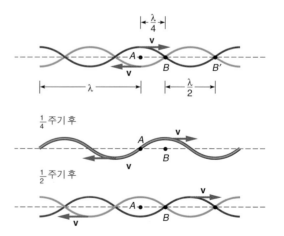

그림 15.11 도표에서 진폭과 파장이 같은 두 파동이 줄 위에서 서로 반대방향으로 진행하고 있다. 가운데 그림은 위의 파동에 1/4 주기 후의, 그리고 맨 아래 그림은 1/2 주기 후의 모습이다. 점 A에 마디가 생기고 점 B에 배고리가 생긴다.

을 보여주고 있다. 이때 줄 위의 서로 다른 점들을 선택하여 각 위치에서 변위는 시간에 따라 어떻게 변하는지 살펴보자. 예를 들어, 점 A에서 두 파는 항상 서로 상쇄된다. 왜냐하면 서로 반대방향에서 두 파가 이 점으로 접근할 때 한쪽 파는 항상 양이고 다른 한쪽은 항상 같은 크기로 음이기 때문이다. 이 점에서 줄은 전혀 진동하지 않는다.

점 A로부터 양쪽 방향으로 1/4 파장만큼 떨어진 거리에서는 전혀 다른 결과를

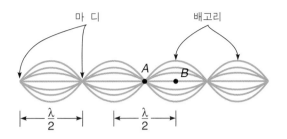

그림 15.12 서로 반대방향으로 진행하는 두 파에 의해 만들어지는 모양을 정상파라 한다. 배고리와 마디는 움직이지 않는다. 배고리와 배고리, 또는 마디와 마디 사이의 거리는 원래 파장의 반이다.

얻을 것이다. 예를 들어 점 B에서는 두 파동이 서로 반대방향에서 접근할 때 위상이 같아진다. 한쪽이 양이면 다른쪽도 양이다. 이 점에서 두 파동은 항상 더해지고 따라서 변위는 두 배가 된다.

특기할 만한 점은 이 두 점들이 줄 상에 고정되어 있어 움직이지 않는다는 것이다. 움직임이 없는 점 A를 **마디**라 한다. 두 진행파의 반파장 간격으로 일정하게 마디가 있다. 점 A로부터 어느 방향으로든지 반파장 떨어진 곳에서 두 파동이 역시 상쇄되는 것을 확인할 수 있다. 이러한 마디들은 움직이지 않는다.

파들이 더해져서 큰 진폭을 만드는 점 B에도 같은 원리가 적용된다. 이러한 점들은 **배고리**라 한다. 마디와 마찬가지로 한 배고리로부터 반파장 떨어져 있는 지점은 다시 배고리가 된다. 그림 15.12는 이와 같이 서로 반대방향으로 진행하는 두 파동이 규칙적인 간격의 고정된 마디와 배고리를 만들어내고 있음을 보여준다. 배고리에서는 줄이 큰 폭으로 진동하며 마디에서는 전혀 움직이지 않는다. 배고리와 마디 사이의 점에서는 진폭은 중간값을 갖는다.

줄의 이러한 모양의 진동을 **정상파**라 한다. 왜냐하면 전체적인 모양이 움직이지 않기 때문이다. 두 파동이 이러한 모양을 만들면 이들은 서로 반대방향으로 **진행**하고 있었음을 알 수 있다. 정상파는 모든 종류의 파동운동에서 관측될 수 있으며 항상 서로 반대방향으로 진행하는 파동들이 간섭을 일으킬 때 나타난다. 반사파가 진행파와 간섭하면 보통 이런 현상이 일어난다.

무엇이 기타줄의 주파수를 결정하는가?

누구나 한 번쯤은 기타를 쳐본 경험이 있을 것이다. 기타, 피아노와 같이 현이 있는 악기들은 현의 양쪽 끝이 고정되어 있고 굵기가 다른 여러 개의 줄들로 만들어져 있으며 줄들의 장력을 조절하기 위한 너트가 있다. 줄의 한 부분이 퉁겨져 하나의 파동을 만들면 이 파동은 양쪽으로 진행 고정점에서 앞뒤로 반사되어 정상파를 만든다.

현이 내는 음의 주파수는 현의 진동수와 같고 이 주파수가 바로 음의 높낮이와 관계되어 있

다. 높은 주파수는 높은 음을 나타낸다. 어떤 요소들이 기타줄의 주파수를 결정하나? 그리고 이들은 어떻게 정상파와 관계되어 있나?

퉁겨진 기타줄의 정상파는 양쪽 끝 고정점들이 곧 마디가 된다. 줄의 양 끝이 고정되어 있으므로 이 점들은 진동할 수 없기 때문이다. 가장 간단한 정상파는 그림 15.13과 같이 양 끝에 마디가 있고 현의 중간에 하나의 배고리가 있는 것이다. 현이 퉁겨지면 보통 이런 파가 생긴다. 마디 사이의 거리는 간섭에 의해 정상파를 만든 원래 파장의 반이어서 이 간섭파의 파장은 현의 길이의 두 배가 된다.

이와 같은 가장 간단한 정상파를 **기본파** 또는 **1차 조화파**라 부른다(그림 15.13a). 따라서, 간섭파의 파장은 현의 길이에 의해 결정되는 것이다. 또 파동의 주파수는 그 현에서의 파동의 속도, 주파수와 파장 사이의 관

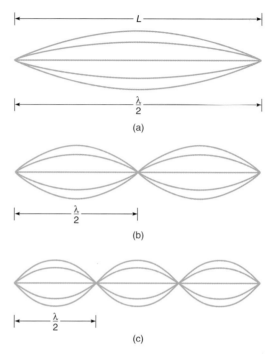

그림 15.13 초기의 세 가지 조화파는 양 끝이 고정된 기타줄 위에서 생길 수 있는 세 가지의 가장 간단한 정상파 모양이다.

계식($v = f\lambda$)으로부터 구할 수 있다. 현에서의 파동의 속도는 앞의 절에서 논의된 바와 같이 줄의 장력 F와 줄의 단위길이당 질량 μ에 의해 결정된다.

기본파의 파장은 다음과 같이 주어진다.

$$f = \frac{v}{\lambda} = \frac{v}{2L}$$

길이가 긴 현들은 낮은 주파수의 음을 만들며 피아노에서 저음에 사용된다. 반대로 고음을 내는 현들은 이보다 짧다. 기타에서는 손가락으로 줄의 일부를 눌러 유효길이를 줄여줌으로써 음의 높낮이를 바꿀 수 있다. 물론 유효길이를 줄여주면 더 높은 음을 낼 수 있다.

앞서 언급한 대로 주파수에 영향을 주는 또 다른 요소는 현에서의 파동의 속도로 이는 곧 현에 걸리는 장력과 단위길이당 질량에 의존한다. 따라서 이들 요소들이 모두 함께 파동의 주파수를 결정한다. 이는 기타줄을 세게 당겨 팽팽하게 해줌으로써 쉽게 확인할 수 있다. 한편, 굵은 줄은 느린 속도와 낮은 주파수를 만든다. 기타와 피아노에서 저음을 내는 쇠줄은 그 중심부분에 가는 줄로 감싸서 단위길이당 질량을 증가시킨다.

기타줄을 퉁기면 줄에는 기본적으로 1차 조화파가 만들어지지만 그림 15.13에서 보는 바와 같이 다른 두 가지 형태의 파동, 즉 하나 이상의 마디를 가진 파동도 만들 수 있다. 예를 들어 2

예제 15.3

예제 : 파동과 조화파

기타줄은 질량이 4 g이고 길이가 74 cm이며 장력이 400 N이다. 이 값들은 파동의 속도를 274 m/s로 만든다.

a. 기본주파수는?

b. 2차 조화파의 주파수는?

a. $L = 74 \text{ cm} = 0.74 \text{ m}$ $f = \dfrac{v}{\lambda} = \dfrac{v}{2L}$

$v = 274 \text{ m/s}$ $= \dfrac{274 \text{ m/s}}{1.48 \text{ m}}$

$\lambda = 2L$ $= \textbf{185 Hz}$

$f = ?$

b. $\lambda = L$ $f = \dfrac{v}{\lambda} = \dfrac{v}{L}$

$f = ?$ $= \dfrac{274 \text{ m/s}}{0.74 \text{ m}}$

       $= \textbf{370 Hz}$

그림 15.14 쇠줄로 만든 기타줄은 서로 다른 무게를 가졌다. 소리가 낮은 줄이 퉁겨져서 진폭이 가장 큰 가운데 근처에서 어스름하게 보인다.

차 조화파를 만들기 위해 줄을 퉁김과 동시에 손가락으로 줄 가운데를 가볍게 접촉한다. 그러면 그림 15.13b와 같은 2차 조화파가 만들어진다. 이 간섭파의 파장은 줄 길이 L과 같다. 따라서 그 파장이 기본파의 반이므로 주파수는 예제 15.3에서 보인 바와 같이 기본파의 두 배이다. 음악적으로는 주파수가 두 배인 음의 높이는 기본음보다 한 옥타브 위이다.

만일 줄의 한쪽 끝에서 1/3되는 지점을 살짝 퉁겨주면 그림 15. 13c의 모양을 얻는데 이는 네 개의 마디와 세 개의 배고리를 갖는다. 그 결과 주파수는 기본파의 3배이고 2차 조화파의 3/2배이다. 음악적으로 이는 2차 조화파보다 완전한 1옥타브 위는 아니고 그 음높이의 중간인 5도 음정이라 한다. 기타는 주변에서 쉽게 가까이할 수 있으므로 이를 이용하여 여러 가지 조화파를 만들어 보고 그 음의 높이를 살펴보기 바란다. 물론 이를 위해서 음악적인 재능이나 특별한 기술이 필요한 것은 아니다. 또 만일 퉁겨진 줄을 자세히 보면 아마도 정상파의 모양을 볼 수 있을 것이다(그림 15.14). 이런 모양은 흔히 형광등 아래서 쉽게 볼 수 있다.

두 개 또는 그 이상의 파가 결합될 때, 그 변위는 중첩의 원리에 따라 단순하게 더해진다. 만약 그것이 같은 위상이면 보강간섭이 그 위상이 완전히 다르면 상쇄간섭이 일어나 소멸된다. 만약 같은 두 파동이 서로 반대 방향으로 진행한다면 이런 간섭은 마디와 배고리가 고정된 정상파 모양을 만든다. 기타의 현에서 나타나는 것은 바로 이러한 정상파이다. 현의 길이와 정상파의 모양이 파장을 결정하며 파장은 또 주파수를 결정한다. 또한, 파동의 속도는 현의 장력과 밀도에 의존한다.

15.4 음 파

음파는 기타 또는 피아노의 줄이 진동함으로써 발생할 수 있다. 그러나 이것이 소리를 만드는 유일한 방법은 아니다. 권총을 발사한다든지, 목소리를 낸다든지 또는 금속 그릇을 막대기로 친다든지 하는 것으로도 음파를 만들 수 있다. 어린아이들은 음파를 만드는 데 전문가이다. 소리가 크면 클수록 더 좋아한다. 음파가 우리의 귀에 도달하기 위해서는 공기를 통해 진행해야 한다. 음파는 공기 속을 어떻게 움직이는 것일까? 그것은 얼마나 빨리 움직이는가? 공기중의 음파도 현에서와 같이 간섭을 일으켜 정상파를 만드는가?

음파의 특성은 무엇인가?

스테레오나 자동차 라디오에 사용되는 스피커를 잘 살펴보면 그림 15.15와 같은 구조를 보게 될 것이다.

스피커에는 그 몸체 부분에 영구자석이 있고 그 끝에는 유연하고 골판지 같은 떨림판이 붙어 있다. 이 떨림판의 중심에는 영구자석쪽으로 작은 코일이 붙어있다. 이 코일은 전자석의 역할을 하게 되는데 이 코일에 진동하는 전류가 흐르면 떨림판은 전류의 진동수와 같은 진동수로 떨리게 된다.

진동하는 떨림판은 근처의 공기에 어떤 영향을 주는가? 떨림판이 앞으로 감에 따라 그 앞쪽의 공기가 압축된다. 물론 떨림판이 뒤로 물러나면 낮은 압력을 만든다. 앞쪽의 공기가 압축되면 이는 또 다시 그 앞의 공기를 밀어내어 압력을 증가시킨다. 이런 압력이 증가된 부분이 공기를 통해 전달되고 압력이 낮은 부분도 마찬가지다.

이런 움직임은 한 개의 펄스일 수도 있다. 만일, 떨림판이 앞뒤로 반복적으로 움직이면 이것은

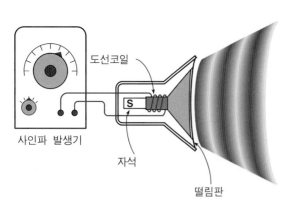

그림 15.15 진동하는 전류가 스피커의 떨림판에 붙어 있는 코일의 선에 가해져서 자석에 의해 떨림판이 당겨지거나 밀어져서 소리를 만든다.

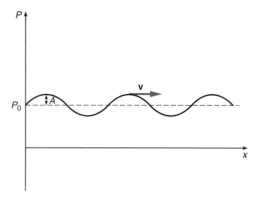

그림 15.16 음파에서는 공기압력의 변화(와 밀도)가 공기를 통해 움직인다. 그래프는 위치에 대한 압력을 보여준다.

압력 변화로 이루어지는 연속적이고 주기적인 파동을 만든다.

공기의 압력 변화에 의한 파동이 **음파**이다. 압력이 올라가면 공기입자 사이의 평균간격은 가까워진다. 그림 15.16은 공기 밀도의 변화를 갖는 음파를 좀 과장되게 보여주고 있다. 그 아래에는 위치와 압력의 관계를 나타내는 그래프가 있다. 단조화 파동은 이 압력 그래프가 간단한 사인파 형태로 나타난다. 설명을 좀더 완벽하게 하기 위해서 전체 모양이 음원에서 점점 멀리 진행한다고 상상하라. 그리고 음원에서는 새로운 압력이 세고 약한 부분이 계속 만들어진다.

공기를 구성하는 분자들은 매우 빠른 속도로 무작위적인 방향으로 계속 운동하고 있다. 이러한 무작위적인 운동과 더불어 기체분자들은 파동의 진행방향으로 앞뒤로 움직이고 있어 지역적으로 밀도가 높고 낮음을 만들고 있다. 이와 같이 음파는 그 분자의 움직임이 파동의 진행방향에 평행하므로 종파가 된다.

무엇이 음파의 속도를 결정하나?

음파의 속도는 얼마나 빠르며, 또 어떤 요소들이 음파의 속도를 결정하나? 실온의 공기에서 음파는 대략 340 m/s, 또는 시간당 750 마일의 속도로 진행한다. 만약 멀리 떨어진 곳에서 어떤 사람이 망치질을 하는 것을 보았을 때 아마 망치가 못을 치는 것을 본 후 얼마 지나서 귀에 소리가 도달하는 것을 경험한 적이 있을 것이다. 만일 당신이 100 m 단거리 경주의 도착지점에 서 있다면 출발점의 권총에서 나오는 불빛을 본 다음 얼마 후에야 총소리를 듣게 될 것이다. 소리도 빠르기는 하지만 빛만큼 빠르지는 않다.

마찬가지로 번개가 칠 때 번쩍하는 빛을 본 후 몇 초 지나서 천둥소리를 듣는다. 빛은 매우 빠른 속도로 움직이기 때문에 번쩍임과 동시에 당신에게 도달하지만 음파는 1 km를 가는 데 대략 3초가 걸린다. 번개 빛과 천둥소리 사이의 시간을 측정하면 번개가 얼마나 먼 곳에서 발생하였는지를 알 수 있다(그림 15.17). 만약 천둥소리를 번개의 번쩍임과 동시에 들었다면 당신은 위험하다.

음파의 속도는 결국 공기중에서 한 분자의 속도변화가 그 인접한 분자에 얼마나 빨리 전달되느냐에 달려 있다. 따라서 공기의 온도는 가장 중요한 변수이다. 이는 고온에서 공기 분자의 평균속도가 더 빠르고, 또 분자끼리 더 자주 충돌하기 때문이다. 온도가 10°C 올라가면 음속이 약 6 m/s 증가한다.

그림 15.17 빛이 번쩍하는 시간과 이것에 관계된 천둥소리 사이의 시간간격을 재면 번개가 떨어진 곳과의 거리를 예상할 수 있다.

매일의 자연현상 15.2

자동차의 움직임과 그 경음기 소리의 도플러 효과

상황. 복잡한 거리에 서서 어떤 사람이 자동차를 타고 지나가며 내는 경음기 소리를 들은 경험이 있을 것이다. 만일 그 순간을 되살릴 수 있다면 당신은 자동차가 다가오고 있는 동안에는 높은 음을, 그리고 자동차가 지나간 후에는 낮은 음을 들었다는 사실을 기억해낼 수가 있을 것이다. 이는 곧 그래프에서와 같이 자동차가 다가올 때보다 지나간 후에 더 낮은 주파수의 소리를 듣게 된다는 것을 말한다. 자동차가 만든

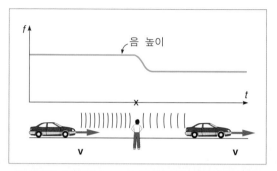

자동차가 지나감에 따라 경음기의 음은 높아지다가 낮아진다.

음파의 주파수가 실제로 변하는, 것인가? 그럴 가능성은 전혀 없어 보인다. 그렇다면 자동차의 움직임이 우리가 듣는 경음기 소리의 주파수에 영향을 주고 있음이 틀림없다. 어떻게 우리가 듣는 주파수가 변하는 것을 설명할 수 있는가?

분석. 두 번째 그림의 윗 부분은 차가 움직이지 않을 때 경음기가 내는 음파의 파동 파면(wavefront)과 파동 마루를 보여주고 있다. 각각의 곡선은 음파에 관계된 압력의 변화에서 공기의 압력이 최대인 표면을 나타낸다. 이들 곡선 사이의 거리가 음파의 파장이다. 파장은 경음기의 주파수와 공기 중에서 음의 속도에 의해 결정된다. 파동의 속도는 주어진 시간에 마루가 얼마나 움직이는가에 의해 결정되며 음의 주파수는 마루와 마루 사이의 시간간격에 의해 결정될 것이다.

우리가 듣는 주파수는 귀에 파동 마루들이 도달하는 비율과 같다. 그리고 이는 마루와 마루 사이의 길이, 즉 파장과 파동의 속도에 의해 결정된다. 파도가 바닷가를 쓸고 지나가는 것을 상상하여 보라. 파동의 속도가 빠를수록 마루가 귀에 도달하는 비율이 커진다. 반대로 파장의 길이가 길수록 마루가 귀에 도달하는 비율(주파수)이 작아진다($v = f\lambda$, 또는 $f = v/\lambda$).

공기 이외의 기체에서는 분자 또는 원자의 질량이 음파의 속도에 영향을 준다. 수소분자는 질량이 작고 공기를 대부분 구성하는 질소나 산소에 비해 가속되기 쉽다. 수소에서의 음속은 비슷한 압력과 온도의 공기에서보다 4배나 빠르다.

음파는 또한 기체에서보다 액체나 고체에서 더 빠른 속도로 진행한다. 예를 들어 물에서의 음파는 공기 중에서보다 4~5배나 빠른 속도를 갖는다. 물분자는 기체에서의 분자보다 더 가깝게 모여 있어 파동의 진행은 불규칙한 충돌에 의존하지 않는다. 소리는 강철 막대기나 금속에서 더 빠르게 진행하는데 이는 원자들이 고체격자 내에서는 단단히 결합되어 있기 때문이다. 바위나 금속에서의 음파는 물에서보다도 4 또는 5배 빠르고 공기에서보다는 15~20배 빠르다.

만약, 경음기가 움직이면 어떤 일이 일어나는가? 그림의 아래 부분이 경음장치가 관측자를 향해 움직이는 경우를 보여 주고 있다. 경음장치로부터 나오는 파동의 마루가 진행하는 동안 경음기도 역시 조금 움직인다. 그림에서 보는 바와 같이 이러한 움직임이 두 개의 연속된 마루 사이의 길이를 줄인다. 비록 경음장치가 같은 주파수의 음을 내보내고 있을 지라도 관측자를 향해 진행되고 있는 음파의 파장은 짧아진다.

경음기가 실제로 내는 음파보다 관측자를 향해 진행하고 있는 진행파의 파장이 짧기 때문에 파동의 마루는 더

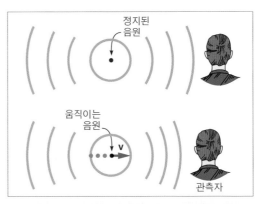

정지된 경음기(위)와 관측자를 향해 움직이는(아래) 경음기로부터의 파동 파면. 음원의 움직임이 음원 양쪽의 주파수를 변화시킨다.

많은 비율로 귀에 도달한다. 마루 사이의 길이가 줄었다고 파동의 속도가 달라진 것은 아니므로 귀에 마루가 도달하는 비율이 높으면 높은 주파수로 감지된다. 따라서 관측자를 향해 움직이는 경음기의 주파수가 정지해 있는 경음기의 주파수보다 높다. 이렇게 음원이나 관측자가 움직여서 관측자가 측정하는 파동의 주파수가 달라지는 것을 도플러 효과라 부른다.

같은 방법으로 경음장치가 당신으로부터 멀어지면 공기중의 파장이 길어지게 되고 관측자는 낮은 주파수의 음을 듣는다. 자동차가 당신에게 접근할 때 경음기의 본래 주파수보다 높은 소리를 듣게 되며 자동차가 당신으로부터 멀어져 갈 때 본래의 주파수보다 낮은 소리를 듣게 되는 것이다.

음파가 진행하고 있는 공기에 대해 관측자가 움직일 때에도 또한 도플러 효과가 관측된다. 만일 관측자가 음원을 향하여 움직이고 있다면 그가 정지해 있을 때보다 더 많은 파의 마루를 거치게 되므로 본래 주파수보다 높은 주파수를 듣게 되며, 반대로 멀어져 가는 관측자는 낮은 주파수를 듣게 된다. 도플러 효과는 빛과 같은 다른 파동에서도 일어난다. 그러나 가장 흔히 움직이는 차에서 소리를 듣는 것으로 경험할 수 있다.

만약 누군가 망치로 긴 강철 레일의 끝을 때리면 당신은 레일의 반대쪽 끝에서 망치소리를 듣게 되는데 아마도 두 번 듣게 될 것이다. 먼저 들은 소리는 강철레일을 통해서 전달된 것이고 나중 소리는 공기를 통해 전달된 것이다. 이 두 소리 사이의 시간 차이는 망치를 치는 곳으로부터 얼마나 떨어져 있느냐에 달려 있다. 소리를 내는 음원이나 관측자의 움직임 또한 우리가 듣는 소리에 영향을 줄 수 있는데 이는 매일의 자연현상 15. 2에서 설명하기로 한다.

음료수병으로 음악하기

음파에서도 정상파와 같은 간섭현상을 관찰할 수 있을까? 튜브나 관으로 이루어진 악기를 연

그림 15.18 음료수병 입구 가장자리에 당신의 아랫입술을 갖다대고 구멍 사이를 부드럽게 불면 병 속에 정상파가 만들어진다.
© Dave King/Dorling Kindersley/Getty Images

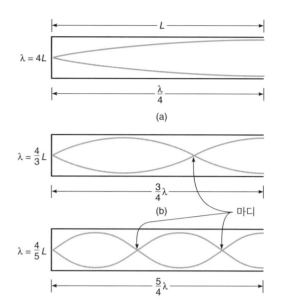

그림 15.19 한쪽 끝이 막히고 다른 쪽이 열린 관의 처음 세 가지 조화파의 정상파 형태를 나타낸다. 곡선은 관 속에서 앞뒤로 움직이는 분자 운동의 진폭을 나타낸다.

주하는 것은 바로 이러한 정상파를 만드는 작업이다. 오르간의 파이프, 클라리넷의 관, 그리고 수자폰의 긴 금속관 등은 모두 이러한 목적으로 있는 것이다. 이러한 현상은 간단하게 음료수병을 이용하여 쉽게 관찰할 수가 있다.

만일 그림 15.18과 같이 음료수병의 끝에 입술을 대고 구멍 전체를 부드럽게 불면 소리는 병의 바닥에서 반사되어 나오는 파와 간섭을 일으켜 병 속에 정상파를 만든다. 병의 한쪽 끝이 막혀 있기 때문에 병의 바닥이 마디가 된다. 또 병의 열려 있는 입구 부근에는 배고리가 생기게 될 것을 예상할 수 있다. 왜냐하면 그곳이 진동을 일으키는 곳이기 때문이다.

한쪽 끝만이 열린 관에 생기는 가장 간단한 정상파는 그림 15.19a와 같이 그릴 수 있다. 그림에서 곡선은 공기분자의 진동의 진폭을 나타낸다. 막힌 끝에 마디가 있고 열린 쪽에 배고리가 있다. 배고리와 마디 사이가 1/4 파장이기 때문에 정상파의 파장은 대략 관 길이의 4배가 된다.

관에 생기는 정상파의 주파수는 공기중 음파의 속도(약 340 m/s)와 파장으로부터 결정할 수 있다. 관의 길이가 25 cm이라면 파장은 1 m가 되고 $f = v/\lambda$이므로 이 정상파의 주파수는

$$f = \frac{340 \text{ m/s}}{1 \text{ m}} = 340 \text{ Hz}$$

음악에서 중간 C음의 주파수는 264 Hz이다. 그러므로, 병에 의해 발생되는 소리는 대략 중간 C음으로부터 두 음 높은 소리가 된다.

좀 더 연습을 하면 기본 주파수보다 더 높은 조화음들을 만들 수도 있는데 그림 15.19b는 다음 조화파의 형태를 보여주고 있다. 이것은 열린 부분 근처에 배고리를 갖고 관 안에 두 개의 마디를 갖는다. 파장의 3/4이 관 안에 있기 때문에 파장은 관의 길이의 4/3이다. 따라서 관의 길이가 25 cm이면 파장은 33 cm가 된다. 이 조화파를 만드는 소리의 주파수는 대략 1020 Hz이다. 이는 기본 주파수의 3배이고 한 옥타브 위에 속해 있는 B음에 가깝다.

위와 같은 방법으로 고차인 조화파의 주파수를 예상할 수 있다. 관의 양쪽이 모두 열려 있거나, 또는 관의 양쪽이 모두 닫혀 있는 경우 만들어지는 정상파들도 같은 방법으로 분석할 수 있다. 실제 병 또는 악기에 의해 만들어지는 음들은 이러한 가능한 조화파들이 섞여서 이루어져 그 음의 질이나 풍부함을 결정한다.

정상파는 음파에서 볼 수 있는 간섭현상의 하나이다. 음파가 같은 방향으로 진행할 때도 간섭을 일으키는데 두 간섭파의 위상차에 의해서 보강 또는 소멸간섭이 일어난다. 때로는 음악 공연장에서도 소멸간섭에 의해 소리가 들리지 않는 지역이 발생하기도 한다. 음악 공연장의 음향학적 설계는 음의 간섭을 고려해야 하는 매우 복잡한 기술이다.

악기의 관 또는 현에 의해서 만들어지는 음파들이 우리의 귀를 스쳐지나간다. 이러한 음파들은 부분적인 공기의 압축, 팽창과 관계 있는 종파이다. 공기 분자는 음파를 만들기 위해 파동의 진행방향에 대하여 앞뒤로 움직여야만 한다. 음파는 다른 파동과 마찬가지로 간섭을 일으킬 수 있다. 관악기나 음료수병에 의해 만들어지는 음의 고저는 관 속의 정상파와 관계되어 있다.

15.5 음악의 물리

15.3과 15.4절에서 기타의 현이나 한쪽 끝이 막혀 있는 관에서의 정상파에 대하여 알아본 바와 같이 이들이 만들어내는 음의 주파수는 현이나 관의 길이에 의해 정해진다. 그리고 이 주파수가 우리가 감지하는 음의 높낮이와 관계가 있다. 음악과 물리학과의 관계는 아주 오랜 역사를 가지고 있다.

음의 높낮이 이외에도 음악의 많은 부분이 물리학과 관계된다. 예를 들면 같은 음을 연주하더라도 클라리넷의 소리와 트럼펫의 소리가 서로 다른 것은 무엇 때문일까? 또 왜 같은 기타줄을 퉁기더라도 퉁기는 위치에 따라 서로 다른 소리가 나는 것일까? 특정한 화음이 단순한 음의 조합보다 아름답게 들리는 것은 무엇 때문일까?

이들은 음의 주파수와 일차적으로 관계가 있으므로 음의 주파수와 그 조화파에 대한 분석을 통하여 많은 정보를 얻어낼 수 있다. 결국 악기의 음색은 그 악기가 만들어내는 여러 개의 조화파가 어떻게 섞여 있는가에 달려 있다. 또 다른 주파수의 음들이 서로 잘 어울리는지는 주파수 사이의 비례관계에 달려 있다. 물론 여기에는 음을 듣는 사람의 개인적 취향이 개입된다. 어떤 사람은 헤비메탈을 선호하는 반면 어떤 사람은 바흐를 좋아할 수도 있다.

조화분석이란 무엇인가?

15.3절에서 다루었던 기타줄이 만들어내는 여러 조화파들을 기억할 것이다. 1차 조화파 즉 기본파는 현의 양 끝이 마디가 되고 현의 중앙부는 배고리가 된다. 2차 조화파는 두 개의 파동이 있으며 현의 중심이 마디가 된다. 3차 조화파는 3개의 파동이 있으며 양 끝의 마디와 현 위에 두 개의 마디가 있다. 이들 조화파들의 주파수는 서로 다르며 이들은 기본파의 주파수와 특정한 관계를 가진다.

기타의 줄을 퉁기면 어느 한 조화파만 만들어지는 것이 아니라 동시에 여러 개의 조화파가 만들어진다. 이렇게 만들어지는 각 조화파들의 진폭들을 알아내는 것을 주파수, 또는 조화 분석이라고 한다.

기타줄이 내는 소리의 조화 분석은 다소 놀라운 결과를 보여준다. 보통 기타줄을 퉁길 때 브릿지 부분으로부터 멀리 떨어진 반대쪽 끝부분을 퉁기는 것이 보통이다. 이 부분은 2차 조화파의 배고리가 되는 부분으로 따라서 2차 조화파가 강하게 활성화된다. 이때 현의 중심부분이 배고리가 되는 기본파는 활성화되지 못해 그 진폭이 그리 크지 않다. 또 기타의 울림통의 모양에 따라 어떤 조화파가 더욱 크게 증폭되는지가 결정된다. 이 모든 요소들이 결합된 기타 소리의 조화 분석 결과가 그림 15.20이다.

그림 15.20의 각 피크들은 각 조화파의 진폭을 나타내는데 막대의 크기는 진폭의 크기를 나타낸다. 이러한 조화분석 그래프는 실험실에서 간단한 측정장비와 컴퓨터를 이용하여 쉽게 얻을 수 있다. 그림에서 2차와 3차 조화파의 진폭이 기본파에 비해 상대적으로 큰 것을 알 수 있다. 재미있는 사실은 이러한 방식으로 기타줄을 퉁겼을 때 2차, 3차 조화파의 진폭이 더 큼에도 불

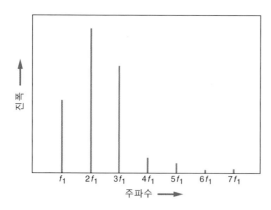

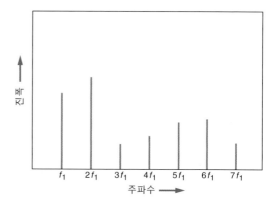

그림 15.20 기타줄을 보통 퉁기는 위치에서 퉁기면 조화파 스펙트럼에서 2차, 그리고 3차 조화파가 상대적으로 강하다. f_1은 기본파의 주파수이다.

그림 15.21 기타줄을 브릿지 가까이에서 퉁기면 더 높은 차의 조화파들이 활성화된다.

구하고 연주자는 이 음을 기본음으로 인지한다는 사실이다. 우리의 귀와 두뇌는 나름대로의 경험에 따라 음을 분석해내는 것이다.

기타줄을 퉁길 때 브릿지에 가까운 쪽을 퉁기면 또 다른 조화파들이 합성된 소리를 얻게 되며 소리의 음색도 달라진다. 이 경우 조화 분석 결과는 더 높은 차의 조화파들이 많이 활성화되어 있음을 보여주고 있는데(그림 15.21) 퉁긴 위치가 더 높은 차의 조화파들의 배고리 부분이기 때문이다. 그림에서 2차, 3차 조화파의 진폭이 줄어들었음을 알 수 있다. 이 경우도 연주자는 기본음으로 인지한다. 그러나 음색은 다르다.

다른 종류의 악기들이 소리를 낼 때는 위의 그림과는 또 다른 조화파들의 합성파를 만든다. 예를 들면 트럼펫은 상대적으로 높은 차의 조화파가 강하게 활성화된다. 트럼펫의 소리가 맑고 금속성이 나는 것은 이러한 이유에서이다. 반면에 플루트와 같은 악기는 기본파가 주도적인 역할을 하며 높은 차의 조화파는 거의 활성화되지 않는다. 따라서 플루트의 소리는 순수하게 들린다. 악기를 연주하는 방식에 따라서도 서로 다른 조화파가 활성화되는 방식이 다르다. 여러분이 조화 분석을 할 수 있는 장비를 가지고 있다면 여러분의 목소리를 포함하여 여러 다양한 악기와 연주 방식을 분석해보는 것은 상당히 흥미 있는 실험이 될 것이다.

음계는 어떻게 정의되는가?

15.3절에서 음의 주파수가 두 배가 되면 옥타브 위의 음이 된다는 사실을 배웠다. 옥타브라는 말의 어원은 8이라는 숫자를 의미하는데 서양음악의 음계는 여덟 개의 음으로 이루어진다. 여덟 개의 음에는 각각 도·레·미·파·솔·라·시·도의 음이름을 붙인다(그림 15.22). 양끝에 있는 도 사이에는 바로 옥타브 차이가 있다.

옥타브 차이 나는 두 음을 동시에 연주하면 아주 유사하게 들린다. 실제로 귀로 이 두 음의 차이를 구분하는 것은 쉽지 않다. 이는 악기가 두 음을 연주할 때 모두 같은 배진동음들이 섞이게 되기 때문이다. 실제로 두뇌가 음을 인식할 때도 이 배진동음들을 이용한다.

기타로 3차 조화음을 연주하였다고 하자. 그러면 그 주파수는 기본음의 3배가 되지만 2차 조화음과 비교하면 3/2배에 해당된다. 이때 2차 조화음과 3차 조화음 사이에는 음간격을 5도 화음이라고 부른다. 도와 솔의 간격이 바로 그것이다. 4차 조화음은 기본음의 4배의 주파수를 가지며 따라서 2차 조화음에 비하여는 두 배의 주파수가 된다. 즉 2차 조화음보다 옥타브 높은 음이 되며 기본음에 비교하면 두 옥타브 위의 음이 되는 것이다. 4차 조화음은 3차 조화음의 4/3배의 주파수를 가지는 셈인데 이 두 음 사이의 간격을 4

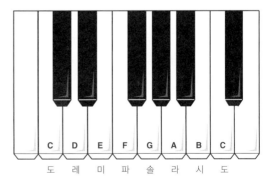

그림 15.22 C 음에서 시작해서 C 음에서 끝나는 C 장조에서 여덟 개의 음은 모두 흰건반으로 연주된다.

도 화음이라고 하며 도와 파의 간격이 그것이다(예제 15.4 참조).

5차 조화음은 기본음의 5배의 주파수를 가진다. 그러나 4차 조화음에 비교하면 주파수는 5/4배가 된다. 이 4차 조화음과 5차 조화음 사이의 음간격은 장3도가 된다. 음계에서 도와 미가 그것이다. 다른 음간격들도 유사한 방법으로 정의된다.

나머지 3개의 음도 다른 음들과의 주파수의 비례로 정의된다(고난도 연습문제 5번 참고). 시는 솔의 5/4배 주파수를, 레는 솔의 3/4배 주파수를, 그리고 라는 파의 5/4배의 주파수를 가진다. 따라서 이 모든 음들의 비례관계는 한 개의 기타줄에서 각 음에 해당되는 기타줄의 길이와 직접 비례관계가 있음을 알 수 있다. 이와 같은 길이의

예제 15.4

예제 : 각 음간격에 대하여 주파수 구하기

C 장조 음계는 주파수가 264 Hz인 중간 C 음으로부터 시작된다. 완벽한 비례관계로 튜닝을 할 때 다음 음들의 주파수를 각각 구하여라.

a. 솔(G)

b. 파(F)

c. 옥타브 위의 도(high C)

a. 솔은 도의 5도음 즉 비례관계로는 3/2이므로

$$f = \frac{3}{2}(264 \text{ Hz}) = \textbf{396 Hz}$$

b. 파는 도의 4도음 즉 비례관계로는 4/3이므로

$$f = \frac{4}{3}(264 \text{ Hz}) = \textbf{352 Hz}$$

c. 옥타브 위의 도는 그 주파수가 2배가 되므로

$$f = 2(264 \text{ Hz}) = \textbf{528 Hz}$$

비와 음 사이의 관계는 이미 BC 530년 피타고라스에 의해 밝혀진 사실들이다(물론 피타고라스는 옥타브 차이와 5도 화음이라는 제한된 영역에 대해서 다루었다).

그러나 이렇게 비례관계를 이용하여 기타를 튜닝하거나 특히 피아노를 튜닝하는 경우 문제가 생긴다. 물론 이렇게 튜닝을 하게 되면 튜닝을 한 기본음의 조에서는 완벽한 소리를 낸다. 그러나 이 피아노를 다른 조로 연주를 하게 되면 엉망인 소리를 낸다는 데 문제가 있다. 예를 들어 가운데 C 음(주파수 $f = 264$ Hz)을 중심으로 완벽한 비례관계로 튜닝을 하였다고 하자. 그러면 C조로는 완벽하지만 D 음이 중심이 되는 D조에서는 음의 비례관계가 모두 틀어지게 된다. 여기서 약간의 공통적인 양보가 필요하게 되는데 이를 "평균율"이라고 부른다. 이러한 방식으로 하면 완벽하지는 않지만 어떤 음을 중심으로 하더라도 근사적으로 비례관계를 유지하게 된다.

표 15.1은 C 음을 기본으로 평균율을 한 경우와 순정조율 사이의 차이를 보여준다. 이 경우 표준음은 가운데 C 음보다 위인 A 음의 주파수를 440 Hz이 기준이 되었다. 평균율 방식에서는 주된 음들과 함께 #과 ♭음을 포함시켜 12개의 같은 간격의 반음계로 만드는 것이다. 각 반음의 간격은 주파수로 1.05946배가 되는데 이는 2의 12 제곱근 값에 해당된다. 따라서 기본음의 주파수를 12제곱하면 2배가 되어 옥타브 위의 음이 되는 것이다. 순정조율의 경우 # 음과 ♭ 음들의 주파수를 명기하지 않았다. 순정조율의 경우 때로는 한 음의 ♭과 그보다 아래 음의 # 음의 주파수가 다를 수도 있다. 말하자면 A♭과 G# 음 등이다.

이상적인 튜닝 방법에 대한 논란은 이미 오래된 일이며 많은 물리학자와 수학자들이 여기에 관심을 가졌다. 피타고라스는 물론 프톨레마이오스, 케플러, 또 갈릴레이 등이 그들이다. 지구

표 15.1 서로 다른 튜닝 방법에서의 주파수의 비례관계

평균율			순정조율		
음	f(Hz)	비례	음	f(Hz)	주파수 비례
C	261.6		C(do)	264.0	
C#(D♭)	277.2	1.05946			
D	293.7	1.05946	D(re)	297.0	
D#(E♭)	311.1	1.05946			
E	329.6	1.05946	E(mi)	330.0	
F	349.2	1.05946	F(fa)	352.0	
F#(G♭)	370.0	1.05946			
G	392.0	1.05946	G(sol)	396.0	
G#(A♭)	415.3	1.05946			
A	440.0	1.05946	A(la)	440.0	
A#(B♭)	466.2	1.05946			
B	493.9	1.05946	B(si)	495.0	
C	523.3	1.05946	C(do)	528.0	

주파수 비례: 3/2, 5/4, 4/3, 9/8, 4/3, 6/5, 5/4, 5/4, 6/5, 4/3

중심의 천체계로 유명한 프톨레마이오스는 순정조율의 주창자이다. 갈릴레이의 아버지 빈센조 갈릴레이는 음악 이론가이기도 하였는데 갈릴레이는 평균율을 제안하였다. 현재는 피아노를 조율하는 데 있어 평균율이 주로 사용되고 있다.

왜 특별한 음들의 조합은 아름다운 화음을 만들어내는가?

왜 어떤 음들은 함께 연주될 때 귀에 듣기 좋은 아름다운 화음이 되고 또 어떤 음들은 그렇지 못한가? 이는 다분히 문화적인 요소이기도 하지만 동시에 물리적으로도 분명한 이유가 있는데 이는 음간의 조화를 이루는지와 관계되며 이를 화성론이라고 한다.

예를 들면 도와 솔을 동시에 연주하면 듣기 좋은 소리가 된다. 이 두 소리는 마치 같은 그룹에 속하는 것 같이 잘 어울린다. 이는 다른 문화권의 사람들에게도 마찬가지이다. 앞에서 악기나 또는 목소리로 한 음을 연주하면 그 음과 함께 그 배진동 음들도 동시에 활성화된다는 사실을 배웠다. 5도가 차이 나는 두 음은 그 주파수가 일정한 배율을 가지기 때문에 같은 배진동 음들을 가진다는 사실을 알 수 있을 것이다. 말하자면 도음의 3배진동과 솔음의 2배진동은 같은 음이 된다. 이러한 이유로 배진동음들은 더욱 강한 소리를 내게 된다.

만일 두 개 이상의 장화음, 예를 들면 도, 미, 솔, 그리고 도 음들을 동시에 연주하면 화음은 더욱 잘 어울린다. 마찬가지로 이들 음들의 배진동 음들은 동일한 조화음들이기 때문이다. 다른 모든 화음들도 마찬가지이다. 피아노나 기타를 불문하고 이러한 화성은 바로 음악의 구조를 이루는 근간이 된다. 또 이들은 밴드나 합창과 같이 서로 다른 악기와 목소리가 합쳐질 때에도 동일한 원리가 적용되는 것이다.

어떤 음들의 조합은 잘 어울리지가 않으며 특히 클래식 음악에 익숙한 사람들에게는 더욱 그렇게 느껴진다. 만일 도와 레를 동시에 연주하면 화음은 매우 어색하다. 두 음의 배진동 음들이 서로 다르므로 복잡한 소리로 느껴지기도 하지만 특히 물리적으로는 맥놀이라는 현상이 나타나기 때문이다.

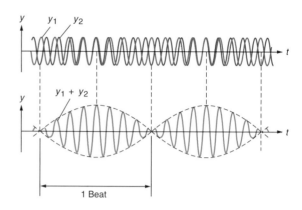

그림 15.23 주파수가 약간 차이 나는 두 음파는 그림과 같이 간섭이 일어나 아래 그림과 같이 맥놀이를 만든다. 두 음파가 시차를 두고 보강 또는 상쇄 간섭을 반복하는 양상이다.

두 개의 파동이 겹쳐지는 현상을 간섭이라고 하는데 특히 주파수가 약간 차이나는 두 음파가 겹쳐지면 소리의 진폭이 진동하는 맥놀이 현상이 나타난다. 맥놀이의 회수는 두 음파의 주파수의 차가 된다. 따라서 주파수가 비슷한 두 음이 겹쳐지면 그 맥놀이는 우리의 귀에 감지될 정도로 천천히 일어나는 것이다. 이때 사람의 귀에는 소리가 커졌다 작아졌다 하는 웅 소리를 듣게 된다. 그러나 맥놀이 현상은 소리를 튜닝할 때는 유용하게 사용되기도 한다. 맥놀이의 횟수가 점점 느려지다가 완전히 없어지게 되는 때가 바로 두 음의 주파수가 정확하게 일치하는 때인 것을 이용하는 것이다. 맥놀이 현상은 두 줄의 만돌린이나 열두 줄의 기타를 튜닝할 때 특히 유용하다.

두 음이 도와 레 같이 완전한 온음의 차이가 날 때는 맥놀이 주파수는 매우 빠르기 때문에 그냥 거친 소리로만 들린다. 이 거친 음은 대부분의 사람들에게 그리 듣기 좋은 소리는 아니다. 그러나 현대음악에서는 간혹 이러한 소리가 효과음으로 사용되기도 한다.

두 음의 주파수 차이가 더욱 커지면 때론 맥놀이 주파수가 또 다른 음처럼 들리기도 한다. 그 음의 높이는 맥놀이 주파수의 음과 같아진다. 예를 들면 도와 솔을 동시에 연주하면 주파수의 차이는

$$\frac{3}{2}f - f = \frac{1}{2}f$$

여기서 f는 두 음 중 낮은 음의 주파수이다. 따라서 맥놀이 음은 그것의 절반의 주파수이며 즉 옥타브 아래의 도 음이 되며 이는 원래의 두 음과 잘 화음이 이루어진다. 이 경우는 맥놀이에 의해 화음의 양상이 더욱 풍성해지는 방향으로 작용하는 것이다.

이러한 기본적인 현상이외에도 음악에는 더 많은 물리적인 현상이 숨어 있다. 잘 설계된 콘서트홀의 음향은 수많은 음파들이 간섭, 반사, 흡수되면서 수많은 효과들을 만들어 낸다. 아주 잘 훈련된 귀를 가지고 있는 음악가들은 음간의 차이와 화음들을 구분해내는 능력을 가지고 있다. 그러나 보통 사람들은 이러한 효과가 극도로 증폭되어야만 그 차이를 감지해 낸다. 피아노나 혹은 기타를 가지고 가벼운 마음으로 앞에서 배운 내용들을 한번 직접 실험해 보기를 바란다.

음파의 주파수는 바로 음의 높이와 관계가 있다. 악기로 하나의 음을 연주하면 기본음이 활성화될 뿐만 아니라 그 배진동 조화음들이 동시에 활성화된다. 연주된 소리를 조화 분석해보면 각각의 조화음들의 진폭을 측정할 수 있다. 조화음들은 서양 음계에서 각 음들을 정의하는 단서가 된다. 서로 다른 조화음들이 조합되어 더욱 강하게 간섭이 일어나면 장화음이 된다. 서로 주파수가 차이가 나는 두 음이 간섭하면 그 주파수의 차이에 해당되는 맥놀이 현상이 일어난다. 맥놀이 주파수는 두 음이 잘 어울릴 수 있는지 아니면 불쾌한 소리로 들리는지에도 영향을 미친다.

질문

Q1. 펄스파는 슬링키를 따라 전달된다. 그러나 슬링키 자체는 위치가 변하지 않는다. 에너지의 전달이 어떤 과정으로 일어나는가? 설명하라.

Q2. 파동은 호수의 동쪽으로 움직이고 있다. 호수의 물이 같은 방향으로 움직일 필요가 있는가? 설명하라.

Q3. 천천히 움직이고 있는 기관차가 정지상태에서 길게 연결되어 있는 화차들에 부딪혔다. 펄스파동은 각 화차들이 서로 부딪히며 전달된다. 이러한 파가 횡파인가 종파인가? 설명하라.

Q4. 두 손으로 담요의 양 모서리 끝을 잡고 위아래로 흔들면 파가 진행된다. 이런 파가 횡파인가 종파인가? 설명하라.

Q5. 만일 슬링키의 끝을 앞뒤로 움직이는 횟수를 증가시키면 슬링키에서의 파의 파장이 길어지나, 또는 짧아지나? 설명하라.

Q6. 만일, 슬링키를 앞뒤로 움직여주는 동작의 횟수를 일정하게 한 후 장력을 증가시켜 파의 속도를 증가시킨다면, 파장은 증가하나, 감소하나? 설명하라.

Q7. 슬링키에서 횡파를 만들 수 있는가? 설명하라.

Q8. 로프에서 종파를 만들 수 있는가? 설명하라.

Q9. 만약 로프의 단위길이당 질량을 로프 두 개를 엮음으로서 두 배 증가시켰다. 이 로프에서의 파동의 속도에 어떤 영향을 주겠는가? 설명하라.

Q10. 횡파가 로프 위를 지나갈 때 어떤 힘이 로프의 일부분을 가속하게 만드는가? 설명하라.

Q11. 왜 횡파는 가벼운 로프보다 무거운 로프에서 더 잘 관측할 수 있는가? 설명하라.

Q12. 만약 로프의 장력을 증가시키면, 로프 끝의 진동 주파수를 일정하게 한 채로, 발생되는 파의 파장에 어떤 효과가 있는가? 설명하라.

Q13. 두 로프를 한 개의 로프가 되게 서로 매끈하게 연결하고 한쪽 끝을 벽에 고정시켰다. 만약 두 로프의 끝을 위아래로 움직여서 한쪽이 올라가면 다른 쪽은 내려가도록 했을 때 두 로프가 연결된 부분에서 이 두 파의 간섭효과는 보강인가, 소멸인가? 설명하라.

Q14. 두 파가 같은 방향으로 진행할 때 두 파가 간섭하여 각각의 진폭보다 더 큰 진폭을 만들 수 있는가? 설명하라.

Q15. 우리는 벽에 붙어 있는 로프에서 그 반대쪽을 적당한 주파수로 위아래로 움직여

정상파를 만들 수 있다. 처음 파에 간섭을 일으켜 정상파를 만들기 위한 두 번째 파동은 어디서 오나? 설명하라.

Q16. 양쪽 끝이 고정된 줄 위에서 정상파가 만들어졌는데 양쪽 끝뿐만 아니라 가운데도 마디가 있다. 이 파의 주파수가 기본 주파수보다 큰지 작은지, 아니면 같은지 설명하라.

Q17. 정상파의 마디 사이의 거리가 정상파를 만들기 위해 간섭하는 두 파들의 파장의 길이와 같은가? 설명하라.

Q18. 만약 기타줄의 장력을 크게 하면 줄 위에 형성되는 기본파의 주파수와 파장에 어떤 영향을 미치는가? 설명하라.

Q19. 만약 기타의 두 번째 줄의 질량을 늘이기 위해 가는 줄로 감싼다면 이 줄에 만들어지는 기본파의 주파수와 파장에 어떤 영향을 미치는가? 설명하라.

Q20. 공기 중에서 횡파를 만들 수 있는가? 설명하라.

Q21. 음파가 철로 만들어진 긴 봉으로 전달될 수 있는가? 설명하라.

Q22. 만약, 음파가 진행되고 있는 공기의 온도를 올린다면
   a. 음파의 속도에 어떤 영향을 주나? 설명하라.
   b. 주어진 주파수에서 온도가 올라가면 음파의 파장에 어떤 영향을 주나? 설명하라.

Q23. 파이프 오르간의 온도가 실내온도보다 올라감으로써 파이프에서의 음파의 속도는 증가하지만 파이프의 길이에는 거의 영향을 주지 않는다면, 이 파이프에서 만들어지는 정상파의 주파수는 어떻게 되는가? 설명하라.

Q24. 양 끝이 열려 있는 관에서 기본 정상파의 주파수는 한쪽 끝만 열려 있는 관의 주파수보다 큰가, 같은가, 작은가? 설명하라.

Q25. 음파가 진공 속으로 진행할 수 있나? 설명하라.

Q26. 바닥이 평평한 트럭 위에서 음악을 연주하는 밴드가 퍼레이드행사에서 당신에게 다가오고 있다. 당신은 이미 트럭이 지나간 곳에 있는 사람이 듣는 것과 같은 음높이의 소리를 여러 악기들로부터 들을 수 있나? 설명하라.

Q27. 기타줄을 퉁기면 오직 한 가지 주파수의 파동만이 생기는가? 설명하라.

Q28. 보통 퉁기는 위치에서 기타줄을 퉁기면 2차 조화음이 기본진동음에 비하여 더욱 강하게 활성화되는 이유는 무엇일까? 설명하라.

Q29. 음파의 조화 분석을 한다는 것은 구체적으로 무엇을 측정하는 것인가?

Q30. 음계에서 5도의 음간격과 3차 조화음과는 어떤 관계인지 설명하라.

Q31. 옥타브 차이가 나는 두 음이 연주되면 비슷한 소리로 들리는 이유를 설명하라.

Q32. 주파수는 음높이와 관계가 있다. 이들은 같은 개념인가? 보통 우리가 인지하는 특정한 높이의 음은 단지 한 주파수의 음파만으로 이루어지는가? 일반인이 감지하는 음높이와 훈련된 전문가가 인지하는 음높이는 어떻게 다른가? 토론해보라.

Q33. 비슷한 주파수의 두 음, 예를 들면 도와 레를 동시에 연주하면 웅 하는 소리가 난다. 이 웅 하는 소리는 어떻게 나는 것일까?

연 습 문 제

E1. 해안으로 다가오는 수면파가 1.5 m/s의 속도를 갖고 그 파장이 2 m라고 하자. 이 수면파의 주파수는 얼마인가?

E2. 수면파의 파장이 0.6 m이고 주기가 0.4 s이다. 이 파의 속도는?

E3. 로프에서의 파가 아래 그림과 같다.

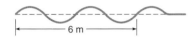

　　a. 이 파의 파장은?

　　b. 만약 파의 주파수가 4 Hz이면 파의 속도는?

E4. 현 위에서의 파의 속도가 40 m/s이고 주기가 0.2 s이다.

　　a. 이 파의 주파수는?

　　b. 이 파의 파장은?

E5. 기타줄의 길이가 80 cm이고 질량이 0.16 kg 그리고 장력이 50 N이다.

　　a. 이 현의 단위길이당 질량은?

　　b. 이 현 위에서의 파의 속도는?

E6. 길이가 0.8 m인 줄의 양끝이 고정되어 있다.

　　a. 이 줄에서 간섭에 의해 정상파를 형성할 수 있는 진행파 중 가장 긴 파장을 갖는 것은?

　　b. 만약 파동이 120 m/sec로 줄 위를 진행한다면 가장 긴 파장에 해당하는 주파수는?

E7. E6에서의 줄이 양 끝 외에 두 마디를 갖도록 퉁겨졌을 때 이 모드(mode)를 위한 간섭파의 주파수는?

E8. 음파는 실온에서 340 m/s의 속도를 갖고 있다. 주파수가 264 Hz 인 음악에서의 C 음의 파장은?

E9. 실온의 공기 중에서 진행중인(v = 340 m/s) 파장이 0.17 m인 음파의 주파수는?

E10. 한쪽 끝이 막히고 그 반대쪽이 열려 있는 파이프오르간의 한 파이프의 길이가 1.5 m이다.

　　a. 이 파이프에서 정상파를 만들 수 있는 간섭음파로 가장 긴 파장은?

　　b. 만약 음파의 속도가 340 m/s이면 이 정상파의 해당하는 주파수는?

E11. 만일 A 장조 음계로 연주한다고 하자. 이때 기본음 도 음은 주파수가 440 Hz가 된다. 완벽한 비례관계에 의하여 다음 음들의 주파수를 구하여라.

　　a. 미

　　b. 솔

E12. 한 음계에서 솔 음이 주파수 396 Hz라면 완벽한 비례관계에 의한 아래 도 음의 주파수는 얼마인가?

E13. 단순한 튜닝에서 장3도의 비례는 5/4이다. 동등한 역할의 튜닝에서 이는 1.260이 된다. 만일 기본 도 음을 주파수 440 Hz에서 시작한다면 미 음의 주파수는 두 튜닝 방식에서 얼마나 차이가 나게 되는가?

E14. 도 음의 주파수가 263 Hz, 레 음의 주파수가 323 Hz라면 두 음이 함께 연주될 때 맥놀이의 주파수는 얼마가 되는가?

E15. 기타줄 중에 하나가 440 Hz의 주파수로 맞추어져 있다. 이 줄이 인접한 줄과 함께 연주되었을 때 맥놀이 주파수는 8 Hz였다고 한다. 인접한 줄의 가능한 주파수는 얼마인가?

E16. 880 Hz의 음과 660 Hz의 두 음이 동시에 연주되었을 때 맥놀이 주파수는 얼마인가? 이 맥놀이 음은 원래의 두 음에 비교하면 음계상 어떤 위치에 있는가?

고난도 연습문제

CP1. 어떤 로프의 길이가 10 m 이고 질량이 1.2 kg 이다. 한쪽 끝이 고정되어 있고 다른 쪽은 48 N 의 장력으로 당겨진다. 로프의 끝이 2.5 Hz 의 주파수로 위아래로 움직일 때

  a. 로프의 단위길이당 질량은 얼마인가?

  b. 로프 위 파동의 속도는?

  c. 주파수 2.5 Hz 인 파의 로프에서의 파장은?

  d. 이런 파들의 몇 개의 완전한 사이클로 이 로프에 맞출 수 있나?

  e. 파의 제일 앞단이 로프의 끝에 도달하여 되돌아오기 시작하는 데 걸리는 시간은?

CP2. 기타에 매기 전에는 현의 길이가 1.2 m 이고 총 질량이 20 g(0.02 kg)이었다. 그러나 기타에 맨 후에는 기타의 양 고정점 사이의 길이가 70 cm 였다. 그리고 1200 N의 장력이 걸렸다.

  a. 이 줄의 단위길이당 질량은?

  b. 장력으로 당겨진 줄에서의 파의 속도는?

  c. 이 줄에서 간섭으로 기본 정상파(마디가 양쪽 끝에 있는)를 만드는 진행파의 파장은?

  d. 기본파의 주파수는?

  e. 두 번째 조화파(마디가 줄의 가운데)의 주파수와 파장의 길이는?

CP3. 양쪽 끝이 막힌 파이프가 만약 적당히 여기(excited)되면 파이프의 양쪽 끝에 반마디를 갖는 정상파를 만든다.

  a. 이 파이프의 기본 정상파를 그려보아라(중간에 마디가 있고, 양 끝에 반마디가 있다).

  b. 간섭을 일으켜 기본파를 만드는 음파의 파장은?

  c. 만약, 공기 중의 음파의 속도가 340 m/s 이면, 이 음파의 주파수는 얼마인가?

  d. 만약 공기의 온도가 올라가서 음속이 350 m/s 이면 주파수가 얼마나 변하는가?

  e. 정상파의 파형을 그리고, 이 파이프에서 두 번째 조화파의 주파수와 파장을 구하라.

CP4. 표준 튜닝에서 A 음은 주파수 440 Hz로 정의한다. 피아노 건반에서 A 음은 C 음으로부터는 흰 건반으로 5번째, 반음 간격을 모두 고려 흰건반과 검은건반을 모두 세면 9번째가 된다. 또 한 옥타브는 12개의 반음간격으로 나누어진다. 동등한 역할의 튜닝에서 반음 간의 비례는 1.0595이다.

  a. A 음보다 반음 낮은 A-플랫 음의 주파수는 얼마인가?

  b. A 음으로부터 아래로 C 음까지 각 음의 주파수를 구하여 보아라.

  c. 단순한 튜닝에서 중간 C 음의 주파수는 264 Hz이다. 이 결과를 b의 결과와 비교해보라.

  d. 반대로 중간 C 음의 주파수로부터 출발 동등한 역할의 튜닝을 하는 경우 A 음의 주파수를 구하라. b의 결과와 일치하는가?

CP5. 15.5절에서 단순한 튜닝에 대하여 설명하였다. 중간 C 음(264 Hz)을 기본음으로 하여 피아노의 흰건반에 해당되는 음들의 주파수를 계산해보라. 이 결과를 문제 CP4의 결과와 비교해보라.

  a. G(솔) C 음의 5도 위(3/2)

  b. F(파) C 음의 4도 위(4/3)

  c. E(미) C 음의 장3도 위(5/4)

  d. B(시) G 음의 장3도 위

  e. D(레) G 음의 4도 아래

  f. A (라) F 음의 장3도 위

광파와 색

학습목표 빛이란 무엇이며 어떤 성질을 가지는가? 빛은 어떻게 우리가 일상생활에서 경험하는 것과 같이 다양한 색깔로 나타나는가? 빛은 전자기 파동이라는 것과 함께 빛의 여러 가지 성질들 즉 흡수, 반사, 간섭, 산란, 그리고 편광에 대하여 알아본다. 빛의 색깔에는 이러한 모든 현상들이 관여한다.

개 요

1 **전자기파.** 전자기파란 무엇이며 어떻게 만들어지는가? 빛이란 무엇인가? 빛은 라디오파와 어떤 면에서 동일하고 또 어떤 면이 서로 다른가?

2 **파장과 색깔.** 빛의 색과 파장은 어떤 관계가 있는가? 사람은 색깔을 어떻게 인지하는가? 선택적인 반사와 흡수, 산란은 물체의 색과 어떤 관계가 있는가? 왜 하늘은 파란색인가?

3 **광파의 간섭.** 이중 슬릿에 의한 영의 간섭실험은 어떻게 빛이 파동임의 증거가 되는가? 얇은 막에 의한 간섭은 어떻게 일어나는가? 물에 떠 있는 기름막과 같은 얇은 막에서 다양한 색채가 나타나는 것은 어떻게 설명할 수 있는가?

4 **회절과 회절격자.** 회절이란 무엇인가? 우리 눈의 정밀도는 왜 회절에 의해 제한되는가? 회절격자란 무엇이며 빛의 파장을 측정하는 데 어떻게 사용되는가?

5 **편광.** 편광된 빛이란 무엇을 말하는가? 편광된 빛은 어떻게 만들며 편광되지 않은 빛과 어떻게 다른가? 복굴절이란 무엇이며 어떻게 여러 가지 색깔을 만드는 데 관여하는가?

이 세상이 아름다운 색깔들로 가득차 있는 것을 볼 때 우리는 놀라움을 느낀다. 사람이 물체를 보는 데는 빛이 관여하고 있다는 것은 분명하다. 빛이란 무엇인가? 비누 방울은 어떻게 다양한 색채를 띠며 또 하늘은 왜 파란색인가? 이러한 모든 현상들은 빛의 파동성과 관계된다.

어렸을 때 비누방울 놀이를 해본 경험이 있을 것이다. 철사로 둥그런 고리를 만들어 비누물에 담갔다 꺼내면 현란한 색의 비누막이 만들어진다. 비누막을 가만히 수직으로 세우면 그림 16.1과 같이 색 무늬가 띠를 형성하는 것을 볼 수 있다.

그림 16.1 비누막에 반사되는 빛은 간섭에 의해 아름다운 색채를 보여준다.

이러한 현상은 어떻게 설명될 수 있는가? 비누막이나 방울 또는 그 이외에도 색깔과 관련되는 많은 현상들이 파동인 빛의 간섭현상에 의한 것이다. 파동의 간섭에 관한 한 빛도 예외는 아니며 간섭의 많은 좋은 예들을 보여준다.

빛, 즉 광파는 전자기파이다. 전자기 파동이라는 것이 무엇을 의미하는지 이 장에서 집중적으로 다룰 것이다. 광파도 파동이므로 반사, 회절, 굴절, 편광, 그리고 흡수 등의 성질을 보인다. 그들은 서로 간섭현상을 일으켜 놀라운 효과들을 보여주기도 한다. 렌즈와 거울을 이용한 빛의 반사와 회절에 대하여는 17장의 기하광학에서 자세히 다루기로 한다.

16.1 전자기파

빛, 라디오 전파, 마이크로파, X선 등의 공통점은 무엇인가? 이들은 모두 전자기파의 한 형태로서 현대 기술문명을 대표하는 것들이다.

이러한 전자기파의 존재를 예상하고 그들의 성질을 기술한 논문은 1865년 제임스 클라크 맥스웰(James Clerk Maxwell)에 의해 쓰여졌다. 맥스웰은 전자기학, 열역학, 기체의 운동역학, 색깔의 인식과 천문학 등 물리학의 여러 분야에 중요한 기여를 한 아주 재능 있는 이론 물리학자이다. 그러나 그의 이름은 전자기장을 이론적으로 다룬 것으로 가장 잘 알려져 있다. 전자기파와 그 속도 등에 관한 설명은 그러한 일 중의 하나이다.

전자기파란 무엇인가?

　전자기파를 이해하기 위해서 전기장과 자기장의 개념에 대해 복습할 필요가 있다. 전자기장은 모두 전하를 띤 입자에 의해 만들어진다. 자기장을 만들기 위해서는 전하의 움직임이 필요하나 전기장은 전하의 움직임에 관계없이 전하의 존재만으로도 만들어진다. 이러한 장들은 전하 주위의 공간의 성질이며, 12장과 14장에서 논의된 것처럼 다른 전하에 작용하는 힘을 계산하는 데 유용하다.

　만일, 그림 16.2와 같이 교류전원에 연결된 두 도선의 위아래로 전류가 흐른다고 하자. 회로가 열려 있는 회로이기는

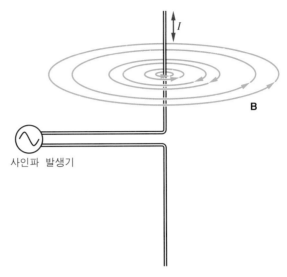

그림 16.2 도선의 빠른 교류전류는 변화하는 자기장을 만든다.

하지만 교류의 주파수가 충분히 크다면 전류가 흐를 수 있다.

　전류가 흐르면 한쪽 전선에 전하가 쌓이기 시작하나 곧 전류의 방향이 바뀌어 이번에는 반대 부호의 전하가 쌓이기 시작한다. 따라서 이 회로에서는 도선에 흐르는 전류의 방향만 바뀌는 것이 아니라 두 도선에 쌓이는 전하의 종류도 걸어준 교류전원의 주파수와 같은 주파수로 변하고 있음을 알 수 있다.

　이러한 형태에서 만들어지는 자기장은 전선을 중심으로 그림에서와 같이 원형의 자기력선으로 묘사될 수 있다. 또 이 자기장은 그 크기와 방향이 전류가 변함에 따라 계속 방향이 바뀐다. 패러데이 법칙에 따라 맥스웰은 변화하는 자기장은 자기장에 수직인 평면을 갖는 회로에 기전력, 즉 전위차를 만든다는 것을 알았다. 전위차란 전기장을 포함하는 것으로 실제로 회로가 없을 경우에는 변화하는 자기장은 자기장이 변화하는 곳에서 어떤 위치에서라도 전기장을 만든다.

　패러데이 법칙에 따라 변화하는 자기장은 변화하는 전기장을 만든다. 또 맥스웰에 의해 밝혀진 전자기적 이론들은 전기장과 자기장의 대칭성을 말해주고 있다. 따라서 맥스웰은 논리적인 연장선에서 변화하는 전기장 역시 변화하는 자기장을 만들 것이라는 사실을 예측하였으며, 이는 곧 실험적 측정에 의해서 확인되었다.

　맥스웰은 이러한 장들과 관계되어 있는 파동은 공간을 통해 전달되는 것을 알았다. 변화하는 자기장은 변화하는 전기장을 만들고 이는 다시 변화하는 자기장을 만들고 하는 과정이 반복된다. 진공에서 이런 과정이 무한히 계속되어 장을 일으키는 파원에서 매우 떨어진 곳의 대전된 입자에 대하여 정전하나 정전류에 의한 장보다는 훨씬 더 영향을 줄 수 있게 되는데 이것이 전자기파가 만들어지는 원리이다. 모든 가속도운동을 하는 전하는 실제로 전자기파를 발생시킨다. 그림 16.2의 도선은 전파를 내보내는 안테나로 사용된다. 이러한 안테나는 동시에 전파를

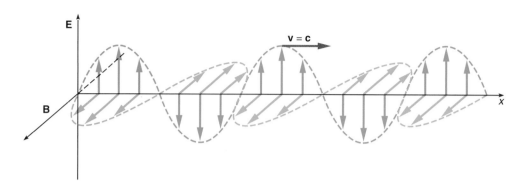

그림 16.3 전자기파 내의 시간에 대해 변화하는 전기장과 자기장은 서로 수직이며 파의 진행방향에도 수직이다.

감지하는 데도 사용될 수 있다.

비록 맥스웰이 1865년에 이미 전자기 파동의 존재를 예상하였지만 실제로 그러한 장치를 만들고 실험을 행한 것은 1888년 하인리히 헤르츠(Heinrich Hertz; 1857~1894)이었다. 헤르츠가 사용한 최초의 안테나는 직선형이 아니라 원형의 루프형 안테나였다. 이후 직선형 안테나 등도 사용되었다. 그는 파원으로부터 떨어진 다른 회로에서 발생되는 전파를 감지할 수 있었는데 라디오파는 이렇게 해서 발견되었던 것이다.

그림 16.3은 간단한 전자기파의 성질을 보다 자세히 보여준다. 그림 16.2와 같이, 만약 자기장이 수평면에 있다면, 변하는 자기장에 의해 만들어지는 전기장은 수직방향에 있다. 이 두 개의 장들은 서로 수직이며, 또 파동이 진행하는 방향에 대해서도 모두 수직이다. 따라서 전자기파는 횡파이다. 그림에서 전기장과 자기장의 크기는 사인파의 모양으로 그려졌으며 서로 위상이 같다. 그러나 더 복잡한 형태도 가능하다.

전자기파도 진행하는 파동이므로 사인 모양의 전자기파는 움직인다. 그림 16.3은 공간의 한 순간의 전자기장의 크기와 방향을 보여준다. 물론 안테나에 수직인 모든 방향으로 같은 전자기장이 형성된다. 사인 모양의 형태가 움직일 때 공간상의 한 점에서의 장은 계속적으로 변화한다. 장의 크기가 0이 되었다가 방향이 바뀌고 반대방향으로 증가한다. 이런 통합된 장의 변화가 전자기파를 이룬다.

전자기파의 속도는 무엇인가?

맥스웰은 그의 전자기학 이론에서 전자기파의 존재를 예측하면서, 그것의 속도를 계산할 수 있었다. 진공에서의 파동들의 속도는 두 개의 상수로부터 계산될 수 있는데, 이 두 개의 상수는 쿨롱의 법칙에서 쿨롱 상수인 k와 두 전류가 흐르는 도선 사이의 힘을 나타내는 앙페르의 공식의 자기력 상수 k' 이다. 맥스웰의 이론은 파동의 속도가 이 두 숫자의 비를 제곱근 한($v = \sqrt{k/k'}$) 것과 같다고 예언했는데 그 값이 3×10^8 m/s이다.

속도가 매우 크다는 것 이외에 놀랄 만한 사실은 이 값이 빛의 속도로 알려진 값과 같다는 것이다. 빛의 속도는 다른 과학자들에 의해 맥스웰의 이론이 발표되기 수년 전에 매우 정확하게

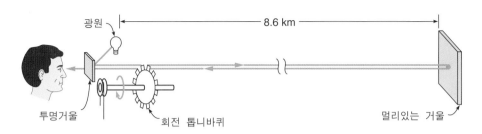

그림 16.4 그림은 빛의 속도를 측정하기 위한 피조의 톱니바퀴 장치이다. 빠르게 도는 바퀴가 조금 회전하였을 때 되돌아오는 빛은 바퀴의 톱니에 의해 차단된다.

측정되었다. 이러한 일치는 맥스웰로 하여금 빛이 전자기파의 일종이라고 제안하게 하였다. 이로써 광학과 전자기학이 최초로 직접적으로 관련되었다.

맥스웰 시대에도 빛의 속도를 정밀하게 측정하는 것은 쉬운 일은 아니었다. 빛의 속도를 실험적인 방법으로 측정하고자 하였던 최초의 과학자는 아마도 갈릴레이인 것으로 보인다. 그는 조수에게 셔터가 있는 등과 함께 멀리 떨어진 언덕에 보내서 갈릴레이에 의해 조작되는 비슷한 등으로부터 빛을 보는 순간 그의 등을 열도록 하였다. 갈릴레이의 계획은 빛이 조수에게로 갔다가 되돌아오는 데 걸리는 시간을 측정하는 것이었으나 불행하게도 실패하였다. 빛이 왕복하는 시간에 비해 등불을 여는 데 걸리는 시간이 너무 길었던 것이다.

이전에 천문학적인 방법으로 측정된 빛의 속도에 대한 측정치들이 있었으나 지상에서의 최초의 성공적인 측정은 1849년 아만드 히포리트 피조(Armand Hippolyte Fizeau; 1819~1896)에 의해서였다. 그는 그림 16.4와 같이 톱니바퀴 장치를 사용하였다. 돌아가는 바퀴의 톱니 사이로 빛이 지나가서 멀리 떨어진 거울로부터 반사되어 돌아온다. 만일 빛이 거울까지 왕복하는 시간이 톱니바퀴의 한 톱니가 지나가는 시간과 일치하면 빛이 되돌아올 때 그 진로가 막히게 된다. 빛이 왕복하는 거리를 알고 있으므로 피조우는 바퀴가 돌아가는 속도를 측정함으로써 빛의 속도를 계산할 수 있었다.

피조의 톱니바퀴에서 한 톱니가 지나가는 시간은 1/10000 s였다. 이는 빛의 속도로 미루어 그의 반사거울이 바퀴로부터 8 km 이상 떨어져 있어야 했다. 피조의 실험에서 빛이 1/10000 s 이내에 16 km 이상 진행한다는 사실을 알면 빛의 속도가 어마어마하다는 것에 감탄하게 된다.

빛의 속도는 자연의 중요한 상수이다. 그래서 우리는 진공에서의 빛의 속도를 c로 나타낸다. 이 값은 $c = 2.99792458 \times 10^8$ m/s로 우리가 보통 사용하는 3×10^8 m/s에 매우 가깝다. 빛(그리고 다른 형태의 전자기파)은 유리나 물 같은 다른 매질에서는 그 속도가 늦어진다. 그러나 공기 중에서의 전자기파의 속도는 진공중에서의 속도와 거의 같다.

서로 다른 종류의 전자기파가 있는가?

앞에서 라디오파와 빛이 모두 전자기파인 것을 알았다. 그러나 라디오파와 빛은 파장과 주파수가 서로 현저하게 다르다. 라디오파는 수 m 또는 그 이상의 긴 파장을 갖고 있으나 빛은 미크론(백만분의 1미터)보다 작은 짧은 파장을 갖고 있다.

진공에서는 서로 다른 전자기파들이 같은 속도로 진행하며(공기 중에서도 대략 마찬가지임) 그 속도, 주파수와 파장은 $v = f\lambda$ 의 관계를 갖는다. 이때 속도 v는 c와 같다. 대표적인 라디오파와 빛의 주파수와 파장을 예제 16.1에서 계산하여 보았다.

전자기파의 주파수를 알면, 파장과 주파수의 관계식으로부터 파장을 계산할 수 있다. 빛의 속도를 주파수로 나누어주면 AM 방송국에서 600 kHz로 내보내는 라디오파의 파장이 500 m임을 알 수 있다. AM 라디오파는 매우 긴 파장을 갖고 있다. 그림 16.5 는 여러 **전자기파 스펙트럼**의 파장과 주파수의 영역을 보여주고 있다. 이 스펙트럼의

예제 16.1

예제 : 두 가지 전자기파의 주파수

다음의 주파수는
a. 파장이 10 m인 라디오파?
b. 파장이 6×10^{-7} m인 빛?

a. $\lambda = 10$ m $v = f\lambda = c$

$v = c = 3 \times 10^8$ m/s $f = \dfrac{c}{\lambda}$

$f = ?$ $= \dfrac{3 \times 10^8 \text{ m/s}}{10 \text{ m}}$

$= 3 \times 10^7$ **Hz**

b. $\lambda = 6 \times 10^{-7}$ m $f = \dfrac{c}{\lambda}$

$f = ?$ $= \dfrac{3 \times 10^8 \text{ m/s}}{6 \times 10^{-7} \text{ m}}$

$= 5 \times 10^{14}$ **Hz**

빛의 주파수는 파장이 10 m인 라디오파의 주파수보다 천만 배 크다.

서로 다른 영역에 속하는 파동들은 파장과 주파수가 다를 뿐만 아니라, 어떻게 발생되고 어떤 물질들을 통과할 수 있는가가 다르다. 예를 들어, X선은 가시광선이 지나가지 못하는 불투명한 물질들을 지나갈 수 있다. 라디오파 또한 가시광선이 지나갈 수 없는 벽을 통과할 수 있다.

빛의 파장은 색깔과 관련되어 있으며 대략 4×10^{-7} m인 가시광선의 끝 부분인 보라에서 빨강색 가장자리인 7×10^{-7} m에 걸쳐 있다. 색깔은 파장이 길어짐에 따라 보라에서 파랑, 초록, 노

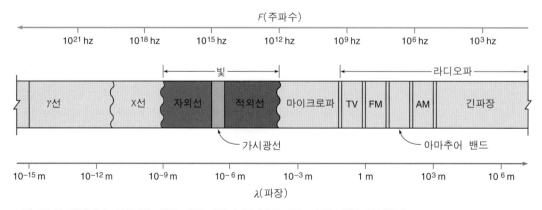

그림 16.5 전자기파 스펙트럼. 서로 다른 파장과 주파수를 갖는 스펙트럼을 보여준다.

랑, 주황을 거쳐 빨강으로 변한다. 가시광선인 빨간색보다 더 긴 파장을 갖는 전자기파를 **적외선**이라 부르며 보라색보다 더 짧은 파장을 가진 파를 **자외선**이라 부른다. X선과 감마선은 자외선보다 더 짧은 파장을 가지지만 그들도 역시 전자기파이다.

전자기파도 다른 파동과 마찬가지로 간섭을 일으킨다. 빛의 간섭은 놀랄 만한 효과를 만드는데 16장의 끝에서 논의될 것이다. 라디오파는 대기권에서 대전된 입자들의 띠에 의해 반사되는데 송신장치로부터 직접 오는 파들과 간섭을 일으켜 라디오 소리가 커졌다 작아졌다 하는 원인이 된다.

서로 다른 종류의 전자기파를 발생하는 방법은 그 주파수의 영역에 따라 매우 다르다. 그러나 그들 모두 전류가 진동하거나 가속된 전하와 관계되어 있다. 진동하는 전하는 라디오파처럼 전자회로에 있을 수 있거나 빛, X선, 감마선처럼 원자 내부에 있을 수도 있다. 어떤 따뜻한 물체와 마찬가지로 당신은 적외선 스펙트럼 영역의 전자기파를 내보내고 있다. 당신의 경우에 피부 표면의 분자들이 안테나 역할을 한다. 당신은 태양으로부터 나오는 전자기파(자외선)에 의해 태워지고 있다.

주제 토론

최근 휴대폰 사용의 급증으로 인하여 고주파수 전자기파가 인체에 미치는 영향에 대하여 관심이 증대되고 있다. 비록 이러한 전자기파의 에너지가 매우 작아 이 정도의 에너지로는 인체의 세포에 직접 해를 미친다는 증거는 없지만 그렇더라도 휴대폰의 장기적인 사용이 과연 안전한지에 대한 연구는 아직 미비한 상태이다. 그럼에도 불구하고 휴대폰 사용에 일종의 제약을 가해야만 하는가?

전자기장에 관한 맥스웰의 법칙은 이런 장과 관련된 파동들이 진공을 통해 전파된다는 것을 보여준다. 이런 파동을 전자기파라 부른다. 이 파동의 속도는 맥스웰이 예상한 바와 같이 초당 300백만 미터이다. 이는 바로 빛의 속도로 알려져 있었기 때문에 곧 빛은 맥스웰의 연구 뒤에 발견된 라디오파, 마이크로파, X선, 감마선과 함께 전자기파임이 밝혀졌다. 여러 영역의 전자기파는 서로 그 주파수나 파장이 그리고 그 발생 방법이 다르다. 그러나 그것들은 모두 파동이며, 앞에서 논의한 파동의 일반적인 성질을 보여주고 있다.

16.2 파장과 색깔

이 세상에는 색깔이 있다. 아이들은 보통 유치원에서 색을 구분하는 법을 배운다. 색을 어떻게 구분하는가? 물건의 색이 다르다는 것은 무엇을 의미하는가? 하늘은 왜 파란색인가? 색은 일차적으로 빛의 파장, 물질의 특성, 그리고 그것을 보는 방법에 관련이 있다. 이 절에서는 다양한 색과 이들 색을 어떻게 감지하는지에 대하여 배우기로 한다.

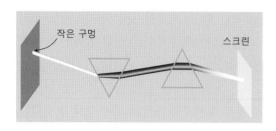

그림 16.6 뉴턴은 태양빛이 첫 번째 프리즘에 의해 여러 색으로 분리되었다가 두 번째 프리즘에 의해 다시 백색광으로 합쳐짐을 보여주었다.

표 16.1 각 파장과 관련된 색깔들	
색깔	파장(nm)
보라	380-440
파랑	440-490
녹색	490-560
노랑	560-590
주황	590-620
빨강	620-750

빛은 여러 가지 색깔을 가지고 있는가?

프리즘을 가지고 놀아본 적이 있는가? 태양의 빛을 프리즘에 통과시키면 빛이 꺾이면서 무지개 색을 보여준다. 프리즘을 통과한 빛은 더 이상 백색광이 아니며 그 대신에 한쪽 끝이 빨강에서부터 다른 쪽 끝이 보라색인 여러 가지 색으로 분해되어 나온다. 그 가운데는 파랑, 초록, 노랑, 주황이 있다.

이러한 현상에 대하여 가장 먼저 체계적으로 연구를 시작한 사람은 아이작 뉴턴이었다. 뉴턴은 뉴턴의 법칙으로 잘 알려진 인물이지만 광학 분야에 있어서도 괄목할 만한 업적을 남겼다. 그는 태양 빛을 커튼 사이의 아주 작은 구멍을 통과시켜 가느다란 빛을 만든 후 이를 유리로 된 프리즘에 통과시켰다. 이 실험을 통하여 뉴턴은 빛이 여러 가지 색의 스펙트럼으로 분광됨을 보여주었다. 이 실험은 백색광이 여러 색깔의 빛이 모여서 된 것이라는 사실을 처음으로 보여준 실험이었다.

뉴턴의 관찰은 여기에서 멈추지 않는다. 뉴턴은 프리즘으로 통과한 빛을 그림 16.6과 같이 앞의 프리즘과는 반대로 놓여 있는 또 다른 프리즘에 통과시켜보았다. 두 번째 프리즘을 통과해서 나온 빛은 원래의 백색광과 동일하였다. 여러 색깔의 빛이 다시 합쳐지면 백색광이 된다는 사실로 백색광은 여러 색깔의 빛이 합성된 것임이 더욱 분명해졌다.

지금은 뉴턴이 분광해 내었던 여러 색깔이 빛의 파장과 관계가 있다는 사실을 잘 알고 있다. 표 16.1에서 언급했듯이 보라색 빛의 파장은 빨간색 빛의 파장보다 짧다. 그 이외의 색깔의 빛들은 중간 파장이다. 빛의 파장은 간섭계를 이용하여 직접 측정이 가능하다. 빛의 파장은 아주 작은 값이어서 사람의 머리카락 두께의 약 100분의 1의 크기이다.

빛의 파장을 다룰 때 나노미터 단위를 많이 사용한다. 1나노미터는 1미터의 10^{-9}, 즉 10억분의 1을 말한다. 보라에서 빨강까지를 대개 가시광선 영역이라고 하는데 보라의 파장은 380 nm, 빨강은 약 750 nm가 된다. 표 16.1에 여러 색깔의 파장 값들이 주어져 있다.

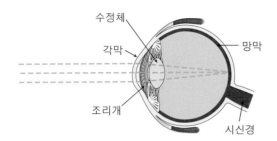

그림 16.7 눈으로 들어오는 빛은 각막과 수정체에 의해 초점이 맞춰져 망막에 그 상이 맺힌다. 망막에는 빛에 민감한 세포들이 있어 그 자극을 신경 세포를 통하여 두뇌에 전달한다.

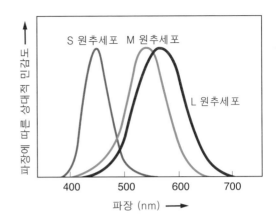

그림 16.8 세 가지 서로 다른 원추세포들은 서로 다른 파장의 빛에 반응하며 그 반응 영역은 서로 겹쳐져 있다.

우리의 눈은 어떻게 색깔을 감지하는가?

가시광선의 파장이 매우 작은 값이지만 사람의 시각 시스템은 이 작은 차이를 감지하여 색깔을 인지한다. 시각 시스템 하면 우선 눈을 떠올리지만 우리의 두뇌도 시각의 인지에 큰 역할을 한다. 그림 16.7은 사람의 눈을 간단히 그려본 것이다. 빛은 각막과 수정체를 통해 초점이 맞춰져 망막에 상이 맺힌다. 망막은 원추세포와 간상세포라고 불리는 빛에 아주 민감한 두 가지 형태의 세포로 이루어진다. 망막의 중심부에는 원추세포들이 집중적으로 위치해 있는데 이는 주로 밝은 빛에 반응하며 동시에 색깔을 감지한다. 간상세포는 망막의 주변부에 위치하며 어두운 상황에서 빛의 감지, 그리고 주변 인지에 사용된다. 간상세포는 색을 인지하지 못한다. 밤이나 어두운 데서는 실질적으로 색맹이 되는 셈이다. 잘 조명된 환경에서는 원추세포가 주도적 역할을 하여 대상을 세밀하게 관찰할 수 있게 하며 동시에 색깔을 감지한다. 원추세포에는 S 원추세포, M 원추세포, 그리고 L 원추세포 3가지가 있으며 각각의 세포들은 서로 다른 파장의 빛에 민감하다. S 원추세포는 가장 짧은 파장의 빛에, M 원추세포는 중간 파장의 빛에, 그리고 L 원추세포는 가장 긴 파장의 빛에 민감하다. 이들 세포들이 감지할 수 있는 파장의 영역은 그림 16.8과 같이 서로 겹쳐 있으며 실제로 중간 파장의 빛은 세 원추세포 모두에 의해 감지되기도 한다.

그러면 우리는 어떻게 색깔을 감지하는가? 만일 650 nm 파장의 빛이 눈으로 들어온다고 하자. 각 원추세포들의 민감도 곡선으로부터 이 빛은 M 원추세포에 비해 L 원추세포를 강하게 자극하고 있으며 동시에 S 원추세포는 거의 자극하지 않는다는 것을 알 수 있다. 어릴 적의 경험으로부터 이러한 자극은 하나의 색깔로 인지되는데 바로 빨간색에 해당된다. 이와 같은 원리로 450 nm 파장의 빛은 S 원추세포를 가장 강하게 자극하며 파란색으로 인지된다.

580 nm 파장의 빛은 M과 L 원추세포가 동일한 정도로 자극하는데 노란색으로 인지된다. 만일 빨간색 빛과 초록색 빛이 동시에 눈으로 들어온다면 각 세포들은 동일하게 반응할 것이며 우

리는 그것을 노란색으로 감지한다. 이것이 바로 색깔이 합성되는 기본 원리인 것이다. 파랑, 초록, 그리고 빨강 즉 빛의 세 가지 요소가 서로 다른 정도로 섞이면 우리의 두뇌는 그들을 다양한 색깔들로 인지하는 것이다. 그림 16.9와 같이 빨강과 초록이 섞이면 노랑이, 파랑과 초록이 섞이면 청록, 그리고 파랑과 빨강이 섞이면 자홍색이 된다.

세 가지 기본색을 적당하게 조합하면 백색광으로 인지된다. 물론 태양의 백색광과 같이 모든 파장의 빛을 골고루 포함하고 있는 것은 아닐지라도 우리 눈의 세 가지 원추세포들이 각각 태양의 백색광의 경우와 동일한 정도로 자극될 때 동일한 백색광으로 인지하는 것이다. 반대로 빛의 강도가 그 주변에 비해 현저

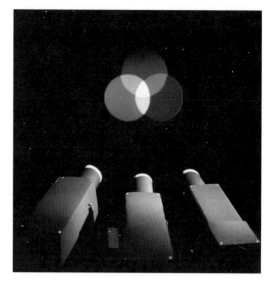

그림 16.9 파랑, 초록, 그리고 빨강의 기본색들이 혼합되어 다양한 색깔을 이룬다.

하게 떨어지는 경우 빛이 존재하지 않음, 즉 검은색으로 인지하게 된다.

물체들은 어떻게 서로 다른 색깔을 보이나?

어떻게 파란 드레스는 파랗게, 초록색 셔츠는 초록색으로 보일까? 대부분의 물체들은 스스로 빛을 발광하지는 않는다. 그들은 단순히 주변의 광원으로부터 받은 빛을 반사 또는 산란시킬 뿐이다. 그 물체의 색깔은 바로 물체의 표면에서 반사 또는 산란되어 나오는 빛에 의해 우리 눈에 감지된다. 물체의 색은 광원이 포함하는 빛의 파장과 함께 물체가 그 빛을 반사 또는 산란시키는 방식에 따라 결정된다.

미술가들은 팔레트에 기본적인 색들을 혼합하여 여러 다양한 색들을 만들어낸다. 물감의 안료나 의복을 염색하는 염료들은 모두 특정한 파장의 빛만을 선택적으로 흡수하는 성질을 가지고 있다. 일단 빛이 물체에 흡수되면 대개는 열에너지로 바뀐다. 빛을 흡수한 물체가 따뜻해지는 것은 이러한 이유이다.

빛의 선택적인 흡수에 의해서도 모든 색깔의 빛을 만들 수가 있다. 예를 들어 청록색 표지의 책에 백열전구로부터 나오는 빛을 비춘다고 하자. 백열전구란 필라멘트를 가열하여 빛을 낸다. 이는 태양이 빛을 내는 것과 같은 원리이어서 백열전구는 태양빛과 같이 거의 대부분의 파장의 빛을 포함한다. 단 태양빛에 비하여 빨강 계열의 빛이 상대적으로 강하다.

백열전구의 빛이 책을 비출 때 여러 가지 일들이 일어난다. 만일 책의 표지가 반들반들하다면 그림 16.10과 같이 빛은 반사의 법칙에 의하여 특정한 방향으로만 반사되는데 이를 거울면 반사라고 한다. 이렇게 반사되는 빛은 매우 밝고 전구의 색깔을 그대로 지닌다.

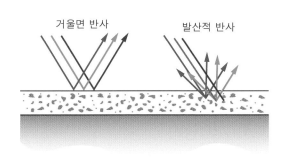

그림 16.10 거울면 반사에서는 색에 관계없이 반사의 법칙이 적용된다. 발산적 반사의 경우는 빛이 물체의 표면보다 더 깊은 곳까지 투과 후 반사가 이루어져 파장에 따라 그 일부가 흡수된다.

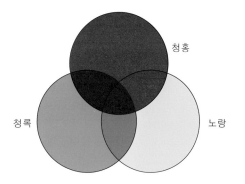

그림 16.11 색채는 제거방식으로 혼합되며 청록, 노랑, 그리고 청홍이 기본색이 된다. 이들은 칼라 프린팅에 사용된다.

또 다른 반사의 방식은 빛이 사방으로 흩어지는 발산적 반사이다. 발산적 반사는 반사면이 거칠거나 또는 빛이 표면에서 어느 정도 깊이까지 투과되어 들어가기 때문이다. 이때 투과되어 들어간 빛의 일부는 표면을 이루는 안료 입자에 의해 선택적으로 흡수된다. 만일 책의 색깔이 청록색을 띤다면 안료 입자들은 빨간색 파장의 빛을 선택적으로 흡수하여 반사된 빛은 파랑과 초록을 더 많이 포함한다. 즉 안료 입자들은 입사된 빛에서 특정한 파장의 빛을 선택적으로 제거하는 효과가 있다.

선택적 제거에 의한 색의 혼합에도 일정한 규칙이 있다. 칼라 프린터가 인쇄를 할 때 세 가지 기본적인 안료가 사용되는데 청록, 노랑, 청홍이 그것이다. 검은색 잉크가 색깔을 더욱 진하게 표현하기 위하여 사용되기도 한다. 청록은 빨간색 파장을 선택적으로 강하게 흡수하며 파랑과 초록을 반사시킨다. 노랑 안료는 파란색 파장을 강하게 흡수하며 빨강과 초록을 반사시킨다. 청홍은 중간 파장을 흡수하며 주로 빨강과 파랑을 반사시킨다.

세 가지 안료 중 한 가지로 채색된 표면에 백색광을 비추면 그 안료의 색깔이 나타난다. 또 이들 안료들을 적당히 섞어 다양한 색을 표현할 수 있다. 예를 들어 청록과 노랑 안료를 섞으면 그림 16.11과 같이 파랑과 빨강 파장이 모두 흡수되어 버릴 것이다. 결과는 초록이 된다. 마찬가지로 청록과 청홍을 섞으면 파랑이, 노랑과 청홍을 섞으면 빨강이 된다. 이들은 빛을 섞을 때와 마찬가지 패턴으로 각각의 원추세포들을 자극하기 때문이다.

사람이 색깔을 인지하는 데에는 이러한 기본적인 규칙 이외에도 더 많은 요소들이 개입된다. 빨강에 흰색을 섞으면 분홍이 되는 것이 그 한 예이다. 물체의 색에 비추어주는 광원의 특성에 따라서도 달라진다. 그러나 결국 기본적인 원리는 앞에서와 동일하며 곧 서로 다른 파장의 빛이 서로 다른 원추세포들을 다른 정도로 자극하며 사람의 두뇌는 그것을 경험적으로 특정한 색깔로 인지하는 것이다. 매일의 자연현상 16.1을 참조하라.

매일의 자연현상 16.1

왜 하늘은 파란색인가?

상황. "하늘은 왜 파랗게 보여요?" 아마도 평범한 부모라면 아이들로부터 한번쯤은 이런 질문을 받아보았을 것이다. 이와 유사한 질문들이 "왜 하늘이 있나요?"라든가 "저녁 노을은 어떻게 저렇게 붉은색으로 보이나요?"와 같은 것들인데 답변하기에는 상당히 난처한 질문들이다. 한낮에 태양으로부터 직접 오는 빛은 분명 백색광이다. 이는 가시광선 영역의 모든 파장의 빛을 포함하며 특히 녹색-노랑 영역의 빛을 많이 포함한다. 그렇다면 하늘은 왜 파란가? 또 저녁 노을은 어떻게 화려한 주황색과 붉은색으로 물드는 것일까? 이들은 모두 바로 산란이라는 현상과 관련이 있다.

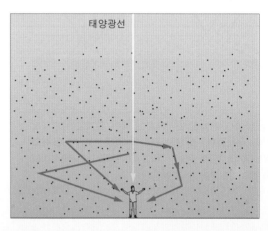

대낮에는 태양으로부터 오는 빛 중 짧은 파장의 빛이 더욱 효과적으로 산란된다. 이 산란된 빛이 하늘을 파랗게 보이게 한다.

분석. 하늘이 왜 파란색인가에 대하여 답변하기 전에 먼저 하늘이란 어떻게 해서 우리 눈에 보이는가 라는 질문부터 답하는 것이 순서이다. 이 빛은 어디에서 오는 것일까? 하늘의 빛은 태양으로부터 오는 것이다. 다만 그것이 산란에 의해 진로가 꺾여 다른 방향으로부터 우리 눈으로 들어오는 것일 뿐이다. 산란이란 빛이 아주 작은 입자에 의해 흡수되었다가 같은 파장의 빛을 곧바로 다시 방출하는 과정을 말한다. 이때 산란되는 빛은 빛이 들어온 방향과는 무관하게 임의의 방향을 향한다.

만일 대기가 없다면 산란도 일어나지 않는다. 따라서 하늘은 빛이 없으므로 검게 보일 것이다. 그러나 지구는 그 표면으로부터 수마일 두께의 대기층을 가지고 있다. 이 대기층은 주로 질소 분자와 산소 분자들로 구성되어 있으며 소량의 다른 분자들을 포함하고 있다. 이 외에도 공기 중에는 연기분자나 화산재 등의 입자들도 있는데 이들은 아주 작은 입자들이지만 분자에 비하면 상당히 크다.

하늘의 파란색은 기본적으로 기체 분자의 산란에 의한 것이다. 빛을 산란시키는 입자의 크기가 빛의 파장에 비해 작을 때 이를 레일리 산란이라고 부르는데 이는 물리학자 레일리의 이름을 딴 것이다. 레일리 산란은 파장에 의존하는데 짧은 파장의 빛이 긴 파장에 비해 더욱 효과적으로 산란된다.

분자가 빛을 산란하는 것은 안테나의 원리로 생각하면 좋다. 기체 분자들은 전하를 띤 입자들로 구성되어 있으므로 분자가 놓인 곳에 전자기파동이 지나가면 분자를 이루고 있는 전하들은 지나는 전자기파의 주파수와 같은 주파수로 진동하게 된다. 이는 마치 라디오 전파가 동조회로에 같은 주파수의 전류를 유도하는 것과 같은 원리이다. 이러한 과정은 안테나의 크기가 대략 파장과 비슷할 때 더욱 효과적이다. 그러나 분자의 크기는 수 나노미터 정도이고 가시광선의 파장은 수백 나노미터 정도이기 때문에 분자의 안테나로서의 역할은 그리 효과적이지는 못하다. 그렇더라도 가시광선 영역 중 가장 짧은 파장을 갖는 파란색 쪽의 빛이 가장 잘 산란된다는 사실에는 변함이 없다.

이것이 바로 하늘이 파란색인 이유이다. 파란색 빛이 중간 파장이나 빨강에 비해 더욱 효과적으로 산란되기 때문이다. 산란된 빛이 우리 눈으로 들어오기 위해서는 그림과 같이 여러 번의 산란을 거쳐야 한다. 하늘을 볼 때 태양을 직접 바라보지는 않는다. 아마도 태양을 직접 바라보는 것은 매우 고통스러운 일일 것이다. 태양 빛은 여러 번의 산란을 거치며 짧은 파장인 파랑과 보라가 가장 강하게 남는다. 다만 태양의 스펙트럼에는

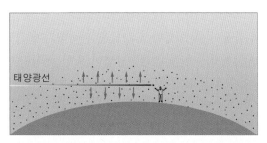

저녁에 태양빛은 대기권에서 더 많은 거리를 진행한다. 짧은 파장의 빛은 산란되어 사라지고 긴파장의 빛만 남는다.

보라보다는 파랑이 더욱 강하므로 우리는 하늘의 색을 파랑으로 인지하는 것이다.

　그러면 해가 막 뜰 때나 석양은 왜 붉은색을 띠는 것일까? 해질 무렵 우리 눈으로 들어오는 태양 빛은 그 진로에서 대기 중을 통과하는 거리가 그림과 같이 매우 길어지게 된다. 파랑과 중간 파장의 빛들은 산란이 잘 일어나므로 진로를 이탈하여 없어지고 직선의 진로에 남아 있는 빛은 빨강과 긴 파장의 빛들이 주가 된다. 노을에서 태양에 가까운 곳일수록 더욱 빨갛게 보이는 이유는 이 때문이다.

　산란은 구름 속에 있는 물방울에 의해서도 일어난다. 물방울의 크기는 대개 가시광선 영역의 빛의 파장보다도 큰 것이 보통이다. 이 경우 산란이 일어나는 정도는 파장에 거의 의존하지 않게 된다. 구름의 색이 흰색이거나 검은 회색인 이유는 모든 파장의 빛이 동등한 정도로 산란되기 때문이며 다만 그 밝기만이 약해지기 때문이다.

태양으로부터 오는 백색광은 실제로 모든 파장의 빛을 포함하고 있다. 이러한 사실은 뉴턴의 의해 두 개의 프리즘을 이용하여 빛을 분해하고 다시 합성하는 실험을 통하여 처음 밝혀졌다. 사람의 망막에는 빛에 민감한 세 가지 종류의 원추세포가 있어서 색깔을 인지한다. 사람의 눈에 들어오는 특정한 색깔의 빛은 특정한 파장의 빛들이 혼합된 것이다. 빛의 합성과 색의 합성은 같은 원리로 세 가지 원추세포에 의한 자극의 결과가 두뇌에 의해 인지된다.

16.3 광파의 간섭

　빛이 파동 현상인지 아니면 입자의 흐름인지에 대한 논란은 17~18세기 내내 과학자들 간에 계속되었다. 빛에 대하여 알려진 여러 가지 효과들은 파동 또는 입자현상으로도 설명될 수 있는 것들이었다. 그중에서 간섭현상은 본질적으로 파동이 갖는 특성이다. 만일 빛이 간섭 효과를 나

타낸다면 아마도 오랜 논란은 결론에 도달할지도 모를 일이었다.

1800년에 영국의 물리학자 토마스 영은 그의 유명한 이중 슬릿에 의한 간섭실험을 하였다. 빛이 간섭효과를 나타낸다는 사실이 관측되는데 왜 그렇게 오랜 시간이 걸린 것일까? 그것은 가시광선의 파장이 매우 짧아서 간섭을 관측하기가 그만큼 어려웠기 때문이다. 모든 어려움이란 그 이유가 밝혀지면 언제나 해결방법이 또한 제시되는 것이다. 이렇게 간섭현상의 관찰로 빛이 파동현상임은 확실해진 것이다.

영의 이중 슬릿에 의한 간섭실험

모든 간섭실험에는 서로 결이 맞는 최소한 두 개의 파원이 필요하다. 15장에서 다루었던 두 개의 로프를 이용한 파동실험이 바로 그 예이다. 광파의 위상은 지속적으로 변하기 때문에 간섭에 필요한 결이 맞는 두 개의 광원을 얻는 방법으로 먼저 하나의 슬릿을 통과한 빛을 다시 둘로 나누는 방법을 사용한다. 영은 서로 거리가 아주 가까이 위치한 두 개의 평행한 슬릿을 사용하여 두 광원으로 나눌 수 있었다.

영의 실험의 개념도는 그림 16.12와 같다. 광원의 빛은 먼저 작은 하나의 슬릿을 통과한 후 최대한 얇은 폭의 빛이 된다. 이 빛은 두 개의 아주 근접한 슬릿을 통과한 후 스크린에 비쳐진다. 영은 현미경용 슬라이드에 검게 흑연을 바른 다음 날카로운 칼로 길게 흠집을 내는 방법을 사용하였다. 가시광선의 간섭현상을 관측하기 위해서는 두 슬릿의 간격은 밀리미터 이하이어야 한다.

두 슬릿을 통과한 빛이 스크린에서 모일 때 보강 또는 소멸 간섭이 일어날 조건은 무엇일까? 스크린의 중심부는 두 슬릿으로부터 같은 거리에 있기 때문에 두 슬릿을 통과한 두 빛은 동시에 도착하게 된다. 따라서 두 슬릿을 통과할 때 같은 위상이었으므로 스크린에 도달하는 두 빛의 위상은 일치하게 되어 보강간섭이 일어난다. 따라서 스크린의 중심부분은 밝은 무늬가 된다.

스크린의 다른 부분들은 어떻게 될까? 스크린의 중심부로부터 양쪽으로 가장 가까운 위치는

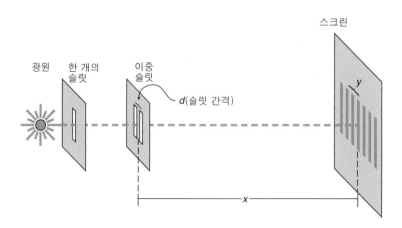

그림 16.12 영의 간섭실험에서 광원에서 나온 빛은 먼저 하나의 슬릿을 통과한 후 이어서 이중 슬릿을 통과한다. 스크린에 생기는 간섭무늬를 볼 수 있다.

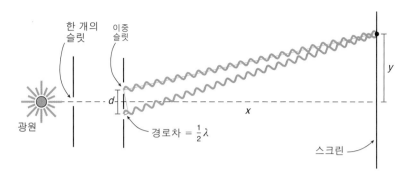

한 개의
슬릿
이중
슬릿

광원

경로차 = $\frac{1}{2}\lambda$

스크린

그림 16.13 두 파동의 경로차가 반파장이 될 때 스크린에 도달하는 두 파동은 위상이 정 반대가 되어 상쇄간섭이 일어난다.

두 슬릿으로부터 거리가 조금 차이가 나므로 도달한 빛의 위상은 서로 조금 차이가 나게 된다. 먼 거리를 간 빛의 위상이 더 늦어지고 가까운 거리를 이동한 빛에 비해 위상이 늦어지는 정도가 반파장이 되는 경우 소멸간섭이 일어나고(그림 16.13) 스크린에는 어두운 부분으로 나타나게 된다.

　두 빛이 이동하는 거리가 완전한 한 파장만큼 차이가 나는 지점은 어떻게 될까? 그러면 먼저 도달한 파동이 완전한 한 주기를 지나게 되어 두 빛은 다시 위상이 일치하게 된다. 이는 거리의 차이가 완전한 두 파장, 세 파장, 등 정수배의 파장 거리만큼 차이가 나는 곳에서도 동일하게 적용되며 이들은 모두 스크린 상의 밝은 부분이 된다. 인접한 밝은 부분의 중간 지점은 두 파동의 이동거리가 완전한 정수배파장 플러스 반파장 만큼 차이가 나며 어두운 부분이 된다.

　결국 스크린에는 밝고 어두운 부분이 반복해서 나타나게 되는데 이를 간섭무늬라고 한다. 단색광의 광원을 사용하는 경우 이 무늬는 상당한 수의 선명한 무늬를 보여준다. 만일 백색광의 광원을 사용하면 무늬는 한두 개 정도만이 선명하다. 여러 파장의 빛이 섞여 있는 경우 파장에 따라 보강간섭이 일어나는 위치가 약간씩 차이가 나기 때문이다. 경우에 따라 색깔을 띤 무늬를 보여주기도 한다.

간섭무늬의 간격을 결정하는 것은 무엇인가?

　간섭실험에서 광원의 파장과 그림 16.13과 같이 기하학적 거리만 알면 두 파동의 경로차를 알 수 있고 스크린 상의 어느 지점이 밝은 무늬가 되고 어느 지점이 어두운 무늬가 될지를 예측할 수 있다. 두 슬릿의 간격에 비하여 슬릿에서 스크린까지의 거리가 충분히 멀다면 그 경로차는 근사적으로 다음과 같이 주어진다.

$$(경로차) = d\frac{y}{x}$$

　여기서 d는 슬릿의 간격이며, y는 스크린의 중심에서의 거리이며, x는 슬릿과 스크린의 중심까지의 수직거리이다. 앞에서 언급한 대로 이 경로차가 파장의 정수배가 되면 보강간섭에 의해 밝은 무늬가 나타난다(예제 16.2 참고).

예제 16.2에서 계산하였듯이 슬릿 사이의 간격이 0.5 mm일 때 스크린의 중심에서 두 번째 밝은 무늬까지의 거리는 2.5 mm가 된다. 따라서 첫 번째 어두운 무늬까지는 그 반인 1.25 mm가 될 것이다. 이렇게 무늬 간의 간격이 매우 가깝기 때문에 관측하기가 어려운 것이다. 슬릿 사이의 간격을 더 가까이 하면 예제 16.2의 결과 y값에 해당되는 간섭무늬 사이의 간격은 멀어진다. 영이 간섭실험을 하던 시절 슬릿 사이의 간격을 0.5 mm로 만드는 것은 그리 쉬운 일은 아니었다. 물론 요즈음은 사진 현상이나 다른 방법으로 정밀한 슬릿들을 만드는 것이 가능하다.

예제 16.2

예제 : 이중 슬릿을 이용한 실험

파장 630 nm의 빨강 빛이 간격이 0.5 mm 떨어진 두 슬릿을 통과한다. 슬릿으로부터 1 m 떨어진 스크린에 맺히는 간섭무늬를 관찰하고 있다. 두 번째(2차) 밝은 무늬는 스크린의 중심에 있는 밝은 무늬(0차)로부터 얼마나 떨어져 있는가?

$\lambda = 630$ nm $= 6.3 \times 10^{-7}$ m 2차 밝은 무늬에
$d = 0.5$ mm $= 5 \times 10^{-4}$ m 대한 경로차는
$x = 1$ m 다음과 같다.
$y = ?$

$$d\frac{y}{x} = 2\lambda$$

이 결과를 다시 정리하면

$$y = \frac{2\lambda x}{d}$$

$$= \frac{2(6.3 \times 10^{-7} \text{ m})(1 \text{ m})}{(5 \times 10^{-4} \text{ m})}$$

$$= 0.0025 \text{ m} = 2.5 \text{ mm}$$

얇은 막의 간섭

아마도 얇은 비누막이나 혹은 길가 주차장의 기름막에서 여러 가지 색깔의 띠가 나타나는 현상을 본 적이 있을 것이다. 이것이 바로 얇은 막의 간섭현상이다. 왜 이런 색깔이 나타나는 것일까? 이는 얇은 막의 위쪽면에서 반사되는 빛과 밑면에서 반사되는 두 빛이 간섭을 일으킨 결과이다.

그림 16.14는 물웅덩이 위에 떠 있는 기름막에 빛이 반사되는 모습을 보여준다. 간섭무늬를 볼 수 있으려면 기름막의 두께는 빛의 파장의 서너 배 정도로 매우 얇아야 한다. 밑에 있는 물의 두께는 기름막에 비하면 아주 두껍다. 빛은 기름막의 위쪽 면과 아래 면에서 각각 반사되고 있다. 이 두 빛이 관측자의 눈에 도달하기까지 기름막의 밑면에서 반사된 빛이 더 먼 거리를 이동하게 된다. 두 빛 사이의 경로는 간섭무늬로 나타난다.

두 빛이 반사되는 경로는 기름막의 면에 거의 수직이고 밑면에서 반사되는 빛은 기름막을 두 번 가로지르는 것만큼 더 이동하므로 경로차는 기름막 두께의 두 배가 된다. 여기서 중요한 것은 경로차에 의한 효과가 기름이

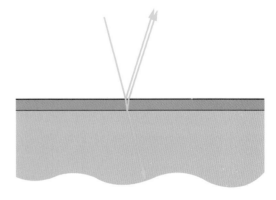

그림 16.14 물 표면에 떠 있는 기름막의 위아래에서 반사되는 두 빛은 간섭을 일으킨다.

라는 매질에서 빛의 파장과 관계가 된다는
것이다. (17장에서 배우게 되겠지만 굴절률
이 n인 매질에서 빛의 파장은 λ/n이 된다.
여기서 λ은 공기중에서 빛의 파장이다.)

모든 간섭에서 그러하듯 경로차가 파장의
몇 배나 되느냐가 관건이 된다. 만일 이 경로
차가 파장의 반이라면 상쇄간섭이 일어난다.
그러면 색깔은 어떻게 나타나는 것일까? 앞
에서 간섭의 효과는 경로차와 함께 빛의 파
장에 달려 있다는 것을 배웠다. 즉 같은 경로
차라고 하더라도 어떤 파장의 빛에 대하여는
상쇄간섭이 일어나지만 또 다른 파장의 빛에
대하여는 보강간섭이 일어날 수도 있다는 말
이다. 예를 들어 기름막의 두께가 가시광선

그림 16.15 기름막이 보여주는 다양한 색채의 간섭
무늬는 물에 젖은 주차장에서 얼마든지 볼 수 있다.
기름막의 다양한 색채는 기름막의 두께가 위치에 따라
다르기도 하거니와 보는 각도에 따라서도 달라진다.

스펙트럼의 중간부분인 녹색 빛에 대하여 상쇄간섭을 일으키는 조건이라고 하자. 그러면 반사되
는 빛은 그 보색인 파랑과 빨강의 혼합색이 될 것이다. 만일 기름막의 두께가 빨간색 파장에 대
하여 상쇄간섭을 일으키는 조건과 맞는다면 반사된 빛은 초록과 보라색이 될 것이다. 바로 색깔
의 혼합에 대한 법칙이 적용된다.

따라서 기름막의 색깔은 기름막의 두께에 따라 달라진다는 것을 알 수 있다. 만일 위치에 따
라 기름막의 두께가 변하고 있다면 기름막의 색깔은 그림 16.15와 같이 위치에 따라 달라진다.
또한 두 빛의 경로차는 빛이 입사하고 반사하는 각도에 따라서도 달라진다. 빛이 여러 가지 각
도에서 기름막에 반사되고 있다면 그 반사되는 각도에 따라 경로차가 달라지고 따라서 색깔도
달라진다.

이 외에도 얇은 막의 간섭현상을 볼 수 있는 방법은 많이 있다. 비눗방울이나 물 위의 얇은 비
누막은 다양한 색채를 띤다. 얇은 비누막의 좌우에는 말하자면 공기층이 있는 셈이다. 그림 16.1
은 비누막에서 반사된 서로 다른 색이 수평의 밴드를 형성한 모습이다. 이러한 밴드가 형성된
요인은 중력이다. 중력에 의해 비누막의 아래 부분은 위쪽에 비해 두껍기 때문이다.

비누막의 두께가 극도로 얇아지는 경우(거의 터지기 직전) 그 경로차는 0으로 접근한다. 이 경
우 두 빛은 보강간섭으로 인해 밝은 부분이 될 것으로 생각하기가 쉽다. 그러나 그림을 보면 반
대로 이 부분이 어두운 것을 볼 수 있다. 이는 상쇄간섭이 일어나고 있다는 것을 말해주는 것인
데 이는 비누막의 위쪽에서 반사될 때 그 위상은 반주기만큼 늦어지기 때문이다. 반면에 비누막
의 아래쪽에서는 이러한 위상의 늦어짐이 나타나지 않는다. 이러한 현상은 막의 양쪽의 매질이
같은 경우에는 언제나 일어난다.

경우에 따라 얇은 막은 공기막이 될 수도 있다. 두 장의 유리판을 겹쳐놓는 경우가 바로 그것

매일의 자연현상 16.2

안경 표면의 반사방지용 코팅

상황. 새 안경을 구입하고자 하는 경우 안경사들은 다양한 프레임과 렌즈들을 권하게 된다. 그들은 기꺼이 반사방지용 코팅이 되어 있는 렌즈를 권하는데 그들의 설명에 의하면 반사방지용 코팅이 되어 있는 렌즈를 사용하면 조명이 어두운 곳에서도 물체를 잘 볼 수 있을 뿐만 아니라 당신을 보는 사람 입장에서도 당신의 얼굴을 더 잘 볼 수 있게 하여 준다고 한다.

어떤 렌즈가 반사방지용 코팅 처리가 되어있는가?

렌즈 표면의 반사방지용 코팅이란 어떤 작용을 통해 그 반사되는 빛을 줄여줄 수 있는 것일까? 얇은 막에 의한 간섭효과가 바로 그 해답이다.

분석. 빛이 유리나 플라스틱 렌즈의 표면에 닿을 때 그중 일부는 반사된다. 일반적으로 안경으로 사용되는 유리나 플라스틱 렌즈는 빛이 안경면에 수직으로 입사하는 경우 그 앞뒤 표면에서 각각 약 4%의 빛이 반사된다고 한다. 빛이 비스듬하게 입사하는 경우에는 반사율이 더욱 증가한다.

따라서 코팅되지 않은 안경에서는 최소한 약 8%의 빛이 반사되는 셈이다. 이렇게 반사된 빛은 바로 당신과 대화하고 있는 사람에게로 반사되어 어떻게든 대화의 집중도를 떨어뜨리기가 십상이다. 빛의 일부가 반사된다는 것은 당신의 눈으로 들어오는 광량이 그만큼 줄어든다는 것을 의미하며 어두운 조명하에서는 더욱 바람직하지 않다.

반사방지용 코팅은 렌즈의 표면에 투명한 얇은 막을 코팅하여 반사율을 줄여주는 효과가 있다. 반사방지막은 투명함과 동시에 내구성이 있어야 하므로 그 재질은 상당히 제한

이다. 두 유리판이 모두 판판하고 깨끗하다면 유리판 사이에는 얇은 공기막이 형성된다. 공기막의 두께가 달라짐에 따라 여러 가지 다양한 색깔을 관찰할 수 있다(그림 16.16). 이 간섭무늬의 패턴은 광원의 파장과 함께 공기막의 두께, 그리고 바라보는 각도에 따라 달라진다. 얇은 막의 간섭은 또 안경 표면에 코팅된 반사방지막에서도 관찰될 수 있다(매일의 자연현상 16.2).

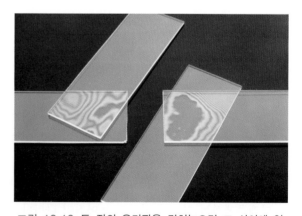

그림 16.16 두 장의 유리판을 겹쳐놓으면 그 사이에 있는 공기막에 의해서도 간섭무늬가 관찰된다. 다양한 색채는 서로 다른 공기막의 두께에 기인한다.
© David Parker/Science Source

되는데 불화마그네슘이 가장 많이 쓰인다.

반사율을 낮추기 위해서는 코팅 막의 두께가 가장 중요한 요소가 된다. 필름막의 두께는 가시광선의 중간 부분 영역의 파장의 빛에 대하여 그 반사파가 상쇄간섭을 일으키는 조건이 되도록 조정한다. 단층 코팅의 경우 막의 두께가 파장의 1/4이 될 때 이 조건이 만족된다. (여기서 파장이란 막을 이루는 재질 속에서의 파장을 말하며 매질 속에서는 공기중에서 보다 파장이 짧아진다.) 만일 파장 550 nm를 기준으로 설계한다면 막의 두께는 약 100 nm가 되며 이는 1 mm의 만 분의 1인 매우 작은 값이다.

막의 안쪽에서 반사되는 빛은 막을 두 번 가로지르는 셈이 되므로 막의 두께가 1/4 파장이면 막의 앞쪽에서 반사되는 빛과의 경로차는 반파장이 된다. 이는 상쇄간섭이 일어나는 조건이다. 만일 두 파동의 진폭이 동일하다면 상쇄간섭은 완벽하게 일어나 이 파장의 빛은 완전하게 투과된다. 실제로는 이러한 조건이 완벽하게 충족될 수는 없어 아주 적은 빛이 반사된다.

상쇄간섭의 조건이 중간 파장의 빛을 기준으로 설계되었으므로 스펙트럼의 양쪽 끝에 해당되는 빨강과 파랑은 상대적으로 강하게 반사된다. 다만 우리의 눈은 이 파장대에서는 상대적으로 민감도가 떨어지기 때문에 잘 느끼지 못할 뿐이다. 안경 렌즈에 빛이 반사 될 때 약간 보라색 느낌을 받는 것은 그러한 이유에서이다.

단층이 아니라 다층막을 그것도 서로 다른 재질의 막을 혼용하여 사용하면 더 좋은 결과를 얻을 수 있다. 그러나 막의 층수를 늘릴수록 그것을 만드는 데 드는 비용은 올라가는 것이 당연하다. 최근에 사용되는 코팅 렌즈들은 모두 다층막을 사용한 렌즈들이다. 그러나 다층막 코팅 렌즈들은 가격이 비싸고 렌즈면이 긁힘에 약하다는 사실을 알아야 한다. 이러한 단점들에도 불구하고 반사를 막아주는 것이 중요하다고 판단된다면 다층막 코팅 렌즈를 선택할 일이다.

간섭이란 파동에서 관측되는 일반적인 현상이며 빛의 경우도 예외는 아니다. 빛의 파동성이 증명된 것도 바로 토마스 영의 이중 슬릿을 통한 빛의 간섭실험을 통해서였다. 이중 슬릿을 지나는 빛이 스크린까지 이동하는 경로의 길이가 서로 다른 경우 각각 보강 또는 상쇄 간섭효과가 나타날 수 있다. 만일 경로차가 파장의 정수배가 되면 보강간섭이 일어나 밝은 무늬가 된다. 경로차가 파장의 정수배 플러스 반파장이 되면 상쇄간섭이 일어나 어두운 무늬가 된다. 얇은 막의 위 아래 면에서 반사되는 두 빛도 경로차로 인해 간섭 효과를 나타낸다. 얇은 비누막이나 기름막, 또는 두 유리판 사이에 형성된 공기막의 다양한 색깔의 간섭무늬도 같은 원리에 의한 것이다.

16.4 회절과 회절격자

16.3절에서 보았던 이중 슬릿에 의한 간섭무늬 패턴을 자세히 보면 밝은 무늬들의 밝기가 모

그림 16.17 하나의 슬릿에 의한 회절무늬는 가운데 밝은 부분과 함께 좌우 대칭으로 어둡고 밝은 부분이 교차로 나타난다.

두 같지 않음을 알 수 있다. 스크린의 중심부분에서 멀어질수록 밝기가 점점 약해지고 있다. 이러한 효과는 간섭의 또 다른 측면, 즉 회절이라고 부르는 것이다. 회절이란 하나의 슬릿의 서로 다른 부분을 통과한 빛들 사이의 간섭에 의한 결과인 것이다.

하나의 슬릿에 의한 회절효과

하나의 슬릿에 의한 회절효과를 설명하는 것이 가장 쉬운 방법이다. 그림 16.12의 이중 슬릿 실험에서 두 슬릿을 하나의 얇은 슬릿으로 대치하였다고 생각하자. 결과는 그림 16.17과 같이 좌우 대칭으로 밝고 어두운 부분이 교차하여 나타난다. 이때 가운데 부분은 밝은 부분이 된다.

가운데 부분이 밝은 부분이 되는 것은 슬릿의 중심을 기준으로 좌우 같은 거리에 있는 위치를 통과한 빛끼리 보강간섭을 일으키기 때문인 것으로 쉽게 추리할 수가 있다. 그 이외의 밝고 어두운 무늬들을 설명하기 위해서는 더욱 깊이 있는 분석이 필요해진다. 예를 들어 가운데 밝은 무늬의 좌우에 동일하게 있는 어두운 무늬를 보자. 이들은 슬릿을 두 부분으로 나누었을 때 그 위쪽 반을 통과한 빛과 나머지 아래쪽 반을 통과한 빛들이 반파장의 경로차가 나기 때문에 상쇄 간섭을 일으킨다고 생각할 수가 있다(그림 16.18).

보다 논리적인 설명을 위해서는 이제 하나의 슬릿을 여러 부분으로 쪼개어 생각해야만 한다. 중앙으로부터 더 멀리 떨어져 있는 무늬들의 설명에는 이러한 과정이 더욱 필수적이다. 왜냐하면 멀리 떨어진 무늬들은 바로 슬릿의 여러 부분을 통과한 빛들 사이의 경로차에 의한 간섭의 결과이기 때문이다. 무늬 중앙에서 멀리 떨어진 곳일수록 슬릿의 각부분을 통과한 빛들이 완벽하

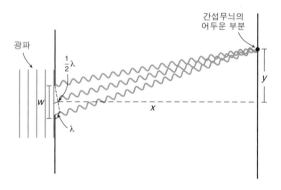

그림 16.18 슬릿의 위 아래 각각 반쪽을 통과한 두 빛 사이에 반파장의 경로차가 나는 위치에서는 어두운 무늬가 된다.

게 위상이 같기가 어려워지므로 밝은 무늬들의 밝기는 중앙에서 멀어질수록 점점 희미해진다.

첫 번째 검은 무늬는 슬릿의 위쪽 반과 아래쪽 반을 통과한 빛의 경로차가 반파장인 경우에 해당된다고 하였는데 이는 바로 슬릿의 가장 위쪽부분과 가장 아래쪽 부분을 통과한 빛의 경로차는 그림 16.18과 같이 완전한 한파장이 된다는 것을 말한다. 따라서 이중 슬릿 실험에서 계산한 방식과 동일한 방법으로 첫 번째 검은 무늬의 위치는

$$y = \frac{\lambda x}{w}$$

여기서 w는 슬릿의 폭, λ는 빛의 파장, 그리고 x는 슬릿에서 스크린까지의 거리이다(예제 16.3 참고).

예제 16.3

예제 : 하나의 슬릿에 의해 생기는 중앙 밝은 무늬의 폭은?

파장 550 nm의 빛이 폭이 0.4 mm인 한 개의 슬릿을 통과한다. 슬릿으로부터 3.0 m 떨어진 스크린에서 관찰할 때
a. 가운데 밝은 부분으로부터 다음 어두운 무늬까지의 거리는 얼마인가?
b. 가운데 밝은 부분의 폭은 얼마인가?

a. $\lambda = 550$ nm $y = \dfrac{\lambda x}{w}$
$w = 0.4$ mm
$x = 3.0$ m $= \dfrac{(5.50 \times 10^{-7}\text{m})(3.0\text{m})}{0.4 \times 10^{-3}\text{m}}$
$y = ?$

$= \mathbf{0.0041\,m = 4.1\,mm}$

b. $2y = ?$ $2y = 2(4.1 \text{ mm}) = \mathbf{8.2\ mm}$

중앙의 밝은 부분은 양쪽으로 첫 번째 어두운 부분까지 걸쳐 있으므로 그 폭은 두배가 된다.

이 결과로부터 가운데 밝은 무늬의 폭을 알 수 있다. 이 폭은 $2y$가 된다. 여기서 y는 무늬의 중심에서 첫 번째 어두운 무늬까지의 거리를 말한다. 수식에서 알 수 있듯이 슬릿의 폭이 좁아질수록 회절무늬는 더 넓게 퍼진다. 슬릿의 폭이 매우 좁아지면 밝은 부분의 폭이 슬릿의 폭보다 넓어지게 되는데 이는 빛이 회절에 의해 휘어질 수 있다는 사실을 의미하는 것이다.

또 다른 형태의 회절모양

비록 의식하지는 못할지라도 우리 주변에는 많은 회절 현상을 볼 수 있다. 아마도 여러분은 창문을 통해 별빛을 보거나 멀리 떨어진 가로등을 볼 때 이들이 그림 16.19와 같은 모습으로 보였던 기억이 있을 것이다. 그림 16.19는 사각형 모양 슬릿에 의한 회절 패턴이다.

사각형 모양 슬릿에 의한 회절 무늬에 대한 설명은 한 개의 슬릿의 회절 현상과 동일하다. 다만 회절 현상이 2차원적으로 일어나고 있다

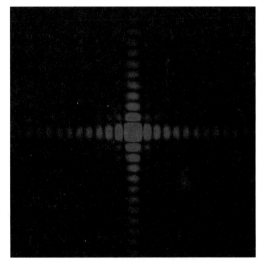

그림 16.19 사각형 모양의 슬릿이 만들어내는 회절 무늬. 노출 시간을 더 길게 하면 더 멀리 있는 무늬를 볼 수 있다.

는 것이 차이이다. 직사각형 모양의 슬릿을 사용하면 회절무늬 사이의 간격이 수평방향과 수직방향이 서로 달라지게 된다. 가로세로 중 좁은 쪽이 밝은 무늬 사이의 간격은 더 넓어진다.

슬릿 또는 구경은 사진기나 현미경과 같은 광학기기에서 중요한 요소 중의 하나이다. 사람의 눈은 말하자면 원형 모양의 슬릿에 해당된다. 원형 슬릿에 의한 회절무늬는 그림 16.20과 같다. 이런 황소 눈 모양의 무늬는 알루미늄 포일에 핀으로 구멍을 낸 다음 레이저 지시기의 불빛을 구멍에 비추어 회절을 일으키면 쉽게 관찰할 수 있다.

한 개의 슬릿에서와 마찬가지로 원형 슬릿의 반지름이 작아질수록 중심에 밝은 부분의

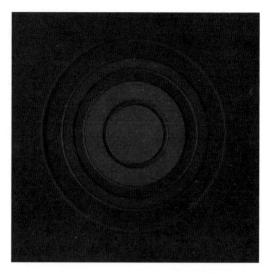

그림 16.20 원형 슬릿이 만드는 회절무늬. 가운데 밝은 부분으로부터 시작하여 어둡고 밝은 부분이 교차해서 나타난다.

반지름은 넓어진다. 만일 아주 작은 핀 홀 슬릿을 광학기기에 사용한다면 빛은 회절현상에 의해 더욱 넓게 퍼져 보인다. 망원경으로 별을 관찰할 때 상이 퍼져 보일 뿐만 아니라 인접해 있는 상이 겹쳐 보이는 것은 회절 때문이다. 좋은 망원경에서는 핀홀 슬릿 대신에 커다란 반사경을 사용하는 것은 이 때문이다. 망원경에 대한 심도 있는 논의는 17장에서 하도록 한다.

우리 눈의 동공은 빛의 밝기에 따라 자동적으로 크기가 조절된다. 밝은 빛에서 동공의 반경은 작아지므로 회절현상에 의해 눈의 분해능은 떨어진다. 사람의 눈이 최대한 섬세한 이미지를 보기 위해서는 약간 어두운 조명이 효과적인 것이다.

눈의 동공의 크기로 인해 어두운 밤에 별을 관찰할 때도 회절현상을 경험한다. 별이 밝은 하나의 점으로 보이는 것이 아니라 밝은 점을 중심으로 자전거 살이 뻗치듯이 보이는 현상이 그것이다. 이러한 살같은 빛들은 원형 동공의 가장자리 직선부분에 의한 효과이다. 가장자리 직선부분은 부분적으로 마치 한 개의 슬릿과 같이 작용하는 것이다.

회절격자란 무엇인가?

회절격자란 빛의 색 스펙트럼을 관찰하기 위하여 사용하는 여러 개의 슬릿을 모아놓은 것을 말한다. 회절이란 단어를 사용하였으나 원리상 간섭을 이용하는 것이므로 간섭격자라고 하는 것이 더 적당할지도 모르겠다. 회절격자의 기본원리는 여러 개의 슬릿으로부터 나오는 빛들의 간섭효과를 이용하는 것이다. 간섭과 회절은 간혹 폭넓은 의미로 사용되기도 하는데 엄밀하게 정의하면 서로 다른 슬릿을 통과한 빛들에 의한 효과는 간섭으로 하나의 슬릿을 통과한 빛에 의한 효과는 회절로 분류하는 것이 타당하다.

앞의 간섭실험에서 슬릿의 수를 더욱 늘리면 재미있는 현상이 나타난다. 슬릿 사이의 간격을 일정하게 하고 슬릿 수를 늘리면 먼저 밝은 부분은 더욱 밝아지면서 밝은 부분 사이의 간격은 점점 가까워진다. 이와 동시에 밝은 무늬 사이에 2차적인 희미한 무늬들이 나타난다. 이 2차 무늬의 개수는 보통 $N-2$ 로 주어지는데 N은 슬릿의 개수이다. 만일 슬릿의 개수가 10개이면 밝은 무늬 사이의 희미한 무늬는 8개가 된다. 슬릿의 개수를 더욱 늘리면 이 2차적인 희미한 무늬들은 더욱 희미해져서 잘 보이지 않게 되는 반면에 밝은 무늬들은 더욱 밝아지며 그 간격도 점점 가까워진다. 좋은 회절격자는 1 mm에 약 수백 개 정도의 슬릿이 있다. 물론 이렇게 좁은 간격의 슬릿을 균일하게 만들기 위해서는 특별한 기술이 필요하다. 최근에는 레이저의 홀로그래피를 이용하여 좋은 품질의 회절격자를 생산한다(매일의 자연현상 21.1 참조).

회절격자에 의해 생기는 밝은 무늬의 위치를 예측하는 방법은 바로 이중 슬릿 간섭실험에서 사용한 것과 동일하다. 인접한 두 슬릿 사이의 간격이 d라면 이 두 슬릿을 통과한 빛들 사이의 경로차는 dy/x가 된다. 여기서 y는 무늬 중심에서부터의 위치이고 x는 회절격자에서 스크린까지의 거리이다. 이 경로차가 파장이 되면 다른 모든 인접한 슬릿을 통과한 빛들 사이의 경로차도 마찬가지이므로 매우 강한 보강간섭이 일어나게 된다.

이를 수식으로 표현하면

$$d\frac{y}{x} = m\lambda$$

여기서 m은 정수이다.

위 식에서 볼 수 있듯이 밝은 무늬의 조건은 빛의 파장에 따라 달라진다. 서로 다른 파장의 밝은 무늬는 서로 다른 위치에서 나타난다는 것이다. 따라서 빛을 회절격자를 통과시키면 그림 16.21과 같이 펼쳐진 색의 스펙트럼을 얻을 수 있다. 좋은 회절격자란 서로 다른 색 사이의 간격이 더욱 넓게 펼쳐지는 것이다. 이러한 회절격자를 이용하면 간섭의 조건으로부터 특정한 빛의 파장을 계산하여 알 수 있다.

회절격자는 빛을 분광하고 분광된 빛의 파장을 측정하는 스펙트로미터의 가장 중요한 부품이다. 스펙트로미터는 화학실험실이나 물리실험실에서 흔히 사용되는 측정장비이다. 이들은 천문학적인 측정에도 중요한 역할을 하는데 예를 들면 행성이나 별 또는 우주의 천체들이 어떤 물질의 조성으로 이루어져 있는지를 알기 위하여 그 빛을 분광하는 것이다. 우주가 팽창하고 있다는

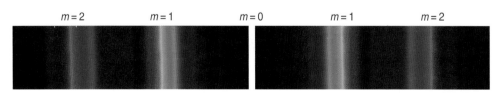

그림 16.21 회절격자를 이용해서 얻은 다양한 색의 스펙트럼. 두 번째 스펙트럼($m=2$)이 첫 번째 스펙트럼($m=1$)에 비해 더 넓게 퍼져보인다.

사실도 아주 멀리 있는 별들로부터 방출된 빛을 스펙트로미터로 분석한 결과 알게 된 지식들이다.

홀로그래피 방법으로 가공된 회절격자들은 신용카드나 우주안경, 또는 값비싼 빛나는 포장지 등에서도 쉽게 볼 수 있다. 음악용 CD의 표면이 무지개 색채를 띠는 것도 회절격자 효과에 의한 것이다. 디스크 내부에는 나선모양으로 연속적으로 이어지는 트랙이 있는데 인접한 트랙들이 나열된 슬릿과 같은 역할을 하는 것이다.

회절이란 하나의 슬릿에서 여러 부분을 통과한 빛들 사이에 일어나는 간섭현상이다. 한 슬릿에 의한 회절의 결과는 가운데 밝은 무늬를 중심으로 양쪽으로 어둡고 밝은 무늬가 연속적으로 이어진다. 원형 구멍에 의한 회절무늬는 황소의 눈과 같은 모양이다. 슬릿을 더욱 좁게 만들면 회절무늬 사이의 간격은 더욱 넓어진다. 회절격자란 여러 개의 슬릿에 의한 간섭현상을 이용한 것으로 빛을 분광하고 분광된 빛의 파장을 측정하는 데 사용된다.

16.5 편 광

어떤 사람은 너무 강한 자연광을 부드럽게 만들기 위하여 편광 선글라스를 착용하거나 혹은 사진기에 편광 필터를 사용한 경험이 있을 것이다. 편광이란 어떤 원리를 이용하는 것일까? 혹시 3차원 영화를 관람하며 특수 제작된 편광 안경을 사용해본 경험이 있는지? 이때 두 눈에는 서로 다른 방향으로 편광된 빛이 들어오게 된다.

빛이 편광되었다는 것은 어떻게 되었다는 것을 말하는가? 편광된 빛은 보통의 빛과는 어떻게 다른가? 여기서 빛은 전자기 파동이라는 사실을 다시 돌이켜 생각해볼 필요가 있다.

편광이란?

앞의 16.1절의 그림 16.3에 그려진 전자기 파동의 그림을 다시 주목해주기 바란다. 그림에서 보듯 빛은 진동하는 전기장과 자기장으로 이루어진 전자기파이다. 그림 16.3의 전자기파는 바로 편광된 빛을 보여주는데 그림에서 전기장은 수직인 면에서 또 자기장은 수평면에서 진동하고 있기 때문이다.

물론 이 그림이 전자기파가 진동하는 유일한 방법은 아니다. 전기장이 수평면에 자기장이 수직인 면에서 진동하는 것도 가능한 한 방법이기 때문이다. 또는 전기장이 수평면과 일정한 각도를 이루는 면에서 진동할 수도 있다. 이들이 바로 편광의 방향을 표시하는 방법들이다. 빛의 편광의 방향은 전자기 파동 중 전기장 벡터가 진동하는 방향으로 정의한다. 그림 16.22는 서로 다른 편광의 방향을 보여준다. 다이어그램에서 빛은 종이와 수직으로 종이에서 우리 눈 쪽으로 진행한다. 전기장 벡터의 방향은 양방향 화살표로 표시되어 있는데 이는 전기장이 위아래로 진동하기 때문이다.

그러면 편광되지 않은 빛과 편광된 빛의 차이는 무엇인가? 그림 16.22의 마지막 그림이 바로 편광되지 않은 빛을 나타낸다. 전기장 벡터의 방향은 사방을 모두 가리키고 있다. 편광되지 않은 빛이란 전기장이 서로 다른 방향으로 진동하는 파동들의 혼합체이다. 백열전구로부터 방출되는 빛은 편광되지 않은 빛이다. 이 빛을 편광된 빛으로 만들기 위해서는 한쪽 방향으로만 진동하는 전자기파만 통과시키고 나머지는 걸러내는 장치가 필요하다.

빛과 같은 전자기파만 편광현상을 나타내는 것은 아니다. 기타줄의 떨림과 같이 모든 횡파

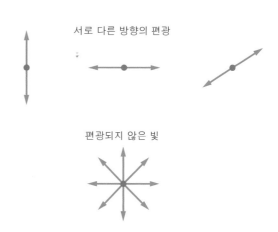

그림 16.22 편광된 빛의 전기장 벡터는 한 방향으로만 진동한다. 반면에 편광되지 않은 빛은 무작위적인 방향으로 진동한다.

는 편광될 수 있다. 만일 매어놓은 긴 줄을 위아래로 흔들면 수직인 면에서 진동하는 편광된 파동이 되고 좌우로 흔들면 수평면에서 진동하는 편광을, 그리고 줄을 무작위적으로 흔들면 편광되지 않은 파동이 만들어진다.

편광된 빛은 어떻게 만드나?

편광된 빛을 만드는 가장 간단한 방법은 빛을 폴라로이드라고 불리는 편광 필터를 통과시키는 것이다. 초기의 편광 필터는 이색성 결정을 이용하여 만들었다. 이들은 특정한 방향으로 편광된 빛을 흡수하는 반면 그와는 수직으로 편광된 빛을 통과시키는 성질을 갖는다. 큰 편광 필터는 이러한 작은 조각의 결정들을 같은 방향으로 정렬시켜 만든다.

최근에는 편광 필터에 고분자나 플라스틱이 이용된다. 고분자를 생산 과정에서 한쪽 방향으로 길게 늘이면 바로 이색성 결정과 같은 성질을 갖는다. 이렇게 만들어진 편광 필터들은 카메라 점나 편광 색안경에서 흔히 볼 수 있다.

편광되지 않은 빛이 편광 필터를 통과할 때 어떤 일이 일어나는가? 편광 필터는 편광되지 않은 빛 중에서 편광 필터의 방향과 일치하는 아주 소수의 전자기파만을 통과시킨다. 전기장이 벡터량임을 상기하라. 편광 필터는 전기장의 진동이 어느 방향이 되었든 전기장 벡터의 편

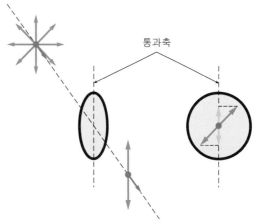

그림 16.23 편광 필터는 전기장 벡터 중에서 편광 필터의 축방향을 향한 성분만을 통과시킨다.

광 필터 방향 성분을 통과시키는 것이다. 그림 16.23을 보자. 필터를 통과한 전기장 벡터의 성분은 바로 편광 필터의 통과축과 일치하고 있으며 이와 수직인 성분은 모두 흡수되고 있다.

그러므로 이상적인 편광 필터라면 편광되지 않은 빛의 50%가 통과되어야만 한다. 그러나 실제 실험에서는 50% 미만만이 필터를 통과하는데 이는 통과축 방향의 성분도 약간은 흡수되기 때문이다.

어떤 빛이 편광되어 있는지 아닌지 어떻게 알 수 있을까? 그것은 빛의 진로상에 필터를 놓고 필터를 한 바퀴 돌려보면 알 수 있다. 만일 필터를 회전시킬 때 필터를 통과한 빛의 밝기가 변한다면 이 빛은 부분적으로 편광되어 있음을 알 수 있다. 만일 특정한 위치에서 빛의 밝기가 0이 되면 이 빛은 완전히 편광된 빛이다.

편광 색안경을 사용하는 이유는 무엇인가?

편광된 빛을 만드는 방법은 빛을 편광 필터를 통과시키는 방법 이외에도 여러 가지 방법이 있다. 예를 들면 유리나 물처럼 투명한 매질의 매끄러운 표면에서 빛이 반사될 때에도 편광 현상이 나타난다. 태양빛이 호수의 표면에 적절한 각도로 입사하여 반사되면 반사파는 완전히 편광될 수도 있다.

그림 16.24는 그러한 각도로 빛이 호수 표면에서 반사되고 있는 모습이다. 왼쪽에서 입사되고 있는 빛은 편광되지 않은 빛이다.

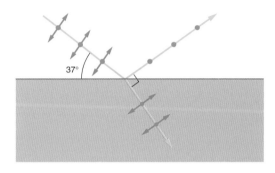

그림 16.24 편광되지 않은 빛이 물의 표면과 약 37도 각도로 입사하고 있다. 반사된 빛은 완전히 편광되어 있으며 그 편광의 방향은 전기장 벡터가 물의 표면과 평행한 방향이다.

양쪽 화살표 방향과 지면에 수평인 방향(굵은 점)이 동시에 존재하고 있음이 이를 나타낸다. 그림에서와 같이 반사된 빛과 물속으로 투과되어 들어간 빛이 90도를 이룰 때 반사되는 빛은 완전히 편광되며 이때 편광의 방향은 수면에 평행인 방향이 된다. 이때 입사되는 빛이 수면과 이루는 각도는 약 37도가 된다.

편광 색안경은 어떤 이점이 있을까? 호수 면에서 반사된 빛은 매우 강하며 번쩍여서 보트를 타고 있거나 수상스키를 즐기고 있는 사람의 눈에 강한 자극을 준다. 호수 면에 반사되어 사람의 눈으로 들어오는 빛은 그 각도가 구조상 37도 정도 내외이어서 거의 편광된 빛에 가깝기 때문에 더욱 그렇게 느껴진다. 반사된 빛은 호수 면에 수평인 방향으로 편광되어 있기 때문에 이 사람이 통과축이 수직으로 되어 있는 편광 필터로 된 편광 색안경을 착용하면 이 빛을 거의 차단할 수가 있는 것이다. 물론 반사되는 빛의 각도가 정확하게 37도가 안 될 수도 있다. 그렇더라도 편광 필터는 부분적으로 빛을 흡수하여 자극을 줄여준다.

이 외에도 편광 색안경은 물에 젖어 있는 도로에서 햇빛이 반사되는 경우나 또는 자동차의 왁

스칠한 면에서 반사되는 빛을 차단하는 데도 같은 원리로 적용된다. 스키어들이 편광 색안경으로 설원에서 반사되는 빛을 차단하는 것도 마찬가지이다. 하늘에서 들어오는 빛들도 편광되어 있는데 물론 그 원리는 반사가 아니라 산란에 의한 것이다(매일의 자연현상 16.1 참조). 하늘의 빛도 전기장이 지면에 수평한 방향으로 부분적으로 편광되어 있기 때문에 편광 색안경을 통해 보면 그 밝기가 현저하게 줄어든다. 전문 사진사들이 야외 촬영시 편광 필터를 사용하는 것은 이러한 이유 때문이다.

복굴절이란 무엇인가?

편광된 빛과 관련하여 다양한 채색을 연출하는 복굴절이라는 현상이 있다. 이중 굴절이라고도 말할 수 있는데 방해석이 그러한 효과를 보여주는 대표적인 결정이다. 종이 위에 점을 하나 찍은 뒤에 방해석의 결정을 통해 점을 보면 점이 하나가 아니라 두 개로 보인다. 이중 굴절이 일어나기 때문이다. 두 점 중 하나는 보통의 투명한 물질에서의 굴절과 동일한 법칙이 적용되므로 정규 파동이라고 부른다.

그림 16.25 방해석 결정을 통해서 보면 선이 이중으로 보인다. 이는 복굴절 효과에 의한 것이다.

또 하나의 점은 비정규 파동이라고 부르는데 이는 일반적인 굴절의 법칙에 적용되지 않는다. 비정규 파동이 굴절되는 정도는 이 결정격자의 방향에 달려 있다. 비정규 파동은 결정을 직선으로 통과하지 않고 비켜가기 때문에 또 하나의 점은 옆에 있는 것으로 보인다. 그림 16.25는 방해석 결정을 통해서 본 평행선의 모습이다. 각각의 직선들이 이중으로 보이는 것을 알 수 있다.

편광 필터를 이용한 간단한 실험을 통해 두 점에 해당되는 각각의 파동은 서로 수직 방향으로 편광된 빛임을 알 수 있다. 이중으로 보이는 평행선에 편광 필터를 놓고 서서히 돌려보면 먼저 한 선이 사라지는 것을 관찰할 수 있다. 계속해서 필터를 돌리면 전과 정확히 90도 되는 위치에서 이번에는 다른 선이 사라지는 것을 볼 수 있다. 복굴절이 편광현상과 관계되어 있음을 보여주는 것이다.

이 현상은 어떻게 설명될까? 결정들 중 모든 방향으로 원자들이 규칙적으로 배열되어 있는 결정을 등방성 결정이라고 한다. 그러나 방해석이나 석영 등은 그 결정 구조가 더 복잡하여 비등방성 결정이다. 비등방성 결정 내에서 빛의 속도는 방향에 따라 달라지며 이는 빛의 편광성에도 영향을 미친다.

만일 두 개의 편광 필터를 그 통과축이 서로 수직이 되도록 겹쳐놓으면 빛이 전혀 통과하지 못한다. 처음 편광 필터를 통과한 빛은 완전히 편광되고 그 편광의 방향은 두 번째 편광 필터의 통과축과 수직이므로 완전히 흡수되기 때문이다. 그러나 이 두 편광 필터 사이에 복굴절 결정을 놓으면 빛의 일부가 통과한다. 복굴절 결정이 편광 상태에 변화를 주기 때문이다.

플라스틱의 복굴절 현상을 응용하는 좋은 예가 있다. 플라스틱은 결정은 아니지만 일정한 방향으로 압축을 하거나 잡아당겨 늘이면 복굴절 특성을 가지게 된다. 엔지니어들이 어떤 구조물을 만들고 그 구조물에 걸리는 스트레스를 알아보기 위하여 먼저 플라스틱으로 구조물과 똑같은 크기와 모양의 모형을 만든다. 플라스틱 모형에 힘이 작용하는 상태에서 이를 그림 16.26과 같이 서로 수직인 두 편광 필터 사이에 놓는 것이다. 빛이 전체 시스템을 통과하는지로부터 플라스틱 모형 구조물에 얼마나 스트레스가 걸리는지를 알아보는 것이다.

그림 16.26 플라스틱 렌즈를 클램프 사이에 끼워 압축한 상태에서 앞 뒤로 편광 필터를 놓으면 복굴절 현상에 의해 렌즈에 걸린 스트레스를 시각적으로 나타낼 수 있다.

빛을 이루는 전기장이 한 방향으로만 진동하고 있으면 이는 편광된 빛이다. 빛을 편광 필터를 통과시키면 편광된 빛을 얻을 수 있다. 편광 필터는 그 필터의 통과축과 평행한 방향의 편광된 빛은 통과시키지만 그와 수직인 방향의 빛은 흡수해 버린다. 물, 유리, 또는 플라스틱의 매끄러운 표면에 반사된 빛은 완전히 또는 부분적으로 편광된 빛이 된다. 편광 색안경은 이렇게 반사된 빛을 흡수하여 눈에 강한 자극을 주는 것을 막아준다. 복굴절 결정 속에서 빛은 그 편광 방향에 따라 서로 다른 속도로 진행한다. 서로 수직으로 놓인 두 개의 편광 필터 사이에 복굴절 결정을 놓으면 다양한 색채가 나타난다.

질 문

Q1. 맥스웰 이론에 의해 예상된 전자기파의 어떤 특성이 그로 하여금 빛이 전자기파일 것이라고 제안하게 하였는가? 설명하라.

Q2. 전자기파에 관련된 자기장은 시간에 대해 일정한가? 설명하라.

Q3. 전자기파가 진공 중에서 진행할 수 있나? 설명하라.

Q4. 빛의 특성, 즉 속도, 파장, 주파수 중 어느 것이 라디오파와 같으며 또 다른 것은? 설명하라.

Q5. 당신으로부터 1마일 또는 그 이상 떨어진 곳에서 대포가 당신을 향하여 발사되었다. 대포의 소리, 또는 발사에 관련된 불빛 중 당신은 어느 것을 먼저 느낄 수

있는가? 설명하라.

Q6. 파장 470 nm의 광파는 무슨 색깔인가 설명하라.

Q7. 망막에 있는 L 원추세포는 단지 하나의 파장에만 자극되는가? 설명하라.

Q8. 빨강 빛과 초록 빛을 동등하게 섞으면 무슨 색깔을 보는가? 설명하라.

Q9. 어떤 입자는 초록 빛을 흡수하고 반면에 파랑과 빨강을 반사한다. 만일 어떤 물체의 표면이 이런 입자들로 덮여 있다면 이 물체에 백색광이 비쳐질 때 어떤 색깔로 인지되는가?

Q10. 칼라 TV는 여러 색을 표현하기 위하여 빨강, 초록, 파랑의 형광물질을 이용한다. 그러나 칼라 프린터에서는 청록, 노랑, 청홍을 기본색으로 조합하여 색깔을 표현한다. 두 경우가 서로 다른 이유를 설명하라.

Q11. 하늘의 빛은 태양빛이 여러 방향에서 산란되어 눈으로 들어오기 때문이다. 하늘의 색이 태양 그 자체의 색깔과 다른 이유는 무엇인가? 설명하라.

Q12. 영의 이중 슬릿 실험에서 두 파동은 간섭을 일으킨다. 이 두 빛은 같은 광원으로부터 나온 것인가? 설명하라.

Q13. 만일 두 파동이 같은 위상으로 출발하여 반파장만큼의 경로차가 나는 거리를 각각 진행한 후 다시 하나로 합쳐졌다. 이 두 파동은 합쳐질 때 같은 위상인가 아니면 서로 다른 위상인가? 설명하라.

Q14. 만일 두 파동이 같은 위상으로 출발하여 두 파장만큼의 경로차가 나는 거리를 각각 진행한 후 다시 하나로 합쳐졌다. 이 두 파동은 합쳐질 때 같은 위상인가 아니면 서로 다른 위상인가? 설명하라.

Q15. 물 위에 떠 있는 기름막으로부터 빛이 반사될 때 간섭현상에 의해 여러 가지 색깔

이 나타나는 것을 볼 수 있다. 이때 어떤 두 빛이 간섭을 일으키는가 설명하라.

Q16. 두 장의 평평한 유리판을 겹쳐놓으면 간섭무늬를 관찰할 수 있다. 이 경우 얇은 막에 해당되는 것은 구체적으로 무엇인가? 설명하라.

Q17. 비누막의 두께가 빨간색의 빛에 대하여 상쇄간섭이 일어나는 조건과 일치하고 있다고 한다. 이 비누막에 백색광이 반사되고 있다면 비누막은 어떤 색깔로 보이게 되는가? 설명하라.

Q18. 안경의 반사 방지막은 렌즈의 표면에 얇은 막을 코팅하여 만드는 것이 보통이다. 코팅된 막이 설계대로 잘 만들어졌다면 이는 반사파에 대하여 상쇄간섭 또는 보강간섭이 일어나는가? 설명하라.

Q19. 회절이란 간섭과 같은 현상인가?

Q20. 빛이 한 슬릿을 통과하여 멀리 떨어진 스크린에 하나의 점으로 비춰지고 있다. 이 슬릿의 폭을 더욱 작게 만들어 이 점을 한없이 작게 만들 수 있는가? 이 과정에 대하여 설명하라.

Q21. 회절격자란 무엇인가? 설명하라.

Q22. 파랑과 초록에 해당되는 단지 두 파장으로만 이루어진 빛이 회절격자를 통과하고 있다. 두 빛 중에서 어느 것이 스크린의 중앙에서 더 멀리 떨어진 곳에 밝은 무늬를 보이는가? 설명하라.

Q23. 편광된 빛은 편광되지 않은 빛과 무엇이 다른가? 설명하라.

Q24. 기타 현의 파동도 편광될 수 있는가? 설명하라.

Q25. 편광되지 않은 빛을 편광 필터를 통과시키면 통과한 빛은 더 강해지는가 아니면 더 약해지는가? 설명하라.

Q26. 편광 필터를 통과시키는 것 이외에 편광

되지 않은 빛을 편광시키는 또 다른 방법이 있는가? 설명하라.

Q27. 편광 색안경을 이용하여 물 위에서 반사되는 번쩍이는 빛을 차단시키려면 편광 색안경 렌즈의 통과축은 수직방향이어야 하는가 아니면 수평방향이어야 하는가? 설명하라.

Q28. 방해석 결정을 통하여 한 점을 보면 점이

두 개로 보인다. 두 개의 상을 만드는 각각의 빛의 편광은 서로 다른 방향인가? 설명하라.

Q29. 복굴절은 보통 비등방성 결정이 보여주는 독특한 성질이다. 이러한 성질이 플라스틱 재질의 물체에서도 나타나는가? 설명하라.

연 습 문 제

E1. 실험실에서 쓰이는 마이크로파는 대략 1 cm 의 파장을 갖는다. 이 파의 주파수는?

E2. 88.1 MHz 로 방송되는 라디오파의 파장은 얼마인가?

E3. 파장이 5.5×10^{-7} m 인 노란빛의 주파수는 얼마인가?

E4. X선은 파장이 대략 10^{-10} m 이다. 이러한 파의 주파수는 얼마인가?

E5. 500 nm 파장의 빛이 0.4 mm 간격의 두 슬릿을 통과한다. 스크린은 슬릿으로부터 2.0 m 떨어진 곳에 놓여 있다. 첫 번째 밝은 무늬는 스크린 중앙으로부터 얼마나 떨어진 곳에 위치하는가?

E6. E5의 문제에서 두 번째 어두운 무늬는 스크린 중앙으로부터 얼마나 떨어진 곳에 위치하는가?

E7. 이중 슬릿 간섭실험에서 초록색 밝은 무늬가 스크린의 중앙으로부터 2.2 cm 떨어진 곳에 나타났다. 슬릿에서 스크린까지의 거리는 1.2 m이었다고 한다. 스크린을 더욱 뒤로 3.6 m 되는 곳까지 물렸다면 초록색 밝은 무늬는 어디에 나타나는가?

E8. 500 nm 의 빛이 두 장의 유리와 그 사이의 공기막에서 반사되고 있다. 공기막의

두께는 1000 nm라고 한다.
  a. 막의 윗 면에서 반사되는 빛과 아래 면에서 반사되는 빛 사이의 경로차는 얼마인가?
  b. 이를 파장으로 환산하면 몇 파장이나 되는가?

E9. 안경의 반사방지막은 막의 두께가 막을 이루는 재질 안에서 빛의 파장의 1/4이 되도록 설계된다.
  a. 방지막의 아랫면에서 반사되는 빛은 막의 윗면에서 반사되는 빛에 비하여 얼마의 거리를 더 진행하는 셈인가?
  b. 이 경우 상쇄간섭인가 아니면 보강간섭인가?

E10. 파장이 600 nm인 빛이 폭이 0.5 mm인 하나의 슬릿을 통과한다. 슬릿의 회절무늬는 슬릿으로부터 2.0 m 떨어진 스크린에서 관찰이 되었다.
  a. 무늬의 중심에서 첫 번째 어두운 무늬까지의 거리는 얼마인가?
  b. 중심의 밝은 무늬의 폭은 얼마나 되는가?

E11. 500 nm 파장의 빛이 하나의 슬릿을 통과하여 4.0 m 떨어진 스크린에 중심으로부터 1.2 cm 위치에 첫 번째 어두운 무늬를 만들었다. 슬릿의 폭은 얼마인가?

E12. 1.4 cm 폭의 회절격자에 1000개의 슬릿

이 같은 간격으로 나 있다. 슬릿 간의 간격은 얼마인가?

E13. 546 nm 파장의 수은등 빛이 인접한 슬릿 간격이 0.005 mm인 회절격자를 통과하여 2.5 m 떨어진 스크린에 비춰진다.
   a. 첫 번째 밝은 무늬는 스크린의 중앙으로부터 얼마 거리에 있는가?

   b. 두 번째 밝은 무늬는 스크린의 중앙으로부터 얼마 거리에 있는가?

E14. 어떤 단색광이 슬릿 간격 0.004 mm의 회절격자를 통과하여 2.0 m 떨어진 스크린에 스크린의 중심으로부터 29 cm 위치에 첫 번째 밝은 무늬를 나타내었다. 이 빛의 파장은 얼마인가?

고난도 연습문제

CP1. 대개 가시광선 영역은 보라에 해당되는 380 nm에서 빨강에 해당되는 750 nm까지를 말한다.
   a. 이 두 색의 파장에 해당되는 주파수는 각각 얼마인가?
   b. 빛이 유리를 통과할 때 빛의 속도는 유리의 굴절률만큼 즉 $v = c/n$으로 줄어든다. 대부분의 유리에서 굴절률 n은 약 1.5의 값을 갖는다. 유리에서 빛의 속도는 얼마인가?
   c. 빛이 유리를 통과할 때 그 진동수는 변하지 않는다. 따라서 유리 속에서 빛의 속도가 늦어진다는 것은 그 파장에 변화가 있다는 것을 의미한다. 가시광선 영역 양 끝의 빛은 유리 속에서 각각 그 파장이 얼마가 되겠는가?

CP2. 600 nm 파장의 빛이 0.03 mm 떨어진 이중 슬릿을 통과해서 1.2 m 떨어진 스크린에 비춰진다.
   a. 스크린의 중심으로부터 첫 번째 밝은 무늬까지의 거리는 얼마인가?
   b. 첫 번째 어두운 무늬까지의 거리는 양쪽으로 각각 얼마의 거리에 있는가?
   c. 중심으로부터 각각 세 번째 밝은 무늬까지의 거리를 도표로 만들어 보아라.

CP3. 정상파는 거울로부터 빛을 반사시켜 이를 진행파와 간섭을 일으켜 형성할 수 있

다. 만일, 600 nm($6 = 10^{-7}$ m)의 빛을 사용한다고 가정하고 거울에 마디가 있다고 하자.
   a. 거울로부터 얼마 떨어진 곳에서 첫 번째 배고리를 만나는가?
   b. 거울로부터 점점 멀리 갈 때 서로 가까운 배고리 사이의 거리는(밝은 무늬)?
   c. 정상파의 마디와 배고리에 관련된 명암 무늬를 쉽게 볼 수 있는가? 설명하라.

CP4. 어떤 비누막의 굴절률이 $n = 1.333$이라고 한다. 이는 비누막 안에서 빛의 파장은 $1/n$으로 작아짐을 의미한다. 그러나 공기의 굴절률이 1.0이라는 사실을 감안할 때 비누막과 공기 사이의 굴절률의 차이는 공기와 진공 사이의 차이에 비하면 작은 것이다.
   a. 공기 중에서 파장이 600 nm인 빛의 비누막 속에서의 파장은 얼마인가?
   b. 비누막의 두께가 900 nm라면 비누막의 양면에서 반사되는 빛의 경로차는 파장으로 환산하면 몇 파장이나 되는가?
   c. 이러한 경로차에도 불구하고 반사된 빛이 상쇄간섭을 일으키는 것은 어떤 이유에서인가?

상의 형성

학습목표 이 장의 학습목표는 반사와 굴절법칙을 이해하는 것과 이들을 이용하여 상의 맺힘을 설명하는 것이다. 이를 위해서는 파동과 광선과의 관계를 논의하는 것이 필요할 것이며, 또한 빛이 어떻게 진행하며 상을 형성하는지를 보여야 한다. 상의 형성을 조사하는 과정에서 우리는 거울과 렌즈의 거동과 카메라나 확대경, 현미경 및 망원경 등과 같은 간단한 광학기구의 작동 방법들을 조사할 것이다. 간섭과 회절을 포함한 빛의 파동적인 현상들은 마지막 절에서 논의할 것이다.

당신은 거울을 본 적이 있는가? 그리고 어떻게 당신이 자신의 얼굴을 볼 수 있는가? 아침 일찍 유리판 뒤에 보이는 주름진 당신의 모습을 보는가? 당신은 또 안경을 끼기도 하며 쌍안경이나 OHP, 현미경 등과 같은 렌즈를 이용하는 광학장치를 사용하기도 한다. 상은 빛을 반사시키는 거울이나 빛을 휘어 굴절시키는 렌즈에 의해 형성된다. 이러한 빛의 반사와 굴절은 무지개를 만드는 원리가 되기도 한다.

그림 17.1 당신이 거울을 통해 보고 있는 당신의 모습은, 거울의 질에 따라 다르겠지만 이는 어찌되었든 허상이다. 당신이 원하는 대로 자유롭게 믿을 수 있다.

16장에서 빛은 전자기파로 형성되었다고 소개했으며, 또 일반적인 파동의 특성에 대해 기술했다. 그러한 파동들이 거울, 슬라이드 프로젝트, 또는 당신의 눈에서 어떻게 상을 형성하는가? 상들이 형성되며 나타나는 것을 예견할 수 있겠는가?

이러한 질문들은 광선이 파면에 수직으로 형성되는 **기하광학**의 영역이다. 반사와 굴절의 법칙은 기하광학의 기본적인 원리들이다. 이 법칙들이 광선의 길의 자취로부터 상이 형성되는 것을 예측할 수 있게 해 준다. **물리광학**은 빛의 파동적인 측면, 즉 간섭과 회절의 현상들을 더욱 직접적으로 취급한다.

17.1 반사와 상의 형성

어떻게 욕실 거울에 당신의 모습이 비처지는가? 이는 욕실의 불이 꺼졌을 때 쉽게 확인할 수 있다. 욕실이 완전히 어둡다면 거울의 상 역시 사라질 것이며, 단지 불이 켜져 있을 때만 상이 나타난다. 욕실의 광원으로부터 빛은 당신의 얼굴에서 반사되어 거울쪽으로 이동하며 다시 반사되어 눈으로 들어온다. 이러한 과정에서 우리가 보는 상은 어떻게 재현되겠는가?

빛의 광선이 어떻게 파면과 관계하는가?

만약 우리가 당신의 얼굴의 한 점을 고려하여 빛이 그 면에서 반사할 때 어떤 일이 일어나는지를 추적해 본다면 무슨 일이 일어나는지 아이디어를 얻을 수 있다. 얼굴의 피부는 매우 거칠어, 적어도 현미경으로 보면, 얼굴에 도달한 빛은 주어진 점으로부터 모든 방향으로 반사, 또는

그림 17.2 얼굴의 어떠한 점들도 그 점으로부터 모든 방향으로 반사되는 제2의 광원으로 작용한다.

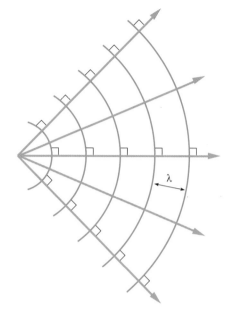

그림 17.3 광선들은 파면에 모두 수직하게 그린다.

산란된다. 당신의 코끝을 예로 들면 각 반사점들은 그 점으로부터 균일하게 퍼져가는 광파의 파원과 같이 행동한다(그림 17.2). 이러한 파들은 돌이 물속에 떨어질 때 그 파문이 퍼져 나가는 것과 비슷하다.

당신의 얼굴에서부터 산란되어 나가는 광파는 전자기파로서 마디와 배고리(전기장과 자기장이 강하거나 약한)들을 가지며 수면파에서와 같이 점광원에서 바깥쪽으로 움직여간다. 만일 우리가 퍼져나가는 파동에서 위상이 같은 점들을 연결한 곡면을 **파면**이라 정의한다. 우리는 파의 높은 점(최대 진폭에서의 점)을 종종 정의하는데, 이는 물결파처럼 확실히 보인다. 다음 파면은 그전 파면에서 한 파장 떨어져 있는 파면을 따라 형성된다. 광파에서는 파면이 광속으로 움직여 나간다.

파면이 어떻게 진행하는지를 추적함으로써 이러한 파들에 일어나는 거의 모든 것을 기술할 수 있다. 파면에 수직인 광선을 사용함으로써 그 행동을 조사하는 것은 쉽다. 만일 파들이 같은 매질 내에서 진행하면(예를 들어, 공기), 파면은 앞쪽으로 일정하게 움직여 가며 그 결과 광선은 직선이 된다. 이러한 광선은 굴곡이 있는 파면보다 그리기가 더욱 쉽고 그 자취를 쉽게 따라갈 수 있다.

한편, 당신 얼굴의 모든 점들은 빛에 의해 모든 방향으로 산란되는데, 이 점들은 그림 17.3과 같이 제2의 파원이 된다. 광선이 당신의 얼굴에서 거울로 진행하는 동안 거울의 평평함 때문에 규칙적으로 반사된다. 당신의 눈은 전구로부터 빛을 받는데, 그 빛은 당신의 얼굴과 당신의 눈에 되돌아오기 전에 거울에서 같이 반사된다.

반사법칙이 무엇인가?

광선과 파면이 평탄한 거울처럼 평평한 반사면에 부딪히면 어떠한 일이 일어나겠는가? 파들은 반사되며, 반사된 후에 그 파들은 반사되기 전과 같은 속도로 거울로부터 멀어져간다. 그림 17.4

는 평면파면(곡면이 없음)이 평면거울에 정면보다
는 임의의 각도로 도달하는 과정을 묘사했다.

파면이 거울에 임의의 각도로 도달한 후에 파면
의 어떤 부분들은 다른 부분보다 빨리 반사된다. 파
면은 거울에서부터 새로운 방향으로 같은 간격과
속도로 움직여나간다. 어쨌든 나타난 파에 대해서
는 파면과 거울 사이의 각도는 같다. 왜냐하면, 나
가는 파면은 같은 속력으로 진행하며 들어오는 파
에 대해 같은 거리를 가기 때문이며, 이러한 결과로
서 중심점에서 보면 양쪽 모두 같은 각을 가진다.

이 결과는 광선을 사용하여 나타내었다. 표면과
수직으로 그려진 선에 의한 광선의 각이 거울 면에
서 만들어지는 파면과 같은 각을 갖는다는 것이다.
수직이라는 의미로서 **법선**이라는 단어를 사용하여,
거울면에 수직으로 그려진 선을 **표면법선**이라 한

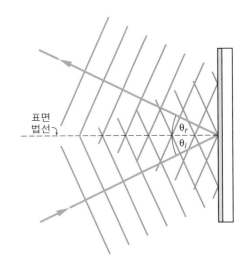

그림 17.4 평면 광파가 거울에 임의의 각도로
도달할 때 거울에 부딪히기 전후에 같은 속력
을 갖는다. 반사각은 입사각과 같다.

다. 파면의 같은 각이 거울에서 만들어지는데 이것은 다음과 같다. 반사된 광선의 각이 표면법
선을 만드는데 이는 입사각의 것과 같게 되며, 또 입사광선도 마찬가지이다(그림 17.4).

이것을 **반사의 법칙**으로 묘사할 수 있는데 다음에 요약하여 나타내었다.

> 편평한 반사 표면으로부터 빛이 반사될 때, 반사된 광선의 각이 표면법선으로 만
> 들어지고 입사광선과 같은 각으로 만들어진다.

다시 말하면, 반사각(그림 17.4에서 θ_r)이 입사각 θ_i와 같다는 것이다. 반사광선은 입사광선에
의해 정의되는 면에 같이 놓여 있으며 면에 수직이다. 우리의 그림에서는 들어오고 나가는 면이
일치하는 것을 알 수 있다.

평면거울에서는 상이 어떻게 형성되는가?

반사법칙이 평면거울에서 상이 어떻게 형성되는지를 설명하는 데 도움을 주고 있는가? 광선이
당신의 코에서 산란될 때 어떤 일이 일어나는가? 코의 원점으로부터 선들을 추적하여 반사법칙
을 사용하여 거울로부터 반사된 개개의 광선들에게 어떠한 일이 일어나는지를 보여준다(그림
17.5).

만일 거울로부터 반사된 광선을 확장해 보면 그림에서 보듯이 거울 뒤의 한 점에 모이게 된
다. 이는 곧 당신의 눈은 광선들이 이 점에서부터 나오는 것처럼 인식한다는 것이다. 이는 마치

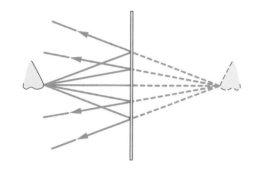

그림 17.5 몇 개의 광선들을 코끝에서부터 추적하여 보면 거울에서 반사가 일어나는 것을 보여준다. 그것은 반사되어 발산하는데 이는 마치 거울 뒤의 한 점에서 나오는 것처럼 보인다.

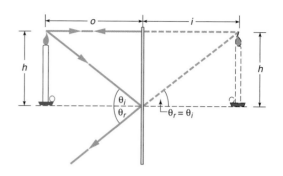

그림 17.6 촛불의 끝에서 나가는 두 광선이 마치 거울 앞의 여자와 같이 거울 뒤에서도 반사되어 발산하는 것처럼 보인다.

당신의 코가 거울 뒤에 놓여 있는 것처럼 보인다. 같은 논리가 얼굴에 있는 다른 점에 대해서도 동일하게 성립한다.

간단한 기하학을 사용하여 거울 뒤에 생긴 상까지의 거리가(거울면으로부터 측정한) 거울 앞으로부터 원래의 물체까지의 거리와 같음을 볼 수 있다. 반사법칙으로부터 이러한 거리가 같음을 그림 17.6에서 도해하였다. 여기에 촛불의 불꽃으로부터 오는 두 광선들을 추적하였다. 바닥과 평행하며 거울에 수직인 광선은 같은 선으로 반사되어 돌아온다. 입사각은 0이며, 따라서 반사각도 같다.

다른 광선은 거울의 끝점으로부터 반사되는데 이 광선은 입사각과 같은 각으로 반사된다. 이러한 두 광선을 후방으로 확장하여 교차하는 지점에 상의 위치가 놓이게 된다. 어떠한 광선을 추적해도 이 점에 놓이게 된다. 이러한 광선들은 거울의 다른 면에 대해 동일한 두 개의 삼각형을 형성하게 된다. 같은 각이며 삼각형의 짧은 쪽이 여자의 높이와 같고, 동일한 삼각형의 긴 쪽의 면은 서로 같다.

거울 뒤쪽으로 놓여 있는 **상의 거리**, i는 거울 앞에 있는 촛불의 **물체의 거리**, o와 같다.

평면거울에 형성되는 상을 허상이라 부르는데 이는 빛이 상이 놓여 있는 곳에 실제로 통과하지 못하기 때문이다. 실제로, 빛은 거울 뒤로는 갈 수가 없고 단지 거울에서 반사되는 것이다. 상은 똑바로 서 있으며 물체와 동일한 크기를 가진다(확대되지 않음). 반면에 상의 좌우는 반전된다. 거울 속 상에서 오른손은 실제로는 왼손의 상이다. 다시 한번 거울을 자세히 들여다보자. 실상 거울을 매일 보지만 이런 것들은 그냥 지나치기 마련이다.

만일 우리가 평면거울 대신에 곡면이 있는 거울을 사용하면, 그 상의 결과는 매우 복잡해진다. 오목거울은 상을 확대시키며, 볼록거울은 상의 크기를 감소시킨다. 간단한 광선 도표와 반사법칙은 상이 놓이는 위치와 상이 확대된 정도를 예측할 수 있게 해준다. 유령의 집에 있는 거울들은 오목거울과 볼록거울들을 다른 위치에 놓음으로 만들 수 있으며 재미있게 왜곡된 상을 얻는다. 마술사들은 거울을 사용하여 그들의 환영을 만들어낸다.

광선은 파면에 수직으로 그린다. 이러한 광선의 추적은 파면을 따라가는 것보다 빛이 어떻게 움직이는지를 더욱 쉽게 알 수 있다. 빛이 평평한 면에 반사될 때 반사각은 입사각과 같다. 평면거울에 의해 형성된 상은 반사 후에 발산하게 되며, 거울 앞에 있는 물체의 거리와 같게 된다.

17.2 빛의 굴절

가장 친근한 상들은 평면거울에 의해 형성된 것들이다. 그러나 프리즘, 렌즈, 또는 물탱크 등에 의해서도 상들이 형성된다. 이들은 모두 가시광선에 투명한 물체들이다. 광선들이 투명한 물체의 표면을 만날 때 어떠한 일이 일어나겠는가? 왜 우리는 물속의 물체가 놓여 있는 것에 대하여 잘못된 인상을 가지게 되는가? **굴절법칙**은 이러한 질문의 답에 많은 도움을 준다.

굴절법칙이 무엇인가?

빛이 공기를 통하여 진행하다가 유리라는 새로운 평면을 만나게 된다고 하자. 이 광파가 유리 속으로 계속 진행할 때 무슨 일이 일어나겠는가? 실험적인 측정을 통하여 알 수 있듯이 유리나 물에서의 빛의 속력이 진공이나 공기에서의 빛의 속력보다 작다(공기에서의 빛의 속력은 진공에서의 빛의 속력과 거의 같다). 물이나 유리 내에서의 파면 사이의 거리는 공기에서의 거리보다 짧게 된다.

서로 다른 매질에서 빛의 속력은 서로 달라져 이는 **굴절률** n으로서 나타낸다.

$$v = \frac{c}{n}$$

즉, 한 매질에서의 빛의 속력은 진공에서의 빛의 속력을 굴절률로 나누어준 값이 된다. 즉, 굴절률이란 진공에서의 빛의 속력 $c = 3 \times 10^8 \, \text{m/s}$와 매질에서의 빛의 속력의 비율이다. 유리에서의 전형적인 굴절률의 값은 1.5 내지 1.6 정도이며, 따라서 유리 내에서의 빛의 속력은 공기 중에서의 빛의 속력의 거의 2/3에 불과하다.

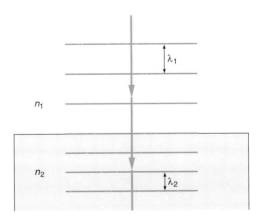

그림 17.7 공기에서 유리로 진행하는 광파의 파장이 공기에서보다 유리에서 더 짧아지는데 이는 유리에서의 광파의 속력이 더 작기 때문이다.

빛이 이렇게 유리 속을 통과하면서 그 속력
이 느려지고 파장이 변하는 것은 과연 빛의
진행방향에 어떠한 영향을 주는가? 만일, 파
면을 생각하고 그림 17.8처럼 파면에 대응하
는 빛이 표면에 임의의 각도로 도달한다고
하면, 파가 공기에서 유리로 통과할 때 광선
은 휘게 되는 것을 볼 것이다. 휘는 현상은
파면이 공기에서와는 달리 유리 내에서는 한
사이클을 진행할 수 없기 때문이다. 그림에서
보여주듯이, 파면이 공기에서보다 유리 속을
진행하는 동안에는 느리게 진행하기 때문에,
중간에서 휘어지게 된다. 따라서, 파면에 수
직인 광선은 역시 휘게 된다.

이러한 상태는 행진하는 악단이 진흙 속을
어떠한 각도로 행진하고 있을 때와 비슷하다.
밴드열의 속력은 진흙에 의해 줄어들게 된다.

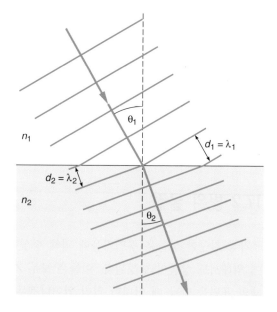

그림 17.8 임의의 각으로 유리 표면에 입사하는 파
면들은 유리를 통과할 때 휘게 된다. 굴절각 θ_2는 입
사각 θ_1보다 작다.

휘게 되는 정도는 입사각에 의존하며 유리와 공기의 굴절률은 속도의 변화로부터 결정된다.
속도의 커다란 차이는 두 개의 물질 속을 파면이 어떻게 다르게 진행하는지를 보여준다. 두 물
질 사이의 커다란 굴절률의 변화는 파면과 광선을 크게 휘게 한다.

굴절법칙에 의해 묘사되는 휘는 것은 다음과 같은 정량적인 말로 나타낼 수 있다.

> 빛이 하나의 투명한 매질에서 다른 매질로 진행할 때, 첫 번째 매질에서보다 두
> 번째 매질에서의 빛의 속도가 느리면 광선은 경계면에서 법선에 가까운 쪽으로 휘
> 게 된다. 만일, 두 번째 매질에서의 속력이 첫 번째 매질에서보다 더 크면 광선은
> 반대로 법선에서 멀어지는 쪽으로 휘어지게 된다.

만일 각이 매우 작다면 굴절법칙은 다음과 같이 정량적으로 기술된다. 작은 각에서 사인함수
는 자체각에 비례하므로, 따라서 $n_1\theta_1 = n_2\theta_2$이다.

첫 번째 매질에서의 굴절률과 입사각의 곱은 두 번째 매질의 굴절률과 굴절각과의 곱과 거의
같다. 두 번째 매질의 굴절률이 증가하면 굴절각은 감소하는데, 이는 광선이 커다란 굴절률 때
문에 법선에 가깝게 휘게 된다.

빛이 유리에서 공기로 진행할 경우에 빛의 굴절은 반대방향으로 일어난다. 즉 광선은 굴절법
칙에 따라 법선에서 먼 쪽으로 휘게 된다. 그림 17.8에서 광선과 파면의 방향을 반대로 바꾸면

바로 이러한 상황이다. 파가 유리에서 공기로 진행하여 속력이 증가하는 것이 법선으로부터 멀리 휘어지게 만든다.

왜 물속에 있는 물체는 실제보다 가깝게 보이는가?

투명한 두 매질의 경계면에서 광선의 휘어짐으로 인해 약간의 믿을 수 없는 일들이 벌어지곤 한다. 예를 들어, 물이 흐르는 다리 위에 서서 물고기를 내려다보고 있다고 하자. 물의 굴절률은 1.33이고 공기의 굴절률은 약 1이다. 빛이 물고기에서 당신의 눈으로 진행할 때 그림 17.9처럼 법선에서 멀어지는 방향으로 휘게 된다.

물고기로부터 나오는 빛은 휘어짐으로 물속

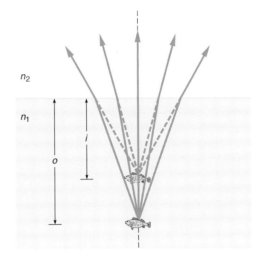

그림 17.9 물고기로부터 나오는 빛은 물에서 공기를 통과하여 지나갈 때 휘게 된다. 따라서 빛은 수면에 더 가까운 곳에서 나오는 것처럼 보인다.

에서보다 공기에서 더 강하게 발산한다. 만일 이들 광선들을 뒤쪽으로 확장하면, 물체의 실제 위치보다 수면에 더 가까이 있는 것으로 보인다. 물고기의 어떠한 점에서 출발한 광선도 마찬가지이므로 물고기는 실제보다 가까이 보이게 된다. 만일 당신이 물고기를 쏜다면 수직 아래로 쏘지 않는 한 물고기를 맞출 수 없다.

수면 아래에 있는 물고기의 겉보기 거리는 굴절법칙으로부터 예측할 수 있다. 이러한 논의는 기하학적인 것을 포함하고 있으며 입사각과 굴절각이 매우 작다고 가정한다. 공기에서의 겉보기 거리(허상의 거리 i)는 물속의 실제거리(물체의 거리 o)와 관계 있음을 보여주고 있고 굴절률은 다음과 같이

$$i = o\left(\frac{n_2}{n_1}\right)$$

로 주어지며, 이때 공기의 굴절률($n_a = 1$)이 물의 굴절률($n_w = 1.33$)보다 작다. 따라서 상의 거리는 실제거리보다 짧게 되는데, 그림 17.9에 확실히 나타내었다. 만일 물고기가 실제로 수면 아래 1 m에 있다면, 수면 아래의 겉보기 거리는 다음과 같다.

$$i = 1 \text{ m}\left(\frac{1}{1.33}\right) = 0.75 \text{ m}$$

이러한 물고기의 겉보기 위치는 물고기 상의 위치이다. 물고기에서부터 산란된 광선은 물고기의 실제 위치보다는 겉보기 위치에서 나오는 것처럼 보인다. 이것은 거울에서 보는 상과 같이

예제 17.1

예제 : 물속으로부터 보는 물체의 거리

어떤 소녀가 물속에서 공기 중에 날고 있는 잠자리를 올려다보고 있다. 잠자리는 물 표면으로부터 60 cm 거리에서 날고 있는 것으로 보인다. 실제 물 표면으로부터 잠자리까지의 거리는 얼마인가?

물체에 해당되는 잠자리는 공기 중을 날고 있다. 따라서 매질 1을 공기로 매질 2를 물로 하면

$$n_1 = 1.00 \qquad i = o\frac{n_2}{n_1}$$
$$n_2 = 1.33$$
$$i = 60 \text{ cm} \qquad o = i\frac{n_1}{n_2}$$
$$= 60 \text{ cm} \frac{1}{1.33}$$
$$= \textbf{45 cm}$$

즉 물체는 실제로 보이는 것보다 물 표면에 가까이 있다.

그림 17.10 위쪽에서 보면 빨대는 물 위쪽 부분과 아래쪽 부분이 휘어져 보인다. 아래쪽에서 보면 빨대는 확대되어 보인다.

허상이라고 하며, 광선은 실제로는 상의 위치를 통과하지는 않는다. 단지 그 점으로부터 나오는 것처럼 보이는 것뿐이다. 반대로 우리가 물속에서 공기에 떠 있는 물체를 본다면 실제보다 더 멀리 있는 것처럼 보일 것이다(예제 17.1 참조).

물속에서 보이는 물체의 위치를 잘못 읽는 것은 일상에서 볼 수 있으나, 실험은 간단함에도 불구하고 자주 간과하기 쉽다. 곧은 젓가락이나 막대는 일부가 물 위에 있고 나머지가 물속에 있을 때 휘거나 부러진 것처럼 보인다. 위쪽에서 볼 때 물속에 있는 물체의 각 점은 실제 거리보다 가깝게 보이게 된다. 물이나 다른 청량음료가 들어 있는 컵 속의 빨대나 숟가락은 그림 17.10에서처럼 부러진 것처럼 보인다.

내부 전반사

다른 재미있는 현상은 빛이 물이나 유리에서 공기로 진행할 때 일어난다. 앞에서도 지적했듯이 굴절률이 큰 매질에서 작은 매질로 빛이 진행할 때 빛은 휘어진다. 만일, 굴절각이 90° 만큼 휘어질 경우에 어떠한 일이 일어날 것인가? 굴절각은 더 이상 커질 수가 없고 빛은 두 번째 매질로 다시 되돌아간다.

이러한 상황을 그림 17.11에 묘사하였다. 유리로부터 진행하는 빛의 입사각이 커질수록 굴절각은 커진다(광선 ①). 궁극적으로, 굴절각이 90°에 도달하게 된다(광선 ②). 이 각도에서 굴절된 빛은 경계면을 따라 스쳐 지나가듯이 보인다. 만일, 유리 내부로부터의 입사각이 이 각(광선 ③)

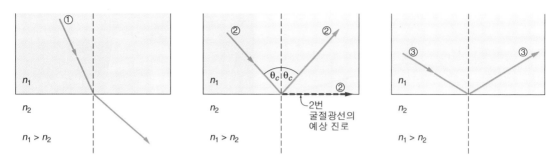

그림 17.11 광선이 유리에서 공기로 진행할 때, 반사각이 90°가 되는 입사각을 임계각 θ_c라 한다. 입사광선이 임계각 θ_c보다 같거나 큰 경우에는 완전 반사된다.

보다 크다면, 그 빛은 유리를 빠져나갈 수 없다. 그 대신에 완전히 반사된다. 굴절각이 90°가 되는 입사각을 **임계각** θ_c라 한다. 입사광의 각도가 임계각보다 큰 경우에 유리 내부로 반사하게 되어 굴절법칙보다는 반사법칙에 따르게 된다.

이러한 현상을 **내부 전반사**라고 한다. 입사각이 임계각과 같거나 또는 더 큰 경우에는 100% 굴절률이 더 큰 물질의 내부로 반사하게 된다. 이러한 조건이 만족되면 유리와의 경계면에는 아주 훌륭한 거울이 만들

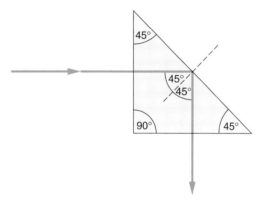

그림 17.12 45°로 잘라진 프리즘은 거울로 사용될 수 있는데, 이 경우에 빛은 완전 반사된다.

어진다. 유리의 굴절률이 1.5이므로 임계각은 약 42°가 된다. 굴절률이 더욱 큰 유리의 경우에는 더 작은 임계각을 가진다. 45°의 각도로 잘라진 프리즘의 경우(그림 17.12), 반사체로 사용될 수 있다. 첫 번째 면에 수직으로 입사된 빛은 45°의 입사각을 갖는 긴 표면을 비추게 되는데 이는 임계각보다 큰 값이다. 따라서 이 면에서 전반사가 일어나게 되므로 표면은 평면거울로서 작용을 한다.

어떻게 프리즘이 빛을 휘게 하며, 분산이란 무엇인가?

우리는 프리즘에 의해 빛이 다른 색들로 분리되는 것을 알고 있으며, 무지개 같은 효과를 만들어낸다. 일반적인 백색광으로 시작하여 어떻게 무지개 색을 얻을 수 있을까?

매질의 굴절률은 빛의 파장에 따라 달라진다. 따라서, 서로 파장이 다른 빛들은 경계면에서 그 휘어지는 정도가 서로 다르게 된다. 백색광을 프리즘으로 분광하여보면 여러 가지 색깔로 구성되어 있음을 알 수 있다. 가시광선 스펙트럼의 한쪽 끝부분에 있는 빨간색 빛은 긴 파장을 가지며, 반대쪽 끝에 있는 보라색 빛은 짧은 파장을 가지고 있다. 보라색이나 푸른색 빛의 굴절률은

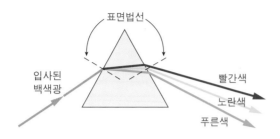

그림 17.13 프리즘을 통과한 광선은 양쪽 표면에서 휘게 되며, 푸른색 빛이 빨간색 빛보다 더욱 많이 휘게 된다.

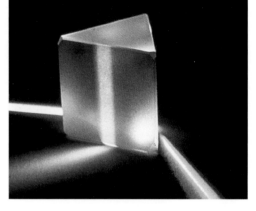

그림 17.14 프리즘의 한쪽 면으로 백색광이 들어오면 분산에 의해 다른 색상의 스펙트럼이 나타난다.

대부분의 유리나 물과 같이 투명한 매질에서 빨간색 빛보다 크다. 푸른빛은 빨간빛보다 더욱 많이 휘게 되며, 중간 파장의 값을 갖는 녹색, 노란색, 주황색 등은 중간 정도로 빛이 휘게 된다.

빛이 어떠한 각도로 프리즘을 통과할 때, 빛이 프리즘을 들어와서 떠나갈 때까지 휘게 된다. 빛이 가장 적게 편향되는 것은 그림 17.13처럼 프리즘이 대칭일 때이다. 광선은 프리즘에 들어와 경계면에서 법선과 가까운 방향으로 굴절되고 두 번째 면에서도 굴절법칙에 따라 굴절한다. 이때 굴절률이 가장 큰 보라색과 푸른색이 가장 많이 휘게 되어 그림 17.14에서와 같이 스펙트럼의 가장 바닥 부분에 놓이게 된다.

파장에 따른 굴절률의 변화를 **분산**이라 부르며, 이는 물, 유리, 그리고 투명한 플라스틱을 포함한 투명한 물질에서 존재한다. 분산은 색에 의존하는데 빛이 실물투영기로서, 물탱크나 렌즈의 구석부분 주위를 진행할 때 일어난다. 이것이 아름다운 무지개 색을 나타내게 되는데 이를 매일의 자연현상 17.1에 설명하였다.

빛이 하나의 투명한 매질에서 다른 매질로 진행할 때 두 물질 사이의 경계면에서 빛의 속도가 변하기 때문에 빛은 휘어진다. 굴절법칙은 경계면에서 빛이 얼마나 휠 것인지, 또 휜다면 그것은 경계면의 법선에 가까운 쪽으로 아니면 먼 쪽으로 휠 것인지를 말해준다. 이러한 굴절 때문에 물속에 있는 물체의 상이 물체의 실제의 위치보다 물 표면에 가까이 있는 것처럼 보인다. 유리나 물속에서 공기 중으로 진행하는 빛에 대해 전반사하는 임계각이 있다. 굴절률은 파장에 따라 달라지는데 이로 인해 빛이 프리즘을 통과할 때 색 분산을 일으키게 된다.

매일의 자연현상 17.1

무지개

상황. 1장의 그림 1.1은 무지개의 사진이다. 우리는 그런 장면을 보고 아름다움에 경외심이 느껴진다. 무지개는 비가 온 직후 해가 빛나는 경우에 발생한다고 알고 있다. 조건이 좋다면 바깥쪽에는 빨간색이고 안쪽에는 보라색의 완전한 반원을 볼 수 있다. 때때로 우리는 첫 번째 무지개 바깥으로 희미하게 형성된 두 번째 무지개를 볼 수도 있다. 두 번째 무지개의 색깔은 그림에서 보듯이 첫 번째 무지개의 색깔 배열과는 반대로 된다.

첫 번째 무지개는 바깥쪽이 빨간색이고 안쪽은 보라색이다. 두 번째 무지개는 가끔 볼 수 있으며, 색깔은 반대로 배열된다.

　어떻게 무지개가 형성될까? 무지개를 보기 위한 필수조건은 무엇인가? 어디에서 볼 수가 있는가? 반사법칙과 굴절법칙을 사용하여 이러한 현상을 설명할 수 있겠는가? 1장에서도 제기되었던 이러한 문제들에 대하여 대답을 하여보자.

분석. 무지개를 이해하는 비결은 두 번째 그림에서와 같이 광선이 물방울 속으로 들어갈 때 어떤 일이 일어날 것인가를 고려하는 것이다. 광선이 물방울의 첫 번째 면을 지나갈 때 물방울 안으로 굴절된다. 광선이 휘는 정도는 굴절률에 비례하므로 첫 번째 면에서 보라색 빛이 빨간색 빛보다 더 많이 휘게 된다. 이는 프리즘에서 빛이 분산되는 것과 같은 효과이다.

　첫 번째 표면에서 굴절된 후에 광선이 계속 진행하여 물방울 뒷면에 부딪히게 되고 거기서 빛의 일부가 반사된다. 광선의 일부는 물방울을 빠져나가고 일부는 뒤로 반사되어 그림에서 보

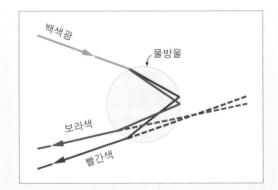

광선이 물방울에 들어올 때 첫 번째 표면에서 굴절되며, 뒷면에서 반사되고 다시 굴절되어 물방울을 빠져나간다.

여주듯이 앞쪽 표면으로 나온다. 앞쪽 면에서는 광선들이 다시 굴절되어 광선이 물방울을 빠져나올 때는 더 많은 분산이 일어난다.

　물방울에서의 전체 과정을 통하여 보라색 빛보다 빨간색 빛이 더 큰 각으로 굴절되는데, 이는 굴절을 통해 휘는 것과 비교하면 역설적인 것 같아 보인다. 그러나 이는 두 번째 그림을 보면 이해할 수 있다. 첫 번째 표면에서의 작은 휘이 그 다음 충돌에서 보라색보다 빨간색이 더 큰 각을 가지게 한다. 반사법칙에 의해 빨간색 광선은 더 큰 각도로 반사된다. 이러한 반사에서의 더 큰 각도가 광선의 전체 편향에 결정적인 역할을 한다.

　무지개를 볼 때 우리는 반사되는 광선들을 관측하기 때문에, 태양은 우리 뒤에 있어야

한다. 주어진 색깔에 대해 광선이 우리 눈에 도달하기 위해 일정한 각을 가져야 하기 때문에, 다른 색깔들은 하늘의 다른 점에서 관측하게 된다. 빨간색 광선이 가장 많이 편향되기 때문에 무지개의 꼭대기 또는 호의 중심에서 가장 큰 각도에서 물방울로부터 반사된 빨간색 광선을 보게 된다. 보라색 빛은 물방울로부터 작은 각으로 오게 된다. 다른 색깔들은 이 둘 사이에 놓이게 되어 여러 색깔이 있는 호를 만들어낸다.

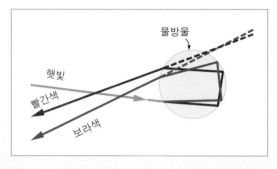

광선이 물방울의 첫 번째 면 바닥 근처에 들어올 때는 나타나기 전에 두 번 반사가 일어날 것이다. 이러한 광선들이 두 번째 무지개를 만들어낸다.

첫 번째 무지개보다 일반적으로 희미한 두 번째 무지개는 세 번째 물방울 그림에서 보여주듯이, 내부에서의 두 번 반사에 의해 형성된다. 물방울의 첫 번째 표면의 바닥 근처로 들어오는 광선은 뒷면에 입사각보다 매우 큰 각으로 충돌하여 물방울을 빠져나가기 전에 두 번 반사된다. 이 경우에 한 바퀴를 돌아온 광선이 첫 번째 굽어진 어떤 색깔보다 큰 각도로 편향된다. 이러한 이유에 의하여 두 번째 무지개는 첫 번째 무지개의 바깥쪽에서 보이게 된다.

첫 번째나 두 번째의 무지개를 보기 위해서는 태양이 하늘에 상당히 낮게 있어야 한다. 여름 동안에, 늦은 오후의 소나기가 무지개를 볼 수 있는 가장 좋은 기회를 제공한다. 비행기와 같이 아주 높고 유리한 지점에서는 하루 중 거의 어느 때나 무지개를 볼 수 있으며, 때때로 반원보다는 거의 완전한 원으로 볼 수 있다. 만일 당신이 이에 대하여 왜 그런지 그 이유를 이해한다면, 여기에서의 설명을 완전히 이해한 것이다.

17.3 렌즈와 상의 형성

우리는 거울에 상이 형성되는 것을 매일 접하게 된다. 또 많은 사람들은 코에 안경을 걸치고 있거나 눈에 교정용 안경이나 콘택트렌즈를 착용하고 있지만 렌즈에 의해 상이 형성되는 것을 항상 의식하며 살아가지는 않는다. 또 카메라나 실물투영기, 오페라 망원경, 단순확대경 등에서도 렌즈들을 볼 수 있다.

렌즈는 어떻게 상을 형성하는가? 일반적으로 렌즈는 유리나 플라스틱으로 만들어지며, 따라서 굴절법칙이 렌즈에 적용된다. 렌즈를 통과할 때 광선이 휘게 되며 이것이 형성되는 상의 위치와 크기를 결정한다. 이러한 몇 개의 광선이 지나가는 궤적을 추적함으로써 기본적인 과정을 이해할 수 있다.

수렴렌즈를 통한 광선추적

양쪽 면이 볼록하게 되어 있는 구면 형태의 렌즈를 그림 17.15에 나타내었다. 굴절법칙에 따라 빛은 첫 번째 면(공기에서 유리쪽으로 진행)에서 표면법선 방향으로 휘게 되며 유리에서 공기 쪽으로 진행하는 두 번째 표면에서 표면법선 반대 방향으로 휘게 된다. 만일 그림과 같이 두 면이 모두 볼록하다면, 이러한 경계면들은 광선을 축방향(렌즈에 수직하며 렌즈의 중심을 통과하는 선)으로 휘게 한

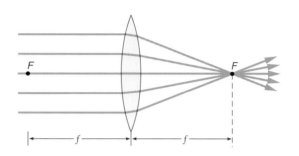

그림 17.15 하나의 볼록렌즈를 지나온 평행광선은 축방향으로 휘게 되어 초점 F를 거의 지나게 된다. 하나의 렌즈는 두 개의 초점이 있는데 하나는 반대편에 있다.

다. 이러한 렌즈들은 광선이 수렴하게 하며 **수렴렌즈**라 한다.

그림 17.15에서처럼 빛이 휘는 것을 알 수 있는 가장 쉬운 방법은 프리즘과 같은 각각의 절단 면을 상상하는 것이다. 렌즈의 중심축에서 멀어질수록 렌즈 양면 사이의 각도, 즉 프리즘의 각은 더 커져서 꼭대기 근처를 통과하는 빛이 렌즈의 가운데를 통과하는 빛보다 더욱 많이 휘게 된다. 축에 평행하게 입사하는 광선은 축으로부터 먼 쪽일수록 프리즘의 효과가 더욱 크게 일어나 더 크게 휘므로 모든 광선은 렌즈의 반대편의 한 점 F를 통과하게 되는데 이를 **초점**이라 한다.

렌즈의 중심에서 초점까지의 거리를 **초점거리** f라 한다. 초점거리는 렌즈의 표면이 얼마나 굽어 있으며, 렌즈 물질의 굴절률이 얼마인지에 따라 달라진다. 렌즈의 반대편에서 반대방향으로 평행한 광선이 올 때에 역시 초점거리 f가 존재하게 된다. 광선의 길은 가역적이기 때문에 초점으로부터 발산한 광선은 렌즈를 통과하여 축에 평행하게 나타난다.

광선 추적법을 사용하여 렌즈에 의해 상이 어떻게 형성되는지를 보일 수 있는가? 초점 밖에 놓여 있는 물체에 대해 이 과정을 그림 17.16에 나타내었다. 3개의 광선(그림에 표시함)을 추적할 때 초점의 특성을 이용하자.

1. 물체의 꼭대기에서 나온 광선은 축에 평행하게 진행하여 렌즈의 반대편 초점을 통과하게 휘어진다.
2. 초점을 통과하여 반대쪽으로 나간 광선은 축에 평행하다.
3. 렌즈의 중심을 통과한 광선은 휘어지지 않고 렌즈를 통과하여 진행한다.

렌즈의 중심 근처의 면들은 이 영역에서 평면유리처럼 서로 평행하다. 이것이 왜 중심을 통과하는 광선 ③이 직선인가를 보여준다.

물체로부터 렌즈의 반대편에 놓여 있는 상은 **실상**이며, 이때 광선은 실제로 상의 점을 통과한다. 물체로부터 발산하는 광선은 렌즈에 의해 상점에서 수렴한다. 만일 그 점에 스크린을 갖

다 놓는다면, 거꾸로 서 있는 상을 보게 될 것이다. 슬라이드 프로젝트를 사용할 때 슬라이드를 거꾸로 놓아야 스크린에 상이 바로 나타나게 된다.

물체 거리는 상거리와 어떤 관계를 가지는가?

물체가 주어진 점에 놓여 있다면 상은 어느 위치에 맺히는가? 가장 쉬운 방법은, 이미 예시한 바와 같이, 광선 추적법이다. 삼각관계와 굴절법칙을 사용하여 물체의 거리 o, 상의 거리 i, 렌즈의 초점거리 f 등의 관계를 정량적으로 구할 수 있다(이 거리들은 모두 렌즈의 중심으로부터 측정한다). 이 관계식은 이러한 거리들의 역수로서 나타낸다 — 물체 거리의 역수에 상거리의 역수를 더하면 초점거리의 역수값과 같아진다. 기호로 표시하면,

$$\frac{1}{o} + \frac{1}{i} = \frac{1}{f}$$

그림 17.16에서, 이 거리들은 모두 양수값이다. 가장 자주 사용되는 부호규약은, 실제 물체와 실상까지의 거리를 양으로 두는 것이다. 그러나 허상에 대해 상의 거리는 음으로 둔다. 초점거리는 축방향으로 광선이 휘는 **수렴**렌즈에서는 양으로 두며, 축에 바깥으로 휘는 경우인 **발산**렌즈에서는 음으로 둔다.

그림 17.16의 기하학은 상의 배율 m과 물체와 상의 거리 사이의 관계를 찾아내는 데 사용되어진다. **배율**은 상의 높이 b_i와 물체의 높이 b_o의 비로 정의되며, 또는

$$m = \frac{b_i}{b_o} = -\frac{i}{o}$$

와 같다. 이 식의 부호는 상이 바로 섰는지, 거꾸로 섰는지를 나타낸다. 음의 배율은 거꾸로 선 상(도립상)을 나타내며, 이때 상과 물체의 거리는 둘 다 양의 값이다(그림 17.16). 물체와 상의 거리에 의존하여 상의 크기가 확대되거나 축소된다.

만일 수렴렌즈에서 초점 안에 물체가 놓여 있으면, 그림 17.17처럼 양의 배율과 허상을 갖

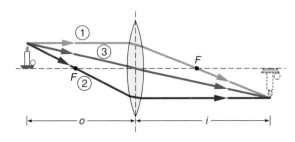

그림 17.16 물체의 꼭대기로부터 수렴렌즈를 지나 상이 있는 점을 3개의 광선으로 추적할 수 있다.

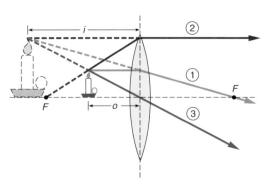

그림 17.17 확대된 허상은 수렴렌즈의 초점거리 안에 물체가 있을 때 형성된다. 나타나는 광선들은 물체 뒤의 한 점으로부터 발산하는 것으로 나타난다.

| 예제 17.2 | 예제 17.3 |

예제 : 실상

높이가 2 cm인 물체가 초점거리가 5 cm인 수렴렌즈의 왼쪽 10 cm 지점에 놓여 있다.

a. 상은 어디에 놓이게 되는가?
b. 배율은 어떻게 되는가?

a. $f = +5$ cm $\dfrac{1}{o} + \dfrac{1}{i} = \dfrac{1}{f}$
   $o = +10$ cm
   $i = ?$ $\dfrac{1}{i} = \dfrac{1}{f} - \dfrac{1}{o}$

$$= \frac{1}{5\text{ cm}} - \frac{1}{10\text{ cm}}$$

$$= \frac{2}{10\text{ cm}} - \frac{1}{10\text{ cm}}$$

$$= \frac{2-1}{10\text{ cm}} = \frac{1}{10\text{ cm}}$$

$$i = \textbf{10 cm}$$

상은 렌즈의 오른쪽 10 cm 지점 물체의 반대쪽에 위치한다(그림 17.16).

b. $m = ?$ $m = -\dfrac{i}{o}$

$$= -\frac{10\text{ cm}}{10\text{ cm}}$$

$$= \textbf{-1}$$

상의 크기는 물체의 크기와 같으며 m의 값이 음수가 되는 것은 상이 거꾸로 선 상임을 말해준다.

예제 : 확대된 허상

높이가 2 cm인 물체가 초점거리가 20 cm인 수렴렌즈의 왼쪽 10 cm 지점에 놓여 있다.

a. 상은 어디에 놓이겠는가?
b. 배율은 어떻게 되겠는가?

a. $f = +20$ cm $\dfrac{1}{o} + \dfrac{1}{i} = \dfrac{1}{f}$
   $o = +10$ cm
   $i = ?$ $\dfrac{1}{i} = \dfrac{1}{f} - \dfrac{1}{o}$

$$= \frac{1}{20\text{ cm}} - \frac{1}{10\text{ cm}}$$

$$= \frac{1}{20\text{ cm}} - \frac{2}{20\text{ cm}}$$

$$= -\frac{1}{20\text{ cm}}$$

$$i = \textbf{-20 cm}$$

상은 렌즈의 왼쪽 20 cm 지점에 위치하며, 물체와 같은 쪽이다.

b. $m = ?$ $m = -\dfrac{i}{o}$

$$= -\frac{-20\text{ cm}}{10\text{ cm}}$$

$$= \textbf{+2}$$

상은 물체 높이의 2배만큼 확대된다. 그것은 똑바로 서며, 따라서 배율은 양수이다.

게 된다. 이 경우 허상을 가지기 때문에 상의 거리는 음의 값을 갖는다. 광선은 상점으로부터 발산하는 것처럼 보이지만 실제로 이 점을 지나가는 것은 아니다. 허상은 빛이 나오는 렌즈쪽에 놓여 있으며, 이 경우에는 왼쪽이다. 이 상황은 예제 17.3에 다루었다.

물체의 상이 수렴렌즈에서 초점거리 안쪽에 놓여 있다면, 이 렌즈는 단순히 확대경으로 사용된 것이다. 상은 확대되어 눈에서 더 먼 곳, 물체의 뒤에 놓이게 된다. 이와 같이 실제 물체가 있는 위치보다 상이 더욱 먼 거리에 있어서 눈이 초점을 맞추기가 쉬워진다. 노안을 가진 사람들이 가까이 있는 물체를 볼 때 바로 이를 이용한다.

발산렌즈들을 통한 광선추적

앞에서 보았듯이 단순한 볼록렌즈는 **수렴렌즈**로서 광선을 축방향으로 가깝게 휘게 한다. 만일 오목렌즈를 사용하면 렌즈 표면에서는 어떠한 일이 일어나겠는가? 만일 렌즈의 각 부분이 프리

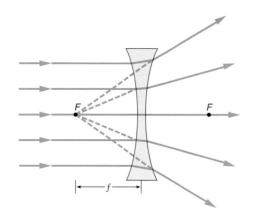
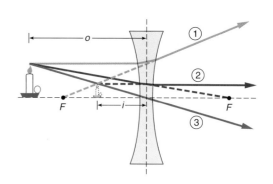

그림 17.18 축에 평행하게 진행하는 광선들은 발산렌즈 때문에 축의 바깥방향으로 휘게 되어 공통의 초점 F로부터 발산하는 것처럼 보인다.

그림 17.19 물체의 꼭대기로부터 발산렌즈에 의해 형성된 상의 위치를 3개의 광선으로 추적하였다. 허상이며 직립상이 렌즈와 같은 쪽에 형성되며 그 크기는 감소한다.

즘의 역할을 한다고 상상하면, 이러한 프리즘의 부분에서는 볼록거울과는 반대로 거꾸로 서게 된다. 그림 17.18에서처럼 프리즘 부분에서는 광선이 축의 바깥쪽으로 휘게 된다. 따라서 이러한 렌즈를 **발산렌즈**라 한다.

축에 평행한 광선이 발산렌즈 때문에 축에 바깥으로 휘게 되므로 그림 17.18과 같이 초점이라는 하나의 점으로부터 발산한 것처럼 보인다. 이 점이 발산렌즈에서 두 개의 초점 중에 하나이다. 또 하나의 초점은 렌즈 반대편에 렌즈의 중심으로부터 같은 거리에 있다. 렌즈의 먼 곳으로부터 초점을 향하여 들어오는 빛은 축에 평행하게 진행하도록 휘어진다. 앞에서 언급한 바와 같이 발산렌즈의 초점거리 f는 음의 값으로 정의된다.

수렴렌즈에서 광선을 추적한 것과 같이 발산렌즈에서도 상이 놓여 있을 때 그림 17.19에서와 같이 3개의 광선을 추적할 수 있다. 물체의 꼭대기에서 축에 평행하게 들어오는 광선은(광선 ①) 축의 바깥쪽으로 휘어, 마치 렌즈의 초점으로부터 나가는 것처럼 보인다. 다른쪽의 초점을 향하여 들어오는 광선은(광선 ②) 축에 평행하게 휘게 된다. 렌즈의 중심을 통과하는 광선 ③은 앞에서와 같이 직진한다. 상은 물체가 놓인 쪽에 놓이게 되며, 상은 바로 서고 그 크기는 작게 된다(그림 17.19). 이것은 초점거리를 음의 값으로 처리하는 물체-상거리의 공식을 이용하여 증명할 수 있다. 광선이 상점에서 나오는 것처럼 보이기 때문에 상은 허상이며 실제로는 그 점을 통과하지 않는다. 이것은 실제 물체거리가 사실임에도 불구하고 발산렌즈를 사용하기 때문에 허상의 크기가 물체의 크기보다 작게 된다.

만일 프린트한 종이 면에 가까이 발산렌즈를 가져다가 렌즈를 통하여 그 면을 본다면, 글자는 원래의 크기보다 작게 보일 것이다. 발산렌즈를 수렴렌즈와 구별하는 것은 쉽다. 인쇄된 면 가까이 렌즈를 대고 보면 하나의 렌즈는 더 작게 보이고, 다른 렌즈(수렴렌즈)는 확대된다. 만일 수렴렌즈를 그 면에서 멀리 움직여가면 초점거리와 같아지는 거리에 도달할 때는 상이 사라졌다가 다시 거꾸로 상이 나타난다.

수렴렌즈는 빛을 축방향으로 모으게 된다. 만일 들어오는 광선이 축과 평행하다면 그 광선들은 초점이라고 하는 한 점에 모이게 된다. 초점의 특성들은 상이 형성되며, 상이 놓이는 곳을 광선으로 추적하는 데 사용될 수 있다. 얇은 렌즈로부터 초점까지의 거리를 초점거리라 하는데, 물체의 위치에 대하여 그 물체의 상이 맺히는 위치를 찾는 데 사용된다. 발산렌즈는 광선을 발산하게 하며 실제 물체에 대해 항상 크기가 작아진 허상을 형성한다. 물체-상거리의 공식과 관련된 광선 추적법을 사용하여 렌즈뿐만 아니라 거울에서도 상이 형성되는 것을 묘사하고 찾아낼 수 있다.

17.4 구면거울과 빛의 집광

오목거울에 얼굴을 비추어보면 상이 확대되어 보이는 경험을 해본 적이 있을 것이다. 이러한 상의 확대는 어떻게 일어나는 것일까? 거울을 이용하여 확대된 상을 보려면 곡면으로 된 거울을 사용하여야 한다. 일반적으로 사용하는 오목거울은 구면거울인데 이는 거울면이 구의 일부분을 이용하여 만들어지기 때문이다. 구면거울은 마치 렌즈와 같이 빛을 초점에 모으는 능력이 있다. 광선 추적법을 사용하면 구면거울이 어떤 상을 만들어 내는지를 구체적으로 알 수 있다.

오목거울의 상

상이 확대되어 보이는 거울은 바로 오목거울이다. 오목거울은 구면의 안쪽 오목한 부분을 반사면으로 사용한다. 오목거울의 초점이 어디인지를 알아보는 방법은 그림 17.20과 같이 평행하게 들어오는 빛들이 거울에 반사된 후 진로를 추적하면 된다. 그림에서 구면의 중심, 즉 구심은 중심축상에 있다. 거울면에서 빛의 반사는 물론 입사각과 반사각이 같다는 반사의 법칙을 따른다. 거울면에 입사하는 빛의 반사각과 입사각을 알기 위해서는 반사지점에서 반사면에 수직인 선을 알아야 한다. 거울이 구면이고 구의 중심에서 구면에 긋는 선은 언제나 구면과 수직으로 만나므로 어느 지점에서나 면에 수직인 선은 바로 구심을 지난다.

그림에서 보듯이 평행광선은 구면에 반사된 뒤 근사하게 중심축상의 한 점을 지난다. 이 점이 초점이며 F로 표기한다. 거울면에 평행으로 들어오는 빛은 렌즈에서와 마찬가지로 반사되어 초점을

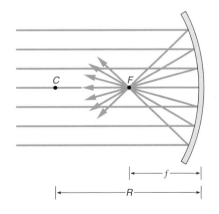

그림 17.20 구면 오목거울에서 중심축과 평행하게 들어온 빛은 반사된 후 초점 F를 지난다. 초점거리 f는 구면의 반지름 R의 반이 된다.

지난다. 빛의 반사는 그의 역도 역시 성립하므로 초점을 지나온 빛은 반사되어 중심축과 평행하게 나감을 알 수 있다.

그림 17.20에서 보듯이 거울의 중심에서 초점까지의 거리는 구심까지의 거리의 약 반이 된다. 이 두 점 구심 C와 초점 F는 광선 추적법으로 상의 위치를 찾는 데 빈번하게 사용되는 점들이다. 오목거울로 상을 확대하여 보려면 물체의 위치는 초점보다 안쪽에 있어야 한다. 즉 물체의 위치는 초점과 거울면의 사이가 된다.

그림 17.21은 초점거리보다 안쪽에 놓인 물체에 대하여 어떻게 광선 추적법으로 상의 위치를 찾을 수 있는지를 보여준다. 통상 세 가지 빛의 경로를 쉽게 추리할 수 있는데 이 중 두 가지만으로도 상의 위치를 찾을 수 있다.

1. 물체의 가장 윗부분으로부터 중심축과 평행하게 나온 빛은 반사되어 초점을 지난다.
2. 초점을 지나온 빛은 반사되어 중심축과 평행하게 반사된다.
3. 구심을 지나온 빛은 반사되어 다시 구심을 지난다.

세 번째 빛은 구심을 지나 거울면에 수직으로 입사하므로 입사각과 반사각이 모두 0이 되는 경우이다.

거울면에 반사되어 나가는 빛들을 반대쪽으로 죽 연장하면 하나의 점에서 만나게 되는데 이 점이 바로 물체의 윗부분에 대한 상의 위치가 된다. 물체의 아래 부분들은 이 점에서 중심축으로 수직으로 연결되는 선상에 놓이게 된다. 그림에서 보듯이 상의 위치는 거울면의 뒤쪽에 맺히고 그 크기도 확대되어 보인다는 것을 알 수 있다. 상은 바로 서 있는 확대된 상이며 허상이다. 상이 허상이라는 것은 상으로부터 직접 방출된 빛이 눈으로 들어오는 것이 아니기 때문이다. 다

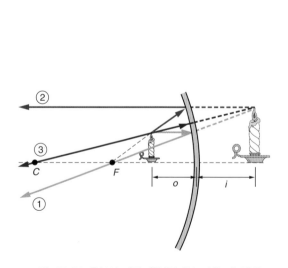

그림 17.21 촛불의 가장 윗부분에서 나온 세 광선의 진로. 반사되어 나오는 빛을 뒤로 연장하면 거울 뒤 상의 위치를 알 수 있다.

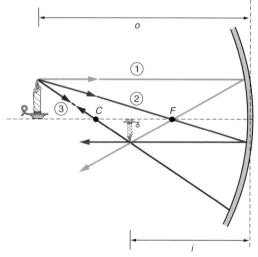

그림 17.22 오목거울의 초점거리보다 멀리 있는 물체에서 나온 세 광선은 거울 앞쪽에 모여 거꾸로 선 실상을 만든다.

만 우리가 상이 거기에 있는 것처럼 인지할 뿐이다.

오목거울을 이용하면 실상을 맺는 것도 가능하다. 그림 17.22와 같이 물체의 위치를 초점거리 바깥쪽에 놓아보자. 앞에서 반사된 빛들이 퍼져나가던 것과는 달리 이번에는 반사된 빛들이 한 점으로 모인다는 사실을 알 수 있다. 또 빛들이 한 점으로 모이는 위치, 즉 상의 위치는 물체와 같은 쪽에 있다는 것도 알 수 있다. 거울면의 앞쪽에 실제 상이 맺히는 것이다.

우리의 눈은 항상 거울면의 뒤에 있는 허상을 보는 데 익숙하기 때문에 거울의 앞쪽에 있는 실상을 집중해서 보는 것은 매우 어렵게 느껴진다. 그러나 이 상은 실제로 볼 수 있는 상이다. 오목거울을 얼굴 가까이 바짝 댄 다음 거울을 점점 멀리하여 보라. 처음에는 거울에 확대된 얼굴이 보이고 이는 점점 커지다가 결국은 사라진다. 허상이 사라지고 대신 거꾸로 선 상을 볼 수 있는데 이 상은 거울을 점점 멀리함에 따라 계속 작아진다. 이 상이 바로 실상이다. 그림으로도 이 상은 거꾸로 선 상이라는 사실이 분명하다.

물체와 상의 위치

그러면 물체가 특정한 위치에 있을 때 상이 어디에 맺힐지 예측할 수 있겠는가? 한 방법은 앞에서 했던 대로 빛이 지나는 경로를 추적하여 보는 것이다. 삼각함수를 이용하면 물체와 거리에 대한 상관관계를 수치적으로 알아낼 수 있다. 그 결과는 앞에서 렌즈의 경우와 마찬가지로 다음과 같은 수식으로 표현된다.

$$\frac{1}{o} + \frac{1}{i} = \frac{1}{f}$$

여기서 물체까지의 거리는 o, 상까지의 거리는 i, 초점거리는 f이며 모든 거리는 거울의 중심에서부터의 거리를 말한다. 앞에서 언급한 대로 초점거리는 곡률반지름의 반이다.

그림 17.22의 경우에는 이 거리들은 모두 양수값을 갖는다. 일반적으로 각각에 상응하는 점들이 거울면과 같은 쪽에 있는 경우 양수가 되고 거울의 반대쪽에 있는 경우 음수 값을 갖는다. 예제 17.4의 문제를 참고하라.

그림 17.21이나 17.22에서 삼각함수를 이용하면 물체와 상의 크기에 대한 관계, 결과적으로 상의 배율을 계산할 수 있다.

예제 17.4

예제 : 오목거울의 상의 위치

한 물체가 초점거리가 +10 cm인 오목거울 앞 5 cm 위치에 놓여 있다. 상의 위치는 어디인가? 또 상은 바로 선 상인가 아니면 거꾸로 선 상인가?

$o = 5$ cm
$f = 10$ cm
$i = ?$

$$\frac{1}{o} + \frac{1}{i} = \frac{1}{f}$$

$$\frac{1}{i} = \frac{1}{f} - \frac{1}{o}$$

$$\frac{1}{i} = \frac{1}{10 \text{ cm}} - \frac{1}{5 \text{ cm}}$$

$$\frac{1}{i} = \frac{1}{10 \text{ cm}} - \frac{2}{10 \text{ cm}}$$

$$\frac{1}{i} = -\frac{1}{10 \text{ cm}}$$

$$i = -10 \text{ cm}$$

상의 위치가 음수인 것은 상의 위치가 거울 뒤쪽 즉 허상임을 말해준다. 그림 17.21의 상황과 유사하다.

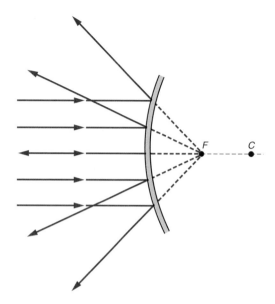

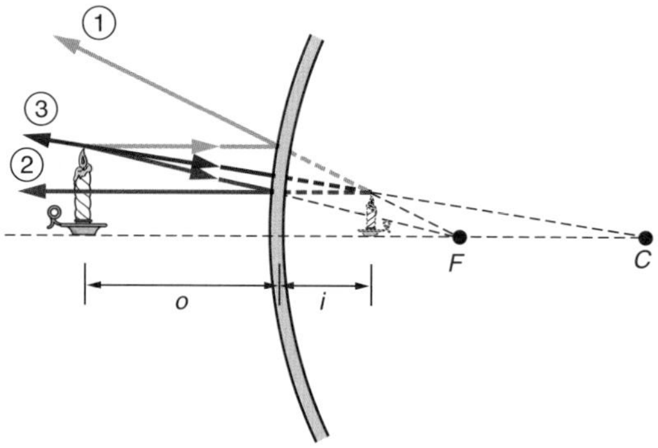

그림 17.24 물체로부터 나온 세 광선이 볼록거울에 반사된 후 퍼져나가는 모습. 반사된 빛들은 마치 거울 뒤쪽 허상으로부터 나온 것처럼 반사된다.

그림 17.23 볼록거울의 중심축에 평행하게 들어온 빛은 거울 반대편에 있는 초점으로부터 나오는 것처럼 반사한다.

배율에 대한 결과도 렌즈의 경우와 같아

$$m = -\frac{i}{o}$$

가 된다. 예제 17.4의 예에서 상의 거리는 −10 cm, 물체의 거리는 +5 cm이므로 배율은 +2.0배가 된다. 배율이 양수값을 갖는 다는 것은 상이 바로 선 상이라는 의미이다.

볼록거울

오목거울과는 반대로 구면의 볼록한 바깥쪽 곡면을 사용하는 볼록거울의 경우는 어떠한가? 기본적으로 볼록거울은 자동차의 백미러와 같이 거울을 통하여 더 넓은 각도의 시야를 확보하기 위하여 사용한다. 반면에 거울을 통하여 보는 상의 크기는 작아진다. 그림 17.23은 볼록거울의 면에 중심축과 평행으로 입사한 빛들이 반사의 법칙에 따라 어떻게 반사되어 나가는지 그 빛의 경로를 작도한 것이다. 볼록거울의 경우 구심은 거울면의 반대쪽에 있으며 구심과 거울면을 이은 선은 거울면과 수직으로 만난다. 평행으로 입사한 빛들이 반사되어 나아가는 선들을 반대방향으로 죽 연장하면 하나의 점에서 만나는데 이 점이 바로 초점이 된다.

볼록거울은 따라서 발산 거울이 된다. 평행으로 입사한 빛이 반사되어 발산되기 때문이다. 상의 위치와 크기의 결정은 그림 17.24와 같이 앞에서 사용했던 광선 추적법을 동일하게 적용한다. 물체의 윗부분에서 나온 빛은 ① 중심축과 평행하게 나가다가 반사되어 마치 초점에서 나가는 것같이 보인다. ② 초점을 향해서 들어오는 빛은 반사된 후 평행하게 진행한다. ③ 구심을 향해서 들어오는 빛은 반사되어 온 길을 되돌아 나간다. 이 세 빛들을 거울면 뒤쪽까지 죽 연장하면 한 점에서 만나는데 바로 이점이 물체의 가장 윗부분에 대한 상의 위치가 된다. 상은 거울면의 반대쪽에 있으므로 허상이 된다. 상은 언제나 바로 선 허상이며 물체의 크기에 비해 작다.

물체와 상의 위치에 대한 상관관계는 오목거울과 렌즈에 사용되었던 공식을 그대로 적용한다. 한 가지 차이점은 볼록거울의 경우 초점이 거울면의 반대쪽에 있으므로 음수값을 갖는다는 것이다. 마찬가지로 볼록거울의 상은 항상 거울면의 반대쪽에 맺히는 허상이므로 상의 위치도 음수값을 갖는다.

자동차의 사이드 미러로는 볼록거울을 사용하는데 이는 자동차의 옆 후방으로 더 넓은 시야를 확보하기 위해서이다. 이때 상은 실제보다 더 작게 보인다. 간혹 거울면에 "물체는 거울에 보이는 것보다 더 가까이에 있을 수 있음"이라고 써 있는 것을 보았을 것이다. 그림에서 보면 허상의 위치는 거울면에 더 가까이에 있는데 왜 더 멀리 있는 것처럼 느껴질까?

그것은 사람의 두뇌가 물체의 거리를 그 크기로 지각하기 때문이다. 즉 우리가 이미 알고 있는 자동차나 트럭의 크기에 비해 거울에서 보이는 뒤따라오는 자동차나 트럭이 더 작게 보인다는 사실로부터 그것이 더 멀리 있다고 판단하는 것이다.

구면거울은 빛을 초점에 모으거나 상을 맺기 위하여 사용한다. 광선 추적법을 사용하면 상의 위치를 알 수 있는데 이때 초점과 구심의 위치를 알아야 한다. 물체와 상의 위치에 관한 한 렌즈의 공식과 동일하다. 오목거울의 경우 물체가 초점 안쪽에 있으면 확대된 허상을, 물체가 초점 밖에 있으면 실상을 볼 수 있다. 볼록거울의 경우 상은 물체의 위치에 관계없이 축소된 허상을 보게 된다. 볼록거울은 더 넓은 각도의 시야를 확보하는 데 유용하다.

17.5 안경, 현미경, 망원경

렌즈를 만드는 것은 르네상스 동안에 개발된 기술이다. 그 전에는 가까이 있는 것이나 멀리 있는 것, 또는 확대경으로 물체를 확대하는 등의 정확하게 물체를 보는 것은 불가능했다. 렌즈가 일반화되어 현미경이나 망원경처럼 광학기구를 만들도록 결합하기까지는 오랜 시간이 걸리지 않았다. 현미경이나 망원경들은 1600년 초에 네덜란드에서 발명되었다.

시각적인 문제를 교정하는 것은 지금도 렌즈들을 사용하는 가장 기본적인 영역이다. 우리들 중에 대부분은 일상생활에서 안경을 착용하며, 많은 사람들은 사춘기나 그 이전에 착용하게 된다. 무엇이 우리의 시력을 나빠지게 하여 교정을 위한 렌즈를 필요로 하게 하는가? 이 질문에 답을 하기 위해서는, 광학이나 눈 자체를 탐구하여야 한다.

어떻게 우리의 눈들이 일을 하는가?

우리의 눈은 적절하게 일을 할 때 눈의 뒷면에 광선을 집중하게 하는 수렴렌즈들을 포함하고 있다. 그림 17.25에 보여준 것과 같이 눈은 두 개의 수렴렌즈를 포함하는데 — 각막이라고 하는

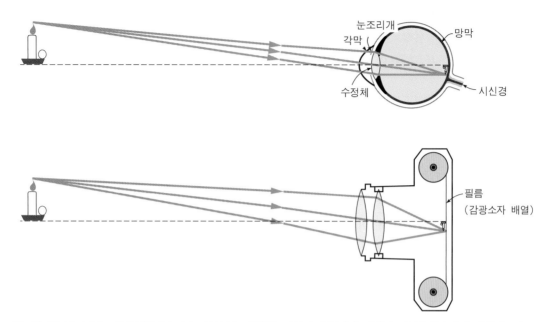

그림 17.25 멀리 있는 물체로부터 눈으로 들어오는 광선은 각막과 수정체에 의해 눈의 뒷면(망막)에 맺힌다. 광선이 카메라 렌즈에 의해 필름에 상이 맺혀지는 것과 유사하다.

눈의 표면 앞에 형성되는 굽어진 얇은 막과, 눈의 내부에 근육이 붙어 있는 **수정체**로 구성되어 있다. 대부분의 빛이 휘어지는 것은 빛이 각막을 통해 지나는 동안 일어난다. 수정체는 더욱 정밀하게 조절한다.

그림 17.25는 눈과 카메라의 좋은 유사성을 보여준다. 카메라는 복합의 양의 렌즈계를 사용하여 물체로부터 들어오는 광선의 상을 맺는 데 사용된다. 카메라의 렌즈계는 각각 다른 거리에 있는 물체들의 초점을 맞추기 위해 앞뒤로 움직이게 되어 있다. 눈에 있어서는 렌즈계와 눈의 뒤쪽 면 사이의 거리가 고정되어 있기 때문에 우리는 다른 거리에 있는 물체를 초점에 맞추기 위해서는 수정체와 같이 초점거리가 변하는 렌즈들이 필요하다.

수렴렌즈들은 눈의 뒤쪽 면에 있는 **망막**이라는 세포 층에 거꾸로 서 있는 실상을 형성한다. 망막은 카메라에서의 필름과 같은 역할을 하며, 상을 감지하는 센서이다. 디지털카메라에는 필름의 위치에 빛을 감광하는 소자들이 배열되어 망막의 역할을 한다. 빛이 망막에 있는 세포에 도달하면 신경충동을 뇌에 전달하게 된다. 뇌의 작용은 두 눈으로부터의 신경충동을 받아들여 경험에 따라 상을 해석하는 것이다. 대부분의 경우에 이러한 해석은 바로 서 있는 상이며 무엇을 보든지 그대로 보게 되지만, 때때로 뇌의 해석은 잘못된 상을 줄 수도 있다.

망막에 상이 거꾸로 맺히지만, 뇌는 그 장면을 바로 서 있는 것으로 해석한다. 재미있는 것은, 사람들에게 역상의 렌즈를 착용하여 망막에 상이 똑바로 서 있게 한다고 하자, 그러면 뇌는 그것이 거꾸로 서 있다고 인식한다. 역상렌즈를 벗어야만 모든 것이 바로 된다. 그러면 뇌가 다시 적응하기까지는 모든 것은 거꾸로 보일 것이다! 당신의 눈에 감지되는 신호와 실제로 감지하는 것 사이에는 많은 과정이 필요하다.

안경에 의해 어떤 문제가 교정되는가?

사람들에 있어서 가장 일반적인 시력의
문제는 가까이에서 책을 읽는 근시이다.
근시의 눈을 가진 사람은 물체로부터 오
는 광선을 심하게 휘게 하므로 그림
17.26a에서 보는 것과 같이 망막의 앞에
초점이 생기게 된다. 망막에 도달할 때에
상은 다시 발산하게 되어 더 이상 예리한
초점을 형성할 수가 없다. 때때로 인식하
지 못하지만 물체는 흐리게 된다. 왜냐하
면 이렇게 희미하게 보이는 것에 점점 익
숙해지기 때문이다. 근시인 사람은 가까
운 물체는 뚜렷하게 구별할 수 있다. 왜
냐하면 입사하는 광선은 멀리 있는 물체
보다 가까이 있는 물체로부터 더욱 강하
게 발산하기 때문이다.

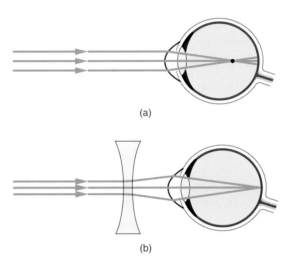

(a)

(b)

그림 17.26 근시안에 있어서는 멀리 있는 물체로부터 눈
으로 들어오는 평행광선이 망막 앞에서 상이 맺힌다. 눈앞
에 놓여지는 발산렌즈는 이러한 문제를 교정한다.

음의 안경렌즈는 눈이 광선을 강하게 수렴하는 근시안인 사람이 사용한다(그림 17.26b). 발산
렌즈는 광선을 발산하게 만들어주어, 눈의 렌즈에 의해 너무 강하게 수렴하는 것과 상쇄되어 멀
리 있는 물체를 뚜렷한 상으로 망막에 맺히게 한다. 근시안인 사람이 안경을 착용해 보면 놀라
운 차이를 경험하게 될 것이다. 원시인 사람은 반대의 문제를 가진다. 눈은 광선을 충분히 수렴
하지 못하여, 가까이 있는 물체의 상이 망막 뒤에 형성된다. 수렴렌즈는 이러한 문제를 교정한
다. 매일의 자연현상 17.2를 참조하라.

매일의 자연현상 17.2

레이저를 이용한 각막 수술

상황. 메간은 10살 때부터 이미 심한 근시였다. 그녀는 처음에는 안경을 사용하였으나 최
근 몇 년간은 콘택트 렌즈를 사용하고 있다. 이미 20대에 이른 그녀는 친구로부터 안과에
서 레이저를 이용한 각막 수술을 받으면 렌즈 없이도 사물을 잘 볼 수 있다는 이야기를
들었다. 그녀는 여기에 대하여 더 자세하게 알기를 원하였다.

어떻게 눈에 레이저 빔을 쏘아 눈이 더 잘보이게 할 수 있을까? 그녀는 레이저가 여러
가지 파괴적인 용도로 사용된다는 것을 알고 있었다. 레이저를 이용한 수술이 안전한가?

그리고 그것은 어떤 원리로 작동이
되는가?

분석. 현대인들에게 근시안은 매우
흔한 시각장애이다. 근시안은 어려
서부터 눈 가까이에서 작업을 많이
하거나 책을 너무 가까이하고 독서
하는 습관 때문에 생기기도 하지만
일면 유전적인 원인도 있다. 근시안
의 경우 그림 17.26과 같이 눈의 렌
즈계가 너무 강하여 그 상이 망막의
앞쪽에 맺히게 된다.

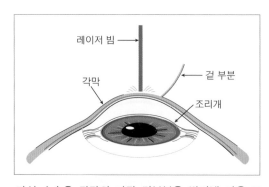

라식 수술은 각막의 가장 겉부분을 벗겨낸 다음 그
중앙부분을 레이저를 이용하여 부드럽게 다듬어 준다.

　눈의 광학적 파워는 각막의 가장
앞면이 주도적 역할을 한다. 렌즈의 광학적 파워는 디옵터 단위로 나타내는데 렌즈의 양
면이 공기와 접촉하고 있을 때 미터 단위로 측정된 초점거리의 역수를 취한 값이다. 초점
거리가 짧은 렌즈일수록 빛의 꺾이는 정도가 크고 따라서 광학적인 파워가 크다고 보는
것이다. 사람의 눈을 한 광학계로 보면 전체적으로 약 60 디옵터 정도인데 이 중 각막의
앞부분만으로도 약 40~50 디옵터가 된다.

　각막의 광학적 파워는 두 가지 요소에 의해 결정된다. 각막의 전면이 얼마나 곡면을 이
루는가와 각막의 굴절률이 그것이다. 메간과 같은 근시안의 경우 일반인의 각막보다 파워
가 4~5 디옵터 높으며 따라서 −4~−5 디옵터의 렌즈로 교정을 해주어야 한다.

　레이저 수술의 근본적인 원리는 레이저로 각막 표면의 일부를 제거하여 곡면을 교정하
는 것인데 이를 LASIK이라고 한다. 수술의 과정은 먼저 각막의 앞면을 절개하여 옆으로
제친 후 미리 계산된 모양이 되도록 엑시머 레이저를 이용하여 각막의 내용물의 일부를
제거한 다음 각막의 앞면을 다시 봉합하는 방식이다.

　엑시머 레이저의 파장은 192 nm이며 자외선 영역이다. 각막의 세포들은 특별히 이 파
장대의 빛을 잘 흡수하기 때문에 주변의 세포들을 가열시키지 않고도 원하는 부분에만
에너지를 투입해 기화시켜 제거가 가능하다. 레이저는 펄스 형태로 작동되며 이러한 방식
은 정확하게 원하는 만큼의 에너지만을 각막에 전달하는 것이 가능하다. 물론 각막의 새
로운 곡면의 모습 등 모든 과정은 컴퓨터에 의해 정확하게 통제된다.

　수술 후 각막이 완전히 회복되려면 수일이 걸린다. 대부분의 수술은 성공적이어서 수술
후 안경이나 렌즈가 필요 없게 되지만 경우에 따라 약한 안경이 계속 필요할 수도 있다.
LASIK 수술은 주로 각막의 일부를 깎아내 평탄하게 만드는 근시안의 경우 시행된다. 경
우에 따라 드물게 원시안이나 난시의 경우에도 행해지기도 한다.

　이 수술은 안전한가? 아직 장기적인 부작용에 대해서는 판결이 유보된 상태이다. 그러
나 환자들의 응답에 따르면 초기 약간의 문제를 제외하고는 큰 어려움은 없다고 한다. 어
떤 수술에서나 마찬가지이지만 감염의 위험이나 개인적인 회복의 지연 등은 피할 수 없
다. 때로 어떤 사람은 수술 후 밤에 물체를 인지하는 데 어려움을 겪는 경우가 있다고 한
다. 이는 각막의 수술을 받은 부분과 받지 않은 부분의 원모양의 경계면이 아직 완전히
회복되지 않았기 때문인데 밤에는 빛의 양이 매우 적기 때문에 동공이 수술자국의 경계
면보다도 더 크게 열리는 것이다.

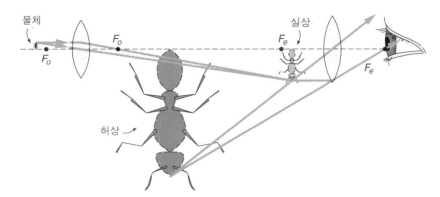

그림 17.27 두 개의 수렴렌즈로 구성된 현미경은 연결관(그림에는 보이지 않음)에 의해 분리되어 있다. 첫 번째 렌즈에 의해 형성된 실상은 두 번째 렌즈를 통하여 보여진다. 두 렌즈를 통하여 확대가 이루어진다.

현미경의 원리는 어떻게 되는가?

　렌즈를 어떻게 조합해야 현미경을 형성할 수 있는가? 현미경은 그림 17.27에서와 같이 두 개의 수렴렌즈로 구성된다. 두 렌즈는 연결관으로 고정되어 있는데 그림에는 보이지 않았다. 만일 현미경을 사용해 본 적이 있다면, 물체는 **대물렌즈**라 불리는, 첫 번째 렌즈 근처에 있어야 볼 수 있다는 것을 알 것이다. 대물렌즈는 물체의 거꾸로 선 실상을 형성하며 대물렌즈의 초점 뒤에 형성된다. 만일 물체가 초점 바로 뒤에 놓여 있다면, 실상은 상거리가 매우 커지며, 상은 확대된다. 이것은 광선추적이나 물체-상거리 공식을 사용하여 증명할 수 있다.

　광선은 실제로 실상을 통과하고 다시 발산하기 때문에, 바로 이 실상이 현미경에 있어서 두 번째 렌즈의 물체가 된다. 대안렌즈는 대물렌즈에 의해 형성된 실상을 관측할 때 확대경처럼 사용된다. 이러한 실상은 대안렌즈의 초점 바로 안에 형성되는데, 우리가 보는 확대된 허상을 형성한다. 허상은 당신의 눈보다 훨씬 멀리 놓여 있기 때문에 초점을 맞추기가 매우 쉽다(그림 17.27). 현미경에서 렌즈들을 조합함으로써 원하는 만큼의 배율을 만들어낸다. 대물렌즈는 확대된 실상을 형성하고, 이 상이 다시 접안렌즈에 의해 확대된다. 현미경의 종합적인 배율은 이러한 두 개의 배율을 곱함으로써 이루어지며, 때때로 원래 물체의 크기보다 수백 배 이상 확대가 가능하다.

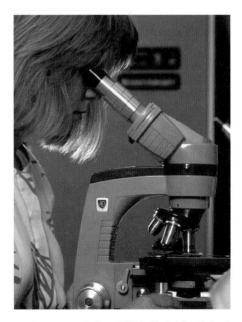

그림 17.28 대체로 실험실 현미경은 회전 검경판에 연결된 세 개 혹은 네 개의 대물렌즈를 가지고 있다. 슬라이드 아래의 광원으로부터 물체 슬라이드를 통해 빛이 통과한다.

접안렌즈의 배율은 한계가 있으므로, 현미경의 배율은 대물렌즈의 배율에 의해 주도적으로 결정된다. 고배율의 대물렌즈는 매우 짧은 초점거리를 가지며, 물체는 대물렌즈에 매우 가까이 있어야 한다. 현미경은 보통 두 개 또는 세 개의 다른 배율들의 대물렌즈들을 검경판에 고정시킨다(그림 17.28).

현미경의 발명은 생물학자와 과학자들에게 완전히 새로운 세계를 열어주었다. 미생물은 너무나 작기 때문에 맨눈이나 단순한 확대경으로는 볼 수가 없기 때문에 현미경을 통해서만 그것을 볼 수 있다. 겉보기에는 깨끗한 연못도 실상은 미생물들의 치열한 삶의 현장임도 현미경을 통해 확인된다. 파리 날개의 구조와 여러 종류의 사람의 조직이 외관상으로는 같아 보인다. 현미경은 과학의 한 분야의 발전이 어떻게 다른 분야에 극적으로 영향을 미쳤는지를 보여주는 인상적인 예이다.

망원경은 어떤 작용을 하는가?

현미경의 개발은 미시의 세계를 열었다. 초기 망원경의 발명은 멀리 있는 물체의 세계를 여는데 동일하게 극적인 영향을 미쳤다. 천문학이 주요한 혜택을 받은 분야이다. 간단한 천체 망원경은 현미경과 같이, 두 개의 수렴렌즈로 구성할 수 있다. 망원경은 현미경에 비해 설계하는 것과 그 기능에서 어떻게 다른가? 별과 같이 멀리 있는 물체는 매우 크지만 매우 멀리 있기 때문에 희미하게 보인다. 망원경과 현미경을 사용하는 것의 분명한 차이점은 망원경으로 물체를 볼 때 대물렌즈로부터 더 멀리 있는 것을 보는 것이다. 그림 17.29에서 보는 것과 같이 망원경의 대물렌즈는, 현미경과 같이 물체의 실상을 형성하는데, 접안렌즈를 통하여 이를 보게 된다. 현미경과는 달리, 망원경에 의해 형성된 실상은 크기가 확대되지 않고 축소된다. 만일 대물렌즈에 의해 형성된 실상이 물체보다 작다면 망원경을 사용하는 이점은 무엇인가? 이것에 대한 답은 상이 원래의 물체보다 가깝게 있다는 것이다. 비록 상이 실제 물체보다 작지만 접안렌즈를 통하여 볼 때 눈의 망막에 커다란 상이 형성된다. 그림 17.30에서는 눈으로부터 다른 거리에 있는 높이가 같은 두 물체를 보여준다. 물체의 상이 망막에 맺히고 각각의 물체의 꼭대기로부터 편향되지 않

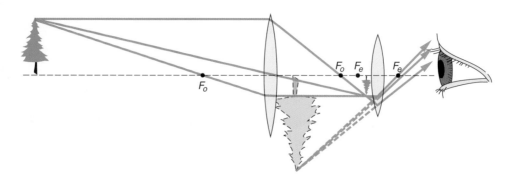

그림 17.29 망원경의 대물렌즈는 물체의 상의 크기를 축소시키며 실상을 형성하며, 대안렌즈를 통하여 보여진다. 실상은 원래의 물체보다 더욱 눈에 가까이 보인다.

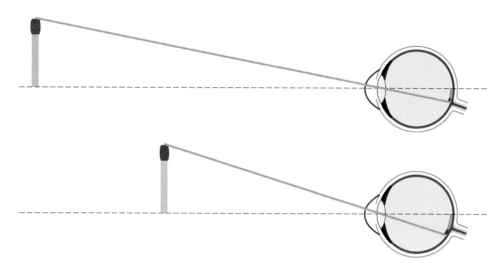

그림 17.30 눈으로부터 거리는 다르지만 크기가 같은 두 물체는 망막에 상의 크기가 다르게 형성된다. 가까운 물체를 좀더 자세히 볼 수 있다.

는 중심으로 들어오는 광선을 추적한다면, 가까이 있는 물체는 망막에 커다란 상을 형성하는 것을 볼 수 있다.

당신이 물체를 정밀하게 보기를 원한다면 망막에 커다란 상을 형성하기 위해 물체를 눈에 가까이 가져가야 한다. 망막에 맺히는 상의 크기는 눈에 형성되는 물체의 각에 비례하기 때문에, 물체를 가까이 가져옴으로써 **각배율**을 얻게 된다. 눈의 초점 배율에 의해 물체를 얼마나 가까이 가져올 수 있는지가 제한된다. 망원경이나 현미경의 접안렌즈는 눈으로부터 훨씬 멀리 허상이 형성되지만 실제 실상이 같은 각을 갖기 때문에, 이러한 문제를 해결할 수 있다.

망원경의 확대효과는 기본적으로 각배율이다. 왜냐하면 원래의 물체보다 망원경을 통해 상을 볼 때 눈에 더 큰 각으로 형성되므로, 눈에 더 가깝게 보인다. 이러한 커다란 각은 망막에 더 큰 상을 맺게 되며, 심지어는 상이 실제 물체보다 매우 작은 경우에도, 물체를 좀더 상세히 볼 수 있게 해 준다.

망원경에 의해 만들어지는 전반적인 각배율은 두 렌즈들의 초점거리의 비와 같다. 즉,

$$M = \frac{f_o}{f_e}$$

단, 이때 f_o는 대물렌즈의 초점거리이며, f_e는 대안렌즈의 초점거리이고, M은 각배율이다. 이러한 관계로부터 우리는 망원경에 있어서 대물렌즈의 초점거리를 원하는 만큼 크게 함으로써 각배율을 크게 할 수 있다. 한편, 현미경에서는 매우 짧은 초점거리를 갖는 대물렌즈를 사용한다. 이것이 현미경과 망원경을 구성하는 데 가장 근본적인 차이이다.

천문학에 사용되는 거대한 망원경은 대물렌즈의 위치에 렌즈를 사용하지 않고 오목거울을 사용한다. 천문학자들이 연구하는 물체들은 대체로 매우 희미하기 때문에, 망원경은 될 수 있는

한 많은 양의 빛을 모을 수 있어야 한다. 이것이 들어오는 빛에 대하여, 열려 있거나 또는 대구경을 갖는 커다란 대물렌즈나 거울이 가져야하는 필수조건이다. 커다란 렌즈보다는 커다란 거울을 만드는 것이 더 쉽기 때문에, 대부분의 천문 기상대에서는 거울을 이용한 망원경을 사용하고 있다.

그림 17.31 프리즘 쌍안경과 오페라 망원경은 도립상을 재역전시켜 바로 서 있는 상을 얻는다.

쌍안경과 오페라 망원경

천체 망원경에 의해 형성된 상은 현미경에 의해 형성된 상과 같이 도립상이다. 별이나 행성을 볼 때에 도립상은 큰 문제가 아니지만 땅에 있는 물체를 볼 때에는 혼란을 가져올 수 있다. 지상에서 쓰는 가장 친근한 형태의 쌍안경(그림 17.31)은 프리즘을 두 개씩 사용하여 도립상을 다시 한 번 반전시켜줌으로써 제대로 선 상을 얻는다.

오페라 망원경은 망원경의 단순한 형태이다. 두 개의 관은 직선이고, 대안렌즈로 수렴렌즈 대신에 발산렌즈를 사용하여 상을 재도립시킨다. 발산렌즈를 사용함으로써 관의 길이를 짧게 할 수 있는데, 발산렌즈는 실상이 형성되는 점 앞에 두어야 하기 때문이다. 오페라 망원경의 단점은 좁은 시계와 약한 배율이다. 그럼에도 불구하고 프리즘 쌍안경보다는 지갑에 손쉽게 들어갈 수 있게 되어 있다.

쌍안경과 오페라 망원경에서의 두 개의 관은 멀리 있는 물체를 볼 때에 두 눈을 사용할 수 있게 해 준다. 두 눈을 사용함으로써 우리가 보는 물체의 3차원적인 면의 일부를 보게 해 준다. 보통으로 볼 때에는, 각각의 눈이 약간 다른 각으로 물체를 보기 때문에 당신이 보는 상이 두 눈에는 약간 다르게 형성된다. 당신의 뇌는 이러한 차이를 해석하여 3차원적인 장면을 만들어낸다. 가까이 있는 물체를 볼 때 한쪽 눈을 감아보고 다시 눈을 떠 보라. 그 차이를 느낄 수 있는가? 기능적으로 한쪽 눈만을 가진 사람이 처음에는, 거리를 판단하기 위해 머리를 움직여야 하고 다른 단서들이 필요하지만, 결국은 세상을 더 잘 볼 수 있다.

사람의 눈은 사진기와 비슷하다. 눈의 망막이나 사진기의 필름에 도립상을 맺기 위해서는 수렴렌즈들을 사용한다. 렌즈의 초점이 망막에 놓이지 않으면, 이를 보정하기 위한 수정렌즈가 필요하다. 발산렌즈는 근시안을 교정하기 위해 사용하며, 수렴렌즈는 원시안을 교정하기 위함이다. 현미경은 수렴렌즈의 조합을 사용하는데, 확대된 허상을 형성한다. 전체의 배율은 각각의 렌즈에 의해 생성된 배율의 곱으로 주어진다. 망원경은 각배율을 높여 멀리 있는 물체가 우리 눈에 더 가까이 보이도록 상을 형성한다. 쌍안경과 오페라 망원경은 두 눈을 사용할 수 있게 하며 재도립된 상을 형성한다.

질 문

Q1. 빛의 속도나 속력이 거울에 반사될 때 변화하는가? 그 이유를 설명하라.

Q2. 빛이 평면거울에 의해 형성된 상의 위치에 직접적으로 통과하는가? 그 이유를 설명하라.

Q3. 벽에 걸려 있는 거울 뒤에 상이 놓여 있을 때 언제 그 점에 빛이 도달하지 못하는가? 그 이유를 설명하라.

Q4. 수렴렌즈에서처럼 평면거울에서 광선이 한 점에 모일 수 있는가? 그 이유를 설명하라.

Q5. 평면거울에서 자신이 당신의 전체 높이를 보기를 원한다면, 거울이 자신의 키만큼 커야 하는가? 그 이유를 설명하라.

Q6. 그림처럼 물체 A, B, C가 실제로 보는 사람의 다음 방에 숨어 있다. 평면거울이 두 방의 중간에 놓여 있다. 그 사람이 거울을 통해 어떤 물체를 볼 수 있겠는가? 광선 도표를 사용하여 설명하라.

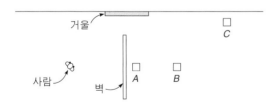

Q7. 두 개의 거울이 90° 각도로 연결되어 있을 때 세 개의 상을 관측할 수 있다. 물체의 상은 다른 거울에 대해 물체처럼 작용하여, 각각의 거울에 형성된다. 세 번째 상은 어디에 놓이게 되겠는가? 광선 도표를 사용하여 설명하라.

Q8. 물($n = 1.33$) 속을 진행하는 광선이 물에서 사각형의 유리($n = 1.5$)를 통과한다(축은 표면에 수직으로 그린다). 광선은 유리에 수직한 표면쪽으로 아니면 반대

쪽으로 휘게 되는가? 그 이유를 설명하라.

Q9. 공기에서 유리 속으로 빛이 통과할 때 광선의 속력이나 속도가 변하겠는가? 그 이유를 설명하라.

Q10. 물속의 물체를 볼 때, 이는 실상을 보는 것인가 아니면 허상인가? 그 이유를 설명하라.

Q11. 연못에서 놀고 있는 물고기가 물 위의 2 ft 지점에 놓여 있는 물체를 보았다. 물고기가 볼 때 이 물체는 실제 거리보다 표면에서 가깝게 혹은 멀리 있는 것처럼 보이겠는가? 그 이유를 설명하라.

Q12. 유리 속을 진행하는 광선이 표면에 수직인 45° 각에서의 공기와 유리 사이의 면에 임계각 42°로 부딪힌다. 이 광선이 이 면에서 공기쪽으로 굴절되는가? 그 이유를 설명하라.

Q13. 다른 색깔들의 광선이 유리 속에서 진행할 때 같은 속력을 가지는가? 그 이유를 설명하라.

Q14. 반사나 굴절이 무지개에서의 색의 분리에 관계 있는가? 그 이유를 설명하라.

Q15. 수렴렌즈에서 실상의 형성이 가능한가? 그 이유를 설명하라.

Q16. 물체가 수렴렌즈로부터 초점거리의 두 배의 위치에 놓여 있다. 물체의 꼭대기에서 상이 놓여 있는 부분까지 3개의 광선으로 추적하라. 상이 실상인가 허상인가, 또한 직립인가 도립인가?

Q17. 물체가 발산렌즈의 초점 왼쪽에 놓여 있다. 물체의 꼭대기에서 상이 놓여 있는 부분까지 3개의 광선으로 추적하라. 상이 실상인가 허상인가, 또한 직립인가 도립인가?

Q18. 물체가 발산렌즈 앞에 임의의 거리로 놓여 있을 때 실상이 형성되는가? 그 이유를 설명하라.

Q19. 광선이 발산렌즈에 도달하여 렌즈의 먼 쪽의 초점을 향하여 수렴한다고 하자. 이러한 광선들이 렌즈를 떠나갈 때에 발산하는가? 그 이유를 설명하라.

Q20. 근시안은 가까운 물체를 보는 데 어려움이 있는가? 그 이유를 설명하라.

Q21. 원시안인 사람의 시력을 교정하려면 수렴렌즈 혹은 발산렌즈를 사용하여야 하는가? 그 이유를 설명하라.

Q22. 현미경에서 두 개의 렌즈를 사용하여 보이는 물체를 확대시킬 수 있는가? 그 이유를 설명하라.

Q23. 망원경에서 두 개의 렌즈를 사용하여 보이는 물체를 확대시킬 수 있는가? 그 이유를 설명하라.

Q24. 단순히 눈 가까이에 물체를 가져감으로써 물체의 각배율을 얻을 수 있는가? 그 이유를 설명하라.

Q25. 현미경 대물렌즈는 망원경 대물렌즈의 초점거리보다 더 긴 초점거리를 갖는가? 그 이유를 설명하라.

Q26. 땅 위의 멀리 있는 물체를 볼 때에 천체망원경보다 쌍안경을 사용하는 이점은 무엇인가? 그 이유를 설명하라.

연 습 문 제

E1. 6 ft인 사람이 평면거울의 2 m 앞에 서서 자기의 상을 보고 있다. 상의 크기는 얼마이며 상이 얼마나 먼 곳에 놓여 있겠는가?

E2. 물고기가 깨끗한 연못의 표면의 1.6 m 아래에 있다. 만일 물의 굴절률을 1.33, 그리고 공기의 굴절률을 1이라고 한다면, 사람이 위에서 바라볼 때에 물고기는 수면으로부터 얼마 깊이에 있는 것으로 보이겠는가?

E3. 냇물 표면 위에서 볼 때 잔잔한 냇물의 표면 아래 30 cm 위치에 돌이 보인다. E2의 굴절률을 이용하여, 실제로 돌이 표면에서 얼마나 떨어져 있겠는가?

E4. 벌레가 유리토막($n = 1.5$) 안에 박혀 있어서 토막의 표면 아래 3 cm 위치에 놓여 있다. 사람이 이 토막을 볼 때에 벌레가 표면에서 얼마나 멀리 떨어져 있는가?

E5. 수렴렌즈가 10 cm의 초점거리를 가지고 있다. 물체가 렌즈에서 30 cm 위치에 있다.
 a. 렌즈로부터 얼마의 위치에 상이 맺히는가?
 b. 이 상은 실상인가 허상인가, 또한 직립인가 도립인가?
 c. 물체의 꼭대기로부터 3개의 광선을 추적하여 결과를 확인하라.

E6. 수렴렌즈가 8 cm의 초점거리를 가지고 있다. 물체가 렌즈에서 4 cm 위치에 있다.
 a. 렌즈로부터 얼마의 위치에 상이 맺히는가?
 b. 이 상은 실상인가 허상인가, 또한 직립인가 도립인가?
 c. 물체의 꼭대기로부터 3개의 광선을 추적하여 결과를 확인하라.

E7. 발산렌즈가 −20 cm의 초점거리를 가지고 있다. 물체가 렌즈에서 10 cm 위치에 있다.
 a. 렌즈로부터 얼마의 위치에 상이 맺히는가?

b. 이 상은 실상인가 허상인가, 또한 직립인가 도립인가?

c. 물체의 꼭대기로부터 3개의 광선을 추적하여 결과를 확인하라.

E8. 초점거리가 +5 cm인 확대경이 프린트 면에 2.5 cm 위에 놓여 있다.

a. 렌즈로부터 얼마의 거리에 그 면의 상이 맺히는가?

b. 이 상의 배율은 어떻게 되는가?

E9. 현미경의 대물렌즈는 0.6 cm의 초점거리를 가지고 있다. 현미경에서 물체가 렌즈로부터 0.8 cm 거리에 놓여 있다.

a. 렌즈로부터 얼마의 거리에 대물렌즈에 의해 상이 형성되는가?

b. 이 상의 배율은 어떻게 되는가?

E10. 망원경의 대물렌즈는 50 cm(0.5 m)의 초점거리를 가지고 있다. 렌즈로부터 10 m 거리에 물체가 놓여 있다.

a. 대물렌즈로부터 얼마의 거리에 이 렌즈에 의해 상이 형성되는가?

b. 이 상의 배율은 어떻게 되는가?

E11. 대물렌즈의 초점거리가 +50 cm이며 대안렌즈의 초점거리가 +2.5 cm인 망원경이 있다. 이 망원경에 의해 형성되는 각배율은 어떻게 되겠는가?

E12. 망원경에서 전체의 각배율이 36배이며 대안렌즈의 초점거리가 3 cm이다. 대물렌즈의 초점거리는 어떻게 되겠는가?

고난도 연습문제

CP1. 물고기가 어항의 유리벽을 통하여 보인다. 유리의 굴절률이 1.5이며, 물탱크 내의 물의 굴절률은 1.33이다. 물고기는 유리 뒤에 12 cm 위치에 있다. 물고기로부터 들어오는 광선이 물에서 유리를 통과하면서 휘게 되며, 다시 유리에서 공기($n=1$)를 통과한다. 유리의 두께는 0.5 cm이다.

a. 물과 유리의 경계면을 고려하여, 유리 뒤의 얼마의 거리에 물고기의 상이 맺히게 되는가?(이것은 첫 번째 표면에서 빛이 휘게 되어 형성된 중간상이다.)

b. 이 상을 이용하여, 유리와 공기 사이의 두 번째 경계면에서 물체로 두어, 유리의 앞면에서 얼마의 거리에 이 물체가 놓이게 되겠는가?

c. 유리와 공기 사이의 둘째 면에서 빛이 휘는 것이 유리의 앞면에서 얼마나 멀리 물고기가 놓여 있겠는가?

CP2. 물체가 초점거리가 10 cm인 수렴렌즈의 초점에 놓여 있다.

a. 물체−상거리의 공식을 이용하여 상의 거리를 예측할 수 있는가?

b. 두 개의 광선을 추적하여 a의 결론을 확인하라.

c. 상은 이 경우에 초점이 맞는가? 그 이유를 설명하라.

CP3. 2 cm 크기의 물체가 초점거리가 10 cm인 오목거울로부터 20 cm 거리에 놓여 있다. 거울의 초점거리가 거울의 곡률반지름의 반이라고 하면, 물체는 곡률 중심에 놓인다. 초점거리와 곡률중심 모두가 거울의 왼쪽에 놓여 있다.

a. 물체−상거리의 공식을 사용하여 이 물체의 상거리를 구하라.

b. 물체의 꼭대기로부터 상이 놓여 있는 곳을 두 개의 광선으로 추적하라. 하나의 광선은 축에 평행하며, 초점을

통하여 반사된다. 두 번째 광선은 초점을 통하여 들어오고 축에 평행하게 반사한다.

c. 상은 실상인가 허상인가, 그리고 직립인가, 도립인가?

d. 상의 배율은 어떻게 되는가?

CP4. 높이가 0.5 cm인 물체가 초점거리가 2 cm인 렌즈의 3 cm 앞에 놓여 있다.

　　a. 물체–상거리 공식을 이용하여, 이 물체의 상거리를 계산하라.

　　b. 이 상의 배율은 어떻게 되는가?

c. 3개의 광선추적으로 a와 b의 결과를 확증하라.

d. 만일 이 상이 초점거리가 +4 cm인 두 번째 렌즈의 물체로 작용한다고 하자. 두 번째 렌즈는 물체로 작용하는 상 뒤의 3 cm 위치에 놓인다.

e. 이러한 두 번째 렌즈에 의해 상이 어디에 형성되며, 배율은 어떻게 되겠는가?

f. 이 두 렌즈계에 의해 만들어진 전체의 배율은 얼마인가?

5
단원

원자와 핵

© Larry Lee Photography/Getty Images RF

물질이 원자라 불리는 극소 입자들로 이루어졌을 것이라는 아이디어는 기원전 수백 년인 초기 그리스 시대까지 거슬러 올라간다. 그러나 사실상 20세기 초까지도 원자의 구조에 대하여 우리는 아는 것이 별로 없었다. 19세기 말경의 물리학자들은 원자가 실제로 존재하는지 아니면 단순히 화학자들에 의해 편의상 고안된 가상의 개념적 도구인지에 대해서도 의견이 분분했다. 그 당시 원자의 존재에 대한 증거는 압도적이지 못했다.

1895년 무렵부터 1930년까지의 일련의 발견과 이론적 발전이 원자의 성질에 대한 우리의 견해를 혁명적으로 변화시켰다. 우리는 원자의 구조에 대해 거의 아무 것도 모르는 상태에서 광범위한 물리적, 화학적 현상들에 대한 설명이 가능한 튼튼한 토대를 가진 이론까지 진행했다. 이 혁명적 변화는 인간지성의 위대한 성취 중의 하나임이 분명하며 또 이들은 경제와 기술분야에 그야말로 광범위한 영향을 끼쳤다. 이러한 혁명적인 과학사의 발전과정은 단지 소수의 과학자들에게뿐만 아니라 많은 사람들이 이해할 만한 가치가 있다.

1897년의 전자의 발견, 그리고 1911년 원자가 핵을 가지고 있다는 발견은 원자 모델의 구성 요소를 제공한 결정적인 증거였다. 보어의 원자 모델은 이러한 구성 요소들을 종합하여 오늘날 양자역학이라고 하는 보다 완성되고 대단히 성공적인 이론을 향한 연구를 자극했다. 양자 역학은 이론 물리학과 화학에서의 많은 연구를 위한 기초를 이룬다. 바로 이 양자역학의 이론들이 원자의 성질에 대한 구체적인 예측을 가능하게 하고 과학과 기술의 많은 발전을 가능하게 하였던 것이다.

원자의 핵은 양전하를 띠고 원자 질량의 대부분을 차지하는 원자 중심부의 극히 작은 부분인데 그것 또한 내부구조를 가지고 있다는 사실이 발견되었다. 이러한 핵물리학의 발전은 원자로와 핵무기의 개발로 이어졌다. 이로써 물리학이 세계 정치의 영역에까지 끼어들게 된 것이다. 제 2차 세계대전 동안에 이루어진 원자폭탄의 개발은 인간의 창의성과 갈등의 극적인 혼합체이다. 과학과 세계 정치는 이제 뗄래야 뗄 수 없는 관계로 발전하였다.

20세기에 우리는 원자에 대한 인식과 현대 생활에서의 과학의 역할에 대한 혁명적 변화를 목격했다. 이 혁명적 변화는 축복과 저주가 혼합된 것이다. 그러나 우리는 이 혁명적 변화를 무시할 수 없다. 그것은 물리학뿐 아니라 화학, 분자생물학과도 관계되는 것이다. 다음의 두 장에서 우리는 이 혁명이 어떻게 시작되었는지를 볼 것이다. 이 혁명이 어디로 향할 것인지는 아직도 미지의 문제이다.

© McGraw-Hill Education/Charles D. Winters, photographer

원자의 구조

학습목표 이 장의 학습목표는 원자의 존재에 대한 몇 가지 증거를 알아보고 원자의 구조를 이해하도록 이끌어온 몇 가지 발견들을 설명할 것이다. 화학적인 몇 가지 증거들로 시작하여 전자, X선, 자연 방사능, 원자의 핵, 원자가 방출하는 빛의 스펙트럼 등을 다루게 될 것이다. 이어서 보어의 원자 모델을 설명하고 양자역학 이론에서 주장하는 현대적 관점과의 관계를 설명할 것이다.

당신은 원자를 본 적이 있는가? 물론 당신은 사람들이 원자에 대해서 이야기하는 것을 들어본 적이 있을 것이고 그림 18.1과 같은 원자 모델의 그림을 본 적이 있을 것이다.

그러나 원자가 존재한다고 생각하는 이유를 아는가? 아니, 올바른 질문은 '원자가 실제로 존재한다고 믿는가'일 것이다. 그렇다면 왜 믿는가? 우리의 대부분은 초등학교에서부터 지금까지 교과서나 선생님의 설명에 의지하여 원자의 존재를 받아들였다. 그러나 이들 교사들의 대부분이 왜 그들이 원자의 존재를 믿는지 또는 원자의 존재에 대한 증거는 어떤 것들인지를 진지하게 생각해본 적이 없다는 사

그림 18.1 원자의 멋진 그림, 실제의 원자도 이렇게 생겼을까?

실은 충격적일 것이다. 그렇다면 왜 당신은 원자의 존재를 믿어야 되고 원자의 구조에 대한 설명을 믿어야 하는가?

일상적인 경험 속에서 원자를 직접 보거나 원자의 존재를 알아차리지는 못하지만 원자적 현상은 우리의 일상 세계에서 분명히 있다. 텔레비전의 작동, 우리 몸에서 일어나는 화학적 변화, X선 진단기구의 사용, 그리고 여타의 많은 일상의 현상들이 원자와 관련된 현대적 지식을 통해서 모두 이해될 수 있다.

가장 중요한 문제인 원자의 존재와 원자 모델을 믿어야하는 이유에 대해서도 알아보자. 어떻게 이러한 견해들은 발전해 왔는가? 원자에 대한 지식이 어디서 연유한 것인지를 이해하게 되면 원자의 존재 그 자체를 보다 더 실질적인 것으로 여기게 될 것이다.

18.1 원자의 존재 : 화학에서의 증거

왜 우리는 직접 눈으로 본 적이 없는 것들의 존재를 믿어야만 하나? 왜 19세기의 많은 과학자들은 실제의 구조를 전혀 알지도 못하면서 여러 가지 물질의 원자적 성질에 대해 그렇게 확신을 가질 수 있었는가? 우리의 일상 경험 중에서 원자의 존재를 믿지 않을 수 없도록 하는 것은 무엇인가?

현대 과학의 많은 내용은 우리가 눈으로 볼 수 없는 것들에 대한 것이다. 우리는 관찰들을 종

합하여 사물의 움직임과 특성에 대해 확신할 수 있는 증거를 얻어내고 사물의 존재에 대해서 추론한다. 원자의 경우에 많은 초기의 증거는 화학에서의 연구로부터 얻어졌다. 우리가 많은 관심을 기울이지는 않지만 화학적 과정은 일상생활에서 상당히 보편적이다. 원자라는 개념이 없다면, 어떤 현상을 설명하기 위해서는 그것에 상응하는 개념을 반드시 고안해내야만 한다.

초기의 화학 분야의 연구에서 원자에 대해서는 무엇이 밝혀졌나?

화학은 서로 다른 물질들이 어떻게 다른지, 또 물질들이 결합하여 어떻게 다른 물질을 형성하는지에 대한 연구이다. 초기 그리스 문명권에서 철학자들은 모든 물질을 만들어낼 수 있는 기본 물질을 찾아내고자 노력했다. 불, 흙, 물, 공기가 초기의 후보였다. 그러한 선택은 수정될 필요가 있었다. 특히 흙은 많은 형태를 취할 수 있기 때문이다.

기초 화학에서 놀라운 실험 중의 하나는 물감 또는 식용물감 한 방울을 물에 떨어뜨리는 것이다. 물감의 색깔은 상당히 빠른 속도로 퍼져나가 그림 18.2와 같이 맑았던 물에 고르게 퍼진다. 명백히 변화가 일어났는데, 그 변화를 어떻게 설명해야 할 것인가?

화학적 용어를 쓰지 않고도 물감의 미세한 알갱이들이 눈으로는 볼 수 없는 물의 알갱이 사이를 뚫고 퍼져나가는 것으로 생각할 수 있다. 유사한 설명으로 물 또는 다른 액체에 설탕 또는 소금을 집어넣었을 때 녹아 없어지는 것도 설명할 수 있다.

또 고체 물질을 갈면 고운 가루가 된다는 것도 안다. 그 가루를 열 또는 불에 가열하면 형태는 다소 바뀌지만 다시 고체로 만들 수 있다. 그 가루를 다른 물질의 가루와 섞어 가열하면 생성물은 원래의 물질들 어느 것과도 다른 물질이 된다. 빵을 만드는 과정이나 금속의 제련과정이 바로 그러한 예이다. 연금술사들은 보통의 금속으로부터 금을 만든다는 잘못된 전망에 현혹되어 있었다.

어떤 물질을 계속해서 그보다 더 작은 가루로 만드는 것이 가능할까? 과학자들은 일찍부터 그렇지 않다고 생각했다. 실험에서 어떤 기본 물질들은 항상 원상 회복시킬 수 있었기 때문에, 그들은 이러한 물질의 더 이상 쪼갤 수 없는 입자들이 형태를 유지한다고 생각했다. 각각의 기본 물질, 또는 **원소들**이 미세한 알갱이 또는 원자들로 이루어졌다는 생각은 화학적 현상을 설명하기 위한 상당히 매력적인 모델이었다. 그러한 **원자들**이 다른 기본 물질들의 원자와 결합하여 다른 물질을 만들어 내지만 충분한 가열 또는 다른 과정을 통해서 다시 원상태로 돌아갈 수 있다는 것이다.

그림 18.2 한 방울의 식용 물감을 물 잔에 떨어뜨린다. 벌어지는 일에 대해 어떻게 설명할 것인가?

원소들이 서로 결합하는 방식에 대한 체계적인 연구에서 초기의 화학 지식을 이루는 규칙성과 법칙성을 알게 되었다. 분명 어떤 원소들은 그들의 성질과 반응에 있어서 다른 것들과 비교하여 더욱 비슷한 성질을 나타냈다. 그렇게 원소들을 집단으로 구분할 수 있었다. 이렇게 몇 개의 원소들이 화학적으로 유사한 성질을 갖는 것은 그 원자적인 구조의 유사성 때문일 것이라는 생각은 당연한 논리의 연장이었다. 그러나 원자 구조의 자세한 내용은 물론 원자의 크기조차도 완전히 미지의 상태이었다.

화학적 반응에서 질량은 보존되는가?

현대 화학의 탄생은 프랑스 과학자 라부아지에(Antoine Lavoisier; 1743~1794)의 업적에서 시작되었다. 라부아지에는 화학 반응의 전후에 그 반응물과 생성물의 전체 질량이 보존된다는 사실을 발견했다. 이 발견은 반응물과 생성물의 질량 측정의 중요성을 확립했고, 후에 모든 화학 실험에서의 기본적인 과정이 되었다.

화학적 변화에서 질량이 보존된다는 생각은 지금은 자명하지만 라부아지에의 시대까지는 명백하지는 않았다. 이유는 단순하다. 대부분의 화학 실험은 대기 속에서 행하여졌고 따라서 대기 중의 산소와 다른 기체가 반응에 참여하였기 때문이다. 이러한 반응 기체들을 알지도 못한 채 측정하였으므로 반응중의 고체 또는 액체 물질의 질량이 보존되지 않는 것처럼 나타난 것이었다. 당시는 대기 자체가 단순 물질이 아니라 혼합물이라는 사실이 겨우 이해되기 시작하던 때였다.

가장 보편적이고 단순한 화학 반응은 나무, 석탄과 같은 탄소 화합물을 태우는 반응이다(그림 18.3). 이 반응은 대기 중의 산소와 석탄 또는 나무 속의 탄소가 결합하여 이산화탄소(기체)와 수증기(기체)를 생성한다. 이러한 과정에서 기체의 존재와 역할을 인식하지 못했다면 쉽사리 연소 중에 질량이 소실되었다는 결론에 도달하게 되었을 것이다.

라부아지에는 반응물과 생성물에 들어 있는 기체의 양을 세밀하게 측정하는 일련의 실험을 행했다. 그 결과 생성물의 총질량과 반응물의 총질량은 같다는 사실을 명백히 증명하였다. 즉, 질량의 증가나 감소는 없었다. 이 실험을 통해 그는 산소와 이산화탄소, 그리고 물을 정확히 구분하여 연소과정에 대해 최초로 정확한 설명을 제공하였다.

그림 18.3 나무를 태우는 것은 화학적 반응이다. 어떠한 물질이 반응하였나? 그리고 무엇이 생겼나?

원자 중량 개념은 어떻게 나오게 되었나?

라부아지에의 뛰어난 경력은 프랑스 혁명 중 단두대에서 비극적으로 끝났지만 그의 발견은 영국 화학자 돌턴(John Dalton; 1766~1844)에게로 이어졌다. 돌턴은 화학반응물과 생성물의 질량비를 관찰하여 일정한 규칙성을 찾아냈다. 돌턴의 직관은 대부분 라부아지에가 확립한 반응물과 생성물의 질량을 측정하는 새로운 실험에 참여한 다른 화학자들의 연구에 기반하고 있다.

돌턴은 화학반응이 일어날 때 반응물들이 같은 질량비로 결합한다는 사실에 흥미를 느꼈다. 예를 들어, 탄소가 산소와 결합하여 오늘날 이산화탄소로 알려진 기체를 생성할 때 산소와 탄소의 질량비는 항상 약 8:3이었다. 다른 말로 3 g에 탄소가 반응하는 경우, 더도 덜도 말고 8g의 산소가 필요하였다. 만일, 8 g 이상의 산소가 반응한다면 산소가 남게 되고 8 g 이하의 산소가 반응한다면 탄소가 남게 된다. 다른 반응에의 특정한 질량비는 다른 값이 되지만 여전히 성립한다. 수소가 산소와 결합하여 물을 생성할 때 질량비는 1:8이다. 다시 말해 8g의 산소가 반응하기 위해서는 1 g의 수소가 필요하다. 각각의 반응에는 완전히 반응하기 위해서 일정한 질량비가 필요했던 것이다. 이것이 오늘날 알려진 돌턴의 **일정 성분비의 법칙**이다.

돌턴은 원자를 사용한 모델이 이러한 관측을 설명할 수 있다는 것을 깨달았다. 돌턴은 각각의 원소가 질량과 형태가 같은 극미의 원자들로 구성되었고 원소가 다르면 원자 질량도 각각 다르다고 생각했다. 따라서, 화학적 화합물은 한 원자와 다른 원소의 몇 개의 원자의 결합에 의해 **분자**를 형성한다고 생각할 수 있으므로 분자는 여러 가지 원소의 원자 여러 개의 결합물이다. 원자의 고유 질량을 이용하여 반응에서 관측된 규칙적인 질량비에 대해 설명할 수 있다.

이것은 그림 18.4에 도해되어 있다. 우리가 알고 있듯이 물이라는 화합물은 두 개의 수소 원자와 한 개의 산소 원자의 결합에 의한 물 분자(H_2O)라고 해보자. 산소 원자의 질량이 수소 원자의 질량의 16배라면 관측된 바와 같은 산소 대 수소의 8:1 비율에 대한 설명이 된다. 왜냐하면 모든 물 분자는 한 개의 산소 원자마다 두 개의 수소 원자가 결합한 것이기 때문이다.

다른 원자들이나 분자들이 서로 반응하여 새로운 분자들이 만들어질 때 이를 화학반응이라고 부른다. 산소 분자와 수소 분자가 결합하여 물이 만들어지는 과정에 대하여 매일의 자연현상 18.1에서 다루고 있다. 화학반응에 있어서 원자들은 서로 다른 방식으로 결합한다. 그러나 원자의 기본적인 본질은 변하지 않는다. 반면에 화학반응에 의해 만들어진 새로운 분자는 반응 전의 물질들과는 전혀 다른 성질을 나타낸다.

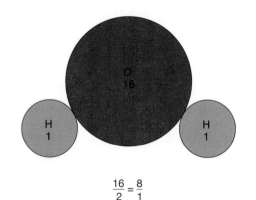

$$\frac{16}{2} = \frac{8}{1}$$

그림 18.4 두 개의 수소 원자가 하나의 산소 원자와 결합하여 물(H_2O)을 생성한다. 질량비는 8:1인데 산소의 원자 질량이 수소의 질량의 16배이다.

매일의 자연현상 18.1

연료전지와 수소 경제

상황. 현재 산업현장에서 사용하는 에너지는 대부분이 석유, 천연가스, 그리고 석탄 등 화석연료이다. 이들 화석연료는 그 연소과정에서 많은 오염물질을 배출한다. 이들 중 이산화탄소는 대표적인 온실가스로 지구온난화에 기여한다. 또 화석연료는 각각 그 매장량이 제한되어 있으므로 재생 불가능한 에너지로 분류된다. 이들이 가까운 시기에 고갈될 것이라는 사실은 분명하며 그 중에서도 석유가 가장 먼저가 될 것이다.

앞으로 화석연료를 대체할 만한 대안이 있는 것일까? 많은 과학자들이 향후 수소경제로의 전환을 제안하고 있다. 연료전지는 19세기에 발명된 장치로 본격적으로 사용된 것은 NASA에서 우주선의 동력장치로 수소와 산소를 결합시켜 전기를 생산하는 데 이용한 것이다. 과연 수소 연료전지라는 이 환경 친화적인 에너지 생산 기술이 화석연료를 기반으로 하는 내연기관을 완전히 대체할 수 있을 것인가?

분석. 수소 연료전지는 수소와 산소를 결합시켜 물이 되며 그 과정에 전기를 생산하는 장치이다. 연료전지는 화학적 반응에 의해 전기를 생산하는 배터리와 아주 유사하다. 그러나 배터리는 그 내부에 여러 가지 화학물질이 들어있는 데 반하여 연료전지에서는 수소와 산소가 전지 외부에 저장되어 있을 뿐 아니라 외부로부터의 지속적인 공급이 가능하다. 연료전지에도 여러 가지 형태가 있는데 그 중에서도 소형 자동차를 위한 것으로는 양성자 교환막(PEM) 방식이 가장 유망한 것으로 알려져 있다.

PEM 방식의 연료전지는 몇 가지 부품으로 이루어지는데, 그림에서 보는 것과 같이 양극판, 음극판, 양성자 교환막, 그리고 촉매 등이다. 양극판과 음극판이 실제로 화학반응이 일어나는 곳이다. 양성자 교환막은 매우 얇은 특수한 막으로 오직 양성자만을 통과시키며

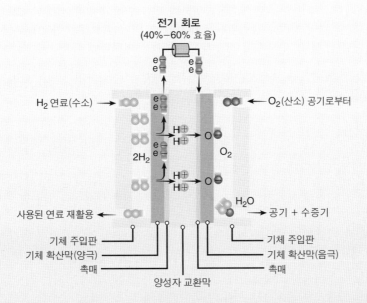

연료전지에 수소 가스가 공급된다. 가운데의 양성자 교환막은 오로지 양전하의 수소이온(양성자)만을 통과시킨다. 전자는 외부 회로를 통하여 이동하여 음극에 도달한다. 최종적인 생성물은 물 분자이다.

전자는 이 막을 통과할 수 없다. 이 PEM은 양 극판 사이에 샌드위치 같이 끼워져 있다. 촉매는 단순히 화학반응을 촉진시키는 역할을 하며 화학반응이 일어나더라도 소모되지는 않는다. 보통의 PEM 연료전지에서 촉매로는 탄소 종이에 미세한 백금 분말을 코팅하여 사용한다. 촉매를 분말 형태로 만드는 것은 그 표면적을 최대한 크게 하기 위해서이다. 촉매는 양 극판을 모두를 덮고 있다.

연료전지의 작동 원리는 무엇인가? 수소 기체는 양극으로부터 주입된다. 수소 원자는 한 개의 전자와 한 개의 양성자로 이루어지며 실온에서 수소 기체는 수소원자 두 개가 한데 결합하여 수소 분자의 형태로 존재한다. 양극에 주입된 수소 분자가 촉매와 접촉하면 화학반응이 일어나 두 개의 양성자와 두 개의 전자로 분리된다. 이들 양성자와 전자들은 모두 음극에 있는 산소에 끌리게 되는데 PEM은 단지 양성자의 통과만을 허락하며 전자는 막을 통과할 수 없게 된다. 유일하게 전자가 음극에 닿을 수 있는 방법은 외부에 연결된 회로를 통해서뿐이며 따라서 외부에 전류를 공급하며 모터를 돌리게 된다.

이렇게 양성자와 전자가 서로 다른 길을 통해 음극에 모이게 되면 촉매와의 접촉을 통해 산소와 화학반응을 일으켜 물이 만들어진다. 만일 산소가 음극에 지속적으로 공급되지 않으면 양성자와 전자는 더 이상 음극으로 끌리지 않는다. 다행히 연료전지는 공기 중의 산소를 그대로 사용할 수가 있다. 전체적인 화학반응은 다음과 같다.

$$2H_2 + O_2 \Rightarrow 2H_2O$$

수식의 양변에 모두 수소 원자가 4개, 산소 원자가 2개로 균형을 이루고 있음을 확인하자. 한 연료전지에서 동시에 많은 화학반응이 일어나 많은 전자가 공급되기는 하지만 아직은 자동차의 모터를 돌릴 정도는 아니다. 따라서 이를 위해서는 여러 개의 연료전지를 쌓아놓은 형태가 필요할 것이다.

여기까지는 매우 환상적이다. 환경오염도 없고 오직 물과 전기만을 생산하는 장치. 또 이미 NASA에서 우주선에 수년간 활용하였으며 믿을 만하고 유용한 장치. 그러나 수소 연료전지가 내연기관의 자리를 광범위하게 대체할 수 있기 위해서는 아직도 극복해야 할 과제들이 존재한다. 몇 가지 중요한 기술적인 과제들을 지적하면 다음과 같다.

1. 충분히 경제성이 있으며 내구성 있는 연료전지의 개발. 현재의 연료전지는 같은 성능의 내연기관에 비해 비싸다. 또 자동차 등에 사용되기 위해서는 내구성도 강화되어야 한다.
2. 효율적인 수소연료 저장장치의 필요. 현재로서는 가솔린 탱크에 비교될 수 있는 정도의 에너지 밀도로 수소연료를 효과적으로 저장하는 장치가 없다. 이는 곧 현재의 가솔린 자동차에 비해 총 주행거리가 짧다는 의미이다.
3. 수소를 최종 소비자에게 공급하는 시스템의 필요. 우리는 유조선, 석유 파이프라인, 탱커들을 서서히 폐기하고 새로운 수소 공급 체계를 만들어나가야 할 것이다. 이는 또 새로운 도전이다.
4. 가솔린과 디젤을 대체하는 환경을 고려한 충분한 양의 수소 가스의 안정적인 생산기반이 필요할 것이다.

마지막 항목에 대하여 보충적인 언급이 필요할 것 같다. 수소 기체는 지구상에 이미 분리된 상태로 대량으로 존재하는 것이 아니기 때문에 물이나 또는 수소를 포함하는 물질로부터 분해하여 얻을 수밖에 없다. 이를 위해서 에너지가 투입되어야 한다. 물 분자를 분해하여 수소와 산소를 얻는 것이 가장 단순한 방법이다. 그러나 수소와 산소를 연료전지를 통해 결합시킴으로 얻을 수 있는 전기에너지는 물 분자를 분해하는 데 사용한 에너지와 같으므로 전혀 에너지의 이득은 없는 셈이다. 즉 연료전지는 에너지를 새롭게 생산해내는 장치라기보다는 에너지 사용을 위한 임시 저장 및 변환 장치로 생각해야 한다.

현재 대규모 발전 설비에서 석탄을 연소시켜 수소를 분리해내는 것도 화석연료문제의 궁극적인 해결방안은 될 수 없다. 최근 많은 관심의 대상인 풍력, 태양광, 지열 등 다양한 재생 가능한 에너지들은 문제해결에 큰 도움이 될 것이다. 그러나 이들도 막대한 초기 투자 비용을 필요로 한다. 어쨌든 수소 경제가 큰 돌파구의 역할을 하려면 아직도 많은 과학적인 고급기술들이 개발되어야 한다.

이산화탄소의 8 : 3 비율도 마찬가지로 탄소 원자의 질량이 수소 원자의 12배이고 두 개의 산소 원자가(수소 질량의 16배) 한 개의 탄소 원자와 결합하여 이산화탄소를 형성하는 것으로 설명할 수 있다. 예제 18.1을 참조하라. 그 경우 질량비는 산소 32 : 탄소 12 또는 약분하여 8 : 3이 된다. 한 가지 반응만으로는 원자의 상대적 질량을 확정할 수 없지만 여러 가지의 반응에 대한 조사로 일목요연한 설명을 할 수 있다.

1808년, 이러한 사실을 돌턴이 *A New System of Chemical Philosophy*에 발표했다. 돌턴의 원자 가설에서는 개별 원자의 실제 질량을 정할 수 없었다. 그는 그때까지 원자의 크기에 대해서도 알지 못했다. 돌턴의 가설은 한 원소의 원자와 다른 원소의 원자에 대한 질량비를 결정하는 수단이었다. 19세기에 걸쳐 많은 화학자들이 그를 위한 연구에 참여하였다. 다른 훌륭한 이론과 마찬가지로 돌턴의 모델은 그 후에 풍부한 화학 연구를 위한 안내자의 역할을 했다. 그 가설로 인해 원자라는 개념을 더욱 새롭고 풍부하게 조명하는 내용, 즉 어떤 원자는 다른 원자보

예제 18.1

예제 : 탄소의 연소

30 g의 순수한 탄소를 모두 태워(산소와 결합시켜) 이산화탄소가 생성되었다고 하자. 이 화학반응을 위하여 몇 g의 산소가 필요한가? 탄소의 원자량은 12, 산소의 원자량은 16이다.

$m_c = 30$ g   이 반응을 나타내는 화학식은 다음과
$m_o = ?$ 같다.

$$C + O_2 \Rightarrow CO_2$$

여기서 O_2는 산소 원자 두 개가 붙어 있는 산소 분자로 실온에서 산소 기체는 산소 분자 상태로 존재한다. 산소의 질량과 탄소의 질량의 비를 $R_{o/c}$라고 하면,

$$R_{o/c} = \frac{2(16)}{12}$$
$$R_{o/c} = \frac{32}{12}$$
$$R_{o/c} = \frac{8}{3}$$

그러므로

$$\frac{m_o}{m_c} = R_{o/c}$$
$$m_o = (R_{o/c})(m_c)$$
$$m_o = \left(\frac{8}{3}\right)(30 \text{ g})$$
$$m_0 = \mathbf{80\ g}$$

다 무겁다는 사실과 **원자 질량**은 원소의 성질이라는 내용을 알 수 있게 되었다.

표 18.1은 몇 가지 보편적 원소의 원자 질량에 대한 비교이다. **원자 중량**이라고 불렸으나 중량과 질량을 명백히 구분하는 오늘날은 원자 질량이라는 표현이 더 적합하다. 이 책의 표지 안쪽에 있는 주기율표에서 완전한 원자 질량의 리스트를 볼 수 있다. 많은 상대 질량들이 정수에 가깝지만 그렇지 않은 것도 있다는 사실에 주목하라. 거기에 흥미로운 사실이 숨어있는데 그것이 바로 원자의 구조에 대한 실마리이다.

표 18.1 몇 가지 일반적 원소의 원자 질량 비교		
원 소	화학 기호	원자 질량
수 소	H	1.01
헬 륨	He	4.00
탄 소	C	12.01
질 소	N	14.01
산 소	O	16.00
나트륨	Na	22.99
염 소	Cl	35.45
철	Fe	55.85
납	Pb	207.20

주제 토론

수년 전 많은 정치가들이 소위 수소경제라는 용어를 사용하며 수소연료전지가 미래의 에너지를 대체할 것이라고 선동한 사례가 있었다. 수소는 지구상에 매우 흔한 원소이기는 하지만 그것을 얻으려면 물이나 천연가스를 분해하여야 하며 이 때 사용된 에너지는 수소전지로 전량 회복하기는 어렵다. 그럼에도 우리는 장기적으로 수소경제로의 이행을 진행하여야 하는가?

주기율표는 어떻게 발전되었는가?

화학자들이 원자 질량과 다양한 원소들의 화학적 성질에 대한 더 많은 정보를 수집하자 여러 가지 흥미로운 규칙성이 나타나기 시작했다. 원소족이라고 불리우는 같은 계열에 속한 원소들은 비슷한 화학적 성질을 나타낸다는 사실을 알게 됐다. 염소(Cl), 불소(Fl)와 브롬(Br)은 **할로겐족**이라고 불리는데 나트륨(Na), 칼륨(K) 또는 리튬(Li) 등 반응성이 높은 **알칼리 금속**과 결합할 때 비슷한 화합물을 생성한다. 그러나 하나의 원소족을 이루더라도 각각 원소의 원자 질량은 매우 달랐다.

모든 원소들을 원자 질량의 순으로 나열하면, 특히 가벼운 원소들에서 원소족의 구성 원소들이 다소간 규칙적인 간격으로 눈에 들어온다. 많은 사람들이 이러한 규칙성에서 새로운 의미를 찾아내고자 노력했지만, 성공적으로 구성한 사람은 러시아 화학자 멘델레예프(Dmitri Mendeleev; 1834~1907)이다. 그의 구상은 최초로 1869년에 발표되었는데 오늘날 **원소의 주기율표**라고 불린다.

멘델레예프의 표를 이해하기 위해서, 긴 종이 띠에 모든 알려진 원소를 원자 중량 순서로 늘

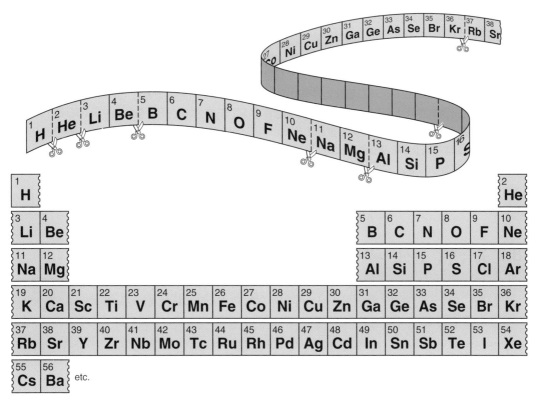

그림 18.5 주기율표는 원소를 원자 질량이 늘어나는 방향으로 늘어놓고 몇 가지 지점에서 잘라 배열함으로써 만들어진다. 화학적 성질이 비슷한 원소들은 같은 열에 배열된다.

어놓는다고 생각해보자. 그런 다음 표를 만들기 위해서는 그 종이 띠를 여러 점에서 잘라서 순서대로 놓아보자. 우선 알칼리 금속이 있는 곳마다 잘라서 이러한 띠들을 표의 왼쪽의 같은 열에 놓이도록 배열하자(그림 18.5).

할로겐족을 늘어놓기 위해서는 띠들을 가운데쯤을 다시 잘라야 한다. 어떤 행은 다른 행보다 더 많은 원소들이 있기 때문이다. 할로겐족은 표의 오른쪽 근처의 열에 순서대로 배열된다. 멘델레예프의 원래의 표에는 할로겐이 가장 오른쪽 열에 있었는데 당시에는 헬륨, 네온, 아르곤, 크립톤, 제논, 라돈과 같은 불활성 기체들이 아직 발견되지 않았기 때문이다. 최종적인 표에서 공통의 화학적 성질을 가진 원소들은 같은 열에서 위아래로 위치한다. 그러나 표전체적으로 원소들은 그 원자 질량에 따라 순서대로 배치된다.

주기율표는 화학원소들을 정렬하는 흥미로운 방식이었지만, 해결한 것보다 더 많은 문제를 제기했다. 특정 열에 있는 원소의 원자들은 비슷한 성질을 가지고 있는데 그 당시 화학자들은 원자의 구조에 대해서 실질적으로 아무 것도 알지 못한 것과 다름없었다. 그들은 원자의 결합을 설명하기 위해서 원자들을 작은 고리와 띠로 그려서 설명하기도 하였으나 스스로도 이러한 그림은 문제가 있다는 것을 알고 있었다. 해석이 필요한 지식 체계가 구축되고 있었지만 그에 대한 설명은 20세기 초반에서야 가능했다.

물질들이 결합하여 다른 물질들을 생성하는 과정에 대한 관찰을 통하여, 과학자들은 물질이 그 고유의 성질을 가진 미세 입자인 원자로 구성되어 있다고 추측하였다. 라부아지에는 화학적 반응의 전후에 질량이 보존된다는 것을 발견하였고 따라서 화학반응의 반응물과 생성물의 질량을 측정하는 것의 중요성을 공고히 했다. 돌턴은 일정 성분비의 법칙으로부터 각각의 물질의 원자, 그리고 원자의 질량의 개념이 도입되었다. 1860년 멘델레예프가 원소의 주기율표를 만들었다. 그는 원소를 원자 질량이 무거워지는 순서대로 배열하고 이를 다시 화학적 성질이 비슷한 것들을 같은 열에 늘어놓았다. 이 규칙성은 원자 구조의 반복적 유사성을 암시했다.

18.2 음극선, 전자, 그리고 X선

19세기의 말까지 화학자들은 원자라는 개념에 상당히 익숙해졌다. 원자의 실제 구조에 대해서는 몰랐지만 원자의 상대질량과 성질에 대해 상당히 많은 것을 알게 되었다. 한편, 물리학자들은 원자라는 개념을 받아들이려 하지 않았다. 많은 물리학자들은 화학적 증거의 상세한 내용을 알고 있지 못했고, 어떤 물리학자들은 원자가 존재한다는 사실을 부인하기까지 했다.

19세기 말엽에 물리 분야에서 일련의 발견이 이루어졌고 그것이 원자의 구조를 이해하는 데 핵심적이라는 것이 밝혀졌다. 이 과정에 대한 이야기는 **음극선**의 연구에서 비롯되었는데 19세기 후반의 많은 호기심과 연구의 초점이었다.

어떻게 음극선은 만들어지는가?

여러분은 인식하지 못하지만 일상생활에는 거의 매일 **음극선**을 이용한 장비들이 사용되고 있다. 브라운관 텔레비전의 핵심인 화상관이 바로 음극선관이다(전자 업계에는 CRT라고 한다). 음극선의 발견은 두 가지 기술의 결합에 의해 가능했던 것이다. 이는 바로 전기적인 현상에 대한 이해와 함께 고진공을 가능케 한 진공 펌프의 개발이었다. 텔레비전 수상기에 사용되는 음극선관은 매일의 자연 현상 18.2에서 설명하기로 하자.

히토르프(Johann Hittorf; 1824~1914)는 최초로 음극선을 관찰한 사람이다. 1869년에 발표한 논문에서 밀폐된 유리관 속에 두 개의

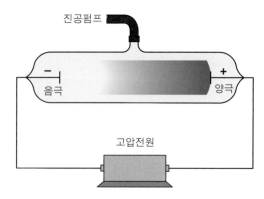

그림 18.6 간단한 음극관은 밀폐된 유리관과 두 개의 전극으로 이루어져 있다. 유리관의 공기가 빠져나가면서 두 개의 전극 사이에 발광이 나타난다. 고진공이 될 수록 발광은 사라지고 관의 음극관 반대쪽의 끝에 발광이 나타난다.

매일의 자연현상 18.2

전자와 텔레비전

상황. 현대 생활에서 텔레비전은 생활과 밀접한 관계를 가지고 있다. 텔레비전이야말로 대다수의 시민들에게 오락과 뉴스의 주된 원천이다. 거의 대부분의 시민들이 최소한 하루에 한두 시간씩은 텔레비전과 함께 시간을 보내는 것이 일상생활이 되어 버렸다.

텔레비전은 어떻게 작동하는가? 당신은 어린 동생들에게 텔레비전의 기초적 작동 원리를 설명할 수 있는가? 음극관은 어떻게 해서 우리가 보는 화면을 만들어 내는가?

분석. 최근까지도 텔레비전의 핵심은 CRT라고 불리는 음극관이었다. 최근에는 LCD나 LED 기술을 응용한 평판형 TV가 주류를 이루고 있으나 아직도 많은 계측장비 등에는 CRT가 사용된다. 앞에 설명한 대로 음극관은 고전압이 걸리는 전극을 가지고 있는 일종의 진공관이다. 전극이 음극관을 가로지르는 전자의 다발을 만들어내고, 또 그것이 음극관의 표면 유리를 때려서 불빛이 번쩍이게 한다.

텔레비전에 쓰이는 이런 유형의 음극관을 아래 그림에 나타냈다. 전자빔을 만들어내고 초점을 맞추는 전극은 진공관의 소켓 부분(그림의 왼쪽)에 있는데 전자총이라 한다. 전자총은 음극(음전기를 띰)과 그 뒤에 있는 필라멘트로 구성된다. 먼저 전류가 필라멘트를 흐르면서 음극을 가열하면 가열된 음극에서는 열전자를 방출하기 시작한다.

가열된 음극 너머에 양극이 있다. 양극은 양전기를 띠는데 중심에 구멍이 하나 있다. 이 두 극에 걸리는 고전압에 의해서 전자가 음극으로부터 양극까지 가속된다. 양극의 중심을 통과하는 전자들이 전자빔을 형성한다. 양극 너머에 있는 더 많은 전극이 전자빔의 폭을 좁혀 초점을 맞춘다. 필라멘트, 음극, 양극 그리고 초점용 전극이 전자총의 부품들이다.

전자가 전자총을 벗어나면 전자빔은 음극관을 가로질러 나아가 음극관의 표면 유리를 때려서 밝은 불빛을 만들어낸다. 표면 유리의 안쪽에 특별한 형광 물질을 칠하여 전자가 부딪힐 때 빛을 내는 효과를 증폭시켜준다. 자기용 코일은 음극관의 둘레에 이음쇠와 같이 배열하는데, 이는 전자빔이 화면의 여러 부분에 도달할 수 있도록 방향을 틀어주는 역할을 한다. 전자빔은 음극관 표면의 한 점에서 다른 점으로 빠르게 이동할 수 있다. 그리고 빔의 세기는 각 점의 밝기의 정도를 조절할 수 있도록 변화한다. 음극관 표면상의 각 점의 다양한 밝기가 우리가 보는 화면의 영상을 이룬다. 보통 전자빔은 지그재그 모양으로 화면을 가로질러 움직이며 주사하는데, 이는 몇 분의 일 초에 이루어진다. 미국에서 사

한 가족이 텔레비전 앞에 모이는 매일의 의식을 치르고 있다.

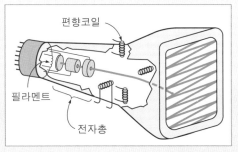

음극관의 단면도에서 전자총과 전자빔의 방향을 화면의 여러 점으로 꺾이게 하는 편향코일들을 볼 수 있다.

용되는 텔레비전은 한 화면에 525번의 수평 주사가 필요한데 이 과정이 1초에 30번 반복된다.

위에서 설명한 과정은 흑백 영상을 만들어낸다. 컬러 영상을 만들려면 세 가지의 각각 다른 색깔용으로 세 가지의 형광물질이 쓰인다. 음극관 표면의 각 점은 사실상 매우 가까이 붙어 있는 세 개의 점 또는 선이다. 그리고 세 개의 전자총으로 세 가지 색깔을 만들어낸다. 이 세 가지 색깔의 다양한 조합이 우리가 보는 색깔의 범위가 된다. 전원을 끈 채 컬러 텔레비전의 화면을 세 가지의 형광 물질의 짧은 막대들을 볼 수 있다.

영상과 음성을 만들어내는 데 사용되는 정보는 전파 스펙트럼의 짧은 파장 쪽의 전자파가 전달한다. 그 신호는 케이블로도 전송할 수 있고 위성으로 반사시켜 접시 안테나로 먼 거리까지 전달할 수도 있다. 전파가 발견되던 100년 전의 사람에게는 방송국이나 신호를 녹화하고 전송하는 데 쓰이는 기술 등을 사용할 수 있으리라는 것은 말도 안 되는 꿈같은 이야기였을 것이다.

전극을 장치하고 양단 간에 고전압을 걸어준 상태에서 그림 18.6과 같이 진공펌프로 공기를 빼주면 화려한 불꽃이 음극 근처의 기체에서 나타난다는 관찰결과를 발표하였다. 유리관의 기압이 감소되면서 불꽃이 두 개의 극 사이의 전체 공간으로 퍼져나간다. 이 불꽃 방전의 색깔은 관 내의 원래 기체에 따라 다르다는 사실도 알게 되었다.

유리관 속의 기압이 더 낮아지면 불꽃 방전은 사라진다. 어두운 부분은 기압이

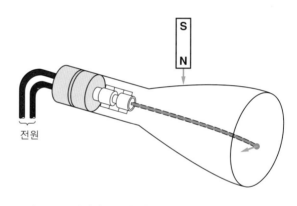

그림 18.7 자석의 북극을 음극관의 위쪽으로 내리면 빔의 초점은 음극관의 표면을 가로질러 왼쪽으로 휜다.

더 낮아짐에 따라 음극 근처에서 만들어져 양극 쪽으로 옮겨간다. 어두운 부분이 전극을 가로질러 완전히 이동하면 새로운 현상이 벌어진다. 기체 발광 대신 음극의 반대쪽 관의 유리면에 미세한 발광이 나타난다.

어두워지는 현상이 음극 근처에서 시작되어 관을 가로질러 퍼졌기 때문에 과학자들은 음극으로부터 방출된 어떤 것이 관의 반대쪽 면의 발광의 이유일 것이라고 추측했다. 이러한 이유로 눈에 보이지 않는 발광을 음극선이라고 불렀다.

음극선으로 할 수 있는 간단한 실험 하나는 자석으로 빔을 휘게 하는 것이다. 음극과 양극을 잘 조절함으로써 한 점으로 초점을 맞추어 가는 빔이 되면 자석을 가지고 그 빔을 움직일 수 있다. 자석의 북극을 그림 18.7과 같이 위에서 아래로 가져갈 때 빔에 의해 생성된 점은 음극관의 표면 왼쪽으로 휘게 된다. 이 결과는 음극선이 음전하를 띤 입자로 이루어졌다는 사실을 말해준다. 이는 14장에서 소개된 자기력에 대한 오른손 법칙을 사용한 결과이다.

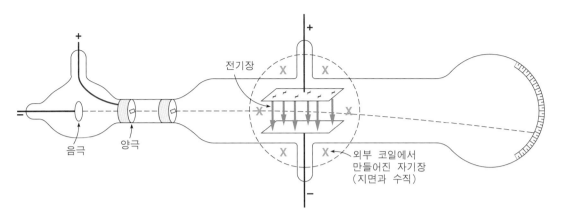

그림 18.8 톰슨은 특별히 설계된 음극선관에서 전기장과 자기장 모두를 사용하여 음극선 빔을 휘게 함으로써 음극선 입자의 질량을 측정하였다.

음극선은 무엇으로 이루어졌는가?

음극선의 본질과 관련된 문제에서 톰슨(J. J. Thomson; 1856~1940)은 상당한 성과를 올릴 수 있었다. 톰슨은 음극선을 이루고 있다고 여겨지는 음전하를 띤 입자들의 질량을 측정하기 위한 일련의 실험을 행했다. 한 실험에서 톰슨은 크기를 알고 있는 교차되는 전기장과 자기장의 영역으로 음극선을 통과시켰다(그림 18.8). 전기장과 자기장의 음극선에 대한 종합된 효과로 그 입자의 속도를 측정할 수 있다. 자기력은 속도에 관계되지만 전기장은 그렇지 않기 때문이다.

전하를 띤 입자의 속도와 자기장에 의해 휘는 정도를 아는 것만으로 그는 그 입자의 질량을 계산할 수 있었다. 뉴턴의 제2법칙에 의하면 입자를 휘게 하는 자기력에 의한 입자의 가속도는 질량과 반비례한다. 자기력($\mathbf{F} = qvB$)은 또한 입자의 전하에 관계된다는 사실을 몰랐기 때문에, 그가 실제로 측정한 것은 전하와 질량의 비 q/m이다. 그는 그 결과를 1897년에 발표했다.

톰슨의 결과에 주목할 만한 사항은 이 입자가 상당히 작은 질량을 가졌다는 것과 이 입자의 전하 대 질량의 비가 모두 같다는 것이다. 이것은 모두 같은 입자로 이루어졌다는 사실을 시사한다. 주기율표의 가장 가벼운 원소는 수소이고 원자 무게는 약 1이다. 만약 수소이온과 음극선이 같은 전하를 띤다면 가장 가벼운 원자의 질량은 음극선 입자보다 거의 2000배 크다.

이 입자들은 주어진 음극에 대해서 모두 동일할 뿐만 아니라 다른 금속으로 만들어진 음극에 대해서도 전하 대 질량비가 같았다. 톰슨은 여러 가지 금속으로 만들어진 음극을 사용하여 실험을 반복함으로써 이 결과를 확인했다. 그가 실험한 모든 음극선에 있는 입자들은 모두 동일한 입자였다. 이는 그 입자들의 질량이 작다는 사실과 더불어 이 입자들이 여러 가지 다른 원자들을 구성하는 공통의 구성 요소라는 사실을 말해준다.

지금은 음극선을 구성하는 이 음전하를 띤 입자를 **전자**라고 부르며 톰슨은 이러한 실험들로 해서 전자를 발견한 것으로 공인되었다. 음극선은 전자들의 나발이다. 각각의 전자는 9.1×10^{-31}

kg의 질량과 −1.6×10⁻¹⁹ C의 전하를 가진다. 톰슨의 발견은 최초로 알려진 원자보다 작은 소립자의 발견이었다. 전자는 원자의 구성 요소의 최초의 후보였다.

X선은 어떻게 발견되었나?

음극선의 연구에서 전자의 발견 이외의 다른 부산물들도 얻을 수 있었다. 독일의 물리학자 뢴트겐(Wilhelm Roentgen; 1845~1923)은 음극선관으로부터 방출되는 다른 종류의 복사선을 발견하였다. 그의 발견은 대중 매체와 과학계에 선풍을 일으켰다.

대개 그렇듯이 뢴트겐의 발견은 부분적으로는 우연에 의해 이루어졌다. 그는 어떤 이유에선가 검은 종이로 덮인 음극선관을 가지고 실험을 하고 있었다. 그의 실험대 근처에 바륨 시안화 플라티늄이라는 형광 물질을 입힌 종이 조각이 놓여 있었다. 뢴트겐은 음극선관이 켜졌을 때 음극선관으로부터 나오는 빛이 전혀 없었음에도 종이가 어둠 속에서 발광하는 것을 알아차렸다(그림 18.9). 그 불빛은 음극선관이 꺼졌을 때 사라졌다.

음극선은 대기 중에서 멀리 진행할 수 없으며 음극선관의 유리조차도 뚫을 수 없다는 것은 이미 잘 알려진 사실이었다. 그럼에도 불구하고 음극선관으로부터 2미터 떨어진 곳에 종이를 놓았을 때도 이와 같은 형광현상이 벌어졌다. 형광현상을 일으키는 이 새로운 복사선은 음극선일 수는 없었다. 그것이 정확히 무엇인지 알지 못하였기 때문에 뢴트겐은 이 선을 X선이라고 불렀다. X라는 글자는 미지의 양을 나타내기 위해 자주 사용되었기 때문이다.

X선의 가장 놀라운 특징은 그 투과력이었다. X선은 음극선의 유리면을 쉽사리 통과하고 어떠한 장애물도 뚫고 지나가는 것이 명백했다. 초기의 실험에서 뢴트겐은 음극선관과 형광 스크린의 사이에 자신의 손을 놓음으로써 자신의 손뼈의 영상을 만들어낼 수 있음을 보여줬다(그림 18.10). 그는 또한 X선이 커버로 덮인 사진 건판을 감광시킬 수 있음을 보여줬다. 그는 나무상자

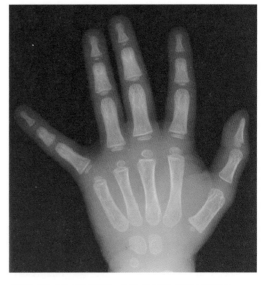

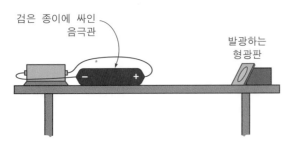

그림 18.9 뢴트겐은 형광 물질이 그가 커버를 씌워 놓은 음극선관 근처에 있을 때 발광하는 것을 보았다. 그 발광은 음극선관이 켜졌을 때만 나타났다.

그림 18.10 뢴트겐은 손에 X선을 통과시킴으로써 손뼈의 X선 사진을 찍을 수 있다는 사실을 발견했다.

안에 있는 구리 아령의 외곽선을 찍기도 하였다. 뢴트겐은 그의 X선 실험 결과를 1895년에 발표했다.

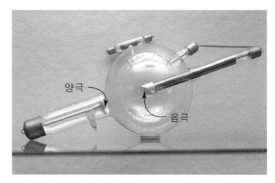

그림 18.11 진단용 X선 장치에서 X선 관에는 경사진 양극을 써서 X선이 관의 옆면으로 방출되도록 한다.

가시광선으로는 볼 수 없는 물체들을 투시할 수 있는 능력은 대중매체의 상상력을 자극하였다. 과학자를 포함하여 모든 사람이 X선 관의 작동을 보고 싶어했다. 몇 년 후 의사들이 부러진 뼈나 다른 치밀한 신체 조직의 사진을 찍는 데 X선을 사용하였다. 불행히도 그들은 X선에 반복적 노출될 경우 신체에 해가된다는 사실을 알지 못하였다. 초기의 많은 의사들이 X선의 사용과 관련된 방사능으로 심각한 고통을 겪었던 것은 이러한 연유에서이다.

뢴트겐은 그가 새로 발견한 복사선이 무엇인지를 알아내기 위해 노력하는 한편 더욱 확장된 일련의 실험들을 행했다. 뢴트겐과 다른 과학자들에 의해 행해진 연구의 결과로 X선은 아주 짧은 파장과 높은 주파수를 가진 전자기파의 일종이라는 것이 밝혀졌다. X선은 음극선(전자)이 음극선관 표면에 충돌하거나 음극선관의 양극에 충돌할 경우에 발생한다. 가장 강력한 X선은 금속 양극을 음극선에 $45°$ 각도로 놓고 높은 전압의 전기를 음극선관에 걸어줌으로써 만들 수 있다 (그림 18.11).

X선의 발견은 의학분야에서뿐만 아니라 물리학 분야의 발전에도 크게 기여하였는데 이는 X선이 또 다른 종류의 방사선의 발견에 기여하였고 이 새로운 방사선이야말로 원자 구조의 탐색에 큰 공헌을 하게 되었던 것이다. 이 새로운 방사선이란 **자연 방사능**이라고도 불리는데 세 가지 종류의 형태를 가진다. 다음 절에서 이 새로운 방사선이 어떻게 원자 내부를 탐색하는 강력한 도구로 사용될 수 있는지를 설명할 것이다.

음극선은 진공 상태의 밀폐된 관에서 두 개의 전극에 고전압을 걸어 줌으로써 만들어진다. 음극선을 이용한 실험에서 음극선이 음전기를 띤 입자로 구성되었으며 모두 전하 대 질량비가 동일하다는 사실을 알았다. 이 입자의 질량은 가장 작은 원자의 질량보다 훨씬 작으며, 다른 금속으로 전극을 만들더라도 동일하게 나타난다는 사실을 알았다. 이로써 첫번째 원자의 구성 요소인 전자가 발견되었다. 음극선에 대한 연구는 나아가 X선의 발견을 가능케 하였는데, X선은 매우 짧은 파장의 투과력이 높은 전자기파이다. 이 발견은 결국 자연 방사능과 원자의 핵의 발견으로 이어졌다.

18.3 방사능과 핵의 발견

지금은 누구나 방사능이라는 말을 들어보았을 것이다. 방사능 하면 아마도 핵발전소, 핵무기, 집과 건물들에 있는 라돈의 존재에 대한 언론매체의 보도를 떠올리며 두려움을 느낄 것이다. 그러나 인류가 지상에 살기 시작한 이후 대부분의 시간 동안 그 존재를 인식조차 하지 못했었다. 방사능은 어떻게 발견되었으며 어떻게 원자핵의 발견으로 이어졌는가? 원자핵물리 분야는 20세기의 초에 이러한 일련의 역사적 발견들로 인하여 성립되었다.

방사능은 어떻게 발견되었는가?

프랑스 과학자 베크렐(Antoine-Henri Becquerel; 1852~1908)은 1896년에 자연 방사능을 발견하였다. 그의 실험은 그 이전 해에 이루어진 뢴트겐의 X선의 발견에 직접적으로 연유한 것이다. 베크렐은 여러 해 동안 인광물질을 연구해왔다. 인광물질들은 가시광선 또는 자외선을 쪼인 후 어둠 속에서 발광한다. 베크렐이 연구하던 많은 인광물질들은 그 당시 가장 무거운 원소로 알려진 우라늄 화합물이었다.

베크렐은 X선과 같은 투과성이 있는 방사선이 인광 화합물에서도 나오는지를 알고자 했다. 그는 이 화합물들을 햇볕에 잠시 쪼였다가 검은 종이로 싸서 빛이 전혀 들어오지 못하도록 한 상태에서 사진 건판 위에 놓는 단순한 실험을 했다. 실험결과는 인광물질을 검은 종이로 싸더라도 사진 건판을 감광시킬 수 있다는 것이었다(그림 18.12). 방사선이 검은 종이를 뚫고 들어가 필름을 감광시킨 것이다.

그 자체로도 흥미로운 발견이었지만 그것만이 전부가 아니었다. 베크렐은 계속된 실험에서 검은 종이로 싸더라도 사진건판을 감광시키는 것은 모든 인광물질에 해당되는 것이 아니라 오직 우라늄 또는 토륨을 포함하는 인광물질만이 그렇다는 사실을 밝혀냈다. 더욱이 우연에 의한 것이긴 해도 베크렐은 이들 시료들의 경우 먼저 빛에 노출시키지 않았더라도 같은 효과가 나타난다는 사실도 발견했다. 어느날 베크렐이 그것들을 햇볕에 노출시키기 위한 시료를 준비했다. 그런데 그날따라 해가 구름에 가려져 있는 관계로 그는 시료들을 서랍에 넣어 사진 건판과 함께 보관하였다. 며칠 후 그가 다시 실험을 하기 위하여 건판을 조사하였을 때 그는 건판들이 전혀 빛에 감광되지 않았을 것이라고 예상하였다. 그러나 놀랍게도 그 사진 건판은 우라늄 시료 옆에서 심하게 빛에 감광되었던 것이다. 그 사진 건판을 감광시키는 방사선은 인광 현상과는 전혀 무관하여 햇볕에 노출시키는 것이 전혀 필요치 않다는 것이 명백했다.

검은 종이로 덮인
사진 건판위의 시료

현상된 건판

그림 18.12 베크렐이 인광물질 조각을 커버가 덮인 사진 건판 위에 놓았을 때 현상된 건판에서 시료의 테두리를 볼 수 있다. 이 사실로 사진 건판이 검은 종이 커버를 뚫고 지나가는 방사선에 의해 감광되었다는 것을 알 수 있다.

베크렐은 우라늄 시료가 암흑 상자나 서랍에 몇 주 동안 보관된 후에도 필름을 무한히 감광시킬 수 있다는 사실에 더더욱 놀랐다. 인광 효과는 시료를 광원에서 분리시키기만 하면 단 몇 분 안에 사라진다. 그의 우라늄 시료에서 나오는 투과 방사선은 인광 현상과 전혀 상관이 없는 듯했다.

이 방사능은 특별한 조치가 전혀 필요 없이 우라늄이나 토륨을 포함하는 화합물에서 연속적으로 나왔기 때문에 베크렐은 이 새로운 방사선을 **자연 방사능**이라고 이름 붙였다. 자연 방사능은 그 당시의 물리학자들을 당혹케 했다. 왜냐하면 이 방사능을 만들어내기 위한 어떠한 명백한 에너지원이 없었기 때문이다. 그것은 어디서 오는 것일까? 이 시료들에 확실히 어떠한 에너지를 주입하지도 않는데 어떻게 계속해서 방사선들을 내보낼까? 이 방사선은 원자들 그 자체의 성질인 것은 아닐까?

방사능에는 한 가지 이상의 방사선이 있는가?

X선의 발견과 자연 방사능의 발견으로 새로운 실험과 이론이 필요하게 되었다. 많은 과학자들이 노력하였지만 그 결실은 마리 퀴리(Marie Curie; 1867~1935)와 피에르 퀴리(Pierre Curie; 1859~1906) 부부, 그리고 오스트레일리아 태생의 젊은 과학자 러더퍼드(Ernest Rutherford; 1871~1937)에 의해 맺어졌다.

퀴리 부부는 고통스러울 정도로 오랜 화학적 실험 방법에 의해 라듐과 폴로늄이라는 훨씬 더 방사능이 강한 원소들을 추출해낼 수 있었다. 이 두 원소는 우라늄과 토륨 원광에도 소량 들어 있었지만 우라늄과 토륨 자체보다 훨씬 더 방사능이 강했다.

러더퍼드는 방사선의 성질에 흥미를 가지게 되었다. 그는 초기의 실험에서 우라늄 시료에서는 적어도 세 종류의 방사선이 방출된다는 사실을 보였다. 우라늄 시료를 납덩이 안에 넣어 방사선을 방출시킨 결과 이들이 강력한 자기장을 통과할 때 그림 18.13과 같이 세 개의 성분으로 분리되었다.

러더퍼드는 이 세 방사선을 그리스 알파벳인 α(알파), β(베타), γ(감마)라고 지칭하였다. 자기장 속에서 알파선은 왼쪽으로 약간 휘어진다(그림 18.13). 이 방사선이 양전하를 띠었음을 의미한다. 방사선이 휘어지는 것은 그 방향에 사진 건판을 놓거나, 또는 황화아연 스크린을 사용하여 검출할 수 있는데 이 스크린에 방사선

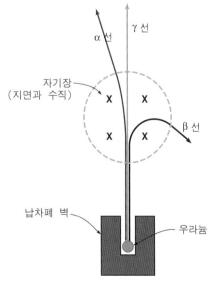

그림 18.13 우라늄 시료에서 방출된 방사선이 자기장을 통과할 때 세 개의 성분으로 분리되는데 α(알파), β(베타), γ(감마)라고 한다.

이 도달하면 불빛이 번쩍이는 것으로 알 수가 있다.

두 번째 성분인 베타선은 음전하를 띠고 있으며 알파선보다 훨씬 더 휘어진다. 그 후의 더 많은 연구에서 이 베타선은 톰슨에 의해 발견된 전자라는 사실을 알 수 있었다. 세 번째 성분인 감마선은 전자기장에서 방향을 바꾸지 않았다. 이것은 훨씬 더 짧은 파장을 가진 X선과 유사한 전자기파 중의 하나라는 것이 밝혀졌다.

그러나 러더퍼드와 그의 학생이자 조수인 로이즈(T. D. Royds)가 행한 실험으로 밝혀지기까지는 알파선이 정확히 무엇인지는 의문으로 남았다. 이 방사선이 자기장에 의해 약간만 휘어졌다는 사실은 β선보다 훨씬 질량이 큰 입자라는 것을 의미한다. 또한 이것은 퀴리 부부에 의해 추출된 라듐에서 방출된 주요 성분이기도 했다.

1908년 러더퍼드와 로이즈는 알파선은 전자를 빗겨낸 헬륨 원자라는 것을 확증했다. 그들은 라듐에서 방출되는 알파선을 그것이 투과할 수 없는 용기에 모은 다음 전기적인 방전을 일으켜 방출되는 빛의 스펙트럼이 헬륨 기체의 방전에서 방출되는 스펙트럼과 같다는 사실을 보여주었다.

원자의 핵은 어떻게 발견되었는가?

러더퍼드는 알파입자가 원자의 구조를 탐색하는 데 효과적인 수단이 될 것이라는 것을 곧 알아차렸다. 알파입자는 전자보다 훨씬 질량과 에너지가 크므로 원자 속까지 투입하는 것이 가능할 것으로 생각하였다. 러더퍼드는 알파 입자 다발을 얇은 금속판에 쏘아서 어떻게 되는가를 알아봄으로써 원자 구조의 특징을 알아내리라 생각했다. 이런 실험을 산란실험이라 한다.

러더퍼드의 산란 실험의 기본적 개요가 그림 18.14에 나타나 있다. 라듐이나 폴로늄과 같은 알파선을 방출하는 시료를 납덩어리 동공 속에 놓으면 알파입자의 빔이 방출된다. 이 빔은 금이나 다른 금속의 얇은 막에 투사된다. 시료에 의해 산란된 알파입자는 앞쪽에 황화아연으로 칠해진 스크린에 의해 검출되도록 하는데 시료로부터 여러 가지 각도에서 불꽃이 번쩍이는 숫자를

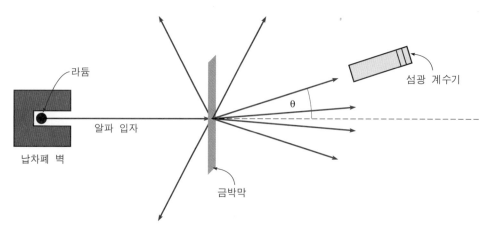

그림 18.14 알파입자의 빔이 러더퍼드의 조수들이 행한 실험에서 얇은 금막에서 산란되어 나온다.

그림 18.15 크리스마스 선물의 내용물이 무엇인지 총을 쏴서 총알들이 어떻게 흩어지는가를 봄으로써 알 수 있다.

셈으로써 도달하는 알파선의 강도를 측정한다.

이 실험의 초기의 결과는 놀랄 만하지도 않고, 많은 것을 알 수 있게 할 만한 것도 아니었다. 대부분의 알파입자들은 금속 막을 통과하여 곧장 앞으로 나갔다. 몇 개는 큰 각으로 산란되었지만 각이 커짐에 따라 그 수는 급격히 줄어들었다. 이 결과는 그 당시의 원자에 대한 인식과 합치하는 것으로 여겨졌다. 즉 원자의 질량과 원자의 양전하는 원자 내부의 공간 전체에 고르게 분포하는 것으로 생각했던 것이다. 원자 내부에 있는 것으로 알려진 전자는 건포도 푸딩처럼 원자 내부 곳곳에 흩어져 있는 것으로 생각했다. 그러한 분포는 고에너지의 알파입자의 진행에 영향을 줄만큼 밀집된 것이 아니다.

그러나 러더퍼드는 확실히 하기 위해 그의 학부 학생 한 사람인 마스덴(Ernest Marsden)에게 금속 막에 산란되어 뒤쪽으로 되튀어 나오는 알파선이 있는지를 찾아보도록 했다. 며칠을 어두운 실험실에서 가끔 번쩍이는 검측 망원경의 불꽃을 곁눈질하던 마스덴이 몇 개의 알파입자들이 확실히 훨씬 큰 각으로 산란되었다는 사실을 알렸다. 러더퍼드는 믿으려하지 않았지만 마스덴과 상급 보조 연구원 가이거(Hans Geiger; 1882~1947)가 실제임을 확인했다.

알파선이 뒤쪽으로 되튀어 나온다는 것은 마치 화장지 상자에 총을 쐈더니 총알이 뒤로 튕겨져 나오는 상황과 같은 것이라는 사실을 러더퍼드는 간파하였다. 이러한 결과는 전적으로 예상 밖이었던 것이다. 이 산란실험을 설명하기 위해 자주 사용하는 비유가 그림 18.15에 나타나 있다. 이는 마치 선물상자를 열지 않고 크리스마스 선물이 무엇인지를 알고자 하는 것과 같다. 우리는 상자를 들고 흔들어서 무게가 얼마고 성질을 무엇인가를 대략 알 수 있다. 또 다른 훨씬 파괴적인 방법은 상자에 총을 쏴서 뚫고 나오는 총알이 어떻게 되는지를 알아보는 것이다(그림 18.15). 이것이 러더퍼드와 그의 조수들이 행한 실험과 유사한 산란실험이다.

상자가 별로 무겁지 않다는 것을 미리 알고 있다면 단 몇 개라도 총알이 바로 뒤로 튕겨 나온다면 놀랄 만한 일일 것이다. 상자 어딘가에 매우 작지만 운동량이 큰 총알의 방향을 뒤쪽으로 바꾸어 놓을 만큼 질량이 큰 어떤 것이 들어 있음이 틀림없다. 왜냐하면 상자가 무겁지 않다면 많은 총알들은 곧바로 뚫고 나갈 것이므로, 큰 각으로 산란되게 하는 어떤 물체는 반드시 작아야만 하기 때문이다. 가볍지만 단단한 상자에 들어있는 작은 강철 공이 그럴 수 있을 것이다.

마찬가지 이치가 원자에도 적용된다. 대부분의 알파입자가 곧바로 뚫고 지나가고 불과 몇 개만이 큰 각으로 산란되었다면 원자 내부에 매우 큰 운동량으로 운동하는 알파입자의 방향을 바꿀 정도로 밀도가 큰, 그러나 크기는 매우 작은 물체가 중심부에 있어야 하는 것이다. 산란 실험을 양적으로 설명하기 위해서 러더퍼드는 이 고밀도의 중심 물체는 매우 작아야 한다고 추정했다. 이 시기에 원자는 지름이 약 10^{-10} m라고 알려져 있었다. 결과 자료를 설명하기 위해서는 중심의 매우 고밀인 작은 물체의 지름은 원자 지름의 약 천 분의 일 정도여야만 했다.

이 산란실험의 분석 결과로 원자에 **핵**이 있다는 사실이 발견된 것이다. 원자의 핵은 원자의 대부분의 질량과 양전하의 대부분을 차지하는 매우 고밀도의 원자중심이라고 짐작할 수 있었다. 원자의 나머지 부분은 음전하를 띤 전자인데 이 핵을 중심으로 하여 분포한다. 전자는 원자의 크기 대부분을 차지하지만 그것이 갖는 질량은 매우 작다. 비교를 위하여 원자를 축구 경기장 크기(약 100 m)로 확대해 보자. 그러면 핵은 축구장 한가운데쯤에 있는 완두콩만 한 크기가 된다. 가이거와 마스덴이 행한 알파입자 산란실험에 대한 러더퍼드의 분석은 1911년에 발표되었다. 대부분의 질량과 양전하 대부분을 차지하는 극미의 핵이 원자 안에 있다는 견해로 인해 원자에 대한 근본적으로 새로운 모델이 가능해졌다.

베크렐은 우라늄이나 토륨을 함유하는 인광물질에서 방출되는 투과력이 큰 방사능을 발견하였으며 이를 자연방사능이라고 명하였다. 러더퍼드는 이 방사능이 알파선(헬륨 이온), 베타선(전자)과 감마선(단파장의 X선) 세 성분으로 이루어져 있음을 보여주었다. 알파입자를 도구로 행한 산란 실험에서 러더퍼드와 그의 조수들은 원자에는 핵이라 부르는 아주 작은 질량 중심이 있다는 사실을 알아냈다. 이로써 최초의 성공적인 원자 모델을 위한 무대가 놓여졌다.

18.4 원자의 스펙트럼과 보어의 원자 모델

원자가 양전기를 띤 핵과 음전기를 띤 전자로 구성되어 있고 또 전자가 이 핵의 주위에 놓여 있다면 이들이 태양계의 모습과 유사할 것으로 생각되는 것은 당연할 것이다. 태양계에서 태양과 행성들 사이에는 거리의 제곱에 반비례하는$(1/r^2)$ 중력이 작용하여 행성들은 각각 안정된 궤도를 돌고 있다. 원자에서도 양전하인 핵과 전자 사이에는 쿨롱의 법칙에 의해서 거리의 제곱에 반비례하는 전기적인 힘이 작용하고 있다. 원자가 태양계의 축소판일지 모른다고 생각할 수 있다.

그러한 생각이 흥미로운 것이기는 하나 약간의 문제가 있다. 궤도를 회전하는 전자는 그 가속도 운동으로 마치 안테나와 같이 사방으로 전자기파를 방출하고 에너지를 잃게 된다. 그러면 전자는 에너지를 잃어버리며 나선 궤도를 따라 점차 핵에 접근하여 원자가 붕괴하기 때문이다. 물리학자들은 실제로 원자가 빛의 형태로 전자기파를 방출한다는 사실을 알고 있었다. 가장 작은 원자인 수소가 방출하는 전자기파는 패턴의 단순성으로 인하여 대단한 흥미를 끌었다.

보어(Niels Bohr; 1885~1962)는 핵이 발견될 당시 러더퍼드와 함께 연구를 하고 있었다. 보어의 원자 모델은 위와 같은 문제들에 대한 해답을 제시했고 수소가 방출하는 빛의 파장(**스펙트럼**)에 대한 설명을 제시했다. 1913년에 보어가 원자 모델을 발표함으로써 원자 구조에 대한 실질적이고도 집중적 연구가 이루어진 흥미로운 시기가 시작되었다.

수소 스펙트럼의 성질은 무엇인가?

여러 가지 시료로부터 방출되는 빛에 관한 연구는 보어의 연구가 발표되기 50년 전부터 이루어졌었다. 어떠한 시료를 분젠 버너(화학 실험용 가스 버너)의 불꽃으로 가열할 때 방출되는 빛을 프리즘으로 분광하여 보면 각각의 시료는 고유의 색 또는 파장을 가지고 있다. 이러한 고유의 파장들이 그 시료의 **원자 스펙트럼**이다.

기체의 경우 이러한 스펙트럼을 만들어내는 가장 간편한 방법이 기체-방전관을 활용하는 것이다. 기체를 담고 있는 밀폐된 유리관의 전극에 높은 전압을 걸면 색깔 있는 방전이 일어난다(그림 18.16). 형광등의 밝은 빛은 바로 이러한 현상을 이용한 것이다. 물론 실제 형광등은 불빛을 고르게 하기 위해 형광물질을 유리 표면에 바른 것이다.

기체 방전으로 인하여 나오는 빛을 프리즘이나 회절격자를 통해 분광하여 보면 그 스펙트럼은 특정 파장의 밝은 선이 불연속으로 나타난다는 사실을 알 수 있다. 앞에서 빛을 파장에 따라 분광하기 위해서는 회절격자를 사용한다는 것을 배웠다. 광원 자체가 그림 18.16처럼 가늘고 길거나, 빛이 가는 슬릿을 통해 들어가면 각각의 파장이 색깔 있는 선으로 나타난다. 각각의 기체는 고유의 스펙트럼을 가지고 있으므로 스펙트럼을 분석하여보면 그것이 어떤 원소에서 나오는 것인지를 알 수 있다.

수소의 스펙트럼은 매우 간단하다. 가시광선 영역의 파장은 빨강선, 파란선,

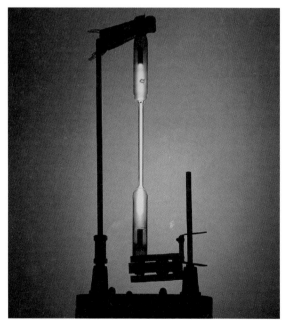

그림 18.16 기체 방전관의 전극에 높은 전압을 걸 때 일어나는 색깔 있는 발광. 이 색깔들은 방전관 속의 기체의 고유한 색이다.

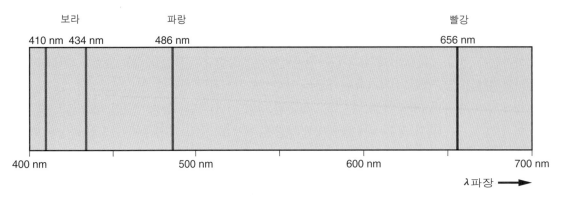

그림 18.17 수소 기체의 방전 스펙트럼은 가시광선 영역에 네 개의 선이 나타난다. 그 네 가지는 빨간색 선, 청록색 선, 두 개의 보라색 선이다.

그리고 두 개의 보라선, 즉 네 개뿐이다. 그중 하나인 410 nm 보라색 선은 눈으로 보기가 어려운 선이다(그림 18.17). 1884년 스위스 교사 발머(J. J. Balmer; 1825~1898)가 이 네 개의 선의 파장들이 간단한 공식에 의해 계산될 수 있다는 사실을 알아냈다. 발머의 공식은 이론적으로 도출된 공식이 아니라 관측된 파장을 계산하기 위한 단순한 산술 계산식이었다. 자외선 영역 근처에서 또 다른 스펙트럼 선이 발견되었을 때도 발머의 공식에 정확히 맞아 떨어졌다.

얼마 후 수소에 대한 다른 계열의 스펙트럼 선들이 적외선 영역과 자외선 영역에서 발견되었다. 이 모든 선들은 1908년 뤼드베리와 리츠가 발머의 공식을 일반화하여 발표했을 때 예측되었던 것들이다. 이 공식은 다음과 같이 표현된다.

$$\frac{1}{\lambda} = R\left(\frac{1}{n^2} - \frac{1}{m^2}\right)$$

n과 m은 모두 정수이고 R은 **뤼드베리의 상수**, $R = 1.097 \times 10^7 \mathrm{m}^{-1}$이다. n이 2이면 가시광선 영역과 자외선 영역 근방에 놓인 선들을 얻는다. $n = 1$인 경우 자외선 영역의 스펙트럼을 얻는다. 또 $n = 3$ 또는 4일 때는 적외선 영역의 선들을 얻는다. 예제 18.2를 참조하라. 정수 m은

예제 18.2

예제 : 뤼드베리 공식의 응용

수소 스펙트럼에서 $m = 6$, $n = 3$에 해당되는 적외선의 파장은 얼마인가? 뤼드베리의 공식을 이용하여라.

$R = 1.097 \times 10^7 \ \mathrm{m}^{-1}$

$m = 6$
$n = 3$
$\lambda = ?$

$$\frac{1}{\lambda} = R\left(\frac{1}{n^2} - \frac{1}{m^2}\right)$$
$$= 1.097 \times 10^7 \ \mathrm{m}^{-1}\left(\frac{1}{3^2} - \frac{1}{6^2}\right)$$
$$= 1.097 \times 10^7 \ \mathrm{m}^{-1}\left(\frac{1}{9} - \frac{1}{36}\right)$$
$$= 1.097 \times 10^7 \ \mathrm{m}^{-1}(0.0833)$$
$$\frac{1}{\lambda} = 9.14 \times 10^5 \ \mathrm{m}^{-1}$$
$$\lambda = \frac{1}{9.14 \times 10^5 \ \mathrm{m}^{-1}}$$
$$= \mathbf{10.94 \times 10^{-7} \ m}$$

이 결과는 16장에서 다루었던 가시광선 영역의 경계선 7.5×10^{-7} m보다 큰 것으로 적외선 영역에 해당된다. 뤼드베리 공식의 m은 길이의 단위와는 상관없는 자연수를 의미한다.

항상 주어진 계열의 n값보다 크다. 발머 계열에서는 $n=2$이고 m은 3, 4, 5 … 이다. 각각 다른 m은 한 계열에서 다른 선들에 해당한다.

뤼드베리와 리츠가 발전시킨 공식으로 수소 원자 스펙트럼의 규칙성을 발견한 후 이를 설명할 수 있는 원자의 구조에 대한 이론이 더욱 절실해졌다. 톰슨은 그의 '건포도 푸딩' 모델에서 이 규칙성을 설명하고자 했지만 실패하였다. 러더퍼드가 제시한 새로운 원자관에 대한 연구를 진행하고 있던 보어는 이 문제에 대한 신선한 접근법을 택했다.

빛에너지의 양자화

보어의 모델에는 핵의 존재와 수소 원자 스펙트럼의 규칙성과 더불어 또 하나의 아주 새로운 개념의 도입이 필요하였다. 이는 바로 플랑크 (Max Planck; 1858~1955)가 1900년에 가설로서 도입한 것으로 아인슈타인(Albert Einstein; 1879~1955)이 강화한 개념이다. 이 역시 빛의 스펙트럼에 관한 연구와 관계가 있는 개념이지만 이 경우는 가열된 **흑체**가 방출하는 스펙트럼에 대한 것이다.

흑체란 고온으로 가열할 수 있는 속이 빈 금속

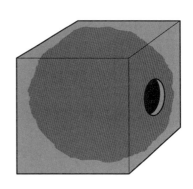

그림 18.18 흑체 복사체는 고온으로 가열될 수 있는 물질에 뚫린 구멍이다. 가열이 되면 연속적인 전자기파의 스펙트럼을 방출한다.

이나 질그릇이라고 생각하면 된다(그림 18.18). 흑체는 실온에서는 검게 보인다. 흑체가 방출하는 스펙트럼은 온도에 따라 달라지지만 흑체를 둘러싸는 재질이 무엇인지에는 전혀 관계가 없으며 그 스펙트럼은 연속적이다. 또 방출되는 빛의 평균파장은 온도가 올라감에 따라 점차 짧은 파장쪽으로 이동한다. 따라서 흑체의 온도가 점점 올라가면 그 평균파장이 가시광선의 영역에 들어오고, 더욱 고온으로 올라가면 그 파장은 붉은빛에서 푸른빛으로, 더욱 고온에서는 흰색을 띠게 되는데 이는 스펙트럼의 평균파장이 가시광선 영역의 한가운데쯤에 있다는 의미이다.

플랑크와 여러 이론 물리학자들은 가열된 흑체에서 방출되는 파장의 분포를 설명하고자 노력하였으며, 결국 플랑크는 흑체의 온도에 따른 파장 분포의 공식을 만드는 데 성공하였다. 그러나 플랑크는 그의 공식에 대한 이론적 해석에서 혁명적인 새로운 가설을 도입하지 않을 수 없었는데, 그 가설이란 빛이 연속적으로 값을 취하는 에너지가 아닌 불연속적인 덩어리로만 흑체의 표면으로부터 방출하거나 흡수하는 것이 가능하다는 것이다. 그 덩어리를 **양자**라 부르는데 양자의 에너지는 주파수 또는 파장의 함수이다.

좀더 상세히 설명하자면 어떠한 주파수에 대해 허용된 에너지는 오직 다음의 공식에 표현된 에너지의 정수배라는 것이다.

$$E = hf$$

f는 주파수이고 h는 **플랑크 상수**라고 불리는 상수이다. 이 상수의 값은 극히 작은 값인데

$$h = 6.626 \times 10^{-34} \, \text{J} \cdot \text{s}$$

이다. 플랑크의 이론에 따르면 특정의 주파수 f에 대해서 hf, $2hf$, $3hf$ 등의 값을 갖는 에너지만이 방출될 뿐 그 사이의 값들은 허용되지 않는다. 이러한 이론은 다른 과학자들뿐 아니라 플랑크 자신도 혼란스럽게 했다. 그 이전에는 광파, 즉 전자기파가 연속적인 에너지값을 가질 수 없다고 생각할 만한 아무런 이유도 없었기 때문이다. **양자화**된다는 말은 불연속적인 에너지 덩어리 값만 취하게 되는 것을 말하는데, 이러한 이론은 1905년 당시에 진정 혁명적인 생각이 아닐 수 없었다. 1905년 아인슈타인은 빛에너지의 양자화라는 개념을 사용하여 또 다른 많은 현상을 실명힐 수 있다는 사실을 논증했다. 이리하여 오늘날 **광양자**라 부르는 $E = hf$의 에너지를 갖는 빛의 덩어리에 대한 개념은 보어가 새로운 원자 모델을 개발할 당시부터 사용하게 되었다.

보어 모델의 특징은 무엇인가?

보어의 업적은 핵의 발견, 전자에 대한 지식, 수소원자 스펙트럼, 플랑크와 아인슈타인의 새로운 양자 개념 등을 종합하여 원자의 새로운 모델을 만든 것이다. 그는 앞에서 언급했던 핵의 주위를 전자가 궤도 운동을 하는 작은 태양계 모델에서 출발하였다. 여기서 정전기력이 회전운동에 필요한 구심력을 제공하는 것은 물론이다.

보어가 고전물리학과 결별을 선언한 첫 번째 대담한 가정은 바로 고전물리학에서 예상하는 것과 같이 궤도운동하는 전자가 전자기파를 방출하지 않고 안정된 궤도운동을 할 수 있다는 것이다. 원자로부터 방출되는 빛은 궤도전자가 하나의 안정된 궤도에서 또 다른 안정된 궤도로 옮겨갔을 때 방출된다고 가정했다(그림 18.19). 빛의 양자 또는 광양자의 에너지는 플랑크와 아인슈타인의 주장대로 $E = hf$의 공식에 의해 두 궤도의 에너지의 차이 값을 방출하기 때문이다. 수식으로 표현하면

$$E = hf = E_{초기} - E_{나중}$$

인데 $E_{초기}$은 초기 궤도에서의 전자의 에너지이고, $E_{나중}$은 전자의 나중 궤도의 에너지 값이다. 이 에너지는 뉴턴 역학으로 특정 궤도의 반지름을 이용하여 계산할 수 있다.

수소 원자 스펙트럼 선에 대한 뤼드베리-리츠의 공식의 결과와 비교하면 안정된 궤도의 에너지는 정수의 제곱으로 나눈 상수값으

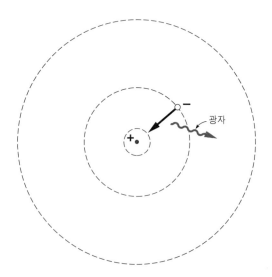

그림 18.19 보어는 전자가 특정의 준안정적 궤도에서 핵주위를 원운동하는 것으로 묘사했다. 빛은 전자가 한 궤도에서 다른 궤도로 옮겨갈 때 방출된다.

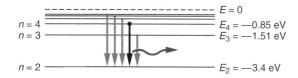

$E = 0$
$n = 4$ $E_4 = -0.85$ eV
$n = 3$ $E_3 = -1.51$ eV

$n = 2$ $E_2 = -3.4$ eV

$n = 1$ $E_1 = -13.6$ eV

그림 18.20 수소 원자의 여러 궤도에 대한 에너지값을 볼 수 있다. 발머 계열의 청록선은 그림에서 전자가 화살표대로 옮겨갈 때의 에너지 차이 값이다.

로 표현된다는 것을 나타낸다. 즉, $E = E_0/n^2$ 이다.

이 관계식은 바로 안정된 궤도가 될 조건에 해당되는 것인데 이를 각운동량 L에 대한 조건으로 고쳐보면,

$$L = n\left(\frac{h}{2\pi}\right)$$

가 되어야 한다는 것이다. 여기서 n은 정수이고 h는 플랑크 상수이다.

보어 모델의 핵심을 정리하여 보면 다음과 같다.

1. 전자는 각운동량이 $L = n(h/2\pi)$라는 조건을 만족할 때 안정된 궤도를 가지고 핵의 둘레를 운동한다.
2. 빛은 전자가 높은 에너지 궤도에서 낮은 에너지 궤도로 옮겨갈 때 방출된다.
3. 방출된 빛의 주파수와 파장은 이 두 궤도의 에너지 차이로부터 플랑크의 공식에 의해 계산된다. 그것이 수소 원자 스펙트럼이다.

그림 18.20은 보어의 수소 원자 모델의 에너지 준위를 나타낸다. 예제 18.3은 수소 스펙트럼에서 발머 계열의 한 선의 파장을 계산하기 위해 이 값을 사용한다. 이 그림과 연습문제의 에너지

예제 18.3

예제 : 수소 원자의 에너지 준위

그림 18.20의 에너지값을 이용하여 보어의 수소 원자 모델에서 $n = 4$인 에너지 준위에서 $n = 2$인 에너지 준위로 전이했을 때 방출되는 광자의 파장을 계산하라.

$E_2 = -3.4$ eV   에너지 차이
$E_4 = -0.85$ eV $\Delta E = E_4 - E_2$
$\lambda = ?$ $= -0.85$ eV$-(-3.4$ eV$)$
                 $= 2.55$ eV

$h = 6.626 \times 10^{-34}$ J·s $= 4.14 \times 10^{-15}$ eV·s를 쓰면 방출된 광자의 주파수는

$$E = hf$$
$$f = \frac{E}{h}$$
$$= \frac{2.55 \text{ eV}}{4.14 \times 10^{-15} \text{ eV} \cdot \text{s}}$$
$$= 6.16 \times 10^{14} \text{ Hz}$$

$v = c = f\lambda$를 이용하면 방출된 광자의 파장은

$$\lambda = \frac{c}{f}$$
$$= \frac{3 \times 10^8 \text{ m/s}}{6.16 \times 10^{14} \text{ Hz}}$$
$$= 4.87 \times 10^{-7} \text{ m} = \mathbf{487 \text{ nm}}$$

이것이 수소 원자 스펙트럼에서 발머 계열의 청록선이다.

의 단위로는 줄이 아니라 eV를 사용했다. eV는 전자 하나가 1볼트의 전위차에 의해 가속되었을 때 얻어지는 에너지인데 $1 \text{ eV} = 1.6 \times 10^{-19}$ J이다. 그림 18.20에 있는 에너지 준위는 바닥 에너지 -13.6 eV를 n^2로 나누면 얻어지는데 보어 모델에서 예측한 대로다. 에너지값은 모두 원자에 속박된 전하의 위치 에너지값이기 때문에 음의 값을 갖는다.

보어 모델의 가장 주목할 만한 성공은 전자의 질량, 전자의 전하량, 플랑크 상수, 그리고 빛의 속도 등으로부터 뤼드베리 상수의 값을 예측할 수 있었다는 것이다. 보어의 이론은 물리학계에 즉각적이고 선풍적인 논란을 불러왔다. 그 이론의 도입으로 이론 물리학자, 실험 물리학자들 모두의 열정적인 연구활동이 시작되었다. 대부분의 실험은 여러 가지 원소의 스펙트럼을 더욱 정확하게 측정하는 것이었고, 이론 물리학자들의 연구는 보어의 모델을 수소 원자 이외의 원자에 확장 적용하여 원소의 주기율표를 이해하고자 하는 것이었다.

보어 모델은 성공적이었지만 많은 미해결 과제가 있었다. 가장 어려운 문제는 왜 보어 조건에 맞는 궤도만이 허용되고 다른 궤도는 허용되지 않는가 하는 문제였다. 수소 원자 이외의 다른 원소들에 대해서까지 모델을 확장하고자 하는 노력은 부분적인 성공밖에는 거두지 못했다. 오늘날의 물리학자들은 보어 모델이 상세한 부분에서는 부정확한 부분이 많다는 것을 인식하고 있다. 보어 모델의 역사적 의미는 원자에 대한 새로운 이론에 대한 길을 열었다는 것이다.

수소 원자의 스펙트럼은 단순하고 규칙적인데 이들의 파장은 뤼드베리 공식으로 정확히 설명할 수 있다. 보어는 이 결과와 러더퍼드의 핵 발견, 그리고 플랑크-아인슈타인의 빛에너지 양자화 조건을 이용하여 수소의 원자 모델을 전개했다. 보어는 핵 주위를 도는 전자에는 몇 개의 안정적인 궤도가 있다고 추론했다. 원자에서 방출되는 빛은 고에너지 궤도에 있던 전자가 저에너지 궤도로 옮겨갈 때 방출된다. 그의 모델은 수소 원자 스펙트럼의 파장을 정확히 설명했고 기본 상수들을 조합하여 뤼드베리 상수의 값을 예측했다.

18.5 물질파와 양자역학

보어 모델 이후의 미해결 문제에 대한 관심으로 인해 많은 젊은 물리학자들이 원자 물리의 영역에서 활발한 연구에 몰두하였다. 왜 특정한 조건을 만족하는 궤도에서만 안정된 전자의 운동이 허용되는가에 대한 해답을 포함한 더욱 포괄적인 새로운 이론이 절실했다. 이러한 요구는 1925년 발달된 양자역학에 의해서 충족되었다. 양자역학은 실제로는 구조와 결론에서 동일하지만 서로 다른 접근법을 취한 두 가지 이론 체계가 있다.

보편적으로 설명되는 접근법은 드브로이(Louis de Broglie; 1892~1987)와 슈뢰딩거(Erwin Schroedinger; 1887~1961)의 연구이다.

드브로이는 간단하지만 보다 근원적인 의문을 제기함으로써 불을 당겼다. 드브로이가 제기한 문제는 이와 같다. 빛이 때로 플랑크와 아인슈타인이 주장한 바와 같이 입자처럼 움직인다면 입자들도 때로는 파동처럼 움직일 수 있지 않은가? 이 물음에 의해 근원적인 물리 원리에 대한 우리의 이해가 혁명적 변화를 일으켰다.

드브로이 파란 무엇인가?

드브로이가 제기한 문제는 플랑크와 아인슈타인이 도입한 광자 개념에 연유한 것이다. 1865년 맥스웰은 빛이 전자기파로 묘사될 수 있다는 사실을 밝혔다. 한편 빛은 때로 특정한 작은 공간을 차지하는 광자라는 입자로서 불연속적인 에너지 다발로 이루어진 듯 움직인다. 빛과 전자의 상호작용에 대한 실험들은 빛을 입자로 생각함으로써 간단히 설명할 수 있다. 아인슈타인이 선도적으로 빛의 이러한 성질을 지적해냈다. 1905년의 논문에서 그는 빛의 입자성과 관련된 몇 가지 현상에 대하여 설명하고 있는데 그 중 하나가 광전효과이다. 광전효과란 진공관의 전극에 빛을 쏘이면 진공관에 전류가 흐르는 현상이다. 광전효과는 사람이 지나가며 빛을 차단하면 자동으로 문이 열리는 전자 센서와 같은 도구에 사용된다.

아인슈타인은 플랑크의 이론에서 제시된 바와 같이 $E = hf$라는 에너지를 갖는 광양자 하나가 전극을 때려 하나의 전자가 튀어나오게 한다고 가정함으로써 광전효과를 설명할 수 있다는 것을 증명했다. 이 간단한 모델로 하여 광전효과와 진동수의 관계만이 아니라 다른 특성들도 예측할 수 있었다. 기타의 효과들도 광자의 에너지는 $E = hf$, 운동량은 $p = h/\lambda$라고 하면 설명이 가능하다.

이러한 직관은 단순한 것임에도 물리학자들은 받아들이려 하지 않았다. 입자와 파동은 매우 다른 각각의 현상이라는 선입관 때문이었다. 이해하기 어려웠던 점은 어떻게 빛이 때로는 파동과 같이 움직이고 때로는 입자처럼 움직일 수 있는가 하는 것이었다. 이론상의 파동은 전 공간에 무한히 분포하는 것이고 입자는 공간의 한 점에 위치하는 것이다(그림 18.21). 이 두 개념은 완전히 다른 것이다. 그러나 실제로는 언제나 파동은 길이는 유한하고 입자도 일정한 크기의 부피를 가진다.

드브로이는 그동안 입자로만 생각했던 전자 등이 때로는 파동처럼 움직일 수 있을 것이라고 주장하였다. 구체적으로 광자의 에너지와 운동량을 묘사하기 위해 사용한 관계식을 이용하여 입자의 주파수와 파장을 알 수 있다는 것이다.

에너지 관계식으로부터 입자의 주파수 $f = E/h$를 알 수 있다. 광자의 운동량을 묘사하는 식 $p = h/\lambda$을 변형하여 드브로이 파의 **파장**

$$\lambda = \frac{h}{p}$$

를 구할 수 있다. 여기서 p는 운동량이고 h는 플랑크 상수이다. 예를 들어 전자의 에너지와 운동량을 안다면 이 관계식으

그림 18.21 이론상의 파동은 무한대까지 펼쳐진다. 한편 이상적인 입자는 부피가 전혀 없는 공간상의 한 점일 뿐이다.

로부터 주파수와 파장을 계산할 수 있다 (예제 18.4).

드브로이가 놀라운 결과까지 얻어내지 못했다면 그의 제안은 그리 주목을 받지 못했을 것이다. 전자를 파동처럼 수소 원자의 핵 주위를 움직이는 존재로 생각함으로써 그는 보어의 원자 모델에서의 전자의 준안정적 궤도에 대한 조건을 설명할 수 있었다. 그는 전자의 파동이 정상파이고, 그림 18.22와 같이 원궤도를 감싼다고 생각했다.

원형의 정상파가 되기 위해서는 원둘레의 길이가 파장의 정수배와 같은 파장만으로 제한된다. 전자에 대한 드브로이 파장을 이용하여 그는 각운동량 $L = n(h/2\pi)$

예제 18.4

예제 : 야구공의 파장은 얼마인가?

질량 145 g, 80 mph의 속도로 날아가고 있는 야구공의 드브로이 파장은 얼마인가?

$m = 145\ g$ $p = mv$
$\quad = 0.145\ kg$
$v = 80\ mph$ $\lambda = \dfrac{h}{p},\ \ \lambda = \dfrac{h}{mv}$
$\quad = 35.7\ m/s$
$h = 6.626 \times 10^{-34}\ Js$ $\lambda = \dfrac{6.626 \times 10^{-34}\ Js}{(0.145\ kg)(35.7\ m/s)}$
$\lambda = ?$ $\lambda = \dfrac{6.626 \times 10^{-34}\ Nms}{5.17\ kgm/s}$

$\quad\quad\quad\quad \lambda = \mathbf{1.28 \times 10^{-34}\ m}$

야구공의 파장은 극히 짧다. 최첨단 과학기술로도 우리 주변의 물체들의 파동적 성질을 관찰할 수 없는 이유가 바로 여기에 있다.

으로 허용된 보어의 조건을 유도할 수 있었다. 다시 말해 입자가 파동과 같은 성질을 가졌다는 것을 가정하고 입자의 정상파가 원궤도를 감싼다고 설명함으로써 드브로이는 왜 특정의 궤도만이 안정적인가를 설명할 수 있었다. 그는 보어의 이론에서 가장 근본적인 문제를 해결한 것이다.

원 궤도상의 정상파라는 드브로이의 서술을 글자 그대로 이해해서는 안 된다. 사실상 보어의

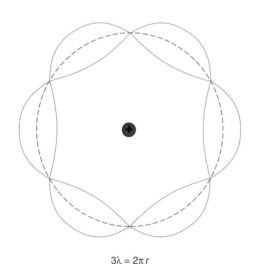

$3\lambda = 2\pi r$

그림 18.22 전자를 원형 궤도를 감싸는 정상파라고 생각하자. 드브로이에 의하면 파장이 특정의 값만을 가질 수 있다. 이 값들은 보어가 예측한 준안정적 궤도에 대한 것이다.

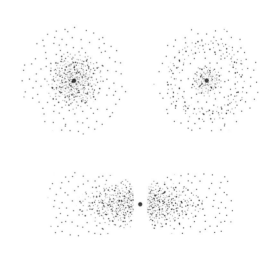

그림 18.23 양자역학이 예측한 준안정적 수소 원자의 전자 궤도 몇 가지의 입자 밀도 그림이다. 여기서 확률은 핵에서 떨어진 각 점에서 전자를 발견할 확률을 말한다.

모델이나 정상파를 이용한 계산 모두 수소 원자의 여러 가지 안정적 궤도의 각운동량에 대해서 틀린 값을 계산해낸 것이다. 근본적으로 원궤도는 2차원적이고 수소 원자 자체는 3차원적이란 사실 때문이다. 우리는 정상파의 성질을 이해하기 위한 보다 엄밀한 분석이 필요하다.

입자가 파동의 성질을 가졌다는 견해가 곧바로 실험에 의해서도 제기되었다. X선은 전자기파 인데 결정 격자에 의해 회절되고, 회절된 파동은 그 결정 고유의 간섭 패턴을 나타낸다. 많은 연구자들이 곧이어 전자 빔 역시도 회절된다는 것을 보였다. 그 때의 간섭 패턴은 같은 결정에 대한 X선의 회절에 의해 얻어진 것과 일치했다. 그리고 이 패턴을 제공하는 데 필요한 파장의 길이는 정확히 드브로이의 관계식 $\lambda = h/p$에 의해 예측된 것과 일치한다.

양자역학과 보어 모델은 어떻게 다른가?

슈뢰딩거는 많은 시간을 투자하여 2차원과 3차원의 정상파에 관한 수학을 연구했다. 그는 원자에서의 전자의 정상파에 대한 내밀한 의미를 연구할 충분한 준비가 되어 있었던 것이다. 드브로이의 발표가 있은 다음 해 슈뢰딩거는 핵의 주위를 도는 전자의 정상파에 대한 3차원적 파동에 관한 이론을 전개했다. 그로부터 5년 동안 각각 다른 접근법으로 같은 문제를 연구하던 슈뢰딩거와 다른 과학자들이 오늘날 **양자역학**이라 알려진 이론의 세부적 내용을 완성했다. 이 새로운 이론을 통해 보어 모델보다 한층 더 완전하고 만족스럽게 수소 원자에 대해 이해할 수 있었다. 양자역학은 보어 모델의 각각의 주 궤도에 대해 같은 결과를 계산해냈다. 그러나 수소 원자 스펙트럼의 생성에 대해서는 보어의 견해의 기본적 특질을 유지하고 있다.

양자역학에서는 궤도가 더 이상 보어 모델과 같은 단순한 곡선이 아니다. 오히려 핵을 중심으로 하는 3차원적인 확률 분포이다. 이 분포는 전자를 정상파로 취급하는 것에 관계되고, 핵을 중심으로 하여 특정 방향과 거리에서 전자를 발견할 확률을 나타낸다. 수소 원자의 준안정적 궤도에 대한 확률 분포 몇 가지가 그림 18.23에 그려져 있다. 어둡고 밀집되어 나타난 부분이 전자가 발견될 확률이 가장 높은 부분이다. 각각의 준안정적 궤도에 대한 핵으로부터의 평균 거리는 보어 모델에서 얻어진 궤도 반지름과 일치한다.

하이젠베르크의 불확정성 원리란 무엇인가?

확정된 궤도가 아닌 확률 분포를 이용하는 것이 양자역학의 근본적이고 불가결한 특성이다. 전자나 다른 입자들과 관련된 파동을 이용하여 모든 위치에서 전자를 발견할 확률을 알아낼 수 있지만 전자가 정확히 어디에 있는지에 대해서는 알 수 없다. 마찬가지로 전자기파를 이용해 모든 위치에서 광자를 발견할 확률을 알 수 있다. 파동성이 지배적인 상황에서는 입자의 위치에 대한 정확한 정보가 상실된다.

우리가 입자의 위치에 대해 아는 데에 대한 이러한 제약이 하이젠베르크(Werner Heisenberg; 1901~1976)가 도입한 유명한 하이젠베르크의 불확정성 원리에 잘 요약되어 있다. 이 원리에 따르면 위치와 운동량에 대해 높은 정밀성으로 동시에 아는 것이 불가능하다. 그 중 하나를 얼마나 정밀하게 측정했느냐에 따라서 다른 하나의 불확실성이 정해진다. 수식으로 그 한계는 다음과 같다.

$$\Delta p \Delta x \geq \frac{h}{2\pi}$$

h는 플랑크 상수, Δp는 운동량의 불확실성, Δx는 위치의 불확실성이다. 위치의 불확실성이 적으면 운동량의 불확실성은 커지고 그 역도 성립한다.

운동량 p는 드브로이의 관계식 $\lambda = h/p$에 의해 입자의 파장과 관계되므로 불확실성의 원리에 의하면 파장을 정확히 알면 입자의 위치를 정확히 알 수 없으며, 그 역 또한 성립한다. 위치를 정확히 알면 파장을 정확히 알 수 없다. 어떤 실험에서는 광자 또는 전자의 위치와 같이 그 입자성에 대한 측정 결과를 얻을 수 있지만, 어떤 실험에서는 파동성에 대한 측정 결과만을 얻게 된다.

하이젠베르크의 불확정성 원리는 실험상의 한계라고 생각하기보다는 측정할 수 있는 물리량에 대한 근본적인 제약이다. 그 제약이 파동에서는 불가피한 특성이라는 사실은 이미 알려져 있었던 것이다. 우리가 파동을 펄스로 만듦으로써 특정의 공간에 모으려 하면 파장은 정확하게 결정되지 않는다. 반대로 공간에 펼쳐진 파동은 파장을 정확하게 결정할 수 있지만 위치에 관해서는 어떠한 정확한 정보도 얻을 수 없는 것이다.

양자역학에서는 주기율표를 어떻게 설명하는가?

양자역학은 원자 구조와 스펙트럼에 관한 보어 모델에서 제기된 문제들을 해결할 수 있다. 특히 양자역학은 계산상의 어려움은 있지만 다수의 전자가 있는 원자에 대하여도 그 구조와 스펙트럼을 예측할 수 있다는 점에서 성공적이다. 또 보어 모델로써는 이해하기 어려운 스펙트럼의 여러 가지 특성도 명확히 설명하고 있다.

양자역학으로부터 도출되는 원자 구조에 대한 설명 중의 일부를 집약하여 원소의 주기율표의 규칙성을 해명하고자 했다. 이 이론에는 여러 가지 가능한 안정적인 궤도를 설명하기 위한 **양자수**가 있다. 이 중의 하나가 주양자수 n인데 보어 모델에서의 에너지를 계산하는 데 쓰인다. 그러나 양자역학에서는 각운동량의 크기와 방향, 전자의 스핀과 관련된 양자수 세 개가 더 있다.

한 원자에서는 두 개의 전자는 같은 세트의 양자수를 가질 수 없다. 한 궤도가 채워지면 다른 전자들은 이보다 높은 에너지의 양자수들 중의 하나를 가질 수밖에 없다. 주양자수가 증가함에 따라 가능한 양자수의 조합이 급격히 증가한다. $n=1$인 경우 전자의 스핀에 따른 두 개의 조합이 전부이다. $n=2$인 경우는 가능한 양자수의 조합이 8개, $n=3$인 경우는 18개로 증가한다. $n=1$인 경우의 두 개의 가능한 상태가 채워지면 다음 전자는 $n=2$인 준위에 차들어가기 시작한다.

이러한 인식을 바탕으로 주기율표의 어느 정도의 규칙성에 대해서는 설명할 수 있다. 처음의 두 원소 수소(H), 헬륨(He)은 각각 하나와 두 개의 전자가 있다. 두 전자가 $n=1$인 껍데기를 채운다. 그 다음의 원소 리튬(Li)은 세 개의 전자가 있는데 세 번째 전자를 $n=2$인 껍데기에 채운다. 리튬은 전자 하나가 꽉 찬 $n = 1$인 껍데기를 넘어서 있으므로 화학적 성질은 전자가 하나뿐인 수소와 상당히 비슷하다. 마찬가지로 주기율표의 첫 번째 열에 있는 다음의 원소 나트륨(Na)은 꽉 찬 $n = 2$인 껍질 다음에 하나의 전자가 있다. 다른 열 개의 전자들은 $n = 1$, $n = 2$ 준위를 채우는데 두 개는 첫 번째 껍질, 여덟 개는 두 번째 껍질을 채운다. 그림 18.24는 수소, 리튬, 나트륨의 껍질 구조에 대한 모형도이다.

주기율표상 나트륨 바로 앞에 있는 원소는 네온(Ne)이고 열 개의 전자가 있는데 두 개는 $n = 1$, 여덟 개는 $n = 2$ 껍질을 채운다. 그러므로 헬륨과 마찬가지로 최외곽 껍질이 가득 찬 배열을 가지므로 다른 원소와 쉽게 반응하지 않는다. 헬륨과 네온은 모두 불활성 기체이며 화학적으로 반응성이 매우 약하다.

한편, 플루오르(F)는 아홉 개의 전자가 있는데 외곽 껍질을 채우기 위해 하나의 전자가 부족하므로 매우 반응성이 좋다. 플루오르는 수소, 나트륨 등의 원소와 반응하는데 그들이 하나의 전자를 제공하여 껍질을 채운다.

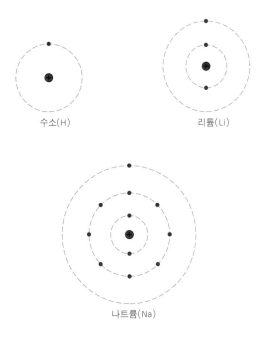

그림 18.24 $n = 3$ 껍질에 전자 하나가 있는 나트륨의 화학적 성질은 마찬가지로 가장 바깥쪽 껍질에 전자 하나가 있는 수소와 리튬과 비슷하다.

전체 주기율표에 대한 설명에 사용된 원리도 방금 위에서 개략적으로 설명한 것과 같은데, 구체적으로는 전자수가 많아질수록 복잡해진다. 이 이론으로 주기율표의 규칙성을 설명할 수 있고, 다른 원소들끼리 결합하여 화학적 화합물을 만드는 방식을 설명하는 데 대단히 성공적이다. 양자역학은 원자 물리학, 핵물리학, 응집 물리학뿐만 아니라 화학에서도 토대가 되는 이론이 되었다.

드브로이는 전자와 같은 입자들이 파동적 성질을 가질 수 있다고 제안했다. 이 착상을 이용하여 수소 원자의 안정적 궤도에 대한 보어 조건을 해명할 수 있었다. 입자가 파동적 성질을 가지는 것을 인정하게 되면 자연히 하이젠베르크의 불확정성 원리에 도달하게 되는데, 그에 따르면 입자의 위치와 운동량을 동시에 정밀하게 측정하는 것은 불가능하다는 것이다. 양자역학은 원자 내부의 전자와 관련된 정상파를 3차원적인 확률 분포로 취급한다. 이 이론은 많은 전자를 가진 원자들의 화학적 성질과 스펙트럼을 성공적으로 예측했다. 전자 궤도의 껍질에 의해 주기율표가 갖는 규칙성을 해명할 수 있다. 양자역학은 이제 화학과 물리학의 모든 영역의 근본적 이론이 되었다.

질 문

Q1. 화학 원소는 화학적 화합물과 같은가? 설명하라.

Q2. 원소 철(Fe)은 충분히 높은 온도로 가열하면 금(Au)으로 변화될 수 있는가? 설명하라.

Q3. 물질이 탈 때 그 반응의 생성물들은 모두 쉽게 무게를 잴 수 있는 고체인가? 설명하라.

Q4. 화학적 반응에서 질량은 보존되는가? 설명하라.

Q5. 수소 원자(H)는 산소 원자와 비슷한 질량을 가지고 있는가? 설명하라.

Q6. 아무리 많은 수의 수소 원자라도 한 개의 산소와 결합할 수 있는가? 설명하라.

Q7. 일정 성분비의 법칙은 같은 원소의 여러 원자가 상당히 폭넓은 질량을 갖는다는 모델로 설명할 수 있는가? 설명하라.

Q8. 음극선은 전자기파인가? 설명하라.

Q9. X선은 전자기파인가? 설명하라.

Q10. 음극선이 전하를 띤 입자라고 가정하고 이 입자들이 어떻게 전기를 띨 수 있는지를 보일 수 있는가? 설명하라.

Q11. 음극선을 구성하는 음전하를 띤 입자들에 대해서 톰슨은 원자를 구성하는 구조물이라는 특징이 무엇이라고 했나? 설명하라.

Q12. X선이 텔레비전 수상관에서 만들어지리라고 기대할 수 있는가? 설명하라.

Q13. 텔레비전 수상관에서 전자빔이 화면의 한 점만을 때린다면 우리는 어떻게 한 화면의 그림을 볼 수 있는가? 설명하라.

Q14. 뢴트겐의 X선 발견에 이어 베크렐이 우라늄 또는 토륨을 포함하는 인광물질에서 방사되는 외견상 유사한 복사를 발견했다. 이 새로운 복사는 X선과 같은가? 설명하라.

Q15. 베크렐의 인광물질이 자연 방사능을 나타내기 위해서 햇빛에 노출되는 것이 필요했나? 설명하라.

Q16. 자기장을 통과할 때 알파입자와 베타입자를 구분하는 중요한 차이 둘은 무엇인가? 설명하라.

Q17. 얇은 금박에서 산란된 알파입자들은 왜 대부분 통과하여 거의 직진하는가? 설명하라.

Q18. 원자의 대부분의 질량은 핵의 안쪽에 몰려 있는가? 바깥쪽에 몰려 있는가? 설명하라.

Q19. 전자가 알파입자 빔을 휘게 하는 데 효과적이라고 생각하는가? 설명하라.

Q20. 어떻게 수소 또는 다른 기체원소의 원자 스펙트럼이 실험에서 만들어지는가? 설명하라.

Q21. 수소원자의 스펙트럼은 임의 간격의 파장으로 구성되어 있는가? 아니면 특정한 패턴으로 분포되어 있는가? 설명하라.

Q22. 플랑크의 이론에 의하면 흑체에서 주어진 파장과 주파수에 대하여 연속적인 양의 에너지의 빛이 방출될 수 있는가? 설명하라.

Q23. 보어의 수소 원자에 대한 이론에 의하면 전자가 임의의 에너지로 핵 주위를 회전하는 것이 가능한가? 설명하라.

Q24. 수소 원자에서 고에너지 궤도에서 저에너지 궤도로 전이할 때 여분의 에너지는 어떻게 되는가? 설명하라.

Q25. 전자는 파장이 있는가? 설명하라.

Q26. 양자역학 이론에 의하면 전자가 원자의 어디에 있는지 정확히 집어내는 것이 가능한가? 설명하라.

Q27. 보어의 수소 원자 모델은 전자가 핵 주위의 원 궤도를 도는 것으로 설명하고 양자역학 이론은 전자의 위치에 대하여 3차원적 확률 분포로 설명한다. 이 중 어느 것이 수소 원자의 실제에 가까운 설명을 제공하는가? 설명하라.

Q28. 나트륨(Na)은 11개의 전자가 있고 한 개의 전자를 가진 수소(H)와 비슷한 성질

을 가진다. 이 사실을 어떻게 설명해야 하나?

Q29. 헬륨(He)은 두 개의 전자가 있는데 다른 물질과 수소보다 더 쉽게 반응하는가? 아닌가? 설명하라.

Q30. 왜 주기율표의 두 번째 행은 수소와 헬륨을 포함하는 첫 번째 행보다 더 많은 원소를 가지는가? 설명하라.

연습문제

E1. 나트륨(Na)의 원자 무게는 23인데, 원자 무게 16인 산소(O)와 결합하여 Na_2O 화합물을 형성한다면 이 화학적 변화에서 완전한 반응이 이루어지기 위한 나트륨 대 산소의 질량비는 무엇인가?

E2. 탄소(C)는 원자 무게가 12이고 원자 무게 16인 산소(O)와 결합하여 이산화탄소(CO_2)를 생성하는데, 64 g의 산소가 반응하기 위해서는 몇 g의 탄소가 필요한가?

E3. 플루오르(F) 38 g이 2 g의 수소와 완전히 반응하여 플루오르화수소(HF) 화합물을 생성한다면 플루오르의 원자 무게는 얼마인가?

E4. 알루미늄(Al)은 원자 무게가 27인데 원자 무게 16인 산소(O)와 결합하여 산화알루미늄(Al_2O_3)을 생성한다면 48 g의 산소와 완전히 반응하기 위해서 필요한 알루미늄의 질량은?

E5. 수소 원자의 질량이 1.67×10^{-27} kg이고 전자 하나의 질량은 9.1×10^{-31} kg이라면 하나의 수소 원자와 같은 질량이 되기 위해서는 몇 개의 전자가 필요한가?

E6. 1 $\mu C(10^{-6}$ C)의 음전하를 만들어내기 위해서는 몇 개의 전자가 필요한가?
($e = -1.6 \times 10^{-19}$ C)

E7. 어떤 X선 빔의 파장이 1.5×10^{-10} m라고 하면 주파수는 얼마인가?

E8. 뤼드베리의 공식을 써서 $m = 5$인 수소 원자 스펙트럼의 발머 계열의 파장을 구하라(발머 계열에 대해서는 $n = 2$).

E9. 뤼드베리의 공식을 써서 $m = 3$, $n = 1$인 스펙트럼선의 파장을 구하라. 이 빛은 맨눈으로 볼 수 있는가? 설명하라.

E10. 어떤 광자의 파장이 630 nm(빨강)라고 하자.
  a. 이 광자의 주파수는 얼마인가?
  b. 이 광자의 에너지는 줄(J)로 얼마인가?

E11. 어떤 광자의 에너지가 5×10^{-19} J이라고 하자.
  a. 이 광자의 주파수는 얼마인가?
     ($h = 6.626 \times 10^{-34}$ J·s)
  b. 이 광자의 파장은 얼마인가?

E12. 수소 원자의 전자가 어떤 궤도에서 에너지가 1.89 eV가 작은 궤도로 전이했다.
  a. 이 전이에서 방출된 광자의 주파수는 얼마인가? ($h = 4.14 \times 10^{-15}$ eV·s, 예제 18.1 참고)
  b. 방출된 광자의 파장은 얼마인가?

고난도 연습문제

CP1. 그림과 같이 300 V의 전압 차로 2 cm 떨어져 있는 두 평행 극판 사이를 전자빔이 통과한다.

   a. 전자빔은 이 판 사이를 지나면서 어떤 방향으로 휘겠는가? 설명하라.

   b. 균일한 전기장에 대한 공식 $\Delta V = Ed$ 를 써서 극판 사이의 영역에 대한 전기장의 값을 구하라.

   c. 각각의 전자가 이 전기장에 의해 받는 힘의 크기는 얼마인가? ($F = qE$, $q = 1.6 \times 10^{-16}$ C)

   d. 전자의 가속도의 크기와 방향은 무엇인가? ($m = 9.1 \times 10^{-31}$ kg)

   e. 전자가 이 판 사이의 영역을 지나면서 어떠한 형태의 경로로 가겠는가? 설명하라.

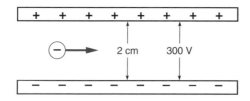

CP2. 그림 18.20에 있는 에너지 준위 그림을 공부하자. 스펙트럼선의 발머 계열은 모두 $n = 2$인 에너지 준위로의 전이에 관련된다. 그리고 자외선 영역의 라이먼 계열은 모두 $n = 1$인 에너지 준위로의 전이에 관련된다. 두 전하의 극성이 반대이므로 에너지는 모두 음이다.

   a. 발머 계열의 어떤 전이가 가장 주파수가 작은(가장 파장이 긴) 광자를 방출하는 전이인가?

   b. a의 전이에 관련된 두 준위의 에너지 차이는 몇 줄인가?

   c. 이 전이에서 방출되는 광자의 주파수와 파장은 얼마인가?

   d. 마찬가지로 라이먼 계열에서의 가장 파장이 긴 광자의 주파수와 파장을 구하라.

CP3. 하나의 전자가 원자에서 제거되면 이온화된다고 한다. 이온화된 원자는 제거된 전자가 음전하를 가지기 때문에 양전하를 띤다.

   a. 그림 18.20의 에너지 준위 모형에서 수소 원자가 가장 낮은 에너지 준위에 있을 때, 그 수소 원자를 이온화하기 위해서는 얼마나 많은 에너지가 필요한가?

   b. 그 원자가 가장 낮은 에너지 준위의 바로 위인 첫 번째 여기 상태에 있을 때, 이온화하기 위해서는 얼마나 많은 에너지가 필요한가?

   c. 운동 에너지가 0인 전자가 이온화된 수소 원자에 "붙들려서" 가장 낮은 에너지 준위에 들어갔다면 이 전이에서 방출된 광자의 파장은 얼마일 것으로 생각되는가?

CP4. 전자($m = 9.1 \times 10^{-31}$ kg)가 1500 m/s의 속도로 움직이고 있다고 하자.

   a. 이 전자의 운동량은 얼마인가?

   b. 이 전자의 드브로이 파장의 길이는 얼마인가?

   c. 이 파장은 가시광선과 비교할 때 어떠한가? (그림 15.23 참고)

19 장

핵과 핵에너지

학습목표
물리학자들은 핵과 그 구조를 연구하여 2차 세계대전 직전에 핵분열 현상을 발견하고 핵폭탄을 개발하였다. 전쟁 후에는 비록 수소(핵융합)폭탄의 발명과 강대국의 급속한 핵무기의 증가가 이루어졌지만 동시에 평화적 원자력 이용을 위한 노력의 결과로 상업적 원자력 발전의 개발되었다. 이 장의 목표는 이러한 주제와 관련된 내용을 이해하는 것이다.

개 요

1 **핵의 구조.** 핵은 무엇으로 구성되었고 어떻게 이 구성물들이 서로 맞추어지는가? 또 동위 원소들 사이의 차이는 무엇인가?

2 **방사능 붕괴.** 방사능 붕괴는 무엇이며 이것은 핵의 변화와 어떻게 관련되는가? 반감기와 지수 붕괴의 용어는 무엇을 뜻하는가? 왜 방사능이 위험한가?

3 **핵반응과 핵분열.** 핵반응은 무엇이며 화학 반응과의 차이는 무엇인가? 어떻게 핵분열이 발견되었는가? 핵분열로 거대한 에너지를 방출하는 핵분열 연쇄 반응이 어떻게 일어나는가?

4 **원자로.** 어떻게 원자로가 작동하는가? 감속재, 제어봉, 냉각재와 이외의 다른 원자로 부품들의 역할은 무엇인가? 핵폐기물의 구성물질은 무엇인가?

5 **핵무기와 핵융합.** 핵무기의 원리는 무엇인가? 초기의 핵분열 폭탄과 수소폭탄의 차이는 무엇인가? 핵융합은 무엇이며 어떻게 에너지를 방출하는가?

1986년 신문과 방송은 구소련 우크라이나 체르노빌 핵발전소의 심각한 사고에 관한 보도로 넘쳐났다. 방사능은 전 유럽으로 퍼져나갔고 다수의 소방관들과 발전소 종사자들이 숨지며 대중들의 핵발전소에 대한 공포는 급속하게 확산되었다.

우리 주변에는 전기를 생산하는 수십 기의 핵발전소와 원자로를 동력으로 하는 잠수함 그리고 작은 연구용 원자로가 있다. 대부분 이것들은 사소한 문제점과 주변환경에 최소한의 영향을 미치면서 가동되어 왔다. 그럼에도 불구하고 핵발전소의 경제성과 환경에 미치는

그림 19.1 거대한 냉각탑은 원자력 발전소의 가장 인상적인 장면의 하나이다. 이 에너지는 무엇으로 생기는가?

영향은 지난 수십 년 동안 중대한 논쟁거리가 되었다.

원자로 안에서는 무엇이 진행되고 있을까? 어떻게 우라늄에서 에너지를 추출하고 무엇으로 핵폐기물이 발생되는가? 냉각탑에서 솟아오르는 수증기구름을 우리가 두려할 필요가 있을까? (그림 19.1) 원자로는 핵폭탄과 같이 폭발할 수 있을까? 핵분열과 핵융합의 차이는 무엇일까? 만약에 이러한 질문에 답할 수 있다면 당신은 단순하지만 잘못된 견해를 역설하는 극단주의자의 주장에 쉽게 동조하지는 않을 것이다.

원자핵에 관한 지식의 발달은 20세기의 가장 뛰어난 업적 중의 하나이다. 핵무기와 핵발전소에 관한 정치적 결과물들은 이러한 과정의 아슬아슬한 요소들이다. 이러한 이슈들은 과학과 물리를 국가적이고 국제적 정책의 소용돌이 안에 머물게 하였다. 이제 핵 이슈는 일반시민들의 관심사의 일부분이 되었다.

19.1 핵의 구조

20세기에 들어 핵의 구조에 관한 이해가 시작되었다. 1909~1911년 사이에 수행된 러더포드의 유명한 알파입자의 산란 실험 전까지는 원자핵의 존재조차도 알지 못했다. 이 아주 조그만 원자 중심인 핵이 구조를 가진다는 것은 더욱 놀랍다. 핵의 구성물은 무엇일까? 핵의 발견으로 유명한 러더포드가 역시 의문을 해결하는 데 중요한 역할을 하였다. 더 많은 산란 실험들로 이에 대한 증거를 얻었는데 산란 실험은 핵이나 다른 입자를 조사하는 주된 방법이다.

양성자는 어떻게 발견되었나?

1919년에 러더포드는 핵을 구성하는 첫 구성 조각을 찾아내었다. 또 한 번 알파입자를 이용하여 조사하였는데 그림 19.2는 이 산란 실험의 개략적인 그림이다. 알파입자 빔이 질소가스통 안에서 방출하였다. 예상대로 어느 정도의 알파입자들은 뒤로 되튐이 없이 그대로 통과하고 다른 입자들은 질소핵과의 충돌로 인해 경로가 휘어졌다. 휘어져 나온 입자들은 섬광검출기로 관측되었다.

이 실험에서 예상과 달리 다른 새 입자가 발견되었다. 이 새로운 입자들은 알파입자와 같이 전기적으로는 양성이었지만 공기 중을 투과하는 특성 등이 알파 입자와 구별되었다. 사실상 이 새로운 입자들은 러더포드가 알파입자를 수소가스에 충돌시켰을 때 관찰되었던 수소원자핵과 흡사한 양상을 보인다. 수소원자의 질량은 헬륨원자핵인 알파입자의 1/4 정도이다.

수소를 전혀 포함하지 않은 가스통 안에서의 수소핵 발견은 흥미로운 가능성을 제시한다. 즉 수소원자핵이 다른 원소 핵의 기본구성입자라는 것이다. 그리고 여러 종류의 원자량은 수소원자량의 정수배라고 이미 알려져 있었다. 예를 들면 질소원자량은 대략 수소의 14배이고 탄소원자량은 12배이며 산소원자량은 16배 정도에 해당한다. 이러한 질량수는 탄소, 질소, 산소 핵이 12, 14, 16개의 수소원자로 각각 구성되었다고 설명될 수 있었다.

러더포드와 다른 실험자들은 또 다른 실험을 통하여 나트륨과 다른 원소 핵에 알파입자를 입사시키면 수소원자핵이 방출된다는 것을 보였다. 오늘날 우리가 **양성자**라고 부르는 이 입자는 수소원자의 핵이며 다른 원자의 핵을 이루는 기본 구성입자이다. 하나의 양성자는 기본 전하 $+e$ $= 1.6 \times 10^{-19}$ C을 띠며 전자의 전하 $-e$와는 부호는 반대이고 크기는 같다. 하지만 질량은 전자보다 1835배 정도로 훨씬 더 무겁다.

중성자는 어떻게 발견되었는가?

여러 원소들의 핵들이 단순히 양성자만으로 구성되었다는 가설은 심각한 문제점들을 가진다.

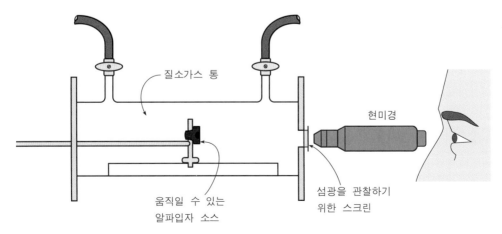

그림 19.2 양성자의 발견에 이용된 러더포드의 실험을 나타낸다. 질소가스가 알파입자의 표적이었다.

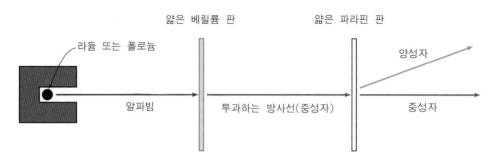

얇은 베릴륨 판   얇은 파라핀 판
라듐 또는 폴로늄   양성자
알파빔   투과하는 방사선(중성자)   중성자

그림 19.3 채드윅의 실험을 나타내는 그림. 베릴륨 표적에서 나오는 방사선이 파라핀 표적에 입사되도록 하였다.

그중에서도 가장 명확한 것은 핵의 전하에 관한 것이다. 주기율표와 다른 실험적 증거로 볼 때 질소핵의 전하는 +14e가 아니라 +7e라는 것이다. 만약에 질소핵이 14개의 양성자들로 구성되면 핵의 전하는 너무 커지게 된다. 마찬가지로 탄소와 산소핵도 12와 16배의 양성자 전하보다는 +6e, +8e의 전하를 가진다. 전자들이 핵 안에 존재하여 여분의 전하를 중화시키는 가능성도 얼마동안 물리학자들이 고려해 보았지만 양자역학의 관점에서 이러한 가능성은 치명적인 약점을 지닌다. 핵과 같이 아주 좁은 영역에 국한되어 전자가 존재하게 되면 전자가 가지게 되는 에너지는 베타선 붕괴로 측정되는 전자의 에너지보다 훨씬 더 큰 에너지를 가지므로 전자들은 핵 속에서 다른 독립된 입자로 존재할 수 없다.

이 수수께끼는 독일의 발터 보테와 빌헬름 베커가 1930년 전후에 수행한 다른 산란실험으로 실마리를 찾았다. 보테와 베커는 얇은 베릴륨 판에 알파입자를 입사시키면 매우 투과력이 높은 방사선이 생긴다는 것을 발견하였다. 그 당시에는 감마선만이 그렇게 강력한 투과능력을 가진 것으로 알려져 있어서 보테와 베커는 이것이 감마선일 것으로 추정하였다. 하지만 다른 실험에서는 이 새로운 방사선은 감마선보다 납을 훨씬 더 잘 통과하고 감마선과는 다른 성질을 가진다는 것을 보였다.

1932년 영국의 물리학자 제임스 채드윅(James Chadwick; 1891~1974)은 베릴륨에서 방출되는 방사선은 양성자와 질량이 거의 같고 전기적으로 중성인 입자로 행동한다는 것을 보였다. 채드윅의 실험에서는 알파입자를 베릴륨에 입사시켜 방출되는 새로운 방사선을 파라핀 조각에 다시 입사시켰다. 파라핀은 탄소와 수소의 화합물인데 수소핵(양성자)들이 베릴륨에서 방출되는 투과하는 방사선 경로에서 튀어나왔다. 만약에 양성자와 질량이 같은 새로운 중성입자가 파라핀 속의 양성자와 충돌하였다면 파라핀에서 튕겨져 나오는 양성자의 에너지에 관한 것도 명

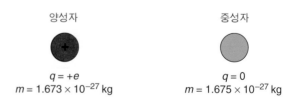

양성자   중성자
$q = +e$ $q = 0$
$m = 1.673 \times 10^{-27}$ kg $m = 1.675 \times 10^{-27}$ kg

그림 19.4 핵을 구성하는 기본 입자는 양성자와 중성자이다.

동위원소	기 호	양성자수	중성자수	상대적인 크기
헬륨-4	$_2\text{He}^4$	2 ⊕⊕	2 ◯◯	
베릴륨-9	$_4\text{Be}^9$	4 ⊕⊕⊕⊕	5 ◯◯◯◯◯	
질소-14	$_7\text{N}^{14}$	7 ⊕⊕⊕⊕⊕⊕⊕	7 ◯◯◯◯◯◯◯	
염소-37	$_{17}\text{Cl}^{37}$	17	20	
철-56	$_{26}\text{Fe}^{56}$	26	30	
우라늄-238	$_{92}\text{U}^{238}$	92	146	

그림 19.5 몇 가지 동위원소에 대한 양성자와 중성자의 수. 양성자와 중성자의 수가 늘어나 핵이 커진다.

확하게 설명할 수 있었다. 이 새로운 입자를 **중성자**라고 부르며 전하는 없고 질량은 양성자와 매우 비슷하다.

채드윅의 중성자 발견으로 핵을 구성하는 기본 구성물에 대한 의문이 해결되었다(그림 19.4). 만약에 핵이 양성자와 중성자로 구성되었다면 핵의 전하와 질량은 동시에 설명이 가능하다. 예를 들어 질소핵은 7개의 양성자와 7개의 중성자로 구성되어 질량수는 14이고 전하는 $+7e$이다. 탄소와 산소에 필요한 양성자와 중성자의 개수는 쉽게 계산해낼 수 있다. 그림 19.5는 몇 가지 원소에 대한 핵자(nucleon)의 개수를 나타낸다.

동위원소란 무엇인가?

중성자의 발견으로 다른 의문점도 풀렸는데 같은 원소라도 서로 다른 질량의 핵들이 존재한다는 것이다. 핵의 질량은 자기장 속에 대전된 핵들을 통과시켜 휘어지는 경로를 관찰하여 매우 정밀하게 측정된다. 예를 들면 염소는 수소 35.5배의 평균 질량수를 가진 것으로 화학에서 알려져 있다. 이 염소 이온들이 자기장을 통과하게 되면 질량수 35인 것과 37인 두 종류로 나누어진다. 이것들은 질량이 다르지만 화학적 성질은 같다.

오늘날 같은 원소에서 질량이 다른 것들을 **동위원소**라 부른다. 다른 동위원소는 핵에서 같은 양성자수를 가져도 중성자 수는 다르다. 예를 들면 염소 원소에서 양성자의 개수는 17개로 같지만 중성자의 개수는 질량수 35인 것에서는 18이고 질량수 37인 것에서는 20이다(질량수 = 양성자수+중성자수). 표 19.1은 다른 예를 나타낸다.

한 원소의 화학적 성질은 **원자번호**(atomic

표 19.1 동위 원소에 대한 양성자와 중성자의 수

이 름	기 호	양성자	중성자
수소-1	$_1H^1$	1	0
수소-2 (중수소)	$_1H^2$	1	1
수소-3 (삼중수소)	$_1H^3$	1	2
탄소-12	$_6C^{12}$	6	6
탄소-14	$_6C^{14}$	6	8
염소-35	$_{17}Cl^{35}$	17	18
염소-37	$_{17}Cl^{37}$	17	20
우라늄-235	$_{92}U^{235}$	92	143
우라늄-238	$_{92}U^{238}$	92	146

number)로 불리는 양성자 수에 의해 결정된다. 왜냐하면 원자의 순 전하량은 대개 0으로 이는 양성자수만큼 같은 개수의 전자가 핵 주위에 돌기 때문이다. 질소를 예를 들면 원자번호는 7로 7개의 양성자가 핵에 존재하며 7개의 전자가 핵 주위를 돌고 있다. 질소 핵에는 7개의 중성자가 있지만 중성자 개수는 항상 원자번호와 일치하지는 않는다. 가벼운 원소에서는 양성자수와 중성자수가 같지만 일반적으로 질량수가 클수록 중성자 개수는 원자번호보다 커진다.

1932년의 중성자의 발견으로 핵에 관한 여러 의문점이 풀려 오늘날 원자들의 화학적 성질과 원자질량에 대한 설명이 가능하다. 물리학자들은 핵에 관한 여러 모델을 제시하고 이러한 모델을 검증하기 위한 새로운 실험들을 고안하게 되었다. 중성자는 핵의 구조를 파악하기 위한 가장 강력한 도구로 이용되었다. 왜냐하면 중성자는 전하가 없어 쉽게 핵에 투과하고 이로 인해 핵 속의 입자들이 재배열되기 때문이다. 한편 양성자와 알파입자는 원자핵과 같은 양전하로 서로 반발하여 투과하기 힘들다. 새로운 실험들이 시작되어 여기서 기술한 것보다 놀라운 결과들이 발견되었다.

19.2 방사능 붕괴

18.3절에서 기술한 바와 같이 1896년에 베크렐이 자연 방사능을 발견하였다. 1910년에 이르면 러더포드와 다른 실험자들이 방사능 붕괴에 의해 한 원소가 다른 원소로 바뀜을 보여 주었다. 붕괴가 일어나면 한 원소의 핵 자체가 다른 원소의 핵으로 바뀐다. 이 현상을 설명하게 한 핵 구조에 대한 새로운 견해가 도움이 될 수 없을까?

알파 붕괴에서는 무엇이 일어나나?

19세기 말에 퀴리부부에 의해 분리되어 규명된 라듐은 가장 많이 연구된 첫 방사능 원소이다. 라듐은 우라늄 원광에서 발견되는데 우라늄보다 훨씬 더 잘 붕괴한다. 러더포드에 의해 헬륨원자핵으로 규명된 알파입자는 라듐의 방사능 붕괴에서 방출되는 주 방사능이다.

우라늄 원광에서 발견된 라듐의 주 동위원소는 226개의 **핵자**(양성자와 중성자)를 가진다. 우리가 라듐-226이라고 부르는 이 동위원소는 $_{88}Ra^{226}$로 표시된다. 여기서 Ra는 라듐의 화학기호이고, 아래첨자 88은 원자번호를 나타내며 위 첨자 226은 질량수를 나타낸다. 원자번호 88이기 때문에 88개의 양성자와 138(226−88)개의 중성자가 이 동위 원소의 핵을 구성한다.

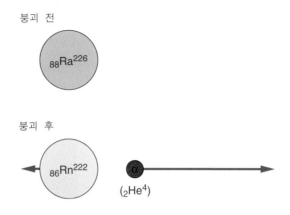

그림 19.6 라듐-226의 알파붕괴. 딸핵은 라돈-222이다.

만약에 라듐-226이 알파 붕괴를 하게 되면 붕괴 결과로 어떤 원소가 생길지 쉽게 알아낼 수 있다. 라듐과 알파입자에 포함된 양성자와 중성자의 개수를 알고 있으므로 딸핵(daughter nucleus)이라고 불리는 붕괴 생성핵에 포함된 개수들도 쉽게 계산된다. 아래와 같이 개수를 쉽게 파악할 수 있는 반응식으로 간단히 쓸 수 있다.

$$_{88}Ra^{226} \rightarrow {}_{86}X^{222} + {}_{2}He^{4}$$

여기서 미지의 원소 X의 원자 번호 86은 라듐의 88에서 헬륨의 2를 뺀 값이다. 마찬가지로 질량수 222는 226에서 4를 뺀 값이다. 반응식에서 양쪽 항의 원자수와 질량수는 반드시 같아야 한다. 원자번호 86인 미지의 원소는 주기율표에서 찾으면 된다. 임시로 X라 표시하였던 미지의 원소는 라돈(Rn)임을 알 수 있다.

라듐-226의 알파 붕괴는 그림 19.6에 표시되어 있는데 운동량 보존에 의해서 알파입자의 속도가 라돈 핵보다 훨씬 더 크다. 붕괴 전 초기 계의 운동량이 0이므로 붕괴 후 알파입자와 라돈핵은 방향이 반대인 같은 크기의 운동량을 가져야 한다. 알파입자가 라돈 핵보다 훨씬 더 가벼우므로 같은 운동량($p = mv$)을 가지기 위해서는 속도가 훨씬 더 커야 한다.

비록 연금술사들이 꿈꾸던 원소 변환으로 금을 얻지는 못해도 방사능 붕괴나 다른 핵반응을 통해서 한 원소가 다른 원소로 바뀐다. 딸핵 라돈-222는 자체로 다시 알파 붕괴하여 폴로늄-218로 전환되고 또 다시 알파 붕괴를 통해 납-214로 바뀐다. 비록 납-214는 안정된 동위원소는 아니지만 무거운 원소들의 방사능 붕괴로 최종적으로 대부분 납으로 바뀐다. 알파 붕괴의 응용으로 매일의 자연현상 19.1을 참고하라.

베타, 감마 붕괴에서는 무엇이 일어나나?

납-214는 베타 붕괴가 일어나는데 베타 붕괴에서는 전자 또는 양전자(전하가 양인 전자)가 방출된다. 납-214 경우에는 보통의 전자(전하가 음)가 방출된다. 전자의 질량은 원자핵의 기준

매일의 자연현상 19.1

연기 감지장치

상황. 고맙게도 연기 감지장치는 우리의 주변 어디에나 있다. 가정집, 아파트, 사무실에 그리고 심지어는 복도에서도 연기 감지장치를 볼 수 있다. 이러한 경보 장치로 인해서 매년 수백 명의 생명을 구할 수 있다. 아마 당신도 어니선가 이 경보장치의 알람이 울리는 소리를 들어보았을지도 모른다.

이러한 연기 감지장치는 어떻게 작동하는가? 연기 감지장치와 방사선은 무슨 관계가 있는가? 이 외에도 일상생활에서 방사선과 관계되는 것들은 또 어떤 것들이 있나? 의약 분야야말로 방사선 영상장치, 방사선을 이용한 암 치료 등 방사선과 많은 관련이 있는 영역 중 하나이다. 그러나 대부분의 사람들은 연기 감지장치가 바로 방사선의 일종인 알파입자의 특성을 이용하여 설계되었다는 사실을 모르고 있다.

분석. 알파입자란 무엇인가? 알파입자란 간단하게 말해서 헬륨 원자의 핵으로 양성자 두 개와 중성자 두 개로 이루어진다. 이는 전자 한 개로 이루어진 베타선이나 또는 전자기파인 감마선에 비해 질량이 아주 무겁다. 이러한 질량과 크기로 인해 알파입자는 공기 중에서 그리 멀리 날아가지 못한다. 공기는 거의 대부분이 질소와 산소 분자로 이루어져 있는데 알파입자는 공기 중에서 이들과 충돌에 의해 쉽게 에너지를 잃어버리기 때문이다. 만일 공기 중에 연기 입자가 가득 차 있다면 이들과의 충돌로 알파입자는 더욱 빠르게 에너지를 잃어버릴 것이고 움직일 수 있는 거리는 더욱 짧아진다. 이것이 바로 알파입자를 이용한 연기 감지장치의 원리이다.

연기 감지장치에는 아메리슘 241이라는 알파입자 소스가 있다. 아메리슘은 안정된 동위원소가 없기 때문에 자연상태에서는 극히 희귀한 원소이다. 이 원소는 시카고 대학의 원자로에서 플루토늄에 중성자를 충돌시켜 얻음으로 처음 관찰되었다. 원자폭탄을 처음 만든 맨해튼 프로젝트에 참여하였고 또 무려 10개의 새로운 원소를 발견하는 데 관여하였던 글렌 시보그에 의해 이 원소는 아메리슘으로 명명되었는데 이는 이 원소가 발견된 대륙의 이름을 기념하는 의미였다. 연기 감지장치에 있는 아메리슘은 모두 원자로에서 만들어진 것이다.

알파입자가 질소나 산소 분자와 충돌하여 전자들을 떼어내면 이들은 양전하를 띤 이온이 된다. 이들은 이제 더 이상 전기적으로 중성이 아닌데 이는 핵 속의 양성자의 개수가 원자 내의 전자의 개수보다 더 많기 때문이다. 말하자면 공기 분자는 음전하를 띠는 전자와 양전하를 띠는 이온으로 분해되었음을 말한다.

연기 감지기에는 다음 그림과 같이 두 개의 평행한 판이 있는데 하나는 양전하로 또 하나는 음전하로 대전되어 있다. 쿨롱의 법칙에 의해 서로 다른 전하 사이에는 인력이 작용하므로 전자들은 양전하로 대전된 판쪽으로 끌리고 양전하를 띤 질소와 산소 이온들은 반

대쪽 판을 향하게 된다. 이
것은 바로 두 판 사이에 전
류가 형성되었음을 말한다.
연기 감지기의 양쪽 판에 각
각 양전하로 또는 음전하로
대전되도록 하는 것은 감지
기 내부의 배터리에 의해 이
루어진다. 따라서 연기 감
지기는 주기적으로 그 안의
배터리를 갈아 주어야만 한
다.

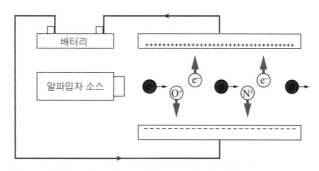

연기 감지기의 작동원리를 보여주는 구조도. 물론 전류의 감소를
감지하여 알람을 울려주는 별도의 회로가 필요하다.

　　일정하게 전류가 흐르면
상태는 안정적이다. 그런데 만일 공기 중에 연기 입자가 생기면 이 전류의 크기는 급격히
감소하고 알람이 작동하게 된다. 전류가 감소하는 것은 두 가지 이유 때문인데 첫째는 연
기 입자가 알파입자를 흡수하여 공기 입자를 이온화시키는 비율이 감소하기 때문이고 또
하나는 상대적으로 큰 연기 입자가 이온과 전자를 흡착하여 다시 중성 분자로 만들기 때
문이다.

　　알파입자는 그것을 정지시키기가 아주 쉽다. 아주 얇은 종이 한 장이나 또는 여러분의
피부 표피의 한 층의 죽어 있는 세포로도 알파입자를 정지시키기에 충분하다. 따라서 알
파입자는 연기 감지기의 외부로 결코 빠져나올 수가 없다. 만일 빠져나왔다고 하더라도
수 cm를 가지 못해 공기에 흡수되고 말 것이다. 이러한 알파입자의 특성으로 많은 생명을
구할 수 있었던 것이다.

으로 보면 너무 작아서 무시할 수 있다. 전자는 음의 전하를 지니므로 전하, 즉 원자번호가 −1
이므로 반응식은 다음과 같이 주어진다.

$$_{82}Pb^{214} \rightarrow {}_{83}X^{214} + {}_{-1}e^0 + {}_0\bar{\nu}^0$$

　오른쪽 세 번째 항은 그리스 문자 ν로 표현되는 반중성미자(antineutrino) 입자를 나타낸다.
기호에서 위의 막대는 반입자를 나타낸다. 모든 기본 입자는 **반입자**(antiparticle)를 가진다. 반
입자는 같은 질량이지만 전하는 반대이다. 입자와 반입자가 만나면 다른 형태의 에너지를 내면
서 같이 없어진다.

　반중성미자는 베타 붕괴에서 직접적으로 관측되지는 않았고 에너지 보존을 위해 도입되었다.
베타 붕괴 과정에서 전자가 가지는 에너지는 일정하지 않은 분포를 가지므로 뭔가가 남은 에너
지를 설명하기 위해서는 또 하나의 입자가 필요하다고 물리학자들은 추측하였다. 1957년까지 실
제적으로 중성미자는 측정되지 않았지만 물리학자들은 에너지 보존에 대한 믿음으로 그 존재를
확신하였다. 중성미자(반중성미자)는 극히 질량이 작고 전하가 없으므로 반응식에서 전하나 질
량수에는 영향이 없다.

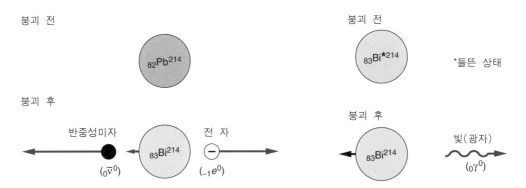

그림 19.7 납-214의 베타 붕괴. 딸핵인 비스무트-214는 납보다 원자번호가 더 크다.

그림 19.8 비스무트-214의 감마 붕괴. 딸핵은 처음의 비스무트-214보다 안정된 상태이다.

위의 핵 반응식에서 질량수와 전하량은 양쪽이 같음을 알 수 있다. 반응 결과 원자번호 83은 납의 원자번호가 82이므로 83-1로서 주어진다. 주기율표에 의해 이 반응에서 생기는 딸핵은 비스무트-214임을 알 수 있다. 납-214 핵 속의 중성자 하나가 양성자로 바뀌면서 원자번호가 커진 것이다. 반응식에서 미지의 X는 $_{83}Bi^{214}$임을 알 수 있다.

연속적인 베타와 알파 붕괴를 거쳐 비스무트-214는 안정된 납-206으로 붕괴한다. 이 연쇄 붕괴과정 중의 동위원소들 중에서 높은 에너지의 광자(光子, photon)인 감마선을 방출한다. 이 경우 광자는 전하나 질량이 없으므로 원래의 동위원소가 더 안정된 상태로 바뀐다(그림 19.8).

감마선을 방출하는 동위원소들은 의학용으로 광범위하게 응용된다. 감마선은 물질이 아니며 전하도 없기 때문에 물질과는 거의 반응을 하지 않으며 따라서 알파입자나 베타입자보다 투과력이 좋다. 그만큼 생명체에는 손상을 주지 않는다. 대부분의 방사선을 이용한 진단방법은 일종의 방사성 동위원소를 체내에 주입하고 그것으로부터 방출되는 방사선을 감지하여 영상으로 처리하는 기법을 사용한다. 이런 방법으로 의사들은 인체에 칼을 대지 않고도 장기들이 제대로 기능을 하는지 또는 체내에 암세포들이 있는지 치료는 제대로 진행되고 있는지 등을 판단한다. 예제 19.1을 참조하라.

예제 19.1

예제 : 의학용 동위원소

테크네튬-99는 반감기가 6.0 시간인 방사성 동위원소인데 뼈를 스캔하는 등의 용도로 사용된다. 이 원소는 감마선을 방출한다.

a. 만일 테크네튬-99 시료가 만들어진 후 12시간이 흘렀다면 원래 만들어진 동위원소 중 얼마나 남아 있겠는가?

b. 시료가 만들어진 하루 뒤에는 얼마나 남아 있겠는가?

a. $t_{\frac{1}{2}} = 6.0 \text{ h}$ $\quad \dfrac{t}{t_{\frac{1}{2}}} = \dfrac{12 \text{ h}}{6 \text{ h}} = 2$

$t = 12 \text{ h}$

남은 양은 $= ?$ $\quad$ 남은 양 $= \dfrac{1}{2} \times \dfrac{1}{2} = \dfrac{1}{4}$

b. $t = 24 \text{ h}$ $\quad \dfrac{t}{t_{\frac{1}{2}}} = \dfrac{24 \text{ h}}{6 \text{ h}} = 4$

남은 양은 $= ?$

남은 양 $= \dfrac{1}{2} \times \dfrac{1}{2} \times \dfrac{1}{2} \times \dfrac{1}{2} = \dfrac{1}{16}$

붕괴율은 어떻게 기술하나?

이러한 붕괴가 일어나는 데 얼마나 시간이 걸리는가? 방사능 붕괴는 자발적이고 임의로 일어나는 과정이다. 불안정한 특정 원자핵이 입자를 방출하면서 언제 다른 동위원소로 바뀔지 예측은 불가능하다.

서로 다른 방사능 동위원소는 붕괴까지의 평균 또는 고유 시간을 가진다. 반감기는 이러한 고유시간을 나타낸 값으로 원래의 양이 반으로 줄어 드는 데 걸리는 시간을 나타낸다. 예를 들면 라돈-222는 약 3.8일의 **반감기**를 가진다. 20000개의 라돈-222원자가 처음

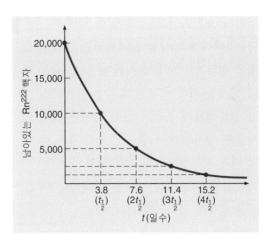

그림 19.9 라돈-222의 붕괴 곡선. 반감기인 3.8일마다 남아있는 양이 반으로 준다.

에 있었다면 3.8일 이후에는 약 10000개가 붕괴하여 폴로늄-218이 되고 10000개 정도가 남는다. 반감기가 두 번 지나면 다시 5000개가 붕괴하고 5000개 정도 남는다. 세 번을 거치면 2500개로 줄고 네 번째는 1250개로 준다.

라돈-222가 3.8일 지나면 반으로 줄어드므로 원래 양에서 미미한 수준까지 감소하는 데는 몇 번의 반감기만으로 충분하다. 10번의 반감기를 지나면(38일) 원래의 20000에서 1/1024인 20개 정도 줄어든다.

이러한 붕괴과정이 그림 19.9의 그래프로 나타난다. 이러한 붕괴곡선은 수학적으로 지수함수로 표시되므로 지수붕괴 곡선이라 부른다. 자연에서 발생하는 **지수붕괴**나 지수성장은 일어날 사건, 즉 붕괴나 성장이 일어날 확률이 전체 개수에 비례할 때 생긴다. 이러한 과정은 임의로 일어난다.

서로 다른 방사능 동위원소들의 반감기에는 엄청난 차이가 있다. 예를 들면 라듐-226은 반감기가 1620년으로 우라늄-238의 45억 년에 비해 엄청나게 짧지만 폴로늄-214의 0.000164초에 비하면 상대적으로 긴 것이다. 여기서 반감기가 길면 길수록 훨씬 더 안정된 원소임을 나타낸다.

한편 짧은 반감기일수록 방사능 붕괴율은 빠르다. 환경 측면에서 볼 때 중간 정도의 반감기를 가진 동위원소가 가장 큰 문제를 일으킨다. 극히 짧은 반감기의 동위원소는 급격하게 붕괴하여 위험한 것이 남지 않는다. 반면 우라늄-238과 같이 반감기가 극히 길면 붕괴가 잘 일어나지 않아 충분히 많은 양이 아니면 위험하지 않다. 스트론튬-90의 경우에는 28.8년의 반감기를 가지는데 우라늄-238보다 훨씬 더 많이 붕괴하고 주위에 영향을 미치는 기간이 길어 심각한 문제를 발생시킨다. 스트론튬-90은 핵폭탄 실험이나 핵사고의 낙진에 존재한다.

왜 방사능이 건강에 나쁜가?

방사능은 붕괴 과정에서 나오는 입자—알파, 베타(전자), 감마선—가 몸속에 투과하여 몸속 세포 속의 화합물 구조를 바꾸기 때문에 위험하다. 이러한 변이는 암을 일으키거나 자손의 돌연

변이를 포함하는 다른 손상을 발생시킨다. 과다하게 방사능에 피폭되면 방사선병에 걸리거나 사망에 이른다. 낮은 수준의 방사능 피폭에 대한 효과는 아직까지도 불분명하여 논란거리이다. 어떤 과학자들은 방사능에 노출되면 생명체가 손상 받을 가능성이 커진다고 믿고 또 다른 과학자들은 부정적 영향을 상쇄하는 이로운 영향도 있다고 믿는다.

우라늄-238과 토륨-232의 반감기는 현재 추정되는 지구의 나이와 비슷하므로 붕괴하여 다 없어지지 않고 우리 주위 환경에 존재한다. 우리 주위의 모든 암석, 토양들은 추적될 만큼의 우라늄을 함유하고 있고 우라늄 원광에서는 보다 더

표 19.2 배경 방사선원	
선 원	밀리렘(mrem)/년
자연 선원	
호흡된 라돈	200
우주선	27
토양, 암석 방사능	28
신체 내부(뼈)에서 나오는 방사능	40
	295
인공 방사선원	
의료용	53
생활기기	10
기타	1
	64

높은 밀도로 존재한다. 우라늄-238이 붕괴하여 만들어지는 원소 중의 하나가 라돈 기체인데 바로 표 19.2에서 보듯이 자연상태에 존재하는 방사선 중에서 가장 큰 값을 가지는 것이다.

알파입자를 방출하는 라돈은 냄새도 맛도 없는 기체이다. 알파입자는 투과성이 약해 우리의 표피조차도 뚫지 못한다. 그러나 우리가 호흡으로 그것을 마시면(기체 상태이므로 충분히 가능하다) 알파입자는 우리의 몸속에서 에너지를 방출하고 생체에 손상을 준다. 공기 중 라돈의 양은 지역에 따라, 계절에 따라, 그리고 건축의 재질에 따라 다른데 19장의 개요에 있는 사진과 같은 라돈 측정 키트로 측정이 가능하다.

이온 반응을 일으키거나 신체 세포의 영향을 미치는 방사선 세기의 측정 단위는 여러 가지가 있지만 가장 일반적으로 사용되는 것은 상대적 이온화 세기를 비교한 렘(rem) 단위이다. Rem은 Roentgen equivalent in Man의 약자이며 roentgen은 방사선에 의한 이온화 정도를 나타내는 단위이다. 렘은 신체 세포에서 여러 종류의 방사선에 의한 효과를 정량화한 것으로 신체조직 단위질량당 흡수한 에너지의 양으로 계산한다.

전신의 경우 600렘을 치사량으로 간주한다. 물론 이보다 작은 양이라도 인체에 손상을 줄 수 있으므로 의학적으로 주로 그 1000분의 1에 해당되는 밀리렘 단위를 사용한다. 미국에서는 평균적으로 한 사람이 1년 동안 자연 방사능으로부터 약 295밀리렘 정도를 쪼이고 약 64밀리렘 정도의 인공 방사선을 쪼인다. 쉽게 기억하는 방법은 이 둘을 합하면 약 365밀리렘 정도가 되는데 이는 하루에 1밀리렘 꼴이 되는 셈이다.

자연 방사능과 인공 방사선원에 노출되는 방사능의 양은 물론 어떤 지역에 살고 있으며 또 어떤 의학적 치료를 받고 있는가에 크게 영향을 받는다. 미국에서 일반 사람들이 핵발전소로 인해

쪼이게 되는 방사선의 양은 거의 무시할 정도이다. 다만 핵과 관련된 산업 분야에서 직접 종사하고 있는 사람들은 과도하게 방사선에 노출될 위험이 있다. 현재 핵 기술자나 X선을 다루는 직업의 종사자들에게는 1년간의 피폭량을 최대 5렘(5000밀리렘)으로 제한하고 있다.

우리는 아주 적은 양이기는 하지만 매일매일 자연에 존재하는 우라늄-238 또는 토륨-232로부터 방출되는 방사선을 쪼이며 또 우주로부터 날아오는 우주선에 노출되어 살고 있다. 이러한 환경은 인류가 지구상에 처음 나타났을 무렵부터 시작된 것이며 그 동안 인류는 놀라울 만한 적응력과 재생력을 갖게 된 것이다. 다만 지금도 때로 과도하게 방사능에 노출될 때에는 위험하다는 사실을 기억해야 할 것이다.

방사능 붕괴 과정에서 입자를 방출함으로써 방사능 원자는 다른 원자로 바뀐다. 알파 붕괴에서는 헬륨핵이 방출되어 딸핵은 원자번호와 질량수가 줄게 된다. 베타 붕괴에서는 전자나 양전자가 방출되어 질량수의 변함 없이 원자번호의 변화가 생긴다. 감마 붕괴에서는 높은 에너지의 광자(photon)가 방출되므로 질량수나 원자번호의 변함이 없다. 불안정한 방사선 동위원소는 터지기를 기다리는 시한 폭탄과 같다. 각 동위원소들은 고유 반감기를 가진다.

19.3 핵반응과 핵분열

핵은 자발적인 방사능 붕괴에 따라 변하며 이때 원소는 다른 원소로 바뀐다. 그러면 자발적 붕괴를 기다릴 필요 없이 이러한 변화를 능동적으로 일으킬 수 있는 방법은 없는가?

1932년의 중성자 발견으로 이를 이용한 핵반응이 가능해지고 핵물리학은 1930년대에 활발히 연구되었다. 이러한 연구로 과학과 인류사에 상상하지도 못했던 엄청난 영향을 미치는 결과가 생겼다.

핵반응은 무엇인가?

러더포드는 질소원자에 알파입자를 충돌시키면 양성자가 방출되는 것을 발견하였다. 러더포드 실험은 다음과 같은 핵반응식으로 적을 수 있다.

$$_2He^4 + {_7}N^{14} \rightarrow {_8}O^{17} + {_1}H^1$$

여기서 알파입자는 헬륨 원자핵으로, 방출되는 양성자는 수소 핵으로 표시된다. 이러한 핵반응으로 생성되는 또 다른 원

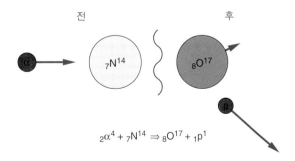

$$_2\alpha^4 + {_7}N^{14} \Rightarrow {_8}O^{17} + {_1}p^1$$

그림 19.10 알파입자와 질소 핵이 충돌하여 양성자가 방출되고 산소-17 핵이 남는다.

소는 원자 번호 8인 산소이다(그림 19.10). 산소-17은 가장 일반적인 산소 동위원소인 산소-16과 함께 자연계 내에 존재하는 안정된 동위원소이다.

이것이 **핵반응**의 한 예이다. 이 반응식에서 양쪽 항의 전하의 합(원자번호)은 9이고 질량수의 합은 18로 항상 전하 합과 질량수 합은 같아야 한다(이것은 19.2절에서의 방사능 붕괴식에서도 마찬가지이다). 핵반응식에서 질량과 원자번호를 예측할 수 있는 산소-17은 실험 후에 가스분석으로 확인될 수 있는데 실험 전에 전혀 존재하지 않았던 산소가 발견된다. 전자배치가 바뀌는 화학반응과 다르게 핵반응은 원소 자체가 바뀐다.

베릴륨 원소에 알파입자가 반응하면 중성자가 방출되는 것도 다른 핵반응의 예이다. 이 반응식은 다음과 같이 나타낸다.

$$_2He^4 + _4Be^9 \rightarrow _6C^{12} + _0n^1$$

중성자는 전하가 없어 원자번호 0으로 표시하고 질량은 양성자와 같은 1이다. 원자번호 6, 질량수 12로 확인된 생성핵인 탄소-12는 가장 일반적인 탄소 동위원소로 실험후에 베릴륨 표적에서 소량이 발견할 수 있을 것이다.

핵반응에서 에너지와 질량은 어떤 관계가 있는가?

과학자들이 방사능에 가졌던 궁금증은 어디에서 에너지가 오는가 하는 것이다. 베크렐이 수주일 동안 우라늄 시료를 어두운 서랍 속에 보관한 후에도 알파입자, 베타, 감마선은 엄청난 운동 에너지를 가지고 방출되었다.

이 질문의 해답은 방사능이 발견되고 난 10년 후에 상대성이론의 한 부분인 유명한 아인슈타인의 관계식 $E = mc^2$로 설명된다. 이 식의 의미는 질량이 에너지이고 에너지가 질량이라는 것이다. 빛의 제곱수는 질량을 에너지로 에너지를 질량으로 바꾸는 단위변환인자이다. 만약에 생성물의 질량이 반응물의 질량보다 작다면 그 질량 차이로 주어지는 에너지만큼 방출입자의 운동 에너지로 나타날 것이다.

베릴륨 반응식에 이것을 적용한 것이 예

예제 19.2

예제 : 질량-에너지 환산

반응핵과 생성핵에 대한 질량이 아래에 주어져 있다.

$$_2He^4 + _4Be^9 \Rightarrow _6C^{12} + _0n^1$$

이 값들과 아인슈타인의 $E = mc^2$ 관계식을 이용하여 이 핵반응에서 나오는 에너지를 계산하시오.

반응핵		생성핵	
Be^9	9.012186 u	중성자	1.008665 u
He^4	+4.002603 u	C^{12}	+12.000000 u
	13.014789 u		13.008665 u

$E = ?$ **질량차**

$$13.014789 \text{ u}$$
$$\underline{-13.008665 \text{ u}}$$
$$\Delta m = 0.006124 \text{ u}$$

$$1u = 1.661 \times 10^{-27} \text{ kg}$$
$$\Delta m = (0.006124 \text{ u})(1.661 \times 10^{-27} \text{ kg/u})$$
$$= 1.017 \times 10^{-29} \text{ kg}$$

$$E = \Delta mc^2$$
$$= (1.017 \times 10^{-29} \text{ kg})(3.0 \times 10^8 \text{ m/s})^2$$
$$\mathbf{= 9.15 \times 10^{-13} J}$$

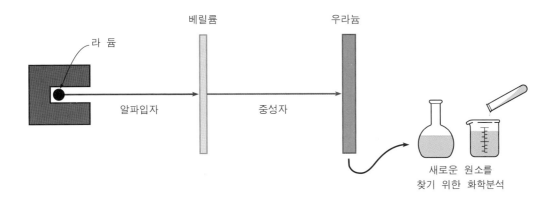

베릴륨   우라늄

라 듐

알파입자   중성자

새로운 원소를
찾기 위한 화학분석

그림 19.11 페르미 실험 그림. 우라늄에 중성자를 입사시켜 새로운 원소를 만들려고 하였다.

제 19.2에 나타나 있다. 동위원소들의 원자 질량은 탄소-12를 기준으로 한 통일된 원자 질량 단위로 표시된다. 정의에 의해 탄소-12의 질량은 12.000000 u이다(1원자 질량 단위는 1.661×10^{-27} kg이다). 질량 차이는 킬로그램으로 환산되고 c^2을 곱해 에너지 단위인 줄(J)로 바꾸어 준다. 이 에너지는 중성자와 탄소의 운동 에너지가 된다.

한 개의 핵반응에서 나오는 에너지량은 일반적인 화학반응보다는 수백만 배 크다. 질량의 차이로 인한 에너지가 방사능 붕괴에서 나오는 에너지의 근원이다. 이러한 사실은 1900년 초에 알려졌고 물리학자들은 핵반응으로 많은 에너지를 얻을 수 있다는 가능성을 알게 되었다.

핵분열 반응의 발견

중성자가 발견된 1932년 이전에는 알파입자와 양성자가 핵의 연구에 주로 이용되었다. 중성자는 전기적으로 중성으로 핵의 양전하에 반발하지 않고 핵에 쉽게 투과하므로 강력한 연구 수단이 되었다. 알파입자나 양성자는 양전하를 가지므로 핵에 의해 반발하므로 핵반응을 일으키기 위해서는 매우 큰 에너지를 가져야만 핵에 충돌할 수 있다. 반면에 중성자는 에너지가 작아도 쉽게 핵에 충돌한다.

이탈리아 물리학자인 엔리코 페르미(Enrico Fermi; 1901~1954)는 핵반응을 일으키는 데 중성자를 이용한 선구자이다. 1932년부터 1934년까지 일련의 실험으로 그는 새로운 원소를 만들려고 하였다. 당시에 우라늄이 가장 질량이 무겁고 원자번호가 큰 원소로 알려져 있었는데 베릴륨에서 나오는 중성자를 우라늄에 충돌시켰다. 그는 샘플을 분석하여 원자번호가 우라늄(92)보다 큰 원소가 생겼는지 조사하였다.

처음에는 결과가 혼란스럽고 신통하지 않았다. 페르미와 동료 화학자들이 주기율표에서 새로운 원소들의 성질을 예측할 수 있었지만 처음에는 실험에서 이러한 원소들을 분리해내는 데는 실패하였다. 왜냐하면 예상되는 원소량이 너무 작았고 정확한 화학적 성질이 알려지지 않았으므로 명확한 결과는 나올 수가 없었다.

예제 19.3

예제 : 방사능 붕괴에서 발견되는 추가적 중성자

원자로 안에서 우라늄 235가 핵분열을 하며 많은 원소들이 만들어진다. 한 가지 가능한 방법은 우라늄 235가 제논 140과 스트론튬 94로 붕괴되는 것이다. 만일 이러한 분열반응이 일어난다면 한 번의 반응으로 새로 생기는 중성자는 몇 개가 되는가?

주기율표의 우라늄, 제논 그리고 스트론튬의 원자번호에 의하면

우라늄은 92개의 양성자
제논은 54개의 양성자
스트론튬은 38개의 양성자를 가지고 있다.

따라서 반응식은 다음과 같다(물음표로 되어 있는 것이 새로 생기는 중성자의 개수이다).

$$_0n^1 + _{92}U^{235} \rightarrow _{54}Xe^{140} + _{38}Sr^{94} + ?\,_0n^1$$

원소들의 아래첨자는 양성자의 수를 말하므로

$$0 + 92 = 54 + 38 + 0$$

양쪽에 각각 92개의 양성자가 있다.
원소들의 위첨자는 양성자 수와 중성자 수의 합을 말하므로

$$1 + 235 = 140 + 94 + ?$$

등식이 성립하려면 우변에는 두 개의 핵자가 더 있어야 하는데 이들은 중성자이든지, 양성자이든지 아니면 둘의 조합이 될 것이다. 만일 양성자가 더 있게 되면 위의 수식이 틀려지게 되므로 이들 두 개는 모두 중성자이어야만 한다. 따라서 완전한 반응식은 다음과 같다.

$$_0n^1 + _{92}U^{235} \rightarrow _{54}Xe^{140} + _{38}Sr^{94} + 2\,_0n^1$$

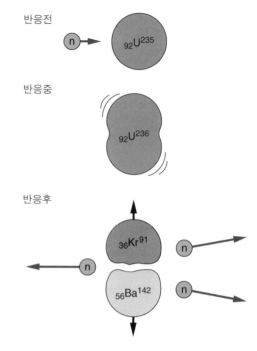

그림 19.12 바륨-142와 크립톤-91은 우라늄에 중성자가 흡수되어 핵분열될 때 생기는 것이 가능한 조각핵이다.

많은 연구자들 중에서 최초의 돌파구가 두 명의 독일 과학자에 의해 1938년에 열렸다. 오토 한(Otto Hahn)과 프리츠 슈트라스만(Fritz Strassmann)이 낮은 에너지의 중성자를 입사시킨 우라늄 샘플에서 바륨을 분리해냈다. 이 놀라운 결과는 발표 전에 주의 깊게 재검증이 되었다. 이 결과는 예측되지 않았던 것으로 바륨은 원자번호 56으로 우라늄 근처의 원소가 아닌 우라늄의 반보다 조금 더 큰 원소이다.

어떤 반응으로 바륨이 우라늄으로부터 생기는가? 이에 대한 가능한 설명은 유태인의 박해를 피해 덴마크와 스웨덴에서 일하던 두 명의 다른 독일 과학자로부터 주어졌다.

리세 마이트너(Lise Meitner)와 그의 질녀 프리츠(O. R. Frisch)는 우라늄 핵이 두 조각으로 쪼개진다고 생각하였는데 이를 오늘날 **핵분열**(nuclear fission)이라 한다. 쪼개진 것 중 하나가 원자수 56이라면 다른 조각은 원자수 36이어야 더해서 우라늄 원자수 92가 된다. 가능한 원소는 비활성 기체인 크립톤이다(그림 19.12). 가능한 반응식은

$$_0n^1 + _{92}U^{235} \longrightarrow _{56}Ba^{142} + _{36}Kr^{91} + 3_0n^1$$

이다.

이 반응은 여분의 다른 중성자를 방출한다. 주기율 표에서 살펴보면 무거운 핵일수록 중성자가 양성자보다 많아 두 조각으로 쪼개지면 조각핵에서는 양성자 수에 비해 중성자 수가 훨씬 더 많아진다. 반응식에서 주어지는 바륨과 크립톤 핵은 초과된 중성자를 가진다. 따라서 이 원소들은 불안정한 상태에 있으므로 베타 붕괴를 통해 중성자가 양성자로 바뀐다. 그러므로 핵분열 반응에서 생성된 원소들이 방사능을 가진다.

앞 반응식에서 보면 반응에 이용되는 것은 우라늄-235이다. 자연 상태의 우라늄에는 우라늄-235가 0.7 %만이 존재하고 대부분은 우라늄-238이다. 우라늄-235는 훨씬 더 쉽게 핵분열 반응을 일으킨다. 낮은 에너지의 중성자일수록 우라늄-238보다 우라늄-235에 쉽게 흡수되므로 우라늄-235에서 대부분의 핵분열 반응이 일어난다.

핵분열에서 나오는 두 원소를 핵분열 조각(fission fragment)이라 부른다. 이 경우에는 바륨과 크립톤이 그들이다. 하지만 원자번호 30에서 60 사이의 다른 원소들도 생겨날 수 있다. 이 조각핵들은 초과된 중성자로 인해 대개 방사능을 가지므로 핵분열 이용(핵 발전소)에서 나오는 핵쓰레기의 주종을 이룬다.

이러한 발견과 아이디어는 과학자들에게 널리 퍼졌다. 1939년에 덴마크에서 닐스 보어(Niels Bohr)가 마이트너와 프리츠와 그들의 아이디어를 토론하고 나서 우라늄-235가 핵분열에 관련되어 있다고 제안하였다. 보어는 미국으로 건너가 이 아이디어를 핵 과학자들 사이에 널리 퍼뜨렸다. 이들 중 많은 과학자들이 2차 대전 초기에 유럽에서 간 피난민이거나 나치 치하에서 빠져 나온 유태인들이었다.

핵분열 연쇄 반응(chain reaction)이 일어날 수 있다는 것에 흥분과 관심이 고조되었다. 핵분열 반응은 중성자 한 개로 시작되지만 반응 자체에서 더 많은 중성자가 방출되기 때문에 빠르게 증가하는 연쇄 반응의 가능성이 보였다(그림 19.13). 연쇄 반응은 아인슈타인의 질량-에너지 식에 의해 막대한 에너지를 방출할 것이다.

1939년 당시 미국에서 연구하던 유럽태생의 과학자 중에는 엔리코 페르미, 에드워드 텔러(Edward Teller)와 아인슈타인

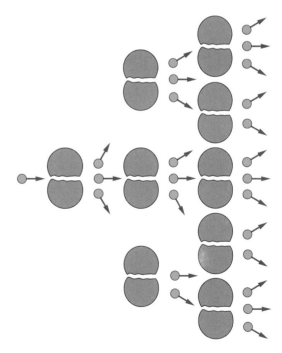

그림 19.13 핵분열 연쇄 반응. 우라늄-235의 붕괴로 생긴 중성자는 차례로 더 많은 핵분열 반응을 일으킨다.

이 있었다. 비록 아인슈타인은 핵물리가 주 연구 분야는 아니었지만 뛰어난 이론가로 널리 알려져 있었다. 일반 대중들에게 널리 알려져 있었으므로 그의 동료들은 루스벨트 대통령에게 핵분열의 군사적 이용을 알아보는 연구 계획을 수립하도록 하는 편지를 쓰도록 권유하였다. 곧바로 맨해튼 계획에 의해 원자로와 핵무기가 개발되었다.

핵반응은 원자 속의 핵이 바뀌어 한 원소가 다른 원소로 변한다. 방사능 붕괴와 핵반응으로 양성자와 중성자를 발견하였다. 핵반응에서 방출되는 에너지는 유명한 아인슈타인의 질량-에너지 등가식에서 반응핵과 생성핵 사이의 질량 차이로 예측할 수 있다. 중성자의 발견과 이를 이용한 실험으로 1930년대 후반에 핵분열 반응이 발견되었다. 연쇄 반응을 일으키기 위한 연구에 이어 원자로와 핵무기가 개발되었다.

19.4 원자로

1940년에 접어들자 핵분열 연쇄 반응의 가능성이 유럽과 미국의 과학자들에게 보이기 시작하였다. 만약에 중성자에 의해 핵분열 반응이 일어나고 이 과정에서 또 다른 몇 개의 중성자가 생기는데 우라늄 시료에서는 왜 항상 연쇄 반응이 생기지 않는가? 어떤 조건에서 연쇄 반응이 일어나는가? 유럽과 아시아에서 전쟁이 치열해지자 연합국쪽에서는 독일이 아마 핵폭탄을 개발할 것을 두려워 하였으므로 이러한 질문들에 해답이 절실히 요구되었다.

어떻게 하면 연쇄 반응을 일으킬 수 있는가?

연쇄 반응의 필수적인 조건을 이해하는 것은 원자로와 핵폭탄이 작용하는 원리를 아는 핵심적인 관문이다. 핵분열에서 발생하는 중성자들에 무슨 일이 일어나는지를 추적하는 것이 열쇠이다. 만약에 충분히 많은 중성자가 다른 우라늄-235에 충돌하면 새로운 핵분열이 일어나 반응이 지속될 것이다. 대부분의 중성자가 우라늄-235에 충돌하지 않고 다른 물질에 흡수되거나 원자로나 핵폭탄을 빠져나가면 반응은 끝날 것이다.

자연 상태의 우라늄은 주로 우라늄-238(99.3 %)로 구성되고 우라늄-235은 0.7 %밖에 되지 않는다. 우라늄-238도 중성자를 흡수하지만 핵분열을 일으키지는 않는다. 자연 상태의 우라늄에서 연쇄 반응이 일어나지 않는 주원인은 핵분열로 발생하는 대부분의 중성자가 우라늄-235보다 우라늄-238에 흡수되기 때문이다. 연쇄 반응의 가능성을 높이는 한 가지 방법은 우라늄-235의 농축 비율을 높이는 것이다.

불행히도(한편으로는 다행스럽게도) 우라늄-238과 우라늄-235를 분리하는 것은 지극히 어렵다. 동위원소는 화학적 성질이 같기 때문에 화학적 분리 기술은 아무 쓸모가 없다. 두 동위원소 사이의 미미한 질량 차이를 이용하는 것이 가장 기본적인 방법이다. 전쟁 중에 여러 가지 방법이 시험되었지만 오크리지 연구소에서의 가스 확산법이 제일 뛰어났다. 엄청난 노력과 비용을 지불하고 전쟁이 끝날 때쯤 과학자들은 한 개의 핵폭탄을 위해 충분한(수 킬로그램) 우라늄-235를 분리하는 데 성공하였다.

원자로에서 연쇄 반응을 위해서는 자연우라늄이나 덜 농축된 우라늄-235를 이용하는 다른 방법이 이용된다. 동시에 핵분열 중간에 중성자를 감속하는 기술이 동원된다. 느린 중성자는 충돌과정에서 우라늄-235에 흡수될 확률이 우라늄-238보다 훨씬 더 크다. 핵분열에서

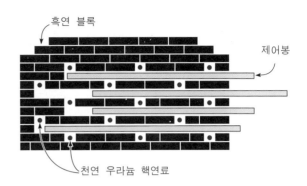

그림 19.14 페르미의 세계최초의 원자로(Fermi's "pile") 그림. 작은 천연 우라늄 조각이 흑연 블록 사이에 퍼져서 놓여 있다.

나오는 고속의 중성자는 두 동위원소에 대해 거의 같은 흡수확률을 가지지만 중성자가 충분히 감속되고 나면 우라늄-235에 흡수되어 핵분열을 일으킬 확률이 커진다. 이러한 아이디어를 이용하여 시카고 대학의 엔리코 페르미와 공동연구자들은 1942년에 최초로 제어된 연쇄 반응에 도달하였다. 페르미는 순수한 흑연덩어리들로 더미를 이루고 그 사이에 자연 우라늄 조각들을 흩어놓았다. 흑연은 작은 질량수 12인 탄소로 이루어진 고체로 핵분열에서 발생한 중성자를 쉽게 흡수하지 않고 단지 되튕긴다. 이러한 충돌과정으로 중성자는 에너지를 잃고 탄소는 에너지를 얻게 된다. 흑연은 중성자를 흡수하지 않고 느리게 하는데 이러한 물질을 감속재(moderator)라고 한다.

핵반응의 제어를 위해 우라늄 연료와 감속재 외에도 다른 요소가 필요하다. 적당한 조건에서 연쇄 반응은 매우 빠르게 커지므로 이 반응의 속도를 제어할 수단이 필요하다. 중성자를 흡수하는 물질로 이루어진 제어봉은 원하는 반응속도를 유지하기 위해 연료봉 더미 속에 끼워 넣거나 빼어준다. 페르미는 카드뮴을 이용하였지만 오늘날에는 주로 붕소가 이용된다.

1942년 12월 2일 페르미와 동료들은 그들이 세운 더미에서 조심스럽게 제어봉을 제거해 나갔다. 더미의 몇 지점에서의 중성자 흐름을 관찰해나가면서 스스로 연쇄 반응이 지속되는 것에 도달하였다. 이 원자로는 임계점에 도달한 것으로 핵분열로 발생한 중성자 중 한 개의 중성자가 우라늄-235에 흡수되어 새로운 핵분열을 일으키는 것이다. 만약에 하나 이상의 핵분열이 일어나면 초임계라 하고 하나 이하이면 미임계라 한다.

원자로를 처음 가동할 때 시작 단계에서는 약간 초임계 상태를 유지하여 원하는 반응 수준에 도달한다. 그런 후에 제어봉을 조금씩 넣어 임계 상태를 유지한다. 제어봉을 더 넣으면 반응이 낮아진다. 몇 개의 제어봉 위치를 조절하여 반응의 정도를 정밀히 조절한다. 다른 여분의 제어봉은 원자로를 급하게 멈출 때 이용하게끔 설계된다.

왜 플루토늄이 원자로에서 생성되나?

우라늄-238에 중성자가 흡수되면 핵분열은 일어나지 않고 다른 무엇이 일어나는지 생각해보

표 19.3 플루토늄 생성에 관한 반응식

1. 중성자가 우라늄-238에 흡수

$$_0n^1 + _{92}U^{238} \rightarrow _{92}U^{239}$$

2. 우라늄-239가 베타 붕괴

$$_{92}U^{239} \rightarrow _{93}Np^{239} + _{-1}e^0 + _0\bar{\nu}^0$$

3. 넵투늄-239가 베타 붕괴

$$_{93}Np^{239} \rightarrow _{94}Pu^{239} + _{-1}e^0 + _0\bar{\nu}^0$$

그림 19.15 우라늄-238에 중성자가 흡수되고 두 번의 연속적 베타 붕괴로 핵분열 연료로 사용되는 플루토늄-239가 생성된다.

자. 우라늄보다 무거운 새로운 원소를 만들려는 페르미의 원래 목적대로, 일련의 핵반응 끝에 플루토늄이 생성되는데 이것이 오늘날 핵폭탄의 주원료이다.

우라늄-238에서 플루토늄-239가 생기는 반응이 표 19.3과 그림 19.15에 요약되어 있다. 첫 단계는 우라늄-238에 중성자가 흡수되는 것이다. 우라늄-239는 베타 붕괴(반감기 23.5분)를 통해 원자번호 93인 넵투늄-239로 바뀌고 넵투늄-239는 베타 붕괴(반감기 2.35일)를 하여 원자번호 94인 플루토늄-239로 바뀐다. 플루토늄-239는 반감기가 24000년 정도로 상대적으로 안정적이다. 우라늄-235와 마찬가지로 플루토늄-239도 중성자를 흡수하면 쉽게 핵분열이 된다.

원자로는 자연 상태의 우라늄이거나 약간 농축된 우라늄을 이용하므로 가동하게 되면 자연적으로 플루토늄-239을 부산물로 생성하게 된다. 이것의 화학적 성질은 우라늄과 다르므로 화학기술로 분리될 수 있다. 핵폭탄에 이용될 플루토늄을 생산하기 위해 원자로가 이용될 수 있다. 2차 대전이 끝나는 해에 미국 워싱턴주 핸포드에 이러한 목적으로 원자로가 만들어졌다.

현대적인 핵발전소의 설계특성은 무엇인가?

대부분 발전용으로 설계된 현대적인 원자로는 감속재로 흑연을 사용하지 않고 보통의 물을 사용한다. 물(H_2O)은 두 개의 수소와 한 개의 산소로 이루어졌는데 수소핵은 중성자의 속도를 매우 효과적으로 늦춘다. 불행히도 수소는 중성자를 쉽게 흡수하여 중수소(D), 삼중수소(T)로 바뀌는 흡수재(absorber)이다. 수소 대신에 중수소로 이루어진 중수(D_2O)가 보통의 물보다 중성자를 쉽게 흡수하지 않으므로 감속재로 이용되기도 한다.

보통의 물에서는 중성자가 흡수되므로 순환계에서 수소에 흡수되어 사라지는 중성자를 보상하기 위해 우라늄-235의 농도를 3 % 정도로 농축하여 사용한다. 보통 물을 이용하는 원자로에서

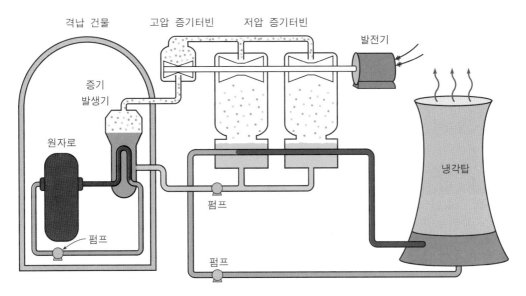

그림 19.16 현대적인 가압 경수로 원자로그림. 원자로에서 나오는 뜨거운 물에서 증기를 만들고 이 증기는 발전기 터빈을 돌려 전기를 생산한다.

는 농축된 원료를 사용하지만 중수를 이용하는 원자로에서는 자연우라늄을 원료로 사용한다.

물을 감속재로 이용할 때의 장점은 물이 원자로의 중심에서 열을 제거하는 냉각재 구실도 한다는 것이다. 핵분열과정에서 생기는 중성자와 쪼개진 핵들은 운동 에너지를 가지고 튕기어 나가는데 다른 원자와의 충돌을 통해 에너지를 열로 방출한다. 따라서 원자로 노심을 식히지 않으면 원자로는 녹게 된다. 원자로를 순환 통과하는 냉각재는 핵분열로 발생하는 에너지로 증기로 만들어 주고 뜨거워진 증기는 증기터빈에서 전기를 생산한다. 증기터빈이 효과적으로 작동하기 위해서는 냉각이 필요한데 냉각탑에서 대기로 방출되는 수증기는 터빈을 식히기 위한 것이다.

그림 19.16은 현대적인 원자력 발전소의 그림이다. 원자로 노심은 냉각수가 순환하는 두꺼운 강철압력용기에 보관되고 이 압력용기는 다시 중콘크리트로 만들어진 격납건물 안에 감싸져 외부의 영향에 의한 강한 압력을 견디고 사고시에 발생할 방사능을 차폐하게끔 설계된다.

발전소에는 펌프, 제어봉, 다른 가동요소를 전체적으로 보여주는 조종실이 격납건물 바깥에 있다. 또한 여기에서는 온도나 방사능 등을 측정하는 계기를 통해 원자로 가동상태를 조종자에게 알려준다. 대부분의 원자로는 안정성 측면에서 충분한 여유를 가지도록 설계된다. 하지만 원자로 가동은 어렵고 복잡하여 조종자의 초기대응의 실수가 중대한 사고로 연결된다. 매일의 자연현상 19.2는 체르노빌 원자로 사고를 적은 것이다.

핵발전소가 주변에 미치는 환경 영향

원자로에는 수소와 같이 중성자를 흡수하는 물질을 독약(poison)이라고 부른다. 감속재나 연료의 불순물 또는 핵분열 물질 자체가 핵반응을 줄이는 독약 역할을 한다. 오랫동안 원자로를

매일의 자연현상 19.2

후쿠시마에서 무슨 일이 있었는가?

상황. 2011년 3월 11일 일본의 동부 해안가에서 진도 9.0의 강력한 지진이 발생하였다. 지진은 당시 해안가를 따라 파고가 15 m가 넘는 쓰나미를 동반하였다. 그 결과 일본의 북부 해안은 막대한 피해를 입었으며 후쿠시마 다이치 원자력 발전소의 원자로들도 그들 중 하나이다. 발전소에 있는 6기의 원자로 중 3기가 녹아내리며 넓은 지역을 방사능으로 오염시킨 것이다. 이렇게 원자로가 녹아내리는 일은 왜 일어나며 그것을 막을 수 있는 방법은 무엇인가?

동경전력공사가 공개한 이 사진은 2011년 3월 15일에 찍은 것으로 녹아내린 제3호 원자로로부터 흰색의 연기가 뿜어져 나오고 있다. 바로 왼쪽은 제4호 원자로가 덮개로 덮여 있는 모습이다.

분석. 후쿠시마 다이치의 원자력 발전소의 원자로들은 1970년대부터 순차적으로 총 6기 건설되었는데 모두 미국의 원자로를 모델로 GE가 건설한 것들이다.

원자로를 설계하고 건설할 때 기술자들은 원자로에 있을 수 있는 다양한 사고에 대한 시나리오를 예상한다. 지진이나 쓰나미와 같은 천재지변도 물론 여기에 포함된다. 원자로는 당연히 가능한 최대 규모의 재해에 견딜 수 있도록 설계된다.

후쿠시마의 원자로들 중 지진 당시 가동되고 있던 3기의 원자로는 지진 직후 안전하게 가동이 중단되었다. 역설적으로 원자로에 직접 피해를 주었던 것은 지진이 아니라 그 뒤에 닥쳐온 쓰나미였다. 당시 원자로를 보호하기 위한 방파제의 높이는 6 m에 불과하여 지진 발생 약 50분 후에 밀어닥친 12~15 m 높이의 쓰나미를 막기에는 역부족이었다. 진도 9.0의 지진이 만든 이 쓰나미는 40년 전 원자로 건설 당시 기술자들이 생각할 수 있는 최대 높이를 훨씬 능가하는 규모였던 것이다.

원자로 가동이 중단되고 핵분열 반응이 멈추었어도 원자로 내부에서는 수 일간 열이 계속 발생하게 된다. 핵분열 반응의 결과물로 생성된 원자들 자체가 매우 불안정하여 계속 열을 발생시키는 것이다. 따라서 원자로 가동이 중단된 이후에도 상당한 기간 동안 원자로의 냉각펌프를 계속 돌려주어야 한다.

원자로는 정지하였으므로 냉각펌프를 돌리기 위해서는 별도의 전원이 공급되어야 한다. 이때를 대비하여 원자로에는 별도의 전원장치가 예비되어 있다. 재난 시 외부 전원공급선은 차단될 확률이 높으므로 별도의 전원은 대개 중유를 사용하는 발전기를 사용한다. 후쿠시마 다이치의 원자로에도 중유 발전설비가 설치되어 있었다. 그러나 불행하게도 이 발전기는 원자로 건물 지하에 위치하고 있어 쓰나미가 몰려왔을 때 물에 잠기는 바람에 완전히 무용지물이 되어버렸다.

냉각펌프가 가동되지 않으므로 원자로는 급속히 과열상태에 이르게 되었고 그 결과는 두 가지 중대한 상황으로 귀결되었다. 원자로가 500 ℃ 정도에 이르렀을 때 고온의 수증기는 연료봉을 감싸고 있는 지르코늄과 반응하여 수소기체를 발생하는데 이는 폭발성이 매우 강한 기체이다. 더 높은 고온에서는 심지어 연료봉이 녹아내려 원자로의 바닥에 쌓이게 된다. 당시 가동 중이었던 3기의 원자로 전부에서 이 두 가지 현상이 모두 나타났다.

당시 원자로 가동 당국은 그 같은 상황에서 소방차 등에 장착된 별도의 펌프를 사용하여 바닷물을 원자로에 뿌려서라도 냉각시키지 않은 것에 대하여 많은 비난을 받았다. 원전의 당국자들이 망설였던 것은 염분이 포함된 바닷물을 원자로에 뿌리면 원자로가 염분으로 급속한 부식이 일어난다는 사실 때문이었다. 결국은 바닷물을 뿌릴 수밖에 없게 되어 수소가스의 폭발도 이로 인한 원자로의 녹아내림도 피할 수 없게 되었다. 만일 좀 더 일찍 바닷물을 이용한 원자로 냉각이 이루어졌다면 최소한 수소가스의 폭발은 막을 수 있었을 것이다. 물론 궁극적으로 원자로의 붕괴는 피할 수 없었겠지만 방사능에 의한 환경오염은 최소한으로 막을 수 있었을 것이다.

후쿠시마의 원전은 결국 3기의 원자로가 완전히 파괴되었고 1기의 원자로가 수소폭발로 인해 심각한 피해를 입었다. 이외에도 방사능 누출로 인해 주변의 상당한 지역이 수년 간 거주가 불가능할 정도로 오염되었다. 현재까지는 원전 사고로 인한 직접적인 사망자는 없는 것으로 파악되며, 또 원전의 종사자나 지역주민 사이에 심각한 정도의 암 발생 증가 현상도 나타나지 않고 있다. 이는 나름대로 지역주민들을 신속하게 대피시키고 방사능 수치를 면밀하게 추적하면서 원전 종사자들에게 세심한 방사능 안전대책을 적용한 결과이다.

만일 도쿄 전기회사가 쓰나미 규모에 대한 최신의 연구결과들을 보다 적극적으로 검토하고 이에 미리 대비하였더라면 엄청난 재해를 미연에 방지할 수도 있었을 것이다. 사고 후 일본은 물론 다른 나라에서도 예비 중유발전기의 위치에 대한 안전기준이 훨씬 강화되었고 이러한 기준은 기존의 원자로에도 적용이 적극 권장되고 있다. 모두가 후쿠시마 사고로부터 얻은 교훈인 것이다.

가동하면 연료 속에는 이러한 독약이 쌓이게 되고 우라늄-235는 줄어들게 된다. 따라서 연료봉은 수시로 교체되어야 한다. 사용 후 핵연료는 우라늄, 플루토늄, 방사능 핵 찌꺼기를 포함하고 있어 특별히 보관하거나 처리되어야 한다. 사용 후 연료봉에 포함된 방사능은 원자로에서 나오는 핵쓰레기의 대부분을 차지한다.

핵폐기물의 처리는 여러 가지가 있는데 미국에서는 플루토늄이나 우라늄을 분리하는 재처리 없이 고체바위 속에 넣어 매립하는 것이다. 이 방법은 비용이 비싸고 환경에 나쁜 영향을 주는 재

그림 19.17 펜실베니아에 있는 엑슬론사의 제2원자로에서 핵연료봉 뭉치를 연료봉 저장고인 수조 속으로 내리고 있는 모습
© Bloomberg/Bradley C. Bower/Getty Images

처리 과정이 필요없지만 핵분열에 이용 가능한 우라늄과 플루토늄을 못쓴다는 단점이 있고 처분장은 수천 년 동안 안전하게 유지되어야 한다. 플로토늄은 반감기가 24000년으로 수년 이하인 대부분의 핵분열 물질보다 반감기가 길다.

1950년대 말에 핵발전소가 최초로 도입된 당시에는 깨끗하고 싸게 전기를 생산하는 수단으로 여겨졌다. 핵발전소의 안정성과 폐기물 처분에 대한 염려로 대부분의 사람들은 이러한 견해를 바꾸었지만 핵발전소는 석탄과 석유와 같은 화석연료를 사용하는 발전소보다 공기 오염이 훨씬 적다. 하지만 핵폐기물의 재처리는 정치적 이슈를 만들고 원자로의 안정성과 경제성은 여전히 논쟁거리가 되어왔다.

미국에서의 원자력 개발은 경제성 논란으로 정체되어 있다. 발전소 건설에 요구되는 엄청난 비용과 건설기간과 일반대중의 거부감으로 전기회사들은 새로운 원자로 건설을 포기하였다. 일본과 유럽 그리고 화석연료 구하기가 쉽지 않은 나라들에서는 핵에너지의 사용이 계속적으로 증가하고 있다. 21세기에 들어 핵에너지의 미래는 불투명하다. 보다 작고 근원적으로 안전한 원자로가 설계되어야만 핵산업의 새로운 미래가 열릴 것이다. 원자로는 전기생산 이용 외에도 쓰임새가 많다. 그중에서 가장 중요한 응용은 핵의학용 방사선 동위원소의 생산이다. 이러한 동위원소는 다양한 종류의 암치료와 진단과정에 이용된다. 또한 방사선 동위원소는 산업현장이나 환경 연구에 있어서의 추적자로 이용된다.

연쇄 반응이 지속되기 위해서는 핵분열에서 평균적으로 한 개 이상의 중성자가 우라늄-235에 충돌하여 다시 새로운 핵분열을 일으켜야 한다. 만약에 한 개 이상의 중성자가 충돌하면 초임계 상태가 되어 반응이 급격하게 늘어난다. 한 개 미만의 중성자가 충돌하면 미임계로 반응이 줄어들 것이다. 원자로에서는 감속재로 중성자의 속도를 줄여 우라늄-235에 흡수가 쉽도록 한다. 제어봉은 중성자를 흡수하여 반응속도를 조절한다. 페르미가 처음 만든 원자로에서는 흑연이 감속재로 이용되었지만 오늘날 원자로는 물을 이용하는데 물은 냉각재 역할을 동시에 한다. 연료봉의 핵분열 조각핵과 플루토늄이 쌓이면 원자로에서 꺼내어 핵폐기물로 저장한다.

주제 토론

프랑스는 현재 전력 공급의 75 %를 원자력 발전에 의존하고 있다. 이로 인해 프랑스는 유럽에서 저렴한 가격으로 자체적인 에너지 공급을 확보하고 있는 국가로 꼽히고 있으며 동시에 전기 생산에서 국민 1인당 극히 미량의 이산화탄소를 배출 국가이기도 하다. 그렇다면 왜 유럽의 다른 나라들이나 미국 역시 원자력 발전 의존도를 더 높이지 않는 것일까?

19.5 핵무기와 핵융합

원자로 이용의 목적은 제어가 가능한 상태에서 에너지를 방출하는 핵분열 연쇄반응을 통제하는 것이다. 반면에 핵폭탄은 짧은 순간에 초임계 상태에 도달하여 일시에 핵분열 반응을 일으키는 것이다. 어떻게 하면 이러한 상태에 도달할 수 있겠는가? 어떤 조건 하에서 핵폭발이 가능한가? 핵분열 무기와 핵융합 무기의 차이는 무엇인가?

임계질량이란 무슨 뜻인가?

핵무기를 만드는 첫단계는 고순도의 우라늄-235를 우라늄-238에서 분리하는 것이다. 만약에 대부분의 우라늄-238이 제거되면 초기 핵분열에서 방출되는 중성자가 다른 우라늄-235와 더 많이 부딪쳐서 연쇄 반응이 일어날 것이다. 우라늄 연료의 양도 일정량 이상이 되어야 하는데 만약에 너무 작으면 중성자가 다른 우라늄-235 핵에 부딪치기 전에 표면을 통해 빠져나갈 것이다.

우라늄-235의 **임계질량**은 스스로 연쇄 반응이 충분히 유지되는 질량을 말한다. 만약에 임계질량보다 작으면 처음에 생성된 중성자는 다른 핵과 부딪치지 않고 표면을 통해 빠져나간다. 임계질량보다 충분히 크면 각 반응에서 생기는 중성자가 하나 이상이 되고 이들은 다른 우라늄-235에 충돌하여 또 다른 핵분열을 일으킨다. 이러한 연쇄 반응은 반응시간이 극히 짧기 때문에 급속하게 진행된다. 이것이 폭발에 필요한 초임계 상태이다.

미성숙한 폭발을 방지하면서 초임계 상태에 도달하는 것이 중요하다. 핵분열 연쇄 반응에서 나오는 에너지는 가열과 팽창을 일으킨다. 미임계 상태의 조각들을 모아 천천히 초임계에 도달하면 초임계에 도달하자마자 쪼개져서 불발탄이 될 것이다. 관건은 두 개의 고농축 우라늄-235 덩어리를 재빨리 결합하여 초임계 질량을 만드는 것이다. 그림 19.18과 같은 형태의 총 형태의 설계가 최초의 핵폭탄에 사용되었다. 미임계의 원통형 우라늄-235막대가 미임계의 우라늄-235 덩어리 속에 폭발로 처박히면 초임계 상태에 도달하게 된다. 이때에 처음 반응을 일으킬 중성자원이 존재하여야 한다. 이러한 폭탄을 만드는 데 있어서의 가장 어려운 점은 고농축 우라늄-235를 우라늄-238에서 분리해내야 한다는 점이다. 2차 대전 중에는 단 한 개의 폭탄으로 쓸 만한 양의 우라늄-235가 가스 확산법으로 생산되었다. 플루토늄-239가 우라늄-235보다 더 얻기 쉬운 핵재료이다.

플루토늄 폭탄의 원리

플루토늄-239는 우라늄을 연료로 하는 원자로의 부산물이다. 19.4절에서 언급한

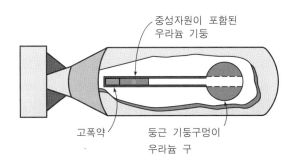

그림 19.18 리틀보이(히로시마 원자폭탄) 우라늄 핵폭탄 설계 개념도. 미임계 질량의 우라늄-235 기둥이 미임계 질량의 구 구멍에 끼워져 초임계 질량에 도달한다.

것과 같이 2차 대전 때 무기용 플루토늄-239를 생산하기 위한 원자로가 가동되었다. 하지만 플루토늄-239의 핵분열은 우라늄-235의 분열과 차이가 있어 우라늄 폭탄에서 이용된 총 형태의 설계는 플루토늄에 이용될 수 없다. 플루토늄-239는 우라늄-235보다 훨씬 빠르게 중성자를 흡수하므로 우라늄보다 더 빨리 연쇄 반응이 일어나 서로 제대로 합쳐지기도 전에 미성숙 상태로 쪼개져버려 불발탄이 된다.

플루토늄 폭탄의 설계는 미임계 질량의 플루토늄 주위에 고폭약을 폭발시켜 플루토늄에 엄청난 압력을 가하는 내폭에 바탕을 둔다. 이 과정에서 플루토늄의 밀도가 증가하여 보다 작은 부피에 많은 수의 원자가 존재하게 되어 중성자가 다른 플루토늄 핵에 흡수될 확률이 커지는 초임계 상태에 도달하게 된다.

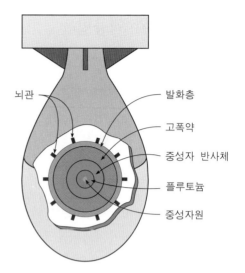

그림 19.19 팻 맨 플루토늄 폭탄 그림. 미임계 질량의 플루토늄-239 근처에 고폭약이 설치된다. 화약이 폭발하면 밀도가 증가하여 초임계 상태에 도달한다.

2차 대전 말까지 핵무기급의 핵물질이 생산되어 세 개의 폭탄이 만들어졌는데 그중에 두 개는 모양이 둥근 '팻 맨'이라는 별명의 플루토늄 폭탄이었다. 나머지 하나는 날씬한 형태의 '리틀 보이'라는 우라늄 폭탄이었다. 플루토늄 폭탄 중 하나는 1945년 여름에 뉴멕시코 사막에서 시험용으로 폭발되어 무시무시한 버섯구름을 만들었다. 나머지 두 개의 폭탄도 히로시마와 나가사키에 투하되었다.

2차 대전 중에 핵무기 개발은 핵분열을 최초로 발견한 나치독일과의 경쟁으로 보였다. 맨해튼 프로젝트에는 유럽에서 피난 온 많은 과학자들이 참여하였으며 이들은 독일이 먼저 핵무기를 만들지도 모른다는 끔찍한 가능성을 두려워하였다. 전쟁이 끝나가고 핵무기 개발이 거의 성공하였을 때쯤에는 독일이 더 이상 핵무기를 만들 자원이 바닥났다는 것이 확실하였다. 핵무기를 어떻게 이용할 것인가에 대한 논쟁이 프로젝트에 관여한 과학자들 사이에 분분하였다. 과학자들은 실제 군사용 목표에 사용하지 않고 폭탄의 위력을 보여주는 것으로 끝내기를 바랐다.

하지만 위력만 보여주기에는 플루토늄 폭탄의 실험 후에 단 두 개의 폭탄만이 남아있다는 심각한 문제점이 있었다. 우라늄 폭탄은 단 한 개만 제조되었으므로 시험용으로 쓸 수도 없었다. 일본에 폭탄을 투하하는 결정은 트루먼 대통령을 포함하는 최고 군사위원회에 의해 결정되었다. 이러한 결정으로 전쟁 종말을 앞당겨서 일본 본토 공략에 소요될 수많은 희생을 피할 수 있었는지에 대해서는 여전히 논란거리이다.

전쟁이 끝난 후에도 핵무기 생산은 계속되었다. 러시아가 곧바로 핵분열 폭탄을 만들 수 있게 되자 다음 단계인 수소폭탄을 개발하는 새로운 경쟁에 돌입하여 1952년에 성공적으로 시험되었다. 수소폭탄은 핵분열보다는 핵융합 반응을 이용한다.

핵융합 반응

핵융합 반응은 아주 많은 에너지를 방출하는 다른 핵반응이다. 핵융합은 태양과 같은 별들과 열핵반응 폭탄의 에너지 근원이다. 핵융합은 핵분열과는 어떤 차이가 있으며 핵융합은 어떻게 생기는가?

핵융합은 작은 핵들이 결합하여 더 큰 핵이 생기는 것이다. 반면에 핵분열은 큰 핵이 분열하여 작은 핵으로 나뉘는 것이다. 핵융합의 원료는 매우 가벼운 원소인 수소, 헬륨, 리튬 동위 원소로 이루어진다. 반응 생성물은 우리가 알파입자로 알고 있는 안정된 핵인 헬륨-4가 대부분이다.

헬륨-4와 다른 반응생성물의 질량 합이 결합하는 동위원소의 질량보다 조금만 작아도 질량 차이는 아인슈타인의 $E = mc^2$의 공식으로 주어지는 운동 에너지가 방출된다. 가능한 한 가지 반응은 중수소와 삼중수소의 결합하여 헬륨-4와 중성자로 바뀌는 반응이다.

$${}_1H^2 + {}_1H^3 \rightarrow {}_2He^4 + {}_0n^1$$

그림 19.20에 보인 바와 같이 이 식의 오른쪽 질량 합은 왼쪽 질량보다 작다. 따라서 알파입자와 중성자의 운동 에너지는 처음의 두 입자들의 합보다 크다. 이러한 반응이 어려운 이유는 모든 핵이 전기적으로 양성으로 서로 밀쳐낸다는 것이다. 이러한 정전기적 반발력을 이겨내고 두 핵이 결합하기 위해서는 매우 큰 초기 운동 에너지가 필요하다. 반응물에 큰 운동 에너지를 주는 방법은 높은 온도를 가해주는 것이다. 반응이 일어나기 위해서는 반응 동위원소의 높은 밀도가 또한 필요하다. 아주 높은 온도에서 아주 작은 부피에 반응물이 동시에 모이게 하는 것은 매우 어렵다.

이러한 조건들에서 일어나는 연쇄 반응을 열핵 연쇄 반응이라고 한다. 반응을 일으키기 위해서는 아주 높은 온도가 요구되고 반응에서 나오는 에너지는 온도를 더 올린다. 열핵 연쇄 반응의 온도는 수백만도 이상이다. 화학적 폭발도 열 연쇄 반응이지만 반응에 필요한 온도는 훨씬 낮아 쉽게 도달할 수 있다.

핵융합 연쇄 반응에 필요한 높은 온도와 높은 밀도를 동시에 얻는 방법의 하나는 핵분열 폭탄을 폭발시키는 것이다. 핵분열 폭탄에서 생기는 높은 온도로 융합에 요구되는 운동 에너지를 얻게 되고 폭발로 융합물질이 순간적으로 압축되어 융합반응으로 에너지가 방출된다(그림 19.21). 이것이 기본적으로 수소폭탄(또는 열핵폭탄이라고 일컬어지는)이 작동하는 원

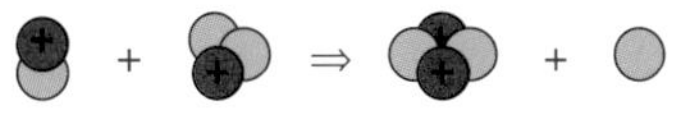

$${}_1H^2 + {}_1H^3 \rightarrow {}_2He^4 + {}_0n^1$$

Masses

${}_1H^2$	2.014102 u	${}_2He^4$	4.002603 u
${}_1H^3$	3.016050 u	${}_0n^1$	1.008665 u
	5.030152 u		5.011268 u

그림 19.20 중수소와 삼중수소가 결합하여 헬륨-4핵과 중성자가 생긴다. 질량 차이가 새로운 입자의 운동 에너지로 바뀐다.

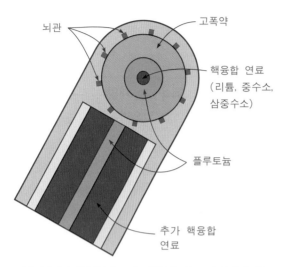

그림 19.21 열핵폭탄 그림. 핵융합 연료 주위에서 핵
분열 폭탄이 폭발하여 핵융합에서 요구되는 높은 온도
와 밀도를 만든다.

그림 19.22 프린스턴에 있는 토카막 시험로. 자기장으로
핵융합 플라즈마를 가둔다.

리이다.

수소폭탄은 핵분열 물질의 질량에 의해 정해지는 핵분열 폭탄과는 달리 쉽게 아주 다양한 크
기로 만들 수가 있다. 순수한 핵분열 폭탄보다 더 많은 에너지를 핵융합 폭탄에서 얻을 수 있다.
단위핵반응당 나오는 에너지는 핵융합이 핵분열보다 작지만 단위 질량에서 얻을 수 있는 에너지
양은 아주 가벼운 원소들이 연료인 핵융합이 훨씬 더 많다. 수소폭탄은 이천만 톤의 TNT 위력
보다 더 크게 만들 수가 있다. 오늘날 핵무기는 핵분열 폭탄과 융합 폭탄으로 구성된다.

핵융합에서 에너지 생산

핵융합 반응을 이용한 상업적 전기 생산은 아직 달성되지 않았다. 아주 높은 온도와 밀도로
(플라즈마 상태) 핵융합연료를 상당한 시간 동안 유지하는 것은 지극히 어렵다. 핵융합 플라즈
마 온도를 견딜 수 있는 재료는 없으므로 이것을 담아둘 자기장 장치와 같은 것이 사용되어야
한다. 또는 작은 핵융합연료 펠릿에 여러 방향에서 레이저빔이나 입자빔을 입사시켜 펠릿을 가
열하고 압축하는 것이다.

1970년대에는 늦어도 1990년대까지는 상업적 핵융합로를 가동할 수 있으리라는 희망을 가졌
으나 21세기에 이른 오늘날까지도 이러한 기대는 달성되지 않았다. 경제적으로 유용한 융합로를
만들 수 있을지는 완전히 확신할 수 없을지라도 엄청난 투자와 노력이 지금도 계속되고 있고,
이 목표는 미래의 인류를 위하여 반드시 달성되어야만 할 것이다.

실험적 반응로(토카막)에서 핵융합 반응으로 에너지를 생산하였지만 반응을 일으키기 위한 투
입에너지에 비해 생산되는 에너지가 더 적어 상업적으로 이용하기 위해서는 반응효율을 높여야
하는 과제가 남아 있다.

핵분열로 폭발이 일어나기 위해서는 우라늄-235나 플루토늄-239 미임계 질량이 재빨리 모아져서 초임계에 도달하여야 한다. 우라늄 폭탄에서는 미임계 막대가 미임계 구 속에 발사되어 초임계를 만든다. 플루토늄 폭탄에서는 플루토늄 주위에 고폭약을 폭발시켜 고밀도로 압축하여 초임계 질량을 만든다. 핵융합은 작은 핵들이 결합하여 큰 핵을 만드는 과정에서 에너지를 방출한다. 핵융합 에너지는 태양과 수소폭탄이나 열핵폭탄의 에너지 근원이다. 제어된 핵융합 반응으로 에너지를 얻는 것은 아직까지 실용성이 없지만 장래에 이것을 실현할 연구는 계속되고 있다.

질 문

Q1. 1919년에 러더포드는 질소 가스에 알파 입자를 충돌시켰다.
   a. 이 실험에서 질소 가스에서 새로 생겨난 입자는 무엇인가?
   b. 이 실험에서 러더포드가 내렸던 결론은 무엇인가?

Q2. 베릴륨에 알파입자를 입사하면 X-선이 아니지만 다른 강력한 투과 방사선이 생긴다. 생겨난 방사선은 무엇인가?

Q3. 화학적으로 같은 두 원자가 다른 질량을 가지는 것이 가능한가?

Q4. 화학적으로 같은 원소들이 화학적 성질이 같은 것은 무엇 때문인가?

Q5. 화학적 성질을 결정하는 것은 질량수인가? 원자 번호인가?

Q6. 화학 실험적으로 정해지는 염소원자의 질량수는 수소원자 질량의 정수배가 아닌 이유를 설명하라.

Q7. 핵반응에서 생성물은 반응물의 질량보다 작아질 수 있는가?

Q8. 알파 붕괴에서 딸핵의 원자번호의 변화를 설명하라.

Q9. 베타 붕괴에서 딸핵의 원자번호의 변화를 설명하라.

Q10. 뉴트리노는 발견되기도 전에 그 존재를 과학자들이 믿었다. 그 이유는?

Q11. 감마 붕괴에서 원자번호의 변화가 있는가?

Q12. 모든 방사능물질의 붕괴는 같은 속도인가?

Q13. 반감기가 두 번 지날 때 모든 방사핵은 붕괴하는가?

Q14. 화학반응에서 반응물의 개개의 원소들은 바뀌지 않고 생성물에 존재한다. 핵반응에서도 이 경우가 맞는가?

Q15. 화학 반응이나 핵반응에서는 에너지를 방출한다. 단위 질량당 방출되는 에너지 차이를 설명하라.

Q16. 핵분열 조각핵들은 안정된 다른 원소보다 중성자 개수가 많아서 방사능 붕괴를 일으키는가?

Q17. 산소와 수소 기체의 혼합물에 성냥불을 대면 폭발적으로 물이 생성되는 반응을 한다. 이 반응은 화학반응인가? 핵반응인가?

Q18. 우라늄 동위 원소 중에서 가장 많은 것이 우라늄-238이다. 이 원소는 쉽게 핵분열 하는가?

Q19. 핵분열의 어떤 성질에서 연쇄 반응이 가능하게 하는가?

Q20. 원자로에서 감속재의 역할은 무엇인가? 천연 우라늄으로 연쇄 반응을 일으키려면 감속재는 왜 필요한가?

Q21. 원자로에서 제어봉은 중성자를 흡수하는가? 방출하는가?

Q22. 원자로에서 연쇄 반응의 속도를 줄이기 위해서는 제어봉을 더 넣어야 하는가? 제거해야 하는가?

Q23. 농축되지 않은 우라늄으로 보통 물을 감속재로 이용하는 것이 가능한가?

Q24. 원자로가 미임계 상태로 가면 연쇄 반응의 속도는 빨라지나?

Q25. 사용 후 핵연료에서 우라늄과 플루토늄을 분리하면 남은 핵쓰레기는 방사능이 없어질 때까지 수천년 동안 보관할 필요가 있는가?

Q26. 페르미는 우라늄에 중성자를 입사시켜 우라늄보다 더 무거운 핵을 만들려는 실험을 하였다. 가능한가?

Q27. 2차 대전 중에 미국의 핸포드에 만들어진 원자로의 용도는 무엇이었나?

Q28. 핵융합과 핵분열의 차이를 설명하라.

Q29. 태양 에너지는 핵분열로 주로 생기는가?

Q30. 핵융합은 현재 에너지원으로 사용되는가?

Q31. 핵분열 무기와 핵융합 무기 중 어느 것이 위력적인가?

연 습 문 제

E1. 나트륨의 원자번호는 11이고 원자질량은 대략 23이다. 나트륨 핵 속의 중성자 개수는 대략 몇 개인가?

E2. 원자로에서 $_{94}Pu^{239}$가 생긴다.
   a. 이 핵 속의 양성자 개수는?
   b. 이 핵 속의 중성자 개수는?

E3. 어떤 동위원소의 양성자수는 80이고 중성자는 122이다. 이 원소의 원자번호와 질량수를 나타내는 표준 표기는?

E4. 스트론튬-90은 원자번호 38인 방사선 핵종이다. 이 핵은 몇 개의 양성자와 중성자를 가지는가?

E5. 토륨-232는 알파 붕괴한다. 다음 붕괴 반응식을 완성하라.
$$_{90}Th^{232} \longrightarrow ? + \alpha$$

E6. 요오드-131은 베타 붕괴한다. 다음 붕괴 반응식을 완성하라.
$$_{53}I^{131} \longrightarrow ? + _{-1}e^0 + _0\bar{v}^0$$

E7. 질소-13은 양전자를 방출하는 베타 붕괴한다. 다음 붕괴 반응식을 완성하라.
$$_7N^{13} \longrightarrow ? + _{+1}e^0 + _0\bar{v}^0$$

E8. 반감기가 2시간인 8000개의 방사성 원자가 있다.
   a. 4시간 후에는 몇 개가 남는가?
   b. 8시간 후에는 몇 개가 남는가?

E9. 주어진 동위원소의 방사능 붕괴 정도가 14일 후에는 초기의 1/8로 줄어들었다. 반감기는 얼마인가?

E10. 주어진 동위원소의 방사능 붕괴로
   a. 1/16로 붕괴가 줄어들려면 몇 번의 반감기가 지나야 하는가?
   b. 1/64로 줄어들려면 몇 번의 반감기가 지나야 하는가?

E11. 중성자로 우라늄-235를 핵분열 시켜 주

석-130과 네 개의 중성자가 방출되었다. 다음 붕괴 반응식을 완성하라.

$$_0n^1 + _{92}U^{235} \longrightarrow ? + _{50}Sn^{130} + 4\,_0n^1$$

E12. 두 개의 중수소 핵이 핵융합 한다. 다음 붕괴 반응식을 완성하라.

$$_1H^2 + _1H^2 \longrightarrow ? + _0n^1$$

고난도 연습문제

CP1. 주기율표를 자세히 살펴보면 양성자 수와 중성자 수가 비슷하게 증가하는 것을 알 수 있다. 원자의 질량수로 양성자와 중성자 개수를 추론할 수 있다.

    a. 탄소와 질소, 산소에서의 양성자와 중성자 개수는?

    b 위 세 원소의 중성자와 양성자 비는? (비 $= N_n / N_p$)

    c. 주기율표 중간에서 은, 카드뮴, 인듐에 대해서도 양성자, 중성자 개수는?

    d. c에서의 중성자와 양성자 비는? 평균 비는?

    e. 토륨(Th), 프로트악티늄(Pa), 우라늄(U)에 대해서도 c, d의 과정을 반복하라.

    f. b, d, e의 결과를 비교하여 우라늄이나 토륨이 붕괴하면 왜 여분의 중성자가 생기는가를 설명하라.

CP2. 우라늄이나 토륨은 지각에서 발견되는 방사성 핵종이다. 이 핵종이 붕괴하면 우라늄이나 토륨보다 훨씬 더 반감기가 짧은 새로운 딸핵들이 생긴다. 연속적인 알파와 베타 붕괴를 통해 안정된 납으로 바뀐다. 다음은 토륨-232의 붕괴 과정을 나타낸 것이다.

Th→Ra→Ac→Th→Ra→Rn→Po→Pb→Bi→Po→Pb

    a. 주기율표를 이용하여 원자번호를 적어라.

    b. 각 붕괴가 알파인지 베타인지 밝혀라.

    c. 첫 세 단계의 반응식을 적어라.

    d. 질량수를 적어라.

CP3. $_1H^2 + _1H^2 \rightarrow _2He^3 + _0n^1$ 핵융합 반응에서 핵자들의 질량이 다음과 같이 주어진다.

H^2 : 2.014102 u He^3 : 3.016029 u

n : 1.008665 u

    a. 이 반응에서 반응물과 생성물의 질량 차이 Δm을 구하라.

    b. 이 질량 차이를 매일의 자연현상 19.2를 이용하여 에너지로 바꾸어라.

    c. 이 반응에서는 에너지가 방출되는가? 방출되면 어떻게 방출되는가?

CP4. 핵발전소는 지난 수십 년 동안 주요한 전력 공급원이었다. 비록 이 시기에 핵발전소는 늘어났어도 절반 이상의 에너지는 화석연료의 연소로부터 얻는다. 이 두 에너지원은 환경적 영향과 경제적 영향이 서로 다르다.

    a. 화력발전소에서의 화석연료의 연소는 자연적으로 이산화탄소를 배출한다. 이산화탄소는 지구온난화를 일으키는 온실효과를 일으키는 주요한 기체이다. 핵발전소에서는 이런 문제를 일으키는가?

    b. 핵발전소의 환경적 문제점을 설명하라.

    c. 화력발전소의 환경적 문제점을 설명하라.

    d. 냉정하게 판단해서 위의 두 가지 에너지원만이 선택 가능하다면 어느 쪽을 택하겠는가?

6

단원

상대성 이론과
그 너머의 세계

이 책 전반에 걸쳐 항상 우리의 주변에서
일어나는 일들인 일상의 현상에서 물리적 개념의 원리와 응용면을 강조함으로써 개념에 대한 이해
를 증진하고자 하였다. 그러나 원자와 그 핵의 구조를 설명하는 부분에서는 일상생활에서 벗어나기도 하
였다. 이것은 아이디어들이 간단한 실험에 근거를 두고 있으며 우리가 알고 있는 기술분야에서 많이 활용
되고 있기 때문이다.

20세기 물리학 분야 중 가장 흥미로운 아이디어 중 몇 가지는 일상의 경험과 연관시키기가 좀더 어려운
데, 20세기 초기에 아인슈타인이 발견한 특수 및 일반 상대성 이론이 그 예이다. 동시에 상대성 이론은 우
리의 지적호기심을 자극하기도 하는데 이는 이 이론이 공간과 시간에 대한 우리의 기본적인 개념을 재고
하게 하기 때문이다. 아인슈타인의 아이디어는 사고의 폭을 넓혀줄 수 있다.

양자역학이 발달하고 그 내용이 핵물리학 분야에서 응용되면서 다시 한번 일상생활과 멀리 떨어진 연구
분야가 발견되었다. 통상 고에너지 물리학이라고 하는 분야에서 새로운 입자들이 발견되고 있다. 이런 입
자들은 눈으로 볼 수도 없는데다 기묘수(strange-ness), 참(Charm) 등 이상한 이름들을 달고는 있지만, 이
입자들도 우주의 근본적인 본질을 파악하는 데 있어서 긴요하다. 상대성 이론과 고에너지 물리학의 양자
론을 이용하여 인간은 시간의 태초와 대폭발 시기로 되돌아갈 수 있다.

이 책의 마지막 두 장에서는 상대성 이론(20장)과 일상의 현상을 넘어서는(21장) 입자 동물원, 우주론
및 미세 전자공학과 컴퓨터에서 혁명을 가져온 응집물리학에서의 발전 등을 알 수 있다. 핵분열과 융합의
발견은 50여 년 전, 1930년 및 1940년대에 이루어졌다. 이러한 비약적인 발전 이후에 어떤 일이 일어났는
가? 앞으로는 물리학에서 무엇을 들을 것으로 기대할 수 있을까? 이 책의 마지막 2장이 예고편이 될 수
있을 것이다.

아인슈타인과 상대성 이론

학습목표 고전물리학에서 상대운동이 어떻게 다루어지는가를 다시 검토한 후에 아인슈타인의 특수 상대성 이론의 가정을 소개하고, 공간과 시간에 대한 견해에 대한 그 결과들을 검토한다. 그 뒤에는 어떻게 뉴턴의 운동법칙을 보정하여야만 그 법칙들이 아주 빠른 속도로 운동하는 물체에 대하여도 성립하게 되는지를 고려하고 질량-에너지 등가의 아이디어를 다룬다. 마지막으로 일반 상대성 이론을 간략하게 논의한다.

서 있는 버스에서 옆에 선 버스 유리창 밖으로 내다보고 있는데 갑자기 옆의 버스가 앞으로 이동하면서 마치 자신은 뒤로 가는 듯한 또렷한 느낌을 가져본 경험이 있는가? (그림 20.1) 그 느낌은 그 버스가 시야에서 사라질 때까지 계속되며 그제서야 자신은 움직이고 있지 않음을 깨닫게 된다.

그림 20.1 옆의 버스가 앞으로 움직이면 자신이 타고 있는 버스가 뒤로 가는 느낌을 받는다.

좌표계의 운동 때문에 감각이 우리를 속인 것이다. 우리는 보통 움직이지 않을 것으로 예상하는 물체에 비교하여 우리 자신의 운동을 측정한다. 이 물체들이 지표면에 고정되어 있으면 좌표계는 지구이며, 위치, 속도와 가속도가 그 좌표계에 대하여 측정된다. 그런데 그 고정된 좌표계라고 했던 물체가 갑자기 이동하면 우리 자신이 이동하는 것으로 느낄 수 있다.

모든 운동은 어느 좌표계에 대하여 측정되어야 하는데, 그 좌표계도 움직이는 수가 있다. 지구는 그 축 주위로 회전하면서 태양주위를 공전한다. 태양은 또 다른 별들에 대하여 이동하며 별들도 또 그러하다. 한 좌표계에서 정지한 물체라도 다른 좌표계에서는 움직이고 있을 수 있기 때문에 우리가 우리 자신의 좌표계를 정의해 두어야만 운동을 완전하게 기술할 수 있다.

좌표계를 정의하고 어떤 운동이 다른 좌표계에서 보면 어떻게 보일 것인가를 기술하는 문제는 갈릴레이와 뉴턴 모두에 의해서 논의되었다. 좌표계 사이의 상대 속도가 크지 않다면 이는 간단한 문제이다. 이런 의미에서의 상대 운동은 늘 경험하는 일이다. 예로, 흐르는 강물에 대한 보트의 운동은 많은 이들에게 낯설지 않은 일이다.

그러나 아인슈타인이 어린 시절에 그랬듯이 우리가 빛과 같은 속도로 이동하는 경우를 상상해본다면 아주 흥미로운 문제들 몇 가지가 떠오른다. 이 문제들 몇 가지를 해결하다가 아인슈타인이 1905년에 **특수 상대성 이론**을 발견하였다. 이 이론은 주로 다른 좌표계들이 서로에게 대하여 일정한 상대속도로 이동하는 경우를 다룬다. 아인슈타인이 약 10년 늦게 출판한 **일반 상대성 이론**은 중력과 가속도가 있는 좌표계와의 관계를 다루었다. 두 이론은 인간이 우주를 보는 방법에 대변혁을 가져왔다.

20.1 고전 물리학에서의 상대 운동

흐르는 강물에 나뭇가지를 떨어뜨리고 그 가지가 물에 흘러 내려가는 것을 바라보고 있다고 가정하자(그림 20.2). 나뭇가지의 속도는 강둑에 대하여 얼마일까? 물에 대한 속도는 얼마이며 이 두 속도는 서로 어떤 관계가 있을까? 이러한 문제들은 갈릴레이와 뉴턴이 발전시킨 고전역학의 뼈대 안에서 설명할 수 있다.

속도는 어떻게 더해지는가?

나뭇가지를 물에 던지면 나뭇가지는 순식간에 강물의 속도에 이른다. 일단 그런 상태가 되면 둑에 대한 가지의 속도는 강물의 속도와 같지만 물에 대한 나뭇가지의 속도는 0이다. 물을 따라 흘러가는 보트에서 이 나뭇가지를 관찰하면 나뭇가지는 움직이지 않는 것처럼 보일 것이다.

보트가 노나 엔진 또는 돛을 이용하여

그림 20.2 떠내려가는 나뭇가지는 물의 흐름과 같이 움직인다. 강둑에 대한 가지의 속도는 얼마일까?

물에 대하여 움직이면 좀더 재미있는 상황이 벌어진다. 이 경우 물에 대한 보트의 속력은 0이 아니다. 보트는 물에 대하여 움직이며 강물은 둑에 대하여 움직인다(그림 20.3). 보트와 강물이 같은 방향으로 움직이면, 물에 대한 보트의 속도를 둑에 대한 물의 속도에 더하면 지구에 대한 보트의 전체 속도가 얻어진다고 가정할 수 있다. 이는 움직이는 에스컬레이터나 공항에서 볼 수 있는 이동식 보도 위에서 걷는 것과 같다.

이 아이디어를 수식으로 표기하면 다음과 같다.

$$\mathbf{v}_{be} = \mathbf{v}_{bw} + \mathbf{v}_{we}$$

여기서 $\mathbf{v}_{be}$는 지구에 대한 보트의 속도, $\mathbf{v}_{bw}$는 강물에 대한 보트의 속도 그리고 $\mathbf{v}_{we}$는 지구에 대한 강물의 속도이다. 지구에 대한 보트의 속도는 물에 대한 보트의 속도와 지구에 대한 강물 속도의 벡터 합이다.

그림 20.3에 보인 바와 같이 고정된 시간 내에 물과 보트가 이동하는 거리를 고려해 보면 이들 속도가 더해져야 한다는 예측이 옳다는 것을 알 수 있다. 이 시간에 강물에 떠내려가는 나무 조각은 d_{we}의 거리를 움직이는데, 이는 물이 지구에 대하여 이동한 거리이다. 그러나 같은 시간에 보트는 물에 대하여 d_{bw}라는 거리를 이동하여서 나무

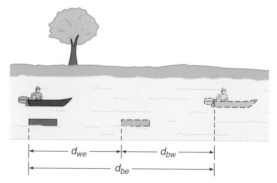

그림 20.3 모터보트와 나무 조각이 하류로 이동한다. 나무 조각이 d_{we}를 가는 동안 보트는 d_{be}의 거리를 이동한다.

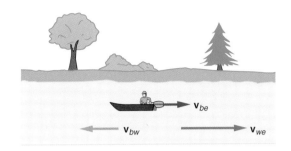

그림 20.4 상류로 향하는 보트는 물에 대한 $\mathbf{v}_{bw}$ 속도가 충분히 크지 못하면 유속을 이기지 못한다.

조각보다 그만큼 앞에 가 있다. 이 경우 보트가 지구에 대하여 이동한 전체 거리 d_{be}는 다른 두 거리를 더한 것과 같다. 속도의 크기(속력)는 거리를 시간으로 나눈 것이므로 속도도 더해진다.

이 아이디어를 세 속도가 모두 한 방향을 향하고 있는 간단한 경우에 대하여 설명하였지만, 속도의 더하기 결과는 일반적으로도 타당하다. 예를 들어서, 보트를 상류 방향으로 향하게 할 경우 보트와 강물 속도가 서로 다른 방향이라는 점은 부호를 다르게 하여 나타낼 수 있다. 보트의 속력이 상류 방향으로 물에 대하여 4 m/s이고 강물은 지구에 대하여 하류방향으로 6 m/s의 속력

예제 20.1

예제 : 흐름에 거슬러 노 젓기

데릭과 테레사 두 사람이 보트의 노를 젓고 있다. 데릭은 3.8 MPH의 속도로, 그리고 테레사는 4.6 MPH의 속도로 노를 저을 수 있다고 한다. 강물은 둑에 대하여 4.0 MPH의 속도로 흐르고 있다. 다음 각 경우에 대하여 보트의 둑에 대한(즉 지구에 대한) 상대속도 v_{be}를 구하라.

여기서 물의 흐르는 방향을 음의 방향으로 잡는다. 따라서 물을 거슬러 올라가는 경우 그 속도는 양수가 된다. 계산 결과 속도가 음수이면 물이 흐르는 방향임을 말한다.

a. 데릭이 흐름에 거슬러 노를 저을 경우

$v_{bw} = 3.8$ MPH $v_{be} = v_{bw} + v_{we}$
$v_{we} = -4.0$ MPH $v_{be} = 3.8 + (-4.0)$
$v_{be} = ?$ $\mathbf{v_{be}} = \mathbf{-0.2}$ **MPH**

b. 테레사가 흐름에 거슬러 노를 저을 경우

$v_{bw} = 4.6$ MPH $v_{be} = v_{bw} + v_{we}$
$v_{we} = -4.0$ MPH $v_{be} = 4.6 + (-4.0)$
$v_{be} = ?$ $\mathbf{v_{be}} = \mathbf{+0.6}$ **MPH**

c. 데릭이 흐름을 따라 노를 저을 경우

$v_{bw} = -3.8$ MPH $v_{be} = v_{bw} + v_{we}$
$v_{we} = -4.0$ MPH $v_{be} = -3.8 + (-4.0)$
$v_{be} = ?$ $\mathbf{v_{be}} = \mathbf{-7.8}$ **MPH**

으로 흐른다면 지구에 대한 보트의 속력은 -2 m/s(하류방향)이다. 결과가 음의 부호를 가지므로 보트는 하류방향으로 이동하고 있다(그림 20.4). 예제 20.1을 참조하라.

2차원에서는 속도가 어떻게 더해지나?

상대속도의 더하기 관계는 2, 3차원으로 확장할 수 있다. 예를 들어 그림 20.5에서처럼 강을 건넌다고 하자. 모터보트를 강건너 목표지점을 바로 향하게 하면 보트가 그 지점에 도착할 수 있을까? 강이 흐르고 있으면 불가능한 일이다.

보트가 강을 건너면서 물에 대하여 움직이는 것과 동시에 물은 지구에 대하여 하류로 흐른다. 앞에서와 같이 이 두 속도가 더해진다(벡터를 더하는 과정은 부록에 수록하고 그림 20.5에 보인 그림을 이용한 방식으로 처리한다). 이 경우 지구에 대한 보트의 속도 크기(속력)은 단순히 두

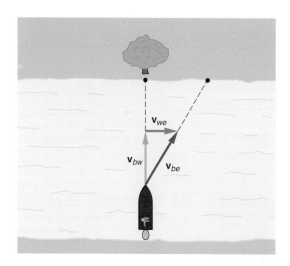

그림 20.5 강 건너편 목적지를 바로 향하는 보트는 건너편 강둑 어딘가에 도달한다.

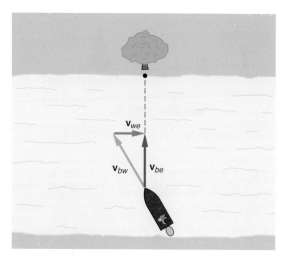

그림 20.6 보트는 어느 정도 상류쪽을 향하고 있어야 강을 똑바로 건넌다.

속력을 수치적으로 더한 것과 같지 않음을 주지하자. 속도 벡터는 벡터 도형에서 빗변이므로 다른 두 변의 제곱의 합에 이중근을 취한 값이다.

따라서 출발점 바로 건너편의 어느 점에 도착하고자 한다면 강둑에 수직하게 그린 선에서 상류방향으로 적당한 각도로 보트의 방향을 잡아야 한다(그림 20.6). 이 경우 두 속도가 더해지면 지구에 대한 보트의 속도가 강에 직각인 방향으로 얻어진다. 그러나 벡터 도형에서 볼 수 있듯이 이 속도의 크기는 보트의 물에 대한 속도보다는 작다.

동일한 분석법을 비행기에도 적용할 수 있다. 공기에 대한 비행기의 속도와 지구에 대한 바람의 속도를 더하여 지구에 대한 비행기의 속도 $\mathbf{v}_{pe} = \mathbf{v}_{pa} + \mathbf{v}_{ae}$를 얻는다. 뒤에서 부는 바람의 효과는 앞바람이나 옆바람의 효과와 다르다. 이 상황은 물에 뜬 보트와 전적으로 유사하다.

상대성 원리

속도의 더하기는 움직이는 자동차에서 일어나는 사건에도 적용될 수 있다. 예를 들어 지구에 대하여 일정한 속도로 비행하는 대형 여객기의 복도를 앞쪽으로 걸어가고 있다고 상상해 보자. 우리가 비행기에 대하여 걷는 속도와 비행기의 대지에 대한 속도를 더하여야만 지표에 대한 우리의 속도를 알아낼 수 있다. 그러나 실제로 우리는 우리 자신의 지구에 대한 속도보다는 비행기에 대한 속도를 훨씬 더 잘 알고 있다 — 비행기가 우리의 기준 좌표이다.

비행기가 일정한 속도로 비행하기만 하면 비행기의 운동을 의식하지 않고도 여객기 안을 편하게 돌아다닐 수 있다. 사실, 비행기 안에서 공을 앞뒤로 던지거나 물리 실험을 하여도 그 실험을 고정된 건물에서 했을 때와 동일한 결과가 얻어진다(그러나 지구는 자전과 공전을 하기 때문에 정말로 정지해 있다고 할 수는 없다).

비행기가 대략 일정한 속도로 비행하고 있을 때조차도 가끔씩 비행기를 요동시키는 난기류 때문에 움직인다는 느낌을 가지게 된다. 창밖을 내다보고 구름이나 지표면이 뒤로 가는 것을 볼 수도 있다. 그러나 대기의 요동이 없고 창문 차광막을 내린 경우라면 우리가 실제로 움직이고 있는지 느낌으로는 알 수 없다. 이런 무지각 현상은 일정한 속도로 오르내리는 엘리베이터 안에서 더 두드러진다. 엘리베이터는 보통 창이 없고 아주 부드럽게 움직이므로 실제로 움직이고 있는지의 여부를 판가름하기가 어려워진다.

이러한 생각들은 갈릴레이와 뉴턴 모두가 검토하였고 종종 **상대성 원리**로 요약된다.

> 물리법칙은 어느 관성좌표계에서도 동일하다.

이 원리는 물리실험을 통하여서는 우리의 좌표계가 움직이고 있는지의 여부를 판가름할 수는 없음을 뜻한다. 우리의 좌표계가 다른 관성좌표계에 대하여 일정한 속도로 움직이고 있는 한 실험 결과는 동일하다.

관성좌표계

그러면 관성좌표계란 무엇인가? 이 시점에서 뉴턴이 겪었던 논리적 난관에 부딪힌다. 뉴턴의 운동 제2법칙은 관성좌표계, 그러니까 뉴턴의 제1운동법칙이 성립하는 그런 좌표계에서만 성립한다. 어느 물체에 가해지는 알짜힘이 0일 때 정지해 있던 물체가 계속 그대로 있으면 그 물체가 있는 좌표계는 관성좌표계이다. 어떤 관성좌표계에 대하여 일정한 속도로 움직이는 좌표계도 역시 관성좌표계이다.

어느 다른 좌표계가 관성좌표계에 대하여 가속된다면 그 가속된 좌표계는 관성좌표계가 아니다. 예를 들어, 만약 타고 있는 비행기가 난기류에 의해 생긴 가속도 때문에 위아래로 요동친다면 우리의 실험결과는(그리고 또 똑바로 걷는 능력도) 달라질 것이다. 마찬가지로, 엘리베이터가 위나 아래로 가속될 때는 겉보기 몸무게가 달라진다. 4장에서 논의한 그런 체중계에 올라서 있다면 그 변화가 눈금에 나타난다. 다른 실험들도 이 가속도 때문에 달라졌을 것이다.

뉴턴의 제2운동법칙을 이러한 상황에 적용하려 한다면 좌표계가 가속되고 있는 결과로 나타나는 가상력 또는 **관성력**을 더하여 주어야만 뉴턴의 제2법칙이 성립한다. 회전 좌표계에서 느끼는 것으로 가끔 언급되는 **원심력**이 바로 그러한 가상력이다. 회전 좌표계에는 구심 가속도가 있고 따라서 이는 정확한 관성좌표계가 아니다. 사람은 원심력에 의해 마치 바깥쪽으로 당기는 듯한 힘을 느끼나, 정확한 관성좌표계에서 보았다면 이 겉보기 힘은 실제로는 관성이 작용한 결과, 즉 좌표계는 회전하는데 몸은 그대로 직선 방향으로 계속 가려는 성질의 결과이다.

회전좌표계에서 존재하는 것처럼 보이는 원심력은 그 힘을 받은 물체와 다른 물체와의 상호작용에 의해 생긴 힘이 아니기 때문에, 뉴턴식 사고로는 올바른 힘이 아니다. 다른 말로 하여, 이 힘은 뉴턴의 힘의 정의의 일부인 뉴턴의 제3법칙을 따르지 않는다. 이 힘은 순전히 좌표계의 가속 때문에 생긴 가상적인 힘이다. 마치 가속되는 엘리베이터에서 겉보기 몸무게가 늘거나 주는 것과 같다.

관성좌표계의 정의는 언뜻 간단해 보인다. 관성좌표계란 가속도가 없는 좌표계이다. 그러나 무엇에 대하여 그러하다는 것인가? 대부분의 경우 지표면은 그 가속도가 대단히 작기 때문에 이를 관성좌표계로 취급한다. 그러나 지구는 자전과 태양 주위를(곡선 경로로) 공전하고 있어서 태양에 대해서는 가속도가 있다. 태양은 또 다른 별들에 대하여 가속되므로 태양도 완벽하게 정확한 관성좌표계는 아니다.

우리의 문제는 절대적으로 움직이지 않는, 적어도 어떤 의미에서도 가속도가 없는 그런 좌표계를 설정하는 일이 명백하게 불가능하다는 데서 시작된다. 19세기 후반, 맥스웰(Maxwell)의 전자기파에 대한 예측과 설명이 이 문제에 대한 새로운 관심을 불러일으켰다. 광속의 측정이 절대적인 관성좌표계의 설정에 도움이 될 수 있다는 가능성은 호기심을 자극하는 발상이었다. 광속을 측정하기에 적절한 좌표계에 대한 질문들이 아인슈타인의 특수상대성 이론을 탄생시켰다.

모든 물체의 속도는 항상 어떠한 좌표계에서 측정된다. 일상의 운동에 대하여서는 지표면이 그런 좌표계가 된다. 강물에 떠 흘러가는 보트의 경우처럼, 한 좌표계가 다른 좌표계에 대하여 움직이고 있다면, 강물에 대한 보트의 속도를 지구에 대한 강물의 속도와 더하여 지구에 대한 보트의 속도를 구할 수 있다. 이런 과정은 직선 운동뿐 아니라 2차원 3차원에서도 성립한다. 갈릴레이와 뉴턴은 물리법칙이 어떤 관성좌표계에서든 항상 같은 꼴을 한다는 것을 발견하였다. 어려움은 절대 관성좌표계를 설정하려 하는 과정에서 나타난다.

20.2 광속과 아인슈타인의 가설

빛은 전자기 파동으로, 15장에서 논의한 바와 같이 처음에는 맥스웰의 전자기 이론에 의해 예측되었었다. 전자기 파동은 진공은 물론 공기, 유리 및 기타 투명한 물질을 통해 전파하는 진동하는 전기장과 자기장으로 이루어진다. 빛은 진공을 통해서 나아갈 수 있다.

빛이 진공을 지나갈 때에도 빛이 전달되는 매질이 존재하는가? 대부분의 파동은 어떠한 매질이나 물질을 통하여 전달된다. 음파는 공기(와 다른 물질), 수면파는 물, 밧줄의 파동은 밧줄을 통해 전달된다. 빛에게도 그런 매질이 존재하는가? 19세기 후반에는 (그리고 지금에도) 이 문제는 물리학의 근본적인 문제 중의 하나였다.

투명 에테르란 무엇인가?

맥스웰이 전자기장의 개념을 소개했을 때 그는 기계적 모형을 이용하여 그 아이디어를 가시화하고자 했다. 전기장은 텅 빈 공간에 존재할 수 있다. 전기장은 그 장이 존재하는 공간의 어느 한 점에 전하가 놓이면 느끼게 되는 단위 전하당의 힘이다. 장을 정의하는 데는 전하가 (또는 다른 어느 것도) 없어도 된다 — 장은 공간의 특성이다.

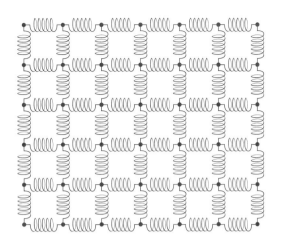

그림 20.7 맥스웰은 빈 공간에도 탄성이 있을 것으로 상상하였다. 질량이 없고 서로 연결된 스프링들이 이 생각의 엉성한 모델이 될 수 있다.

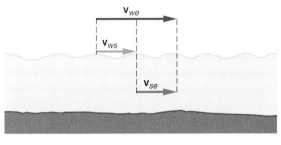

$$\mathbf{v}_{we} = \mathbf{v}_{ws} + \mathbf{v}_{se}$$

그림 20.8 강물에 대한 파도의 속도와 강물의 속도를 더하면 지표면에 대한 파도의 속도가 얻어진다.

장이 있으면 (장이) 어떻게든 공간을 바꾸거나 변형시켜야만 대전 입자에 영향을 미친다. 맥스웰은 빈 공간이 탄성 특성을 가지고 있다고 상상하였다. 빈 공간을 아주 작고 질량이 없으면서 서로 연결된 스프링과 같은 것으로 생각할 수도 있다(그림 20.7). 계속 변화하는 전자기파의 전기장 및 자기장은 이 스프링 배열의 변형으로 볼 수 있다. 맥스웰은 이것이 빈 공간에 대한 정확한 묘사라고 믿지 않았지만, 그러한 모형이 그로 하여금 장과 파동의 전파 과정에 대하여 생각하는 데 도움이 되었을 수는 있다.

이 모형을 글자 그대로 받아들이지는 않더라도, 빈 공간에 탄성 특성이 있다고 하는 것은 파동이 공간을 진행하는 것을 설명하는 데 필요할 것 같았다. 그렇지 않다면 파동이 진행하는 데 진동하는 것이 아무것도 없게 된다. 진공 속에 존재할 수 있는 이 보이지 않고 탄성이 있으며 그리고 질량도 없어 보이는 매질을 투명 에테르라 하였다 — 이것이 빛과 기타 전자기 파동이 타고 진행하는 것으로 상상되던 매질이었다. 전자기파의 진행을 설명하기 위해 그것이 필요한가 아닌가는 토론의 대상이었다. 맥스웰 자신은 전적으로 확신을 가지고 있지 않았다.

에테르가 보편적인 좌표계가 될 수 있는가?

에테르가 존재한다는 상상은 앞 절에서 논의한 관성좌표계의 문제를 풀기 위한 대단히 흥미로운 가능성을 연 것이었다. 아마도 에테르는 어느 운동이든지 측정하기 위한 절대적 또는 보편적인 관성좌표계로 사용할 수 있었을 것이다. 여타의 모든 관성좌표계는 에테르에 대하여 일정한 속도로 이동하고 있을 터였다. 에테르 그 자체는 빈 공간에 어떻게 해서 채워져서 고정된 것으로 묘사할 수 있었다.

어떻게 운동을 이 에테르에 대하여 측정할 수 있을까? 간단히 빛의 속력을 측정하면 된다. 지구가 에테르에 대하여 운동하고 있다면 빛의 속도는 이 운동에 의해서 영향을 받아야만 한다.

앞 절에서 소개한 속도의 더하기 공식이 성립해야 할 것이다. 이 아이디어는 그림 20.8과 같이 흐르는 강물 위의 물결을 고려하면 가시화하기가 쉽다.

물결이 강물에 대하여 $\mathbf{v}_{ws}$의 속력으로 이동하고, 강물이 지구에 대하여 같은 방향으로 $\mathbf{v}_{se}$의 속력으로 흐른다면 지구에 대한 물결의 속력 $\mathbf{v}_{we}$는 강 하류로 가고 있는 보트처럼 $\mathbf{v}_{we} = \mathbf{v}_{ws} + \mathbf{v}_{se}$이어야 한다. 매질(이 경우 강물)에서 물결의 속도와 지구에 대한 매질의 속도를 더하면 지구에 대한 물결의 속력이 된다.

이 아이디어를 에테르 내에서 이동하는 빛으로 연장하는 것은 어려운 일이 아니다. 지구가 에테르 속을 이동하고 있다면 에테르도 지구를 지나 흐르고 있다. 그러면 우리가 측정하는 광속은 에테르에 대한 빛의 속도와 지구에 대한 에테르 속도의 벡터 합이어야 한다. 지구에 대한 빛의 속도를 1년 중 여러 번에 걸쳐 정확하게 측정하면 지구가 에테르에 대하여 특정한 방향으로 움직이고 있는지를 알 수 있을 것이다.

마이컬슨–몰리 실험

에테르에 대한 지구의 운동을 검출하기 위한 가장 유명한 실험이 1880년대 클리블랜드에 있는 지금의 케이스 웨스턴 리저브 대학교(Case Western Reserve University)에서 마이컬슨(Albert Michelson; 1852~1931)과 몰리(Edward Morley; 1938~1923)에 의하여 실시되었다. 미세한 광속의 차이를 측정하기 위해서 이들은 마이컬슨이 고안하여 현재 마이컬슨 간섭계라 부르는 특수 기기를 사용하였다. 이름이 암시하듯이 이 기기는 간섭현상을 이용하여 극히 작은 광속이나 빛이 진행한 거리의 미세한 차이를 측정한다(16.3절 참조).

마이컬슨 간섭계는 그림 20.9에 보인 바와 같다. 왼쪽의 광원에서 나온 빛은 반거울에 의해 두 개의 광선(빛살)으로 나누어진다. 대략 이 반거울에 도달하는 빛의 반 정도가 투과하고 반은 반사하여 밝기가 같은 두 빛살이 만들어진다. 이 두 빛살은 그림에 보인 바와 같이 직각 방향으로 진행하고 거울에 의해 반사한 뒤 반거울을 통해 되돌아간다. 여기서 다시 빛살이 부분적으로 투과하며 일부는 다시 반사된다.

관측자는 그림의 아래쪽에 있는 간섭계의 네 번째 면에서 광원의 영상을 보게 된다. 관측자가 보는 빛은 같은 광원에서 나왔으나 서로 다른 경로를 진행하였기 때문에 광원 영상의 각 점마다 빛의 위상이 일치하거나 어긋나거나 한다. 거울 하나가 약간 기울어져서 빛살과 정확하게 직각을 이루지 않으면 이 위상차에 의하여 그림 20.9에서와 같은 검고 흰 줄무늬가 만들어

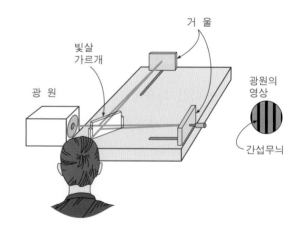

그림 20.9 마이컬슨 간섭계. 두 개의 수직한 팔을 따라 움직이는 광파가 간섭하여 흑백의 무늬를 만든다.

진다. 검은 줄은 소멸 간섭, 밝은 줄은 보
강간섭에서 얻어진다.

어떤 일이 일어나서 이 빛살 중 하나가
끝의 거울까지 왕복하는 시간이 달라지면
줄무늬 모양이 이동한다. 마이컬슨과 몰리
는 만약 에테르가 이 간섭계의 한 팔과 나
란한 방향으로 흐른다면 에테르의 흐르는
방향과 나란한 방향으로 진행하는 빛살의
왕복 시간은 에테르의 흐르는 방향과 수직
한 방향으로 움직이는 빛살의 왕복시간과
약간 다를 것으로 추리하였다. 그 계산은

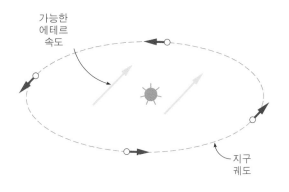

그림 20.10 태양에 대한 지구의 운동방향에 무관하
게, 일년 중 어느 시점에서는 지구가 에테르에 대하여
운동을 하여야 한다.

강물에 나란하게 또는 수직하게 움직이는 보트의 경우와 비슷하다.

예상된 간섭무늬의 이동을 관찰하려면 간섭계는 (관측자와 함께) 90° 회전하여 에테르의 흐름
과 나란했던 팔이 이제는 그 흐름에 수직하게 될 수 있어야 한다. 마이컬슨과 몰리는 수은통에
띄운 돌판 위에 간섭계를 얹어 간섭계가 부드럽게 돌 수 있게 하였다. (수은은 무거운 돌판을 띄
울 수 있을 정도로 무거운 유일한 가용 액체였다.)

마이컬슨과 몰리는 에테르에 대한 지구 속도의 일부는 태양 주위를 도는 지구의 공전에서 온
다는 가정을 기반으로 하여 계산을 하였다. 이들은 에테르가 태양에 대하여 정지해 있다고 가정
할 수 없었기 때문에 그해 여러 번에 걸쳐 실험을 해야만 했다. 그해 어느 시점에서 지구의 운동
이 에테르 운동의 어느 성분과 평행하여야 하고 그 뒤 6개월 후에는 그 반대 방향일 것이다(그
림 20.10). 이들은 에테르에 대한 지구의 최소 속도가 지구의 태양 주위의 궤도 속도일 것으로
가정하였다. 에테르가 태양에 대하여 정지상태에 있다면 그러할 것이다.

마이컬슨-몰리의 실험 결과는 실망스러운 것이었다. 1년 중 어느 때 간섭계를 돌려보아도 간
섭무늬의 이동이 관찰되지 않았다. 무늬의 이동 폭은 (간섭무늬 폭의 절반 정도로) 작을 것으로
예상되기는 했지만 그 실험의 기반이었던 가설에 의하면 관찰은 되었어야만 했다. 그 실험은 에
테르에 대한 지구의 운동을 측정하지 못했다. 그러나 종종 과학에서는 예상하던 것을 발견하지
못하는 것이 중요한 결과일 수도 있다.

아인슈타인의 특수 상대성 이론의 가설

에테르에 대한 지구의 운동을 검출하려 했던 마이컬슨-몰리 실험의 실패는 에테르에 대한 새
로운 문제를 제기하였다. 왜 그 운동을 측정하지 못했을까? 어쩌면 에테르는 마치 대기처럼 지
구에 붙어서 끌려가기 때문에 지구 표면에서 하는 실험으로는 운동을 측정할 수 없는지도 모른
다. 그러나 1년 중 다른 시점에서 본 별들의 겉보기 위치의 변화를 포함하는 다른 관찰 결과들
때문에 이 가설은 불가능해 보였다.

아인슈타인은 마이컬슨-몰리의 실험 당시에 어린아이였으며 그가 상대성 이론에 대한 연구를 시작할 당시에도 그 실험 내용을 알지 못했다. 나중에 그는 마이컬슨-몰리의 실험과 이에 이어진 에테르의 존재에 대한 논쟁에 대하여 자세히 알게 되었다. 이 진퇴양난에 대한 그의 해결책은 간단하면서도 혁명적이었다. 그는 빛의 속도는 광원이나 좌표계의 속도와 무관하다는 등 실험적으로 사실인 것 같은 것을 그냥 근본적인 가설로 설정하였다.

아인슈타인은 실제로는 1905년에 출판된 특수 상대성 이론의 개설 논문에서 두 개의 가설을 천명하였다. 첫 번째는 2000년 전에 갈릴레이와 뉴턴이 유사하게 천명하고 이 단원 제일 첫 절에서 논의한 상대론의 원칙을 재확인하는 것이었다.

가설 1 : 물리 법칙은 어느 관성좌표계에서나 동일하다.

두 번째 가설은 빛의 속도에 관한 내용이다.

가설 2 : 진공에서 빛의 속도는 광원과 관측자의 상대 속도에 관계없이 어느 관성 좌표계에서나 동일하다.

두 가설 모두 아인슈타인의 이론에 중요하지만, 두번째 가설은 우리들의 사고에 혁명적인 변화를 요구한다. 그가 하는 말은 본질적으로 빛(또는 전자기 파동)은 대부분의 파동 혹은 움직이

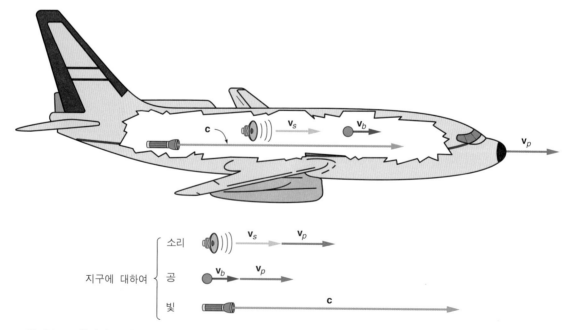

그림 20.11 음파나 공과 달리, 비행기의 속도와 손전등 빛의 속도를 더하여 지구에 대한 빛의 속도가 얻어지지 않는다. 빛의 속력은 누가 보아도 항상 같다(속도 벡터의 크기는 실제 비례가 아님).

는 물체와 같이 행동하지 않는다는 점이다. 비행 중인 비행기 안에서 공을 던지면 공의 속도는 비행기에 대한 공의 속도와 지표면에 대한 비행기 속도의 벡터 합이다. 조종사가 기내 방송에 말을 하면 그 음파는 비행기 내의 공기에 대한 음속과 지구에 대한 비행기의 속도의 벡터 합인 대지 속도로 진행한다(그림 20.11).

그러나 비행기에서 손전등을 비추면, 비행기에서 측정한 빛의 속도는, 아인슈타인의 두 번째 가설에 의하여, 지상에 정지해 있는 관측자가 같은 손전등에 대하여 측정한 빛의 속도 값과 같아야 한다. 고전적인 벡터 합 공식은 빛에 대해서는 성립하지 않는다 — 이는 1905년의 물리학자들에게 받아들이기 쉬운 발상이 아니었다. 사실 이 두 번째 가설을 좀더 자세히 검토해 보면 공간과 시간 그 자체에 대하여 다시 생각해 볼 것을 요구하고 있음을 알게 된다. 상대성 이론의 이 면이 정말로 우리의 사고를 자극한다. 다음 절에서 이 결과들의 일부를 탐구하기 시작할 예정이다.

에테르는 전자기 파동의 매질인 것으로 가정되었다. 이러한 파동은 진공 중에서 진행할 수 있기 때문에 진공 중에 에테르가 존재하는 것으로 생각되었다. 지구가 에테르를 통해 나아간다면 절대 좌표계를 에테르에 준하여 설정할 수도 있을 것이다. 마이컬슨-몰리의 실험은 에테르에 대한 지구의 운동을 검출하는 것을 목적으로 시행되었으나 실패하였다. 이와 기타의 실험에 답하여 아인슈타인은 에테르의 존재를 부정하면서 빛의 속력은 어느 관성좌표계에서나 모두 같다고 가정하였다. 이 가정은 인간의 공간과 시간의 개념에 대한 혁명적인 의미를 담고 있다.

20.3 시간 팽창과 거리 단축

속도의 단위는 거리(공간의 척도)를 시간으로 나눈 비 — 예를 들어 m/s이다. 속도의 더하기 법칙은 서로 다른 관측자들이 서로에 대하여 상대적으로 움직이는지 아닌지의 여부와 관계없이 같은 방법으로 시간과 공간을 측정하여 같은 결과를 얻을 수 있다는 가정에 달려 있다. 이 가정은 일상의 경험과 일치한다.

빛의 속도가 보통의 속도처럼 더해지지 않는다면 관측자들 사이에 공간과 시간을 측정하는 방법에 분명 문제가 있다. 빛의 속도가 모든 관측자들에게 동일하다는 아인슈타인의 두 번째 가설을 받아들인다면 공간과 시간이 모든 관측자들에게 모두 같다는 생각을 버려야만 한다. 이는 우리의 직관 혹은 상식에 반하는 일이며 내재적으로 진실인 것 같아 보이는 생각들을 버릴 것을 요구한다.

이런 문제들에 접근하기 위해서 아인슈타인은 사고 실험, 즉 엄청난 속도가 필요하기 때문에 실제로 해 볼 수 없는 그러나 쉽사리 상상할 수 있고 그 결과도 탐구해 볼 수 있는 실험들을 고안하였다. 사고 실험을 통하여 우리는 아인슈타인의 두 번째 가설을 받아들이기 위해서는 공간과 시간의 개념이 어떻게 바뀌어야만 하는지 알게 되었다. 사고 실험은 누구나 할 수 있다. 실험 장비가 아무것도 필요하지 않기 때문이다.

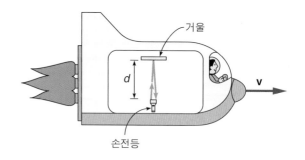

그림 20.12 빛시계에서는 빛이 위쪽의 거울에 반사하여 되돌아오는 거리 2d를 이동하는 데 드는 시간이 시간 t0의 기본단위이다.

다른 관측자들에 의한 시간의 측정

빛의 속도를 측정 표준으로 하여 시간을 측정하고자 한다. 또한 지구에 대하여 대단히 빠른 속도로 움직이는 우주선에 타고 있다고 상상해 보자. 우주선의 한쪽에 커다란 유리창이 달려 있어 지구에 있는 다른 관측자도 우리의 실험을 관찰하면서 측정을 할 수 있을 것이다.

어떻게 빛의 속도를 시간의 표준으로 사용하는가? 한 가지 방법은 앞에 있는 거울로 빛살을 보내고 그 빛살이 거울까지 갔다가 돌아오는 시간을 시간의 기본 단위로 사용하는 것이다. 이런 설비가 빛시계이다. ― 이 시계는 빛의 속도를 이용하여 시간의 표준을 잡는다. 광원에서 거울까지의 거리가 d라면(그림 20.12), 빛이 거울까지 왕복(거리 $2d$)하는 데 걸리는 시간은 다음과 같다.

$$t_0 = \frac{2d}{c}$$

여기서 c는 빛의 속력이다. 이 값이 우주선에서 측정되는 시간의 기본 단위이다.

유리로 벽을 댄 우주선이 스쳐 지나갈 때 지구에 서 있는 관측자도 역시 빛이 거울까지 왕복하는 데 걸리는 시간을 관찰할 수 있다. 그러나 이 관측자는 벌어지는 일을 조금 다르게 본다.

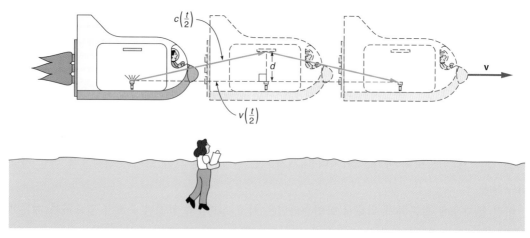

그림 20.13 지구상의 관측자가 보면 빛은 대각선 경로를 따라 거울로 갔다가 원위치로 돌아간다. 이러면 빛시계로 잰 시간이 길게 측정된다.

우주선이 지구에 대하여 속도 **v**로 이동한다면 거울도 그 속도로 달릴 것이다. 빛이 거울에서 반사한 뒤(역시 이동해 간) 광원으로 돌아오려면 빛은 그림 20.13에 보인 바와 같은 대각선 경로를 따라 이동해야 한다.

지구에 있는 관측자가 같은 빛시계를 이용하여 시간의 단위를 설정하려 한다면 그때의 기본 시간 t는 t_0보다 클 것이다. 지상의 관측자는 빛이 같은 속도 c로 우주선에서 우리가 측정하는 거리보다 더 먼 거리를 이동하는 것을 보게 된다. 그 관측자도 수직 거리 d는 우리와 같은 식으로 측정할 것으로 가정하는데, 이 거리는 상대적인 운동 방향과 수직한 방향이므로 운동에 의해 영향을 받지 말아야 하기 때문이다. 빛이 가야할 경로가 멀기 때문에 시간이 길어진다.

이 두 관찰자들이 측정한 시간의 차이는 그림 20.13에서 도형적 배열과 거리를 고려하여 구할 수 있다(고난도 연습문제 5번 참조). 지구의 관찰자가 측정하는 시간 t는 우주선에서 측정한 시간 t_0에 대하여 다음과 같이 표현될 수 있다.

$$t = \frac{t_0}{\sqrt{1 - \dfrac{v^2}{c^2}}}$$

이 식이 **시간 팽창** 공식이다. 이 식에서 분모가 항상 1보다 작기 때문에 t는 언제나 t_0보다 크다. 지구상의 관측자는 빛시계로 길게 **팽창**된 시간을 잰다.

t_0는 흔히 **고유 시간**이라 한다. 이 경우 이 시간은 빛이 출발하고 또 같은 위치에서 운동을 마치는 우주선에서 측정한 시간 간격이다.

> 고유 시간 간격은 두 사건이 그 좌표계 내의 동일한 장소에서 발생한 그 관성 좌표계에서 측정한 두 사건 사이에 경과한 시간이다.

이는 우주선에 타고 있는 사람이 측정한 시간 간격에 대해서는 성립하지만 지구에 서 있는 사람에게는 성립하지 않는다. 지상의 관측자는 공간의 한 점에서 빛이 출발하여 공간의 다른 점으로 돌아가는 것을 관측하여 빛의 출발과 도착 사이의 경과시간에 대한 팽창된 시간 간격을 측정하게 된다.

한 걸음 물러서서 이 사고실험에서 우리가 실제로 무엇을 했는지 살펴보자. 우리는 빛시계를 이용하여 빛의 속도를 시간 측정의 표준으로 사용하였다. 서로 상대적으로 움직이는 두 관측자가 광속에 대해서는 같은 값을 관측한다고 하면 이들이 같은 시계를 이용하여도 서로 다른 시간 측정치에 도달한다. 이들이 c값이 서로 같다고 하면 빛살의 이동시간에 대하여서는 서로 의견이 다르다. 시간의 흐름은 좌표계에 따라 빠르기가 다르다.

일반적인 상대 속도의 경우에는 이 두 시간 간격의 차이가 지극히 작다. 한 예로, 광속의 100분의 1인 경우(0.01c, 그러나 실제로는 매초 3백만 미터의 고속임), 시간 팽창 공식의 v/c항은 0.01이다. 이 경우 팽창된 시간은 t_0에 1.00005를 곱한 값이므로 t와 t_0의 차이는 대단히 작다.

시간 간격의 차이가 눈에 띌 정도가 되려면 두 관측자의 상대 속도가 거의 광속 정도의 크기라야 한다. 시간 팽창 공식에 나타나는 제곱근을 포함하는 항은 여러 상대론적 수식에 관련되어, 그리스 문자 γ(감마)를 그 기호로 다음과 같이 사용한다.

$$\gamma = \frac{1}{\sqrt{1 - \dfrac{v^2}{c^2}}}$$

표 20.1 상대 속도 v에 따른 γ값	
$v = 0.01c$	$\gamma = 1.00005$
$v = 0.1c$	$\gamma = 1.005$
$v = 0.3c$	$\gamma = 1.048$
$v = 0.5c$	$\gamma = 1.155$
$v = 0.6c$	$\gamma = 1.250$
$v = 0.8c$	$\gamma = 1.667$
$v = 0.9c$	$\gamma = 2.294$
$v = 0.99c$	$\gamma = 7.088$

상대 속도 v에 대한 γ 값을 표 20.1에 제시하였다. 이 값은 v가 작은 경우에는 거의 1에 가깝지만 v의 크기가 c에 가까워지면 빠르게 커진다(여기서 상대 속력은 모두 광속 c의 비로 표시되어 있다). 감마로 다시 적으면 시간 팽창의 식은 $t = \gamma t_0$, 즉 고유시간 t_0에 γ인자를 곱해서 팽창 시간 t를 얻는다.

어떻게 거리 측정치가 관측자마다 다른가?

위의 두 관측자들은 빛살의 이동에 소요된 시간에 대해서 서로 의견이 다르고 이 시간에 우주선이 이동한 거리에 대해서도 서로 의견이 다르다. 이 현상은 빛살의 1회 왕복에 필요한 시간에 우주선이 진행하는 거리를 측정하는 사고실험을 연장해서 관찰할 수 있다.

이 거리는 지구 표면에 서있는 관측자가 가장 쉽사리 측정할 수 있다. 우주선이 가는 방향으로 배치한 조수들의 도움을 받아서 관측자는 빛 펄스가 광원을 떠난 위치와 되돌아왔을 때의 우

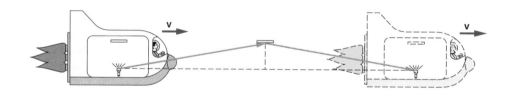

그림 20.14 조수들의 도움을 받아 지구상의 관측자는 빛 펄스가 출발할 때와 돌아왔을 때의 우주선의 위치를 표시할 수 있다. 이 두 점 사이의 거리 L_0는 어렵지 않게 잴 수 있다.

주선의 위치를 표시할 수 있다. 그런 뒤에는 이 두 점이 지표면에서 변하지 않기 때문에 관측자는 이 두 점 사이의 거리를 느긋하게 측정할 수 있을 것이다(그림 20.14).

우주선에 타고 있는 사람에게는 이 거리를 재는 일이 좀 더 어려운 일이다. 그는 지구가 자기를 지나 뒤로 이동해 가는 것으로 보며 어떻게든 이 거리의 두 끝을 동시에 설정해야 한다. 만약 거리에 무관하게 우주선의 속력을 잴 수 있다면 빛살의 왕복 시간에 속도 v를 곱하여 거리를 계산할 수 있을 것이다. 이 (왕복시간) 양이 고유시간 t_0인데, 이 시간이 바로 우주비행사가 측정한 시간이기 때문이다. 이 방법을 사용하면, 우주비행사도 빛살이 왕복하는 동안 우주선이 이동한 거리 $L = vt_0$를 측정할 것이다.

같은 추리를 이용하면 지상의 관측자도 이 거리를 계산할 수 있다. 이 관측자는 $L_0 = vt$의 관계를 발견하는데, 여기서 t는 빛살의 이동에 대하여 직접 측정한 팽창시간이다. 여기서는 L_0의 기호를 사용하였는데, 이것이 **정지 거리**, 즉 측정하고자 하는 거리에 대하여 정지해 있는 관측자가 측정하는 거리이기 때문이다. 이미 t가 t_0보다 크다는 점을 지적했기 때문에 정지거리 L_0는 우주선에 탄 관측자가 측정한 거리 L보다 클 것이 틀림없음을 알 수 있다. 우주선 관측자는 정지거리보다 단축된, 즉 짧아진 거리를 측정하게 된다.

$t = \gamma t_0$이므로 단축된 거리는 다음과 같이 쓸 수 있다.

$$L = \left(\frac{1}{\gamma}\right)L_0$$

이 식이 거리 단축 공식이다. γ는 항상 1보다 크기 때문에 L은 정지거리 L_0보다 언제나 작다. 다시 한번, 이런 효과가 눈에 띌 정도가 되려면 v는 예제 20.2에 예시한 바와 같이 지극히 커야 한다. 이 예제에서 우주선은 $0.6c$의 속도로 이동하고 있다. 지상의 관측자가 이동한 거리를 900 km로 측정하는데 우주선의 조종사는 이를 단축된 거

예제 20.2

예제 : 거리의 단축

1.8×10^8 m/s($0.6\,c$)의 속력으로 달리는 우주선이 지구의 관측자가 볼 때 900 km를 비행하였다.

a. 이 시간에 우주선 조종사가 측정한 비행 거리는 얼마인가?
b. 지구의 관측자가 측정할 때 이 거리를 비행하는 데 소요되는 시간은? 조종사가 측정한 값은?

a. $v = 0.6\,c$ ⠀⠀⠀표 20.1에서
$c = 3 \times 10^8$ m/s ⠀⠀$\gamma = 1.25$
$L_0 = 900$ km ⠀⠀⠀$\dfrac{1}{\gamma} = \dfrac{1}{1.25}$
$L = ?$
⠀⠀⠀⠀⠀⠀⠀⠀$\dfrac{1}{\gamma} = 0.8$

$$L = \left(\frac{1}{\gamma}\right)L_0$$
$$= (0.8)(900\text{ km})$$
$$= \mathbf{720\text{ km}}$$

b. $t = ?$ ⠀지구의 관측자에게 보이는 값 : $L_0 = vt$
$t_0 = ?$ ⠀⠀$t = \dfrac{L_0}{v}$

$$= \frac{9 \times 10^5 \text{ m}}{1.8 \times 10^8 \text{ m/s}}$$
$$= 5 \times 10^{-3}\text{ s} = \mathbf{5\text{ ms}}$$

우주선 조종사에게 보이는 값 : $L = vt_0$
$$t_0 = \frac{L}{v}$$
$$= \frac{7.2 \times 10^5 \text{ m}}{1.8 \times 10^8 \text{ m/s}}$$
$$= 4 \times 10^{-3}\text{ s} = \mathbf{4\text{ ms}}$$

매일의 자연현상 20.1

쌍둥이의 역설

상황. 상대론적 현상 중 가장 많이 토의되는 현상 중의 하나가 이른바 쌍둥이의 역설이다. 똑같은 쌍둥이 중의 하나인 아델이 아주 빠른 속도로 먼 별까지 여행을 하고 지구로 돌아온다. 다른 쌍둥이인 버사는 자매가 여행하는 기간 내내 지구에 남아 있는다. 쌍둥이 중의 하나가 광속에 가까운 속력으로 움직이므로, 이들 두 쌍둥이는 시간팽창 때문에 시간의 흐르는 속도가 다른 것으로 측정할 것이다. 여행 갔던 쌍둥이가 돌아와 보면 자기가 집에 남아 있던 쌍둥이보다 나이를 덜 먹은 것을 알게 되겠는가? 쌍둥이 각자가 자기는 정지해 있고 다른 짝이 움직이는 것으로 볼 것이기 때문에 (속도가 일정한 한) 다른 짝이 더 나이를 덜 먹어야 하는 것은 아닐까? 이 질문이 바로 명백한 역설의 중심부에 위치하고 있다.

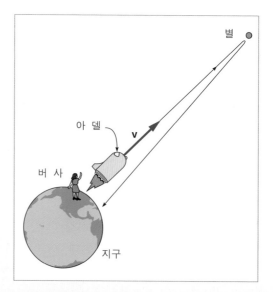

쌍둥이 아델이 멀리 떨어진 별까지 왕복하고, 쌍둥이 짝 버사는 집에 남아 있다.

분석. 아델의 전체 여행이 $v = 0.6\ c$의 속력으로 진행되었다고 하자. 시간 팽창식에 나타나는 γ인자는 표 20.1에서 보면 1.25이다. 아델이 자신의 여행이 12년 걸렸다고 느낀다면 이 시간이 그녀의 좌표계, 즉 우주선에서 본 고유시간이다.

여행 중 12년을 살았고 그에 해당하는 적절한 회수의 심박동(또는 적절한 생물학적 시간현상)을 겪었다. 다른 말로 해서, 아델이 아는 한 그녀는 출발할 때보다 나이를 12살 더 먹었다.

그녀의 쌍둥이 자매인 버사는 반대로 같은 시간 동안 시간팽창을 겪는다. 버사가 산 시간은 $t = \gamma t_0$로, 15년(1.25 × 12년)이 된다. 버사는 동생이 돌아오기를 기다리며 15살이 된다. 여행기간 동안 아델은 12살만 먹었기 때문에, 여행이 끝난 시점에서 아델은 쌍둥이 자매보다 3살 아래가 된다.

이번에는 우주선을 고정시키고 지구가 움직이는 좌표계에서 같은 분석을 해 보자. 그러면 지금 막 계산한 것과 반대의 결론에 이르지 않을까? 그렇게 분석하면 오히려 버사가 아델보다 3살 아래가 되는 것으로 나오지 않을까? 분명 이 두 결론이 모두 옳다고 할 수는 없다. 여기에 바로 역설이 존재한다.

이 역설의 해답은 우리가 가속도와 그로 인한 좌표계의 변화를 무시했다는 사실에 있다. 예와 같은 여행을 하기 위해서는 아델의 우주선이 먼저 우리가 가정했던 엄청난 속도인 0.6 c에 이를 때까지 지구에서 멀어지면서 가속되어야 한다. 먼 별에 도착하면 방향을 돌려야 하는데, 여기에는 반대 방향(그리고 다른 좌표계로)의 가속도를 필요로 한다. 우리의 문제에는 완전한 대칭성이 존재하지 않는다. 우주선은 지구에 대한 속도는 v이지만 속도가 반대 방향인 두 개의 좌표계에 존재하는 것이다. 가속도는 일반상대성 이론을 이용하여 다룰 수 있지만 우리의 목적을 위해서는 그럴 필요까지는 없다. 가속이 진행되는 시간이 전체 비행시간에 비하여 짧다면 위의 특수 상대성 이론에 의한 계산으로도 정확한 결과를 얻을 수 있다. ─아델이 버사보다 느리게 나이를 먹는다. 이 결과는 특수상대성 이론의 기본적인 가정을 이용하고 각 좌표계에서 시계의 작동을 주의하여 고려하는 사고실험

v가 $0.995\,c$라면 아델과 버사의 나이 차이가 아주 현격할 것이다.

을 통하여 확인할 수 있다. 그러나 우리는 지구가 아니라 우주선이 좌표계를 바꾼다고 가정하여야만 한다. 시간 흐름의 차이와 그에 따른 쌍둥이의 나이 먹는 속도의 차이는 초정밀 시계와 훨씬 느린 제트기를 이용하여서도 실험적으로 입증된 실제 효과이다. 만약 $0.995\,c$ 정도의 속도에 도달할 수 있다면 두 쌍둥이의 나이 차이는 아주 현격할 것이다. $0.995\,c$의 속도에서는 시간 팽창 인자가 1.25가 아니라 거의 10에 가깝다. 아델에게 10년 걸렸을 여행이 버사에게는 100년 걸렸을 것이다. 아델은 버사가 100년 산 동안 10살만 더 먹은 채로 지구로 돌아올 것이다.

리 720 km로 측정한다. 또한 조종사는 비행 시간에 대하여 지상의 관측자가 측정한 팽창시간 5 ms를 더 짧은(고유시간) 4 ms로 측정한다.

이러한 효과들이 낯설어 보이기는 하지만 많은 경우에서 관찰되어 왔다. 보통 크기의 물체는 눈에 띌 만한 효과를 낼 만큼의 속력으로 움직이지 않지만, 원자보다 작은 입자들은 흔히 그런 속력으로 움직인다. 실험실에서 정지해 있을 때 어떤 수명을 가진 입자도 광속에 가까운 속도로 움직일 때는 더 긴(팽창) 수명을 가진 것처럼 보인다. 이 입자는 실험실에서 보는 관측자의 관점에서 보면 더 먼 거리를 이동하고 나서 붕괴된다.

그러나 입자와 함께 움직이는 관측자의 관점에서 보면 입자는 고유 수명 t_0를 가지고 있으며 실험실 관측자가 측정한 정지거리보다 짧은 단축거리 L을 진행한다. 이 상황은 기본적으로는 예제 20.1의 우주선에 대한 경우와 동일하다. 이러한 관측결과는 이들을 아인슈타인의 이론에 따라 처리하면 어느 것도 모순이 되지 않는다.

자세히 검토해 보면 움직이는 우주선에서 거리를 측정하는 문제는 측정하는 거리의 양 끝점을 동시에 결정하는 문제로 귀착된다. 두 관측자 모두가 경과한 시간에 대하여 의견이 다를 뿐 아니라 사건이 동시에 생겼는지 아닌지에 대해서도 의견이 다르다. 공간적으로 떨어진 두 사건은 한 관측자에게는 동시적인 것으로 보일 수 있지만 첫 번째 관측자에 대하여 움직이는 관측자에게는 서로 다른 시각에 생기는 것으로 보일 수 있다.

이 공간과 시간의 효과는 "매일의 자연현상 20.1"에서 유명한 쌍둥이의 역설을 통하여 더 자세히 탐구하기로 한다. 이 역설은 두 쌍둥이의 나이 먹는 속도의 차이에 관한 내용인데, 두 쌍둥이 중 하나는 멀리 떨어진 별로 여행을 하고 돌아오며, 다른 쌍둥이는 지구에 남아 있다. 여행을 한 쌍둥이가 남아 있던 쌍둥이보다 나이를 덜 먹게 된다는 점은 시간팽창의 개념을 이용하면 이해될 수 있다. 이는 그냥 공상과학 소설이 아니다.

빛의 속력이 관측자들의 상대 운동과 무관하게 모든 관측자들에게 항상 같은 값을 갖는다는 아인슈타인의 두 번째 가설을 받아들인다면 우리가 공간과 시간에 대하여 간직해 왔던 견해를 버려야만 한다. 빛의 속력을 시간 측정의 표준으로 사용하면 두 사건이 공간의 한 점에서 일어나는 것으로 보지 않는 관측자에게는 두 사건 사이의 시간이 팽창 혹은 길어짐을 알게 된다. 또한 측정하는 거리에 대하여 움직이는 관측자는 단축된, 즉 짧아진 거리 측정치를 얻는다. 관측자들끼리 두 사건이 동시적인지 아닌지에 대해서도 의견이 다르다.

20.4 뉴턴의 법칙과 질량–에너지 등가원리

아인슈타인의 가설을 받아들이기 위해서는 우리가 공간과 시간에 대하여 생각하는 방법을 대대적으로 바꾸어야만 한다. 속도와 가속도는 공간과 시간의 관계 속에서 측정되는 값이므로, 그리고 뉴턴의 운동 법칙에서 가속도의 역할이 지대하기 때문에 우리는 뉴턴의 법칙을 수정해야만 아인슈타인의 가설과 일치하지 않을까 하는 의구심을 갖게 된다. 물체가 대단히 큰 속도로 움직이는 경우에도 뉴턴의 운동법칙이 여전히 성립하는가?

이러한 질문들을 다루는 과정에서 아인슈타인은 운동량의 개념을 다시 정의하여 뉴턴의 제2법칙을 수정해야 함을 알게 되었다. 상대론에 관한 초기의 논문에서 이 새로운 접근법을 동역학에 적용하여 얻어지는 결과들을 검토하면서 그는 흔히 $E = mc^2$이라고 말하는 질량과 에너지 사이의 관계에 대한 경이적인 결론을 얻게 되었다.

뉴턴의 제2법칙을 어떻게 수정해야 하나?

아인슈타인이 그의 가설에 준하여 뉴턴의 제2법칙을 연구한 결과 문제가 발견되었다. 어느 좌표계에서 측정한 가속도와 동일한 물체에 대하여 다른 좌표계에서 측정한 가속도가 일치하지 않는다는 점이다. 우주선 조종사가 어떤 가속도로 물체를 발사하면, 지구에서 보는 관측자는 다른 가속도로 측정을 한다.

보통의 속도에서는 다른 관측자들이 측정한 가속도에는 차이가 없다. 뉴턴의 제 2법칙, $\mathbf{F} = m\mathbf{a}$를 임의의 관성좌표계에서도 같은 힘을 이용해서 적용함으로써 물체의 가속도를 설명할 수 있다. 언뜻 보아서는 속도가 아주 클 때는, 좌표계마다 가속도가 다르게 얻어지기 때문에, 뉴턴의 제 2법칙이 성립하지 않을 것 같다. 그러면 아인슈타인의 제 1가설과 모순이 된다. 뉴턴의 제 2법칙이 관성좌표계마다 다른 형태를 갖는다는 점이다.

7장에서 논의한 바와 같이 뉴턴 제 2법칙의 가장 일반적인 형태는 가속도보다는 운동량으로 $\mathbf{F} = \Delta\mathbf{p}/\Delta t$ — 알짜 힘은 운동량의 변화율과 같다 — 와 같이 정한다. 운동량은 질량과 속도를 곱한 값 $\mathbf{p} = m\mathbf{v}$로 정의된다. 뉴턴의 법칙을 이런 형태로 사용하고자 하면 역시 아주 큰 속도에서 문제가 대두된다. 다른 관성좌표계의 관찰자가 보면 운동량 보존 법칙마저도 성립하지 않는 것 같다.

상대론적 (빠른) 속도에서 운동량 보존 법칙이 성립하도록 하기 위하여 아인슈타인은 운동량을 다음과 같이 다시 정의해야 함을 발견하였다.

$$\mathbf{p} = \gamma\, m\mathbf{v}$$

여기서 $\mathbf{v}$는 주어진 좌표계에 대한 물체의 속도, γ는 앞 절에서 정의한, 속도에 따라 달라지는 상대론적 계수이다. 이렇게 새로 정의된 운동량을 이용하여 아인슈타인은 충돌과정에서 서로 다른 관측자들이 속도와 운동량은 다르게 측정하더라도 운동량이 보존된다는 점에는 일치하게 됨을 증명할 수 있었다. 느린 속도에서는 계수 γ가 거의 1에 가깝기 때문에 새로운 운동량의 정의는 일반적인 운동량의 정의인 $\mathbf{p} = m\mathbf{v}$로 되돌아간다.

운동량 보존의 법칙이 뉴턴의 제 2법칙에서 바로 유도되기 때문에 이 새로운 운동량의 정의가 여기에서도 사용되어야 한다. 다른 말로 해서, 아인슈타인은 새로 정의한 운동량을 뉴턴의 제 2법칙의 일반형 $\mathbf{F} = \Delta\mathbf{p}/\Delta t$에 사용함으로써 뉴턴의 제 2법칙도 그의 가설과 합치하도록 할 수 있음을 발견하였다. 보통의 속도에서는 상대론적 운동량이 고전적 정의로 귀착되기 때문에 뉴턴의 제 2법칙이 통상적인 방법으로 성립한다. 빠른 속도에서는 운동량의 상대론적 정의를 사용하지 않을 수 없다. 아인슈타인의 특수 상대성 이론은 뉴턴 역학 이론의 대폭 개정판이다.

질량-에너지 등가원리의 착상이 어떻게 대두되었나?

뉴턴의 제 2법칙을 수정하면서 아인슈타인은 기계적 에너지도 새로운 의미를 가지게 되는 것을 발견하였다. 고전 물리학에서 물체의 운동 에너지는 그 물체를 주어진 속력까지 가속하는 데 가해진 일을 계산하여 낯익은 수식인 $KE = 1/2 mv^2$

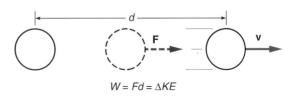

$$W = Fd = \Delta KE$$

그림 20.15 먼저와 같이, 물체를 가속하기 위해 사용된 알짜 힘이 한 일은 그 물체의 운동 에너지 증가량과 같다.

로 얻어진다(6장과 그림 20.15 참조). 아주 빠른 속도로 가속된 물체의 운동 에너지를 계산하는 데도 같은 원리가 적용된다. 그러나 이 경우에는 수정된 뉴턴 제 2법칙을 사용하여 가속 과정을 기술해야 한다.

아인슈타인은 뉴턴 제 2법칙의 상대론적 수정형을 사용하여 운동 에너지를 계산하여 다음의 결과를 얻었다.

$$KE = \gamma\, mc^2 - mc^2$$

γ가 속도를 포함하기 때문에 이 표현식에서 첫 항만이 물체의 속도에 따라 달라진다. 두 번째 항은 물체의 속도와 무관하다.

여기까지의 과정은 아인슈타인에게는 쉬운 일이었다(미적분에 익숙한 사람에게는 어려운 계산이 아님). 그러나 그 결과의 해석은 대단히 힘든 일이었다. 운동 에너지의 새로운 식은 두 항의 차이인데, 하나는 속력에 따라 변하고 다른 하나는 그렇지 않다. 분명 어느 물체를 가속시키면 그 물체의 에너지는 물체가 질량으로 이미 가지고 있던 에너지 mc^2보다 증가한다.

mc^2은 흔히 **정지 에너지**라 하며 자체의 고유 기호 $E_0 = mc^2$가 부여되었다. 아인슈타인이 구한 운동 에너지 식은 정지 에너지를 다른 쪽에 운동 에너지와 같이 두어 $KE + E_0 = \gamma\, mc^2$로 다시 쓸 수 있다. $\gamma\, mc^2$이 전체 에너지, 즉 운동 에너지와 정지 에너지를 합한 양이다. 어느 물체가 가속되면 속도가 빨라지면서 γ가 커지기 때문에 전체 에너지와 운동 에너지가 커진다.

정지 에너지를 어떻게 해석할 것인가?

정지 에너지 항은 아인슈타인의 운동 에너지 계산 중에서 가장 흥미있는 부분이다. c가 자연의 상수이므로 질량에 c^2을 곱하여 에너지 값(mc^2)을 얻는 과정은 결국 질량에 상수를 곱하는 셈이다. 이것이 의미하는 것은 질량이 에너지와 동등하다는 점이다. 어느 물체나 계의 질량을 늘리면 그 계의 에너지를 늘리는 것이며, 어느 계의 에너지를 증가시키면 그 질량을 증가시키는 것이다. 이것이 $E_0 = mc^2$이라는 관계식의 핵심이다.

질량-에너지의 등가원리를 그림 20.16에 보였는데, 분젠 버너로 비커의 물을 데우는 사진이다. 열의 흐름이 에너지의 흐름이므로, 가열하면서 물의 내부 에너지를 증가시킨다.

그림 20.16 분젠 버너가 물에 에너지를 가함으로써 플라스크의 물에 질량을 증가시킨다. 에너지와 질량은 동등하다.

이는 동시에 물의 질량을 증가시키고 있는데, 에너지가 질량이기 때문이다. 이 예에서 질량이 증가하는 크기는 대단히 작아 측정하기(불가능하지는 않더라도) 지극히 어렵다. 1000 J의 열에너지를 가하면, 질량의 증가는 예제 20.3에 보인 바와 같이 1.1×10^{-14} kg에 불과하다. 통상 비커의 물은 수백 그램 정도이므로, 10^{-14} kg의 변화는 완전히 무시할 만하다.

우리가 질량과 에너지를 다른 것으로 생각하는 데 익숙해져 있기 때문에 질량과 에너지가 동등하다는 생각은 받아들이기가 쉽지 않다. 그러나 이 원리 자체는 철저하

예제 20.3

예제 : 에너지를 더하면 질량도 늘어나는가?

분젠 버너로 비커의 물에 1,000 J의 열을 가하였다. 물의 질량 증가량은 얼마인가?

$$E = 1{,}000 \text{ J} \qquad E = \Delta m c^2$$

$$c = 3 \times 10^8 \text{ m/s} \qquad \Delta m = \frac{E}{c^2}$$

$$\Delta m = ?$$

$$= \frac{1{,}000 \text{ J}}{(3 \times 10^8 \text{ m/s})^2}$$

$$= \frac{1{,}000 \text{ J}}{9 \times 10^{16} \text{ m}^2/\text{s}^2}$$

$$= \mathbf{1.11 \times 10^{-14} \ kg}$$

게 검증되었는데, 이는 이 원리가 18장에서 설명한 바의 핵분열이나 핵융합 등의 반응에서 방출되는 에너지를 정확하게 예측하기 때문이다. 가끔은 그러한 반응에서 질량이 에너지로 변환되는 것이라고도 하는데, 이보다는 정지 질량 에너지가 운동 에너지로 변환되는 것이라고 말하는 것이 더 정확하다. 다른 말로 해서, 질량은 이미 에너지이기 때문에 에너지로 변환될 수가 없다. ─ 단지 한 종류의 에너지를 다른 종류로 변환시키는 것이다.

질량−에너지 등가원리는 지금까지 설명해 온 다른 생각들과 마찬가지로 아인슈타인의 가설을 역학에 주의깊게 그리고 일관성 있게 적용한 결과일 뿐이다. 놀라운 결과들에 의하여 에너지와 질량, 공간과 시간 등의 개념에 대한 이해를 근본부터 수정하게 되었다.

아인슈타인의 가설을 더 자세히 연구해 본 결과 관측자마다 가속도의 값이나 심지어는 운동량이 보존되는가의 문제에 대해서 의견이 다름이 밝혀졌다. 뉴턴의 제 2법칙을 수정할 필요가 생겼는데, 이는 제 2법칙의 일반적인 형태에 들어가는 운동량의 정의를 바꿈으로써 해결되었다. 수정된 운동량의 정의에 따라 제 2법칙을 사용하면 운동 에너지의 표현식도 달라진다. 운동 에너지의 새로운 식 중 한 항은 물체의 속력과 무관하여 물체의 질량과 관련된 정지 에너지의 개념이 도입된다. 질량−에너지 등가원리는 그 이후 핵반응에서 극적으로 입증되어 왔다.

20.5 일반 상대성 이론

지금까지의 논의는 관성좌표계, 즉 서로에 대하여 일정한 속도로 움직이는 좌표계의 경우로만 제한되었다. 그러면 관성좌표계가 가속되고 있다면 어떻게 될 것인가? 특수 상대성 이론에서 사용한 사고를 이 경우에로 확장할 수 있을까?

아인슈타인은 특수 상대성 이론을 소개한 직후에 이 문제들에 착수했지만 그 생각을 정리하는

데 어느 정도의 시간이 필요하였다. 그는 이렇게 얻은 일반 상대성 이론을 특수 상대성 이론을 발표한 지 10년 후인 1915년에야 발표하였다. 이로써 다시 한 번 아인슈타인의 생각이 우리의 우주관을 근저에서부터 수정하게 하였다.

등가원리란 무엇인가?

이 장의 첫 부분과 14장에서 우리는 가속되는 엘리베이터 안에 있는 사람에게는 현상들이 어떻게 보일 것인가를 논할 때 가속 좌표계에 대하여 논의하였다. 엘리베이터가 일정한 속도로 움직일 경우에는 아인슈타인의 제1가설(상대성의 원리)에 의하면 엘리베이터가 정지했을 경우와 모든 물리법칙이 똑같아야 한다. 다시 말해 엘리베이터 안에서 어떤 실험을 하여도 우리가 지구에 대하여 움직이는지의 여부를 판단할 수가 없다.

그러나 엘리베이터가 가속되는 경우라면 정지 혹은 일정 속도로 움직이는 경우에 관찰하는 것과 차이가 있을 것으로 기대가 된다. 특히 4장에서 논의한 바와 같이, 엘리베이터가 위로 가속될 때 체중계에 사람이 올라서 있으면 정지해 있을 때보다 몸무게가 크게 나타난다(그림 20.17). 뉴턴의 제2법칙으로부터 이 늘어난 체중은 체중계가 사람의 실제 무게보다 더 큰 힘을 위쪽으로 (수직한 힘) 발에 미치는 데서 생겨난다. 이 위 방향의 알짜 힘에 의해 사람이 엘리베이터와 같이 위로 가속된다.

이와 같이 저울 눈금의 변화는 엘리베이터가 가속된다는 근거로 사용될 수도 있다. 엘리베이터가 위로 가속되면 눈금값이 정상값보다 클 것이다. 엘리베이터가 아래로 가속되면 눈금값이 정상값보다 낮을 것이다. 엘리베이터 케이블이 끊어져 아래 방향으로 g의 가속도로 가속된다면 (자유 낙하) 눈금은 0이 되어 겉보기로는 무게가 없어진다. 수직통로 밑바닥에 충돌하여 멈출 때까지는 마치 궤도를 도는 우주왕복선의 우주비행사처럼 엘리베이터 안에서 떠다닐 수 있다.

다른 실험들도 엘리베이터가 가속되지 않았더라면 기대하지 않았을 결과들을 낳는다. 예를 들어 떨어뜨린 공은 $g = 9.8$ m/s^{2}와 다른 겉보기 가속도를 가지고 마루로 다가간다. 엘리베이터가 위로 가속된다면 공의 겉보기 가속도는 g보다 커서, 엘리베이터의 가속도 a와 중력 가속도 g의 합이 된다. 엘리베이터가 아래로 가속된다면 공의 겉보기 가속도는 그림 20.18이 보여 주는 것처럼 g보다 작다. 단

그림 20.17 엘리베이터가 위로 가속되면 저울은 N을 가리키는데, 이는 이 사람의 무게 W보다 크다.

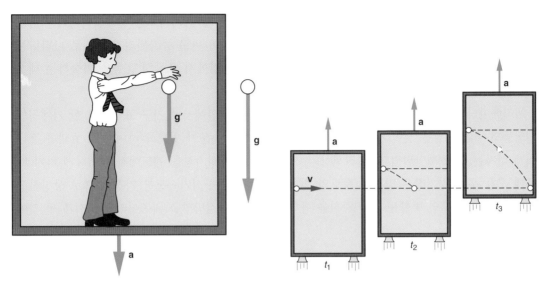

그림 20.18 아래로 가속되는 엘리베이터에서 공을 떨어뜨리면 g보다 작은 겉보기 g′ 가속도로 바닥으로 다가간다.

그림 20.19 (지구의 인력이 무시할 만한) 우주 공간에서 가속되는 엘리베이터에 수평으로 던진 공은 지표 근방의 포사체와 같은 방식으로 마루로 떨어진다.

진자의 진동주기도 엘리베이터가 가속되지 않을 경우와 달라진다. 이런 실험들에 하나의 공통점이 있는데, 이들 모두 $g = 9.8 \text{ m}/s^2$와 다른 겉보기 가속도로 설명할 수 있다는 점이다. 무게가 질량과 중력 가속도의 곱(mg)과 같기 때문에 겉보기 무게의 변화는 중력가속도 값의 겉보기 변화에 의한 것이라고 할 수 있다. 공의 가속도나 진자 주기의 변화도 같은 방식으로 설명한다. 엘리베이터의 가속도는 측정이 가능하다. 그러나 이러한 가속도운동의 효과는 중력가속도가 증가하거나 감소할 때 관측되는 효과와 동일하기 때문에 이 둘을 구별할 수가 없다.

이런 가속도들을 구별할 수 없다는 사실이 바로 아인슈타인 일반 상대성 이론의 기본 가설인 **등가원리**의 기반이 된다.

> 좌표계의 가속도와 중력의 효과는 구분할 수 없다.

엘리베이터 내부에서 보면 엘리베이터가 가속되고 있는지 아니면 중력가속도 g가 증가 혹은 감소하고 있는 것인지 알 수가 없다. 중력가속도가 변하는 것이라고는 예상하지 않고 있기 때문에 우리는 통상 그 효과를 좌표계의 가속도 탓으로 이해한다.

이제 엘리베이터를 중력의 효과가 지표면 가까이에서보다 훨씬 작은 우주 공간으로 가져가보기로 하자. 거기서 엘리베이터가 가속되고 있지 않다면 우리의 무게는 0이다. 엘리베이터가 위쪽으로 가속되고 있다면 그 엘리베이터 내에서 어떤 실험을 하여도 마치 엘리베이터 가속도의 방향과 반대 방향으로 중력가속도가 작용하는 것처럼 관측될 것이다.

공을 수평으로 던지면(그림 20.19) 그 궤적은 지구 표면에서 던져진 공의 궤적과 같다. 엘리베이터 내에 있는 사람의 입장에서 보면, 자신의 좌표계의 위 방향 가속도는 엘리베이터의 가속도와 크기가 같은 아래 방향의 중력가속도와 동등하다(이것이 바로 등가원리가 실제로 나타나는 예이다). 공은 엘리베이터 바닥으로 "낙하"하고 우리는 3장에서 포물체 운동을 기술하는 데서 사용하였던 것과 같은 방법으로 이 운동을 예견할 수 있다.

엘리베이터의 가속도가 $9.8 \ m/s^2$이라면, 이 엘리베이터 안에서나 지구 표면에서 한 기계적인 실험들의 결과는 같을 것이다. 우주 정거장에는 일정한 가속도가 있도록 하여 중력 효과를 흉내내게 하자는 것도 제안되었다. 일직선상의 가속도는 우주 정거장을 궤도에서 벗어나게 하기 때문에 보통 우주 정거장은 일정한 속도의 회전운동에 의한 구심가속도를 가진 것으로 상상하고 있다. 구심 가속도의 방향은 회전 중심을 향하기 때문에 중심방향을 위쪽이라고 느끼게 될 것이다(그림 20.20).

강한 중력장에 의하여 빛이 휘어지는가?

등가원리는 또한 빛의 전파와도 밀접한 관계가 있다. 그림 20.19와 유사하지만 공 대신 빛을 이용하는 실험을 상상해 보자. 엘리베이터에 가속도가 없다면 빛살은 엘리베이터를 가로질러 수평선을 따라갈 것이다. 특수 상대성 이론으로부터 우리는 이미 이 엘리베이터가 다른 임의의 관성좌표계에 대하여서 일정한 속도로 움직임의 여부에 관계없이 이것이 사실임을 알고 있다.

그러나 엘리베이터가 위로 가속되고 있다면 결과가 달라진다. 가속도가 어느 정도 이상이 되면 엘리베이터 안에서 보았을 때 빛의 경로는 그림 20.19의 공과 같이 휘어질 것이다. 이 휘어지는 현상은 가속되는 엘리베이터의 위치를 공에 대해서 했던 것처럼 엘리베이터 밖에 있는 사람

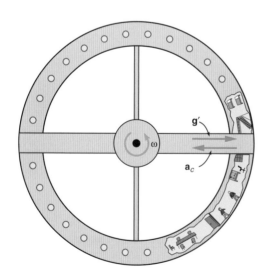

그림 20.20 회전 바퀴식 우주 정거장의 구심가속도 $\mathbf{a}_c$는 우주인들에게 인공 중력 $\mathbf{g}'$을 만들어 줄 수 있다.

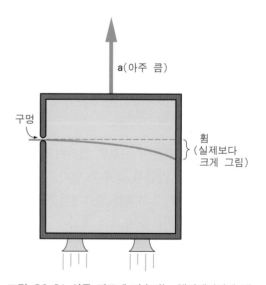

그림 20.21 아주 빠르게 가속되는 엘리베이터에 대하여 빛이 가는 경로는 엘리베이터의 운동에 의하여 휘어진다.

이 보는 빛의 직선 경로에 겹쳐두면 가시화할 수 있다. 그림 20.21에 보인 것처럼, 엘리베이터에 대하여 빛이 나아가는 경로가 휘게 된다.

그러나 등가원리에 의하여 우리 좌표계의 가속도와 중력가속도의 여부를 구분할 수가 없다. 따라서 빛은 강한 중력장을 지나면서 휘어질 것으로 예상하여야 한다. 광속이 워낙 크기 때문에 휘어지는 효과가 관찰될 정도가 되려면 관성좌표계의 가속도나 중력가속도의 크기가 대단히 커야 한다. 지구의 중력장은 관측될 정도로 빛을 휘기에는 너무 약하다.

그러나 먼 별에서 온 빛이 태양 근처를 지나가면 태양의 중력은 측정할 수 있는 정도의 효과를 낼 만한 충분한 크기이다. 아인슈타인은 태양의 중력장에 의하여 빛이 어느 정도 휠 것인가 그리고 이런 별에서 오는 빛이 태양 근처를 지나갈 때 별의 실제 위치가 얼마나 어긋나 보이는가를 예측할 수 있었다.

유감스럽게도 지구에서는 낮에 별을 관측하기가 어렵다. 태양에서 오는 빛이 지구의 대기에서 흩뿌려져서 매우 약한 별빛을 볼 수 없게 만들기 때문이다. 그러한 관찰을 할 수 있는 것은 태양이 달에 의해 완전히 가려지는 개기일식뿐이다. 아인슈타인은 개기일식 때 그러한 관측을 시도해 볼 것을 제안했는데, 지금까지도 기회가 오면 그렇게 해 오고 있다. 이러한 측정 결과는 아인슈타인의 예측을 확인하여 주었다.

일반 상대성 이론의 시공간 효과란 무엇인가?

특수 상대성 이론에 의하면 서로 움직이는 관측자들의 시간 측정값이 다르다. 시간 팽창 효과에서도, 자신의 좌표계에서 어떤 일이 시작되고 끝나는 것을 보는 관측자가 측정한 시간 간격 (고유 시간)은 그 좌표계에 대하여 이동하고 있는 관측자가 측정한 시간 간격보다 짧다. 쌍둥이의 역설에서 우주비행사는 자신의 좌표계에서 일어나는 사건에 대하여 고유 시간을 측정하는데, 이는 집에 남은 또다른 쌍둥이가 측정하는 팽창 시간보다 짧다. 우주비행사의 시계는 쌍둥이 짝의 시계보다 느리게 간다. 우주비행사가 관측하는 시간이 더 짧다.

일반 상대성 이론에서도 가속되는 시계가 가속되지 않는 시계보다 더 느리게 간다. 등가원리에 의하여 강한 중력장에 놓인 시계가 약한 중력장의 시계보다 더 느리게 갈 것을 예상하게 된다. 일반 상대론의 시간효과는 종종 **중력의 적색 이동**이라고 한다. 빛의 주기(한 사이클에 드는 시간)가 길어지면 진동수는 줄어든다. 진동수가 낮아지면 빛은 눈에 보이는 스펙트럼에서 붉은 색 쪽으로 이동한다.

일반 상대성 이론은 주로 중력의 본질에 관한 내용으로 되어있다. 중력은 시간은 물론 직선경로에도 작용하여, 공간과 시간을 측정하는 방법에 큰 영향력을 미친다. 이러한 현상들을 다루기 위한 논리적인 수학적 도구들을 위하여 아인슈타인은 비유클리드 기하학 또는 휘어진 시공간 기하학을 이용하였다.

간략하게 말해서 유클리드 또는 보통의 기하학에서는 두 평행선이 만나는 일이 없지만, 비유클리드 기하학에서는 두 평행선이 만날 수도 있다. 한 예가 지도의 경도처럼 구면에 그린 두 평

그림 20.22 지구본에 평행하게 그린 경도선들은 극점에서 만난다.

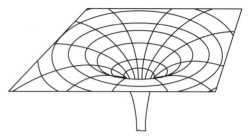

그림 20.23 블랙홀의 중력효과는 블랙홀 근처의 강한 곡률로 나타낼 수 있다.

행선이다. 적도에 수직하게 그린 평행선들은 그 선들을 그린 면이 구면이기 때문에 극점에서 만나게 된다(그림 20.22). 모두 기하학의 법칙을 어떻게 정의하는가의 문제이다.

아인슈타인의 특수 상대성 이론은 시간의 측정은 공간상의 위치에 따라 달라지며, 거리의 측정은 시간의 값에 따라 달라짐을 입증하였다. 그렇기 때문에 더 이상 시간과 공간을 서로 독립된 것으로 간주할 수 없다. 이런 개념들을 기하학을 이용하여 나타내기 위해서는 세 개의 수직한 공간 좌표축과 시간을 나타내는 네 번째 좌표축으로 이루어지는 4차원 또는 4개의 좌표축을 사용하여야 한다. 어떤 운동이나 사건을 기술하기 위해서는 이 **시공간 연속체**에서 그 경로를 추적하여야 한다.

시공간 연속체는 4차원적이고 그림으로 나타내기가 좀 어렵지만, 그림 20.23은 아주 강한 중력장 근처에서 공간이 어떻게 휘어질 것인지를 나타낸 것이다. 이 그림은 곡면상에 2차원만을 보여주고 있지만 어떻게 모든 물질들이 배수구처럼 중심부로 빨려 들어갈 것인가를 시사하고 있다. 빛살도 강한 중력장에 의해 휘어지기 때문에, 질량이 있는 입자들과 마찬가지로, 빛도 장의 한가운데로 끌려갈 수 있다.

블랙홀(black hole)이란 무엇인가?

그림 20.23은 **블랙홀**의 2차원 그림이다. 블랙홀은 무거운 별이 작은 크기로 응축된 것으로 생각되고 있는데, 극도로 강한 중력장을 내고 있으며 따라서 주변 공간을 심하게 휘게 하고 있다. 이 중력장은 너무도 강하기 때문에 어떤 각도로 나오는 빛은 중심부로 휘어져서 다시 나오지 못한다. 빛은 들어갈 수는 있어도 나오지 못한다. 블랙홀은 빛의 완전 흡수체로서 검게 보인다.

블랙홀은 빛을 내지도 반사하지도 않아서 직접적으로는 관측할 수 없지만 그 존재는 그 중력장이 주변의 별이나 물질에 미치는 효과로부터 추정할 수 있다. 예를 들어, 이중성이 2개의 별로 이루어져 있어 하나는 눈에 보이고 다른 하나는 블랙홀이라고 할 때, 보이는 별의 운동이 그 짝의 존재를 은연 중에 드러낸다. 천문학자들은 Cygnus X-1 별에서 이런 종류의 좋은 후보를 적어도 하나 확보하고 있다. 다른 관측에서도 블랙홀의 존재가 암시되고 있기는 하지만 블랙홀의 존재에 대한 확실한 입증은 어려운 일이다.

중력파의 발견

2016년 2월 12일자 'Physical Review Letter' 중력파의 발견을 발표하는 논문이 계제되었다. 중력파의 존재 가능성은 이미 100년 전에 일반 상대성 이론의 일부로 아인슈타인에 의해 제기되었으며 그것은 극히 약하여 측정이 매우 어려울 것으로 예측되었다. 그 이후로 많은 물리학자들이 중력파의 발견을 위해 꾸준한 연구를 기울여 왔다.

중력파 발견의 첫 번째 관측은 1993년에 시작된다. 이 장치는 두 개의 광학장비로 이루어진 마이켈슨 간섭계로 그 하나는 워싱턴주의 핸퍼드에 또 하나는 루이지애나주의 리빙스턴에 설치되었다. 각각의 장치는 직각으로 된 두 개의 긴 팔(약 4 km에 달함)을 가지고 있으며 각각 팔의 끝부분에 장착된 거울에 반사된 두 빛은 모아져 간섭무늬를 만든다(16.3절 빛의 간섭 참조).

2015년 9월 워싱턴과 루이지애나의 두 간섭계는 동일한 간섭무늬를 관측하였으며 이는 중력파가 우주 바깥으로부터 온 것임을 말해주는 것이었다. 왜냐하면 두 간섭계는 서로 아주 멀리 떨어져 있으므로 근방에서 생긴 중력파는 아니기 때문이다. 실제로 루이지애나에서 관측한 중력파는 워싱턴의 그것보다 약 7밀리 초(0.007초) 빠른 것으로 이는 중력파가 지구의 남반구 쪽 먼 우주로부터 온 것임을 말해주는 것이다.

데이터를 분석한 결과 중력파는 지구로부터 약 13억 광년 떨어진 곳에서 두 개의 블랙홀이 충돌하며 생긴 것으로 만일 중력파가 빛의 속도로 이동하였다면 이는 약 13억년 전에 일어난 사건이었을 것으로 계산되었다. 중력파의 측정은 특히 천문학자들의 관심을 끌었는데 이는 중력파가 아주 오래전에 일어난 일들을 말해주고 있기 때문이다.

아인슈타인의 특수 및 일반 상대성 이론은 20세기 물리학에 엄청난 충격을 주었다. 예견된 효과들은 핵반응에서 방출된 에너지로부터 별빛의 휘는 현상에 이르기까지 훌륭하게 입증되었다. 우리의 시공간에 대한 근본적인 개념이 이런 아이디어에 의하여 수정 및 혼합되었다. 일상의 경험을 벗어나는 일이기는 하지만 이러한 아이디어는 분명 상상력을 자극한다.

아인슈타인의 특수 상대성 이론이 주로 관성 좌표계에 관한 내용인 데 비하여 일반 상대성 이론은 가속도가 있는 좌표계를 다룬다. 일반 상대성 이론에서 추가된 가설은 등가원리로, 가속되고 있는 좌표계와 중력장의 효과를 구분할 수가 없다는 내용이다. 일반 상대성 이론은 강한 중력장에 의한 빛의 휨, 가속되는 좌표계나 중력장에서 시계의 느려짐 그리고 중력에 의하여 만들어지는 시공간의 휘어짐 등을 예측하고 있다. 블랙홀의 개념도 이런 아이디어에서 나왔다. 일반 상대성 이론과 중력의 본질에 관한 연구는 아직도 활발한 연구 영역으로 남아있다.

질 문

Q1. 보트가 하류로 움직인다면 물에 대한 보트의 속도가 강둑에 대한 보트의 속도보다 크겠는가? 설명하라.

Q2. 보트가 상류로 움직인다면 강둑에 대한 보트의 속도가 물에 대한 보트의 속도보다 크겠는가? 설명하라.

Q3. 비행기가 바람과 같은 방향으로 비행한다면, 지면에 대한 비행기의 속도는 공기에 대한 속도보다 큰가, 작은가 아니면 같은가? 설명하라.

Q4. 노 젓는 배를 탄 사람이 흐름을 거슬러 올라가지 못하는 수도 있는가? 설명하라.

Q5. 보트가 흐름을 가로질러 간다면, 강둑에 대한 보트의 속력이 물에 대한 보트의 속력과 강둑에 대한 물의 속력을 수치적으로 더한 것과 같겠는가? 설명하라.

Q6. 비행기가 진행 방향에 대하여 $90°$로 부는 옆바람을 안고 비행한다면, 지면에 대한 비행기의 속도가 공기에 대한 비행기의 속도보다 작겠는가?

Q7. 비행기 등의 속도와 바람의 속도를 더하는 데 특수 상대성 이론이 필요한가? 설명하라.

Q8. 특수 상대성 이론의 관점에서 볼 때, 지구에 대한 빛의 속도에 태양에 대한 지구의 속도를 더하여 태양에 대한 빛의 속도를 얻는 것이 타당한가? 설명하라.

Q9. 에테르(광파의 매질로 가정되었던)는 진공 속에 존재하는 것으로 가정했었는가? 설명하라.

Q10. 마이컬슨–몰리의 실험은 지구에 대한 빛의 운동을 검출하기 위한 목적이었는가? 설명하라.

Q11. 마이컬슨–몰리의 실험이 지구에 대한 에테르의 운동을 검출하는 데 성공했는가? 설명하라.

Q12. 아인슈타인의 두 가설 중 어느 것이든지 속도가 더해지는 방법에 대한 고전적 가정과 모순되는가? 설명하라.

Q13. 아인슈타인의 가설 중 어느 것이 에테르에 대한 지구의 운동을 검출하지 못한 실패를 가장 직접적으로 다루고 있는가? 설명하라.

Q14. 다른 두 관측자가 빛이 거울에서 반사하여 제자리로 돌아오는 데 걸린 시간을 서로 다르게 측정하는 것이 가능한가? 설명하라.

Q15. 지구에서 하고 있는 장기 경기를 관측자 A가 보았는데, 그는 우주선을 타고 지나가는 중이다. 관측자 B는 땅 위에서 장기 두는 사람들의 어깨너머로 보고 있다. 이 두 사람 중 누가 게임의 한 수당 걸리는 시간을 더 길게 측정하겠는가? 설명하라.

Q16. 어떤 반감기가 있는 방사성 동위원소가 입자 가속기에서 고속으로 움직이고 있다. 실험실에서 정지하고 있는 관측자는 이 동위원소의 반감기를 잴 때 고유시간을 재는가? 설명하라.

Q17. 우주선이 빠른 속도로 관측자 A를 지나가는데, A는 지구에 정지해 있다. 관측자 B는 우주선을 타고 있다. 이들 두 관측자 중 누가 더 우주선의 길이를 길게 재겠는가? 설명하라.

Q18. 아버지가 아들이나 딸보다 어리다는 것(나이를 덜 먹음)이 이론적으로 가능한가? 설명하라.

Q19. 우주비행사가 우주여행을 떠나서 자기의 쌍둥이 짝이 태어나기 1년 전에 돌아오는 것이 가능한가? 설명하라.

Q20. 광속에 가까운 속도로 움직이는 물체에 대하여 $\mathbf{F} = m\mathbf{a}$의 꼴로 쓴 뉴턴의 제 2법칙이 성립하는가? 설명하라.

Q21. 저속으로 움직이는 물체에 대하여 상대론적 운동량의 관계식 $\mathbf{p} = \gamma\, m\mathbf{v}$를 쓸 수 있는가? 설명하라.

Q22. 용수철을 눌러서 그 눌린 상태로 고정시켰다면 용수철의 질량을 바꾼 것인가? 설명하라.

Q23. 아주 빠른 속도로 움직이는 물체의 경우, 물체의 운동 에너지 증가는 그 물체를 가속시키는 데 든 일과 같은가? 설명하라.

Q24. 핵분열 반응과 같은 핵반응에서 질량이 에너지로 바뀐다고 말하는 것이 전적으로 옳은가? 설명하라.

Q25. 어느 물체의 속도를 0으로 줄이면 그 에너지는 모두 사라지는가? 설명하라.

Q26. 엘리베이터가 아래 방향으로 가속된다면 (목욕탕 저울로 재는) 겉보기 체중이 엘리베이터가 정지했을 때 무게보다 더 크겠는가? 설명하라.

Q27. 닫힌 우주선 안에서 우주선이 가속되고 있는지 아니면 단순히 태양 혹은 지구와 같이 무거운 천체 근처에 있는 것인지 판단할 수 있겠는가? 설명하라.

Q28. 자유낙하하는 엘리베이터 안에서의 경험이 우주선이 행성이나 별에서 멀리 있을 때 일정한 속도로 움직이는 우주선 안에서의 경험과 어떤 면에서 비슷하겠는가? 설명하라.

Q29. 빈 공간 속을 진행하는 빛은 언제나 직선으로 나아가는가? 설명하라.

Q30. 태양 표면에 설치한 시계는 행성이나 별에서 멀리 떨어진 시계와 같은 빠르기로 시간을 재겠는가? 설명하라.

Q31. 블랙홀이란 그냥 아무런 질량이 없는 공간상의 구멍인가? 설명하라.

연습문제

E1. 정지한 물에서 14 m/s의 속도로 갈 수 있는 보트가 지구에 대하여 5 m/s의 속도로 흐르는 강물에 흐름에 거슬러 최대 속도로 움직이고 있다. 제방에 대한 보트의 속도는 얼마인가?

E2. 바람이 없을 때 460 MPH로 날 수 있는 비행기가 40 MPH의 순풍을 받으며 비행하고 있다. 이 비행기가 (지구에 대하여) 750마일을 비행하는 데 얼마나 걸리겠는가?

E3. 어느 수영선수가 물에 대하여 2 m/s의 속도로 상류로 수영하고 있다. 물 흐름의 속도는 (하류로) 3.5 m/s이다. 제방에 대한 이 수영선수의 속도는 얼마인가?

E4. 지구에 대하여 260 MPH로 비행하는 여객기 내에서 공을 뒤쪽(꼬리날개 쪽)으로 50 MPH의 속도로 던졌다. 지구에 대한 공의 속도는 얼마인가?

E5. 우주비행사가 지구에 대하여 $0.5c$의 속도로 비행하는 자신의 우주선 후미를 향하여 손전등을 비추고 있다. 지구에 대한 빛의 속도는 얼마이겠는가?

E6. $\gamma = 1/\sqrt{1-(v^2/c^2)}$ 인자는 특수 상대성 이론에서 유도되는 많은 관계식에 나타난다. $v = 0.6\,c$일 때 $\gamma = 1.25$임을 보여라.

E7. 우주비행사가 지구를 $0.6\,c$의 속도로 스쳐가면서 3분 달걀을 요리하고 있다. 지구의 관측자가 볼 때 달걀은 얼마 동안 요리되었는가? (표 20.1을 볼 것)

E8. 우주비행사가 우주선의 조종석에서 3시간 교대근무를 시작하는 것을 지구의 관측자가 알았다. 이 우주선이 지구에 대하여 $0.8\,c$의 속도로 움직일 경우, 비행사 자신이 관측하는 근무시간의 길이는 얼마인가? (표 20.1을 볼 것. 주의 : 어느 관측자가 고유시간을 측정하는가?)

E9. 승무원이 측정한 길이가 40 m인 우주선이 지구에 대하여 $0.1\,c$의 속도로 비행하고 있다. 휴스턴의 비행통제실에서 본 우주선의 길이는 얼마인가? (표 20.1을 볼 것)

E10. 지구에 대하여 $0.5\,c$의 속도로 비행하는 우주선의 승무원들이 (비행 경로상에 있는) 두 도시 사이의 거리를 500 km로 측정하였다. 지구에 있는 사람들이 측정한 거리는 얼마인가? (표 20.1을 볼 것 – 어느 관측자가 정지거리를 재는가?)

E11. 우주선이 지구에 대하여 $0.8\,c$의 속도로 비행하고 있다. 우주선의 질량이 500 kg이라면 운동량은 얼마인가? ($p = \gamma mv$, $c = 3 \times 10^8$ m/s이다. 표 20.1을 볼 것)

E12. 어느 물체가 정지해 있을 때 질량–에너지가 150 J이다.
  a. $0.9\,c$의 속도로 움직일 때의 총에너지는 얼마인가? ($E = \gamma E_0$, 표 20.1을 볼 것)
  b. 이 속력에서 운동 에너지는 얼마인가? ($KE = E - E_0$)

고난도 연습문제

CP1. 물에 대하여 6 m/s의 속도를 내는 보트가 유속이 3 m/s인 강물 건너편을 똑바로 보고 강을 건너고 있다. 강의 너비는 48 m이다.
  a. 강물의 속도가 물에 대한 보트의 속도와 더해져서 지구에 대한 보트의 속도가 얻어지는 방법을 보여주는 벡터 도형을 그려라.
  b. 피타고라스의 정리를 이용하여 지구에 대한 보트 속도의 크기를 구하라.
  c. 보트가 강을 건너는 데 시간이 얼마나 걸리는가? (힌트 : 강폭을 거리로 사용할 경우라면 보트의 속도 벡터에서 강물 건너편 방향의 성분만을 고려할 필요가 있다.)
  d. 출발 지점에서 하류 방향으로 얼마나 내려가서 반대편 둑에 닿는가?
  e. 건너편 둑에 닿을 때까지 이동한 거리는 얼마인가?

CP2. π–메존 (또는 파이온) 다발이 실험실에 대하여 $0.9\,c$의 속도로 이동하고 있다고 가정하자. 파이온들은 정지하고 있으면 반감기 1.77×10^{-8} s로 붕괴한다.
  a. 실험실에 대한 파이온 속도의 γ인자를 계산하라.
  b. 실험실의 관측자가 본 파이온의 반감기는 얼마인가?
  c. 실험실에서 보아 파이온들의 절반이 붕

괴하기까지 이동한 거리는 얼마인가?

d. 파이온과 같이 이동하는 좌표계에서 측정하면 절반이 붕괴하기까지 이동한 거리는 얼마인가?

CP3. 우주비행사가 먼 별까지 갔다가 지구로 돌아왔다고 하자. 가속과 감속할 때의 짧은 기간을 제외하고 그의 우주선은 지구에 대하여 $v = 0.995c$의 엄청난 속도로 비행하였다. 그 별은 30광년의 거리에 있다. (광년은 빛이 1년에 가는 거리이다.)

a. 이 속도에 대한 γ 인자가 거의 10이 됨을 보여라.

b. 지구상의 관측자가 보아서 별까지 왕복에 걸린 시간은 얼마인가?

c. 우주 비행사가 볼 때 왕복에 시간이 얼마가 걸리는가?

d. 우주 비행사가 볼 때 비행 거리는 얼마인가?

e. 이 비행사가 여행을 하는 동안 지구에 쌍둥이 형제가 있었다고 한다면, 지구에 돌아갔을 때 몇 살이 더 어려지는가?

CP4. 비커의 물 1 kg (1000 g)이 담겨 있다고 하자. 물에 열을 가하여 온도를 0 °C에서 100 °C로 올렸다.

a. 온도를 올리기 위해서는 몇 joule의 에너지가 가해져야만 하는가?

$(c_w = 1 \text{ cal/g} \cdot \text{C}°, \ 1 \text{ cal} = 4.186 \text{ J})$

b. 이 과정에서 물의 질량은 얼마나 증가하는가? $(E_0 = mc^2)$

c. 이 질량 증가량을 원래의 질량과 비교하라. 이 증가량이 측정할 수 있는 크기인가?

d. 어떻게 해서 원래의 물 질량을 운동에너지로 변환시키는 것이 가능하다고 한다면, 몇 joule의 운동 에너지가 생산되겠는가?

CP5. 그림 20.13의 그림을 이용하여 시간 팽창 공식을 유도하라. 그 과정은 다음과 같다.

a. 그림의 대칭성으로부터 지구 관측자가 측정한 총 시간은 거울 도착 시간의 2배인 것으로 가정한다.

b. 그림에 보인 직각삼각형과 피타고라스의 정리를 이용하면 위 값을 아래와 같이 쓸 수 있다.

$$c^2 \left(\frac{t}{2}\right)^2 = d^2 + v^2 \left(\frac{t}{2}\right)^2$$

c. t를 포함하는 항을 한쪽으로 모으고 양변에 제곱근을 취하면 이 식을 지구의 관측자가 측정한 시간 t에 대하여 풀 수 있다.

d. $2d/c$의 항이 우주선 조종사가 측정한 시간 t_0이므로, 이 식이 20.3절에서 소개한 시간팽창의 공식이 된다.

일상의 현상을 넘어서

학습목표

이 장의 학습목표는 현재 개발 중인 기술에 중요한 영향을 미칠 수 있거나, 또는 많은 사람들에게 관심이나 호기심을 불러일으키고 있는 물리학의 몇몇 연구 분야를 폭넓게 탐구하고자 한다. 즉, 소립자, 우주의 기원, 반도체 및 전자공학, 그리고 초전도체와 다른 신소재 물질들의 기본 개념들을 다룬다. 기본 개념과 논점을 강조하기 위해서 그 특징에 대해 아래에 간단히 그 개요를 요약했다.

개 요

1   **쿼크와 소립자.** 우주를 구성하고 있는 근본 요소는 무엇인가? 그리고 어떻게 우리는 그들에 대한 정보를 얻을 수 있는가? 현재 이론들은 소립자들을 어떻게 체계화하고 분류하는가?

2   **우주론 : 우주의 밖을 들여다 보기.** 우주는 어떻게 형성되었으며 어떻게 변하고 있을까? 소립자의 연구를 통해 우주의 근원에 대한 빛을 밝힐 수 있는가?

3   **반도체와 초소형 전자공학.** 트랜지스터란 무엇이며 어떻게 동작하는가? 반도체 소자는 어떻게 만들어지나? 왜 그것들은 전자 산업에 혁명을 일으켰는가?

4   **초전도체와 신물질.** 초전도체란 무엇이며, 왜 그들이 중요한가? 어떤 다른 신물질들이 고체물리학의 새로운 분야로 대두되고 있는가?

과학이 가장 호기심을 불러일으키는 이유 중 하나는 그것이 우리를 어느 곳으로 이끌고 갈지 전혀 예측할 수 없도록 하기 때문이다. 재미있는 추리소설과 같이 줄거리와 암시만이 있을 뿐 정답은 확실치 않다. 아니 아마도 궁극적인 해답은 전혀 존재하지 않는지도 모른다. 과학에서의 성공이란 자연에 대한 이해를 넓히는 것이고 종종 과학 기술의 진보를 가져오기도 하지만 항상 새로운 문제들을 이끌어낸다.

그림 21.1 제임스 웹 우주 망원경이 허블 망원경의 보조 및 연장선에서 건설되고 있다. 이는 2018년 가동 예정이다. NASA의 기술자들이 그린벨트의 우주센터의 클린룸 안에서 망원경에 사용되는 대형 거울을 크레인을 이용 들어 올리고 있다.

물리학은 때때로 흥미로운 뉴스거리를 만들어내고 있다. 만일 새로운 입자 가속기나 우주 정거장을 건설하는 데 수십 억 달러를 투자해야 할 문제가 생기면 보통 시민들은 때때로 이런 화젯거리에 대해 결정을 내리도록 요청을 받게 된다. NASA의 우주센터에 건립되고 있는 제임스 웹 우주 망원경 프로젝트는 수년에 걸친 사업으로 종종 의회의 청문회 대상이 되고 있다.

우리의 일상생활은 물리학에서 새롭게 진행되는 것을 실감하는 것보다 훨씬 더 다양하게 영향을 받는다. 우리의 대부분은 내부에 마이크로컴퓨터가 내장된 개인용 컴퓨터와 비디오 녹화장치 같은 전자 제품들을 사용한다. 컴퓨터는 우리가 살아가고, 일하고, 즐기는 모든 것에 대해 엄청난 변화를 가져왔다. 오늘의 컴퓨터가 있도록 한 트랜지스터의 발명은 고체 물리학의 진보와 반도체에 대한 인류의 관심과 이해를 통해서 이루어진 것이다.

현대 물리학은 여러 방향으로 활용되어지고 있다. 일부 연구분야는 기술 진보를 위한 필요성에 의해 수행되기도 하고, 반면에 다른 일부는 단지 우리가 살고 있는 우주를 더 잘 이해하기 위한 욕구에 이용되기도 한다.

비록, 이런 분야들에 대해 모든 것을 다룰 수는 없지만 국제적으로 주목을 받고 앞으로도 계속될 가능성이 있는 몇몇 분야에 대해 기술할 것이다. 아직은 일상적인 우리 주변생활에서 접할 수 없는 생각들이 언젠가는 매일 접하게 되는 일상의 현상이 될 것이다.

21.1 쿼크와 소립자

오늘날 가장 지속적인 연구 대상 중 하나는 자연을 이루는 기본요소 또는 입자의 존재를 찾는

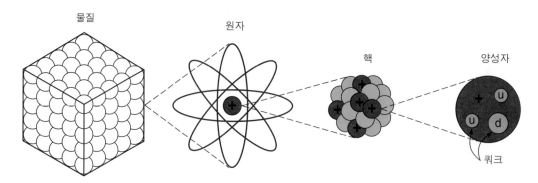

그림 21.2 물질의 기본요소로 생각되는 원자는 오늘날 전자, 양성자, 그리고 중성자들로 구성된다고 알려져 있다. 중성자와 양성자들은 또한 쿼크라는 소립자의 구조를 가진다.

것이다. 20세기까지만 해도 자연의 기본 구성 요소가 원자라고 생각했으며, 그 견해는 19세기 동안 화학의 진보가 이를 강하게 뒷받침하였다. 원자(atom)는 그리스어 '*atomos*'에서 유래하였으며 '보이지 않음'을 의미한다.

18장에서 다루었듯이 원자가 쪼개질 수 있으며 내부 구조를 가지고 있음이 밝혀진 것은 1800년대에 이루어진 실험들에 의해서였다. 1897년 톰슨(J. J. Thomson)에 의한 전자의 발견은 원자 내부에 원자보다 작은 입자가 존재하고 있음을 최초로 밝힌 것이다. 그 후 1911년에 원자 내의 핵이 발견되었고 핵은 양성자와 중성자로 구성되어 있음을 발견하게 되었다. 우리는 이제 양성자와 중성자들 또한 그 내부에 하부구조를 가지고 있으며 그들은 쿼크(quarks)로 구성되어 있다는 것을 알 수 있다(그림 21.2).

과연 그 끝은 어디까지일까? 무엇이 쿼크이고 왜 우리는 그들이 존재함을 믿게 되었을까? 또한 언젠가는 쿼크의 내부 구조를 발견할 수 있을까? 마지막 질문에 대한 확실한 대답을 할 수는 없다. 그러나 고에너지 물리학의 이론적 이해를 통해 최근 새로운 입자들의 혼란스러운 듯한 배열로부터 새로운 규칙성을 발견하게 되었다. 우리는 종종 **표준 모델**이라 불리는 새로운 이론의 몇 가지 특징들을 고찰할 것이다.

어떻게 새로운 입자들이 발견되었나?

전자, 양성자, 그리고 중성자 등의 원자를 구성하는 기본 입자들은 20세기 초 원자 내부의 소립자로 이어지는 긴 행렬 가운데 발견되었다. 예로 양전자는 영국의 물리학자 폴 디랙(Paul Dirac; 1902~1984)에 의해 이론적 근거가 제시된 후 곧 1932년에 발견되었다. 이는 뮤온(muon)과 파이온(pion)의 발견 이후 이어서 발견된 것이다. 이러한 과정은 고에너지 물리학 연구가 활발했던 1950년대와 1960년대에 빠르게 이루어졌다.

이러한 새로운 입자의 발견들은 대부분 러더포드와 그 동료들이 수행했던 알파입자 산란 실험과 유사한 실험을 통해서 이루어진 것이다. 매우 빠르게 가속된 입자를 표적 원자에 충돌시켜 입자 검출기를 이용하여 이들의 충돌 후 궤적을 조사하도록 했다. 방출된 입자들은 초기 실험에서 사용하였던 사진기의 유제, 안개상자, 거품상자 등에 궤적을 남김으로 발견할 수 있었고 오늘날은 좀더 정교한 검출기를 사용하여 확인하였다. 안개상자와 거품상자 속에서 빠르게 움직이는 대전된 입자는 과포화된 증기나 과열된 액체상태인 물방울, 또는 거품을 응축시킴으로써 그 궤적을 추적할 수 있었다(그림 21.3).

그림 21.3 거품상자 속의 입자의 궤적은 충돌이나 붕괴로 만들어진 새로운 입자에 대한 정보를 제공한다.

다른 측정들과 함께 이런 궤적의 분석들로부터 원소들이 충돌하면서 만들어진 질량, 운동 에너지 그리고 입자들의 전하를 추론할 수 있도록 한다. 예를 들어 양으로 대전된 입자의 경로는 자기장 속에서 임의의 일정한 방향으로 향하고 음으로 대전된 입자는 그 반대 방향으로 향한다. 그 경로가 휘어지는 정도는 입자의 질량과 관계 있다. 질량은 서로 다른 입자들의 특성을 알려주는 중요한 자료가 된다.

이러한 산란 실험을 위한 고에너지 입자들은 보통 입자 가속기라고 불리는 몇 가지 종류의 장치로부터 얻어진다. 러더포드는 방사성 물질로부터 알파입자를 사용하였으나 자연 방사능의 알파입자는 그 에너지가 한정되어 있었다. 초기의 다른 과학자들은 지구 밖의 우주공간에서 날아오는 **우주광선**의 고에너지 입자를 사용했다. 입자 가속장치를 이용하면 입자의 고에너지, 고밀도 입자 빔을 만들 수 있어 더 쉽게 여러 가지 흥미 있는 충돌을 가능하게 한다.

오늘날의 입자 가속기는 전자기장을 이용하여 입자 빔을 가속시키고 또 그 궤도를 조정한다. 입자 빔은 진공 상태의 곡선 링 모양 또는 직선의 진공터널을 지나간다. 두 개의 입자 빔을 서로 정면충돌시키면 정지 상태의 타깃에 입자를 충돌시킨 것보다 더 큰 에너지로 충돌시키는 효과를 얻을 수 있다. 입자 빔의 에너지는 전자볼트(eV) 단위로 측정된다. 질량과 에너지 등가의 원리에 의해 양성자나 중성자보다 큰 질량의 입자 빔을 만들려면 입자 빔의 에너지가 매우 커야만 하는데 이는 더 큰 입자 가속기를 필요로 하게 된다. 오늘날 가속기들은 1000 GeV 이상 혹은 더 높은 (1 GeV는 10억 eV) 충돌 에너지를 발생시킬 수 있다. 가장 최신의 현대 가속기로 캘리포니아에 있는 스탠포드 선형 가속기 센터(SLAC)를 포함하여, 시카고 근처 페르미 연구소에는 양성자–반양성자 충돌장치가 있으며 또 스위스와 프랑스의 국경지대에 위치한 CERN의 초대형 하드론 충돌장치(LHC)는 2010년에 이미 1000 GeV 에너지의 기록을 가지고 있다.

입자 동물원의 거주자들

점점 더 많은 종류의 입자들이 발견됨에 따라 과학자들은 그것들을 이론적인 모델에 따라 체계화하고 분류하려는 노력을 기울였다. 비록 모델이 불완전하기는 하였지만 새로운 입자의 존재를 때때로 예견하곤 했다. 이러한 입자들의 분류에는 우선적으로 입자들의 질량이 기본이 되었다. 입자는 세 종류의 일차적인 집단으로 분류되었다. 렙톤(leptons), 메존(mesons), 배리온(baryons)들이 그들인데 이 중 렙톤은 가장 가벼운 입자이고 전자, 양전자, 그리고 베타 붕괴시 수반되는 중성미자를 포함한다. **메존**은 질량이 중간이고 **파이온**(π-메존이라 불리는)과 **케이온**(kaon)을 포함한다. 배리온은 가장 무거운 입자들이며 중성자와 양성자를 포함한다.

이 같은 입자들은 질량이 같으면서 반대의 전하를 갖고 있는 반입자들을 가지고 있다. 예로 양전자는 전자의 반입자로서 음전하 대신 양의 전하를 가진다. 입자가 그 반입자와 충돌할 때 두 입자는 고에너지 광양자들이나 또는 다른 입자들을 생성하며 서로 소멸될 수 있다.

모든 메존은 스핀이 0이지만 렙톤과 배리온은 1/2의 스핀을 갖는다. 스핀은 입자의 각운동량과 관련된 양자역학적 성질을 갖고 있다. 만약, 입자가 대전된다면 스핀 또한 자기 쌍극자를 생성하고 다른 입자들과 상호작용을 하면서 영향을 끼친다.

쿼크란 무엇인가?

양자역학과 상대론을 기본으로 하는 **양자전기역학**(quantum electrodynamics)과 **양자크로모역학**(quantum chromodynamics)은 이러한 입자들의 상호작용을 묘사하는 이론들이다. 1970년대 초반에 이런 이론들의 진보는 모든 입자들을 체계화하는 계획을 수립할 수 있도록 했으며 이것이 **쿼크**를 자리 잡을 수 있도록 한 것이다. 메존과 배리온(둘 다 **강입자**(hadrons)로 불린다)은 모두 쿼크에 의해 이루어졌고, 새로운 입자들이 이 이론에 의해 제안되었다. 두 개의 쿼크, 즉 쿼크와 반쿼크로 구성된 각각의 메존은 배리온과 함께 세 개의 쿼크로 하나의 집합체를 이루고 있다.

이러한 이론들이 발전함에 따라 반입자를 고려하지 않고도 배리온과 메존 등 모두 설명하기 위해서는 여섯 가지 형태의 쿼크가 필요하다고 입증되었다. 즉 이들은 위(up), 아래(down), 맵시(charmed), 야릇(strange), 꼭대기(top) 그리고 바닥(bottom)쿼크들로 이름 붙이게 되었다. 이 여섯 가지 쿼크들(그리고 그들의 반입자들)의 서로 다른 결합들을 통해서 메존과 배리온 집단 속에서 관찰되는 모든 입자들의 설명이 가능하다.

양성자는 세 가지 쿼크들로 구성되어 있다. 전하가 $+2/3e$인 두 개의 위쿼크와 전하가 $-1/3e$인 하나의 아래쿼크이다. 전체 전하량이 0인 중성자는 두 개의 아래쿼크와 한 개의 위쿼크로 만들어진다(그림 21.4).

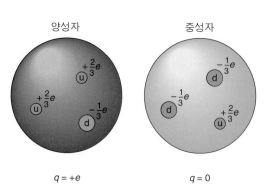

그림 21.4 두 개의 위(up)쿼크와 하나의 아래(down)쿼크로 구성된 양성자. 두 개의 아래쿼크와 한 개의 위쿼크로 구성된 중성자.

양성자와 충돌하는 극도로 높은 에너지를 가진 전자들의 산란 실험을 통해 이런 물질들에 대한 명확한 증거를 얻을 수 있다. 이런 실험들로부터 두 개의 위쿼크와 한 개의 아래쿼크를 지닌 채 적절한 전하들을 가진 양성자 내에서 강하게 산란하는 중심이 존재하고 있음을 보여준다. 이 분석은 러더포드의 핵 발견과 유사하다(18장 참고).

표 21.1 소립자의 세 가지 계열		
첫 번째 계열	두 번째 계열	세 번째 계열
전자	뮤온	타우 입자
전자 중성미자	뮤온 중성미자	타우 중성미자
위쿼크	맵시쿼크	꼭대기쿼크
아래쿼크	야릇쿼크	바닥쿼크

렙톤들과 쿼크들의 집단은 서로 유사성을 가진다. 이들 입자들은 이제 유사한 세 개의 그룹으로 묶을 수 있는데 이들 그룹들은 각각 두 개의 렙톤들과 두 개의 쿼크들로 이루어져 있고 각 그룹들 속의 하나의 렙톤은 중성미자가 된다. 표 21.1은 각 그룹들에 속해 있는 입자들을 보여준다. 이 표에서는 단지 열두 개의 소립자(각 네 입자에 세 종류의 계열을 가진)만이 있고, 반입자를 고려하면 스물네 개가 된다.

2005년 7월 21일 있었던 타우 뉴트리노 관측의 발표는 현재 12개의 모든 입자가 실험적으로 존재함이 확인되었다. 이는 일리노이주의 페르미 연구소에서 54명의 각국에서 온 과학자들의 연구와 약 3년간의 데이터 분석의 결과로 이루어진 것이다.

쿼크들은 다른 쿼크들과 항상 결합하여 존재할 뿐이지 개별적으로 존재하지 않는다. 이러한 이유 때문에 이들이 입자 검출기 속에서 그린 궤적으론 곧바로 관찰될 수 없다. 아무튼 그들의 존재는 쿼크 모델을 뒷받침하는 산란 실험과 반작용 관찰을 통하여 추론할 수밖에 없다. 그래서 높은 입자 에너지와 센 빔의 광선이 그러한 반작용을 용이하게 관찰할 수 있는 확률을 높이기 위해 필요하다. 정책적으로 취소된 초전도 충돌장치 계획은 이러한 반작용을 더 잘 관찰할 수 있는 조건을 갖출 수도 있었겠지만 기존의 다른 가속기들의 정교함으로도 그것을 향상시키는 데 계속 기여하고 있다. 앞서 언급한 CERN의 LHC은 향후 수년간 새로운 발견의 장이 될 것이다.

최근 물리학계는 힉스 보존의 존재가 확인되는 실험을 발표하며 흥분의 소용돌이를 맞고 있다. 표준 모델의 완전성을 확보하기 위한 힉스 보존의 존재는 1964년에 처음 예견되었다. 힉스 보존에 대한 가설은 그들이 쿼크와 다른 입자들 사이의 상호작용을 매개하는 역할을 하며 따라서 그들에게 질량을 부여한다는 것이다. 힉스 보존의 관측은 극히 어려울 것으로 예상되었는데 이는 그들이 아주 짧은 시간 동안만 존재하는 데다 생성을 위해 막대한 에너지가 필요하며 그들의 질량도 모르기 때문이었다. 2012~2013년 CERN과 미국 페르미 연구소에서 진행된 실험에 의해 힉스 보존의 존재는 확실히 증명되었고 그들의 질량도 근사적으로나마 알게 되었다. 향후 계속되는 실험들을 통해 우리는 힉스 보존의 다른 성질들과 심지어 여러 종류의 힉스 보존이 존재할 것이라는 사실들이 밝혀질 수 있으리라고 기대한다.

무엇이 기본적인 힘일까?

무슨 힘이 이런 입자들 사이를 서로 붙잡고 있을까? 중성자들, 양성자들, 그리고 다른 배리온들(메존들 또한)을 묶고 있는 주요 힘은 **강한 핵 상호작용**이다. 이 힘은 또한 원자핵 내부에 있는 중성자와 양성자들을 구속하면서 개별적으로 흩어지려는 것을 막기 위해 양으로 대전된 양성자의 정전기적 반발력보다 반드시 더 강해야 한다. 그러나 강한 핵력은 매우 짧은 거리에서만 영향을 미치고 핵의 크기보다 더 긴 거리에서는 급속히 감소한다.

이러한 강한 핵력을 물리학자들은 세 개의 다른 기본적인 힘과 구분하여 다루었는데 즉, 전자기력, 중력, 그리고 약한 핵력 등이다. **약한 핵력**은 렙톤의 상호작용에 의한 것으로 전자와 중성미자에 의한 베타 붕괴의 과정이 그 예이다. 이론 물리의 목표 중 하나는 이런 힘들을 하나의 이론으로 모두 통합시키는 것이다. 우리는 보통 전기장과 자기장을 다룰 때와 같이 임의의 장에 의해 이런 힘들을 설명해 왔기 때문에 하나의 **통일장 이론**으로 나타내기를 원하고 있다.

입자물리학에서 표준 모델이 가장 성공한 이유 중 하나는 전자기력과 약한 핵력을 통합시킨 것이다. 이렇게 전자기력과 약한 핵력을 통합하여 오늘날 **전기적 약력**이라고 하는 또 다른 기본적인 힘을 만들어 낸 것이다. 일찍이 맥스웰의 전자기 이론은 전자기력 속에 표면적으로 두 독립적인 힘인 정전기력과 자기력을 통합했고 이제 그 힘은 약한 핵력과 통합된 것이다.

때때로 우리는 자연의 기본적인 힘으로 강한 핵 작용, 전기적 약력, 그리고 중력의 세 종류의 힘이 존재한다고 말하곤 한다. 그러나 이 말은 틀릴 수도 있다. 왜냐하면 실질적인 진행은 그림 21.5의 표준 모델의 전개과정에서 약한 전기 상호작용으로부터 강한 핵의 상호작용으로 통합하도록 만들어졌기 때문이다. 통합된 이런 이론을 **대통합론**(grand unified theories) 또는 짧게 GUT로 언급된다.

그런데 다른 힘에 비해 중력은 통일장 이론 속에 통일시키는 데 큰 어려움이 있다. 중력의 이론적 기초는 아인슈타인(Einstein)의 일반 상대성 이론 속에서 기술하고 있지만, 이 일반 상대성 이론의 수학은 양자역학과 표준 모델에서 취급하는 수학과 여러 가지 면에서 모순된다. 만일 대

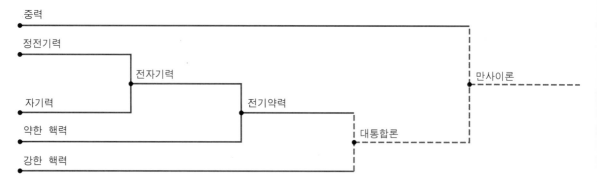

그림 21.5 각각 독립된 힘으로 보이는 자연의 기본적인 힘들이 이론적인 연구에 의해 보다 체계적인 기본적 힘들로 통일되었다. 모든 기본 힘의 완전한 통합은 앞으로도 계속 진행될 것이다.

통합이론과 중력을 통합시킨 새로운 **만사이론**이 발견된다면 그 발견자들에게는 명예와 영광이 한꺼번에 주어질 것이다.

아주 높은 에너지에서의 산란 실험을 통해서도 새로운 소립자들의 존재를 밝히기는 쉽지가 않다. 다만 그 표준 모델로부터 입자들이 각각 두 개의 렙톤과 두 개의 쿼크(그리고 그들의 반입자)를 가진 세 종류의 계열로 분류하는 데는 일단 성공했다. 이 모델은 최근 실험적으로 검출된 꼭대기쿼크를 포함하여 새로운 입자들을 예견했다. 이론 물리학자들은 기본적인 힘이 모두 포함된 통합된 이론을 위해 계속 노력하고 있다.

21.2 우주론 : 우주의 밖을 들여다 보기

앞 절은 우리 주변 세상의 모든 물질과 분자를 이루는 원자의 구조, 즉 원자를 이루는 중성자, 양성자와 이를 구성하는 쿼크 등의 소립자의 구조들에 대한 최근의 입자물리학 분야를 다루었다.

이번에는 거시적인 세계에 초점을 맞추어 보자. 우리가 살고 있는 지구는 태양계의 일부이다. 태양은 겉으로는 그 자체로 거대한 성단(cluster)에서 생겨난 은하(galaxy)들 속에 모여 있는 별들 중 하나이다. 우주는 어떠한 구조를 이루고 있으며 어떻게 변할까? 이런 질문들에 대한 답변을 원자와 핵 그리고 쿼크로부터 배웠던 지식으로부터 찾게 될지도 모른다.

우주는 팽창하고 있는가?

인류는 오랫동안 우주의 본질에 대한 의구심과 밤하늘의 수많은 별들에 대한 신비로움에 매료되어 왔다. 1600년경 갈릴레오 시대에 망원경의 발명은 행성들과 별들을 관찰할 수 있는 새로운 전기를 마련했다. 초기의 망원경을 사용하여 갈릴레오는 목성의 위성을 발견했으며 금성의 위상을 관찰할 수 있었고, 태양계에 대한 코페르니쿠스의 태양중심설을 지지하는 데 기여하였다.

망원경의 성능이 개선됨에 따라 육안으로 보았을 때보다 훨씬 더 많은 천체들을 발견하게 되었다. 이런 천체들이 모두 점으로 된 별들만이 아니고 희미한 모양을 지닌 경우 망원경의 해상도가 증가함에 따라 우리가 오늘날 **은하**라 부르는 별들의 집단이라는 것도 밝혀졌다. 많은 은하들은 그림 21.6에 보이는 것처럼 나선구조를 가진다.

가장 가까이 육안으로 관찰할 수 있는 은하는 태양계가 속해 있는 은하수 은하계이다. 맑은 밤하늘에 은하수 은하계는 하늘을 가로지르는 띠 모양의 연속적인 별무리들로 보인다(그림 21.7). 은하계가 띠 모양으로 보이는 것은 우리 자신이 그림 21.6과 같이 원반 모양의 나선형 은하계의 내부에 있기 때문이다. 태양계는 나선의 주변에 위치하므로 시선을 은하계의 중심 부분을 향하여 보면 수많은 별들이 마치 구름 같이 쌓여 있음을 볼 수 있다. 만일 우리가 성능이 좋은 망원경으로 본다면 이들 구름은 수많은 별들의 모임임을 분간할 수 있을 것이다. 태양도 은

그림 21.6 나선형 은하를 이루는 매우 인접한 별들의 전경으로 우리 은하계와 유사한 모양이다.

그림 21.7 맑은 밤하늘을 가로지르는 띠처럼 보이는 연속적인 무리의 은하수 은하계

하수 은하계에 속한 하나의 별이다. 은하수 은하계는 아주 거대하여 그 지름은 대략 빛의 속도로 10만 년 정도 걸리는 거리이다. 그러나 우리의 은하도 전체 우주의 수십억 개의 은하계 중 하나일 뿐이다(그림 21.8).

　20세기 초기에 이루어진 다른 은하계에 대한 관찰은 과학사에 아주 놀라운 사실을 말해주고 있다. 우리 주변을 포함하여 모든 은하계들이 우리로부터 멀어지고 있다는 사실이다. 더 놀라운 사실은 우리로부터 더 멀리 떨어져 있는 것들이 더 빠른 속도로 멀어지고 있다는 것이다. 이 사실은 1920년대 미국의 천문학자 에드윈 허블(Edwin Hubble; 1889~1953)의 관측결과들을 종합하여 밝혀졌다. 허블의 연구는 헨리에타 리비트(Henrietta Leavit; 1868~1921), 비스토 슬리퍼(Vesto Sliper; 1875~1969), 밀튼 휴매슨(Milton Humason; 1891~1972)을 비롯한 많은 천문학자들의 연구를 종합한 것이다.

그림 21.8 허블 망원경으로 밤하늘에서 달의 크기의 1/10에 해당되는 작은 부분을 관측한 사진. 이 안에 이미 수천 개의 은하계가 존재하고 있으며 그중 하나의 은하계는 또 수십억 개의 별들의 모임인 것이다. 우주의 저 깊숙이까지 볼 수 있는 눈을 가지고 있다고 상상해 보라. 우주의 광대함에 놀라울 뿐이다.

　은하계의 거리를 측정하는 데는 우리가 일상생활에서 자주 사용하는 방법을 응용한다. 즉 같은 성능의 광원으로부터 나온 빛이라면 우리 눈에 더 약하게 보이는 쪽

광원이 더 멀리 있다는 가정이다. 마찬가지로 같은 광원으로부터 나오는 빛은 광원이 우리에게 가까이 다가올수록 더 밝아지는 것이다. 천문학자들이 별들까지의 거리를 측정하는 것도 같은 원리이다. 그 밝기를 측정하는 것이다.

이러한 측정방법에서는 그 별의 원래 밝기를 아는 것이 중요하다. 희미하게 깜빡이는 아주 약한 빛이 한 별에서부터 오는 것인지 아니면 한 마리 반딧불인지 어떻게 구분하겠는가? 전구에 새겨진 100와트 글자와 같이 모든 별들에 밝기가 적혀 있다면 얼마나 좋겠는가?

그런데 어떤 별들은 실제 자신의 밝기를 말해주고 있다. 물론 해석방법이 필요하다. 헨리에타 리비트는 소위 케페우스 변광성이라는 별들을 발견하였다. 이 별들은 시간에 따라 그 밝기가 변하고 있는데 그 밝고 어두워졌다가 다시 밝아지는 데 걸리는 시간으로부터 그 별의 밝기를 알 수 있다는 것이다. 케페우스 변광성의 밝기로부터 변광성이 속해 있는 은하계까지의 거리를 구할 수 있게 된다.

은하계가 멀어지는 속도의 측정에 대해서 비스토 슬리퍼가 초석을 놓았고 여기에는 15장에서 다룬 도플러 효과라는 일상생활에서 또 다른 익숙한 방법이 사용된다. 슬리퍼와 연구자들은 다른 은하계의 별들로부터 나온 빛의 흡수 띠가 적색 스펙트럼 쪽으로 모두 편이되어 있음을 관찰하였다(흡수 띠들은 별들의 몇 가지 속성을 말해주고 있는데 원래 별들의 빛은 연속 스펙트럼이나 별의 외곽부분에 존재하는 가스들에 의해 몇몇 파장의 빛이 흡수되어 흡수 띠를 나타낸다).

파장이 낮은 쪽으로 치우치는 가시광선의 적색 편이는 음파에서 자동차의 경적소리가 더 낮은 음으로 들리는 것은 자동차가 멀어지고 있다는 사실을 말해 준다는 15장의 도플러 효과 원리를 상기하면 빛을 방출하는 별들이 우리로부터 멀어지고 있다는 것을 알 수 있다.

허블과 휴매슨은 앞선 연구자들이 측정한 별들의 거리와 멀어지는 속도의 자료에 자신들이 측정한 데이터를 더하여 더 멀리 있는 별들이 더 빠른 속도로 멀어지고 있다는 놀라운 사실을 발견하였다. 이 사실은 1929년에 논문집에 발표되었으며 바로 유명한 허블의 법칙으로 알려지게 되었다. 이것은 우리가 살고 있는 전체 우주가 팽창하고 있다는 사실을 처음 인식하게 된 것이며 이러한 인식은 바로 아인슈타인의 일반상대성이론의 발견으로 이어지게 된다.

더 멀리 있는 은하일수록 더 빨리 멀어지는 것 같이 보이고, 이는 우주 전체가 팽창하고 있다는 가정과 일치한다. 심지어 최근 연구에 의하면 이 팽창되는 속도가 점점 빨라진다는 증거가 제시되고 있기도 하다. 아인슈타인의 일반 상대성 이론에서 소개된 시공간의 곡선에 대한 논의에서도 우리는 사물을 보기 위해 우주의 중심에 반드시 있어야 할 필요성이 없다는 사실도 이로부터 알 수 있다. 종종 우리는 풍선을 불었을 때 팽창하는 풍선 위의 점들을 우주의 팽창과 비교하곤 한다. 풍선의 표면 위에 보이는 어떤 점으로부터 모든 다른 점들은 풍선이 팽창하면서 멀어지는 것이 나타난다. 게다가 주어진 점으로부터 더 멀리 있는 점들은 가까이 있는 점보다 더 큰 비율로 멀어진다(그림 21.9).

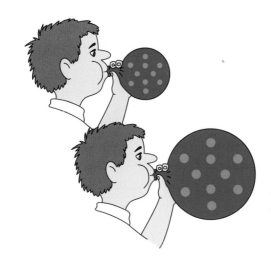

그림 21.9 풍선이 팽창되면서 표면상의 점들은 서로 멀어진다. 처음에 선택된 어떤 점으로부터 훨씬 멀리 있는 점들은 가까이 있는 것보다 더 빨리 그 점으로부터 멀어진다.

시간을 거슬러 우주의 기원으로

만일 우주가 팽창하고 있다면, 과거 한때의 우주는 오늘의 것보다 훨씬 더 압축된 상태에 있었음이 틀림이 없다. 만일 시간을 더욱 거슬러 올라가면 우주는 아주 작은 부피가 되고 이 시점은 바로 우주의 폭발의 순간이며, 이를 **빅뱅**(Big Bang)이라고 부른다.

빅뱅의 초기 우주가 아주 작은 공간을 차지하고 있었을 때 모든 물질들은 더 이상 개별적인 원자나 분자의 형태는 아니었을 것이다. 전자는 원자들로부터 떨어지게 되고 전자들, 양성자들, 그리고 중성자들로 된 고밀도의 플라즈마가 발생하게 된다. 훨씬 더 높은 밀도에서 양성자들과 전자들은 중성자를 형성하기 위해 결합한다. 이 과정은 매우 작고 고밀도의 중성자별로 귀착하여 별들의 핵융합 연료로 사용할 수 있으며 이는 중력의 붕괴를 일으킬지도 모른다. 만일 이러한 별들이 충분한 질량을 갖는다면 **블랙홀**을 만들기 위해 그것은 더욱 붕괴될 것이다. 아주 엄청난 밀도를 지닌 물질은 쿼크의 바다처럼 존재할 것이고 그 속에 있는 각각의 쿼크들은 특정한 중성자들이나 양성자들에 속해 있지 않을 것이다.

빅뱅 이론의 가장 초기 단계에는(단지 백만 분의 일 초나 기원 직후) 우주의 모든 물질은 극도로 뜨거운 쿼크의 바다였다. 팽창이 진행됨에 따라 물질은 식어지고 응축해서 기체처럼 행동한다. 쿼크들은 중성자와 양성자를 포함하고 있는 메존이나 배리온들로 응축한다. 대략적으로 빅뱅 후 3분 정도에 양성자들과 중성자들은 아마도 수소나 헬륨의 동위원소들의 핵들로 융합되기 시작한다. 이로부터 훨씬 후에(대략 오천 년), 우주는 전자가 핵의 주위를 궤도운동하며 원자를 형성하기에 충분한 만큼 식어졌을 것이다. 중력은 은하계가 되는 물질의 덩어리를 만들고 이런 은하계 내의 물질은 개개의 별들로 응축된다. 이때 별들의 내부에서는 핵융합반응에 의해서 더 무거운 원소의 핵들이 합성되기 시작한다.

앞에서 논의했던 고에너지 물리학의 표준 모델을 통해서도 얼마나 많은 이런 단계들이 일어날 수 있었는지를 예상할 수 있게 한다. 이 모델은 별들과 은하계 속에서 관찰되는 헬륨 대 수소의 비를 포함한 무수한 천문학적 관찰들로부터 성공적인 해석을 할 수 있었다. 또 다른 확실한 관찰로는 그 자체가 빅뱅의 잔류 효과로 예상되는 균일한 마이크로파 방출이 검출된 것이다. 비록 최근에는 이러한 마이크로파에서 불규칙성이 발견되긴 했지만 많은 물리학자들은 균일한 마이크로파 관측이 빅뱅의 가정을 확고히 하는 강력한 증거 중 하나라 생각하고 있다.

핵과 쿼크 등 미시적인 세계를 설명하는 많은 결과가 우주의 이해를 위해 큰 역할을 했다. 많은 이런 결과들은 최근 20년 이내에 대부분 이루어졌지만 완성되려면 더 많은 시일이 요구된다. 기본적인 힘들의 이론적인 진보들로부터 이를 시험하기 위해 우주의 모델들에게 적용되었다.

아직도 답할 수 없는 많은 질문들이 남아 있다. 우리는 여전히 완전한 통일장 이론을 완성하지 못했기 때문에 빅뱅의 가장 초기 단계들을 모델화할 수 없다. 그러므로, 우리는 우주의 초기 조건에 확신을 갖고 설명할 수는 없다. 다만 우리의 우주와 다른 모습으로 진화되는 많은 어떤 다른 우주가 존재할 수도 있다. 이런 질문들은 물리학자, 천문학자, 철학자 심지어 일반 대중에게까지 대단한 매력을 갖게 한다.

태양계는 수없이 많이 관찰되는 우주의 무수한 은하계들 중에 단지 한 은하계인 은하수 은하계에 속한 하나의 별이다. 먼 거리의 은하들이 우리로부터 더 멀어지는 현상의 발견은 팽창하는 우주에 관한 빅뱅이론을 이끌게 하였다. 이런 팽창의 초기 모델들은 앞 절에서 논의되었던 소립자들과 자연의 기본 힘들에 대한 우리의 지식을 바탕으로 만들어졌다. 이런 모델들은 많은 천문학적인 관찰들을 예견하고 설명하는 데 기여했다.

21.3 반도체와 초소형 전자공학

우리 중 대부분은 휴대폰이나 휴대용 계산기를 사용한다. 집에서는 마이크로오븐, 비디오 녹화장치, 그리고 데스크탑 컴퓨터를 가지고 있다. 최신형 자동차는 아주 작은 컴퓨터에 의해 기능이 제어된다. 이런 모든 장치들은 고체 전자공학을 이용하고 이들은 모두 1947년에 발명된 작은 트랜지스터에서 발전한 것이다.

고체 전자공학이란 과연 무엇인가? 무엇이 오늘날의 기술 혁명을 주도하고 있는가? 비록, 전자장치들이 우리 일상 체험의 일부분일지라도 그들이 어떻게 동작하는지는 보여주지 않는다. 우리 경제에서 이들이 매우 중요한 역할을 함에도 불구하고 대부분의 사람들은 그들의 기능이 어떤지를 좀처럼 알려 하지 않는다.

반도체란 무엇일까?

12장에서 우리는 도체와 절연체 사이의 차이점을 배웠다. 대부분이 금속인 좋은 도체들은 비교적 전자들이 자유롭게 흐르게 하고, 또 다른 전하가 그러한 물질을 통해서 이동한다. 그러나 절연체들은 그렇지 않다. 도체와 절연체는 전기적인 **전도도**의 값에 매우 큰 차이가 있다. 전도도는 물질의 길이와 폭과 함께 전기적인 저항을 결정하는 물질의 고유한 성질이다.

　표 12.1은 도체와 절연체, 그리고 **반도체**로 크게 세 종류로 분류된 목록이다. 반도체들은 좋은 절연체보다 훨씬 더 큰 전도도를 가지지만 좋은 도체보다는 상당히 낮은 전도도를 가지고 있다. 무엇이 전기적 전도도에 이런 차이를 일으킬까? 당신은 어떤 물질이 도체, 절연체 또는 반도체의 성질을 갖는지 예측할 수 있는가?

　만일, 여러분이 원소들의 주기율표를 본다면 금속들은 모두 이 표의 왼쪽에 있음을 알게 될 것이다. 이런 원소들은 가장 외각 궤도에 하나, 둘, 때로는 세 개의 전자들을 가진다. 이런 외각 전자들이 그 원소의 화학적 성질을 결정한다. 이렇게 몇 개의 전자들이 다른 전자들보다 비교적 원자의 핵에 느슨하게 붙어 있어 그들은 자유 전자가 되어 물질 내에서 비교적 자유롭게 이동할 수 있다.

　한편, 좋은 절연체 원소들은 주기율표의 오른쪽에 있다. 이들은 원자의 가장 외각 궤도에 하나, 둘, 또는 세 개의 전자들이 오히려 부족하다. 그런 원소들은 화합물을 구성할 때 다른 원소들로부터 전자들을 쉽게 받아들인다. 그들이 결합하여 고체나 액체를 만들 때도 순수 상태에서 전기전도에 기여하지 않도록 전자들을 느슨하게 결합하지 않는다.

　일반적으로 탄소(C), 게르마늄(Ge), 그리고 규소(Si)와 같은 반도체 성질을 갖는 원소들은 주기율표의 4족에서 볼 수 있다. 이런 원소들은 외각 전자가 네 개이다. 이런 원소들이 고체상태로 결합될 때, 전자들은 그림 21.10의 2차원적 그림처럼 이웃하는 원자와 전자를 서로 공유한다(실제 결정구조는 3차원이다). 이런 공유전자들은 금속의 자유전자들이 핵에 접해 있는 것보다 그들의 대응하는 핵에 더 가깝게 결합되어 있다. 반면에 절연체에서보다 물질을 통과하여 이동하는 데 더 자유롭다. 따라서, 이런 물질들의 전도도는 금속과 절연체 사이의 전도도를 지니게 된다.

　비록, 탄소(C), 게르마늄(Ge), 그리고 규소(Si)가 반도체일지라도, 그들은 순수한 의미에서 좋은 전도체들은 아니다. 탄소는 종종 회로 응용시 저항체를 만드는 데 사용되는데 그 이유는 탄소의 짧은 조각이 길고 얇은 금속선보다 훨씬 더 높은 저항을 가졌기 때문이다. 전자공학에서 반도체의 중요성은 적은 양의 불순물을 첨가하여 반도체의 전기전도도를 바꾸어줄 수 있다는 것인데 이와 같이 순수한 반도체에 불순물을 첨가하는 것을 **도핑**(doping)이라고 한다.

　예를 들어, 규소(Si)에 소량의 인(P)이나 비소(As)를 첨가한다고 하자. 이런 원소들은 주기율표의 5족에 놓여 있고 다섯 개의 최외각전자를 가진다. 이 다섯 개의 전자들 중 네 개는 규소 원자의 네 개의 전자와 결합하고 다섯 번째 전자는 물질 속에서 남아 이동하는 데 자

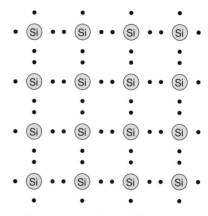

그림 21.10 고체 규소 원자들에 4개의 전자가 공유결합하고 있는 2차원 그림

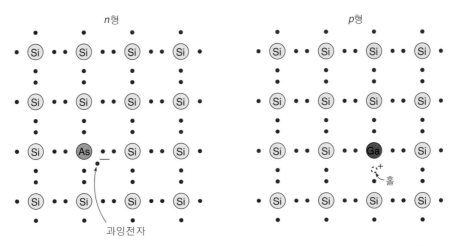

그림 21.11 인(P) 또는 비소(As)들을 실리콘에 도핑하면 n형 반도체를 만들며 과잉전자를 제공한다. 붕소(B) 또는 갈륨(Ga)으로 도핑하면 홀이 생기고 p형 반도체를 만든다.

유로울 것이다. 그러므로, 도핑을 통해 순수한 규소보다 더 좋은 도체로 만들면서 물질 속에 전도전자를 만들어내는 것이다.

인(P), 비소(As), 또는 안티몬(Sb)으로 도핑한 것은 n형 반도체를 만드는데 이는 전하 운반자가 음으로(negatively) 대전된 전자들이기 때문이다. 우리는 또한 주기율표에서 일반적으로 붕소(B), 갈륨(Ga), 또는 인듐(In)과 같은 ⅢA족 원소들을 불순물 원자로 첨가하여 전하 운반자가 양으로 대전되는 p형 도핑도 할 수 있다. 이러한 원자들은 세 개의 최외각 전자들을 가지므로 이들 불순물 원자들과 주위의 네 개의 전자를 가진 규소 원자들 사이의 결합에서 하나의 **홀**(hole)을 남긴다(그림 21.11).

홀은 전자가 없는 것이다. 그러나 이런 홀들 또한 물질 속에서 이동할 수 있다. 움직이는 홀들이 있는 곳에서는 여분의 양전하(규소 원자의 핵에 전자가 하나 없으므로 양전자가 됨)를 남기기 때문에 양의 전하 운반자처럼 행동한다. 규소 원자 근처에 있는 전자들은 홀을 채우기도 하고 또한 물질 속 어느 곳에서든 초과된 양전하를 남기면서 이동한다.

트랜지스터란 무엇인가?

반도체 내부의 불순물 양을 조절하면 기본적으로 전도도가 변하는데 불순물은 이뿐만 아니라 반도체의 여러 특성을 결정한다. p형과 n형 반도체의 접합을 통해 전자공학은 시작되었다. 그 경계면을 **접합**(junction)이라고 부르며 다이오드, 트랜지스터 등의 기본적인 작동원리이다.

다이오드는 한쪽 방향으로는 전류를 흘려보내지만 반대 방향으로는 전류를 흘리지 않는 소자이다. 다이오드는 p형 반도체와 n형 반도체를 붙여서 만든 접합부분을 말한다. 배터리를 연결할 때 보통 p형 반도체 쪽에 플러스 극을, n형 반도체 쪽에 마이너스 극을 연결하는데 이렇게 연결하면 양전하의 홀이 접합부분을 통과하여 n형 반도체 쪽으로 흐르게 되어 전류가 잘 흐르게 된

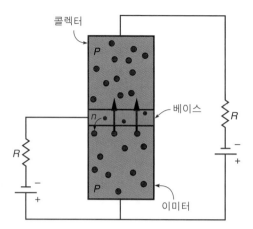

그림 21.12 이미터로부터 콜렉터까지 p-n-p 트랜지스터의 홀이 흐르는 비율은 n형 베이스에 흐르는 전류에 의존한다.

다. 배터리 전극을 반대로 연결하면 전류는 흐르지 않는다. 다이오드는 많은 회로에서 유용하게 사용된다.

트랜지스터는 어쩌면 근세기 가장 혁명적인 발견일지도 모른다. 트랜지스터는 그림 21.12와 같은 모양을 가지는데 간단하게 설명하면 아주 얇은 반도체의 양쪽에 샌드위치 모양으로 다른 형의 반도체를 붙임으로써 만들어진다. 말하자면 p-n-p 또는 n-p-n 등의 구조가 가능하다.

그림 21.12는 트랜지스터의 작동 원리를 보여준다. 트랜지스터의 기본적인 동작은 가운데 접합된 베이스라고 부르는 얇은 반도체에 어떤 전위를 걸어주는가에 따라 크게 달라진다. 베이스를 통해 배터리로부터 전자가 공급되지 않으면 이미터(아래쪽 p형 반도체 부분)로부터 홀이 가운데의 두 개의 접합부분을 통과할 수 없어 전류가 흐르지 않는다. 베이스에 마이너스 극을 연결하고 그 전위를 증가시키면 이미터의 홀들이 베이스 쪽으로 끌리게 되고 얇은 베이스를 통과해 전류가 흐르게 된다. 이미터와 콜렉터 사이에 흐르는 전류의 크기는 베이스에 걸어준 음전위에 따라 크게 좌우되는데 이것이 바로 트랜지스터의 기본 작동원리이다.

물론 이외에도 트랜지스터의 작동은 매우 복잡하다. 또 그것이 바로 트랜지스터가 다양한 회로에 널리 이용되는 이유이기도 하다. 그러나 기본적으로는 베이스에 걸어준 전위의 작은 변화로 이미터와 콜렉터 사이의 전류를 제어하여 전기 신호를 증폭하는 원리를 응용하는 것이다. 예를 들면 라디오 안테나의 아주 작은 전기 신호를 증폭하여 스피커에서 큰 소리로 변환시켜준다. 트랜지스터가 발견되기 전에는 전류의 증폭을 위해 크기가 크고 많은 열을 발산하는 진공관들을 사용할 수밖에 없었다. 트랜지스터를 처음으로 응용한 전기 제품이 트랜지스터 라디오이다. 1950년대에 발명된 트랜지스터 라디오는 작고 가벼워 큰 인기를 모았으며, 트랜지스터는 이어서 각종 라디오, 텔레비전, 음향기기에 널리 사용되었다.

트랜지스터는 1947~1948년에 뉴저지 벨연구소의 과학자들에 의해 발명되었는데 1948년 바이폴라 접합 트랜지스터를 발명한 윌리엄 쇼클리(William Shokley), 비록 효능이 낮은 점 접합 트랜지스터이기는 했으나 1947년 처음으로 트랜지스터의 작동원리를 실험한 존 바딘(John Bardeen)과 월터 브래튼(Walter Bratten) 등이 그들이다. 이런 발명은 물론 이전 반세기 동안 과학자들이 반도체의 물성에 대하여 관심을 가져온 결과이다. 1960년대에 이르러 트랜지스터는 일상적으로 많은 전자장치와 스위칭 등에 사용되게 되었다.

컴퓨터와 집적회로

트랜지스터는 전류의 증폭 기능보다 더 중요한 응용분야가 있는데 바로 전위를 이용한 제어분야이다. 베이스에 걸어준 일정한 작은 전위가 전류를 흐르게도 하고(스위치 온 상태) 이보다 낮은 또는 영의 전위를 걸면 전류가 흐르지 않는(스위치 오프 상태) 상태가 가능하다. 당연한 이야기 같지만 이것이 바로 디지털 컴퓨터의 기본 작동의 원리이다. 디지털 컴퓨터는 '0' 또는 '1'의 2진법의 논리를 사용하여 정보를 저장한다. 이것은 바로 스위치의 기본 기능인 것이다. 그래서 아주 초기의 컴퓨터들은 수많은 진공관들로 만들어졌으며 따라서 그 크기도 어마어마한 규모였다. 물론 많은 전기를 소모하였고 열도 다량으로 발생하였다.

곧 트랜지스터가 모든 것을 대체하였다. 1950년대에 다량의 트랜지스터가 사용되며 컴퓨터의 성능은 급속하게 발전하였고 복잡한 계산을 비롯해 과학연구의 많은 부분을 담당하게 되었다. 이어서 컴퓨터들은 일반적인 업무에도 다량으로 사용되기 시작하였는데 당시 IBM(International Business Machine)은 대표적인 컴퓨터 제작 및 영업 회사로 잘 알려져 있다. 그러나 1950~1960년대의 컴퓨터는 지금 우리가 사용하는 컴퓨터에 비하면 아직도 매우 크기가 큰 것이 사실이다.

1960년대에 또 다른 기술의 혁명적인 급성장이 이루어졌는데 바로 소형화된 집적회로의 탄생이다. 집적회로는 아주 자그마한 칩 속에 수많은 트랜지스터와 다이오드 저항과 이들 사이의 연결선들이 들어 있다. 집적회로는 기판 위에 각각의 트랜지스터와 다이오드들을 전기선으로 연결하여 만든 회로보드보다도 훨씬 작은 크기로 같은 기능의 회로를 만들 수 있다. 말하자면 회로보드로 만든 집채만 한 컴퓨터를 집적회로를 이용하면 손바닥만 한 크기의 계산기로 만들 수 있는 것이다.

집적회로의 제작과정은 도핑된 규소의 큰 원통형 결정 성장으로부터 시작한다. 이 결정은 일반적으로 반지름이 수센티미터나 두께는 단지 수밀리미터인 **웨이퍼**로 잘라진다(그림 21.13). 웨이퍼의 표면을 우선 매끄럽게 다듬고(polishing), 먼저 웨이퍼에 절연 산화막의 층을 입히면서 집적 회로의 긴 공정에 들어간다. 회로의 형태는 사진 식각(蝕刻)의 방법으로 산화막 웨이퍼 위에 입힌다. 어떤 부분에는 마스크를 씌우므로 씌우지 않은 부분과 불순물 도핑 차이를 두어 원래 웨이퍼와 다른 형(n 또는 p형)의 반도체를 형성하여 다이오드나 트랜지스터가 만들어지게 한다. 그리고 각 소자 사이에 가는 금속막으로 도선을 입힌다.

그림 21.13 집적회로는 표면이 잘 처리된 단결정 규소(Si) 웨이퍼로부터 시작된다. 사진의 웨이퍼는 표면 위에 작은 회로들이 만들어져 있다.

몇몇 같은 회로들은 보통 단일 규소 웨이퍼 위에 찍힌다. 거의 마지막 과정에서 웨이퍼는 각기 소형 회로를 포함하고 있는 각각의 칩으로 잘라진다. 하나의 웨이퍼는 백 개 또는 그 이상의 칩들을 만들 수 있다(그림 21.14). 마지막 단계는 칩을 봉인한 플라스틱 봉입물 속에 칩을 제작하면서 전기적인 연결이 되도록 만들고(그림 21.15) 마지막에 회로를 시험하는 것이다. 오늘날 집적회로(또는 IC)는 주요한 산업이 되었다.

컴퓨터나 다른 응용에 있어 훨씬 더 작고 빠른 회로를 만들기 위한 경쟁은 미래의 기술력을 진척시키게 할 것이다. 물리나 화학은 새로운 가공 기술의 개발 및 향상의 중심이다. 몇몇 응용 분야에서는 반도체 규소가 갈륨비소(GaAs)와 같은 화합물 반도체로 대치되고 있다. 반도체 원소나 화합물들에 대한 응집물질 물리학분야의 연구는 현대 물리학에서 가장 큰 영역의 일부분이 되었다. 전자공학기술의 혁명은 여전히 진행되고 있다.

집적회로는 우리의 실생활에 지대한 영향을 미치고 있다. 이는 컴퓨터의 핵심 부품일 뿐 아니라 수많은 전자장치 속에 존재한다. 휴대전화기, 자동차, 디지털카메라, TV, 가전제품, 심지어 장난감에까지 사용되지 않는 곳이 없을 정도이다. 현대의 컴퓨터는 물리학자들에게는 물론 모든 과학자들에게 큰 혜택이 된다. 과학자들은 컴퓨터를 이용하여 데이터를 정리하고, 이론적인 계산을 할 뿐 아니라 지구의 온난화나 기상의 변화와 같은 복잡한 모델을 시뮬레이션한다. 이러한 모든 일들이 1940년대에 발명된 트랜지스터와 그 이후 발전한 집적회로로 인해 가능한 일이었다.

그림 21.14 단일 집적회로 칩 위에 있는 회로를 확대한 그림. 수천 개의 회로 소자들이 이런 칩들 속에 포함되어 있고 많은 칩들은 하나의 규소(Si) 웨이퍼로부터 만들어질 수 있다.

그림 21.15 컴퓨터 회로판에 정렬된 마이크로칩의 배치도

반도체는 양질의 도체와 절연체 사이에 중간적인 전도 특성을 지닌 물질이다. 규칙적으로 배열된 원자들 사이에 불순물 원소를 도핑하여 과잉전자나 홀이 형성되게 함으로써 전도도를 변화시킬 수 있게 하며 이를 이용하여 다이오드나 트랜지스터를 만들 수가 있다. 다이오드는 단지 한쪽 방향으로만 전류를 흘려보내 준다. 트랜지스터는 전류나 전압의 작은 변화로부터 전류에 큰 변화를 만들어낼 수 있다. 집적회로는 작은 반도체 칩 위에 많은 다이오드, 트랜지스터, 그리고 다른 회로 요소들이 한꺼번에 구성되어 있다.

21.4 초전도체와 신물질

최근 1980년대 과학의 주된 화젯거리는 소위 고온 초전도체의 발견이었다. 일련의 뉴스 기사들은 일본이 초전도체 행렬의 선두이고 초전도체의 색다른 응용에 손을 대고 있다고 보도했다. 떠들썩한 뉴스는 거의 일년 이상에 걸쳐 주변이 온통 소문난 저온 핵융합 만큼이나 대단한 것이었다.

이러한 흥분은 무엇 때문인가? 초전도체란 무엇인가? 온도에 따라서 무엇이 어떻게 달라진다는 것인가? 어떤 또 다른 물질의 발견이 진행중인가? 이런 질문들은 금속공학, 화학, 그리고 응집물리학 등이 결합된 소위 **물질과학**이라 불리는 분야에서 일어났다. 새로운 소재의 개발은 이미 우리가 살아가는 방식과 기술상에 있어서 매우 중요한 영향을 미치고 있다.

초전도성은 무엇인가?

물리학자들은 일찍이 **초전도성**에 대해 알고 있었는데 이는 1911년 네덜란드의 물리학자인 온네스(Heike Kamerlingh Onnes)에 의해 발견되었다. 온네스는 그가 수은을 4 K(절대온도 4도)의 온도에서 냉각했을 때 그의 샘플에 전기 저항이 전혀 나타나지 않는다는 것을 발견했다. 전류가 한번 흐르기 시작하면 전원공급을 하지 않고도 무한히 흐를 수 있다는 것이다.

대부분의 물질의 경우 온도가 감소하면 전기적인 저항도 감소하기는 하지만 온네스의 수은 샘플에서는 그림 21.16과 같이 4.2 K에서 그 저항이 완전히 없어졌던 것이다. 여기서 저항이 완전히 없어지기 시작하는 온도를 **임계온도**, T_c 라고 하며 이보다 낮은 온도에서는 언제나 저항이 0이

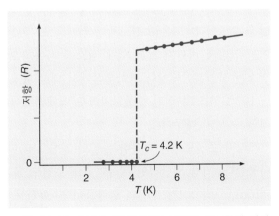

그림 21.16 수은의 전기저항은 온도가 감소함에 따라 감소한다. 그러나 4.2 K의 임계온도에서 갑자기 0으로 떨어진다.

된다.

계속된 연구 결과 다른 여러 금속들도 온도를 충분히 낮추어주면 초전도상태가 된다는 것을 알게 되었다. 니오브(Nb)라는 금속은 그 임계온도가 9.2 K로 순수한 물질 중 가장 높은 임계온도를 갖는다. 어떤 합금들은 이보다 더 높은 임계온도를 가지기도 한다. 1973년에 니오브와 게르마늄의 합금의 경우 매우 낮은 23 K의 임계온도임이 발견되었다. 23 K는 섭씨온도로는 $-250°C$, 화씨온도로는 $-418°F$가 된다.

초전도 현상에 대한 이론은 1957년에 저온 금속 속의 전자들의 거동을 양자역학을 이용하여 발전시켰다. 초전도체 현상은 **초유체** 현상과 함께 매우 낮은 온도에서 관찰되는 현상들이다. 임계온도 이하에서 초전도체가 그 전기저항을 잃는 것처럼 초유체는 임계온도 이하에서 그 점성을 완전히 잃어버린다. 초전도성과 초유체적인 특성은 모두 거시적인 양자현상이다. 양자역학은 초전도체의 특성을 설명하지만 그들은 미시적인 크기보다 오히려 보통 물질의 크기 범위에서 관찰할 수 있기 때문이다.

고온 초전도체란 무엇인가?

1986년에는 금속의 산화물, 즉 세라믹이라고 불리는 물질에서 초전도성을 갖는 새로운 화합물 초전도체들이 발견되었다. 처음 발견된 세라믹 초전도체는 그 임계온도가 28 K로 금속의 합금 초전도체와 비슷한 정도의 임계온도를 가졌다. 그러나 이러한 새로운 발견은 또 다른 원소들의 결합이라는 가능성을 의미하였고 수많은 실험들이 이어졌다. 1987년에는 그 임계온도가 57 K에 이르는 세라믹 초전도체가 발견되었고 곧이어 그 임계온도는 90 K로 올라갔다. 결국 1988년에는 임계온도가 100 K 이상인 초전도체가 발견되었으며 한편으로는 125 K의 임계온도를 갖는 물질이 보고되기도 하였다.

이렇게 상대적으로 높은 임계온도를 갖는 새로운 세라믹 초전도체들을 **고온 초전도체**라고 한다. 그러나 고온 초전도체라고 불림에도 불구하고 이 임계온도는 실온과 비교하면 여전히 매우 낮은 온도이다. 고온 초전도체의 임계온도가 90 K 이상이 된다는 것은 특별한 의미를 지니는데 이는 그다지 비싸지 않은 액체 질소를 사용함으로써 도달할 수 있는 온도이기 때문이다. 액체 질소는 산업분야에서나 과학분야에서 매우 유용하게 이용되고 있다. 액체 질소의 온도가 77 K $(-197°C)$이므로 어떤 샘플일지라도 액체질소에 담그게 되면 그 온도를 77 K의 낮은 온도로 유지할 수 있기 때문이다.

세라믹 초전도체는 다양한 물질의 결합으로 만들어지는데 특히 산화구리 화합물을 가장 많이 사용한다. 가장 일반적인 세라믹 고온초전도 물질은 $Y_1Ba_2Cu_3O_7$로서 이트륨(Y), 바륨(Ba), 구리(Cu), 그리고 산소(O_2)의 화합물이다. 화합물 내의 산소 원자의 수는 초전도체 물질을 조성할 때의 조건에 따라 변하기도 한다. 이런 물질은 대략 90 K의 임계온도를 가지며 학부 실험용으로도 사용될 수 있다.

초전도체의 독특한 특성 중 **마이스너 효과**가 있다. 이 효과는 외부 자석이나 전류에 의해 형

그림 21.17 작은 영구자석이 액체 질소에 냉각된 초전도 원판 위에 떠 있다. 이 샘플 실험은 초전도성의 존재를 확고히 한다.

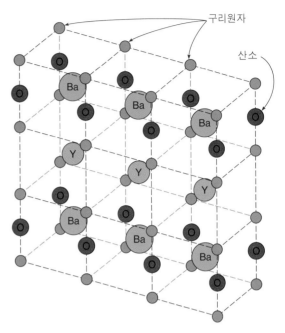

그림 21.18 세라믹 초전도체의 원자 구조는 산소(O_2), 이트륨(Y), 그리고 바륨(Ba) 등의 서로 다른 원소들 사이에 구리(Cu) 원자들의 층이 있다.

성된 자기력선을 완전히 배제한다는 것으로 물질 근처로 가져간 자석은 이 효과로 인해 반발한다. 이런 성질은 일반적으로 초전도물질의 원판 위에 작은 자석을 띄움으로써 증명되는데 이는 초전도현상에 대한 데모용 실험으로 많이 활용되기도 한다. 그림 21.17과 같이 스티로폼으로 된 컵의 바닥에 적은 양의 액체 질소를 담는 것으로 충분히 초전도 원판을 만들 수 있는 임계온도를 얻을 수 있다.

순수한 단일 원소의 초전도체를 성공적으로 설명했던 이론은 새로운 세라믹 초전도체를 설명하는 데는 적합하지 않다. 세라믹 초전도체들은 기본적으로 그림 21.18과 같이 구리나 산화구리 층이 다른 원소들로 된 층 사이에 끼워져 샌드위치와 같은 구조를 가지고 있음을 알 수 있다. 초전도성은 이런 층들 사이에서 일어날 것으로 생각되나 정확히 왜 그런지는 아직도 밝혀지지 않고 있다. 이에 대한 이론과 실험이 병행되어 지속되고 있다. 성공적인 이론은 훨씬 더 높은 임계온도를 가진 물질이 만들어지도록 그 방법을 제시할 것이다. 고온 초전도체는 응용분야에서의 잠재력이 매우 큰데 특히 전자석을 사용하는 데 있어 그러하다. 강력한 전자석은 단단하게 감겨진 코일 속에 큰 전류를 흐르게 해야 한다. 일반적인 도체로는 이런 큰 전류를 흐르게 하면 상당한 양의 열이 발생하며 한정된 코일의 크기에 따라 전류의 양과 전자석의 결과적인 세기가 제한된다. 초전도 코일을 사용하는 초전도 자석이 이미 개발·사용되고 있다. 그러나 이러한 자석들은 물론 임계온도 이하까지 온도를 내려야만 자석이 된다. 만일, 상온 가까이에서 초전도성

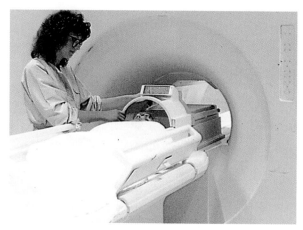

그림 21.19 MRI를 찍기 위하여 환자의 몸이 초전도 자석으로 이루어진 원통 속으로 들어가고 있다.

을 갖는 물질이 개발된다면 그러한 전자석은 더 쉽게 만들 수 있고 보편화될 것이다.

초전도 충돌장치란 초전도 자석을 이용하여 입자 빔을 통제한다. 또 많은 입자 가속기에도 초전도 자석들이 사용되고 있다. 또 초전도 자석은 그림 21.19와 같은 자기공명영상장치(MRI)에 사용되어 의학용 진단장비로도 쓰인다. 또 다른 응용 가능한 분야로는 자기부상열차와 같이 초고속에서도 마찰을 줄일 수 있는 교통수단에의 응용이다. 초전도 케이블들은 전기저항으로부터 발생하는 열손실을 줄이기 위해 전력수송에 사용될 수 있다.

대부분의 이런 응용이 더 활성화되기 위해서는 보다 높은 임계온도를 가지면서 쉽게 선이나 케이블로 만들어질 수 있는 초전도 물질이 필요하다. 많은 세라믹 초전도체들은 깨지기 쉬워서 자기코일이나 케이블을 만들기에 적당하지 않다. 더 유용한 초전도 물질의 개발은 새로운 세대의 과학자들, 기술자들, 그리고 꿈나무들을 기다리고 있는 것이다.

신물질

새로운 초전도체의 발견으로 매우 재미있는 전기적 특성을 지닌 것으로 알려진 세라믹 금속 산화물의 연구가 고무되고 있다. 예로 바륨(Ba), 티타늄(Ti), 그리고 산소(O_2)의 화합물인 티타늄산화바륨($BaTiO_3$)은 압력의 변화를 전기신호로, 또는 그 반대로 전기적인 신호를 압력으로 변환시키는 데 여러 해 동안 사용되어 왔다. 이런 특성은 티타늄산화바륨이 작은 마이크나 스피커에 사용되도록 해준다. 그 외에도 다른 금속 산화물의 경우 집적회로 처리에 매우 중요하게 사용된다.

신물질의 탐구는 고체나 액체 상태에서 원자가 어떻게 상호작용하는지에 대한 지식의 축적에 따라 달라진다. 우리는 특정한 목적과 필요성에 따라 물질을 더 잘 만들 수 있게 되었다. 이런 필요성은 전자공학과 통신 분야의 경우는 광학적 특성, 또는 전자적 성질이 중요하며 비행기의 경우 가벼울 뿐만 아니라 고강도인 물질을 개발해야 한다는 특성에 부합해야 한다. 다른 성분들은 새로운 물질을 만들기 위해 무한한 방법으로 결합될 수 있고 그 결과는 반드시 예상되는 것만은 아니다.

그림 21.20 액정 속의 긴 분자들이 층층이 배열되어 있다. 수직방향이 아닌 이 층들을 따라 흐르도록 되어 있다.

액정은 넓게 응용되고 있는 신물질 중 하나이다. 액정은 방향성을 가진 결정성 유기체로서 액체의 상을 가지기 때문에 물질 속에서 다른 방향을 따라 자유롭게 흐르기도 한다. 즉, 액체와 고체 성질을 모두 가지고 있다. 액정은 걸어준 전기장의 세기에 따라 빛의 투과하는 정도에 영향을 미친다. 이런 성질은 휴대용 계산기의 표시 화면이나 부피가 큰 음극선관 대신에 매우 얇고 납작한 TV 화면으로 사용되었다.

액정은 종종 그림 21.20에서처럼 층 속에서 일렬로 늘어선 긴 유기(탄소를 함유한)분자들로 구성되어 있다. 이런 층들은 서로를 따라 미끄러져 움직이므로 이 액정은 층에 평행한 방향으로 흐를 수 있다. 이런 층들과 수직한 일정한 간격들이 결정 같은 특성을 생기게 한다. 저자는 물질의 분자가 공 모양으로 생기고 부분적으로는 고체 상태에서 회전하는 자유로운 분자의 **플라스틱 결정**의 연구를 지도한 적이 있다. 플라스틱 결정은 재미있는 특성을 많이 갖고 있으나 지금까지 그것들은 액정의 연구 결과와 같이 넓게 응용(그리고 재정상의 보상)되지 못하고 있다. 이러한 새로운 연구들이 과학문명을 어느 방향으로 인도하는지에 대하여 알 수는 없지만 적어도 두 가지 만큼은 확신할 수 있다. 어떤 새로운 물질이 뜻하지 않게 놀라운 특성을 가지면서 계속 출현할 것이며, 이런 물질들의 일부가 우리의 일상 활동에서 접하게 될 새로운 상품을 만들 것이다.

매일의 자연현상 21.1은 물리학 연구 과정을 통해 얻게 된 광학 분야의 새로운 최신 기술을 소개하고 있다. 이는 홀로그램이라는 기술을 이용하여 컴퓨터 속의 자료들을 저장, 또는 탐색할 수 있는데 이를 위해서도 특별한 광학물질의 개발이 필요하였다.

초전도체는 어떤 임계온도 이하에서 전기저항이 모두 사라지므로 전류가 무한정 흐를 수 있도록 하는 물질이다. 순수한 금속의 임계온도는 절대온도 수K 정도이지만, 아주 최근에는 100 K 이상의 임계온도를 가진 초전도 화합물들이 발견되었다. 이런 고온 초전도체는 언젠가 전력수송이나 초전도 자석 등에 폭넓게 응용될 것이다. 물질과학은 최근 휴대용 컴퓨터나 계산기의 표시판으로 사용되고 있는 액정을 포함하여 많은 신물질을 발명했다. 원자들이 어떻게 고체나 액체 상태에서 상호작용하는지에 대한 축적된 지식은 특수한 분야에 응용할 수 있는 물질을 만들도록 한다. 그러나 그들의 정밀한 특성은 여전히 뜻밖의 일을 만들곤 한다.

매일의 자연현상 21.1

홀로그램

상황. 시리얼 상자나, 장난감, 신용 카드, 그리고 목걸이와 같은 간단한 장신구 등에서 아마도 홀로그램을 본 기억이 있을 것이다. 신용카드의 홀로그램과 같이 이는 분명히 이차원 면일지라도 그 홀로그램 속에서 보는 상은 삼차원으로 보인다. 머리를 좌우로 움직여 보면 실제 삼차원에서처럼 다른 투시도의 상을 볼 수 있다. 이런 삼차원 상은 어떻게 만들어질까? 홀로그램은 많은 사람에게 과학소설처럼 보인다. 실제 홀로그램을 생기게 하는 데 무엇이 사용

목걸이상의 홀로그램이 두 방향의 서로 다른 각에서 보이고 있다. 어떻게 삼차원 상이 만들어질까?

되었을까? 홀로그램이란 무엇이며 그것을 만들기 위해서는 어떻게 하나? 홀로그램을 삼차원 텔레비전이나 영화처럼 발전시켜 사용할 수 있을까?

분석. 비록, 홀로그램에 대한 구상은 일찍부터 해왔지만 좋은 홀로그램을 처음으로 만든 것은 레이저 발명 이후인 1960년대 초반이었다. 홀로그램은 레이저로부터 직접 나오는 광파와 같은 레이저 광원에 의해 임의의 물체로부터 반사된 광파와의 결합에 의해 생긴 간섭무늬가 만들어내는 3차원의 상이다. 레이저는 결맞는 성질을 갖는 광원이다. 즉, 레이저는 보통 광파보다 파동의 위상이 더 오랫동안 연속성을 유지한다. 이러한 레이저의 결

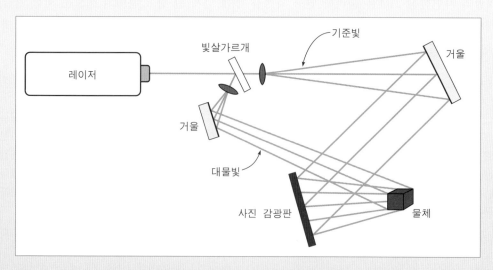

레이저로부터 나온 빛은 두 개로 분리되어 하나는 물체로부터 반사된 후, 또 하나는 직접 사진 감광판에 도달하여 홀로그램 간섭무늬를 만든다.

맞는 성질은 보통 크기의 물체로부터 산란된 빛의 간섭 무늬를 만드는 데 필요하다.

홀로그램을 만들기 위한 일반적인 배열은 다음 그림과 같다. 레이저로부터 나오는 빛은 반투명 은도금된 거울이나 빛살가르개에 의해 대물 빛(object beam)과 다른 기준 빛(reference beam)이라 불리는 두 개의 광선으로 나누어진다. 대물 빛은 물체에 반사, 산란된 후 사진기의 감광판에 도달되고, 기준 광선은 대물 빛의 방향과 상관없이 사진기 감광판으로 직진하는데 두 광선들은 사진기 감광판에서 간섭무늬를 만들기 위해 결합한다.

사진기 감광판이 발달됨에 따라 홀로그램의 간섭무늬를 감광지에 쉽게 기록할 수 있게 되어 홀로그램을 쉽게 얻을 수 있게 되었다. 만일 원래의 레이저광과 같은 빛을 홀로그램 감광판에 통과시키면 감광지에 기록된 간섭무늬에 투과된 광파는 물체로부터 반사된 본래의 광파와 같게 된다. 일치한 광파가 곧 우리가 홀로그램의 상을 바라보는 것이다. 이 빛은 본래 물체가 위치해야 할 상으로부터 벗어나 위치하게 된다. 그 이유는 우리가 삼차원의 가상 이미지를 바라보고 있기 때문이다(이미지 형성의 논의는 17장을 보아라).

우리가 많이 접하는 홀로그램은 홀로그램을 통해서 투과된 광보다 오히려 홀로그램으로부터 반사된 광으로 보이도록 만들어진 반사 홀로그램이다. 반사 홀로그램은 그들을 보기 위하여 레이저나 또는 다른 단색광원이 필요 없다. 반사과정에서 필요한 빛은 임의의 선택된 파장만으로도 가능하다. 시리얼 박스나 신용카드 위에 새겨진 홀로그램 사진은 반사 홀로그램으로 간섭무늬는 얇은 반사막 위에 새겨진다. 홀로그램을 신용카드에 이용하는 이유는 위조하기가 매우 어렵기 때문이다.

원래 홀로그램을 만드는 과정에서 정확한 간섭무늬를 만들기 위해서는 물체를 움직이지 않고 완전히 고정시키는 것이 필요하다. 보다 더 강력한 레이저와 더 강도가 좋은 필름을 사용한다면 더 짧은 노출시간에 홀로그램을 얻을 수 있으므로 물체가 조금 움직이더라도 별 문제가 없다. 최근에는 컴퓨터 이용하여 수학적인 계산만으로 간섭무늬를 얻는 것이 가능해졌고 이는 존재하지 않는 물체에 대한 컴퓨터 홀로그램을 만들 수도 있다. 비록 하나의 홀로그램일지라도 엄청난 양의 정보를 포함하고 있기 때문에 텔레비전 신호로 전파될 수도 있는 움직이는 홀로그램은 아직도 불가능하다.

1960년대 레이저의 발명으로 광학분야에 엄청난 성장이 이뤄지기 시작했다. 홀로그램 사진은 단지 이렇게 놀랄 만한 광원의 가능성을 보여준 응용 중 하나일 뿐이다. 홀로그램 사진은 오늘날 기술적 응용분야, 예술분야, 특별 전시용 등 새롭고 기발한 상품으로 사용되곤 한다.

질 문

Q1. 일반적으로 렙톤은 양성자나 중성자보다 더 무거운가?

Q2. 양성자는 내부에 다른 구조를 가지지 않은 소립자로 간주되는가?

Q3. 쿼크에 전자의 성분이 있는가?

Q4. 배리온과 메존은 같은 수의 쿼크들로 이루어졌나?

Q5. 양성자와 메존보다 더 큰 질량을 가진 입자를 만드는 데 왜 고에너지가 필요한가?

Q6. 자연의 어떤 기본적인 힘이 통일장 이론으로 통합되기 어려운 이유는 무엇인가?

Q7. 우주가 팽창한다는 사실을 어떻게 알 수 있는가?

Q8. 우리의 태양계는 은하계의 일부분인가?

Q9. 은하수는 항성간의 가스 구름인가?

Q10. 어떤 힘이 각각의 핵들과 전자들로부터 원자를 구성하도록 하는가? 무슨 힘이 개체의 원자가 응축되어 별이 되도록 하는가?

Q11. 빅뱅이란 용어는 각각의 별들이 폭발하는 것인가?

Q12. 우주의 기원을 밝히는 것과 같이 매우 거시적인 현상에 대한 성공적인 모델로 만들기 위해 쿼크처럼 아주 작은 개체에 대해 무엇을 아는 것이 필수적인가?

Q13. 규소(Si)와 같은 반도체에 비소(As) 원자를 인공적으로 불순물로 첨가하면 그 저항은 증가하는가?

Q14. 갈륨(Ga)을 규소(Si)에 도핑했을 때 n형과 p형 반도체 중 어느 것이 되는가?

Q15. 다이오드에 연결된 전지의 방향이 다이오드 내부에 흐르는 전류의 양에 영향을 주는가?

Q16. 다이오드는 불순물 원자를 도핑한 n형, 또는 p형 중 한 가지만으로도 만들어질 수 있는가?

Q17. 트랜지스터의 무슨 성질이 전기신호를 증폭하여 사용하도록 만드는가?

Q18. 훨씬 소형화된 전기장치로 집적회로는 트랜지스터와 다이오드를 분리하여 사용하는 것보다 더 이익이 되는가?

Q19. 10진수는 트랜지스터로 구성된 회로의 정보를 처리하는 데 2진수보다 더 적합한가?

Q20. 최초 전자 컴퓨터의 회로에는 트랜지스터가 사용되었나?

Q21. 보통 디지털 컴퓨터와 함께 사용하도록 만들어진 컴퓨터 프로그램의 목적은 무엇이며 역할은 무엇인가?

Q22. 본래의 디지털 컴퓨터는 생각하는 기능이 있는가?

Q23. 보통 디지털 컴퓨터 내의 트랜지스터는 인간의 뇌신경처럼 연결되어 있나?

Q24. 신경망 컴퓨터는 보통 디지털 컴퓨터처럼 같은 방법으로 프로그램 되어 있나?

Q25. 어떤 임계온도 이상에서 초전도체는 저항이 0이 되나?

Q26. 오늘날 이용되는 고온 초전도체를 가지고 실온에서 초전도 현상을 가지면서 동작하는 자석을 만들 수 있나?

Q27. 초유체는 초전도체와 같은 것인가?

Q28. 액정은 액체인가 고체인가?

Q29. 홀로그램의 생성은 광파의 간섭을 포함하나?

Q30. 우리는 레이저 대신 보통광원을 사용하여 홀로그램을 만들 수 있을까?

연습문제

E1. 태양에서 지구까지의 평균거리는 대략 1.5×10^8 km이다. 태양에서 지구까지 빛의 속도로 여행하는 데 몇 초가 걸리겠는가? ($c = 3 \times 10^8$ m/s, 1 km $= 1000$ m)

E2. 아래의 2진수를 10진수로 변환하여라.

a. 1111
b. 10101

E3. 아래의 10진수를 2진수로 변환하여라.
a. 7
b. 25

고난도 연습문제

CP1. 태양으로부터 가장 가까운 행성은 약 4광년 정도 떨어져 있으며 1광년이란 빛이 1년 동안 여행하는 거리를 말한다.
a. 1년은 몇 초인가?
b. 빛은 3×10^8 m/s의 속도로 이동한다. 그렇다면 1광년의 거리는 몇 미터인가?
c. 가장 가까운 별까지의 거리는 몇 미터인가?
d. 만일 우리가 빛의 1/10의 속도로 여행할 수 있다면, 가장 가까운 별까지 여행하는 데는 얼마나 걸릴까?

CP2. 10진수나 2진수 대신 3진수를 사용한다면 어떻게 변환해야 할지 생각해 보자.
a. 3진수의 구분 숫자는 몇 개인가? (2진수에서는 단지 0과 1, 두 개뿐이다. 3진수는 몇 개인가? 또한 10진수의 2를 3진수로는 어떻게 나타낼까?)
b. 10진수의 6을 3진수로 변환하라.
c. 10진수의 39를 3진수로 변환하라.
d. 이런 3진수의 사용에 대해 가능성을 생각해 보라.

벡터와 벡터의 덧셈

물리학에는 크기 및 방향, 두 요소 모두가 중요한 의미를 갖는 벡터 물리량들이 많이 있다. 2장에 소개된 변위, 속도, 가속도뿐 아니라, 그 이후에 배운 힘, 운동량, 전기장 등이 좋은 예들이다. 북쪽으로 20 m/s 속도로 가는 것과 동쪽으로 20 m/s 속도로 가는 것이 서로 다른 것처럼 벡터양에서는 방향을 표시하는 것이 필수적이다.

방향이 의미가 없는 물리량들을 **스칼라**라 부른다. 질량, 부피, 온도 등과 같이 스칼라양들은 그 크기만 알면 된다. 질량이나 부피에서 방향을 따지는 것은 아무런 의미가 없다. 이와 반면 벡터는 그 크기와 방향을 모두 알아야 한다.

벡터의 표기

비행기가 동향에서 약간 북쪽 방향으로 날고 있다고 하자. 비행기의 속도의 크기, 즉 속력은 예를 들어 400 km/h라는 숫자로 말할 수 있다. 비행기의 방향은 어떻게 말할 수 있을까? 여러 방법 중 가장 간단한 것은 동향에서 20° 북쪽 방향으로 표기할 수 있다. 비행기가 상하로 움직이지 않는다면, 비행기의 속도는 두 숫자, 400 km/h와 동향에서 20° 북향으로 표기될 수 있다. 만약, 상하운동이 있으면 이 운동 방향을 나타낼 또 다른 각도가 필요하다.

벡터를 그림으로 나타낼 수도 있다. 그림 부록.1은 비행기의 속도를 화살표로 나타낸 것이다. 속도의 크기는 화살표의 길이로 표시된다. 예를 들어, 2 cm가 100 km/h를 표시하고, 400 km/h의 속도를 나타내려면 $4 \times 2 = 8$ cm 길이의 화살표를 그린다. 더 작은 속력은 더 짧게, 더 큰 속력은 더 길게 그리면 된다.

화살표는 벡터를 표기하는 일반적인 방법이다. 벡터의 방향은 화살표의 방향으로, 벡터의 크기는 화살표의 길이로 나타낸다. 벡터는 대개 진한 글씨체로 쓴다. 따라서 부호 **v**는 벡터양인 속도를, v는 스칼라양인 속력을 나타내는 데 쓴다.

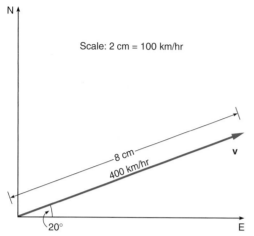

그림 부록.1 동향에서 20° 북쪽을 향한 400 km/h의
속도벡터를 화살표로 나타낸다. 2 cm = 100 km/h의 축
척을 사용한다.

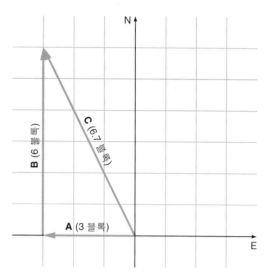

Scale: 1 cm = 1 블록

그림 부록.2 변위 **A**(서쪽으로 3블록)와 변위 **B**(북
쪽으로 6블록)의 벡터합은 변위 **C** 즉 출발점에서 도
착점을 향하는 벡터이다.

벡터의 덧셈

둘 이상의 벡터를 합할 필요가 있을 때가 있
다. 예를 들어, 4장에 있는 물체의 가속도는 물체에 작용하는 모든 힘들의 벡터합에 의해 결정된
다든지, 혹은 비행기의 땅에 대한 상대속도는 비행기의 공기에 대한 상대속도와 공기의 땅에 대
한 상대속도의 벡터합으로 결정된다는 것 등을 배울 때이다.

쉽게 이해할 수 있는 예로 움직이는 물체의 변위에 대한 벡터합을 생각하자. 한 학생이 몇 블
록 북서쪽에 있는 North Main가의 아파트에 가려 한다. 한 가지 길은 그림 부록. 2에 나타낸 것
처럼, 먼저 서쪽으로 3블록 가고, 다시 북쪽으로 6블록 가는 것이다. 이 두 가지 움직임의 전체
결과는 그림처럼 하나의 변위 벡터 **C**로 표시된다. 즉 벡터 **C**는 두 벡터 **A**와 **B**의 합이다.

$$C = A + B$$

벡터 **C**의 길이는 약 6.7블록의 거리를 나타내고, 방향은 북향에서 27° 서쪽을 향하고 있다.
위에서 본 것처럼 일반적으로 벡터합은 다음의 단계를 밟아 구할 수 있다.

1. 자와 각도기를 사용하여 첫 번째 벡터를 주어진 크기(적당한 축척 사용)와 방향으로 그린
   다.
2. 두 번째 벡터의 시작점을 첫 번째 벡터의 머리에 일치시킨 후, 주어진 크기와 방향으로 두
   번째 벡터를 그린다.
3. 더 많은 벡터가 있으면, 새로운 벡터의 시작점을 이전 벡터의 머리에 일치시킨 후 주어진
   크기와 방향으로 새로운 벡터를 그려 나간다.

4. 벡터의 전체 합은 처음 벡터의 시작점에서 최종 벡터의 머리로 향하는 벡터이다. 이것이 벡터합의 크기와 방향을 나타낸다.

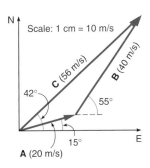

그림 부록.3 벡터합 **C**는 속도벡터 **A**와 **B**의 합이다. 벡터 **B**의 시작점을 벡터 **A**의 머리에 일치시킨다.

벡터합의 다른 예를 그림 부록. 3에서 살펴보자. 첫 번째 벡터 **A**는 동향에서 15° 북쪽 방향으로 20 m/s의 속력으로 가는 것이고, 두 번째 벡터 **B**는 40 m/s로 동향에서 55° 북쪽을 향하여 가는 것이다. 그림에서 1 cm가 10 m/s를 나타내므로, 벡터 **A**의 길이는 2 cm이고, **B**는 4 cm이다. 두 벡터를 더하기 위해 벡터 **B**의 시작점을 벡터 **A**의 머리에 맞춘다. 그 결과 얻어지는 벡터합 **C**의 길이는 자로 재면 대략 5.6 cm이며, 이는

$$5.6 \text{ cm} = (10 \text{ m/s per cm}) = 56 \text{ m/s}$$

에 해당한다. 벡터 **C**가 수평축과 이루는 각도는 42°이다.

따라서 두 벡터 **A**와 **B**의 합은 동향에서 42° 북쪽을 향하는 속력 56 m/s의 벡터이다.

일반적으로 두 벡터를 합한 벡터합의 크기는 각각 벡터의 크기를 합한 것과 같지 않다. 첫 번째 예에서 벡터합 **C**의 크기는 6.7블록으로 실제 학생이 걸은 9블록(3 + 6)보다 작다. 두 번째 예에서도 벡터합은 56 m/s로 벡터 **A**와 **B** 크기를 따로 더한 60 m/s보다 작다. 두 벡터가 서로 같은 방향일 때만, 벡터합의 크기가 각각 벡터의 크기를 따로 더한 결과와 같다.

벡터의 뺄셈

벡터의 뺄셈은 덧셈 개념을 연장하여 이해할 수 있다. 6에서 2를 빼는 것은 −2를 6에 더하는 것과 같다. 벡터 **B**에서 벡터 **A**를 빼는 것은 −**A**를 **B**에 더하는 것과 같다. 음의 벡터 −**A**는 원래 벡터 **A**의 방향을 반대방향으로 바꾼 것을 의미한다.

그림 부록. 4의 예를 통해 벡터 **B**에서 벡터 **A**를 빼는 것을 이해하자. 벡터 **A**와 **B**는 그림 부록.3에 있는 것과 같은 것들이다. 먼저 벡터 **B**를 그리고, 여기에 −**A**를 더한다. −**A**는 **A**와 반대 방향이다. 즉, 동향에서 15° 윗방향이 아니라, 서향에서 15° 아랫방향을 향하고

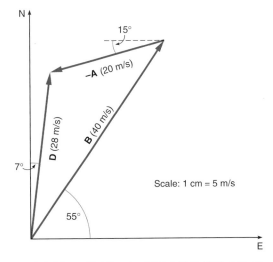

그림 부록.4 벡터차 **D**는 벡터 **B**에서 벡터 **A**를 뺀 것이다. 1 cm = 5 m/s의 축척을 쓴다.

있다. 벡터차 **D**는 먼저 벡터 **B**의 시작점에서 나중 벡터 (−**A**)의 머리로 향하는 벡터이다. 그 크기는 5.6 cm이며 북향에서 7°를 이룬다. 그림에서 길이 5.6 cm는 28 m/s(= 5.6 cm×5 m/s per cm)를 의미한다.

벡터의 성분

벡터를 수평과 수직성분으로 나누어 다루는 것이 편리할 때가 많다. 특히 3장에서와 같이 피사체 운동을 다룰 때뿐 아니라, 이 밖에도 여러 경우에 계산을 편리하게 해 준다.

> 벡터의 성분이란, 합하여 전체 벡터가 되는 두 개 이상의 벡터들을 일컫는다.

벡터는 여러 방향의 성분으로 나눌 수 있으나, 대개 수평과 수직방향의 성분으로 나누는 것이 편리하다.

그림 부록.5를 통해 벡터의 성분을 구하는 것을 살펴보자. 힘의 벡터 **A**의 크기는 8 N이고 수평방향과 30°를 이루고 있다. 수평과 수직성분을 구하기 위해 우선 자와 각도기를 사용하여 주어진 벡터를 그린다.

벡터 **A**의 수평성분 A_x는, **A**의 머리에서 수평축(x축)으로 수직선(x축과 수직으로 만나는 선)을 그린 후, 벡터 **A**의 시작점에서 수직선과 x축이 만나는 점을 연결하여 구한다. 같은 방법으로 **A**의 머리에서 수직축(y축)으로 수직선을 그리면, 벡터 **A**의 수직성분 A_y을 구할 수 있다. 성분들의 길이를 자로 재어 크기가 각각 6.9 N(그림에서 6.9 cm)과 4 N(그림에서 4 cm)임을 알 수 있다.

수평과 수직성분 벡터를 합하면 원래의 전체 벡터 **A**가 됨을 그림에서 확인할 수 있다. 따라서 벡터의 성분들은 벡터를 표시하는 방법으로 쓰이기도 한다. 하지만 벡터의 수평과 수직성분을 따로 분리하여 생각하는 경우가 많다. 예를 들어, 물체의 수평(수직)방향의 운동은 물체에 작용하는 수평(수직)방향의 힘에 의해서만 결정되기 때문이다.

벡터의 성분은 벡터의 합과 차를 구하는 데도 이용할 수 있는 등 응용범위가 넓으나, 이 책에서는 주로 물체의 운동을 수평과 수직방향으로 나누어 분석하는 데 주요하게 쓰인다.

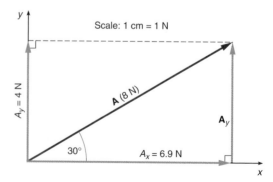

그림 부록.5 힘의 벡터 **A**의 수평과 수직 성분은 벡터의 머리에서 x와 y축과 수직으로 만나는 수직선을 그려 구한다.

연습문제

그림을 그려 두 벡터의 합을 구하라(1~4번).

1. 벡터 **A** = 동향으로 20 m의 변위

   벡터 **B** = 북향으로 30 m의 변위

2. 벡터 **A** = 동향에서 30°

      북쪽 방향으로 20 m/s의 속도

   벡터 **B** = 동향에서 45°

      북쪽 방향으로 50 m/s의 속도

3. 벡터 **A** = 동향으로 4 m/s²의 가속도

   벡터 **B** = 동향에서 40°

      북쪽 방향으로 3 m/s²의 가속도

4. 벡터 **A** = 수평에서 45°

      오른쪽 방향으로 20 N의 힘

   벡터 **B** = 수직에서 20°

      왼쪽 방향으로 30 N의 힘

5. 1번 문제에서 벡터차 **B − A**의 크기와 방향을 구하라.

6. 1번 문제에서 벡터차 **A − B**의 크기와 방향을 구하라.

7. 2번 문제에서 벡터차 **A − B**의 크기와 방향을 구하라.

8. 3번 문제에서 벡터차 **A − B**의 크기와 방향을 구하라.

9. 2번 문제에서 벡터 **A**의 동쪽과 북쪽 방향의 성분을 구하라.

10. 4번 문제에서 벡터 **A**의 수평과 수직방향의 성분을 구하라.

11. 4번 문제에서 벡터 **B**의 수평과 수직방향의 성분을 구하라.

찾아보기

역 자 명 단 (가나다순)

강희재 · 곽영직 · 곽우섭 · 곽종훈 · 고정곤 · 권진혁 · 김대식
김동호 · 김명원 · 김상열 · 김성대 · 김성수 · 김성원 · 김영대
김용은 · 김응찬 · 김익균 · 김현자 · 노승정 · 문영모 · 문준규
박명환 · 박상업 · 박소희 · 박용헌 · 박주태 · 박찬웅 · 박효열
배인호 · 신용진 · 안병균 · 안성혁 · 연규황 · 오석근 · 우　홍
유성초 · 유연봉 · 유평렬 · 윤만영 · 윤종걸 · 이근우 · 이봉주
이영선 · 이원식 · 이재봉 · 이재희 · 이찬구 · 이철준 · 이해원
이행기 · 임기수 · 임애란 · 장광수 · 장호경 · 전용석 · 정운철
정원기 · 정윤근 · 정　진 · 정진수 · 정호용 · 조영석 · 조화석
조현주 · 최명선 · 최범식 · 최승한 · 최옥식 · 최은서 · 최정렬
최중범 · 하　양 · 한두희 · 한병국 · 한승기 · 한태종 · 현준원
홍성렬 · 황창수

동영상으로 보는 물리학의 이해 9th(CD 포함)

2019년 3월 1일 인쇄
2019년 3월 5일 발행

저　　　자 ◉ W. Thomas Griffith
대표 역자 ◉ 조 영 석
발 행 인 ◉ 조 승 식
발 행 처 ◉ (주)도서출판 북스힐
　　　　　 서울시 강북구 한천로 153길 17
등　　　록 ◉ 1998년 7월 28일 제 22-457 호

 (02) 994-0071(代)

 (02) 994-0073

 bookshill@bookshill.com
www.bookshill.com

값 30,000원

잘못된 책은 서점에서 교환해 드립니다.

ISBN 979-11-5971-185-5